药物中间体合成手册

孙昌俊　王晓云　田　胜　主编

化学工业出版社

·北京·

本书收录了近 2000 个近年来新开发和新上市的药物或中间体的合成方法，并且按照反应类型进行分类编排，对所合成的每一个化合物，都有分子式、分子量、英文名称、物理常数、具体的合成操作步骤、产品收率等内容，并列出了其在药物合成中的具体用途。每个反应都列出了相应的参考文献。为便于读者查阅目录中列出合成的化合物中文名称，书后编排了相应的英文名称索引。

　　本书适合药物合成及相关领域技术人员、相关专业师生参考使用。

图书在版编目（CIP）数据

药物中间体合成手册/孙昌俊，王晓云，田胜主编.
北京：化学工业出版社，2018.6
ISBN 978-7-122-31923-4

Ⅰ.①药…　Ⅱ.①孙…　②王…　③田…　Ⅲ.①药物-中间体-化学合成-手册　Ⅳ.①TQ460.31-62

中国版本图书馆 CIP 数据核字（2018）第 074299 号

责任编辑：王湘民　　　　　　　　　　　　装帧设计：韩　飞
责任校对：王　静

出版发行：化学工业出版社（北京市东城区青年湖南街 13 号　邮政编码 100011）
印　　装：中煤（北京）印务有限公司
787mm×1092mm　1/16　印张 56¼　字数 1388 千字　2018 年 8 月北京第 1 版第 1 次印刷

购书咨询：010-64518888（传真：010-64519686）　　售后服务：010-64518899
网　　址：http://www.cip.com.cn
凡购买本书，如有缺损质量问题，本社销售中心负责调换。

定　　价：248.00 元　　　　　　　　　　　　　　　　版权所有　违者必究

→ 前言

近年来，化学合成药物发展迅速，品种、产量、产值等均在制药行业中占首要地位。结构新颖、作用独特、疗效显著的创新药物逐年增加，极大地推动了药物合成的发展。药物的合成、生产和开发，离不开药物中间体的合成，药物中间体是药物合成的基石。我国化学制药行业可以生产的化学原料药达 1500 种以上，总产量逐年增加，是世界制药大国之一。为了进一步推动我国医药行业的发展，编者编写了本书。

本书有如下特点。

1. 本书尽量反映和跟踪合成药物的研究开发、生产制造的现状和发展趋势，收集一些新的药物及其中间体的合成方法，以反映现代药物合成的特点，内容比较丰富。

2. 在编排方式上，按照基本有机反应的类型进行编写，包括氧化反应、还原反应、卤化反应、烃基化反应、酰基化反应、缩合反应、杂环化合物合成反应、消除反应、重排反应、磺化反应、硝化反应、重氮化反应、水解反应等，基本上涵盖了药物合成反应的基本反应类型。在每一类反应中，再尽量按照有机化合物的类型（如烯、炔、醇、酚、醚、醛、酮、酸、含氮化合物、含硫化合物等）、反应试剂或反应类型进行分类，对每类化合物的相应合成反应进行系统的总结。对于每一类反应，尽量选用各种不同的合成方法，以便读者参考。

3. 书中列出了近 2000 个药物或中间体的合成方法，对所合成的每一个化合物，都有分子式、分子量、英文名称、物理常数、具体的合成操作步骤、产品收率等内容，并列出了其在药物合成中的具体用途。每个反应都列出了相应的参考文献。以目录形式列出合成的化合物名称，书后列出了英文名称索引。

本书由孙昌俊、王晓云、田胜主编，刘宝胜、曹晓冉、辛炳炜、王秀菊为副主编，参加编写和资料收集、整理的还有孙风云、孙琪、马岚、孙中云、孙雪峰、张廷锋、房士敏、张纪明、连军、周峰岩、隋洁、刘少杰、茹淼焱、连松、薛晓霞、董芳华、李刚、王飞飞、楚洋洋、赵晓东等。山东大学化学与化工学院赵宝祥教授、化学工业出版社的有关同志给予大力支持，在此一并表示感谢。

本书实用性强，适合于从事医药、农药、化学、化工、染料、颜料、日用化工、助剂、试剂等行业的生产、科研、教学、实验室工作者以及大专院校的本科生、研究生、教师使用。

孙昌俊

2018.1 于济南

符号说明

Ac	acetyl	乙酰基
AcOH	acetic acide	乙酸
AIBN	2,2′-azobisisobutyronitrile	偶氮二异丁腈
Ar	aryl	芳基
9-BBN	9-borabicyclo[3.3.1]nonane	9-硼双环[3.3.1]壬烷
Bn	benzyl	苄基
BOC	*t*-butoxycarbonyl	叔丁氧羰基
Bp	boiling point	沸点
Bu	butyl	丁基
Bz	benzoyl	苯甲酰基
Cbz	benzyloxycarbonyl	苄氧羰基
CDI	1,1′-carbonyldiimidazole	1,1′-羰基二咪唑
m-CPBA	m-chloropetoxybenzoic acid	间氯过氧苯甲酸
DABCO	1,4-diazabicyclo[2.2.2]octane	1,4-二氮杂二环[2.2.2]辛烷
DCC	dicyclohexyl carbodiimide	二环己基碳二亚胺
DDQ	2,3-dichloro-5,6-dicyano-1,4-benzoquinone	2,3-二氯-5,6-二氰基-1,4-苯醌
DEAD	diethyl azodicarboxylate	偶氮二甲酸二乙酯
DMAC	*N*,*N*-dimethylacetamide	*N*,*N*-二甲基乙酰胺
DMAP	4-dimethylaminopyridine	4-二甲氨基吡啶
DME	1,2-dimethoxyethane	1,2-二甲氧基乙烷
DMF	*N*,*N*-dimethylformamide	*N*,*N*-二甲基甲酰胺
DMSO	dimethyl sulfoxide	二甲亚砜
dppb	1,4-bis(diphenylphosphino)butane	1,4-双(二苯膦基)丁烷
dppe	1,4-bis(diphenylphosphino)ethane	1,4-双(二苯膦基)乙烷
ee	enantiomeric excess	对映体过量
endo		内型
exo		外型
Et	ethyl	乙基
EtOH	ethyl alcohol	乙醇
hν	irradition	光照
HMPA	hexamethylphosphorictriamide	六甲基磷酰三胺
HOBt	1-hydroxybenzotriazole	1-羟基苯并三唑
HOMO	highest occupied molecular orbital	最高占有轨道
i-	iso-	异
LAH	lithium aluminum hydride	氢化铝锂
LDA	lithium diisopropyl amine	二异丙基氨基锂
LHMDS	lithium hexamethyldisilazane	六甲基二硅胺锂

LUMO	lowest unoccupied molecular orbital	最低空轨道
m-	meta-	间位
mp	melting point	熔点
MW	microwave	微波
n-	normal-	正
NBA	*N*-bromo acetamide	*N*-溴代乙酰胺
NBS	*N*-brobo succinimide	*N*-溴代丁二酰亚胺
NCA	*N*-clloro succinimide	*N*-氯代乙酰胺
NCS	*N*-chloro succinimide	*N*-氯代丁二酰亚胺
NIS	*N*-iodo succinimide	*N*-碘代丁二酰亚胺
NMM	*N*-methylmorpholine	*N*-甲基吗啉
NMP	*N*-methyl-2-pyrrolidinone	*N*-甲基吡咯烷酮
TEBA	triethyl benzyl ammonium salt	三乙基苄基铵盐
o-	ortho-	邻位
p-	para-	对位
Ph	phenyl	苯基
PPA	poly phosphoric acid	多聚磷酸
Pr	propyl	丙基
Py	pyridine	吡啶
R	alkyl etc.	烷基等
rt	room temperature	室温
t-	tert-	叔
$S_N 1$	unimolecular nucleophilic substitution	单分子亲核取代
$S_N 2$	bimolecular nucleophilic substitution	双分子亲核取代
TBAB	tetrabutylammonium bromide	四丁基溴化铵
TEA	triethylamine	三乙胺
TEBA	triethylbenzylammonium salt	三乙基苄基铵盐
Tf	trifluoromethanesulfonyl(triflyl)	三氟甲磺酰基
TFA	trifluoroacetic acid	三氟乙酸
TFAA	trifluoroacetic anhydride	三氟乙酸酐
THF	tetrahydrofuran	四氢呋喃
TMP	2,2,6,6-tetramethylpiperidine	2,2,6,6-四甲基哌啶
Tol	toluene or tolyl	甲苯或甲苯基
triglyme	triethylene glycol dimethyl ether	三甘醇二甲醚
Ts	tosyl	对甲苯磺酰基
TsOH	tosic acid	对甲苯磺酸
Xyl	xylene	二甲苯

→ 目 录

第一章　氧化反应

第五章　酰基化反应

第八章 消除反应

第十章 磺化、氯磺化、磺酰化反应

第十一章 硝化、亚硝化反应

化合物英文名称索引

第一章 氧化反应

一、烷、烯、炔的氧化

2-(3-羟基-1-金刚烷基)-2-乙醛酸

$C_{12}H_{16}O_4$，224.26

【英文名】 2-(3-Hydroxy-1-adamantyl)-2-glyoxylic acid

【性状】 白色固体。mp 161～162℃。

【制法】 李靖柯，周鸿睿，彭俊，冯悦，胡湘南.中国医药工业杂志，2012，43（4）：251.

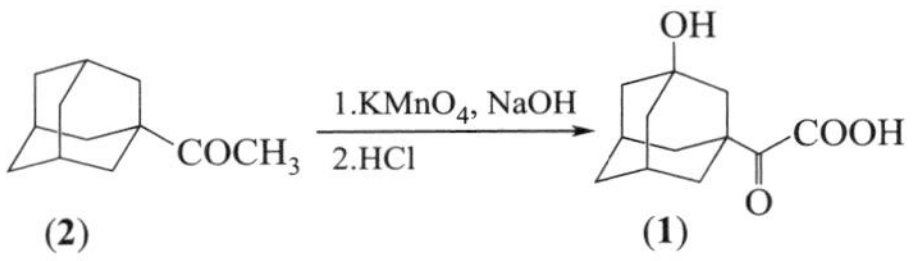

于反应瓶中加入 1.5％[1]的氢氧化钠水溶液 1225 mL，搅拌下加热至 60℃，加入乙酰基金刚烷（**2**）8.9 g（0.05 mol），苄基三乙基氯化铵 0.20 g，于 70～80℃分批加入高锰酸钾 31.60 g（0.20 mol），约 2.5 h 加完。加完后同温反应 12 h，再室温搅拌反应 15 h，TLC 跟踪反应至完全。加入 40％的亚硫酸钠水溶液 40 mL 使高锰酸钾的紫色褪去。过滤，滤饼用水洗涤，合并滤液和洗涤液，加入 10％的盐酸 25 mL，生成白色乳浊液。乙酸乙酯提取，无水硫酸钠干燥。过滤，减压浓缩。剩余物用乙酸乙酯重结晶，得白色固体（**1**）5.17 g，收率 46.2％，mp 161～162℃。

【用途】 糖尿病治疗药沙克列汀（Saxagliptin）合成中间体。

1-金刚醇

$C_{10}H_{16}O$，152.23

【英文名】 1-Adamantanol，Tricyclo[3.3.1.1^{3,7}]decan-1-ol

【性状】 白色针状结晶。mp 280～282℃。

【制法】 Zvi C，Haim V，Ehud K，et al. Org Synth，1988，Coll Vol 6：43.

---

❶ 未标注说明指质量分数，全书同。

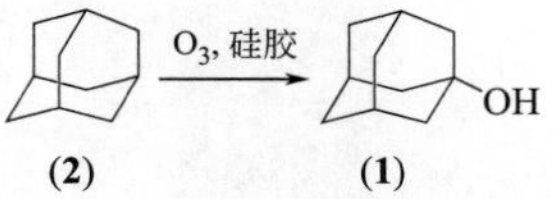

于 2 L 烧瓶中加入金刚烷（**2**）6.0 g（0.044 mol），戊烷 100 mL，硅胶 500 g，减压旋转浓缩至干。将吸附有金刚烷的硅胶加入臭氧化反应器中，用干冰-异伯醇浴冷至 −78℃。将氧气-臭氧通入臭氧化反应器中，控制流量约 1 L/min，反应 2 h，内温控制在 −65～−60℃。通入氧气-臭氧混合气体反应 2 h（此时硅胶为深蓝色）后，撤去冷浴，慢慢升至室温（约 3 h）。将硅胶装入色谱柱中，用 3 L 乙酸乙酯洗脱，得化合物（**1**）6.1～6.4 g。将其溶于热的 200 mL 二氯甲烷-己烷（1∶1）混合溶剂中，趁热过滤，旋转浓缩至开始出现结晶，于 −20℃ 冷却。过滤，得纯品（**1**）3～3.2 g。母液浓缩还可以再得到纯品 2.2～2.6 g，共得化合物（**1**）5.4～5.6 g，收率 81%～84%。升华后 mp 280～282℃。

【用途】 寻常型痤疮的治疗药物阿达帕林（Adapalene）的合成中间体。

（7-甲氧基-1-萘基）乙腈

$C_{13}H_{11}NO$，197.24

【英文名】 （7-Methoxy-1-naphthyl）acetonitrile
【性状】 灰白色粉末。mp 81～83℃。
【制法】 唐家邓，岑俊达. 中国医药工业杂志，2008，29（3）：161.

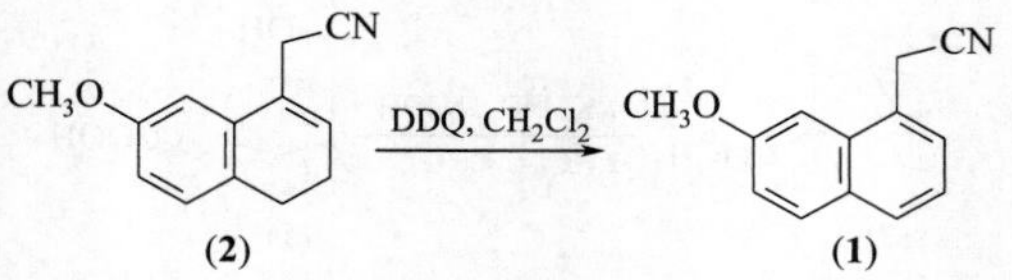

于反应瓶中加入二氯甲烷 200 mL，DDQ（2,3-二氯-5,6-二氰基-1,4-萘醌）25 g（0.11 mol），搅拌下于 20℃ 滴加化合物（**2**）20 g（0.10 mol）溶于 100 mL 二氯甲烷的溶液。加完后继续搅拌反应 1 h。过滤，滤液依次用 5% 的碳酸氢钠、水、饱和盐水洗涤，无水硫酸钠干燥。过滤，浓缩，剩余物用水-乙醇（3∶5）重结晶，得灰白色粉末（**1**）18.6 g，收率 94%，mp 81～83℃。

【用途】 抑郁症治疗药阿戈美拉汀（Agomelatine）等的中间体。

2-（6-氯-9*H*-咔唑-2-基）-2-甲基丙二酸二乙酯

$C_{20}H_{20}ClNO_4$，373.84

【英文名】 Diethyl 2-（6-chloro-9*H*-carbazole-2-yl）-2-methylmalonate
【性状】 白色固体。mp 132～134℃。
【制法】 牛宗强. 浙江化工，2012，43（8）：21.

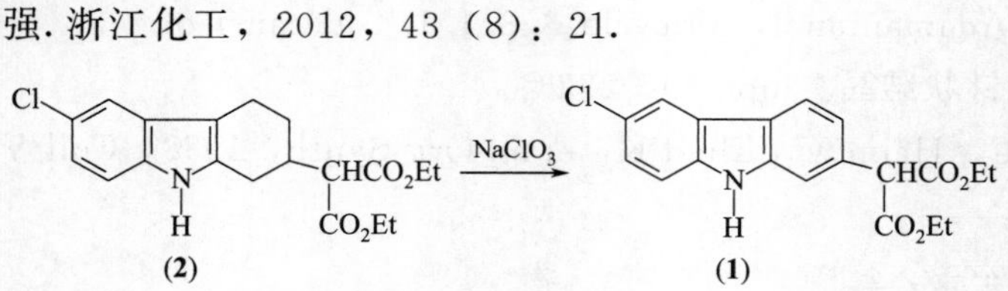

于 100 mL 反应瓶中加入 6-氯-1,2,3,4-四氢-2-咔唑基-2-甲基丙二酸二乙酯（**2**）7.54 g，48% 的氢溴酸 0.3 mL，DMF 35 mL，搅拌下加热至 80℃。慢慢滴加由氯酸钠 1.55 g 溶于 3 mL 水的溶液。加完后继续搅拌反应 4 h，TLC 跟踪反应至完全。用饱和碳酸钠溶液调至中性，减压蒸出溶剂。剩余物中加入二氯甲烷 50 mL，水洗 3 次，无水硫酸镁干燥。过滤，浓缩，剩余物用无水乙醇重结晶，得白色固体（**1**）6.2 g，收率 82%，mp 132～134℃。

【用途】 消炎镇痛药卡洛芬（Carprofen）合成中间体。

7-(4-溴苯甲酰基)吲哚

$C_{15}H_{10}BrNO$，300.15

【英文名】 7-(4-Bromobenzoyl)indole，(4-Bromophenyl)(1H-Indol-7-yl)methanone
【性状】 黄色针状结晶。mp 166～169℃。
【制法】 夏泽宽，于光恒，蔡霞. 中国药科大学学报，2003，34（5）：405.

于反应瓶中加入化合物（**2**）9.7 g（0.032 mol），活性 MnO_2 10 g（0.115 mol），二氯甲烷 450 mL，搅拌下回流反应过夜。用硅藻土过滤，二氯甲烷洗涤。合并滤液和洗涤液，浓缩，剩余物用乙酸乙酯 60 mL 重结晶，得黄色针状结晶（**1**）8.9 g，收率 92.4%，mp 166～169℃。

【用途】 非甾体抗炎药溴芬酸钠（Bromfenac sodium）中间体。

吡啶-2-甲醛

C_6H_5NO，107.11

【英文名】 Pyridine-2-carboxaldehyde，2-Pyridinecarboxaldehyde
【性状】 白色固体。mp 136～137℃。
【制法】 Callighan R H，Wilt M H. J Org Chem，1961，26（12）：4912.

于安有搅拌器、温度计、通气导管的反应瓶中，加入 2-乙烯基吡啶（**2**）10.5 g（0.1 mol），甲醇 100 mL，冷至 -40℃，通入含臭氧 2.3% 的氧气 93 min，速度约 102 L/h。其间通入臭氧约 4.8 g（0.1 mol）。在最后 5 min，少量的臭氧未被吸收。将无色反应液立即倒入亚硫酸钠 12.6 g（0.1 mol）溶于 75 mL 水的溶液中，反应放热，升至 40℃。冷至室温，减压蒸出甲醇。加入 25 mL 饱和氯化钠溶液，乙醚提取 6 次。合并乙醚层，无水硫酸钠干燥。过滤，浓缩至干，真空干燥，得化合物（**1**）7.0 g，收率 65.3%，mp 136～137℃。

【用途】 缓泻药比沙可啶（Bisacodyl）等的中间体。

1-(咪唑并[1,2-a]吡啶-6-基)-2-丙酮

$$C_{10}H_{10}N_2O,\ 174.20$$

【英文名】 1-(Imidazo[1,2-a]pyridin-6-yl)propan-2-one

【性状】 bp 155～159℃/53.3 Pa。

【制法】 Motosuke Yamanaka，Kazutoshi Miyaka，Shinji Suda，et al. US 4751227，1988.

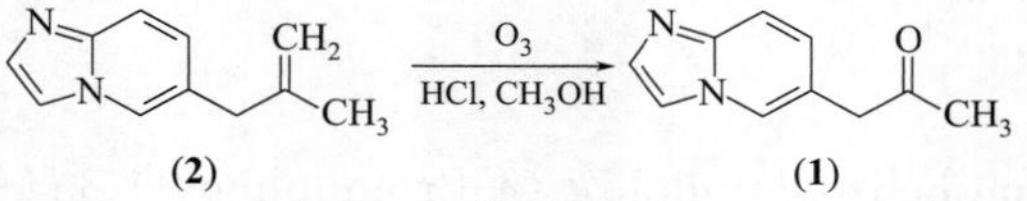

于反应瓶中加入浓盐酸 12.3 g，水 45 mL，甲醇 45 mL，搅拌下加入化合物（**2**）20 g。溶解后冷至－5℃，保持在－5～0℃通入臭氧 4 h，TLC 跟踪反应至完全。向反应体系中滴加亚硫酸钠 30.6 g 溶于 160 mL 水的溶液（注意冷却，保持反应液温度不超过 20℃）。加入碳酸氢钠固体 22 g 和适量氯化钠固体，用氯仿提取数次。合并有机层，饱和盐水洗涤，无水硫酸钠干燥。过滤，浓缩，减压蒸馏，收集 155～159℃/53.3 Pa 的馏分，得化合物（**1**）14.2 g，收率 70.5%。

【用途】 心脏病治疗药奥普力农（Olprinone）等的中间体。

4,4-二甲氧基丁醛

$$C_6H_{12}O_3,\ 132.16$$

【英文名】 4,4-Dimethoxybutanal

【性状】 无色液体。bp 69～72℃/1.33 kPa。

【制法】 Li P，Wang J W，Zhao K. J Org Chem，1998，63（9）：3151.

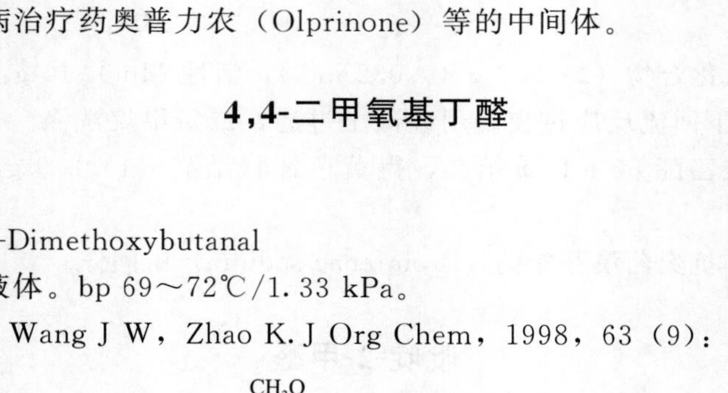

于安有搅拌器、温度计、通气导管、回流冷凝器的反应瓶中，加入 1,5-环辛二烯（**2**）15.0 g（138.6 mmol），150 mL 二氯甲烷和 150 mL 甲醇，冷至－78℃。通入臭氧，直至反应液变蓝，约需 135 min。加入 2 g 一水合对甲苯磺酸，搅拌下慢慢升至室温，继续室温反应 2 h。加入二甲基硫醚 15 mL，室温搅拌反应过夜。用碳酸氢钠溶液处理，再加入氯仿，得到含有化合物（**3**）的溶液。冷至－78℃，再通入臭氧，至溶液变蓝。通入氩气赶出臭氧，加入二甲基硫醚 15 mL，室温搅拌反应 3～4 h。减压蒸出溶剂，剩余物中加入 250 mL 乙醚，水洗 2 次。蒸出乙醚后减压蒸馏，收集 69～72℃/1.33 kPa 的馏分，得化合物（**1**）30 g，总收率 82%。

【用途】 抗胆碱药硫酸阿托品（Atropine sulfate）的合成中间体，也是农药环氧虫啶

（Cycloxaprid）的合成中间体。

戊二醛

$C_5H_8O_2$，100.12

【英文名】 Glutaraldehyde

【性状】 淡黄色澄清液体。

【制法】 ①石先莹，魏俊发，何地平等.有机化学，2003，23（11）：1230.②周晓霜，刘菁，徐杰，谭忠印.辽宁师范大学学报，2001，24（4）：380.

$$\underset{(2)}{\bigcirc} \xrightarrow[\text{H}_2\text{O}_2]{\text{钨酸}} OHC \diagdown \diagup CHO \quad (1)$$

于 50 mL 玻璃套管中加入钨酸 4.6 mmol，叔丁醇 21.5 mL，30%的过氧化氢 11 mL（112 mmol），搅拌 30 min。加入环戊烯（**2**）5 mL（56 mmol），于 35℃搅拌反应 4 h。离心除去催化剂，气相色谱分析，戊二醛（**1**）的收率 65%。

【用途】 戊二醛本身就是消毒剂，也是止吐药盐酸格拉司琼（Granisetron hydrochloride）等药物的中间体。

己二酸

$C_6H_{10}O_4$，146.14

【英文名】 Adipic acid，1,6-Hexanedioic acid

【性状】 白色结晶。mp 151～153℃。bp 265℃/13.3 kPa。稍溶于水，微溶于醚，易溶于醇，不溶于苯。

【制法】 李华明，纪明慧，林海强等.石油化工，2003，32（5）：374.

$$\underset{(2)}{\bigcirc} \xrightarrow[\text{过氧杂多酸}]{\text{H}_2\text{O}_2,} \underset{(1)}{\bigcirc}\overset{\text{CO}_2\text{H}}{\underset{\text{CO}_2\text{H}}{}}$$

于反应瓶中加入过氧杂多酸化合物 0.5 mmol，30%的双氧水 27.5 mL（269 mmol），室温搅拌 10 min。加入环己烯（**2**）5.25 mL（50 mmol），于 50～60℃搅拌反应 1 h，而后于 92℃回流反应 6 h。趁热用 1,2-二氯乙烷提取 3 次。合并有机层弃去，水层于 0℃冷却 12 h。抽滤，二氯甲烷洗涤，干燥，得化合物（**1**），收率 55.9%，mp 151～153℃。

也可用如下方法来合成（韩广甸，赵树纬，李述文.有机制备化学手册.北京：化学工业出版社，1978：207）。

$$\underset{}{\bigcirc}\text{OH} \xrightarrow[\text{NH}_4\text{VO}_3(61.1\%)]{\text{HNO}_3} HOOC—(CH_2)_4—COOH$$

用 RuO_2-$NaIO_4$ 氧化体系，可以使环庚醚氧化为己二酸（Smith A B，Scarborough R M. J Synth Commun，1980，10：205）：

$$\underset{O}{\bigcirc} \xrightarrow[\text{CCl}_4, \text{H}_2\text{O}, \text{rt}(79\%)]{\text{RuO}_2\text{-NaIO}_4} CO_2H\ CO_2H$$

【用途】 驱肠虫药己二酸哌嗪（Piperazine adipate）的原料。

3-(N-乙酰-N-异丙氨基)-1-苯基-1,2-丙二醇

$$C_{14}H_{21}NO_3, \quad 251.32$$

【英文名】 3-(N-Acetyl-N-isopropylamino)-1-phenyl-1,2-propanediol

【性状】 白色结晶。mp 87～88℃。

【制法】 王如斌，彭司勋，华唯一. 中国药物化学杂志，1995，5（1）：1.

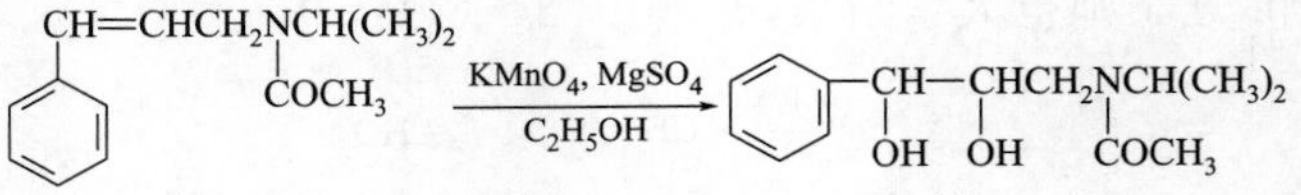

于反应瓶中加入 95％ 的乙醇 100 mL，1-苯基-3-(N-乙酰-N-异丙氨基)-1-丙烯（**2**）15.2 g（0.07 mol），冷至 −45℃，搅拌下于 4～5 h 滴加 KMnO₄ 15.5 g、硫酸镁 8 g 溶于 420 mL 水的溶液。加完后继续反应 30 min，室温搅拌过夜。滤去 MnO₂，乙醇洗涤。滤液减压蒸出乙醇后，用氯仿提取三次。合并氯仿提取液，水洗，无水硫酸镁干燥。减压蒸去氯仿，剩余物用乙醚重结晶，得白色固体（**1**）8.3 g，收率 47％，mp 87～88℃。

【用途】 苯丙二醇胺类抗心律失常药等的中间体。

(2S)-3-(1-萘氧基)-1,2-丙二醇

$$C_{13}H_{14}O_3, \quad 218.26$$

【英文名】 (2S)-3-(1-Naphthoxy)-1,2-propanediol

【性状】 白色固体。mp 113～114.5℃。

【制法】 罗成礼，匡永清，王莹，姜茹. 合成化学，2008，16（3）：351.

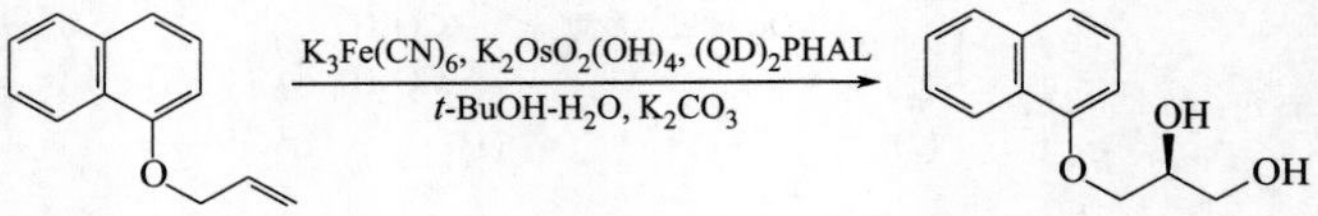

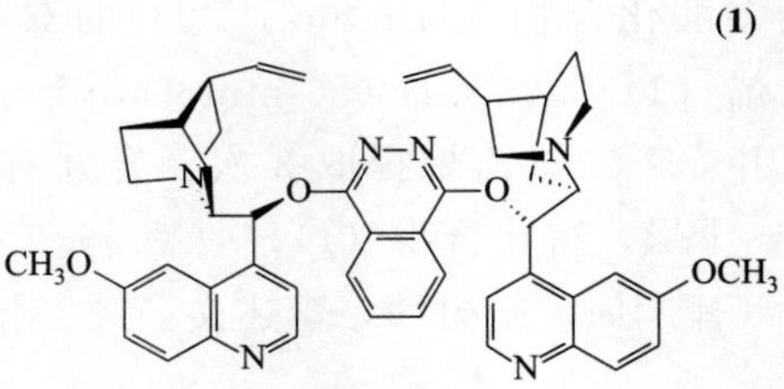

(DQ)₂PHAL

于安有搅拌器、温度计的反应瓶中，加入 K₃Fe(CN)₆ 1.96 g（6.0 mmol），K₂OsO₂(OH)₄ 1.5 mg（0.004 mmol），K₂CO₃ 0.82 g（6.0 mmol），(QD)₂PHAL 15.5 mg（0.02 mmol），1∶1（体积比）的叔丁醇-水 20 mL，搅拌下冷至 0℃，加入 1-萘基烯丙基醚（**2**）368 mg（2 mmol），于 0℃搅拌反应 18 h。加入亚硫酸钠粉末 3.0 g，慢慢升至室温搅拌反应 1 h。乙酸乙酯提取（10 mL×3）。合并有机层，无水硫酸钠干燥。减压蒸出溶剂，剩余物过硅胶柱纯化，己烷-乙酸乙酯（1∶6）洗脱，得白色固体（**1**）379 mg，收率 87％，mp 113～

114.5℃。$[\alpha]_D^{25} +6.02°$（$c=1.0$，CH_3OH），90％ee。

【用途】 治疗高血压、心绞痛及心律失常药盐酸普萘洛尔（Propranolol hydrochloride）等的中间体。

（**S**）-3-[4-（2-甲氧基乙基）苯氧基]-1,2-丙二醇

$C_{12}H_{18}O_4$，226.27

【英文名】 （S）-3-[4-（2-Methoxyethyl）phenoxy]-1,2-propanediol
【性状】 白色固体。
【制法】 向顺，匡永清等. 合成化学，2011，19（1）：127.

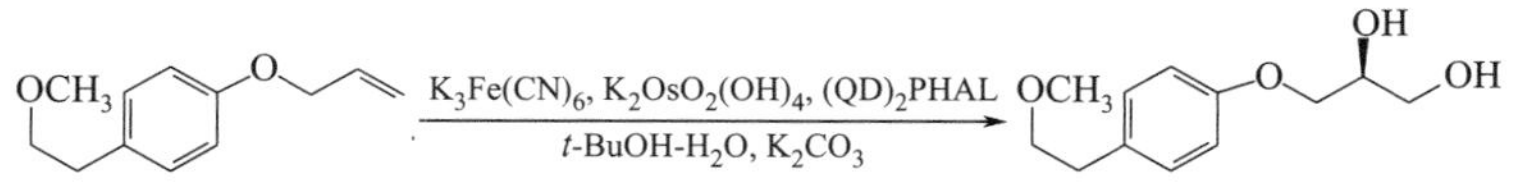

于安有搅拌器、温度计的反应瓶中，加入 $K_3Fe(CN)_6$ 1.96 g（6.0 mmol），$K_2OsO_2(OH)_4$ 2.0 mg（0.005 mmol），K_2CO_3 0.82 g（6.0 mmol），（QD）$_2$PHAL 16 mg（0.02 mmol），1:1（体积比）的叔丁醇-水 20 mL，搅拌下冷至 0℃，一次加入对甲氧乙基苯基烯丙基醚（**2**）384 mg（2 mmol），于 0℃搅拌反应，TLC 跟踪至反应完全。加入亚硫酸钠粉末 3.0 g，慢慢升至室温搅拌 1 h。二氯甲烷提取（15 mL×3）。合并有机层，无水硫酸钠干燥。减压蒸出溶剂，剩余物过硅胶柱纯化，石油醚-乙酸乙酯（1:10）洗脱，得白色固体（**1**）393 mg，收率 87％。$[\alpha]_D^{20} +8.5°$（$c=2.28$，CH_3OH），86％ee。

【用途】 治疗高血压、心绞痛及心律失常药美托洛尔（Metoprolol）等的中间体。

（**2R**,**3S**）-2,3-二羟基-3-苯基丙酸乙酯

$C_{11}H_{14}O_4$，210.23

【英文名】 Ethyl(2R,3S)-2,3-dihydroxy-3-phenylpropanate
【性状】 白色结晶。
【制法】 陈慧，罗晶，赵安东，孙晓丽. 中国医药工业杂志，2005，36（9）：526.

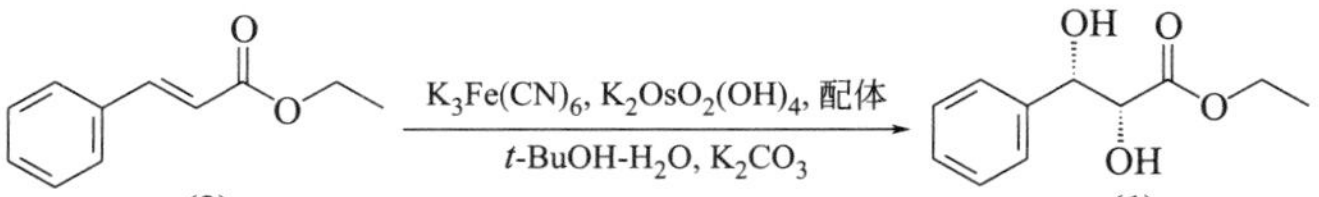

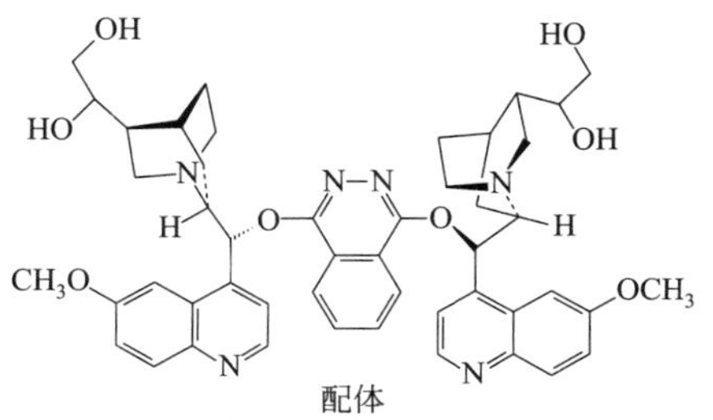

配体

于反应瓶中加入 $K_3Fe(CN)_6$ 1 g（3 mmol），K_2CO_3 0.41 g（3 mmol），$CH_3SO_2NH_2$ 95 mg（1 mmol），$K_2OsO_2(OH)_4$（0.002 mmol），配体 0.01 mmol，而后加入肉桂酸乙酯（**2**）0.16 g（1 mmol）溶于 12 mL 叔丁醇-水的溶液，室温搅拌反应约 6 h，TLC 跟踪

反应。反应结束后，加入亚硫酸钠 0.5 g，继续搅拌反应 30 min。加入乙酸乙酯 40 mL，分出有机层，水层用乙酸乙酯提取。合并有机层，依次用 2 mol/L 的氢氧化钠溶液、水洗涤。无水硫酸钠干燥。过滤，减压浓缩，剩余物加入 5 mL 乙醚，过滤除去催化剂。滤液浓缩后过硅胶柱纯化以己烷-乙酸乙酯（1:1）洗脱，得白色结晶（**1**）95%，99%ee。

【用途】 抗癌药多烯紫杉醇等的中间体。

1H-茚满-2(3H)-酮

$$C_9H_8O，132.16$$

【英文名】 1H-Inden-2(3H)-one
【性状】 白色固体。mp 56~57℃。
【制法】 庞学良，薛建良，顾英姿.化工时刊，2000，6：39.

于反应瓶中加入 85% 的甲酸 580 mL，30% 的双氧水 116 mL，搅拌下滴加 82% 的茚（**2**）100 g（0.7 mol），加完后于 40℃ 搅拌反应 6 h。减压回收甲酸，得淡红棕色黏稠液体。加入 7% 的硫酸 16 L，水蒸气蒸馏，馏出液冷却后析出白色固体。过滤，水洗，干燥，得化合物（**1**）66.9 g。母液用氯仿提取，浓缩，剩余物再进行水蒸气蒸馏，又可得到化合物（**1**）8.4 g，总收率 80%，mp 56~57℃。

【用途】 治疗高血压病药物地拉普利（Delapril）等的中间体。

1,2-环氧环己烷

$$C_6H_{10}O，98.14$$

【英文名】 1,2-Epoxy-cyclohexane, 7-Oxa-bicyclo [4,1,0] heptane
【性状】 无色液体。bp 129~130℃。n_D^{20} 1.4520。
【制法】 宋国强，王钒，吕晓玲等.江苏石油化工学院学报，1999，11（3）：13.

于安有导气管和回流装置的 100 mL 四口反应瓶中，加入环己烯（**2**）10 mmol、30 mmol 戊醛和 1 mmol 催化剂 Co_2O_3、30 mL 1,2-二氯乙烷。搅拌此反应液，于 50℃ 恒定温度下通入一定流量的氧气进行鼓泡反应一段时间（3 h），直至反应产率达到最大值。反应液经饱和碳酸氢钠溶液和水洗后，无水硫酸钠干燥，最后气相色谱定量分析环氧化产物 1,2-环氧环己烷的收率为 94%。

【用途】 农药克螨特（Propargite）等的中间体。

2-(2',3'-环氧乙基)甲基-6-甲氧基苯基乙酸酯

$$C_{12}H_{14}O_4，222.24$$

【英文名】 2-(2',3'-Oxiranyl) methyl-6-methoxyphenyl acetate, 2-Methoxy-6-(oxiran-

2-yl) phenyl acetate

【性状】 浅黄色黏稠液体。

【制法】 Masami Shiratsuchi，Kiyoshi Kawamira，Toshihiro Akashi，et al. Chem Pharm Bull，1987，35（2）：632.

(2) $\xrightarrow[\text{CH}_2\text{Cl}_2]{\text{CH}_3\text{CO}_3\text{H, CH}_3\text{COOK}}$ (1)

于反应瓶中加入 2-烯丙基-6-甲氧基苯基乙酸酯（**2**）1.82 g（8.84 mmol），二氯甲烷 20 mL，搅拌溶解。加入浓度 40% 的过氧乙酸 3 mL，醋酸钾 0.18 g（1.84 mmol），室温搅拌反应 48 h。将反应物倒入由氯仿 50 mL 和 5% 的亚硫酸钠水溶液 50 mL 的混合体系中，充分搅拌。分出有机层，水洗，无水硫酸钠干燥。过滤，减压浓缩得浅黄色黏稠液体（**1**）1.74 g，收率 88.7%。

【用途】 高血压、心绞痛病治疗药尼普地洛（Nipradilol）等的中间体。

乙酸 6,7-环氧香叶酯

$C_{12}H_{20}O_3$，212.29

【英文名】 6,7-Epoxygeranyl acetate

【性状】 无色油状液体。

【制法】 Hamon P H，Jones G，Convergent H. Tetrahedron，1997，53（9）：3395.

(2) $\xrightarrow[\text{Et}_2\text{O}]{m\text{-ClC}_6\text{H}_4\text{CO}_3\text{H}}$ (1)

于安有搅拌器、温度计、滴液漏斗的反应瓶中，加入间氯过氧苯甲酸 250 g（0.72 mol，纯度 50%～60%），乙醚 2.5 L，冷至 −20℃，搅拌下滴加由乙酸香叶酯（**2**）100 g（0.51 mol）溶于 2.0 L 乙醚的溶液。加完后慢慢升至 0℃，继续搅拌反应 6 h。于 3℃ 放置过夜。用 1 mol/L 的氢氧化钠水溶液洗涤至 pH>10，而后水洗至中性。饱和盐水洗涤，无水硫酸钠干燥。过滤，浓缩，得粗品油状液体。过柱纯化，以 10% 的乙酸乙酯-石油醚洗脱，得化合物（**1**），收率 76%。

【用途】 预防和治疗肾、肝、心脏和骨髓移植排斥的药物麦考酚酸（Mycophenolic acid）中间体。

雌三醇

$C_{18}H_{24}O_3$，288.39

【英文名】 Estriol，Aacifemine

【性状】 微细结晶。可溶于乙醇、二氧六环、氯仿，不溶于水。

【制法】 Hosoda H，Yamashida K，Nambara T. Chem Pharm Bull，1975，23（12）：3141.

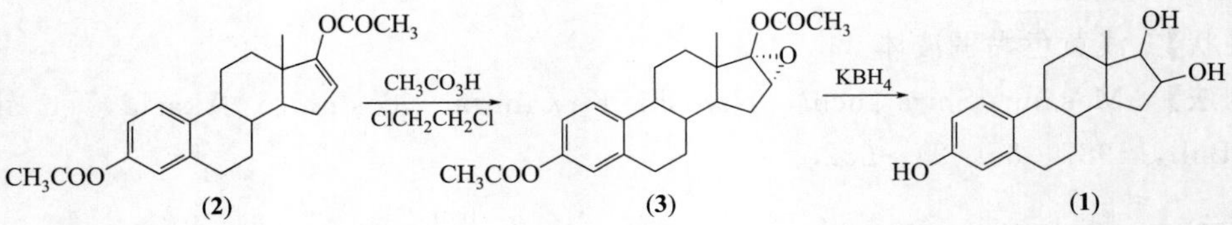

1,3,5 (10)-雌三醇-16α,17α-环氧-3,17β-二醇双醋酸酯（**3**）：于安有搅拌器、温度计、滴液漏斗、回流冷凝器的反应瓶中，加入 1,3,5 (10),16-雌四烯-3,17-二醇双醋酸酯雌（**2**）10 g（28 mmol），二氯乙烷 100 mL，无水碳酸钠 10 g，无水硫酸钠 13 g，搅拌下滴加过氧乙酸（20%～30%）27 g 与无水醋酸钠 13 g 配成的溶液，控制反应温度不超过 20℃，约 20 min 加完。继续搅拌反应 4 h，放置过夜。过滤，滤饼用二氯乙烷洗涤。合并滤液和洗涤液，以碳酸氢钠水溶液洗涤，再水洗至中性。无水硫酸钠干燥，减压蒸出二氯乙烷。析出结晶后静置过夜。抽滤，乙醇洗涤，干燥，得化合物（**3**）9.0 g，收率 86%。

雌三醇（**1**）：于安有搅拌器、温度计、滴液漏斗、回流冷凝器的反应瓶中，加入化合物（**3**）5 g，乙醇 100 mL，搅拌下滴加由硼氢化钾 1 g，氢氧化钾 4 g，水 20 mL 配成的溶液，控制反应温度在 25～30℃，约 0.5 h 加完，而后继续搅拌反应 1 h。反应完后用冰醋酸调至弱酸性。减压浓缩至干。加入适量的水，抽滤，滤饼用水洗涤至中性，于 80℃ 干燥，得雌三醇粗品。粗品以 20 倍的 95% 的乙醇精制一次，再用乙酸乙酯精制三次，得雌三醇（**1**），收率 50%。

【用途】 激素类药物雌三醇（Estriol）原料药，用于治疗子宫颈炎、绝经期综合征以及前列腺肥大症等。

3-(亚乙二氧)-Δ$^{9(11)}$-雌甾烯-5α,10α-环氧-17-酮

$C_{20}H_{26}O_4$，330.42

【英文名】 3-Ethylenedioxy-Δ$^{9(11)}$-estraene-5α,10α-epoxy-17-one
【性状】 白色结晶。mp 147℃。
【制法】 李瑞麟，李光平，陈海林等. CN 86102502.1988.

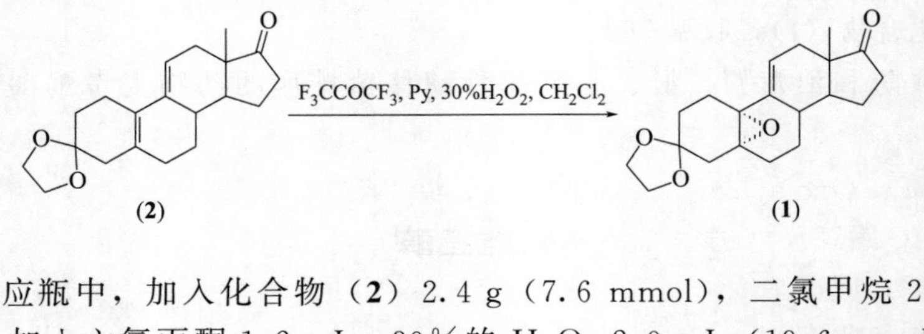

于干燥的反应瓶中，加入化合物（**2**）2.4 g（7.6 mmol），二氯甲烷 25 mL，搅拌溶解。冰浴冷却，加入六氟丙酮 1.2 mL，30% 的 H_2O_2 2.0 mL（19.6 mmol），吡啶适量，冰水浴中搅拌反应 24 h。将反应液倒入 10% 的硫代硫酸钠溶液中，二氯甲烷提取数次。合并有机层，依次用饱和碳酸氢钠、水洗涤，无水硫酸钠干燥。过滤，减压蒸出溶剂。剩余物用乙酸乙酯-己烷重结晶，得白色化合物（**1**）2.34 g，收率 92.8%，mp 147℃。

【用途】 抗早孕药米非司酮（Mifepristone 等的中间体）。

3,20-双-亚乙二氧基-17α-羟基-5α,10α-环氧-19-去甲孕甾-9(11)-烯

$C_{24}H_{34}O_6$，418.53

【英文名】 3,20-Bis-ethylenedioxy-17α-hydroxy-5α,10α-epoxy-19-norpreg-9(11)-ene
【性状】 白色结晶。mp 188.5~191.5℃。
【制法】 刘兆鹏，张灿飞.中国医药工业杂志，2013，44（11）：1094.

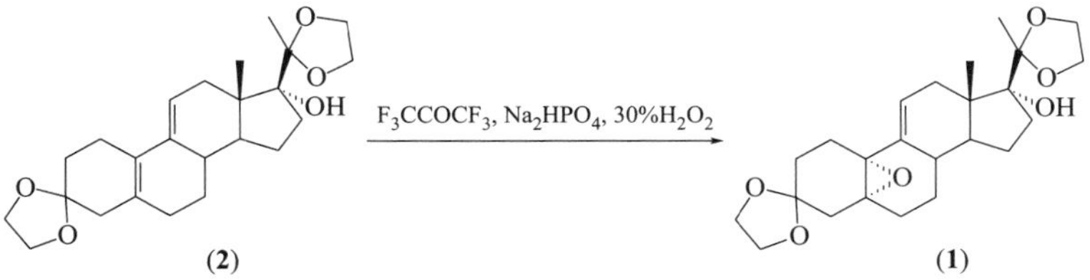

于安有搅拌器、温度计的反应瓶中，加入三水合六氟丙酮 261.5 g（1.18 mol），二氯甲烷 2.5 L，搅拌下冷至 4℃。加入由磷酸氢二钠 125 g（0.88 mol）与 238 mL（210 mmol）30%的 H_2O_2 配成的溶液，于 4℃搅拌反应 20 min。而后加入由化合物（2）432.2 g（1.08 mol）溶于 2.5 L 二氯甲烷并冷至 4℃的溶液，于 4℃搅拌反应过夜。用 3 L 10%的亚硫酸钠水溶液稀释，搅拌 30 min。分出有机层。水层用二氯甲烷提取。合并有机层，依次用水、饱和盐水洗涤，无水硫酸钠干燥。过滤，蒸出溶剂，剩余物中加入 1.2 L 乙醚，冷至 4℃。过滤生成的固体，乙醚洗涤，真空干燥，得白色结晶化合物（1）176.8 g，mp 188.5~191.5℃。

【用途】 避孕药醋酸乌利司他（Ulipristal acetate）中间体。

2,3-环氧-3-苯基-1-丙醇

$C_9H_{10}O_2$，150.18

【英文名】 2,3-Epoxy-3-phenyl-1-propanol
【性状】 无色液体。
【制法】 Adam W，Saha-Moller C R，Zhao C-G. Org React，2002，61：219.

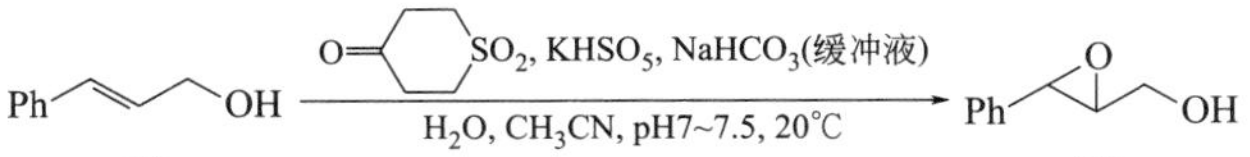

于安有磁力搅拌器的反应瓶中，加入乙腈 9 mL，肉桂醇（2）2.0 mmol 和 1,1-二氧代四氢硫杂吡喃-4-酮① 0.05 摩尔分数，40 mmol/L 的 Na_2EDTA 溶液 6 mL。室温剧烈搅拌下于 1.5 h 分批加入 Oxone 试剂 1.84 g（3.0 mmol）与碳酸氢钠 0.78 g（9.3 mmol）的固体混合物。用 TLC 跟踪反应进程。反应结束后，用乙酸乙酯提取 2 次。合并有机层，无水硫酸镁干燥，过滤，减压浓缩。剩余物过硅胶柱纯化，得外消旋化合物（1），收率95%。同时回收酮催化剂，收率90%。

① 在此反应中使用 1,1-二氧代四氢硫杂吡喃-4-酮，反应中原位生成相应的螺环二氧杂环氧乙烷衍生物，其为真正的环氧化试剂。

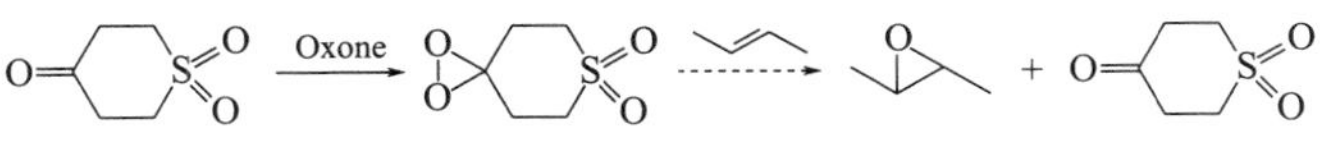

【用途】 抗抑郁药瑞波西汀（Reboxetine）等的中间体。

(S)-2,3-环氧基丙醇

$C_3H_6O_2$，74.08

【英文名】 (S)-2,3-Epoxypropanol

【性状】 无色液体。

【制法】 ①Cao Y，Hanson R M，Kluder J M，et al. J Am Chem Soc，1987，109：5765. ②Burgos C E，Ayer D E，Johnson R A. J Org Chem，1987，52（22）：4973.

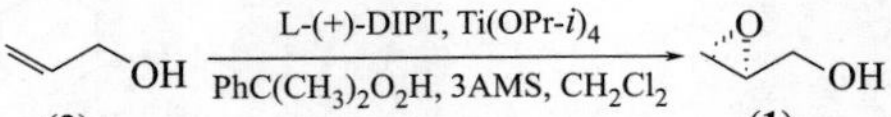

于安有搅拌器、温度计、滴液漏斗的反应瓶中，加入粉状活性 3A 分子筛 3.5 g，二氯甲烷 190 mL，(R,R)-(＋)-酒石酸二异丙酯 1.39 g（1.25 mL，5.95 mmol），烯丙醇（**2**）5.81 g（6.8 mL，100 mmol，用 3A 分子筛处理），搅拌下冷至 -5℃。加入四异丙氧基钛 1.4 g（1.5 mL，5 mmol），于 -5℃ 搅拌 10～30 min。慢慢滴加 80% 的工业级异丙苯过氧化氢 36 mL（约 200 mmol，预先用 3A 分子筛处理），约 30 min 加完。氮气保护下于 (-5±2)℃ 搅拌反应 5 h。加入三乙醇胺溶液 10 mL（1 mol/L 的二氯甲烷溶液），继续于 -5℃ 搅拌 30 min。撤去冷浴，15 min 后用 0.5 cm 的硅藻土和 0.5 cm 的硅胶过滤，用 500 mL 乙醚洗涤。旋转浓缩后减压蒸馏，收集 49～50℃/1.0 kPa 的馏分，得化合物（**1**）3.77 g，收率 51%，光学纯度 >86% ee。

【用途】 治疗人类免疫缺陷病毒（HIV）感染药物富马酸替诺福韦酯（Tenofovir disoproxil fumarate）等的中间体。

(2S,3R)-2-甲基-3-苯基环氧乙烷

$C_9H_{10}O$，134.18

【英文名】 (2S,3R)-2-Methyl-3-phenyloxirane

【性状】 无色液体。

【制法】 Zhang W，Jacobsen E N. J Org Chem，1991，56（7）：2296.

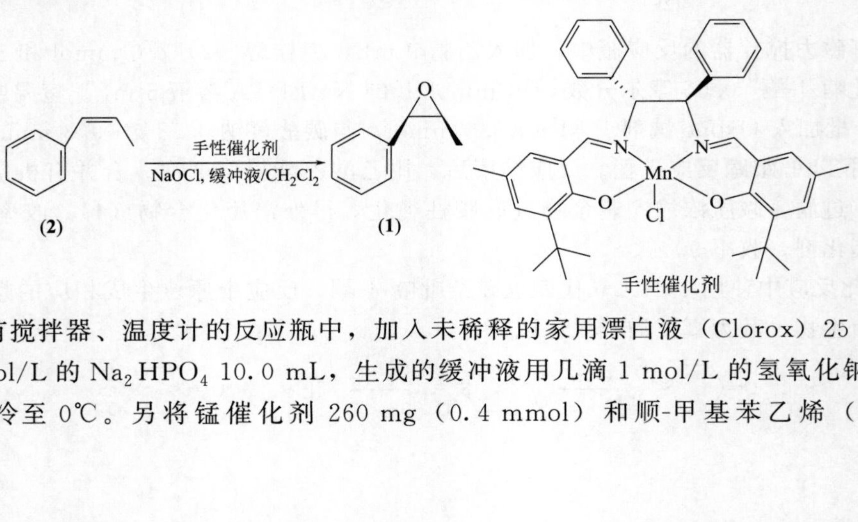

手性催化剂

于安有搅拌器、温度计的反应瓶中，加入未稀释的家用漂白液（Clorox）25 mL，再加入 0.05 mol/L 的 Na_2HPO_4 10.0 mL，生成的缓冲液用几滴 1 mol/L 的氢氧化钠溶液调至 pH11.3，冷至 0℃。另将锰催化剂 260 mg（0.4 mmol）和顺-甲基苯乙烯（**2**）1.18 g

（10 mmol）溶于 10 mL 二氯甲烷中，冷至 0℃，一次加入上述冷的氧化剂溶液，生成的两相混合液室温搅拌，反应进程中用 TLC 检测。3 h 后，加入 100 mL 己烷，分出褐色有机层，水洗 2 次。饱和盐水洗涤，无水硫酸钠干燥。过滤，减压浓缩，剩余物过硅胶柱纯化，得化合物（**1**）0.912 g，收率 68%。^{1}H NMR 分析表明，光学纯度为 84%ee。

【用途】　手性药物合成中间体。

反式-1,2-二苯基环氧乙烷

$C_{14}H_{12}O$，196.25

【英文名】　*trans*-1,2-Diphenyloxirane
【性状】　白色针状结晶。mp 68～69℃。
【制法】　Shi Y. Acc Chem Res，2004，37：488.

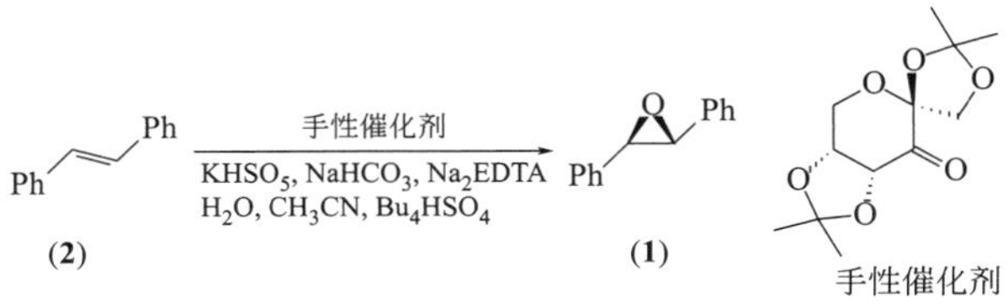

于安有磁力搅拌器、温度计的反应瓶中，加入二苯乙烯（**2**）0.18 g（1.0 mmol），乙腈 10 mL，冷至 0℃，搅拌下加入 10mmol/L 的 Na$_2$EDTA 溶液 10 mL 和 15 mg 四丁基硫酸氢铵，分批加入少量由 Oxone 试剂 3.07 g（5.0 mmol）和碳酸氢钠 1.3 g（15.5 mmol）组成的固体混合物，使反应液的 pH 约为 7。5 min 后，于 1 h 加入手性催化剂 0.77 g（3.0 mmol），同时加入其余的上述 Oxone 试剂混合物，约 50 min 加完，保持反应体系的 pH7，加完后继续于 0℃搅拌反应 1 h。加入 30 mL 水，己烷提取 4 次。合并有机层，饱和盐水洗涤，无水硫酸钠干燥。过滤，减压浓缩，剩余物过硅胶（用 1% 的 Et$_3$N-己烷处理）柱纯化，先用己烷洗脱，再以 50：1 的乙醚-己烷洗脱，得白色固体化合物（**1**）0.149 g，收率 73%，光学纯度 95.2%ee。

【用途】　手性药物中间体。

3-甲基异香豆素

$C_{10}H_8O_2$，160.17

【英文名】　3-Methylisocoumarin
【性状】　白色固体。
【制法】　Korte D F，Hegedus L S，Wirth R K. J Org Chem，1977，42（8）：1329.

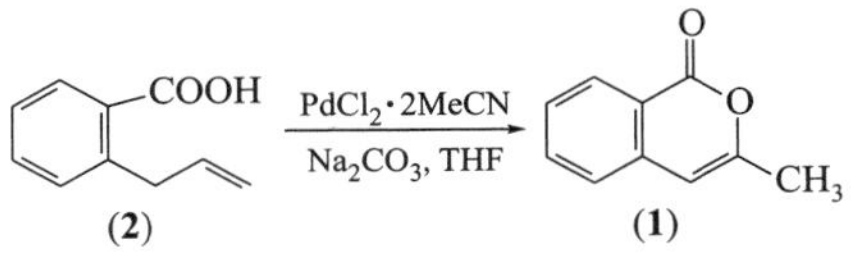

于反应瓶中加入 2-（2-丙烯基）苯甲酸（**2**）0.20 g（1.23 mmol），PdCl$_2$·2 MeCN

0.32 g（1.24 mmol），THF 15 mL，再加入 Na_2CO_3 0.19 g（1.78 mmol），于 25℃搅拌反应 3 h。按照常规方法处理后，用制备色谱法纯化，得白色固体（**1**）0.17 g，收率 86％。

【用途】 具有抗菌、消炎、抗肿瘤、抑制蛋白酶等作用的新药开发中间体。

2-氧代-2-苯基乙酸

$C_8H_6O_3$，150.13

【英文名】 2-Oxo-2-phenylacetic acid

【性状】 无色结晶。mp 66～67℃，bp 147.5℃/1.6 kPa。常压蒸馏分解。溶于水、醇、乙醚和热的四氯化碳。

【制法】 ①杨巍民，张一宾.上海化工，2000，2：22.②孙昌俊，曹晓冉，王秀菊.药物合成反应——理论与实践.北京：化学工业出版社，2007：29.

于反应瓶中加入水 150 mL，氢氧化钠 0.5 g，苯乙烯（**2**）100 g（0.96 mol），搅拌下加热至 70℃，分 10 次加入高锰酸钾 410 g（2.59 mol），每次在 2～3 min 加完，间隔 10～12 min。加完后继续搅拌反应 30 min。加入适量乙醇，使高锰酸钾的紫色褪去。过滤，滤饼用热水洗涤。合并水层，用盐酸调至 pH2，冷却，滤去析出的苯甲酸。滤液用乙酸乙酯提取（50 mL×3），合并有机层，无水硫酸钠干燥。过滤，减压浓缩，得化合物（**1**）57.6 g，mp 66～67℃，收率 40％。

【用途】 胃病治疗药格隆溴铵（Glycopyrronium bromide）等的中间体。

环戊基甲醛

$C_6H_{10}O$，98.14

【英文名】 Cyclopentanecarbaldehyde

【性状】 无色液体。bp 74～76℃/13.2 kPa。

【制法】 Grummitt O，Liska J，Greull G. Org Synth，1973，Coll Vol 5：320.

于安有搅拌器、温度计、回流冷凝器，通气导管的 5 L 反应瓶中，加入 3 L 水，慢慢加入浓硫酸 80 g（43.5 mL，0.82 mol），氮气保护，搅拌下加入试剂级硫酸汞 740 g（2.49 mol），生成深黄色悬浮液碱式硫酸汞。加热至 55℃，一次加入环己烯 82 g（101 mL，1 mol），于 55～65℃搅拌反应 1 h。其间颜色由深黄色变为环己烯-硫酸汞配合物的浅黄色。

改为蒸馏装置，氮气保护下蒸馏，蒸出约 300 mL 馏出液，约需 2 h。分出有机层，水层用乙醚提取（50 mL×3）。合并有机层，无水硫酸钠干燥。过滤，蒸出乙醚，减压蒸馏，收集 74～76℃/13.2 kPa 的馏分，得化合物（**1**）45～52 g，收率 46％～53％。

【用途】 麻醉剂盐酸氯胺酮（Ketamine）等的中间体。

二苯羟乙酸

$$C_{14}H_{12}O_3，228.25$$

【英文名】 Benzllic acid

【性状】 白色结晶。mp 148～149℃。

【制法】 ① Silbert S，Foglia T A. Angew Chem，1985，57：1404. ② Cannon J G，Darko L L. J Org Chem，1964，29(11)：3419.

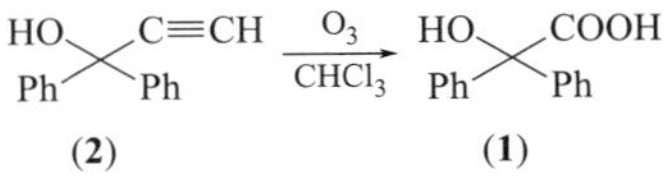

于安有搅拌器、温度计、回流冷凝器、通气导管（伸入液面以下）的反应瓶中，加入 1,1-二苯基-2-丙炔-1-醇（**2**）1.50 g（0.0072 mol），氯仿 50 mL，冰浴冷却，搅拌下慢慢通入含臭氧的氧气（30 mg 臭氧/L），控制通入速度 30 L/h，约通入 30 min。反应液用 5% 的碳酸氢钠溶液提取，盐酸酸化，再用乙醚提取。乙醚层用无水硫酸镁干燥，过滤，蒸出乙醚。剩余物用热水重结晶，得化合物（**1**）1.2 g，收率 73%，mp 148～149℃。

【用途】 胃病治疗药贝那替秦（Benactyzine）和奥芬溴铵（Oxyphenonium）等的中间体。

二苯基乙二酮

$$C_{14}H_{10}O_2，210.23$$

【英文名】 Benzil，Dibenzoyl

【性状】 黄色棱形结晶。mp 95～96℃，bp 346～348℃（分解），188℃/1.6 kPa。溶于乙醇、乙醚、氯仿、乙酸乙酯等有机溶剂，不溶于水。

【制法】 方法 1　Chi Ki-Whan，Yusubov N S，Filimonov V D. Synth Commun，1994，24（15）：2119.

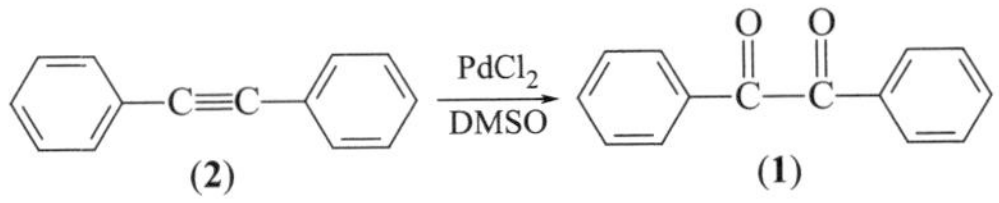

于安有磁力搅拌、回流冷凝器（安氯化钙干燥管）的反应瓶中，加入二苯乙炔（**2**）178 mg（1 mmol），干燥的 DMSO 10 mL，氯化钯 18 mg（0.1 mmol）。慢慢加热至 140℃ 搅拌反应 4 h。冷后加入 30 mL 水稀释，乙醚提取 3 次，每次 30 mL。合并有机层，依次水洗、饱和食盐水洗，无水硫酸钠干燥。蒸出溶剂，过硅胶柱纯化（苯：己烷为 1：1），得化合物（**1**）205 mg，收率 98%。mp 95～96℃。

方法 2　Yusybov M S，Filimonov V D. Synthesis，1991：131.

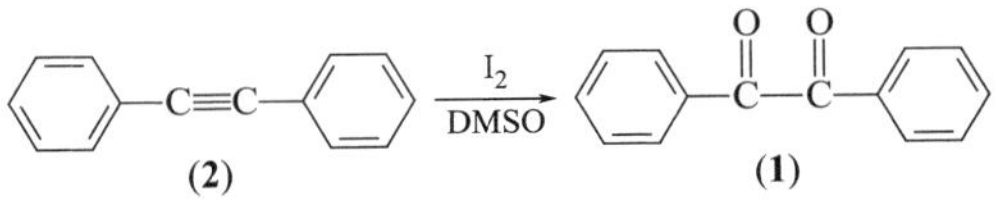

于安有搅拌器、温度计、回流冷凝器的反应瓶中，加入二苯乙炔（**2**）0.18 g（1 mmol），碘 0.25 g（1 mmol），DMSO 8 mL，于 155℃搅拌反应 10 h。冷后倒入 1% 的硫代硫酸钠溶

液 20 mL 中，过滤生成的黄色结晶，水洗，干燥，得化合物（**1**）0.18 g，收率 85%，粗品 mp 93～94℃（文献值 94～95℃）。

【用途】 抗癫痫药苯妥英钠（Phenytoinum natricum）等的中间体。

二、芳烃侧链氧化

3,4-二甲氧基苯甲醛

$C_9H_{10}O_3$，166.18

【英文名】 3,4-Dimethoxybenzaldehyde

【性状】 白色固体。mp 43～45℃。

【制法】 任群翔，孟祥军，李荣梅，封丽.化学试剂，2002，25（1）：40.

于反应瓶中加入 3,4-二甲氧基甲苯（**2**）61 g（0.4 mol），甲醇 150 mL，氢氧化钠 32 g，适量醋酸钴催化剂和醋酸铜助催化剂，于 60～65℃通入氧气。10 h 后停止反应，冷却，加入适量水。蒸出甲醇，用乙醚提取 3 次。合并有机层，无水硫酸钠干燥。过滤，浓缩，得化合物（**1**）58 g，收率 87.5%，mp 43～45℃。

【用途】 抗过敏药曲尼司特（Tranilast）、降压药哌唑嗪（Prazosin）等的中间体。

邻硝基苯甲醛

$C_7H_5NO_3$，151.12

【英文名】 *o*-Nitrobenzaldehyde

【性状】 黄色结晶。mp 43.5～44℃，bp 153℃/3.1 kPa。微溶于水，溶于乙醇、乙醚、氯仿等有机溶剂。可随水蒸气挥发。

【制法】 ①杨定乔.江苏化工，1991，22（1）：16.②孙昌俊，曹晓冉，王秀菊.药物合成反应——理论与实践.北京：化学工业出版社，2007：41.

邻硝基甲苯二乙酸酯（**3**）：于 2 L 反应瓶中，加入邻硝基甲苯（**2**）45 g（0.32 mol），乙酸酐 550 mL。冰盐浴冷至 10℃以下，搅拌下滴加浓硫酸 67 mL。维持反应液温度 5～10℃，分次加入铬酐 54 g（0.54 mol），约 2 h 加完，加完后继续反应 2 h。将反应物倒入冰水中，充分搅拌，油状物逐渐固化。抽滤，干燥后得（**3**）24.0 g。母液中的油状物分出后水蒸气蒸馏，回收邻硝基甲苯，又可得到约 2 g 的产物，共得固体化合物（**3**）26 g。

邻硝基苯甲醛（**1**）：上述固体（**3**）加入 95% 的乙醇 50 mL，水 40 mL，搅拌下加入浓硫酸 50 mL，加热至 75～80℃。蒸去部分乙醇，自然冷却，析出固体。过滤，干燥，得邻硝基苯甲醛（**1**）11 g，收率 23%，粗品 mp 41～43℃。

【用途】 抗抑郁药诺米芬辛（Nomifensine）、心绞痛治疗药硝苯地平（Nifedipine）等的中间体。

对硝基苯甲醛

$$C_7H_5NO_3，151.12$$

【英文名】 *p*-Nitrobenzaldehyde

【性状】 白色至浅黄色棱状结晶。mp 105～108℃。溶于乙醇、苯、乙酸，微溶于水、乙醚，能升华，能随水蒸气挥发。

【制法】 段行信.实用精细有机合成手册.北京：化学工业出版社，2000：67.

$$O_2N-\!\!\!\!\bigcirc\!\!\!\!-CH_3 \xrightarrow[\text{(CH}_3\text{CO)}_2\text{O}]{\text{CrO}_3} O_2N-\!\!\!\!\bigcirc\!\!\!\!-CH(OCOCH_3)_2 \xrightarrow{\text{H}_3^+\text{O}} O_2N-\!\!\!\!\bigcirc\!\!\!\!-CHO$$
$$\textbf{(2)} \qquad\qquad\qquad \textbf{(3)} \qquad\qquad\qquad \textbf{(1)}$$

对硝基甲苯二乙酸酯（**3**）：于反应瓶中加入醋酸酐 204 g（2 mol），对硝基甲苯（**2**）25 g（0.18 mol），冰盐浴冷却，搅拌下慢慢加入浓硫酸 40 mL。慢慢滴加三氧化铬 50 g（0.5 mol）溶于 225 mL 醋酸酐配成的溶液，控制反应液温度不超过 10℃，加完后继续搅拌反应 2 h。将反应液倒入约 2.5 kg 的冰水中。抽滤，滤饼用冷水充分洗涤。将滤饼置于冷的 150 mL 2% 的碳酸钠水溶液中，搅拌 10～15 min，抽滤，水洗，并用少量乙醇洗涤，真空干燥，得（**3**）粗品 30 g，收率 65%。

对硝基苯甲醛（**1**）：将上面粗产物（**3**）悬浮于 70 mL 乙醇、70 mL 水和 7 mL 浓硫酸的混合液中，搅拌回流 30 min。过滤，滤液冰水中冷却。滤出析出的固体，水洗，真空干燥，得对硝基苯甲醛（**1**）15 g，总收率 55.1%，mp 105～106℃。

【用途】 抗菌剂甲氧苄啶（Trimethoprim）等的中间体。

二苯甲酮

$$C_{13}H_{10}O，182.26$$

【英文名】 Benzophenone，Diphenylmethanone

【性状】 白色有光泽菱形结晶，mp 48.5℃，bp 305℃，141.7℃/0.67 kPa。溶于乙醇、乙醚、氯仿，不溶于水，有甜味。

【制法】 方法 1 ①孙昌俊，曹晓冉，王秀菊.药物合成反应——理论与实践.北京：化学工业出版社，2007：32.②陈忠秀.精细化工，2003，20（3）：180.

$$\bigcirc\!\!\!\!-CH_2Cl + \bigcirc \xrightarrow{ZnCl_2} \bigcirc\!\!\!\!-CH_2-\!\!\!\!\bigcirc \xrightarrow{HNO_3} \bigcirc\!\!\!\!-CO-\!\!\!\!\bigcirc$$
$$\textbf{(2)} \qquad\qquad\qquad \textbf{(3)} \qquad\qquad \textbf{(1)}$$

二苯甲烷（**3**）：于反应瓶中加入苯 250 g（3.2 mol），氯化锌水溶液（由氯化锌 190 g 配成相对密度 1.92～1.95 的水溶液），搅拌下加热至 70～75℃。滴加氯化苄（**2**）100 g（0.79 mol），约 2 h 加完，而后继续于 70～75℃ 搅拌反应 6 h。静止分层。油层水洗，0.5% 的氢氧化钠水溶液洗涤。蒸馏，除去苯及 150℃ 以下的低沸物，得二苯甲烷（**3**）粗品 151 g。

二苯甲酮（**1**）：于反应瓶中加入上述粗品二苯甲烷（**3**），再加入几粒沸石，水400 mL，浓硝酸（$d1.5$）150 g，加热回流 20 h。反应液开始为棕黄色，最后为黄色。冷后分去水层，油层用热水洗涤，再用 5%的碳酸钠溶液洗涤。减压蒸馏，收集 187～190℃/2.31 kPa 的馏分，固化后得淡黄色二苯甲酮（**1**）82 g，总收率 56%，mp 45～47℃。

方法 2 Nishide K，Ohsugi S，Fudesaka M，et al. Tetrahedron Lett，2002，43（29）：5177.

于反应瓶中加入二氯甲烷 4 mL，正十二烷甲基硫醚 95 mg（0.41 mmol），冷至 −60℃，搅拌下慢慢滴加 1.0 mol/L 的草酰氯 0.41 mL（0.41 mmol），加完后继续搅拌反应 15 min。而后于 −60℃滴加二苯甲醇（**2**）50 mg（0.27 mmol）溶于 2 mL 二氯甲烷的溶液。加完后继续搅拌反应 30 min。于 −60℃滴加三乙胺 1.36 mmol，搅拌反应并于 200 min 慢慢升至 −40℃。撤去冷浴，慢慢升至室温，搅拌反应 1 h。加入 10 mL 水，用 1 mol/L 的稀盐酸 0.5 mL 中和。分出有机层，水层用二氯甲烷提取。合并有机层，饱和盐水洗涤，无水硫酸钠干燥。过滤，减压蒸出溶剂，剩余物过硅胶柱纯化，用己烷-乙酸乙酯（40:1）洗脱，得化合物（**1**）60 mg，收率 100%。

【用途】 抗组胺药盐酸苯拉海明（Diphenhydramine hydrochloride）、抗胆碱药苯扎托品（Benzatropine）、钙拮抗药哌克昔林（Perhexiline）等的中间体。

（**R**）-（−）-4-[2-(**N**-甲基-**N**-乙氧羰基)氨基乙基]-4-甲基-6-甲氧基-1,2,3,4-四氢萘-1-酮

$C_{18}H_{25}NO_4$，319.40

【英文名】 （**R**）-（−）-4-[2-(**N**-Methyl-**N**-ethoxycarboxy) aminoethyl]-4-methyl-6-methoxy-1,2,3,4-tetrahydronaphthalene-1-one

【性状】 无色液体。$[\alpha]_D^{22}$ −20.2°（$c=1.97$，C_2H_5OH）。

【制法】 陈芬儿. 有机药物合成法：第一卷. 北京：中国医药科技出版社，1999：491.

于反应瓶中加入化合物（**2**）94.7 g（0.31 mol），乙酸 370 mL，于 30℃搅拌下滴加三氧化铬 52.2 g（0.52 mL）和水 52 mL 的溶液，加完后继续室温搅拌反应 2 h。加入甲醇250 mL，搅拌 30 min。回收溶剂，加适量水，过滤，除去不溶物。滤液用甲苯提取数次，合并有机层，无水碳酸钾干燥。过滤，滤液回收溶剂后减压蒸馏，收集 208～220℃/0.133 kPa 的馏分，得油状物（**1**）85.5 g，收率 86%。

【用途】 镇痛药氢溴酸依他佐辛（Eptazocine hydrobromide）的合成中间体。

(2-氯乙酰氨基-4-噻唑基)-2-氧代乙酸甲酯

$$C_8H_7ClN_2O_4S，262.67$$

【英文名】 Methyl（2-chloroacetamido-4-thiazolyl）-2-oxoacetate
【性状】 黄色针状结晶。mp 178～180℃。
【制法】 Shoji Kishimoto，Michiyuki Sendal，Mitsumi Tomimoto，et al. Chem Pharm Bull，1984，32（7）：2646.

于反应瓶中加入化合物（**2**）53.2 g（0.2 mol），二氧六环 500 mL，醋酸 42.6 mL，搅拌溶解。加入二氧化硒 28.3 g（0.255 mol），回流 4 h。冷却，过滤，减压浓缩。剩余物中加入乙酸乙酯 3 L，依次用饱和碳酸氢钠、水洗涤，无水硫酸钠干燥。减压浓缩，剩余物中加入 1 L 热乙酸乙酯，而后加入正己烷 800 mL，析出黄色固体。过滤，干燥，得黄色针状结晶（**1**）35 g，收率 66.5%，mp 176～178℃。乙酸乙酯-正己烷重结晶，mp 178～180℃。

【用途】 抗生素头孢他啶（Ceftazidime）等的中间体。

对硝基苯乙酮

$$C_8H_7NO_3，165.15$$

【英文名】 *p*-Nitroacetophenone
【性状】 黄色棱状结晶。mp 80～81℃，bp 145～151℃。易溶于醇、醚和苯，不溶于水。
【制法】 韩广甸，赵树纬，李述文. 有机制备化学手册：中. 北京：化学工业出版社，1980：198.

于反应瓶中加入六水合硝酸镁 50 g（0.194 mol），水 200 mL，对硝基乙苯（**2**）15.1 g（0.1 mol），加热至 60℃，搅拌下分批加入高锰酸钾 25 g（0.16 mol），注意在溶液退色之后再加下一批。加完后于 60℃继续搅拌反应 2 h。升温至 90℃，趁热过滤，二氧化锰沉淀用沸水洗涤。滤液中有油层，冷后固化。过滤，水洗，干燥得浅黄色结晶（**1**）6.5～7.0 g，收率 42%，粗品 mp 78～80℃。

【用途】 治疗支气管哮喘，喘息型支气管炎药物盐酸环仑特罗（Cycloclenbuterol hydrochloride）等的中间体。

5-硝基-2,6-二氧代-1,2,3,6-四氢嘧啶-4-羧酸钠

$$C_5H_2N_3O_6Na，223.08$$

【英文名】 Sodium 5-nitro-2,6-dioxo-1,2,3,6-tetrahydropyrimidine-4-carboxylate

【性状】 白色固体。

【制法】 Boyle Peter H, Gillespie Paul. Journal of Chemical Research, 1989, 9: 2086.

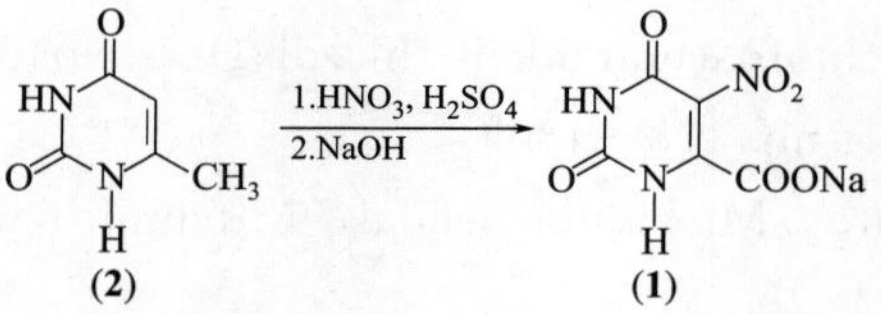

于反应瓶中加入硝酸 6 kg，冷至 15℃，搅拌下加入浓硫酸 0.9 kg，慢慢加入 6-甲基尿嘧啶（**2**）1 kg（7.93 mol），于 20～25℃搅拌反应 30 min。慢慢升至 30℃，此后 1 h 升温 10℃，3 h 后升至 60℃，保温搅拌反应 1 h。逐渐升温排除二氧化氮，直至达 105℃。冷至 40℃，慢慢倒入 6 L 水中，再慢慢加入 40％的氢氧化钠溶液 2.5 kg，控制温度不超过 50℃。静置过夜，过滤析出的固体。干燥，得化合物（**1**）1.238 kg，收率 70％。

【用途】 抗凝血药莫哌达醇（Mopidamol）的中间体。

吡啶-2-甲酸

$C_6H_5NO_2$，123.11

【英文名】 Picolinic acid, Pyridine-2-carboxylic acid

【性状】 无色或微粉红色针状结晶或粉末。mp 134～136℃。易溶于水、冰醋酸，不溶于乙醚、二硫化碳等。

【制法】 ①梅苏宁，俞迪虎，李勇等. 化学研究，2010，21（1）：64. ②王海棠，王咏心，潘志权. 湖北化工，2001，2：26.

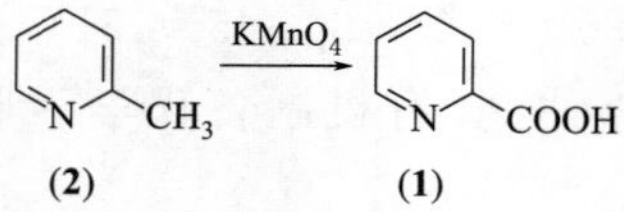

于反应瓶中加入 2-甲吡啶（**2**）9.3 g（0.1 mol），水 250 mL，搅拌下水浴加热至 80℃。分 3 次共加入高锰酸钾 36.4 g（0.23 mol），每次间隔 1 h。加完后继续保温反应 3～4 h，紫色消失。而后升温至 95℃，反应 1 h。若仍有高锰酸钾的紫色，可加亚硫酸氢钠使之褪去。趁热过滤，滤出二氧化锰，充分水洗。将滤液和洗涤液合并，减压浓缩至干，用乙醇提取产物并重结晶，得白色吡啶-2-甲酸（**1**）9.8 g，收率 79.7％，粗品 mp 137～138℃。

【用途】 局部麻醉药罗哌卡因（Ropivacaine）、布比卡因（Bupivacaine）等的中间体。

对硝基苯甲酸

$C_7H_5NO_4$，167.12

【英文名】 *p*-Nitrobenzoic acid

【性状】 白色或微黄色叶状晶体。mp 242.4℃。溶于丙酮、氯仿、乙醇、乙醚，1 g 溶于 110 mL 乙醇，12 mL 甲醇，45 mL 乙醚，微溶于苯、二硫化碳和水，不溶于石油醚，能升华，有杏仁味。

【制法】 孙昌俊，曹晓冉，王秀菊. 药物合成反应——理论与实践. 北京：化学工业出版社，2007：30.

$$O_2N- \!\!\!\!\bigcirc \!\!\!\!-CH_3 \xrightarrow[H_2SO_4]{Na_2Cr_2O_7} O_2N- \!\!\!\!\bigcirc \!\!\!\!-COOH + Na_2SO_4 + Cr_2(SO_4)_3$$
$$(2) \qquad\qquad\qquad (1)$$

于反应瓶中加入对硝基甲苯（**2**）60 g（0.4 mol），重铬酸钠（$Na_2Cr_2O_7 \cdot 2H_2O$）180 g（0.6 mol），水 300 mL。搅拌下滴加浓硫酸 280 mL，反应放热，颜色逐渐变黑，约 2 h 加完。加完后加热回流 1 h。冷却，加入水 500 mL，析出沉淀，抽滤，滤饼用水洗二次。将所得固体与 5% 的稀硫酸 250 mL 混合，沸水浴加热 10 min，冷却后抽滤。滤饼溶于温热的 500 mL 5% 氢氧化钠溶液中，活性炭脱色，趁热过滤。将滤液慢慢倒入 15% 的稀硫酸 500 mL 中，析出淡黄色沉淀，冷后抽滤，水洗，干燥，得对硝基苯甲酸（**1**）62 g，收率 93.5%，mp 237～238℃。用乙醇-水重结晶，mp 242℃，产量约 45 g。

也可以用 20% 的硝酸作氧化剂，于压力釜中于 200℃ 氧化对硝基甲苯，对硝基苯甲酸的收率 98% ［义志忠，梁奕昌，蔡志宏等. 广州化工，1998，26（2）：9］。

$$O_2N- \!\!\!\!\bigcirc \!\!\!\!-CH_3 \xrightarrow[200℃(98\%)]{HNO_3} O_2N- \!\!\!\!\bigcirc \!\!\!\!-COOH$$

【用途】 局部麻醉药普鲁卡因（Procaine）、镇痛药苯唑卡因（Benzocaine）、叶酸（Folic acid）等的中间体。

2-氯-6-乙酰氨基苯甲酸

$$C_9H_8ClNO_3，213.62$$

【英文名】 2-Chloro-6-acetamidobenzoic acid
【性状】 白色针状结晶。mp 161～163℃。
【制法】 陈国广，翟健. 化学试剂，2007，29（12）：761.

$$\text{(2)} \xrightarrow{KMnO_4} \text{(1)}$$

于反应瓶中加入 3-氯-2-甲基乙酰苯胺（**2**）35 g（0.2 mol），二甲苯 160 mL，相转移催化剂四丁基溴化铵适量，搅拌下加热至 40℃。加入 300 mL 水，快速搅拌下于 40～45℃ 加入第一批高锰酸钾 11 g，此后 1 h 加一次，约 4 h 加完。继续搅拌反应 6 h，使高锰酸钾褪色。趁热过滤，60℃ 热水洗涤滤饼。分出有机层，水层用氯仿 300 mL 提取。水层放置 1 h 后过滤，滤液用盐酸调至 pH1，析出白色固体。过滤，水洗，干燥，得化合物（**1**）30.2 g，收率 73.4%。mp 161～163℃。

【用途】 外科创伤、皮肤黏膜的洗涤和湿敷药物依沙吖啶（Ethacridine）等的中间体。

5-甲基吡嗪-2-羧酸

$$C_6H_6N_2O_2，138.07$$

【英文名】 5-Methylpyrazine-2-carboxylic acid

【性状】 类白色固体。mp 164～166℃。不稳定，久置变色。

【制法】 孙昌俊，曹晓冉，王秀菊. 药物合成反应——理论与实践，北京：化学工业出版社，2007：24.

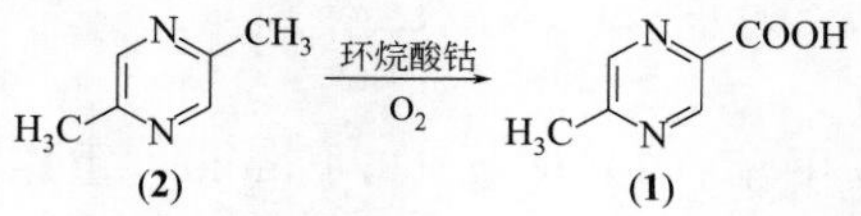

于反应瓶中加入 2,5-二甲基吡嗪（**2**）21.6 g（0.2 mol），石油醚 100 mL，环烷酸钴 2.0 g，搅拌均匀后通入干净的空气。再加入 30% 的氢氧化钠溶液 30 mL，加热至回流后，加入偶氮二异丁腈 0.1 g，控制在 75℃ 左右反应 5 h。冷后分出水层，有机层用氢氧化钠溶液提取二次，合并水层与提取液。氮气保护下减压浓缩，用盐酸调至 pH2，滤出析出的沉淀，丁酮重结晶，得浅黄色 5-甲基-吡嗪-2-羧酸（**1**）10.1 g，收率 36.5%。mp 164～167℃。

【用途】 糖尿病治疗药格列吡嗪（Glipizide）等的中间体。

2,4-二氯苯甲酸

$C_7H_4Cl_2O_2$，191.01

【英文名】 2,4-Dichlorobenzoic acid

【性状】 白色至微黄色粉末或针状结晶。mp 164℃（升华）。溶于醇、醚、酮，不溶于水，可溶于碱溶液。

【制法】 方法 1 张永华，张敏. 精细石油化工，2002，4：11.

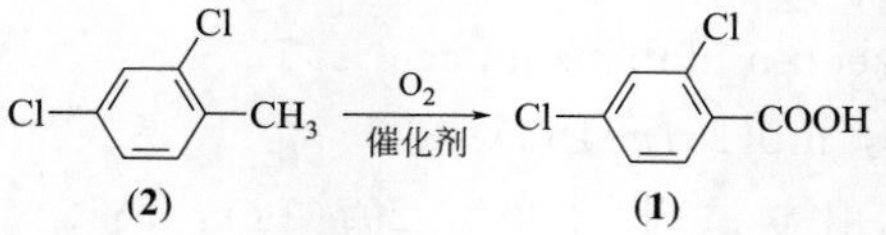

于安有磁力搅拌器、通气导管的反应釜中，加入 2,4-二氯甲苯（**2**）20.2 mL（0.15 mol），醋酸钴 0.43 g，醋酸锰 0.18 g，溴化物 0.12 g，芳香卤代烃 75 mL，戊酸 25 mL，搅拌下加热溶解。通入氧气，使反应釜内压力保持在 0.7～1.0 MPa，于 135℃ 反应，控制反应温度在 130～140℃，反应至釜内压力不再下降为止。冷却，过滤，干燥，得白色针状结晶（**1**）26 g，收率 90.8%，纯度 99.35。

方法 2 孙昌俊，曹晓冉，王秀菊. 药物合成反应——理论与实践. 北京：化学工业出版社，2007：33.

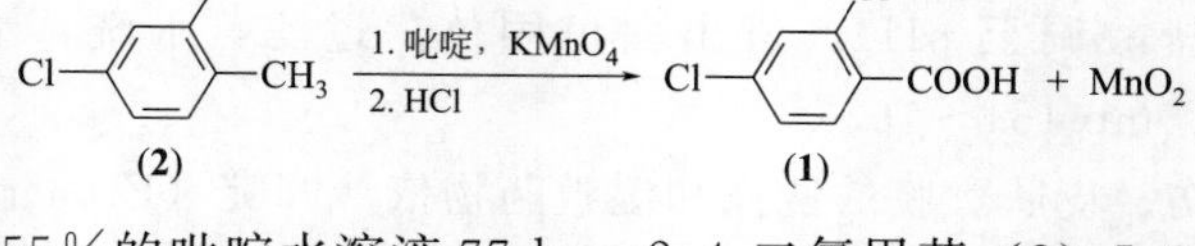

于反应釜中加入 55% 的吡啶水溶液 77 kg，2,4-二氯甲苯（**2**）5.0 kg（31.06 mol），搅拌下于 70℃ 慢慢加入高锰酸钾 9.6 kg，约 8 h 加完。加完后继续搅拌 5 h。减压蒸馏回收吡啶至近干。加水并加热使产物溶解，加入甲醇 600 mL。趁热过滤，滤饼用热水洗涤。合并滤液和洗涤液，用盐酸调至 pH2，析出沉淀。过滤，水洗，干燥，得化合物（**1**）4.86 kg，收率 82%，粗品 mp 161～163℃。

【用途】 抗疟药盐酸米帕林（Mepacrine hydrochloride）、利尿药呋塞米（Furosemide，Frusemide）等的中间体。

对氨基苯甲酸

$$C_7H_7NO_2，137.14$$

【英文名】 *p*-Aminobenzoic acid

【性状】 白色或淡黄色结晶。mp 188℃。微溶于水，易溶于热水，能溶于醇、醚、乙酸乙酯、冰醋酸。

【制法】 计榆，刘秀杰，冀学时等.辽宁化工，2002，11：468.

对乙酰氨基苯甲酸（3）：于安有搅拌器，回流冷凝器的反应瓶中，加入对甲基乙酰苯胺（2）3.8 g（0.028 mol），120 mL 水，七水硫酸镁 10 g（0.08 mol），搅拌加热至 85℃，同时将高锰酸钾 10.3 g（0.065 mol）加入 35 mL 沸水中。将高锰酸钾溶液倒入上述反应瓶中，再用 60 mL 热水溶解剩余的高锰酸钾并转入反应瓶中。反应液呈紫色，随后逐渐变为棕色。趁热过滤，用热水洗涤二氧化锰。滤液为无色透明溶液，pH8。用 20% 的硫酸酸化至 pH3，析出白色结晶。冷却后抽滤，水洗，干燥后得化合物（3）3.4 g，收率 73%。

对氨基苯甲酸（1）：将上述化合物（3）3 g 加入 250 mL 反应瓶中，加入 60 mL 18% 的盐酸，搅拌回流 20 mim，固体溶解。冰浴冷却，析出盐酸盐结晶。加入 15 mL 冷水，用 28% 的氨水中和至固体溶解，再加入氨水至 pH4，析出黄色结晶。冷却，抽滤，干燥，得橙黄色结晶（1）1.6 g，收率 64.3%，mp 183～185℃。用水重结晶，mp 186～188℃。

【用途】 医药、染料中间体，止血药对羧基苄胺（Aminomethylbenzoic acid）等的中间体。

邻氯苯甲酸

$$C_7H_5ClO_2，156.57$$

【英文名】 *o*-Chlorobenzoic acid

【性状】 无色针状或单斜晶体。mp 142℃ 升华。易溶于醇和醚，微溶于水，不溶于甲苯。

【制法】 丁养军.山东化工，1997，1：19.

于安有搅拌器、回流冷凝器的 3 L 反应瓶中，加入高锰酸钾 30 g，350 mL 水和季铵盐 0.008 mol，200 mL 苯，搅拌加热至 70℃。滴加邻氯甲苯（2）10 g，加完后继续搅拌下加热反应约 1 h，至紫色褪去。趁热过滤，滤饼用 25 mL 热水洗涤。蒸馏回收苯后，浓缩至约 200 mL，若溶液不透明，可用活性炭脱色过滤，滤液用盐酸酸化，析出白色固体。冷却，过滤，水洗，干燥，得化合物（1）11.5 g，收率 91.8%，mp 138.5℃。热水中重结晶后，

mp 139～141℃。

　　【用途】　精神病治疗药物氯丙嗪（Chlorpromazine）、类风湿性关节炎、风湿性关节炎治疗药物氯芬那酸（Clofenamic acid）、麻醉药氯胺酮（Ketamine）等的中间体。

三、芳环的氧化

吡啶-2,3-二甲酸

$$C_7H_5NO_4，167.12$$

　　【英文名】　Pyridine-2,3-dicarboxylic acid

　　【性状】　白色结晶型粉末。mp 190℃（分解）。无味，溶于 180 份水及碱溶液，微溶于乙醇，几乎不溶于乙醚、苯。

　　【制法】　方法 1　O'Murchu C. Synthesis，1980：880.

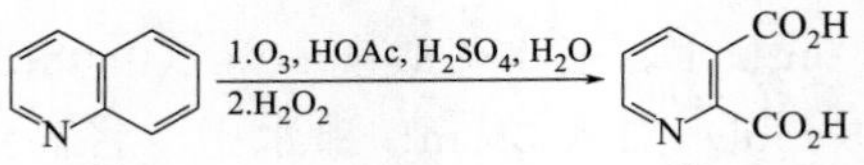

　　于安有搅拌器、温度计、通气导管的反应瓶中，加入喹啉（**2**）51.6 g（0.4 mol），醋酸 315 g，水 50 mL，浓硫酸 41.5 g（0.41 mol），温热至 35℃。剧烈搅拌下通入含臭氧 4%（体积比）的氧气，通入速度 50 L/h，共需 20 h，^{1}H NMR 检测起始反应物反应完全。于 45℃慢慢加入过氧化氢 0.44 mol，约 30 min 加完。加完后继续搅拌反应 1.5 h。用氢氧化钠溶液中和后，以亚硫酸氢钠分解过量的过氧化物。减压浓缩至干。剩余物用热乙醇提取，得化合物（**1**），收率 70%。水中重结晶，mp 185℃。

　　方法 2　张伟，齐旬通，李公春，王宏胜. 河南化工，2014，10：33.

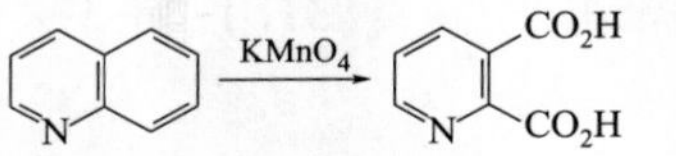

　　于反应瓶中加入水 20 mL，氢氧化钾 1.0 g，喹啉（**2**）2.58 g（0.02 mol），搅拌下加热至 60℃，分批慢慢加入高锰酸钾 25.3 g（0.16 mol），维持反应温度在 60～70℃。加完后于 90℃反应至反应完全。趁热过滤，滤饼用热水洗涤。合并滤液和洗涤液，减压浓缩后用盐酸酸化。过滤，干燥，得化合物（**1**）1.46 g，收率 43.7%，mp 184～186℃。

　　方法 3　孙昌俊，曹晓冉，王秀菊. 药物合成反应——理论与实践，北京：化学工业出版社，2007：31.

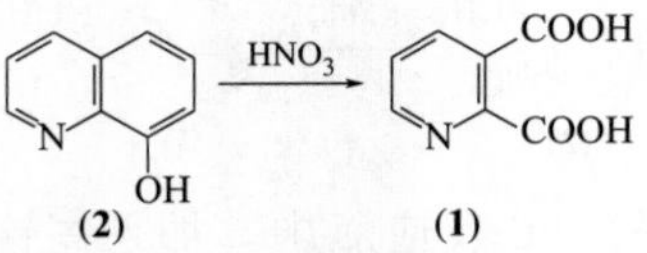

　　于 2000 mL 反应瓶中加入 8-羟基喹啉（**2**）116 g（0.8 mol）及水 15 mL，于 8 h 左右滴加 220 g 浓硝酸（d1.5），室温放置过夜。缓缓升温至不再有大量棕色 NO$_2$ 冒出。冷后再滴加浓硝酸（d1.42）360 g，再加热至不再有大量 NO$_2$ 冒出。第三次滴加 760 g 浓硝酸（d1.42），水浴加热 8 h。减压浓缩至反应瓶中有晶体析出，冷后过滤，水洗。用 40%的乙醇重结晶，再用 10 倍量沸水重结晶，得无色（**1**）18～19 g，收率 55%～60%，mp 185～189℃。

【用途】 烟酸、烟酰胺、中枢兴奋药尼可刹米（Nikethamide）等的中间体。

2,2′-联苯二甲酸

$C_{14}H_{10}O_4$，242.23

【英文名】 Diphenic acid，2,2′-Biphenyldicarboxylic acid

【性状】 mp 227～229℃。溶于多数有机溶剂。

【制法】 ①王桂娟，姚蒙正，陈亚萍等.辽宁化工，1987，1：1.②孙昌俊，曹晓冉，王秀菊.药物合成反应——理论与实践，北京：化学工业出版社，2007：31.

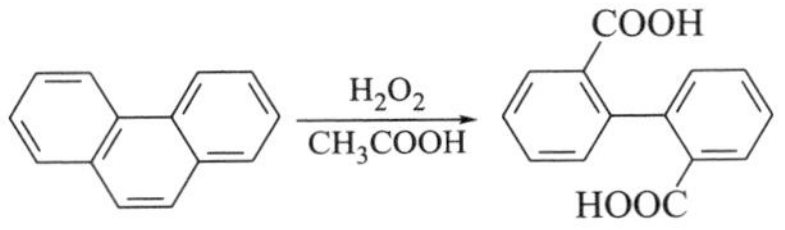

于反应瓶中加入菲（**2**）89 g（0.5 mol），冰醋酸 1 L，水浴加热至 85℃，搅拌下于 40 min 左右加入 30% 的双氧水 345 mL（4 mol），加完后继续搅拌反应 3～4 h。减压浓缩至大约一半体积时，冷却，析出晶体。过滤，滤液减压浓缩至干，剩余物中加入 10% 氢氧化钠溶液 370 mL，加热溶解，活性炭脱色。过滤，滤液用稀盐酸调至强酸性，冷却，析出固体。抽滤，水洗，于 110℃ 干燥，共得（**1**）81 g，收率 67%，mp 228℃，冰醋酸中重结晶，mp 230℃。

【用途】 兽药双硝氯酚（Niclofolan）等的中间体。

异苯并呋喃-1(3*H*)-酮-3-乙酸

$C_{10}H_8O_4$，192.17

【英文名】 Isobenzofuran-1(3*H*)-one-3-acetic acid

【性状】 白色固体。mp 152～153℃。

【制法】 ①胡高云，向阳，向红琳等.中国药物化学杂志，1998，8（3）：169.②Raackefels L D，Wang C H，Robins R K，et al. J Org Chem，1950，15（1）：617.

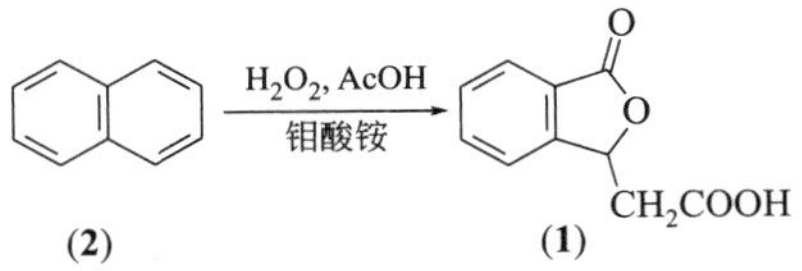

于反应瓶中加入冰醋酸 250 mL，萘（**2**）10 g（0.078 mol），钼酸铵 0.2 g，加热至回流，慢慢滴加 30% 的 H_2O_2 84 g，约 4 h 加完，加完后继续反应 1 h。稍冷后加入等体积的水，冰盐浴冷却，滤出未反应的萘（约 2 g），滤液减压浓缩，得到黑色膏状物。用饱和碳酸氢钠溶解，过滤。滤液用稀盐酸调至 pH1，析出固体。过滤，用水重结晶，活性炭脱色，冷却，得白色固体（**1**）6.7 g，收率 42%，mp 152～153℃（文献值 152℃）。

【用途】 抗惊活性化合物（*E*）-1(3*H*)-异苯并呋喃酮-Δ³-乙酰胺类化合物中间体。

四、卤代烃氧化

5-硝基噻吩-2-甲酸

$$C_5H_3NO_4S, \quad 173.14$$

【英文名】 5-Nitrothiophene-2-carboxylic acid

【性状】 浅黄色固体。

【制法】 陈芬儿.有机药物合成法：第一卷.北京：中国医药科技出版社，1999：678.

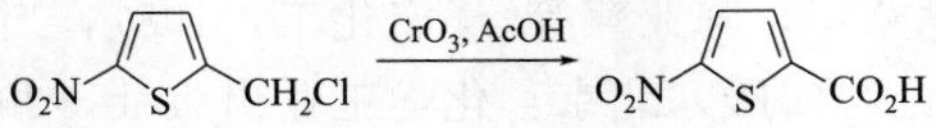

于干燥的反应瓶中加入 2-氯甲基-5-硝基噻吩（**2**）1.2 g（6.76 mmol），三氧化铬 1.2 g，醋酸 15 mL，搅拌溶解，于 41℃搅拌反应 3 h。冷却，加入适量水，乙醚提取数次。合并有机层，无水硫酸钠干燥。过滤，减压蒸出溶剂，析出固体。干燥，得化合物（**1**），mp 149℃。

【用途】 抗癌药雷替曲塞（Raltitrexed）、抗菌药硝呋肼（Nifurzide）等的中间体。

邻甲基苯甲醛

$$C_8H_8O, \quad 120.15$$

【英文名】 2-Tolualdehyde

【性状】 无色液体。bp 66～70℃/0.8 kPa。

【制法】 段行信.实用精细有机合成手册.北京：化学工业出版社，2000：78.

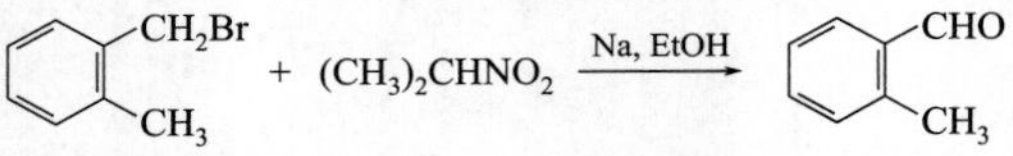

于安有搅拌器、温度计、回流冷凝器（安氯化钙干燥管）的反应瓶中，加入无水乙醇 500 mL，分批加入金属钠 11.5 g（0.5 mol）。待金属钠完全反应后，加入 2-硝基丙烷 46 g（0.52 mol），随后加入 2-甲基苄基溴（**2**）92.5 g（0.5 mol），搅拌回流反应 4 h。慢慢冷至室温，过滤生成的白色溴化钠沉淀。减压蒸出乙醇，剩余物（含溴化钠）溶于乙醚和 150 mL 水中。分出乙醚层，用 10%的氢氧化钠溶液洗涤（50 mL×2），以除去过量的 2-硝基丙烷和丙酮肟，再水洗一次。无水硫酸钠干燥，过滤。减压蒸出乙醚，剩余物减压蒸馏，收集 66～70℃/0.8 kPa 的馏分，得化合物（**1**）41～44 g，收率 68%～73%。

【用途】 医药、染料、添加剂等中间体。也可以用邻二甲苯的电化学合成法来制备。

1-茚满酮

$$C_9H_8O, \quad 132.16$$

【英文名】 1-Indanone，α-Hydrindon

【性状】 浅黄色固体。mp 39～41℃。

【制法】 麻远，殷魏，赵玉芬.有机化学，2008，28（1）：37.

α-氯代氢化茚（**3**）：于安有通气导管（深入瓶底）的反应瓶中，加入新蒸馏的茚（**2**）80 g（0.69 mol），冰水浴冷却，于 5～10℃通入干燥的氯化氢气体，直至吸收 24～27 g。继续反应 8～10 h，减压蒸馏，收集 90～103℃/2.0 kPa 的馏分，得化合物（**3**）80～90 g。

1-茚满酮（**1**）：于反应瓶中加入三氧化铬 100 g（1 mol），100 mL 水，100 mL 冰醋酸，搅拌溶解。冷却下于 35～40℃滴加上述化合物（**3**），约 1～1.5 h 加完。加完后继续搅拌反应 15 min。将反应物倒入大烧杯中，用 300 mL 水稀释。用固体碳酸钠中和后，水蒸气蒸馏，收集约 2.5 L 馏出液，溶液开始起泡沫时，停止蒸馏。冷后产品固化为白色或黄色固体。冰浴中冷却，抽滤，冷水洗涤。将湿的固体加入 200 mL 苯中，共沸蒸出水后，减压蒸出苯。剩余物减压蒸馏，收集 125～126℃/2.26 kPa 的馏分，冷后固化为浅黄色固体，重 46～55 g，mp 39～41℃，收率 50%～60%（以茚计）。

【用途】 具有抗高血压活性的茚达酮（Irindalone）、具有排盐利尿和排尿酸活性的茚满氧基乙酸类化合物等的中间体。

辛　　醛

$C_8H_{16}O$，128.21

【英文名】 Octanal

【性状】 无色液体。69～71℃/2.53 kPa。

【制法】 Franzen V. Org Synth，1973，Coll Vol 5：872.

于安有搅拌器、温度计、回流冷凝器（安氯化钙干燥管）、滴液漏斗的反应瓶中，加入干燥的氯仿 100 mL，无水三甲胺氧化物 30 g（0.4 mol）。搅拌下滴加正辛基碘（**2**）48 g（0.2 mol），开始滴加时将反应液加热至 40～50℃，反应放热，控制滴加速度，保持反应液温度不超过 50℃，约 20～30 min 加完。加完后回流反应 20 min，冷后搅拌下加入 110 mL 2 mol/L 的硫酸。分出氯仿层，水洗，碳酸钠溶液洗涤，水洗，无水硫酸钠干燥。过滤，减压浓缩，剩余物常压蒸馏，收集 155～165℃的馏分，得 12～12.5 g 粗品。减压分馏，收集 69～71℃/2.53 kPa 的馏分，得无色油状液体（**1**）10.6～11.0 g，收率 41.5%～43%。

【用途】 食用香料。

邻硝基苯甲醛

$C_7H_5NO_3$，151.12

【英文名】 2-Nitrobenzaldehyde

【性状】 浅黄色针状结晶。mp 43.5~44℃，bp 153℃/3.1 kPa。微溶于水，溶于乙醇、乙醚、氯仿等有机溶剂。可随水蒸气挥发。

【制法】 方法1 Kalir A. Org Synth，1973，Coll Vol 5：825.

邻硝基苄基吡啶盐（4）：于安有搅拌器、回流冷凝器的反应瓶中，加入邻硝基甲苯（2）102 g（0.744 mol），NBS 120 g（0.675 mol），过氧化苯甲酰 1.0 g，干燥的四氯化碳 450 mL，搅拌回流约 6 h，直至固体物全部浮于液面上。

过滤，滤饼用热的四氯化碳洗涤（50 mL×2）。合并四氯化碳溶液，减压浓缩，剩余物为化合物（3）。加入 400 mL 无水乙醇，65 mL（0.81 mol）试剂级吡啶，回流反应 45 min。趁热倒入广口三角瓶中，立即析出结晶，冷却，过滤，冷乙醇洗涤，得几乎纯的化合物（4）。直接用于下一步反应。

N-对二甲氨基苯基-α-邻硝基苯基硝酮（5）：于安有搅拌器、温度计、回流冷凝器、滴液漏斗的反应瓶中，加入上述化合物（4），对亚硝基二甲基苯胺盐酸盐 100 g（0.536 mol），乙醇 800 mL，冰盐浴冷却。搅拌下于 0~5℃ 慢慢滴加由氢氧化钠 54 g（1.35 mol）溶于 500 mL 水配成的溶液，反应体系的颜色逐渐由黄变绿、棕、橙。保持在 5~10℃ 反应 1 h。加入 500 mL 冰水，过滤生成的橙色固体（5），冷水洗涤。不必纯化，直接用于下一步反应。

邻硝基苯甲醛（1）：于 3 L 烧杯中加入上述化合物（5），搅拌下慢慢加入 6 mol/L 的硫酸。10 min 后加入碎冰。过滤生成的固体，用稀的碳酸氢钠溶液充分洗涤，水洗，于盛有氯化钙的干燥器中真空干燥，得浅黄色固体（1）粗品。最好用减压蒸馏的方法提纯，收集 120~140℃/0.4 kPa 的馏分，得纯品（1），冷后固化，mp 41~44℃，重 48~54 g，总收率 47%~53%（以 NBS 计）。样品已足够纯，可以满足大部分的需要。

方法2 Werner Ertel. US 4297519. 1981.

于反应瓶中加入 DMSO 500 mL，邻硝基苄基溴（2）100 g（0.227 mol），碳酸氢钠 100 g，氮气保护下慢慢加热，于约 30 min 加热至 100℃。冷至 50℃，减压蒸出溶剂 350~400 mL（266~665 Pa）。剩余物中加入 500 mL 甲苯，滤去生成的溴化钠和未反应的碳酸氢钠。固体物用 200 mL 甲苯洗涤。滤液加入由 80 g 焦亚硫酸钠溶于 120 mL 水的溶液，搅拌，加入 200 g 冰后继续搅拌 1 h。再加水 200 mL。分出有机层，水层用甲苯提取。水层用 45% 的氢氧化钠调至 pH12，温度升高至 35~40℃，分层，水层弃去，有机层用 50 mL 水洗涤，无水硫酸镁干燥后，减压浓缩，得黄色油状物，冷后固化为黄色固体（**1**）24 g，纯度 98%。

【用途】　用于抗心绞痛药硝苯地平（Nifedipine）的合成。将其硝基还原成氨基后生成邻氨基苯甲醛，可合成喹啉环类药物。

联苯基乙二醛

$C_{14}H_{10}O_2$，210.23

【英文名】　4-Biphenylglyoxal，Biphenyl-4-yl-oxoacetaldehyde
【性状】　白色固体。含结晶水 mp 113～125℃。
【制法】　Floyd M B，Du M T，Fabio P F，et al. J Org Chem，1985，50（23）：5022.

于安有搅拌器的反应瓶中，加入用分子筛干燥的二甲亚砜 150 mL，4-溴乙酰基联苯（**2**）25.1 g（91.2 mmol），室温搅拌反应 16 h，TLC 显示原料（**2**）消失。将反应物倒入碎冰中，过滤生成的固体，水洗，干燥，得化合物 20.7 g，TLC 显示有两个点，为化合物（**1**）和（**3**）的混合物。将其溶于丙酮中，倒入碳酸氢钠水溶液中，冷却，过滤，水洗，得化合物（**1**）11.6 g，收率 56%，由丙酮-水重结晶，mp 113～125℃。

将滤液用盐酸酸化，生成的沉淀用乙醚提取，再按照常法处理，得浅黄色化合物（**3**）8.7 g，收率 42%。由石油醚-乙醚重结晶，得黄色晶，mp 101～103℃。

【用途】　药物、有机合成中间体。

苯基乙二醛

$C_8H_6O_2$，134.14

【英文名】　Phenylglyoxal
【性状】　无色针状结晶，mp 123～125℃。一水合物为无色结晶，mp 72～76℃。
【制法】　Wang S M，Warren M，John M，et al. Bioorganic & Medicinal Chemistry Letters，2002，12（3）：415.

于反应瓶中加入 α-溴代苯乙酮（**2**）19.9 g（0.1 mol），二甲亚砜 100 mL，混合均匀后放置 10 h。搅拌下慢慢倒入冰水中。用乙醚提取三次。合并乙醚层，水洗，无水硫酸镁干燥。蒸出乙醚。剩余物溶于少量乙酸乙酯。放置后析出结晶。冷冻，抽滤，干燥，得无色针状结晶（**1**）11 g，mp 123～125℃，收率 84%。

【用途】　胃病治疗药奥芬溴铵（Oxyphenonium）、格隆溴铵（Glycopyrronium bromide）等的中间体。

五、醇的氧化

4-(4-氧代丁基)苯甲酸乙酯

C$_{13}$H$_{16}$O$_3$，220.27

【英文名】 Ethyl 4-(4-oxobutyl)benzoate
【性状】 无色液体。
【制法】 郭志雄，王荷芳，辛春伟，陈立功.有机化学，2006，26（4）：546.

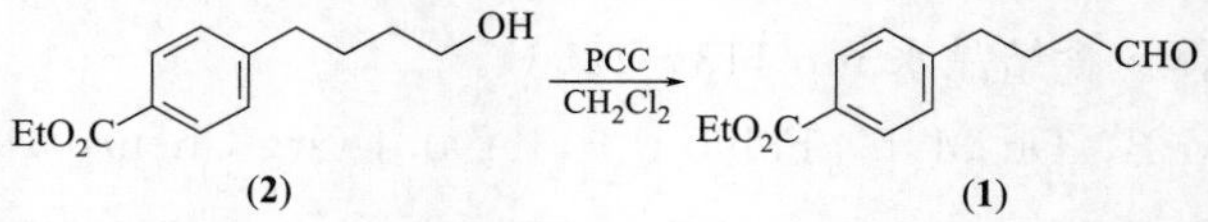

于反应瓶中加入 4-(4-羟基丁基)苯甲酸乙酯（**2**）0.78 g（3.51 mmol），氯铬酸吡啶鎓盐（PCC）1.51 g（7.0 mmol），二氯甲烷 30 mL，室温搅拌反应 2 h。将反应液首先过装有硫酸镁的硅胶柱，浓缩液再过硅胶柱纯化，用乙酸乙酯-石油醚（1∶3.5）洗脱，得化合物（**1**）0.64 g，收率 82.8%。

【用途】 抗癌药培美曲塞（Pemetrexed）等的中间体。

(S)-5-甲基-2-(2-苯基丙-2-基)环己-2-烯酮

C$_{16}$H$_{20}$O，228.33

【英文名】 (S)-5-Methyl-2-(2-phenylpropa-2-yl)cyclohex-2-enone
【性状】 无色液体。
【制法】 陈芬儿.有机药物合成法：第一卷.北京：中国医药科技出版社，1999：915.

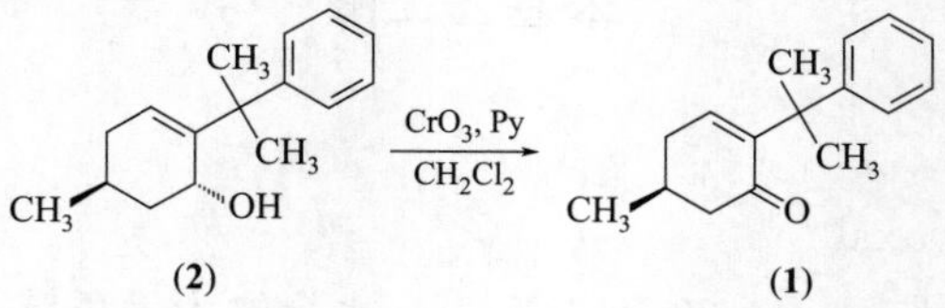

于反应瓶中加入三氧化铬 36 g（0.36 mol），吡啶 58 g（0.72 mol），二氯甲烷 60 mL，搅拌 15 min 后，于 20℃加入由化合物（**2**）14.0 g（0.06 mol）溶于 50 mL 二氯甲烷的溶液，保温反应 45 min。过滤，滤饼用乙醚洗涤。有机层用 10%的氢氧化钠水溶液洗涤，无水硫酸钠干燥。过滤，回收溶剂后减压蒸馏，收集 110～112℃/26.67 kPa 的馏分，得化合物（**1**）12.6 g，收率 92%。

【用途】 抗肿瘤药物盐酸乌苯美司（Ubenimex hydrochloride）的合成中间体。

薄荷酮

C$_{10}$H$_{18}$O，154.25

【英文名】 Menthone
【性状】 无色液体。

【制法】 司红岩，孙国富，祝贞科.山东化工，2010，39（3）：15.

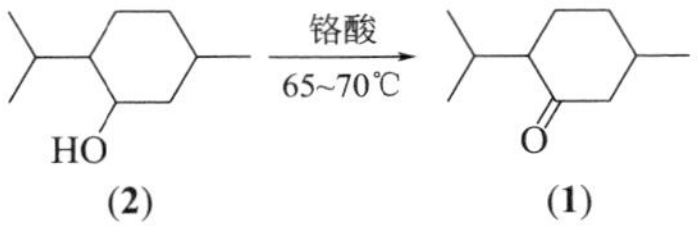

于 250 mL 烧杯中加入重铬酸钠二水合物 15.0 g（0.1 mol），水 63 mL，98％的硫酸 33.75 g，搅拌冷却后备用。

于安有搅拌器、温度计、滴液漏斗的反应瓶中，加入薄荷醇（**2**）19.5 g，水 50 mL，于 30℃搅拌溶解。慢慢滴加上述铬酸水溶液，保持反应液温度在 65～68℃，约 35 min 加完。加完后继续保温反应 10 min。冷却，乙醚提取 2 次。合并有机层，水洗，无水硫酸钠干燥。过滤，浓缩，得粗品。加入过量镁粉，回流 6 h。用水洗反应液，乙醚提取。回收乙醚，减压蒸馏，收集 81～82℃/1.066 kPa 的馏分，得化合物（**1**），收率 87.5％。

【用途】 香料及医药、化工原料。青蒿素（Artemisinin）合成中间体。

6,6-亚乙二氧基-5α-胆甾烷-3-酮

$C_{29}H_{48}O_3$，444.70

【英文名】 6,6-Ethylenedioxo-5α-cholestan-3-one, Cholestandion-3,6,6-ethylenketal
【性状】 白色结晶。mp 115～116℃。
【制法】 Hector F DeLuca, Heinrich K Schones, Michael F, et al. US 3741996, 1973.

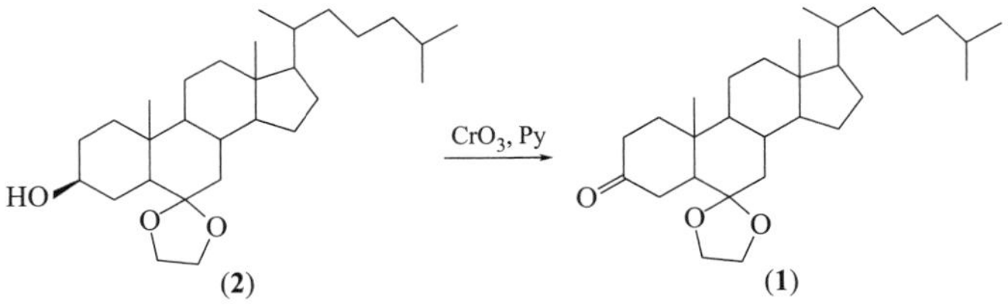

于干燥的反应瓶中加入吡啶 182 mL，冷至 0℃，慢慢加入三氧化铬 182 g（1.82 mol），搅拌下滴加由 6,6-亚乙二氧基-5α-胆甾烷-3β-醇（**2**）12.6 g（28.4 mmol）溶于 100 mL 吡啶的溶液，室温搅拌反应 10 h。加入乙酸乙酯 500 mL，过硅藻土 50 g 柱进行纯化，用乙酸乙酯洗脱。将洗脱液过中性氧化铝柱，用乙酸乙酯洗脱。减压回收溶剂，得绿色固体。将其溶于 40 mL 乙酸乙酯中，再过中性氧化铝柱进行纯化，用乙酸乙酯洗脱，最后得到化合物（**1**）12.3 g，收率 98％。

【用途】 维生素类药物阿法骨化醇（Alfacalcidol）中间体。

6β,19-氧桥-雄甾-4-烯-3,17-二酮

$C_{19}H_{24}O_3$，300.40

【英文名】 6β,19-O-Bridge-4-androstene-3,17-dione
【性状】 mp 186～187℃。$[\alpha]_D^{25}$ −34°（$c=1.083$，$CHCl_3$）。
【制法】 陈芬儿.有机药物合成法：第一卷.北京：中国医药科技出版社，1999：418.

(2)   (3)   (1)

5α-氯-6β,19-氧桥-雄甾-3,17-二酮（**3**）：于反应瓶中，加入化合物（**2**）40 g（118 mmol），丙酮 4 L，搅拌溶解后，冷却至 10℃，搅拌下加入新制的铬酸溶液 60 mL（由三氧化铬 26.9 g 和浓硫酸 23 mL 加水稀释成 100 mL 而成），控制温度 10～15℃。加毕，继续搅拌 0.5～1h。加入苯适量，分取有机层，水洗至 pH7，无水硫酸钠干燥。过滤，滤液减压回收溶剂。向剩余物中加入异丙醇 200 mL，于 10～15℃搅拌 10 min，再加入水 1.5 L 和二氯甲烷 1.5 L，分离有机层。水层用二氯甲烷提取。合并有机层，用饱和碳酸钠溶液洗至 pH7，无水硫酸钠干燥。过滤，滤液于 30℃以下减压回收溶剂，得（**3**）38 g，收率 95.6%。

6β,19-氧桥-雄甾-4-烯-3,17-二酮（**1**）：于反应瓶中，加入（**3**）38 g（113 mmol），乙酸钾 70 g（707 mmol）和甲醇 1.2 L，水浴加热蒸馏（水浴温度不超过 90℃），收集馏出液 750 ml，改为减压浓缩，蒸干。加入水 1 L，搅拌，析出固体。过滤，水洗，得粗品（**1**）。用异丙醇重结晶，得精品（**1**）34 g，收率接近 100%，mp 186～187℃。$[\alpha]_D^{25}$ $-34°$（$c=$ 1.083，$CHCl_3$）。

【用途】 抗早孕药米非司酮（Mifepristone）中间体。

2,6-二甲苯氧基丙酮

$C_{11}H_{14}O_2$，178.12

【英文名】 2,6-Dimethylphenoxyacetone

【性状】 无色液体。bp 115～117℃/3.6 kPa。溶于醇、醚、氯仿，微溶于水。

【制法】 孙昌俊，曹晓冉，王秀菊. 药物合成反应——理论与实践. 北京：化学工业出版社，2007：34.

(2)   (1)

于 1 L 反应瓶中，加入 1-(2,6-二甲基苯氧基)-2-羟基丙烷（**2**）85 g（0.483 mol），升温至 45℃左右。搅拌下滴加由 144 g 重铬酸钠，100 mL 浓硫酸及 250 mL 水配成的溶液。加完后于 50～60℃反应 2 h。稍冷后加入 10%的亚硫酸钠水溶液，搅拌反应 15 min，以分解过量的铬酸。室温静止分层，上层油状物水洗，而后减压蒸馏，收集 115～117℃/ 3.6 kPa 的馏分，得油状液体（**1**）71 g，收率 90%。

【用途】 抗心律失常药盐酸美西律（Mexiletine hydrochloride）等的中间体。

双醋瑞因

$C_{19}H_{12}O_8$，368.30

【英文名】 Diacerein

【性状】 橙黄色结晶，mp 217～219℃。

【制法】 朱兴一，郭巧凤，吴雪珍. 苏为科. 合成化学，2010，18（2）：269.

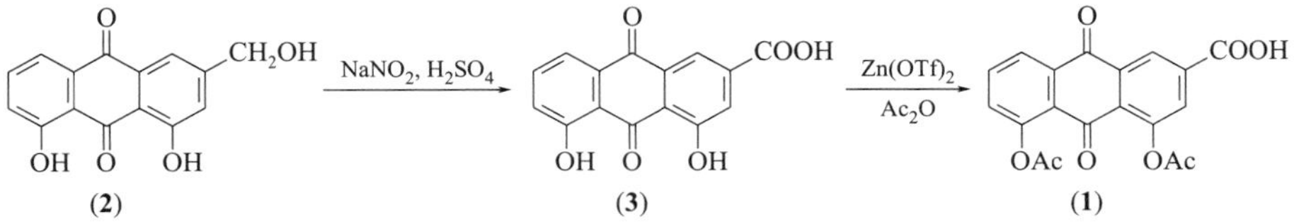

4,5-二羟基蒽醌-2-甲酸（3）：于反应瓶中加入亚硝酸钠 13.0 g（188.4 mmol），硫酸 60 mL，搅拌溶解。于 120℃慢慢加入化合物（2）5.0 g（18.5 mmol），加完后于 120℃继续反应 3 h。将反应物倒入冰水中，析出沉淀。过滤，水洗，而后用 40 mL 乙醇重结晶，得黄色针状结晶（3）4.9 g，收率 93%。

双醋瑞因（1）：于反应瓶中加入化合物（3）2.84 g（10 mmol），三氟甲磺酸锌 72.7 mg（0.2 mmol）醋酸酐 5.1 g（50 mmol），于 130℃搅拌反应 30 min。冷却至室温，固体完全析出后过滤，滤饼用 28 mL 冰醋酸重结晶，得橙黄色结晶（1）3.62 g，收率 98.5%，mp 217～219℃（滤液减压浓缩至干可以回收三氟甲磺酸锌）。

双醋瑞因（Diacerein）也可以用如下方法来合成，酰基化后用铬酸氧化时，伯醇酯氧化为羧酸，而两个酚酯保持不变。

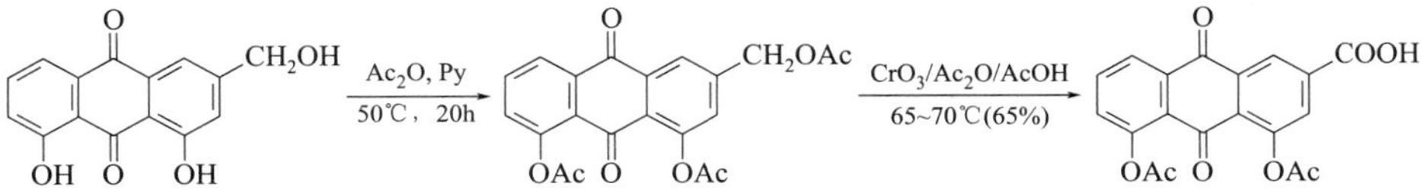

【用途】 治疗关节炎的消炎镇痛药双醋瑞因（Diacerein）原料药。

α^4,3-O-亚异丙基吡哆醛

$C_{11}H_{13}NO_3$，207.23

【英文名】 α^4,3-O-Isopropylidene pyridoxal

【性状】 mp 61.5～64℃。

【制法】 ①李森等. 同济大学学报. 1990，18：229. ②高兴文等. 中国医药工业杂志，1994，25：42.

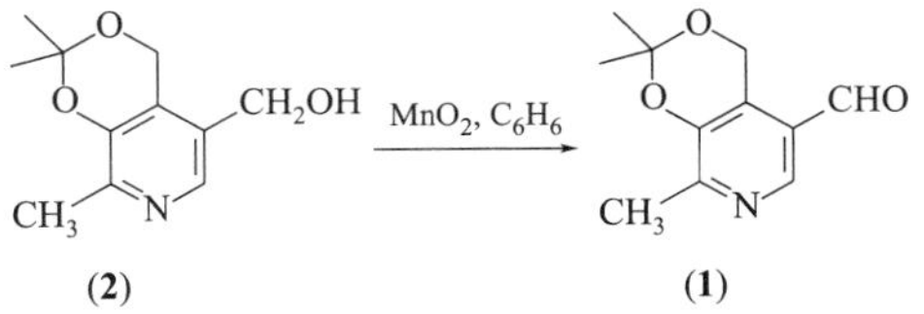

于安有分水器的反应瓶中，加入活性二氧化锰 250.8 g（2.8 mol），苯 1650 mL，加热回流脱水 1 h。冷却至 30℃，加入化合物（2）125.4 g（0.6 mol），搅拌回流 2 h。冷却至室温，过滤，滤饼用苯洗涤。合并滤液和洗涤液，减压回收溶剂至体积 150～200 mL，再加入 200 mL 正己烷，减压回收溶剂至体积 150～200 mL，再加入 100 mL 正己烷，0～5℃冷却 1 h，析出结晶。过滤，用正己烷洗涤，室温真空干燥，得粗品（1）81.6 g，收率 65.7%，mp 61.5～64℃。母液减压浓缩，又得（1）24.1 g，mp 56～60℃。

【用途】 利尿药盐酸西氯他宁 (Cicletanine hydrochloride) 等的中间体。

3-(4-溴苯甲酰基)吡啶

$C_{12}H_8BrNO$，262.11

【英文名】 3-(4-Bromobenzoyl)pyridine，(4-Bromophenyl)(pyridine-3-yl)methanone

【性状】 mp 125~126℃。

【制法】 陈芬儿. 有机药物合成法：第一卷. 北京：中国医药科技出版社，1999：870.

于安有搅拌器、回流冷凝器的反应瓶中，加入 4-溴苯基-3'-吡啶基甲醇 (**2**) 5.54 g (21 mmol)，MnO_2 13 g (0.15 mol)，二氯甲烷 70 mL，搅拌下回流反应 10 h。过滤，滤饼依次用乙酸乙酯、丙酮洗涤。合并滤液和洗涤液，减压浓缩，得粗品。以异丙醇重结晶，得化合物 (**1**) 4.14 g，收率 75.3%，mp 125~126℃。

【用途】 抗抑郁药盐酸齐美定 (Zimeldine hydrochloride) 等的中间体。

丙酮酸乙酯

$C_5H_8O_3$，116.12

【英文名】 Ethyl pyruvate

【性状】 无色液体。bp 147.5℃/99.75 kPa，56~57℃/2.67 kPa。n_D^{25} 1.4052。

【制法】 方法 1　Comfort J W. Org Synth，1963，Coll Vol 4：467.

于反应瓶中加入饱和硫酸镁水溶液 130 mL，30~60℃ 的石油醚 500 mL，乳酸乙酯 (**2**) 50 g (0.42 mol)，磷酸二氢钾 20 g (0.13 mol)。冰水浴冷却至 15℃，搅拌下分批加入高锰酸钾粉末 55 g (0.35 mol)，注意加入速度，待前一批反应完全，再加入下一批，控制反应温度在 15℃ 左右。反应完后静置分层，分出有机层，下层浆状物用石油醚提取 3 次。合并有机层，蒸馏回收石油醚后，剩余物用饱和氯化钙溶液洗涤 (10 mL×2)。减压蒸馏，收集 56~57℃/2.67 kPa 的馏分，得丙酮酸乙酯 (**1**) 25~27 g，收率 51%~54%。

方法 2　陆平波，莫芬珠. 化工时刊，2002，4：48.

于反应瓶中加入乳酸乙酯 (**2**) 94.4 g (0.8 mol)，二氯甲烷 400 mL，液溴 7.7 mL，用 200W 灯泡照射，控制温度在 25℃ 左右，搅拌下滴加 50% 的双氧水 60 g (0.88 mol)。加完后继续于 25℃ 反应 4 h。冰浴冷却下用 10% 的氢氧化钠调至中性。分出有机层，水层用二氯甲烷提取。合并有机层，用 9% 的亚硫酸钠溶液 300 mL 洗涤 2 次，再用饱和氯化钙洗涤

（150 mL×2）。无水氯化钙干燥。过滤，浓缩，最后减压蒸馏，收集 62～64℃/4.53 kPa 的馏分，得淡黄色液体（**1**）46.9 g，收率 51%。

【用途】　心脏病治疗药吲哚洛尔（Pindolol）中间体。

α-羟基苯乙酮

C$_8$H$_8$O$_2$，136.15

【英文名】　α-Hydroxyacetophenone

【性状】　白色结晶。mp 84～86℃。

【制法】　Ueno Y, Okamara M. Tetrahedron Lett，1976，50：4597.

于反应瓶中加入苯基乙二醇（**2**）0.57 g（4 mmol），双正丁基氧化锡（HBD）2.7 mL（5.2 mmol），干燥的二氯甲烷 15 mL，氩气保护，室温搅拌下滴加溴 0.27 mL（5.2 mmol）溶于 5 mL 二氯甲烷的溶液。加完后继续室温搅拌反应 1～3 h。减压蒸出溶剂，剩余的油状物放置过夜，得结晶状（**1**）0.41 g，收率 76%，mp 84～86℃。

【用途】　胃及十二指肠溃疡、慢性胃炎、胃酸分泌过多等症治疗药格隆溴铵（Glycopyrronium bromide）等的中间体。

肉桂醛

C$_9$H$_8$O，132.16

【英文名】　Cinnamal，Cinnamic aldehyde

【性状】　无色或浅黄色油状液体。mp −7.5℃，bp 246℃（分解），135.7℃/2.67 kPa。与乙醇、乙醚、氯仿、油类混溶，微溶于水。随水蒸气挥发。

【制法】　Matsumoto M，Watanabe N. J Org Chem，1984，49（18）：3435.

于安有磁力搅拌器的反应瓶中，加入肉桂醇（**2**）95 mg，水合二氧化钌 500 mg，1,2-二氯乙烷 2 mL，氩气保护，室温搅拌反应 4 h。过硅胶柱纯化，得几乎定量的肉桂醛（**1**）。

【用途】　香精及医药中间体。

3,4-二甲氧基苯甲醛

C$_9$H$_{10}$O$_3$，166.18

【英文名】　3,4-Dimethoxybenzaldehyde

【性状】　白色针状结晶。mp 43～45℃。

【制法】　Suzuki T，Morita K，Tsuchida M，Hirol K. J Org Chem，2003，68

(4)：1601.

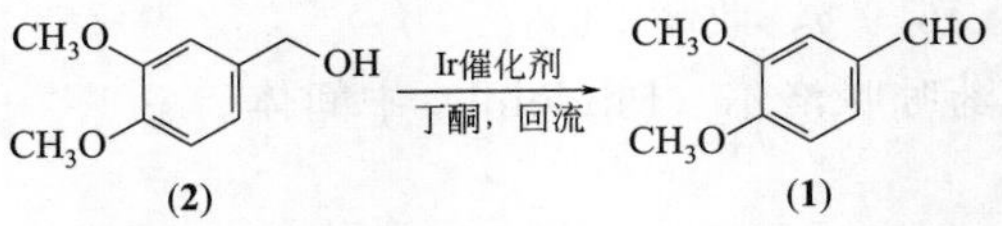

于安有磁力搅拌器、回流冷凝器的反应瓶中，加入丁酮 12 mL，铱催化剂 2.7 mg（0.005 mmol），3,4-二甲氧基苯甲醇（**2**）1.0 mmol，搅拌回流反应 16~18 h。冷却，过硅胶柱纯化，得化合物（**1**），收率 96%。

【用途】 抗过敏药曲尼司特（Tranilast）、降压药哌唑嗪（Prazosin）等的中间体。

6-甲氧基-2,3,5,8-四氢萘-1(2*H*)-酮

$C_{11}H_{14}O_2$，178.23

【英文名】 6-Methoxy-2,3,5,8-tetrahydronaphthalen-1(2*H*)-one
【性状】 白色固体。
【制法】 Bagal S K，Adlington R M，Baldwin J E，et al. Org Letters，2003，5：3049.

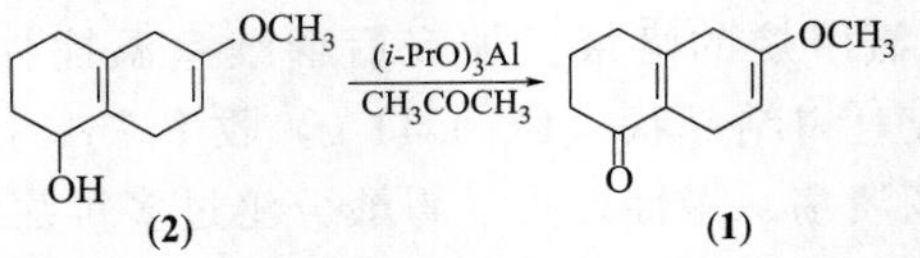

于安有搅拌器、回流冷凝器、通气导管的反应瓶中，加入甲苯 180 mL，化合物（**2**）40.1 g（0.23 mol），含异丙醇铝 7.7 g（0.038 mol）的丙酮溶液 105 mL，通入氩气，搅拌下加热回流反应 4.5 h（87℃）。冷后用 77 mL 水处理，过滤。水层用乙醚提取（250 mL×3），合并有机层，水洗，无水硫酸钠干燥。过滤，减压浓缩。剩余的油状物减压蒸馏，或加入 50 mL 石油醚，充入氩气，于冰箱中结晶，得白色固体（**1**）34.0 g，收率 87%。

【用途】 避孕药孕三烯酮（Gestrinone）中间体。

11β-羟基-5α-孕甾-3,20-二酮[17α,16α-*d*]-2′-甲基噁唑啉

$C_{23}H_{33}NO_4$，387.52

【英文名】 11β-Hydroxy-5α-pregnane-3,20-dione[17α,16α-*d*]-2′-methyloxazoline
【性状】 mp 196~200℃，[α]$_D$＋108°（c＝0.5，CHCl₃）。
【制法】 Nathansohn G，Winters G，Testa E. J Med Chem，1968，10（5）：799.

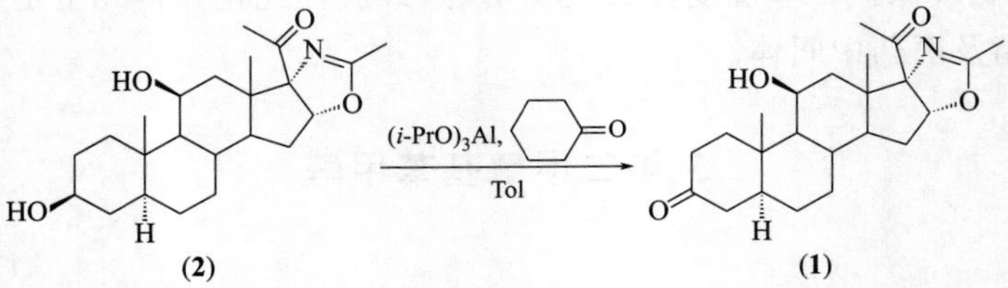

于干燥反应瓶中，加入化合物（**2**）12.5 g（0.032 mol），无水甲苯 500 mL，环己酮 90 mL 和异丙醇铝 6.24 g（0.0305 mol），加热搅拌回流 2 h。反应结束后，减压回收溶剂至干。剩余物用热甲醇提取数次，合并有机层，减压浓缩。剩余物经硅胶柱（洗脱剂：三氯

甲烷）纯化，得化合物（**1**）9.0 g，收率 75%，mp 196～200℃，$[\alpha]_D$＋108°（c＝0.5，CHCl₃）。

【用途】 甾体抗炎药地夫可特（Deflazacort）等的中间体。

4-叔丁基环己酮

$$C_{10}H_{18}O，154.25$$

【英文名】 4-*tert*-Butylcyclohexanone

【性状】 白色结晶。mp 45～46℃。

【制法】 Weinshbenker N M，Chah M S，Jack Y W. Org Synth，1988，Coll Vol 6：218.

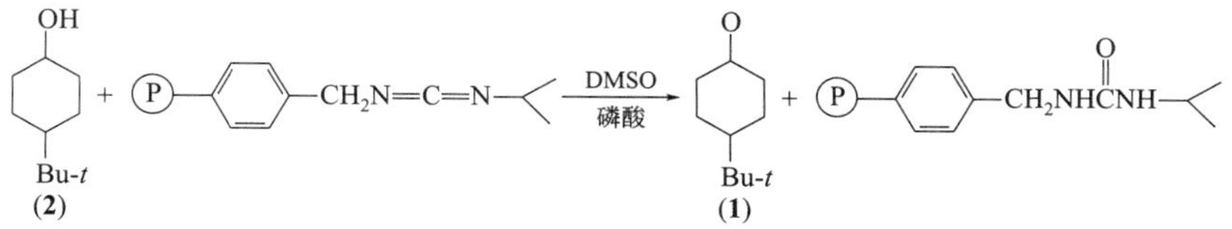

于安有搅拌器、通气导管的反应瓶中，加入 4-叔丁基环己醇（**2**）540 mg（3.46 mmol），50 mL 无水苯，0.2 mL 含有 98 mg（1 mmol）无水磷酸的无水二甲亚砜。通入氮气，搅拌下加入 13.19 g 聚合物支载的碳二亚胺树脂（含有 0.012 mol 活性炭二亚胺），室温搅拌反应 3.5 天。过滤，乙醚洗涤（100 mL×3）。合并有机层，水洗（100 mL×5）。浓缩至干，得化合物（**1**）446～450 mg，收率 83%～84%。粗品 mp 42～45℃。

【用途】 抗菌药 Tribactam 中间体。

3,4,5-三甲氧基苯甲醛

$$C_{10}H_{12}O_4，196.20$$

【英文名】 3,4,5-Trimethoxybenzaldehyde

【性状】 白色固体。mp 74～75℃。

【制法】 Dess D B，Martin J C. J Org Chem，1983，48（22）：4155.

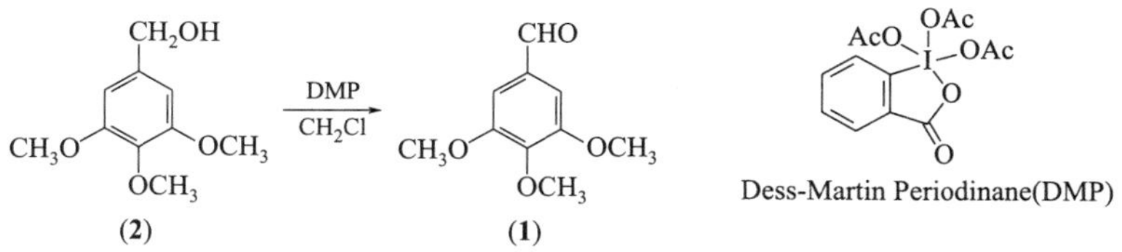

Dess-Martin Periodinane(DMP)

于反应瓶中加入二氯甲烷 10 mL，氧化剂 DMP 1.05 g（2.47 mmol），搅拌下加入 3,4,5-三甲氧基苯甲醇（**2**）0.44 g（2.23 mmol）溶于 8 mL 二氯甲烷的溶液。室温搅拌反应 20 min，用 50 mL 乙醚稀释。加入 20 mL 1.3 mol/L 的氢氧化钠溶液，搅拌 10 min。分出有机层，用 1.3 mol/L 的氢氧化钠溶液提取有机层，水洗。有机层减压蒸出溶剂，得化合物（**1**）0.41 g，收率 94%，mp 71～73℃，文献值 74～75℃。

【用途】 用于合成磺胺类药物、抗菌增效剂 TMP（甲氧苄胺嘧啶）以及用于支气管哮喘、哮喘型气管炎治疗药喘速宁（Tretoquinol）等的中间体。

对二甲氨基苯甲醛

$C_9H_{11}NO$，149.19

【英文名】 *p*-Dimethylaminobenzaldehyde

【性状】 白色固体。mp 74～77℃。

【制法】 陶晓春，曹雄杰，余伟，张钧陶.有机化学，2010，30（2）：250.

$$(CH_3)_2N\text{—}\boxed{}\text{—}CH_2OH \xrightarrow[CH_2Cl_2, rt, 2h]{oxone/CaCl_2/TEMPO} (CH_3)_2N\text{—}\boxed{}\text{—}CHO$$
$$(2) \qquad\qquad\qquad\qquad\qquad (1)$$

　　于安有磁力搅拌器的反应瓶中，加入对二甲氨基苯甲醇（**2**）2.0 mmol，Oxone 1.23 g（1 mmol），氯化钙 22.3 mg（0.2 mmol），二氯甲烷 5 mL，TEMPO 3.2 mg（0.02 mmol），室温搅拌反应 2 h，TLC 或 GL 跟踪反应。反应完后，过滤除去固体无机盐。减压浓缩，剩余物过硅胶柱纯化，得白色固体（**1**），收率 96%。

【用途】 尿胆素、吲哚、生物碱等的测试试剂以及染料中间体。

7-(4-乙酰基哌嗪-1-基)-1-乙基-6-氟-4-氧代-1,4-二氢-1,8-萘啶-3-羧酸乙酯

$C_{19}H_{23}N_4O_4F$，390.41

【英文名】 Ethyl 7-(4-acetylpiperazin-1-yl)-1-ethyl-6-fluoro-4-oxo-1,4-dihydro-1,8-naphthyridine-3-carboxylate

【性状】 mp 195～197℃。

【制法】 Miyamoto T，Egawa H，Matsumoto J-I，et al. Chem Phann Bull，1987，35（6）：2280.

　　7-(4-乙酰基哌嗪-1-基)-1-乙基-6-氟-1,2,3,4-四氢-4-氧代-1,8-萘啶-3-羧酸乙酯（**3**）：于干燥的反应瓶中，加入化合物（**2**）1.4 g（3.2 mmol），甲苯 14 mL，叔丁醇钾 0.4 g（3.5 mmol），室温搅拌反应 1 h。过滤，将其溶于 1 mol/L 的醋酸 5 mL 中，用乙酸乙酯提取，无水硫酸钠干燥。过滤，减压浓缩。剩余物中加入己烷，析出结晶。过滤，得浅黄绿色结晶（**3**）1.0 g，收率 80%，用二氯甲烷和己烷重结晶，mp 141～143℃。

　　7-(4-乙酰基哌嗪-1-基)-1-乙基-6-氟-4-氧代-1,4-二氢-1,8-萘啶-3-羧酸乙酯（**1**）：于干燥的反应瓶中，加入化合物（**3**）500 mg（1.28 mmol），四氯苯醌 315 mg（1.28 mmol），吡

啶 0.1 mL，氯仿 10 mL，搅拌回流 0.5 h。冷却，分出有机层，依次用 1 mol/L 的氢氧化钠水溶液、水洗涤，无水硫酸钠干燥。过滤，减压浓缩。剩余物中加入适量乙醚，析出固体。过滤，干燥，得化合物（**1**）440 mg，收率 88%。用乙酸乙酯重结晶，mp 195～197℃。

【用途】 喹诺酮抗菌药依诺沙星（Enoxacin）等的中间体。

对羟基苯甲醛

$C_7H_6O_2$，122.12

【英文名】 *p*-Hydroxybenzaldehyde，4-Hydroxybenzaldehyde

【性状】 无色针状结晶。mp 115～116℃。

【制法】 Becker H D，Bjok A，Alder E. J Org Chem，1980，45（9）：1596.

于反应瓶中加入对羟基苄基醇（**2**）496 mg（4 mmol），二氧六环 24 mL，而后加入 2,3-二氯-4,5-二氰基-1,4-苯醌（DDQ）908 mg（4 mmol），反应立即发生，生成深绿色（反应放热），并且约 1 min 左右生成 $DDQH_2$ 沉淀。薄层分析证明 15 min 后反应结束。由黄色反应混合物中减压蒸出溶剂，剩余物中加入二氯甲烷，滤去不溶物（$DDQH_2$，几乎定量）。滤液浓缩，得化合物（**1**），收率 74%。可以用水重结晶。

【用途】 天麻素（Gastrodin）、阿莫西林（Amoxicillin）、头孢羟氨苄（Cefadroxil）等中间体。

叔丁基过氧化氢

$C_4H_{10}O_2$，90.12

【英文名】 *t*-Butyl hydroperoxide

【性状】 无水液体。75℃稳定，bp 4.5～5℃/266 Pa，37～38℃/2.13 kPa。d_4^{20} 0.896，n_D^{20} 1.4007。有刺激性，可燃，常压蒸馏可爆炸。

【制法】 Sharpless K B，Verhoeven T K. Aldrichim Acta，1977，12：63.

$$(CH_3)_3COH \xrightarrow{H_2SO_4} (CH_3)_3COSO_3H \xrightarrow[H_2SO_4]{H_2O_2} (CH_3)_3C-O-O-H$$

于反应瓶中加入叔丁醇（**2**）74 g（1.0 mol），冰浴冷却，加入 140 g 70% 的硫酸（1.0 mol），于 5℃ 反应生成硫酸单叔丁酯。而后于 0～5℃ 滴加 27% 的过氧化氢 126 g（1.0 mol），约 30 min 加完。加完后室温放置过夜。分出有机层，用碳酸镁和 10 mL 水组成的悬浊液中和，20 mL 水洗涤，无水硫酸镁干燥，得产品 70.5 g，其中含 66% 的叔丁基氢过氧化物（**1**），34% 的过氧化二叔丁基，活性氧含量 11.74%。

用填充柱进行减压分馏，收集 12～13℃/2.66 kPa 的馏分为过氧化二叔丁基，4.5～5℃/266 Pa 的馏分为化合物（**1**），绝对不要常压蒸馏，否则容易引起爆炸危险。

【用途】 有机合成氧化剂。

乙醛酸丁酯

$C_6H_{10}O_3$，130.14

【英文名】 Butyl glyoxylate

【性状】 无色液体。bp 159～161℃（分解），66～69℃/665 Pa。氮气保护下保存，空气中可以自动氧化，常压时加热至沸分解。

【制法】 Furniss B S，Hannaford A J，Rogers V，et al. Vogel's Textbook of Practical Chemistry. Longman London and New York. Fourth edition，1978：418.

$$C_4H_9O_2CCH(OH)CH(OH)CO_2C_4H_9 \xrightarrow{Pb(OAc)_4} 2\ C_4H_9O_2CCHO + Pb(OAc)_2 + 2AcOH$$
$$(2) \qquad\qquad\qquad\qquad\qquad (1)$$

于安有搅拌器、温度计的三口反应瓶中，加入 125 mL 纯苯，（＋)-酒石酸二丁酯（2）32.5 g（0.123 mol），冷水浴冷却，搅拌下分批加入四乙酸铅 58 g，约 20 min 加完，保持反应温度不高于 30℃。加完后继续搅拌反应 1 h。过滤，滤饼用苯洗涤 2 次。蒸出苯和醋酸，剩余物氮气保护下减压蒸馏，收集 66～69℃/665 Pa 的馏分，得化合物（1）26 g，收率 81%。

【用途】 抗生素类药物卡芦莫南（Carumonam）等的中间体。

(S)-N-苄氧羰基苯丙氨酸

$C_{17}H_{17}NO_4$，299.32

【英文名】 (S)-N-Benzyloxycarbonylphenylananine

【性状】 白色固体。

【制法】 Zhao M，Li J，Mano E，Song Z，et al. J Org Chem，1999，64（7）：2564.

于安有搅拌器、温度计的反应瓶中，加入化合物（2）11.4 g（40 mmol），TEMPO（四甲基哌啶氧化物）436 mg（2.8 mmol），乙腈 200 mL，磷酸钠缓冲液（150 mL，0.67 mol/L，pH=6.7），加热至 35℃。而后于 2 h 同时加入亚氯酸钠（NaClO₂ 9.14 g，纯度 80%，80.0 mmol，溶于 40 mL 水）和次氯酸钠（1.06 mL，5.25% NaOCl 稀释至 20 mL，0.02 摩尔分数）（注意，二者在加入反应瓶中之前不要混合）。加完后于 35℃搅拌反应直至反应完全。冷至室温，加入 300 mL 水。用 0.02 摩尔分数的氢氧化钠溶液（约 48 mL）调至 pH8.0。将反应物倒入 0℃的亚硫酸钠水溶液中（12.2 g 亚硫酸钠溶于 200 mL 水中），保持温度不超过 20℃。水层的 pH 应在 8.5～9.0。室温搅拌 30 min，加入甲基叔丁基醚（MTBE）200 mL，有机层弃去。再加入 MTBE 300 mL，水层用 0.02 摩尔分数的盐酸（约 100 mL）酸化至 pH3～4。分出有机层，水洗 2 次，盐水洗涤，减压浓缩，得粗品化合物（1）10.2 g，收率 85%，没有明显的外消旋化。

【用途】 高血压治疗药雷米普利（Ramipril），增压素（Hypertensitlum）等多肽合成的中间体。

正己酸

$C_6H_{12}O_2$，116.16

【英文名】 Caproic acid，Hexanoic acid

【性状】 无色或浅黄色液体。mp $-3.4℃$，bp $205℃$。d_4^{25} 0.9265，n_D^{20} 1.4163。溶于乙醇、乙醚，微溶于水。

【制法】 ①高飞，务宗伟.CN1699324.2005.②孙昌俊，曹晓冉，王秀菊.药物合成反应——理论与实践.北京：化学工业出版社，2007：41.

$$CH_3(CH_2)_5\underset{\underset{OH}{|}}{C}HCH_3 \xrightarrow{HNO_3} CH_3(CH_2)_4{-}COOH + CH_3COOH$$

（2）   （1）

于反应瓶中加入 2-辛醇（**2**）50 g，70%的硝酸 150 g，搅拌下加热使反应开始，反应剧烈放热，并有一氧化氮生成。保持反应温度在 90～100℃的情况下，再交替将另外的 2-辛醇 210 g（共 2.0 mol）和 70%的硝酸分批加入，加完后继续于 90～100℃反应 2 h，冷却后分出油层，水洗。用 10%的氢氧化钠水溶液调至强碱性，分出亚硝酸酯。水层用硫酸调至酸性，无水硫酸钠干燥，分馏，收集 198～208℃的馏分，重新分馏，收集 202～206℃的馏分，得正己酸（**1**）115 g 左右，收率 50%。

【用途】 心脏病治疗药硝苯吡啶（Nifidipine）等的中间体。

2-(1,3-二甲基-2,6-二氧代-1,2,3,4,5,6-六氢嘌呤-7-基)乙醛

$C_9H_{12}N_4O_3$，224.22

【英文名】 2-(1,3-Dimethyl-2,6-dioxo-1,2,3,4,5,6-hexahydropurin-7-yl)acetaldehyde

【性状】 白色固体。mp 128～130℃。

【制法】 李长华，罗智，季朝辉.中国医药工业杂志，1996，28（9）：385.

（2）   （3）   （1）

7-(β,γ-二羟基丙基)茶碱（**3**）：于反应瓶中加入茶碱（**2**）12 g（0.067 mol），沸水 35 mL，搅拌溶解。再加入氢氧化钠 2.66 g（0.067 mol），3-氯-1,2-丙二醇 6.1 mL（0.07 mol），搅拌回流反应 2 h。减压蒸出水，剩余物用乙醇重结晶，得白色粉末（**3**）15.5 g，收率 91%，mp 156～158℃。

2-(1,3-二甲基-2,6-二氧代-1,2,3,4,5,6-六氢嘌呤-7-基)乙醛（**1**）：于反应瓶中加入上述化合物（**3**）14 g（0.055 mol），水 50 mL，搅拌下加入固体高碘酸钠二水合物 12.6 g（0.055 mol），几分钟后出现白色沉淀，继续搅拌反应 30 min。过滤，滤饼为粗品。用无水乙醇重结晶，得化合物（**1**）8.6 g，收率 70%，mp 128～130℃。

【用途】 平喘镇咳药物多索茶碱（Doxofylline）中间体。

D-(*R*)-甘油醛缩丙酮

$C_6H_{10}O_3$，130.14

【英文名】 D-(*R*)-Glyceraldehyde acetonide

【性状】 易聚合的无色液体。bp 67～73℃/4.3 kPa。$[\alpha]_D^{23}$＋70°～80°（苯）。聚合物减压蒸馏可裂解为单体醛。

【制法】 Schmid C R，Bryant J D. Org Synth，1998，Coll Vol 9：450.

1,2：5,6-二亚异丙基-D-甘露醇（**4**）：于安有搅拌器、回流冷却（顶部安氯化钙干燥管）的反应瓶中，加入 D-甘露醇（**2**）100 g（0.549 mol），新蒸馏的 1,2-二甲氧基乙烷 240 mL，2,2-二甲氧基丙烷（**3**）160 mL（1.3 mol），0.1 g 无水二氯化锡，搅拌下加热回流，直至反应液澄清后，再继续回流 30 min。稍冷后注入吡啶 200 μL，搅拌冷至室温。旋转浓缩，由开始时的室温一直升至 95～100℃，再减压 15～30 min，直至无馏出物为止，得半固体物。冷却得粗品 130～160 g，收率 50%～55%。用丁醚重结晶，得较纯的白色固体（**4**），mp 121.8～123.4℃。

D-(*R*)-甘油醛缩丙酮（**1**）：于安有搅拌器、回流冷凝器的反应瓶中，加入上述化合物（**4**）粗品 70～80 g，二氯甲烷 700～800 mL，搅拌加热回流。冷后加入硅藻土 10 g，继续搅拌 10 min。冷至室温，过滤，反应瓶和滤饼用二氯甲烷洗涤。

将二氯甲烷溶液置于安有搅拌器、回流冷凝器的 2 L 反应瓶中，搅拌下加入 30～40 mL 饱和碳酸氢钠溶液（0.4 mL/g 缩醛），而后分批加入高碘酸钠 130～140 g（2 mol）。加完后于 35℃ 搅拌反应 2 h。再加入硫酸镁 35～50 g，继续搅拌 20 min。过滤，滤饼同 200 mL 二氯甲烷搅拌 10 min 后再过滤。合并二氯甲烷层，常压分馏回收二氯甲烷，而后减压蒸馏，收集 65～120℃/4.3 kPa 的馏分，得粗品 54～68 g，收率 75%～85%。重新减压蒸馏，收集 67～73℃/4.3 kPa 的馏分，得较纯的产品 D-(*R*)-甘油醛缩丙酮（**1**）50～64 g，收率 70%～80%。

【用途】 抗癌药盐酸吉西他滨（Gemcitabine hydrochloride）等的中间体。

9,10-蒽二醛

$C_{16}H_{12}O_2$，236.27

【英文名】 9,10-Anthracenedicarbaldehyde

【性状】 橙色针状结晶。mp 245～246℃。

【制法】 Murdock K C，Child R G，Lin Yang-I，et al. J Med Chem，1982，25（5）：505.

于反应瓶中加入化合物（**2**）3.28 g（0.01 mol），冰醋酸 100 mL，搅拌溶解。于 30～35℃分批加入四醋酸铅，直至对碘化钾-淀粉试纸蓝色不变，约用四醋酸铅 8 g（0.018 mol）。加完后继续于 30～35℃搅拌反应 2 h。反应结束，得黄-橙色结晶。过滤，水洗，干燥，得粗品 2 g，收率 85%。用二氯甲烷重结晶，得橙色针状结晶（**1**）1.5 g，mp 245～246℃。

该化合物也可以采用如下方法来合成 [黄海平，梅光泉，焦庆.化学试剂，2007：29(6)：321]：

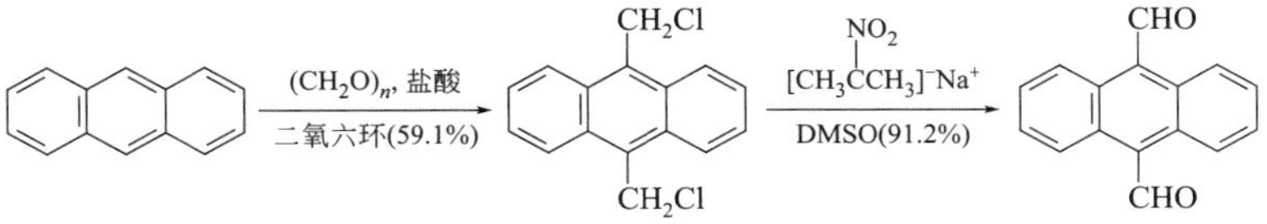

【用途】 抗肿瘤药盐酸比生群（Bisantrene hydrochloride）等的中间体。

六、酚氧化

5-甲基-2-正辛基-1,4-苯二醌

$C_{15}H_{22}O_2$，234.34

【英文名】 5-Methyl-2-*n*-octyl-1,4-benzoquinone

【性状】 mp 63～64℃。

【制法】 全哲山，朴虎日.中国药物化学杂志，1998，3：130.

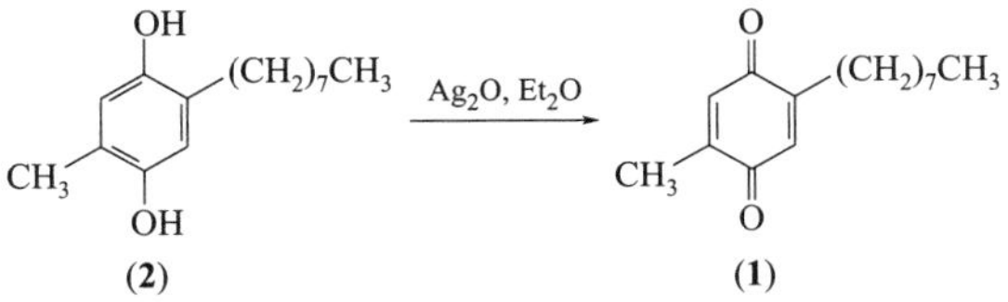

于反应瓶中加入化合物（**2**）0.7 g（0.003 mol），乙醚 30 mL，搅拌溶解。加入氧化银 1.39 g（0.006 mol），室温反应 30 min。过滤，浓缩，剩余物过硅基柱纯化，用己烷-乙酸乙酯（5∶1）洗脱，得化合物（**1**）0.67 g，收率 96%，mp 63～64℃。

【用途】 药物、天然产物合成中间体。

对苯醌

$C_6H_4O_2$，108.09

【英文名】 *p*-Benzoquinone

【性状】 金黄色棱状晶体。mp 115～117℃。溶于乙醇、乙醚和热水。能升华，能随水蒸气挥发。有类似氯的刺激性气味。

【制法】 方法 1 孙昌俊，曹晓冉，王秀菊.药物合成反应——理论与实践.北京：化学工业出版社，2007：35.

于安有搅拌器的 1 L 反应瓶中，加入对苯二酚（**2**）33 g（0.33 mol），150 mL 60%的乙酸水溶液，冰水浴冷至 5℃。另将 42 g（0.42 mol）三氧化铬溶于 70 mL 水中，并加入 30 mL 冰醋酸。搅拌下由滴液漏斗滴加三氧化铬溶液，控制反应温度不超过 10℃，大约 2 h 加完。过滤析出的固体，冷水洗涤，干燥，得浅黄色晶体对苯醌（**1**）21 g，收率 66%，mp 115℃。

方法 2　孙昌俊，曹晓冉，王秀菊.药物合成反应——理论与实践.北京：化学工业出版社，2007：35.

于安有搅拌器的 1 L 反应瓶中，加入五氧化二钒 0.5 g，2%的硫酸 500 mL，对苯二酚（**2**）55 g（0.5 mol），氯酸钠 30 g（0.282 mol），搅拌反应 4 h，控制反应温度不超过 40℃。冷却，滤出析出的固体。冷水洗涤，空气中干燥，得 45 g 浅黄色对苯醌（**1**），收率 83%，mp 111～112℃。由石油醚中重结晶，mp 115℃，回收率 95%。

【用途】　抗菌药秦皮乙素（Esculetin）、用于手术前预防和治疗出血药物酚磺乙胺（Etamsylate）、初期老年性白内障治疗药物卡他灵（Catalin）等的中间体。

三甲基对苯二醌

$C_9H_{10}O_2$，150.18

【英文名】　Trimethyl p-benzoquinone
【性状】　黄色针状结晶，mp 28～29.5℃。
【制法】　①Org Synth.1972，52：83.②韩广甸，赵树纬，李述文.有机制备化学手册：下.北京：化学工业出版社，1980：55.

$$NaNO_2 + 2SO_2 + NaHCO_3 \longrightarrow HON(SO_3Na)_2 + CO_2$$

$$HON(SO_3Na)_2 + HO^- \xrightarrow[\text{不锈钢阳极}]{-e} \cdot O\text{-}N(SO_3Na)_2$$

N-亚硝基二硫酸二钠：于安有搅拌器、温度计、通气导管（深入瓶底 0.5 cm 处）的 1 L 反应器中，加入亚硝酸钠 15 g（0.217 mol），碳酸氢钠 16.8 g（0.2 mol），400 g 碎冰，冰浴冷却，搅拌下慢慢通入二氧化硫气体 25.6 g（0.4 mol），约 40 min 通完。接近通二氧化硫结束时，反应液的浅黄色几乎完全褪去。生成无色或浅黄色羟氨基二磺酸二钠溶液，溶液的 pH 约为 4。继续搅拌反应 10 min，加入一水合碳酸钠 59.5 g（0.48 mol），反应液的 pH 为 11。除去通气管，放入 5 cm×4.7 cm 的不锈钢多孔板（约 16 孔/cm²）作为阳极，阳极上连有不锈钢导线。阴极是一只由直径 1.5 mm×40 cm 的不锈钢丝绕成的细线圈。阴极挂在直径 5 cm，长 10 cm 的素烧瓷筒中间，瓷筒中注有 10%的碳酸钠水溶液。将瓷筒挂在反应器中，使阳极的液面与阴极内的液面持平。电解池阳极和阴极之间的阻抗应为 5～

10Ω。搅拌反应液，冰浴维持电解液温度在 12℃，加上足够的电压（约 10V），使两极间的电流强度维持在 2.0A，开始进行电解。电解过程中，注意对电压进行调整，维持电流强度在 2.0A。出现深紫色证明亚硝基二磺酸根已经生成。搅拌和冷却下继续电解直至测定反应液光密度的定量结果表明产物浓度已达 0.42～0.47 摩尔浓度时为止（相当于收率 84％～94％）。典型的反应时间为 4 h，通过电解池的电流量为 28800C 或 8A·h（理论量 19300C 或 5.4A·h）。将电解液由阳极池中取出备用。

三甲基对苯二醌（**1**）：于安有搅拌器、温度计的反应瓶中，加入大约含有 0.17 mol 的亚硝基二磺酸二钠水溶液，冰浴冷却，再加入 2,3,6-三甲基苯酚（**2**）10.0 g（0.0734 mol）溶于 100 mL 庚烷的溶液，剧烈搅拌反应 4 h。反应中注意冷却，使反应液温度低于 12℃。分出黄色有机层，水层用庚烷提取 2 次。合并有机层，用 4 mol/L 的氢氧化钠水溶液（0～5℃）迅速洗涤 3 次，每次 50 mL，再用饱和氯化钠溶液洗涤 2 次。无水硫酸镁干燥。过滤，于 40℃下旋转浓缩，得黄色液体（**1**）粗品 10.0～10.9 g，收率 91％～99％。冷至室温以下，固化。可减压蒸馏进行纯化，收集 53℃/53 Pa 的馏分，得纯品 8.5～8.7 g，收率 77％～79％。放置后生成黄色针状结晶，mp 28～29.5℃。

【用途】 维生素 E 中间体。

2,5-二羟基吡啶

C₅H₅NO₂，111.10

【英文名】 2,5-Dihydroxypyridine
【性状】 无色结晶。230℃变色，250～260℃分解而不熔化。
【制法】 Behman E J. Org Ractions，1988，35：421.

于反应瓶中加入吡啶-2-酮（**2**）38 g（0.4 mol），水 1.5 L，氢氧化钠 80 g（2 mol），搅拌溶解，冷至 5℃，一次加入过硫酸钾 135 g（0.5 mol），保持反应体系不超过 20℃，搅拌反应 20 h。过滤，冷却，用浓硫酸调至 pH0.75，于 100℃水解 30 min。冷至 5℃，氮气保护，用 10 mol/L 的氢氧化钠调至 pH6.5，减压浓缩至干，五氧化二磷干燥。得到的固体物用异丙醇于索氏提取器中提取。提取液用活性炭脱色，浓缩至开始出现结晶，−10℃冷却过夜。得粗品（**1**）19 g，收率 42％。用乙醇重结晶 2 次，得几乎无色的结晶 8 g。于 230℃变色，250～260℃分解而不熔化。

【用途】 新药开发中间体。

1,4-萘醌

C₁₀H₆O₂，158.16

【英文名】 1,4-Naphthoquinone
【性状】 亮黄色针状结晶。mp 128.5℃。易溶于热醇、乙醚、苯、氯仿、二硫化碳，溶于碱呈红棕色,难溶于冷水,微溶于石油醚。可随水蒸气挥发。加热至100℃可升华。

【制法】 盖尔曼 H(Gilman H).有机合成:第一集.南京大学化学系有机化学教研室译.北京:科学出版社,1959:308.

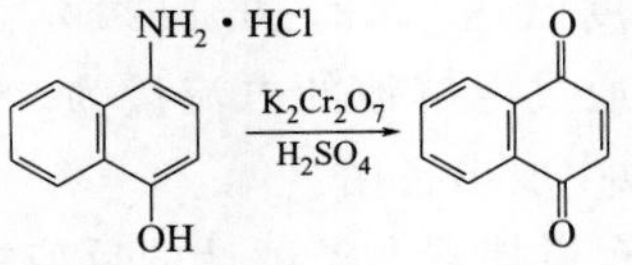

于 3 L 的烧杯中,加入 2 L 水,而后加入 4-氨基萘酚-1 盐酸盐(**2**)70 g(0.36 mol),于 30℃左右搅拌使之基本溶解。加入浓硫酸 100 mL,加热至沸,直至沉淀出的胺的硫酸盐完全溶解,生成淡红色溶液。另于安有搅拌器的 5 L 反应瓶中,加入 1 L 水,70 g(0.4 mol)重铬酸钾,搅拌溶解。搅拌下加入上述硫酸盐的热溶液,立即生成细小的黄色针状结晶。冷至 25℃,抽滤,水洗,于 35℃干燥,得暗黄色固体(**1**)55 g,mp 124~125℃。用乙醚重结晶。得纯品 45 g,收率 80%。

【用途】 维生素 K 类药物中间体。

七、醚的氧化

γ-丁内酯

$$C_4H_6O_2,86.09$$

【英文名】 γ-Butyrolactone

【性状】 无色油状液体。bp 204℃,89℃/1.6 kPa。与水混溶,溶于甲醇、乙醇、丙酮、乙醚、苯等有机溶剂。有香味,可以随水蒸气挥发。

【制法】 Smith A B,Scarborough R M. J Synth Commun,1980,10(3):205.

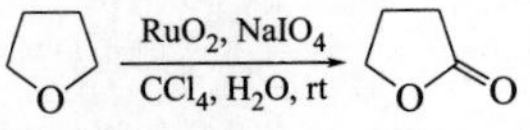

于反应瓶中加入 $RuO_2 \cdot xH_2O$ 200 mg,25 mL 四氯化碳,冷至 0℃,剧烈搅拌下加入由高碘酸钠 1.70 g 溶于 25 mL 水的溶液,于 0℃搅拌 30 min。四氯化碳层含有 RuO_4,分出有机层,用玻璃毛过滤。溶液中加入 THF(**2**)1~2 mmol 溶于 2 mL 四氯化碳的溶液,控制反应液温度不超过 15℃。慢慢升至室温,搅拌反应 24 h。过滤除去生成的 RuO_2,无水硫酸镁干燥。过滤,减压蒸出溶剂,得油状液体化合物(**1**),收率 65%。

【用途】 环丙沙星(Ciprofloxacin)、氟哌啶醇(Haloperidol)、维生素 B_1 等的中间体。

己二酸

$$C_6H_{10}O_4,146.14$$

【英文名】 1,6-Hexanedioic acid,Adipic acid

【性状】 白色单斜结晶或结晶性粉末。mp 152℃。易溶于甲醇、乙醇、丙酮,微溶于乙醚、环己烷,不溶于石油醚、苯。

【制法】 Smith A B，Scarborough R M. J Synth Commun，1980，10（3）：205.

$$\text{(2)} \xrightarrow[\text{CCl}_4,\text{H}_2\text{O, rt}]{\text{RuO}_2,\text{NaIO}_4} \text{CO}_2\text{H CO}_2\text{H (1)}$$

于反应瓶中加入 $RuO_2 \cdot xH_2O$ 75 mg，50 mL 四氯化碳，剧烈搅拌下加入由高碘酸钠 1.20 g 溶于 50 mL 水的溶液，搅拌至生成深黄色的 RuO_4。加入 2.0 mmol 的化合物（**2**），继续搅拌反应 48 h。分出有机层，加入约 100μL 异丙醇以沉淀出 RuO_2。无水硫酸镁干燥。减压蒸出溶剂，得化合物（**1**），收率 79%。

【用途】 驱肠虫药（适用于肠蛔虫病、蛲虫病等）哌嗪己二酸（Piperazine adipate）的中间体。

戊二酸

$C_5H_8O_4$，132.11

【英文名】 Glutaric acid

【性状】 无色单斜结晶。mp 97.5～98℃，bp 302～304℃/1.33 kPa，200℃/2.67 kPa。易溶于无水乙醇、乙醚，可溶于苯、氯仿、水，微溶于石油醚。

【制法】 Marvel C S，Tuley W F，Orterbacher T J. Org Synth，1932，Coll Vol 1：289.

$$\text{(2)} \xrightarrow[\text{H}_2\text{O}]{\text{HNO}_3} \text{HOCH}_2(\text{CH}_2)_2\text{CH}_2\text{CHO} \xrightarrow{\text{HNO}_3} \text{HOOC}(\text{CH}_2)_3\text{COOH (1)}$$

于 1 L 烧瓶中加入 395 mL 水、5 mL 浓硝酸（d1.42），再加入二氢吡喃（**2**）168.3 g（2 mol），而后于沸水浴加热 25～45 min。

于另一安有搅拌器、温度计、滴液漏斗的反应瓶中，加入浓硝酸（d1.42）575 mL（9.25 mol），冰盐浴冷至 0℃以下，剧烈搅拌，加入亚硝酸钠 5.75 g，直至完全溶解。此时溶液变黄。于 0℃以下，滴加上述二氢吡喃溶液，约加入 10 mL 时有棕色二氧化氮生成，反应开始。继续滴加，保持反应液温度在 10℃以下，约 3 h 加完。加完后继续搅拌反应 1.5 h。

反应液变为蓝绿色，基本无二氧化氮生成。慢慢升温至 25～30℃，当反应液由蓝绿色变为亮黄色时表明反应基本结束，约需 2～3 h。减压蒸出水近干，加入 100 mL 水，再减压蒸馏近干以尽量除去硝酸。剩余物用 100 mL 乙醚和 1000 mL 苯重结晶，趁热过滤以除去不溶的硝酸盐，冷却，过滤，得戊二酸（**1**）185～198 g，收率 70%～75%。母液浓缩可以得到 18～23 g 产物。

【用途】 杀菌剂过氧戊二酸等中间体，戊二酸酐等的原料。

八、醛酮的氧化

2-(3-苯甲酰苯基)丙酸

$C_{16}H_{14}O_3$，254.29

【英文名】 2-(3-Benzoylphenyl)propanoic acid

【性状】 白色粉末。mp 93～95℃。

【制法】 范琦，程秀华，张琴等.中国医药工业杂志，2005，36（11）：15.

于反应瓶中加入 KMnO₄ 11.4 g（0.07 mol），水 120 mL，度米芬[①] 0.45 g（0.001 mol），氢氧化钠0.6 g（0.015 mol），苯40 mL，于20～30℃搅拌反应2 h。于15～25℃慢慢滴加化合物（**2**）7.72 g（0.03 mol），约1 h加完。加完后继续室温搅拌反应7 h。静置，水层过滤，热水洗涤至用乙酸检查无白色浑浊为止。苯层用氢氧化钠溶液提取2次。合并水层，加入40 mL苯，用浓盐酸调至pH2，搅拌15 min。分出有机层，水洗至中性。再用0.08%的氢氧化钠中和至pH9，分出水层，活性炭脱色后，用乙酸调至pH4，析出白色固体。抽滤，水洗，干燥，得白色粉末（**1**）5.28 g，收率69%，mp 93～95℃，纯度99.5%（HPLC）。

① 度米芬为苯氧乙基二甲基十二烷基溴化铵 $[C_6H_5OCH_2CH_2N(CH_3)_2C_{12}H_{25}]^+Br^-$。

【用途】 消炎镇痛药酮洛芬（Ketoprofen）等的中间体。

6-硝基胡椒酸

$C_8H_5NO_6$，211.13

【英文名】 6-Nitropiperonylic acid

【性状】 浅黄色固体。mp 172～173℃。

【制法】 韩英峰，董建霞，杨定乔等.合成化学，2005，15（3）：311.

6-硝基胡椒醛（**3**）：于反应瓶中加入浓硝酸20 mL（0.45 mol），冷至0℃左右，加入醋酸酐10 mL，反应液无色透明后，加入研细的胡椒醛（**2**）4.5 g（0.03 mol），自然升温至室温，反应3 h。慢慢倒入冰水中，析出黄色固体。过滤，水洗，干燥，得粗品5 g。用乙酸乙酯-乙醇重结晶，得黄色针状结晶（**3**）4.4 g，收率75%，mp 97～98℃。

6-硝基胡椒酸（**1**）：上述化合物（**3**）4.5 g（0.025 mol），水50 mL混和，加热至75～80℃，滴加 KMnO₄ 12 g（0.075 mol）溶于200 mL水配成的溶液，约1 h加完。加完后继续于75～80℃反应30 min，直至紫色褪去。用氢氧化钠溶液调至pH10，滤去 MnO₂。滤液用盐酸调至pH1，析出黄色的结晶。冷却、抽滤、水中重结晶，得浅黄色固体（**1**）4.1 g，收率77%，mp 172～173℃。

也可采用如下方法合成 [杨广照，沈东升，刘小帆.精细化工中间体，2003，33（6）：25]。

【用途】 抗菌药西洛沙星（Ciprofloxacin）、心血管药物奥索利酸（Oxolinic acid）等的中间体。

肉桂酸

$C_9H_8O_2$，148.16

【英文名】 Cinnamic acid

【性状】 白色结晶。mp 133℃。

【制法】 Dalcanale E. J Org Chem，1986，51（4）：567.

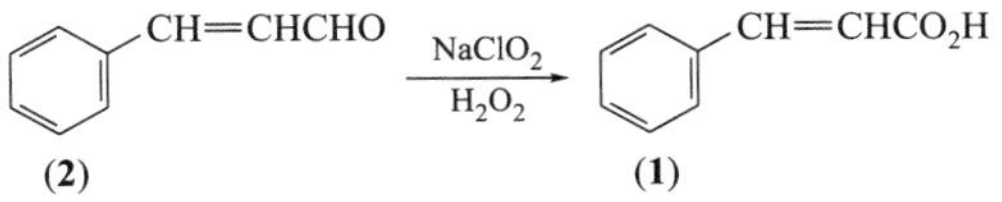

于反应瓶中加入肉桂醛（**2**）6.6 g（0.05 mol），乙腈 50 mL，磷酸氢二钠 1.6 g，20 mL 水，5 mL 35%的双氧水，冷至 10℃以下，慢慢滴加由 $NaClO_2$ 8.0 g（0.07 mol，纯度 70%）溶于 70 mL 水配成的溶液，保持 10℃，约 2 h 加完。反应过程中有氧气放出。反应结束后，加入约 0.5 g 亚硫酸氢钠以分解次氯酸钠和双氧水。用 10%的盐酸酸化，得化合物（**1**）7.0 g，收率 95%，mp 131~133℃。

【用途】 治疗冠心病药物乳酸可心定（Prenylamine lactic acid）、治疗脑血管障碍、脑栓塞等症药物肉桂苯哌嗪（Cinnarizine）等的中间体。

3,4-二甲氧基苯酚

$C_8H_{10}O_3$，154.17

【英文名】 3,4-Dimethoxyphenol

【性状】 白色结晶。mp 79~81℃。不溶于水，可溶于很多有机溶剂。

【制法】 Roy A，Reddy K R，Mohanta P K，et al. Synth Commun，1999，29（21）：3781.

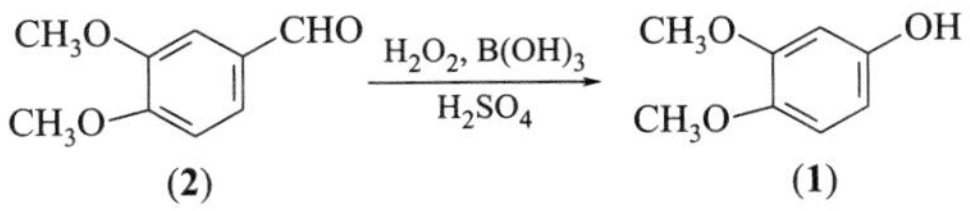

于反应瓶中加入硼酸 3.1 g（50 mmol），30%的过氧化氢 2.5 g（22 mmol），THF 30 mL，浓硫酸 1 mL，室温搅拌反应 30 min。慢慢滴加化合物（**2**）1.67 g（10 mmol）溶于 10 mL THF 的溶液，而后于 60℃搅拌反应 18 h。TLC 跟踪反应至反应完全。过滤，滤液用饱和碳酸氢钠中和。用氯仿提取 3 次，合并有机层，水洗，无水硫酸钠干燥。过滤，减压浓缩。剩余物过硅胶柱纯化，得化合物（**1**），收率 80%。

【用途】 医药合成中间体。

6-氟靛红酸酐

$C_8H_4FO_3$，181.12

【英文名】 6-Fluoroisatoic anhydride，6-Fluoro-1*H*-benzo[1,3]oxazine-2,4-dione

【性状】 黄色固体。mp 265～268℃。

【制法】 ①彭震云，祁超.中国医药工业杂志，1994，25（1）：3. ②孙昌俊，曹晓冉，王秀菊.药物合成反应——理论与实践.北京：化学工业出版社，2007：42.

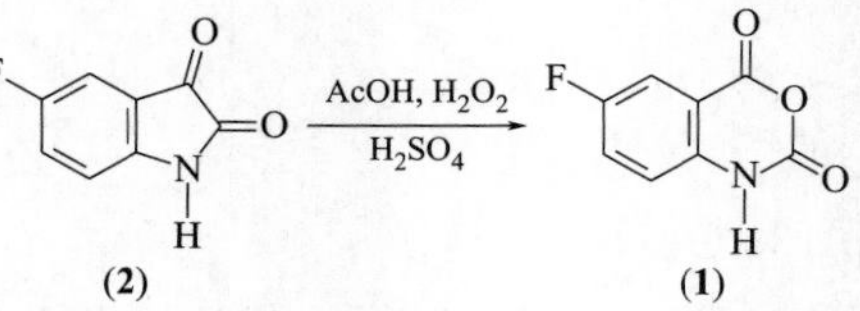

于安有搅拌器、温度计的反应瓶中，加入 5-氟靛红（**2**）12.3 g（0.075 mol），冰醋酸 150 mL，浓硫酸 4.5 g，搅拌下于 30℃左右滴加 30％的过氧化氢水溶液 30 g（0.3 mol），反应放热。控制内温不超过 50℃。加完后自然降温，于室温反应 1 h。抽滤，得黄色固体。用乙醇重结晶，得 6-氟靛红酸酐（**1**）11.5 g，收率 82％，mp 265～268℃。

【用途】 苯二氮䓬类药物中毒解救药氟马西尼（Flumazenil）等的中间体。氟马西尼也可用于乙醇中毒的解救。

5-溴-6-甲基-1*H*-苯并[1,3]噁嗪-2,4-二酮

$C_9H_6BrNO_3$，256.06

【英文名】 5-Bromo-6-methyl-1*H*-benzo[1,3]oxazine-2,4-dione, 5-Bromo-6-methylisatoic anhydride

【性状】 mp 272～274℃。

【制法】 张庆文，郑云满，益兵，时惠麟.中国医药工业杂志，2008，39(11)：801.

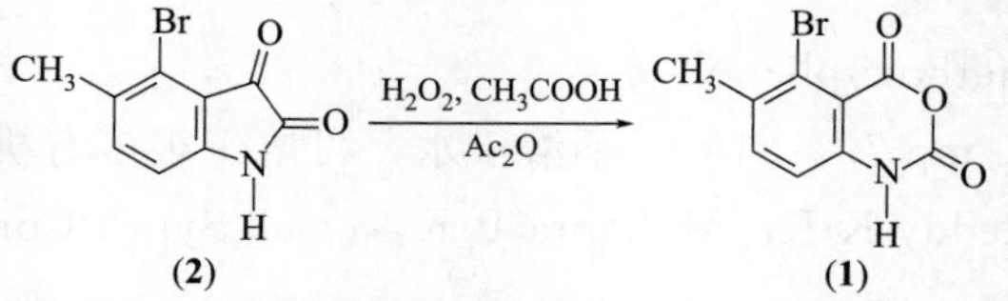

于反应瓶中加入冰醋酸 80 mL，化合物（**2**）115.2 g（0.48 mol），于 40～50℃搅拌下滴加由醋酸酐 36 mL 和 30％的 H_2O_2 32 mL 新配制的溶液。加完后于 60～70℃继续搅拌反应 4 h。冷至 10℃，过滤，滤饼依次用水、5％的碳酸氢钠水溶液、水洗涤，干燥，用无水乙醇重结晶，得化合物（**1**）103.2 g，收率 84％，mp 272～274℃。

【用途】 肝细胞癌治疗药物盐酸诺拉曲塞（Nolatrexed dihydrochloride）合成中间体。

苯基乙二醛

$C_8H_6O_2 \cdot H_2O$，152.15

【英文名】 Phenylglyoxal，Benzoylformaldehyde

【性状】 无色结晶，mp 72～76℃，bp 142℃/16.7 kPa。

【制法】 Carre M C，Caubere P. Tetrahedron Lett，1985，26（26）：3103.

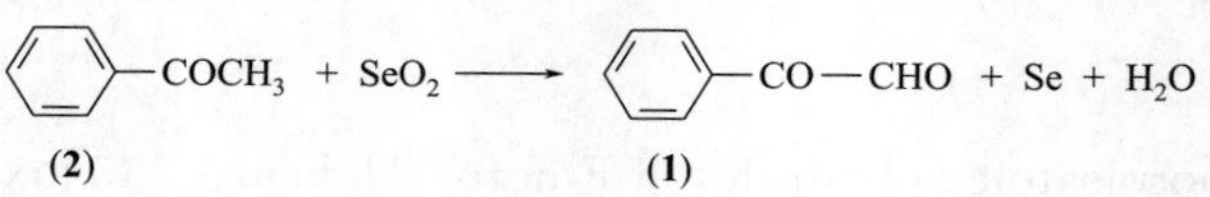

于反应瓶中加入二氧六环 300 mL，二氧化硒 55.5 g（0.5 mol），水 10 mL，搅拌下加热至 50～55℃，直至固体溶解。暂时撤去热源，加入苯乙酮（**2**）60 g（0.5 mol）。而后搅拌下加热回流 4 h。反应约 2 h 时溶液变清并可看到硒的生成。过滤，蒸去二氧六环。然后减压蒸馏，收集 95～97℃/3.3 kPa 的馏分，得黄色液体（**1**）48 g，收率 72%。

【用途】 抗胆碱药奥芬溴铵（Oxyphenonium）、格隆溴铵（Glycopyrronium bromide）等的中间体。

1,2-环己二酮

$$C_6H_8O_2，112.13$$

【英文名】 1,2-Cyclohexanedione

【性状】 无色油状液体。mp 35～38℃。溶于乙醇、乙醚，不溶于水。

【制法】 Hach C C，Banks C V，Diehl H. Org Synth，1963，Coll Vol 4：229.

于安有搅拌器、滴液漏斗的 3 L 反应瓶中，加入环己酮（**2**）1708 g（17.04 mol，1.8 L），反应瓶用循环水冷却，慢慢滴加亚硒酸 387 g（3 mol）溶于 300 mL 二氧六环和 100 mL 水的溶液，约 3 h 加完。反应液立即变黄，随后红色的无定形硒沉淀出来。水浴冷却下继续搅拌反应 5 h，而后室温反应 6 h。过滤，滤饼转入圆底烧瓶中，加入 300 mL 95% 的乙醇，煮沸。倾出清液，与上述滤液合并，减压蒸馏，得到两种馏分。低沸点（25～60℃/2.13 kPa）的馏分主要包含乙醇、二氧六环、水和环己酮，高沸点（60～90℃/2.13 kPa）的馏分主要包含环己酮和 1,2-环己二酮（**1**），少量的水和二氧六环。粗产品约 322 g。

将高沸点的馏分重新减压蒸馏，收集两种馏分：25～75℃/2.13 kPa 和 75～79℃/2.13 kPa，后面的馏分基本上是纯的 1,2-环己二酮，冷后固化为冰一样的结晶（**1**）202.5 g，mp 34℃，收率 60%（以亚硒酸计）。暴露于空气中变为浅黄绿色。

【用途】 有机合成、药物及香料合成中间体。

噻吩-2-甲酸

$$C_5H_4O_2S，128.15$$

【英文名】 Thiophene-2-carboxylic acid，2-Thenoic acid

【性状】 无色针状结晶。mp 128.5℃。能溶于乙醚、乙醇、热水，中等程度溶于氯仿，微溶于石油醚。

【制法】 黄小明，汪新芽. 化学世界，1995，36（3）：131.

于反应瓶中加入无水甲苯 150 mL，噻吩（**2**）42 g（0.5 mol），冰浴冷至 5℃左右，加入乙酰氯 19.5 g（0.25 mol）溶于 50 mL 甲苯的溶液。慢慢滴加新制备的四氯化锡 50 g，约 1 h 加完。自然升至室温，搅拌反应 1 h，加热蒸出过量的噻吩，得 2-乙酰基噻吩（**3**）的甲苯溶液。向反应液中分批加入次氯酸钠 37 g 进行氧化，得噻吩-2-甲酸钠，酸化后得化合物（**1**）。用水重结晶得 26 g，收率 92%，mp 122～124℃。

【用途】 抗癌药雷替曲塞（Raltitrexed）、非甾体抗炎药替尼达普（Tenidap）等的中间体。

环丙基甲酸

$C_4H_6O_2$，86.09

【英文名】 Cyclopropanecarboxylic acid

【性状】 无色液体。mp 18～19℃，bp 182～184℃。可溶于热水。

【制法】 Furniss B S，Hannaford A J，Rogers V，et al. Vogel's Textbook of Practical Chemistry. Longman London and New York. Fourth edition，1978：477.

于反应瓶中加入水 1400 mL，氢氧化钠 160 g（4 mol），溶解后冰盐浴冷却至 0℃，搅拌下慢慢滴加溴 240 g（1.5 mol），保持反应温度于 10℃ 以下，约 20 min 加完。冷至 0℃，慢慢加入环丙基甲基酮（**2**）42 g（0.5 mol），控制反应液不超过 10℃。加完后慢慢升至室温，搅拌反应 1.5 h。水蒸气蒸馏以除去生成的溴仿。蒸馏完后冷却，慢慢加入浓盐酸至刚果红试纸呈酸性。溶液呈浅黄色，加入少量亚硫酸氢钠溶液。用氯化钠饱和，乙醚提取。合并乙醚层，无水硫酸钠干燥。蒸出乙醚，减压分馏，收集 92℃/2.926 kPa 的馏分，得无色的环丙基甲酸（**1**）33 g，收率 76%。

【用途】 抗菌药环丙沙星（Ciprofloxacin）等的中间体。

2-萘甲酸

$C_{11}H_8O_2$，172.18

【英文名】 2-Naphthalenecarboxylic acid

【性状】 白色片状或针状结晶，mp 185～187℃，bp 300℃。溶于醚、醇，微溶于热水。

【制法】 孙昌俊，曹晓冉，王秀菊. 药物合成反应——理论与实践. 北京：化学工业出版社，2007：29.

于反应瓶中加入 10%～14% 的工业次氯酸钠水溶液 300 mL（约含次氯酸钠 1 mol），再加水 450 mL，搅拌下加热至 55℃。慢慢加入工业 β-萘乙酮（**2**）42.5 g（0.25 mol），反应放热，通过冷却保持在 60～70℃。加完后继续搅拌反应 30 min，加入亚硫酸氢钠溶液使过量的次氯酸钠分解。冷却，用浓盐酸酸化至酸性，析出固体。过滤，水洗，干燥，得类白色

β-萘甲酸（**1**）42 g，收率 97.7％，mp 181～183℃。文献值 184～185℃。

【用途】 药物、有机合成的中间体及植物生长调节剂原料。

富马酸

$$C_4H_4O_4，116.01$$

【英文名】 Fumaric acid

【性状】 无色针状或片状结晶，或白色结晶型粉末。mp 298～300℃（封管中）。水中溶解度 25℃时为 0.63 g，100℃时为 9.8 g，200℃升华成酸酐。

【制法】 ①张来新.贵州化工，2005，30（3）：16.②孙昌俊，曹晓冉，王秀菊.药物合成反应——理论与实践.北京：化学工业出版社，2007：27.

于反应瓶中加入氯酸钠 112.5 g（1.06 mol），水 250 mL，五氧化二钒 0.5 g，加热至 70～75℃。搅拌下加入 4 mL 工业呋喃甲醛（**2**），很快发生剧烈反应。待反应平稳后，用滴液漏斗滴加 40 mL（共 50 g，0.52 mol）呋喃甲醛。保持反应较剧烈进行，滴加时间约 30 min，加完后于 70～75℃搅拌反应 6 h。冷至室温，放置过夜。滤出析出的固体，冷水洗涤。用 300 mL 水重结晶，干燥，得白色固体（**1**）26.0 g，收率 43％，mp 282～284℃。再重结晶一次，mp 286～287℃。

【用途】 富血铁、二巯基丁二酸钠等的中间体，眼病治疗药富马酸依美斯汀（Emedastine fumarate）原料。

九、羧酸及其衍生物的氧化

过氧三氟乙酸

$$C_2HF_3O_3，130.02$$

【英文名】 Peroxytrifluoroacetic acid

【性状】 不稳定。一般制成溶液，现制现用。

【制法】 ①Liotta R，Hoff W S. J Org Chem，1980，45（14）：2887.②Unemoto Teruo，Gotoh Yoshihiko. J Fluorine Chemistry，1985，28：235.

$$F_3CCOOH + H_2O_2 \longrightarrow F_3CCO_3H + H_2O$$

双氧水与三氟乙酸反应可生成过氧三氟乙酸。若制备无水过氧三氟乙酸，可用如下方法：

$$(F_3CCO)_2O + H_2O_2 \longrightarrow F_3CCOOOH + F_3CCOOH$$
$$\qquad\qquad\qquad\qquad\ (\textbf{2})\qquad\qquad\qquad\qquad (\textbf{1})$$

于 70 mL 二氯甲烷中加入 86％的双氧水 4.1 mL（0.15 mol），冰水浴冷却，摇动下滴加 25 mL（0.18 mol）三氟乙酸酐（**2**）。加完后于 0℃摇动 10 min，无水硫酸钠干燥。生成的溶液不能久置，应立即使用。

【用途】 有机氧化剂。

过氧苯甲酸

$$C_7H_6O_3，138.12$$

【英文名】 Peroxybenzoic acid

【性状】 白色针状的结晶，mp 41～42℃。低温保存。过氧苯甲酸可溶于氯仿、乙酸乙酯、乙醚，微溶于水和石油醚。

【制法】 ①Silbert，Siegel，Swern. J Org Chem，1962，27（4）：1336. ②Pand C S，Jain N. Synth Commun，1989，19（7～8）：1271.

$$C_6H_5CO_2H + H_2O_2 \xrightarrow{CH_3SO_3H} C_6H_5CO_3H + H_2O$$
$$\quad\quad\quad(2)\quad\quad\quad\quad\quad\quad\quad\quad\quad\quad (1)$$

于 500 mL 烧杯中加入苯甲酸（**2**）36.6 g（0.3 mol），甲基磺酸 86.5 g（0.9 mol），充分搅拌成糊状，而后搅拌下滴加 70%的过氧化氢 22 g（0.45 mol），滴加时冰水浴冷却保持在 25～30℃，约 30 min 加完，苯甲酸全部溶解。继续搅拌反应 2 h，冷却至 15℃，依次加入 50 g 碎冰和 75 mL 冰冷的饱和硫酸铵溶液，稀释时保持温度在 25℃以下。将反应液用苯提取三次，合并苯层，用饱和硫酸铵洗涤两次，无水硫酸钠干燥，过滤。用碘量法测定苯溶液中过氧苯甲酸的含量。结果表明有 85%～90%的苯甲酸转变为过氧苯甲酸。此溶液不必处理即可用于氧化反应。

【用途】 药物合成、有机合成氧化剂。

单过氧邻苯二甲酸

$$C_8H_6O_5，182.13$$

【英文名】 Perphthalic acid，Monoperphthalic acid

【性状】 白色结晶。

【制法】 霍宁 E C. 有机合成：第三集. 南京大学化学系有机化学教研室译. 北京：科学出版社，1981：381.

$$(2)\quad\quad\quad\quad\quad\quad\quad\quad (1)$$

于反应瓶中加入 15%的氢氧化钠溶液 275 g，冰盐浴冷至 -10℃。同时冷却 30%的 H_2O_2 115 g。将冷却的 H_2O_2 一次加入反应瓶中，反应放热，再次冷至 -10℃后，剧烈搅拌下尽可能快地加入邻苯二甲酸酐（**2**）75 g（0.5 mol）。化合物（**2**）全部溶解后，立即加入 250 mL 预先冷至 -10℃的 20%的硫酸。过滤，滤液用乙醚提取 4 次、合并乙醚溶液，用 48%的硫酸铵溶液洗涤 3 次，无水硫酸钠干燥。蒸出溶剂，得到白色结晶状化合物（**1**）60～65 g，收率 65%～70%。

【用途】 有机过氧化物，用于药物合成和有机合成。

间氯过氧苯甲酸

$$C_7H_5ClO_3，172.57$$

【英文名】 *m*-Chloroperoxybenzoic acid，3-Chloroperbenzoic acid

【性状】 无色结晶。mp 69~71℃。不溶于水。一般试剂含量约 70%，其中含 10% 的间氯苯甲酸和 20% 的水。受热容易引起爆炸。

【制法】 方法 1 Richard N M，Richard N S，James E D. Org Synth，1988，Coll Vol 6：276.

于 1 L 的烧杯中加入七水硫酸镁 0.3 g，水 75 mL，氢氧化钠 7.2 g，溶解后冷至室温，加入 30% 的 H_2O_2 18 mL 和二氧六环 90 mL。冰水浴冷却至 15℃ 以下，剧烈搅拌下一次加入间氯苯甲酰氯（**2**）10.5 g（0.06 mol），保持反应温度不超过 25℃，必要时可加入适量的碎冰。搅拌反应 15 min。用 20% 的稀硫酸调至酸性。以二氯甲烷提取四次。合并二氯甲烷层，水洗，减压蒸出溶剂至干，得白色片状结晶间氯过氧苯甲酸（**1**），以碘量法测定，含约 80% 的活泼氧。

方法 2 孙庆麟，孙靖靖. 精细石油化工进展，2000，1（4）：27.

于反应瓶中加入蒸馏水 23 mL，氢氧化钾 9.5 g，搅拌溶解。冷却后加入甲醇 70 mL，冷至 20℃ 以下，一次加入间氯苯甲酰氯（**2**）10 g 溶于氯仿 70 mL 的溶液。剧烈搅拌反应 10 min。冷却下用 20% 的盐酸调至 pH4，分出有机层。水层用氯仿提取 2 次，合并氯仿层，水洗，无水硫酸钠干燥。减压蒸出溶剂，得粗品化合物（**1**）。重结晶提纯后，得白色固体（**1**）5.7~6 g，收率约 62%，纯度 90% 以上。

【用途】 药物合成、有机合成氧化剂。

过氧化苯甲酰

$C_{14}H_{10}O_4$，242.22

【英文名】 Benzoyl peroxide

【性状】 白色结晶或粉末。mp 106~108℃。易溶于氯仿、苯、乙醚，难溶于乙醇，不溶于水。具爆炸性。一般含水 30% 左右保存。

【制法】 ①段行信. 实用精细有机合成手册. 北京：化学工业出版社，2000：158. ②段海宝，周艳平，彭奇均. 中国食品添加剂，2002，5：23.

于安有搅拌器、温度计、两个滴液漏斗的反应瓶中，加入 10% 的双氧水 100 mL（0.29 mol），冰水浴冷却至 5℃ 左右，同时滴加两种液体：苯甲酰氯（**1**）28.5 g（0.2 mol）和 9.5 g 氢氧化钠溶于 60 mL 水配成的溶液。控制滴加速度，以保持反应液呈弱碱性。反应中不断析出固体。加完后继续搅拌反应直至无苯甲酰氯的气味。抽滤，水洗，而后用冷乙醇浸泡（除去可能存在的苯甲酸和苯甲酰氯），尽量抽干。风干后得过氧化苯甲酰（**1**）20 g，mp 106~108℃，收率 85%。

【用途】 有机合成氧化剂，食品添加剂（例如面粉增白）。

2,6-二氧代哌啶-3-甲酸乙酯

$C_8H_{11}NO_4$，185.18

【英文名】 Ethyl 2,6-dioxopiperidine-3-carboxylate
【性状】 白色固体。mp 74～76℃。
【制法】 ①Doumaux A R，Trecker D J. J Org Chem，1970，35（7）：2121. ②唐玫，吴晗，张爱英等.中国医药工业杂志，2009，40（10）：721.

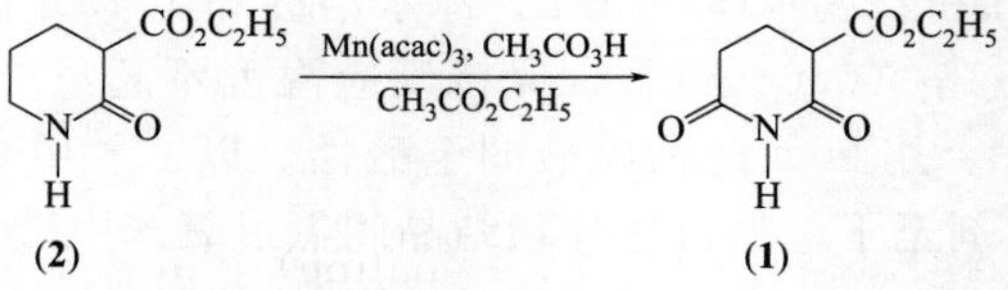

于反应瓶中加入 3-乙氧羰基哌啶-2-酮（**2**）8.55 g（0.05 mol），Mn（acac）₃ 50 mg，乙酸乙酯 50 mL，25%的过氧乙酸 32 g（0.1 mol），室温搅拌至反应完全。过滤，减压蒸出溶剂，得白色固体（**1**）6.4 g，收率 69%。乙醇中重结晶 2 次，mp 74～76℃。

【用途】 抗肿瘤药泊马度胺（Pomalidomide）等的中间体。

十、含氮化合物的氧化

环己酮

$C_6H_{10}O$，98.14

【英文名】 Cyclohexanone
【性状】 无色液体。bp 155.6℃，n_D^{20} 1.4507。
【制法】 方法 1 Barltlett P A，Green F R，et al. Tetrahedron Lett，1977，4：331.

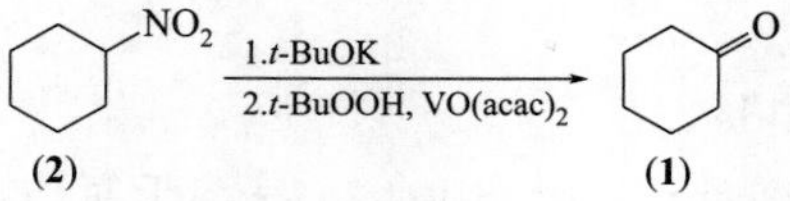

于反应瓶中加入叔丁醇钾 0.123 g（1.00 mmol），苯 3 mL，搅拌下加入硝基环己烷（**2**）0.129 g（1.0 mmol），室温搅拌反应 15 min。于 15 min 内滴加由 90%叔丁基过氧化氢 0.3 mL、苯 0.7 mL 和 VO（acac）₂① 3.5 mg 配成的溶液。加完后搅拌反应 20 min，用乙醚稀释。依次用水、饱和盐水洗涤。干燥后蒸出溶剂，得 0.84 g 化合物（**1**），收率 89%。
① VO（acac）₂ 为氧化二乙酰丙酮合钒。
方法 2 Galobardes M R，Pinnick H W. Tetrahedron Lett，1981，52：5235.

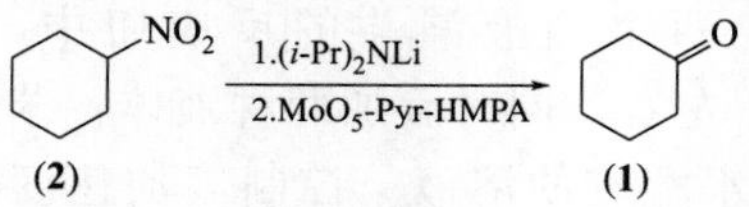

于安有磁力搅拌器、低温温度计的反应瓶中，加入 THF 20 mL，正丁基锂-己烷溶液 2.8 mL（6.7 mmol），冷至－78℃，加入二异丙基胺 0.9 mL（6.7 mmol）。搅拌后滴加硝基化己烷（**2**）0.43 g（3.3 mmol）溶于 20 mL THF 的溶液，约 5 min 加完。迅速加入

MoO_5-Pyr-HMPA 配合物 2.86 mg（6.6 mmol），而后搅拌下慢慢升至室温，搅拌反应 3 h。用 40 mL 饱和亚硫酸钠溶液淬灭反应，乙醚提取 2 次。合并乙醚层，用 5% 的盐酸和饱和盐水洗涤，干燥后浓缩，蒸馏，得化合物（**1**）0.28 g，收率 86%。

　　方法 3　Rawalay S S, Shechter H. J Org Chem，1967，32（10）：3129.

于安有搅拌器、温度计、蒸馏装置的反应瓶中，加入 1 L 叔丁醇-水溶液（1∶1），高锰酸钾 78 g（0.49 mol），二水合硫酸钙 50 g（0.29 mol），搅拌下加热至 55℃，一次加入环己胺（**2**）20 g（0.202 mol），反应立即进行，温度很快升至 75℃。迅速加热并蒸馏。二氧化锰沉淀析出，搅拌下蒸馏至干，后期搅拌困难。馏出液用石油醚（30～60℃）提取，蒸出溶剂后分馏，收集 153～156℃ 的馏分，得化合物（**1**）11.5 g，收率 56%。

　　【用途】　烯丙胺类抗真菌药特比萘芬（Terbinafine）等的中间体。

硝基甲烷

$$CH_3NO_2，61.04$$

　　【英文名】　Nitromethane

　　【性状】　无色或浅黄色油状液体，mp －28.5℃，bp101.2℃，46.6℃/13.3 kPa，d_4^{20} 1.1371，n_D^{25} 1.1322。溶于乙醇、乙醚、DMF 和氢氧化钠溶液。其水溶液呈弱酸性。

　　【制法】　Furniss B S, Hannaford A J, Rogers V, et al. Vogel's Textbook of Practical Chemistry. Longman London and New York. Fourth edition，1978：564.

$$ClCH_2COOH \xrightarrow{NaOH} ClCH_2COONa \xrightarrow[80℃]{NaNO_2} CH_3NO_2 + NaCl + NaHCO_3$$
$$\qquad\qquad (2)\qquad\qquad\qquad\qquad\qquad\qquad (1)$$

于安有搅拌器、温度计、滴液漏斗的反应瓶中，加入氯乙酸（**2**）250 g（2.66 mol），碎冰 250 g，搅拌下慢慢滴加 40% 的氢氧化钠水溶液，控制反应温度不高于 20℃，直至反应液 pH8，另将亚硝酸钠 182 g（1.66 mol）溶于 200 mL 水配成的溶液滴加到反应液中。安上蒸馏装置，接收器用冰水浴冷却。慢慢加热至 80～85℃，反应瓶中有二氧化碳气泡生成，立即撤去热源。反应放热并很快升温，有大量二氧化碳气体逸出，并有硝基甲烷和水蒸出，甚至升温至 100℃，此时可用水浴适当冷却。待反应缓和后，加热蒸馏，直至反应液温度达到 110℃，基本无硝基甲烷蒸出为止。将馏出液倒入分液漏斗中，分出下层硝基甲烷层。水层用氯化钠饱和，又可分出部分硝基甲烷。合并硝基甲烷层，无水硫酸钠干燥，蒸馏，收集 100～102℃ 的馏分，得硝基甲烷（**1**）60 g，收率 37%。

　　【用途】　心脑血管疾病治疗药物盐酸噻氯匹定（Trilopidine hydrochloride）、胃病治疗药物尼扎替丁（Nizatidine）等的中间体。

2,6-二氯硝基苯

$$C_6H_3Cl_2NO_2，192.00$$

　　【英文名】　2,6-Dichloronitrobenzene

　　【性状】　黄色固体。mp 69～70℃。

　　【制法】　方法 1　Pagano A S, Emmons W D. Org Synth，1973，Coll Vol 5：367.

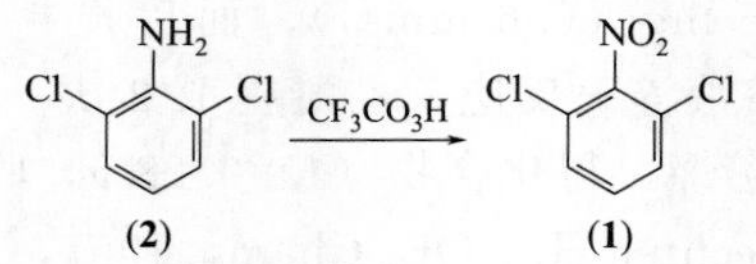

于反应瓶中加入二氯甲烷 100 mL，90%的过氧化氢 5.4 mL（0.2 mol），冰浴冷却，搅拌下慢慢滴加三氟乙酸酐 34 mL（0.24 mol），约 20 min 加完。撤去冰浴，室温搅拌 30 min。慢慢滴加 2,6-二氯苯胺（2）8.1 g（0.05 mol）与 80 mL 二氯甲烷的溶液，约 30 min 加完。反应放热而回流，加完后继续加热回流 1 h。冷却后倒入 150 mL 冷水中，分出有机层，依次用水 100 mL、10%的碳酸钠溶液（100 mL×2）、水 50 mL 洗涤，无水硫酸镁干燥，放置过夜，回收溶剂后得黄色固体 8.6～8.8 g，收率 89%～92%。用 12～15 mL 乙醇重结晶，得产品（1）5.7～7.0 g，收率 59%～73%。

方法 2　Roe A M，Berton R A，Willey G L，et al. J Med Chem，1968，11（4）：814.

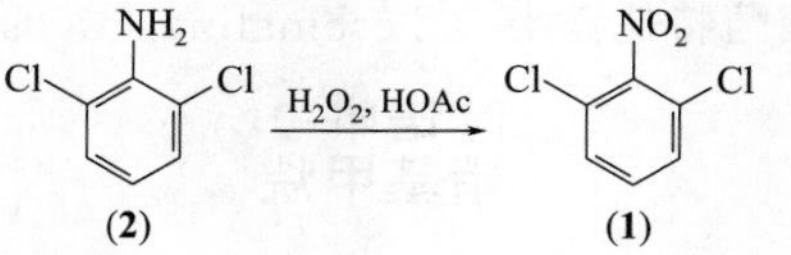

于反应瓶中加入 2,6-二氯苯胺（2）40 g（0.247 mol），30%的 H_2O_2 300 mL，浓硫酸 20 mL，冰醋酸 1 L，搅拌下蒸汽浴加热 3 h，溶液颜色变暗。再加入 30%的 H_2O_2 150 mL，冰醋酸 500 mL，继续蒸汽浴加热 20 h。冷却后将反应液倒入 8 L 水中，析出黄色沉淀。过滤，用环己烷重结晶，得产物（1）20.4 g，收率 43%，mp 70.5～71.5℃。

【用途】　氟喹诺酮类抗菌药中间体。

对硝基苯甲酸

$C_7H_5NO_4$，167.12

【英文名】　p-Nitrobenzoic acid

【性状】　黄白色结晶。mp 239～241℃。溶于乙醇、乙醚、氯仿、丙酮、沸水，微溶于苯，不溶于石油醚。可升华。

【制法】　Murray R W，Rajiadhyaksha S N，Mohan L. J Org Chem，1989，54（24）：5783.

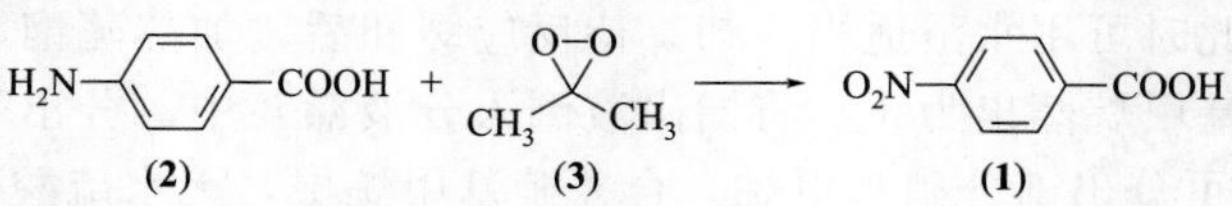

于安有磁力搅拌的反应瓶中，加入二甲基二氧杂环丙烷（3）（0.05 mol）的丙酮溶液 30 mL，慢慢加入对氨基苯甲酸（2）0.041 g（0.3 mmol）溶于 5 mL 丙酮的溶液。加完后于 22℃搅拌反应 30 min。蒸出溶剂，得化合物（1），收率 95%，mp 239～240℃。

【用途】　盐酸普鲁卡因（Procaine hydrochloride）、叶酸（Folic acid）、苯佐卡因（Benzocaine）等的中间体。

1,3-二硝基金刚烷

$C_{10}H_{14}N_2O_4$，226.23

【英文名】　1,3-Dinitroadamantane

【性状】　mp（subl）211℃。

【制法】　Rozen S，Kol M. J Org Chem，1992，57（26）：7342.

于反应瓶中加入 1,3-二氨基金刚烷（**2**）10 mmol，氯仿 20 mL，溶解后冷至－15℃。将其加入另一盛有含 5 g KF 的 30～35 mmol 氧化剂 HOF-CH₃CN 的乙腈-水溶液 100 mL 中，该溶液也预先冷至－15℃。反应 10～15 min 后，反应基本结束。用饱和碳酸氢钠溶液中和，倒入 1.5 L 水中，用二氯甲烷提取。合并有机层，依次用碳酸氢钠溶液、水洗涤，无水硫酸镁干燥。过滤、浓缩，剩余物过硅胶柱纯化，得化合物（**1**），收率 80%。

【用途】　硝基金刚烷是重要的含能材料，也是医药中间体。

8-羟基喹诺啉-2(1*H*)-酮

$C_9H_7NO_2$，161.16

【英文名】　8-Hydroxyquinolin-2(1*H*)-one

【性状】　浅褐色固体。mp 297～299℃。

【制法】　焦淑清，于莲，候薇. 中华医学写作杂志，2002，9（17）：1380.

8-羟基喹啉-1-氧化物（**3**）：于反应瓶中加入 8-羟基喹啉（**2**）29 g（0.2 mol），氯仿 120 mL，搅拌溶解，于 25℃滴加 20%的过氧乙酸 110 mL（0.3 mol），TLC 检测反应终点。分出氯仿层，水层用氯仿提取。合并有机层，饱和氯化钠溶液洗涤，回收氯仿后，剩余物中加入适量氨水，析出黄色固体（**3**）。过滤，95%的乙醇重结晶，得化合物（**3**）27.4 g，收率 85%，mp 137～140℃。

8-乙酰氧基喹诺酮（**4**）：于反应瓶中加入化合物（**3**）16.1 g（0.1 mol），醋酸酐 60 mL，于 80℃搅拌反应 5 h。冷却、过滤、水洗，干燥，得粗品（**4**）18.3 g，收率 90%。乙醇-水重结晶，得片状结晶，mp 252～254℃。

8-羟基喹诺酮（**1**）：将化合物（**4**）20.3 g（0.1 mol），浓盐酸 140 mL，水 20 mL，回流 4 h。冰浴冷却，析出黑褐色固体。过滤，干燥，重 15.3 g，收率 95%。乙醇-水重结晶，活性炭脱色，得浅褐色固体（**1**），mp 297～299℃。

【用途】　平喘药盐酸丙卡特罗（Procaterol hydrochloride）的中间体。

2,3,5-三甲基-4-硝基吡啶-*N*-氧化物

$C_8H_{10}N_2O_3$，182.18

【英文名】　2,3,5-Trimethyl-4-nitropyridine-*N*-oxide

【性状】　黄色固体。mp 68～71℃。

【制法】　万欢，方峰，段梅莉等. 应用化学，2009，26（2）：178.

于反应瓶中加入化合物 2,3,5-三甲基吡啶（**2**）24.2 g（0.2 mol），磷钨酸 2.0 g，搅拌下于 90℃滴加 30%的双氧水 42 mL（0.4 mmol），约 2.5 h 加完。加完后继续于 95℃反应 6 h。冷至室温，加入 5 mL 水合肼以分解过量的过氧化氢，使碘化钾淀粉试纸不变色。减压蒸出水分，得化合物（**3**）。慢慢加入浓硫酸 25 mL，加热至 80～85℃，于 2 h 内滴加由浓硫酸 35 mL 和 65%的硝酸 40 mL 配成的混酸。加完后继续保温反应 5 h。冷至室温，倒入 200 mL 冰水中，用 25%的氢氧化钠调至 pH8，二氯甲烷提取 3 次。合并有机层，无水硫酸钠干燥。过滤，浓缩，得黄色固体（**1**）35.2 g，收率 96.7%，mp 68～71℃。

【用途】 质子泵抑制剂奥美拉唑（Omeprazole）中间体。

4-氨基吡啶

$C_5H_6N_2$，94.12

【英文名】 4-Aminopyridine
【性状】 白色固体。mp 157～158℃。
【制法】 禹星海，高艳华，王亚平，陈金德. 河西学院学报. 2014，30（2）：64.

吡啶-N-氧化物（**3**）：于反应瓶中加入冰醋酸 120 mL，30%的双氧水 25 mL，水浴加热至 84℃，搅拌下慢慢滴加吡啶（**2**）16 g（0.2 mol），保温反应 3 h 后，再补加 30%的双氧水 15 mL，继续反应 9 h。旋转浓缩至 100 mL，加入蒸馏水，反复减压浓缩，直至无液体流出，得浅黄色油状液体（**3**）。冰箱中放置可固化。

4-硝基吡啶-N-氧化物（**4**）：将新制备的 N_2O_5 1.3 g（12 mmol）溶于 30 mL 二氯甲烷中，于 40℃慢慢滴加化合物（**3**）1.5 g（10 mmol）溶于 30 mL 二氯甲烷的溶液，加完后继续反应 4 h。将反应物倒入冰水中，用碳酸钠溶液调至 pH8～9，加入适量乙醇，有白色沉淀生成。过滤弃去固体，再次加入乙醇沉淀，直至不再出现白色沉淀。加入乙酸乙酯，液体分层。放置后两层中均出现浅黄色固体。过滤，干燥。95%的乙醇重结晶，得浅黄色针状结晶（**4**），收率 74%，mp 156～159℃。

4-氨基吡啶（**1**）：于反应瓶中加入化合物（**4**）0.62 g（5 mmol），加入甲醇至完全溶解，再加入锌粉 0.03 g（0.5 mmol），甲酸 0.58 g（10 mmol），于 75℃反应 1 h。过滤，滤液减压浓缩，得浅黄色液体 4～5 mL。静置过夜，生成浅黄色絮状物。柱色谱纯化，以己烷-乙酸乙酯（5：3）洗脱，得白色固体（**1**），收率 79.4%，mp 157～158℃。

【用途】 抗生素药物 4-乙酰氨基吡啶醋酸盐的中间体，也是制备强心剂、灭菌剂、抗心律失常、抗溃疡药物的中间体

对苯醌

C₆H₄O₂，108.09

【英文名】　1,4-Benzoquinone

【性状】　金黄色棱状晶体。mp 115～117℃。溶于乙醇、乙醚和热水。能升华，能随水蒸气挥发。有类似氯的刺激性气味。

【制法】　韩广甸，赵树纬，李述文. 有机制备化学手册：中卷. 北京：化学工业出版社，1978：203.

于反应瓶中加入 500 mL 水，慢慢加入浓硫酸 100 mL。搅拌下慢慢加入新蒸馏的苯胺（**2**）23 g（0.25 mol），冰盐浴冷至 0℃。慢慢滴加 30 g 重铬酸钠溶于 75 mL 水配成的溶液。控制滴加速度，以反应液温度不超过 5℃为宜。加完后继续搅拌反应 15 min。冰箱中放置过夜。次日，按照上述条件，再加入重铬酸钠 49 g 溶于 120 mL 水配成的溶液，加完后继续搅拌反应 30 min。抽滤得粗品。

滤液用乙醚提取，乙醚层回收乙醚后，与上述粗品合并，而后进行水蒸气蒸馏。直至无油状物馏出。将馏出液冰浴中冷却，析出黄色针状结晶。抽滤，干燥，得对苯醌（**1**）14 g，mp 116℃，收率 50%。

【用途】　抗癌药盐酸安柔比星（Amrubicin hydrochloride）、利胆药曲匹布通（Trepibutone）等的中间体。

3,4-二甲氧基苯甲腈

C₉H₉NO₂，163.18

【英文名】　3,4-Dimethoxybenzonitrile

【性状】　白色结晶。mp 68～70℃。

【制法】　Yamazaki S. Synth Commun，1997，27（19）：3559.

于安有磁力搅拌、温度计的反应瓶中，加入 3,4-二甲氧基苄胺（**2**）500 mg（3 mmol），乙醇 10 mL，搅拌下加入次氯酸钠溶液 3.6 mL（1.85 mol/L，6.6 mmol），室温搅拌反应 15 min，反应放热。反应完后倒入 50 mL 水中，二氯甲烷提取 3 次。合并有机层，饱和食盐水洗涤，无水硫酸钠干燥。蒸出溶剂，得黄色液体。过硅胶柱纯化，二氯甲烷洗脱，得白色结晶（**1**）472 mg，收率 97%。

【用途】　胃肠促动力药伊托必利（Itopride）中间体。

十一、糖的氧化

D-葡萄糖酸-δ-内酯

C₆H₁₀O₆，178.14

【英文名】　D-Glucono-δ-lactone

【性状】 无色结晶或白色结晶粉末。mp 147～152℃。易溶于水，微溶于乙醇，不溶于乙醚。

【制法】 王宏鹰. 云南化工，1998，1：59.

(2)   Pd-C, O₂   (1)

催化剂 Pd-C 的制备：将 64 mg PdCl₂ 加入 1 mL 浓盐酸中，加入适量水，溶解后加入经活化的粉状活性炭 3.8 g。用氢氧化钠溶液调至 pH5，室温搅拌下加入由硼氢化钠 67 mg 溶于 2 mL 水的溶液，将离子钯还原为金属钯附着于活性炭上。过滤，水洗，干燥，得 1% 的 Pd-C 催化剂。

于安有搅拌器、温度计、滴液漏斗、通气导管的反应瓶中，加入 8% 的葡萄糖（2）水溶液 300 mL，再加入上述催化剂，剧烈搅拌下于 50℃通入经净化的空气，反应过程中随时滴加氢氧化钠溶液以保持反应液 pH 在 9～9.5，直至 pH 值不再降低。反应结束后，滤去催化剂，用阳离子交换树脂处理。于 70℃减压浓缩，当浓度达到 80%～85% 时，冷至 40℃以下，加入晶种，析出白色固体。抽滤，干燥，得化合物（1）22.6 g。母液继续浓缩，可以再回收 5.3 g。总收率 93.3%。

【用途】 食品添加剂。补钙剂葡萄糖酸钙原料。

L-(S)-甘油醛缩丙酮

$C_6H_{10}O_3$，130.14

【英文名】 L-(S)-Glyceraldehyde acetonide

【性状】 易聚合的无色液体。bp 51～52℃/3.33 kPa。$[\alpha]_D^{23}$ —74.5°（苯）。

【制法】 ①Jung M E. J Am Chem Soc，1980，102：6304. ②Bissere P. J Org Chem，1989，54（12）：2958.

(2)   Na₂IO₄   (1)

于安有磁力搅拌器、温度计、pH 自动滴定器的 500 mL 反应瓶中，加入 3 mol/L 的偏高碘酸钠溶液 85.5 g（0.4 mol），水 200 mL，冰浴冷至 0℃，搅拌下滴加 3 mol/L 的氢氧化钠溶液 133 mL（0.4 mol），控制内温不超过 7℃，最后 pH 为 5.6。撤去冷浴，一次加入粉状 5,6-O-亚异丙基-L-古洛糖酸-1,4-内酯（2）43.6 g（0.2 mol），保持反应液温度低于 30℃。滴加 15% 的碳酸钠溶液约 15 mL，保持反应液 pH5.6，继续搅拌反应 30 min。加入固体氯化钠 105 g，搅拌溶解。过滤，饱和盐水洗涤。合并滤液和洗涤液，用 15% 的碳酸钠调至 pH6.7，二氯甲烷提取（100 mL×6），无水硫酸钠干燥。过滤，滤饼用二氯甲烷洗涤 2 次。减压旋转浓缩至 50 mL，分馏，收集 51～52℃/3.33 kPa 的馏分，得化合物（1）14.5 g，收率 56%。

【用途】 手性药物中间体。

α-D-葡萄糖醛酸-γ-内酯

$$C_6H_8O_6，176.13$$

【英文名】 α-D-Glucuronic acid-γ-lactone

【性状】 无色结晶或白色结晶粉末。味苦。遇光颜色变深。溶于水，水溶液中不稳定。微溶于乙醇，不溶于乙醚。

【制法】 Mehltretter C L，et al. J Am Chem Soc，1951，73（6）：2424.

1,2-O-亚异丙基-α-D-葡萄呋喃糖醛酸（**3**）：于安有搅拌器、温度计、通气导管的反应瓶中，加入 1,2-O-亚异丙基-α-D-葡萄呋喃糖（**2**）60 g（0.27 mol），水 900 mL，碳酸氢钠 5.7 g（0.068 mol），溶解后，搅拌下加入 6.8 g Pt-C 催化剂，剧烈搅拌下（3000 r/min），通入用硫酸净化的空气，约 112 L/h。水浴保持反应液温度保持在 50℃。当反应液的 pH 降至 7.0 时，再加入碳酸氢钠 5.7 g。如此操作，共需要碳酸氢钠 22.7 g（0.27 mol），约需 7～11 h 反应结束。滤出催化剂，用热的稀氯化钠溶液洗涤。合并滤液和洗涤液，减压浓缩至约 175 mL，加热至 70℃。加入 2 g 氯化钙使草酸钙析出，过滤。加入 13 g 氯化钙的浓水溶液，冷至 15～20℃，析出糖醛酸（**3**）的钙盐。过滤，冰水洗涤，得含 5.5 个结晶水的钙盐 41.8 g，收率 47%。

α-D-葡萄糖醛酸-γ-内酯（**1**）：将二水合草酸 10.1 g（理论量）加入 275 mL 水中，加热至 90～100℃，搅拌下加入上述钙盐 48.6 g，加热搅拌 1.75 h。在最后 30 min 时加入活性炭脱色。过滤，浓缩至开始出现结晶时，迅速冷至 20℃。2 h 后过滤，冷乙醇洗涤，于 50℃干燥，得化合物（**1**）12.2 g，mp 176～178℃。母液进一步浓缩，再得到部分产品。共得化合物（**1**）21.3 g，收率 81%。

【用途】 肝病治疗药葡醛内酯（Glucuronolactone）原料药（又名肝泰乐）。

十二、氨基酸的氧化

3,4-二甲氧基苯丙酮

$$C_{11}H_{14}O_3，194.23$$

【英文名】 3,4-Dimethoxyphenylacetone

【性状】 油状液体，其缩氨基脲 mp 171～174℃。

【制法】 Slates H L，Taub D，Kuo C H，et al. J Org Chem，1964，29（6）：1424.

于安有搅拌器、温度计、滴液漏斗的反应瓶中，加入 α-甲基-3,4-二甲氧基苯丙氨酸（**2**）956 mg（4.00 mmol），水 25 mL，苯 10 mL，室温搅拌下慢慢滴加次氯酸钠溶液 14 mL（0.3 mol/L 活性氯），约 20 min 加完。滴加过程中用碘化钾-淀粉试纸检测反应至反应结束。分出有机层，水层用 50% 的乙醚-苯提取。合并有机层，无水硫酸钠干燥。过滤，减压浓缩至干，得油状化合物（**1**）725 mg，收率 92%。其缩氨基脲 mp 171～174℃。

【用途】 抗高血压药物 L-甲基多巴等的中间体。

3,4-二羟基苯丙酮

$C_9H_{10}O_3$，166.18

【英文名】 3,4-Dihydroxyphenylacetone

【性状】 油状液体。

【制法】 Slates H L，Taub D，Kuo C H，et al. J Org Chem，1964，29（6）：1424.

于安有搅拌器、温度计、滴液漏斗的反应瓶中，加入 α-甲基-3,4-二羟基苯丙氨酸（**2**）844 mg（4.00 mmol），水 10 mL，氮气保护，搅拌下加入碳酸氢钠 340 mg（4.00 mmol），室温搅拌下慢慢滴加次氯酸叔丁酯 0.5 g（4.5 mmol）溶于 10 mL 叔丁醇的溶液，约 30 min 加完。将得到的深红色反应液用 2 mol/L 的盐酸 5 mL 酸化，乙酸乙酯提取，无水硫酸钠干燥。过滤，减压浓缩至干，得化合物（**1**）335 mg，收率 50%。

【用途】 抗高血压药物 L-甲基多巴等的中间体。

3-氰基丙酸甲酯

$C_5H_7NO_2$，113.12

【英文名】 Methyl 3-cyanopropionate

【性状】 无色液体。bp 104～105.2℃/1.78～1.89 kPa，95～97℃/1.064 kPa。

【制法】 Hiegel G A，Lewis J C，Bae J W. Synth Commun，2004，17：3449.

于安有搅拌器、温度计、回流冷凝器、固体加料漏斗的反应瓶中，加入谷氨酸（**2**）15.655 g（0.1064 mol），75 mL 甲醇，吡啶 17.67 g（0.2233 mol），冷凝器中通入干冰-丙酮，搅拌下慢慢加入固体三氯异氰脲酸 21.098 g（0.09077 mol），约 45 min 加完。反应放热，室温搅拌反应 105 min。加入固体亚硫酸氢钠以分解过量的氧化剂，直至对碘化钾-淀粉试纸呈负性反应。过滤除去生成的脲氰酸，甲醇洗涤。加入 7 mL 浓硫酸，回流反应 3 h 进行酯化。减压蒸出甲醇，加入 25 mL 水，乙醚提取 3 次。无水硫酸镁干燥，过滤，蒸出乙醚。剩余物减压分馏，收集 104～105.2℃/1.78～1.89 kPa 的馏分，得化合物（**1**）

7.338 g，收率 61.4%。

【用途】 新药中间体。杀菌剂锐劲特（Regent）中间体。

十三、含硫化合物氧化

L-胱氨酸

$C_6H_{12}N_2O_4S_2$，240.30

【英文名】 L-Cystine

【性状】 片状结晶或白色结晶性粉末。溶于酸、碱水溶液，微溶于水，不溶于乙醇、乙醚、苯、氯仿等有机溶剂。260～261℃分解。

【制法】 Ahe O，Lucakovic M F，Ressler C，J Org Chem，1974，39（2）：253.

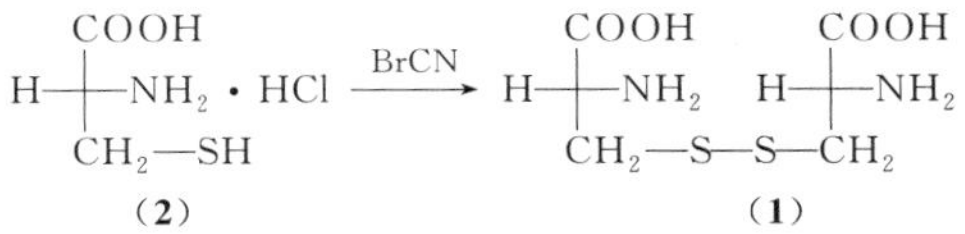

于反应瓶中加入 L-半胱氨酸盐酸盐（**2**）2.63 g（15 mmol），0.1 mol/L 的盐酸 50 mL，搅拌溶解。水浴冷却下，慢慢滴加溴化氰 3.71 g（35 mmol）溶于 0.1 mol/L 的盐酸 50 mL 的溶液，滴加过程中保持室温。反应结束后，减压浓缩至干。加入少量水溶解，用氨水调至 pH5，析出产物。冷却，过滤。将其加入 10 mL 水中，加入盐酸溶解，而后再用氨水调至 pH5，析出固体，冷却，过滤，水洗至无氯离子，再用乙醇、乙醚洗涤，干燥，得化合物（**1**）1.51 g，收率 85%。$[\alpha]_D^{24.5}$ −211°（c=1.1，1 mol/L 盐酸）。文献值 $[\alpha]_D^{25}$ −215°。

【用途】 医学上有促进机体细胞氧化和还原机能，主要用于各种脱发症，也用作食品调味剂。

对甲苯磺酰氯

$C_7H_7ClO_2S$，190.54

【英文名】 *p*-Toluenesulfonyl chloride

【性状】 无色或白色结晶。mp 69～71℃。易溶于乙醇、乙醚、苯，不溶于水。

【制法】 Prakash G K S，Mathew T，Panja C，Olah G A. J Org Chem，2007：72（15）：5847.

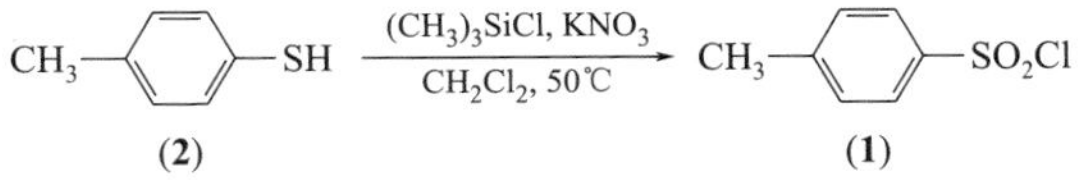

于封管中加入对甲苯硫酚（**2**）1 mmol，二氯甲烷 5 mL，硝酸钾 2.2 mmol，三甲基氯硅烷 2.2 mmol，密闭后于 50℃剧烈搅拌反应 2 h。冷至室温，过滤。滤液依次用水（10 mL×2）、饱和盐水 10 mL 洗涤，无水硫酸钠干燥，过滤，减压蒸出溶剂，得化合物（**1**），收率 86%。

【用途】 倍他美松（Betamethasonum）、甲磺灭隆（Homosulfamine；Homosulfanilamide) 等的中间体。

甲基磺酸

$$CH_4O_3S, 96.11$$

【英文名】 Methylsulfonic acid

【性状】 白色固体。mp 20℃，bp 167℃/1.3 kPa。d_4^{25} 1.4812，n_D 1.4317。

【制法】 方法 1 李基森，龚秀英，黄国华. 化学世界，2001，5：251.

$$CH_3SSCH_3 \xrightarrow{H_2O_2} 2CH_3SO_3H$$
$$\quad\quad (2) \quad\quad\quad\quad (1)$$

于反应瓶中加入 50% 的过氧化氢 1200 mL，甲基磺酸 10 mL，冰浴冷却，搅拌下滴加二甲基二硫（**2**）282.6 g（3.0 mol），温度逐渐升高，控制滴加速度，反应液温度不高于 90℃，约 2.5 h 加完。加完后继续搅拌反应 1 h，得透明液体。减压蒸出水后，剩余物减压蒸馏，收集 118~120℃/0.133 kPa 的馏分，得化合物（**1**）543 g，收率 94.1%。

方法 2 孙昌俊，曹晓冉，王秀菊. 药物合成反应——理论与实践. 北京：化学工业出版社，2007：174.

$$KSCN + (CH_3)_2SO_4 \longrightarrow CH_3SCN \xrightarrow{HNO_3} CH_3SO_3H + CO_2 + H_2O$$
$$\quad\quad\quad (2) \quad\quad\quad\quad (3) \quad\quad\quad\quad\quad (1)$$

硫氰酸甲酯（**3**）：于反应瓶中加入硫氰化钾 97 g（1.0 mol），水 100 mL，搅拌溶解。保持内温 40℃ 左右滴加硫酸二甲酯（**2**）110 g（0.87 mol），反应放热，约 3 h 加完。而后继续搅拌反应 2 h。放置过夜。分出油层，水洗两次得硫氰酸甲酯（**3**）50 g，不必纯化直接用于下步反应（纯品 bp 130~135℃）。

甲基磺酸（**1**）：于反应瓶中加入水 90 mL，搅拌下慢慢加入硝酸（d 1.5）165 g，放热，温度可达 80~90℃。保持 85~100℃ 慢慢滴加上述硫氰酸甲酯（**3**）50 g，反应放热，并有棕红色二氧化氮产生。放置过夜。加热至 120℃，直至基本上无棕红色气体为止，约需 5~6 h。减压浓缩至不出水为止。减压蒸馏，收集 148~151℃/0.8 kPa 的馏分，得甲基磺酸（**1**）42 g，收率 49%。

【用途】 局部麻醉药甲磺酸罗哌卡因（Ropivacaine mesylate）等的原料。

邻硝基苯磺酰氯

$$C_6H_4ClNO_4S, 221.62$$

【英文名】 *o*-Nitrobenzenesulfonyl chloride

【性状】 白色结晶。mp 65~67℃。不溶于水，在热水、热醇中溶解并分解。

【制法】 孙昌俊，曹晓冉，王秀菊. 药物合成反应——理论与实践. 北京：化学工业出版社，2007：173.

于安有搅拌器、导气管、回流冷凝器（连一只导气管至氯化氢吸收装置）的反应瓶中，加入二硫代-2,2′-双硝基苯（**2**）300 g（0.975 mol），浓盐酸 1.5 L，300 mL 硝酸（d1.42）。搅拌下通入氯气，同时慢慢加热至 70℃。30 min 后，二硫化物开始熔化，液体为橙红色。保持 70℃ 通氯气 1 h。趁热倒出上清液，剩余物用热水洗涤（400 mL×2），冷后固化。抽滤，用 200 mL 冰醋酸重结晶，得浅黄色邻硝基苯磺酰氯（**1**）360 g，收率 84%，mp 64～66℃。

【用途】　降压药二氮嗪（Diazoxide）等的中间体。

奥美拉唑

$C_{17}H_{19}N_3O_3S$，345.42

【英文名】　Omeprazole

【性状】　mp 147～150℃。

【制法】　何建渭，陶兴法，傅绍娟，王井明.中国医药工业杂志，2007：38（2）：78.

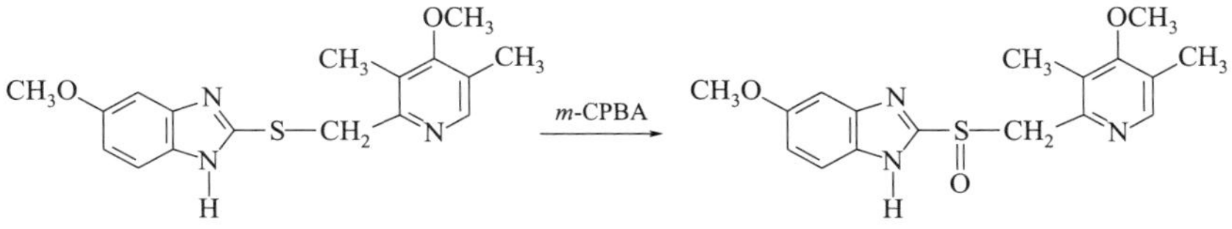

于反应瓶中加入化合物（**2**）16.5 g（0.05 mol），二氯甲烷 165 mL，冷至 −20℃ 以下，慢慢滴加间氯过氧苯甲酸 8.6 g（0.05 mol）溶于 50 mL 二氯甲烷的溶液，约 1 h 加完。加完后保温反应 2 h。加入 10.6 g（0.1 mol）碳酸钠溶于 200 mL 水的溶液，搅拌 30 min。分出有机层，水洗 3 次，无水硫酸镁干燥。过滤，浓缩，剩余物加入 100 mL 乙腈，冰箱中放置冷却。过滤，干燥，得白色粉末（**1**）14.0 g，收率 80.8%，mp 150.5～152℃。

【用途】　治疗消化性溃疡和佐-埃二氏综合征、反流性食管炎药物奥美拉唑（Omeprazole）原料药。

沙威拉唑

$C_{15}H_{10}F_7N_3O_2S_2$，461.37

【英文名】　Saviprazole

【性状】　结晶固体。240℃（分解）。

【制法】　Weidman K，Herling A W，Lang H J.J Med Chem，1992，35（3）：438.

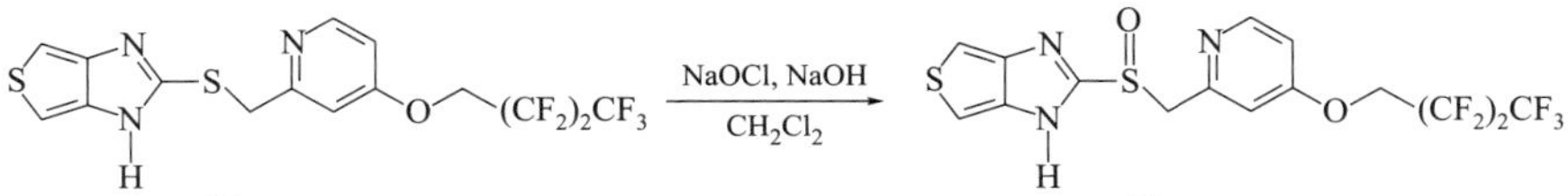

于反应瓶中加入化合物（**2**）40 g（0.09 mol），二氯甲烷 800 mL，搅拌溶解。加入饱和碳酸氢钠水溶液 500 mL，冷至 0℃。搅拌下控制 0℃ 滴加由间氯过苯甲酸 0.09 mol 溶于 150 mL 二氯甲烷的溶液，加完后继续于 0℃ 搅拌反应 10 min。用碘化钾-淀粉试纸检测蓝色不变表明过酸存在。分出有机层，水层用二氯甲烷提取。合并有机层，水洗，无水硫酸钠干燥。过滤，浓缩至约 100 mL，加入二异丙醚，冷却析晶。过滤，风干，得化合物（**1**）32 g，收率 76%，mp 140℃（分解）。

【用途】 胃溃疡、十二指肠溃疡治疗药沙威拉唑（Saviprazole）原料药。

（*S*）-兰索拉唑

$C_{16}H_{14}F_3N_3O_2S$，369.36

【英文名】 （*S*）-Lansoprazole

【性状】 白色粉末。

【制法】 葛执信，张灿. 药学进展，2012，36（7）：325.

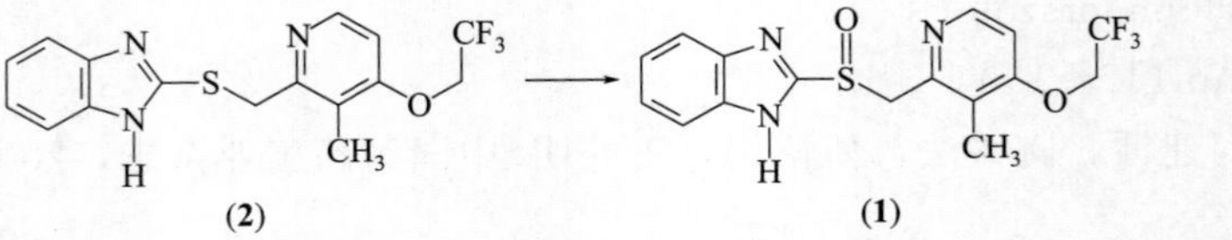

于反应瓶中加入化合物（**2**）6.7 g（18.8 mmol），甲苯 20 mL，D-酒石酸二乙酯 2.35 g（11.4 mmol），四异丙氧基钛 1.6 g（5.6 mmol），水 0.044 mL（2.4 mmol），搅拌下升温至 55℃，反应 1.5 h 后，冷至 30℃。加入 *N*,*N*-二异丙基乙胺 0.72 g（5.6 mmol），慢慢滴加氢过氧化异丙苯溶液 3.3 g（18.2 mmol）。加完后继续搅拌反应 2 h。用 12.5% 的氨水萃取（20 mL×2）。合并水层，加入硅藻土 1.5 g，搅拌 5 min 后过滤，得澄清溶液。加入异丁基甲基酮 20 mL，用醋酸调至 pH7，5～8.0，静置分层。分出有机层，水层用异丁基甲基酮提取（20 mL×2）。合并有机层，无水硫酸钠干燥。过滤，减压浓缩至干，得浅黄色油状液体。加入 20 mL 乙酸乙酯，抽滤，干燥，得白色粉末（**1**）4.8 g，收率 70%。

【用途】 胃溃疡、十二指肠溃疡等病治疗药兰索拉唑（Lansoprazole）原料药。

雷贝拉唑

$C_{18}H_{21}N_3O_3S$，359.44

【英文名】 Rabeprazole

【性状】 类白色固体。mp 99～101℃。

【制法】 ①邱飞等. 中国医药工业杂志，2010，41（1）：9.②陈仲强，李泉. 现代药物的合成与制备：第二卷. 北京：化学工业出版社，2011：411.

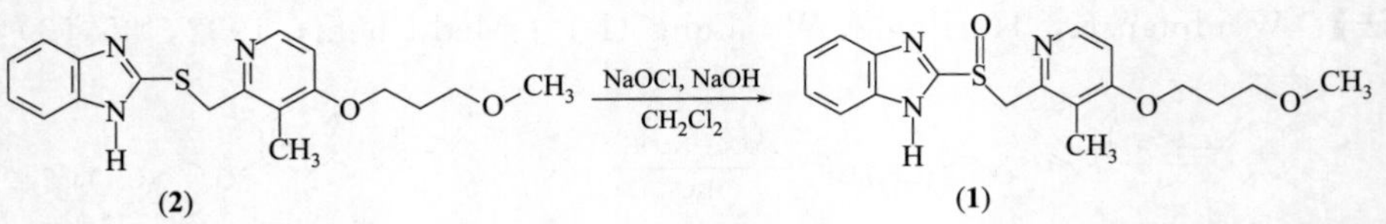

于反应瓶中加入化合物（**2**）103 g（0.3 mol），二氯甲烷 1 L，搅拌溶解。冷至 5℃，搅拌下滴加 9%～11% 的次氯酸钠水溶液 350 mL（约 0.6 mol），约 1 h 加完。加完后继续搅拌反应 2～5 h，TLC 跟踪反应至反应完全。加入饱和硫代硫酸钠水溶液 250 mL，慢慢加入硫酸铵 70 g 调至 pH9。分出有机层，水层用二氯甲烷提取。合并有机层，加入 10% 的氢氧化钠水溶液约 500 mL 调至 pH13，静置分层。分出有机层，水层中加入 1 L 二氯甲烷，再加入硫酸铵约 70 g 调至 pH9。分层后，水层用二氯甲烷提取。合并有机层，无水硫酸钠干燥。过滤，浓缩，剩余物用丙酮重结晶，得类白色固体（**1**）87 g，收率 80%，mp 99～101℃，纯度 99%。

【用途】　治疗消化性溃疡、胃食管反流性疾病、卓-艾氏综合征等病药物雷贝拉唑钠（Rabeprazole sodium）中间体。

莫达非尼

$$C_{15}H_{15}NO_2S，273.35$$

【英文名】　Modafinil
【性状】　白色结晶。mp 164～166℃（甲醇）。
【制法】　窦清玉，伍新燕，吴范宏.中国医药工业杂志，2002，33（3）：110.

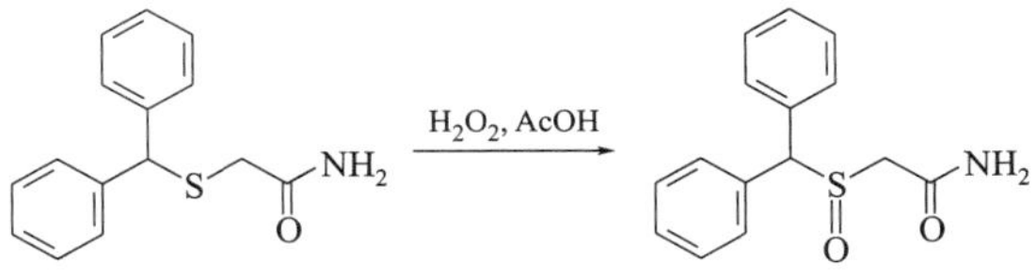

于反应瓶中加入二苯甲硫基乙酰胺（**2**）36.5 g（0.142 mol），冰醋酸 150 mL，30% 的双氧水 14.6 mL（0.142 mol），于 40℃ 搅拌反应 15 h。加水 500 mL，冷却，搅拌，析出白色固体。过滤，用甲醇重结晶，得白色固体（**1**）30.66 g，收率 79%，mp 164～166℃。

【用途】　中枢神经兴奋药莫达非尼（Modafinil）原料药。

阿屈非尼

$$C_{15}H_{15}NO_3S，289.35$$

【英文名】　Adrafini，2-[(Diphenylmethyl) sulfinyl]-N-hydroxy-acetamide
【性状】　白色结晶。mp 159～160℃。
【制法】　①陆江海，王杉，邓静等.中国新药杂志，2005，14（5）：583.②陈芬儿.有机药物合成法：第一卷.北京：中国医药科技出版社，1999：34.

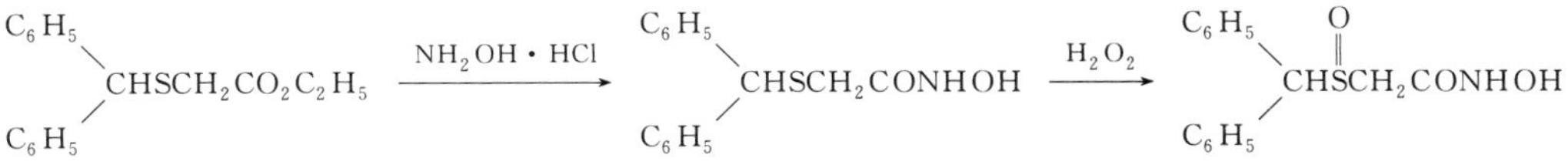

二苯甲基硫代乙酰氧肟酸（**3**）：于反应瓶中加入盐酸羟胺 5.25 g（0.075 mol），甲醇 50 mL，加热搅拌至澄清。冷至 40℃ 以下，加入由氢氧化钾 7.5 g 溶于 40 mL 甲醇的溶液。冷至 5～10℃，加入二苯甲基硫代乙酸乙酯（**2**）10.8 g（0.0378 mol）溶于 40 mL 甲醇的溶液，10 min 后过滤。滤液于室温搅拌反应 15 h。减压蒸出溶剂，加入 100 mL 水，用盐酸调至酸性。析出固体。抽滤，水洗，干燥，得化合物（**3**）9.1 g，收率 87.5%，mp 118～120℃。

阿屈非尼（**1**）：于反应瓶中加入化合物（**3**）10.4 g（0.038 mol），过氧化氢 0.038 mol 和乙酸 100 mL 的溶液，于 40℃ 搅拌反应 2 h。减压蒸出溶剂，剩余物中加入乙酸乙酯

60 mL，析出固体。过滤，干燥，得粗品。粗品用乙酸乙酯重结晶，得化合物（**1**）8 g，收率 73%，mp 159～160℃。

【用途】 脑代谢改善药、精神兴奋药阿屈非尼（Adrafinil）原料药。

替硝唑

$$C_8H_{13}N_3O_4S，247.19$$

【英文名】 Tinidazole

【性状】 白色针状结晶。mp 127～128℃。

【制法】 许佑君，刘少诚，刘悦秋. 中国医药工业杂志，1998，29（5）：195.

$$\text{(2)} \xrightarrow[\text{H}_2\text{O}_2]{\text{HCOOH}} \text{(1)}$$

于安有搅拌器、回流冷凝器、温度计、滴液漏斗的反应瓶中，加入 1-(2-乙硫基乙基)-2-甲基-5-硝基-1H-咪唑（**2**）76 g（0.353 mol），88% 的甲酸 250 mL，搅拌溶解后，滴加 30% 的双氧水 150 mL，约 1.5 h 加完。慢慢升温至 85～90℃反应 6 h。减压浓缩至一半体积，冷却下用氨水调至 pH5～6，析出橘黄色针状结晶。抽滤，水洗，干燥，得粗品 56 g，mp 124～127℃。

将粗品加入 300 mL 水中，加盐酸使之溶解。活性炭脱色，抽滤。用氨水调至 pH5～6，析出白色针状结晶，抽滤，干燥，得化合物（**1**）53 g，总收率 60.7%，mp 126～128℃。

【用途】 抗感染药替硝唑（Tinidazole）原料药。

6α,6β-二溴-1,1-二氧青霉烷酸

$$C_8H_9Br_2NO_5S，390.96$$

【英文名】 6α,6β-Dibromopenicillaic acid 1,1-dioxide

【性状】 白色固体，mp 192～193℃（分解）。溶于乙酸乙酯、氯仿、醇，不溶于水，可溶于稀碱。

【制法】 ①王正平，韩军凤. 精细化工原料及中间体，2005，9：12. ②孙昌俊，王秀菊，曹晓冉. 药物合成反应——理论与实践. 北京：化学工业出版社，2007：25.

$$\text{(2)} \xrightarrow{\text{KMnO}_4} \text{(1)}$$

于反应瓶中加入二氯甲烷 40 mL，6α,6β-二溴青霉烷酸（**2**）6.3 g（0.0176 mol），水 25 mL，搅拌下滴加 3 mol/L 的氢氧化钠溶液调至 pH7。分出水层，有机层用水 20 mL 提取，合并水层。将水层重新置于反应瓶中，冷至 0℃，滴加由高锰酸钾 5.9 g，磷酸 1.8 mL 和水 70 mL 配成的溶液，约 1 h 加完。而后继续于 0℃左右反应 0.5 h。滴加亚硫酸氢钠溶液至紫色消失。加入乙酸乙酯 50 mL，用 6 mol/L 的盐酸调至 pH1～2。加入固体氯化钠

70 g，使溶液饱和。分出有机层，水层用乙酸乙酯提取（30 mL×2），合并有机层，饱和食盐水洗涤，无水硫酸钠干燥，活性炭脱色。减压蒸去溶剂，得到的固体用正己烷洗涤，干燥后得白色化合物（**1**）5.2 g，收率 76.9%，mp 192～196℃（分解）。

【用途】 舒巴坦（Sulbactam）等的中间体。

甲基磺酰氯

CH_3ClO_2S，114.55

【英文名】 Methylsulfonyl chloride

【性状】 液体，bp 161～162℃。d_4^{18} 1.4806，n_D^{20} 1.4573。不溶于水。

【制法】 韩广甸，范如霖，李述文.有机制备化学手册：下卷.北京：化学工业出版社，1978：170.

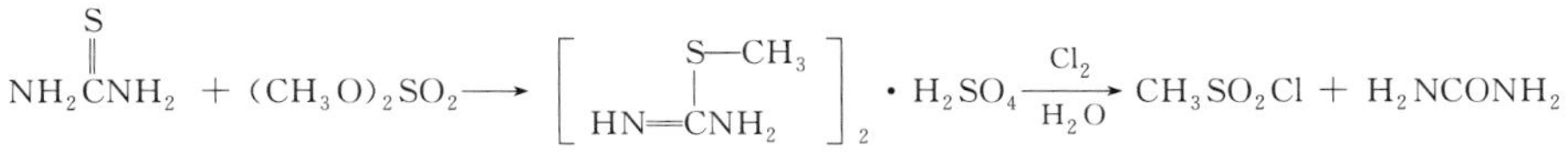

$$NH_2CNH_2 + (CH_3O)_2SO_2 \longrightarrow \left[\begin{array}{c} S-CH_3 \\ | \\ HN=CNH_2 \end{array} \right]_2 \cdot H_2SO_4 \xrightarrow[H_2O]{Cl_2} CH_3SO_2Cl + H_2NCONH_2$$

（**2**）　　　　　　　　　　　　　　　　（**3**）　　　　　　　　　　　　　　（**1**）

甲基异硫脲硫酸盐（**3**）：于反应釜中加入水 7.2 L，硫脲（**2**）15 kg，搅拌下冷却至 20℃以下，滴加硫酸二甲酯 13.5 kg，控制温度在 55℃左右。加完后 110～120℃保温反应 2 h。冷却至 35～40℃，加入 95%的乙醇 6 kg，搅拌反应 30 min。冷至 30℃以下，有结晶析出。抽滤，用冷的 95%的乙醇浸泡，抽滤，于 80℃干燥，得甲基异硫脲，收率 85%，mp 236℃以上。

甲基磺酰氯（**1**）：于反应釜中加入甲基异硫脲（**3**）10 kg，加入水 44 L，搅拌溶解。冷却至 10℃以下，通入氯气，控制反应温度不超过 26℃。当反应液下部出现黄色油层，反应物增重至吸氯达理论量时，停止通气（约需 6 h，通气到最后时反应不再放热）。维持低温，通入空气以赶出氯气。分出油层，水层用氯仿通气两次。合并油层和氯仿层，用亚硫酸氢钠饱和溶液洗涤一次，再用碳酸氢钠饱和溶液洗涤，无水氯化钙干燥。蒸出氯仿后减压蒸馏，收集 60～70℃/2.66 kPa 的馏分，得甲基磺酰氯（**1**），收率 50%。总收率 42.5%（以硫脲计）。

【用途】 慢性粒细胞白血病治疗药白消安（Busulfan，Myleran）、医药抗疟疾和抗肠虫药米帕林（Quinacrine）等的中间体。

第二章 | 还原反应

一、不饱和烃的还原

3,4,5,6-四-*O*-乙酰基-1,2-二脱氧-1-硝基-L-阿拉伯型-己糖醇

$$C_{14}H_{21}NO_{10}，363.32$$

【英文名】 3,4,5,6-Tetra-*O*-acetyl-1,2-dideoxy-1-nitro-L-arabinohexitol

【性状】 白色结晶。

【制法】 Grethe G，Mitt T，Williams T H，Uskokovie M R. J Org Chem，1983，48 (26)：5309.

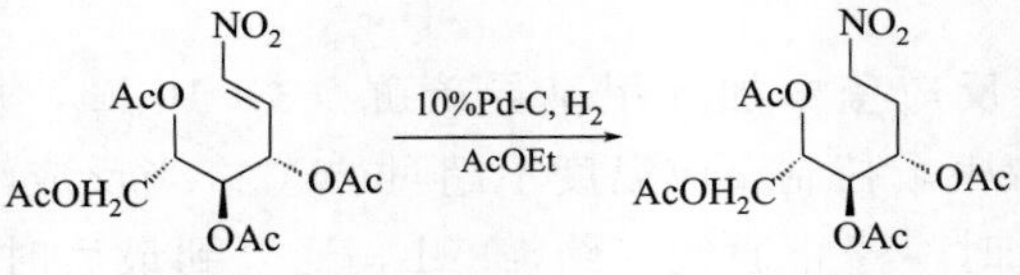

于反应瓶中加入化合物（**2**）10.0 g（27.6 mmol），乙酸乙酯 700 mL，10％Pd-C 催化剂 1g，于室温常压通氢氢化至不吸氢为止。反应毕，过滤回收催化剂（套用），滤液减压回收溶剂，冷却，析出结晶，得粗品（**1**）。用乙醚重结晶，得白色结晶（**1**）7.8 g，收率 78％。

【用途】 抗肿瘤药盐酸表柔比星（Epirubicin hydrochloride）的中间体。

3,7-二甲基辛醛

$$C_{10}H_{20}O，156.27$$

【英文名】 3,7-Dimethyl octanal

【性状】 无色液体。

【制法】 张勇. 安庆师范学院学报：自然科学版，2003，9（2）：18.

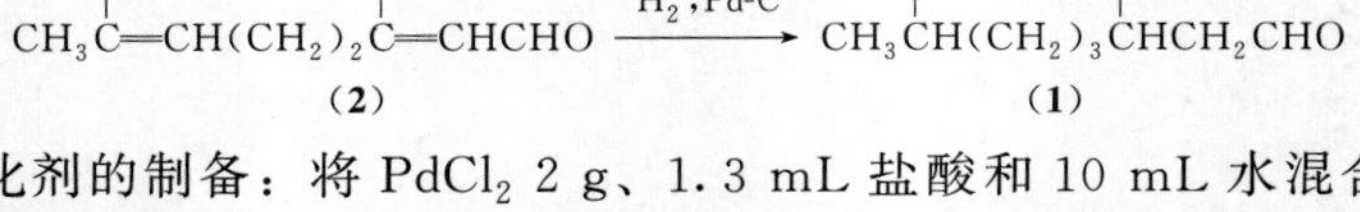

10％Pd-C 催化剂的制备：将 $PdCl_2$ 2 g、1.3 mL 盐酸和 10 mL 水混合，加热溶解，制成 $PdCl_2$ 溶液备用。另于 500 mL 反应瓶中加入三水合醋酸钠 32.4 g，120 mL 水，溶解后

加入活性炭（预先用 10% 的硝酸煮沸 2～3 h，洗去硝酸，于 110～110℃ 干燥）10 g，而后加入上述 $PdCl_2$ 溶液。常压氢化 7～8 h，直至不再吸氢为止。过滤，水洗，空气中干燥，而后用氯化钙干燥。瓶中密闭避光保存备用。

3,7-二甲基辛醛（**1**）：于常压氢化装置中，加入柠檬醛（**2**）7 g，无水乙醇 130 mL，溶解后加入上述催化剂 0.5 g，于 25℃ 氢化。当吸收氢气达理论量的一半时，吸氢速度很慢，再加入催化剂 0.5 g，继续氢化。当超过理论量的氢气 10% 时停止氢化。过滤，少量乙醇洗涤。减压回收溶剂，剩余物减压蒸馏，收集 98～100℃/34.6 kPa 的馏分，得化合物（**1**）5.9 g，收率 82%。

【用途】 杀菌剂。

萘丁美酮

$C_{15}H_{16}O_2$，228.29

【英文名】 Nabumetone

【性状】 白色针状结晶。mp 79.5～80.5℃。

【制法】 方正，唐伟方，徐芳. 中国药科大学学报，2004，35（1）：90.

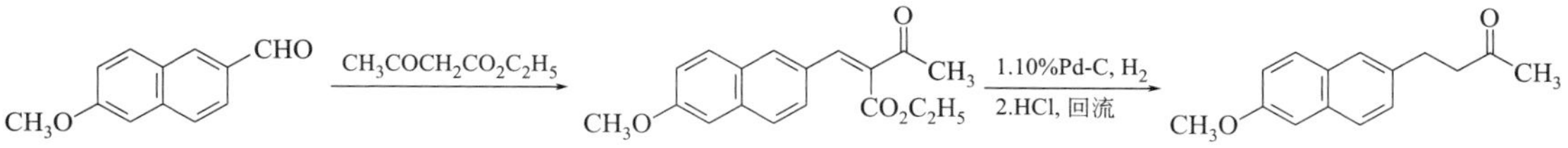

于安有搅拌器、分水器的反应瓶中加入 6-甲氧基萘-2-甲醛（**2**）30 g（0.16 mol），乙酰乙酸乙酯 30 mL，苯 340 mL，哌啶 2 mL，苯甲酸 0.7 g，加热回流脱水，直至不再有水生成。加热回流 5 h，减压回收溶剂，得棕色油状物（**3**）。加入乙醇 350 mL，10% 的 Pd-C 催化剂 20 g，室温常压通入氢气氢化，直至反应完全。过滤，乙醇洗涤。加入 5 mol/L 的盐酸 200 mL，回流 5 h。减压除去溶剂，加入适量乙酸乙酯溶解，水洗，再用碳酸钠溶液洗涤至有机相 pH8～9，水洗至中性，无水硫酸钠干燥。过滤，减压蒸出溶剂，得浅黄色固体。用 80% 的乙醇重结晶，得粗品 28.3 g。无水乙醇重结晶后，得白色针状结晶（**1**）25 g，收率 66%，mp 79.5～80.5℃。

【用途】 长效消炎镇痛药萘丁美酮（Nabumetone）原料药。

氢化肉桂酸

$C_9H_{10}O_2$，150.18

【英文名】 Hydrocinnamic acid，3-Phenylpropanoic acid

【性状】 白色结晶粉末，mp 47～48℃，bp 280℃。易溶于热水、醇、苯、氯仿、醚、冰醋酸、石油醚和二硫化碳，微溶于冷水（约 0.6%）。

【制法】 方法 1 Arterburn J B，et al. Tetrahedron Letters，2000，41：7847.

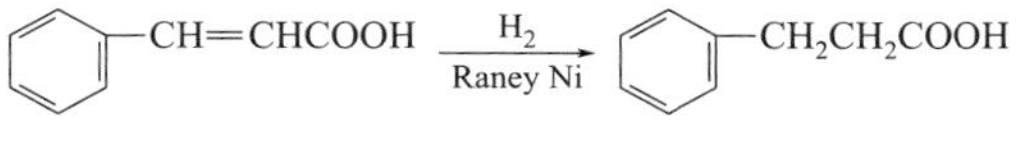

于常压氢化反应瓶中，加入肉桂酸（**2**）1 g，无水乙醇 15 mL，搅拌溶解。加入 Raney Ni 催化剂 1 g，减压抽去空气，充入氮气，重复两次后，再用氢气置换氮气。开动磁力搅拌器，进行常压氢化，直至不再吸收氢气为止，约需 2 h。抽滤，滤液常压蒸出溶剂，待剩下约 1～2 mL 时，趁热倒入表面皿中，冷却后得白色（略带绿色）蜡状固体 0.8 g，mp 46～48℃，收率 80%。

方法 2　段行信. 实用精细有机合成手册. 北京：化学工业出版社，2000：7.

$$PhCH\!\!=\!\!CHCOOH \xrightarrow{\text{Zn-Hg, HCl}} PhCH_2CH_2COOH$$
$$\text{(2)} \qquad\qquad\qquad \text{(1)}$$

于安有搅拌器、回流冷凝器的 15 L 反应瓶中，加入苔状锌 1.6 kg，用水浸没，再加入 70 g 氯化汞制成锌汞齐。倾去水，再加入 2 L 水及 3 L 工业盐酸，而后加入肉桂酸（**2**）600 g（4 mol），搅拌下加热回流 1 h 后，再加入化合物（**2**）600 g（4 mol），2 L 盐酸，继续回流反应 6 h。稍冷后倾出，趁热分出油层，得粗品（**1**）。将粗品溶于 0.2 倍的苯中，于 10℃放置过夜。抽滤，干燥，mp＞40℃。减压分馏，得化合物（**1**）720～780 g，收率 60%～65%，mp 48～49℃。

【用途】　帕金森病治疗药物甲磺酸雷沙吉兰（Rasagiline mesylate）中间体。

2-[β-(2-噻吩基)乙基]苯甲酸

$$C_{13}H_{12}O_2S, 232.30$$

【英文名】　2-[β-(2-Thienyl)ethyl]-benzoic acid

【性状】　无色结晶。mp 110～113℃。

【制法】　①Murly M S R，Ramalingam T，Sabitha G，et al. Heterocyclic Communications，2001，7（5）：449. ②尤启冬，周后元等. 中国医药工业杂志，1990，21（7），316.

$$\text{(2)} \qquad\qquad\qquad\qquad \text{(1)}$$

于高压反应釜中，加入 2-[β-(2-噻吩基)乙烯基]苯甲酸（**2**）100 g（0.435 mol），新蒸馏的 DMF 500 mL，10% 的 Pd-C 催化剂 6 g，密闭反应釜。用氮气置换空气两次，再用氢气置换氮气。搅拌下于 80℃，氢气压力 0.5～1 MPa 进行氢化，直至不再吸收氢气为止。冷却，放空后打开反应釜。将反应液过滤回收催化剂，用 DMF 洗涤。合并滤液和洗涤液，搅拌下将其慢慢倒入相当于 8.5 倍体积并含有 0.1% 盐酸的冰水中，析出固体。静置后抽滤，水洗，干燥，得粗品。用 4 倍量的乙醇重结晶，活性炭脱色，抽滤。滤液中慢慢滴加水至开始析出结晶，加热溶解，静置冷却，析出无色结晶。抽滤，冷乙醇洗涤，干燥，得化合物（**1**）92.3 g，mp 109～113℃，收率 92%。

【用途】　镇痛药苯噻啶（Pizotifen）等的中间体。

α-二氢山道年

$$C_{14}H_{18}O_3, 234.30$$

【英文名】　α-Dihydrosantonin

【性状】　mp 102℃。

【制法】　Greene A E, et al. J Org Chem, 1974, 39 (1): 186.

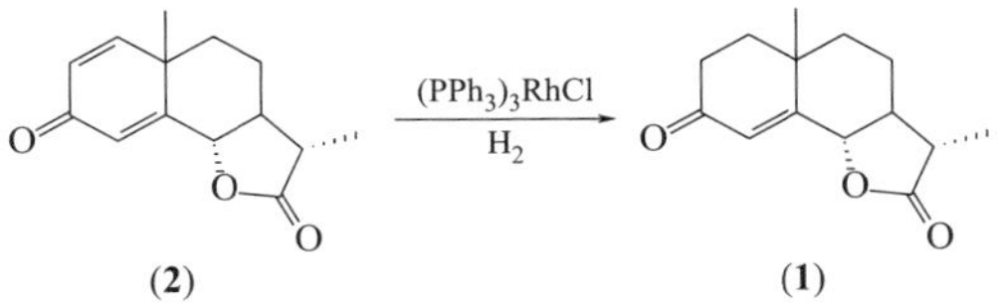

于氢化装置中加入 α-山道年（**2**）5 g，250 mL 苯-乙醇（1∶1）混合溶剂，溶解后加入 100 mg 三苯基膦氯化铑，室温常压氢化反应 12 h，吸氢至理论量除去催化剂。剩余物过天然氧化铝柱进行层析分离，用乙酸乙酯-苯（1∶9）洗脱，得粗品。而后用己烷-四氯化碳重结晶，得纯品（**1**）4.95 g，mp 102℃。

【用途】　驱虫剂。

二氢化香芹酮

$C_{10}H_{16}O$，152.24

【英文名】　Dihydrocarvone, 2-Methyl-5-(1-methylethyl)-2-cyclohexene-1-one

【性状】　无色或浅黄色液体。bp 100～104℃/1.86 kPa，n_D^{24} 1.479。溶于乙醇、乙醚、丙酮、乙酸乙酯等有机溶剂，微溶于水。

【制法】　Ireland R E and Bey P. Org Synth, 1988, Coll Vol 6: 459.

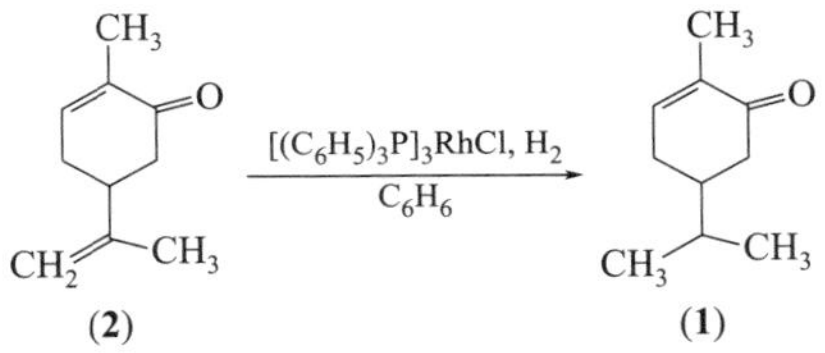

于安有电磁搅拌的反应瓶中，加入新制备的氯化三-(三苯基膦) 氯化铑[①] 0.9 g（0.94mmol），160 mL 苯。减压抽出空气，再充满氢气，如此重复三次。充分搅拌使呈均相。用注射器向反应瓶中加入香芹酮（**2**）10 g（0.066 mol），用 10 mL 苯冲洗注射器，搅拌下进行氢化。当吸收理论量的氢气后（约 3.5 h）停止氢化。将反应液通过装有 120 g 干燥硅酸镁（60～100 目）的层析柱，用乙醚洗脱。蒸出洗脱剂，减压分馏，收集 100～102℃/1.862 kPa 的馏分，得二氢化香芹酮（**1**）9～9.5 g，收率 90%～94%。

① 氯化三-(三苯基膦) 氯化铑的制备方法如下：将新重结晶的三苯基膦 12 g 溶于 350 mL 热乙醇中，加入三水合三氯化铑 2 g 溶于 700 mL 热乙醇的溶液，回流 30 min。趁热过滤，得到红色结晶。用脱气的乙醚 50 mL 洗涤，减压干燥，得 6.25 g，mp 157～158℃。若制备时乙醇的总体积为 200 mL 或更少，则得到的产品为橙色，但催化效果没有变化。

【用途】　清凉型植物香精。

3-对羟基苯丙酸

$C_9H_{10}O_3$，166.18

【英文名】　3-(4-Hydroxyphenyl) propanoic acid

【性状】 白色针状结晶。mp 128～130℃。

【制法】 邹霈，罗世能，谢敏浩等.中国现代应用药学，1999，16（6）：31.

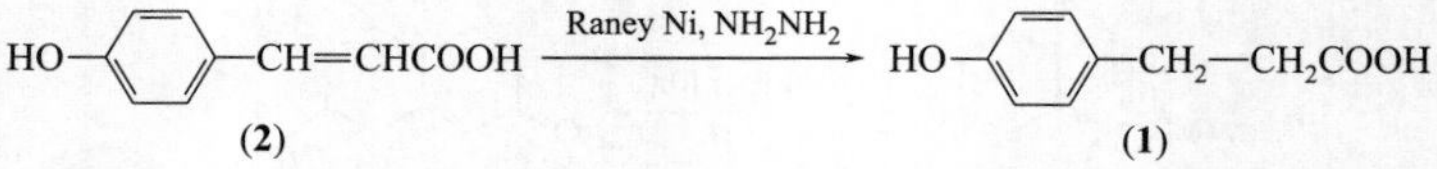

于反应瓶中加入水 600 mL，氢氧化钠 60 g，溶解后冷却。加入对羟基肉桂酸（**2**）40 g（0.24 mol），溶解后再加入 W-2 Raney Ni 3 g，于 85℃滴加水合肼 15 g（0.47 mol），加完后继续于 85℃搅拌反应 2 h。过滤，用盐酸调至 pH1，冰箱中放置，析出针状结晶。过滤，水洗，干燥，得化合物（**1**）35 g，收率 85.4%，mp 128～130℃。

【用途】 心脏病治疗药盐酸艾司洛尔（Esmolol hydrochloride）等的中间体。

4′-羟基-2,4-二甲氧基二氢查尔酮

$C_{17}H_{18}O_4$，286.33

【英文名】 4′-Hydroxy-2,4-dimethoxydihydrochalcone

【性状】 白色粉末状结晶。

【制法】 方旭兵，温秋玲，孙强等.广州化工.2011，39（19）：40.

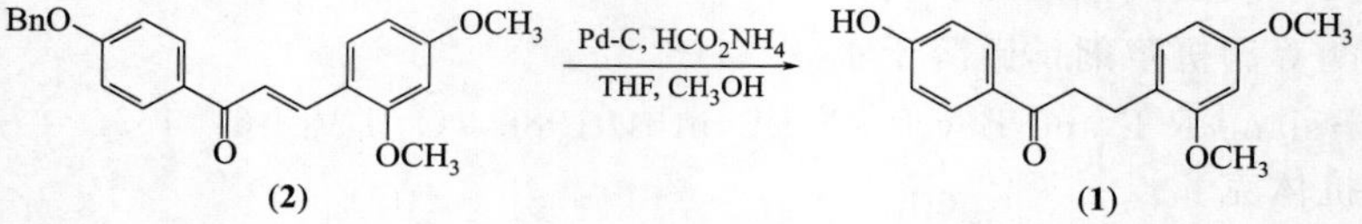

于反应瓶中加入 4′-苄氧基-2,4-二甲氧基查尔酮（**2**）1.8 g（6.3 mmol），THF 80 mL，甲醇 20 mL，搅拌溶解。搅拌下加入甲酸铵 1.9 g，10% 的 Pd-C 催化剂 0.2 g，于 25℃搅拌反应，其间用 TLC 跟踪反应，约 3 h 反应完全。滤去催化剂，减压浓缩。加入适量丙酮，再次过滤除去多余的甲酸铵。减压浓缩，过硅胶柱纯化，得白色粉末状结晶（**1**）1.05 g，收率 73%。

【用途】 中药龙血竭提取物，具有良好的镇痛作用。

二氢诺卜醇

$C_{11}H_{20}O$，168.28

【英文名】 Dihydronopol

【性状】 浅黄色油状液体。

【制法】 张磊，薛忠辉，陈国良.化学试剂，2007；29（10）：640.

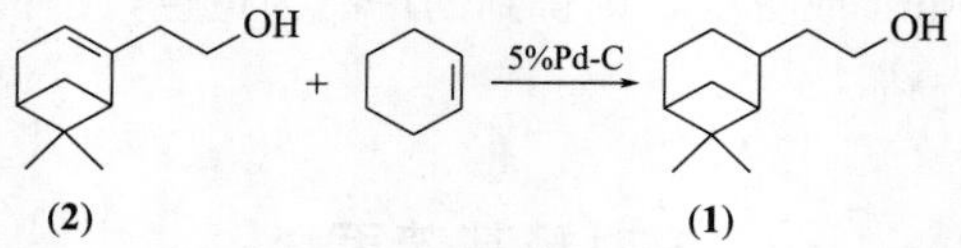

于安有搅拌器、回流冷凝器的反应瓶中，加入诺卜醇（**2**）17.0 mL，环己烯 10 mL（0.1 mol），甲苯 40 mL，5% 的 Pd-C 催化剂 0.1 g，搅拌下加热回流反应 48 h。冷至室温，过滤，减压蒸出溶剂，剩余物过硅胶柱纯化，用石油醚-二氯甲烷（3：1）洗脱，得浅黄色

油状液体（**1**）14.5 g，收率 86％。

【用途】 选择性胃肠道钙离子拮抗剂，用于治疗肠易激综合症药物匹维溴铵（Pinaverium bromide）的中间体。

3-甲氧基-4-羟基苯乙胺盐酸盐

$C_9H_{13}NO_2 \cdot HCl$，203.67

【英文名】 3-Methoxy-4-hydroxybenzeneethylamine hydrochloride

【性状】 白色固体。mp 204～208℃。

【制法】 王幼筠. 齐鲁工业大学学报，1990，4（3）：1.

于反应釜中加入锌粉 3 kg，水 3 L，95％的乙醇 1.5 L，化合物（**2**）500 g，搅拌下慢慢加入浓盐酸。微热至 40～50℃。继续滴加浓盐酸，反应温度升至 50～60℃，快速搅拌。反应结束后，滤去过量的锌粉。滤液用纯碱中和至 pH8～9，过滤。滤液用正丁醇提取，提取液减压浓缩，得油状液体。加入甲醇盐酸溶液回流 1～2 h。趁热过滤，滤液减压浓缩，剩余物冷却析晶。抽滤，少量甲醇洗涤，干燥，得浅棕色粉末（**1**）180 g，收率 72％，mp 204～208℃。

【用途】 抗休克和强心药多巴胺（Dopamine）中间体。

3-蒎烷胺

$C_{10}H_{21}N$，155.28

【英文名】 3-Pinanamine

【性状】 无色液体。bp 83℃/1.73 kPa。

【制法】 ①Rathke M W and Millard A A. Org Synth，1988，Coll Vol 6：943. ②杨益琴，李艳苹，王石发，谷文. 有机化学，2009，29（7）：1082.

$$(NH_2OH)_2 \cdot H_2SO_4 + 2ClSO_3H \longrightarrow \overset{+}{N}H_3OSO_3^- + 2HCl + H_2SO_4$$

O-硫酸羟胺：于反应瓶中加入粉状硫酸羟胺 26 g（0.15 mol），剧烈搅拌下于 20 min 滴加氯磺酸 60 mL（107.4 g，0.92 mol）。加完后于 100℃ 油浴中反应 5 min，冷至室温。搅拌下滴加乙醚 200 mL，约 30 min 加完。过滤，依次用 THF 300 mL、乙醚 200 mL 洗涤，干燥，得产品 34～35 g，收率 95％～97％，纯度 96％～99％。

3-蒎胺（**1**）：于反应瓶中（反应瓶一边加热一边用干燥的氮气吹扫），加入硼氢化钠 3.12 g（82.4 mmol），乙二醇二甲醚 100 mL，（±）-α-蒎烯（**2**）27.25 g（200 mmol），冰浴冷却。搅拌下慢慢滴加三氟化硼-乙醚溶液 15.6 g（0.11 mol），约 15 min 加完。撤去冰浴，室温搅拌反应 1 h。慢慢滴加由 O-硫酸羟胺 24.9 g（0.22 mol）溶于 100 mL 乙二醇二甲醚的溶液，约 5 min 加完。加完后于 100℃油浴中搅拌反应 3 h。冷至室温，搅拌下滴加 80 mL 浓盐酸和 800 mL 水，乙醚提取（100 mL×2），弃去乙醚层。水层用固体氢氧化钠（约需 60～65 g）碱化，乙醚提取（100 mL×2）。合并乙醚层，无水硫酸钠干燥。过滤，滤液置于 500 mL 反应瓶中，冰浴冷却，搅拌下滴加由 85% 的磷酸 12 g（0.1 mol）溶于 100 mL 乙醇的溶液，约 10 min 加完。过滤，滤饼置于 1 L 反应瓶中，加入 300 mL 热水，搅拌下油浴加热使固体溶解（120～130℃）。趁热过滤，滤液冷却后，过滤，干燥器中干燥，得产品（**1**）的磷酸盐 16.6 g，收率 33.1%。母液中可以回收产品 4.4 g，共得磷酸盐 21 g，收率 41.8%，mp 276～280℃（分解）。

将磷酸盐 20 g（0.08 mol）溶于 80 mL 3 mol/L 的氢氧化钠溶液中，乙醚提取（100 mL×2），合并乙醚层，无水硫酸钠干燥。过滤，旋转浓缩蒸出溶剂，而后减压蒸馏，收集 83℃/1.73 kPa 的馏分，得化合物（**1**）11.8 g，收率 93%。

【用途】 新药开发中间体。

1-甲基环己醇

$C_7H_{14}O$，114.19

【英文名】 1-Methylcyclohexanol

【性状】 无色黏稠液体。mp 25℃，bp 155℃，70℃/3.33 kPa。d_4^{20} 0.9194，n_D 1.4595。溶于苯、氯仿、乙醇，不溶于水。具有芳香与薄荷的气味。

【制法】 Jerkunica J M，Traylor T G. Org Synth，1988，Coll Vol 6：766.

于反应瓶中加入醋酸汞 95.7 g（0.3 mol），300 mL 蒸馏水，搅拌溶解。加入乙醚 300 mL，剧烈搅拌下慢慢滴加 1-甲基环己烯（**2**）28.8 g（0.3 mol），加完后室温继续搅拌反应 30 min。加入 6 mol/L 的氢氧化钠溶液 150 mL，而后滴加 0.5 mol 硼氢化钠溶于 3 mol/L 氢氧化钠的溶液，调节滴加速度，并用冰水浴冷却，保持反应温度在 25℃以下。将反应物室温搅拌反应 2 h，此时可以看到发亮的汞。静置后分出汞。分出乙醚层，水层用乙醚提取两次，合并乙醚层，无水硫酸镁干燥。先蒸出乙醚，再继续蒸馏，收集 154.5～156℃的馏分，得化合物（**1**）24～25 g，收率 70%～75%。

【用途】 降压药硫酸胍乙啶（Guanethidine sulfate）等的中间体。

N-[4-[2-(新戊酰氨基)-4-羟基-5,6,7,8-四氢吡啶并[2,3-*d*]嘧啶-6-基乙基]苯甲酰基]-L-谷氨酸二乙酯

$C_{30}H_{41}N_5O_7$，583.68

【英文名】 Diethyl *N*-[4[2-(pivaloylamino)-4-hydroxy-5,6,7,8-tetrahydropyrido-[2,3-*d*]pyrimidin-6-ylethyl]benzoyl]-L-glutamate, Diethyl 2-[4-[2-(4-hydroxy-2-pivalamido-5,6,7,8-tetrahydropyrido[2,3-*d*]pyrimidin-6-yl)-ethyl]benzamido]pentanedioate

【性状】　白色固体。mp ＞250℃。

【制法】　Taylor E C，Wong S K. J Org Chem，1989，54（15）：3618.

（2）　　　　　　　　　　　　　　　　　　（1）

　　于氢化装置中加入化合物（**2**）0.59 g（1.0 mmol），5％的 Pd-C 催化剂 1.5 g，三氟乙酸 30 mL，于 0.365 MPa 氢气压力下室温反应 24.5 h。以二氯甲烷稀释，硅藻土过滤。减压浓缩，剩余物溶于二氯甲烷中，以碳酸氢钠水溶液洗涤，无水硫酸钠干燥。过滤，浓缩，剩余物过硅胶柱纯化，以 4％的 CH_3OH-CH_2Cl_2 洗脱，得白色固体（**1**）0.60 g，收率 100％，mp ＞250℃。

【用途】　抗肿瘤药物甲氨蝶呤（Methotrexate）中间体。

（*E*）-1-（4-甲氧基-2,3,6-三甲基苯基）-3-甲基戊-1,4-二烯-3-醇

$C_{16}H_{21}O_2$，245.34

【英文名】　（*E*）-1-（4-Methoxy-2,3,6-trimethylphenyl）-3-methylpenta-1,4-dien-3-ol

【性状】　mp 46～47℃。

【制法】　陈芬儿. 有机药物合成法. 北京：中国医药科技出版社，1999：42.

（2）　　　　　　　　　　　　　　　　（1）

　　于氢化反应装置中加入化合物（**2**）244 g（1 mol），己烷 400 mL，10％的 Pd-C 催化剂 45 g，于室温、常压氢化反应至吸收氢气达理论量。过滤，回收催化剂（套用），用 300 mL 乙酸乙酯洗涤。减压回收溶剂，得化合物（**1**），mp 46～47℃。

【用途】　抗牛皮癣药阿维 A 酯（Etretinate）等的中间体。

丁-2-烯-1,4-二醇

$C_4H_8O_2$，88.11

【英文名】　But-2-ene-1,4-diol

【性状】　无色液体。

【制法】　① 张丽洁，郭绍俊，苏松芹. 火炸药，1996，19（3）：18. ② 王维维. CN1966480. 2005.

$$HOCH_2-C\equiv C-CH_2OH \xrightarrow[\text{NH}_3\cdot\text{H}_2\text{O}]{\text{H}_2,\text{Pd/CaCO}_3,(\text{AcO})_2\text{Zn}} HOCH_2CH=CHCH_2OH$$

（2）　　　　　　　　　　　　　　　　　　（1）

　　于高压反应釜中加入丁炔二醇（**2**）365 g（4.24 mol），水 850 mL，浓氨水 1.8 g 和

Pd-CaCO$_3$-Zn（OAc）$_2$ 催化剂 7.3 g，于 690 kPa 氢气压力下反应，注意反应温度不超过 50℃，约 7 h 吸收理论量的氢气。过滤，减压除水，而后减压蒸馏，收集 128～130℃/1.47 kPa 的馏分，得化合物（**1**）346 g，收率 92.8%。

【用途】 利尿药盐酸西氯他宁（Cicletanine hydrochloride）等的中间体。

二、芳烃还原

4-乙酰氨基环己醇

C$_8$H$_{15}$NO$_2$，157.21

【英文名】 4-Acetaminocyclohexanol

【性状】 白色固体。

【制法】 ①于书海，田世雄，何文，杨健. 中国医药工业杂志，1996，27（10）：496. ②杨健. 精细化工. 2000，17（2）：100.

$$CH_3CONH-\!\!\!\!\bigcirc\!\!\!\!-OH \xrightarrow{H_2, \text{Raney Ni, EtOH}} CH_3CONH-\!\!\!\!\bigcirc\!\!\!\!-OH$$
$$(2) \qquad\qquad\qquad\qquad (1)$$

于高压反应釜中加入对羟基乙酰苯胺（**2**）50 g（0.32 mol），无水乙醇 150 mL，溶解后加入 Raney Ni 催化剂 5 g，用氮气置换空气，再用氢气置换氮气。于 7.0 MPa 氢气压力、170℃加氢，直至不再吸收氢气为止。过滤，减压浓缩，真空干燥，得白色蜡状固体（**1**）51.5 g，收率 99%。mp 121～148℃，文献值 142℃。

【用途】 镇咳祛痰药盐酸氨溴索（Ambroxol hydrochloride）等的中间体。

反式-4-氨甲基环己烷羧酸

C$_8$H$_{15}$NO$_2$，157.21

【英文名】 *trans*-4-(Aminomethyl)cyclohexanecarboxylic acid，Tranexamic acid

【性状】 白色结晶性粉末。

【制法】 陈芬儿. 有机药物合成法：第一卷. 北京：中国医药科技出版社，1999：735.

$$HOOC-\!\!\!\!\bigcirc\!\!\!\!-CH_2NH_2 \xrightarrow{PtO_2, H_2.EtOH} HOOC-\!\!\!\!\bigcirc\!\!\!\!\cdots CH_2NH_2$$
$$(2) \qquad\qquad\qquad\qquad (1)$$

于氢化反应瓶中，加入对氨甲基苯甲酸（**2**）80 g（0.53 mol）、10%硫酸 240 mL、水 1.5 L 和氧化铂 4 g，于常温、常压下通氢至不再吸氢为止。反应结束后，过滤，得（**1**）光学异构体混合物的水溶液（备用）。

在另一反应瓶中，加入上述制备的（**1**）的溶液，搅拌升温至 70℃，用 10%氢氧化钡溶液调至 pH7，放置，过滤，滤液浓缩至约 1/3 体积，将剩余物加入高压釜中，加入八水氢氧化钡 115 g（0.36 mol）于 200℃搅拌 12 h，反应结束后，冷至 60～70℃，用 10%硫酸调至 pH7，过滤，滤液浓缩至 1/4 体积后，稍冷，加入 4 倍量乙醇，析出固体，过滤，干燥，得（**1**）61 g，收率 75%，mp 247～251℃。

【用途】 抗溃疡药盐酸贝奈克酯（Benexate hydrochloride）等的中间体。反式对氨甲基环己烷羧酸是用于各种出血性疾病、手术时异常出血等的药物。

5,6,7,8-四氢-1-萘甲酸

$$C_{11}H_{12}O_2，176.22$$

【英文名】 5,6,7,8-Tetrahydronaphthalene-1-carboxylic acid

【性状】 白色固体。mp 150～151℃。

【制法】 Kofi Ofosu-Asante，Leon M Stock. J Org Chem，1986，51（26）：5452.

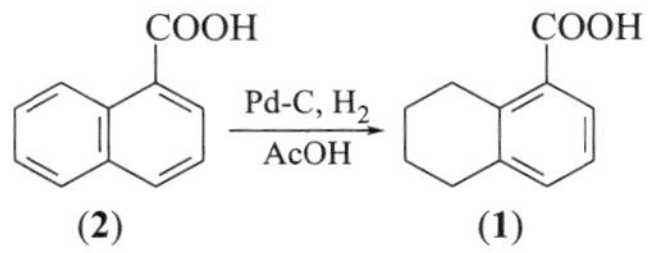

于高压反应釜中加入 1-萘甲酸 12.9 g（75 mmol），醋酸 75 mL，10％的 Pd-C 催化剂 1.2 g，用氮气置换空气，再以氢气置换氮气。通入氢气至压力 344.38 kPa，于 85℃搅拌加氢，至吸收化学计算量的氢气。过滤回收催化剂，滤饼用少量醋酸洗涤。合并滤液和洗涤液，加入水，析出沉淀。过滤，用冰醋酸重结晶，得化合物（**1**）7.92 g，收率 60％，mp 150～151℃。

【用途】 止吐药盐酸帕洛诺司琼（Palonosetron hydrochloride）等的中间体。

7-甲基吲哚啉

$$C_9H_{11}N，133.19$$

【英文名】 7-Methylindoline

【性状】 浅黄色液体。bp 120～122℃/1.33 kPa。

【制法】 张宝华，史兰香，岳红坤等. 河南师范大学学报：自然科学版.2009，33（1）：83.

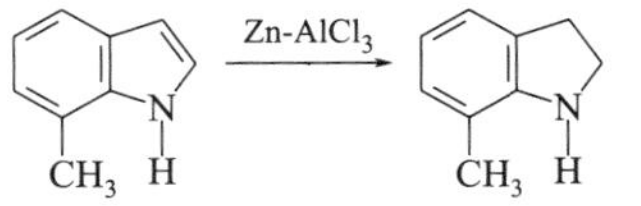

于反应瓶中加入 7-甲基吲哚（**2**）131 g（1 mol），水 452 mL，AlCl₃·6H₂O 12 g（0.05 mol），搅拌下加热回流，分批加入锌粉 97.5 g（1.5 mol），TLC 跟踪反应，约 5 h 反应完全。过滤，滤液用氢氧化钠调至 pH8，乙醚提取 3 次。合并乙醚层，依次用水、饱和盐水洗涤，无水硫酸钠干燥。浓缩，减压蒸馏，收集 120～122℃/1.33 kPa 的馏分，得浅黄色液体（**1**），收率 92％。

【用途】 改善良性前列腺增生症（BHP）引起的症状和体征药物塞洛多辛（Silodosin）等的中间体。

1-甲基-2-[2-(2-氨基苯)乙基]哌啶

$$C_{14}H_{22}N_2，218.34$$

【英文名】 1-Methyl-2-[2-(2-aminophenyl)ethyl]piperidine

【性状】 无色或浅黄色液体。bp143～150℃/0.13 kPa。

【制法】 ①Stanley J Dykstra, Joseph L Minielli. US 3931195. 1976. ②Dykstra S J, et al. J Med Chem, 1973, 16 (9): 1015.

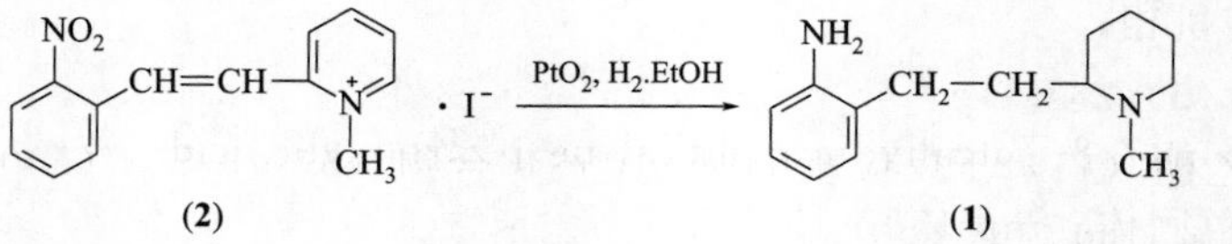

于反应瓶中, 加入化合物 (2) 10 g (0.027 mol) 和乙醇 300 mL, 溶解后加入二氧化铂 0.1 g, 于常温、常压下通氢氢化 6 h。反应毕, 过滤, 回收催化剂。滤液减压回收溶剂。剩余物中 Dyk 酸镁干燥。过滤, 滤液回收溶剂后, 减压蒸馏, 收集 bp143～150℃/0.13 kPa 馏分, 得化合物 (1) 4.8 g, 收率 81%。

【用途】 抗心律失常药盐酸恩卡尼 (Encainide hydrochloride) 中间体。

曲昔派特

$C_{15}H_{22}N_2O_4$, 294.35

【英文名】 Troxipite

【性状】 白色结晶性粉末。mp 206～209℃。

【制法】 ①Tsutomu I, Kazunori K. J Med Chem, 1971, 14 (4): 357. ②陈芬儿. 有机药物合成法: 第一卷. 北京: 中国医药科技出版社, 1999: 507.

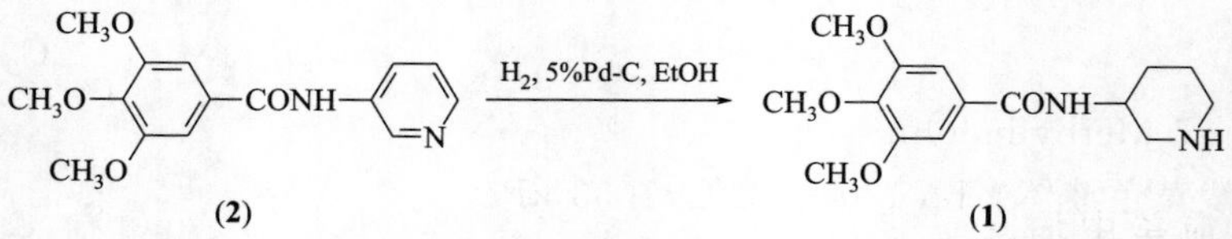

于高压反应釜中加入化合物 (2) 3.0 g (0.0104 mol)、乙醇 20 mL、水 9 mL、浓盐酸 1.1g 和 5%Pd-C 催化剂 1.0 g, 于 70～80℃、5.3～6.0 kPa 氢压通氢反应 3 h。反应结束后, 过滤, 回收催化剂 (套用), 滤液回收溶剂, 冷却, 析出固体, 得粗品 (1)。用乙腈重结晶得精品 (1) 2.76 g, 收率 90%, mp 206～209℃。

【用途】 抗消化性溃疡药曲昔派特 (Troxipite) 原料药。

4-哌啶甲酸乙酯

$C_8H_{15}NO_2$, 157.21

【英文名】 EthyI 4-piperidingcarboxyIate

【性状】 无色油状液体。

【制法】 李永进, 任国芬, 王晓钟, 陈英奇. 合成化学, 2007: 15 (4): 513.

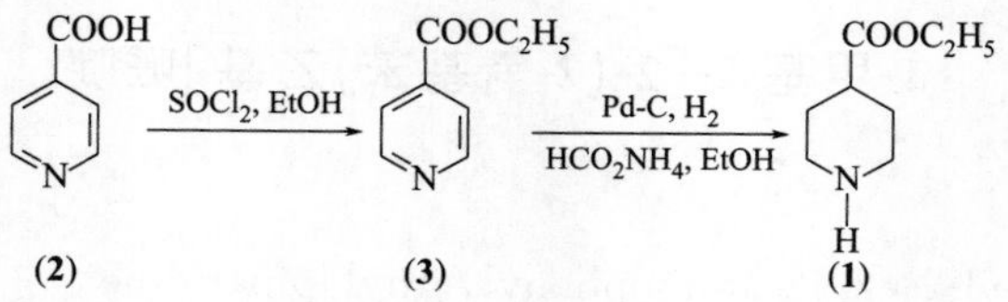

4-吡啶甲酸乙酯（**3**）：于反应瓶中加入异烟酸（**2**）37 g（300 mmol），无水乙醇 160 mL，搅拌溶解。冰浴冷却至 0℃，保持 0～5℃缓慢滴加 $SOCl_2$ 120 g（1 mol）。加完后回流反应 4 h。回收溶剂至干，残余物溶于 10％NaOH 溶液 150 mL 中，用氯仿（50 mL× 3）萃取。合并有机相，分别用水和饱和食盐水洗涤，无水硫酸钠干燥。抽滤，浓缩滤液得无色黏稠状液体（**3**）238.9 g，收率 86.4％，含量 98.1％（GC）。

4-哌啶甲酸乙酯（**1**）：于反应瓶中加入上述化合物（**3**）75.5 g（500 mmol），无水乙醇 250 mL，搅拌溶解。再加入甲酸铵 63 g（1 mol）和 5％Pd-C 催化剂 22.6 g，室温反应 18 h。TLC 跟踪反应至反应完全。抽滤回收催化剂，并用少量乙醇洗涤。滤液回收乙醇得浅黄色液体。减压蒸馏，收集 103～105℃/1.3 kPa 馏分，得无色液体（**1**）168.5 g，收率 87.3％，含量 99.3％（GC）。

【用途】 重要医药、农药合成中间体。在镇定类药物、抗心律不齐药物合成中有重要用途。

哌啶-2-甲酸盐酸盐

$C_6H_{11}NO_2 \cdot HCl$，165.62

【英文名】 Piperidine-2-carboxylic acid hydrochloride
【性状】 白色固体。
【制法】 Shuman Robert T，Ornstein Paul L，Paschal，Jonathan W，Gesellchen Paul D. J Org Chem，1990，55（2）：738.

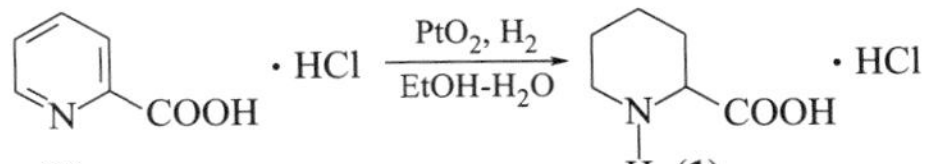

于高压反应釜中加入吡啶-2-甲酸盐酸盐（**2**）8.0 g（0.05 mol），乙醇-水（1：1）100 mL，溶解后加入氧化铂催化剂（5 g），于 60℃、氢气压力 0.4 MPa 加氢反应 24 h。过滤除去催化剂，滤液减压浓缩。剩余物溶于水中，活性炭脱色。过滤，浓缩至干，得白色固体（**1**），收率 99％。

【用途】 盐酸甲哌卡因（Mepivacaine hydrochloride）、盐酸罗哌卡因（Ropivacaine hydrochloride）等的中间体。

二盐酸沙丙蝶呤

$C_9H_{15}N_5O_3 \cdot 2HCl$，314.17

【英文名】 Sapropterin dihydrochloride
【性状】 白色针状结晶。mp 250～252℃。
【制法】 武梅，邱玥珩，郑云小竹，邓勇. 中国医药工业杂志，2016，47（7）：832.

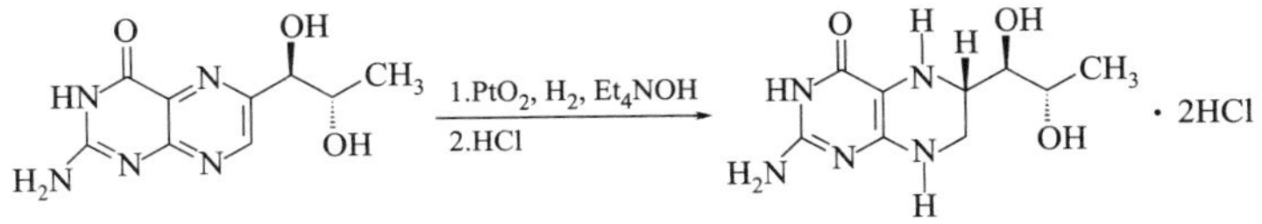

于高压反应釜中加入化合物（**2**）2.4 g（10.1 mmol），蒸馏水 120 mL，PtO$_2$ 104 mg，10％的四乙基氢氧化铵 30 mL，调至 pH12。用氢气置换空气 3 次，于氢气压力 1.0 MPa 下室温反应 24 h。加入 12 mL 浓盐酸酸化，过滤。减压浓缩，剩余物中 6R/6S 异构体比例为 12∶1。用乙醇-10％的盐酸（1∶1）重结晶，得白色针状结晶（**1**）2.7 g，收率 81.5％，mp 250～252℃。

【用途】 治疗苯丙酮尿症药物二盐酸沙丙蝶呤（Sapropterin dihydrochloride）原料药。

4-甲基环己醇

C$_7$H$_{14}$O，114.19

【英文名】 4-Metyhlcyclohexanol
【性状】 无色液体。bp 171～173℃，166～167℃/96 kPa。
【制法】 邓勇，沈怡.中国医药工业杂志，2001，32（8）：369.

于高压反应釜中加入对甲苯酚（**2**）21.6 g（0.18 mol），乙醇 50 mL，活性镍 5 g，用氮气置换空气，再以氢气置换氮气，而后于 70℃、2 MPa 氢气压力下进行还原反应。反应结束后，冷至室温，放出剩余的氢气。打开反应釜，将反应液过滤除去催化剂，乙醇洗涤。常压蒸馏，收集 171～173℃ 的馏分，得化合物（**1**）20 g，收率 87.8％。

【用途】 抗糖尿病药物格列美脲（Glimepiride）等的中间体。

16β,17β-二羟基-16α-乙基雌烷-4-烯-3-酮

C$_{20}$H$_{30}$O$_3$，318.46

【英文名】 16β,17β-Dihydroxy-16α-ethylestr-4-en-3-one
【制法】 ①Bernstein S，Cantrall E W. J Org Chem，1961，26（9）：3560.②徐芳，朱臻，廖清江.中国药科大学学报，1997，28（5）：260.

于安有搅拌器、温度计的干燥反应瓶中，加入化合物（**2**）20 g（0.06 mol），无水 THF 300 mL，搅拌溶解，以丙酮-干冰浴冷却，加入液氨 500 mL 和乙醇 100 mL 的溶液，缓慢加入金属锂 7.0 g（1.0 mol）。反应结束后，慢慢加入 200 mL 水，乙醚提取数次。合并乙醚溶液，水洗，无水硫酸钠干燥。过滤，浓缩，得无色油状物。加入 80 mL 甲醇，搅拌下加入盐酸 1.5 mL，放置 10 min。加水 200 mL，乙醚提取数次。合并乙醚层，水洗，无水硫酸钠干燥。过滤，浓缩，得油状液体（**1**）17.0 g，收率 89％。

【用途】 抗雄性激素药奥生多龙（Oxendolone）等的中间体。

17-羟基-16-甲基雌-4-烯-3-酮

$$C_{18}H_{26}O_2，274.40$$

【英文名】 17-Hydroxy-16-methylestr-4-en-3-one

【性状】 无色针状结晶。mp 228～229℃。

【制法】 Goto G，Yoshioka K，Hiraga K，et al. Chem Pharm Bull，1978，26（6）：1718.

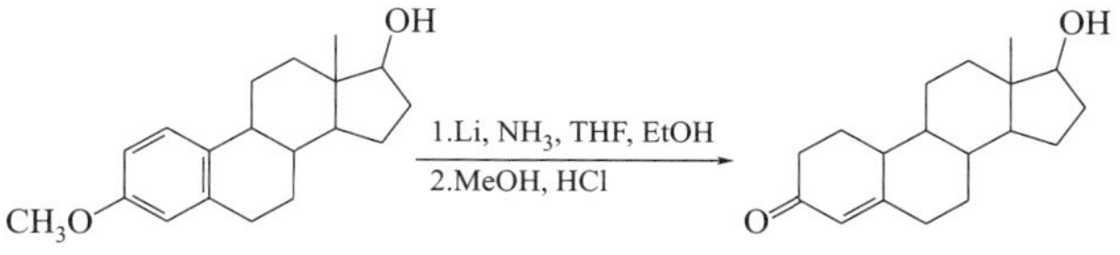

于安有搅拌器、温度计的反应瓶中，加入无水 THF 50 mL，无水乙醇 5 mL，16-甲基-3-甲氧基-雌-1，3，5（10）-三烯-17-醇（**2**）1.2 g（4.2 mmol），冷至－50℃，加入液氨 300 mL。而后分批加入金属锂 2.3 g，每次约 0.3 g，2 h 加完。加完后继续搅拌反应 1 h。通入氮气慢慢将氨赶出，剩余物用乙醚提取。水洗，无水硫酸钠干燥。过滤，蒸出乙醚，得粗品 1.13 g。将其溶于 25 mL 甲醇中，加入 6 mol/L 的盐酸 3 mL，室温搅拌反应 30 min，乙醚提取。乙醚层水洗，无水硫酸钠干燥。过滤，蒸出乙醚，用乙醚-己烷（1∶1）重结晶，得无色针状结晶（**1**）0.98 g，收率 85%，mp 228～229℃。

【用途】 长效避孕药 18-甲基炔诺酮（Norgestrel）中间体。

三、卤代烃还原

3-溴代噻吩

$$C_4H_3BrS，163.03$$

【英文名】 3-Bromothiophene

【性状】 无色液体。

【制法】 郭海昌. 安徽化工，2008，34（1）：33.

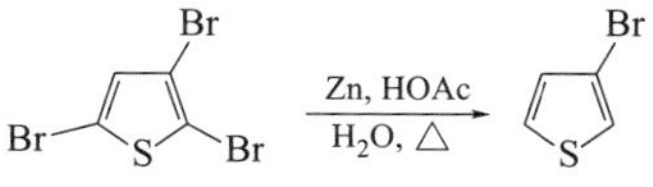

于反应瓶中加入 2，3，5-三溴噻吩（**2**）52.6 g（0.164 mol），醋酸 30 mL，水 80 mL，再加入锌粉 32 g（0.49 mol），反应放热，间歇摇动反应瓶，而后搅拌回流 6 h。改为水蒸气蒸馏装置进行水蒸气蒸馏，直至无油状物馏出。分出馏出液中的浅黄色油状物，水层用乙醚提取。合并有机层，无水碳酸钠干燥。过滤，常压分馏，收集 159～160℃的馏分，得无色液体（**1**）23.7 g，收率 88.7%。

【用途】 抗生素替卡西林（Ticarcillin）等的中间体。

6-溴-2-甲氧基萘

$$C_{11}H_9OBr，237.10$$

【英文名】 6-Bromo-2-methoxynaphthalene

【性状】 白色固体。mp 103～105℃。

【制法】 张立光，於学良，叶蓓.安徽医药，2011，15（2）：150.

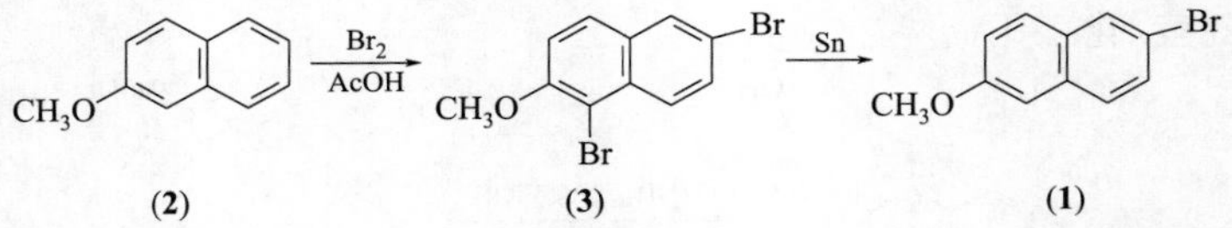

于反应瓶中加入冰醋酸 20 mL，化合物（**2**）5.0 g（31.6 mmol），冰浴冷却，搅拌下控制 30℃ 以下滴加溴 10 g（63.2 mmol）溶于 10 mL 冰醋酸的溶液，加完后继续室温搅拌反应 1 h，得到化合物（**3**）的溶液。加入 15 mL 水，加热回流，慢慢分批加入锡粉 5.5 g（46.4 mmol），继续回流 2～3 h。冷至室温，加入 100 mL 水。过滤，滤饼用乙酸乙酯重结晶，得白色固体（**1**）6.7 g，收率 89.4%，mp 103～105℃。

采用类似的方法可以实现如下反应（Koelsch C F. Org Synth，1955，Coll Vol 3：132）。

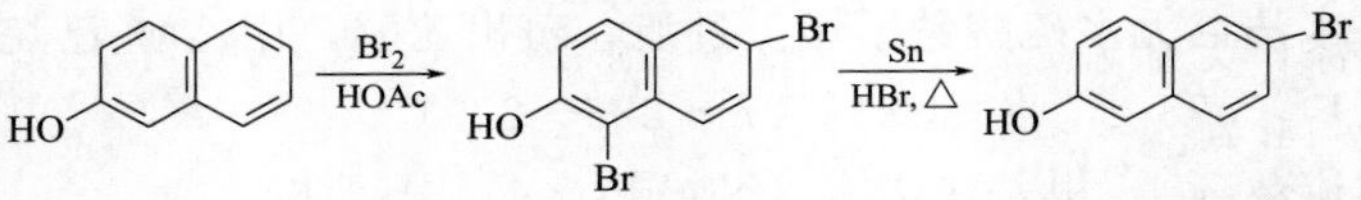

【用途】 长效消炎镇痛药萘丁美酮（Nabumetone）等的中间体。

2,4-二氟苯胺

$$C_6H_5F_2N，129.11$$

【英文名】 2,4-Difluoroaniline

【性状】 浅黄色液体。bp 169.5℃（100.4 kPa），67℃/2.4 kPa。d_4^{20} 1.282，n_D^{20} 1.5043。

【制法】 ①段云凤.宁波化工，2012，2：14. ②孙昌俊，曹晓冉，王秀菊.药物合成反应——理论与实践.北京：化学工业出版社，2007：82.

于氢化瓶中加入 2,4-二氟-5-氯硝基苯（**2**）24 g（0.124 mol），无水醋酸钠 11.2 g（0.135 mol），5% 的 Pd-C 催化剂 2.4 g，甲醇 180 mL。用氮气置换空气，再用氢气置换氮气。先常温常压下氢化，而后升温至 50℃，直至吸氢结束。加盐酸酸化至中性。滤去催化剂，用少量甲醇洗涤。合并滤液和洗涤液。蒸除甲醇，剩余物加水，用氢氧化钠调至碱性。二氯甲烷提取（50 mL×3）。提取液水洗，干燥，减压蒸馏，收集 58～60℃/2.0 kPa 的馏分，得化合物（**1**）13 g，收率 81.3%。

【用途】 为解热镇痛药二氟尼柳（Diflunisal）等的中间体。

青霉烷砜酸

$C_8H_{11}NO_5S$，233.24

【英文名】 Sulbactam
【性状】 白色固体。mp 150～153℃（分解）。
【制法】 ①刘莹.化工中间体，2006，7：26.. ②Gist-Brocades N V. US 4554104.1985.

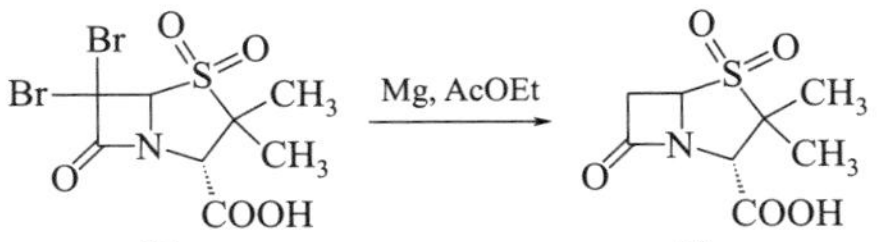

于安有搅拌器、温度计的反应瓶中，加入化合物（**2**）30 g（0.074 mol），乙酸乙酯 100 mL，水 300 mL，搅拌溶解，冷至 0℃ 以下，分批加入镁粉 4.0 g（0.17 mol），在保证温度和 pH 值的情况下控制加入速度，其间用 4 mol/L 的盐酸保持反应液 pH3.5～4.0，约 1 h 加完。加完后继续搅拌反应 40 min。用 2 mol/L 的盐酸调至 pH1.5～2.0，抽滤，滤饼用乙酸乙酯洗涤。合并滤液和洗涤液，调至 pH2。分出有机层，水层用乙酸乙酯提取。有机层用饱和盐水洗涤，无水硫酸钠干燥。活性炭脱色，浓缩，得白色固体。以己烷洗涤，干燥，得化合物（**1**）14.75 g，收率 77%，mp 145～147℃（分解）。

【用途】 抗菌素舒巴坦（Sulbactam）原料药。

吲唑

$C_7H_8N_2$，118.14

【英文名】 Indazole
【性状】 白色固体。mp 145～146.5℃。
【制法】 Stephenson E F M. Org Synth，1955，Coll Vol 3：475.

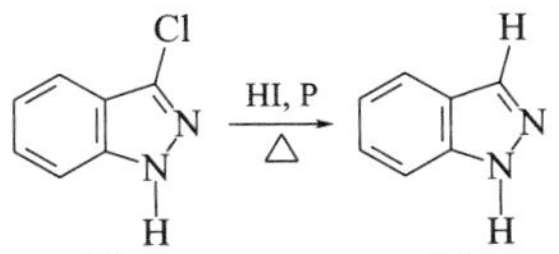

于反应瓶中加入 3-氯吲唑（**2**）15.3 g（0.1 mol），红磷 18.6 g（0.15 mol），恒沸氢碘酸 100 mL，回流反应 24 h。冷却，过滤除去红磷，用 20 mL 水洗涤反应瓶和滤饼。减压浓缩至 40 mL，加入 70～80 mL 热水，将生成的澄清溶液冰浴中冷却，用浓氨水调至碱性（约为 80 mL）。冷却过夜，过滤，干燥，得白色固体，mp 143～145℃。将其加入 70 mL 苯中，加热回流，趁热过滤。生成的透明溶液用石油醚稀释，冷却，析出白色固体（**1**）9.7～10.2 g，收率 82%～86%，mp 145～146.5℃。

【用途】 避孕药 1-芳基吲唑等药物中间体。

3-氯-4,5-二氢-1*H*-苯并[*b*]氮杂䓬-2(3*H*)-酮

$C_{10}H_{10}ClNO$，195.65

【英文名】 3-Chloro-4,5-dihydro-1*H*-benzo[*b*]azepin-2(3*H*)-one

【性状】 mp 163～167℃。

【制法】 Jeffrey W H Watthey，James L Stanton，Mahesh Desai，et al. J Med Chem，1985，28（10）：1511.

于反应瓶中加入化合物（**2**）10 g（0.087 mol）、乙酸钠 77 g（0.11 mol）、乙酸 460 mL 和 5%Pd-C 催化剂 0.86 g，于常温常压下通氢至吸氢总量达 950 mL 为止（约需 0.5 h）。过滤，回收催化剂，滤液减压浓缩。剩余物中加入 10%碳酸氢钠溶液 900 mL 和二氯甲烷 300 mL，搅拌，静置，分出有机层。水层用二氯甲烷（300 mL×3）提取，合并有机层，无水硫酸钠干燥。过滤，减压回收溶剂。向剩余物中加入乙醚 350 mL，并将固体捣碎。过滤、干燥，得化合物（**1**）8.19 g，收率 95%，mp 163～167℃。

【用途】 高血压病治疗药盐酸贝那普利（Benazepril hydrochloridec）等的中间体。

2-氨基-4-甲基吡啶

$C_6H_8N_2$，108.14

【英文名】 2-Amino-4-methylpyridine

【性状】 白色针状结晶。mp 102～104℃。

【制法】 ①Helnrich Schnelder. US 5686618，1997. ②陈忠强，陈虹. 现代药物的制备与合成：第一卷. 北京：化学工业出版社，2008：93.

于高压反应釜中加入水 65 mL，甲醇 200 mL，10%的 Pd-C 催化剂 1.2 g，化合物（**2**）35.4 g（0.2 mol），减压后通入氢气。于氢气压力 700 kPa、温度 70℃反应 5 h。滤去催化剂，滤液减压蒸出甲醇。用 6 mol/L 的氢氧化钾溶液调至 pH9～10。抽滤，滤饼用热水洗涤。合并滤液和洗涤液，静置冷却，析出白色针状结晶。过滤，滤液用二氯甲烷提取 3 次，合并提取液，浓缩至干，与上面白色固体合并，得化合物（**1**）20.3 g，收率 94%，mp 102～104℃。

【用途】 抗艾滋病药奈韦拉平（Nevirapine）等的中间体。

2,3-二氨基吡啶

$C_5H_7N_3$，109.13

【英文名】 2,3-Diaminopyridine

【性状】 无色针状结晶。mp 115～116℃。

【制法】 Fox B A，Threlfall T L. Org Synth，1973，Coll Vol 5：346.

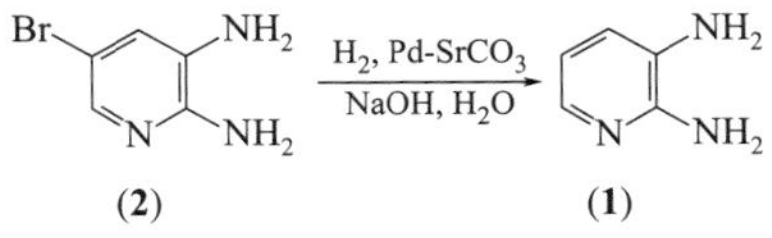

于氢化装置中加入 2,3-二氨基-5-溴吡啶（**2**）56.4 g（0.3 mol），4％的氢氧化钠溶液 300 mL，5％的 Pd-SrCO₃ 1.0 g，通入氢气进行氢化还原。待反应结束后，滤去催化剂，滤液用固体碳酸钾饱和（约需 330 g）。生成的浆状混合物用乙醚连续提取，直至所有的沉淀完全消散开（约需 18 h）。蒸出乙醚，剩余物用苯（约 600 mL）重结晶，3 g 活性炭脱色，过滤，冷却析晶。抽滤，用苯洗涤，干燥，得无色针状结晶（**1**）25.5～28 g，收率 78％～86％，mp 115～116℃。

【用途】 PDE4 抑制剂、抗恶性疟原虫药、蛋白激酶抑制剂等的中间体。

2-氨基二苯甲酮

$C_{13}H_{11}NO$，197.24

【英文名】 2-Aminobenzophenone

【性状】 黄色结晶化合物。mp 106～108℃。

【制法】 张大国. 精细有机单元反应合成技术——还原反应及其实例. 北京：化学工业出版社，2009：73.

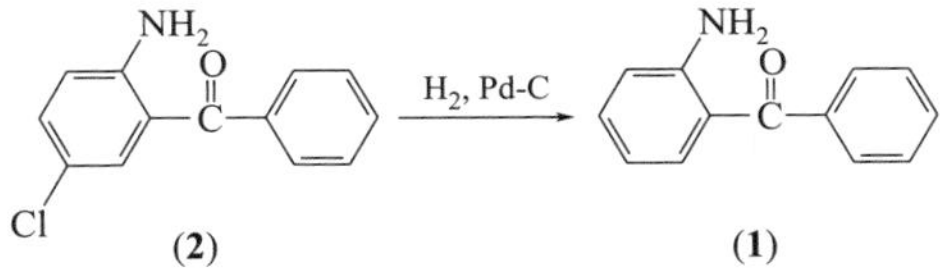

于氢化装置中加入 2-氨基-5-氯二苯酮（**2**）10 g（0.04 mol），乙醇 120 mL，醋酸钠 7 g，活性炭 2 g，搅拌加热溶解后，冷至 50℃，再加入用氯化钯 0.165 g 溶于盐酸的溶液。用氮气置换空气，再以氢气置换氮气，于 50～60℃剧烈搅拌下进行氢解，直至吸收理论量的氢气。趁热过滤，乙醇洗涤催化剂（催化剂可以套用）。合并滤液和洗涤液，用碳酸钠中和，减压回收乙醇，约剩余 1/3 的体积时，加入 0.7 倍体积的水，搅拌 30 min，放置过夜。抽滤，洗涤，于 60℃干燥，得黄色结晶化合物（**1**），收率 90％，mp 106～108℃。

【用途】 抗抑郁药坦帕明（Tampramine）等的中间体。

5′-脱氧-5-氟胞苷

$C_9H_{12}FN_3O_4$，245.21

【英文名】 5′-Deoxy-5-fluorocytidine

【性状】 白色结晶。mp 191～193℃。

【制法】 ①Alan Frederick Cook，Ceder Grove N J. US 4071680. 1978. ②陈仲强，陈虹. 现代药物的制备与合成：第一卷. 北京：化学工业出版社，2008：160.

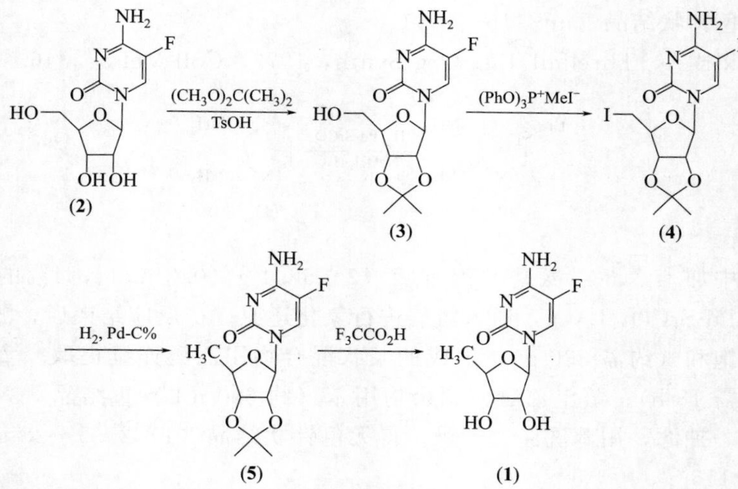

2′,3′-亚异丙基-5-氟胞嘧啶核苷（**3**）：于安有搅拌器、回流冷凝器的反应瓶中，加入 5-氟胞嘧啶核苷（**2**）13 g（50 mmol），丙酮 225 mL，对甲苯磺酸 12 g（63 mmol），2,2-二甲氧基丙烷 30 mL，室温搅拌 2 h。加入碳酸氢钠 5.3 g 使呈碱性。过滤，丙酮洗涤。减压浓缩至干，剩余物用乙酸乙酯重结晶，得白色固体（**3**）13.05 g，收率 90%，mp 184～186℃。

2′,3′-亚异丙基-5′-碘代-5-氟胞嘧啶核苷（**4**）：于安有搅拌器、温度计的反应瓶中，加入化合物（**3**）32 g（106 mmol），干燥的 DMF 300 mL，三苯基亚磷酸酯甲基碘化物 60 g（133 mmol），室温搅拌反应 1.5 h。加入 100 mL 甲醇，继续搅拌反应 30 min。减压浓缩至干，得油状物。将其溶于 700 mL 乙酸乙酯中，依次用 0.3 mol/L 的硫代硫酸钠溶液（700 mL×2）、水（700 mL×2）洗涤，无水硫酸钠干燥。过滤，减压蒸出溶剂至 400 mL，加入 1.2 L 己烷，析出结晶，0℃ 放置过夜。抽滤，干燥，得白色结晶（**4**）30 g，收率 70%，mp 191～193℃。

2′,3′-亚异丙基-5′-脱氧-5-氟胞嘧啶核苷（**5**）：于常压氢化装置中加入化合物（**4**）4.8 g（11.65 mmol），甲醇 50 mL，搅拌溶解。加入三乙胺 2 mL，10% 的 Pd-C 催化剂 2 g，常压氢化 1 h。TLC 检测原料点消失为终点。滤去催化剂，减压浓缩至干。加入乙酸乙酯 20 mL，溶解后放置过夜。抽滤除去固体杂质，浓缩至 10 mL，放置过夜，再滤去固体杂质。减压浓缩至干，真空干燥，得白色泡沫状固体（**5**）3 g，收率 90%。

5′-脱氧-5-氟胞苷（**1**）：于安有搅拌器、回流冷凝器的反应瓶中，加入上述化合物（**5**）3.1 g（10.9 mmol），三氟乙酸-水（9∶1）20 mL，搅拌反应 40 min。减压浓缩至干，剩余物中加入乙醇 5 mL，再浓缩至干，重复上述操作一次，以尽量除去三氟乙酸和水。加入乙酸乙酯 40 mL，三乙胺 2 mL 使呈碱性。放置过夜，抽滤，乙酸乙酯洗涤，干燥，得白色结晶（**1**）1.9 g，收率 71%，mp 191～193℃。

【用途】 抗癌药卡培他滨（Capecitabine）中间体。

四、醇的还原

二苯基甲烷

$C_{13}H_{12}$，168.24

【英文名】 Diphenylmethane

【性状】 无色液体。

【制法】 Gribble G W，Leese R M，Evans B E. Synthesis，1977，3：172.

$$Ph_2CHOH \xrightarrow[\textbf{(2)}]{NaBH_4/F_3CCOOH} Ph_2CH_2 \quad \textbf{(1)}$$

于安有磁力搅拌器、温度计的反应瓶中，加入三氟乙酸 50 mL，氮气保护，于 15～20℃分批加入硼氢化钠 1.75 g（46 mmol），约 30 min 加完。而后（硼氢化钠未全溶）于 15 min 分批加入二苯基甲醇（2）2.0 g（10.9 mmol）。氮气保护下搅拌反应 12 h，固体物完全溶解。用水稀释，以固体氢氧化钠中和。乙醚提取，饱和盐水洗涤，无水硫酸镁干燥。蒸出溶剂，得浅黄色油状液体 1.77 g。减压蒸馏，收集 64～64℃/53.2 Pa 的馏分，得无色液体（1）1.70 g，收率 93％。

【用途】 抗过敏药苯拉海明盐酸盐（Diphenhydramine hydrochloride）等的中间体。

二苯基乙酸

$$C_{14}H_{12}O_2，212.25$$

【英文名】 Diphenylacetic acid

【性状】 白色结晶。mp 144～145℃。

【制法】 Marver C S，Hager F G，Caudle E C. Org Synth，1932，Coll Vol 1：224.

$$\underset{\textbf{(2)}}{Ph_2\overset{OH}{\underset{|}{C}}-COOH} \xrightarrow[HOAc]{P,I_2,H_2O} \underset{\textbf{(1)}}{Ph_2CH-COOH}$$

于 1 L 反应瓶中加入冰醋酸 250 mL，红磷 15 g，碘 5 g，放置 15～20 min，直至碘开始反应。而后加入水 5 mL，二苯羟乙酸（2）100 g（0.44 mol），安上回流冷凝器，至少回流 2～2.5 h。反应结束后，趁热过滤除去红磷。将热的滤液搅拌下慢慢倒入由 20～25 g 亚硫酸钠溶于 1 L 水的溶液中，以除去碘，并沉淀出产物（1）。过滤，冷水洗涤，干燥，得白色或微黄色粉末 88～90 g，收率 94％～97％。mp 141～144℃。50％的乙醇中重结晶，mp 144～145℃。

也可以采用如下方法来合成［Strazzolini P，Giumanini A G，Verardo G. Synth Commun，1987，17（16）：1919］。

$$2Ph_2\overset{OH}{\underset{|}{C}}COOH \xrightarrow[(93\%)]{C_6H_6, TaOH} \text{(环状二聚体)} \xrightarrow[(90\%)]{Pd-C, H_2} 2Ph_2CHCOOH$$

【用途】 医药、有机合成中间体。

3-脱氧-1,2：5,6-二-O-(1-甲基亚乙基)-α-D-核-己呋喃糖

$$C_{12}H_{20}O_5，244.29$$

【英文名】 3-Deoxy-1,2：5,6-bis-O-(1-methylethylidene)-α-D-ribo-hexofuranose

【性状】 浅黄色油状液体。

【制法】 Tormo J，Fu G C. Org Synth，2004，Coll Vol 10：240.

1,2∶5,6-双-*O*-(1-甲基亚乙基)-*O*-苯基硫代甲酸-α-D-葡萄呋喃糖（**3**）：于安有搅拌器、温度计、通气导管的反应瓶中，加入二氯甲烷 100 mL，氩气保护，再加入 1,2∶5,6-二亚异丙基-D-葡萄糖（**2**）12.6 g（48.2 mmol），冰浴冷却。搅拌下用注射器加入由硫代氯甲酸苯酯 7.34 mL（53.1 mmol）和 4.63 mL（57.9 mmol）吡啶的溶液。30 min 后撤去冷浴，室温搅拌反应 14 h。加入 5 mL 无水甲醇，以分解未反应的硫代氯甲酸酯，室温搅拌反应 15 min。依次用 100 mL 1 mol/L 的盐酸、100 mL 饱和盐水洗涤，无水硫酸钠干燥。过滤，减压浓缩，得黄色油状液体 20.5 g。加入 50 mL 己烷，于 0℃搅拌 30 min，过滤生成的固体，冷己烷洗涤，干燥，得化合物（**3**）15.2 g。再用己烷重结晶，得白色固体（**3**）13.9 g，收率 74%。由母液中可以回收 1.5 g 产品。总收率 82%。

3-脱氧-1,2∶5,6-双-*O*-(1-甲基亚乙基)-α-D-核-己呋喃糖（**1**）：于安有搅拌器、回流冷凝器、通气导管的干燥的反应瓶中，通入氩气，加入 15 mL 无水苯，化合物（**3**）13.0 g（32.7 mmol），搅拌下通过插管加入由 0.62 mL（1.21 mmol）双三丁基锡氧化物、0.800 g（4.9 mmol）偶氮二异丁腈（AIBN）、9.81 g（164 mmol）聚多甲基硅烷（PMHS）和16.4 mL（180 mmol）1-丁醇溶于 20 mL 无水苯的溶液。加热回流反应 3 h。而后再加入由0.62 mL（1.21 mmol）双三丁基锡氧化物、0.800 g（4.9 mmol）偶氮二异丁腈（AIBN）溶于 9 mL 无水苯的溶液，继续回流反应 3 h。冷至室温，减压蒸出苯和 1-丁醇，剩余物溶于 100 mL THF 中，慢慢加入 400 mL 2 mol/L 的氢氧化钠溶液，室温搅拌 15 h。分出有机层，水层用乙醚提取 2 次，合并有机层，依次用 100 mL 1 mol/L 的盐酸、饱和盐水洗涤，无水硫酸钠干燥。过滤，减压浓缩，剩余物过硅胶柱纯化，得浅黄色油状液体（**1**）6.2～6.4 g，收率 76%～80%。

【用途】 含糖药物中间体。

(1*R*,3*R*,4*R*)-3-[(*R*)-1-乙酰氨基-2-乙基丁基]-4-(*tert*-丁氧羰基)环戊烷甲酸甲酯

$C_{20}H_{36}N_2O_5$，384.52

【英文名】 Methyl(1*R*,3*R*,4*R*)-3-[(*R*)-1-acetamido-2-ethylbutyl]-4-(*tert*-butoxycarbonyl)cyclopentanecarboxylate

【性状】 白色固体。

【制法】 Chand P，Kotian P L，Dehghani A，et al. J Med Chem，2001，44（25）：4379.

于反应瓶中加入化合物（**2**）10.0 g（25 mmol），1,1′-硫代羰基咪唑 9.0 g（50 mmol），无水 THF 130 mL，搅拌回流 16 h。减压蒸出溶剂，剩余物中加入乙酸乙酯 100 mL，用

0.5 mol/L 的盐酸洗涤（100 mL×3），无水硫酸钠干燥，过滤，减压蒸出溶剂。剩余物用乙酸乙酯-己烷重结晶，得化合物（**3**）7.6 g。母液过硅胶柱纯化，用乙酸乙酯-己烷洗脱，又可以得到化合物（**3**）1.4 g，总收率 71%。

于反应瓶中加入化合物（**3**）5.0 g（9.8 mmol），干燥的甲苯 130 mL，于 100℃加入三丁基氢化锡 3.4 mL（12.6 mmol），偶氮二异丁腈 0.1 g（0.06 mmol），于 100℃搅拌反应 10 min。减压蒸出溶剂，加入 100 mL 乙腈，用己烷洗涤（100 mL×3），乙腈层减压浓缩，剩余物过硅胶柱纯化，用乙酸乙酯-己烷（0～50%）洗脱，得化合物（**1**）3.6 g，收率 95%。

【用途】 新药开发中间体。

(4*S*)-(＋)-4-氰基-(3,4-二甲氧基苯基)-4-异丙基丁烯-1

$C_{16}H_{21}NO_2$，259.35

【英文名】 (4*S*)-(＋)-4-Cyano-(3,4-dimethoxyphenyl)-4-isopropylbutene-1
【性状】 无色油状液体。
【制法】 Theodore L J, Nelson W L. J Org Chem，1987，52（7）：1309.

(2*S*,3*S*)-(＋)-1-甲磺酰氧基-2-甲基-3-氰基-3-(3,4-二甲氧基苯基)己-5-烯（**3**）：于反应瓶中加入二氯甲烷 250 mL，三乙胺 11.7 g（115.6 mmol），化合物（**2**）25.4 g（92.25 mmol），冷至 0℃，滴加甲基磺酰氯 11.1 g（96.9 mmol）。0℃搅拌反应 2 h，用 200 mL 5%（体积比）的盐酸水溶液洗涤，有机层水洗、干燥、浓缩。剩余物过硅胶柱纯化，用乙酸乙酯-己烷（1：1）洗脱，得浅黄色油状液体（**3**）31.36 g，收率 96%。

(4*S*)-(＋)-4-氰基-(3,4-二甲氧基苯基)-4-异丙基丁烯-1（**1**）：于反应瓶中加入化合物（**3**）24.25 g（68.61 mmol），叔丁醇 25.5 g（344 mmol），1,2-二甲氧基乙烷 250 mL，搅拌下室温分批加入硼氢化钠 7.80 g（206 mmol），而后加热回流反应 70 h。冷至室温，用 200 mL 乙醚稀释，用硅藻土过滤，200 mL 乙醚洗涤。合并滤液和洗涤液，加入 100 mL 5%（体积比）的盐酸，搅拌 10 min 以除去可能存在的硼氢化钠。分出有机层，水层用 100 mL 乙醚提取。合并有机层，干燥后过滤，浓缩。剩余物用 200 mL 二氯甲烷溶解，5% 的盐酸洗涤，有机层干燥、过滤、浓缩。剩余物过硅胶柱纯化，用 25% 的乙酸乙酯-己烷纯化，得无色油状液体（**1**）16.55 g，收率 93%。

【用途】 抗高血压、心脏病治疗药物盐酸维拉帕米（Verapamil hydrochloride）、盐酸戈洛帕米（Gallopamil hydrochloride）对映体合成的中间体。

五、酚的还原

联 苯

$C_{12}H_{10}$，154.21

【英文名】 Biphenyl

【性状】 白色固体。mp 68～70℃。

【制法】 Musliner W J，Gates J W. Org Synth，1988，Coll Vol 6：150.

4-(1-苯基-5-四唑氧基)联苯（**3**）：于反应瓶中加入 4-羟基联苯（**2**）17 g（0.1 mol），1-苯基-5-氯四唑 18.1 g（0.1 mol），无水碳酸钾 27.6 g（0.2 mol），丙酮 250 mL，搅拌加热回流反应 18 h。加入 250 mL 水，生成清亮的溶液。冰浴中冷却，1 h 后过滤析出固体，空气中干燥，得粗品化合物（**3**）32～33 g，mp 151～153℃。将其溶于 250 mL 热的乙酸乙酯中，过滤，冰浴中冷却，得白色结晶（**3**）25 g，mp 150～153℃。母液浓缩，可以得到 2～3 g 产品，总收率 86%～89%。

联苯（**1**）：于氢化反应釜中加入化合物（**3**）10.0 g（0.032 mol），200 mL 苯，5% 的 Pd-C 催化剂 2 g，于 35～40℃、氢气压力 0.3 MPa 氢化反应 8 h。过滤，滤饼用热乙醇洗涤 3 次。合并滤液和洗涤液，旋转浓缩（60℃）。将得到的固体溶于 100 mL 苯中，用 100 mL 10% 的氢氧化钠溶液洗涤。分出有机层，水层用苯提取。合并有机层，水洗，无水硫酸镁干燥。过滤，减压蒸出溶剂，得白色固体（**1**）4.0～4.7 g，收率 82%～96%，mp 68～70℃。

【用途】 抗真菌药联苯苄唑（Bifonazole）等的中间体。

5-羟基-1-萘满酮

$C_{10}H_{10}O_2$，162.19

【英文名】 5-Hydroxy-1-tetralone，5-Hydroxy-3,4-dihydronaphthalen-1(2H)-one

【性状】 白色结晶。mp 213～215℃。

【制法】 肖传健，李宗桃. 中国医药工业杂志，2002，33（7）：319.

于氢化装置中加入 1,5-萘二酚（**2**）160 g（1.0 mol），水 500 mL，氢氧化钠 25 g（0.62 mol），活性镍 24 g，抽出空气后，充入用氮气，再以氢气置换氮气，于 65℃通入氢气进行常压氢化，通入氢气的速度约 80 mL/min，约 5 h 后反应结束。冷至室温，滤去催化剂。滤液用 20% 的盐酸酸化，析出大量沉淀。抽滤，水洗，真空干燥，得化合物（**1**）94 g，收率 58.7%。用 95% 的乙醇重结晶，得纯品（**1**）78 g。mp 213～215℃。

【用途】 青光眼病治疗药左布诺洛尔（Levobunolol）等的中间体。

1,3-环己二酮

$C_6H_8O_2$，112.13

【英文名】 Cyclohexane-1,3-dione

【**性状**】　淡黄色柱状结晶。mp 103～104℃。

【**制法**】　仇缀百，焦萍等.中国医药工业杂志，2000，31（12）：555.

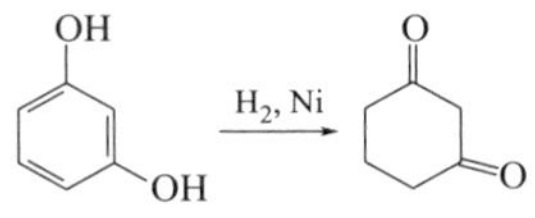

于氢化装置中加入水 95 mL，氢氧化钠 19.2 g（0.48 mol），溶解后冷却，加入间苯二酚（**2**）44 g（0.4 mol），再加入活性镍 20 g，水 25 mL。搅拌下于 45～50℃常压氢化反应 38 h。冷却，过滤除去催化剂，滤液用浓盐酸酸化至 pH4.8～5.1，冷至 0℃，30 min 后过滤，水洗，干燥，得粗品（**1**）35.6 g，收率 81.8%。用苯重结晶，得浅黄色柱状结晶，再用乙酸乙酯重结晶，得纯品。

【**用途**】　治疗高血压病药物卡维地洛（Carvedilol）、止吐药盐酸恩丹西酮（Ondansetron hydrochloride）等的中间体，也是农药除草剂硝草酮、磺草酮等的中间体。

5,8-二氢-1-萘酚

$C_{10}H_{10}O$，146.19

【**英文名**】　5,8-Dihydro-1-naphthol

【**性状**】　米黄色固体。mp 68～69℃。

【**制法**】　蒋忠良，王娟，何继颖.精细与专用化学品，2007，15（07）：15.

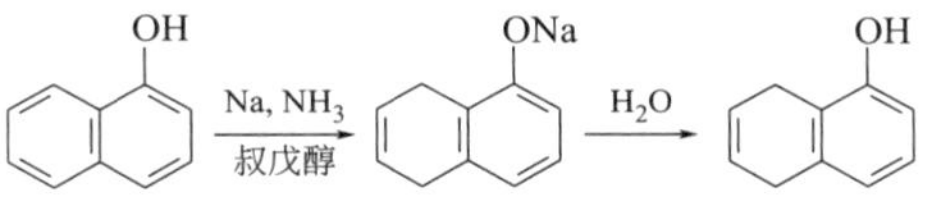

于安有搅拌器、回流冷凝器（安氯化钙干燥管）、通气导管（伸入瓶底）的反应瓶（干冰-丙酮浴冷却）中，通入干燥的氨 100 mL，而后加入 1-萘酚（**2**）10 g（0.07 mol），粉状氨基钠 2.7 g（0.068 mol），叔戊醇 12.5 g。搅拌下分批加入切成小块的金属钠 3.2 g（0.13 mol）。待蓝色消失后，撤去冷浴和回流冷凝器，使氨挥发。加入 100 mL 水，乙醚提取几次。合并乙醚层，用稀盐酸酸化，油状物固化。用石油醚重结晶，得米黄色固体（**1**）8.3 g，收率 83.5%。mp 68～69℃。

【**用途**】　β受体阻滞剂纳多洛尔（Nadolol）等的中间体。

六、醚的还原

对苄氧基苯酚

$C_{13}H_{12}O_2$，200.24

【**英文名**】　*p*-Benzoxyphenol

【**性状**】　白色片状结晶。mp 117～119℃。

【**制法**】　李麟，庞其捷.华西药学杂志，1996，11（4）：234.

于安有搅拌器、回流冷凝器的反应瓶中，加入对二苄氧基苯（**2**）2.9 g，无水乙醇 40 mL，回流 10 min 后，加入 5% 的 Pd-C 催化剂 0.9 g，环己烯 20 mL，搅拌回流反应 1.5 h，TLC 检测至反应完全。过滤，减压蒸出大部分溶剂后，加入 10 mL 水，冰箱中放置，析出类白色片状结晶 0.93 g，收率 46.5%，mp 117~119℃。

上述反应若以四氢萘代替环己烯，产物收率 39%。

【用途】 色素沉着过度治疗药莫诺苯宗（Monobenzone）原料药。

1,3-二苯基-3-羟基丙酮-1

$C_{15}H_{14}O_2$，226.27

【英文名】 1,3-Diphenyl-3-hydroxypropan-1-one

【性状】 白色结晶。mp 52℃（己烷）。

【制法】 Engman L，Stern D. J Org Chem，1994，59（18）：5179.

于反应瓶中加入化合物（**2**）0.45 g（2.0 mmol），N-乙酰基半胱氨酸 0.98 g（6.0 mmol），二苯基硒 0.031 g（0.1 mmol），甲醇 40 mL，氩气保护，再加入 1 mL（6 mol/L，6 mmol）氢氧化钠水溶液，搅拌反应 14 h。用 20 mL 水稀释，再用氯化钠饱和。二氯甲烷提取，无水硫酸镁干燥。过滤，减压蒸出溶剂，过硅胶柱纯化，己烷-乙酸乙酯洗脱，得白色结晶（**1**）0.41 g，收率 91%，mp 52℃（己烷）。文献值 44~46℃。

【用途】 医药中间体、查尔酮、黄酮等化合物中间体。

2-甲基-5-(1-丙烯-2-基)环己-2-烯酮

$C_{10}H_{14}O$，150.22

【英文名】 2-Methyl-5-(prop-1-en-2-yl)cyclohex-2-enone

【性状】 无色液体。

【制法】 ①Borah H N，Boruah R C，sandhu J S. Chem Soc Chem Commun，1991，43：154 ②张世军. 有机化学，1997，7（4）：319.

于 Schlenk 瓶中加入铝粉 14 mg（0.5 mmol），碘 180 mg（0.75 mmol），抽气充氮，氮气保护下用注射器加入处理过的乙腈 3 mL、苯 1 mL，室温搅拌反应至碘的颜色消失，得三碘化铝的乙腈-苯溶液。加入由化合物（**2**）0.3 mmol 溶于 4 mL 乙腈的溶液，水浴冷却，室温搅拌反应。TLC 检测反应，反应结束后（约 30 min），加入苯，水洗，无水硫酸钠干燥，旋转浓缩，得化合物（**1**），收率 92%。

【用途】　重要的香料。

2-环己氧基乙醇

$$C_8H_{16}O，144.21$$

【英文名】　2-Cyclohexyloxyethanol

【性状】　无色液体。bp 96～98℃/400 Pa。n_D^{20} 1.4600～1.4610。溶于乙醇、乙醚、氯仿、丙酮、乙酸乙酯等有机溶剂，难溶于水。

【制法】　Ronald A D and Eliel E L. Org Synth，1973，Coll Vol 5：303.

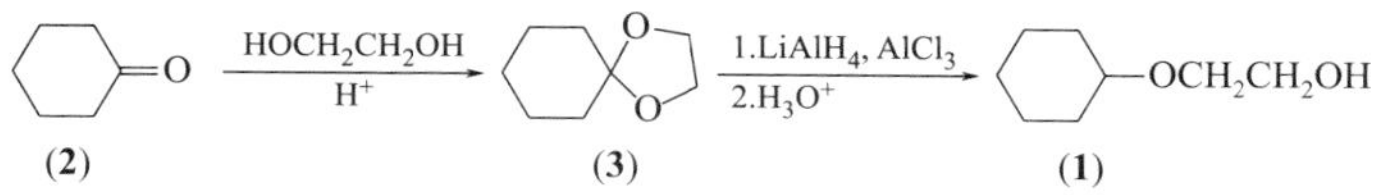

环己酮缩乙二醇（**3**）：于安有搅拌器、分水器的反应瓶中，加入环己酮（**2**）118 g（1.2 mol）、乙二醇 82 g（1.32 mol）、苯 250 mL 和对甲苯磺酸 0.05 g，搅拌下加热回流分水，约 6 h 收集水 21.6 mL。冷至室温，依次用 10％ 的氢氧化钠溶液 200 mL、水（100 mL×5）洗涤，无水碳酸钾干燥。回收溶剂后减压蒸馏，收集 65～67℃/133 Pa 的馏分，得无色液体环己酮缩乙二醇（**3**）128～145 g，收率 75％～85％，n_D^{20} 1.4565～1.4575。

2-环己氧基乙醇（**1**）：于干燥的三口反应瓶中，加入粉状的无水三氯化铝 242 g（1.8 mol），冰盐浴冷却，搅拌下加入无水乙醚 450～475 mL。搅拌 30 min。于另一三口反应瓶中加入氢化铝锂 16.7 g（0.44 mol）和 500 mL 无水乙醚，剧烈搅拌呈悬浮液。将此悬浮液慢慢滴加至上述三氯化铝乙醚液中，加完后继续搅拌 30 min。而后滴加上述化合物（**3**）125 g（0.88 mol）与 200 mL 无水乙醚的溶液，控制滴加速度以保持反应体系微沸为宜。加完后加热回流 3 h。冰浴冷却，慢慢滴加约 12 mL 水以分解未反应的氢化铝锂，直至不再有氢气放出。加入 1000 mL 10％ 的硫酸和 400 mL 水，分出有机层，水层用乙醚提取 3 次。合并乙醚层，依次用饱和碳酸氢钠溶液、饱和食盐水洗涤，无水碳酸钾干燥，回收乙醚后减压分馏，收集 96～98℃/1.73 kPa 的馏分，得 2-环己氧基乙醇（**1**）105～119 g，收率 83％～94％。

【用途】　合成香料、医药中间体。

七、醛酮的还原

色满-7-醇

$$C_9H_{10}O_2，150.18$$

【英文名】　Chroman-7-ol

【性状】　白色固体。mp 87～89℃。

【制法】　王世辉，王岩，朱玉莹等.中国药物化学杂志，2010，20（5）：342.

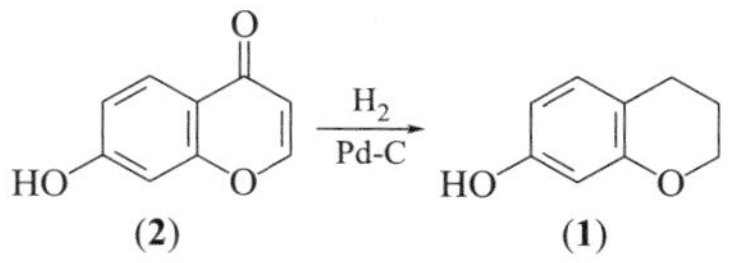

于氢化反应瓶中加入 7-羟基色酮（**2**）8.10 g（50 mmol），300 mL 乙醇，0.8 g 10%的 Pd-C 催化剂。用氮气置换空气，再用氢气置换氮气，而后在回流条件下氢化反应 4 h。冷后滤去催化剂，减压蒸出乙醇，剩余物重结晶后得化合物（**1**）7.13 g，收率 95%，mp 87～89℃。

【用途】 抗肿瘤新药开发中间体。

氢溴酸依他佐辛

$C_{16}H_{23}NO \cdot HBr$，326.28

【英文名】 Eptazocine hydrobromide

【性状】 mp 266～268℃。

【制法】 陈芬儿. 有机药物合成法：第一卷. 北京：中国医药科技出版社，1999：493.

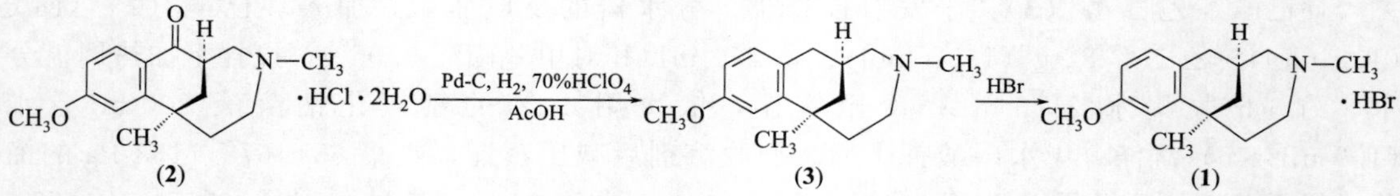

于反应瓶中加入化合物（**2**）24.6 g（0.082 mol），10%的氢氧化钾水溶液 56 mL，室温搅拌 0.5 h。甲苯提取数次，有机层用无水碳酸钾干燥。过滤，减压浓缩，得游离碱 20.5 g。将其溶于 200 mL 醋酸中，加入 70%的高氯酸 33.6 mL，5%的 Pd-C 催化剂 8.1 g，于 20～25℃通入氢气氢化，约 5 h 反应结束。过滤，减压蒸出溶剂，剩余物用 10%的氢氧化钾溶液调至 pH7。甲苯提取，合并甲苯层，无水碳酸钾干燥。过滤，减压浓缩后再减压蒸馏，收集 bp 132～133.5℃/26.6 kPa 的馏分，得油状化合物（**3**）15.9 g，收率 83.7%。

氢溴酸依他佐辛（**1**）：于反应瓶中加入化合物（**3**）28 g（0.12 mol），47%的氢溴酸 140 mL，搅拌回流 1 h。减压浓缩，冷却，得结晶。加入甲醇 65 mL，加热溶解，室温放置 24 h。过滤析出的结晶，乙醇洗涤，干燥，得化合物（**1**）30.5 g，收率 81.6%。mp 266～268℃。

【用途】 镇痛药氢溴酸依他佐辛（Eptazocine hydrobromide）原料药。

惕告吉宁

$C_{27}H_{44}O_3$，416.64

【英文名】 Tigogenin

【性状】 白色固体。

【制法】 Furrow M E，Myers A G. J Am Chem Soc，2004，126（17）：5436.

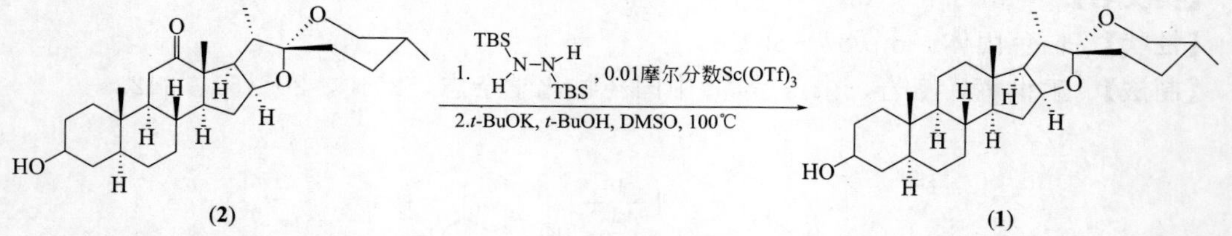

于安有搅拌器的梨形反应瓶中，加入三氟甲磺酸钪 0.002 g（0.0058 mmol），海柯吉宁

(hecogenin)（**2**）0.250 g（0.581 mmol），氩气保护，用注射器加入由 1,2-双（叔丁基二甲基硅基）肼 0.461 g（1.28 mmol）溶于 1.5 mL 氯仿的溶液，油浴加热至 55℃，搅拌反应 20 h。撤去油浴，生成的无水溶液冷至室温。加入干燥的己烷 3 mL，生成白色乳浊液。用玻璃毛过滤，己烷洗涤。减压蒸出溶剂，氩气保护，加入叔丁醇钾 1.01 g（9.00 mmol），干燥的 DMSO 7.5 mL，于 23℃ 搅拌反应直至全部固体物溶解（约 15 min）。加入叔丁醇 0.861 mL（9.00 mmol）。将反应物用注射器加入含 N-叔丁基二甲基硅基腙（TBSH）衍生物的反应瓶中，油浴加热至 100℃，搅拌反应 24 h。将生成的棕色浆状物冷至 23℃，倒入半饱和并冷至 0℃ 的盐水（30 mL）中，用水和二氯甲烷洗涤。二氯甲烷提取（7 mL×4），合并二氯甲烷层，无水硫酸钠干燥，过滤，减压浓缩。剩余物过硅胶柱纯化，用甲醇-二氯甲烷-己烷（5∶40∶55）洗脱，得白色固体（**1**）0.232 g，收率 96%。

【用途】 合成激素类化合物的基本原料。

吲哚布芬

$$C_{18}H_{17}NO_3，295.34$$

【英文名】 Indobufen
【性状】 mp 182~183℃。
【制法】 高学民，陈月轩，陈伟兴等. 中国医药工业杂志，1989，20（11）：486.

于反应瓶中加入化合物（**2**）15.5 g（0.05 mol），醋酸 200 mL，剧烈搅拌下加入锌粉 19.5 g，回流反应 10 h。过滤，滤饼用乙酸洗涤。减压浓缩，剩余物悬浮于水中，用碳酸钠中和至 pH6，过滤，用乙醇重结晶，得化合物（**1**）20.2 g，收率 68.5%，mp 181~183℃。

【用途】 抗凝血药吲哚布芬（Indobufen）原料药。

4-(4-氨基苯基)丁酸

$$C_{10}H_{13}NO_2，179.22$$

【英文名】 4-(4-Aminophenyl)butyric acid
【性状】 白色晶体。熔点 130~131℃。不溶于冷水，溶于乙醇和丙醇，尚易溶于氯仿，不溶于乙醚、苯和石油醚。
【制法】 Moffett I R. Vaughan H W. J Org Chem，1960，25（7）：1238.

在干燥的反应瓶中投入 β-对乙酰氨基苯甲酰丙酸（**2**）77 g（0.33 mol），氢氧化钾 76 g，85% 的水合肼 55 mL，三甘醇 400 mL，搅拌加热回流反应 1.5 h。改成蒸馏装置，加热至 190℃，蒸出过量的肼，并于 190℃ 搅拌反应 4 h。冷却后加入 400 mL 水，用 6 mol/L 的盐酸约 200 mL 调至弱酸性。过滤生成的固体，水洗，真空干燥，得化合物（**1**）42.8 g，收率 73.5%，mp 115~120℃。水中重结晶，得白色片状结晶，mp 130~132℃。

【用途】 抗癌药瘤可宁（Chlorambucil）等的中间体。

2-丁基苯并呋喃

C$_{12}$H$_{14}$O，174.24

【英文名】 2-Butylbenzofuran
【性状】 无色液体。bp120～126℃/1.33 kPa。
【制法】 ①胡玉琴，周慧莉.中国医药工业杂志，1980，11（2）：1.②陈芬儿.有机药物合成法：第一卷.北京：中国医药科技出版社，1999：718.

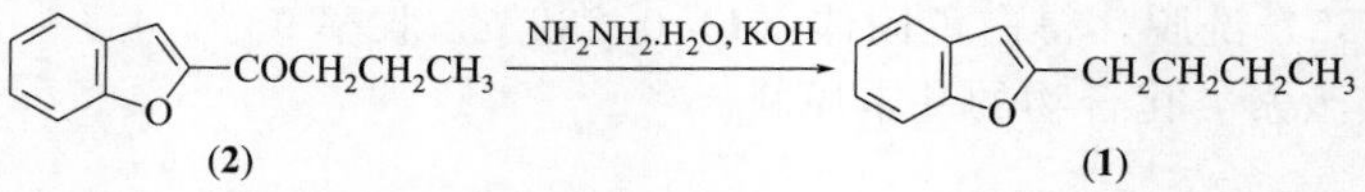

于反应瓶中加入化合物（2）94 g（0.5 mol）、二乙二醇二乙醚300 mL，搅拌使其溶解，加入水合肼84 g，加热搅拌回流1 h。反应毕，冷却至50℃，一次投入氢氧化钾163 g（2.91 mol），缓慢加热至185℃维持1 h。冷却至室温，加入水200 mL，用苯300 mL提取，用稀盐酸、水洗涤，回收溶剂后，减压蒸馏，收集bp120～126℃/1.33 kPa馏分，得化合物（1）61 g，收率70%。

【用途】 抗心律失常药盐酸胺碘酮（Amiodarone hydrochloride）等的中间体。

α,α-二甲基-4-(2-溴乙基)苯乙酸甲酯

C$_{13}$H$_{17}$BrO$_2$，285.18

【英文名】 Methyl α,α-dimethyl-4-(2-bromoethyl) phenylacetate
【性状】 无色透明液体。
【制法】 孔昊，耿海明，梅玉丹等.中国医药工业杂志，2015，46（7）：677.

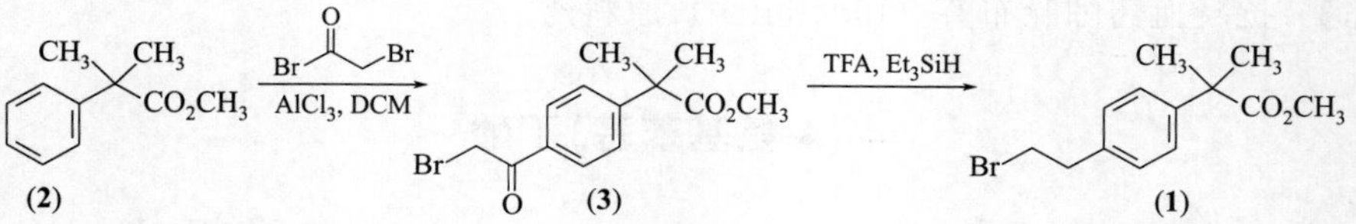

α,α-二甲基-4-(2-溴乙酰基)苯乙酸甲酯（3）：于反应瓶中加入二氯甲烷20 mL，化合物（2）5.0 g（28 mmol），溴乙酰溴7.4 g（36 mmol），搅拌溶解后冷却备用。

于另一反应瓶中，加入无水三氯化铝11.2 g（84 mmol），二氯甲烷50 mL，搅拌溶解，冷至-30℃。搅拌下滴加上述混合溶液。加完后于0℃搅拌反应过夜。加入50 mL二氯甲烷稀释，用硅藻土过滤。滤液用饱和盐水洗涤，无水硫酸钠干燥。过滤，减压浓缩，得浅黄色油状液体（3）7.1 g，收率85%。

α,α-二甲基-4-(2-溴乙基)苯乙酸甲酯（1）：于反应瓶中加入上述化合物（3）3.0 g（10 mmol），二氯甲烷20 mL，搅拌下冷至0℃，加入三氟乙酸15.0 g（130 mmol）和三乙基硅烷2.2 g（19 mmol），搅拌反应30 min后，慢慢加热回流反应72 h。蒸出溶剂，加入饱和碳酸钠溶液70 mL，用乙酸乙酯提取（30 mL×3）。合并有机层，依次用饱和碳酸钠溶液、水、饱和盐水洗涤，无水硫酸钠干燥。过滤，减压浓缩，得无色油状液体（1）2.6 g，收率91%。

【用途】 第二代组胺 H_1 受体拮抗剂比拉斯汀（Bilasten）合成中间体。

5-溴-2-氯-4′-乙氧基二苯甲烷

$C_{15}H_{14}BrClO$，325.63

【英文名】 5-Bromo-2-chloro-4′-ethoxydiphenylmethane

【性状】 白色固体。mp 33～36℃。

【制法】 高艳坤，冀亚飞.中国医药工业杂志，2011，42（2）：84.

5-溴-2-氯-4′-乙氧基二苯甲酮（**3**）：于反应瓶中加入二氯甲烷 120 mL，2-氯-5-溴苯甲酸（**2**）23.5 g（0.1 mol），DMF 0.2 mL，室温搅拌下于 8 h 内分 3 次加入草酰氯 13.6 mL（0.16 mol），加完后继续搅拌反应直至反应液澄清（约 2 h）。减压蒸出溶剂，剩余物中加入 40 mL 二氯甲烷，冷至 −7℃。加入苯乙醚 12.6 mL（0.1 mol），再分批加入无水三氯化铝 14.7 g（0.11 mol），其间控制反应温度不超过 5℃。加完后于 0℃继续反应 2 h。将反应物倒入碎冰中，充分搅拌。分出有机层，水层用二氯甲烷提取。合并有机层，水洗，无水硫酸钠干燥。过滤，浓缩，剩余物用无水乙醇重结晶，得白色固体（**3**）29.9 g，收率 87.9%，mp 64～68℃。

5-溴-2-氯-4′-乙氧基二苯甲烷（**1**）：于反应瓶中通入氮气，加入上述化合物（**3**）10.2 g（30 mmol），THF 90 mL，硼氢化钠 1.7 g（45 mmol），搅拌 30 min 后冷至 −7℃，加入无水三氯化铝 8.0 g（60 mmol），慢慢升至 0℃继续反应 3 h。再加热回流反应 15 h。减压蒸出溶剂，氮气保护下滴加 50 mL 水，控制温度不超过 40℃。冷却，乙酸乙酯提取 2 次，合并有机层，依次用 1 mol/L 的盐酸、饱和盐水洗涤，无水硫酸钠干燥。过滤，减压浓缩，剩余物用甲苯重结晶，得白色固体（**1**）9.0 g，收率 91.9%，mp 33～36℃。

【用途】 降糖药达格列净（Dapagliflozin）合成中间体。

5-氯-二氢吲哚-2-酮

C_8H_6ClNO，167.59

【英文名】 5-Chloroindolin-2-one

【性状】 mp 193～195℃。溶于醇、水。

【制法】 方法 1 ①John J P. Org Synth，1967，47：83. ②孙昌俊，曹晓冉，王秀菊. 药物合成反应——理论与实践.北京：化学工业出版社，2007：63.

5-氯-2-氧代吲哚-3-腙（**3**）：于反应瓶中加入无水乙醇 250 mL，5-氯靛红（**2**）30.0 g（0.165 mol），搅拌下加热，生成红色悬浊液。慢慢加入 70% 的水合肼 2.5 mL，回流反应 2 h。减压回收部分乙醇，冷却，过滤析出的固体，用冷乙醇洗涤，干燥，得黄色（**3**）

28 g，收率 87%。

5-氯-二氢吲哚-2-酮（**1**）：于反应瓶中加入无水乙醇 280 mL，慢慢加入金属钠 11.5 g（0.5 mol），待钠全部反应完后，冷却下分批加入上面制得的（**3**）28 g（0.143 mol），缓慢升温，加热至回流，继续反应 30 min。减压蒸出溶剂，得膏状物。稍冷后加水 100 mL，使之溶解。将反应物倒入 20% 的盐酸 200 mL 中（预先冷却至 10℃ 以下），生成棕褐色沉淀，过滤，水洗，无水乙醇重结晶，得化合物（**1**）16.8 g，收率 70%，mp 193～195℃。文献值 193～195℃。

方法 2　申永存，邹淑静，陈国松.中国医药工业杂志，1997，28（5）：200.

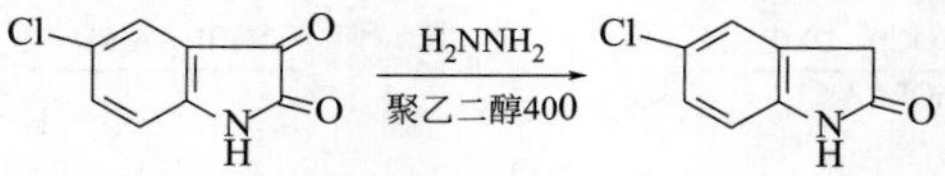

于反应瓶中加入 5-氯靛红（**2**）9.1 g（0，05 mol），氢氧化钾 5.6 g（0.1 mol），50 mL 聚乙二醇 400，80% 的水合肼 2.7 mL（0.07 mol），慢慢升温至 100℃，并于 110℃ 反应 20 min。蒸出水，继续升温至 180℃，并保温 20 min，至无气泡产生为止。冷至室温，用盐酸调至 pH2～3。用乙醚提取 2 次。提取液水洗，无水硫酸钠干燥，减压除溶剂至干，得（**1**）5.3 g，收率 63.8%。无水乙醇重结晶，mp 193～195℃。

【用途】　抗类风湿药物替尼达普（Tenidap）等的中间体。

γ-戊内酯

$C_5H_8O_2$，100.12

【英文名】　γ-Valerolactone
【性状】　无色或浅黄色液体，具有香兰素和椰子芳香味。
【制法】　刘道君，刘莹.香料香精化妆品，1999，4：1.

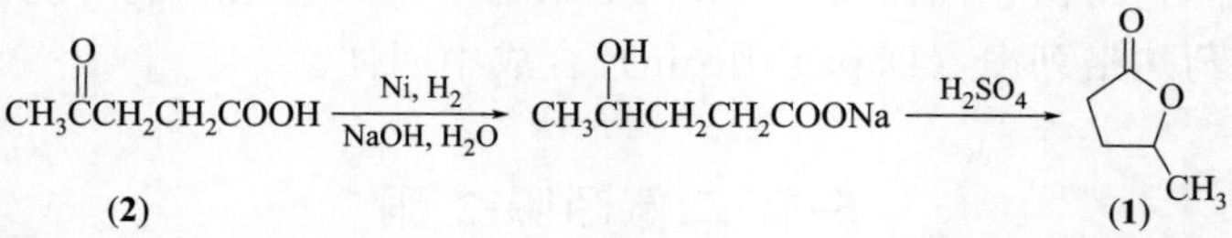

于高压反应釜中加入 4-氧代戊酸（**2**）116 g（1.0 mol），由氢氧化钠 44 g（1.1 mol）溶于 100 mL 水配成的溶液，加入 W-4 催化剂 5 g，密闭后以氮气排除空气，再以氢气排除氮气，保持 80～90℃、氢气压力 0.2 MPa 进行还原，直至不再吸收氢气为止。冷至室温，过滤除去催化剂。用硫酸调至 pH2～3。静止分层，分出有机层，水层用苯提取 2 次。合并有机层，以 10% 的碳酸钠洗涤，水洗。回收苯后减压蒸馏，收集 83～86℃/1.233 kPa 的馏分，得化合物（**1**）75～78 g，收率 75%～80%。

【用途】　食用香精等。

2-乙基苯并呋喃

$C_{10}H_{10}O$，146.19

【英文名】　2-Ethylbenzofuran
【性状】　无色液体。bp 211～212℃。

【制法】　李家明，查大俊.中国医药工业杂志，2000，31（7）：289.

于反应瓶中加入二甘醇 55 mL，2-乙酰基苯并呋喃（**2**）16 g（0.1 mol），85％的水合肼 10 g，搅拌回流 30 min。冷却，加入氢氧化钾 9 g，继续回流 1 h。由于加热进行水蒸气蒸馏，由于温度控制在 150～160℃。馏出液冷却后用盐酸调至 pH7，分出油层，水层用乙醚提取。合并油层和乙醚层，减压蒸出溶剂，得化合物（**1**）13.2 g，收率 90％。

【用途】　尿酸促进排泄药苯溴马隆（Benzbromarone）中间体。

1-甲基-4-氯哌啶

$C_6H_{12}ClN$，133.62

【英文名】　4-Chloro-1-methylpiperidine

【性状】　无色或浅黄色液体。

【制法】　陈芬儿.有机药物合成法：第一卷.北京：中国医药科技出版社，1999：387.

于反应瓶中加入甲醇钠 56.2 g（1.04 mol，如用工业甲醇钠的甲醇溶液应折算，随后蒸去甲醇至析出甲醇钠）、甲苯 220 mL，升温 70℃，于搅拌下滴加化合物（**2**）203 g（1 mol，滴加温度应控制在 70～85℃）。加完后，升温蒸出低沸物至气温达 110℃时，停止蒸馏，得化合物（**3**）的甲苯溶液。冷至 5℃左右，充分搅拌下迅速加入预冷至 5℃的浓盐酸 365.4 mL，静置分层。分出酸水层，有机层用 20％盐酸提取，合并酸水层和提取液，得化合物（**3**）的水溶液。

于另一反应瓶中，加入化合物（**3**）的水溶液，加热，搅拌回流脱羧直至无二氧化碳气体逸出为止。反应结束后，减压蒸馏至干，冷却，得化合物（**4**）（直接用于下步反应）。

于高压反应釜中，加入上步粗品（**4**）、水［（**4**）的 1.5 倍量］，搅拌溶解（此时控制溶液 pH6.5 左右），加入雷尼镍（W-2）121.8 g，于室温、0.29～0.34 MPa 氢压下氢化直至不吸氢为止。过滤回收催化剂（套用），滤液用 20％盐酸调至 pH2～3，减压浓缩至干后，用苯共沸带水至全干（约需反复二次），得化合物（**5**）。

干燥反应瓶中，加入上步粗品（**5**），干燥苯［（**5**）的 0.7 倍量］，于冷却和搅拌下，滴加氯化亚砜 133 mL（1.83 mol）和干燥苯 399 mL 的混合溶液。加完后，升温至 78℃，搅拌回流至无气体逸出为止（约 1.5 h）。冷却过夜，过滤，干燥，得粗品（**1**）盐酸盐，mp 145～155℃。将其溶于水［粗品（**1**）的 1 倍量］，搅拌溶解后，加入乙醚［粗品（**1**）的 0.8 倍量］，冷却，用 50％氢氧化钠溶液调至 pH9，静置分层。分出有机层，水层用乙醚提取二次，合并有机层，回收乙醚后，减压蒸馏，收集 bp76～78℃/1.73 kPa 馏分，得化合物（**1**）60.1～63.4 g，收率 45％～47.5％，n_D^{22} 1.4693～1.4695。

【用途】　抗组胺药氯雷他定（Loratadine）等的中间体。

顺-4-叔丁基环己醇

$$C_{10}H_{20}O, \ 156.27$$

【英文名】 *cis*-4-*tert*-Butylcyclohexanol

【性状】 白色固体。mp 82～84.5℃。

【制法】 ①Elied E L and Nasipuri D. J Org Chem, 1965, 30 (11): 3809. ②Elied E L. Doyle T W, Hutchins R O and Gilbert E L. Org Synth, 1988, Coll Vol 6: 215.

于安有搅拌器、回流冷凝器的反应瓶中,加入四氯化铱 4 g (0.012 mol),浓盐酸 4.5 mL,水 180 mL,亚磷酸三甲酯 50 mL。再加入 4-叔丁基环己酮 (**2**) 30.8 g (0.2 mol),异丙醇 650 mL。搅拌加热回流 48 h。减压蒸出异丙醇,加入水 250 mL,乙醚提取四次,每次用 150 mL。合并乙醚层,水洗两次,无水硫酸镁干燥,蒸出乙醚得白色固体 29～31 g,收率 93%～99%,其中反式异构体占 3.8%～4.2%。以 40% 的乙醇-水重结晶,而后升华,可得纯度≥99% 的顺式异构体。

【用途】 抗菌药 Tribactam 中间体。香料、医药、农药中间体。

盐酸地匹福林

$$C_{19}H_{29}NO_5 \cdot HCl, \ 387.90$$

【英文名】 Dipivefrine hydrochloride

【性状】 白色固体。mp 158～159℃。

【制法】 ①Anwar Hussain, James E Truelove, et al. US 3809714.1974.②汤军,项光亚.中国医院医药杂志,2005,25 (5): 467.

于高压反应釜中,加入化合物 (**2**) 20 g (44.45 mmol),乙醇 300 mL,PtO₂ 1.5 g,于室温 0.343 MPa 氢气压力下反应 2 h。过滤,减压回收溶剂。剩余物中加入乙醚 1.2 L,搅拌,析出结晶。过滤,干燥,得化合物 (**3**),mp 146～147℃。

盐酸地匹福林 (**1**):于反应瓶中,加入化合物 (**3**) 100 g (0.28 mol),乙醇 300 mL,水 50 mL,搅拌溶解。加入浓盐酸,直至不再析出结晶为止。过滤,乙醇洗涤,干燥,得白色固体 (**1**),mp 158～159℃。

【用途】 青光眼治疗药盐酸地匹福林 (Dipivefrin hydrochloride) 原料药。

β-苯基乳酸

$$C_9H_{10}O_3, \ 166.18$$

【英文名】 *β*-Phenyllactic acid

【性状】 白色针状结晶。mp 94～96℃。

【制法】 李光兴，张秀兰，纪元.合成化学，2002，10（6）：514.

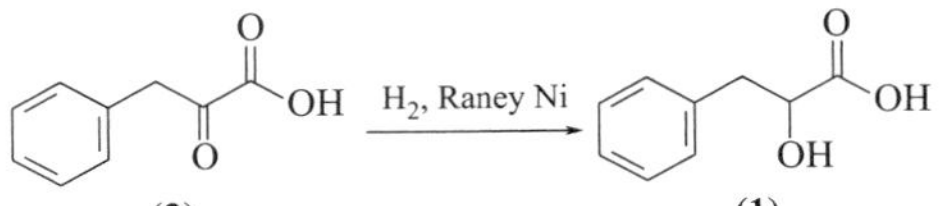

于反应釜中加入苯基丙酮酸（**2**）0.6 g（3.65 mmol），甲醇 25 mL，Raney Ni 0.1 g，减压抽出空气，通入氢气，于 70℃、3 MPa 氢气压力反应 3 h。过滤，滤液活性炭脱色后减压浓缩，得白色固体。用四氯化碳重结晶，得白色针状结晶（**1**）0.55 g，收率 91%，mp 94～96℃。

【用途】 降血糖药恩格列酮（Englitazone）的中间体，也是非蛋白氨基酸施德丁（Stating）的中间体。

5*H*-[1]-苯并吡喃[2,3-*b*]吡啶-5-醇

$C_{12}H_9NO_2$，199.21

【英文名】 5*H*-[1]-Benzopyrano[2,3-*b*]pyridin-5-ol

【性状】 白色结晶。mp 149.5～150℃（dec）。

【制法】 金荣庆，张海波，孟霆，陈言德.精细化工中间体，2009，39（3）：37.

于干燥反应瓶中，加入化合物（**2**）40 g、THF 700 mL 和水 50 mL，慢慢加入 KBH$_4$ 19 g，于 40℃搅拌反应 22 h。减压蒸出溶剂，加入 500 mL 水，搅拌，过滤，干燥，得黄绿色固体 40.4 g，收率 99%。用苯-水重结晶，得白色结晶（**1**），mp 149.5～150℃（dec）。

【用途】 消炎镇痛药普拉洛芬（Pranoprofen）的中间体。

二苯甲醇

$C_{13}H_{12}O$，184.24

【英文名】 Diphenylmethanol，Benzhydrol

【性状】 无色针状结晶。mp 69℃，bp 180℃/2.67 kPa。易溶于乙醇、乙醚、氯仿、二硫化碳。1 g 二苯甲醇 20℃时溶于 2 L 水中。

【制法】 顾尚香，姚卡玲，侯自杰，吴集贵.有机化学，1998，18（2）：157.

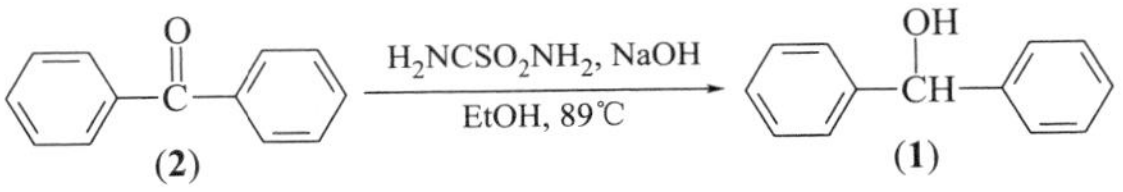

于反应瓶中加入二苯甲酮（**2**）1.82 g（0.01 mol），95%的乙醇 20 mL，加热至 89℃，搅拌下滴加由二氧化硫脲 2.0 g（0.185 mol）、1.4 g（0.035 mol）氢氧化钠溶于 30 mL 水

配成的溶液。加完后继续回流反应 5 h。冷却，过滤，收集乳白色固体。滤液减压浓缩，剩余物用乙醚提取，蒸出乙醚后与前面的固体混合，干燥后用石油醚重结晶，得白色针状结晶（**1**），收率 98.7%，mp 69℃。

也可用如下方法来合成（陈芬儿. 有机药物合成法：第一卷. 北京：中国医药科技出版社，1999，94：846）：

$$C_6H_5COC_6H_5 \xrightarrow[(69\%\sim71\%)]{Zn,NaOH} (C_6H_5)_2CHOH$$

【用途】 高血压病治疗药盐酸马尼地平（Manidipine hydrochloride）、抗组胺药奥沙米特（Oxatomide）等的中间体。

4-氯-3-羟基丁酸乙酯

$C_6H_{11}ClO_3$，166.60

【英文名】 Ethyl 4-chloro-3-hydroxybutanate
【性状】 油状液体。
【制法】 金晓峰，江天驰，孙亮. 化学工程与装备，2010，12：71.

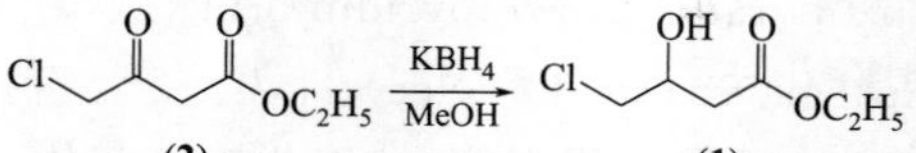

将 γ-氯代乙酰乙酸乙酯（**2**）50 g（0.3 mol）溶于 220 mL 甲醇中，搅拌，控制温度在 0℃，分批加入 KBH₄ 固体 19.5 g（0.36 mol），加完后继续搅拌反应 3.5 h，TLC（展开剂：环己烷：乙酸乙酯为 1：1）跟踪，原料基本消失。滴加冰醋酸调 pH 值为中性，加入 500 mL 乙酸乙酯，静置分层。减压浓缩，得油状液体（**1**）48.7 g，收率 96%，纯度 99%。

【用途】 智能促进药奥拉西坦（Oxiracetam）中间体。

2,6-二甲基对苯二酚

$C_8H_{10}O_2$，138.17

【英文名】 2,6-Dimethylbenzene-1,4-diol,2,6-Dimethylhydroquinone
【性状】 白色结晶。mp 147～148℃。
【制法】 何力，朱晨江等. 中国医药工业杂志，2006，37（5）：301.

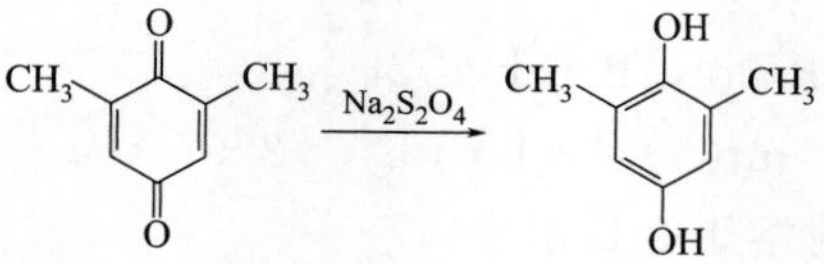

于安有搅拌器、回流冷凝器的反应瓶中，加入 2,6-二甲基对苯醌（**2**）1.36 g，二氯甲烷 6 mL，搅拌溶解后，加入连二硫酸钠 5.22 g 的水溶液 6 mL，室温搅拌反应 30 min。蒸出二氯甲烷后，乙醚提取（100 mL×3）。合并乙醚层，水洗，无水硫酸钠干燥，过滤。浓缩后得化合物（**1**）1.27 g，收率 92%。

【用途】 维生素 E、维生素 K 等的中间体。

奥拉西坦

$C_6H_{10}N_2O_3$，158.16

【英文名】 Oxiracetam

【性状】 mp 161～163℃。

【制法】 ①Giorgio Pifferi，Mario Pinza. US 4118396.1978. ②陈芬儿. 有机药物合成法：第一卷. 北京：中国医药科技出版社，1999：78.

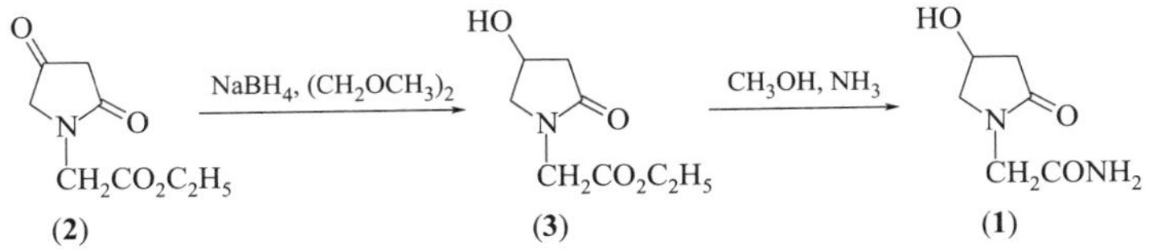

2-(4-羟基吡咯烷-2-酮-1-基) 乙酸乙酯（**3**）：于反应瓶中加入化合物（**2**）22.25 g（0.12 mol），无水二甲氧基乙烷 450 mL，冷至 0℃。搅拌下加入硼氢化钠 1.52 g（0.04 mol），于 0～5℃搅拌反应 10 min，而后室温搅拌反应 30 min。用 20%的盐酸酸化，过滤。滤液减压浓缩，剩余物溶于适量二氯甲烷中，无水硫酸镁干燥。过滤，浓缩，剩余物过硅胶柱纯化，得化合物（**3**），mp 180℃（分解）。

奥拉西坦（**1**）：于反应瓶中加入化合物（**3**）8.9 g（0.048 mol），甲醇 300 mL，溶解后于 0℃通入氨气至饱和，放置过夜。减压回收溶剂，剩余物溶于二氯甲烷中，活性炭脱色。过滤，浓缩、剩余物中加入 200 mL 异丙醇，析出白色固体。过滤，干燥，得化合物（**1**），mp 161～163℃。

【用途】 智能促进药奥拉西坦（Oxiracetam）原料药。

盐酸马布特罗

$C_{13}H_{18}ClF_3N_2O \cdot HCl$，347.21

【英文名】 Mabuterol hydrochloride

【性状】 白色结晶。

【制法】 潘莉，杜桂杰，葛丹丹等. 中国药物化学杂志，2008，18（5）：353.

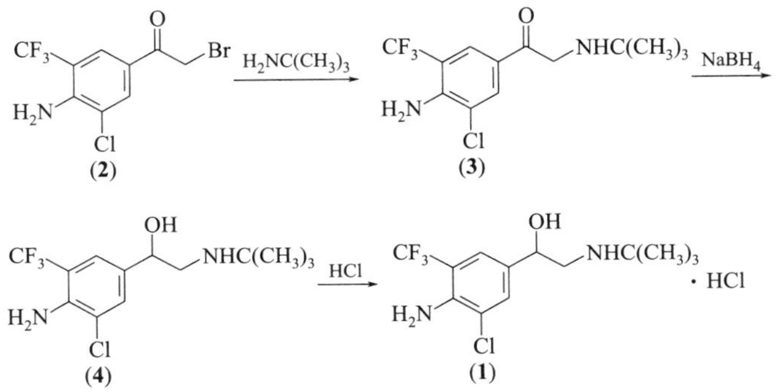

于反应瓶中加入 3-氯-4-氨基-5-三氟甲基-α-溴代苯乙酮（**2**）5.6 g（17.7 mmol），无水乙醇 56 mL，搅拌溶解。于 25～30℃加入叔丁基胺 4.2 mL（40 mmol），搅拌反应 5 h，生

成化合物（**3**）的溶液。加入水 6.5 mL，分批加入硼氢化钠 1.2 g（22.2 mmol），于 25～30℃搅拌反应 4 h。冰浴冷却，用 2 mol/L 的盐酸调至 pH2，减压浓缩。剩余物用稀盐酸提取（20 mL×2），合并水层，活性炭脱色后，用氢氧化钠溶液调至 pH10，放置析晶。过滤，水洗，干燥，得化合物（**4**）1.1 g，收率 20%。

于反应瓶中加入上述化合物（**4**）1.1 g（35.4 mmol），乙酸乙酯 20 mL，搅拌溶解。过滤，通入氯化氢气体至 pH2，生成白色结晶。冷却，过滤，少量乙酸乙酯洗涤，干燥，得白色结晶（**1**）1.2 g，收率 97.6%。

【用途】 平喘药盐酸马布特罗（Mabuterol hydrochloride）原料药。

3,4-二甲氧基苄基醇

$$C_9H_{12}O_3，168.19$$

【英文名】 3,4-Dimethoxybenzyl alcohol

【性状】 黏稠液体。

【制法】 项晓静，沙兰兰，陈志新. 化工生产与技术，2008，15（2）：13.

于干燥的反应瓶中，加入 3,4-二甲氧基苯甲醛（**2**）83 g（0.5 mol），异丙醇 250 mL，搅拌溶解。冰浴冷却下，滴加由硼氢化钠 5.3 g（0.14 mol）溶于 10 mL 水的溶液，约 20 min 加完，加完后于 20℃继续搅拌反应 1 h。加入 2 mol/L 的盐酸 70 mL 分解硼氢化钠，减压回收异丙醇。剩余物用二氯甲烷提取数次，合并有机层，用 5% 的碳酸氢钠溶液洗涤，无水硫酸钠干燥。过滤，浓缩，得黏稠液体（**1**）71.6 g，收率 85%。

【用途】 神经肌肉阻断剂苯磺酸阿曲库铵（Atracurium besilate）等的中间体。

7-羟基-7-苯基庚酸

$$C_{13}H_{18}O_3，222.28$$

【英文名】 7-Hydroxy-7-phenylheptanoic acid

【性状】 微黄色油状液体。

【制法】 袁哲东，王强. 中国医药工业杂志，2006，37（4）：217.

于反应瓶中加入 7-氧代-7-苯基庚酸乙酯（**2**）23.6 g（0.1 mol），90% 的乙醇 150 mL，搅拌下加入硼氢化钾 4.5 g（0.1 mol），于 50～60℃搅拌反应 2 h，而后升温至 80℃反应 1 h。加入 2% 的氢氧化钠溶液 100 mL，80℃反应 3 h。蒸出大部分乙醇，加入水稀释，冰浴冷却下用盐酸调至 pH1～3，乙酸乙酯提取（150 mL×2）。合并有机层，依次用水、饱和食盐水洗涤，无水硫酸镁干燥。过滤，减压浓缩，得化合物（**1**）20 g，收率 90%。

【用途】 抗支气管哮喘药塞曲司特（Seratrodast）等的中间体。

1-(4-苄氧基-3-硝基苯基)环氧乙烷

$C_{15}H_{13}NO_4$，271.27

【英文名】 1-[4-(Benzyloxy)-3-nitrophenyl]oxirane
【性状】 淡黄色粉末。mp 88～89℃。
【制法】 赵丽琴，赵冬梅，张雅芳等.中国药物化学杂志，2000，10（4）：285.

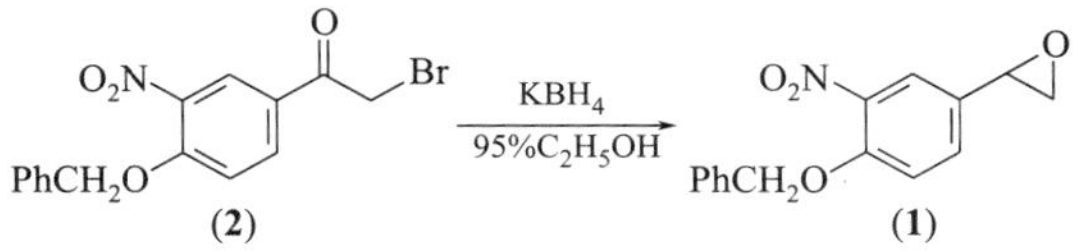

于反应瓶中加入 1-(4-苄氧基-3-硝基苯基)-2-溴乙酮（**2**）14 g（40 mmol），95％的乙醇 150 mL，搅拌生成悬浊液。搅拌下滴加由硼氢化钾 4.32 g（80 mmol）溶于 30 mL 水配成的溶液。加完后继续于 25℃搅拌反应 6.5 h。反应过程中逐渐析出产物。过滤，滤饼依次用 95％的乙醇、水洗涤，干燥，得淡黄色粉末（**1**）11 g，收率 78.6％，mp 88～89℃。
【用途】 平喘药富马酸福莫特罗（Formoterol fumarate）等的中间体。

二对氟苯基甲醇

$C_{13}H_{10}F_2O$，220.22

【英文名】 Bis(4-fluorophenyl)methanol，Di-*p*-flurophenyl methanol
【性状】 无色针状结晶。mp 90～91℃。溶于乙醇、乙醚、丙酮，不溶于水。
【制法】 方法 1 王立升，李敬芬，周天明等.中国医药工业杂志，1997，28（10）：438.

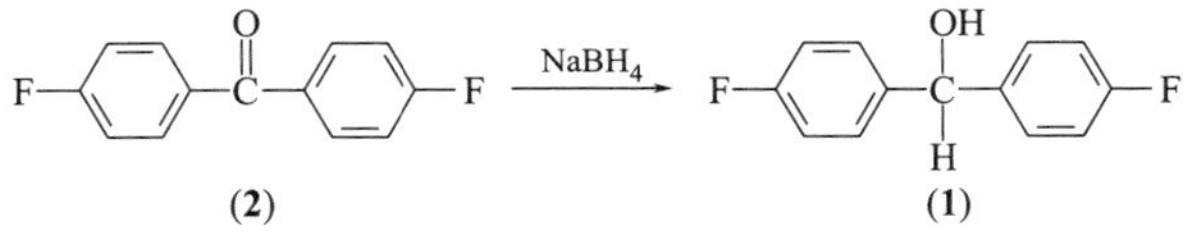

于反应瓶中依次加入 95％的乙醇 44 mL，水 16.5 mL，氢氧化钠 0.6 g（0.015 mol），搅拌下于 40℃加入化合物（**2**）21.8 g（0.1 mol），而后加入硼氢化钾 1.9 g（0.035 mol），加完后继续于 40～50℃搅拌反应 1.5 h。静置分出水层，油层加入 5 倍量的水，析出白色固体。过滤，干燥，得白色化合物（**1**）21 g，收率 95.5％，mp 44～47℃。
方法 2 孙昌俊，曹晓冉，王秀菊.药物合成反应——理论与实践.北京：化学工业出版社，2007：66.

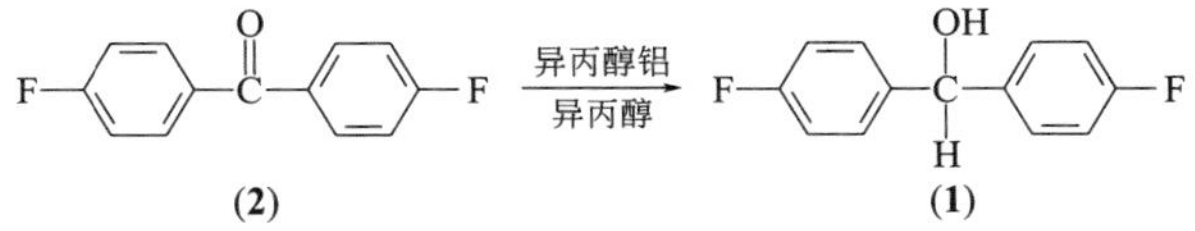

于安有回流冷凝器（顶部安蒸馏装置）的 250 mL 反应瓶中，加入 4,4′-二氟苯甲酮（**2**）21.8 g（0.1 mol），新制备的异丙醇铝 20.4 g（0.1 mol），无水异丙醇 100 mL，加热回流，保持馏出液在 50～60℃，直至无丙酮蒸出，约需 3 h。减压蒸出异丙醇，剩余物中加

入 100 mL 稀盐酸，析出油状物。倾出油状物后再加 100 mL 稀盐酸，充分摇动，析出固体。过滤，用石油醚重结晶，得无色针状结晶二对氟苯基甲醇（**1**）19.0 g，收率 88%，mp 90～91℃。

【用途】 钙拮抗剂二盐酸氟桂利嗪（Flunarizine dihydrochloride）的中间体。

1-(4-苄氧基-3-硝基苯基)-2-溴乙醇

$$C_{15}H_{14}BrNO_4，352.18$$

【英文名】 1-(4-Benzyloxy-3-nitrophenyl)-2-bromoethanol
【性状】 黄色黏稠油状液体。
【制法】 臧佳良，冀亚飞. 中国医药工业杂志，2010，41（6）：413.

于 100 mL 反应瓶中加入铝屑 1.33 g（49.3 mmol）、无水异丙醇（50 mL）及少量三氯化铝，引发反应后加热回流 1.5 h。冷却至 45℃，加入三氯化铝 1.1 g（8.25 mmol），搅拌 1 h 后加入化合物（**2**）5.55 g（15.8 mmol），加热至 55℃反应 1 h。减压蒸去溶剂，剩余棕色黏稠物中加入乙酸乙酯 60 mL 和 3%碳酸氢钠水溶液 75 mL。搅拌后过滤，滤饼用乙酸乙酯（40 mL×3）洗涤。合并滤液和洗涤液，分取有机相，无水硫酸钠干燥。过滤，滤液减压浓缩至干，得黄色黏稠油状物（**1**）5.42 g，收率 97.5%。

【用途】 平喘药福莫特罗（Formaterol）等的中间体。

频那醇

$$C_6H_{14}O_2 \cdot 6H_2O，226.17$$

【英文名】 Pinacol，2,3-Dimethylbutane-2,3-diol
【性状】 无色片状结晶，在醇、醚中析出无色针状结晶的无水物。mp 47℃（38℃，无水物），bp 175℃，易溶于热水、醇、醚，微溶于冷水。
【制法】 Furniss B S，Hannaford A J，Rogers V，et al. Vogel's Textbook of Practical Chemistry. Longman London and New York. Fourth edition，1978：359.

在干燥的反应瓶中加入 20 g（0.83 mol）镁屑，无水苯 200 mL。于加料漏斗中加入 22.5 g 氯化汞溶于 100 mL 干燥的分析纯丙酮配成的溶液。先加入约 25 mL，剧烈搅拌，若反应在几分钟内没发生，可微微加热，发应开始后立即停止加热并水浴冷却。保持剧烈反应下加入余下的氯化汞溶液。加完后，再加入干燥的丙酮（**2**）50 g（63.5 mL，0.86 mol）和 50 mL 苯。反应缓慢后，水浴加热 1～2 h，此时片呐醇镁析出，回流 1 h 使镁反应完全。

滴加水 50 mL，水浴加热 1 h。冷至 50℃，抽滤，滤饼悬浮于 125 mL 苯中，回流

10 min，抽滤。合并有机液，蒸馏至一半体积，加入 75 mL 水，冰浴中冷却析出固体。抽滤，用少量苯洗涤，空气中干燥，得六水合频那醇（**1**）90 g，收率 48％，mp 45.5℃。

【用途】　重排后生成频那酮，为抗真菌药盐酸特比萘芬（Terbinafine hydrochloride）等中间体。

N-(1-叔丁氧羰基)-*N*-2-[4-(吡啶-2-基)苯亚甲基]肼

$C_{17}H_{21}N_3O_2$，299.37

【英文名】　*N*-(1-*tert*-Butoxycarbonyl)-*N*-2-[4-(pyridin-2-yl)phenylmethylene]hydrazine

【性状】　白色固体。

【制法】　①Xu Z，et al. Org Process Res Dev，2002，6：323. ②陈仲强，李泉. 现代药物的制备与合成：第二卷. 北京：化学工业出版社，2011：30.

N-(1-叔丁氧羰基)-*N*-2-[4-(吡啶-2-基)苯亚甲基]腙（**3**）：于反应釜中加入 4-吡啶-2-基苯甲醛（**2**）4.131 kg（22.25 mol），肼基甲酸叔丁酯 2.967 kg（22.23 mol），异丙醇 6 L，甲苯 8 L，氮气保护下加热至 80～85℃搅拌 2 h。于 4 h 内冷至 22℃，搅拌反应 14 h。过滤，滤饼用 0～5℃的甲苯-庚烷（1∶3）洗涤（3.56 L×4），真空干燥，得化合物（**3**）5.644 kg，收率 85.3％，纯度 99.8％。

N-(1-叔丁氧羰基)-*N*-2-[4-(吡啶-2-基)苯亚甲基]肼（**1**）：于反应瓶中加入上述化合物（**3**）113.4 g（0.382 mol），10％的 Pd-C 催化剂 4 g，乙醇 385 mL，搅拌混合后，加入由甲酸钠 46.7 g（0.687 mol）溶于 70 mL 水的溶液，搅拌加热至 57℃，约 5 min 有少量气体生成。1.5 h 后冷至 40℃，加入叔丁基甲基醚 380 mL，过滤除去固体物，滤液用 10％的氯化钠溶液 550 mL 洗涤，无水硫酸钠 100℃干燥。过滤，减压浓缩，得无色胶状物。氮气保护下于 50℃用 110 mL 叔丁基甲基醚溶解，慢慢冷至 23℃，搅拌 15 h。过滤，滤饼用庚烷洗涤，得白色固体（**1**）89.1 g，收率 78％，纯度 100％。

【用途】　艾滋病治疗药硫酸阿扎那韦（Atazanavir sulfate）的中间体。

贝那普利

$C_{24}H_{28}N_2O_5 \cdot HCl$，460.96

【英文名】　Benazepril

【性状】　mp 188～189℃。

【制法】　Watthey W H，Stanton J L，Desai M，et al. J Med Clmm，1985，28（10）：1511.

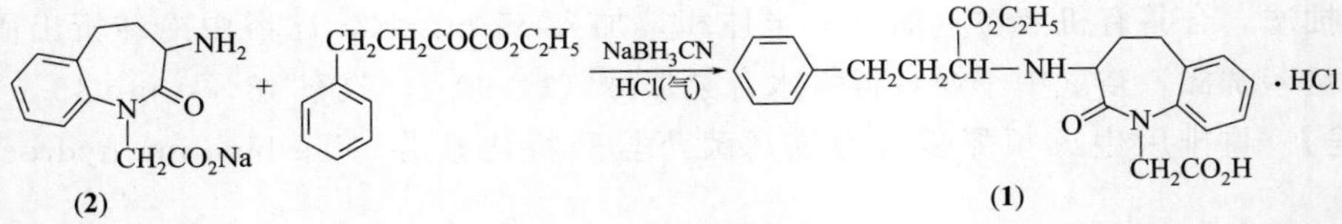

于反应瓶中加入化合物（**2**）12.9 g（0.05 mol），2-氧代-4-苯基丁酸乙酯 31.0 g（0.15 mol），乙酸 100 mL，甲醇 75 mL，氮气保护，室温搅拌反应 1 h。慢慢滴加氰基硼氢化钠 3.8 g（0.062 mol）溶于 30 mL 甲醇的溶液，约 4 h 加完，搅拌过夜。加入浓盐酸 10 mL，室温搅拌 1 h。减压蒸出溶剂，剩余物中加入乙醚 100 mL，水 400 mL，用浓氨水调至 pH9.3，分出有机层。水层用盐酸调至 pH4.3，乙酸乙酯提取（100 mL×3），合并乙酸乙酯层，无水硫酸镁干燥。过滤，回收溶剂，剩余物中加入二氯甲烷 150 mL，搅拌溶解。通入干燥的氯化氢气体。回收溶剂，剩余物中加入热丁酮 100 mL，搅拌溶解。冷却，析出固体。过滤，用 3-戊酮-甲醇重结晶，得化合物（**1**）5.8 g，mp 188～189℃。

【用途】 高血压病治疗药贝那普利（Benazepril）原料药。

N-(2-茚基)-甘氨酸叔丁酯

$$C_{15}H_{21}NO_2，247.32$$

【英文名】 *t*-Butyl N-2-indenylglycinate

【性状】 白色结晶。mp 54～55℃。

【制法】 Miyake A，Itoh K，Oka Y. Chem Pharm Bull，1986，34（7）：2852.

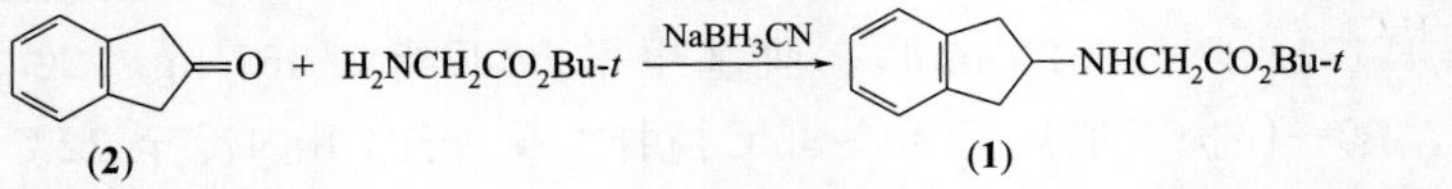

于反应瓶中加入茚-2-酮（**2**）40 g（0.303 mol），甘氨酸叔丁酯 78 g（0.366 mol），水 100 mL，甲醇 300 mL。搅拌下加入氰基硼氢化钠 23 g（0.366 mol），水浴加热，搅拌反应 4.5 h。反应结束后，加入 20% 的磷酸 400 mL 和 200 mL 水，用乙醚 800 mL 提取。水层用 10% 的氢氧化钠调至 pH10，氯仿提取，合并乙醚层和氯仿层，无水硫酸钠干燥。过滤，减压蒸出溶剂，得油状物。加入乙醇-水，析出白色结晶（**1**）。抽滤，水洗，干燥，得化合物（**1**）47 g，收率 63%，mp 54～55℃。

【用途】 高血压病治疗药地拉普利（Delapril）中间体。

2-金刚烷胺

$$C_{10}H_{17}N，151.25$$

【英文名】 2-Adamantanamine

【性状】 白色固体。mp 233～236℃。

【制法】 孟庆义，陈义朗，姚其正. 中国药物化学杂志，2007，17（5）：279.

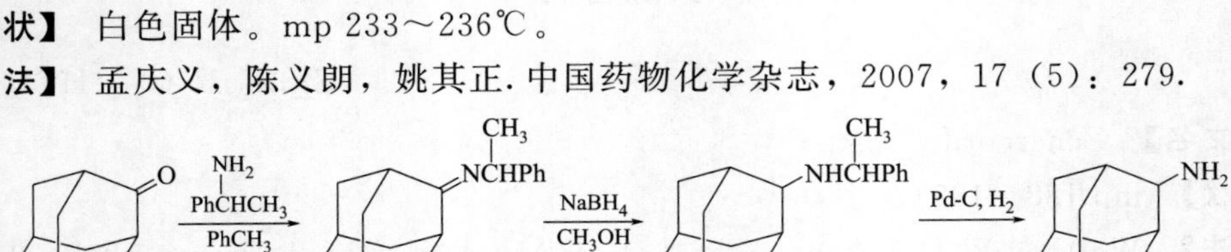

金刚烷-2-基-(1-苯基乙基)胺（**4**）：于安有分水器的反应瓶中加入金刚烷酮（**2**）5 g（33.3 mmol），甲苯 50 mL，1-苯基乙胺 5 mL（38.8 mmol），搅拌回流脱水 22 h。蒸出甲苯，得粗品（**3**）。将其溶于 30 mL 甲醇中，加入硼氢化钠 1.9 g（50 mmol），室温搅拌反应 3 h。加入 50 mL 水，乙酸乙酯提取（30 mL×2），合并有机层，无水硫酸钠干燥。过滤，浓缩，剩余物过硅胶柱纯化，以石油醚-乙酸乙酯（20∶1）洗脱，得淡黄色液体化合物（**4**）7.5 g，收率 87%。

2-金刚烷胺（**1**）：于反应瓶中加入上述化合物（**4**）7.5 g（29 mmol），甲醇 30 mL，搅拌溶解，加入 10% 的 Pd-C 催化剂 0.8 g，室温常压氢化至吸收理论量的氢气为止。滤去催化剂，浓缩，得白色固体（**1**）4.4 g，mp 233~236℃。

【用途】 抗结核病药物 SQ109 中间体。

(1R,2S)-(-)-麻黄碱盐酸盐

$$C_{11}H_{17}NO \cdot HCl，215.72$$

【英文名】 (1R,2S)-(-)-Ephedrine hydrochloride

【性状】 mp 217~220℃，$[\alpha]_D^{20}$ -33.0°~-35.0°（$c=5$，H_2O）。

【制法】 黄成军，郭卫峰，周后元. 中国医药工业杂志，2007：38（3）：170.

于反应瓶中加入氢氧化钠 0.9 g（22.2 mmol），乙醇 20 mL，溶解后加入化合物（**2**）6.0 g（20.6 mmol），有沉淀析出。冷却至 5℃，过滤，滤液浓缩，得化合物（**2**）的游离碱。

将上述游离碱与 37% 的甲醛水溶液 5.0 g（61.8 mmol）慢慢加至沸腾的 94% 甲酸 3.0 g（61.8 mmol）中，有大量气泡产生，加完后继续反应 3 h。加 10% 的氢氧化钠溶液调至强碱性。冷却后浓缩，得黏稠物。加入水 20 mL，二氯甲烷（20 mL×3）萃取。以氯化氢乙醇溶液成盐，浓缩得化合物（**3**）（泡沫状物）。

将化合物（**3**）溶于 100 mL 乙醇中，加入 10% 的 Pd-C 催化剂 0.5 g，于 50℃、1.0 MPa 氢压下反应 8 h。过滤，滤液浓缩至干，溶于 90% 乙醇中活性炭脱色，重结晶，得化合物（**1**）2.8 g，收率 68.0%，mp 218~219.0℃，$[\alpha]_D^{20}$ -34.5°（$c=5$，H_2O）［文献值 mp 217~220℃，$[\alpha]_D^{20}$ -33.0°~-35.0°（$c=5$，H_2O）］。

【用途】 支气管哮喘、百日咳、枯草热及其他过敏性疾病的治疗药物麻黄碱盐酸盐（Ephedrine hydrochloride）原料药。

3-甲氧基-4-[(1-甲基哌啶-4-基)甲氧基]苯甲酸甲酯

$$C_{16}H_{23}NO_4，293.36$$

【英文名】 Methyl 3-methoxy-4-[(1-methylpiperidin-4-yl)methoxy]benzoate

【性状】 白色固体。mp 139～141℃。

【制法】 刘宇，夏超，刘媛.中国抗生素杂志，2011，36 (12)：917.

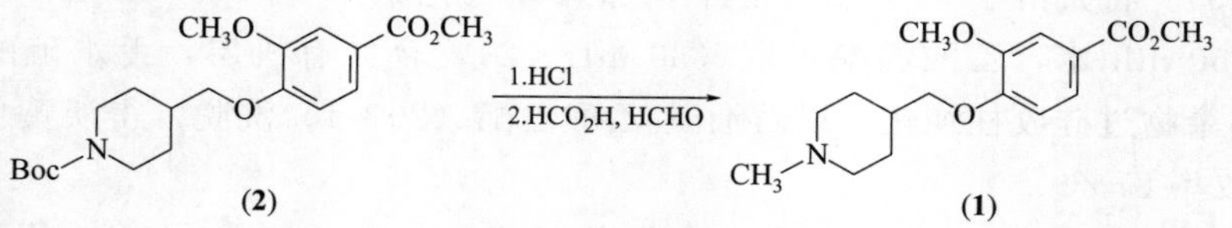

于反应瓶中加入甲醇 500 mL，化合物 (2) 151.8 g (0.40 mol)，搅拌溶解。加入浓盐酸 200 mL，室温搅拌反应过夜。减压浓缩，剩余物中加入水 300 mL，搅拌溶解后过滤。滤液用碳酸氢钠调至 pH8～9，析出固体。过滤，得白色固体，将其加入 80% 的甲酸 250 mL 和 37% 的甲醛 250 mL 的混合液中，室温搅拌反应过夜。减压浓缩，加入 800 mL 水稀释，用碳酸氢钠调至 pH8～9，过滤，干燥，得白色固体 (1) 91.6 g，收率 78%，mp 139～141℃。

【用途】 抗癌药凡德他尼 (Vandetabib) 等的中间体。

盐酸噻氯匹定

$$C_{14}H_{14}ClNS \cdot HCl，300.25$$

【英文名】 Ticlopidine hydrochloride

【性状】 白色结晶。mp 206～208℃。

【制法】 邵颖.化工时刊，2001，12：57.

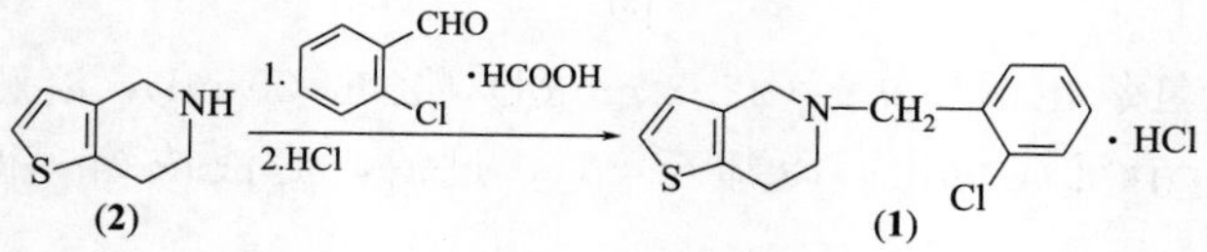

于反应瓶中加入 4,5,6,7-四氢噻吩并 [3,2-c] 吡啶 (2) 3.9 g (0.1 mol)，95% 的甲酸 4.9 g (0.1 mol)，慢慢加热至 160℃，蒸出水分。冷却，加入邻氯苯甲醛 14.1 g (0.1 mol)，95% 的甲酸 4.9 g (0.1 mol)，搅拌下于 160～170℃ 反应 3 h。冷却，加入 1 mol/L 的盐酸 150 mL，搅拌 30 min。用甲苯提取以除去未反应的邻氯苯甲醛。水层用氢氧化钠溶液调至 pH13，甲苯提取 (50 mL×3)。合并有机层，水洗，无水硫酸钠干燥。过滤，通入干燥的氯化氢气体，析出固体。过滤，用无水乙醇重结晶，得白色结晶 (1) 22.2 g，收率 74%，mp 206～208℃。

【用途】 血小板凝聚抑制剂盐酸噻氯匹定 (Ticlopidine hydrochloride) 原料药。

3-二甲氨基-3-苯基丙醇-1

$$C_{11}H_{17}NO，179.26$$

【英文名】 3-(Dimethylamino)-3-phenylpropan-1-ol

【性状】 白色固体。

【制法】 廖祥伟，吴晓峰，葛大伦等.中国医药工业杂志，2006，37 (3)：152.

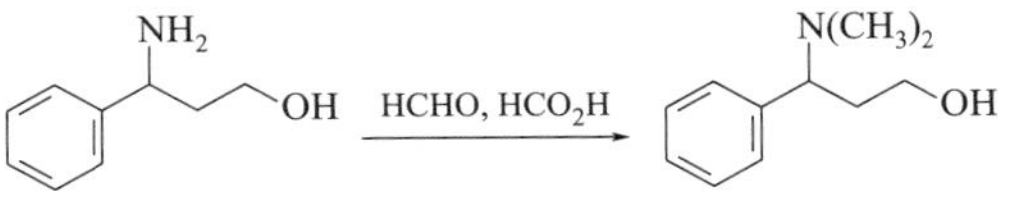

于反应瓶中加入 90% 的甲酸 2.5 g（0.05 mol），冰浴冷却，加入化合物（**2**）1.5 g（0.01 mol），溶解后加入 36% 的甲醛溶液 1.9 g（0.022 mol），置于 90～100℃ 的油浴中，2～3 min 后反应剧烈进行，放出气体。保温反应 8 h，冷至室温。冰浴冷却下用固体氢氧化钠调至 pH13，加水 10 ml 稀释，乙醚提取 3 次。合并有机层，无水硫酸钠干燥。过滤，浓缩。剩余物过硅胶柱纯化，得白色固体（**1**）1.1 g，收率 61%。

【用途】 治疗男性早泄和勃起功能障碍药物达泊西汀（Dapoxetine）等的中间体。

3-(1-二甲基氨乙基)苯酚

$C_{10}H_{15}NO$，165.24

【英文名】 3-[1-(Dimethylamino)ethyl]phenol
【性状】 mp 90～92℃。
【制法】 陈卫民，冯金，孙平华. 中国新药杂志，2007，16（20）：1693.

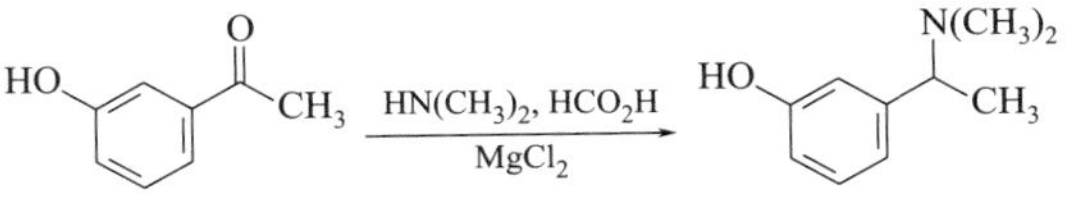

于反应瓶中加入 88% 的甲酸 20.9 g（0.4 mol），冰浴冷却，慢慢加入 33% 的二甲胺溶液 54.5 g（0.4 mol），加完后加热蒸馏，蒸出约 46 mL 水，得到甲酸二甲铵盐。冷至 100℃ 以下，加入间羟基苯乙酮（**2**）13.6 g（0.1 mol），88% 的甲酸 4.6 g（0.1 mol），六水和氯化镁 3.0 g，加热至 170℃，反应 5 h。冷却，将反应物倒入水中，用盐酸调至 pH1～2，过滤，乙醚提取。乙醚层可回收原料（**2**）6.5 g。水层用碳酸氢钠调至 pH8.5，乙酸乙酯提取数次。合并有机层，无水硫酸镁干燥。浓缩，真空干燥，得化合物（**1**）6.7 g，mp 90～92℃。

【用途】 阿尔兹海默病治疗药卡巴拉汀（Rivastigmine）的中间体。

八、羧酸的还原

环己基甲醛

$C_7H_{12}O$，112.17

【英文名】 Cyclohexanecarboxaldehyde
【性状】 无色液体。
【制法】 Jin S C，Jin E K，Se Y O，er al. Tetrahedron Lett，1987，28（21）：2389.

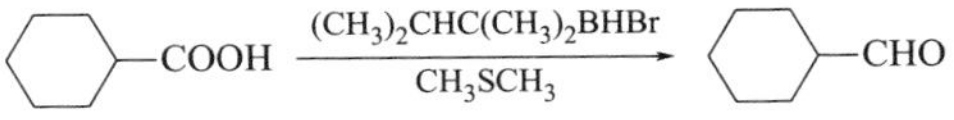

于反应瓶中加入环己基甲酸（**2**）53 mmol，35 mL 二硫化碳，冷至 -20℃，搅拌下滴加 53 mmol 的 2,3-二甲基-2-丁基溴硼烷-二甲硫醚的二氯甲烷溶液，放出氢气。待氢气放出完成后，撤去冷浴，升至室温。再加入 59 mmol 的还原剂，室温搅拌反应 1 h。反应液用 2,4-二硝基苯肼处理，分析后表明收率 99%。

将反应物转移至冰水中，室温剧烈搅拌水解 1 h，用氯化钠饱和。分出有机层，用亚硫酸氢钠纯化处理，得纯的环己基甲醛（**1**），收率 89%。

也可以用如下方法来合成（Malek J，Cerny M. Synthesis，1972：217）：

$$\text{环己基-CON(CH}_3)_2 \xrightarrow[\text{Et}_2\text{O(78\%)}]{\text{LiAlH(OC}_2\text{H}_5)_3} \text{环己基-CHO}$$

【用途】 治疗高血压疾病药物美拉加群（Melagatran）、福辛普利（Fosinopril）等的中间体。

3-苯基丙醛

$C_9H_{10}O$，134.18

【英文名】 3-Phenylpropanal

【性状】 无色液体。

【制法】 Fujisawa T，Mori T，Tsuge S，et al. Tetrahedron Lett，1983，24（14）：1543.

$$\text{苯基-CH}_2\text{CH}_2\text{COOH} \xrightarrow[\text{Py, }-30℃]{\begin{array}{c}\text{Cl}\\ \text{H-C}=\overset{+}{\text{N}}\overset{\text{CH}_3}{\underset{\text{CH}_3}{}} \text{ Cl}^-\end{array}} \xrightarrow[\text{Cat, CuI, }-78℃]{\text{LiAlH(OBu-}t)_3} \text{苯基-CH}_2\text{CH}_2\text{CHO}$$

（**2**）   （**1**）

于反应瓶中加入 DMF 2 mL，二氯甲烷 3 mL，冷至 0℃，加入草酰氯 0.5 mL，搅拌反应 1 h 后，减压蒸出溶剂，得白色粉末。加入乙腈 3 mL，THF 5 mL，冷至 -30℃，慢慢加入由 3-苯基丙酸（**2**）2 mmol、吡啶 2 mL、THF 3 mL 配成的溶液，于 -30℃ 搅拌反应 1 h。冷至 -78℃，加入由 0.1 摩尔分数的碘化亚铜悬浮于 THF 的悬浮液和三叔丁氧基氢化铝锂的溶液（1.54 mol/L 的 THF 溶液）2.6 mL，搅拌反应 10 min 后，加入 2 mol/L 的盐酸淬灭反应。乙醚提取，饱和碳酸氢钠溶液洗涤，无水硫酸镁干燥。过滤，蒸出溶剂，剩余物过硅胶柱纯化，得化合物（**1**），收率 81%。

【用途】 广泛用于配制各种花香型香精，特别是紫丁香、茉莉和玫瑰花香型香精。

3,5-二甲氧基苯甲醇

$C_9H_{12}O_3$，168.19

【英文名】 3,5-Dimethoxybenzyl alcohol

【性状】 白色固体。mp 44～47℃。

【制法】 王尊元，马臻等. 中国医药工业杂志，2003，34（9）：428.

$$\xrightarrow{\text{LiAlH}_4\text{, Et}_2\text{O}}$$

（**2**）   （**1**）

于安有搅拌器、回流冷凝器的反应瓶中，加入 3,5-二甲氧基苯甲酸（**2**）5 g，无水乙醚 100 mL，搅拌下分批加入 LiAlH$_4$ 1 g，回流反应 1 h。冷却下慢慢滴加稀盐酸至无气泡产生。过滤，滤液减压浓缩，剩余物放置后得白色固体（**1**）4.3 g，收率 93.2%。

【用途】　白藜芦醇（Resveratrol）等的合成中间体。

L-苯丙氨醇

C$_9$H$_{13}$NO，151.21

【英文名】　L-Phenylalaninol

【性状】　白色固体。mp 91～92℃。$[\alpha]_D^{20}-22°$（$c=1.2$，1 mol/L HCl）。

【制法】　方法 1　袁雷，李云飞，孙铁民. 中国药物化学杂志，2010，20（5）：336.

于反应瓶中加入无水 THF 500 mL，硼氢化钠 50 g（1.32 mol），L-苯丙氨酸（**2**）75.5 g（0.457 mol），冰浴冷却，剧烈搅拌下慢慢滴加由浓硫酸 33 mL（0.625 mol）与无水乙醚 200 mL 配成的溶液。加完后室温搅拌反应过夜。小心滴加甲醇 50 mL，再加入 5 mol/L 的氢氧化钠溶液 500 mL，减压蒸出大部分 THF 后，回流 3 h。冷却，用硅藻土过滤，水洗。合并滤液和洗涤液，二氯甲烷提取，无水硫酸钠干燥。过滤，浓缩，得白色固体。用己烷-乙酸乙酯（1:1）重结晶，得白色固体（**1**）55.1 g，收率 79.6%，mp 91～92℃。$[\alpha]_D^{20}-22°$（$c=1.2$，1 mol/L HCl）。

方法 2　Organ M G，Bilokin Y V，Bratovanov S. J Org Chem，2002，67（15）：5176.

于安有搅拌器、温度计的反应瓶中，加入 THF 30 mL，氢氧化锂 1.32 g（60.54 mmol），冷至 0℃，搅拌下加入三甲基氯硅烷 15.40 mL（121.1 mmol），撤去冰浴，室温搅拌反应 15 min。再冷至 0℃，加入（S）-苯丙氨酸（**2**）5.0 g（30.27 mmol），撤去冰浴，室温搅拌反应 16 h。再冷至 0℃，慢慢滴加 45 mL 水，而后加入 2.5 mol/L 的氢氧化钠溶液 25 mL。减压蒸出有机溶剂，用氯仿提取（50 mL×5），合并有机层，无水硫酸钠干燥。过滤，减压浓缩，得白色结晶固体（**1**）4.55 g，收率 99%。

【用途】　新药开发中间体，手性拆分剂。

（R）-2-氨基苯乙醇

C$_8$H$_{11}$NO，137.18

【英文名】　（R）-2-Aminophenylethanol

【性状】　白色固体。mp 74～76℃，>98%ee。

【制法】　Abiko A，Masamune S. Tetrahedron Lett，1992，33（38）：5517.

于反应瓶中加入 THF 1 L，硼氢化钠 100 g（2.5 mol），D-苯甘氨酸（**2**）151 g（1 mol），冰浴冷却，慢慢滴加新制备的硫酸-乙醚溶液（由浓硫酸 66 mL 与乙醚混合制成总体积 200 mL 的溶液），控制滴加速度，保持反应液温度不超过 20℃，约 3 h 加完。加完后继续搅拌反应过夜。慢慢滴加甲醇 100 mL 以分解硼烷。浓缩至约 500 mL，加入 5 mol/L 的氢氧化钠溶液 1 L，于 100℃以下蒸出溶剂后，回流反应 3 h。冷却，硅藻土过滤，水洗。合并滤液和洗涤液，用水稀释至 1 L。二氯甲烷提取（500 mL×4），合并提取液。减压浓缩，得固体。用乙酸乙酯-己烷重结晶，得白色固体（**1**）115 g（含母液回收），收率 84%，mp 74～76℃，>98%ee。

【用途】 新药开发中间体，手性拆分剂。

环丁基甲醇

C_5H_{10}O，86.14

【英文名】 Cyclobutyl methanol

【性状】 无色液体。bp 140～142℃。溶于乙醇、乙醚、氯仿、丙酮，可溶于水。

【制法】 方法 1 Vincek W C，Aldrich C S，Borchardt R T，et al. J Med Chem，1981，24（1）：7.

于反应瓶中加入无水乙醚 300 mL，慢慢加入 LiAlH_4 11.0 g（0.289 mol），氩气保护。搅拌下滴加环丁酸（**2**）10.0 g（0.1 mol）溶于 50 mL 乙醚的溶液，约 1 h 加完。加完后继续搅拌反应 1.5 h。慢慢加饱和硫酸钠溶液分解未反应的 LiAlH_4。过滤，滤饼用乙醚洗涤。合并滤液和洗涤液，减压蒸出溶剂，得浅黄色油状液体化合物（**1**）8.3 g，收率 96%。

方法 2 孙昌俊，曹晓冉，王秀菊.药物合成反应——理论与实践.北京：化学工业出版社，2007：85.

于安有搅拌器、温度计的反应瓶中，加入无水 THF 200 mL，NaBH_4 7.6 g（0.2 mol），搅拌下加入碘 22.8 g（0.09 mol）溶于 200 mLTHF 的溶液，冷至 0～5℃，慢慢滴加环丁基甲酸（**2**）10 g（0.1 mol）溶于 30 mL THF 的溶液。加完后室温搅拌反应 10 h。而后回流反应 4 h。蒸出大部分 THF，冰水浴冷却，滴加 3 mol/L 的盐酸 60 mL，控制内温不超过 5℃。用二氯甲烷提取（50 mL×3），合并有机层，水洗，无水硫酸镁干燥，蒸馏，收集 140～142℃的馏分，得无色液体环丁基甲醇（**1**）7.5 g，收率 87%。

【用途】 镇痛药纳布啡（Nalbuphine）、丁啡喃（Butorphanol）等的中间体。

4-苯硫基苯甲醇

C$_{13}$H$_{12}$OS，216.30

【英文名】 (4-Phenylthio)phenyl methanol
【性状】 白色固体。mp 48～49℃。
【制法】 麻静，陈宝泉，卢学磊等.大连理工大学学报，2010，26（5）：50.

于反应瓶中加入对苯硫基苯甲酸（**2**）11.5 g（0.05 mol），二甘醇二甲醚 80 mL，搅拌下分别滴加 1 mol/L 硼氢化钠-二甘醇二甲醚（100 mL）溶液和 1 mol/L 无水 AlCl$_3$-二甘醇二甲醚（65 mL）的溶液，滴加过程中保持反应液温度不超过 25℃。加完后继续搅拌反应 3 h，用 5 mol/L 的盐酸调至 pH5～6，加水 150 mL，乙醚提取（100 mL×2）。有机层依此用 5% 的碳酸钠、饱和盐水洗涤，无水硫酸钠干燥。过滤，减压浓缩，得白色固体（**1**）7.2 g，收率 66.5%，mp 48～49℃。

【用途】 抗真菌药硝酸芬替康唑（Fenticonazole nitrate）的中间体。

3-(2-甲氧基-5-甲基苯基)-3-苯基丙醇

C$_{17}$H$_{20}$O$_2$，256.34

【英文名】 3-(2-Methoxyl-5-methylphenyl)-3-phenylpropanol
【制法】 ①周淑晶，刘素云，李锦莲，白术杰.中国医药工业杂志，2009，40（1）：18.
②周辛波，高文方，郑红等.中国药物化学杂志，2002，12（2）：107.

于安有搅拌器、温度计、滴液漏斗、通气导管的反应瓶中，加入无水 THF 35 mL，硼氢化钠 2.7 g（0.07 mol），氩气保护，冰浴冷却，搅拌下加入 3-(2-甲氧基-5-甲基苯基)-3-苯基丙酸（**2**）16.2 g（0.06 mol），搅拌 1 h 后，于 0℃ 滴加三氟化硼乙醚复合物（0.09 mol），加完后于 0℃ 反应 1 h，再慢慢升温至 60℃ 反应 1 h。冷至 15℃，过滤，滤液中滴加稀盐酸调至 pH1～3，减压蒸出溶剂。剩余物中加入约 15 mL 水，溶解后用乙酸乙酯提取 3 次，合并有机层，无水硫酸钠干燥，减压蒸出溶剂，得淡黄色油状液体（**1**）14.9 g，收率 97%，纯度 98.5%（HPLC 法）。

【用途】 抗尿失禁药酒石酸托特罗定（Tolterodine L-tartrate）中间体。

2,2,3,3,4,4,4-七氟-1-丁醇

C$_4$H$_3$F$_7$O，200.06

【英文名】 2,2,3,3,4,4,4-Heptafluorobutan-1-ol

【性状】 无色液体. bp 95℃。

【制法】 ①韦元，耿国武等.中国医药工业杂志，1987，18（12），531.②奚强，胡杨，张志鹏等.武汉工程大学学报，2015，37（3）：5.

$$C_3F_7COOH \xrightarrow[\text{THF}]{\text{KBH}_4,\ \text{AlCl}_3} C_3F_7CH_2OH$$

$$(2) \qquad\qquad\qquad (1)$$

　　于反应瓶中加入干燥的 THF 700 mL，氮气保护，冰浴冷却，加入粉状无水三氯化铝 189 g（1.42 mol），搅拌片刻，加入硼氢化钾 101.2 g（1.87 mol），继续搅拌 1 h。室温滴加七氟丁酸（2）160.5 g（0.75 mol）溶于 150 mL THF 的溶液，控制内温在 40～50℃。加完后继续搅拌反应 2 h，回流 2.5 h。冷后倒入 20% 的盐酸 500 mL 和 500 g 碎冰中，搅拌水解。过滤，滤液用氯化钠饱和，分出有机层，水层用 THF 提取（150 mL×3）。合并有机层，饱和氯化钠溶液洗涤，无水硫酸钠干燥。过滤后，分馏，收集 95～100℃ 的馏分，得无色液体（1）87.3 g，收率 58.2%。

【用途】 医药、农药、香料中间体。

3-(4-氯苯基)丙醇

$$C_9H_{11}ClO，170.64$$

【英文名】 3-(4-Chlorophenyl)propanol

【性状】 无色油状液体。

【制法】 王欢，李亮，王晓奎，刘雅丹，郑志兵.中国医药工业杂志，2014，45（3）：205.

$$(2) \qquad\qquad\qquad (1)$$

　　于反应瓶中加入 THF 1 L，搅拌下加入硼氢化钠 79.8 g（2.11 mol），室温滴加 3-(4-氯苯基)丙酸（2）324.6 g（1.76 mol）溶于 1.5 L THF 的溶液。加完后冷至 0℃，滴加由碘 233 g（0.88 mol）溶于 1.5 L THF 的溶液。加完后室温搅拌反应 3 h。加入 2 mol/L 的盐酸 300 mL，室温搅拌 30 min，加入 1.5 L 水，用乙醚提取（1 L×3）。合并有机层依次用 1 mol/L 的氢氧化钠溶液和饱和盐水洗涤，无水硫酸钠干燥。过滤，浓缩，得黄色油状液体（1）292 g，收率 97.4%。

【用途】 盐酸替洛利生（Tiprolisant hydrochloride）中间体。

苯　酞

$$C_8H_6O_2，134.13$$

【英文名】 Phthalide

【性状】 针状结晶。mp 72～73℃。溶于乙醇、乙醚、热水，极微溶于冷水。

【制法】 Brown H C，Kim S C，Krishnamurthy S. J Org Chem，1980，45（1）：1.

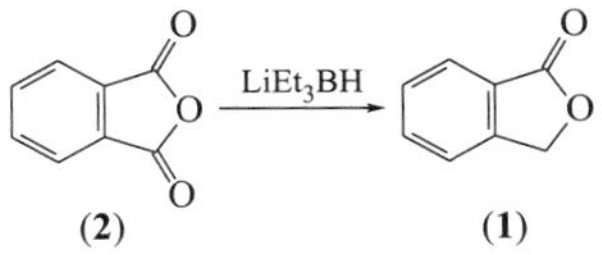

于反应瓶中加入邻苯二甲酸酐（**2**）4.8 g（32.4 mmol），THF 50 mL，冰浴冷却，剧烈搅拌下慢慢加入三乙基硼氢化锂 1.48 mol/L 的 THF 溶液 48.2 mL（71.3 mmol）。1 h 后，慢慢加入 10 mL 水淬灭反应。慢慢加入 30%的 H_2O_2 25 mL，而后于 40～50℃反应 1 h。冷却下加入 6 mol/L 的盐酸，加热回流 3 h。冷却，分出 THF 层，水层用乙醚提取。合并有机层，无水硫酸镁干燥。过滤，减压蒸出溶剂，剩余物溶于甲醇中，再减压蒸出溶剂，以除去痕量的硼酸。得到的油状物冷后固化，得化合物（**1**）3.51 g，收率 76%，mp 69.5～71℃，文献值 72～73℃。

【用途】 抗焦虑药多虑平（Doxepin）、镇静药苯噻啶（Pizotifen）、镇痛药他尼氟酯（Talniflumate）等的中间体。

九、酰氯的还原

3,4,5-三甲氧基苯甲醛

$C_{10}H_{12}O_4$，196.20

【英文名】 3,4,5-Trimethoxybenzaldehyde
【性状】 白色针状结晶。mp 78℃，bp 163～165℃/1.33 kPa。
【制法】 Rachlin A I，Gurien H，Wagner D P. Org Synth，1988，Coll Vol 6：1007.

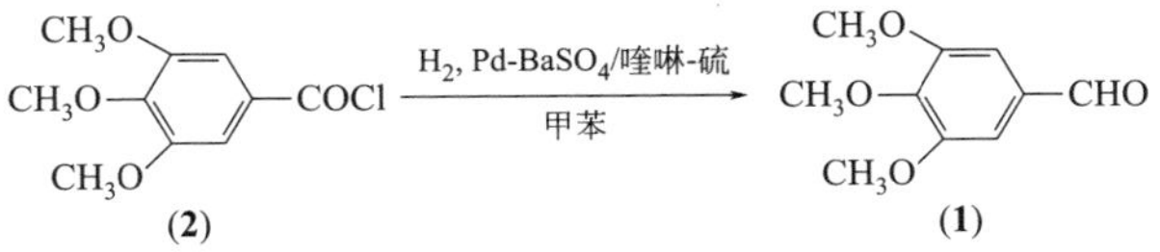

于高压反应釜中依次加入干燥的甲苯 600 mL，无水醋酸钠 25 g（0.3 mol），10%的 Pd-硫酸钡催化剂 3 g，3,4,5-三甲氧基苯甲酰氯（**2**）23 g（0.1 mol），再加入 1 mL 喹啉-硫。用氮气置换空气，再用氢气置换氮气。通入氢气至压力达到 345 kPa，搅拌反应 1 h 后，于 35～40℃搅拌反应过夜。冷却至室温。放空，打开反应釜。过滤，用甲苯洗涤滤饼。合并滤液和洗涤液，依次用 5%的碳酸钠、水洗涤，无水硫酸钠干燥，减压分馏，收集 158～161℃/0.93～1.06 kPa 的馏分，冷后固化，得白色固体（**1**）12.5～16.2 g，mp 74～75℃，收率 64%～83%。

【用途】 磺胺药增效剂 TMP 等的中间体。

4-溴-3,5-二甲氧基苯甲醛

$C_9H_9BrO_3$，245.06

【英文名】 4-Bromo-3,5-dimethoxybenzaldehyde
【性状】 白色结晶。mp 110～112℃。

【制法】 徐林，俞雄等. 中国医药工业杂志，2001，32（10）：438.

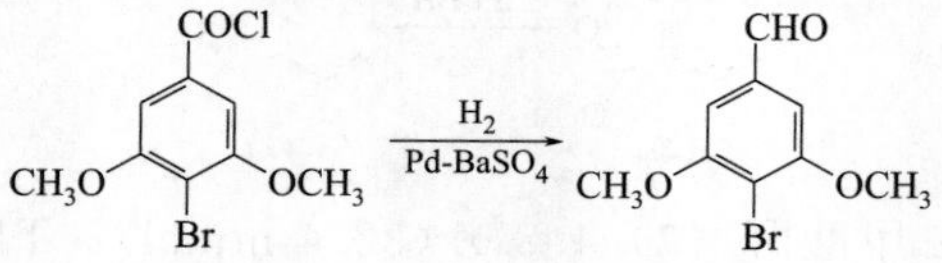

于压力反应釜中加入 4-溴-3,5-二甲氧基苯甲酰氯（**2**）20 g（0.07 mol），二甲苯 300 mL，Pd-硫酸钡 20 g，喹啉-硫抑制剂 16 滴，搅拌，加热。用氮气置换空气后，加热至 114℃，通入氢气进行氢化。用碱性酚酞溶液控制反应进程，约 6 h 反应完毕。冷却，打开反应釜，过滤。将滤液浓缩后，加入 40％的亚硫酸氢钠溶液 200 mL，搅拌 3 h。过滤，滤液用 30％的氢氧化钠溶液调至碱性，析出白色沉淀。过滤，干燥，得化合物（**1**）13.64 g，mp 110～112℃，收率 77.6％。

【用途】 长效抗菌药溴莫普林（Brodimoprim）等的中间体。

4-硝基苯甲醛

$C_7H_5NO_3$，151.12

【英文名】 4-Nitrophenyl aldehyde

【性状】 浅黄色结晶，mp 104～105℃。

【制法】 Malec J，Carey M. Synthesis，1972：217.

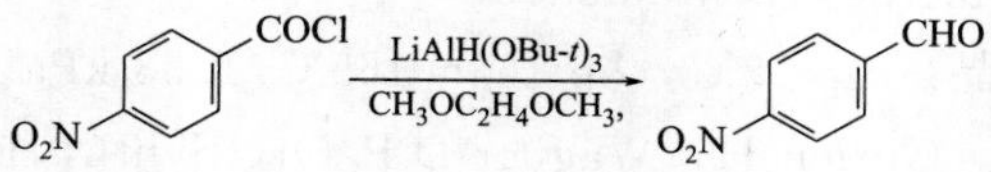

于反应瓶中加入 0.5 mol/L 的氢化铝锂的乙醚溶液 500 mL，搅拌下慢慢加入干燥的叔丁醇 60 g（0.80 mol），充分搅拌后静置，倾出上层乙醚，剩余的白色固体三叔丁氧基氢化铝锂中加入二甲氧基乙烷 200 mL。冷至 -75℃，搅拌下慢慢加入对硝基苯甲酰氯（**2**）45.3 g（0.244 mol）溶于 100 mL 二甲氧基乙烷的溶液，约 1 h 加完。慢慢升至室温，搅拌反应 1 h。将反应物倒入碎冰中，过滤，固体物干燥。用 95％的乙醇提取三次。合并乙醇提取液，蒸出乙醇，得粗品（**1**）29.4 g，收率 80％，mp 103～104℃。由乙醇-水中重结晶，得浅黄色结晶，mp 104～105℃。

【用途】 抗菌药氯霉素（Chloramphenicol）等的中间体。

3-溴丙醇

C_3H_7BrO，138.99

【英文名】 3-Bromo-1-propanol

【性状】 无色液体。bp 70～72℃/1.33 kPa。

【制法】 Nystrom R F. J Am Chem Soc，1959，81（3）：610.

$$BrCH_2CH_2COCl \xrightarrow{LiAlH_4\text{-}AlCl_3} BrCH_2CH_2CH_2OH$$
$$(2) \qquad\qquad\qquad (1)$$

于反应瓶中加入 150 mL 无水乙醚，3-溴丙酰氯（**2**）17.1 g（0.1 mol），搅拌下慢慢滴加由三氯化铝和氢化铝锂配制的乙醚溶液［无水三氯化铝 13.3 g（0.1 mol）溶于 100 mL 无水乙醚的溶液滴加至 0.1 mol 氢化铝锂的 100 mL 乙醚的混合液中］，控制滴加速度，保持反应液回流。加完后继续回流反应 30 min。冷却，滴加 100 mL 水和 100 mL 3 mol/L 的硫酸，生成透明溶液。分出乙醚层，水层用乙醚连续提取 43 h。合并乙醚层，干燥后蒸出乙醚，剩余物减压分馏，收集 70～72℃/1.33 kPa 的馏分，得化合物（**1**），收率 86%。

【用途】 昆虫信息素合成中间体、有机合成中间体。

十、羧酸酯的还原

(*S*)-2-氨基-3-(4-硝基苯基)-1-丙醇

$$C_9H_{12}N_2O_3，196.21$$

【英文名】 (*S*)-2-Amino-3-(4-nitrophenyl)-1-propanol
【性状】 淡黄色固体。
【制法】 Buckingham J，Glen R C，Hill A P，et al. J Med Chem，1995，38（18）：3566.

于反应瓶中加入乙醇-水（v/v，100∶90）190 mL，硼氢化钠 13.0 g（0.34 mol），搅拌溶解，滴加由（S）-4-硝基苯丙氨酸甲酯盐酸盐（**2**）21.2 g（0.0946 mol）溶于乙醇-水（体积比，100∶90）190 mL 的溶液。加完后搅拌回流反应 2.5 h。冷却，析出沉淀。过滤，滤液减压蒸出部分乙醇，冷却，又析出部分沉淀，过滤，干燥，得淡黄色固体（**1**）8.44 g，收率 46%。

【用途】 偏头疼治疗药佐米曲普坦（Zolmitriptan）等的中间体。

γ-苯基丙醇

$$C_9H_{12}O，136.19$$

【英文名】 γ-Phenylpropanol，3-Phenylpropanol，3-Phenyl-1-propanol
【性状】 无色液体。bp 235℃，119℃/1.6 kPa。d_4^{25} 0.995，n_D^{25} 1.5357。溶于 70% 的乙醇和乙醚，微溶于水。
【制法】 Shriner R L and Philip R Ruby. Org Synth，1963，Coll Vol 4：798.

于高压反应釜中加入肉桂酸乙酯（**2**）57 g（0.32 mol），铬-铜-钡催化剂 5 g，减压抽出空气，再用氢气冲洗。通入氢气至 20 MPa，加热至 250℃，直至不再吸收氢气为止（约 5～8 h）。还原结束后，冷却，放去残压，取出液体。过滤除去催化剂，催化剂用乙醚洗涤。

合并滤液和洗涤液，蒸出乙醚，而后减压分馏，收集 110～112℃/1.0 kPa 的馏分，得（**1**）27 g，收率 85%。

【用途】 利胆醇（3-Phenyl-1-propanol）原料药。

2-苯基-1,3-丙二醇

$C_9H_{12}O_2$，152.19

【英文名】 2-Phenyl-1,3-propanediol

【性状】 白色固体。mp 49～51℃。

【制法】 张灿，张慧斌，黄海燕，黄文龙. 中国医药工业杂志，1996，27（10）：468.

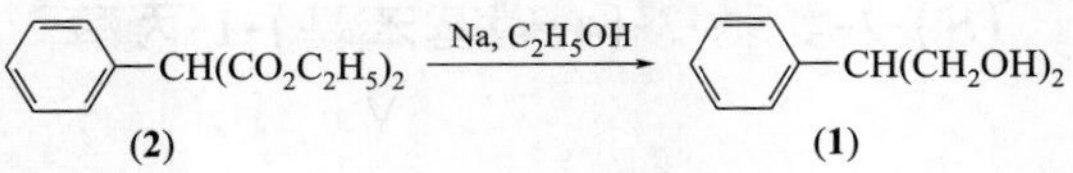

于反应瓶中加入无水乙醇 190 mL，苯基丙二酸二乙酯（**2**）21.6 mL（0.1 mol），分批加入金属钠 27.6 g（1.2 mol），待金属钠反应完后，用水稀释，蒸出乙醇，而后回流反应 1 h。分出有机层，水层用乙醚提取 3 次。合并有机层，无水硫酸钠干燥。过滤，浓缩，得浅黄色液体（**1**）粗品 10.4 g，收率 68.5%。减压蒸馏，收集 158～164℃/0.667 kPa 的馏分，固化后 mp 49～51℃。

【用途】 抗癫痫药非尔氨酯（Felbamate）等的中间体。

4-甲基-5-羟甲基咪唑盐酸盐

$C_5H_8N_2O \cdot HCl$，148.59

【英文名】 4-Methyl-5-hydroxyimidazole hydrochloride

【性状】 白色固体。mp 220℃。

【制法】 高生辉. 中国医药工业杂志，1993，24（3）：136.

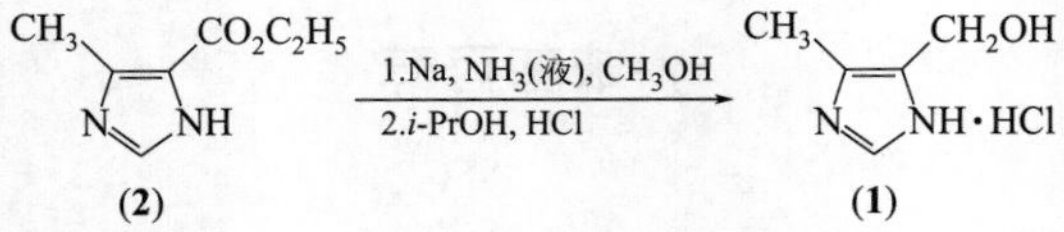

于 10 L 反应瓶中加入液氨 8 L，快速加入（约 5 min）工业金属钠条 269 g，静置 5nin。搅拌，逐渐加入 4-甲基-5-咪唑甲酸乙酯（**2**）干粉 400.8 g（2.6 mol，约 25 min 加完）。加完后搅拌 10 min，而后先慢后快滴加甲醇 417 g。加完后加入氯化铵 800 g（快加，以不溢料为度）。加完后继续搅拌 20 min。水浴加热赶出氨至尽，加入 4.4 L 用氯化氢饱和的异丙醇溶液，回流 1.5 h。冷至 50℃，通入干燥氯化氢至反应液 pH2.5。冷至 40℃，抽滤，用 1.6 L 40℃的异丙醇分 2 次洗涤。合并滤液和洗涤液，浓缩至 1 L。搅拌下冷至 0℃，放置过夜。抽滤，用 0.4 L 丙酮分 2 次洗涤，干燥，得化合物（**1**）343.8 g，收率 89%。母液可以回收 15 g。

【用途】 胃药西咪替丁（Cimetidine，又称甲氰咪胍）合成中间体。

1,10-癸二醇

$C_{10}H_{22}O_2$，174.28

【英文名】 1,10-Decanediol

【性状】 无色结晶，mp 72～74℃。溶于乙醇，难溶于水。

【制法】 方法1 吕加国，杨济秋等.中国医药工业杂志，1999，22（8）：342.

$$C_2H_5O_2C(CH_2)_8CO_2C_2H_5 \xrightarrow{\text{NaBH}_4, \text{AlCl}_3} HOCH_2(CH_2)_8CH_2OH + 2C_2H_5OH$$
(2) (1)

将癸二酸二乙酯 19.5 g 溶于乙二醇二甲醚 60 mL 中，加入无水三氯化铝 8 g，硼氢化钠 6.84 g，搅拌反应 1 h。加入 5 mol/L 的盐酸 300 mL，析出固体。过滤，水洗至中性，干燥。用石油醚-苯重结晶，得化合物（1）12 g，收率 87%。

方法2 Manske R H. Org Synth，1943，Coll Vol 2：154.

$$C_2H_5O_2C(CH_2)_8CO_2C_2H_5 \xrightarrow[\text{C}_2\text{H}_5\text{OH}]{\text{Na}} HOCH_2(CH_2)_8CH_2OH + 2C_2H_5OH$$
(2) (1)

于安有搅拌器、通气导管、回流冷凝器（安一只氯化钙干燥管）、滴液漏斗的干燥的反应瓶中，加入癸二酸二乙酯（2）65 g（0.25 mol），无水乙醇 800 mL。搅拌下冰水浴冷却。一次加入新鲜的、切成块的金属钠 70 g（3.0 mol），反应剧烈进行，有氢气放出。待反应平稳后，水浴加热，直至金属钠反应完全。稍冷后，加入水 300 mL，蒸出乙醇。最后减压蒸馏以除去残存的乙醇。加入热水 600 mL，静置冷却。分出油状物（水层保留），冷后固化。固体物用少量水洗涤，真空干燥。固体物用苯提取四次（250 mL×4），合并苯层，活性炭脱色。浓缩至 60 mL 左右，加入 200 mL 乙醇，过滤，再浓缩至 60 mL 左右，加入等体积的苯，加热溶解。冷却，溪淳固体。抽滤，乙醚洗涤，得 1,10-癸二醇（1）32 g，mp 72～74℃，收率 73%。

【用途】 抗菌药奥替尼啶（Octenidine hydrochloride）等的中间体。

拉米夫定

$C_8H_{11}N_3O_3S$，229.25

【英文名】 Lamivudine

【性状】 白色结晶。mp 158～160℃。

【制法】 ①Jin H，Siddiqui M A，Evans C A，et al. J Org Chem，1995，60（8）：2621. ②王先登，陈国华，熊成文.中国药物化学杂志，2008，18（3）：203.

于反应瓶中加入 THF 2 mL，氩气保护下加入四氢锂铝 19 mg（0.5 mmol），搅拌下慢慢加入化合物（2）67 mg（0.18 mol）溶于 1 mL THF 的溶液，加完后继续搅拌反应

30 min。加入甲醇 3 mL 终止反应，加入硅胶 5 g，继续搅拌 30 min。将其转入装有硅藻土和硅胶的短层析柱中，用乙酸乙酯-己烷-甲醇（1∶1∶1）洗脱，得胶状固体。与甲苯一起共沸蒸馏，得化合物（**1**）38 mg，收率 94％。乙酸乙酯-甲醇中重结晶，得白色结晶，mp 158～160℃。

【用途】 抗病毒药拉米夫定（Lamivudine）原料药。

环丁基甲醇

$C_5H_{10}O$，86.13

【英文名】 Cyclobutylmethanol
【性状】 无色液体。bp 141～143℃。
【制法】 ①孙庆荣，周建议等.中国医药工业杂志，1988，19（9）：416.②戴慧芳，刘朝晖，李南等.中国药物化学杂志，2003，13（2）：102.

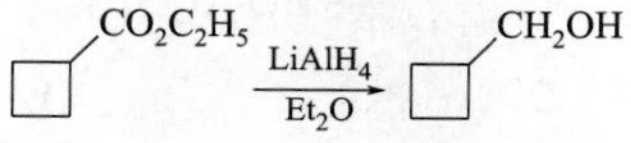

于安有搅拌器、回流冷凝器、滴液漏斗的反应瓶中，加入无水乙醚 160 mL，氢化铝锂 7.6 g，搅拌下慢慢滴加环丁基甲酸乙酯（**2**）25.6 g（0.2 mol）的乙醚溶液。加完后继续搅拌反应 2 h。慢慢加入水分解未反应的氢化铝锂。过滤，乙醚充分洗涤。合并滤液和洗涤液，无水硫酸钠干燥。蒸出乙醚，继续蒸馏，收集 141～143℃的馏分，得无色液体（**1**）15 g，收率 87％。

【用途】 镇痛药布托啡诺（Butorphanol）、纳丁啡（Nalbuphine）等的中间体。

3-氟-4-吗啉基苯基甲醇

$C_{11}H_{14}FNO_2$，211.14

【英文名】 （3-Fluoro-4-morpholinophenyl）methanol
【性状】 白色固体。
【制法】 Barbachyn M R，Cleek G J，Dolak L A，et al，J Med Chem，2003，46（2）：284.

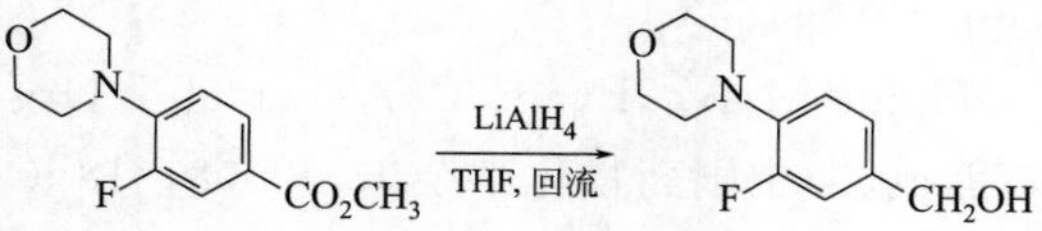

于反应瓶中加入 $LiAlH_4$ 0.797 mg（21.0 mmol），干燥的 THF 50 mL，冷至 0℃，氮气保护，搅拌下（浆状物）慢慢滴加由 3-氟-4-吗啉基苯甲酸甲酯（**2**）3.35 g（14.0 mmol）溶于 50 mL 干燥 THF 的溶液。撤去冰浴，室温搅拌反应 16 h。TLC 检测反应完全。冷至 0℃，小心地用水 0.8 mL、15％的氢氧化钠水溶液 0.8 mL、水 2.4 mL 淬灭反应。搅拌 30 min 后，加入乙酸乙酯 100 mL，用硅藻土过滤，乙酸乙酯洗涤。减压浓缩，得白色固体（**1**）3.0 g，收率 100％。

【用途】　新药开发中间体。

1-苄基-4-苯氨基-4-哌啶甲醇

$$C_{18}H_{22}N_2O，282.39$$

【英文名】　1-Benzyl-4-anilino-4-piperidinemethanol

【性状】　白色固体。mp 73.9℃。

【制法】　①杨玉龙等.药学学报，1990，25（3）：253.②陈芬儿.有机药物合成法：第一卷.北京：中国医药科技出版社，1999：702.

于反应瓶中加入化合物（**2**）136 g（0.42 mol）和1.1 L苯，搅拌回流后，迅速加入氢化铝锂31.9 g（0.84 mol）和苯200 mL的悬浮液，加毕，继续搅拌回流5 h。冷却，将反应物倒入适量冰水中，用30％氢氧化钠溶液调至碱性。分出有机层，水层用苯提取数次。合并有机层，水洗。过滤，滤液用无水硫酸镁干燥。过滤，减压回收溶剂，向剩余油状物中加入乙醇适量，通入干燥氯化氢气体，析出固体，过滤，将固体溶于适量水中，用30％氢氧化钠溶液调至 pH 碱性，析出固体，过滤，干燥，得（**1**）100.6 g，收率81.3％，mp 73.9℃。

【用途】　镇静药盐酸阿芬太尼（Alfentanil hydrochloride）中间体。

(*S*)-(＋)-2-氨基丙醇

$$C_3H_9NO，75.11$$

【英文名】　(*S*)-(＋)-2-Aminopropanol

【性状】　无色液体。bp 85℃/1.33 kPa。$[\alpha]_D^{18}$＋17.76℃（纯品）$[\alpha]_D^{19}$＋20.3℃（$c=$6.45，96％乙醇）。溶于二氯甲烷、乙酸乙酯等。

【制法】　①孙昌俊，曹晓冉，王秀菊.药物合成反应——理论与实践.北京：化学工业出版社，2007：77.②陈坤，龚平.精细化工，2004，21（3）：188.

于反应瓶中加入（S)-丙氨酸（**2**）17.8 g（0.2 mol），乙醇300 mL，冰盐浴冷至0℃，搅拌下滴加氯化亚砜24 g（0.2 mol），控制内温在0～5℃。加完后于35～40℃反应4～5 h，减压蒸出乙醇约170 mL。冷却备用。

于反应瓶中（装置同上）加入 NaBH₄23 g（0.65 mol），110 mL 冷水，搅拌下室温滴加上述溶液，约1 h加完，加完后继续室温搅拌反应4 h。滤去不溶物。滤液减压浓缩至原体积的四分之一，用乙酸乙酯反复提取。合并乙酸乙酯层、无水硫酸钠干燥。减压除去乙酸乙酯后，收集72～74℃/1.05 kPa 的馏分，得化合物（**1**）12.0 g，收率79％。

【用途】　喹诺酮类抗菌药左氧氟沙星（Levofloxacin）等的中间体。

3-吡啶甲醇盐酸盐

$$C_6H_7NO \cdot HCl, 145.59$$

【英文名】 Pyridin-3-ylmethanol
【性状】 浅黄色结晶。mp 118～120℃。
【制法】 赵彦伟，唐龙骞等.中国医药工业杂志，2002，33（9）：427.

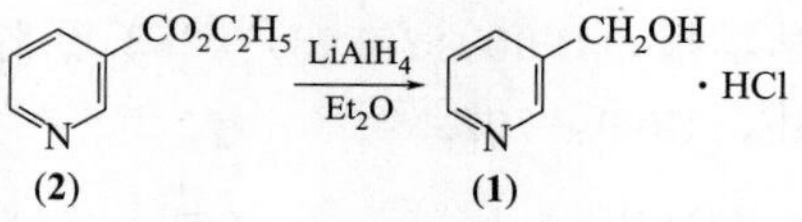

于反应瓶中加入烟酸乙酯（**2**）9.06 g（0.06 mol），无水乙醚 100 mL，搅拌下慢慢滴加由氢化铝锂 1.9 g 溶于 200 mL 无水乙醚的溶液。加完后继续搅拌反应 15 min。慢慢滴加乙醇 25 mL 以分解未反应的还原剂。加入 20％的盐酸 30 mL，分出水层。水层用氢氧化钠溶液调至 pH8，乙醚提取 3 次。合并乙醚层，无水硫酸钠干燥。过滤，通入干燥的氯化氢气体至不再出现沉淀。过滤，乙醚洗涤，干燥，得化合物（**1**）5.9 g，收率 67.6％，mp 118～120℃。

【用途】 预防和治疗绝经后妇女骨质疏松病药物利塞膦酸钠（Risedronate sodium）中间体。

4-(2-氨基-1-羟乙基)-2-羟甲基苯酚

$$C_9H_{13}NO_3, 183.21$$

【英文名】 4-(2-Amino-1-hydroxyethyl)-2-(hydroxymethyl)phenol
【性状】 白色结晶。mp 151～152℃。
【制法】 张永塘，李振群等.中国医药工业杂志，2001，32（4）：183.

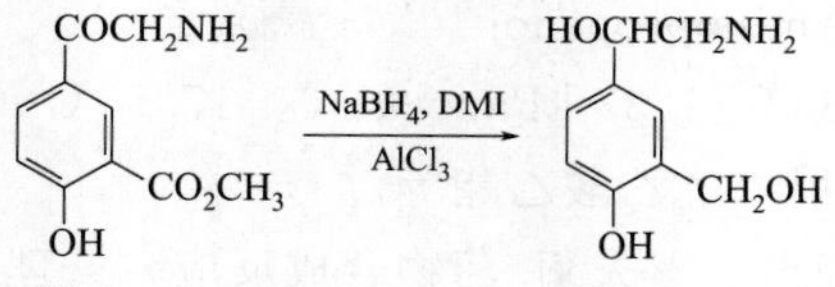

于反应瓶中加入 5-氨基乙酰基水杨酸甲酯（**2**）5.2 g（0.02 mol），硼氢化钠 1.2 g（0.03 mol），1,3-二甲基-3-咪唑烷酮（DMI）25 mL。冷至 0℃，搅拌下慢慢滴加由三氯化铝 1.5 g 溶于 DMI 的溶液，控制温度不超过 45℃。加完后继续室温搅拌反应 1 h，而后加热至 130℃反应 2 h。冷至室温，将反应物倒入由 15 mL 浓盐酸和 100 g 碎冰配制的体系中，充分搅拌。氯仿提取，有机层用无水硫酸钠干燥。过滤，减压蒸出溶剂，剩余物用乙酸乙酯重结晶，得白色结晶化合物（**1**）4.2 g，mp 151～152℃，收率 91.6％。

【用途】 β-肾上腺素能激动剂沙美特罗（Salmeterol）的重要中间体。

环己基甲醛

$$C_7H_{12}O, 112.17$$

【英文名】 Cyclohexanecarboxaldehyde

【性状】 无色液体。bp 76.5～77.5℃/6.38 kPa。n_D^{20} 1.4495。

【制法】 Weissman P M，Brown H C. J Org Chem，1966，31（1）：283.

于安有搅拌器、通气导管、滴液漏斗的反应瓶中，加入环己基甲酸苯酯（**2**）51.1 g（0.25 mol），无水 THF 30 mL，通入干燥的氮气，冷至 0℃。慢慢滴加 1.29 mol/L 的三叔丁氧基氢化铝锂（LTBA）-THF 溶液 194 mL（0.25 mol），约 20 min 加完。加完后于 0℃ 继续搅拌反应 5 h。慢慢加入 10 mL 2.5 mol/L 的硫酸，将反应物倒入碎冰中，加入戊烷 200 mL。生成大量白色沉淀，随着慢慢加入 200 mL 冷的 2.5 mol/L 的硫酸而逐渐溶解，充分搅拌后分出有机层，水层用戊烷 100 mL 提取。合并有机层，水洗，加入固体碳酸氢钠充分摇动，再水洗 4 次。无水硫酸镁干燥，蒸出溶剂，减压蒸馏，收集 56℃/2.59 kPa 的馏分，得化合物（**1**）19.5 g，收率 58.3%。

【用途】 治疗高血压疾病药物美拉加群（Melagatran）、福辛普利（Fosinopril）等的中间体。

5-羟基-4-辛酮

$C_8H_{16}O_2$，144.22

【英文名】 5-Hydroxy-4-octanone，Butyroin

【性状】 无色液体。mp -10℃，bp 180～190℃，95℃/2.7 kPa。d_4^{20} 0.9231，n_D^{20} 1.4290。溶于乙醇、乙醚，微溶于水。

【制法】 方法 1 ①勃拉特（Blatt H A）.有机合成：第二集.南京大学有机化学教研室译.北京：科学出版社，1964：78.②余爱农，孙宝国.精细化工，1997，5：19.

于 5 L 反应瓶中加入新鲜的金属钠 93 g（4.0 mol），二甲苯 150 mL，加热使钠熔化，剧烈搅拌下冷却制成钠砂。倾去二甲苯，用无水乙醚洗涤 4～5 次后，加入无水乙醚 1.3 L。搅拌下慢慢滴加丁酸乙酯（**2**）15 mL，使反应开始，乙醚回流。保持回流状态滴加 218 g 丁酸乙酯（**2**）（共用丁酸乙酯 232 g，2.0 mol）。加完后继续回流反应 1 h。金属钠消失，生成黄色的固体钠盐。冰浴冷却，慢慢滴加由 210 g 浓硫酸与 350 mL 水配成的稀酸。静置过夜，使硫酸钠结晶完全。倾出乙醚层，以乙醚洗涤硫酸钠结晶。合并乙醚层，以 20% 的碳酸钠洗涤，无水碳酸钾干燥。水浴加热蒸馏，回收乙醚。剩余物减压分馏，收集 80～86℃/1.4 kPa 的馏分。合并前馏分和后馏分，再进行分馏，共得（**1**）95～101 g，收率 65%～70%。

方法 2 Stecter H，Ramsch R Y，Kuhlmann H. Synthesis，197，6，11：734.

$$2C_3H_7CHO \xrightarrow[\text{EtOH}]{\text{催化剂, Et}_3\text{N}} C_3H_7CHCC_3H_7$$

$$\underset{(2)}{} \qquad \underset{OH\ (1)}{}$$

催化剂

于安有搅拌器、温度计、回流冷凝器、通气导管的反应瓶中，加入催化剂 3-苄基-5-(2-羟乙基)-4-甲基-1,3-噻唑盐酸盐 13.4 g（0.05 mol），正丁醛（**2**）72.1 g（1 mol），三乙胺 30.3 g（0.3 mol），300 mL 无水乙醇。慢慢通入氮气，搅拌下加热至 80℃ 反应 1.5 h。冷至室温，减压浓缩。得到的黄色液体倒入 500 mL 水中，加入 150 mL 二氯甲烷。分出有机层，水层用二氯甲烷提取 2 次，每次 150 mL。合并有机层，依次用饱和碳酸氢钠溶液、水各 300 mL 洗涤。回收溶剂后减压分馏，收集 90～92℃/1.73～1.86 kPa 的馏分，得产品（**1**）51～54 g，收率 71%～74%。

【用途】 食品用香料。

十一、酰胺的还原

苄　胺

$$C_7H_9N，107.15$$

【英文名】 Benzylamine

【性状】 无色发烟液体，有氨味。mp 10℃，bp 185℃，90℃/1.6 kPa。呈强碱性。与水、乙醇、乙醚等混溶，对二氧化碳敏感。

【制法】 韦元，耿国武. 中国医药工业杂志，1987，18（2）：530.

$$\underset{(2)}{\boxed{}}\text{—CONH}_2 \xrightarrow{\text{KBH}_4, \text{AlCl}_3, \text{THF}} \underset{(1)}{\boxed{}}\text{—CH}_2\text{NH}_2$$

于反应瓶中加入 THF 150 mL，氮气保护，冰浴冷却，搅拌下加入 AlCl$_3$ 29.7 g（0.22 mol），再加入硼氢化钾 12 g（0.22 mol），室温搅拌反应 1 h。加入苯甲酰胺（**2**）10.8 g（0.08 mol），搅拌反应 1 h 后，逐渐升温，回流反应 8 h。回收 THF 至内温达 95℃，冰浴冷却，慢慢滴加 10% 的盐酸 120 mL，而后用氯仿提取一次（弃去）。水层用 30% 的氢氧化钠调至 pH11～12，再用氯仿提取（30 mL×6），合并氯仿层，无水硫酸钠干燥。过滤，蒸馏回收氯仿后减压蒸馏，收集 74～77.5℃/2.39 kPa 的馏分，得化合物（**1**）6.2 g，收率 65%。

【用途】 医药、农药、染料等的中间体。

盐酸米尔维林

$$C_{20}H_{20}N_2 \cdot HCl，288.39$$

【英文名】 Milverine hydrochloride

【性状】 游离碱 mp 117～119℃。其盐酸盐为白色固体。

【制法】 魏健，梦国彬. 河北化工，2009，32（3）：39.

$$Ph_2CHCH_2CONH- \underset{(2)}{\boxed{}} -N \xrightarrow[\text{2.HCl, Et}_2O]{\text{1.LiAlH}_4,\text{ THF}} Ph_2CHCH_2CH_2NH- \underset{(1)}{\boxed{}} -N \cdot HCl$$

于干燥反应瓶中，加入化合物（**2**）4.8 g，无水 THF 70 mL，搅拌溶解后，冰浴冷却下，缓慢滴加氢化铝锂 1 g 和无水 THF 10 mL 的混合液。加完后，搅拌回流反应 4 h。冷却，加入 THF 的水溶液适量，搅拌数分钟后，减压回收溶剂。冷却，向剩余物中加入 10% 氢氧化钠甲醇溶液适量，搅拌，溶解后，用三氯甲烷提取数次。合并有机层，回收溶剂后，冷却，析出固体，得粗品（**1**）的游离碱，用二氯甲烷-乙醚结晶，得精品（**1**）的游离碱 4.5 g，收率 96%，mp 117～119℃。将游离碱溶于乙醚适量中，加入盐酸-乙醚溶液搅拌析出结晶，过滤，干燥，得（**1**）。

【用途】 解痉药盐酸米尔维林（Milverine hydrochloride）原料药。

L-*N*,2-二甲基苯乙胺

$C_{10}H_{15}N$，149.24

【英文名】 L-*N*,2-Dimethylphenylethylamine

【性状】 无色油状物，其盐酸盐 mp 168～171℃，$[\alpha]_D^{25}$ −16.1°（$c=16$，H_2O）。

【制法】 Chester John Cavallito，Allan Poe Gray. US 3489840. 1970.

$$\underset{(2)}{\boxed{}} -CH_2\underset{CH_3}{\overset{|}{C}}HNH_2 \xrightarrow[\text{C}_6\text{H}_6]{\text{HCO}_2\text{H}} \underset{(3)}{\boxed{}} -CH_2\underset{CH_3}{\overset{|}{C}}HNHCHO \xrightarrow[\text{LiAlH}_4,\text{ Et}_2O]{} \underset{(1)}{\boxed{}} -CH_2\underset{CH_3}{\overset{|}{C}}HNHCH_3$$

L-*N*-甲酰基-1-苯基-2-氨基丙烷（**3**）：于安有分水器的反应瓶中，加入 L-苯基异丙胺 433 g（3.464 mol），苯 1 L，冰浴冷却，缓慢加入 90% 甲酸 327 g（6.40 mol），加热搅拌回流反应至无水珠出现为止。反应结束后冷却至室温，依次用水、3% 盐酸、水洗涤，无水硫酸钠干燥。过滤，滤液回收溶剂后，减压蒸馏，收集 bp 118～121℃/13.33 Pa 馏分，得化合物（**3**）465 g，收率 90%，放置固化后，mp 49～51℃。

L-*N*,2-二甲基苯乙胺（**1**）：于干燥反应瓶中，加入 1 mol/L 的四氢铝锂的无水乙醚溶液 8 mL，于 0℃滴加（**3**）1.6 g（0.0098 mol）和无水乙醚 15 mL 的溶液，加完后，于 25℃搅拌 8 h。加入 3% 氢氧化钠溶液 1.25 mL，过滤，滤液用 1 mol/L 的盐酸提取数次。合并酸水层，加入氢氧化钠搅拌调至 pH7。用乙醚提取数次，合并有机层，无水硫酸镁干燥。过滤，滤液回收溶剂，得无色油状物（**1**）0.63 g，收率 43%。n_D^{20} 1.5083。向乙醚中加入盐酸适量，可制得（**1**）的盐酸盐。mp 168～171℃，$[\alpha]_D^{25}$ −16.1°（$c=16$，H_2O）。

【用途】 抗震颤麻痹药盐酸司来吉兰（Selejiline hydrochloride）等的中间体。

2-[3-(4-硝基苯基)丙基氨基]乙醇

$C_{11}H_{16}N_2O_3$，224.25

【英文名】 2-[3-(4-Nitrophenyl)propylamino]ethanol

【性状】 黄色固体。mp 82～84℃。溶于乙醇、乙醚、THF、热甲苯，微溶于水。

【制法】 王亚楼，汪嵘. 中国医药工业杂志，2002，33（11）：522.

CH$_2$CH$_2$CONHCH$_2$CH$_2$OH

(2)

NaBH$_4$ →

CH$_2$CH$_2$CH$_2$NHCH$_2$CH$_2$OH

(1)

于反应瓶中加入 2-[3-(4-硝基苯基)丙酰氨基]乙醇（**2**）14.3 g（0.06 mol），硼氢化钠 9.0 g（0.25 mol），THF 150 mL，搅拌下加热至 45℃。慢慢滴加 25% 的醋酸-THF 溶液 50 mL，约 1.5 h 加完。升温至 60℃，反应 1 h。冷后加水 60 mL 和 12% 的盐酸 20 mL。蒸去 THF，加 12% 的盐酸 140 mL，于 60℃ 反应 1 h。冷至室温，用 35% 的氢氧化钠调至碱性。析晶，抽滤，干燥。将干燥物加入 200 mL 甲苯中，加热至 65℃ 左右，滤去不溶物，冷却析晶。抽滤，减压干燥，得黄色固体（**1**）11.5 g，收率 85.4%，mp 82～84℃。

【用途】 抗心律失常药盐酸尼非卡兰（Nifeikalant hydrochloride）等的中间体。

1,3,3-三甲基-5-羟基吲哚满盐酸盐

C$_{11}$H$_{15}$NO·HCl，213.71

【英文名】 1,3,3-Trimethyl-5-hydroxyindoline hydrochloride，1,3,3-Trimethylindolin-5-ol hydrochloride

【性状】 白色结晶性固体。mp 244～246℃。溶于水、乙醇，不溶于乙醚。

【制法】 范如霖，王斐云，许传宁.中国医药工业杂志，1980，11（1）：1.

于反应瓶中加入无水 THF 100 mL，四氢锂铝 6.0 g（0.15 mol），搅拌下滴加 1,3,3-三甲基-5-羟基吲哚满酮-2（**1**）19.1 g（0.1 mol）溶于 200 mL THF 的溶液，约 2 h 加完，而后回流反应 5 h。蒸出 THF。冰水浴冷却下加入乙醚 200 mL，慢慢滴加饱和硫酸钠水溶液以使四氢锂铝分解完全。过滤，滤饼用乙醚充分洗涤。合并乙醚层，冷却下通入干燥的氯化氢气体，析出固体，抽滤，干燥，得（**1**）13.3 g，收率 61.3%，mp 244～246℃。

【用途】 中药麻醉后的催醒药催醒宁中间体。

盐酸阿莫罗芬

C$_{21}$H$_{35}$NO·HCl，352.73

【英文名】 Amorolfine hydrochloride

【性状】 白色结晶。mp 215～217℃。不溶于乙醚、苯，溶于水。

【制法】 ①孙昌俊，曹晓冉，王秀菊.药物合成反应——理论与实践.北京：化学工业出版社，2007：81.②冯志祥，张万年，周有俊等.中国药物化学杂志，2000，10（1）：66.

于反应瓶中加入用金属钠处理过的无水乙醚 350 mL，四氢铝锂 70.0 g（2.0 mol），搅拌成悬浊液。水浴冷却下慢慢滴加顺-4-[2-甲基-3-(对叔戊基苯基) 丙酰基]-2,6-二甲基吗啉（**2**）130 g（0.393 mol）溶于 150 mL 无水乙醚的溶液，约 1.5 h 加完。滴完后水浴加热至微沸，搅拌反应过夜。

冰水浴冷却下，慢慢滴加 150 mL 水，以分解未反应的四氢铝锂。过滤，滤饼用乙醚充分洗涤。蒸出乙醚，得微黄绿色油状液体。过硅胶柱分离，以石油醚-乙酸乙酯（10∶1）洗脱，得无色油状物 118 g，收率 95.3%。

将上述油状物溶于 50 mL 乙醇中，冷却下滴加乙醇和浓盐酸的混合液（1∶1），至 pH2～3，冰箱中放置析晶。得到的固体再以乙醇重结晶，得白色盐酸阿莫罗芬（**1**）121.6 g，收率 87.6%，mp 215～217℃。

【用途】 抗真菌药盐酸阿莫罗芬（Amorolfine hydrochloride）原料药。

环己基甲醇

$$C_7H_{14}O, \quad 114.19$$

【英文名】 Cyclohexylmethanol

【性状】 无色液体。bp 183℃。

【制法】 Brown H C，Kim S C. Synthesis，1977：635.

于反应瓶中加入 1.55 mol/L 的三乙基硼氢化锂的 TFH 溶液 213 mL（330 mmol），冷至 0℃，剧烈搅拌下滴加 N,N-二甲基环己基甲酰胺（**2**）23.3 g（150 mmol）溶于 50 mL THF 的溶液。加完后继续于 0℃ 搅拌反应 5 h。滴加 50 mL 水分解还原剂。慢慢滴加 30% 的过氧化氢 110 mL，而后于 50～60℃反应 1 h（分解反应中生成的乙硼烷）。用碳酸钾饱和，分出有机层。有机层中加入 200 mL 乙醚，用 3 mol/L 的盐酸洗涤 2 次。饱和碳酸钾洗涤后，无水碳酸钾干燥。过滤，蒸馏，收集 84～85℃/2.0 kPa 的馏分，得化合物（**1**）12.1 g，收率 71%。

【用途】 抗心律失常药物、苯并咪唑类驱虫剂等的合成中间体。

1-甲基-2-(β-羟乙基)四氢吡咯

$$C_7H_{15}NO, \quad 129.20$$

【英文名】 1-Methyl-2-(β-hydroxyethyl)tetrahydropyrrole

【性状】 无色液体。bp 114～116℃/4.0 kPa。溶于乙醇、乙醚、氯仿、乙酸乙酯等多种有机溶剂，可溶于水。

【制法】 赵丽华，耿佃云，张爱萍. 山东化工，2000，3：7.

于反应瓶中加入无水氯化锌粉末 30 g，四氢呋喃 100 mL，硼氢化钾 10 g。搅拌下加热回流 30 min。加入甲苯 200 mL，慢慢蒸出低沸物，直至温度升至 100℃以上。滴加由高脯氨酸乙酯（**2**）40 g（0.22 mol）和 100 mL 甲苯组成的溶液，加完后回流反应 4 h。冷至 5℃以下，滴加 30 mL 水，加完后继续搅拌反应 10 min。过滤，滤饼用甲苯洗涤。合并滤液和洗涤液，蒸出溶剂后减压分馏，收集 114～116℃/4.0 kPa 的馏分，得（**1**）19.5 g，收率 75%。纯度＞97%（毛细管色谱柱）。

【用途】 抗组胺药，用于过敏性鼻炎、荨麻疹、湿疹及其他过敏性皮肤病药物克敏停（Clemastine fumarate）等的中间体。

苯 酞

$C_8H_6O_2$，134.13

【英文名】 Phthalide，Isobenzofuran-1(3H)-one
【性状】 针状或片状结晶。mp 75℃、65.8℃（不稳定型）。溶于醇、醚和热水，极微溶于冷水。
【制法】 张大国. 精细有机单元反应合成技术——还原反应及其实例. 北京：化学工业出版社，2009：107.

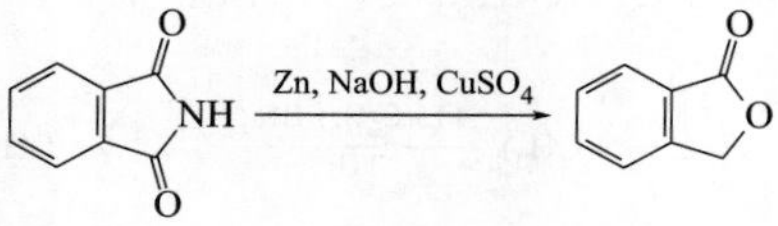

于安有搅拌器、温度计的反应瓶中，加入 30% 的氢氧化钠水溶液 50 mL、锌粉 25 g，冷至 5℃，再加入硫酸铜 0.5 g 的水溶液，搅拌下慢慢加入邻苯二甲酰亚胺（**2**）16.1 g（0.13 mol），控制温度不超过 8℃。加完后继续于 5～8℃搅拌反应 1.5 h。慢慢升温排出生成的氨 3 h。冷却，过滤，滤液用盐酸调至 pH1，加热煮沸 1 h。搅拌下冷却析晶。抽滤，水洗至中性，低温干燥，得化合物（**1**），收率 80%。

【用途】 合成抗焦虑、抗抑郁、镇静药多虑平（Doxepin）等的中间体。

5-氨基苯酞

$C_8H_7NO_2$，149.15

【英文名】 5-Aminoisobenzofuran-1(3H)-one，5-Aminophthalide
【性状】 浅橙色结晶。mp 196℃。
【制法】 刘丹，孟艳秋. 中国医药工业杂志，2004，35（6）：330.

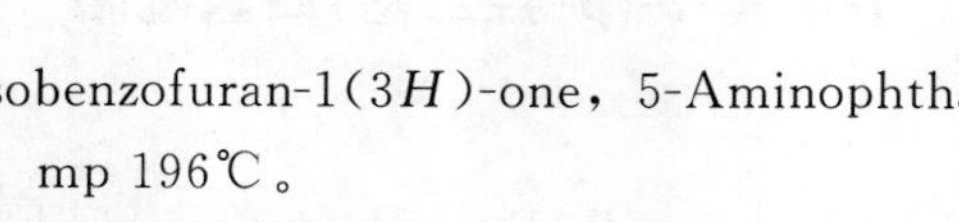

于反应瓶中加入水 50 mL，氢氧化钠 11.6 g（0.29 mol），锌粉 25 g，硫酸铜 0.5 g，搅拌下分批加入 4-氨基邻苯二甲酰亚胺（**2**）21 g（0.13 mol），加完后继续反应 1 h。加水

150 mL，慢慢加热至无氨气放出。过滤，滤液中加入 30 mL 浓盐酸，反应 2 h。用固体碳酸钠调至中性，析出结晶。放置后抽滤，用水重结晶，得浅橙色结晶（**1**）15.6 g，收率 77.4%。

【用途】　抗抑郁药西酞普兰（Citabopram）等的中间体。

6-(5-氯-2-吡啶基)-7-羟基-6,7-二氢吡咯并[3,4-b]吡嗪-5-酮

$C_{11}H_7ClN_4O_2$，262.65

【英文名】　6-(5-Chloropyridin-2-yl)-7-hydroxy-6,7-dihydropyrrolo[3,4-b]pyranzin-5-one

【性状】　浅黄色固体，mp 241～243℃。

【制法】　任健，沙宇，马丹丹，程卯生.中国药物化学杂志，2010，20（4）：259.

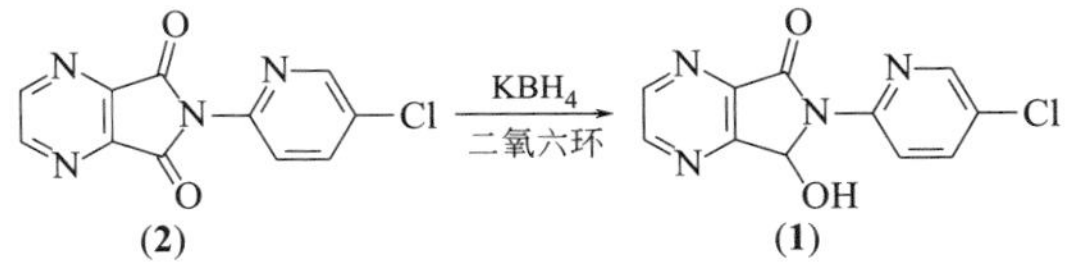

于反应瓶中加入 6-(5-氯-2-吡啶基)-5,7-二氧代-6,7-二氢-5H-吡咯并[3,4-b]吡嗪（**2**）10 g（20 mmol），二氧六环水溶液 100 mL，冰水浴冷却，控制在 13℃加入硼氢化钾 0.77 g（14.5 mmol），加完后继续搅拌反应 30 min，将反应物倒入 200 mL 水中，用冰醋酸约 3.5 mL 调至 pH6，析出大量黄色固体。抽滤，水洗，干燥，得粗品（**1**）。将粗品加入 80 mL 氯仿中，室温搅拌 30 min，抽滤，水洗，干燥，得浅黄色固体（**1**）6.0 g，收率 60%，mp 241～243℃。

【用途】　镇静催眠药佐匹克隆（Zopiclone）等的中间体。

吲哚布芬

$C_{18}H_{17}NO_3$，295.34

【英文名】　Indobufen，2-[4-(1-Oxoisoindolin-2-yl)phenyl]butanoic acid

【性状】　白色结晶。mp 181～183℃。溶于乙醇、乙醚，不溶于水。

【制法】　郑庚修，王秋芬.中国医药工业杂志，1991，22（7）：292.

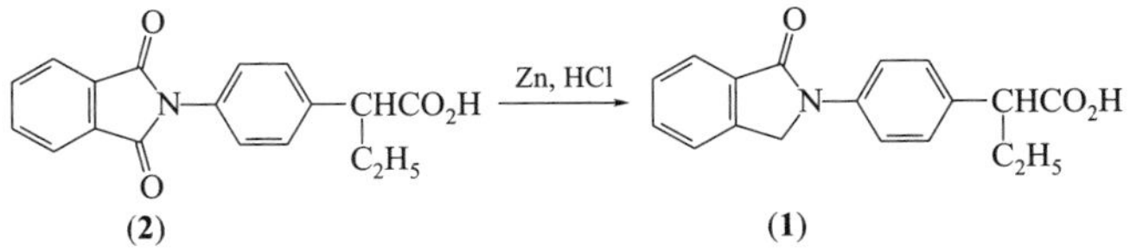

于安有搅拌器、回流冷凝器、通气导管的反应瓶中，加入乙醚 40 mL，锌粉 2 g，通入氯化氢气体 5 min，加入 2-[4-(1,3-二氧代-2-异吲哚啉基)苯基]丁酸（**2**）1 g，搅拌下继续通入氯化氢气体 1 h。过滤，滤饼用 10 mL 乙醇洗涤。合并滤液和洗涤液，减压蒸出溶剂，剩余物加入 40 mL 水，过滤，干燥，得粗品。用乙醇-石油醚重结晶，得白色结晶（**1**）0.8 g，收率 84%，mp 181～183℃。

【用途】　抗凝血药吲哚布芬（Indobufen）等的中间体。

十二、腈的还原

3,4-二甲氧基苯乙胺

$$C_{10}H_{15}NO_2，181.24$$

【英文名】 3,4-Dimethoxyphenylethylamine

【性状】 无色液体。bp 118~125℃/267 Pa。有氨味。

【制法】 王受武，卢荣等.中国医药工业杂志，1988，19（10）：445.

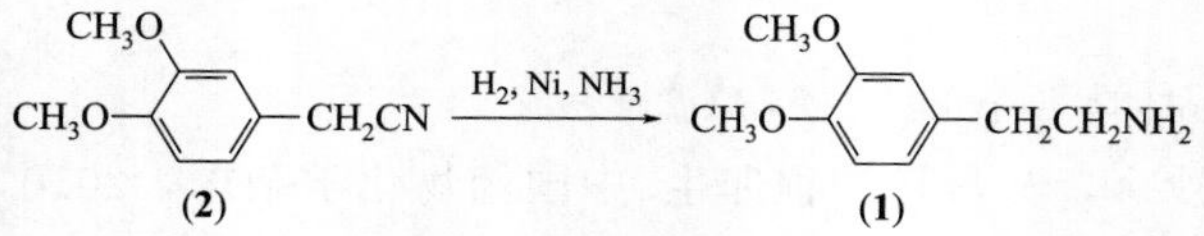

于压力反应釜中加入 3,4-二甲氧基苯乙腈（**2**）10 kg，9%的氨-乙醇溶液 40 L，Raney Ni 1 kg，按照氢化反应的一般操作，于 90~110℃、氢气压力 4 MPa 进行氢化反应 2 h。冷却，过滤除去催化剂。减压蒸出乙醇，剩余物减压蒸馏，收集 118~125℃/267 Pa 的馏分，得化合物（**1**）8.85 kg，收率 87%。

【用途】 镇静、镇痛药物四氢巴马丁（Tetrahydropalmatine）、钙通道阻滞剂（钙拮抗剂）维拉帕米（Verapamil）等的中间体。

N-(3-氨基丙基)己内酰胺

$$C_9H_{18}N_2O，170.23$$

【英文名】 *N*-(3-Aminopropyl)caprolactam

【性状】 无色液体。bp 158~163℃/1.07 kPa。溶于甲醇、乙醇等有机溶剂。

【制法】 方法 1　Cheng xia-Hong，Liu Fu-Chun，Synth Commun，1993，23（1）：22.

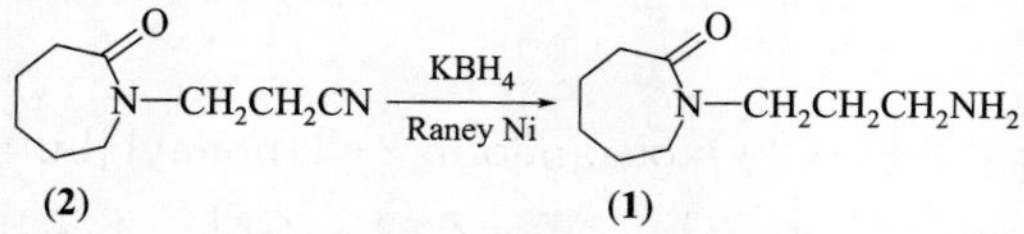

于反应瓶中加入 *N*-氰乙基己内酰胺（**2**）32 g（0.19 mol），Raney Ni 8 g，甲醇 100 mL。搅拌下加热至 40℃，慢慢滴加硼氢化钾 10.4 g（0.19 mol）与 32%的氢氧化钠水溶液 24 mL 配成的混合液。加完后于 50~60℃反应 1 h，冷后过滤除去催化剂。蒸出甲醇后静止分层。有机层用无水碳酸钾干燥，减压蒸馏，收集 158~163℃/1.07 kPa 的馏分，得化合物（**1**）22.5 g，收率 69.2%。

方法 2　张大国.精细有机单元反应合成技术——还原反应及应用实例.北京：化学工业出版社，2009：64.

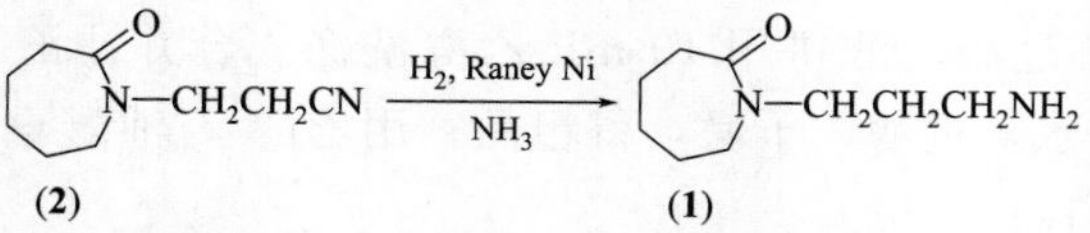

于高压反应釜中加入 *N*-(2-氰乙基)己内酰胺（**2**）182.6 g（1.09 mol）。甲醇 40 mL，

Raney Ni 6.6 g，液氨约 50 g。按照通常的氢化方法，于 100～110℃、氢气压力 9～10 MPa 进行氢化反应，直至不再吸收氢气为止。冷却，过滤除去催化剂，减压分馏，收集 98～134℃/33～113 Pa 的馏分，得化合物（**1**）158.5 g，收率 76%。

【用途】 脱水剂 DBU 等的中间体。

（*R*）-2-甲基-3-（2,3,6-三甲氧基-5-硝基苯基）丙醛

$C_{13}H_{17}NO_6$，283.28

【英文名】 （*R*）-2-Methyl-3-（2,3,6-trimethoxy-5-nitrophenyl）propanal
【性状】 浅黄色油状液体。
【制法】 Andrus M B，Meredith E L，Hicken E J，et al. J Org Chem，2003，68（21）：8162.

于干燥的反应瓶中，加入 2-甲基-3-（2,3,6-三甲基-5-硝基苯基）丙腈（**2**）0.15 g（0.510 mmol），干燥的甲苯 6.5 mL，氮气保护下冷至 −78℃，慢慢加入二异丁基氢化锂铝（DIBAL-H）的甲苯溶液（1 mol/L）0.68 mL（1.02 mmol）。生成的橙红色溶液于 1 h 内慢慢升至室温。依次加入 0.2 mL 的丙酮、0.2 mL 的乙酸乙酯、0.2 mL 的 pH7 的磷酸缓冲液。剧烈搅拌 20 min。加入无水硫酸钠继续剧烈搅拌 20 min。生成的黄色溶液经硅胶和硫酸钠过滤。滤液浓缩，剩余物过硅胶柱纯化（20%的乙酸乙酯-己烷），得浅黄色黏稠油状物（**1**）0.140 g，收率 92%。

【用途】 抗生素类药物格尔德霉素 （＋）-Geldanamycin 中间体。

3-（3-吲哚基）丙醛

$C_{11}H_{11}NO$，173.21

【英文名】 3-（3-Indolyl）propanal
【性状】 油状物。$R_f = 0.55$（CH_2Cl_2）。
【制法】 Kuehne M E，Cowen S D，Xu F，et al. J Org Chem，2001，66（15）：5303.

于反应瓶中加入 3-（2-氰乙基）吲哚（**2**）14.1 g（82.7 mmol），二氯甲烷 100 mL，冷至 −60℃，滴加 1.0 mol/L 的 DIBALH 的二氯甲烷溶液 91 mL。加完后继续于 −60℃搅拌反应 30 min。而后慢慢升至 25℃继续搅拌反应 1 h。冷至 0℃，慢慢滴加甲醇 20 mL 淬灭反应。随后加入饱和酒石酸钾钠溶液 20 mL，继续搅拌 40 min（生成凝胶状物，用 1:1 的甲

醇-二氯甲烷可以溶解）。依次用水、饱和盐水洗涤，无水硫酸钠干燥，浓缩，得油状物。过硅胶柱纯化，得化合物（**1**）10.45 g，收率73%。$R_f = 0.55$（CH_2Cl_2）。

【用途】 抗癌药硫酸长春碱（Vinblastine sulphate）中间体。

十三、硝基、肟、叠氮、偶氮等含氮化合物的还原

3-氨基-2-羟基-4-苯基丁酸

$C_{10}H_{13}NO_3$，195.22

【英文名】 3-Amino-2-hydroxy-4-phenylbutanoic acid

【性状】 白色结晶。

【制法】 ①刘晓玲，杜淑英，盛寿日等.应用化学，2005，22（2）：222.②徐文芳，郁有农等.中国医药工业杂志，2011，32（2）：80.

于氢化反应瓶中加入醋酸100 mL，甲醇5 mL，化合物（**2**）2.25 g（0.01 mol），10%的 Pd-C 催化剂适量，通入氢气，直至不再吸收氢气为止。抽滤回收催化剂，滤液浓缩，得红色油状物。过硅胶柱纯化，以石油醚-乙酸乙酯（10∶1）洗脱，得白色结晶（**1**）2.37 g，收率81%，mp 235~236℃。

【用途】 急性白血病、恶性黑色素瘤病治疗药乌苯美司（Benstatin）的合成中间体。

2-氨基-4,5-二-(2-甲氧基乙氧基)-苯甲酸甲酯

$C_{14}H_{21}NO_6$，299.32

【英文名】 Methyl 2-amino-4,5-(2-dimethoxyethoxy)-benzoate

【性状】 亮黄色结晶。mp 60~62℃。

【制法】 ①Allan W，Brawner F M，et al. Bioorganic & Medinical Chemitry Letters，2002，12（20）：2893，2898.②李铭东，曹萌，吉民.中国医药工业杂志，2007：38（4）：257.

于安有搅拌器的反应瓶中加入 2-硝基-4,5-(2-甲氧基乙氧基)-苯甲酸甲酯（**2**）50.1 g（0.15 mol），无水乙醇1000 mL，Raney Ni 催化剂50 g。用氮气置换空气，再用氢气置换氮气。于室温常压下反应12 h。滤去催化剂。滤液减压浓缩至干，剩余物用异丙醇重结晶，得亮黄色结晶（**1**）38.6 g，收率86%，mp 60~62℃。

【用途】 抗癌药物盐酸艾洛替尼（Erlotinib hydrochloride）中间体。

4-[2-[(4-氨基苯乙基)(甲基)氨基]乙氧基]苯胺

$C_{17}H_{23}N_3O$，285.39

【英文名】　4-[2-[(4-Aminophenethyl)(methyl)amino]ethoxy]benzeneamine

【性状】　结晶固体。mp 73～74℃。

【制法】　葛宗明，董艳梅等，中国医药工业杂志，2003，34（2）：161.

于氢化装置中加入 1-(4′-硝基苯氧基)-2-[N-(4′-硝基苯乙基)-N-甲基氨基]乙烷（**2**）40 g（0.116 mol），甲醇 800 mL，10% 的 Pd-C 催化剂 20 g，按照氢化反应的常规方法，于氢气压力 3.92 kPa 下进行反应，约 3 h 后，不再吸收氢气。滤出催化剂，甲醇洗涤。减压蒸出溶剂，得粗品（**1**）。用乙酸乙酯-石油醚重结晶，得纯品（**1**）27 g，mp 73～74℃，收率 81.7%。

【用途】　抗心律失常药多非利特（Dofetilide）中间体。

6-氨基-3,4-二氢-2(*H*)-喹诺啉酮

$C_9H_{10}N_2O$，162.19

【英文名】　6-Amino-3,4-dihydroquinolin-2-(1*H*)-one

【性状】　淡黄色结晶。mp 174～175℃。

【制法】　吴纯鑫，戴立言等. 中国医药工业杂志，2004，35（9）：522.

于氢化装置中加入 6-硝基-3,4-二氢-2(*H*)-喹诺啉酮（**2**）8.1 g（0.042 mol），无水乙醇 150 mL，5% 的 Pd-C 催化剂 2 g，依次用氮气和氢气置换 2 次，于常温、常压下进行反应，TLC 跟踪反应的进行。反应结束后，滤出催化剂，乙醇洗涤。减压浓缩至干，得化合物（**1**）6.7 g，收率 98.1%。

【用途】　医药中间体，可用于强心剂、心血管等药物的合成。

2-巯基-5-甲氧基-1*H*-苯并咪唑

$C_8H_8N_2OS$，180.22

【英文名】　2-Mercapto-5-methoxy-1*H*-benzimidazole

【性状】　白色粉末。mp 263～264℃。

【制法】　刘雅茹，冯雪松. 广东药学院学报，2006，22（1）：39.

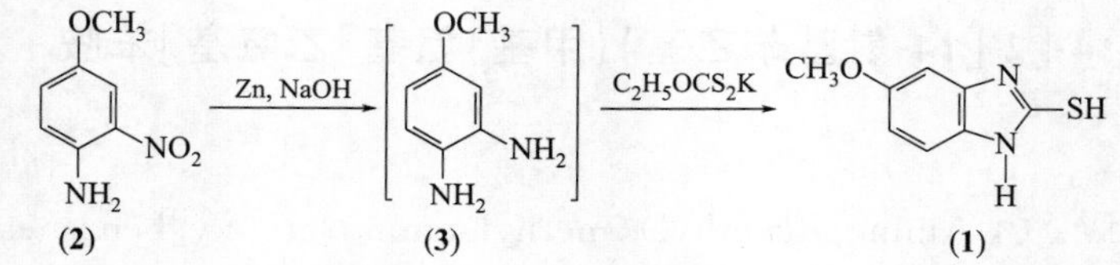

于反应瓶中加入化合物（**2**）21.5 g（0.125 mol），20％的氢氧化钠溶液 10 mL，无水乙醇 50 mL，搅拌下加热至沸。分批加入锌粉 32.5 g（0.497 mol），每批约 2.5 g。反应过程中保持反应体系沸腾，加完后继续反应 1 h。反应液由红色几乎变为无色。趁热过滤，滤饼用热乙醇洗涤。合并滤液和洗涤液，得化合物（**3**）的溶液。加入乙基黄原酸钾 26.2 g（0.166 mol），回流反应 6 h。活性炭脱色后，过滤。将反应物倒入冰水中，用盐酸调至 pH3，静置。过滤，干燥。用异丙醇-乙醇（1∶3）重结晶，得白色粉末（**1**）18.6 g，收率 80％，mp 263～264℃。

【用途】 胃病治疗药奥美拉唑（Omeperazole）中间体。

2-巯基-5-二氟甲氧基-1H-苯并咪唑

$$C_8H_6F_2N_2OS，216.21$$

【英文名】 2-Mercapto-5-difuloromethoxy-1H-benzimidazole
【性状】 白色粉末。mp 251～253℃。
【制法】 ①刘德龙，王苏惠，刘蕴，戴桂元．徐州师范大学学报，2003，21（3）：36.
②柳海杰，王秋芬，王勇．济南大学学报，2011，25（2）：179.

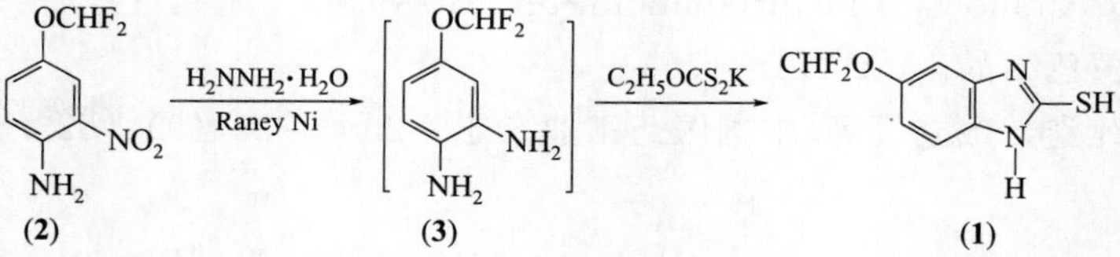

于反应瓶中加入化合物（**2**）4 g（0.02 mol），95％的乙醇 50 mL，而后加入 80％的水合肼 2.25 g（0.04 mol），Raney Ni 0.2 g，于 60℃搅拌反应 2 h。再加入 Raney Ni 0.2 g，回流反应 4 h。滤去催化剂，得化合物（**3**）的溶液。滤液中加入乙基黄原酸钾 4.2 g（0.026 mol），于 80℃反应 4 h。滤去，将反应物倒入 200 mL 水中，生成大量黄色沉淀。用盐酸调至 pH3，变为白色固体。过滤，水洗至中性，滤饼溶于适量氢氧化钠溶液中，活性炭脱色，再重复上述操作，得白色粉末（**1**）4.07 g，收率 94％，mp 251～253℃。

【用途】 抗酸及抗溃疡药泮托拉唑（Pantoprazole）等的中间体。

2,4-二氨基苯甲醛

$$C_7H_8N_2O，136.15$$

【英文名】 2,4-Diaminobenzaldehyde
【性状】 黄色结晶。mp 151.5～152.5℃。
【制法】 张精安，尹文清等．中国医药工业杂志，2002，33（6）：272.

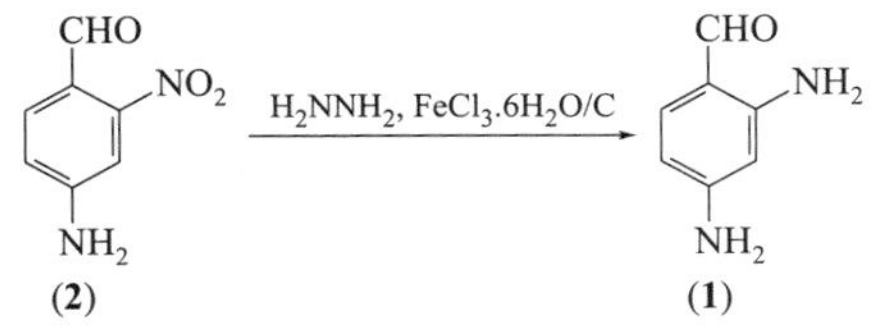

于反应瓶中加入化合物（**2**）8.3 g（0.05 mol），活性炭 4.5 g，六水合三氯化铁 1.0 g（3.7 mmol），甲醇 100 mL，搅拌下加热回流。于 40 min 滴加 85% 的水合肼 8.8 g（0.15 mol），加完后继续回流反应 2 h，至反应液的黄色完全消失。冷却，过滤，少量甲醇洗涤。减压蒸馏至干，加入 120 mL 水，活性炭回流脱色 20 min。趁热过滤，冷冻，析出黄色结晶。抽滤，干燥，得化合物（**1**）5.1 g，收率 75%，mp 151.5～152.5℃。

【用途】　抗真菌药氟康唑（Fluconazole）等的中间体。

3-氯-4-(3-氟苄氧基)苯胺

$C_{13}H_{11}ClFNO$，251.69

【英文名】　3-Chloro-4-(3-fluorobenzyloxy)aniline
【性状】　浅黄色固体。mp 74～78℃。
【制法】　季兴，王武伟，徐贯虹等.中国医药工业杂志，2009，40（11）：801.

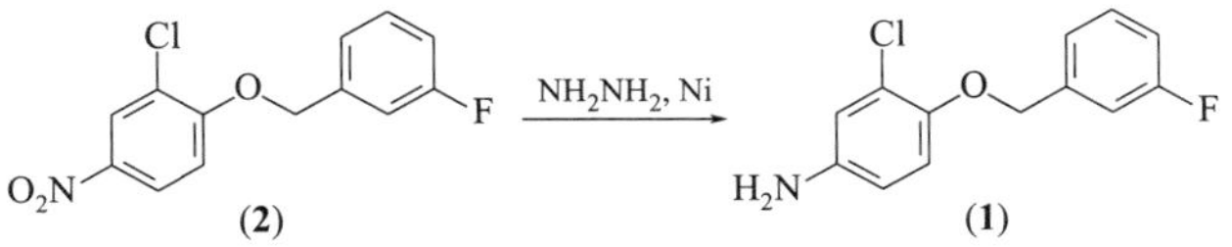

于反应瓶中加入 3-氯-4-(3-氟苄氧基)硝基苯（**2**）2.0 g（7.1 mmol），THF 40 mL，搅拌溶解。加入新制备的 Raney Ni 0.8 g，室温搅拌下慢慢滴加 85% 的水合肼 1.25 g（21.3 mmol），加完后于 40℃继续搅拌反应 40 min。滤去催化剂，滤液减压浓缩，得浅黄色固体（**1**）1.71 g，收率 96%，mp 74～78℃。

【用途】　抗癌药拉帕替尼（Lapatinib）等的中间体。

3,4-二氨基二苯甲酮

$C_{13}H_{12}N_2O$，212.25

【英文名】　3,4-Diaminobenzophenone
【性状】　白色固体。mp 105～106℃。溶于乙醇、稀酸、不溶于水。
【制法】　刘祥宜，朱建民.江苏化工，2002，30（3）：35.

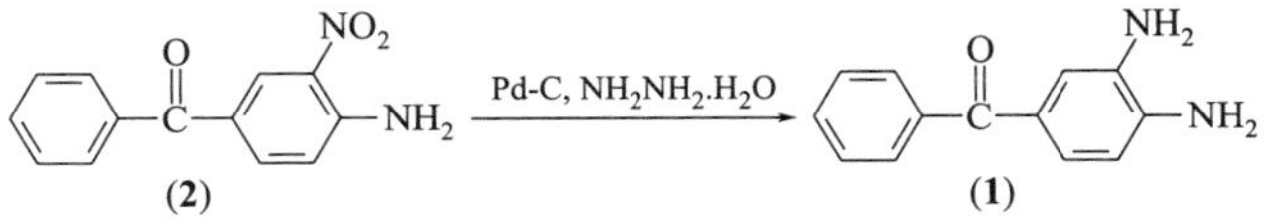

于反应瓶中加入甲醇 200 mL，4-氨基-3-硝基二苯酮（**2**）24.2 g（0.1 mol），搅拌下溶解后，加入 10% 的 Pd-C 催化剂 1 g，于 30℃滴加 85% 的水合肼 13 g，加完后回流反应 1 h。减压蒸出甲醇，剩余物加入 300 mL 水，于 20℃搅拌 1 h。过滤，水洗，干燥，得（**1**）19 g，收率 90%，mp 105～106℃。

【用途】 广谱驱肠虫药甲苯咪唑（Mebendazole）等的中间体。

β-氨甲基-对氯氢化肉桂酸

$$C_{10}H_{12}ClNO_2，213.66$$

【英文名】 β-Aminomethyl-p-chlorohydrocinnamic acid，Baclofen

【性状】 白色结晶性粉末，无臭。难溶于水，甲醇，乙醇，几乎不溶于乙醚、氯仿及苯。mp 200℃（分解）。

【制法】 ①孙昌俊，曹晓冉，王秀菊.药物合成反应——理论与实践.北京：化学工业出版社，2007：74.②江淼，谌志华，邹志芹等.中国医药工业杂志，2010，41（6）：407.

4-对氯苯基吡咯烷酮-2（**3**）：于反应瓶中加入 4-硝基-3-对氯苯基丁酸乙酯（**2**）5.2 g（0.019 mol），乙醇 30 mL，溶解后加入 Raney Ni 0.5 g，室温常压下用氢气还原。还原结束后滤去催化剂。蒸去乙醇，剩余物用乙醚洗涤，得无色结晶（**3**）3.2 g，收率 85%，mp 83~85℃。

β-氨甲基-对氯氢化肉桂酸（**1**）：将上述化合物（**3**）9.5 g（0.049 mol）溶于 17% 的盐酸 40 mL 中，于浴温 130~140℃ 加热反应 20 h。红褐色反应液用活性炭脱色后，滤液减压浓缩至干，得粗品盐酸盐 11.5 g。将其溶于 150 mL 蒸馏水中，过离子交换柱（IR45，OH型），用 3 L 水洗脱。滤液减压浓缩，得无色结晶 6 g，再用水-乙醇重结晶，得 4.7 g 纯品（**1**），收率 46%，mp 189~191℃。

【用途】 中枢神经抑制剂巴氯芬（Baclofen）原料药。

2,2-二甲基-1,3-丙二胺

$$C_5H_{14}N_2，102.18$$

【英文名】 2,2-Dimethylpropane-1,3-diamine

【性状】 无色液体。bp 151~153℃。其盐酸盐为白色结晶，mp 256~257℃。

【制法】 方法 1 王亚平，苏俊等.中国医药工业杂志，1989，20（9）：229.

于高压反应釜中加入 2,2-二甲基-1,3-二硝基丙烷（**2**）10 g（0.06 mol），60% 的甲醇 100 mL，醋酸 20 mL，Raney Ni 催化剂 6 g，排除空气，通入氢气。于 40~50℃、氢气压力 0.6 MPa 下进行还原反应 7 h。冷却，过滤，减压蒸出甲醇。剩余物用 50% 的氢氧化钠溶液调至碱性。用苯提取，合并有机层，无水硫酸钠干燥，过滤，蒸出苯后，减压蒸馏，收集 68~72℃/2.6 kPa 的馏分，得化合物（**1**）2.7 g，收率 42%。

方法 2 黄强，孙梅贞等.中国医药工业杂志，1990，21（10）：466.

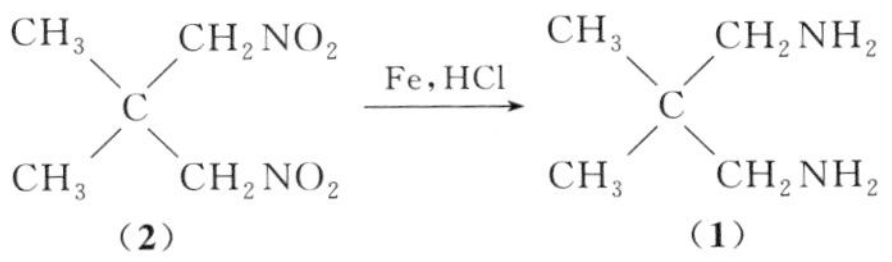

（2）　　　　　　　　　　（1）

于安有搅拌器。温度计、回流冷凝器的反应瓶中，加入铁粉 93 g，水 80 mL，浓盐酸 2 mL，搅拌下加热至微沸腾 10 min。于 100～108℃交替加入化合物（**2**）20 g（0.12 mol）和浓盐酸 30 mL。加完后保温继续搅拌反应 3 h。趁热过滤，滤液中加入固体氢氧化钠至饱和。乙醚提取，无水氯化钙干燥。过滤，蒸出乙醚后继续蒸馏，收集 158～162℃的馏分，得化合物（**1**）7.5 g，收率 60%。

【用途】 药物、有机合成中间体。

2-氨基-6-氯苯甲酸

$C_7H_6ClNO_2$，171.58

【英文名】 2-Amino-6-chlorobenzoic acid
【性状】 类白色固体，mp 148～159℃，溶于水和乙醇。
【制法】 Andrews B D, et al. Australian Journal of Chemistry, 1972, 25：639.

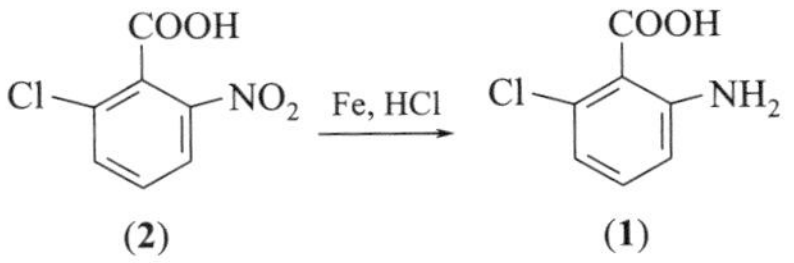

（2）　　　　　　　　　　（1）

于反应瓶中加入铁粉 10 g，氯化铵 10 g，水 100 mL。搅拌下加热至 70～80℃，慢慢滴加由 2-氯-6-硝基苯甲酸（**2**）8，0 g（0.04 mol）溶于 10% 的氢氧化钠 30 mL 配成的溶液。加完后快速搅拌回流反应 3 h。冷后滤出铁泥，滤液用盐酸调至 pH3～4，减压浓缩后析出土黄色固体。过滤，干燥，得（**1**）5.6 g，收率 81.6%，乙醇重结晶，mp 146～150℃。

【用途】 抗生素类药物双氯西林钠（Dicloxacillin sodium）等的合成中间体。

泊马度胺

$C_{13}H_{11}N_3O_4$，273.25

【英文名】 Pomalidomide，4-Amino-N-(2,6-dioxo-3-piperidyl)isoindoline-1,3-dione
【性状】 黄色固体。mp ＞300℃。
【制法】 唐玫，吴晗，张爱英等.中国医药工业杂志，2009，40（10）：721.

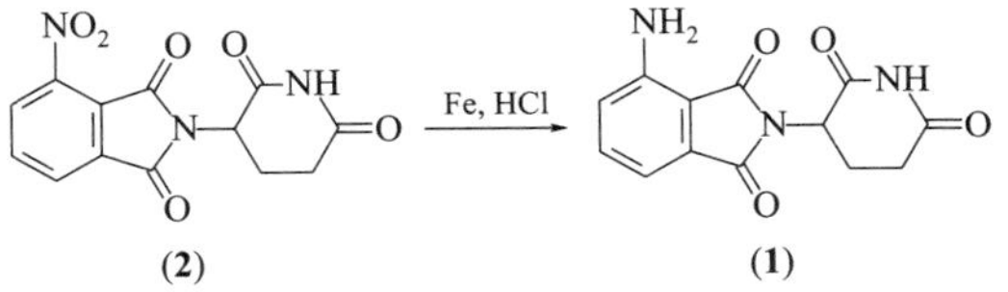

（2）　　　　　　　　　　（1）

于反应瓶中加入 4-硝基-N-(2,6-二氧代-3-哌啶基)-邻苯二甲酰亚胺（**2**）1.21 g（4 mmol），铁粉 2.2 g（16 mmol），浓盐酸 50 mL，室温搅拌反应 3 h。用饱和碳酸氢钠溶液调至 pH8，二氯甲烷提取 3 次。合并有机层，无水硫酸钠干燥。过滤，浓缩，剩余物过硅胶柱纯化，以二氯甲烷-甲醇（80：20）洗脱，得黄色固体（**1**）0.76 g，收率 69.4%，

mp ＞300℃。

【用途】 抗肿瘤药物泊马度胺（Pomalidomide）原料药。

3-氯-4-氟苯胺

C_6H_5ClFN，145.56

【英文名】 3-Chloro-4-fluoroaniline

【性状】 类白色结晶。mp 44℃（45～47℃），bp 227～228℃。溶于乙醇、乙醚、氯仿、丙酮等有机溶剂，不溶于水。

【制法】 黄庆云，曹霞.中国医药工业杂志，1991，22（8）：368.

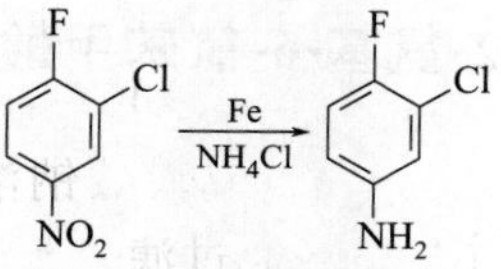

于安有搅拌器、回流冷凝器的反应瓶中，加入铁屑 14 g（0.25 mol），水 70 mL，氯化铵适量，3-氯-4-氟硝基苯（**2**）17.55 g（0.1 mol），加完后搅拌升温回流 2.5 h。水蒸气蒸馏，至无油状物滴出为止。馏出油状物冷后固化，抽滤，干燥，得粗品（**1**）13.1 g，收率90%，mp 41～44℃。

【用途】 抗菌药诺氟沙星（Norfloxacin）等的中间体。

2,4,6-三甲基苯胺

$C_9H_{13}N$，135.21

【英文名】 2,4,6-Trimethylaniline，2,4,6-Trimethylbenzenamine

【性状】 淡黄色油状液体。mp －5℃，bp 228～232℃。溶于乙醇、乙醚，微溶于水。其硫酸盐为白色针状结晶，mp 163～165℃。

【制法】 周锡瑞，李萍等.中国医药工业杂志，1989，20（4）：147.

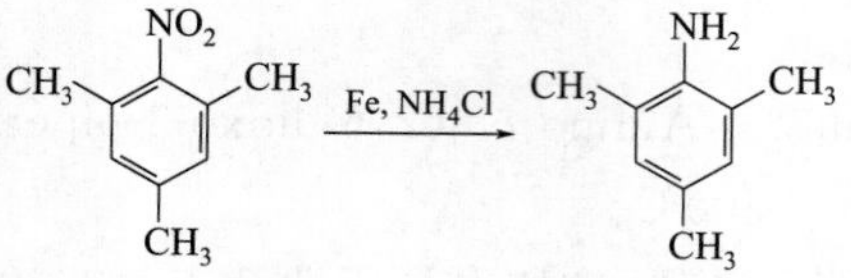

于安有搅拌器、回流冷凝器的反应瓶中，加入水 240 mL，氯化铵 14 g，铁粉 120 g，搅拌下加热至 80℃使铁粉活化。冷至室温，加入 2,4,6-三甲基硝基苯（**2**）60 g（0.364 mol），慢慢升温至 100℃左右，剧烈搅拌反应 1.5 h。冷至室温，过滤，滤饼水洗数次。合并滤液和洗涤液，用20%的硫酸调至 pH1～2，水蒸气蒸馏以除去未反应的原料。剩余液用40%的氢氧化钠调至 pH10，继续水蒸气蒸馏，分出油层，得粗品（**1**）。用20%的硫酸调至 pH1～2，减压浓缩，得白色固体（**1**）的硫酸盐。用水重结晶，得化合物（**1**）的硫酸盐 36 g，mp 163～165℃，收率 54%。

【用途】 解痉药间三甲均苯三酚（2,4,6-Trimethylphloroglucinol）中间体。

4,5-二氯邻苯二胺

$C_6H_6Cl_2N_2$，177.03

【英文名】 4,5-Dichlorobenzene-1,2-diamine

【性状】 银白色鳞片状结晶。mp 158～164℃。

【制法】 李苟，胡清萍，崔学桂等.中国医药工业杂志，2004，35（8）：454.

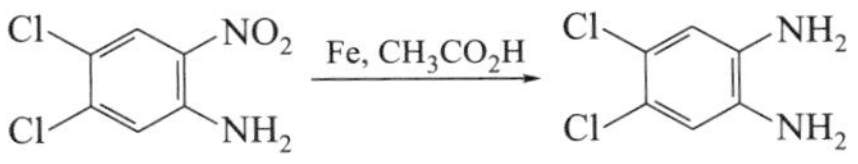

于反应瓶中加入水 100 mL，冰醋酸 1 mL，铁粉 10 g，搅拌下加热至沸。10 min 后，加入 4,5-二氯-2-硝基苯胺（**2**）3.7 g（17.9 mmol）溶于 30 mL 乙醇的溶液。回流反应 2 h后，加入少量无水亚硫酸钠。冷却，用 10％的碳酸钠溶液调至 pH8～9。过滤，热乙醇洗涤。合并滤液和洗涤液，蒸出乙醇后，冷却，过滤，水洗，干燥。得化合物（**1**）2.9 g，收率 91％。

【用途】 药物利可替奈（Licostinel）等的中间体。

4-氨基吡啶

$C_5H_6N_2$，94.12

【英文名】 4-Aminopyridine

【性状】 针状结晶。mp 158～160℃。

【制法】 任勇，刘静，华维一.化学试剂，1998，20（4）：240.

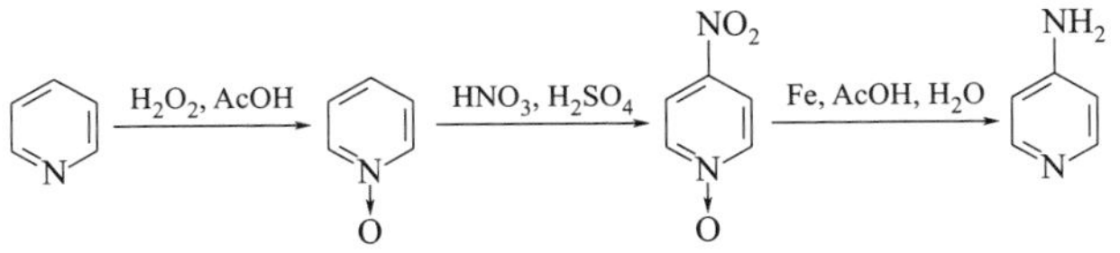

于反应瓶中加入醋酸 300 mL，30％的双氧水 150 mL，解热至 70℃，慢慢加热吡啶（**2**）120 g，保温反应 2.5 h。再加入 30％的双氧水 105 mL，保温反应 5 h。减压蒸出溶剂，剩余物中加入氯仿 100 mL，少量碳酸钠中和，无水硫酸钠干燥。过滤，浓缩，得浅黄色油状物（**3**）粗品，直接用于下一步反应。

冰浴冷却下向上述化合物（**3**）中慢慢加入浓硫酸，先固化，随后搅拌下继续滴加硫酸直至溶解。加入由发烟硝酸 250 mL 和 200 mL 硫酸配成的混酸，于 85～90℃反应 5 h。放置过夜，冷却下用 45％的氢氧化钠中和至 pH7。过滤，滤饼用 500 mL 氯仿分三次洗涤，滤液用氯仿提取 3 次。合并有机层，无水硫酸钠干燥。过滤，减压浓缩，得黄色固体（**4**）138 g，收率 64.9％，mp 161～163℃。

取化合物（**4**）4.0 g，加入 30 mL 醋酸，5 g 还原铁粉、1.0 g 氯化铵。于 100℃搅拌反应 1 h。再加入 3 g 铁粉继续保温反应 2 h。改为蒸馏装置，蒸出 110℃之前的馏分，再减压蒸馏，得黑色黏稠物。用稀氢氧化钠中和至碱性，过滤，水洗。滤液以乙醚提取，无水硫酸钠干燥。过滤，浓缩，得淡黄色固体（**1**）2.3 g，收率 85.6％。用苯重结晶，得针状结晶，mp 158～160℃。

【用途】 降压药吡那地尔（Pinacidil）等的中间体。

5-氨基邻苯二甲酰亚胺

$C_8H_6N_2O_2$，12.15

【英文名】 5-Aminophthalimide，5-Aminoisoindoline-1,3-dione
【性状】 黄色结晶。mp 294℃。
【制法】 刘丹，孟艳秋.中国医药工业杂志，2004，35（6）：330.

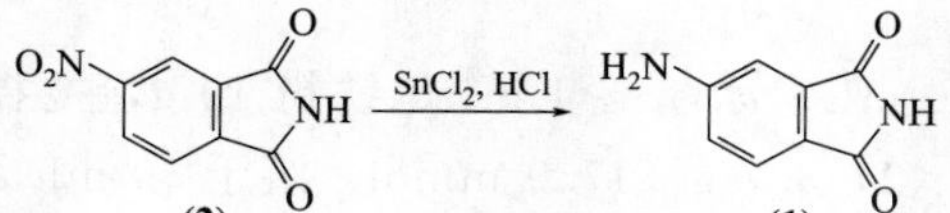

于反应瓶中加入浓盐酸 300 mL，水 150 mL，氯化亚锡 84 g，搅拌下加入 40 硝基邻苯二甲酰亚胺（**2**）20 g（0.104 mol）。加热至 50℃，固体完全溶解，随后反应液变混，析出结晶。冷至 0℃，过滤，滤饼用热水洗涤，干燥，得黄色结晶（**1**）15 g，收率 88%。

【用途】 抗抑郁药西酞普兰（Citalopram）中间体。

4-氨基-1-甲基-3-丙基-1*H*-吡唑-5-甲酰胺

$C_8H_{14}N_4O$，182.23

【英文名】 4-Amino-1-methyl-3-propyl-1*H*-pyrazole-5-carboxamide
【性状】 白色针状结晶。mp 98～191℃。
【制法】 申静，尤聪超等.中国医药工业杂志，2000，31（9）：420.

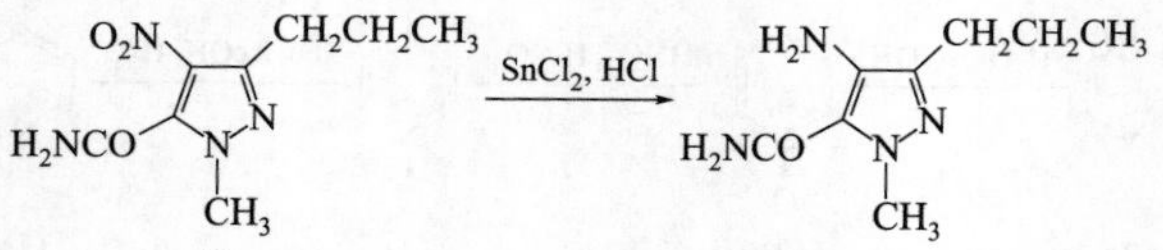

于安有搅拌器、回流冷凝器的反应瓶中，加入 1-甲基-4-硝基-3-丙基吡唑-5-甲酰胺（**2**）21.2 g（0.1 mol），乙醇 200 mL，氯化亚锡二水合物 113 g，搅拌下回流反应 1.5 h。冷至室温，用 25% 的氢氧化钠调至 pH9，滤出白色沉淀。滤液用二氯甲烷提取（500 mL×3），合并有机层，无水硫酸镁干燥。过滤，蒸出溶剂，剩余物加入乙醚并研磨，析出固体。过滤，得粗品（**1**）。无水乙醚重结晶，得白色针状结晶（**1**）12.9 g，mp 98～191℃，收率 71%。

【用途】 磷酸二酯酶抑制剂西地那非（Sildenafil）等的中间体。

对氨基苯甲酸

$C_7H_7NO_2$，137.14

【英文名】 *p*-Aminobenzoic acid
【性状】 白色结晶。mp 186℃。

【制法】 张斌，许莉勇.浙江工业大学学报，2004，32（2）：143.

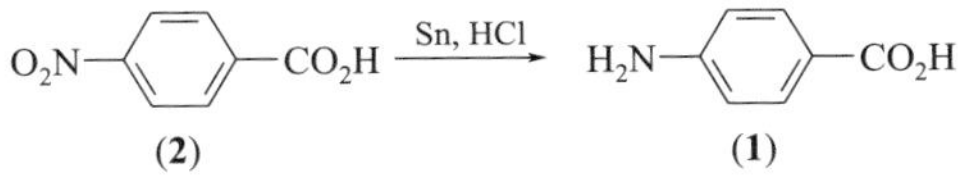

于反应瓶中加入对硝基苯甲酸（**2**）4.0 g（0.024 mol），锡粉 8.0 g，浓盐酸 20 mL，加热搅拌回流。30 min 后，反应体系基本呈透明状。稍冷后将反应物倒入烧杯中，用浓氨水调至 pH8，生成氢氧化锡沉淀。抽滤，水洗，水溶液用醋酸调至 pH6，生成白色沉淀。冰水浴冷却，抽滤，水洗，干燥，得白色化合物（**1**）2.5 g，收率 76%，mp 184℃。

【用途】 麻醉药与麻醉辅助用药苯佐卡因（Benzocaine）等的中间体。

5-氨基-2-甲氧基苯甲酸甲酯

$C_9H_{11}NO_3$，181.19

【英文名】 Methyl 5-amino-2-methoxybenzoate
【性状】 棕黄色油状液体。
【制法】 王庆河，王千里.中国医药工业杂志，2003，34（7）：314.

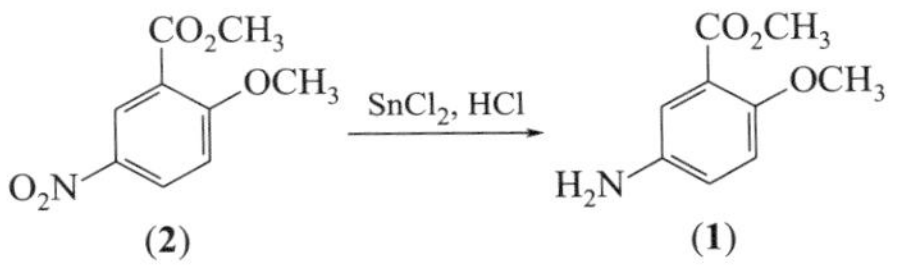

于安有搅拌器、温度计、回流冷凝器的反应瓶中，加入二水合氯化亚锡 79 g，浓盐酸 250 mL，搅拌下室温分批加入 2-硝基-5-甲氧基苯甲酸甲酯（**2**）21.1 g（0.1 mol）。加完后室温搅拌反应 30 h。用饱和氢氧化钠调至 pH7，再用饱和碳酸钠溶液调至 pH10。乙酸乙酯提取（200 mL×3），合并有机层，水洗，无水硫酸钠干燥。过滤，减压蒸出溶剂，得化合物（**1**）15.7 g，收率 86.7%。

【用途】 抗糖尿病新化合物 KRP-297 的中间体。

2-[[（2′-氰基联苯基）-4-基]甲基]-氨基-3-氨基苯甲酸乙酯

$C_{23}H_{21}N_3O_2$，371.44

【英文名】 Ethyl 2-[[(2′-cyanobiphenyl)-4-yl]methyl]-amino-3-aminobenzoate
【性状】 白色结晶。mp 104～105℃。
【制法】 曹日辉，钟庆华，彭文烈等.中国医药工业杂志，2003，34（9）：425.

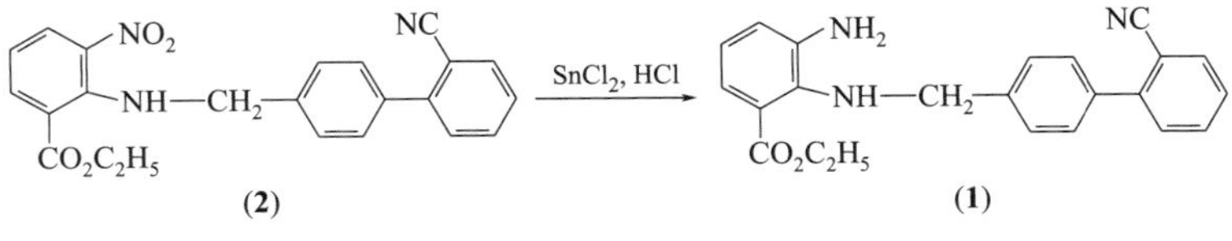

于安有搅拌器、回流冷凝器的反应瓶中，加入无水乙醇 200 mL，化合物（**2**）41.6 g（0.103 mol），氯化亚锡二水合物 112.4 g，搅拌下加热回流反应 2 h。减压蒸出乙醇至干，剩余物溶于 500 mL 乙酸乙酯中，冰浴冷却。进行慢慢滴加 14% 的氢氧化钠溶液至 pH11～12。分出有机层，水层用乙酸乙酯提取。合并有机层，水洗。用 12% 的盐酸调至 pH2～3。

过滤，干燥，得粗品。将粗品溶于 200 mL 水中，用饱和碳酸钠调至 pH11～12，乙酸乙酯提取，无水硫酸钠干燥。过滤，减压浓缩。剩余物用乙酸乙酯重结晶，得化合物（**1**）28.4 g，mp 104～105℃，收率 78%。

【用途】 高血压治疗药坎地沙坦酯（Candesartan）中间体。

5-氨基乳清酸

$C_5H_5N_3O_4$，171.11

【英文名】 5-Aminoorotic acid

【性状】 mp ＞300℃。

【制法】 陈芬儿. 有机药物合成法：第一卷. 北京：中国医药科技出版社，1999：431.

于反应瓶中加入水 15 L，于 30℃加入连二亚硫酸钠 13.47 kg（77.4 mol），搅拌下慢慢加入硝基乳清酸（**2**）1.238 kg（5.55 mol），控制内温不超过 60℃。加完后冷至 30～33℃，保温反应 1 h。于 30 min 内慢慢加入浓盐酸 3.937 kg，30～33℃搅拌 30 min。静置，过滤，水洗至中性。干燥，得化合物（**1**）0.817 kg，收率 86%。

【用途】 抗凝血药莫哌达醇（Mopidamol）等的中间体。

对氨基苯甲醛

C_7H_7NO，121.13

【英文名】 *p*-Aminobenaldehyde

【性状】 浅黄色固体。mp 68～70℃。

【制法】 袁产生，杨玉龙，刘振和等. 中国医药工业杂志，1991，22（11）：513.

于 1 L 烧杯中加入蒸馏水 40 mL，九水硫化钠 3.65 g（0.0152 mol），硫黄粉 1.88 g（0.0586 mol），氢氧化钠 2.5 g（0.0625 mol），搅拌下于 80℃搅拌反应 1 h，备用。

于安有搅拌器的反应瓶中，加入 95% 的乙醇 400 mL，对硝基甲苯（**2**）6.25 g（0.0456 mol），DMF 0.15 mL，尿素 1 g，搅拌下加热回流，滴加上面制备的多硫化钠溶液，约 1.5～2 h 加完。加完后继续搅拌回流反应 1.5 h。水蒸气蒸馏，收集馏出液 130 mL。剩余液体趁热过滤，冷却后析出黄色结晶。用乙醚提取（30 mL×3），合并乙醚层，回收乙醚后，真空干燥，得淡黄色固体（**1**）4.6 g，收率 83.3%，mp 69～71℃。

【用途】 抗菌药甲氧苄胺嘧啶（Trimethoprim）、结核病治疗药物胺苯硫脲（Thioacetazone）等的中间体。

2-氨基-4-硝基苯酚

$C_6H_6N_2O_3$，154.13

【英文名】 2-Amino-4-nitrophenol

【性状】 橙色棱状结晶。mp 142～143℃，176～177℃，195～198℃（分解）。含结晶水的 mp 80～90℃。溶于酸、醇、醚，稍溶于水。

【制法】 方法1 魏启华，梁燕波.徐州师范大学学报：自然科学版，1999，17（4）：35.

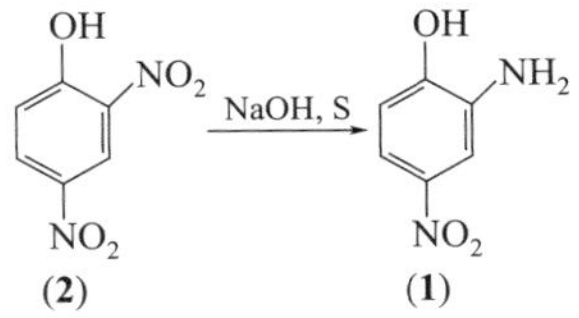

于反应瓶中加入水 30 mL，2,4-二硝基苯酚（**2**）13.4 g，搅拌下加热至 80℃，滴加新制备的多硫化钠水溶液（由氢氧化钠 10.94 g、水 30 mL，硫黄粉 8.738 g 搅拌加热而成），控制滴加速度，反应液温度控制在 90℃。加完后继续搅拌反应 30 min，生成紫褐色反应液。继续反应 15 min 后，冷却，过滤。滤饼用水重结晶，得黄棕色棱柱型结晶（**1**）7.75 g，收率 68%，mp 84～85℃（含结晶水），干燥后 mp 141～143℃。

方法2 孙昌俊，曹晓冉，王秀菊.药物合成反应——理论与实践.北京：化学工业出版社，2007：72.

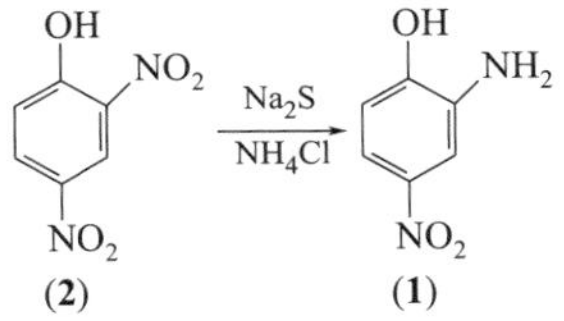

于安有搅拌器、回流冷凝器、温度计的反应瓶中，加入水 2.5 L，2,4-二硝基苯酚（**2**）300 g（1.63 mol），氯化铵 600 g（11.2 mol），浓氨水 100 mL，加热至 85℃。冷至 75℃时，慢慢加入 60%的硫化钠溶液 700 g（5.4 mol），约 1.5 h 加完。加入过程中保持内温 80～85℃，加完后继续搅拌反应 15 min。趁热过滤。滤液冷却过夜，滤出析出的固体。将固体物溶于 1.5 L 沸水中，用冰醋酸调至 pH 4～5，活性炭脱色后，自然冷至室温，析出棕色结晶。抽滤，水洗，真空干燥，得（**1**）160～167 g，收率 64%～67%。用热水重结晶，mp 143～143℃。

【用途】 抗心绞痛药物醋丁洛尔（Acebutolol）等的中间体。

苯基羟胺

C_6H_7NO，109.13

【英文名】 Phenylhydroxylamine

【性状】 无色结晶。

【制法】 韩广甸，赵树纬，李述文.有机制备化学手册：中卷.北京：化学工业出版社，1980：70.

于反应瓶中加入氯化铵 13 g（0.25 mol），400 mL 水，新蒸馏的硝基苯（**2**）24.6 g（0.2 mol），搅拌下于 15 min 分批加入 30 g 含锌量 90% 的锌粉，此时反应液温度升至 60℃。保持此温度，直至将锌粉加完。加完后继续搅拌反应 15 min。根据硝基苯的气味可以判断反应是否完全。

趁热过滤，用 150 mL 温水洗涤。滤液用 150 g 氯化钠饱和，冷却。抽滤生成的浅黄色固体，水洗，干燥。用苯-石油醚混合溶剂重结晶，得无色结晶（**1**）16 g，收率 75%。

【用途】 药物、有机合成中间体。

1,2-二苯基肼

$$C_{12}H_{12}N_2，184.24$$

【英文名】 1,2-Diphenylhydrazine，Hydrazobenzene

【性状】 无色片状结晶。mp 126～127℃。溶于乙醇、苯，微溶于水，不溶于乙酸。

【制法】 方法 1 顾尚香，姚卡玲，侯自杰，吴集贤.有机化学，1998，18（2）：157.

于安有搅拌器、回流冷凝器的反应瓶中，加入硝基苯（**2**）1.23 g（0.01 mol），95% 的乙醇 15 mL，氢氧化钠 2.4 g（0.06 mol），水 25 mL，搅拌下加热至 70℃后，分批加入二氧化硫脲 3.0 g（0.028 mol），加完后于 79℃ 搅拌反应 1 h。冰水浴冷却，过滤，用含 SO_2 的乙醇溶液洗涤并重结晶，真空干燥，得白色结晶（**1**），收率 87.6%。mp 125.6～126.1℃。

方法 2 Milos Hudlicky. Reductions in Organic Chemistry. Ellis Horwood Limited. Halsted Press：A division of John Wiley & Sons. New York. 1984：213.

于安有搅拌器、温度计、回流冷凝器的反应瓶中，加入硝基苯（**2**）50 g（0.4 mol），30% 的氢氧化钠水溶液 180 mL，20 mL 水，50 mL 乙醇，剧烈搅拌下分批加入锌粉 100～125 g（1.5～1.9 mol），直至红色液体变为浅黄色。继续搅拌反应 15 min，加入 1 L 冷水。过滤，固体物水洗。固体物用热的 750 mL 乙醇提取，趁热过滤，滤液冷却，析出固体。抽滤，滤液再对原来固体提取。得到的粗品用乙醇-乙醚重结晶，得化合物（**1**）纯品。mp 126～127℃。

【用途】 类风湿性关节炎治疗药保泰松（Phenylbutazone）等的中间体。

5-氨基水杨酸

$$C_7H_7NO_3，153.14$$

【英文名】 5-Aminosalicilic acid，5-Amino-2-hydroxybenzoic acid

【性状】 白色至桃红色结晶。mp 235℃（283℃分解）。略溶于冷水、乙醇，易溶于热水，溶于盐酸。

【制法】 戴国华，费炜，徐子鹏. 中国医药工业杂志，1998，29（10）：443.

于反应瓶中加入偶氮苯水杨酸（**2**）11 g（0.5 mol），40%的氢氧化钠 100 mL，45%的水合肼 70 mL，搅拌下分批加入新制备的 Raney Ni 2 g，约 1 h 加完，而后沸水浴加热反应 3 h。水蒸气蒸馏，蒸出反应中生成的苯胺，至馏出液澄清。冷后滤出催化剂。滤液中加入浓盐酸 80 mL，冷冻，析出固体。再用 400 mL 4%的盐酸重结晶，得针状结晶。用稀盐酸（350 mL 水与 35 mL 浓盐酸）溶解，活性炭脱色，过滤，滤液用 15%的氢氧化钠调至 pH5～6，冷却，过滤，干燥，得灰白色化合物（**1**）55 g，收率 72%，mp 280℃（分解）。

也可以采用如下方法来合成 [周静，王效山，何丽琴等. 安徽化工，2007，33（4）：19]。

【用途】 治疗溃疡性结肠炎药物马沙拉嗪（Masalazine）的原料药。

甲基-2,3,6-三脱氧-3-氨基-α-L-来苏型-己吡喃糖苷

$C_7H_{15}NO_3$，161.20

【英文名】 Methyl-2,3,6-trideoxy-3-amino-α-L-lyxo-hexopyranoside

【性状】 白色固体。用乙醚重结晶，mp 110～112℃，$[\alpha]_D^{25}-161.01°$（$c=1.0024$，H_2O）。

【制法】 Grethe G，Mitt T，Williams T H，et al. J Org Chem，1983，48（26）：5309.

于反应瓶中加入氧化铂 300 mg，化合物（**2**）185 mg（1 mmol）和甲醇 5 mL 的溶液。于室温常压下通氢氢化至不吸氢为止。过滤回收催化剂（套用），滤液减压回收溶剂，析出白色固体。于 50～60℃/16.67 Pa 下升华，得白色固体（**1**）146 mg，收率 96%。用乙醚重结晶，mp 110～112℃，$[\alpha]_D^{25}-161.01°$（$c=1.0024$，H_2O）。

【用途】 抗肿瘤药盐酸表柔比星（Epirubicin hydrochloride）中间体。

2-(3-氨基-2-氧代-2,3,4,5-四氢苯并[b]氮杂䓬-1-基)乙酸乙酯

$C_{14}H_{18}N_2O_3$，262.31

【英文名】 Ethyl 2-(3-amino-2-oxo-2,3,4,5-tetrahydrobenzo[b]azepine-1-yl)acetate

【性状】 白色固体。mp 101～103℃。

【制法】 Watthey J W H, Stanton J L, Desai M, et al. J Med Chem, 1985, 28 (10): 1511.

于干燥的反应瓶中加入化合物（**2**）20.0 g（0.070 mol），乙醇 200 mL，10％的 Pd-C 催化剂 1.0 g，搅拌下室温、303.9 kPa 氢气压力下反应 1.5 h，间歇放气以除去生成的氮气。过滤，回收催化剂，减压蒸出溶剂，得黄色油状物。加入乙醚 100 mL，捣碎，过滤，干燥，得白色固体（**1**）17.0 g，收率 93％，mp 101～103℃。

【用途】 高血压病治疗药贝那普利（Benazepril）等的中间体。

4-[2-(二甲基氨基)乙氧基]苄胺

$C_{11}H_{18}N_2O$，194.28

【英文名】 4-[2-(Dimethylamino)ethoxy]benzenemethanamine

【性状】 无色油状液体。

【制法】 Yasuo Itoh, Hideo Karo, et al. US 4983633. 1991.

4-[2-(二甲基氨基) 乙氧基] 苯甲醛肟（**3**）：于反应瓶中加入 4-[2-(二甲基氨基) 乙氧基] 苯甲醛（**2**）154 g（0.798 mol），乙醇 600 mL，盐酸羟胺 59.9 g（0.862 mol），搅拌回流反应 10 min。冷却，过滤生成的沉淀（盐酸盐），得浅黄色固体。将其溶于 150 mL 水中，用碳酸钾调至碱性，氯仿提取。提取液用无水硫酸钠干燥，过滤，减压浓缩，剩余物用异丙醚洗涤，干燥，得无色结晶（**3**）157 g，收率 94.6％。乙酸乙酯中重结晶，得无色片状结晶，mp 95～96℃。

4-[2-(二甲基氨基) 乙氧基] 苄胺（**1**）：于高压反应釜中加入上述化合物（**3**）27.04 g（0.13 mol），含 10％氨的甲醇溶液 400 mL，Raney Ni 3.6 g，用氮气置换空气，再用氢气置换氮气，于 30℃、氢气压力 5 MPa 下氢化，直至不再吸收氢气为止。滤去催化剂，滤液减压浓缩。剩余物减压蒸馏，收集 142～144℃/800 Pa 的馏分，得无色油状液体（**1**）21.2 g，收率 85.9％。

【用途】 缓解功能性消化不良的各种症状药物盐酸伊托必利（Itopride hydrochloride）中间体。

3-甲基-1-[2-(1-哌啶基)苯基]丁胺

$C_{16}H_{26}N_2$，246.40

【英文名】 3-Methyl-1-(2-piperidin-1-ylphenyl)butylamine

【性状】　棕色液体。

【制法】　唐鹤，李美玉，苑文秋等.中国医药工业杂志，2008，39（10）：727.

于反应瓶中加入 3-甲基-1-[2-(1-哌啶基) 苯基] 丁酮肟（**2**）231 g（0.89 mol），甲醇 1.6 L，NiCl$_2$·6H$_2$O 316 g（1.33 moL），搅拌下冷至 0℃，3 h 内分批加入硼氢化钠 238 g（6.26 mol），加完后同温反应 1 h。将反应物倒入 1.5 L 水中，用盐酸约 200 mL 调至 pH1～2。过滤，滤液用 30% 的氢氧化钠溶液约 150 mL 调至 pH7～8。减压溶剂后，加入浓氨水 400 mL，用石油醚（60～90℃）提取（400 mL×2），合并有机层，无水硫酸钠干燥。过滤，旋转浓缩，得棕色油状液体（**1**）174 g，收率 79.6%。

【用途】　Ⅱ型糖尿病治疗药瑞格列奈（Repaglinide）中间体。

3-氨基-1-苄基-2-甲基吡咯烷

C$_{12}$H$_{18}$N$_2$，190.29

【英文名】　3-Amino-1-benzyl-2-methylpyrrolidine

【性状】　无色液体。

【制法】　Sumio Iwanami，Mutsuo Takashima，Yasufumi Hirata，et al. J Med Chem，1981，24（10）：1224.

1-苄基-2-甲基吡咯烷-3-酮肟（**3**）：于反应瓶中加入盐酸羟胺 25.7 g（360 mmol），水 50 mL，甲醇 80 mL，搅拌溶解。慢慢加入 1-苄基-2-甲基吡咯烷-3-酮（**2**）35 g（185 mmol）溶于 20 mL 甲醇的溶液，加入速度以控制反应液在 30℃ 为宜。加完后再加入碳酸钾 15.8 g（206 mmol），室温搅拌反应 30 min。加水 72 mL，室温搅拌过夜。加水 100 mL，继续搅拌 1 h。过滤析出的白色结晶，水洗，干燥，得白色固体（**3**）35 g，收率 88.4%，mp 97～99℃。

3-氨基-1-苄基-2-甲基吡咯烷（**1**）：于高压反应釜中加入上述化合物（**3**）4 g（19.6 mmol），甲醇 12 mL，氨水 4 mL，Raney Ni 催化剂 1 g，用氮气置换空气，再用氢气置换氮气，而后氢化，直至吸收理论量的氢气为止。滤去催化剂，滤液减压蒸馏，收集 102～103℃/53 Pa 的馏分，得化合物（**1**）2.7 g，收率 72%。分析表明，顺式异构体为 54%，反式异构体为 46%。

【用途】　精神分裂症治疗药物奈莫必利（Nemonapride）中间体。

5-甲基-7-氨基-5H,7H-二苯并[b,d]氮杂环庚-6-酮

$$C_{15}H_{15}N_2O,\ 239.30$$

【英文名】 5-Methyl-7-amino-5H,7H-dibenzo[b,d]azepine-6-one

【性状】 白色针状结晶。

【制法】 ①Abdul H Fauq, Katherine Simpson, Ghulam M Maharvi, et al. Bioorganic & Medicinal Chemistry Letters, 2007, 17: 6392. ②Audia J E, Mabray T E, Nissen J A, et al. US 958300. 2005.

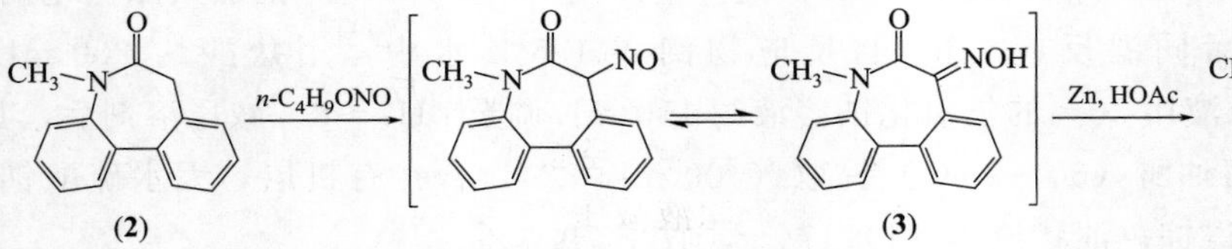

5-甲基-5H-二苯并[b,d]氮杂环庚-6,7-二酮-7-肟（**3**）：于反应瓶中加入 5-甲基-5H,7H-二苯并[b,d]氮杂环庚-6-酮（**2**）11.15 g（0.05 mol），甲苯 300 mL，亚硝酸正丁酯 11.68 mL（0.1 mol）。冰盐浴冷至 0℃以下，慢慢滴加 10%的六甲基二硅氨基钾（KH-DMS）80 mL，加完后于 0℃继续搅拌反应 1.5 h。用硫酸氢钠溶液淬灭反应。二氯甲烷提取，水洗，无水硫酸镁干燥。蒸出溶剂，过硅胶柱纯化，得白色针状结晶（**1**）11.1 g，收率 88%。

5-甲基-7-氨基-5H,7H-二苯并[b,d]氮杂环庚-6-酮（**1**）：于反应瓶中加入化合物（**6**）10.01 g（0.04 mol），冰醋酸 150 mL，磁力搅拌下加入锌粉 10 g，于 60℃搅拌反应 3 h。冷后过滤，倒入冰水中。乙酸乙酯提取，水洗，无水硫酸钠干燥，浓缩，硅胶柱色谱纯化，得白色固体（**1**）8.7 g，收率 91%。

【用途】 γ-分泌酶抑制剂 LY411575 中间体。

2-氨基茚满

$$C_9H_{11}N,\ 133.19$$

【英文名】 2-Indanamine

【性状】 白色固体。

【制法】 汪金璟，叶梅红，郑睿等. 科学技术与工程，2011，11（32）：8001.

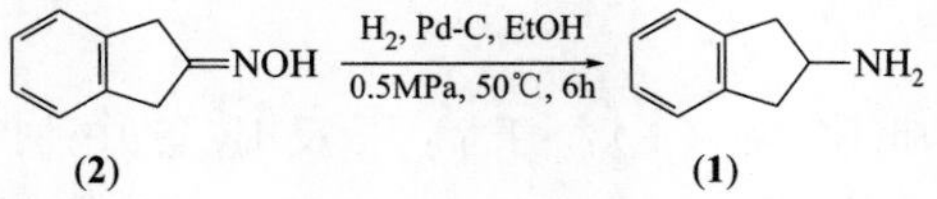

于高压反应釜中加入化合物（**2**）7.0 g（47.6 mmol），乙醇 50 mL，10%Pd-C 催化剂 0.35 g，于氢气压力 0.5 MPa，50℃反应 6 h。过滤，浓缩至干。重结晶，得白色固体（**1**）5.4 g，收率 85.6%。

【用途】 抗高血压药地拉普利（Delapril）中间体。

2-氨甲基 5-羟基吡啶

$C_6H_8N_2O$，124.14

【英文名】 2-Aminomethyl-5-hydroxypyridine

【性状】 暗红色结晶。mp 158～160℃。

【制法】 ① Huang Naikuei，Chern Yiuang，Fang jim-miu，et al. Journal of Natural Products，2007：70（4）：571.②李河水，王琳. 中国药物化学杂志，1998，（9）2：116.

5-羟基-2-吡啶甲醛肟（**3**）：于安有搅拌器、回流冷凝器的反应瓶中，加入乙醇 30 mL，2-羟基-5-吡啶甲醛（**2**）1.7 g（13.8 mmol），盐酸羟胺 1.8 g（25.9 mmol），无水醋酸钠 2.12 g（25.8 mmol），回流反应 4 h。过滤，滤液减压浓缩至干，得粗品（**3**）2.3 g。不必纯化直接用于下一步反应。纯品为黄色固体，mp 178℃。

2-氨甲基 5-羟基吡啶（**1**）：于氢化反应瓶中加入化合物（**3**）0.572 g，40 mL 甲醇，再加入 5% 的 Pd-C 催化剂 300 mg。用氮气置换空气，再用氢气置换氮气，而后在 3 kPa 压力下反应 17 h。滤去催化剂，减压蒸出溶剂，得粉红色油状物 0.55 g。过硅胶柱纯化，得纯品暗红色结晶（**1**），mp 158～160℃。

【用途】 蜜环菌素等的中间体。

2-氨基-5-氯二苯酮

$C_{13}H_{10}ClNO$，231.68

【英文名】 2-Amino-5-chlorobenzophenone

【性状】 白色固体。mp 96～98℃。

【制法】 姚建新，李占灵. 郑州大学学报：医学版，2008，43（4）：791.

于反应瓶中加入化合物（**2**）35 g（0.15 mol），乙醇 200 mL，铁粉 20.7 g（0.37 mol），搅拌下加热回流，慢慢滴加由盐酸 5.7 mL 与 25 mL 乙醇配成的溶液，约 0.5 h 加完。加完后继续回流反应 2 h。用 10% 的氢氧化钠溶液调至 pH7～8，活性炭脱色。过滤，滤液回收乙醇约 100 mL，冷冻，析出结晶。抽滤，少量乙醇洗涤，干燥，得黄色针状结晶（**1**）。母液浓缩后可以再得到部分产品，共得化合物（**1**）31.5 g，收率 89.5%，mp 96～98℃。

【用途】 镇静催眠药阿普唑仑（Alprazolam）中间体。

内型 3-氨基-9-甲基-9-氮杂双环[3.3.1]壬烷

$C_9H_{18}N_2$，154.24

【英文名】 *endo*-3-Amine-9-methyl-9-azabicyclo[3.3.1]nonane

【性状】 浅黄色油状液体。bp 115～119℃/2.3 kPa，n_D^{20} 1.5066。

【制法】 孙昌俊，曹晓冉，王秀菊.药物合成反应——理论与实践.北京：化学工业出版社，2007：69.

方法 1

于安有搅拌器、回流冷凝器（顶部按氯化钙干燥管）的 5 L 反应瓶中，加入无水四氢呋喃 900 mL，四氢铝锂 73 g（1.9 mol），搅拌下冷至−10℃，于 2 h 内滴加 50.5 mL 浓硫酸（0.95 mol）溶于 200 mL 四氢呋喃的溶液，加完后放置过夜。滴加内型 9-甲基-9-氮杂双环 [3.3.1] 壬酮-3-肟（**2**）80 g（0.475 mol）溶于 1.4 L 四氢呋喃的溶液，控制温度不超过 30℃，约 1 h 加完。而后于 40℃搅拌反应 3 h。冷至 10℃以下，滴加 150 mL 水与 150 mL 四氢呋喃的混合液。加完后于 30℃搅拌反应 1 h。滤去沉淀物，滤饼用二氯甲烷洗涤。混合有机层，蒸去溶剂，而后减压蒸馏，收集 115～119℃/2.3 kPa 的馏分，得（**1**）50 g，收率 68.5%。

方法 2

于高压釜中加入 9-甲基-9-氮杂双环 [3.3.1] 壬酮-3-肟（**2**）10 g（0.06 mol），甲醇 70 mL，通入适量氨气，加入 5% 的 Rh-C 催化剂 1 g（干重），于 50℃、34.5 kPa 氢气压力下还原反应 16 h。冷至室温，滤去催化剂。催化剂用甲醇洗涤。减压蒸馏除去溶剂，得油状产物 8.6 g，收率 93%，放置后可固化为蜡状固体。

【用途】 止吐药盐酸格拉司琼（Granisetron hydrochloride）的中间体。

二环丙基甲胺盐酸盐

$C_7H_{13}N \cdot HCl$，147.65

【英文名】 Dicyclopropylmethanamine hydrochloride

【性状】 白色固体。

【制法】 陈芬儿.有机药物合成法：第一卷.北京：中国医药科技出版社，1999：361.

于反应瓶中加入二环丙基甲酮肟（**2**）125 g（1 mol），无水乙醚 1.5 L，搅拌溶解，分批加入金属钠 11.5 g（0.5 mol）。加完后，慢慢加入少量水，同时蒸馏，接受于盛有 120 mL 浓盐酸的接收瓶中。减压浓缩析出固体，得粗品（**1**）。用无水乙醇重结晶，得纯品（**1**）120 g，收率 81.4%。

【用途】 高血压病治疗药利美尼定（Rilmenidine）等的中间体。

齐留通

$C_{11}H_{12}N_2O_2S$，236.29

【英文名】 Zileuton

【性状】 白色针状结晶。mp 157～158℃。

【制法】 汪仁芸，陈震，刘玉玲. 中国新药杂志，2004，13（12）：1133.

2-乙酰基苯并噻吩肟（**3**）：于反应瓶中加入 2-乙酰基苯并噻吩（**2**）50 g（0.28 mol），乙醇 250 mL，吡啶 250 mL，搅拌下加入盐酸羟胺 30 g（0.43 mol），室温搅拌反应 3 h，TLC 跟踪反应至反应完全。减压浓缩至 50 mL，冷却后加入乙醚溶解，稀盐酸洗涤。分去水层，无水硫酸钠干燥。过滤，浓缩，得白色固体（**3**）52 g，收率 96%，直接用于下一步反应。

1-（2-苯并噻吩）乙基羟胺（**4**）：于反应瓶中加入无水乙醇 120 mL，上述化合物（**3**）38.2 g，搅拌悬浮，冷至 5℃以下，加入吡啶-硼烷 48 mL。控制 5℃以下滴加 20% 的氯化氢-乙醇溶液 120 mL。加完后继续室温搅拌反应 2 h。用 2 mol/L 的氢氧化钠溶液调至 pH8，乙醚提取 3 次。合并乙醚层，无水硫酸钠干燥。过滤，浓缩，减压干燥，得淡黄色固体（**3**）37.3 g，收率 96.6%，不必提纯直接用于下一步反应。

齐留通（**1**）：于反应瓶中加入 DMF 480 mL，上述化合物（**4**）83.8 g，搅拌溶解。加入浓盐酸 80 mL，冰浴冷却，滴加氰酸钾 48.8 g（0.60 mol）溶于 100 mL 水的溶液。滴加过程中生成白色沉淀，控制反应温度在 5℃以下。加完后继续室温搅拌反应 1 h。将反应物倒入 1.6 L 水中，搅拌 20 min。抽滤，水洗，干燥，得白色固体（**1**）79.2 g，收率 77.3%。用乙酸乙酯重结晶，得白色针状结晶 58.7 g，mp 154～157℃。

【用途】 慢性哮喘病治疗药齐留通（Zileuton）原料药。

（**2R**,**4R**）-4-甲基-2-哌啶甲酸乙酯

$C_9H_{17}NO_2$，171.24

【英文名】 Ethyl（2R,4R）-4-methylpiperidine-2-carboxylate

【性状】 浅黄色油状液体。

【制法】 张磊，张灿. 中南药学，2012，10（8）：587.

于氢化反应瓶中加入化合物（**2**）137.7 g（0.5 mol），乙醇 900 mL，冰醋酸 30 g（0.5 mol），搅拌溶解后，加入 10% 的 Pd-C 催化剂 14.0 g，用氮气置换空气，再用氢气置换氮气，室温氢化反应 3 h。过滤，滤饼用乙醇洗涤，回收催化剂。滤液减压浓缩，剩余物中加入乙酸乙酯 800 mL，依次用饱和碳酸钠溶液（300 mL×2）、水洗涤，无水硫酸钠干燥。过滤，减压浓缩，得黄色液体（**1**）73.5 g，收率 85.9%。$[\alpha]_D^{20} -22°$（c=0.5，EtOH）。

【用途】 凝血酶抑制剂阿加曲班（Argatroban）合成中间体。

3-氨基吡咯啉二盐酸盐

$$C_4H_{10}N_2 \cdot 2HCl,\ 159.06$$

【英文名】 3-Aminopyrrolidine dihydrochloride
【性状】 白色固体。
【制法】 王海山，张致平. 中国医药工业杂志，1995，26（2）：87.

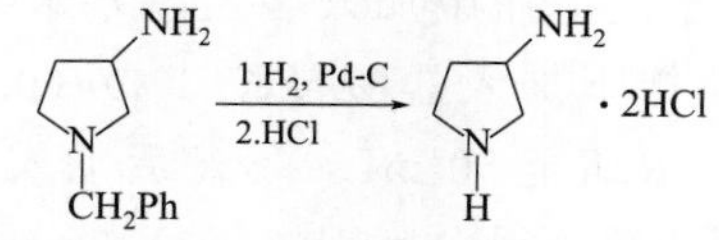

于高压反应釜中加入 3-氨基-1-苄基吡咯啉（**2**）50 g（0.284 mol）、甲醇 85 mL，水 15 mL，滴加浓盐酸 35 mL，而后加入 10% 的 Pd-C 催化剂 1.5 g，于氢气压力 2.0～5.0 MPa 压力、90℃进行氢解，至不再吸收氢气为止。过滤除去催化剂。滤液用盐酸调至 pH2～3，减压浓缩，剩余物加入 50 mL 乙醇，减压浓缩至干后，再加入 75 mL 乙醇，搅拌析晶。冷却，抽滤，少量乙醚洗涤，真空干燥，得化合物（**1**）42 g，收率 93%。

【用途】 抗菌药托氟沙星（Tosufloxacin）等的中间体。

十四、含硫化合物的还原

4-甲基-6-羟基嘧啶

$$C_5H_6N_2O,\ 110.11$$

【英文名】 4-Methyl-6-hydroxypyrimidine
【性状】 mp 148～149℃。
【制法】 Foster H M，Snyder H R. Org Synth，1963，Coll Vol 4：638.

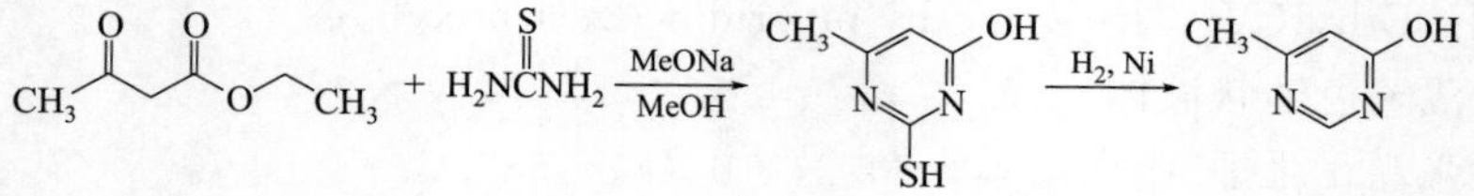

2-巯基-6-甲基-4-羟基嘧啶（**3**）：于安有搅拌器、蒸馏装置的反应瓶中，加入硫脲 76 g（1 mol），乙酰乙酸乙酯（**2**）130 g（1 mol），无水乙醇 900 mL，乙醇钠 120 g，搅拌下慢慢加热蒸出乙醇至干，约需 8 h。剩余物中加入 1 L 热水，活性炭脱色，煮沸几分钟后趁热过滤。向热的滤液中小心加入 120 mL 冰醋酸，过滤沉淀。将滤饼悬浮于 1 L 水和 20 mL 冰醋酸的混合液中，打浆混合均匀，冰箱中冷冻结晶。抽滤，冷水洗涤，70℃干燥，得化合物（**3**）98～119 g，收率 69%～84%，mp >280℃。

4-甲基-6-羟基嘧啶（**1**）：于反应瓶中加入上述化合物（**3**）10 g，200 mL 蒸馏水，搅拌溶解，加热回流。而后加入 20 mL 氨水，45 g 湿的 Raney Ni 催化剂和 30 mL 蒸馏水，搅拌加热回流 1.5 h。过滤，热水洗涤 2 次。合并滤液和洗涤液，减压浓缩至干，于 70℃干燥，得粗品（**1**）7.0～7.2 g，收率 90%～93%，mp 136～142℃。粗品可以通过升华、或用乙醇、丙酮重结晶的方法来提纯。纯品 mp 148～149℃。

【用途】 新药开发中间体。

邻苯二硫酚

$C_6H_6S_2$，142.23

【英文名】 o-Benzenedithiol，1,2-Dimercaptobenzene

【性状】 bp 95℃/0.665 kPa，mp 27～29℃。

【制法】 ①Ferretti A. Org Synth，1973，Coll Vol 5：419. ②毛伟春，童国通. 精细化工中间体，2010，19（6）：86.

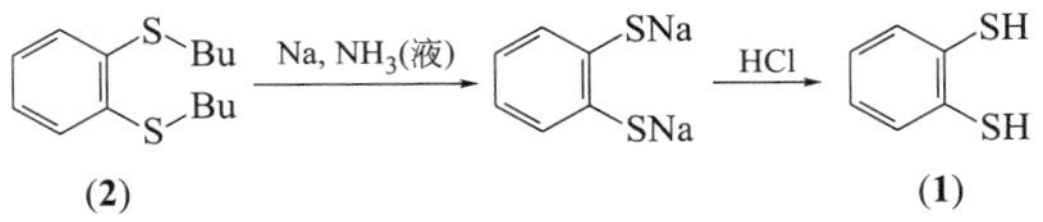

于安有磁力搅拌、回流冷凝器（通入异丙醇-干冰冷却）(安氯化钙干燥管)、通气导管的反应瓶中，通入干燥的氮气吹扫，用异丙醇-干冰浴冷却，慢慢通入氨气，直至氨气冷凝至约 80 mL。撤去冷浴，搅拌，加入 1,2-二丁硫基苯（**2**）5.1 g（0.02 mol），分批加入金属钠片，在颜色褪去后再加入另一片金属钠。共加入 1.6 g 金属钠，加完后反应液的蓝色至少 15 min 不褪。小心加入 6 g 氯化铵以分解过量的金属钠。停止搅拌和冷却，慢慢通入氩气使氨挥发，约需 12～15 h。剩余的白色固体中加入 300 mL 水，用固体氢氧化钠调至碱性。乙醚提取 2 次，乙醚层弃去。水层用 1：1 的盐酸酸化至对刚果红呈酸性。乙醚提取 3 次，合并乙醚层，水洗，无水硫酸钠干燥。过滤，蒸出乙醚后，氮气保护下减压蒸馏，收集 95℃/0.665 kPa 的馏分，得化合物（**1**）1.6～2.4 g，收率 56%～85%。

采用类似的方法可以合成 1,4-二巯基苯、2,5-二巯基甲苯、1,3,5-三巯基苯、2,4,6-三巯基甲苯、4,4'-二巯基联苯等。

【用途】 可用于抗心绞痛、抗冠心病、抗精神失常症、抗消化系统不良症状等药物的合成。

2,4-二氯-5-氟-6-甲基苯胺

$C_7H_6Cl_2FN$，194.04

【英文名】 2,4-Dichloro-5-fluoro-6-methylaniline

【性状】 淡黄色固体。mp 35～38℃。

【制法】 杜煜，李卓荣等. 中国医药工业杂志，2001，32（2）：77.

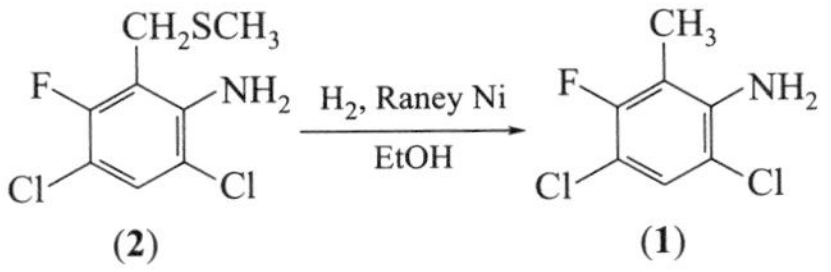

于氢化装置中加入化合物（**2**）7.0 g，乙醇 80 mL，溶解后加入 Raney Ni 催化剂 45 g，于氢气压力 202 kPa 下振荡反应 6 h。滤去催化剂，乙醇洗涤。滤液减压浓缩，剩余物过硅胶柱纯化，用石油醚-乙酸乙酯梯度洗脱，得淡黄色固体化合物（**1**）3.9 g，收率 67.1%。

mp 35～38℃。

【用途】 氟喹诺酮类抗菌新药格帕沙星（Grepafloxacin）中间体。

L-半胱氨酸盐酸盐

$$C_3H_7NO_2S \cdot HCl，157.62$$

【英文名】 L-Systein hydrochloride

【性状】 白色结晶。mp 174～178℃。$[\alpha]_D^{20} +5.6°～+8.0°$（$c=1.0$，$H_2O$）。

【制法】 方法1 许瑞波，徐兴友，刘炜玮等. 天津化工，2007，21（4）：17.

于反应瓶中加入胱氨酸（**2**）1 g，2 mol/L 的盐酸 70 mL，氮气保护，加入锌粉 0.5 g，于 70℃搅拌反应 2 h。冷后过滤，滤液减压浓缩，直至有结晶析出。放置过夜。抽滤，用 95％的乙醇重结晶，得化合物（**1**），收率 90％，mp 174～179.5℃。$[\alpha]_D^{20} +6.9°$（$c=1.0$，H_2O）。

方法2 张殷全，梁锡雄等. 化工时刊，2002，3：46.

于反应瓶中加入胱氨酸（**2**）6.3 g，4 mol/L 的盐酸 125 mL，加热至 75℃，加入铁粉 2.1 g，搅拌回流反应 2 h。冷后过滤，滤液减压浓缩，得绿色结晶。用盐酸水溶剂重结晶，得无色细针状结晶（一水合物）。真空干燥，得白色结晶化合物（**1**），收率 90％，mp 174.8～177.5℃。

【用途】 应用于医药、食品添加剂和化妆品等行业中，临床上能治疗白血球减少症。

苯硫酚

$$C_6H_6S，110.18$$

【英文名】 Benzenethiol

【性状】 无色液体，mp −14.8℃。bp 168℃，69.7℃/2.67 kPa。$d_4^{20} 1.0766$。与乙醚、二硫化碳互溶。易溶于乙醇、不溶于水。在空气中氧化，呈若酸性，有大蒜味。

【制法】 Furniss B S，Hannaqford A J，Rogers V，et al. Vogel's Textbook of Practical Organic Chemistry. Fouth Edition，Longman London and New York，1978：656.

于安有搅拌器、回流冷凝器的 10 L 反应瓶中，加入 3.6 kg 碎冰，慢慢加入 1.2 kg（650 mL，11.7 mol）浓硫酸（$d1.84$），冰盐浴冷至 −5℃左右。搅拌下分批加入苯磺酰氯（**2**）300 g（1.7 mol），约 30 min 加完。慢慢分批加入锌粉 600 g（8.25 mol），控制瓶内温度不超过 0℃约 30 min 加完，继续搅拌 1.5 h。撤去冰盐浴，自然升温，而后慢慢加热至微沸。若反应剧烈，可水浴冷却，直至反应液澄清，大约需 5～7 h。水蒸气蒸馏，至无油状物蒸出为止。分出油状物，无水氯化钙干燥。蒸馏，收集 160～169℃ 馏分，得粗品苯硫酚（**1**）180 g。将粗品减压蒸馏，收集 70℃/2.0 kPa 的馏分，得苯硫酚 165～170 g，收率 89%～91%。

【用途】　甲砜霉素（Thiamphenicol）、抗真菌药硝酸芬替康唑（Fenticonazole）等的中间体。

甲基对甲苯基砜

$$C_8H_{10}O_2S，170.23$$

【英文名】　Methyl *p*-methylbenzene sulfone，1-Methyl-4-(methanesulfonyl)benzene

【性状】　白色固体。mp 87～89℃。溶于苯、氯仿、丙酮，不溶于水。

【制法】　Otto. Justus Liebing Annalen der Chemie，1985，284：300.

于安有搅拌器、温度计、回流冷凝器的反应瓶中，加入亚硫酸钠 1.2 kg，碳酸氢钠 0.84 kg，水 300 mL，搅拌下升温至 80℃。分批加入对甲苯磺酰氯（**2**）968 g（5.08 mol），约 3 h 加完。加完后于 70～80℃ 保温反应 1 h。降温静置 4 h。于室温加入碳酸氢钠 250 g 及 1.5 L 水、甲基硫酸钠 2.2 kg，于 100℃ 搅拌反应 27 h。分出上层油状物，冷却结晶。抽滤，水洗，干燥，得（**1**）575 g，mp 87～89℃，收率 71%。

【用途】　甲砜霉素（Thiamphenicol）中间体，甲砜霉素甘氨酸酯盐酸盐中间体，兽用抗菌药氟洛芬（Florfeniol）等的中间体。

二苯基硫醚

$$C_{12}H_{10}S，186.27$$

【英文名】　Phenyl sulfide，Diphenylsulfane

【性状】　无色液体。bp 295～297℃。与苯、乙醚、二硫化碳混溶，溶于热乙醇，不溶于水。有恶臭。

【制法】　Chasar D W. J Org Chem，1971，36（4）：613.

反应瓶中加入六水合氯化钴 4.8 g（0.02 mol），95% 的乙醇 200 mL，二苯基亚砜（**2**）2.0 g（0.01 mol），冷至 10～15℃。搅拌下慢慢加入硼氢化钠 3.8 g（0.1 mol），有气体放出，并生成黑色沉淀。加完后室温搅拌反应 2 h，而后加入 25 mL 水，加热回流 5～10 min。将反应物倒入 300 mL 水中，乙醚提取（75 mL×4）。合并乙醚层，无水硫酸镁干燥。过滤，减压蒸出溶剂，得几乎纯的化合物（**1**），收率 95%。

【用途】　医药、农药中间体。治疗肺吸虫病药物硫双二氯酚（Bithionol）等的中间体。

第三章 | 卤化反应

一、饱和烃的卤化

1-氯金刚烷

$$C_{10}H_{15}Cl，170.68$$

【英文名】 1-Chloroadomantane

【性状】 结晶，mp 165～166℃。

【制法】 Tabushi I，Yoshida Z，Takaru Y. Tetrahedron，1973，19（1）：81.

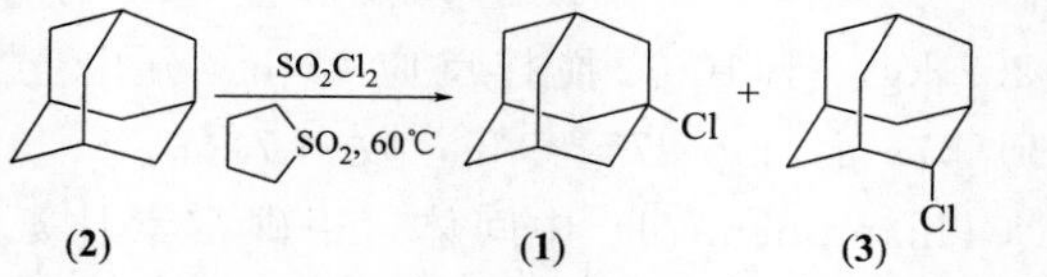

于安有磁力搅拌器、温度计、回流冷凝器（安氯化钙干燥管）的 25 mL 反应瓶中，加入金刚烷（**2**）0.5 g（3.7 mmol），环丁砜 4 mL，硫酰氯 1.0 g（7.4 mmol），用铝箔包裹反应瓶避光，再加入 2 mL 1,2-二氯乙烷溶解化合物（**2**）(仍有少量不溶)。于 60℃ 搅拌反应 16 h。将反应物倒入冰水中，用戊烷提取。有机层用碳酸氢钠溶液洗涤，水洗 2 次以除去可能存在的环丁砜。无水硫酸钠干燥，蒸出溶剂，得到约 2 mL 的粗品。GLC 分析，收率 79%。其中含化合物（**1**）97.5%，含化合物（**3**）2.5%。

采用类似的方法可以实现如下反应。

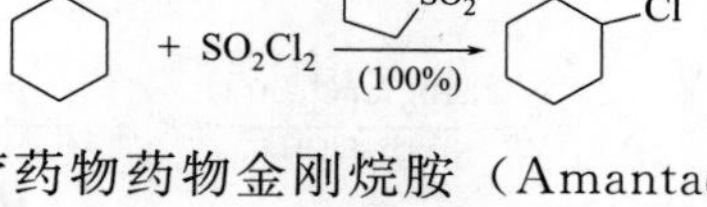

【用途】 帕金森综合征治疗药物药物金刚烷胺（Amantadine）的中间体。

溴代环己烷

$$C_6H_{11}Br，163.06$$

【英文名】 Bromocyclohexane

【性状】 无色或浅黄色液体。mp −56℃，bp 166℃。

【制法】 Bunce N J. Can J Chem，1972，50：3109.

$$2 \langle \rangle + 2Br_2 + HgO \longrightarrow 2 \langle \rangle\!-\!Br + HgBr_2 + H_2O$$

(2)   **(1)**

    于安有磁力搅拌器、回流冷凝器的反应瓶中，加入氧化汞 2.0 g，环己烷（**2**）4 mL，室温搅拌。而后加入 2.02 mol/L 的溴的四氯化碳溶液 2.0 mL，继续搅拌反应 20 min。其间溴的颜色逐渐消失。分析证明，其中生成溴代环己烷（**1**）1.58 mmol，收率 79%。

    也可采用如下方法来合成［王敏，宋志国等.盐业与化工，2008，37（1）：15］。

$$\langle \rangle\!-\!OH \xrightarrow[\text{(90\%)}]{KBr,\ H_2SO_4} \langle \rangle\!-\!Br$$

    【用途】 抗癫痫和痉挛药盐酸苯海索（Benzhexol hydrochloride）中间体。

二、不饱和烃的卤化

2,3-二溴丁二酸

$C_4H_4Br_2O_4$，275.89

    【英文名】 2,3-Dibromosuccinic acid

    【性状】 无色针状结晶。mp 255～256℃（内消旋体）。溶于醇、醚、较易溶于热水，微溶于冷水、氯仿。

    【制法】 段行信.精细有机合成手册.北京：化学工业出版社，2000：212.

    于安有搅拌器、温度计、回流冷凝器、滴液漏斗的反应瓶中，加入反丁烯二酸（**2**）131 g（1.04 mol），水 130 mL，48% 的氢溴酸 55 g，搅拌下加热至 70℃，使固体物溶解。保持 65～70℃，慢慢滴加溴 160 g（1.0 mol）。加完后继续搅拌反 0.5 h，而后回流 4 h。冷却后，过滤析出的固体，水洗，干燥，得 2,3-二溴丁二酸（**1**）220 g，收率 80%，mp 169～171℃。

    【用途】 生物素（维生素 H）中间体，也用作阻燃剂。

α,β-二溴丙醛

$C_3H_4Br_2O$，215.87

    【英文名】 α,β-Dibromopropanal

    【性状】 浅黄色发烟液体。bp 86℃/2.39 kPa。d_4^{15} 2.20，n_D 1.5082。溶于乙醇、乙醚、氯仿，水。

    【制法】 Can Pat. 363198.

$$CH_2\!=\!CHCHO + Br_2 \longrightarrow CH_2BrCHBrCHO$$

(2)   **(1)**

    于安有搅拌器、回流冷凝器（安有氯化钙干燥管）、滴液漏斗、温度计的反应瓶中，加入四氯化碳 200 g，丙烯醛（**2**）100 g（1.79 mol），搅拌下冷却至 0℃，慢慢滴加由 300 g 溴（1.875 mol）和 150 g 四氯化碳配成的溶液，开始时溴的颜色很快消失，基本加完后反应液呈淡红色，继续搅拌 2 h。减压回收四氯化碳，而后收集 56～60℃/750 Pa 的馏分，得浅黄色液体（**1**）192～230 g，收率 50%～60%。

【用途】 抗癌药甲氨蝶呤（Methotrexate）等的中间体。

（Z）-1-溴-2-甲基-1-丁烯

C_5H_9Br，149.03

【英文名】 （Z）-1-Bromo-2-methyl-1-butene

【性状】 无色、略有刺激性气味液体。

【制法】 吴磊，叶和珏，肖定军.中国医药工业杂志，2004，35（2）：67.

二乙氧基磷酰乙酸乙酯（**3**）：于反应瓶中加入亚磷酸三乙酯（**2**）16.6 g（0.1 mol）和氯乙酸乙酯 12.25 g（0.1 mol），搅拌回流反应 2 h，至不再有气体（氯乙烷）生成。减压蒸馏，收集 142～145℃/1.2 kPa 馏分，得无色透明液体（**3**）20 g，收率 89.3%（文献值 bp140℃/1.3 kPa）。

（E）-3-甲基-2-戊烯酸乙酯（**4**）：NaH 1.2 g（0.05 mol）加入 50 mL DMF 中，充分搅拌并冷至 0℃，逐滴加入上述化合物（**3**）11.2 g（0.05 mol），控制滴加速度，以反应体系温度不超过 5℃ 为宜。加完后常温反应 1 h，直至无气泡产生。0℃ 滴加丁酮 3.6 g（0.05 mol），常温搅拌 3 h 后加入水 100 mL。冷却，用乙醚（10 mL×3）萃取。有机层用无水 MgSO₄ 干燥，蒸除溶剂后得淡黄色粗产物（**4**）6.2 g。用柱色谱分离［乙酸乙酯-石油醚（1：5）］，得到无色液体（**4**）5.82 g，收率 82%。

（E）-3-甲基-2-戊烯酸（**5**）：将化合物（**4**）7.1 g（0.05 mol）、乙醇 1.5 mL 和 10%氢氧化钠溶液 35.5 mL 混合后回流反应 6 h。冷却后倾入冷水 50 mL 中，稀盐酸调至 pH2，溶液变浑浊，冰箱中放置过夜析晶。抽滤，得到白色片状晶体（**5**）5.10 g，收率 89.5%，mp 48～50℃（文献值 48～49℃）。

（Z）-1-溴-2-甲基-1-丁烯（**1**）：化合物（**5**）1.14 g（10 mmol）溶于氯仿 10 mL 中，冰盐浴冷至 0℃ 后逐滴加入 Br₂（0.54 mL，10.5 mmol），常温搅拌 8 h。冰盐浴冷却下滴加 Et₃N 4.0 mL（28 mmol），加毕，常温反应 5 h。缓慢升温至 50℃，约 2 h 后不再产生二氧化碳气泡。冷却，加入 1 mol/L 盐酸（约 20 mL）调至 pH7 左右。水层用乙酸乙酯（10 mL×2）萃取，有机层用饱和食盐水洗，无水 MgSO₄ 干燥。过滤，滤液蒸干后得到黄褐色粗产物（**1**）1.4 g。用柱色谱分离［乙酸乙酯-石油醚（1：4）］，得无色、略有刺激性气味液体（**1**）1.08 g，收率 72.5%。

化合物（**1**）对光较敏感，以上均需避光操作。柱色谱纯化后可加入少许 $NaHCO_3$ 或 Ph_3P 做稳定剂。

【用途】 药物合成、有机合成中间体。

全氯乙烷

$$C_2Cl_6，236.80$$

【英文名】 Perchloroethane

【性状】 无色结晶性粉末，具有樟脑气味，易挥发。mp 183～187℃（封管）。溶于乙醇、乙醚、苯、氯仿和油类。不溶于水。

【制法】 张大国. 精细有机单元反应合成技术——卤化反应及其实例. 北京：化学工业出版社，2009，4.

$$\text{Cl}_2\text{C}=\text{CCl}_2 + \text{Cl}_2 \xrightarrow[90\sim100℃]{光照} \text{Cl}_3\text{CCCl}_3$$
$$\qquad\qquad\qquad\quad (\mathbf{2})\qquad\qquad\qquad\qquad\qquad (\mathbf{1})$$

将脱水的四氯乙烯（**2**）加入反应瓶中，用强光照射，慢慢通入氯气，反应温度逐渐升高，最后保持在 90～100℃，继续通入氯气。当反应液由浑浊变清，并且通氯导管中出现结晶时，氯化达到终点。停止通入氯气，提高温度至 120℃，排出反应瓶中多余的氯气。将反应物倒入沸水中，加入 1% 的碳酸钠溶液和 5% 的尿素溶液，充分搅拌以除去氯。用水充分洗涤后冷却结晶，抽滤，水洗，于 40℃ 干燥，得化合物（**1**），收率 72% 以上。

【用途】 樟脑代用品。也是一种兽用驱虫药，主要用于反刍兽肝蛭病及胃蛭病等。

3-氯-2-甲基丙酸

$$C_4H_7O_2Cl，122.55$$

【英文名】 3-Chloro-2-methylpropanoic acid

【性状】 无色液体。

【制法】 Nam D H，Lee C S，Kyu D D Y. J Pharm Sci，1984，73（12）：1843.

$$\underset{(\mathbf{2})}{\overset{\text{CH}_3}{\underset{|}{\text{CH}_2=\text{C}-\text{COOH}}}} \xrightarrow[\text{Et}_2\text{O}]{\text{HCl}} \underset{(\mathbf{1})}{\overset{\text{CH}_3}{\underset{|}{\text{ClCH}_2-\text{CH}-\text{COOH}}}}$$

于干燥的反应瓶中，加入丙烯酸（**2**）43 g（0.5 mol），对苯二酚 4～5 mg，干燥的乙醚 100 mL，搅拌溶解，于 0℃ 通入干燥的氯化氢气体 5 h 至饱和。室温放置 3 天，减压蒸馏，收集 106～107℃/2.0 kPa 的馏分，得无色液体（**1**）57 g，收率 93%。

【用途】 高血压和充血性心力衰竭病治疗药卡托普利（Captopril）中间体。

3-溴丁醛缩乙二醇

$$C_6H_{11}BrO_2，195.06$$

【英文名】 3-Bromobutyraldehyde ethylene acetal

【性状】 黄色油状液体。bp 69～71℃/798 Pa。

【制法】 袁春良，叶和珏. 中国医药工业杂志，2003，34（10）：487.

于 500 mL 三颈瓶中加入无水乙醚 90 mL，冰浴冷至 0℃，搅拌下通入由五氧化二磷与 40％氢溴酸产生的 HBr 气体。30 min 后乙醚溶液呈淡黄色。另取丁烯醛（**2**）12 mL（0.147 mol），用无水乙醚 70 mL 稀释，冰浴冷至 0℃，慢慢滴至上述所得饱和 HBr 的乙醚溶液中，约 1.5 h 加完。加完后于 0℃ 搅拌反应 2 h。撤去冰浴，20℃下加入无水乙二醇 26 mL（0.466 mol）和干燥的 4A 分子筛 35 g，混合物于 20～25℃搅拌过夜。

将 $NaHCO_3$ 24 g（0.286 mol）和 Na_2CO_3 12 g（0.113 mol）混合后缓慢加至如上反应液中，剧烈搅拌，以免产生大量气泡而外溢。加完后抽滤，滤液依次用适量饱和 $NaHCO_3$ 溶液和饱和氯化钠溶液洗涤两次，无水硫酸镁干燥。过滤，减压蒸馏，收集 69～71℃/798 Pa 的馏分，得淡黄色油状液体（**1**）21.9 g，收率 80.8％。

【用途】 药物、有机合成中间体。

碘代环己烷

$C_6H_{11}I$，210.06

【英文名】 Iodocyclohexane

【性状】 浅黄色油状液体。bp 48～49.5℃/0.532 kPa。d_4^{20} 1.625，n_D^{20} 1.551。

【制法】 Stone H and Shechter H. Org Synth，1963，Coll Vol 4：543.

于反应瓶中加入 95％的磷酸 221 g（2.14 mol），碘化钾 250 g（1.5 mol），再加入环己烯（**2**）41 g（0.5 mol）。搅拌下于 80℃反应 3 h。冷却，加入 100 mL 水和 250 mL 乙醚，继续搅拌。分出乙醚层，用 10％的硫代硫酸钠溶液 50 mL 脱色，饱和食盐水洗涤，无水硫酸钠干燥。蒸出乙醚后减压蒸馏，收集 48～49.5℃/0.532 kPa 的馏分，得化合物（**1**）93～95 g，收率 88％～90％。

【用途】 抗帕金森病药盐酸苯海索（Benzhexol hydrochloride）、广谱抗吸虫和绦虫药物吡喹酮（Praziquantelp）等的中间体。

1-溴-3-乙氧基丙烷

$C_5H_{11}BrO$，167.04

【英文名】 1-Bromo-3-ethoxypropane

【性状】 无色油状液体。bp 149～151℃。

【制法】 王燕，陈建辉，叶伟东. 中国医药工业杂志，2004，35（4）：203.

3-乙氧基丙烯（**3**）：于反应瓶中加入无水乙醇 200 mL，分次加入金属钠 25.3 g（1.1 mol），搅拌回流至钠消失。回流滴加烯丙基氯（**2**）76.5 g（1.0 mol），约 1 h 加完。加完后继续回流 3 h，GC 监测反应。冷却，滤除氯化钠。滤液常压蒸馏，收集 63～67℃馏分，得无色油状物（**3**）85.6 g，收率 99.3％。

1-溴-3-乙氧基丙烷（**1**）：于反应瓶中加入（**3**）86 g，石油醚 200 mL，过氧化苯甲酰 2.42 g，冰盐浴冷却。于－5～0℃慢慢通入溴化氢气体（经过 1,2,3,4-四氢萘洗涤瓶以除去其中少量的溴），尾气用 5％的氢氧化钠溶液吸收。用 GC 跟踪反应，4 h 后反应结束。用 10％的亚硫酸氢钠水溶液洗涤 2 次，水洗至中性，无水硫酸钠干燥。过滤，蒸馏，收集 147～151℃的馏分，得化合物（**1**）149.7 g，收率 89.6％。

【用途】 Sternbach 生物素侧链合成中间体。

1-溴-3-氯丙烷

C_3H_6BrCl，157.44

【英文名】 1-Bromo-3-chloropropane

【性状】 无色液体。mp 142～143℃。d_4^{20} 1.592，n_D 1.4851。溶于乙醇、乙醚、氯仿，不溶于水。

【制法】 Traynham J G，Conte J S. J Org Chem，1957，22（6）：702.

$$CH_2=CHCH_2Cl + HBr \xrightarrow{\text{光照}} BrCH_2CH_2CH_2Cl$$
$$(2) \qquad\qquad\qquad\qquad (1)$$

于反应瓶中加入新分馏过的 3-氯丙烯（**2**）38 g（0.5 mol），冰水浴冷却，用低压紫外灯照射，慢慢通入相当于 3-氯丙烯投料量 1.1～1.2 倍的溴化氢气体，约 2～8 h 通完。反应液用水、3％的碳酸氢钠各洗涤三次，水洗至中性。无水氯化钙干燥过夜，减压分馏，先蒸出低沸物，再收集 68～69℃/7.9 kPa 的馏分，得 1-溴-3-氯丙烷（**1**）61.5 g，收率 78％。

【用途】 精神病治疗药氯丙嗪（Chlorpromazine）、三氟拉嗪（Trifluoperazine）、奋乃静（Perphenazine）等的中间体。

1-苯甲酰氧基-5-碘戊烷

$C_{12}H_{15}IO_2$，318.15

【英文名】 1-Benzoxy-5-iodopentane

【性状】 无色液体。bp 125℃/33.25 Pa。

【制法】 Kabalka G W, et al. J Org Chem，1980，45（18）：3578.

于安有搅拌器、温度计、回流冷凝器的反应瓶中，加入 BH_3-THF 溶液 10 mmol，冷至 0℃，搅拌下加入 5-苯甲酰氧基-1-戊烯（**2**）5.7 g（30 mmol），搅拌反应 1 h。加入氯化碘 1 mL（20 mmol），室温搅拌反应 45 min。过氧化铝柱色谱分离，得无色液体（**1**）5.63 g，收率 88％（以氯化碘计），bp 125℃/33.25 Pa。

【用途】 药物、有机合成中间体。

2-氯环己醇

$$C_6H_{11}ClO, 134.61$$

【英文名】 2-Chlorocyclohexnol

【性状】 无色液体。88～90℃/2.67 kPa。

【制法】 ①Coleman G H, Johnatone H F. Org Synth, 1932, Coll Vol 1: 158. ②Giuliana Righi, Paolo Bovicelli, Anna Sperandio. Tetrahedron Letters, 1999, vol. 40 (32): 5889.

于反应瓶中加入 500 mL 水，25 g 氯化汞，溶解后加入 800 g 冰水。另将 190 g 氢氧化钠溶于 500 mL 水中，冷却后与上面的混合物混合，冰盐浴冷却下通入氯气，直至汞化合物的黄色恰巧消失为止。搅拌下慢慢加入 1600 mL 冷硝酸（1.5 mol/L），得次氯酸溶液。取一定体积的次氯酸溶液加入到用盐酸酸化的碘化钾溶液中，用标准的硫代硫酸钠溶液滴定，计算次氯酸溶液的浓度。一般是 3.5%～4%。

于安有搅拌器、温度计、滴液漏斗、回流冷凝器的反应瓶中，加入环己烯（2）123 g（1.5 mol），冰水浴冷却，剧烈搅拌下加入计算量的 1/4 体积的次氯酸溶液，保持反应温度在 15～20℃。搅拌片刻后取出 1 mL 反应液，加入到用盐酸酸化的碘化钾溶液中不产生黄色时，再加入次氯酸溶液，如此反复，直至反应完全。将反应液用食盐饱和，而后碱进行水蒸气蒸馏，直至无油状物。馏出物用食盐饱和，分出油层，水层以乙醚提取，合并油层与提取液，无水硫酸钠干燥，水浴蒸出乙醚。减压蒸馏，收集 88～90℃/2.67 kPa 的馏分，得 2-氯环己醇（1）145 g，收率 72%。

【用途】 合成低毒高效杀螨剂克螨特（Propargite）等的中间体。

5-氯-6-羟基-10,13-二甲基-17-氧代十六氢-1*H*-环戊[*a*]菲-3-基醋酸酯

$$C_{21}H_{31}ClO_4, 382.93$$

【英文名】 5-Chloro-6-hydroxy-10,13-dimethyl-17-oxohexadecahydro-1*H*-cyclopenta[*a*]phenanthren-3-yl acetate

【性状】 浅黄色或类白色固体。mp 220.8～222.8℃。

【制法】 金灿，徐寅，金炜华等.浙江化工，2013，44（12）：8.

于反应瓶中加入化合物（2）1.0 g，乙醇 20 mL，室温搅拌溶解。冷至−10℃，慢慢同时将 10% 的次氯酸钠水溶液 4.73 g 和冰醋酸 0.83 g 加入反应瓶中。保持反应液−10℃，约 30 min 加完。加完后继续搅拌反应 1.5 h。减压浓缩，加入适量水，加热搅拌 10 min。趁热

过滤，滤饼水洗，得粗品。将其溶于乙酸乙酯，活性炭脱色。减压浓缩，得浅黄色或类白色固体（**1**），mp 220.8～222.8℃。

【用途】　抗早孕药米非司酮（Mifepristone）中间体。

1,1-二氯-3,3-二甲基丁烷

$$C_6H_{12}Cl_2，155.06$$

【英文名】　1,1-Dichloro-3,3-dimethylbutane

【性状】　无色液体。bp 147～149℃，n_D^{25} 1.4401。易溶于乙醚、乙醇、丙酮，不溶于水。

【制法】　孙昌俊，曹晓冉，王秀菊.药物合成反应——理论与实践.北京：化学工业出版社，2007：124.

$$(CH_3)_3C-Cl + CH_2=CHCl \xrightarrow{AlCl_3} (CH_3)_3CCH_2CHCl_2$$
$$(2) \qquad\qquad\qquad (1)$$

于安有搅拌器、通气导管的反应瓶中，加入叔丁基氯（**2**）186 g（2 mol），无水三氯化铝 9 g，冷至−30℃，搅拌下通入氯乙烯气体（由 1,2-二氯乙烷 250 g、氢氧化钠 150 g、无水乙醇 200 mL，于 50～90℃反应产生），约 1.5 h 通完。而后于 30 min 内升温至−15℃，剧烈搅拌下加入 2 mol/L 的盐酸 150 mL。分出有机层，用水洗涤（100 mL×2），无水硫酸镁干燥。室温下减压蒸去过量的氯乙烯，得粗产品 311 g，收率～100%。蒸馏，收集 147～149℃的馏分，得化合物（**1**）280 g，收率 90%。

【用途】　抗真菌药特比萘芬（Terbinafine）等的中间体。

2,4,5-三氯苯基-γ-碘代丙炔醚

$$C_9H_4Cl_3IO，361.53$$

【英文名】　2,4,5-Trichlorophenyl-γ-iodopropargyl ether，Haloproginum

【性状】　无色或类白色结晶性粉末。mp 110～114℃。有特臭。溶于乙醚、氯仿、乙酸乙酯，微溶于醇，几乎不溶于水。

【制法】　上海医药工业研究院.全国原料药工艺汇编.国家医药管理总局，1980：221.

将 2,4,5-三氯苯基-γ-炔丙基醚（**2**）23.55 g（0.1 mol）溶于 250 mL 甲醇中；再将碘 27 g（0.107 mol）、碘化钾 26.8 g（0.162 mol）和 70%的甲醇 60 mL 配成溶液。将上述两种溶液混合均匀待用。

将氢氧化钾 6.7 g（0.12 mol）配成 20%的溶液，搅拌下于 15℃分批加入上述混合液，每次加料后搅拌至棕黄色完全褪去，约 15 min 加完。加完后据需搅拌反应片刻。放置冷却 1 h，抽滤。水洗，以乙醚-甲醇重结晶，得化合物（**1**），收率 70%。

【用途】　抗真菌药、消毒防腐药氯丙炔碘（Haloprogin）原料药。

丁基氨基甲酸 3-碘-2-丙炔酯

$C_8H_{12}NO_2I$，281.09

【英文名】 3-Iodo-2-propynyl butylcarbamate

【性状】 白色或淡黄色固体。mp 65～66.5℃。

【制法】 徐守林. 精细化工中间体，2010，40（5）：58.

$$\underset{\textbf{(2)}}{HC\equiv CCH_2O\overset{\overset{\displaystyle O}{\parallel}}{C}NHC_4H_9\text{-}n} \xrightarrow{ICl} \underset{\textbf{(1)}}{IC\equiv CCH_2O\overset{\overset{\displaystyle O}{\parallel}}{C}NHC_4H_9\text{-}n}$$

于反应瓶中加入化合物（**2**）15.5 g（0.1 mol），甲醇 200 mL，冷至 10℃，搅拌下滴加含 28%的氯化碘（0.106 mol）的 15%氯化钠溶液 60 g，约 30 min 加完，同时滴加 25%的氢氧化钠溶液以保持反应体系 pH=7。加完后继续于 10～30℃搅拌反应 2 h。调至 pH7，以甲苯提取（100 mL×3），合并有机层，水洗，减压蒸出甲苯，得白色或淡黄色固体（**1**），收率 96.8%，纯度 99.2%（HPLC），mp 65～66.5℃。

【用途】 杀菌剂。

(*E*)-2,3-二溴-2-丁烯酸

$C_4H_4Br_2O_2$，243.88

【英文名】 (*E*)-2,3-Dibromo-2-butenoic acid，(*E*)-2,3-Dibromobut-2-enoic acid

【性状】 无色结晶。mp 91～93℃。

【制法】 Ngi S I, AnselmiE, Abarbri M, et al. Org Synth, 2008，85：231.

$$CH_3-C\equiv C-COOH \xrightarrow{Br_2} \underset{\textbf{(1)}}{\underset{Br}{\overset{CH_3}{}}C=\underset{COOH}{\overset{Br}{}}C}$$
$$\textbf{(2)}$$

于反应瓶中加入 2-丁炔酸（**2**）3.0 g（0.036 mol），甲醇 10 mL，氮气保护下冰盐浴冷至 −10℃。于 25 min 以上滴加溴 11.51 g（3.7 mL，0.072 mol），控制滴加速度，反应液温度不能超过 −5℃。加完后滴液漏斗用 2 mL 甲醇冲洗。生成的暗红色溶液冰盐浴冷却下继续搅拌反应 15 min。于 5～7 min 滴加 1.32 mol/L 的 $Na_2S_2O_5$ 溶液 30 mL，反应放热，当过量的溴反应完后反应液呈浅黄色。乙醚提取 4 次，合并乙醚层，饱和盐水洗涤，无水硫酸镁干燥。过滤，旋转浓缩，得浅黄色固体 7.61 g，收率 87%。将其溶于盛有 10 mL 二氯甲烷的烧杯中，加入 10 mL 己烷，于通风橱中放置 15 h，大多数溶剂挥发，过滤，石油醚洗涤，真空干燥，得无色结晶（**1**）6.69 g，mp 91～93℃，收率 76%。

【用途】 药物、有机合成中间体。

(*Z*)-3-溴-2-丙烯酸乙酯

$C_5H_7BrO_2$，179.01

【英文名】 Ethyl(*Z*)-3-bromo-2-propenoate

【性状】 无色液体。bp 92～93℃/5.30 kPa。溶于乙醇、乙醚、氯仿、乙酸乙酯、苯等

有机溶剂，不溶于水。

【制法】　Ma S M，Lu X Y. Org Synth，1998，Coll Vol 9：415.

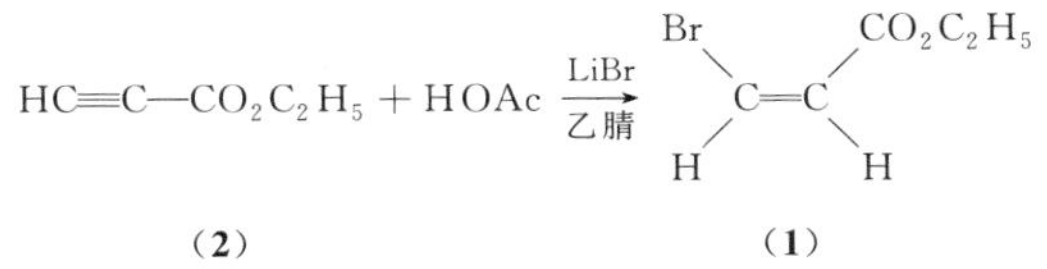

$$HC\!\!\equiv\!\!C\!\!-\!\!CO_2C_2H_5 + HOAc \xrightarrow[\text{乙腈}]{\text{LiBr}} \underset{H}{\overset{Br}{\underset{\text{(1)}}{C}}}\!\!=\!\!\underset{H}{\overset{CO_2C_2H_5}{C}}$$

$$\text{(2)}$$

于安有搅拌器、通气导管、回流冷凝器的反应瓶中，加入溴化锂 10 g（0.115 mol），乙腈 100 mL，冰醋酸 7 g（0.116 mol），2-丙炔酸乙酯（**2**）9 g（0.092 mol），通入氮气，搅拌下回流反应 24 h。冷至室温，加入水 20 mL，用固体碳酸钾中和。分出有机层，水层用乙醚提取三次。合并有机层，无水硫酸镁干燥，减压浓缩后，剩余物减压蒸馏，收集 92～93℃/5.3 kPa 的馏分，得化合物（**1**）14 g，收率 85%。

【用途】　有机合成、新药开发中间体。

（*E*）-3-氯-1-苯基丙-2-烯-1-酮

$$C_9H_7ClO，166.61$$

【英文名】　（*E*）-3-Chloro-1-phenylprop-2-en-1-one
【性状】　黄色液体。
【制法】　马养民，傅建熙，张作省.西北林业科技大学学报，2003，31（1）：142.

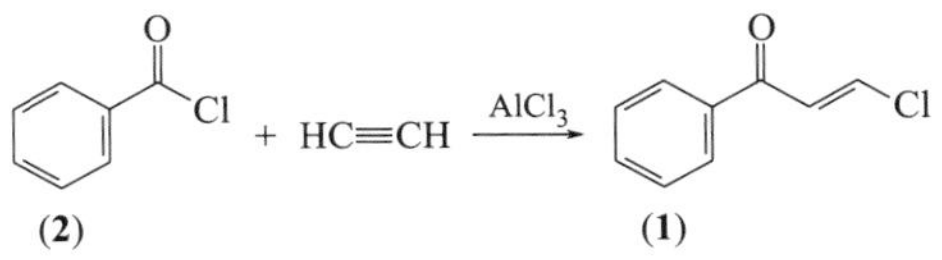

于安有搅拌器、温度计、通气导管、滴液漏斗的反应瓶中，加入二氯甲烷 300 mL，于 10℃ 左右通入乙炔气体至饱和，加入无水三氯化铝 31 g，搅拌下滴加苯甲酰氯（**2**）25 mL（0.215 mol），温度逐渐升高，控制反应液温度在 20～25℃，约 20 min 加完。此时三氯化铝基本溶解，反应液呈紫红色。保持 20～25℃继续通入乙炔 6 h，至不再吸收乙炔为止。将反应液倒入 500 g 冰盐水中，分出有机层，水层用乙醚提取 3 次。合并有机层，饱和盐水洗涤 2 次，无水硫酸钠干燥。过滤，浓缩，得黄色液体（**1**）28.6 g，收率 79.8%。

【用途】　前列腺素类新药中间体。

三、芳环侧链的卤化

2,5-二溴甲基氟苯

$$C_8H_7Br_2F，281.95$$

【英文名】　2,5-Dibromomethylfluorobenzene
【性状】　白色颗粒状固体。mp 99～100℃。
【制法】　关启明，徐小波，颜继忠，饶国武.中国医药工业杂志，2007，38（11）：763.

于安有搅拌器、温度计、滴液漏斗的反应瓶中，加入 NaBrO₃ 10.7 g（7.13 mmol），水 36 mL，搅拌溶解，加入 2,5-二甲基氟苯（**2**）2.2 g（18 mmol）溶于乙酸乙酯 36 mL 的溶液。剧烈搅拌下再滴加 NaHSO₃ 7.48 g（7.1 mmol）溶于 72 mL 水的溶液，约 20 min 加完，加完后继续室温搅拌 4 h。用乙醚多次萃取，合并有机相，用 Na₂S₂O₃ 溶液洗涤，无水硫酸镁干燥。过滤，滤液浓缩，剩余物过硅胶柱分离［洗脱剂：石油醚-乙酸乙酯（8:1）］，得白色颗粒状固体（**1**）3.36 g，收率 66%，mp 99～100℃。

【用途】 老年痴呆症临床诊断药 FSB 合成中间体。

间羟基苯甲醛

$C_7H_6O_2$，122.12

【英文名】 *m*-Hydroxybenzaldehyde

【性状】 浅黄色结晶。mp 104～107℃。溶于热水、微溶于冷水、苯，可升华。

【制法】 孙昌俊，曹晓冉，王秀菊. 药物合成反应——理论与实践. 北京：化学工业出版社，2007：79.

乙酸间甲苯基酯（**3**）：于反应瓶中加入氢氧化钠 205 g（5 mol），水 2 L 配成溶液，再加入间甲基苯酚（**2**）540 g（5 mol），反应液呈棕色，搅拌溶解。加入 1 kg 碎冰，同时用冰盐浴冷却至 0℃ 左右，迅速加入醋酸酐 700 g，剧烈搅拌反应 3 min。静置 1 h，分出黄色油状物，弃去水层。油状物用 5% 的氢氧化钠溶液洗涤，再水洗至中性。无水硫酸镁干燥，过滤，得透明液体。减压蒸馏，收集 100～106℃/2.0～2.66 kPa 的馏分，得化合物（**3**）695 g，收率 92%。

间羟基苯甲醛（**1**）：于安有搅拌器、温度计、回流冷凝器（连接溴化氢吸收装置）、滴液漏斗的反应瓶中，加入四氯化碳 1 L，化合物（**3**）450 g（3 mol），搅拌下加热至 70～75℃，紫外灯照射下，慢慢滴加溴 1000 g（6.25 mol）溶于 2 L 四氯化碳的溶液。控制滴加速度，以回流冷凝器中无溴的蒸气逸出为宜，约 5 h 加完。加完后继续反应 1 h，而后蒸出四氯化碳至尽。冷却至 40℃ 以下，得棕色液体二溴化物。

将重量为溴化物 2 倍的碳酸钙加入安有搅拌器、回流冷凝器的反应瓶中，再加入水，搅拌下加入溴化物，回流反应 6 h。加入活性炭脱色 0.5 h。趁热抽滤，滤液冷却后析出浅黄色针状结晶。抽滤，水洗，于 60～80℃ 真空干燥，得类白色固体（**1**）245 g，mp 103～104℃，收率 67%。

也可以用如下方法来合成［方永勤，陈群，张红军. 精细化工，1996，13（6）：56］。

【用途】 抗癌药酚嘧啶（Hexamethylmelamine）、用于治疗各种休克及手术时低血压药物间羟胺（Aramine）等的中间体。

2-溴甲基-3-硝基苯甲酸甲酯

$C_9H_8BrNO_5$，290.07

【英文名】 Methyl 2-bromomethyl-3-nitrobenzoate

【性状】 淡黄色固体。mp 66～68℃。

【制法】 方峰，徐熙，冀亚飞.中国医药工业杂志，2008，39（12）：888.

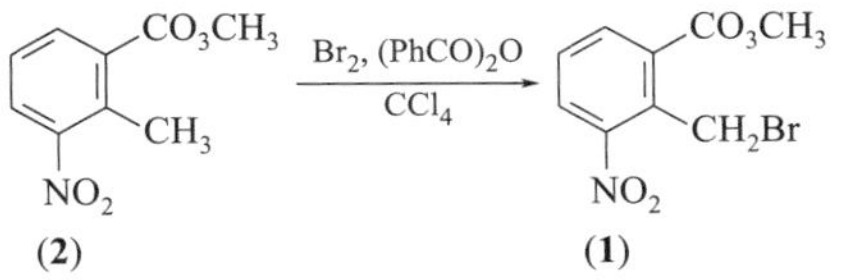

于反应瓶中加入 2-甲基-3-硝基苯甲酸甲酯（**2**）19.1 g（97.9 mmol），四氯化碳 100 mL，过氧化苯甲酰 3.1 g（12.8 mmol），搅拌下加热回流，慢慢滴加溴 7.5 mL（146.2 mmol），并用 125 W 的紫外灯照射。约 1 h 加完溴，继续在光照下回流反应 24 h。冷至室温，加入 100 mL 二氯甲烷，用饱和碳酸氢钠溶液洗涤 3 次，水洗，无水硫酸钠干燥。过滤，减压浓缩，得淡黄色固体（**1**）24.5 g，收率 91%，mp 66～68℃。

【用途】 抗癌药来那度胺（Lenalidomide）等的中间体。

3-溴苯酞

$C_8H_5BrO_2$，213.03

【英文名】 3-Bromophthalide，3-Bromo-1(3H)-isobenofuranone

【性状】 类白色或浅黄色固体，mp 78～80℃。bp 157～162℃/1.3 kPa。

【制法】 Koten I A，Sauer R J. Org Synth，1973，Coll Vol 5：145.

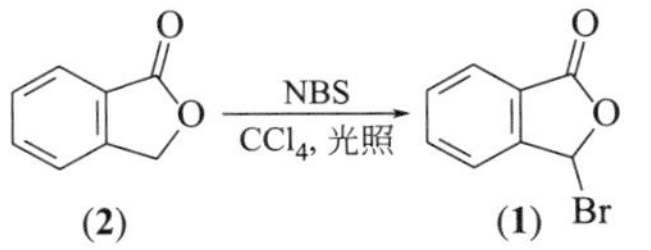

于反应瓶中加入苯酞（**2**）10 g（0.075 mol），NBS 13.3 g（0.075 mol），四氯化碳 200 mL，一粒沸石，加热回流 30 min。用 100 W 的灯泡照射，反应瓶底部的 NBS 全部消失，固体物浮于液面，表明反应结束。过滤除去生成的丁二酰亚胺，减压浓缩至 15～20 mL，冷却。抽滤，得化合物（**1**）粗品 12～13 g，收率 75%～81%。mp 74～80℃。用环己烷重结晶，得无色片状结晶，mp 78～80℃。

【用途】 酞氨苄青霉素（Talampicillin）和苯噻啶（Pizotifen）等的中间体。

对氯苯甲醛

C_7H_5ClO，140.57

【英文名】 p-Chlorobenzaldehyde

【性状】 白色结晶。mp 47.5℃，bp 213～214℃，72～75℃/0.4 kPa。易溶于乙醇、乙

醚、苯、可溶于水、丙酮。能随水蒸气挥发。

【制法】 段行信.实用精细有机合成手册.北京：化学工业出版社，2000：70.

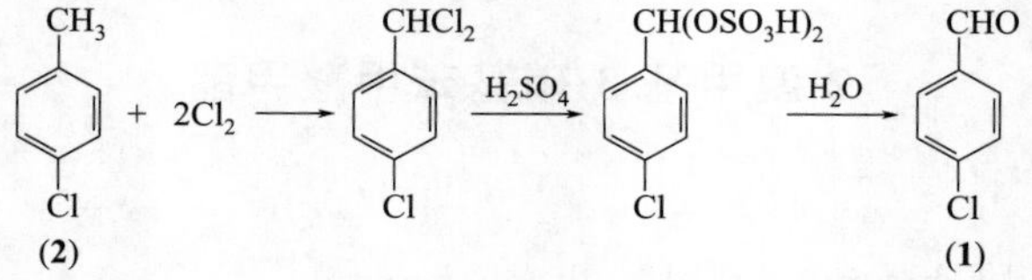

于反应瓶中加入对氯甲苯（**2**）126.5 g（1.0 mol），PCl$_5$ 3.8 g，加热至 160～170℃，在 100 W 的白炽灯照射下迅速通入干燥的氯气，直至增重 55～66 g，约需 4～5 h，生成黄色氯化物。将其加入 400 mL 浓硫酸中，于 60℃搅拌反应 1 h。转入分液漏斗中放置过夜。将下层液体（上层蜡状物弃去）加入 2 kg 碎冰中，趁冷抽滤，冷水洗涤。将固体物溶于乙醚中，以 2%的氢氧化钠溶液洗涤除去对氯苯甲酸（酸化后可回收约 20 g 苯甲酸）。回收乙醚后减压蒸馏，收集 108～111℃/3.3 kPa 的馏分，冷后固化，得化合物（**1**）76～84 g，收率 54%～60%，mp 46～47℃。

【用途】 镇静助眠类药物氯美扎酮（Chlormezanone）等的中间体。

二苯基溴甲烷

$$C_{13}H_{11}Br, 247.13$$

【英文名】 Bromodiphenylmethane

【性状】 淡黄色固体。mp 45℃，bp 180～190℃/2.67 kPa。

【制法】 王国喜，彭聪虎，李淑君，杜惠等.中国医药工业杂志，2001，32（1）：3.

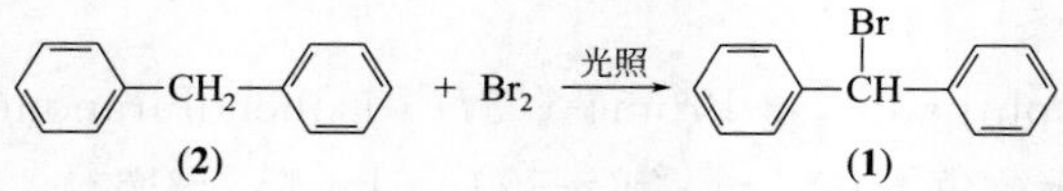

于反应瓶中加入二苯甲烷（**2**）252 g，搅拌加热至 85℃，光照下慢慢滴加溴 250 g，于 140℃加热反应 2 h。冷却，抽出其中的溴化氢，以饱和碳酸钠溶液洗涤，水洗，无水硫酸钠干燥。减压蒸馏，收集 180～190℃/2.67 kPa 的馏分，得浅黄色液体（**1**）330 g，收率 89.1%。冷后固化。

【用途】 钙拮抗剂桂利嗪（Cinnarizine）等的中间体。

对甲砜基苯甲醛

$$C_8H_8O_3S, 184.21$$

【英文名】 *p*-Methylsulfonylbenzaldehyde，*p*-Formylphenyl methyl sulfone

【性状】 白色固体。mp 157～159℃。

【制法】 Kidol D A A，Wright D E. J Chem Soc，1962：1420.

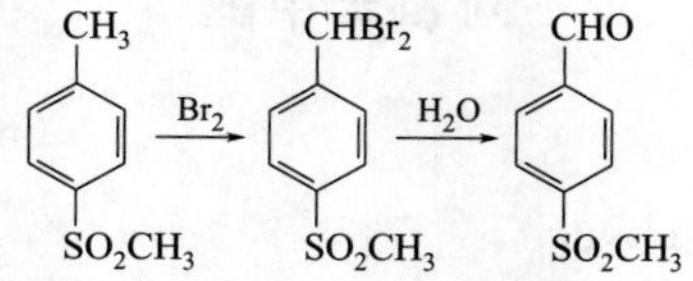

于反应瓶中加入对甲砜基甲苯（**2**）170 g（1.0 mol），搅拌下加热至 170～175℃，用 200 W 的钨灯照射，慢慢滴加溴 320 g（2.0 mol），约 5 h 加完。控制滴加速度，以不使溴蒸气逸出为宜。加完后继续搅拌反应 0.5 h。稍冷后倒入冰水中，析出固体。抽滤，得二溴化物 365 g，mp 136～138℃。

将二溴化物加入 20% 的硫酸 1600 mL 中，于 105～107℃搅拌反应 5～6 h。趁热倒入烧杯中，冷却后析出固体。抽滤，水洗，再以 2% 的氢氧化钠水溶液浸泡，抽滤，水洗，干燥，得化合物（**1**）120 g，mp 157～159℃，总收率 75%。

【用途】　抗菌剂甲砜霉素（Thiamphenicol）等的中间体。

5-甲基-2-氯甲基吡嗪

$C_6H_7ClN_2$，142.5

【英文名】　2-(Chloromethyl)-5-methylpyrazine
【英文名】　棕色油状液体。溶于乙醚、氯仿、苯，微溶于水。
【制法】　孙昌俊，曹晓冉，王秀菊. 药物合成反应——理论与实践. 北京：化学工业出版社，2007：119.

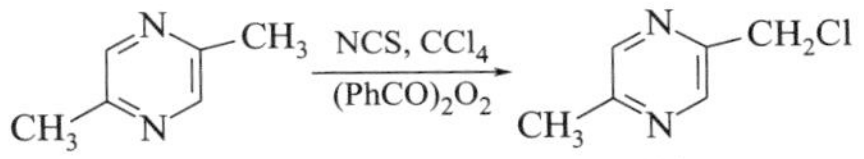

于反应瓶中通入氮气，加入 2,5-二甲基吡嗪（**2**）54.1 g（0.5 mol），四氯化碳 600 mL，蒸馏除水。冷至室温，加入 N-氯代丁二酰亚胺（NCS）68.1 g（0.51 mol），过氧化苯甲酰 0.5 g，加热至回流。搅拌反应 16 h。冰水浴冷至 0℃，滤去析出的固体，滤饼用四氯化碳洗涤，合并滤液和洗液，氮气保护下减压除溶剂，得棕色油状（**1**）58.5 g，收率 82%。

【用途】　降血糖药格列吡嗪（Glipizide）的中间体。

6-溴甲基-2-甲基-喹唑啉-4(3*H*)-酮

$C_{10}H_9BrN_2O$，253.10

【英文名】　6-Bromomethyl-2-methylquinazolin-4(3*H*)-one
【性状】　固体。
【制法】　刘冲，吴范宏，周其林. 中国医药工业杂志，2001，32（6）：270.

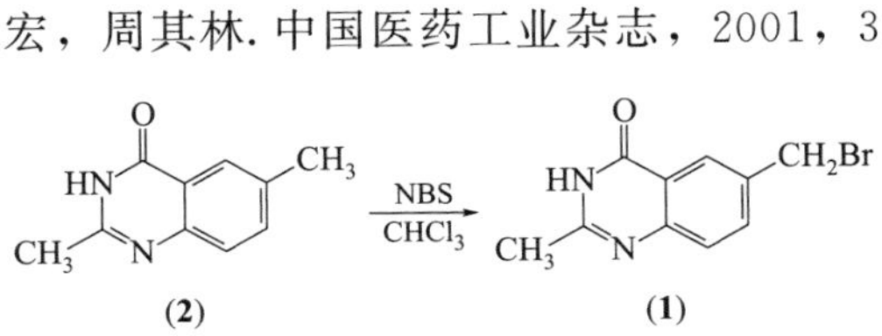

于反应瓶中加入 2,6-二甲基-3,4-二氢-4-氧代喹唑啉（**2**）1.0 g，NBS 1.06 g，过氧化苯甲酰 20 mg，氯仿 120 mL，搅拌下加热至 50℃，用 250 W 红外灯照射反应 6 h。冷至室温，过滤，氯仿洗涤。减压浓缩，剩余物用乙醇重结晶，得化合物（**1**）0.93 g，收率 65%。

【用途】 抗癌药物雷替曲塞（Raltitrexed）中间体。

4′-溴甲基联苯-2-甲酸叔丁酯

$C_{18}H_{19}BrO_2$，347.25

【英文名】 *t*-Butyl 4′-bromomethylbiphenyl-2-carboxylate

【性状】 类白色结晶。mp 102℃。

【制法】 林迎明，刘素云.中国医药工业杂志，2006，37（5）：306.

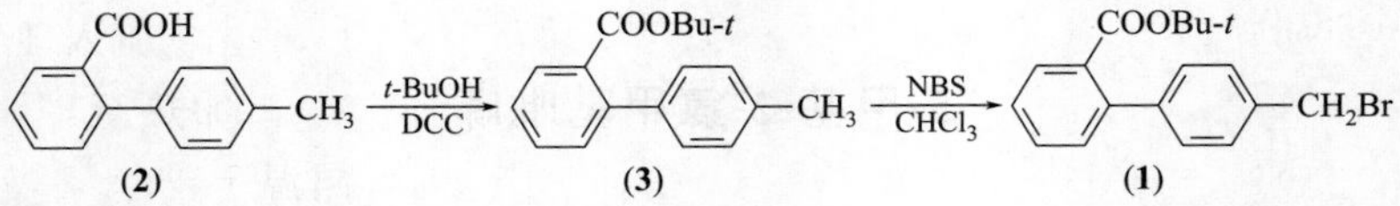

4′-甲基-2-联苯甲酸叔丁酯（**3**）：于反应瓶中加入 4′-甲基联苯-2-甲酸（**2**）10 g（0.05 mol），叔丁醇 20 mL（0.045 mol）和二氯甲烷 40 mL，搅拌下于 0℃滴加 DCC 10 g（0.05 mol）溶于 20 mL 二氯甲烷的溶液。加完后室温反应 24 h，抽滤，滤液依次用 10%氢氧化钠溶液（30 mL）和水（30 mL）洗涤，无水硫酸镁干燥。过滤，滤液蒸干，用乙酸乙酯重结晶，得白色晶体（**3**）11.38 g，收率 90%，mp 51～53℃（文献收率 86.1%，mp 51～53℃）。

4′-溴甲基-2-联苯甲酸叔丁酯（**1**）：于反应瓶中加入化合物（**3**）9.13 g，NBS 6.06 g，过氧化苯甲酰 0.5 g，氯仿 360 mL，搅拌回流反应 6 h。冷却，过滤，少量氯仿洗涤。减压蒸出溶剂，剩余物用乙醇重结晶，得类白色结晶（**1**）9.57 g，收率 81%。mp 102℃。

【用途】 抗高血压药物替米沙坦（Telmisartan）的合成中间体。

2-氰基-4′-溴甲基联苯

$C_{14}H_{10}BrN$，272.15

【英文名】 2-Cyano-4′-bromomethylbiphenyl

【性状】 白色结晶。mp 116～121℃。

【制法】 贾庆忠，马桂林，黎文志等.中国医药工业杂志，2001，32（9）：385.

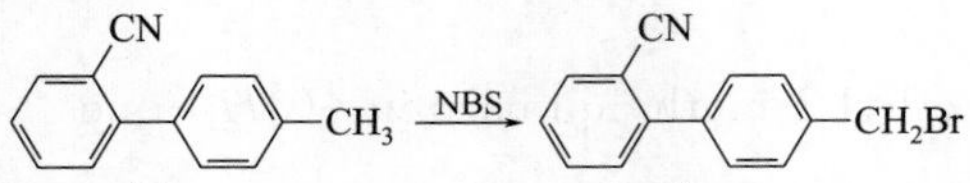

于反应瓶中加入 2-氰基-4′-甲基联苯（**2**）12.5 g，NBS 11.5 g，过氧化苯甲酰 1.1 g，四氯化碳 390 mL，搅拌下加热回流反应 3 h。冷却，过滤，四氯化碳洗涤。减压蒸出溶剂，冷却，得化合物（**1**）12 g，收率 71%。

【用途】 抗高血压药缬沙坦（Valsartan）中间体。

4-氯甲基-5-甲基-1,3-二氧杂环戊烯-2-酮

$C_5H_5ClO_3$，148.5

【英文名】 4-(Chloromethyl)-5-methyl-1,3-dioxol-2-one

【性状】　浅黄色油状液体。bp 91～93℃/0.266 kPa。溶于乙醚、氯仿、苯、乙酸乙酯、丙酮，有恶臭味。

【制法】　①Sakamoto F，Ikeda S，Tsukamoto G. Chem Pharm Bull，1984，32（6）：2241.②李培成，张小余，闵其刚.精细化工中间体，2001，39（1）：16.

4-氯-4-甲基-5-亚甲基-1,3-二氧杂环戊烯-2-酮（**3**）：于反应瓶中加入 4,5 二-甲基-1,3-二氧杂环戊烯-2-酮（**2**）50 g（0.44 mol），二氯甲烷 350 mL，加热至 40℃，搅拌下滴加氯化硫酰 67 g（0.5 mol），保持在 40～42℃约 1 h 加完，同温下继续反应 1 h。减压蒸去溶剂，而后收集 45～48℃/0.266 kPa 的馏分，得无色油状化合物（**3**）41.2 g，收率 65%。

4-氯甲基-5-甲基-1,3-二氧杂环戊烯-2-酮（**1**）：将上面的油状物（**3**）于 90℃反应 2 h，生成浅黄色油状物，减压蒸馏，收集 91～93℃/0.266 kPa 的馏分，得浅黄色油状化合物（**1**）35.1 g，收率 85%。

【用途】　杀星类抗菌药普卢利沙星（Prulifloxacin）等的中间体。

喹啉-2-甲酸

$C_{10}H_7NO_2$，173.17

【英文名】　Quinoline-2-carboxylic acid，Quinaldinic acid

【性状】　白色或浅黄色结晶性粉末。mp 155～157℃。溶于热水、乙醇、碱溶液和苯，微溶于冷水。

【制法】　Furniss B S，Hannaford A J，Rogers V，et al. Vogel's Textbook of Practical Chemistry. Longman London and New York. Fourth edition，1978：824.

2-三溴甲基喹啉（**3**）：于反应瓶中加入粉状无水醋酸钠 50 g（0.61 mol），冰醋酸 100 g，2-甲基喹啉（**2**）14 g（0.1 mol），油浴加热至 70℃。搅拌下慢慢滴加溴 48 g（0.3 mol）溶于 100 g 冰醋酸的溶液，约 15 min 加完。加完后加热至沸反应 30 min。冷却后倒入冰水中。抽滤，水洗，于 100℃干燥，得（**3**）粗品 36 g，收率 95%。乙醇或冰醋酸中重结晶后，mp 128℃。

喹啉-2-甲酸（**1**）：将上述化合物（**3**）置于过量的稀硫酸（1：10）中，加热回流，直至取出少量反应液中和后不生成未反应的溴化物为止。冷却，中和。而后加入过量的硫酸铜溶液。抽滤析出的浅绿色的铜盐，水洗。将铜盐悬浮于热水中，通入硫化氢气体。反应完后滤去硫化铜。滤液减压浓缩至干。剩余物用冰醋酸重结晶，得到几乎定量的（**1**），mp 157℃。

【用途】　医药中间体，其喹啉-多胺类衍生物具有很好的生物学功能。

2-氯甲基吡啶

C$_6$H$_6$ClN，127.57

【英文名】 2-Chloromethylpyridine

【性状】 液体。bp 73～76℃/1.33 kPa，45～47℃/67 Pa。不稳定。

【制法】 Mathes W，et al. Angew Chem，1963，75：235.

于反应瓶中加入无水四氯化碳 800 g，2-甲基吡啶（**2**）100 g（1.07 mol），搅拌下加入无水碳酸钠 130 g，加热至 58～60℃。用白炽灯泡照射反应瓶，慢慢通入氯气 105 g，保持反应液温度在 60～65℃，约 6 h 通完。而后继续反应 30 min。冷至 30℃，慢慢加入适量的水以使碳酸钠溶解。用氢氧化钠溶液调至 pH8～9，静置分层。分出有机层，用 20% 的盐酸提取一次，再用 15% 的盐酸提取两次，合并盐酸溶液，测定纯度备用。收率 60%。

【用途】 医药马来酸氯苯那敏（Chlorpheniramine maleate）的中间体，也是植物生长调节剂吡啶醇的中间体。

α-溴代苯乙腈

C$_8$H$_6$BrN，196.05

【英文名】 α-Bromophenylacetonitrile

【性状】 低熔点固体。mp 29℃，bp 240℃（242℃，分解），132～134℃/1.6 kPa，74～76℃/66.7 Pa。易溶于乙醇、乙醚、丙酮、氯仿和一般有机溶剂，微溶于水。

【制法】 李和平.含氟、溴、碘精细化学品.北京：化学工业出版社，2010：38.

于反应瓶中加入苯乙腈（**2**）350 g，加热至 105～110℃，搅拌下慢慢滴加溴 480 g，滴加过程中有溴化氢气体产生，注意吸收，约 5 h 加完。加完后继续保温搅拌反应 2 h。减压精馏，收集 89～92℃/6.06 kPa 的馏分，得化合物（**1**）。

【用途】 抗抑郁药米氮平（Mirtazapine）的重要中间体。

四、芳香族化合物芳环上的卤化反应

氟　苯

C$_6$H$_5$F，96.10

【英文名】 Fluorobenzene

【性状】 无水液体。bp 82～83℃。d_4^{20} 1.024，n_D^{20} 1.4677。与乙醇、乙醚混溶。

【制法】　Kollonitsch J，Barash L，Doldouras G A. J Am Chem Soc，1970，92
（25）：7494.

于安有磁力搅拌器、回流冷凝器的 100 mL 反应瓶中，加入 1.95 g（25 mmol）的无水
苯（**2**）和 80 mL 的三氯氟甲烷，用液氮降温至 −78℃，用高压汞灯（220 V，250 W）光
照，于 1 h 内通入 2.1 g（20 mmol）氟氧基三氟甲烷气体。于 −78℃ 光照搅拌反应 30 min
后，缓慢升至室温搅拌 1 h。气-液色谱分析，其中（**1**）的含量 65%。副产物三氟甲氧基苯
收率 10%。

【用途】　抗精神病特效药三氟哌啶醇（Trifluperidol）等的中间体。

2,6-二氯苯胺

$C_6H_5Cl_2N$，162.02

【英文名】　2,6-Dichloroaniline

【性状】　针状晶体。mp 39～40℃，溶于乙醚、乙醇、丙酮，不溶于水。

【制法】　王训遒，王斌. 郑州大学学报：工学版，2002，4：96.

二苯基脲（**3**）：于反应瓶中加入苯胺（**2**）191 g（2.05 mol），尿素 60 g（1.0 mol），
二甲苯 600 g，搅拌加热至 130℃，回流反应 6 h，冷却，过滤，滤饼用二甲苯洗涤，干燥，
得白色针状化合物（**3**）202 g，收率 93%，mp＞235℃。

4,4′-二苯脲二磺酸（**4**）：于反应瓶中加入 98% 的硫酸 147 g（1.47 mol），控制 50℃ 以
下加入化合物（**3**）34 g（0.16 mol），搅拌溶解后于 60℃ 再搅拌反应 0.5 h，而后于 65～
70℃ 反应 5 h。冷至室温备用。

2,6-二氯苯胺（**1**）：于反应瓶中加入水 300 mL，36% 的盐酸 100 mL，搅拌下控制不超
过 50℃ 慢慢加入上述化合物（**4**）的硫酸溶液，加完后于 35℃ 通入氯气 6 h，其间控制反应
温度在 35～40℃。吸收约 55 g 氯气后，停止通入氯气，继续搅拌反应 2 h。用氮气排出过
量的氯气，加入 4 g 亚硫酸钠，搅拌 30 min，得化合物（**5**）的溶液备用。

将上述反应液于 105℃ 搅拌反应 3 h，生成化合物（**6**）的溶液。将反应液加热至 120～
122℃，慢慢加入 93% 的硫酸 100 mL，此时有大量氯化氢气体放出，注意吸收。再于 150～
160℃ 搅拌反应 3 h。水蒸气蒸馏，约 2 h 蒸馏结束。过滤析出的固体，将固体物加热熔融，
冷却后固化，倒出水层，干燥，得白色固体（**1**）34 g，收率 65%（以二苯脲计），
mp＞37.5℃。

也可按照如下方法来合成（孙昌俊，曹晓冉，王秀菊.药物合成反应——理论与实践.北京：化学工业出版社，2007：118）。

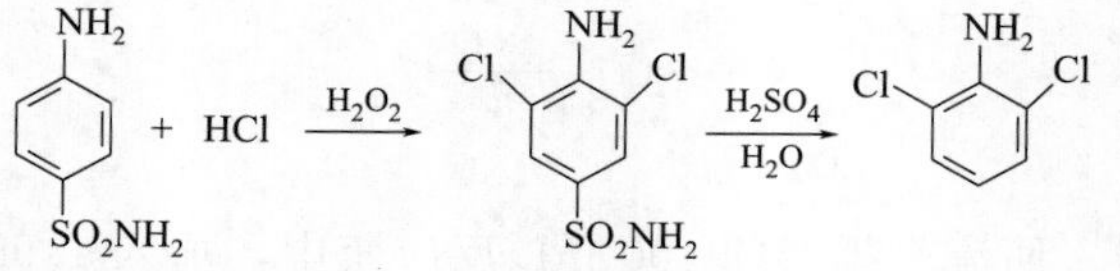

【用途】 利尿药依他尼酸（Ethacrynic acid）、降压药可乐定（Clonidine）等的中间体。

3-氯-4-氟硝基苯

$C_6H_3ClFNO_2$，175.55

【英文名】 3-Chloro-4-fluoronitrobenzene
【性状】 类白色或淡黄色针状结晶。mp 41～43℃，bp 227～232℃。
【制法】 颜继忠，强根荣，许响生等.中国医药工业杂志，1996，27（10）：466.

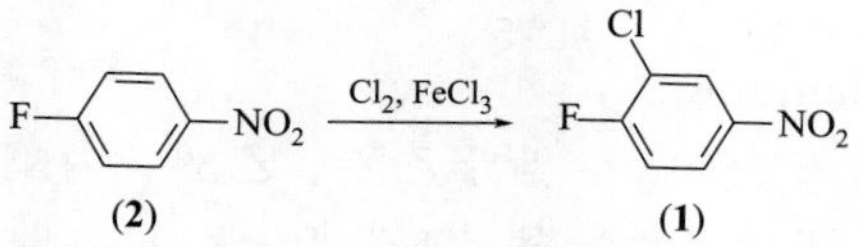

于反应瓶中加入对硝基氟苯（2）70.8 g（0.5 mol），铁粉 3 g，油浴加热，于 60℃通入干燥的氯气，约需 6 h。反应结束后加入 50 mL 水。分出有机层，水层用苯提取 3 次。合并有机层，无水硫酸钠干燥，过滤，常压回收苯，而后减压蒸馏，收集 108～112℃/1.6 kPa 的馏分，冷后固化，得化合物（1）84.5 g，收率 94.8%。

【用途】 抗菌药盐酸诺氟沙星（Norfloxacin hydrochloride）等的中间体。

2,4-二氯苯酚

$C_6H_4Cl_2O$，163.00

【英文名】 2,4-Dichlorophenol
【性状】 白色针状结晶。mp 34～38℃。
【制法】 孙昌俊，陈再成，王彪，刘凤尧.河南化工，1990，11：19.

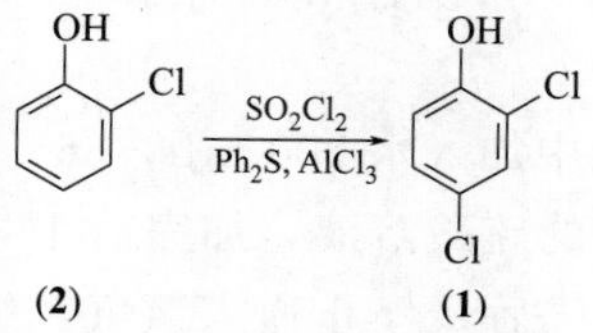

于反应瓶中加入 2-氯苯酚（2）66.6 g（0.5 mol），无水三氯化铝 0.43 g，二苯硫醚 0.58 g，室温搅拌 30 min。冷至 15℃，慢慢滴加硫酰氯 76 g（0.535 mol），约 2 h 加完。接近加完时，将温度升至 40℃，保持反应体系呈液体状态。加完后继续搅拌反应 30 min。通入氮气赶出氯化氢和二氧化硫，冷却后得白色针状结晶（1），重约 80 g，收率 98%。

【用途】 治疗肺吸虫病及华支睾吸虫病药物硫双二氯酚（Bithionol）等的中间体，也用于除草醚、2,4-D 等的合成。

3,4-二氯硝基苯

C$_6$H$_3$Cl$_2$NO$_2$，192.00

【英文名】　3,4-Dichloronitrobenzene

【性状】　浅黄色结晶。mp 39～41℃。溶于有机溶剂，不溶于水。可随水蒸气挥发。

【制法】　韦正友，陈忠远. 中国医药工业杂志，1996，27（10）：467.

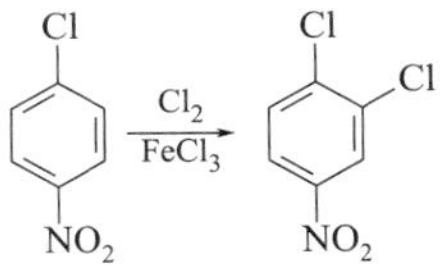

于反应瓶中加入对硝基氯苯（**2**）158 g（1.0 mol），无水三氯化铁 9 g，碘 0.3 g，油浴加热，于 120℃通入干燥的氯气，以反应液增重来控制反应终点，约 7 h 反应结束。冷后加入 800 mL 苯，过滤。滤液水洗至中性，无水氯化钙干燥。过滤，蒸出苯后冷却至 15℃以下，产品固化。干燥，得化合物（**1**）172.5 g，收率 88%。

【用途】　喹诺酮类抗菌药中间体。

5-氯-2-羟基-苯甲醛

C$_7$H$_5$ClO$_2$，156.57

【英文名】　5-Chloro-2-hydroxybenzaldehyde

【性状】　白色片状结晶。mp 100～102℃。

【制法】　柳翠英，赵全芹. 中国医药工业杂志，2001，31（1）：37.

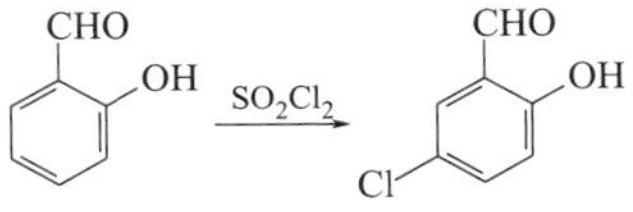

于反应瓶中加入水杨醛（**2**）12.2 g（0.1 mol），适量冰醋酸，搅拌下于 15～20℃慢慢滴加硫酰氯 16.2 g，滴加过程中有白色沉淀生成。加完后继续搅拌反应 30 min。放置 1 h 后，过滤，依次用水、乙醇洗涤，真空干燥，得化合物（**1**）12.9 g，收率 82.4%。乙醇中重结晶，得白色片状结晶。

【用途】　抗血吸虫病类药物氯硝柳胺（Niclosamide）等的中间体。

2,6-二氯苯酚

C$_6$H$_4$Cl$_2$O，163.00

【英文名】　2,6-Dichlorophenol

【性状】　无色针状结晶。mp 66～67℃。易溶于乙醇、乙醚，溶于苯和石油醚。有毒，对皮肤、黏膜有刺激性和腐蚀性。

【制法】　①李青，李伟，壬全坤，徐桂清. 中国医药工业杂志，2001，32（9）：422. ②王志祥，骆培成，张志炳. 精细石油化工，2001，4：4.

于反应瓶中加入苯酚（**2**）26 g（0.28 mol），四氯乙烯 112.2 mL，而后加入由二异丙基胺-三乙胺（10:1）组成的催化剂 0.4 mL，搅拌下于 10 min 先慢慢通入氯气约 3 g。升温至 100～120℃，继续通入氯气并控制通入氯气的速度，前 2 h 为 10～15 g/h，后 3 h 为 25～30 g，GC 跟踪反应进程，直至达反应终点。通入氮气赶出氯化氢和多余的氯气。将反应物倒入 30% 的氢氧化钠溶液 200 mL 中，静置分层。分出下层有机层回收溶剂，水层用盐酸酸化，加入饱和盐水 40 mL，于 5℃ 以下冷却。过滤析出的固体，用四氯乙烯重结晶，得无色针状结晶（**1**）35.8 g，mp 66～67℃，收率 78.5%。

【用途】 非甾体解热镇痛药双氯芬酸钠（Diclofenac sodium）等的中间体。

对氯苯氧乙酸

$C_8H_7ClO_3$，186.59

【英文名】 *p*-Chlorophenoxyacetic acid

【性状】 白色结晶。mp 167～159℃。溶于乙醇、丙酮、苯，微溶于水。

【制法】 张大国.精细有机单元反应合成技术——卤化反应及其实例.北京：化学工业出版社，2009：50.

苯氧乙酸（**3**）：于反应瓶中加入氯乙酸 3.8 g 和水 5 mL。在搅拌下缓慢滴加饱和碳酸钠溶液，至溶液 pH 为 7～8。然后加入苯酚 2.5 g，再缓慢滴加氢氧化钠（35%）至溶液 pH=12。回流反应（100～110℃）50 min，若碱度下降应补加碱，保持反应溶液 pH=12。

反应毕稍冷，趁热将反应混合物转入烧杯中，冷却后在搅拌下用盐酸酸化（pH 1～2）。冷却，抽滤，水洗，60～65℃ 干燥，得白色晶体苯氧乙酸。

对氯苯氧乙酸（**1**）：于安有磁力搅拌、回流冷凝和滴液漏斗的 100 mL 三口瓶中，加入苯氧乙酸 3.10 g 和乙酸 10 mL，搅拌加热。待温度上升至 50℃ 时，停止加热，加入三氯化铁少许和盐酸 10 mL，然后缓慢滴加过氧化氢（30%）3.4 mL，使反应体系保持 60～70℃。加毕，在此温度下继续反应 20 min。

反应毕稍冷，趁热将反应混合物转入烧杯中，冷却、抽滤、水洗、抽干，乙酸-水（1:4 体积比）重结晶，得白色晶体对氯苯氧乙酸。

【用途】 中枢神经兴奋药甲氯芬酯（Meclofenoxate）、农药等的中间体。

四氯邻苯二甲酸

$C_8H_2Cl_4O_4$，303.91

【英文名】 Tetrachlorophthalic acid，3,4,5,6-Tetrachloro-1,2-benzenedicarboxylic acid

【性状】 白色片状结晶。mp 223～225℃。

【制法】 ①樊能廷.有机合成事典.北京：北京理工大学出版社，1997：108.②王维建，徐学波.化工新型材料，2000，28（5）：21.

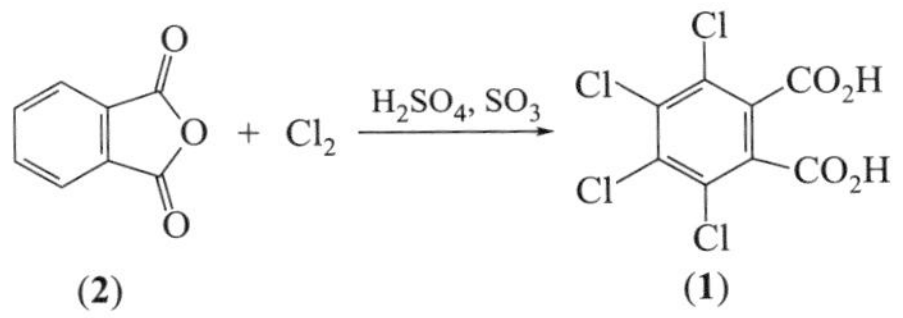

(2)　(1)

于安有温度计、通气导管的反应瓶中，加入 40％的发烟硫酸 100 g，苯酐（**2**）20 g（0.135 mol），碘 0.5 g，加热至 70℃。慢慢通入氯气 50 h。升温至 100℃，继续通入氯气 2 h。补加 40％的发烟硫酸 20 g，加热至 220℃，继续通入氯气，直至反应瓶中充满结晶，冷却，小心加入 1 kg 碎冰中，充分搅拌后抽滤。将滤饼用沸水重结晶，得白色片状结晶（**1**）26 g，mp 223～225℃，收率 63.4％。

【制法】 喹诺酮类药物洛美沙星、氟罗沙星、氧氟沙星、司帕沙星、芦氟沙星等的中间体。

3-氯-7-苯甲酰基吲哚

$C_{15}H_{10}ClNO$，255.70

【英文名】 3-Chloro-7-benzoylindole

【性状】 mp 148～149.5℃。

【制法】 ①陈芬儿.有机药物合成法：第一卷.北京：中国医药科技出版社，1999：60. ②Walsh DA，et al. J Med Chem，1984，27（11）：1379.

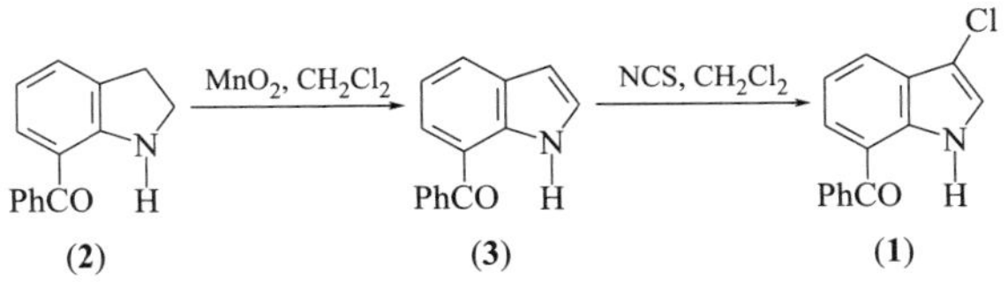

(2)　(3)　(1)

7-苯甲酰基吲哚（**3**）：于反应瓶中加入 7-苯甲酰基二氢吲哚（**2**）223 g（1 mol），二氧化锰 261 g（3 mol）和二氯甲烷 2.23 L，加热搅拌回流 18 h。过滤，滤饼用热二氯甲烷 200 mL 洗涤，合并滤液和洗涤液，得（**3**）的二氯甲烷溶液（直接用于下步反应）。回收溶剂，冷却固化，得粗品（**3**）。用甲苯重结晶，mp 103～104℃。

3-氯-7-苯甲酰基吲哚（**1**）：于干燥反应瓶中，加入上步溶液（**3**），氮气保护下，于 15～20℃，分四等份加入 N-氯代琥珀酰亚胺 119 g（0.87 mol），约 1.5 h 加完，加完后再搅拌反应 1 h。反应结束后，水洗。水层用二氯甲烷 200 mL 提取，合并有机层，无水硫酸钠干燥。回收溶剂，固化，得粗品（**1**）。用甲醇重结晶，mp 148～149.5℃。

【用途】 消炎镇痛药氨芬酸钠（Amfenac sodium）等的中间体。

2,6-二氯吡啶

$C_5H_3Cl_2N$，147.99

【英文名】 2,6-Dichloropyridine

【性状】 mp 83～86℃。

【制法】 ①陈芬儿.有机药物合成法：第一卷.北京：中国医药科技出版社，1999：231.
②周满生，唐瑞仁.广州化学，2005，30（1）：35.

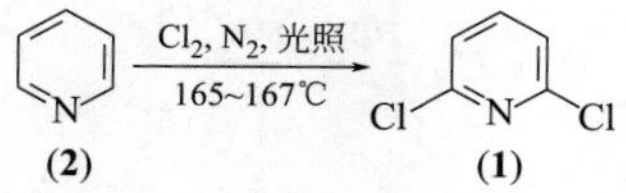

于反应瓶中加入吡啶（**2**）331.5 g（4.3 mol），加热至 126℃气化，再和适量的氯气和氮气混和（吡啶：氯气：氮气为 1：1：1），以 181.9 g/h 的速度通过 100 W 高压汞灯照射的管式反应器，反应温度为 167℃，约 2.2 h，反应后气体冷却，收集所得液体用氨水调至 pH8.5～10，用四氯化碳萃取数次，合并有机层，水洗，无水硫酸钠干燥。过滤，滤液常压回收溶剂后，减压蒸馏，收集 bp147℃/kPa 馏分，得无色液体（**1**）176.2 g，收率 28.1%（固化后 mp 88～88.5℃）。

【用途】 镇痛药氟吡汀（Flupirtine）的中间体。

2-氯尼克腈

$$C_6H_3ClN_2，138.56$$

【英文名】 2-Chloronicotinonitrile

【性状】 白色固体化合物。mp 105～106℃。

【制法】 葛林丹，杜晓华.农药，2010，49（1）：19.

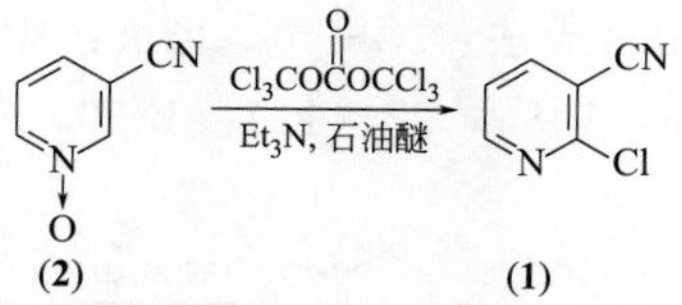

于干燥的反应瓶中加入 3-氰基吡啶-*N*-氧化物（**2**）2.4 g（0.02 mol），石油醚 20 mL，三光气 7.0 g，搅拌溶解。于 10～25℃滴加由三乙胺 1.0 g 溶于 1 mL 石油醚的溶液，约 30 min 滴完。慢慢升温至 60℃反应 4 h。冷至室温，依次用冷水、10%的碳酸钠溶液洗涤，活性炭脱色，浓缩，得化合物（**1**），收率 86%。

【用途】 抗艾滋病药物奈韦拉平（Nevirapine）、抗抑郁药米氮平（Mirtazapine）等的中间体。

2-氯尼克酸

$$C_6H_4ClNO_2，157.56$$

【英文名】 2-Chloronicotinic acid

【性状】 白色固体。mp 178～180℃（文献收率 82.6%，mp 180～181℃）。

【制法】 张敏，魏俊发，王彰九.中国医药工业杂志，2004，35（5）：267.

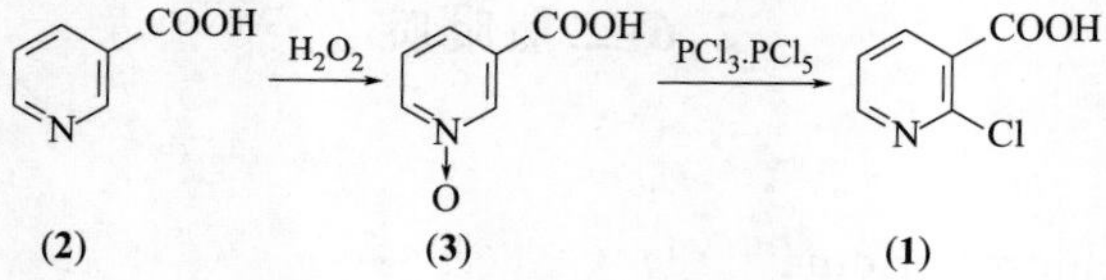

烟酸 N-氧化物（**3**）：于反应瓶中加入烟酸（**2**）12.3 g（0.1 mol）、苯 17 mL 和醋酸 39.2 mL，加热至回流，滴加 30％ H_2O_2 18 mL（0.16 mol），加完后搅拌回流反应 45 min。减压蒸除苯和水，剩余物冷至室温，析出白色沉淀。过滤，水洗后烘干，得化合物（**3**）12.8 g，收率 92.1％，mp 256～258℃（文献 260～262℃）。

2-氯尼克酸（**1**）：于反应瓶中加入化合物（**3**）12.2 g（0.088 mol）和 $POCl_3$ 21 mL，搅拌加热至 88℃时固体全溶，继续升温至 100～110℃保温反应 1 h。稍冷后加入 PCl_5 20 g，回流反应 1 h。冷至 50℃，减压蒸除过量的 $POCl_3$，剩余物转入碎冰中，放置过夜。过滤，滤饼水洗后于 70℃烘干，得化合物（**1**）13.1 g，收率 95％，mp 178～180℃（文献收率 82.6％，mp 180～181℃）。

【用途】　抗艾滋病药物奈韦拉平（Nevirapine）、抗抑郁药米氮平（Mirtazapine）等的中间体。

2-氯-3-氨基吡啶

$C_5H_5ClN_2$，128.56

【英文名】　2-Chloro-3-aminopyridine

【性状】　白色柱状结晶。mp 79～81℃。

【制法】　袁学军，杨思军，尹志峰，李纪国. 中国医药工业杂志，2000，31（9）：420.

于反应瓶中加入 3-氨基吡啶（**2**）30 mL（0.32 mol），用 300 mL 浓盐酸溶解，而后于 20～30℃慢慢滴加 15％的双氧水 72.5 mL（0.32 mol），约 30 min 加完。加完后保温反应 2 h。加入亚硫酸钠，直至碘化钾-淀粉试纸不再变色。用 50％的氢氧化钠调至中性，以甲苯提取（20 mL×2）出化合物（**3**）。水层调至 pH11～12，析出浅红色沉淀。过滤，干燥，得粗品（**1**）37 g，用甲苯重结晶 2 次，得白色柱状结晶（**1**）31.5 g，收率 76.5％，mp 79～81℃。

【制法】　抗消化性溃疡药哌仑西平（Pirenzepine）等的中间体。

3-氨基-1*H*-吡唑并[3,4-*b*]吡嗪

$C_5H_5N_5$，135.13

【英文名】　3-Amino-1*H*-pyrazolo[3,4-*b*]pyrizine

【性状】　白色粉末状固体。mp 223～247℃。

【制法】　匡仁云，郭瑾，周小春，黄春芳. 中国医药工业杂志，2010，41（4）：249.

2-氯-3-氰基吡嗪（**3**）：于反应瓶中加入苯 100 mL，2-氰基吡嗪（**2**）13 g（0.12 mol），

DMF 10 mL，冰水浴冷却下慢慢滴加氯化亚砜 65 g（0.48 mol）。加完后继续低温反应 30 min。慢慢升至室温搅拌反应 5 h。慢慢滴加冰水 100 mL 以淬灭反应，而后慢慢进入碳酸氢钠 43 g 以中和其中的酸。分出有机层，水层用乙醚提取 3 次。合并有机层，饱和盐水洗涤，无水硫酸钠干燥。过滤，减压浓缩，得白色固体粉末（**3**）10 g，mp 46～49℃，收率 60%。

3-氨基-1*H*-吡唑并［3,4-*b*］吡嗪（**1**）：于安有搅拌器、回流冷凝器的反应瓶中，加入乙醇 100 mL，化合物（**3**）5 g（0.037 mol），98%的水合肼 18 g（0.37 mol），搅拌回流反应 2 h。减压蒸出溶剂后，剩余物用乙醇重结晶，得白色粉末状固体（**1**）1.8 g，mp 223～247℃，收率 38%。

【用途】 新药合成中间体。

2,6-二溴苯酚

$C_6H_4OBr_2$，251.91

【英文名】 2,6-Dibromophenol

【性状】 白色晶体。mp 56～57℃。

【制法】 章思规.实用精细化学品手册（上）.北京：化学工业出版社，1996：852.

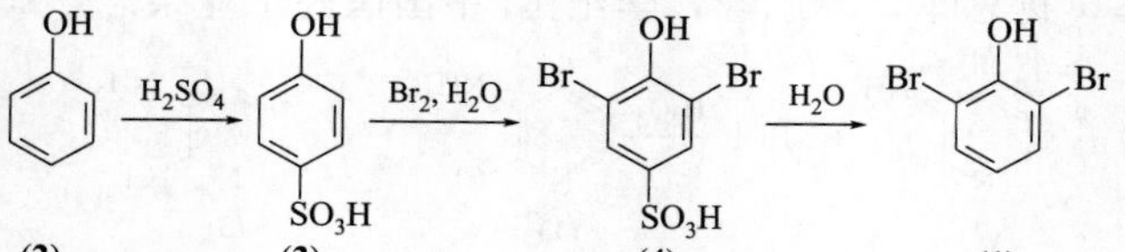

于反应瓶中加入苯酚（**2**）15 g（0.159 mol），于 44～50℃搅拌下滴加 98% 硫酸 21 g（0.21 mol），加完后于 100℃搅拌 3 h，生成对羟基苯磺酸（**3**）。冷却，加入冰水 200 mL，搅拌溶解后，于 20℃滴加溴素 27 g（0.337 mol）。加完后通入氯气 12 g（0.338 mol），搅拌 10 min，生成化合物（**4**）。加入亚硫酸氢钠 4.0 g，搅拌 0.5 h。过滤，向滤液中通入过热蒸汽蒸馏，收集 155℃以上的馏出液，放冷，析出白色晶体，干燥，得（**1**）32 g，总收率 80%，mp 56～57℃。

【用途】 钙拮抗剂盐酸戈洛帕米（Gallopamil hydrochloride）等的中间体。

2,4-二氟溴苯

$C_6H_3BrF_2$，192.99

【英文名】 2,4-Difluorobromobenzene

【性状】 无色液体。bp 145～146℃。

【制法】 吴义杰，林海松，周廷森.中国医药工业杂志，1993，24（10）：473.

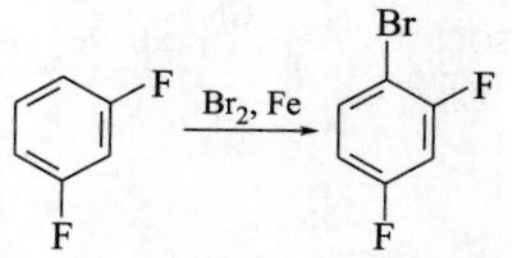

于反应瓶中加入间二氟苯（**2**）114 g（1.0 mol），四氯化碳 250 mL，铁粉 2 g，搅拌下加热至 45℃，慢慢滴加溴 165 g 溶于 50 mL 四氯化碳的溶液，约 4 h 加完。加完后继续搅拌反应 30 min。冷却，加入 20% 的亚硫酸氢钠溶液 50 mL，搅拌至无色。分出有机层，用 10% 的氢氧化钠溶液 100 mL 洗涤，水洗至中性，无水硫酸钠干燥。常压蒸出溶剂，收集 144～148℃ 的馏分，得化合物（**1**）160～190 g，收率 83% 以上。

【用途】　抗真菌药氟康唑（Fluconazole）等的中间体。

间溴三氟甲基苯

$C_7H_4BrF_3$，225.01

【英文名】　*m*-Bromotrifluorotoluene，*m*-Trifluoromethylbromobenzene
【性状】　油状液体。bp 151～153℃，44～48℃/1.33 kPa。
【制法】　陈红飙，林原斌，刘展鹏，周宇.中国医药工业杂志，2001，32（10）：473.

于反应瓶中加入 50 mL 水，50 mL 浓硫酸，搅拌下冷至 20℃，加入三氟甲基苯（**2**）17.4 g（0.12 mol），分批加入研细的溴酸钾 22 g（约分为 10 次加入），注意保持反应液温度在 30℃ 左右，约 1.5 h 加完。加完后室温搅拌反应 3 h。将反应物倒入 200 g 碎冰中，二氯甲烷提取 4 次。合并有机层，依次用饱和盐水、5% 的氢氧化钠溶液、水洗涤，无水氯化钙干燥。过滤，精馏，收集 151～153℃ 的馏分，得化合物（**1**）22.7 g，收率 92.5%。

【用途】　嘧啶类和抗精神病药物中间体。

对溴苯酚

C_6H_5OBr，173.01

【英文名】　*p*-Bromophenol
【性状】　白色结晶。mp 64～68℃。微量水可使熔点下降很多。bp 238℃，118℃/1.46 kPa。溶于苯、氯仿、乙酸乙酯、醇，微溶于水。
【制法】　王现稳，李英春.山西化工，2004，5：18.

于反应瓶中加入苯酚（**2**）94 g（1 mol），氯仿 100 mL，冷至 0℃，搅拌下慢慢滴加由溴 53 mL 溶于 50 mL 氯仿的溶液，控制反应在 2℃ 以下，反应 1.5 h。用饱和亚硫酸氢钠除去过量的溴。水洗，常压蒸出溶剂，剩余物用氯仿重结晶，得纯品（**1**），收率 90%。

【用途】　抗癌药他莫昔芬（Tamoxifen）等的中间体。

3,5-二溴-4-羟基苯甲醛

$C_7H_4Br_2O_2$，279.94

【英文名】　3,5-Dibromo-4-hydroxybenzaldehyde

【性状】 淡棕色固体。mp 182～186℃。

【制法】 潘显道，梁勇，费勤志等.中国医药工业杂志，1994，25（8）：357.

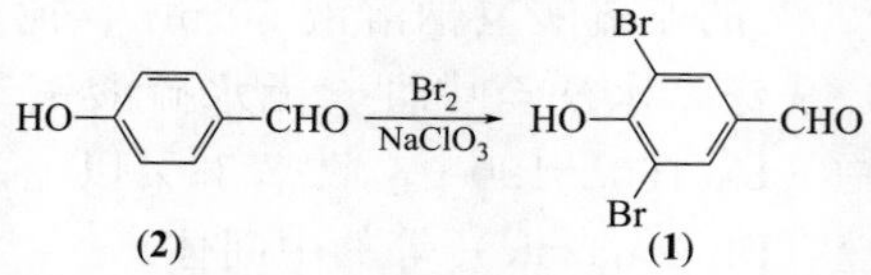

于安有搅拌器、温度计、滴液漏斗、回流冷凝器的反应瓶中，加入对羟基苯甲醛（**2**）40 g（0.33 mol），邻二氯苯 200 mL，搅拌下于 35℃滴加溴 62.8 g（0.393 mol），加完后继续搅拌反应 20 min。而后滴加由氯酸钠 14 g 溶于 100 mL 水配成的溶液。加完后室温搅拌反应 2 h。加热至 103℃使固体全部溶解。冷却，析出结晶。过滤（滤液有机层可以套用），滤饼水洗至中性，干燥，得淡棕色固体（**1**）88.7 g，mp 182～186℃，收率 96％。

【用途】 镇咳祛痰药喘速宁（Tretoquinol）的中间体。

3-溴苯乙酮

C_8H_7BrO，199.05

【英文名】 3-Bromoacetophenone

【性状】 mp 7～9℃，bp 75～76℃/66.5 Pa，n_D^{25} 1.5738～1.5742。溶于乙醇、乙醚、苯、氯仿、乙酸乙酯等多数有机溶剂，难溶于水。

【制法】 王学勤，王卫东，王峰等.中国医药工业杂志，2000，31（8）：369.

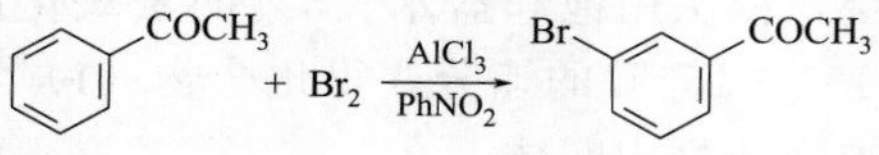

于反应瓶中加入无水三氯化铝 224 g，硝基苯 100 mL，搅拌下于 160℃滴加苯乙酮（**2**）81 g（0.66 mol），约 30 min 加完。于 160～180℃搅拌 1 h 后，冷至 80～85℃，于 40 min 滴加溴 128 g（0.8 mol）。加完后继续搅拌反应 1 h。将反应物倒入含 100 mL 浓盐酸的 1.5 kg 碎冰中。充分搅拌后，分出有机层，水层用甲苯提取。合并有机层，依次用水、5％的碳酸氢钠洗涤，水洗至中性，无水硫酸钠干燥。过滤，减压蒸馏，收集 116～120℃/665 Pa 的馏分，得化合物（**1**）115.6 g，收率 82％。

【用途】 解热、镇痛、抗炎药苯氧布洛芬（Fenoprofen）等的中间体。

4-溴-N,N-二甲苯胺

$C_8H_{10}BrN$，207.01

【英文名】 4-Bromo-N,N-dimethylaniline

【性状】 白色固体。mp 54～55℃。

【制法】 陈芬儿.有机药物合成法：第一卷.北京：中国医药科技出版社，1999：417.

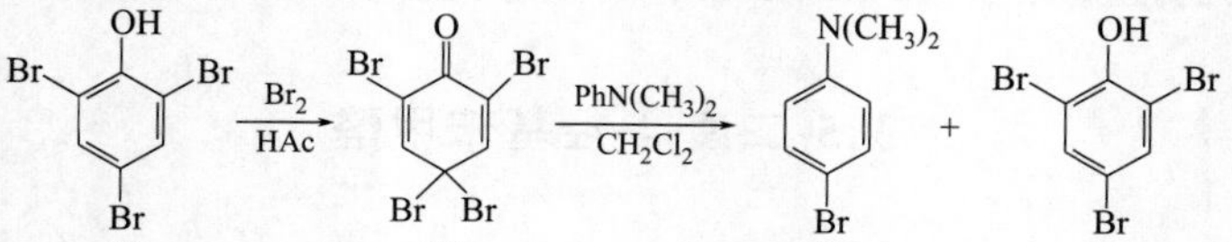

2,4,4,6-四溴环己-2,5-二烯酮（**3**）：于安有搅拌器、滴液漏斗的反应瓶中，加入三溴苯

酚（**2**）86.7 g（0.262 mol），醋酸钠 35.3 g，冰醋酸 550 mL，室温搅拌下慢慢滴加溴 41.82 g（0.262 mol）溶于 90 mL 冰醋酸的溶液。加完后继续搅拌反应 30 min。倾入冰水中，得黄色结晶。用氯仿重结晶，得化合物（**3**）72.76 g，收率 80.8%，mp 129～120℃。

4-溴-*N*,*N*-二甲基苯胺（**1**）：于反应瓶中加入 *N*,*N*-二甲基苯胺 10.91 g（0.09 mol），二氯甲烷 150 mL，冷至 −10～−15℃，慢慢滴加上述化合物（**3**）37.25 g（0.09 mol）溶于 50 mL 二氯甲烷的溶液。加完后保温反应 3 h。依次用 5% 的氢氧化钠溶液（65 mL×3）、水（35 mL×3）洗涤。合并水层，用 2 mol/L 的盐酸酸化至 pH4～5，析出白色固体三溴苯酚，过滤，水洗，干燥后回收。有机层用无水氯化钙干燥，回收溶剂，析出白色固体。乙醇重结晶，得化合物（**1**）9.77 g，收率 54%，mp 54～55℃。

也可用如下方法来合成（Fuchs Benzion，Belsky Yigal，Tartakovsky Evgeny，et al. Journal of the Chemical Society，Chemical Communications，1982，14：778）。

【用途】 抗早孕药米非司酮（Mifepristone）等的中间体。

间溴硝基苯

$C_6H_4BrNO_2$，202.02

【英文名】 *m*-Bromonitrobenzene

【性状】 浅黄色结晶。mp 56℃，bp 256℃，117～118℃/1.2 kPa。溶于乙醇、乙醚、氯仿、苯、乙酸乙酯、丙酮，不溶于水。

【制法】 吴彩娟，杨亦文，任其龙. 中国医药工业杂志，2002，23（4）：160.

于安有搅拌器、滴液漏斗和温度计的反应瓶中，加入硝基苯（**2**）50 g（0.406 mol）和 66% 硫酸 500 g（3.32 mol），水浴冷却，搅拌下缓慢加入溴酸钠 61.4 g，（0.407 mol），控温 30～35℃反应 4 h。冷却，过滤，水洗，干燥，得浅黄色固体（**1**）75.5 g，收率 90%，mp 48～51℃（文献 51.5～52℃），纯度 97%。

【用途】 治疗Ⅱ型糖尿病药物噻唑二酮（TZDs）等的中间体。

3-溴-4-羟基-5-甲氧基苯甲醛

$C_8H_7BrO_3$，231.06

【英文名】 3-Bromo-4-hydroxy-5-methoxybenzaldehyde

【性状】 无色结晶。mp 162℃。

【制法】 张章福，刘鹏，陈吉伟. 中国医药工业杂志，1986，17（10）：39.

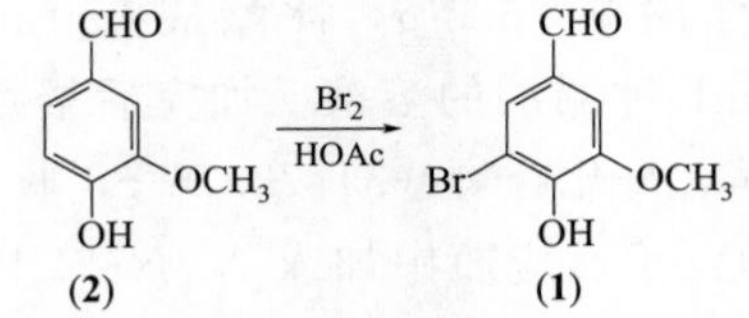

于安有搅拌器、温度计、滴液漏斗、回流冷凝器的反应瓶中，加入香兰醛（**2**）243 g（1.6 mol），冰醋酸 110 mL，搅拌溶解，于 20℃ 以下慢慢滴加由溴 91 mL 溶于 200 mL 冰醋酸的溶液，约 1 h 加完。加完后继续搅拌反应 2 h。冷至 5℃，过滤，水洗，干燥，得化合物（**1**）346 g，mp 162℃，收率 93%。

【用途】 治疗肝炎新药联苯双酯（Bifendatatum，Biphenyldicarboxylate）的关键中间体。

2-溴噻吩

C_4H_3BrS，163.04

【英文名】 2-Bromothiophene

【性状】 无色油状液体。bp 149～151℃。

【制法】 ①庄伟强，刘爱军. 化工进展，2003，22（7）：721. ②樊能廷. 有机合成事典. 北京：北京理工大学出版社，1997：37.

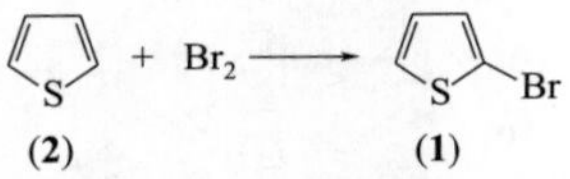

于安有搅拌器、温度计、滴液漏斗的反应瓶中，加入噻吩（**2**）25 g（0.3 mol），冰醋酸 125 mL，冰浴冷却，搅拌下于 10℃ 以下滴加由溴 49 g（0.29 mol）溶于 250 mL 冰醋酸的溶液。反应完后加入过量的水，有油状液体生成。乙醚提取，水洗，加入无水碳酸钾干燥。过滤，减压蒸出乙醚，减压蒸馏，收集 42～46℃/1.73 kPa 的馏分，得化合物（**1**）27 g，收率 55%。

【用途】 抗凝血药噻氯匹定（Ticlopidine）等的中间体。

7-溴-5-(2-氯苯基)-噻吩并[2,3-*e*]-4,1-氧氮杂䓬-2-酮

$C_{13}H_9BrClNO_2S$，358.64

【英文名】 7-Bromo-5-(2-chlorophenyl)-thieno[2,3-*e*]-4,1-oxazepin-2-one

【性状】 mp 178～180℃（dec）。

【制法】 Karl-Heinz Weber，Adolf Bauer，Adolf Langbein. US 4201712. 1980.

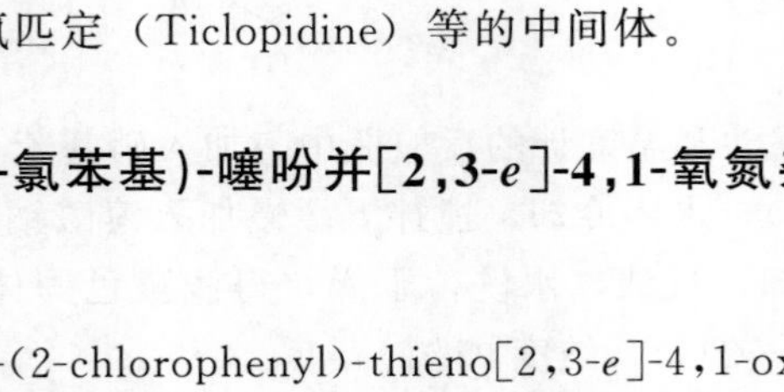

于反应瓶中加入化合物（**2**）27.9 g（0.10 mol）、三氯甲烷 300 mL，吡啶 85 mL，室温搅拌下滴加溴素 5.5 mL（0.11 mol）和三氯甲烷 50 mL 的溶液，约 10～15 min 加完。加完后，反应液立即褪色并析出固体。过滤，用乙醚洗涤，得化合物（**1**）30 g，收率 83%，mp 178～180℃（dec）。

【用途】 催眠镇静药溴替唑仑（Brotizolam）中间体。

2-氨基-5-溴吡啶

$C_5H_5BrN_2$，173.01

【英文名】 2-Amino-5-bromopyridine

【性状】 白色固体。132～133.5℃。

【制法】 ① Fox B A，Threlfall T L. Org Synth，1973，Coll Vol 5：346.②方永勤，孙德鑫. 精细石油化工，2010，27（4）：4.

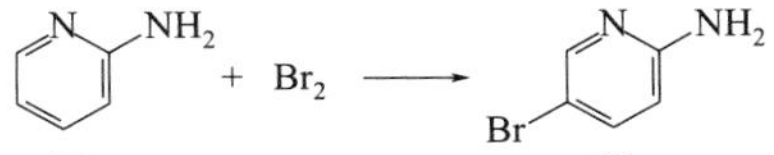

于反应瓶中加入 2-氨基吡啶（**2**）282 g（3 mol），500 mL 冰醋酸，冷却至 20℃以下，搅拌下滴加 154 mL 溴溶于 300 mL 冰醋酸的溶液。开始时反应温度在 20℃以下，当加入约 1/4 的溴时，生成白色沉淀。此时可撤去水浴，自然升温。当加入约 1/2 的溴时，升温至 40℃。加热至 50℃左右，继续加入其余的溴。加完后保温反应 1.5 h。加入 50 mL 水以溶解溴化氢。冰浴冷却下慢慢滴加 40% 的氢氧化钠溶液至 pH7～8，析出黄色细粒沉淀。抽滤，水洗，干燥，得粗品 420 g 左右。用石油醚、苯重结晶，得（**1**）270 g，收率 52%。

【用途】 重要医药合成中间体

2-碘苯甲腈

C_7H_4IN，229.02

【英文名】 2-Iodobenzonitrile

【性状】 浅黄色液体。

【制法】 Naka H，Uchiyama M，Matsumoto Y. J Am Chem Soc，2007，129：1921.

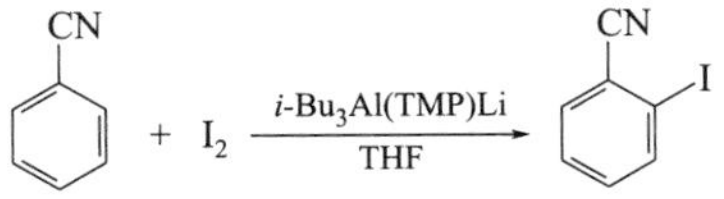

制备 i-Bu$_3$Al（TMP）Li：于 100 mL 反应瓶内，加入无水 2,2,6,6-四甲基哌啶 3.1 g 和无水 THF 10 mL，用液氮降温至 -50℃，通入氮气保护，搅拌下滴加 2.5 mol/L 的正丁基锂 8.8 mL。加完后于 -50℃保温反应 1 h，于此温度滴加 5.6 mL 的三异丁基铝，保温搅拌反应 2 h，备用。

2-碘苯甲腈（**1**）：于反应瓶中加入苯腈（**2**）1.03 g，无水 THF 10 mL，通入氮气保护，用液氮降温至 -78℃，滴加入上述制备的锂化物，并于此温度搅拌反应 1 h。滴加

2.54 g 碘溶于 10 mL 无水 THF 的溶液，搅拌反应 1.5 h。缓慢升至室温，搅拌反应 1 h。滴加 5 mL（2 mol/L）稀盐酸，分出有机层，水层用乙酸乙酯萃取。合并有机层，无水硫酸钠干燥。过滤，减压浓缩至干，得化合物（**1**）2.2 g，收率约 100%。

【用途】 沙坦类降压药物洛沙坦（Losartan）、替米沙坦（Telmisartan）、缬沙坦（Valsartan）、伊贝沙坦（irbesartan）等的中间体。

2-氨基-5-碘苯甲腈

$C_7H_5IN_2$，244.03

【英文名】 2-Amino-5-iodobenzonitrile
【性状】 红色片状结晶。mp 84～85℃。
【制法】 季兴，王武伟，徐贯虹等. 中国医药工业杂志，2009，40（11）：801.

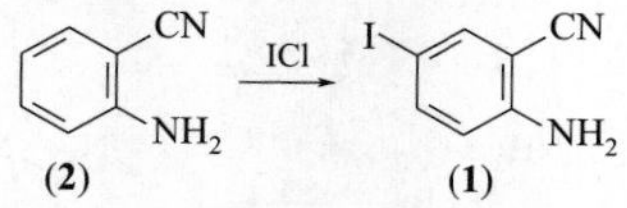

于反应瓶中加入 2-氨基苯甲腈（**2**）2.0 g（16.9 mmol），冰醋酸 20 mL，搅拌溶解。慢慢滴加氯化碘 2.8 g（17.2 mmol）溶于 10 mL 冰醋酸的溶液，加完后继续室温搅拌反应 3 h。将反应物倒入 150 mL 水中，抽滤生成的固体，水洗，干燥。用环己烷-甲苯（9：1）重结晶，得粉红色片状结晶（**1**）3.5 g，收率 84.5%，mp 84～85℃。

【用途】 抗癌药拉帕替尼（Lapatinib）等的中间体。

3,5-二碘-L-酪氨酸

$C_9H_9I_2NO_3$，432.98

【英文名】 L-3,5-Diiodotyrosine
【性状】 浅黄色固体。mp 198～200℃。
【制法】 张文雯，陈绘茹，罗放等. 化学试剂，2010，32（12）：1134.

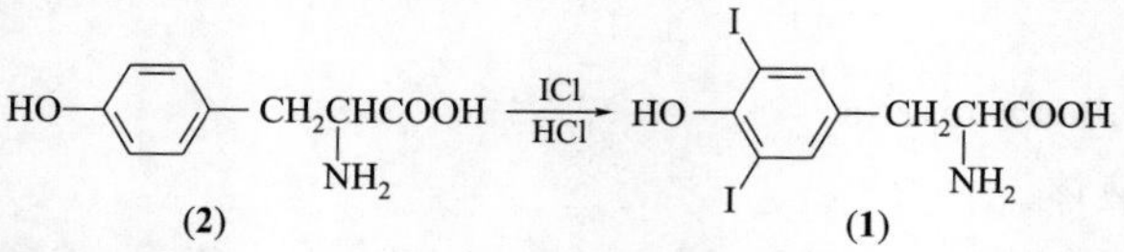

于反应瓶中加入 L-络氨酸（**2**）10 g，10% 的盐酸 20 mL，搅拌下加热至 60℃，滴加 79 mL 一氯化碘的醋酸溶液，保持反应体系在 60℃，约 4 h 反应结束。用饱和亚硫酸钠溶液还原未反应的碘（用碘化钾-淀粉试纸）。冰浴冷却下用氢氧化钠溶液调至 pH4～5，析出沉淀。静置，过滤，水洗，干燥，得浅黄色化合物（**1**）22.3 g，收率 90.4%，mp 198～200℃。

【用途】 治疗甲状腺疾病的甲状腺素〔Thyroxin(e)〕中间体。

4-碘-2-三氟甲基-乙酰苯胺

$C_9H_7F_3INO$，329.06

【英文名】 4-Iodo-2-trifluoromethylacetanilide

【性状】 mp 134℃。

【制法】 ①陈芬儿.有机药物合成法：第一卷.北京：中国医药科技出版社，1999：842.
②Krueger G，et al. Arzneimittel-Forschung/Drug Research，1984，34（11）：1612.

4-碘-2-三氟甲基苯胺（**3**）：于反应瓶中加入碘 2 kg（7.9 mol）、甲醇 12.5 L，搅拌溶解后，加入 2-三氟甲基苯胺（**2**）1.27 kg（7.9 mol）、碳酸钙 990 g（9.9 mol）和水 2.5 L，于 45℃搅拌 24 h。反应结束后，过滤，除去不溶性盐，滤渣用甲醇洗涤。合并洗液与滤液，蒸出甲醇。冷却，剩余液中加入 20%硫代硫酸钠溶液 3 L，水 2 L，搅拌数分钟后，用乙醚提取数次。合并有机层，依次用 20%硫代硫酸钠溶液、水洗涤，无水硫酸钠干燥。过滤，回收溶剂后，得黑色油状物（**3**）1.477 kg，收率 65.4%（可直接用于下步反应）。

4-碘-2-三氟甲基-乙酰苯胺（**1**）：于干燥反应瓶中，加入上述反应油状物（**3**）738 g（2.57 mol）、甲苯 1.8 L，搅拌溶解后，滴加乙酸酐 280 mL（3.0 mol），滴毕，加热搅拌回流 5 h。减压回收溶剂至干，冷却，固化，得粗品（**1**）。用三氯甲烷重结晶，得（**1**）749 g，收率 89%，mp 132℃。

【用途】 平喘药盐酸马布特罗（Mabuterol hydrochloride）等的中间体。

3-氨基-2,4,6-三碘苯甲酸

$C_7H_4I_3NO_2$，514.83

【英文名】 3-Amino-2,4,6-triiodobenzoic acid

【性状】 白色鳞片状结晶体。mp 196～197.5℃，不溶于水。

【制法】 ①李和平.含氟、溴、碘精细化学品.北京：化学工业出版社，2010：374.②孙昌俊，曹晓冉，王秀菊.药物合成反应——理论与实践.北京：化学工业出版社，2007：120.

于烧杯中加入间氨基苯甲酸（**2**）40 g（0.292 mol），水 1500 mL，浓盐酸 30 mL，搅拌溶解。加热，活性炭脱色，过滤，得无色溶液。将溶液转入安有搅拌器的反应瓶中，室温下滴加 5 mol/L 氯化碘-氯化钾溶液 200 mL，加完后搅拌 30 min。升温至 60℃反应 3 h。放置过夜，滤出析出的固体，依次用热水、10%的亚硫酸氢钠、冷水洗涤至不呈酸性，得褐色粉状物。将其溶于 10%的氢氧化钠 200 mL 中，加热至沸，趁热过滤。滤液冷却，滴加 20%的氢氧化钠溶液至不再析出固体。抽滤，水洗，将滤饼溶于 1500 mL 热水中，活性炭脱色，过滤，得浅黄色溶液。用盐酸调至酸性，析出鳞片状结晶，抽滤，水洗，干燥，得（**1**）120 g，收率 75%。mp 192～195℃。

【用途】 胆道造影剂碘泛酸（Iopanoic acid）中间体。

2,4,6-三碘-1,3-苯二酚

$$C_6H_3I_3O_2，489.81$$

【英文名】 2,4,6-Triiodobenzene-1,3-diol, Riodoxol
【性状】 细针状结晶。mp 155～157℃。
【制法】 徐文芳，刘宝建.中国医药工业杂志，1987，18（2）：74.

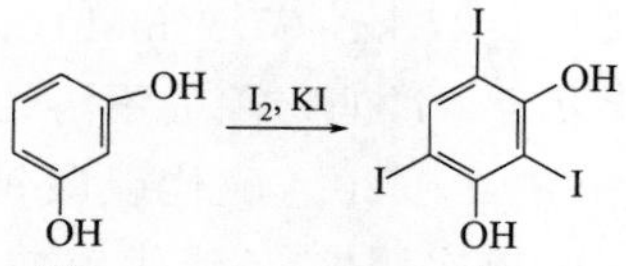

于安有搅拌器、温度计、滴液漏斗的反应瓶中，加入 150 mL 水，碳酸氢钠 12 g，间苯二酚（**2**）3 g；搅拌下滴加由碘 20 g、碘化钾 35 g 配成的水溶液。加完后静置 1 h，过滤，水洗，于 50℃干燥。用四氯化碳重结晶，得化合物（**1**）5 g，收率 41.5%。
【用途】 外用抗病毒药碘代酚（Riodoxol）原料药。

4-碘茴香醚

$$C_7H_7IO，234.04$$

【英文名】 4-Iodoanisole, 1-Iodo-4-methoxybenzene
【性状】 白色针状结晶。mp 50～53℃，bp 237℃/96.8 kPa。溶于醇、醚等有机溶剂，不溶于水。见光易分解。
【制法】 方法1 ①Michael L H，Flynn A B and Ogilvie W W. J Org Chem，2007，72：977.②Chen C Y，Lieberman O R，et al. Tetrahedron Lett，1994，35：6981.

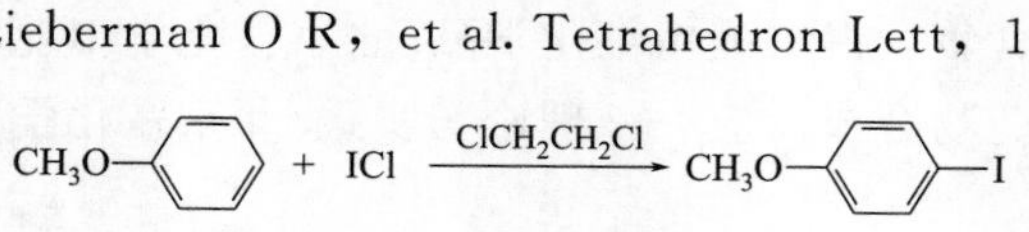

于安有搅拌器、温度计、滴液漏斗的反应瓶中，加入苯甲醚（**2**）21 g 和 1,2-二氯乙烷 150 mL，水浴降温，滴加 190.6 mL 的氯化碘（1 mol/L）二氯甲烷溶液，并于 22℃搅拌反应 2 h。加入 100 mL 乙醚，用亚硫酸氢钠水溶液洗二次，碳酸氢钠水溶液洗一次，再用盐水洗一次，有机相用户无水硫酸钠干燥。过滤，减压浓缩至干，残余物过硅胶柱分离，得化合物（**1**）41 g，收率 90%。

方法2 樊能廷.有机合成事典.北京：北京理工大学出版社，1995：87.

将苯甲醚（**2**）10 g 溶于 30 mL 冰醋酸中，搅拌下慢慢加入氯化碘 16 g，加完后继续回流反应 4 h。冷后倒入 100 mL 冰水中，析出粗品化合物（**1**）。分出粗品，依次用 5% 的亚硫酸钠溶液和水洗涤。减压蒸馏，收集 140～160℃/5.333 kPa 的馏分，再用甲醇重结晶，得白色针状化合物（**1**）12 g。
【用途】 药物、有机合成中间体。

3,5-二碘水杨酸

$$C_7H_4I_2O_3, 389.91$$

【英文名】 3,5-Diiodosalicylic acid，3,5-Diiodo-2-hydroxybenzoic acid

【性状】 无色或浅黄色针状晶体。mp 236～236℃（分解）。易溶于醇、醚，不溶于氯仿、苯和水。

【制法】 李辉.中国医药工业杂志，2003，34（8）：379.

于反应瓶中加入水杨酸（**2**）10 g（0.027 mol），氯化铜 10 g，水 100 mL，搅拌下加热至 50℃，于 40 min 滴加氯化碘 28.1 g（0.174 mol），加完后继续于 50℃搅拌反应 2 h。冷却，过滤析出的沉淀，水洗，干燥。用 50 mL 丙酮加热溶解，趁热过滤。滤液中加水 100 mL，加入少量亚硫酸钠使之溶解，溶液立即变为无色。冷却析晶，得白色粉状固体（**1**）28.1 g，收率 98%，mp 233～234℃（分解），纯度 98%。

【用途】 抗蠕虫病药碘醚柳胺（Rafoxanidum）、广谱驱虫药氯氰碘柳胺（Closantel）等的中间体。补碘剂。

3-氨基-2,4,6-三碘-5-(甲氨基羰基)苯甲酸

$$C_9H_7I_3N_2O_3, 571.88$$

【英文名】 3-Amino-2,4,6-triiodo-5-(methylaminocarbonyl)benzoic acid

【性状】 淡黄色固体。mp 262～263℃（文献 mp 262～264℃）。

【制法】 邹霈，罗世能，谢敏浩等.中国医药工业杂志，2009，40（8）：561.

于常压氢化装置中加入化合物（**2**）44.8 g（0.2 mol），0.5 mol/L 氢氧化钠水溶液 400 mL，搅拌溶解。加入 5%Pd-C 催化剂 8 g，升温至 75℃，常压催化氢化 10 h。过滤，滤饼用水洗涤，合并滤液和洗涤液，搅拌下加入浓盐酸（约 30 mL）调至 pH1，得到（**3**）的水溶液。

将上述水溶液升温至 60℃，搅拌下加入氯化碘 100 g（纯度＞99%，0.61 mol），升温至 80℃搅拌 2 h。冷却至 15℃，过滤，滤饼用水洗涤，烘干得淡黄色固体（**1**）106 g，以（**2**）计收率 92.7%，mp 262～263℃（文献以收率 72%，mp 266～268℃）。

【用途】 诊断用药碘他拉酸（Iotalamic acid）的中间体。

5-氨基-2,4,6-三碘间苯二甲酸

$$C_8H_4I_3NO_4, 558.84$$

【英文名】 5-Amino-2,4,6-triiodoisophthalic acid

【性状】 土黄色粉末。熔点＞300℃。

【制法】 ①王飞镝，崔英德，邓旭忠等.精细化工，2001，18（10）：582. ②陈宏基，徐剑丰.化学试剂，1997，19（6）：378.

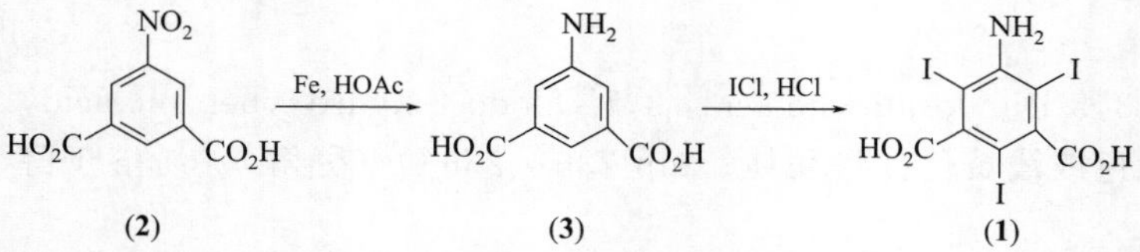

5-氨基间苯二甲酸（3）：于安有搅拌器、回流冷凝器的三口烧瓶中加入 45.4 g（0.81 mol）还原铁粉、95％的乙醇 168 mL 和 6 mL 冰醋酸，加热搅拌至沸腾，稍冷却加入 5-硝基间苯二甲酸（2）56.8 g（0.27 mol）和 34 mL 蒸馏水，加热回流 3 h。碱液调节 pH 值至 13～14 并趁热过滤。滤液减压蒸馏至约为 20 mL。冷却并用盐酸调节至 pH1～3，抽滤、干燥，得白色棱柱形晶体（3）38.04 g，收率 78.1％，熔点＞320℃。

5-氨基-2,4,6-三碘间苯二甲酸（1）：将氯化碘 30 g（0.18 mol）加入 37％的盐酸 45 mL 中，摇匀后置阴暗处备用。在三口烧瓶中加入化合物（3）10 g（0.055 mol）及 100 mL 蒸馏水，磁力搅拌，50℃下恒温滴加上述氯化碘盐酸溶液，约 2 h 加完。升温至 90℃继续反应 3 h。冷却、抽滤，碱液溶解滤饼。抽滤，滤液用盐酸调节至 pH1～2 后析出晶体。抽滤后滤饼按 m（粗品）：m（甲醇）：m（水）：m（活性炭）为 1.00：1.15：3.08：0.06 进行重结晶。抽滤、减压干燥得土黄色粉末（1）23.5 g，收率 76.2％，熔点＞300℃。

【用途】 造影剂中间体。

五、卤素及其他基团的交换反应

2,3,4,5,6-五氟苯甲酸

$C_7HF_5O_2$，212.08

【英文名】 2,3,4,5,6-Pentafluorobenzoic acid
【性状】 白色固体。mp 100～102℃。
【制法】 葛雅莉，林原斌，苏琼等.中国医药工业杂志，2007，38（1）：14.

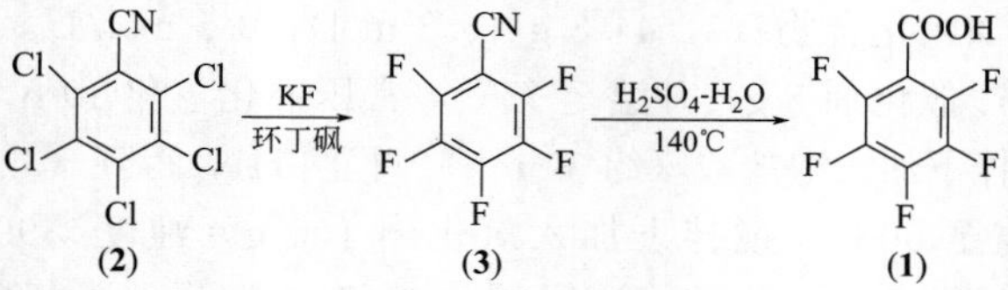

五氟苯甲腈（3）：于反应瓶中加入五氯苯甲腈（2）10 g（0.036 mol）和 1 g 聚乙二醇-20000，活化的氟化钾，快速搅拌，加热至 200～220℃反应 36 h。反应结束后减压蒸馏，收集 58～60℃/0.8～1.1 kPa 馏分（文献：bp 161～162℃），得油状物（3）3.2 g，收率 45.7％，n_D1.4428。

五氟苯甲酸（1）：将上述化合物（3）25 g（0.130 mol）加至 70 mL 50％硫酸中，于 140℃搅拌反应 10 h。冷却后过滤，滤饼用少量水洗涤，得白色固体（1）26.8 g，mp 100～102℃（文献 100～102℃），收率 97.5％。

【用途】 抗菌剂司帕沙星（Sparfloxacin）等的中间体。

2,4-二氟苯胺

$C_6H_5F_2N$，129.11

【英文名】 2,4-Difluoroaniline

【性状】 无色液体，久置变黄。mp −75℃，bp 169.5℃/100.39 kPa，67℃/2.4 kPa。d_4^{20} 1.282，n_D^{20} 1.5043～1.5063。充氮气密闭避光保存。

【制法】 Uepov, et al. Zh Obshch Khim，1957，27：2848. ②段云风. 宁波化工，2012，2：14.

2,4,5-三氯硝基苯（3）：于反应瓶中加入浓硝酸 420 mL，浓硫酸 640 mL，搅拌下于 50℃滴加 1,2,4-三氯苯（2）492 g（2.71 mol），加完后于 50℃继续搅拌反应 1 h。将反应物倒入冰水中，析出结晶。抽滤，水洗，干燥后用甲醇重结晶，得针状结晶（3）515 g，mp 56～58℃，收率 84%。

2,4-二氟-5-氯硝基苯（4）：将化合物（3）92 g（0.406 mol）、氟化钾 96 g、新洁而灭 15 g 及二甲亚砜 325 g 加入反应瓶中，加热搅拌反应。反应结束后进行水蒸气蒸馏。馏出液用二氯甲烷提取。干燥后减压蒸馏，收集 105℃/2.0 kPa 的馏分，得化合物（4）40 g，收率 50%。

2,4-二氟苯胺（1）：于氢化装置中加入（4）24 g（0.124 mol），无水醋酸钠 11.2 g，5%的钯-碳催化剂 2.4 g，甲醇 180 mL，室温常压氢化，通入氢气后逐渐升温至 50℃，直至不再吸氢为止。加盐酸酸化，过滤，滤渣用甲醇洗涤。合并滤液和洗涤液，蒸出甲醇。剩余物中加入稀碱，充分摇动后用二氯甲烷提取三次。水洗，无水硫酸钠干燥，减压蒸馏，收集 58～60℃/2.0 kPa 的馏分，得化合物（1）13 g，收率 81%。

化合物（1）也可以用如下方法来合成。

于安有搅拌器、滴液漏斗、回流冷凝器的反应瓶中，加入铁粉 21 g，0.78 mol/L 的氯化铵溶液 50 mL，慢慢滴加（4）18 g（0.093 mol），加完后继续回流反应 2 h。水蒸气蒸馏，直至馏出液中无油状物为止。馏出液用乙醚提取、无水硫酸钠干燥，蒸出乙醚后，再减压蒸馏，收集 46～48℃/1.2 kPa 的馏分，得（1）10.3 g，收率 85%。

【用途】 抗菌药托氟沙星（Tosufloxacin）、解热镇痛抗炎药氟苯水杨酸（Diflunisal）等的中间体。

2-氟-4-硝基-α,α,α-三氟甲氧基苯

$C_7H_3F_4NO_3$，225.10

【英文名】 2-Fuloro-4-nitro-α,α,α-trifuloromethoxybenzene

【性状】 无色液体。

【制法】 陈其亮，徐杰. 精细化工，2001，18（7）：432.

于反应瓶中加入 2-三氟甲基-5-硝基氯苯（**2**）10 g（0.0451 mol），无水氟化钾 3.4 g（0.0586），干燥的 DMF 40 mL，PEG-5000 1.2 g（0.0002 mol），搅拌下于 135～140℃反应，用气相色谱跟踪反应，直至反应结束。冷至室温，过滤除去不溶物。滤液减压浓缩，蒸出约 2/3 的溶剂。冷后加水 200 mL 稀释。分出油层，水层用二氯甲烷提取 2 次。合并有机层，水洗，无水硫酸镁干燥。过滤，减压蒸出溶剂，得浅黄色油状液体（**1**），收率 85%，纯度 95%。

【用途】 医药、农药合成中间体。

（*E*）-3-碘-1-苯基丙-2-烯-1-醇

C_9H_9IO，260.07

【英文名】 （*E*）-3-Iodo-1-phenylprop-2-en-1-ol
【性状】 黄色液体。
【制法】 马养民，傅建熙，张作省. 西北林业科技大学学报，2003，31（1）：142.

（*E*）-1-碘-3-苯基-1-丙烯-3-酮（**3**）：于反应瓶中加入反-3-苯基-1-氯-1-丙烯-3-酮（**2**）20 g，干燥的丙酮 120 mL，碘化钠 25.5 g，反应液逐渐变浑浊，搅拌 20 min 后，慢慢加热回流 3.5 h，生成红色反应液。冷后过滤，浓缩至 50 mL，倒入 100 mL 水中，乙醚提取 4 次。合并乙醚层，依次水洗、饱和硫酸钠洗涤，无水硫酸钠干燥。过滤，蒸出乙醚，得红色液体（**3**）粗品 30.71 g，直接用于下一步反应。

（*E*）-3-碘-1-苯基丙-2-烯-1-醇（**1**）：于反应瓶中加入无水乙醚 60 mL，LIAlH₄ 2.68 g，冷至 0～5℃，搅拌下滴加化合物（**3**）30.71 g，保持反应液在 15℃以下，约 1 h 加完。加完后继续搅拌反应 30 min，而后回流反应 1 h。冷却，慢慢依次加入 2 mL 水、2.5 mL 10% 的氢氧化钠溶液和 15 mL 水，过滤，乙醚洗涤 2 次。合并滤液和洗涤液，无水硫酸钠干燥。过滤，蒸出乙醚，得红色液体（**1**）粗品 29.40 g。过硅胶柱纯化，用石油醚-乙酸乙酯（9∶1）洗脱，得黄色液体（**1**）24 g，收率 76.7%。

【用途】 治疗前列腺类疾病新药开发中间体。

氟乙酸乙酯

$C_4H_7FO_2$，106.10

【英文名】 Ethyl fluoroacetate
【性状】 无色液体。bp 115～120℃。
【制法】 方法 1 汪树清，冯铃，陈金才. 沈阳药科大学学报，1989，6（1）：55.

$$ClCH_2CO_2C_2H_5 \xrightarrow[DMF]{KF,Bu_4NBr} FCH_2CO_2C_2H_5$$

（**2**）　　　　　　（**1**）

于反应瓶中加入四丁基溴化铵 2 g，DMF 50 mL，加热至 120℃保持 15 min。加入新研细并干燥的氟化钾 10 g，于 120℃ 敞口加热 15 min。冷至 100℃，加入氯乙酸乙酯（**2**）16 g，回流反应 8 h。改为蒸馏装置，收集 120℃ 左右的馏分。待温度下降后停止蒸馏。将馏出液重新分馏，收集 115～120℃ 的馏分，得化合物（**1**）9.6 g，收率 73.5％。

方法 2 李和平.含氟、溴、碘精细化学品.北京：化学工业出版社，2010：121.

$$ClCH_2CO_2C_2H_5 \xrightarrow[CH_3CONH_2]{KF} FCH_2CO_2C_2H_5$$

（**2**）　　　　　　　　　　（**1**）

于安有搅拌器、温度计、蒸馏装置的反应瓶中，加入乙酰胺，搅拌下加热至 110℃ 脱水 1 h。于 120℃ 加入氯乙酸乙酯（**2**），再加入 80 目的无水氟化钾，慢慢升温至 110℃ 搅拌反应 1 h。再逐渐升温至 130℃ 左右，蒸出生成物。最后慢慢升温至 190℃ 直至无馏出物，得粗品（**1**）。将粗品重新精馏，收集 115～120℃ 的馏分，得无色液体（**1**），收率 65％ 左右。

【用途】 抗癌药 5-氟脲嘧啶（5-Fluorouracil）中间体。

七氟烷

$C_4H_3F_7O$，200.05

【英文名】 Sevoflurane

【性状】 无色液体。bp 56℃。

【制法】 李斌栋，吕春旭，冯超.中国医药工业杂志，2007，38（10）：681.

$$F_3C{-}CH(OH){-}CF_3 \xrightarrow[AlCl_3, HCl]{(CH_2O)_n} F_3C{-}CH(O{-}CH_2{-}Cl){-}CF_3 \xrightarrow{KF, MW} F_3C{-}CH(O{-}CH_2{-}F){-}CF_3$$

（**2**）　　　　　　　　（**3**）　　　　　　　　（**1**）

氯甲基六氟异丙醚（**3**）：于反应瓶中加入六氟异丙醇（**2**）12.6 g（0.075 mol），冷至 0℃，分批加入无水三氯化铝 11.0 g（0.082 mol），生成的悬浮液加入多聚甲醛 2.36 g（0.0262 mol），搅拌反应 1 h。慢慢升至 20℃ 搅拌反应 24 h。慢慢加入 6 mol/L 的盐酸 16 mL，静置分层。分出有机层，水洗 2 次，再用 1 mol/L 的氢氧化钠洗涤至中性。常压蒸馏，收集 76℃ 的馏分，得无色液体（**3**）14.6 g，收率 92.1％。

七氟烷（**1**）：于反应瓶中加入上述化合物（**3**）10 g（0.046 mol），1-异丙基-3-甲基咪唑四氟硼酸盐（［ipmin］BF₄）10 mL，氟化钾 5.0 g（0.086 mol），于微波炉中于 100℃ 反应 30 min。常压蒸馏，收集 56℃ 的馏分，得无色液体（**1**）10.1 g，收率 98.6％，纯度 99.6％（GC）。

【用途】 吸入麻醉剂七氟烷（Sevoflurane）原料药。

2,3,4,5-四氟苯甲酸

$C_7H_2F_4O_2$，194.09

【英文名】 2,3,4,5-Tetrafluorobenzoic acid

【性状】 白色固体。mp 87～88.5℃。

【制法】 陈坤，胡传群.湖北工业大学学报，2006，21（4）：6.

N-苯基四氟邻苯二甲酰亚胺（**3**）：于反应瓶中加入 DMF 800 mL，十六烷基三甲基溴化铵 4 g，氟化钾 70 g（1.2 mol），加热，减压蒸出约 100 mL 后，冷至 60℃，加入化合物（**2**）75 g（0.2 mol），于 140～150℃ 搅拌反应 7～9 h。冷却，过滤。滤饼用 DMF 洗涤 3 次，合并滤液和洗涤液，减压回收溶剂。当变为黏稠物时，加入 200 mL 水，搅拌 30 min。抽滤，水洗，乙醇中重结晶，得浅黄色固体（**3**）53 g，收率 87%。

N-苯基-2-羧基四氟苯甲酰胺（**4**）：于反应瓶中加入 1.5 mol/L 的氢氧化钾 200 mL，十六烷基三就基溴化铵 2.0 g，化合物（**3**）42 g（0.14 mol），于 102℃ 搅拌反应 40 min。冷至室温，加入活性炭 2 g，于 70℃ 搅拌 30 min。过滤，冷却，用浓硫酸中和至不再生成沉淀为止。过滤，水洗，干燥，得灰色固体（**4**）42 g，收率 98%。

N-苯基四氟苯甲酰胺（**5**）：于反应瓶中加入 N,N-二甲基乙酰胺 180 mL，化合物（**4**）32 g（0.1 mol），加热至沸，搅拌反应 4 h。减压蒸出溶剂，加入甲苯 180 mL，回流 1 h。冷却，过滤，干燥，得浅黄色化合物（**5**）21 g，收率 76%。

2,3,4,5-四氟苯甲酸（**1**）：于反应瓶中加入化合物（**5**）27 g（0.1 mol），80% 的硫酸 150 mL，醋酸 80 mL，于 125～135℃ 反应 15 h。用 20% 的氢氧化钠中和部分酸后，甲苯提取（100 mL×3）。合并有机层，饱和盐水洗涤。苯层同 20% 的氢氧化钠溶液 100 mL 一起搅拌后，分出水层，用盐酸酸化，析出白色固体。冷却，过滤，水洗，干燥，得白色固体（**1**）17 g，收率 87%，mp 87～88.5℃。

【用途】 杀星类抗菌药左氧氟沙星（Levofloxacin）、氟罗沙星（Fleroxacin）、洛美沙星（Lomefloxacin）、芦氟沙星（Rufloxacin hydrochloride）等的中间体。

3-氯-4-氟硝基苯

$$C_6H_3ClFNO_2，175.55$$

【英文名】 3-Chloro-4-fluoronitrobenzene

【性状】 mp 40～42℃，bp 227～232℃。

【制法】 ①李和平.含氟、溴、碘精细化学品.北京：化学工业出版社，2010：165. ②朱明华.化学工业与工程技术，2006，27（3）：29.

于安有搅拌器、温度计、回流冷凝器的反应瓶中，加入 1550 g 环丁砜，3,4-二氯硝基苯（**2**）1550 g（8.07 mol），氟化钾 680 g（11.7 mol），氟化铯 5 g，氮气保护，于220℃搅拌反应 2 h。冷至110℃，抽滤。固体物用二氯甲烷洗涤。减压蒸馏，得化合物（**1**）1275 g，收率93％。

【用途】　喹诺酮类抗菌药物诺氟沙星（Norfloxacin）等的中间体。

2,4-二氟苯甲酸

$$C_7H_4F_2O_2，158.11$$

【英文名】　2,4-Difluorobenzoic acid

【性状】　无色晶体。mp 188～190℃。

【制法】　①李敬芬，董军，王旭.佳木斯医学院学报，1997，20（10）：14. ②孙昌俊，曹晓冉，王秀菊.药物合成反应——理论与实践.北京：化学工业出版社，2007：111.

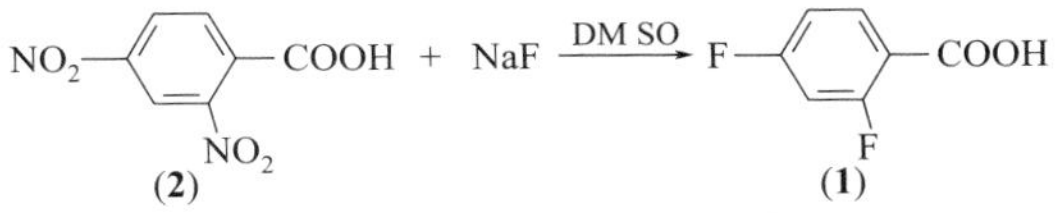

于安有搅拌器、温度计的反应瓶中，加入 2,4-二硝基苯甲酸（**2**）15 g（0.072 mol），二甲亚砜 75 mL，加热至 130～140℃。敞口脱水 1～2 h，冷后加入干燥研细的氟化钠 12 g（0.28 mol），安上回流冷凝器，顶部安一只氯化钙干燥管，干燥管末端连一导气管通向水面，控制在 80～90℃反应 10 h。减压蒸去二甲亚砜，加水 100 mL，用浓盐酸调至 pH 2～3。抽滤，水洗，干燥，得无色晶体（**1**）11.5 g，收率56.5％，mp 187～189℃，文献值188～190℃。

也可以用如下方法来合成［张精安.中国医药工业杂志，2000，31（10）：168］。

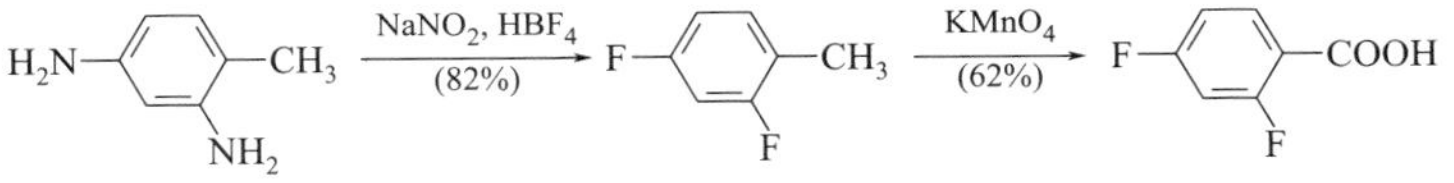

【用途】　抗真菌药物氟康唑（Fluconazole）等的中间体。

4-氯-2,3-二甲基吡啶-1-氧化物

$$C_7H_8ClNO，157.60$$

【英文名】　4-Chloro-2,3-dimethylpyridine 1-oxide

【性状】　亮黄色结晶。mp 100～103℃。

【制法】　冯晓亮，吕延文，吾国强.合成化学，2006，12（1）：20.

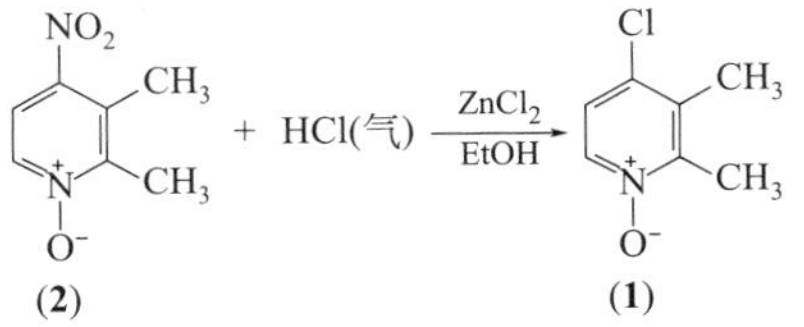

于安有搅拌器、回流冷凝器、通气导管的 500 mL 的反应瓶中，加入 280 mL 无水乙醇，搅拌下加入 2,3-二甲基-4-硝基吡啶-N-氧化物（**2**）40 g，无水氯化锌 2 g。搅拌下加热至回流，通入氯化氢气体。通气反应 8 h 后取样，HPLC 分析，转化率不低于98％后，常压回收乙醇至液温达 90℃。将残余物倒入 400 mL 冰水中，用碳酸钠中和至 pH9。冷至室

温，过滤，滤饼水洗。滤液用氯仿萃取三次，合并有机相，无水硫酸钠干燥。过滤，减压浓缩至干，得亮黄色结晶（**1**）35 g，mp 100～103℃，收率 94.6%。

【用途】 胃病治疗药雷贝拉唑（Rabeprazole）等的重要中间体。

2-氟苯甲腈

$$C_7H_4FN, 121.11$$

【英文名】 2-Fluorobenzonitrile

【性状】 无色液体。bp 90℃/2.80 kPa。n_D^{20} 1.5083。有刺激性。

【制法】 Nubia Boechat and James H. J Chem Soc Chem Commun，1993：921.

于安有搅拌器、温度计、回流冷凝器的 250 mL 反应瓶中，加入邻硝基苯甲腈（**2**）20 g（0.13 mol）和 DMSO 40 mL，搅拌下加入 15.1 g 的四甲基氟化铵（TMAF），升温至 80℃，搅拌反应 1 h。冷至室温，倒入 100 mL 冰水中，用乙酸乙酯萃取三次。合并有机相，水洗，无水硫酸钠干燥。过滤，减压浓缩至干，得液体化合物（**1**）16.3 g，收率约 100%。

【用途】 农药、医药、染料中间体。

碘甲烷

$$CH_3I, 141.94$$

【英文名】 Iodomethane，Methyl iodide

【性状】 无色易燃液体。遇光变红色。bp 41～43℃。n_D^{25} 1.5320。溶于乙醇、醚、丙酮、苯等有机溶剂，微溶于水。

【制法】 勒拉特 A H. 有机合成：第二集. 南京大学化学系有机教研组译. 北京：科学出版社，1964：276.

$$(CH_3)_2SO_4 + KI \longrightarrow CH_3I + CH_3OSO_3K$$
$$\quad\quad (2) \quad\quad\quad\quad\quad (1)$$

于安有搅拌器、温度计、滴液漏斗、分馏装置（接受瓶中加入适量水，并用冰水浴冷却）的反应瓶中，加入碘化钾 800 g（4.8 mol），430 mL 水，60 g 碳酸钙，搅拌下加热至 60～65℃，慢慢滴加硫酸二甲酯（**2**）630 g（5 mol），约 2 h 加完。加完后升温至 65～70℃，蒸出反应中生成的碘甲烷。分出有机层，无水氯化钙干燥。过滤，加入少量碘化钾，收集 41～43℃ 的馏分，得碘甲烷（**1**）615～640 g，收率 90%～94%。

【用途】 局部麻醉药甲哌卡因（Mepivacaine）等的中间体，有机合成甲基化试剂。

2-氯代苯并噻唑

$$C_7H_4ClNS, 169.56$$

【英文名】 2-Chlorobenzothiazole，2-Chlorobezthiazole

【性状】 浅黄色液体。bp 110～120℃/2.67 kPa。溶于乙醚、氯仿、苯，微溶于水。

【制法】 ①孙昌俊，曹晓冉，王秀菊.药物合成反应——理论与实践.北京：化学工业出版社，2007：119.②Shibata Koichi，Mitsanobu Oyo. Bulletin of the Chemical Society. Japan，1992，65 (11)：3163.

(2) + SOCl₂ → **(1)** + SO₂ + HCl + S

于安有搅拌器、温度计、回流冷凝器（连一导气管吸收氯化氢和二氧化硫）、滴液漏斗的反应瓶中，加入 2-巯基苯并噻唑（**2**）85 g（0.5 mol），氯苯 150 mL，搅拌下加热至全溶。加入亚磷酸三苯酯适量。于 60～70℃滴加氯化亚砜 63 g（0.053 mol），约 4 h 加完，而后于 100～105℃反应 4 h。降温至 40℃，用碳酸钠溶液调至弱碱性，滤去析出的硫。减压蒸馏，收集 110～120℃/2.6 kPa 的馏分，得浅黄色液体（**1**）83 g，收率 95.3%。经气相色谱法测定，含量为 97.5%。

【用途】 医药、农药、材料等的中间体。

2-溴乙氧基叔丁基二苯基硅烷

$C_{18}H_{23}BrOSi$，363.37

【英文名】 (2-Bromoethoxy)(*tert*-butyl)diphenylsilane

【性状】 无色液体。

【制法】 卢时涌，章啸天，周伟澄，张福利，叶伟东.中国医药工业杂志，2016，47 (1)：1.

2-叔丁基二苯基硅氧基乙醇（**3**）：于反应瓶中加入乙二醇 40.0 mL（0.716 mol），咪唑 5.0 g（73.6 mmol），冷至 0～5℃，搅拌下滴加叔丁基二苯基氯硅烷（**2**）20.0 g（72.9 mmol），加完后继续于 0～5℃搅拌反应 5 h，TLC 跟踪反应至完全。加入 40 mL 水，用 80 mL 乙酸乙酯提取。有机层水洗，无水硫酸钠干燥，过滤，减压蒸出溶剂，得浅黄色油状液体（**3**）22.0 g，收率 98%。

2-(叔丁基二苯基硅氧基)乙基对甲苯磺酸酯（**4**）：于反应瓶中加入上述化合物（**3**）15.0 g（49.9 mmol），二氯甲烷 250 mL，吡啶 8 mL，分批加入对甲苯磺酰氯 10.0 g（53 mmol），室温反应 12 h，TLC 跟踪反应至完全。加入 250 mL 水，分出有机层，无水硫酸镁干燥。过滤，浓缩，得黄色固体（**4**）15 g，收率 66%，mp 82～87℃。

2-溴乙氧基叔丁基二苯基硅烷（**1**）：于反应瓶中加入 DMF 100 mL，上述化合物（**4**）10.0 g（22.0 mmol），溴化钠 7.0 g（68.0 mmol），于 60℃搅拌反应 1 h，TLC 跟踪反应至

完全。加入乙酸乙酯 200 mL，水 100 mL，搅拌后分出有机层，水洗，无水硫酸镁干燥。过滤，减压浓缩，得无色液体（**1**）7.0 g，收率 87.7%。

【用途】 抗癌药依维莫司（Everolimus）中间体。

六、醇的卤化

3,4,5-三甲氧基苄基氯

$$C_{10}H_{13}ClO_3，216.66$$

【英文名】 3.4.5-Trimethoxybenzyl chloride

【性状】 白色结晶。mp 60～61℃。

【制法】 ①钟荣清，邹永，张学景等.中国医药工业杂志，2005，36（6）：328.②彭彩云，史海峰，胡蓉等.中国现代药物应用，2010，4（1）：124.

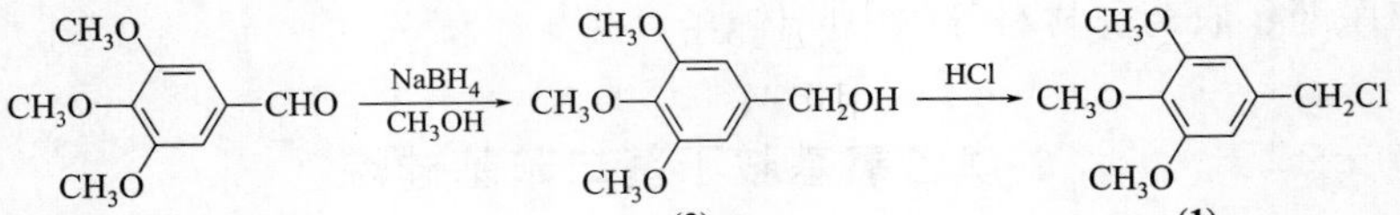

3,4,5-三甲氧基苯甲醇（**3**）：于反应瓶中加入甲醇 20 mL，3,4,5-三甲氧基苯甲醛（**2**）2.72 g（14 mmol），硼氢化钠 0.45 g（12 mmol），室温搅拌反应 45 min。用盐酸调至 pH8～9，氯仿提取 3 次。合并有机层，水洗，无水硫酸钠干燥。过滤，浓缩，减压蒸馏，收集 145～150℃/53 Pa 的馏分，得油状化合物（**3**）2.61 g，收率 95%。

3,4,5-三甲氧基氯苄（**1**）：于反应瓶中加入化合物（**3**）2.61 g，氯仿 10 mL，浓盐酸 10 mL，剧烈搅拌反应 40 min。分出有机层，水层用氯仿提取。合并有机层，水洗，无水硫酸钠干燥。过滤，浓缩，剩余物用石油醚重结晶，得白色结晶（**1**）2 g，收率 70%，mp 60～61℃。

【用途】 天然活性化合物白藜芦醇等的重要中间体。

β-溴代乙苯

$$C_8H_9Br，185.07$$

【英文名】 *β*-Bromoethylbenzene

【性状】 无色液体。bp 220～221℃。d_4 1.355，n_D^{20} 1.5560。

【制法】 ①Hojo K，et al. Chem Lett，1976：619.②陈芬儿.有机药物合成法：第一卷.北京：中国医药科技出版社，1999：404.

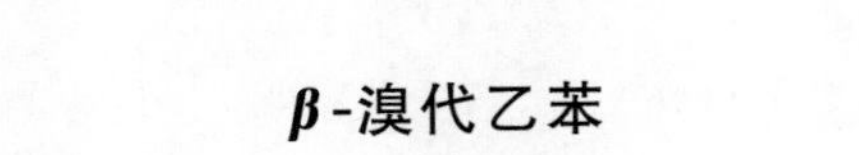

于安有搅拌器、温度计、通气导管的反应瓶中，加入苯乙醇（**2**）610 g（5 mol），加热至 110℃，通入溴化氢气体 421 g（5.2 mol）。冷后依次用水、10% 的碳酸钠溶液、水洗涤，无水硫酸钠干燥。过滤，减压分馏，收集 97～99℃/2.0 kPa 的馏分，得化合物（**1**）851 g，收率 92%。

【用途】　血管紧张素转化酶抑制剂马来酸依那普利（Enalapril maleate）等的中间体。

3,5-二甲氧基苄基溴

$$C_9H_{11}O_2Br, \ 231.09$$

【英文名】　3,5-Dimethoxybenzyl bromide
【性状】　棕色片状结晶，mp 69～71℃。
【制法】　马臻，王尊元，梁美好，沈正荣.化学试剂，2007，29（1）：57.

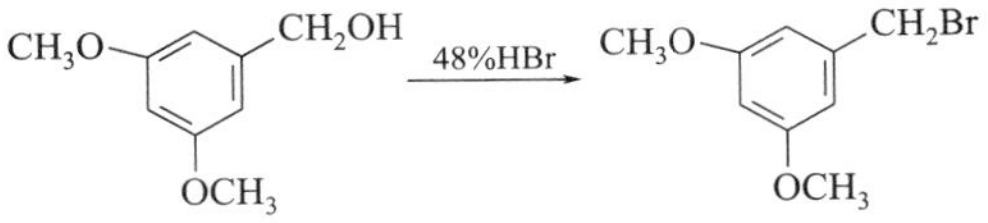

于反应瓶中加入 3,5-二甲氧基苯甲醇（**2**）8.40 g（0.05 mol），甲苯 75 mL，搅拌下加入 48% 的氢溴酸 20 mL，于 80℃搅拌反应 3 h。减压浓缩，过滤析出的固体，水洗至中性，得棕色固体（**1**）9.0 g，收率 78%。用甲醇重结晶，得棕色片状结晶，mp 69～71℃。

【用途】　医药合成中间体，用于抗氧化、抗肿瘤化合物的合成。

1-(2-溴乙基)-2-甲基-5-硝基-1*H*-咪唑

$$C_6H_8BrN_3O_2, \ 234.03$$

【英文名】　1-(2-Bromoethyl)-2-methyl-5-nitro-1*H*-imidazole
【性状】　浅黄色固体。mp 80～81℃。溶于乙醚、乙醇、丙酮，不溶于水。
【制法】　方法 1　许佑君，刘少城，刘悦秋.中国医药工业杂志，1998，29（5）：195.

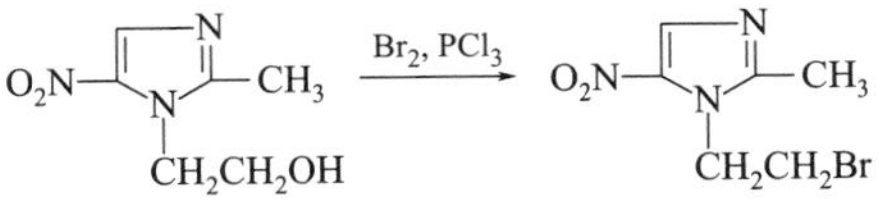

于反应瓶中加入化合物（**2**）85 g（0.5 mol），乙酸乙酯 500 mL，溴 26 mL，搅拌下慢慢加入 PCl₃ 44 mL，加完后回流反应 3 h。减压蒸出溶剂，加入 250 mL 水、少量活性炭，回流脱色 10 min。过滤，滤液用 20% 的氢氧化钠调至 pH4～5，析出淡黄色固体。过滤，水洗，干燥，得化合物（**1**）104.3 g，收率 90.1%，mp 79～80℃。

方法 2　孙昌俊，曹晓冉，王秀菊.药物合成反应——理论与实践.北京：化学工业出版社，2007：124.

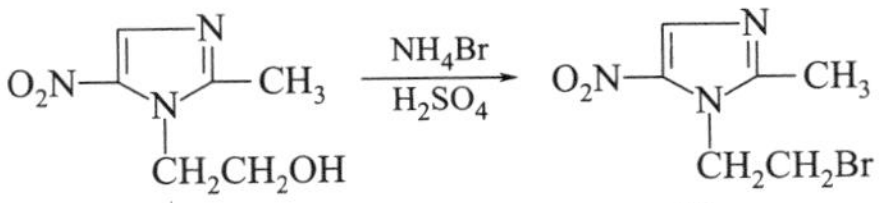

于安有搅拌器、温度计、回流冷凝器、滴液漏斗的反应瓶中，加入 1-(2-羟乙基)-2-甲基-5-硝基-1*H*-咪唑（**2**）150 g（0.88 mol），溴化铵 112 g（1.14 mol），水 100 mL，搅拌下滴加 98% 的硫酸 120 mL。加完后升温至 115℃反应 10 h。冰水浴冷却下用 25% 的氨水中和至 pH4~5，析出浅黄色固体。抽滤、水洗、干燥，得（**1**）176 g，收率 85.5%，mp 78~80℃（文献值 80~81℃）。

【用途】 抗感染药替硝唑（Tinidazole）等的中间体。

1-溴丙烷

$$C_3H_7Br, 123.00$$

【英文名】 1-Bromopropane，n-Propyl bromide

【性状】 无色液体。bp 71℃，d_4^{20} 1.3537，n_D^{25} 1.4343。溶于乙醇、乙醚、氯仿，微溶于水。

【制法】 李和平.含氟、溴、碘精细化学品.北京：化学工业出版社，2010：240.

$$6CH_3CH_2CH_2OH + 3Br_2 + S \longrightarrow 6CH_3CH_2CH_2Br + H_2SO_4 + 2H_2O$$
$$\text{（2）} \qquad\qquad\qquad\qquad\qquad \text{（1）}$$

于安有搅拌器、温度计、回流冷凝器、滴液漏斗的反应瓶中，加入硫黄 33.6 g，溴素 480 g，水浴冷却。搅拌下滴加正丙醇（**2**）396 g 和 150 mL 水。滴加过程中控制反应液温度不超过 30℃。加完后逐渐升温至回流，并回流反应 7 h。改为蒸馏装置，蒸出反应产物，直至没有油滴为止。分出油层，碱洗、水洗，无水硫酸钠干燥。过滤，得产品（**1**）701.5 g，收率 95%（以溴计），纯度 99.6%。

【用途】 局部麻醉药甲磺酸罗哌卡因（Ropivacaine mesylate）的中间体。

2-(2-溴乙基)噻吩

$$C_6H_7BrS, 191.09$$

【英文名】 2-(2-Bromoethyl)thiophene

【性状】 无色液体。bp 97~99℃/999.9 Pa。

【制法】 陈芬儿 有机药物合成法：第一卷.北京：中国医药科技出版社，1999：461.

于干燥反应瓶中，加入化合物（**2**）9.47 g（74 mmol）和四氯化碳 30 mL 的溶液，加热至 60℃，迅速加入三溴化磷 21.68 g（80 mmol），于 65℃搅拌反应 20 min。反应结束后冷却至室温。向反应液中加入水适量，分出有机层，依次用饱和碳酸氢钠溶液、水洗至 pH7，无水硫酸钠干燥。过滤，滤液回收溶剂后，减压蒸馏，收集 bp 97~99℃/999.9 Pa 馏分，得无色液体（**1**）14.13 g，收率 47%，n_D^{12} 1.5801。

【用途】 镇痛药柠檬酸舒芬太尼（Sufentanil citrate）中间体。

4-苯硫基苄基氯

$$C_{13}H_{11}ClS, 234.74$$

【英文名】 4-Phenylthiobenzyl chloride

【性状】 油状液体。

【制法】 ①麻静，陈宝泉，卢学磊等.天津理工大学学报，2010，26（5）：50.②赵勇，张凤菊，黄睿，张振学.沈阳工业大学学报，2011，25（4）：301.

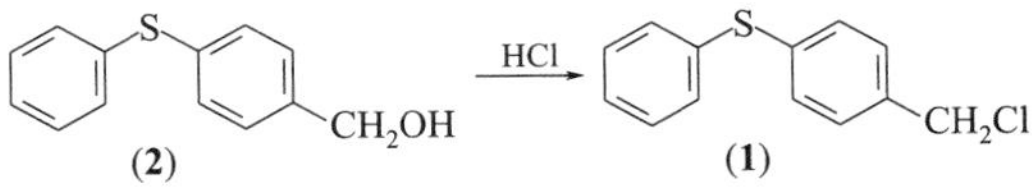

于反应瓶中加入 4-苯硫基苯甲醇（**2**）2.16 g（10 mmol），浓盐酸 10 mL，石油醚 12 mL，于 20～25℃剧烈搅拌反应 6 h。分出有机层，水层用石油醚提取 2 次。合并有机层，依次用水、饱和碳酸氢钠、水洗涤，无水硫酸钠干燥。过滤，减压浓缩，剩余物减压精馏，收集 140～150℃/26.6 Pa 的馏分，得油状液体（**1**）2.18 g，收率 93%。

【用途】 抗真菌药硝酸芬替康唑（Fenticonazole nitrate）等的中间体。

2-氯甲基苯并[*d*]异噻唑-3(2*H*)-酮-1,1-二氧化物

$C_8H_6ClNO_3S$，231.65

【英文名】 2-(Chloromethyl)benzo[*d*]isothiazol-3(2*H*)-one-1,1-dioxide

【性状】 白色固体。mp 145～146℃。

【制法】 ①Bohme H，et al. Arch Pharm，1959，292：642.②李在国.有机中间体制备.北京：化学工业出版社，1997：145.

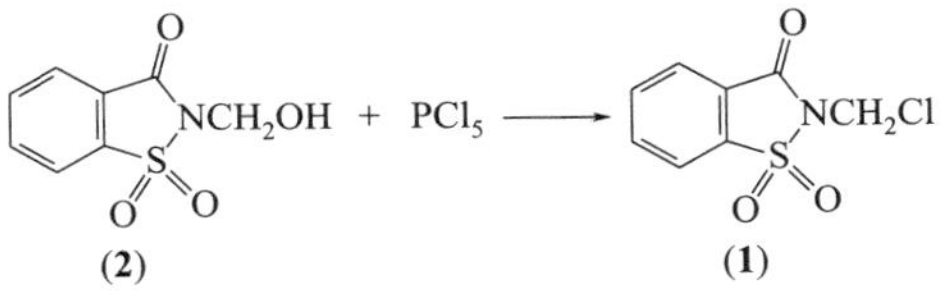

于安有搅拌器、回流冷凝器的反应瓶中，加入无水乙醚 50 mL，冰浴冷至 0℃，加入五氯化磷 6 g（0.03 mol），再加入 *N*-羟甲基糖精（**2**）6.3 g（0.03 mol），室温搅拌反应 2 h。回流反应 10 min 后冷却，过滤，得白色固体（**1**）粗品 5.4 g，mp 134～140℃。用无水乙醇重结晶，得白色固体（**1**），mp 143～145℃（文献值 145～146℃）。

【用途】 有机合成中间体。

1,3-二甲基-6-(3-氯丙基)氨基尿嘧啶

$C_9H_{14}ClN_3O$，231.67

【英文名】 1,3-Dimethyl-6-(3-chloropropyl)aminouracil

【性状】 白色固体。mp 164℃。

【制法】 许佑君，杨治旻，蒋清乾等.中国医药工业杂志，2000，31（7）：294.

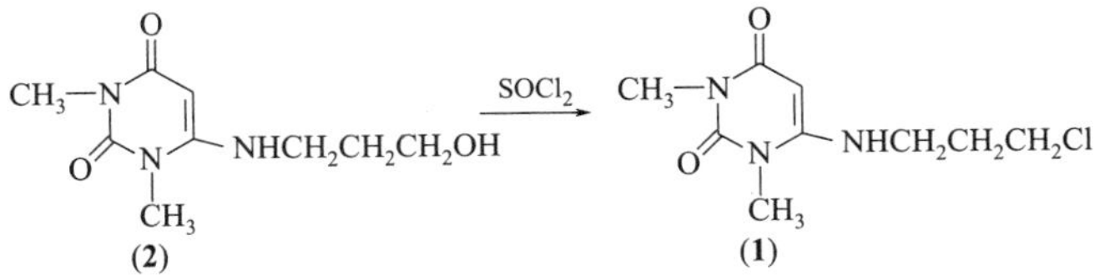

于安有搅拌器、温度计、回流冷凝器的反应瓶中，加入 1,3-二甲基-6-(3-羟丙基)氨基尿嘧啶（**2**）30 g（0.14 mol），1,2-二氯乙烷 120 mL，氯化亚砜 15 mL（0.2 mol）。搅拌

下慢慢升温至 50～55℃，保温反应 30 min。冷至室温后冰箱中放置过夜。过滤析出的白色固体。滤饼用二氯乙烷洗涤，干燥，得（**1**）30 g，收率 92％，mp 153～156℃。

【用途】 降压药乌拉地尔（Ebrantil）等的中间体。

2-氯-3-氯甲基吡啶

$$C_6H_5Cl_2N，162.02$$

【英文名】 2-Chloro-3-chloromethylpyridine

【性状】 浅黄色固体。mp 31～32℃。

【制法】 李月琴，陶弦，徐慧华，沈应中. 精细化工，2009，26（9）：928.

2-氯-3-羟甲基吡啶（**3**）：于反应瓶中加入 THF 400 mL，2-氯-3-吡啶甲酸甲酯（**2**）34.20 g（0.2 mol），硼氢化钠 22.4 g（0.6 mol），搅拌下加热至 70℃，搅拌 15 min。于 3 h 慢慢滴加甲醇 400 mL，其间有大量气泡冒出。加完后继续回流反应 4 h，冷却后倒入 500 mL 饱和氯化铵水溶液中。分出有机层，水层用乙酸乙酯提取 2 次。合并有机层，无水硫酸镁干燥。过滤，减压浓缩，得浅黄色液体，冷后固化。乙醇中重结晶，得白色固体（**3**）26.7 g，收率 93％，mp 53～54℃。

2-氯-3-氯甲基吡啶（**1**）：于反应瓶中加入化合物（**3**）52 g（0.36 mol），二氯甲烷 100 mL，搅拌溶解。冷至 0℃，搅拌下慢慢滴加氯化亚砜 77 mL。加完后继续于 0℃ 搅拌反应 6 h。TLC 跟踪反应至完全后，减压蒸出溶剂和过量的氯化亚砜。将得到的黄色液体溶于 100 mL 二氯甲烷中，饱和碳酸氢钠溶液洗涤，无水硫酸镁干燥。过滤，减压浓缩，得黄色固体。乙醇中重结晶，得浅黄色固体（**1**）53.7 g，收率 92％，mp 31～32℃。

【用途】 新药开发中间体。

间苯氧基苄基氯

$$C_{13}H_{11}ClO，218.68$$

【英文名】 *m*-Phenoxybenzyl chloride

【性状】 无色液体。bp 110～112℃/26.6 Pa。

【制法】 李在国. 有机中间体制备. 北京：化学工业出版社，1997：13.

于反应瓶中加入间苯氧基苯甲醇（**2**）16.5 g（0.083 mol），氯仿 15 mL，搅拌下滴加由硫酰氯 10.5 g（0.088 mol）和 25 mL 氯仿配成的溶液。加完后室温反应 4 h，而后回流反应 2 h。冷后倒入冷水中，分出有机层，水洗至中性。无水硫酸钠干燥，过滤。减压浓缩，收集 110～112℃/26.6 Pa 的馏分，得化合物（**1**）11.04 g，收率 61.2％。

【用途】 拟除虫菊酯类（Pyrethroeds）杀虫剂中间体。

4-溴甲基-2(1*H*)-喹啉酮

$C_{10}H_8BrNO$，238.08

【英文名】 4-(Bromomethyl)-2(1*H*)-quinolinone

【性状】 结晶固体。

【制法】 Minoru Uchida，Fujio Tabusa，Makoto Komatsu，et al. Chem Pharm Bull，1985，33（9）：3375.

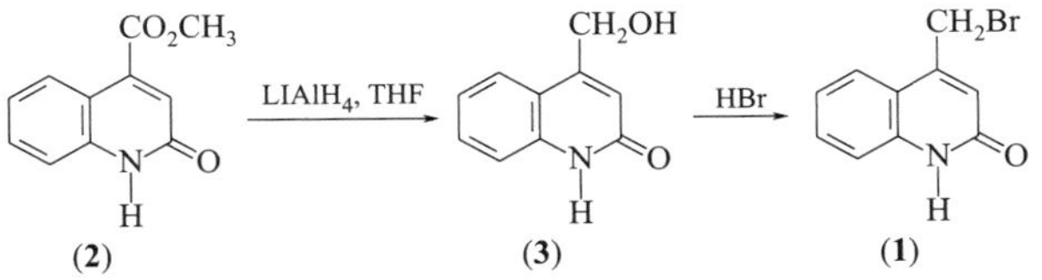

4-羟甲基-2(1*H*)-喹啉酮（**3**）：于反应瓶中加入 2(1*H*)-喹啉酮-4-羧酸甲酯（**2**）2.24 g（12 mmol），无水 THF 50 mL，搅拌溶解。冰浴冷却，加入四氢铝锂 2.1 g（55 mmol），室温搅拌过夜。小心滴加适量水后，将反应物倒入冰-稀硫酸中，蒸出 THF 后析出固体。过滤，干燥，用甲醇重结晶，得化合物（**3**）1.91 g，收率91%。

4-溴甲基-2(1*H*)-喹啉酮（**1**）：于反应瓶中加入上述化合物（**3**）5.1 g（29 mmol），47%的氢溴酸 50 mL，于 70～80℃搅拌反应 3 h。冷却，析出结晶。过滤，甲醇中重结晶，得化合物（**1**）6.1 g，收率88%。

【用途】 胃溃疡治疗药瑞巴派特（Rebamipide）等的中间体。

溴甲基环丙烷

C_4H_7Br，135.00

【英文名】 Bromomethylcyclopropane

【性状】 无色或浅黄色液体。bp 30～36℃/0.83 kPa，n_D^{25} 1.4743。溶于乙醇、乙醚、氯仿、乙酸乙酯，不溶于水。

【制法】 仇缀百，迟传金，张志伟等. 中国医药工业杂志，1984，（15）5：42.

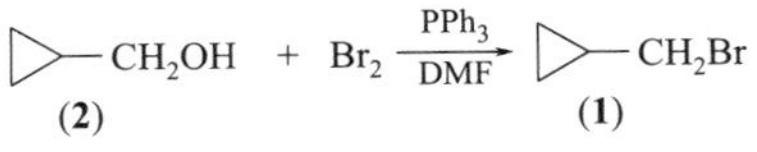

于反应瓶中加入 DMF 70 mL，三苯基膦 21 g（0.075 mol），冰水浴冷至 10℃以下，滴加溴 3.8 mL（0.075 mol），至溶液呈橙黄色不褪。于室温滴加环丙甲醇（**2**）5.4 g（0.075 mol），加完后于 50～55℃反应 0.5 h。减压蒸馏，收集 30～36℃/0.83 kPa 的馏分。将溜出液到入 500 mL 冰水中，分出有机层，无水硫酸钠干燥，得溴甲基环丙烷（**1**）7.7 g，收率76%。n_D^{25} 1.4743，文献值 n_D^{25} 1.4752。

也可按如下方法来合成〔于红，李昕，王玉等. 中国药物化学杂志，2000，10（4）：294〕，该方法的特点是没有重排产物生成。

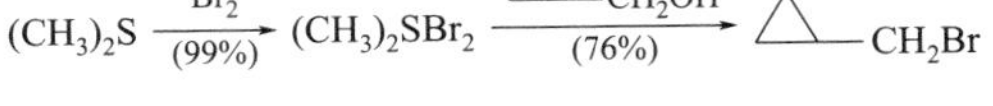

【用途】 解痉药西托溴铵（Cimetropium bromide）等的中间体。

溴甲基环丁烷

$$C_5H_9Br，149.03$$

【英文名】 Bromomethylcyclobutane

【性状】 油状液体。bp 133～135℃，n_D^{25} 1.4695。溶于乙醚、乙醇、丙酮、氯仿、苯、石油醚，不溶于水。

【制法】 ①孙昌俊，曹晓冉，王秀菊. 药物合成反应——理论与实践. 北京：化学工业出版社，2007：124. ② Alexander H E，Hallade M W. J Organometallic Chem，1988：352，263.

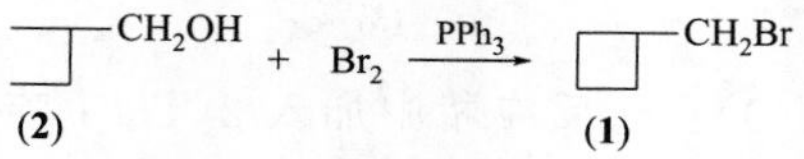

于反应瓶中加入 DMF 70 mL，通入氮气。加入三苯基膦 28.8 g（0.11 mol），搅拌溶解，冷至 10℃ 以下，滴加溴素 17.6 g（0.11 mol）。加完后于室温滴加环丁基甲醇（2）8.6 g（0.1 mol）。加完后慢慢升温至 50～55℃，搅拌反应 30 min。减压蒸馏，收集 78～92℃/2.1 kPa 的馏分，将其倒入 500 g 水中，分出油层，水洗，无水硫酸钠干燥，得溴甲基环丁烷（1）13.3 g，收率 89.3%。n_D^{25} 1.4695。

也可用如下方法来合成［戴惠芳，刘朝晖，李南等. 中国药物化学杂志，2003，13（2）：102］。

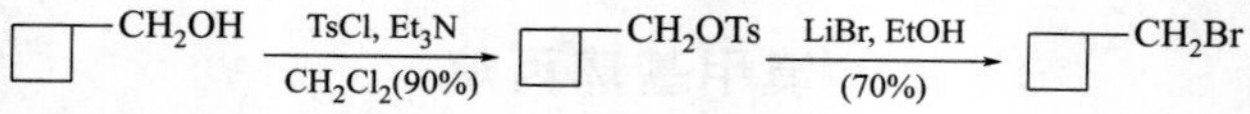

【用途】 镇痛、镇咳药布托啡诺（Butorphanol）、镇痛、麻醉药纳布啡（Nalbuphine）等的中间体。

(R)-1-溴-2-(4-氟苯氧基)丙烷

$$C_9H_{10}FBrO，233.08$$

【英文名】 (R)-1-Bromo-2-(4-fluorophenoxy)propane

【性状】 无色或浅黄色液体。bp 83～85℃/20 Pa。

【制法】 Dirlam N L，et al. J Org Chem，1987，52（16）：3587.

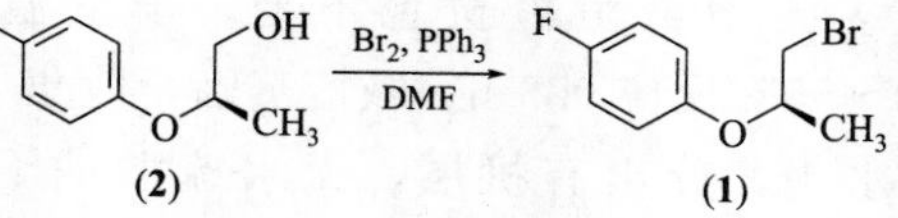

于反应瓶中加入 (R)-2-(4-氟苯氧基) 丙醇（2）20 g（0.118 mol），三苯基膦 32.4 g（0.128 mol），DMF 50 mL，搅拌溶解。于 25℃ 以下滴加溴 19.8 g（0.124 mol），加完后继续室温搅拌反应 18 h。加入 500 mL 乙酸乙酯，水洗（200 mL×3），再依次用饱和碳酸氢钠、水、饱和盐水洗涤，无水硫酸钠干燥。过滤，减压蒸出溶剂。剩余浆状液体中加入己烷 250 mL，搅拌后生成固体。过滤，滤液减压浓缩，得油状液体（1）22.2 g，收率 80%。bp

$83\sim85℃/20$ Pa。

【用途】　糖尿病综合征治疗药 Methosorbinil 中间体。

3,4-二甲氧基苄基膦酸二乙酯

$C_{13}H_{21}O_5P$，288.28

【英文名】　Diethyl 3,4-dimethoxybenzylphosphonate
【性状】　浅黄色液体。n_D^{20} 1.5178。
【制法】　李晓霞，晏日安，段翰英. 精细化工，2011，28（5）：475.

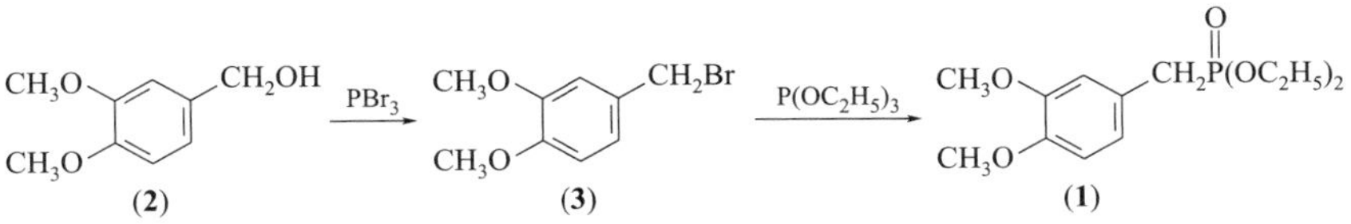

3,4-二甲氧基苄基溴（**3**）：于反应瓶中加入 3,4-二甲氧基苄基醇（**2**）15.0 g（89 mmol），干燥的二氯甲烷 90 mL，冷至 0℃。搅拌下慢慢滴加含三溴化磷 4.5 mL 的二氯甲烷溶液 30 mL，加完后自然升至室温，继续反应 4 h。将反应物倒入冰水中，分出有机层，依次水洗、饱和碳酸氢钠、水洗涤，无水硫酸钠干燥。于 30℃减压蒸出溶剂，剩余物水中重结晶，得白色固体（**3**）19.88 g，收率 96.2%，mp 47.4~49.0℃。

3,4-二甲氧基苄基膦酸二乙酯（**1**）：于反应瓶中加入化合物（**3**）19.0 g（82.0 mmol），亚磷酸三乙酯 65 mL，于 100℃反应 1 h 后，再于 120~130℃反应 3~4 h。减压蒸出亚磷酸三乙酯，剩余黄色液体。过硅胶柱纯化，乙酸乙酯-石油醚（85：15）洗脱，得浅黄色液体（**1**）19.4 g，收率 82%。

【用途】　具有抗氧化、消除自由基、提高免疫调节力等中生物学功能的白皮杉醇的合成中间体。

4-甲氧基苄基氯

C_8H_9ClO，156.61

【英文名】　4-Methoxybenzyl chloride
【性状】　无色液体。
【制法】　Rivero I A，Somanathan R，Hellberg L H. Synth Commun，1992：711.

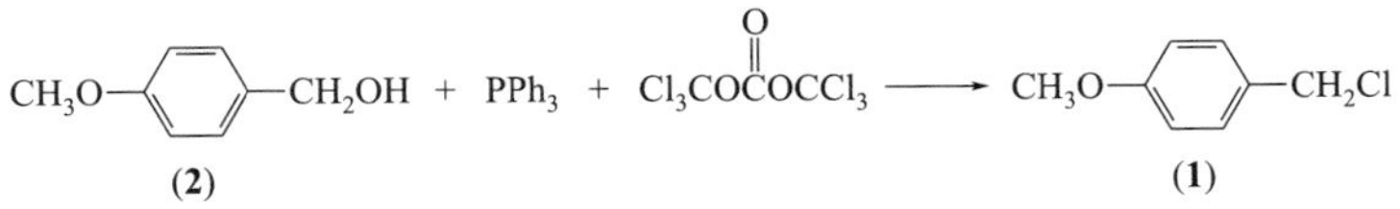

于安有搅拌器、温度计、回流冷凝器的反应瓶中，加入三苯基膦 1.67 g（6.39 mmol），干燥的二氯甲烷 25 mL，冷至 0℃，分批于 5 min 加入三光气 0.686 g（2.45 mmol），有气体剧烈放出。反应完后，减压蒸出溶剂，慢慢滴加对甲氧基苯甲醇（**2**）0.8 g（5.79 mol）溶于 10 mL 二氯甲烷的溶液。加完后继续室温搅拌反应 20 min。减压蒸出溶剂，剩余物用戊烷提取 2 次，无水硫酸钠干燥。过滤，减压蒸馏，得化合物（**1**）0.686 g，收率 96%。

【用途】　香料覆盆子酮中间体，也是药物中间体。

5′-脱氧-5′-碘-2′,3′-O-异亚丙基-5-氟尿苷

$$C_{12}H_{14}N_2O_5FI, \quad 412.16$$

【英文名】 5′-Deoxy-5′-iodo-2′,3′-O-isopropylidene-5-fluorouridine

【性状】 白色固体。mp 200～202℃。

【制法】 ①陈芬儿.有机药物合成法：第一卷.北京：中国医药科技出版社，1999：509.
②董辉，钱江.中国医药工业杂志，2002，33（3）：108.

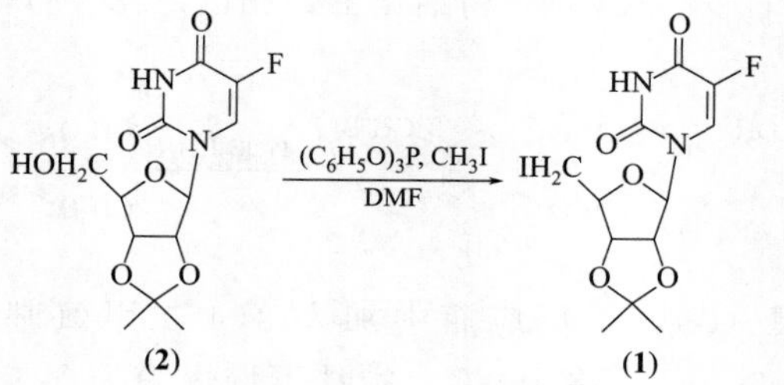

于反应瓶中加入三苯氧磷 2.31 L（7.9 mol），氮气保护，加热至 130℃，慢慢滴加碘甲烷 840 mL（13.48 mol），约 5 h 加完。于 90℃继续搅拌反应 7～8 h。回收过量碘甲烷 170 mL，冷至 100℃，加入 DMF 4.374 L，冷至 25℃，得三苯氧磷碘甲烷的 DMF 溶液备用。

于另一反应瓶中加入化合物（**2**）1.841 kg（6.0 mol），DMF 1.8 L，氮气保护，冷至 20℃，滴加上述溶液，控制反应液温度不超过 24℃，约 40 min 加完，保温反应 5 h。加入甲醇 6.0 L，继续搅拌 40 min。将其倒入 5% 的硫代硫酸钠 1.8 L 中，乙酸乙酯提取数次。合并有机层，依次用水、饱和盐水洗涤，无水硫酸钠干燥。过滤，减压浓缩。加入乙醚 6.0 L，于 3℃搅拌 3 h，析出固体。过滤，乙醚洗涤，干燥，得粗品 2.0 kg。加入 15.2 L 丙酮中，加热溶解。回收溶剂至 5 L，于 3℃搅拌 3 h。过滤析出的固体，用－20℃的丙酮、乙醚洗涤，干燥，得白色固体（**1**）1.75 kg，收率 71%，mp 200～202℃。

【用途】 抗肿瘤药去氧氟尿苷（Doxifluridine）等的中间体。

氯代环己烷

$$C_6H_{11}Cl, \quad 118.61$$

【英文名】 Chlorocyclohexane, Cyclohexyl chloride

【性状】 无色液体。mp －43.9℃，bp 143℃，d_4^{20} 1.000，n_D^{25} 1.4343。溶于乙醇、乙醚、氯仿、苯、乙酸乙酯，不溶于水，遇水受热分解。

【制法】 史文琴，侯俊卿.陕西化工，1998，1：30.

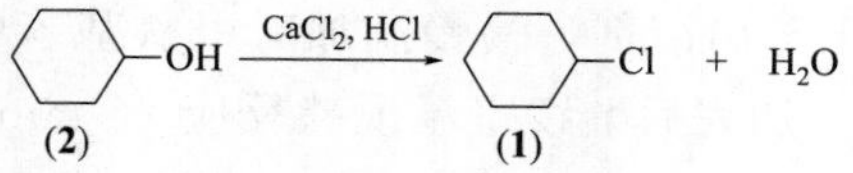

于安有搅拌器、回流冷凝器的反应瓶中加入环己醇（**2**）50 g（0.5 mol），浓盐酸

125 mL，无水氯化钙 4 g，搅拌下沸水浴加热 8 h。冷却，分出有机层。有机层依次用饱和食盐水、饱和碳酸氢钠、饱和食盐水洗涤，无水氯化钙干燥，常压蒸馏，收集 141.5～142.5℃ 的馏分，得氯代环己烷（**1**）51 g，收率 86%。

【用途】 抗癫痫、痉挛药盐酸苯海索（Benzhexol hydrochloride）等的中间体。

4-氯二苯溴甲烷

$C_{13}H_{10}BrCl$，281.58

【英文名】 4-Chlorodiphenylbromomethane

【性状】 无色油状液体。

【制法】 康怀萍，王娟，刘玉真等. 化学世界，2006，1：36.

于反应瓶中加入 4-氯二苯甲醇（**2**）21.85 g（0.1 mol），40% 的氢溴酸 17.2 mL（0.1 mol），搅拌下加入四丁基溴化铵 0.16 g，冷却下慢慢滴加浓硫酸 5.4 mL（0.1 mol），回流反应 2 h。冷却，将反应物倒入冰水中，乙醚提取。有机层依次用饱和碳酸氢钠、饱和盐水洗涤，无水硫酸镁干燥。过滤，减压蒸馏，收集 190℃/1.6 kPa 的馏分，得无色油状液体（**1**），收率 85%。

【用途】 第二代 H1 抗组胺药盐酸西替利嗪（Cetirizine hydrochloride）中间体。

(1*R*,2*S*)-2-苯甲酰氧基-1-溴-2,3-二氢-1*H*-茚-2-羧酸乙酯

$C_{19}H_{17}BrO_4$，389.24

【英文名】 Ethyl(1*R*,2S)-2-(benzoyloxy)-1-bromo-2,3-dihydro-1*H*-indene-2-carboxylate

【性状】 泡沫状化合物。

【制法】 Luciano Barboni and Catia Lambertucci. J Med Chem，2001，44（10）：1576.

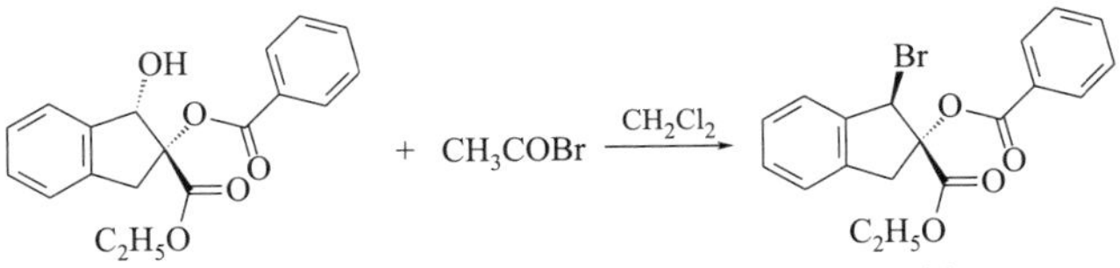

于安有搅拌器、温度计、滴液漏斗的 100 mL 反应瓶中，加入 50 mL 二氯甲烷和化合物（**2**）3.26 g，冷至 −15℃，滴加乙酰溴 1.35 g 溶于 5 mL 二氯甲烷的溶液，并于此温度搅拌反应 3 h。再滴加入乙酰溴 0.5 g 溶于 5 mL 二氯甲烷的溶液，继续在 −15℃ 反应 1 h。撤去冷浴，自然升温至室温。减压浓缩至干，残余物过硅胶柱分离纯化，得泡沫状化合物（**1**）2.8 g，收率 72%。

【用途】 抗癌药紫杉醇类似物中间体的合成。

七、芳环上羟基的卤代

2-溴萘

$C_{10}H_7Br$，207.07

【英文名】 2-Bromonaphthalene

【性状】 白色或浅黄色片状结晶。mp 59℃。bp 281～281℃，147℃/2.4 kPa。易溶于乙醚、苯、氯仿等有机溶剂，微溶于水。

【制法】 ① Schaefer J P，Higgins J，Schenoy P K. Org Synth，1973，Coll Vol 5：142. ②王华，张遂之. 化学世界，1998，4：216.

于反应瓶中加入三苯基膦 144 g（0.55 mol），乙腈 125 mL，冰浴冷却，搅拌下滴加溴 88 g（0.55 mol），控制反应温度在 40℃ 以下。加完后撤去冰浴，加入 2-萘酚（**2**）72 g（0.5 mol）溶于 100 mL 乙腈的溶液，于 60～70℃ 搅拌回流反应 30 min。蒸出乙腈，继续升高温度至所有固体熔化，搅拌下升至 340℃，直至不再有溴化氢气体放出。冷至 100℃ 左右，倒入烧杯中，冷至室温。加入庚烷 300 mL，过滤，滤饼用戊烷洗涤 2 次。合并滤液和洗涤液，用 200 mL 20% 的氢氧化钠溶液洗涤，无水硫酸钠干燥。过滤，减压蒸馏，得化合物（**1**）72～81 g，收率 70%～78%。

【用途】 主要用作医药中间体和染料的制备。

对溴氯苯

C_6H_4BrCl，191.46

【英文名】 *p*-Bromochlorobenzene

【性状】 无色针状结晶。mp 64～67℃，bp 196℃。溶于乙醚、二氯甲烷、苯、热乙醇，不溶于水。

【制法】 Furniss B S，Hannaford A J，Rogers V，et al. Vogel's Textbook Practical Organic Chemistry. Fourth Edition，Longman London and York，1978：638.

于反应瓶中加入粉状的三苯基膦 20 g（0.11 mol），100 mL 干燥的乙腈。冰水浴冷却，搅拌下于 20 min 内滴加溴 17.3 g（0.108 mol）。加完后撤去冰水浴，改为蒸馏装置，用水泵减压蒸出乙腈（浴温 40℃），最后用油泵尽量抽干乙腈，得固体物。加入新蒸馏过的粉状的对氯苯酚（**2**）10 g（0.078 mol），重新安上回流冷凝器。于沙浴中加热。沙浴的温度升至 250～280℃，慢慢搅拌，有溴化氢逸出。3 h 后溴化氢逸出基本停止。冷却后加入适量水，并进行水蒸气蒸馏。馏出液冷后析出固体。抽滤，乙醇中重结晶，得（**1**）12.5 g。mp 65～66℃，收率 83%。

【用途】 有机试剂及有机合成中间体。

5-叔丁基-2-氯-1,3-二硝基苯

$C_{10}H_{11}ClN_2O_4$，258.66

【英文名】 5-*tert*-Butyl-2-chloro-1,3-dinitrobenzene

【性状】 浅黄色固体。mp 113～115℃。

【制法】 ①Suzuki D，Kikuchi R，Yasui M. US 6403789. 2002. ②Garrido Montalban，Antonio，et al. PCT Int Appl，2008089034.

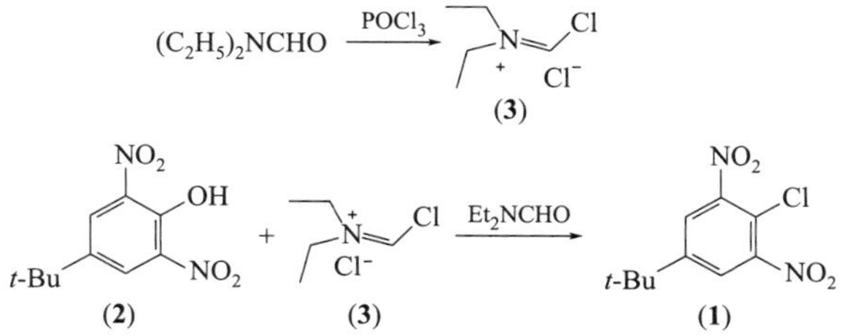

N,N-二乙基氯亚胺氯化物（**3**）：于 50 mL 反应瓶中加入 35 mL 的无水 N,N-二乙基甲酰胺和 4.2 g 的三氯氧磷，室温搅拌反应 1 h，制成化合物（**3**）的溶液，备用。

5-叔丁基-2-氯-1,3-二硝基苯（**1**）：于反应瓶中加入 4-叔丁基-2,6-二硝基苯酚（**2**）5.5 g（23 mmol），干燥的 N,N-二乙基甲酰胺 70 mL，室温搅拌溶解。冰浴冷却下慢慢加入上述化合物（**3**）的溶液，升到室温，搅拌反应 6 h。将反应液倒入 1 L 的冰水中，过滤生成的固体。滤饼用少量冷甲醇洗涤，真空干燥，得产品（**1**）6.1 g，mp 113～115℃，收率 97%，纯度 95%。

【用途】 新药开发中间体。

2,3-二氯-5-硝基吡啶

$C_5H_2Cl_2N_2O_2$，192.99

【英文名】 2,3-Dichloro-5-nitropyridine

【性状】 黄色固体。

【制法】 Wayne，Gregory S，et al. US Pat Appl Publ. 20060035937.

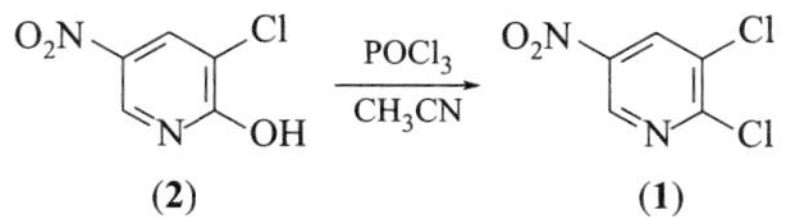

于反应瓶中加入 3-氯-2-羟基-5-硝基吡啶（**2**）36 g，乙腈 70 mL，三氯氧磷 37.5 g，加热至 80℃，搅拌回流反应 15 h。冷至 40℃，慢慢加入水 27 mL，其间保持反应液在 70℃以下。而后再冷至 45℃，慢慢加入水 189 mL。冷至 23℃，至少搅拌 12 h。抽滤，水洗，真空干燥，得黄色固体（**1**）。

【用途】 新药开发中间体。

2-溴-3-碘-5-硝基吡啶

$C_5H_2BrIN_2O_2$，328.89

【英文名】 2-Bromo-3-iodo-5-nitropyridine

【性状】 黄色固体。mp 107～109℃。

【制法】 Yi Zhang，Olga A Pavlova，Svetlana I，Chefer，et al. J Med Chem，2004，47（10）：2453.

于反应瓶中加入甲苯 55 mL，三溴氧磷 25.0 g（87.2 mmol），搅拌下加热至 90～100℃，加入 2-羟基-3-碘-5-硝基吡啶（**2**）21.1 g（79.3 mmol）和喹啉 9.5 mL。用 TLC 跟踪反应（乙酸乙酯-己烷＝1:3），反应结束后，分出甲苯层，剩余的棕色固体用沸腾的甲苯提取 3 次。合并甲苯层，用 5% 的碳酸氢钠溶液洗涤，无水硫酸钠干燥。过滤，减压浓缩。剩余物过硅胶柱纯化，以己烷-乙酸乙酯（5:95）洗脱，得黄色固体（**1**）21.1 g，mp 107～109℃，收率 81.1%。

【用途】 新药开发中间体。

2-甲基-4,6-二氯-5-硝基嘧啶

$C_5H_3Cl_2N_3O_2$，208.00

【英文名】 4,6-Dichloro-2-methyl-5-nitropyrimidine

【性状】 黄色固体。mp 53.5～54.5℃。

【制法】 ①武引文，梅和珊，张忠敏等. 中国药物化学杂志，2001，11（1）：45. ②Norman M H，Chen Ning，Chen Zhidong，et al. J Med Chem，2000，43（22）：4288.

于反应瓶中加入化合物（**2**）6.2 g（0.036 mol），$POCl_3$ 31 mL，搅拌下加热至 80℃，滴加 N,N-二甲基苯胺 8 mL，约 30 min 加完。加完后继续回流反应 1.5 h。减压蒸出过量的 $POCl_3$，剩余物倒入 25 mL 冰水中，析出黄色固体。过滤，水洗，干燥，得化合物（**1**）7 g，收率 92.8%，mp 53.5～54.5℃。

【用途】 中枢性降压药莫索尼定（Moxonidine）等的中间体。

2,4-二氯-6-甲基-5-硝基嘧啶

$C_5H_3Cl_2N_3O_2$，208.00

【英文名】 2,4-Dichloro-6-methyl-5-nitropyrimidine

【性状】 淡黄色固体。mp 51℃。

【制法】 戴立言，陈英奇，朱锦桃等.中国医药工业杂志，2000，31（10）：470.

(2) → **(1)**

于反应瓶中加入 6-甲基-5-硝基脲嘧啶（**2**）34.2 g，三氯氧磷 150 mL，搅拌下室温滴加 N,N-二甲基苯胺 25 mL，约 1.5 h 加完。加完后再加入 DMF 3 滴，加热回流反应 2 h。减压蒸出过量的三氯氧磷。将剩余物冷后倒入冰水中，用甲苯提取 3 次。合并有机层，水洗，无水硫酸钠干燥。过滤，减压蒸出溶剂至干，剩余物用乙醇重结晶，得淡黄色固体（**1**）38.9 g，收率 93.5%。

【用途】 抗肿瘤新药开发中间体。

7-甲氧基-6-硝基-4-（3-氯-4-氟苯氨基）-喹唑啉

$C_{15}H_{11}ClFN_4O_3$，349.73

【英文名】 7-Methoxy-6-nitro-4-(3-chloro-4-fluorophenylamino)quinazoline

【性状】 黄色固体。mp >300℃。

【制法】 蔡继兰，孙焕亮，王飞栋，陈磊，孙敏.中国医药工业杂志，2014，45（2）：107.

(2) → **(3)** → **(1)**

4-氯-7-甲氧基-6-硝基喹唑啉（**4**）：于反应瓶中加入氯化亚砜 300 mL，三氯氧磷 30 mL，7-甲氧基-6-硝基-4(3H)-喹唑啉酮（**2**）30 g（0.14 mol），于 100℃搅拌反应 2 h。减压浓缩，剩余物中加入甲苯（250 mL×2），减压蒸馏以尽量除去氯化亚砜。剩余物中加入石油醚 300 mL，充分搅拌后抽滤，石油醚洗涤，干燥，得白色固体（**3**）30.9 g，收率 95.1%，mp 171～172℃。

7-甲氧基-6-硝基-4-(3-氯-4-氟苯氨基)-喹唑啉（**1**）：于反应瓶中加入异丙醇 400 mL，上述化合物（**3**）30 g（0.125 mol），3-氯-4-氟苯氨 18.2 g（0.125 mol），氮气保护下于 50℃反应 2 h。冷却，过滤，异丙醇洗涤，干燥，得黄色固体（**1**）43.2 g，收率 99%，mp>300℃。

【用途】 抗肿瘤药 Dacomitinib 中间体。

2-氯-5-氟嘧啶-4-酮

$C_4H_2ClFN_2O$，148.51

【英文名】 2-Chloro-5-fluoropyrimidin-2-one

【性状】 浅黄色或类白色晶体。mp 169～171℃，可溶于稀碱，不溶于水。

【制法】 孙昌俊，王如聪.中国医药工业杂志，1986，17（12）：10.

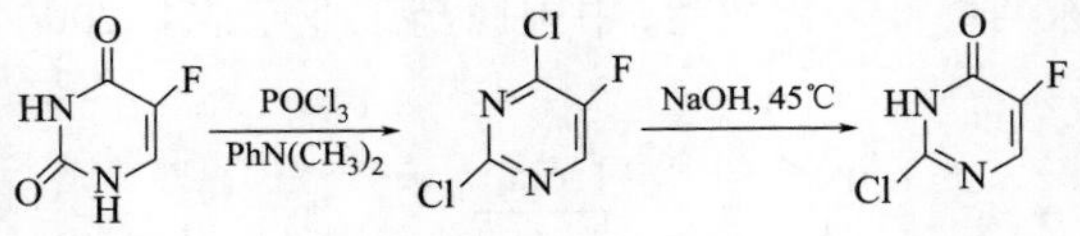

2,4-二氯-5-氟嘧啶（**3**）：于反应瓶中加入 5-氟脲嘧啶（**2**）15.6 g（0.119 mol），三氯氧磷 80 mL，搅拌下于 40℃左右滴加 N,N-二甲苯胺 25 mL。加完后慢慢升温，回流反应 3 h。稍冷后减压蒸出三氯氧磷。冷至室温，倒入碎冰 100 g 中，用氯仿提取（50 mL×3），氯仿层水洗，无水硫酸镁干燥。减压蒸去氯仿，冷后析出黄色固体（**3**）17.8 g，收率 88%。mp 35～37℃。不必提纯直接用于下步合成。

2-氯-5-氟嘧啶-4-酮（**1**）：于反应瓶中加入上面合成的黄色固体（**3**），加入 2 mol/L 的氢氧化钠水溶液 55 mL，于 45℃搅拌反应 1 h 左右，体系的 pH 降至 7，再加入同样浓度的氢氧化钠 55 mL，继续反应至无明显油状物为止。冷后用盐酸调至 pH3，析出固体。冷却，过滤，水洗，干燥后得 2-氯-5-氟嘧啶-4-酮（**1**）14.2 g，收率 89%，mp 169～171℃。

【用途】 5-氟脲嘧啶类抗癌化合物等的中间体。

3,4-二氯-5-(4-氯苯基)哒嗪

$$C_{10}H_5Cl_3N_2，259.52$$

【英文名】 3,4-Dichloro-5-(4-chlorophenyl)pyridazine
【性状】 类白色固体。
【制法】 Yu Guixue, et al. US 20050143381.

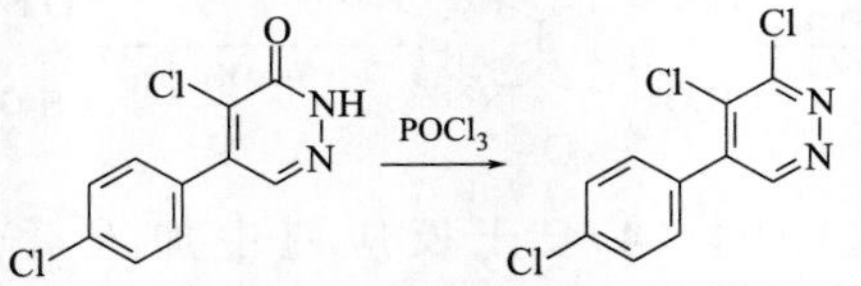

于安有搅拌器、温度计、回流冷凝器的反应瓶中，加入化合物（**2**）2.33 g（9.65 mmol），三氯氧磷 11 mL，于 110℃油浴中搅拌反应 1 h。冷却后倒入冰水中，乙酸乙酯提取。水洗，无水硫酸镁干燥。过滤，减压蒸出溶剂，得黄色固体（**1**）2.6 g。过硅胶柱纯化，得类白色固体。

【用途】 大麻素受体调节剂（Cannabinoid receptor modulators）合成中间体。

2-氯喹喔啉

$$C_8H_5ClN_2，164.59$$

【英文名】 2-Chloroquinoxaline
【性状】 淡黄色结晶。mp 47℃。bp 115～117℃/16 Pa。
【制法】 彭柱伦，杨侃，徐亦遄等. 中国医药工业杂志，2000，31（3）：97.

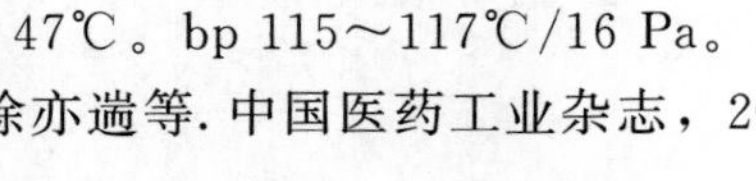

于安有搅拌器、温度计、滴液漏斗、回流冷凝器的反应瓶中，加入 2-羟基喹喔啉（**2**）14.6 g，三氯氧磷 75 g，搅拌下加热回流反应 2 h。减压蒸出过量的三氯氧磷。将剩余物冷后倒入冰水中，用乙醚提取 3 次。合并有机层，水洗，无水硫酸钠干燥。过滤，减压蒸出溶剂，继续减压蒸馏，收集 115～117℃/16 Pa 的馏分，冷后固化，得淡黄色固体（**1**）15.4 g，收率 93%。

【用途】　抗球虫的专用磺胺药磺胺喹沙啉（Sulfaquinoxaline）中间体。

2,4-二氯喹唑啉

$C_8H_4Cl_2N_2$，199.04

【英文名】　2,4-Dichloroquinazoline

【性状】　橙黄色针状结晶。mp 120℃。

【制法】　Lange N A，Roush W E，Asheck H J. J Am Chem Soc，1930，52（9）：3696.

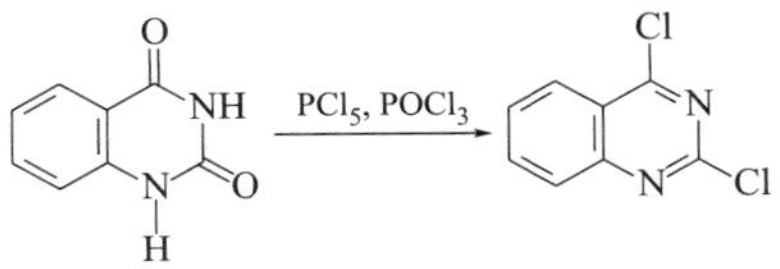

于反应瓶中加入化合物（**2**）15 g（0.09 mol）、五氯化磷 40 g（0.19 mol）和三氯氧磷 20 mL，于 125℃搅拌回流 4 h。反应结束后，将反应物倒入碎冰 600 mL 中，析出固体。过滤，将滤饼溶于乙醚 500 mL 中，过滤除去不溶物。有机层依次用 5%碳酸钠溶液、水洗涤，无水氯化钙干燥。过滤，回收溶剂。向剩余物中加入适量甲苯，回流溶解，趁热过滤，滤液冷却，析出结晶。过滤，用石油醚洗涤，干燥，得橙黄色针状结晶（**1**）6.0 g，收率 33.7%，mp 120℃。

【用途】　消炎镇痛药甲氯芬那酸（Meclofenamic acid）等的中间体。

4-氯喹唑啉

$C_8H_5ClN_2$，164.59

【英文名】　4-Chloroquinazoline

【性状】　白色针状结晶。mp 96～97℃。

【制法】　① Schoenowsky H，Sachse B Z，Naturforch B. Anorg Chem，Org Chem，1982，37B（7）：907. ② Clavier S，Rist Øystein，Hansen S，et al. Org Biomol Chem，2003，1：4248.

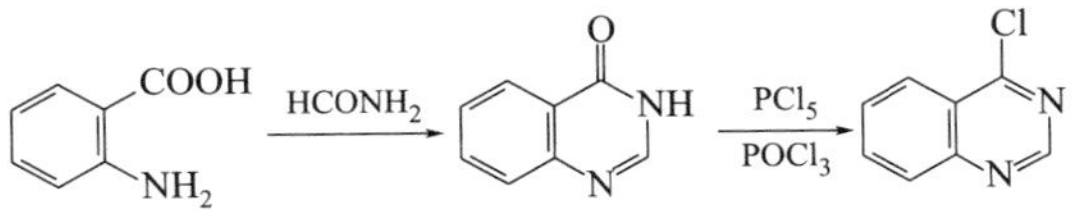

喹唑啉-4-酮（**3**）：于 1 L 烧杯中加入 2-氨基苯甲酸（**2**）155 g（1.13 mol），甲酰胺 170 g（3.8 mol），于 100～134℃加热反应 3 h，160～170℃加热 2 h。其间不断搅拌以免结

块。慢慢冷却后加入大量水洗，在研钵中研细，过滤，干燥，得白色针状结晶（**3**）143 g，mp 215～218℃（文献值 215～216℃），收率 86%。

4-氯喹唑啉（**1**）：于安有搅拌器、回流冷凝器的反应瓶中，加入化合物（**3**）14.6 g（0.1 mol），五氯化磷 30.0 g（0.144 mol），三氯氧磷 120 mL，搅拌下加热回流 2 h。反应液呈黄色透明液。减压蒸出三氯氧磷，剩余物中加入氯仿 120 mL 溶解，而后倒入 250 mL 冰水中，充分搅拌。慢慢滴加浓氨水，使 pH 始终保持在 6～8。分出有机层，水层用氯仿提取 3 次。合并有机层，无水硫酸镁干燥。过滤，减压蒸出溶剂，得浅黄色固体。用石油醚重结晶，得白色针状结晶（**1**）12.5 g，mp 96～97℃，收率 76.0%。

【用途】 抗肿瘤药吉非替尼（Gifetinib）、埃罗替尼（Erlotinib）等的中间体。

2,4-二氯-6,7-二甲氧基喹唑啉

$$C_{10}H_8Cl_2N_2O_2，259.10$$

【英文名】 2,4-Dichloro-6,7-dimethoxyquinazoline
【性状】 浅褐色固体。mp 174～176℃。
【制法】 彭桂伦，杨侃等. 中国医药工业杂志，2000，31（9）：385.

(2) → POCl₃ → **(1)**

于反应瓶中加入 6,7-二甲氧基-1*H*,3*H*-喹唑啉-2,4-二酮（**2**）60 g，三氯氧磷 170 mL，搅拌下室温滴加 *N*,*N*-二甲基苯胺 25 mL。加完后加热回流反应 4.5 h。减压蒸出过量的三氯氧磷。将剩余物冷后倒入冰水中，用甲苯提取 3 次。合并有机层，水洗，无水硫酸钠干燥。过滤，减压蒸出溶剂至干，得浅褐色固体（**1**）69.6 g，收率 99.5%。

【用途】 抗球虫药物磺胺喹沙啉（Sulfaquinoxaline）等的中间体。

4-氯-6,7-二-(2-甲氧基乙氧基)-喹唑啉

$$C_{14}H_{17}ClN_2O_4，312.5$$

【英文名】 4-Chloro-6,7-di-(2-methoxyethoxy)quinazoline
【性状】 类白色固体粉末。mp 107～109℃。
【制法】 ①Lueth Anja，Loewe Werner. J Med Chem，2008，43（7）：1478. ②李铭东，曹萌，吉民. 中国医药工业杂志，2007，38（4）：257.

(2) → SOCl₂ → **(1)**

于安有搅拌器、回流冷凝器（顶部安氯化钙干燥管并与氯化氢、二氧化硫气体吸收装置相连）的反应瓶中，加入 6,7-二-(2-甲氧基乙氧基)-4(3*H*)-喹唑啉酮（**2**）15 g（0.051 mol），氯化亚砜 100 mL，而后加入 DMF 0.5 mL，于 50℃反应 6 h。减压蒸出过量

的氯化亚砜。加入干燥的苯 30 mL，减压蒸出苯，并重复一次。剩余物中加入氯仿 100 mL，用碳酸氢钠饱和水溶液洗涤两次，无水硫酸钠干燥。减压蒸出溶剂，得类白色固体粉末（**1**）14.2 g，收率 89%，mp 107～109℃（文献值 108～109℃）。

【用途】 口服抗肿瘤药盐酸埃洛替尼（Erlotinib hydrochloride）等的中间体。

3,6-二氯吡嗪-2-甲腈

$C_5HCl_2N_3$，173.99

【英文名】 3,6-Dichloropyrazine-2-carbonitrile
【性状】 黄褐色固体。mp 91～94℃。
【制法】 王欢，李行舟，钟武.中国医药工业杂志，2014，45（11）：1009.

于反应瓶中加入三氯氧磷 37 mL（404.2 mmol），搅拌下分批加入 6-溴-3-氧代-3,4-二氢吡嗪-2-甲酰胺（**2**）20 g（90 mmol），慢慢滴加三乙胺 17.1 mL（118.3 mmol），控制滴加速度，保持反应液不超过 55℃。加完后于 85～95℃继续搅拌反应 3 h。冷至 60～70℃，加入甲苯 11 mL。将反应物倒入由甲苯 40 mL，冰水 80 mL 的混合液中，搅拌后分出有机层，水层用甲苯提取。合并有机层，水洗，无水硫酸钠干燥。过滤，减压浓缩，得黄褐色固体（**1**）12.5 g，收率 79%，mp 91～94℃。

【用途】 广谱抗病毒药法匹拉韦（Favipiravir）中间体。

八、醚的卤化

2-二氯甲氧基-1,1,1-三氟乙烷

$C_3H_3OCl_2F_3$，182.96

【英文名】 2-(Dichloromethoxy)-1,1,1-trifluoroethane
【性状】 无色液体。
【制法】 Terrell R C，Speers L，Szur A J，et al. J Med Chem，1971，14（6）：517.

于干燥反应瓶中加入 2-甲氧基-1,1,1-三氟乙烷（**2**）456 g（4.0 mol），紫外光照射下，于 25℃通入氯气，直至生成的氯化氢气体达到 2.8 mol（此时反应物总重量达 805 g）。排除氯化氢和剩余的氯气，减压蒸馏，收集 58～59℃/20 kPa 的馏分，得无色液体（**1**）122 g，收率 16.6%。

【用途】 吸入麻醉药异氟烷（Isoflurane）的中间体。

α,α,α-三氟甲氧基苯

$$C_7H_5F_3O,\ 162.11$$

【英文名】 α,α,α-Trifluoromethoxybenzene

【性状】 无色液体。bp 105℃。

【制法】 ①张虹，张喜军，杨德臣，杜汉权. 有机氟工业，2005，3：3.②张超，臧友. 有机氟工业，2008，2：48.

α,α,α-三氯甲氧基苯（**3**）：于安有搅拌器、回流冷凝器、温度计、通气导管的反应瓶中，加入苯甲醚（**2**）81 g，三氟甲苯 326 g，紫外灯照射，加热至回流，慢慢通入氯气，控制氯气通入量为 275 mL/min，约需 3 h。当通入的氯气为理论量的 3.1 倍时停止通入氯气。气相色谱分析，其中含有 87.8% 的化合物（**3**），苯环上取代的副产物约 5.4%。

α,α,α-三氟甲氧基苯（**1**）：于耐热、耐腐蚀的压力釜中，加入三氯甲氧基苯（**3**）20 g（0.0945 mol），无水氟化氢 20 g（1.0 mol），五氯化锑 1.0 g，于 15℃搅拌反应 6 h，此时釜内压力达 0.06MPa。气相色谱分析，原料转化率 100%，没有副产物生成。将反应液倒入冰水中，二氯甲烷提取，水洗，干燥。过滤，蒸馏，收集 105℃ 的馏分，得无色液体（**1**）13.3 g，收率 86.9%。

【用途】 含氟农药、医药及液晶材料的中间体。

对氯苯氧甲基氯

$$C_7H_6Cl_2O,\ 177.03$$

【英文名】 p-Chlorophenoxymethyl chloride

【性状】 无色液体。mp 29~30℃，bp 120~124℃/2.40 kPa。n_D^{20} 1.5490。

【制法】 Gross H，Burger W. Org Synth，1973，Coll Vol 5：221.

于安有蒸馏装置的反应瓶中，加入五氯化磷 147 g（0.704 mol），对氯苯甲醚（**2**）100 g（0.704 mol），油浴加热至 120℃。反应开始后，内温很快升至 140℃，而后慢慢升温至 160℃，约需 2 h。其间不断蒸出生成的三氯化磷，并有大量氯化氢气体生成。蒸馏后期内温可以达到 175℃。约收集三氯化磷 73~75 g。减压蒸馏，收集 85~105℃/1.33 kPa 的前馏分约 10 g，再收集 105~108℃/1.33 kPa 的馏分，得化合物（**1**）85~99 g，收率 68%~80%。

【用途】 药物、有机合成中间体。

2-溴乙醇

$$C_2H_5BrO,\ 124.97$$

【英文名】 2-Bromoethanol

【性状】 无色液体。bp 55~59℃/2.93 kPa，47~51℃/2.0 kPa，59~63℃/3.3 kPa。

【制法】 Thayer F K，Marvel C S，Hiers G S. Org Synth，1932，Coll Vol 1：117.

$$\text{(2)} \quad + \text{HBr} \longrightarrow \text{BrCH}_2\text{CH}_2\text{OH} \quad \text{(1)}$$

　　于安有搅拌器、温度计、通气导管、回流冷凝器的反应瓶中，加入 46％的氢溴酸 550 mL，冷至 10℃以下，慢慢通入环氧乙烷（**2**）132 g（3.0 mol），约 2.5 h 加完。加完后继续于 10℃以下搅拌反应 1 h。用约 100 g 无水碳酸钠中和。再加入 100 g 无水硫酸钠，直至有些固体不溶。加入 200 mL 乙醚，分出有机层，水层过滤，固体物用乙醚洗涤。水层用乙醚提取 2 次，合并乙醚层，无水硫酸钠干燥过夜。过滤，回收乙醚后减压蒸馏，收集 55～59℃/2.93 kPa 的馏分，得无色液体（**1**）327～345 g，收率 87％～92％。

　　使用盐酸，并加入氯化钙、磷酸氢二钠作催化剂，可以由环氧乙烷合成 2-氯乙醇（田德. 甘肃化工，1993，1：11）。

【用途】 医药、农药、染料等的中间体。

2-氯环己酮

$$C_6H_9ClO，132.59$$

【英文名】 2-Chlorocyclohexanone
【性状】 无色液体。bp 67～68℃/0.80 kPa。
【制法】 Olah G A，Vankar Y D，Arvanaghi M. Tetrahedron Lett，1979，36：3653.

　　于安有磁力搅拌器、温度计、滴液漏斗的反应瓶中，加入干燥的二氯甲烷 8 mL，氮气保护，冷至－25℃。加入氯气 0.71 g（10 mmol），再加入二甲硫醚 0.93 g（15 mmol）溶于 5 mL 二氯甲烷的溶液。而后加入环己烷氧化物（**2**）0.98 g（10 mmol）溶于 10 mL 二氯甲烷的溶液，加完后继续于－25℃搅拌反应 3 h。加入三乙胺 1.01 g（10 mmol）溶于 5 mL 二氯甲烷的溶液，继续搅拌反应 15 min。慢慢升至室温，加入 15 mL 水。分出有机层，水层用二氯甲烷提取（15 mL×2）。合并有机层，无水硫酸钠干燥。过滤，旋转浓缩，剩余物减压蒸馏，收集 67～68℃/0.80 kPa 的馏分，得无色液体（**1**），收率 83％。

【用途】 药物、有机合成中间体。

4-氯丁醇

$$C_4H_9ClO，108.57$$

【英文名】 4-Chloro-1-butanol，Tetramethylene chlorohydrin
【性状】 无色液体。bp 84～85℃/2.0～2.2 kPa，d_4^{20}1.0883，n_D^{20}1.4518。溶于乙醇、乙醚、水。
【制法】 勃拉特（Blatt H A）.有机合成：第二集. 南京大学化学系有机化学教研室译. 北京：科学出版社，1964：388.

$$\text{(2)} + HCl \xrightarrow{\triangle} ClCH_2CH_2CH_2CH_2OH \quad \text{(1)}$$

于安有搅拌器、回流冷凝器、通气导管（深入底部）的 5 L 反应瓶中，加入四氢呋喃（**2**）2.16 kg（30 mol），加热至沸，慢慢通入用硫酸干燥过的氯化氢气体。随着反应不断进行，回流温度也不断相应提高。通入氯化氢的速度约 20 mL/s，约 9 h 通完。此时的沸腾温度约 105℃，温度不再升高表示反应基本结束。冷却，通入空气以赶出未反应的氯化氢。减压分馏，收集 80～90℃/2.0 kPa 的馏分。再重新分馏一次，收集 80～82℃/2.0 kPa 的馏分，得 4-氯丁醇（**1**）1.7 kg，收率 52.4%。

【用途】 哮喘治疗药普伦斯特（Pranlukast）中间体。

1-溴-4-氯丁烷

C_4H_8BrCl，171.46

【英文名】 1-Bromo-4-chlorobutane

【性状】 无色液体。bp 80～82℃/3.99 kPa。d_4 1.488，n_D^{20} 1.4870。溶于乙醇、乙醚、二氯甲烷，不溶于水。

【制法】 林原斌，刘展鹏，陈红飙. 有机中间体的制备与合成. 北京：科学出版社，2006：201.

$$\text{(2)} + HCl \xrightarrow{AlCl_3} Cl(CH_2)_4OH \xrightarrow{PBr_3} Cl(CH_2)_4Br \quad \text{(1)}$$

于安有搅拌器、温度计、回流冷凝器、通气导管的 3 L 反应瓶中，加入四氢呋喃（**2**）720 g（10 mol），氯化铝 1 g，水 3 mL，搅拌下加热至 105℃。撤去热源，立即通入氯化氢气体，直至反应液降至室温，停止通氯化氢气体，冰浴冷至 0℃，慢慢滴加三溴化磷 2 kg（7.4 mol），加完后加热回流 1 h。冷至 0℃，分出有机层，用水充分洗涤，无水氯化钙干燥。减压蒸馏，收集 bp 80～82℃/3.99 kPa 的馏分，得产品（**1**）1063 g，收率 62%。

【用途】 医药、香料及其他有机合成中间体。

1,5-二溴戊烷

$C_5H_{10}Br_2$，229.95

【英文名】 1,5-Dibromopentane

【性状】 无色或浅黄色液体。mp －34℃，bp 222.3℃，111～112℃/2.66 kPa，98.6℃/1.33 kPa。d_4^{20} 1.018，n_D 1.5126。溶于苯、氯仿，不溶于水。具有芳香味。

【制法】 ①Andrus D W. Org Synth, 1955, Coll Vol 3：692. ②章思规. 实用精细化学品手册：有机卷，上. 北京：化学工业出版社，1996：852.

$$\text{(2)} + HBr \xrightarrow{H_2SO_4} Br(CH_2)_5Br \quad \text{(1)}$$

于反应瓶中加入 48% 的氢溴酸 250 g，浓硫酸 75 g，新蒸馏的四氢吡喃（**2**）21.5 g

（0.25 mol）。搅拌下慢慢加热回流反应 3 h。冷却至室温，分出有机层，依次用饱和碳酸钠溶液、水洗涤一次，无水氯化钙干燥。减压蒸馏，收集 104～108℃/2.53 kPa 的馏分，得 1,5-二溴戊烷（**1**）46 g，收率 80%。

【用途】　新药开发中间体。

6-溴-2-己酮

$C_6H_{11}BrO$，179.06

【英文名】　6-Bromohexan-2-one

【性状】　bp 102～107℃/(1.33～2.0)×10^{-3} MPa。

【制法】　李和平.含氟、溴、碘精细化学品.北京：化学工业出版社，2010：310.

$$ClCH_2CH_2CH_2Br + CH_3COCH_2CO_2C_2H_5 \xrightarrow[\text{EtOH}]{K_2CO_3} \text{（3）} \xrightarrow[\text{H}_2\text{SO}_4]{\text{HBr, NaBr}} CH_3C(CH_2)_3CH_2Br$$

（2）　　　　　　　　　　　　　　　　　　　　　（3）　　　　　　　　　　　　　（1）

2-甲基-3-乙氧羰基-5,6-二氢吡喃（**3**）：于反应瓶中加入无水乙醇 380 mL，无水碳酸钾 150 g，1,3-溴氯丙烷 314 g（2 mol），搅拌下冷至 10℃ 以下，慢慢滴加乙酰乙酸乙酯（**2**）460 g（2 mol）。加完后于 78～80℃ 回流反应 6 h。冷却，过滤，滤饼用乙醇洗涤。合并滤液和洗涤液，精馏，回收乙醇后减压蒸馏，收集 102～107℃/(1.33～2.0)kPa 的馏分，得化合物（**3**），收率 80% 以上。

6-溴-2-己酮（**1**）：于反应瓶中加入氢溴酸 350 g，溴化钠 300 g，上述化合物（**3**），冷至 15℃。搅拌下滴加硫酸 350 g，加完后于 15℃ 搅拌反应 1 h。加热回流，搅拌反应 4 h。冷至室温，加水 300 mL，氯仿提取 3 次，每次 100 mL。合并氯仿层，无水硫酸钠干燥。过滤，分馏回收氯仿。剩余物减压蒸馏，收集 98～104℃/(1.33～2.0)kPa 的馏分，得化合物（**1**）。

【用途】　周围血管扩张药己酮可可碱（Pentoxifylline）中间体。

九、羰基化合物的卤化

4-苄氧基-3-硝基-α-氯代苯乙酮

$C_{15}H_{12}ClNO_4$，305.72

【英文名】　4-Benzyloxy-3-nitro-α-chloroacetophenone

【性状】　淡黄绿色晶体。mp 152～155℃。

【制法】　李轶，王永梅.中国医药工业杂志，2005，36（1）：11.

$$\text{（2）} \xrightarrow[\text{Na}_2\text{CO}_3/\text{KI}]{\text{PhCH}_2\text{Cl}} \text{（3）} \xrightarrow[\text{CHCl}_3]{\text{Cl}_2} \text{（1）}$$

（2）　　　　　　　　　　　　　　　（3）　　　　　　　　　　　　　（1）

4-苄氧基-3-硝基苯乙酮（**3**）：于反应瓶中加入 4-羟基-3-硝基苯乙酮（**2**）15.7 g（0.09 mol），碳酸钠 12.4 g（0.12 mol）的水-丙酮混合溶液 114 mL（1∶1），搅拌加热回流至化合物（**2**）全溶。冷至室温，加入碘化钾 2.5 g（0.02 mol），滴入氯苄 10 mL

（0.09 mol）。加完后加热回流反应 48 h。冷却后抽滤，滤液分层后将有机相蒸出溶剂，剩余物与滤饼合并后用丙酮重结晶，得淡黄色晶体（**3**）17.6 g，收率 75%，mp 134～136℃（文献 135.5～137℃）。

4-苄氧基-3-硝基-α-氯代苯乙酮（**1**）：将化合物（**3**）4.0 g（0.02 mol）搅拌下溶于三氯甲烷 45 mL 中，通入氯气，溶液颜色由黄绿色逐渐变为无色后停止通氯气，减压蒸出溶剂，剩余的黄色固体用四氢呋喃重结晶，得淡黄绿色晶体（**1**）3.7 g，mp 152～155℃，收率 82%。

【用途】 治疗支气管哮喘、慢性气管炎、喘息型支气管炎、肺气肿等气道阻塞性疾病所引起的呼吸困难药物福莫特罗（Formoterol）中间体。

2-氯环辛酮

$$C_8H_{13}ClO, \quad 160.64$$

【英文名】 2-Chlorocyclooctanone

【性状】 无色液体。72～74℃/0.32 kPa。

【制法】 Olah G A, et al. J Org Chem，1984，49（11）：2032.

于反应瓶中加入 50 mL 干燥的二氯甲烷，16 mL 硫酰氯，冷至 −78℃，氮气保护，于 5 min 滴加化合物（**2**）15 mmol 溶于 10 mL 二氯甲烷的溶液。加完后慢慢升至室温并继续搅拌反应 30 min。用 50 mL 冰水淬灭反应，分出有机层，水层用二氯甲烷提取 3 次。合并有机层，冰水洗涤 3 次，无水硫酸钠干燥。过滤，蒸出溶剂，得粗品（**1**），收率 86%，减压蒸馏，收集 72～74℃/0.32 kPa 的馏分，得化合物（**1**），收率 80%。

【用途】 药物、有机合成中间体。

3-溴-4-氧代戊酸乙酯

$$C_7H_{11}BrO_3, \quad 223.07$$

【英文名】 Ethyl 3-bromo-4-oxopentanoate

【性状】 bp 242.6℃。

【制法】 ①Joshi U R, Limaye P A. Indian Journal of Chemistry，Section B：Organic Chemistry Including Medicinal Chemistry，1982，21（12）：1122. ②陈芬儿. 有机药物合成法：第一卷. 北京：中国医药科技出版社，1999：596.

于反应瓶中加入乙酰丙酸乙酯（**2**）144.0 g（1.0 mol）、三氯甲烷 400 mL、冰浴冷却下，滴加溴素 176 g（1.1mol）和三氯甲烷 250 mL 的溶液。加完后于 5～10℃搅拌 5～6 h。反应物中加入 5%亚硫酸氢钠溶液 400 mL，搅拌 0.5 h。分出有机层，水层用三氯甲烷提取数次。合并有机层，水洗至 pH7，无水硫酸镁干燥。过滤，减压回收溶剂，得粗品（**1**）189.6 g，收率 85%。

【用途】　抗生素头孢地秦钠（Cefodizime sodium）等的中间体。

1,3-二溴丙酮

$C_3H_4Br_2O$，215.87

【英文名】　1,3-dibromoacetone

【性状】　bp 95℃/2.66 kPa。

【制法】　①颜文革.沈阳化工，1992，4：5.②李和平.含氟、溴、碘精细化学品.北京：化学工业出版社，2010：310.

$$CH_3\overset{O}{\overset{\|}{C}}CH_3 \xrightarrow{Br_2} BrH_2C\overset{O}{\overset{\|}{C}}CH_2Br$$
（**2**）　　　　（**1**）

于反应瓶中加入冰醋酸 30 mL，丙酮（**2**）6.38 mL（预先用高锰酸钾处理），冰盐浴冷却，搅拌下由滴液漏斗（其中加入用浓硫酸处理的溴 9 mL）先滴加 0.3 mL 溴。用吸管取出反应液 2 mL，水浴中慢慢升温，反应开始后立即倒入反应瓶中，撤去冰浴，慢慢升温。当升至 17℃ 左右时，升温迅速，20℃ 时有溴化氢生成，溴的颜色渐渐消失，温度继续上升。冰浴冷却，保持 28～29℃ 滴加其余溴素。可以观察到溴的颜色迅速消失，加完后继续于29℃ 左右反应 9 h。将反应物倒入 150 mL 10% 的醋酸钾水溶液中，用碳酸钠中和至无二氧化碳气体生成。分出有机层，水层用乙醚提取。合并有机层，无水硫酸镁干燥。过滤，浓缩，减压蒸馏，收集 104～112℃/0.033 MPa 的馏分，得化合物（**1**）9.5 g，柱色谱后可以得到纯品，收率 50%。

【用途】　治疗失眠症药物咪达唑仑（Midazolam）等的中间体。

2-溴丙醛

C_3H_5BrO，136.98

【英文名】　2-Bromopropanal

【性状】　无色液体。bp 97～103℃。

【制法】　王玉成，史达清，赵红等.中国医药工业杂志，2001，32（6）：245.

$$CH_3CH_2CHO \xrightarrow{PhN^+(CH_3)_3Br_3^-} CH_3\overset{Br}{\overset{\|}{C}H}CHCHO$$
（**2**）　　　　　　　　　　（**1**）

于反应瓶中加入氯仿 150 mL，丙醛（**2**）23.2 g，三溴化三甲基苯基铵（PTT）151.6 g，室温搅拌反应 2 h。加水 200 mL 水，充分搅拌，分出有机层，水洗至中性，无水硫酸钠干燥后，蒸出溶剂，而后收集 95～103℃ 的馏分，得无色液体（**1**）33 g，收率 60%。

将分出有机层的水层，加热至 35～40℃，加入 50% 的硫酸 256.8 g，溴化钠 55.9 g，搅拌反应 1 h。待溴化钠完全溶解后，于 20℃ 滴加 30% 的双氧水 61.9 g，搅拌 30 min，使结晶析出完全。抽滤，水洗至中性，干燥，得橙黄色 PTT 112 g，回收率 74.2%。mp 112～

115℃。可重复使用。

【用途】 类风湿性关节炎治疗药美洛昔康（Meloxicam）的合成中间体。

2-溴-1,3-丙二醛

$$C_3H_3BrO_2，150.96$$

【英文名】 2-Bromo-1,3-propanedialdehyde，2-Bromomalonaldehyde
【性状】 淡黄色固体。mp 140～142℃。
【制法】 徐赟，吴晗，刘增路等. 中国医药工业杂志，2009，40（3）：165.

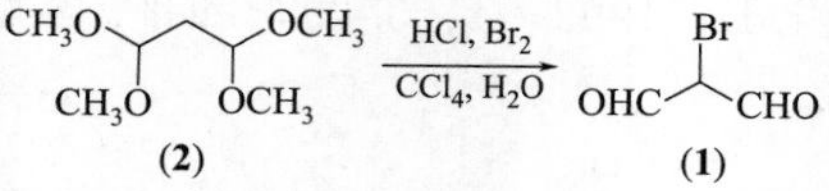

于反应瓶中加入 1,1,3,3-四甲氧基丙烷（**2**）106.6 g（0.65 mol），水 130 mL，盐酸 4.3 mL，室温搅拌至澄清。冷至 0℃，滴加溴 105.6 g（0.66 mol）溶于 325 mL 四氯化碳的溶液。加完后继续室温搅拌反应 4.5 h。蒸出溶剂，剩余物用乙醇洗涤，干燥，得淡黄色固体（**1**）72.1 g，收率 73.5%，mp 140～142℃。

【用途】 抗肿瘤药洛美曲索（Lometrexol）中间体。

1-溴庚-2-酮

$$C_7H_{13}BrO，177.09$$

【英文名】 1-Bromoheptan-2-one
【性状】 无色液体。bp 60～80℃/533 Pa。
【制法】 陈耀基. 中国医药工业杂志，1988，19（10）：466.

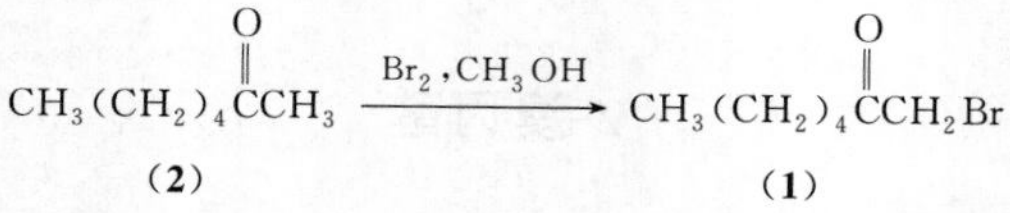

于反应瓶中加入无水甲醇 1.5 L，2-庚酮（**2**）114 g，室温搅拌下快速滴加溴 160 g，加完后继续搅拌反应 1.5 h，溴的颜色逐渐消失。加入水和浓硫酸各 250 mL，搅拌 1 h，而后用饱和碳酸钠溶液中和至 pH7。用石油醚提取（250 mL×2），合并提取液，无水硫酸镁干燥。过滤，蒸出溶剂，剩余物减压蒸馏，收集 60～80℃/533 Pa 的馏分，得化合物（**1**）140 g（产品中含有部分 3-溴-2-庚酮，约占 20%），收率 60%。

【用途】 全合成前列腺素（如前列腺素 E 和 F 等）侧链的重要前体。

溴代丙酮酸乙酯

$$C_5H_7BrO_3，195.02$$

【英文名】 Ethyl bromopyruvate
【性状】 无色透明液体。bp 71～73℃/0.67 kPa，98℃/1.33 kPa。d_4^{25} 1.554，n_D^{25} 1.4695。溶于乙醚、氯仿、苯、乙酸、丙酸，不溶于水。
【制法】 黄锦霞，潘贻军. 化学试剂，1993，15（5）：314.

$$CH_3CHCO_2C_2H_5 + NBS \xrightarrow{77\text{℃}} BrCH_2COCO_2C_2H_5$$

$$\underset{OH}{|}$$

$$(2) \qquad\qquad (1)$$

于反应瓶中加入新蒸过的乳酸乙酯（**2**）10 g（0.084 mol），四氯化碳 100 mL，NBS 25 g（0.14 mol），水浴加热搅拌回流反应 3 h，直至反应液由红色变为橙黄色。反应过程中有溴化氢气体放出。再加入 1.2 g 溴，继续回流反应 2 h。通入氮气赶出溴化氢。冰盐浴中放置过夜，滤去琥珀酰亚胺。滤液常压蒸馏回收四氯化碳后，减压蒸馏，收集 71～73℃/0.67 kPa 的馏分，得黄色透明液体溴代丙酮酸乙酯（**1**）21.7 g，收率 66%。n_D^{25} 1.465～1.4673。

【用途】　高血压、心绞痛、心律失常治疗药物吲哚洛尔（Pindolol）合成中间体。

2α-溴-6,6-亚乙二氧基胆甾烷-3-酮

$C_{29}H_{47}BrO_3$，523.59

【英文名】　2α-Bromo-6,6-ethylenedioxycholestan-3-one

【性状】　黄色固体。

【制法】　DeLuca H F，Schnoes H K，Holick M F，et al. US 3741996.1973.

于反应瓶中加入化合物（**2**）10 g（22.6 mmol）、乙酰胺 2.67 g、四氢呋喃 190 mL，加热至 50℃，加乙酸 3 滴和氢溴酸 1 滴，缓慢滴加溴素 3.61 g（22.6 mmol）和四氯化碳 7 mL 的溶液（保持溶液无溴素颜色）。加完后冰浴冷却，析出固体。过滤，用乙酸乙酯 50 mL 洗涤，合并滤液和洗液，过氧化铝（150 g）柱纯化，乙酸乙酯洗脱，得浅黄色固体（**1**）。

【用途】　维生素类药物阿法骨化醇（Alfacalcidol）中间体。

5-溴乙酰水杨酸甲酯

$C_{10}H_9BrO_4$，273.08

【英文名】　Methyl 5-bromoacetylsalicylate

【性状】　类白色结晶。mp 88～90℃。

【制法】　方法 1　申利群. 广东化工，2008，36（4）：46.

于反应瓶中加入 5-乙酰水杨酸甲酯（**2**）5.0 g（0.026 mol），乙酸乙酯 25 mL，氯仿 25 mL，溴化铜 17.6 g（0.1 mol），搅拌下回流反应 30 min。加入乙醇 10 mL，继续回流 2 h。过滤，滤饼用乙酸乙酯洗涤。合并滤液和洗涤液，水洗，无水硫酸镁干燥。过滤，浓缩，剩余物中加入丙酮 5 mL，石油醚 5 mL，冷冻，过滤，干燥，得类白色结晶（**1**）

6.0 g，收率 85%，mp 88～90℃。

方法 2　张永塘，李振群，孙凌峰.中国医药工业杂志，2001，32（4）：183.

于安有搅拌器、温度计、滴液漏斗的反应瓶中，加入氯仿 100 mL，5-乙酰水杨酸甲酯（**2**）15 g（0.077 mol），搅拌溶解，慢慢滴加由溴 12.6 g（0.078 mol）溶于 150 mL 氯仿的溶液。加完后，继续室温搅拌反应 3 h。加入 150 mL 水，搅拌 5 min。分出有机层，水洗，无水硫酸钠干燥。过滤，减压浓缩，风干，得类白色化合物（**1**）19.8 g，收率 93%。

【用途】　选择性长效 β_2-受体激动剂沙美特罗（Salmeterol）等的中间体。

α-溴代对羟基苯乙酮

$$C_8H_7BrO_2，215.04$$

【英文名】　α-Bromo-*p*-hydroxyactophenone

【性状】　白色固体。mp 130～131℃。溶于乙醇、乙醚、丙酮、乙酸乙酯，遇水分解，有催泪作用。

【制法】　陈光勇，陈旭冰，刘才平等.大理学院学报，2006，5（8）：16.

于反应瓶中加入对羟基苯乙酮（**2**）27.2 g（0.2 mol），无水乙醇 430 mL，搅拌溶解后，加入溴化铜 0.4 mol，回流反应 2 h。冷至室温，过滤，滤液减压浓缩至干，加入适量水，生成类白色固体。冰浴中冷却，过滤，用无水乙醇重结晶，得类白色结晶（**1**）37.1 g，收率 86.3%，mp 131～133℃。

【用途】　选择性长效 β_1-受体阻滞剂阿替洛尔（Atenolol）等的中间体。

α-溴代邻氯苯乙酮

$$C_8H_6BrClO，233.50$$

【英文名】　α-Bromo-*o*-chloroacetophenone，2-Bromo-1-(2-chlorophenyl)ethanone

【性状】　油状液体。bp 129～131℃/590 Pa。不溶于水，溶于一般有机溶剂。

【制法】　张宝丰.中国医药工业杂志，1989，20（1）：33.

于反应瓶中加入水 150 mL，邻氯苯乙酮（**2**）28 g（0.18 mol），搅拌下水浴加热，于 45℃慢慢滴加溴 28.8 g（0.18 mol），约滴加一半时反应开始，溴的颜色开始褪去，自然升温至 55℃。继续滴加溴，约 30 min 加完。静置 10 min，分出浅黄色油状物，水洗至 pH3～4，得化合物（**1**）40.7 g，收率 96%。

【用途】　治疗支气管炎、喘息性支气管炎药物氯丙那林（Clorprenaline）等的中间体。

4-(2-溴乙酰基)-3-氟苯硼酸

$C_8H_7BBrFO_3$，260.85

【英文名】　4-(2-Bromoacetyl)-3-fluorophenylboronic acid
【性状】　白色结晶。mp 165～167℃。
【制法】　蒋辉，刘早霞，张永飞.中国医药工业杂志，2005，36（9）：53.

4-溴-2-氟苯乙酮（**3**）：于安有搅拌器、通气导管、回流冷凝器和滴液漏斗的干燥三颈瓶中，加入镁条2.4 g（0.10 mol），通入氮气置换空气，保持通氮，加入乙醚3.5 mL。先滴入几滴碘甲烷的乙醚溶液，反应开始后再缓慢滴加剩余的碘甲烷14.2 g（0.1 mol）乙醚溶液16.5 mL。镁全部消失后冷却。加入甲苯66.5 mL，蒸除乙醚。改为回流装置后滴加2-氟-4-溴苯甲腈（**2**）10 g（0.05 mol）的甲苯（40 mL）溶液，搅拌回流反应3 h。冷至0℃，滴加冷的6 mol/L盐酸50 mL，继续回流反应8 h。冷却后静置分层，有机层用5%碳酸氢钠溶液（50 mL×2）洗涤，蒸除溶剂，剩余棕色油状物继续减压蒸馏，收集108～110℃/333 Pa馏分，固化后得白色结晶（**3**）6.4 g，收率60%。

4-乙酰基-3-氟苯硼酸（**5**）：于安有搅拌器、分水器的反应瓶中，加入甲苯200 mL、化合物（**3**）21.7 g（0.1 mol）、乙二醇16.7 mL（0.3 mol）和对甲苯磺酸1.0 g（5 mmol），回流反应21～28 h，至不再有水分馏出。冷却，加入新熔融的乙酸钠3.0 g（0.04 mol），搅拌0.5 h。过滤，滤液蒸除溶剂。剩余物中加入THF（180 mL）和镁条2.4 g（0.1 mol），至镁条基本消失后降温至－25℃。加入硼酸三甲酯17 mL（0.15 mol），升温至0℃，用1 mol/L盐酸调至pH4，搅拌3 h。蒸除溶剂，剩余物用乙醚取，无水硫酸钠干燥后过滤，滤液蒸干，得白色晶体（**5**）16.8 g，收率92%。

4-(2-溴乙酰基)-3-氟苯硼酸（**1**）：于反应瓶中加入化合物（**5**）50 g（0.27 mol）和甲醇250 mL，氮气保护下降温至0℃，加入冰乙酸2.0 mL（0.03 mol），滴加溴素12.7 mL（0.25 mol）的冷甲醇（40 mL）溶液。加完后保温反应24 h。蒸除溶剂，剩余物用乙酸乙酯提取，用水（50 mL×2）洗涤，无水硫酸钠干燥。过滤，滤液蒸除溶剂，剩余灰色粉末状粗品用乙酸乙酯重结晶，得白色晶体（**1**）70 g，收率97%，mp 165～167℃。纯度98.1%（HPLC法）。

【用途】　苯基硼酸类肥胖症治疗药合成中间体。

对甲氧基-α-溴代苯乙酮

$C_9H_9BrO_2$，229.07

【英文名】　*p*-Methoxy-α-bromoacetophenone，2-Bromo-1-(2-methoxyphenyl)ethanone
【性状】　白色针状结晶。mp 70.5～72.2℃。

【制法】 方法1 苏冰，鲍亚杰，李红军等. 中国医药工业杂志，2001，32（8）：374.

$$CH_3O—\langle\rangle—COCH_3 \xrightarrow{Br_2, CH_3OH} CH_3O—\langle\rangle—COCH_2Br$$
$$(2) \qquad\qquad\qquad\qquad (1)$$

于反应瓶中加入甲醇 700 mL，对甲氧基苯乙酮（**2**）165 g（1.1 mol），几滴浓盐酸，水浴冷却，剧烈搅拌下慢慢滴加由溴 176 g（1.1 mol）溶于 300 mL 甲醇的溶液，控制滴加速度，待溴的颜色消失再滴加，约 6 h 加完。后期有白色沉淀生成，室温搅拌反应 1 h。冰水浴冷却 1～2 h 后，抽滤，冷甲醇洗涤，抽干。于 40℃真空干燥，得白色针状化合物（**1**）212 g。母液用水稀释，可以再得到部分粗品，乙醇重结晶，得 15 g，总收率 92.2%。

方法2 彭安顺，王立斌. 辽宁化工，2003，32（1）：17.

$$CH_3O—\langle\rangle—COCH_3 + 2CuBr_2 \xrightarrow[CH_3COEt]{CHCl_3} CH_3O—\langle\rangle—COCH_2Br + 2CuBr + HBr$$
$$(2) \qquad\qquad\qquad\qquad\qquad\qquad\qquad (1)$$

于安有磁力搅拌器、温度计、回流冷凝器的反应瓶中，加入对甲氧基苯乙酮（**2**）7.5 g（0.05 mol），氯仿-乙酸乙酯混合溶剂 80 mL，搅拌下加入溴化铜 0.11 mol，回流反应 20 min 后再加入 20 mL 无水乙醇，继续回流反应 2 h。趁热过滤，滤饼用氯仿洗涤。合并滤液和洗涤液，水洗，无水硫酸钠干燥。过滤，减压蒸出溶剂，乙醇中重结晶，得白色结晶（**1**），mp 71～72℃，收率 89%。

【用途】 抗癌药盐酸雷洛昔芬（Raloxifene hydrochloride）等的中间体。

2,5-二甲氧基-α-溴代苯乙酮

$$C_{10}H_{11}BrO_3，259.10$$

【英文名】 2,5-Dimethoxy-α-bromoacetophenone

【性状】 白色结晶。mp 84～85℃。

【制法】 孟庆玉，肖方青，刘旭桃，高云. 中国医药工业杂志，2002，33（5）：213.

$$CH_3O—\langle\rangle\overset{COCH_3}{\underset{OCH_3}{}} \xrightarrow{Br_2, HOAc} CH_3O—\langle\rangle\overset{COCH_2Br}{\underset{OCH_3}{}}$$
$$(2) \qquad\qquad\qquad\qquad\qquad (1)$$

于安有搅拌器、温度计、滴液漏斗的反应瓶中，加入冰醋酸 250 mL，2,5-二甲氧基苯乙酮（**2**）51.1 g（0.28 mol），冷至 5℃，搅拌下慢慢滴加溴 45.4 g（0.25 mol），加完后继续搅拌反应 1 h。抽滤生成的结晶，干燥，得白色结晶（**1**）54.4 g，收率 73.4%。

【用途】 低血压治疗药盐酸米多君（Midodrine hydrochloride）的合成中间体。

5-溴乙酰基水杨酰胺

$$C_9H_8BrNO_3，258.07$$

【英文名】 5-Bromoacetylsalicylamide，5-Bromoacetyl-2-hydroxybenzamide

【性状】 白色固体。mp 202～204℃（mp 196℃）。

【制法】 方法1 徐娟娟，胡艾希，王宇等. 精细化工中间体，2006，36（2）：32.

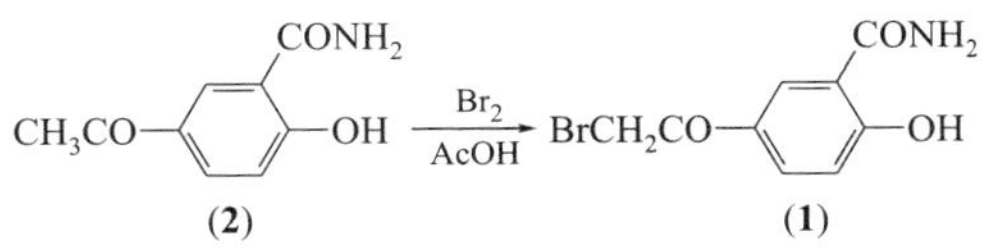

于反应瓶中加入 5-乙酰基水杨酰胺（**2**）20 g（0.112 mol），醋酸 170 mL，室温搅拌 30 min。搅拌下慢慢滴加由溴 18.8 g（0.1175 mol）溶于 30 mL 醋酸的溶液，约 3 h 加完。加完后继续搅拌反应 12 h。过滤，水洗，真空干燥，得白色固体（**1**）26.7 g，mp 202～204℃，收率 93.2%。

方法 2 毛建平，潘寒旭，吴艳，滕益坚.中国医药工业杂志，1990，21（11）：514.

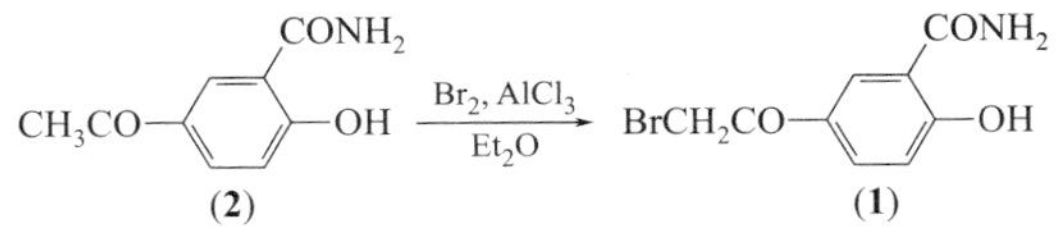

于反应瓶中加入无水乙醚 150 mL，5-乙酰水杨酰胺（**2**）179 g（1.0 mol），搅拌下加入无水三氯化铝 1.3 g，加热，于 50℃滴加溴 192 g（1.2 mol），控制滴加速度约 3 mL/min。加完后继续搅拌反应 10 min。颜色褪去表示反应结束。冷却，加入 500 mL 水，析出沉淀。过滤，冰水洗涤 3 次，干燥。乙醇中重结晶，得白色结晶粉末（**1**）219.3 g，收率 85%。

【用途】 高血压病治疗药物柳胺苄心定（Labetalol）等的中间体。

4-氨基-3-氰基-α-溴代苯乙酮

$C_9H_7BrN_2O$，239.07

【英文名】 4-Amino-3-cyano-α-bromoacetophenone
【性状】 mp 183～184℃（分解）。
【制法】 刘超美，李科。孙常晟.中国医药工业杂志，1993，24（1）：7.

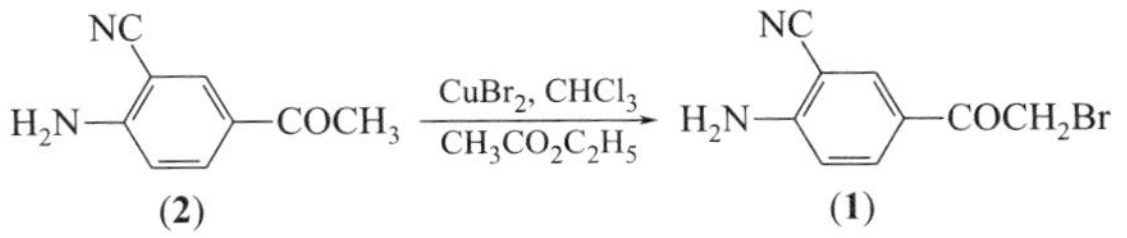

于反应瓶中加入乙酸乙酯 100 mL，氯仿 100 mL，4-氨基-3-氰基苯乙酮（**2**）4.8 g（0.03 mol）和溴化铜 13.32 g（0.06 mol），搅拌下回流反应 20 min 后，加入乙醇 20 mL，继续回流 2 h。趁热过滤，热甲醇 50 mL 洗涤。滤液冷却结晶，抽滤，水洗，干燥，得化合物（**1**），收率 96.2%。

【用途】 支气管扩张药西马特罗（Cimaterol）等的中间体。

对甲磺酰基-α-溴代苯乙酮

$C_9H_9BrO_3S$，277.14

【英文名】 *p*-Methylsulfonyl-α-bromoacetophenone
【性状】 白色结晶。mp 120～122℃。
【制法】 方法 1 潘海港，虞鑫红，吴达俊.合成化学，2001，9（3）：265.

$$CH_3SO_2-\!\!\!\!\bigcirc\!\!\!\!-COCH_3 \xrightarrow[\text{Br}_2, \text{HOAc, HBr}]{} CH_3SO_2-\!\!\!\!\bigcirc\!\!\!\!-COCH_2Br$$

$$\qquad\qquad\quad \textbf{(2)} \qquad\qquad\qquad\qquad\qquad\qquad\qquad \textbf{(1)}$$

于反应瓶中加入冰醋酸 50 mL，对甲磺酰基苯乙酮（**2**）8.6 g（0.043 mol），48%的氢溴酸 0.051 mL，室温搅拌，反应液呈白色混悬液，慢慢滴加溴 8.09 g（0.05 mol），注意先滴加几滴溴，待引发后再慢慢滴加其余的溴，约 40 min 加完。反应液变为黄色混悬液，室温继续搅拌反应 1 h。加入 50 mL 水，过滤，滤饼水洗 3 次，真空干燥，得化合物（**1**）12.4 g，收率 88.6%。

方法 2 吴安辉，王庆河等. 中国药物化学杂志，2002，12（1）：37.

于反应瓶中加入冰醋酸 62.5 mL，对甲磺酰基苯乙酮（**2**）12.9 g（0.065 mol），搅拌下于 25℃滴加溴 0.5 mL，升温至 40℃，反应引发后冷至 20℃，于 1 h 内慢慢滴加溴 3.5 mL，同时通入氮气赶出生成的溴化氢气体。将得到的黄色浆状物室温搅拌反应 2 h。过滤，滤饼用 1∶1 的醋酸水溶液洗涤、水洗，真空干燥，得白色粉末化合物（**1**）13.2 g，收率 73%。

【用途】 新型非甾体抗炎药 COX-2 抑制剂罗非可昔（Rofecoxib）中间体。

4-苄氧基-3-硝基-α-溴代苯乙酮

$$C_{15}H_{12}BrNO_4 ，350.17$$

【英文名】 4-Benzyloxy-3-nitro-α-bromoacetophenone

【性状】 浅黄色结晶。mp 135～137℃。

【制法】 臧佳良，冀亚飞. 中国医药工业杂志，2010，41（5）：413.

$$O_2N-\!\!\!\!\bigcirc\!\!\!\!-COCH_3 \xrightarrow[\text{PhCH}_2O]{\text{PhCH}_2Cl,\ K_2CO_3,\ KI} O_2N-\!\!\!\!\bigcirc\!\!\!\!-COCH_3 \xrightarrow{\text{Br}_2} O_2N-\!\!\!\!\bigcirc\!\!\!\!-COCH_2Br$$

$$\quad \text{HO} \qquad\qquad\qquad\qquad\qquad \text{PhCH}_2O \qquad\qquad\qquad\qquad \text{PhCH}_2O$$

$$\qquad \textbf{(2)} \qquad\qquad\qquad\qquad\qquad\qquad \textbf{(3)} \qquad\qquad\qquad\qquad\qquad \textbf{(1)}$$

4-苄氧基-3-硝基苯乙酮（**3**）：于反应瓶中加入 4-羟基-3-硝基苯乙酮（**2**）25.5 g（141 mmol，含量大于 98%），DMF 130 mL，搅拌至全溶。加入碳酸钾 39.0 g（282 mmol），室温搅拌 0.5 h，再加入碘化钾 25.9 g（156 mmol）。滴加氯苄 21.7 mL（183 mmol）。加完后加热至 85℃反应 2 h。冷却至室温，反应液倾入水 800 mL 中。搅拌 4 h，置冰箱中冷冻析晶。过滤，滤饼用少量冷水洗涤，干燥后用乙酸乙酯重结晶，得淡黄色晶体（**3**）31.9 g，收率 83.5%，mp 134～136℃，mp 134～136℃。

4-苄氧基-3-硝基-α-溴代苯乙酮（**1**）：将化合物（**3**）8.13 g（30.0 mmol）和氯仿 75 mL 加至 250 mL 三颈瓶中。加入少量溴引发反应，然后室温下滴加溴 1.7 mL（33.2 mmol）溶于氯仿 20 mL 的溶液，0.5 h 内滴完。加完后继续搅拌反应 1.5 h，反应液中通入氮气除去溴化氢气体，剩余物减压蒸干，所得棕红色固体用乙酸乙酯-甲醇（4∶1）重结晶，得浅黄色晶体（**1**）7.16 g，收率 68.1%，mp 135～137℃。

【用途】 用于治疗支气管哮喘、慢性气管炎、喘息型支气管炎、肺气肿等气道阻塞性疾病所引起的呼吸困难的药物福莫特罗（Formoterol）中间体。

2-羟基-4-甲磺酰氨基-5-苯氧基-α-溴代苯乙酮

$C_{16}H_{16}BrNO_5S$，414.27

【英文名】 2-Hydroxy-4-methylsulfonamido-5-phenoxy-α-bromoacetophenone

【性状】 白色固体。mp 165～165.5℃。

【制法】 黄庆云，贾承胜，吴俊. 中国医药工业杂志，2003，34（3）：112.

2-羟基-4-甲磺酰氨基-5-苯氧基苯乙酮（**4**）：于反应瓶中加入 3-甲磺酰氨基-4-苯氧基茴香醚（**2**）14.7 g（50 mmol）、二氯甲烷 150 mL、乙酰氯 3.9 g（49 mmol），冷至 0℃，加入无水三氯化铝 13.3 g（100 mmol）。于 20～25℃ 搅拌反应 3 h。转至冰水 150 mL 中，分出有机层。有机层依次用冰水（20 mL×3）和饱和食盐水（20 mL×2）洗涤，无水硫酸镁干燥。抽滤。浓缩至干。剩余物用异丙醇重结晶，得白色固体（**3**）13.5 g，收率 84%，mp 152～154℃，收率 79%，mp 151～153℃。

2-羟基-4-甲磺酰氨基-5-苯氧基-α-溴代苯乙酮（**1**）：于反应瓶中加入甲醇 45 mL 和二氯甲烷 100 mL，通入 HCl 11.0 g，而后加入化合物（**3**）10.0 g（31 mmol），冷至 -10℃，于 1 h 内滴入溴 5.5 g（34 mmol），于 -10～-5℃ 搅拌反应 2 h。过滤，用少量冷二氯甲烷洗涤，异丙醇重结晶，得白色固体（**1**）10.4 g，收率 83.5%，mp 165～165.5℃，收率 91.9%，mp 165～166℃，含量 99.2%（HPLC 归一法）。

【用途】 治疗风湿性关节炎病药物 Iguratimod（T-614）的重要中间体。

顺-和反-2-溴甲基-2-（2,4-二氯苯基）-1,3-二氧戊环-4-甲醇

$C_{11}H_{11}BrCl_2O_3$，342.02

【英文名】 *cis*-and *trans*-2-Bromomethyl-2-(2,4-dichlorophenyl)-1,3-dioxolane-4-methanol

【性状】 油状液体。

【制法】 Heeres J，et al. J Med Chem，1979，22（8）：1003.

于反应瓶中加入丙三醇 110 g（1.2 mol）、2,4-二氯苯乙酮（**2**）189 g（1.0 mol）、苯 400 mL、正丁醇 200 mL 和对甲基苯磺酸一水合物 6 g，加热搅拌回流 24 h。反应结束后，冷却至 40℃。滴加溴素 192 g（1.2 mol），加完后继续搅拌 0.5 h。减压回收溶剂，冷却至室温。向剩余物中加入二氯甲烷适量，用 1% 氢氧化钠溶液洗涤，无水硫酸镁干燥。过滤，滤液回收溶剂，得油状物（**1**）31 g，收率 91%，含量 94.3%（GLC）。

【用途】 广谱抗真菌药酮康唑（Ketoconazole）中间体。

2-溴-1-(4-甲氧基苯基)丙酮-1

$C_{10}H_{11}BrO_2$，243.10

【英文名】 2-Bromo-1-(4-methoxyphenyl)propan-1-one

【性状】 白色结晶。mp 66~67℃。

【制法】 任进知，叶晓镭，江天维. 中国医药工业杂志，2000，31（6）：241.

$$CH_3O\text{—}\langle\text{benzene ring}\rangle\text{—}COCH_2CH_3 \xrightarrow{Br_2, AlCl_3} CH_3O\text{—}\langle\text{benzene ring}\rangle\text{—}COCHBrCH_3$$
$$(2) \qquad\qquad\qquad\qquad\qquad (1)$$

于反应瓶中加入无水乙醚 10 mL，对甲氧基苯丙酮（**2**）5.0 g（0.03 mol），少量无水三氯化铝，室温搅拌下慢慢滴加溴 4.8 g（0.03 mol），约 30 min 加完。加完后继续搅拌反应 30 min。减压蒸出溶剂，粗品用无水乙醇重结晶，得白色结晶（**1**）5.9 g，mp 66~67℃，收率 81.5%。

【用途】 防治早产药利托君（Ritodrine）等的合成中间体。

1-(6-甲氧基-2-萘基)-2-溴代丙酮-1

$C_{14}H_{13}BrO_2$，293.16

【英文名】 1-(6-Methoxynaphthalen-2-yl)-2-bromopropan-1-one

【性状】 结晶固体。mp 78~80℃。

【制法】 胡艾希，曹声春，董先明，吕震宇. 中国医药工业杂志，2000，31（6）：278.

$$CH_3O\text{—}\langle\text{naphthalene}\rangle\text{—}COCH_2CH_3 \xrightarrow{CuBr_2, CH_3OH} CH_3O\text{—}\langle\text{naphthalene}\rangle\text{—}COCHCH_3\ (Br)$$
$$(2) \qquad\qquad\qquad\qquad\qquad (1)$$

于反应瓶中加入无水甲醇 50 mL，6-甲氧基-2-丙酰萘（**2**）10.7 g（0.05 mol），搅拌下加热回流，慢慢滴加由溴化铜 21.4 g 溶于 75 mL 甲醇的溶液，约 1 h 加完。加完后继续回流反应 2 h。TLC 跟踪反应至终点（展开剂，乙酸乙酯-环己烷，$R_f=0.71$）。趁热过滤，热甲醇洗涤。滤液冷却析晶。抽滤，干燥，得化合物（**1**）13.6 g，收率 92.8%。

【用途】 解热镇痛非甾体抗炎药萘普生（Naproxen）等的中间体。

2-(α-溴丙酰基)硒吩

C_7H_7BrOSe，266.00

【英文名】 2-(α-Bromopropionyl)selenophen

【性状】 淡黄色液体。

【制法】 钟武，肖军海，李松. 中国医药工业杂志，2005，36（10）：597.

$$\langle\text{Se ring}\rangle + (CH_3CH_2CO)_2O \longrightarrow \langle\text{Se ring}\rangle\text{—}CO\text{—}CH_2CH_3 \xrightarrow[EtOAc]{CuBr_2} \langle\text{Se ring}\rangle\text{—}CO\text{—}CHBrCH_3$$
$$(2) \qquad\qquad\qquad\qquad (3) \qquad\qquad\qquad (1)$$

丙酸酐 6.8 g（52 mmol）和 85%磷酸 0.9 g（8 mmol）混匀，放置过夜作催化剂。

　　2-丙酰基硒吩（**3**）：于安有磁力搅拌器、温度计、滴液漏斗的反应瓶中，加入硒吩（**2**）2.5 g（19 mmol），丙酸酐 1.4 g（11 mmol），室温搅拌 5 min，滴加如上所得催化剂 1.6 g。滴毕反应 1 h 后升至 78～80℃再反应 4 h。加入水 20 mL，充分混匀后用乙酸乙酯（15 mL×3）提取。有机相用无水硫酸钠干燥，过滤，滤液减压蒸干，剩余物过柱分离［流动相：乙酸乙酯-石油醚（1∶15）］，得淡黄色液体（**3**）3.1 g，收率 87.6%。

　　2-(α-溴丙酰基) 硒吩（**1**）：化合物（**3**）6.3 g（33.7 mmol）溶于乙酸乙酯 20 mL，迅速加至回流的溴化铜 11.3 g（50.6 mmol）与乙酸乙酯 100 mL 悬浮液中。加完后继续回流反应 12 h。过滤，滤液用饱和食盐水洗涤后静置分层，有机相用无水硫酸钠干燥，过滤，滤液减压蒸干，剩余物过柱分离［乙酸乙酯-石油醚（1∶25）］，得淡黄色液体（**1**）6.2 g，收率 69.0%。

　　【用途】　糖尿病治疗新药开发中间体。

α-溴代肉桂醛

C_9H_7BrO，211.06

【英文名】　α-Bromocinnamaldehyde，(Z)-2-Bromo-3-phenylacrylaldehyde

【性状】　浅黄色或白色结晶。mp 72～73℃。不溶于水、丙酮等。

【制法】　孙明昆，钱佐国，陈通前，邢存章.精细化工，1990，3：5.

　　于反应瓶中加入冰醋酸 500 mL，肉桂醛（**2**）132.2 g（1.0 mol），搅拌下冰浴冷却，慢慢滴加溴 160 g（1.0 mol），控制内温在 180～25℃，约 5 h 加完。加完后再分批加入无水碳酸钾 69.1 g，注意不要一次加入太多，以防冲料。加完后回流反应 12 min，冷至室温。搅拌下倒入冰水中，充分搅拌后抽滤，丙酮洗涤 3 次，抽干，于 30℃真空干燥 6 h，得浅黄色结晶（**1**）194 g，mp 72～73℃。收率 84%～92%。

　　【用途】　广谱杀菌剂和消臭剂。

氯乙酰氯

$C_2H_2Cl_2O$，112.94

【英文名】　Chloroacetyl chloride

【性状】　有刺激性气味的液体。

【制法】　赵美发，徐华，徐炳财.江苏化工，1997，25（2）：18.

$$ClCH_2CHO + Cl_2 \xrightarrow{催化剂} ClCH_2COCl + HCl$$
$$\quad\ (2) \qquad\qquad\qquad\qquad (1)$$

　　在安有搅拌器、温度计、通氯管和尾气导出管的 1 L 四口瓶中，加入计量的四氯化碳（4 mol），搅拌下慢慢加入无水一氯乙醛晶体 158 g（2 mol），加入复合催化剂 ZSN-3，加热，控制反应温度（35±1）℃，以一定的速度向反应液中通入氯气，产生的 HCl 由尾气导出管通入吸收瓶中。通入一定量的氯气后，取样分析，若一氯乙醛含量≤0.5%，结束反应，否则继续通氯气，约需 3 h。结束反应后向反应液中鼓入空气，吹除残留在反应液中的余氯和 HCl，蒸出溶剂后，即可得到含量≥98%的氯乙酰氯 217.5 g，转化率≥98.5%。

　　【用途】　类风湿性和骨关节炎，强直性脊椎炎治疗药双氯芬酸钠（Diclofenac sodium）

等的中间体。

1,1-二氯甲基甲基醚

$$C_2H_4Cl_2O，114.96$$

【英文名】 1,1-Dichloromethyl methyl ether
【性状】 无色液体。bp 85℃。溶于甲醇、乙醇、丙酮、苯等有机溶剂。
【制法】 Gross H，Rieche A，Höft E，Beyerl E. Org Synth，1973，Coll Vol 5：365.

$$\underset{(2)}{\overset{\overset{\displaystyle O}{\|}}{HC—OCH_3}} + PCl_5 \longrightarrow \underset{(1)}{Cl_2CHOCH_3}$$

于反应瓶中加入 250 mL 三氯氧磷，832 g 五氯化磷，搅拌均匀。慢慢滴加甲酸甲酯（**2**）264 g，冰浴冷却，保持反应体系在 10～20℃，约 100 min 加完。加完后于 30℃继续搅拌反应 1 h，使五氯化磷完全溶解。减压蒸馏 2 次，得化合物（**1**）353～386 g，收率 77%～84%。
【用途】 沙星类抗菌药普卢利沙星（Prulifloxacin）等的中间体。

邻氯苯甲酰氯

$$C_7H_4Cl_2O，175.41$$

【英文名】 *o*-Chlorobenzoyl chloride
【性状】 无色液体。mp －4℃，bp 238℃，110℃/2 kPa，d_4^{20} 1.374，溶于乙醇、乙醚、氯仿、苯、乙酸乙酯、丙酮，不溶于水，遇水受热分解。
【制法】 Clarke H T. Org Synth，1998，Coll Vol 9：34.

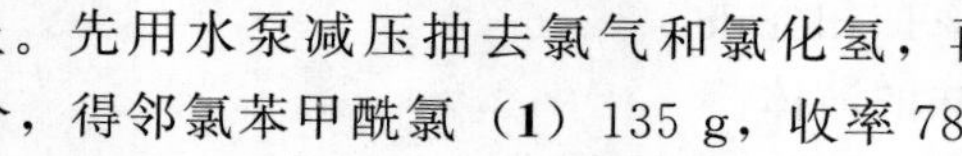

于安有搅拌器、温度计、回流冷凝器、导气管（伸入液面下）的反应瓶（预先称重）中，加入新蒸馏的邻氯苯甲醛（**2**）141 g（1.0 mol），油浴加热到 140～160℃，通入用浓硫酸干燥过的氯气，通入速度控制很少或没有氯气逸出为宜。大约 10 h 后取下反应瓶称重，直至总重量增加 30 g 为止。先用水泵减压抽去氯气和氯化氢，再用油泵减压蒸馏，收集 93～95℃/1.33 kPa 的馏分，得邻氯苯甲酰氯（**1**）135 g，收率 78%。
【用途】 镇咳药叫镇咳宁（Chlophcdianolum）等的中间体。

十、羧酸及其衍生物的卤化

三甲基乙酰氯

$$C_5H_9ClO，120.58$$

【英文名】 Trimethylacetyl chloride
【性状】 无色液体。bp 104～105℃。

【制法】 方法1 王慧荣，高中良，丁盼.化学试剂，2010，32（11）：1040.

$$(CH_3)_3C{-}COOH \xrightarrow[CCl_4]{SiCl_4} (CH_3)_3C{-}COCl + SO_2 + HCl$$
$$\qquad\qquad (2) \qquad\qquad\qquad (1)$$

于干燥的反应瓶中，加入三甲基乙酸（**2**）102.2 g（1.0 mol），四氯化碳 260 mL，催化剂四氯化锡 3.90 g，搅拌下加热回流，慢慢滴加四氯化硅 110.44 g（0.65 moL），加完后继续回流反应 19 h。再于 200℃反应 5 h。反应结束后，冷却，蒸馏，收集 103～106℃的馏分，得无色透明液体（**1**），收率 76.1%。

方法2 刘守信，张红利，李振朝.化学试剂，1995，17（4）：209.

$$(CH_3)_3C{-}COOH + PhCOCl \longrightarrow (CH_3)_3C{-}COCl + PhCO_2H$$
$$\qquad (2) \qquad\qquad\qquad\qquad\qquad (1)$$

于反应瓶中加入三甲基乙酸（**2**）102 g，加热熔化。搅拌下加热至 120℃，慢慢滴加苯甲酰氯 211 g，约 4 h 加完。加完后保持回流温度继续搅拌反应 6 h。精馏，收集 104～105℃的馏分，得无色液体（**1**）104 g，收率 86%。

也可以采用氯化亚砜作氯化试剂，收率 63%。

【用途】 青光眼病治疗药盐酸地匹福林（Dipivefrine hydrochloride）、头孢唑林（Cefazolin）等的中间体。

乙酰水杨酰氯

$C_9H_7ClO_3$，198.61

【英文名】 Acetylsalicyloyl chloride，*O*-Acetoxybenzoylchloride
【性状】 浅黄色液体。
【制法】 王文静，吕玮，卢泽.河南化工，2006，25（1）：39.

于反应瓶中加入阿司匹林（**2**）9.0 g，氯化亚砜 5 mL，2 滴吡啶，油浴加热至 75℃，直至无气体放出。减压浓缩，冷却，得浅黄色液体（**1**），收率 98%。

【用途】 解热镇痛药贝诺酯（Benoyilate）等的中间体。

3-溴二苯酮

$C_{13}H_9BrO$，261.16

【英文名】 3-Bromobenzophenone
【性状】 淡黄色固体。mp 76～77℃。
【制法】 廖永卫，陈卫平.中国医药工业杂志，1997，28（9）：387.

间溴苯甲酰氯（**3**）：于安有搅拌器、回流冷凝器（顶部安一只氯化钙干燥管，并连接导气管至氯化氢、二氧化硫吸收装置）的反应瓶中，加入间溴苯甲酸（**2**）118 g（0.587 mol），氯化亚砜 100 mL，搅拌加热回流 5 h。水泵减压蒸馏回收氯化亚砜，冷后将剩余物溶于 100 mL 二氯甲烷中，制成（**3**）的溶液备用。

3-溴二苯酮（**1**）：于反应瓶中加入苯 80 mL，无水三氯化铝 87 g（0.65 mol），二氯甲烷 200 mL，冰水浴冷至 20℃ 以下，滴加上述（**3**）溶液，约 1 h 加完。加完后回流反应 8 h。冷后倒入 500 g 碎冰和 100 mL 浓盐酸的混合液中。分出有机层，水层用二氯甲烷提取（100 mL×2）。合并有机层，依次用水、饱和碳酸氢钠水溶液、水洗涤，无水硫酸钠干燥。回收二氯甲烷至干，得浅黄色固体（**1**）142 g，收率 92.8%，mp 74～76℃。

【用途】 非甾体消炎镇痛药酮洛芬（Ketoprofen）等的中间体。

α-磺酰基苯乙酰氯

$$C_8H_7ClO_4S, \ 234.5$$

【英文名】 α-Sulfonylphenylacetyl chloride
【性状】 浅黄色结晶性粉末。具吸湿性。
【制法】 Morimoto S，et al. J Med Chem，1972，15（11）：1105.

于安有电磁搅拌器、温度计、回流冷凝器的反应瓶中，加入乙醚 10 mL、氯化亚砜 33 g（0.275 mol），分批加入 DL-α-磺酸基苯乙酸（**2**）二水合物 8.5 g（0.0338 mol），室温搅拌反应至基本无氯化氢和二氧化硫气体逸出。加入 DMF 三滴，于 40℃ 反应 4 h，冷后加 40 mL 乙醚稀释。加入正己烷 60 mL，冷至 −25℃ 以下放置 8 h，滤出析出的浅黄色结晶。于盛有五氧化二磷的真空干燥器中干燥，得浅黄色结晶性粉末（**1**）5.7 g，收率 72%。

【用途】 抗生素磺苄西林钠（Sulbenicillin sodium）等的中间体。

丁二酸单甲酯酰氯

$$C_5H_7ClO_3，\ 150.56$$

【英文名】 Succinic acid monomethyl ester chloride，Methoxycarboxypropionyl chloride
【性状】 无色液体。bp 56～65℃/399 Pa。n_D^{25} 1.4400。溶于乙醚、氯仿、苯，遇水容易分解。
【制法】 ①孙跃冉，牟徽，常明等.石家庄学院学报，2010，12（6）：21.②孙昌俊，曹晓冉，王秀菊.药物合成反应——理论与实践.北京：化学工业出版社，2007：118.

丁二酸单甲酯（**3**）：于 1 L 反应瓶中加入丁二酸酐（**2**）400 g（4.0 mol），无水甲醇 200 mL，搅拌下加热回流 2 h。减压回收甲醇。趁热倒出，冷后固化，干燥后得丁二酸单甲酯（**3**）500 g，收率 94%，mp 56～58℃。

丁二酸单甲酯酰氯（**1**）：将化合物（**3**）264 g（2 mol）置于反应瓶中，加入氯化亚砜 300 mL，搅拌下水浴加热至 30～40℃，反应 3 h，注意吸收氯化氢和二氧化硫气体。减压蒸出氯化亚砜，而后收集 bp 90～95℃/2.39 kPa 的馏分，得无色液体（**1**）275 g，收率 92.5%。

【用途】　减肥药利莫那班（Rimonabant）、抗心律失常药丁氢蒡心定（Butikacin）等的中间体。

苄基对碘苯基酮

$C_{14}H_{11}IO$，322.15

【英文名】　Benzyl p-iodophenyl ketone
【性状】　白色粉末状固体。mp 99～100℃。溶于氯仿、二氯乙烷、热乙醇，不溶于水。
【制法】　徐林，俞雄，徐懋丽等. 中国医药工业杂志，2001，32（9）：393.

苯乙酰氯（**3**）：于反应瓶中加入苯乙酸（**2**）68 g（0.5 mol），氯化亚砜 80 mL，慢慢加热至 40～45℃，搅拌反应 3 h。水泵减压蒸出过量的氯化亚砜。加入少量干燥的苯，继续减压蒸馏，收集 55～57℃/1.33 kPa 的馏分，得化合物（**3**）62 g，收率 82%。

对碘苯基苄基酮（**1**）：于反应瓶中加入 1,2-二氯乙烷 200 mL，无水三氯化铝 78.4 g（0.58 mol），搅拌下慢慢加入上述化合物（**3**）63.5 g（0.41 mol）。冷至 10℃左右，滴加碘苯 83.7 g（0.41 mol），约 2 h 加完，而后保温反应 20 h。将反应物倒入含有盐酸的冰水中（65 mL 浓盐酸和 300 g 碎冰）。分出有机层，水层用二氯乙烷提取（100 mL×3）。合并有机层，水洗，无水硫酸钠干燥。减压蒸出溶剂，得棕黑色油状液体，冷后固化。用乙醇重结晶 2～3 次，活性炭脱色，得白色粉末状固体（**1**）44 g，收率 21%，mp 98～100℃。

【用途】　主要用作防治骨质疏松症和乳腺癌药物艾多昔芬（Idoxifene）等的中间体。

4-氯-3-硝基-4′-氟二苯酮

$C_{13}H_7ClFNO_3$，279.65

【英文名】　4-Chloro-3-nitro-4′-fluorodiphenyl ketone
【性状】　咖啡色结晶。mp 98～99℃。
【制法】　王宝军，李平等. 中国医药工业杂志，1983，14（11）：1.

3-硝基-4-氯-苯甲酰氯（**3**）：于安有搅拌器、回流冷凝器的反应瓶中，加入 3-硝基-4-氯-苯甲酸（**2**）10 g（0.05 mol），氯化亚砜 30 mL，加热回流 3 h。减压蒸出氯化亚砜，冷后加入 10 mL 硝基苯，得化合物（**3**）的溶液待用。

4-氯-3-硝基-4′-氟二苯酮（**1**）：于反应瓶中加入硝基苯 60 mL，无水三氯化铝 18 g（0.135 mol），氟苯 12 mL（0.13 mol），慢慢加热，升温至 60℃，滴加上述（**3**）溶液。加完后升温至 100℃，搅拌反应 2 h。冷后小心倒入含有 10 mL 盐酸的 200 g 碎冰中，充分搅拌，分出有机层。将有机层水蒸气蒸馏至无油状物馏出。剩余物冷后用 50 mL 乙醇重结晶，得咖啡色化合物（**1**）11.4 g，收率 82.7%，mp 98～99℃。

【用途】 苯并咪唑类驱虫药氟苯咪唑（Flubendazole）等的中间体。

5-甲基异噁唑-4-甲酰氯

$C_5H_4ClNO_2$，145.55

【英文名】 5-Methyl-4-isoxazolcarbonyl chloride

【性状】 无色液体。bp 74～76℃/2.67 kPa。

【制法】 ①Kumiko A，Eriko T，Yuko A，et al. Organic and Biomolecular Chemistry，2004，2（4）：625.②王绍杰，吴秀静，胡玉柱.中国药物化学杂志，2000，10（3）：199.

于反应瓶中加入 5-甲基异噁唑-4-甲酸（**2**）60 g（0.42 mol），苯 100 mL，搅拌下加热回流。慢慢滴加氯化亚砜 47 mL（0.63 mol）。加完后回流反应 1 h。加入几滴 DMF，再回流反应 2 h。减压蒸馏，先蒸出苯和未反应的氯化亚砜，而后收集 74～76℃/2.67 kPa 的馏分，得无色液体（**1**）67 g，收率 90%。

【用途】 抗炎镇痛药，免疫调节剂来氟米特（Leflunomide）等的中间体。

1-苯基环戊烷甲酰氯

$C_{12}H_{13}ClO$，218.69

【英文名】 1-Phenylcyclopentanecarbonyl chloride

【性状】 bp 149～150℃/2.66～3.06 kPa。

【制法】 ①Calderon S N，Newman A H，Tortella F C. J Med Chem，1991，34（11）：3159. ② Hudkins R L，Mailman R B，DeHaven-Hudkins D L. J Med Chem，1994，37（13）：1964.

于反应瓶中加入 1-苯基环戊烷羧酸（**2**）95 g（0.5 mol），苯 200 mL，搅拌下慢慢滴加三氯化磷 96 g（0.7 mol）。加完后回流反应 5 h。冷却后分出下层亚磷酸。有机层减压蒸馏回收苯和未反应的三氯化磷（可以套用），得粗品酰氯。最后收集 149～150℃/2.66～3.06 kPa 的馏分，得 1-苯基环戊酰氯（**1**）88 g，收率 80%。

【用途】 止咳药咳美芬（Caramipheni）、咳必清（carbetapentane citrate）等的中间体。

5-甲基-3-苯基异噁唑-4-甲酰氯

$$C_{11}H_8ClNO_2，221.64$$

【英文名】 5-Methyl-3-phenyl-4-isoxazolcarbonyl chloride，5-Methyl-3-phenyl-4-isoxazolcarbonyl chloride

【性状】 浅黄色黏稠液体，易溶于乙醚、丙酮、氯仿、二氯甲烷、乙酸乙酯，不溶于水。

【制法】 ① Natate N R，McKenna John I，Niou Cheng-Shyr，et al. J Org Chem，1985，50 (26)：5660.②孙昌俊，曹晓冉，王秀菊.药物合成反应——理论与实践.北京：化学工业出版社，2007：126.

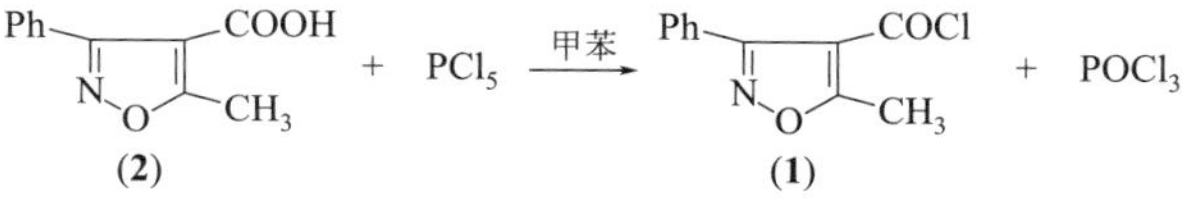

于反应瓶中加入 5-甲基-3-苯基异噁唑-4-甲酸（**2**）9.0 g（0.044 mol），甲苯 90 mL，共沸脱水，馏出液澄清后，冷至 15℃ 以下，分次加入五氯化磷 10 g（0.048 mol），加完后继续搅拌反应 1 h，再于 25℃ 左右反应 1 h。降温至 15℃ 以下，滴加碳酸氢钠 18.5 g 溶于 140 mL 水配成的溶液，搅拌 15 min，分出水层，用甲苯提取一次，合并甲苯层，无水硫酸镁干燥，减压蒸去溶剂，得浅黄色黏稠物（**1**）8.6 g，收率 88%。密闭保存备用。

【用途】 抗生素苯唑西林钠（Oxacillin sodium.）等的中间体。

2-溴-6-氯己酸乙酯

$$C_8H_{14}ClBrO_2，257.55$$

【英文名】 Ethyl 2-bromo-6-chlorohexate

【性状】 无色油状液体。bp 114～122℃/0.53 kPa。n_D^{25} 1.4783。溶于乙醚、乙醇、丙酮，不溶于水。

【制法】 薛克亮，黄明湖，汪敏等.中国医药工业杂志，1990，21 (9)：250.

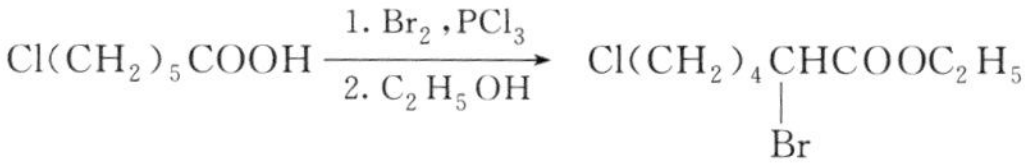

于反应瓶中加入 ω-氯己酸（**2**）30 g（0.2 mol），三氯化磷 35 mL（0.4 mol），冷却下慢慢滴加溴素 72 g（0.45 mol）。加完后室温搅拌反应 30 min，慢慢升温至 75～80℃，搅拌反应 7 h。蒸去过量的溴和三氯化磷，滴加无水乙醇 40 mL，加热回流 1 h。冷却后倒入冰水中，分出油层。油层水洗后减压蒸馏，收集 114～122℃/0.53 kPa 的馏分，得化合物（**1**）46 g，收率 89.6%。

【用途】 局部麻醉药布比卡因（Bupivacaine）、罗哌卡因（Ropivacaine）等的中间体。

4-乙基-2,3-二氧代哌嗪-1-甲酰氨基-对羟基苯基乙酰氯

$$C_{15}H_{16}ClN_3O_5，353.76$$

【英文名】 4-Ethyl-2,3-dioxopiperazine-1-carboxamido-*p*-hydroxyphenylacetyl chloride

【性状】 黄色固体。

【制法】 ①魏文珑，李俊波，杨欣等.广州化工，2006，34（5）：1.②朗咸坤.齐齐哈尔大学学报，2006，22（6）：15.

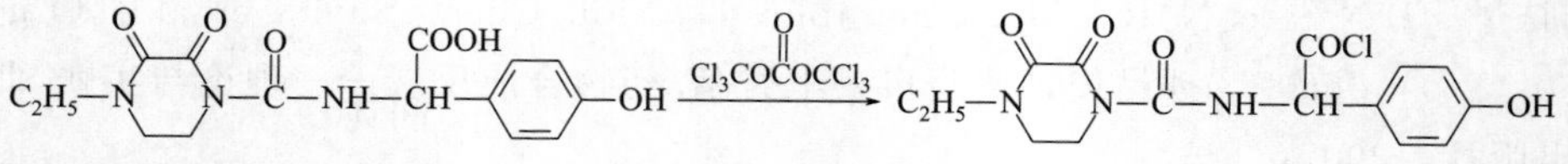

于反应瓶中加入二氯甲烷 50 mL，三光气 2 g（0.0067 mol），4-乙基-2,3-二氧代哌嗪-1-甲酰氨基-对羟基苯基乙酸（**2**）6.6 g（0.02 mol），搅拌下冷至−5℃，慢慢滴加三乙胺 3.6 g（0.036 mol），滴加过程中保持反应液<5℃。加完后冰浴中继续搅拌反应 2.5 h。过滤，减压浓缩后，得黄色固体（**1**）6.9 g，收率97.6%。

【用途】 抗生素氧哌嗪青霉素（Piperacillin）中间体。

对氯苯腙乙酰氯

$$C_8H_6Cl_2N_2O，217.05$$

【英文名】 *p*-Chlorophenylhydrazonoacetyl chloride

【性状】 淡黄色固体。mp 141～142℃。

【制法】 ①夏小祥，李成平，李景华.浙江工业大学学报，2010，38（4）：376.②魏文珑.广州化工，2006，34（5）：376.

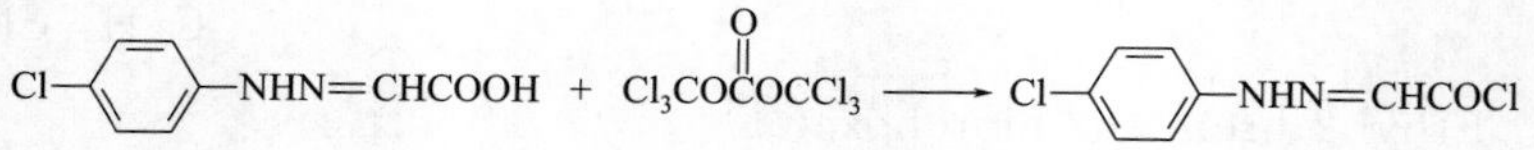

于反应瓶中加入二氯甲烷 10 mL，三光气 1.35 g，对氯苯腙乙酸（**2**）1.0 g，搅拌下冷至−5℃，慢慢滴加由 *N*-甲基吡咯烷酮 0.3 g 和 3 mL 二氯甲烷的溶液，约 1 h 加完。加完后继续于−5℃搅拌反应至深生成橙色溶液。通入氮气赶出残留的废气。减压蒸出溶剂，剩余物过硅胶柱纯化，乙酸乙酯-己烷（1:4）洗脱，得淡黄色固体（**1**）0.97 g，mp 141～142℃，收率53%。

【用途】 小麦化学杂交剂苯哒嗪酸（Clofencent）等的中间体。

4-硝基-α,α,α-三氯甲基苯

$$C_7H_4Cl_3NO_2，240.47$$

【英文名】 4-Nitro-α,α,α-trichloromethylbenzene

【性状】 浅黄色固体。mp 45～47℃。

【制法】 陈红飚，林原斌，罗和安等.有机化学，2005，25（5）：532.

$$O_2N\text{—}\text{—}COOH + PhPCl_2 + PCl_5 \longrightarrow O_2N\text{—}\text{—}CCl_3$$
$$\textbf{(2)} \qquad\qquad\qquad\qquad\qquad\qquad\qquad \textbf{(1)}$$

　　于安有搅拌器、温度计、回流冷凝器（安氯化钙干燥管）的反应瓶中，加入 4-硝基苯甲酸（**2**）4.0 g（0.024 mol），苯膦酰二氯 5.0 g（0.026 mol），五氯化磷 10.5 g（0.05 mol），油浴加热，搅拌反应数分钟后，大部分固体溶解。溶液呈淡黄色，并放出大量氯化氢气体。回流反应 19 h，减压蒸出三氯氧磷（约 5 mL），将剩余的液体慢慢倒入 10% 的碳酸钠溶液中，调节至 pH8 左右，冷却静置，析出黄色固体。用甲醇重结晶，得浅黄色固体（**1**）4.97 g，mp 45～47℃，收率 86.3%。

　　【用途】　农药（氟胺氰菊酯、氟虫腈、氟幼脲等）、医药中间体。

2-氯乙酰乙酸乙酯

$$C_6H_9ClO_3，164.59$$

　　【英文名】　Ethyl 2-chloroacetoacetate，Ethyl 2-chloro-3-oxobutanoate
　　【性状】　油状液体。
　　【制法】　张大国. 精细有机单元反应合成技术——卤化反应及其应用. 北京：化学工业出版社，2009：140.

$$CH_3COCH_2CO_2C_2H_5 \xrightarrow{SO_2Cl_2} CH_3COCHCO_2C_2H_5$$
$$\overset{\displaystyle Cl}{\underset{}{}}$$
$$\textbf{(2)} \qquad\qquad\qquad\qquad\qquad \textbf{(1)}$$

　　于反应瓶中加入乙酰乙酸乙酯（**2**）58.56 g，冰盐浴冷却，搅拌下于 0～5℃慢慢滴加硫酰氯 60.75 g，约 3～5 h 加完。加完后自然升温反应 1 h，而后室温反应 3 h。放置过夜。于 40～50℃水泵减压抽出二氧化硫和氯化氢气体，而后于 90℃减压蒸出未反应的原料（**2**），得粗品化合物（**1**）74～75 g，收率 97%～99%。

　　【用途】　十二指肠溃疡、胃溃疡等疾病治疗药西咪替丁（Cimetidine）等的中间体。

α-溴代-2-氟苯乙酸乙酯

$$C_{10}H_{10}BrFO_2，261.09$$

　　【英文名】　Ethyl α-Bromo-2-fluorophenylacetate
　　【性状】　油状液体。
　　【制法】　王相泉，岳珊珊，李进都，常森，孙铁民. 中国医药工业杂志，2014，45（10）：913.

　　于反应瓶中加入 2-氟苯乙酸乙酯（**2**）21.0 g（1154 mmol），氯仿 200 mL，NBS 8.2 g（46.1 mmol），偶氮二异丁腈 0.65 g（3.9 mmol），于 70℃回流反应 2 h。重复上述加入 NBS 和偶氮二异丁腈操作 2 次，冷至 0℃，搅拌 20 min。过滤，滤液中加入 30% 的焦亚硫酸钠溶液 150 mL，搅拌 30 min。分出有机层，依次用 5％的碳酸钠、水洗涤，无水硫酸钠干燥。过滤，浓缩，得黄色油状物（**1**）28.4 g，收率 94.3％。

【用途】 心脑血管疾病治疗药普拉格雷（Prasugrel）中间体。

5-氯戊酰氯

$$C_5H_8Cl_2O，155.02$$

【英文名】 5-Chloropentanoyl chloride

【性状】 无色透明液体。

【制法】 童国通.中国医药工业杂志，2008，39（7）：495.

四氢吡喃-2-酮（**3**）：于反应瓶中加入乙酸乙酯 200 mL，环戊酮（**2**）38 mL（0.43 mol），ZSM-5 分子筛 50$^{\#}$ 10 g 和 98％硫酸 0.5 mL，缓慢滴加 30％双氧水 200 mL（0.51 mol），约 1 h 加完。加完后室温搅拌 5～6 h，GC 显示（**2**）含量小于 5％时终止反应。反应液用 10％Na$_2$S$_2$O$_3$ 溶液洗涤，除去未反应的双氧水及其他有机过氧化物（淀粉 KI 试纸检测不显蓝色为止）。加 10％氢氧化钠溶液调至 pH7，过滤。滤液静置分层，有机层水洗、无水硫酸钠干燥。过滤，滤液常压蒸除溶剂，剩余物减压蒸馏，收集 55～58℃/66.5～133 Pa（文献 bp 80℃/532 Pa）馏分，得无色透明液体（**3**）36 g，收率 84％，纯度 98.2％（GC 法）。直接用于下步反应。

5-氯戊酰氯（**1**）：于安有温度计、滴液漏斗、回流冷凝器 500 mL 反应瓶中，加入甲苯 200 mL，化合物（**3**）38 g（0.38 mol）和磷酸三苯酯 2 g，缓慢滴加含三光气 52 g（0.18 mol）溶于 100 mL 甲苯的溶液，约 1 h 滴毕。升温至 80℃搅拌 3～5 h。常压蒸除甲苯，剩余物减压蒸馏，收集 48～50℃/266～399 Pa 馏分，得无色透明液体（**1**）53 g，收率 90％，纯度 98.8％（GC 法）。

【用途】 抗血小板聚集药西洛他唑（Cilostazol）等的中间体。

2-溴-γ-丁内酯

$$C_4H_5BrO_2，164.99$$

【英文名】 2-Bromo-γ-butyrolactone

【性状】 浅黄色液体。bp 130～132℃/1.07 kPa。

【制法】 Mayhew R L，Phillipsburg N J，Willams E P，et al. US 2974084. 1962.

于干燥的反应瓶中加 γ-丁内酯（**2**）510 g（5.93 mol），三溴化磷 10 mL，加热搅拌至 100℃后，滴加溴素 760 g（4.75 mol），加完后于 120℃继续搅拌 4 h。反应毕，减压蒸馏，收集 130～132℃/1.07 kPa 馏分，得（**1**）640 g（3.88 mol），收率 80%（以溴计）。

【用途】　抗溃疡药螺佐呋酮（Spizofurone）的中间体。

4-氯丁酰氯

$$C_4H_6Cl_2O，141.00$$

【英文名】　4-Chlorobutyryl chloride

【性状】　无色或浅黄色液体。bp 173～174℃，60～61℃/1.67 kPa。d_4^{25} 1.2581，n_D^{25} 1.4616。溶于乙醚、氯仿、苯，遇水容易分解。

【制法】　①牛宇岚，李敏，段海龙. 精细化工中间体，2006，36（3）：21. ② Tran Joc A，Chen Caroline W，Tucci Fabio C. Bioorganic and Medimstry Letters，2008，18（3）：1124.

于反应瓶中加入化合物（**2**）19 mL，搅拌下于 50℃滴加由氯化亚砜 20 mL 和 1.5 g 无水氯化锌配制的溶液，加完后于 55℃搅拌反应 22 h。减压蒸馏，收集 68～80℃/1.33 kPa 的馏分，而后重新减压蒸馏一次，收集 69～74℃/1.33 kPa 的馏分，得化合物（**1**），收率 82.7%。n_D^{25} 1.465～1.4607。

【用途】　抗精神病药氟哌利多（Droperidol）、氟哌啶醇（Haloperidol）等药物的中间体。

1-氯乙基碳酸乙酯

$$C_5H_9ClO_3，152.58$$

【英文名】　1-Chloroethyl ethyl carbonate

【性状】　油状液体。

【制法】　梅之南，韩冬梅，马福旺，罗顺德. 中国药物化学杂志，2000，10（1）：60.

氯甲酸 1-氯乙基酯（**3**）：于反应瓶中加入氯甲酸乙酯（**2**）6.37 g（58.7 mmol），硫酰氯 9.10 g（67.4 mmol），搅拌下加入过氧化苯甲酰 21 mg（0.08 mmol），慢慢升温至回流，并回流反应 7.5 h。蒸馏，收集 119～140℃的馏分，得化合物（**3**）4.92 g，收率 58.6%。

1-氯乙基碳酸乙酯（**1**）：于反应瓶中加入无水乙醇 14 mL，上述化合物（**3**）5.42 g（37.9 mmol），搅拌下滴加吡啶 4.5 mL。加完后于 20～25℃搅拌反应 30 min。过滤，依次用水、饱和盐水、5%的亚硫酸钠洗涤，无水硫酸镁干燥。过滤，减压蒸馏，收集 62～72℃/2.93 kPa 的馏分，得化合物（**1**）4.75 g，收率 82.1%。

【用途】　非甾体抗炎药安吡昔康（Ampiroxicam）等的中间体。

十一、酰胺及其他含氮化合物的卤化

N-溴代乙酰胺

C_2H_4BrNO，137.97

【英文名】 N-Bromoacetamide，Acetobromamide

【性状】 白色粉末。mp 108℃。溶于热水，易溶于乙醚，遇光和热不稳定，一水合物 mp 70～80℃。

【制法】 Norman Rabjohn，et al. Org Synth，1963，Coll Vol 4：104.

$$CH_3\overset{\overset{\displaystyle O}{\|}}{C}-NH_2 + Br_2 \xrightarrow{KOH} CH_3\overset{\overset{\displaystyle O}{\|}}{C}-NHBr + KBr + H_2O$$
$$\qquad\qquad(2)\qquad\qquad\qquad\qquad\quad(1)$$

于 500 mL 反应瓶中加入溴素 50 g（0.34 mol），乙酰胺（**2**）20 g（0.34 mol），冰盐浴中冷至 0～5℃。慢慢加入用冰盐浴冷却的 50% 的氢氧化钾溶液，反应放热，注意冷却，直至反应液呈浅黄色，大约需要氢氧化钾溶液 33～34 mL，而后于 0～5℃放置 2 h。

混合物中加入氯化钠 40 g，氯仿 200 mL，搅拌加热后倾出氯仿层，剩余物用氯仿提取两次。合并氯仿层，无水硫酸钠干燥。过滤，加入正己烷 500 mL，冷却。过滤析出的固体，用正己烷洗涤，干燥，得 N-溴代乙酰胺（**1**）23 g，收率 50%，mp 102～105℃，纯度 98%～100%。

【用途】 有机合成、药物合成中经常使用的溴化剂。

N-氯代丁二酰亚胺

$C_4H_4ClNO_2$，133.53

【英文名】 N-Chlorosuccinimide

【性状】 白色固体。mp 149～151℃。

【制法】 方法1 彭卫红，成本诚，欧阳辉. 化学试剂，1989，11（1）：58.

$$\text{(2)} \quad NH + NaOCl \xrightarrow[<5℃]{HOAc} \quad N-Cl \text{ (1)}$$

于反应瓶中加入 18% 的醋酸水溶液 450 mL，加入丁二酰亚胺（**2**）60 g（0.6 mol），不断搅拌直至全溶，冷至 5℃以下，滴加次氯酸钠溶液，立刻有白色固体生成，控制滴加速度，使反应液不超过 8℃，约加次氯酸钠 250 mL。停止搅拌后，反应液立即澄清时，反应结束。抽滤，水洗三次，干燥，得化合物（**1**）74 g，收率 92%，mp 149～150℃。

方法2 杨锦飞，刘云山. 中国药科大学学报，2001，32（5）：396.

$$\text{(2)} \quad NH \xrightarrow[AcONa, H_2O]{Cl_2} \quad N-Cl \text{ (1)}$$

　　将 50.0 g 的丁二酰亚胺（**2**）和 250.0 mL 水加到四颈瓶中，加入适量的催化剂醋酸钠，待（**2**）全部溶解后开始通氯，即刻有白色固体产生。严格控制通氯速度，保持反应温度 30℃左右。开启搅拌，通氯完毕后继续反应 30 min。抽滤，蒸馏水洗两次，用 20 mL 乙醇洗一次，烘干，得白色结晶粉末（**1**）62.7 g，收率 92.5%。

　　【用途】　一种常用的氯化试剂。

N-溴代丁二酰亚胺

$C_4H_4BrNO_2$，177.99

　　【英文名】　N-Bromosuccinimide，1-Bromopyrrolidine-2,5-dione
　　【性状】　白色斜方结晶。mp 180～183℃。溶于丙酮，微溶于水。
　　【制法】　方法 1　王聪，王利民，王芳，肖孝辉. 精细化工中间体，2011，41（2）：63.

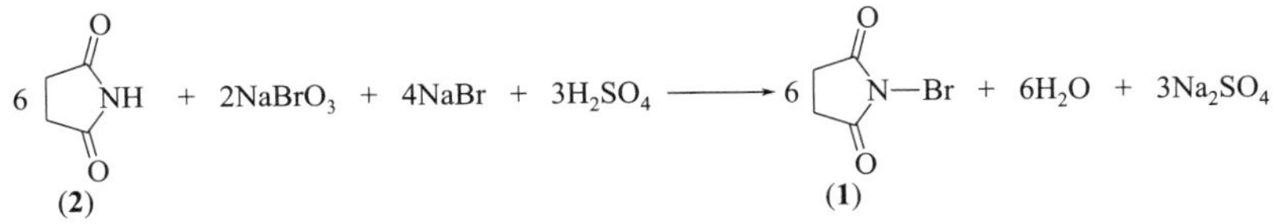

　　于反应瓶中加入丁二酰亚胺（**2**）17.8 g（180 mmol），溴酸钠 10.4 g（69 mmol），水 60 mL，搅拌下室温滴加 6.6 mL 硫酸、14.2 g（138 mmol）溴化钠的溶液，加完后继续搅拌反应 2.5 h。过滤，干燥，得到化合物（**1**）27.9 g，mp 178℃（文献值 mp 180～185℃），收率 87%。

　　方法 2　Kajigaeshi S，Nakagawa K，Fujisaki S，et al. Bull Chem Soc Jan，1985，58：769.

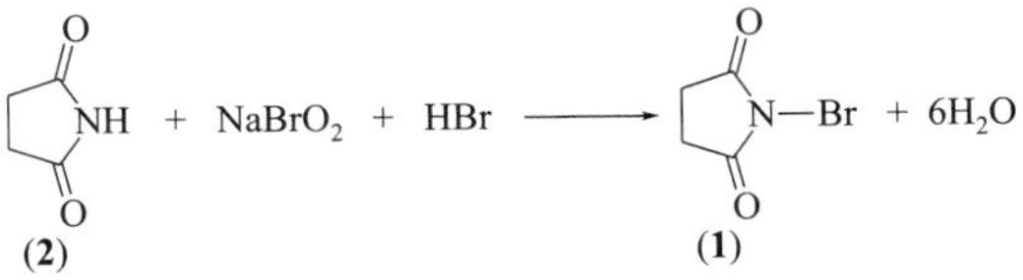

　　于反应瓶中加入丁二酰亚胺（**2**）1 g（10.1 mmol），水 5 mL，再加入 $NaBrO_2$ 0.95 g（6.7 mmol，纯度 94.7%）溶于 2 mL 水的溶液，冷至 0℃。搅拌下滴加 47% 的氢溴酸 1.3 mL（11.2 mmol），加完后于 0℃继续搅拌反应 10 min。过滤生成的沉淀，冷水洗涤，室温干燥，得白色结晶（**1**）1.54 g，收率 86%。

　　方法 3　①樊能廷. 有机合成事典. 北京：北京理工大学出版社，1992：36.②李和平. 含氟、溴、碘精细化学品. 北京：化学工业出版社，2010：374.

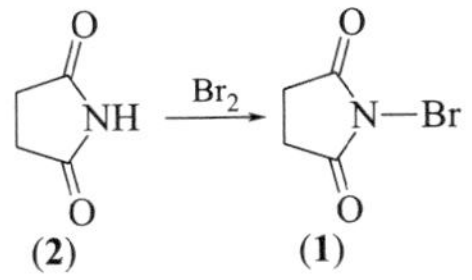

　　将丁二酰亚胺（**2**）50 g 溶于 500 mL 水中，脱色过滤。将此溶液置于安有搅拌器、温度计、滴液漏斗的反应瓶中，加热至150℃，搅拌下滴加溴 75 g 及氢氧化钠溶液，控制反应液 pH 在 7～8，有白色固体析出。加完后继续搅拌反应 30 min。冷却，抽滤，水洗，干燥，得化合物（**1**）60 g。

【用途】 溴化试剂。

N-碘代丁二酰亚胺

$$C_4H_4INO_2，224.99$$

【英文名】 *N*-Iodosuccinimide
【性状】 白色结晶。mp 203～204℃。
【制法】 刘振东，李青，李中军，蔡孟深. 化学通报，2000，63（7）：32.

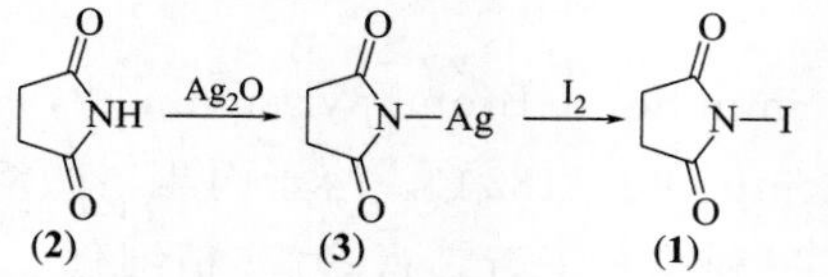

N-丁二酰亚胺银（**3**）：于反应瓶中加入硝酸银 249 g（1.47 mol），蒸馏水 700 mL，搅拌溶解。室温及搅拌下，滴加由氢氧化钠 64 g（1.6 mol）溶于 300 mL 水的溶液，约 30 min 加完。用布氏漏斗抽滤氧化银沉淀，水洗。将湿的氧化银一次加到 4 L 的丁二酰亚胺（133 g，1.34 mol）水溶液中，搅拌加热回流直至氧化银消失。此过程中反应容器用铝箔包裹使尽可能避光。反应液经热的布氏漏斗抽滤，所得滤液用铝箔包裹，室温下于避光处放置过夜。抽滤析出的结晶，并尽可能抽干。于暗处空气中干燥，磨成细粉，再于真空干燥箱中 110℃ 干燥 1 h，得 N-丁二酰亚胺银（**3**）228 g，收率 87%，储存于棕色瓶中备用。

N-碘代丁二酰亚胺（**1**）：于 200 mL 烧瓶中放入碘 20 g（0.079 mol）和 90 mL 干燥的二氧六环，搅拌下加入 18 g（0.087 mol）干燥的化合物（**3**），加塞后以铝箔包裹，1 h 后停止搅拌。于 50℃ 水浴上加热 5 min，趁热滤入用铝箔严密包裹的 500 mL 滤瓶中，再以 10 mL 热的二氧六环洗涤碘化银固体。合并滤液和洗涤液，加入 200 mL 四氯化碳，于 −10℃冷却过夜，析出白色结晶。在尽可能避光的条件下抽滤，用 25 mL 四氯化碳洗涤。抽干，于暗处真空干燥箱中 25℃/133 Pa 干燥过夜，得化合物（**1**）16.5 g，以二氧六环和四氯化碳重结晶，得纯的 N-碘代丁二酰亚胺 14.5 g，mp 203～204℃，收率 82%。

【用途】 碘化试剂。

N-氯代邻苯二甲酰亚胺

$$C_8H_4ClNO_2，181.58$$

【英文名】 *N*-Chlorophthalimide，2-Chloroisoindoline-1,3-dione
【性状】 白色固体。mp 184～186℃。
【制法】 Zimmer H，et al. J Am Chem Soc，1954，76（15）：3836.

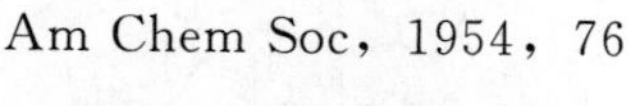

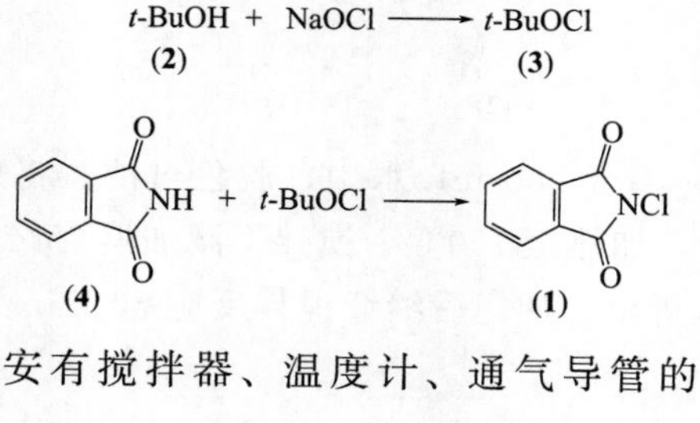

次氯酸叔丁酯（**3**）：于安有搅拌器、温度计、通气导管的反应瓶中，加入氢氧化钠

56 g（1.4 mol），水 500 mL，搅拌溶解。冷至 20℃，加入叔丁醇（**2**）52 g（0.7 mol），再加入 200 mL 水。剧烈搅拌下通入氯气，保持反应液在 18～20℃，通氯 140 min。当不再吸收氯气时，反应液呈黄色和中性。分出有机层，饱和碳酸氢钠溶液洗涤一次，水洗 3 次。无水硫酸镁干燥，过滤，得橙色油状液体（**3**）70.5 g，收率 92.9%。冰箱中避光保存。

　　N-氯代邻苯二甲酰亚胺（**1**）：于反应瓶中加入邻苯二甲酰亚胺（**4**）29.4 g（0.2 mol），叔丁醇 100 mL，水 200 mL，搅拌成悬浮液，25℃ 左右滴加上述化合物（**3**）23.7 g（0.2 mol）。加完后继续保持25℃搅拌反应 1.5 h，析出白色沉淀。抽滤，干燥，得化合物（**1**）36 g，mp 185～187℃，收率 99.2%。由甲醇-DMF 中重结晶，mp 184～186℃。

　　【用途】　氯化试剂

1,3-二溴-5,5-二甲基海因

$$C_5H_6Br_2N_2O_2，285.92$$

【英文名】　1,3-Dibromo-5,5-dimethylhydantoin，1,3-Dibromo-5,5-dimethyl-imidazolidine-2,4-dione

【性状】　淡黄色固体。

【制法】　张宪军，南震. 有机氟工业，2006，2：7.

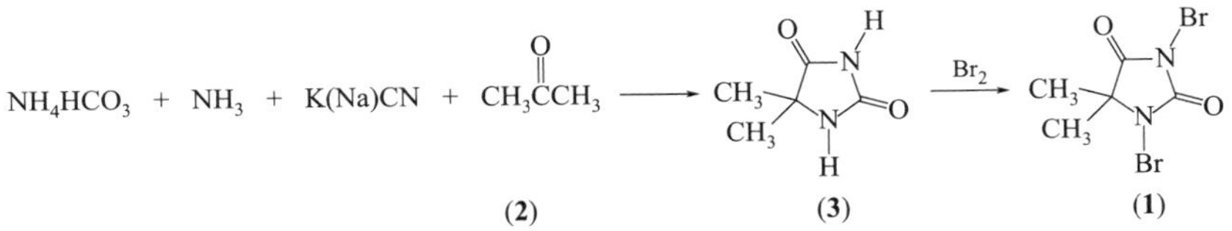

　　5,5-二甲基乙内酰脲（**3**）：于安有搅拌器、回流冷凝器的反应瓶中，加入碳酸氢铵 120 g，25%的氨水 118 mL，加入由氰化钠 26 g 溶于 50 mL 水中配成的溶液，再加入丙酮 37 mL，搅拌下于 55～60℃反应 2.5～3 h。升温至 90℃，继续反应 3 h，直至过量的碳酸氢铵全部分解。冷至 15℃，得粗品（**3**）。

　　1,3-二溴-5,5-二甲基乙内酰脲（**1**）：将上述化合物（**3**）粗品置于 2 L 反应瓶中，加入由 42 g 氢氧化钠溶于 1 L 水的碱液，搅拌下慢慢滴加溴 178 g，约 30 min 加完。搅拌反应 1 h 后，室温放置过夜。抽滤，水洗，得淡黄色化合物（**1**），收率 88%。

　　【用途】　溴化试剂。

(Z)-苯甲酰氯肟

$$C_7H_6ClNO，155.58$$

【英文名】　(Z)-Benzoyl chloride oxime

【性状】　无色或白色晶体。mp 57～58℃（mp 51～52℃）。易溶于乙醇、丙酮，不溶于水。

【制法】　方法 1　朱翔，陈志龙，李焰. 湖北大学学报，2007，29（2）：164.

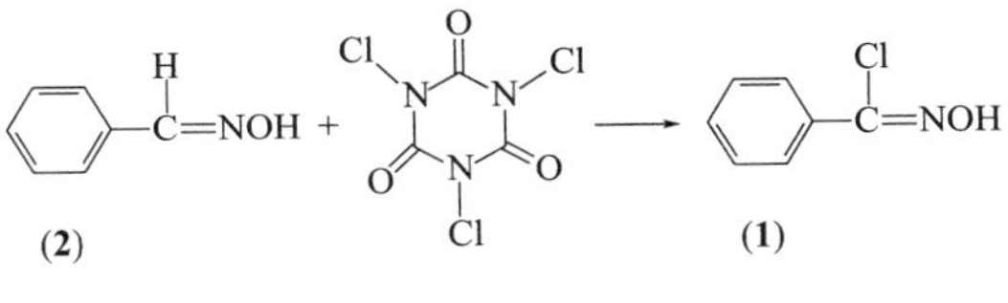

于反应瓶中加入苯甲醛肟 12.1 g（**2**）（0.1 mol），THF 25 mL，控制温度 0～5℃，搅拌下缓慢加入三氯异氰尿酸 11.6 g（0.05 mol），TLC 监测反应，反应 4～6 h 后减压浓缩蒸去 THF，乙酸乙酯萃取。依次用水和饱和的食盐水各洗一次，无水硫酸镁干燥。过滤，减压除去溶剂。残余物通过柱层析或重结晶，得化合物（**1**）14.7 g，产率 95%，mp 57～58℃。

方法 2　孙昌俊，曹晓冉，王秀菊.药物合成反应——理论与实践.北京：化学工业出版社，2007：129.

于反应瓶中加入苯甲醛（**2**）10.6 g（0.1 mol），水 20 mL，盐酸羟胺 7.6 g（0.108 mol），冰水浴冷至 5℃，滴加 20% 的氢氧化钠溶液调至 pH9，搅拌反应 1 h。用稀盐酸调至 pH5～6，二氯甲烷提取（20 mL×3），合并有机层，无水硫酸镁干燥，得苯甲醛肟（**3**）的溶液。

将上述溶液冷至 5℃ 以下，搅拌下通入氯气约 1.5 h。水泵减压除去溶剂得浅黄色固体（**1**）11 g，收率 71%，mp 48～50℃。

【用途】　抗菌素苯唑西林钠（Oxacillin sodium）等的中间体。

2-氯苯甲酰氯肟

$C_7H_5C_2NO$，190.03

【英文名】　2-Chlorobenzoyl chloride oxime

【性状】　浅黄色固体。mp 56～58℃。不稳定。

【制法】　①李忠华.山西大学学报：自然科学版，2002，25（3）：224.②上海第四制药厂.中国医药工业杂志，1977，（4～5）：33.

邻氯苯甲醛肟（**3**）：于反应瓶中加入苯甲醛（**2**）14.6 g（0.1 mol），水 20 mL，盐酸羟胺 7.6 g（0.108 mol），冰水浴冷至 5℃，滴加 20% 的氢氧化钠溶液调至 pH9，搅拌反应 1 h。用稀盐酸调至 pH5～6，二氯甲烷提取（20 mL×3），合并有机层，无水硫酸镁干燥，得邻氯苯甲醛肟（**3**）的溶液。减压蒸馏，得化合物（**3**），收率 80%。

邻氯苯甲酰氯肟（**1**）：于安有搅拌器、温度计、通气导管的反应瓶中，加入化合物（**2**）40.0 g（0.26 mol），乙醇 80 mL，降温至 0℃，通氯气，约 4 h 后，用淀粉-KI 试验测试，如果变蓝，则停止通入氯气，制得（**1**）的溶液，不经纯化可直接用于下步反应。

【用途】　抗生素氯苯唑西林钠（Cloxacillin sodium）合成中间体。

2-氨基苯乙酮盐酸盐

$C_8H_9ClNO \cdot HCl$，171.63

【英文名】　2-Aminoacetophenone hydrochloride

【性状】　白色固体。mp 185～186℃。

【制法】　Baumgarten H E，Petersen1 J M. Org Synth，1973，Coll Vol 5：909.

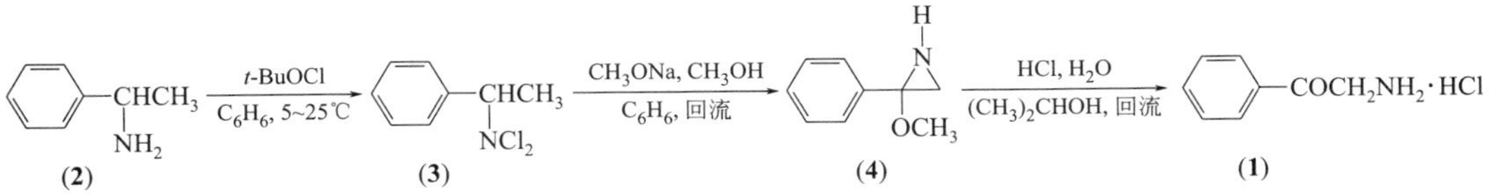

于反应瓶中加入 α-氨基乙苯（**2**）24.2 g（0.2 mol），干燥的苯 50 mL，冰盐浴冷至 5℃，搅拌下慢慢滴加由次氯酸叔丁酯 44.5 g（0.41 mol）溶于 50 mL 干燥苯的溶液，控制滴加速度，使反应液温度不超过 10℃，加完后室温搅拌反应 1～4 h，得化合物（**3**）的苯溶液备用。

将反应瓶安上回流冷凝器，慢慢滴加由金属钠 13.8 g（0.6 mol）与 140 mL 无水甲醇制成的甲醇钠-甲醇溶液，控制滴加速度，保持反应液回流。加完后继续加热回流，直至对酸性碘化钾-淀粉试纸呈阴性反应，约需 45～70 min。冰盐浴冷却后，过滤除去生成的氯化钠，滤饼用干燥的苯洗涤。合并滤液和洗涤液，搅拌下加入 150 mL 2 mol/L 的盐酸中，分出水层，有机层用 2 mol/L 的盐酸提取。合并水层，用乙醚提取 2 次。将水层在不超过 40℃的情况下减压浓缩，得化合物（**4**）。化合物（**4**）中加入 400 mL 异丙醇-盐酸溶液（100 mL 异丙醇加入 1 mL 浓盐酸），回流反应至少 30 min，趁热过滤，固体物重新用异丙醇-盐酸处理。两次的异丙醇-盐酸溶液分别于冰箱中放置过夜，过滤，乙醚洗涤，得几乎无色的结晶。滤液分别用等体积的乙醚稀释，冰箱中放置过夜，过滤，再得到部分产品，共得产品（**1**）18.9～24.8 g，mp 185～186℃，收率 55%～72%。产品已经很纯，一般无需再纯化。若需要纯化时，可以用异丙醇-盐酸溶液重结晶，6 g 粗品用 100 mL 溶液，可以得到 5.5 g 纯品。

【用途】　升压药盐酸乙苯福林（Etilefrine hydrochloride）的中间体。

十二、糖类化合物的卤化

阿洛夫定

$C_{10}H_{13}FN2O_4$，244.22

【英文名】　Alovudine

【性状】　白色结晶性粉末。mp 169～170℃。

【制法】　①John W T Selway，et al. US 5070078.1991. ②陈仲强，李泉. 现代药物的制备与合成：第二卷.北京：化学工业出版社.2011：26.

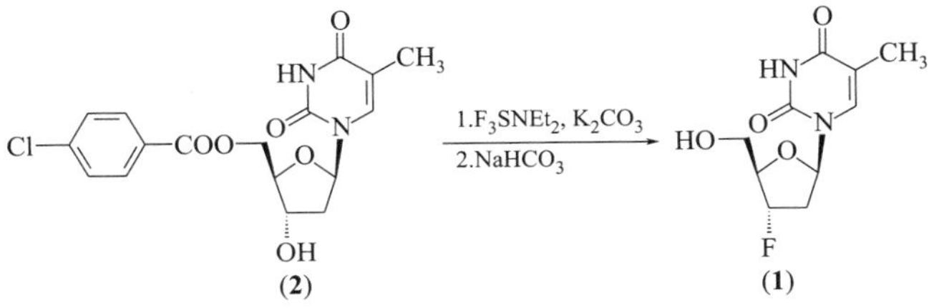

于反应瓶中加入化合物（**2**）61.0 g（0.16 mol），碳酸钾 30.0 g（0.217 mol），二氯甲

烷 700 mL，氮气保护，冷至 −78℃，滴加二乙氨基三氟化硫 36.6 g（0.227 mol），约 10 min 加完。加完后继续于 −78℃ 搅拌反应 2.5 h。自然升至室温，依次用冰水（700 mL）、水 500 mL、1.2 mol/L 的盐酸 500 mL、10% 的碳酸氢钠水溶液 500 mL 洗涤，有机层浓缩后，剩余物用过 500 mL 甲醇溶解，加入碳酸氢钠固体 15 g，搅拌回流 2 h。冷却，过滤，减压浓缩，得油状物。过硅胶柱纯化，以氯仿-甲醇（90∶10）洗脱，所得产物用丙酮 100 mL 处理，过滤，干燥，得化合物（**1**）7.7 g，收率 19.9%，mp 169～170℃。

【用途】 抗病毒抗 HIV 感染药物阿罗夫定（Alovudine）原料药。

2,3,5-三-*O*-苄基-D-阿拉伯呋喃糖基氟

$$C_{25}H_{25}FO_4，408.47$$

【英文名】 2,3,5-Tri-*O*-benzyl-D-arabinofuranosyl fluoride

【性状】 浆状物。

【制法】 Rosenbrook W，Jr Riley D A，Lartey P A. Tetrahedron Lett，1985，26（1）：3.

于反应瓶中加入 2,3,5-三-*O*-苄基-D-阿拉伯呋喃糖（**2**）500 mg（1.2 mmol），1.9 g（12 mmol）二乙氨基三氟化硫，氮气保护下于 0℃ 搅拌反应 16 h。慢慢升至室温，而后再冷至 0℃。加入 2 mL 甲醇淬灭反应。用 50 mL 二氯甲烷稀释，5% 的碳酸氢钠溶液洗涤，无水硫酸镁干燥。过滤，减压蒸出溶剂，得浆状物（**1**）粗品。过硅胶柱纯化，己烷-乙酸乙酯（4∶1）洗脱，得化合物（**1**）390 mg，收率 78%。分析表明，α，β-两种异构体的比例为 3∶1，原料（**2**）α，β-两种异构体的比例为 1∶7。

【用途】 抗白血病药物磷酸氟达拉滨（Fludarabine phosphate）、奈拉滨（Nelarabine）以及抗病毒药阿糖腺苷（Vidarabine）等的中间体。

α-D-溴代乙酰基吡喃葡萄糖

$$C_{14}H_{19}BrO_9，411.21$$

【英文名】 α-D-Acetobromoglucose，2,3,4,6-Tetra-*O*-acetyl-α-D-glucopyranosyl bromide

【性状】 白色固体。mp 86～89℃。溶于乙醚、乙醇、丙酮、氯仿，不溶于石油醚、水。$[\alpha]_D^{20}$ +197.5°（$c=2$，CHCl$_3$）。

【制法】 陈再成，孙昌俊，王沂宾等。中国医药工业杂志，1988，29（8）：9.

于反应瓶中加入醋酸酐 200 mL，冷却下慢慢加入高氯酸（60%～70%）1.2 mL，分批

加入无水葡萄糖（**2**）55 g（0.31 mol），维持反应温度 30～40℃。加完后继续搅拌 0.5 h。冷至 15℃以下，加入红磷 15 g（0.48 mol），滴加溴素 90 g，加完后继续反应 1 h。控制反应温度不超过 15℃，滴加水 18 mL，加完后室温反应 2 h。加入氯仿 150 mL，慢慢倒入 400 mL 冰水中。分出有机层，水层用氯仿提取两次，合并氯仿层，依次用饱和碳酸钠溶液、水洗涤，无水硫酸镁干燥。减压蒸出氯仿，加少量乙醚溶解，再加入石油醚，析出白色固体。抽滤，真空干燥，得 α-溴代乙酰基吡喃葡萄糖（**1**）102 g，收率 81%，mp 85～87℃。

【用途】　药物天麻素（Gastrodin）等的中间体。

1-氯-2-脱氧-3,5-二-*O*-对甲苯甲酰基-α-D-呋喃核糖

$C_{19}H_{21}ClO_5$，364.63

【英文名】　1-Chloro-2-deoxy-3,5-di-*O*-*p*-metylbenzoyl-α-D-ribofuranose

【性状】　白色固体。mp 114～118℃。不稳定，应保存在盛有固体氢氧化钠的真空干燥器中，低温保存。

【制法】　① Kawakami Junj，Wang ZhongMing，Fujiki Hiroyoshi，et al. Chemistry Letters，2004，23（12）：1554.　② 陈莉莉、岑均达.中国医药工业杂志，2005，36（7）：387.

1-甲氧基-2-脱氧-3,5-二-*O*-对甲苯甲酰基-α,β-D-呋喃核糖（**3**）：于反应瓶中加入 2-脱氧核糖（**2**）10 g（0.0745 mol），甲醇 120 mL，搅拌至溶解。加入 1% 的氯化氢甲醇溶液 20 mL，室温搅拌反应 30 min。用固体碳酸氢钠（2.5 g）调至 pH7.0，过滤。滤液减压蒸出甲醇，加入吡啶 50 mL，蒸干，如此重复三次后，再加入吡啶 60 mL 溶解。冰水浴冷至 0℃，慢慢滴加对甲苯甲酰氯 22 mL。加完后室温搅拌过夜。加入 150 mL 冰水，充分搅拌，用二氯甲烷提取三次，合并有机层，依次用饱和碳酸氢钠、稀盐酸洗涤，无水硫酸镁干燥。过滤，浓缩。剩余物加入甲醇溶解，加入柱层析得到的晶种，析晶，过滤，得白色粉末（**3**）18.8 g，收率 65.6%。（**3**）为 α,β-型的混合物。不需分离直接用于下步反应。

1-氯-2-脱氧-3,5-二-*O*-对甲苯甲酰基-α-D-呋喃核糖（**1**）：于锥形瓶中加入上述化合物（**3**）5 g（13 mmol），16 mL 乙酸，搅拌下滴加饱和氯化氢乙酸溶液 25 mL 和 2 mL 乙酰氯，加完后继续搅拌，直至不再析出白色固体为止。加入 1.5 倍体积的乙醚，搅拌 1～2 h。过滤，得白色粉末（**1**）3.5 g，mp 114～118℃，收率 70%。

【用途】　抗白血病药克拉屈滨（Cladribine）等的中间体。

2-脱氧-2-氟-3,5-二-*O*-苯甲酰基-α-D-阿拉伯呋喃糖基溴

$C_{19}H_{16}BrFO_5$，423.24

【英文名】　2-Fluoro-2-deoxy-3,5-di-*O*-benzoyl-α-D-arabinofuranosyl bromide

【性状】　浆状物。

【制法】 Chou H Tann，Paul R Brodfuehrer Steven P Brundidge，et al. J Org Chem，1985，50（19）：3644.

2-脱氧-2-氟-1,3,5-三-*O*-苯甲酰基-*α*-D-阿拉伯呋喃糖（**3**）：于反应瓶中加入化合物（**2**）100.8 g（0.17 mol），氟化氢钾 53.1 g（0.68 mol），2,3-丁二醇 250 mL，氮气保护，搅拌下置于 160℃油浴中反应，HPLC 跟踪反应，约 1 h 后，加入 150 mL 水和 100 mL 盐酸，二氯甲烷提取 4 次。合并有机层，水洗，饱和碳酸氢钠洗涤，无水硫酸钠干燥。过滤，浓缩，乙醇中重结晶，得化合物（**3**），收率 62.8%，mp 82℃。

2-脱氧-2-氟-3,5-二-*O*-苯甲酰基-*α*-D-阿拉伯呋喃糖基溴（**1**）：于反应瓶中加入化合物（**3**）41.3 g（0.089 mol），二氯甲烷 200 mL，30%的溴化氢-乙醇溶液 49 mL，室温搅拌反应 18 h。减压蒸出溶剂后，剩余物溶于二氯甲烷，水洗，饱和碳酸氢钠溶液洗涤，无水硫酸钠干燥。过滤，浓缩，得浆状物（**1**），收率 98%。

【用途】 抗 HBV 感染药物克立夫定（Clevudine）中间体。

1-*O*-甲基-2,3-*O*-异亚丙基-5-脱氧-5-碘-D-呋喃核糖

$C_9H_{15}IO_4$，314.12

【英文名】 1-*O*-Methyl-2,3-*O*-isopropylidene-5-deoxy-5-iodo-D-ribofuranose

【性状】 油状液体。

【制法】 马志龙，周峰，吴夏冰，孙媛媛，李建其. 中国医药工业杂志，2014，45（3）：212.

1-*O*-甲基-2,3-*O*-异亚丙基-D-呋喃核糖（**3**）：于反应瓶中加入 D-核糖（**2**）100.9 g（0.67 mol），甲醇 350 mL，丙酮 350 mL，浓盐酸 10 mL，搅拌回流反应 3 h。冷至室温，加饱和碳酸钠溶液约 15 mL 调至 pH8。加水 150 mL，用乙酸乙酯提取（150 mL×3）。合并有机层，饱和盐水洗涤后，无水硫酸钠干燥。过滤，减压浓缩，得浅黄色液体（**3**）137.3 g，收率 89%。

1-*O*-甲基-2,3-*O*-异亚丙基-5-*O*-对甲苯磺酰基-D-呋喃核糖（**4**）：于反应瓶中加入上述化合物（**3**）137.3 g，吡啶 110 mL，冰盐浴冷却下滴加对甲苯磺酰氯 134.5 g（0.71 mol）溶于 300 mL 二氯甲烷的溶液，加完后室温搅拌反应 5 h。加入 100 mL 水，搅拌 30 min。分出有机层，减压浓缩。剩余物中加入异丙醇 800 mL，析出结晶。抽滤，减压干燥，得白色固体（**4**）163.8 g，收率 68%，mp 82.8～83.1℃。

1-*O*-甲基-2,3-*O*-异亚丙基-5-脱氧-5-碘-*D*-呋喃核糖（**1**）：于反应瓶中加入上述化合物（**4**）108.1 g（0.30 mol），甲苯 400 mL，DMF 100 mL，碘化钠 54.3 g（0.36 mol），搅拌

回流反应 2 h。冷至室温，依次用水、饱和盐水洗涤，减压浓缩至干，得黄色油状液体（**1**）92.8 g，收率 98%。

【用途】 抗血栓药替卡格雷（Ticagrelor）关键中间体。

三氯蔗糖

$C_{12}H_{19}Cl_3O_8$，397.64

【英文名】 Trichlorosucrose，4,1',6'-Trichloro-4,1',6'-trideoxy-galactosucrose

【性状】 白色结晶。mp 124～125℃（文献 mp 123℃）。

【制法】 ①朱仁发，邵国泉，何勇. 安徽大学学报：自然科学版，2008，32（1）：78. ②沈国平，琴华. 辽宁化工，2002，32（11）：487.

蔗糖-6-乙酸酯（**3**）：于反应瓶中加入干燥过的蔗糖（**2**）34 g（0.1 mol），无水硫酸铈 1.5 g，乙酸乙酯 60 mL，DMF 150 mL，油浴加热至 95℃左右，搅拌反应 4 h（TLC 跟踪反应，氯仿：甲醇＝2：1）。冷至室温，过滤回收硫酸铈，减压蒸出未反应的乙酸乙酯，即可得化合物（**3**）的 DMF 溶液，直接用于下一步反应。

6-乙酰基-4,1',6'-三氯-4,1',6'-三脱氧半乳型蔗糖（**4**）：将上述化合物（**3**）的 DMF 溶液、70 mL 1,2-二氯乙烷、20 mL 乙酸乙酯加入三口烧瓶中，冰盐浴冷却，缓慢滴加 30 mL 氯化亚砜，控制滴加速度，保持温度在 20℃以下。加完后缓慢升温至 78℃，保温反应 1 h，再升温至 98℃，回流 3 h。冰盐浴冷却，滴加 4 mol/L 氢氧化钠溶液中和至中性。抽滤，加入 200 mL 乙酸乙酯，剧烈搅拌后静置。分取有机层，水层再用乙酸乙酯（150 mL×3）萃取。合并有机层，依次用饱和食盐水、水洗涤，无水硫酸钠干燥过夜。减压回收乙酸乙酯至 60 mL，加入 5 g 活性炭脱色 20 min。过滤，冷却析晶、抽滤，得白色固体（**4**）16.3 g。滤液可回收 3 g。两步总收率 43.8%。

三氯蔗糖（**1**）：将上述化合物（**4**）19 g 溶于 200 mL 甲醇中，加入甲醇钠调节至 pH9 以上，室温搅拌反应 4 h（TLC 跟踪反应，氯仿：甲醇为 4：1）。加入处理过强酸型阳离子树脂中和至中性。过滤，用少量甲醇洗涤树脂。减压回收甲醇至干，得白色泡沫状物质。用 70% 乙醇 100 mL 溶解。加入 1 g 活性炭脱色 20 min。过滤，减压回收溶剂至 20 mL，冷却、析晶。抽滤，干燥，得白色结晶（**1**）16.3 g，mp 124～125℃（文献 mp 123℃），收率 94.8%。

【用途】 非营养型甜味剂三氯蔗糖（Sucralose）成品。

2,3,4,6-四-O-乙酰基-1-溴-1-氯-β-D-甘露糖

$C_{14}H_{18}BrClO_9$，445.65

【英文名】 2,3,4,6-Tetra-O-acetyl-1-bromo-1-chloro-β-D-mannitose

【性状】 无色透明浆状物。

【制法】 宋绍兴，唐燕辉，陈国荣等.中国医药工业杂志，2006，37（4）：230.

2,3,4,6-四-O-乙酰基-1-溴-α-D-甘露糖（3）：于反应瓶中加入β-D-甘露糖（2）500 mg（2.78 mmol），醋酸酐 2.5 mL，14.3%的溴化氢醋酸溶液 1.12 mL（18 mmol），室温搅拌反应 5 min。固体全溶后再加入 14.3%的溴化氢醋酸溶液 5.8 mL（87 mmol），室温搅拌反应 12 h。用甲苯提取 3 次，减压蒸出溶剂。剩余糖浆物用乙醚溶解，减压浓缩，如此 3 次，得无色浆状物（3）1.1 g，收率95%。直接用于下一步反应。

2,3,4,6-四-O-乙酰基-1-氯-β-D-甘露糖（4）：首先将无水氯化锂 400 mg 与六甲基膦酰胺（HMPA）20 mL 混合，室温搅拌过夜。将其加入上述化合物（3）中，剧烈搅拌反应 1.5 h 后，加入−20℃的乙酸乙酯 40 mL 中，用乙酸乙酯提取。提取液用冰水洗涤 3 次，无水氯化钙干燥。过滤，减压浓缩至干，得黄色固体。用 1,2-二氯乙烷-乙醚（5∶1）重结晶，得白色针状结晶（4）0.8 g，收率70%，mp 158～161℃。

2,3,4,6-四-O-乙酰基-1-溴-1-氯-β-D-甘露糖（1）：将化合物（4）100 mg（0.27 mmol）溶于 10 mL 四氯化碳中，加入 NBS 220 mg（1.2 mmol），用 250W 钨灯在距离瓶底 1cm 处照射 2 h，TLC 显示反应结束。过滤，减压浓缩。剩余物中加入无水乙醚，减压浓缩，如此重复多次，得无色透明浆状物（1）116 mg，收率96%。

【用途】 新药开发中间体。

三-O-乙酰基-α-D-溴代吡喃葡萄糖醛酸甲酯

$C_{13}H_{17}BrO_9$，397.18

【英文名】 Methyl(tri-O-acetyl-α-D-glucopyranosyl bromide)-uronate

【性状】 白色结晶，mp 101～103℃。溶于氯仿、二氯甲烷、乙酸乙酯，不溶于水。

【制法】 ①孙昌俊，王义贵，胡为峰等.合成化学，1994，2（3）：246.②陈铎之，赵钊，吴婷等.应用化工，2009，38（10）：1453.

1,2,3,4-四-O-乙酰基-β-D-吡喃葡萄糖醛酸甲酯（4）：于反应瓶中加入甲醇 200 mL，0.1 g 金属钠，而后分批加入葡萄糖醛酸内酯（2）35.2 g（0.2 mol），室温搅拌反应 1 h。减压蒸出甲醇，得浅黄色黏稠物（3）。加入 140 mL 醋酸酐，冰水浴冷却下逐滴加入 60%～

70%的高氯酸 0.6 mL，控制反应液不高于 40℃。室温放置过夜，析出大量白色固体。再加入 0.2 mL 高氯酸，冰箱中放置过夜。过滤析出的结晶，用少量乙醚洗涤，得白色结晶（**4**）21 g，mp 177～178.5℃。

滤液中加入氯仿 120 mL，搅拌下慢慢倒入 600 g 冰水中，分出有机层，水层用氯仿提取两次，合并氯仿溶液，依次用冷水、饱和碳酸氢钠、水洗涤，无水硫酸镁干燥，减压蒸出氯仿，得黏稠液体，用 120 mL 异丙醇重结晶，得 19 g 产品（以 1,2,3,4-四-O-乙酰基-α-D-吡喃葡萄糖醛酸甲酯为主）。

三-O-乙酰基-α-D-溴代乙酰基吡喃葡萄糖醛酸甲酯（**1**）：将 21 g（0.056 mol）化合物（**4**）溶于 95 mL 30%的 HBr 冰醋酸溶液中，冰箱中放置 24 h。加入氯仿 100 mL，搅拌下慢慢倒入 200 g 冰水中，分出有机层，水层用氯仿提取两次，合并氯仿溶液，依次用冷水、饱和碳酸氢钠、水洗涤，无水硫酸镁干燥，控制水浴温度不超过 40℃，减压蒸出氯仿。剩余物用 30 mL 无水乙醇重结晶，得白色固体（**1**）14 g，mp 101～103℃，收率 64%。置于盛有固体氢氧化钠的干燥器中，低温保存备用。

【用途】 抗癌化合物 FU-O-G 的中间体。

第四章 | 烃基化反应

一、卤化物烃基化试剂

1. *O*-烃基化反应

N-甲基-2-乙酰氧基乙酰苯胺

$$C_{10}H_{13}NO_3，195.22$$

【英文名】 *N*-Methyl-2-acetoxyacetanilide

【性状】 白色结晶。mp 55～56℃。溶于乙醇、乙醚、丙酮，微溶于石油醚，不溶于水。

【制法】 Ananthanarayanan C，Ramakrishnan V T. Indian Y Chem，Section B，Organic Chemistry including Medicanal Chemistry，1988，27：156.

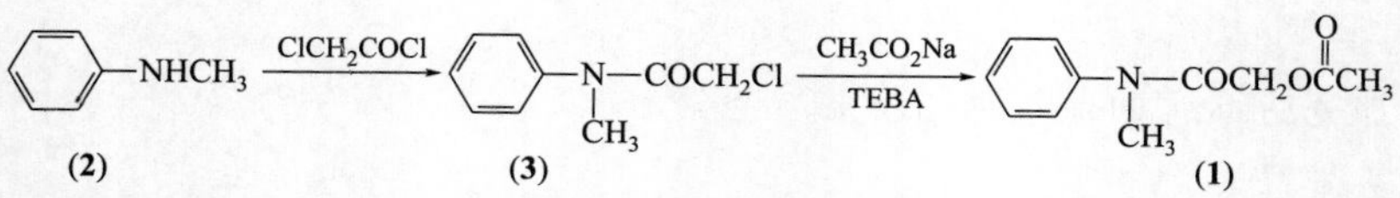

于安有搅拌器、温度计、滴液漏斗、分水器的反应瓶中，加入 *N*-甲基苯胺（**2**）54.6 g（0.5 mol），甲苯 130 mL，慢慢滴加氯乙酰氯 61.2 g（0.525 mol），控制反应液温度在 20℃以下。加完后慢慢升温至 60℃，保温反应 30 min，再升温至 115℃，反应 2 h，直至氯化氢气体不再逸出，生成 *N*-甲基-*N*-氯乙酰苯胺（**3**）。加入无水醋酸钠 54.3 g（0.65 mol），TEBA 0.8 g，于 115℃搅拌反应 3 h。冷至室温，抽滤，滤饼用甲苯洗涤 2 次。合并滤液和洗涤液，减压蒸出甲苯，得褐色油状液体，冷后固化，得化合物（**1**）104.8 g，收率 93%。气相色谱测定纯度 92%。用 4 倍量的乙醇-石油醚（1：1）重结晶，mp 55～56℃，纯度 99%。

【用途】 除草剂苯噻草胺（Mefenacet）等的中间体。

3,4,5-三甲氧基苯甲酸-3′-氯丙酯

$$C_{13}H_{17}ClO_5，288.73$$

【英文名】 3-Chloropropyl 3,4,5-trimethoxybenzoate

【性状】 白色结晶。mp 58～61℃。

【制法】 ①朱淬励. 中国医药工业杂志，1980，11（10）：3. ②孙昌俊，曹晓冉，王秀菊. 药物合成反应——理论与实践. 北京：化学工业出版社，2007：232.

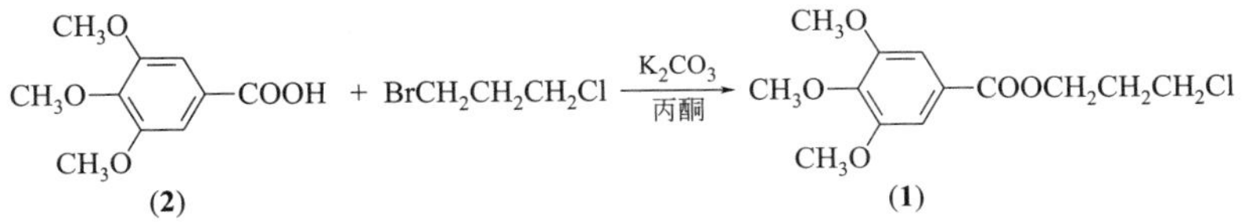

于反应瓶中加入 3,4,5-三甲氧基苯甲酸（**2**）149 g（0.7 mol），1,3-溴氯丙烷 225 g（1.43 mol），丙酮 1100 mL，加热回流，分批加入研细的碳酸钾 55 g（0.4 mol）。继续搅拌反应 12 h。冷后过滤，滤液蒸馏回收丙酮和溴氯丙烷，最后减压蒸馏尽量将溶剂除尽。剩余物加入无水乙醇 200 mL，加热溶解，冷后析出结晶。抽滤，少量甲醇洗涤，得化合物（**1**）190 g，收率 92%，mp 57～60℃。

【用途】 防治心绞痛药地拉齐普（Dilazep）等的中间体。

2,2-二甲氧基乙酸甲酯

$C_5H_{10}O_4$，134.13

【英文名】 Ethyl 2,2-dimethoxyacetate

【性状】 无色液体。

【制法】 Sato Y. DE 2756226. 1978.

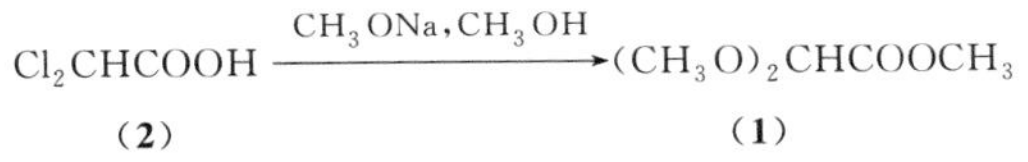

于反应瓶中加入无水甲醇 960 mL，分批加入金属钠 80.5 g（3.5 mol），反应完后，减压浓缩至约 470 mL，呈混悬液。搅拌下缓慢回流，慢慢加入二氯乙酸（**2**）129 g（1.0 mol），加完后继续回流反应 3.5 h。冷至 10℃ 以下，慢慢加入 50% 的甲醇-HCl 溶液 200 mL，注意保持内温不超过 10℃。加完后室温搅拌 18 h。冷至 10℃，用甲醇钠调至 pH7，过滤，甲醇洗涤。于 30℃ 回收溶剂，剩余物用苯提取数次。合并有机层，减压蒸馏，收集 68～69℃/2.67 kPa 的馏分，得化合物（**1**）89.5 g，收率 66.7%。

【用途】 心脏病治疗药尼伐地平（Nilvadipine）等的中间体。

硝酸芬替康唑

$C_{24}H_{20}Cl_2N_2OS \cdot HNO_3$，455.40

【英文名】 Fenticonazole nitrate

【性状】 白色结晶。mp 135～136℃。

【制法】 陈宝泉，雷英杰，李彩文，黄玉平. 中国药物化学杂志，2007，17（1）：52.

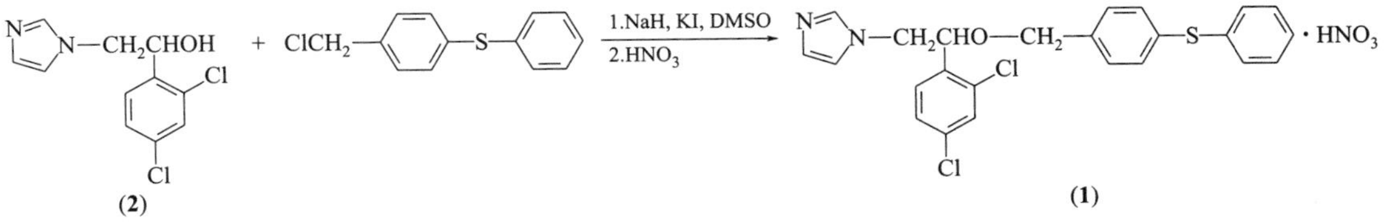

于反应瓶中加入甲苯 60 mL，水 20 mL，氢氧化钠 3.0 g（75 mmol），50%的四丁基氢氧化铵 4 mL，搅拌下加入化合物（2）11.6 g（45 mmol），加热至 80℃，滴加对苯硫基苄基氯 10.6 g（45 mmol），约 10 min 加完。加完后继续保温反应 4 h。冷却，加入乙醚 100 mL，分出有机层，水层用乙醚提取 2 次。合并有机层，水洗至中性，无水硫酸钠干燥。过滤，滤液中慢慢加入硝酸 3 mL，析出固体。过滤，乙醚洗涤，用 95%的乙醇重结晶，得白色结晶（1）13.3 g，收率 56.1%，mp 135～136℃。

【用途】 外用抗真菌药硝酸芬替康唑（Fenticonazole nitrate）原料药。

4-[（2-邻苯二甲酰亚胺）乙氧基]乙酰乙酸乙酯

$$C_{16}H_{17}NO_6, 319.31$$

【英文名】 Ethyl 4-(2-phthalimidoethoxy)acetoacetate

【性状】 油状液体。

【制法】 石卫兵，赖宝生，张奕华. 中国药物化学杂志，2006，16（3）：161.

于反应瓶中加入 N-2-羟乙基-邻苯二甲酰亚胺（2）19.5 g（0.1 mol），THF 60 mL，搅拌溶解。冷至 10℃以下，加入 NaH 8.0 g（0.2 mol），搅拌 30 min 后，慢慢滴加氯代乙酰乙酸乙酯 16.5 g（0.1 mol）。加完后慢慢升至 40℃搅拌反应，TLC 跟踪反应至反应完全。冷却，用 2 mol/L 的盐酸调至 pH6～7，静置，分出水层。常压蒸出 THF，剩余物用乙酸乙酯提取。合并有机层和提取液，饱和盐水洗涤，无水硫酸钠干燥。过滤，减压浓缩，得黄色油状液体（1）32.2 g，收率 75.8%，含量>75%（HPLC 法）。

【用途】 高血压、心绞痛治疗药苯磺酸氨氯地平（Amlodipine besylate）中间体。

佐替平

$$C_{18}H_{18}ClNOS, 331.86$$

【英文名】 Zotepine

【性状】 结晶。mp 90～91℃。

【制法】 Ueda I, Sato Y, Maeno S, et al. Chem Pharm Bull, 1978, 26 (10): 3058.

于反应瓶中加入甲基异丁基酮 260 mL，水 25.5 mL，化合物（2）50 g（0.2 mol），碳酸钾 55 g（0.4 mol），加热搅拌回流 1 h。加入新蒸馏的 1-氯-2-二甲氨基乙烷 57.6 mL（0.53 mol），继续回流反应 5.5 h。加水 200 mL，分出有机层，水层用甲基异丁基酮提取数次。合并有机层，无水硫酸镁干燥。过滤，减压浓缩。加入环己烷，析出结晶。抽滤，用环己烷重结晶，得化合物（1）51.3 g，收率 77.5%，mp 90～91℃。

【用途】 抗精神病药佐替平（Zotepine）原料药。

依莫法宗

$C_{11}H_{17}N_3O_3$，239.27

【英文名】 Emorfazone

【性状】 mp 89～91℃。

【制法】 ①邓波，郑柱景，沃阳等.1994，9（2）：2.②Takaya M，et al. J Med Chem，1979，22（1）：53.

于反应瓶中加入无水乙醇 1600 mL，分批加入金属钠 46 g（2 mol），待金属钠完全反应后，加入化合物（2）229 g（1.0 mol），加热回流 5 h。减压回收乙醇后，加入水 1.2 L，氯仿提取数次。合并有机层，依次用 10% 的盐酸、水洗涤，无水硫酸钠干燥。过滤，浓缩，析出固体。用甲醇-异丙醚重结晶，得化合物（1）167 g，收率 70%，mp 89～91℃。

【用途】 消炎镇痛药依莫法宗（Emorfazone）原料药。

2-(2-氯-4-硝基苯氧甲基)吡啶

$C_{12}H_9ClN_2O_3$，264.67

【英文名】 2-[(2-Chloro-4-nitrophenoxyl)methyl]pyridine

【性状】 白色固体。mp 149～150℃。

【制法】 ①张佩璇，茹勇军，沈敬山等.中国药物化学杂志，2008，18（5）：355.②陈锋，张生平，王佩倍等.中国医药工业杂志，2014，45（8）：701.

于反应瓶中加入 2-氯甲基吡啶盐酸盐 16.4 g（0.1086 mol），碳酸钾 27.6 g（0.20 mol），DMF 100 mL，室温搅拌 30 min。依次加入 2-氯-4-硝基苯酚（2）17.4 g（0.10 mol），碘化钾 0.83 g，于 60℃搅拌反应 12 h。加入 400 mL 水，析出白色固体。过滤，水洗，干燥，得白色固体（1）26.0 g，收率 98%，mp 149～150℃。

【用途】 非小细胞肺癌和乳腺癌治疗药物来那替尼（Neratinib）等的中间体。

依普黄酮

$C_{18}H_{16}O_3$，280.32

【英文名】 Ipriflavone

【性状】 白色片状结晶。mp 115～116℃。无臭、无味。易溶于氯仿、DMF，溶于乙腈、丙酮、乙酸乙酯，不溶于水。

【制法】 ①姜晔，中国医药工业杂志，1997，28（7）：300.②颜延仁，端振英，武引文等.河北医科大学学报，2003，24（2）：92.

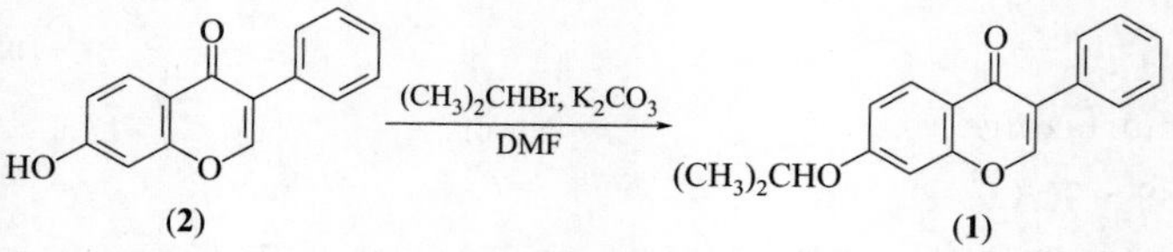

于反应瓶中加入 7-羟基-3-苯基-4H-1-苯并吡喃-4-酮（**2**）100 g（0.42 mol），DMF 70 mL，无水碳酸钾 76 g（0.551 mol），异丙基溴 73 g（0.598 mol），搅拌加热至 75～95℃反应 2 h。而后于 100℃搅拌反应 10 min。冷至 0℃，加入异丙醇 57 mL 和水 350 mL，析出白色固体。过滤，水洗至中性，干燥，得粗品 106.3 g，收率 90.4%。用无水乙醇 600 mL 重结晶，得白色片状结晶（**1**）97.2 g，mp 115～116℃。

【用途】 骨质疏松治疗药依普黄酮（Ipriflavone）原料药。

4-苯甲氧基-3-硝基苯乙酮

$C_{15}H_{13}NO_4$，271.27

【英文名】 4-Phenylmethoxy-3-nitroacetophenone

【性状】 浅黄色结晶。mp 135.5～137℃。

【制法】 Pungan KW, et al. J Med Chem，1967，10（3）：462.

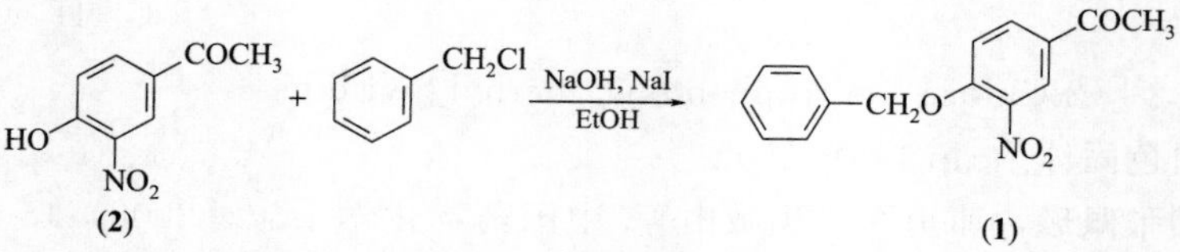

于反应瓶中加入 3-硝基-4-羟基苯乙酮（**2**）36.2 g（0.2 mol）、氯苄 28.0 g（0.2 mol）、50%氢氧化钠溶液 22 mL、碘化钠 2 g、水 200 mL 和乙醇 300 mL，加热搅拌回流 48 h。反应毕，减压回收乙醇，冷却，析出固体。过滤，水洗，得粗品（**1**）43.2 g，收率80%，mp 110～120℃。用丁酮-异丙醚重结晶，得化合物（**1**），mp 135.5～137℃。

【用途】 平喘药盐酸卡布特罗（Carbuterol hydrochloride）等的中间体。

盐酸氯康唑

$C_{18}H_{15}ClN_2O \cdot HCl$，347.24

【英文名】 Croconazole hydrochloride

【性状】 白色结晶。mp 147～149℃。

【制法】 周明德，张文典.中国医药工业杂志，1992，23（3）：101.

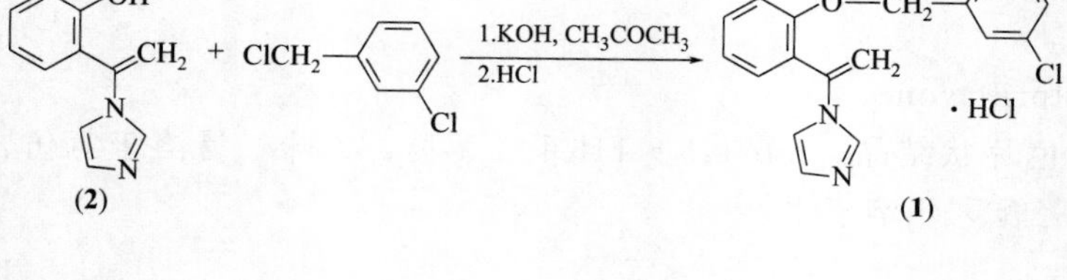

于反应瓶中加入丙酮 40 mL，氢氧化钾 2.0 g，化合物（**2**）5.4 g（0.029 mol），室温搅拌溶解，而后滴加间氯苄基氯 5.0 g（0.031 mol），加完后于 50℃搅拌反应 3 h。回收丙酮，剩余物中加入适量水，分出油层。水层用二氯甲烷提取，合并有机层，用 10%的氢氧化钠溶液碱化，分出二氯甲烷层，水洗。用 6 mol/L 的盐酸酸化，蒸出二氯甲烷，得盐酸盐白色结晶。用二氯甲烷-乙酸乙酯重结晶，得化合物（**1**）7.8 g，收率 77.5%，mp 147～149℃。

【用途】 抗真菌药盐酸氯康唑（Croconazole hydrochloride）原料药。

3-(邻甲氧基苯氧基)-1,2-丙二醇

$$C_{10}H_{10}O_4，198.32$$

【英文名】 3-(2-Methoxyphenoxy)propane-1,2-diol
【性状】 白色结晶性粉末。mp 78～80℃。
【制法】 林惠安.广东药学，2001，11（4）：20.

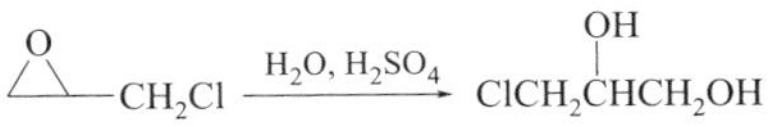

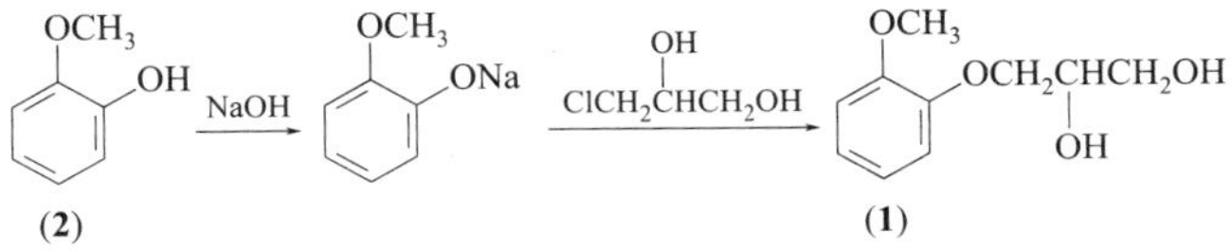

于 500 mL 反应瓶中加入环氧氯丙烷 46 g，水 150 mL，搅拌下加入浓硫酸 0.3 mL，加热至 60℃。停止加热，自然升温至 95℃，于 95～100℃反应 1.4 h。冷至室温，加入愈创木酚（**2**）46.9 g（0.4 mol），25%的氢氧化钠水溶液 68 mL，升温，于 95～100℃反应 2 h。冷却，用盐酸调至 pH5，二氯甲烷提取。合并有机层，水洗，无水硫酸钠干燥。过滤，浓缩。剩余物加入甲苯 200 mL，回流 30 min。冷却析晶，过滤。滤饼用甲酸乙酯重结晶，得化合物（**1**）63.4 g，收率 80%，mp 79～81℃。

【用途】 喘息性支气管炎、慢性支气管炎、支气管哮喘病治疗药愈创木酚甘油醚（Guaifenesin）原料药。

4-(2-氯乙氧基)苯甲酸

$$C_9H_9ClO_3，200.63$$

【英文名】 4-(2-Chloroethoxy)benzoic acid
【性状】 白色固体。mp 187～189℃。
【制法】 姜风超，汪文荧，曾明箴.中国医药工业杂志，1997，28（11）：493.

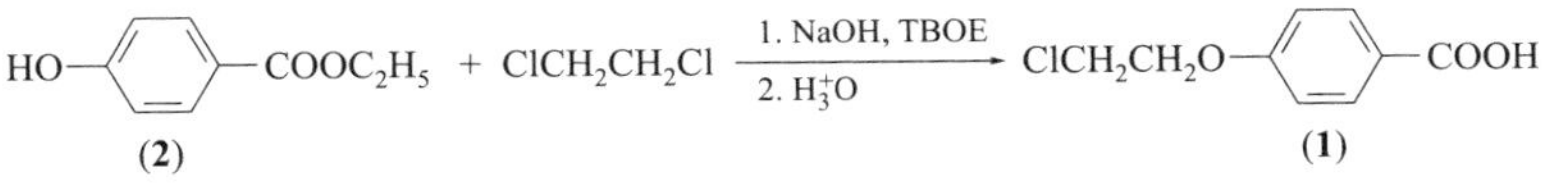

于反应瓶中加入对羟基苯甲酸乙酯（**2**）34 g（0.2 mol），50%的氢氧化钠水溶液 40 mL，1,2-二氯乙烷 70 mL，溴化三丁基-(2-羟乙基)铵（TBOE）6.5 g，于 60℃搅拌反

应 8~10 h。冷至室温，用盐酸调至 pH2。分出有机层，水层用二氯乙烷提取，合并有机层，水洗后无色硫酸镁干燥，减压蒸出溶剂。所得固体用乙醚洗涤，干燥后得（**1**）34.5 g，收率 86%，mp 186~189℃。

【用途】 选择性合成酶 TXA2 抑制剂哒唑氧苯（Dazoxiben）等的中间体。

4-甲酰苯基 2′,3′,4′,6′-四-*O*-乙酰基-*β*-D-吡喃葡萄糖苷

$$C_{21}H_{24}O_{11}，452.42$$

【英文名】 4-Formylphenyl 2′,3′,4′,6′-tetra-*O*-acetyl-*β*-D-glucopyranoside

【性状】 白色固体。mp 145~146℃。溶于氯仿、二氯甲烷、热乙醇，不溶于水。

【制法】 陈再成，孙昌俊，王宜斌等.中国医药工业杂志，1988，19（8）：9.

于安有搅拌器、回流冷凝器、两个滴液漏斗的反应瓶中，加入氯仿 10 mL，新洁而灭 1.5 g（0.004 mol），搅拌下加热至 50℃。另将 α-溴代乙酰基吡喃葡萄糖（**2**）5 g（0.012 mol）溶于氯仿 20 mL 中；将对羟基苯甲醛（**3**）1.3 g（0.011 mol）溶于 4% 的氢氧化钠水溶液 25 mL 中。剧烈搅拌下同时滴加上述两种溶液，控制反应温度 50℃，pH8~10，约 1 h 加完，而后继续搅拌反应 3 h。冷后分出氯仿层，水洗，无水硫酸钠干燥。减压蒸出氯仿，得浅黄色黏稠物。加入无水乙醇加热溶解，冷却，析出晶体。抽滤、冷乙醇洗涤，干燥，得（**1**）2.56 g，收率 53%，mp 144~146℃。

【用途】 天麻素（Gastrodin）等的中间体。

邻辛氧基苯甲酸

$$C_{15}H_{22}O_3，250.34$$

【英文名】 2-Octyloxybenzoic acid

【性状】 淡黄色油状液体。

【制法】 罗佳，张永明，赵艳萍等.中国药物化学杂志，2008，18（5）：358.

邻辛氧基苯甲酸甲酯（**3**）：于反应瓶中加入水杨酸甲酯（**2**）48.7 g（0.32 mol），乙腈 500 mL，搅拌溶解。再加入研细的无水碳酸钾 88.0 g（0.64 mol），室温剧烈搅拌下滴加 1-溴辛烷 77 g（0.40 mol），加完后继续搅拌回流反应 24 h。冷却，过滤，滤液减压浓缩至干。加入 500 mL 乙酸乙酯溶解，用 0.47 mol/L 的碳酸钠溶液洗涤，水洗至中性，无水硫酸钠干燥。过滤，滤液活性炭脱色。减压浓缩，剩余物减压蒸馏，收集 140℃/2.7 kPa 的馏分（1-溴辛烷），剩余物为淡黄色透明液体化合物（**3**）粗品，重 76 g。可直接用于下一步反应。

邻辛氧基苯甲酸（**1**）：于反应瓶中加入上述化合物（**3**）76 g（0.288 mol），甲醇 200 mL，搅拌加热溶解。加入 1 mol/L 的氢氧化钠-甲醇溶液 700 mL，回流反应 5 h。减压浓缩后，剩余物加入 1.5 L 水溶解，用石油醚 500 mL 洗涤，水层用 5 mol/L 的盐酸调至 pH3，放置 2 h。分出有机层，水层用乙酸乙酯提取。合并有机层，水洗，无水硫酸钠干燥，活性炭脱色。减压浓缩，得淡黄色油状液体（**1**）67.8 g，总收率 84.9%。

【用途】 胃病治疗药奥替溴铵（Otilonium bromide）中间体。

3,4-二-(2-甲氧基乙氧基)-苯甲酸甲酯

$C_{14}H_{20}O_6$，284.31

【英文名】 Methyl 3,4-di-(2-methoxyethoxy)benzoate
【性状】 白色固体。mp 50～51℃。溶于乙醇、氯仿，不溶于水。
【制法】 季铭东，曹萌，吉民. 中国医药工业杂志，2007，38（4）：257.

于反应瓶中加入 3,4-二羟基苯甲酸甲酯（**2**）36.4 g（0.2 mol），乙腈 200 mL，碳酸钾 83 g（0.6 mol），2-氯乙基甲基醚 45.4 g（0.48 mol），碘化钾 0.2 g，搅拌下加热回流 4 h。减压蒸出溶剂后，剩余物水洗至中性。用异丙醇重结晶，得白色粉末（**1**）53.4 g，收率 93%，mp 50～51℃。

【用途】 抗肿瘤药盐酸艾洛替尼（Erlotinib hydrochloride）等的中间体。

4-溴-2-(2-甲氧苯氧基)苯甲腈

$C_{14}H_{10}BrNO_2$，304.14

【英文名】 4-Bromo-2-(2-methoxyphenoxy)benzonitrile
【性状】 白色固体。mp 133～135℃。
【制法】 杨乾，鞠爱华等. 中国药物化学杂志，2009，19（3）：181.

于反应瓶中加入碳酸钾 34.53 g（250 mmol），DMF 100 mL。搅拌下滴加邻甲氧基苯酚 31.03 g（250 mmol）溶于适量 DMF 的溶液。加完后再慢慢滴加 2-氟-4-溴苯甲腈（**2**）50.0 g（250 mmol）的 DMF 溶液，加完后搅拌下加热回流 2.5 h。冷后倒入 1 mol/L 的氢氧化钠冷水溶液中，析出白色固体，抽滤，水洗，干燥，乙酸乙酯重结晶，得白色固体（**1**）69.5 g，mp 133～135℃，收率 91.4%。

【用途】 新药开发、合成中间体。

2-苯氧基尼克酸

$C_{12}H_9NO_3$，215.21

【英文名】 2-Phenoxynicotinic acid

【性状】 白色固体。mp 177～179℃。

【制法】 金荣庆，张海波，孟霆等.精细化工中间体，2009，03：37.

于反应瓶中加入甲醇 250 mL，氢氧化钠 32 g，搅拌溶解，加入苯酚 110 g，冷至室温，加入 2-氯尼克酸（**2**）50 g。蒸出溶剂至 180℃，保温反应 1.5 h。冷却至 100℃，加入 400 mL 水，乙酸乙酯提取。水层活性炭脱色后，用醋酸调至 pH4，析出固体。过滤，干燥，得浅红色化合物（**1**）62.5 g，收率 80%，mp 177～179℃。

【用途】 消炎镇痛药普拉洛芬（Pranoprofen）等的中间体。

4-(4-氨基苯氧基)-N-甲基-2-吡啶甲酰胺

$C_{13}H_{13}N_3O_2$，243.27

【英文名】 4-(4-Aminophenoxy)-N-methylpicolinamide

【性状】 浅棕色固体。mp 108～110℃。

【制法】 赵乘有，陈林捷，许熙等.中国医药工业杂志，2007，38（9）：614.

于反应瓶中加入 THF 16 mL，N-甲基-(4-氯-2-吡啶基) 甲酰胺（**2**）3.4 g（0.02 mol），对氨基苯酚 2.4 g（0.02 mol），2.4 g 聚乙二醇 600，氢氧化钠 1.2 g（0.03 mol），45% 的氢氧化钠 2.7 mL，搅拌回流反应 12 h。减压蒸出 THF，剩余物中加入 20 mL 水，过滤。滤饼用异丙醇重结晶，抽滤，冷异丙醇洗涤，干燥，得浅棕色固体（**1**）3.5 g，收率 72%，mp 108～110℃。

【用途】 抗癌药对甲苯磺酸索拉非尼（Sorafenib tosylate）中间体。

2-正丁氧基-5-氟嘧啶-4-酮

$C_8H_{11}FN_2O_2$，186.18

【英文名】 2-Butoxy-5-fluoropyrimidin-4(3H)-one

【性状】 白色鳞片状结晶。mp 127～129℃。溶于热乙醇，不溶于水。

【制法】 孙昌俊，王汝聪.中国医药工业杂志，1986，17（12）：38.

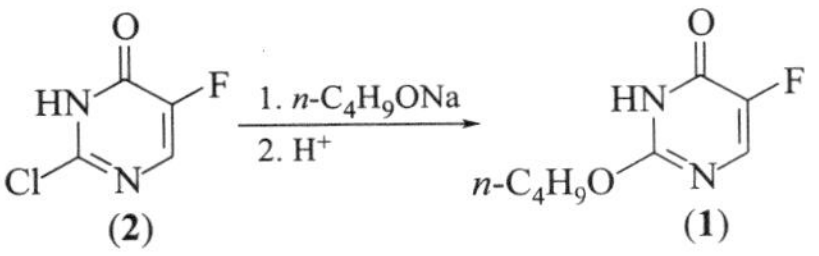

于反应瓶中加入正丁醇 320 mL，共沸除水，蒸出约 30 mL，冷至 50℃，分批加入金属钠 9 g（0.39 mol），待钠全部反应完后，加入干燥的 2-氯-5 氟嘧啶-4-酮（**2**）23 g（0.154 mol），回流反应 2 h。减压蒸出丁醇，而后加水 200 mL，共沸蒸出剩余的正丁醇。冷至室温，用浓盐酸调至 pH2～3，析出白色鳞片状结晶，过滤，水洗，干燥，得（**1**）26.8 g，收率 93.1%，mp 127～129℃。

【用途】 抗癌化合物 FD-2 原料药。

2-(1-苄基-吲唑-3-氧基)乙腈

$C_{16}H_{13}N_3O$，263.26

【英文名】 2-(1-Benzyl-1H-indazol-3-yloxy)acetonitrile
【性状】 黄色结晶。mp 92～94℃。
【制法】 孙昌俊，曹晓冉，王秀菊.药物合成反应——理论与实践.北京：化学工业出版社，2007：215.

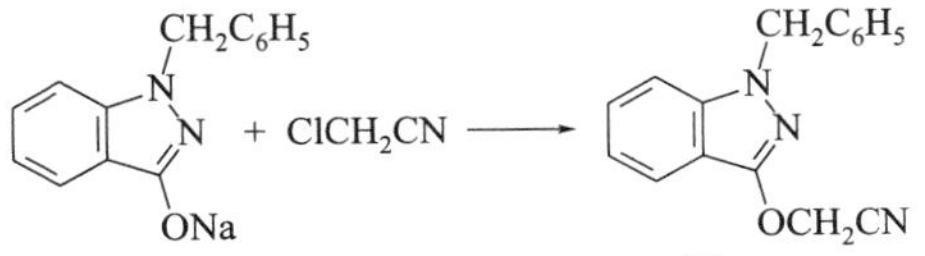

于反应瓶中加入 1-苄基-3-羟基吲唑钠盐（**2**）11 g（0.045 mol），无水乙醇 70 mL，加热溶解。搅拌下滴加氯乙腈 3.5 g 溶于 5 mL 乙醇的混合液，约 5 min 加完。10 min 后再加入氯乙腈 1.7 g（共 0.069 mol），回流反应 45 min，冷至室温，过滤。滤液减压浓缩至干。剩余物溶于乙醚中，乙醚溶液依次用稀盐酸、5% 的氢氧化钠、水洗涤，无水硫酸钠干燥，蒸出乙醚。用乙醇重结晶，得（**1**）8.3 g，收率 70%，mp 93℃。

【用途】 消炎镇痛剂苄达赖氨酸（Bendazac lysine）等的中间体。

2,4-双(2,6-二氯-3-甲基苯氧基)喹唑啉

$C_{22}H_{14}Cl_4N_2O_2$，480.18

【英文名】 2,4-Bis(2,6-dichloro-3-methylphenoxy)quinazoline
【性状】 无色结晶。
【制法】 Juby P F，Hudyma T W，Brown M. J Med Chem，1968，11（1）：111.

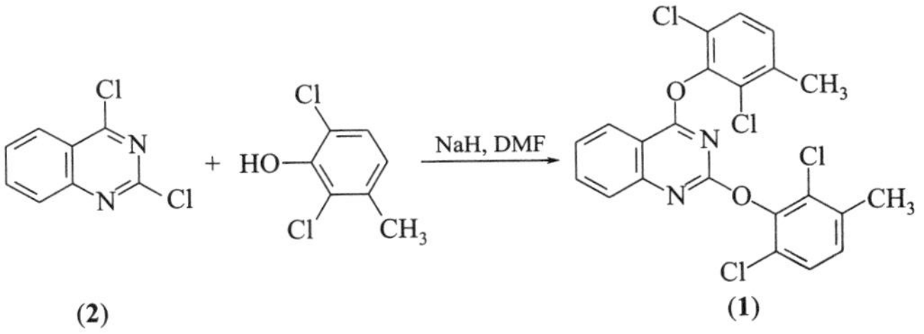

于反应瓶中加入 DMF 100 mL，NaH 0.552 mol，搅拌下慢慢滴加 3-甲基-2,6-二氯苯

酚 97.8 g（0.552 mol）溶于 150 mL DMF 的溶液，当停止放出氢气时，升至 100℃。滴加 2,4-二氯喹唑啉（**2**）55.0 g（0.276 mol）溶于 275 mL DMF 的溶液，加完后于 144℃搅拌反应 18 h。减压回收溶剂后，用热苯提取，苯提取液和剩余物分别处理。

苯提取液浓缩至生成结晶，冷却，过滤，干燥，得浅黄色结晶 61.2 g，mp 196.5～200℃。剩余溶液浓缩至干，过柱纯化，得 22.9 g 产物，mp 180～190℃，IR 谱表明与上述 mp 196.5～200℃产品一致。

将过柱得到的产物 22.9 g 加入二氯甲烷和水中，分出二氯甲烷层，无水硫酸钠干燥，浓缩至干。乙醇中重结晶，得无色产物 9.6 g，mp 198.4～201.5℃，R 谱表明与上述 mp 196.5～200℃产品一致。共得产物 93.7 g，收率 70.7%，

【用途】 消炎镇痛药甲氯芬那酸（Meclofenamic acid）中间体。

硝酸奥西康唑

$$C_{18}H_{13}Cl_4N_3O \cdot HNO_3，429.13$$

【英文名】 Oxiconazole nitrate

【性状】 白色结晶。mp 139.5～140.5℃。

【制法】 Georg Mixich，Kurt Thiele. US 4550175. 1985.

（2） （1）

于反应釜中加入化合物（**2**）2.064 kg（7.64 mol），丙酮 10 L，剧烈搅拌下加入粉状氢氧化钾 386 g（6.88 mol），搅拌反应 1 h 后，加入 2,4-二氯苄基氯 1.554 kg（7.9 mol），而后于 40℃搅拌反应 4 h。冷却，将反应物倒入 15 L 水中，慢慢加入 2 mol/L 的硝酸 6 L，搅拌析晶。静置后过滤，水洗，得粗品。用 94% 的乙醇 11.3 L 重结晶，第二次重结晶使用 3 倍量的乙醇，得白色结晶（**1**）2.062 kg，收率 62.9%，mp 139.5～140.5℃。纯度 99.95%。

【用途】 局部抗真菌药硝酸奥西康唑（Oxiconazole nitrate）原料药。

2-(2-氨基-4-噻唑基)-2-(Z)-叔丁氧羰基甲氧亚氨基乙酸甲酯

$$C_{12}H_{17}N_3O_5S，315.34$$

【英文名】 Methyl 2-(2-amino-4-thiazolyl)-2-[[(Z)-(t-butoxycarbonyl)methoxy]imino]acetate

【性状】 白色结晶。

【制法】 李爱军，冯宝，刘倩春. 精细化工中间体，2010，40（2）：48.

（2） （1）

于反应瓶中加入化合物（**2**）20.1 g（0.1 mol），乙腈 300 mL，无水碳酸钾 13.8 g（0.1 mol），碘化钠 2 g，搅拌均匀后加入氯乙酸叔丁酯 16.2 g（0.11 mol），回流反应 10 h。冷至室温，倒入 400 mL 水中。乙酸乙酯提取（100 mL×3）。合并有机层，水洗，无水硫酸钠干燥。过滤，减压浓缩至 1/4 体积，析出白色结晶。过滤，干燥，得化合物（**1**）23 g，收率 70%。

【用途】 头孢类抗生素头孢克肟（Cefixime）中间体。

6-氟-3-(4-哌啶基)-1,2-苯并异噁唑

$C_{12}H_{13}FN_2O$，220.25

【英文名】 6-Fluoro-3-(4-piperidinyl)-1,2-benzisoxazole

【性状】 白色结晶。mp 118.6~119.8℃。

【制法】 戴颖萍，戴立言，王晓钟等.浙江大学学报：工学版，2015，49（3）：585.

4-(2,4-二氟苯甲酰)哌啶肟盐酸盐（**3**）：于反应瓶中加入 4-(2,4-二氟苯甲酰)哌啶盐酸盐（**2**）20 g（76.4 mmol），盐酸羟胺 6.9 g（99.4 mmol），无水乙醇 100 mL，搅拌下回流反应 10 h。冷却，过滤析出的固体，干燥，得白色固体（**3**）17.5 g，收率 83%，mp 258.6~258.9℃。

6-氟-3-(4-哌啶基)-1,2-苯并异噁唑（**1**）：于反应瓶中加入上述化合物（**3**）15.0 g（54.2 mmol），氢氧化钠 4.8 g（119.3 mmol），水 90 mL，搅拌下加热回流反应 1 h，TLC 检测反应完全后停止反应。冷却，析出白色固体。过滤，水洗，干燥，得化合物（**1**）11.3 g，收率 94.5%，mp 118.6~119.8℃。

【用途】 抗精神病药物伊潘立酮（Iloperidone）、抗精神病药物帕潘立酮（Paliperidone）中间体。

2. S-烃基化反应

十二硫醇-1

$C_{12}N_{26}S$，202.40

【英文名】 1-Dodecyl mercaptan

【性状】 无色或浅黄色液体。mp －7℃，bp 165~169℃/5.19 kPa，142~145℃/2 kPa。溶于甲醇、乙醚、丙酮、苯、乙酸乙酯，不溶于水。

【制法】 孙昌俊，曹晓冉，王秀菊.药物合成反应——理论与实践.北京：化学工业出版社，2007：238.

于反应瓶中加入 1-溴十二烷（**2**）125 g（0.5 mol），硫脲（**3**）38 g（0.5 mol），95% 的乙醇 250 mL，回流反应 3 h，生成中间体（**4**）。加入由 30 g 氢氧化钠溶于 300 mL 水配

成的溶液，再回流反应 2 h。冷后分出油层，水层用稀硫酸调至酸性，用 75 mL 甲苯提取，合并油层与甲苯提取液，水洗，无水硫酸钠干燥。蒸出溶剂，减压蒸馏，收集 165～169℃/5.19 kPa 的馏分，得化合物（**1**）80～84 g，收率 80％左右。

【用途】 制剂助剂十二烷基磺酸钠等的中间体。

二苯甲硫基乙酸

$$C_{15}H_{14}O_2S，258.33$$

【英文名】 2-(Benzhydrythio)acetic acid

【性状】 白色固体。mp 129～130℃。

【制法】 方法 1　窦清玉，武新燕，吴范宏.中国医药工业杂志，2002，33（3）：110.

$$Ph_2CHBr + \overset{\overset{S}{\|}}{H_2NCNH_2} \xrightarrow[NaOH]{H_2O} Ph_2CHSH \xrightarrow[NaOH]{ClCH_2COOH} Ph_2CHSCH_2COOH$$
$$\quad\quad (2)\quad\quad\quad\quad\quad (3)\quad\quad\quad\quad\quad\quad\quad\quad (1)$$

二苯基甲硫醇（**3**）：于反应瓶中加入硫脲 15.2 g（0.2 mol），去离子水 150 mL，加热至 50℃，剧烈搅拌下迅速加入二苯基溴甲烷（**2**）49.4 g（0.2 mol），回流 5 min 后，冷至 20℃。滴加 2.5 mol/L 的氢氧化钠水溶液 200 mL，加完后继续回流 30 min。冷至室温，加入浓盐酸 45 mL，搅拌 5 min，静置。分出有机层，水层用乙醚提取 3 次。合并有机层，水洗，无水硫酸钠干燥。过滤，浓缩，得化合物（**3**）39 g，收率 97.5％。直接用于下一步反应。

二苯甲硫基乙酸（**1**）：于反应瓶中加入化合物（**3**）10 g（0.05 mol），2 g 氢氧化钠溶于 50 mL 去离子水的溶液，搅拌 10 min，依次加入氯乙酸 7 g（0.075 mol）、3 g 氢氧化钠溶于 60 mL 水的溶液，而后于 50℃搅拌 15 min。冷却，乙醚提取。水层用盐酸调至 pH1～2，析出固体。过滤，水洗，干燥，得化合物（**1**）10.2 g，收率 79％，mp 129～130℃。

方法 2　徐杰，彭学东，张梅，唐汝培.中国医药工业杂志，2014，45（10）：910.

$$Ph_2CHOH + HSCH_2COOH \xrightarrow[CH_2Cl_2]{Me_3SiCl} Ph_2CHSCH_2COOH$$
$$\quad\quad (2)\quad\quad\quad\quad\quad\quad\quad\quad\quad\quad (1)$$

于反应瓶中加入二氯甲烷 2.5 L，二苯甲醇（**2**）500 g（2.714 mol），搅拌溶解后加入巯基乙酸 226 mL（3.256 mol），三甲基氯硅烷 25 mL（0.289 mol），室温搅拌反应 2.5 h。用饱和氯化钠溶液 2 L 洗涤，水层用二氯甲烷提取 2 次。合并有机层，无水硫酸镁干燥。过滤，浓缩，得白色固体（**1**）696.5 g，收率 99.3％，mp 127～127.5℃。

【用途】 精神兴奋药阿屈非尼（Adrafinil）、中枢兴奋药莫达非尼（Modafinil）等的中间体。

硝酸硫康唑

$$C_{18}H_{15}Cl_3N_2S・HNO_3，460.76$$

【英文名】 Sulconazole nitrate

【性状】 白色结晶粉末。mp 130.5～132℃。

【制法】 周庭森，李永福，王杏新，杨洪勤.中国医药工业杂志，1991，22（6）：249.

(2) **(1)**

于反应瓶中加入对氯苄基硫醇 1.0 g（6.3 mmol）、四氢呋喃 10 mL，搅拌溶解后，加入氯化钠 0.1 g，析出白色固体，再依次加入四氢呋喃 25 mL、化合物（**2**）1.0 g（1.5 mmol），于室温搅拌反应 8 h。反应结束后回收溶剂，加入水 5~6 mL，用乙醚提取数次。合并有机层，无水硫酸钠干燥，过滤，向滤液中滴加 6 mol/L 硝酸至 pH3~4，析出固体。过滤，干燥，得粗品（**1**）。用乙酸乙酯-丙酮（1∶1）重结晶，得（**1**）0.94 g，收率 78%，mp 129~131℃。

【用途】 抗真菌药硝酸硫康唑（Sulconazole nitrate）原料药。

2-[[5-[（二甲氨基）甲基]-2-呋喃基]甲硫基]乙胺

$C_{10}H_{18}N_2OS$，214.33

【英文名】 2-[[5-[（Dimethylamino）methyl]furan-2-yl]methylthio]ethanamine

【性状】 浅黄色液体。其苦味酸盐 mp 142~144℃。

【制法】 刘伟，李润涛，刘振中，陈恒昌. 郑州大学学报. 1992, 24（4）：89.

(2) **(1)**

于反应瓶中加入盐酸半胱胺 11.36 g（0.114 mol）、浓盐酸 40 mL，冰浴冷却（0~5℃），搅拌下滴加（**2**）15.5 g（0.1 mol），搅拌反应 3 h。放置 36 h 后，加入无水碳酸钠，调至碱性，适当搅拌，用乙醚提取数次，合并有机层，回收溶剂后，减压蒸馏，收集 bp 104~106℃/13.33 Pa 馏分，得（**1**）11.8 g，收率 50.1%（其苦味酸盐 mp 142~144℃）。

【用途】 良性胃溃疡，十二指肠溃疡，吻合口溃疡，反流性食管炎，卓-艾氏综合征治疗药盐酸雷尼替丁（Ranitidine hydrochloride）中间体。

2-二氟甲硫基乙酸乙酯

$C_5H_8F_2O_2S$，170.17

【英文名】 Ethyl 2-（difluoromethylthio）acetate

【性状】 无色液体。bp 46~48.5℃/400 Pa。

【制法】 ① 陈芬儿. 有机药物合成法：第一卷. 北京：中国医药科技出版社，1999：256.② Tsuji T，Satoh H，Narisada M，et al. J Antibiotics，1985，38（4）：466.

$$F_2CHCl + HSCH_2CO_2C_2H_5 \xrightarrow{EtONa, EtOH} F_2CHSCH_2CO_2C_2H_5$$

(2) **(1)**

于反应瓶中加入无水乙醇 700 mL，分批加入金属钠 25.3 g（1.1 mol），待金属钠完全反应后，加入巯基乙酸乙酯（**2**）109.6 mL。搅拌下室温通入二氟氯甲烷气体，当升至 60℃时，通入气体减慢，于 40℃继续反应 2 h。用盐酸调至 pH7，减压回收乙醇。剩余物中加入乙酸乙酯 1 L、1 mol/L 的氢氧化钠溶液 50 mL 和适量水，分出有机层。水层用乙酸乙酯提取，合并有机层，依次用水、饱和盐水洗涤，无水硫酸镁干燥。过滤，浓缩，减压蒸馏，收集 46～48.5℃/400 Pa 的馏分，得无色液体（**1**）120 g，收率 70.5％。

【用途】 抗菌药氟氧头孢（Flomoxef）等的中间体。

1,1-二甲硫基-2-硝基乙烯

$$C_4H_7NO_2S_2，165.23$$

【英文名】 1,1-Bis(methylthio)-2-nitroethene

【性状】 黄色针状结晶。mp 125～126℃。

【制法】 贾正桂. 精细化工中间体，2006，36（1）：52.

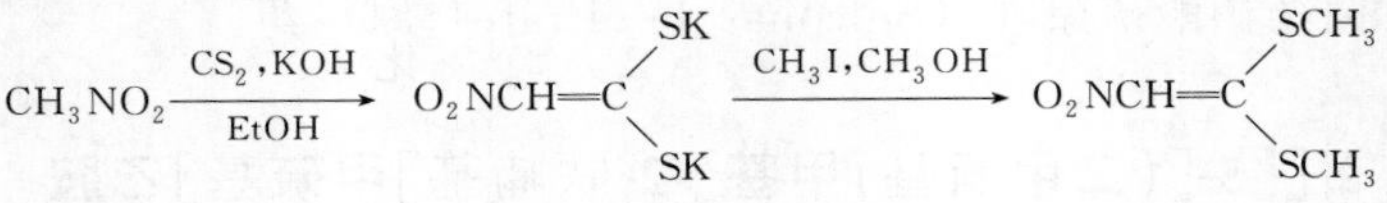

于反应瓶中加入无水乙醇 28 mL，硝基甲烷（**2**）10 mL，二硫化碳 17 mL，于 34～35℃滴加 6.67 mol/L 的氢氧化钾无水乙醇溶液 85 mL。加完后放置 1 h，得化合物（**3**）的乙醇溶液。加入 50％的甲醇 400 mL，碘甲烷 17 mL，于 22～24℃搅拌 3 h。室温放置过夜，过滤生成的固体，干燥，得粗品 13 g，收率 57.4％。用无水乙醇重结晶，得黄色针状结晶（**1**）12.5 g，mp 125～126℃。

【用途】 胃病治疗药盐酸雷尼替丁（Ranitidine hydrochloride）中间体。

4-苯硫基乙酰乙酸乙酯

$$C_{12}H_{14}O_3S，238.30$$

【英文名】 Ethyl 4-phenylthioacetoacetate

【性状】 油状液体。

【制法】 宋艳玲，孟艳秋，刘丹. 沈阳化工学院学报，2006，20（2）：92.

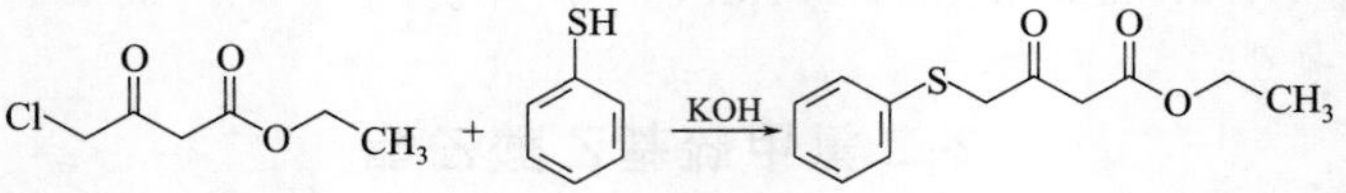

于反应瓶中加入 200 mL 氢氧化钠水溶液（其中含氢氧化钠 1.1 mol），冰浴冷却，搅拌下慢慢加入苯硫酚 1.1 mol，而后冰浴冷却下滴加 4-氯乙酰乙酸乙酯（**2**）1.1 mol，加完后室温搅拌反应 3～4 h。滤去沉淀，水洗。滤液用乙醚提取 3 次，合并乙醚层，浓缩，得淡黄色油状液体（**1**），收率 92％。

【用途】 抗流感药盐酸阿比多尔（Arbidol hydrochloride）中间体。

1-[4-(4-氯苯基)-2-(2,6-二氯苯硫基)丁基]-1*H*-咪唑

$$C_{19}H_{17}Cl_3N_2S，411.78$$

【英文名】 1-[4-(4-Chlorophenyl)-2-(2,6-dichlorophenylthio)butyl]-1*H*-imidazole

【性状】　mp 68～70.5℃。

【制法】　张海波，金荣庆，王志强. 海峡药学，2009，21（12）：215.

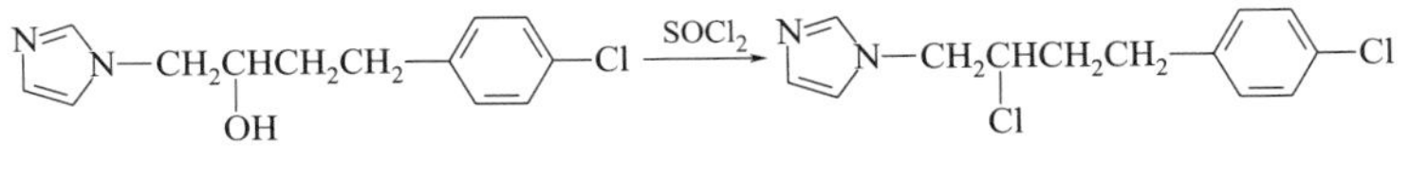

于反应瓶中加入化合物（**2**）6.0 g（0.024 mol），氯化亚砜 30 mL，于 65～70℃搅拌反应 1 h。回收过量的氯化亚砜，冷至室温。加入二氯甲烷，溶解后用 10% 的碳酸钾调至碱性。分出有机层，水洗至中性。无水硫酸镁干燥，过滤，浓缩，得化合物（**3**）。加入丙酮 100 mL，2,6-二氯苯硫酚 8.5 g（0.047 mol），无水碳酸钾 6.4 g（0.046 mol），搅拌回流过夜。回收溶剂后，加入 100 mL 水，分出油层，水层用乙醚提取。合并有机层，水洗，无水硫酸镁干燥。过滤，浓缩，冷却后固化。用环己烷重结晶，得化合物（**1**）7.9 g，收率 80%，mp 68～70.5℃。

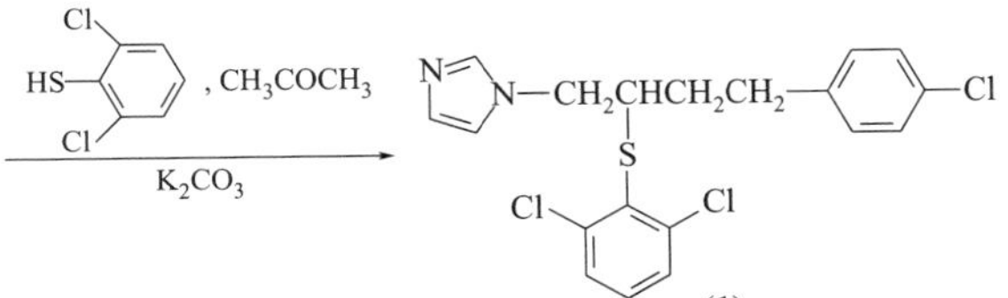

【用途】　局部抗真菌药硝酸布康唑（Butoconazole nitrate）中间体。

4-氯苯基甲硫醇

C_7H_7ClS，158.65

【英文名】　4-Chlorophenylmethanethiol

【性状】　mp 20～21℃。

【制法】　周廷森，李永福，王杏新，杨洪勤. 中国医药工业杂志，1991，22（6）：248.

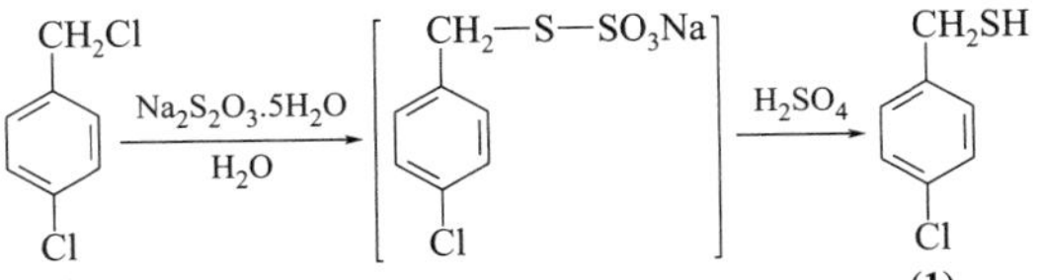

于反应瓶中加入硫代硫酸钠 32.5 g（0.13 mol），水 33 mL，溶解后加入对氯苄基氯（**2**）20.2 g（0.1125 mol）和乙醇 20 mL 的溶液，滴加 50% 的硫酸 54 mL，搅拌反应 10 min。冷至室温，乙醚提取数次。合并有机层，无水硫酸钠干燥。过滤，浓缩。剩余物中加入适量乙醇，冷冻，析出结晶。过滤，干燥，得粗品（**1**）。乙醇中重结晶，得化合物（**1**）12.5 g，收率 63%，mp 20～21℃。

【用途】　抗真菌药硝酸硫康唑（Sulconazole nitrate）等的中间体。

对苯硫基苯甲醛

$C_{13}H_{10}OS$，214.28

【英文名】　4-Phenylthiobenzaldehyde

【性状】 mp 54℃。

【制法】 赵勇，倪凤菊，黄睿等.沈阳化工大学学报，2011，25（4）：301.

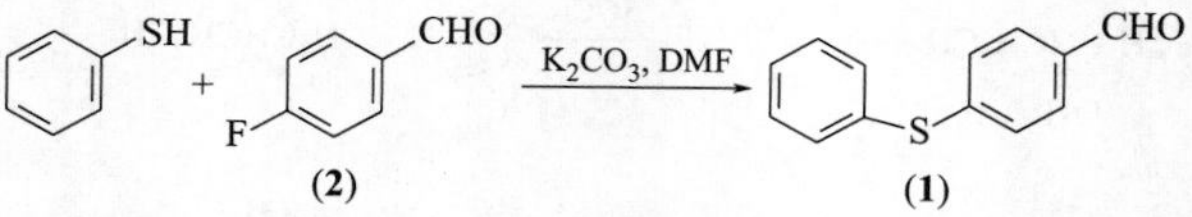

于反应瓶中加入对氟苯甲醛（**2**）26.1 g（0.21 mol），DMF 120 mL，苯硫酚 23.1 g（0.21 mol），无水碳酸钾 34.5 g（0.25 mol），氩气保护下于 100℃搅拌反应 6 h。冷至室温后，将反应物倒入 500 mL 冰水中，搅拌 30 min。抽滤，水洗，干燥，得化合物（**1**）43.6 g，收率 96.9%，mp 52.6～53.8℃。

【用途】 抗真菌药硝酸芬替康唑（Fenticonazole nitrate）等的中间体。

2-(2,4-二甲基苯硫基)硝基苯

C$_{14}$H$_{13}$NO$_2$S，259.32

【英文名】 2-(2,4-Dimethylphenylthio)nitrobenzene

【性状】 黄色固体。mp 96～100℃。

【制法】 王芳，徐浩，吴雪松，岑俊达.中国医药工业杂志，2014，45（4）：301.

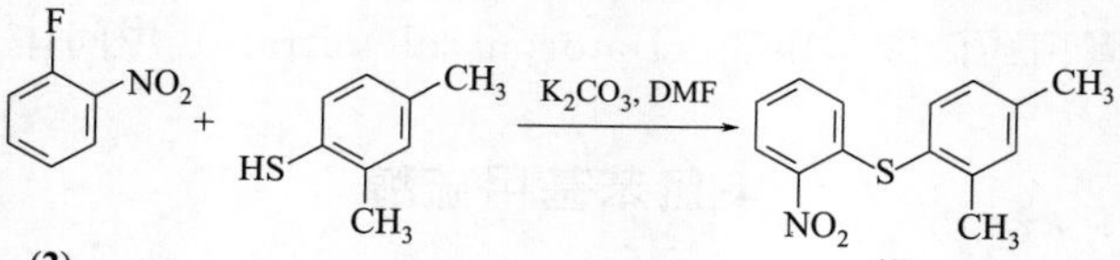

于反应瓶中加入 2-硝基氟苯（**2**）5.1 g（0.036 mol），2,4-二甲基苯硫酚 5.0 g（0.036 mol），碳酸钾 3.0 g（0.021 mol），DMF 30 mL，于 80℃搅拌反应 3 h。冷却，加入 50 mL 水，乙酸乙酯提取 3 次。合并有机层，饱和盐水洗涤，无水硫酸镁干燥。过滤，减压浓缩。剩余物中加入石油醚 40 mL，搅拌后过滤。滤饼用石油醚洗涤，干燥，得黄色固体（**1**）8.3 g，收率 88.3%，mp 96～100℃。

【用途】 抑郁症和焦虑症治疗药物氢溴酸沃替西汀（Vortioxetine hydrobromide）中间体。

4-苯硫基苯甲酸

C$_{13}$H$_{10}$O$_2$S，230.28

【英文名】 4-(Phenylthio)benzoic acid

【性状】 固体。

【制法】 陈仲强，李泉.现代药物的制备与合成：第二卷.北京：化学工业出版社，2011：95.

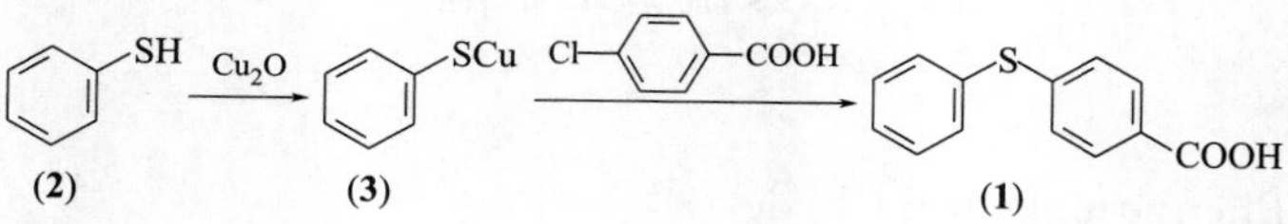

于反应瓶中加入苯硫酚 44 g（0.37 mol），氧化亚铜 28.6 g（0.20 mol），乙醇 500 mL，氮气保护下搅拌回流反应 3 h。减压回收溶剂，得化合物（**3**）60 g，直接用于下一步反应。

于反应瓶中加入对氯苯甲酸 15.6 g（0.1 mol），上述化合物（**3**）7.3 g（0.1 mol），喹啉 60 mL，吡啶 6 mL，于 200～210℃搅拌反应 2 h。冷至室温，将反应物倒入碎冰和盐酸中，放置 2 h。抽滤，干燥，滤饼用乙醚溶解，依次用 1 mol/L 的盐酸、水洗涤至中性，无水硫酸钠干燥，过滤，浓缩，得粗品。用乙醇重结晶，得化合物（**1**）20.9 g，收率 91%。

【用途】 抗真菌药硝酸芬替康唑（Fenticonazole nitrate）中间体。

诺拉曲塞

$C_{14}H_{12}N_4OS$，284.34

【英文名】 Nolatrexed

【性状】 黄色固体。mp 301～302℃。

【制法】 张庆文，郑云满，益兵等.中国医药工业杂志，2008，39（11）：801.

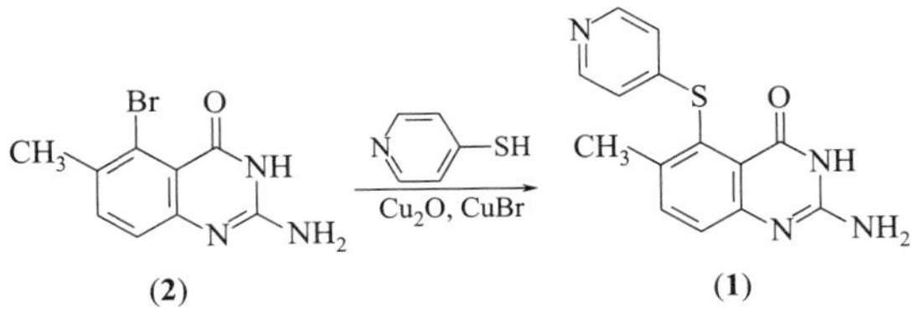

于反应瓶中加入 DMF 500 mL，4-巯基吡啶 34.4 g（0.31 mol），碳酸钾 22 g（0.22 mol），室温搅拌 1 h。加入溴化亚铜 9 g（0.063 mol），氧化亚铜 9 g（0.063 mol），再加入 2-氨基-5-溴-6-甲基-4（1H）喹唑啉酮（**2**）34.4 g（0.14 mol），于 100℃搅拌反应 4 h。冷至室温，过滤。滤液减压浓缩至干。加入 20 g/L 的硫化氢-甲醇溶液 500 mL，搅拌 1 h。过滤，滤液减压浓缩至 30 mL，加入 3 mol/L 的盐酸调至 pH7～8，冷却析晶。过滤，丙酮洗涤，抽干，干燥，得黄色固体（**1**）21.8 g，收率 50%，mp 301～302℃。

【用途】 肝细胞癌治疗药物盐酸诺拉曲塞（Nolatrexed hydrochloride）中间体。

3. N-烃基化

盐酸马布特罗

$C_{13}H_{18}ClF_3N_2O \cdot HCl$，310.75

【英文名】 Mabuterol hydrochloride

【性状】 白色结晶。mp 205～207℃（dec）。溶于水，不溶于乙醚、甲苯等有机溶剂。

【制法】 潘莉，杜桂杰，葛丹丹等.中国药物化学杂志，2008，18（5）：353.

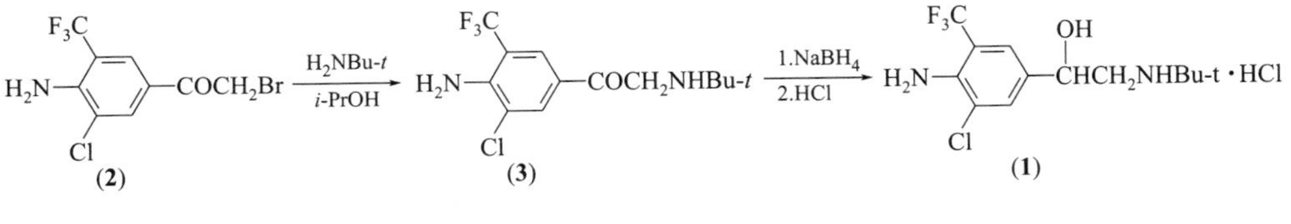

于干燥反应瓶中加入 4-氨基-3-氯-5-三氟甲基-σ-溴代苯乙酮（**2**）80 g（0.253 mol）、异丙醇 1.5 L，搅拌溶解后，加入叔丁胺 120 mL（1.04 mol），室温搅拌 1.5 h 后，分数次加入硼氢化钠 10 g（0.263 mol），加完后继续保温搅拌反应 4 h。冷至 0℃，用 2 mol/L 盐酸调至 pH2（注意逸出氢气），用浓氨水调至 pH7。反应液减压浓缩，冷却。将剩余液溶于适量水中，用浓氨水调至 pH 碱性，甲苯提取数次。合并有机层，水洗，用 2 mol/L 盐酸（500 mL×3）提取。合并提取液，甲苯洗涤后，浓氨水调至 pH9，乙酸乙酯提取数次。合并有机层，无水硫酸钠干燥。过滤，滤液减压回收溶剂，冷却，析出固体，得（**1**）的游离碱。将（**1**）的游离碱溶于适量乙醚，加入氯化氢的乙醚溶液，析出结晶，过滤，干燥，得（**1**）40 g，收率 50%，mp 205～207℃（dec）。

【用途】 平喘药盐酸马布特罗（Mabuterol hydrochloride）原料药。

妥洛特罗

$C_{12}H_{18}ClNO$，227.73

【英文名】 Tulobuterol

【性状】 白色固体。mp 90.4～91.0℃。

【制法】 葛新月，潘丽，吴水奇等．中国药物化学杂志，2015，25（2）：112．

于干燥的反应瓶中，加入 1-（2-氯苯基）-2-溴代乙醇（**2**）333.0 g（1.4 mol）、无水乙醇 1450 mL，搅拌下加入叔丁胺 474.3 mL（4.50 mol），回流反应 6 h。减压回收溶剂和叔丁胺，剩余物中加入 2 mol/L 的盐酸 1.5 L，充分搅拌后，分出水层。水层用异丙醚提取（500 mL×3）。水层用 5 mol/L 的氢氧化钠溶液调至 pH12，析出白色固体。抽滤，干燥，得粗品 234 g，收率 72.7%。用 595 mL 异丙醚重结晶，得白色固体（**1**）121.5 g，收率 37.8%，mp 90.4～91.0℃。

【用途】 平喘药盐酸妥洛特罗（Tulobuterol hydrochloride）原料。

盐酸安非他酮

$C_{13}H_{18}ClNO \cdot HCl$，276.21

【英文名】 Bupropion hydrochloride，Amfebutamone hydrochloride

【性状】 白色结晶或结晶性粉末。mp 233～234℃。稍溶于水，不溶于三氯甲烷、丙酮。

【制法】 陈科，胡艾希，陈声宗等．中国药物化学杂志，2003，13（5）：286．

2-氯-1-（3-氯苯基）-1-丙酮（**3**）：于反应瓶中加入间氯苯丙酮（**2**）0.01 mol，氯化铜

0.02 mol，乙醇 10 mL，搅拌下加热反应 3 h。趁热过滤生成的氯化亚铜，滤液浓缩后用二氯甲烷提取。有机层水洗，无水硫酸钠干燥。过滤，浓缩，得黄色有刺激性气味的黏稠物（**3**）2.03 g，直接用于下一步反应。

盐酸安非他酮（**1**）：于反应瓶中加入乙腈 25 mL，叔丁基胺 3.65 g（0.05 mol），催化剂 0.1 g，搅拌均匀，于 20℃加入上述化合物（**3**）2.03 g，保温反应 24 h。加水 25 mL，乙醚 25 mL，搅拌后分液。水层用乙醚提取 3 次，合并有机层，冰浴冷却下滴加浓盐酸的异丙醇溶液至酸性，析出白色固体。过滤，丙酮洗涤，干燥，得白色固体（**1**）2.1 g，收率 76%。

【用途】　抗抑郁药盐酸安非他酮（Bupropion hydrochloride）原料药。

盐酸安非拉酮

$C_{13}H_{19}NO$，241.76

【英文名】　Amfepramone hydrochloride，2-(Diethylamino)-1-phenylpropan-1-one hydrochloride

【性状】　无色结晶性粉末。mp 168～170℃。不溶于乙酸乙酯、氯仿，微溶于甲醇，易溶于水。

【制法】　靳广毅，侯宁，曾龙华. 中国医药工业杂志，1997，28（3）：121.

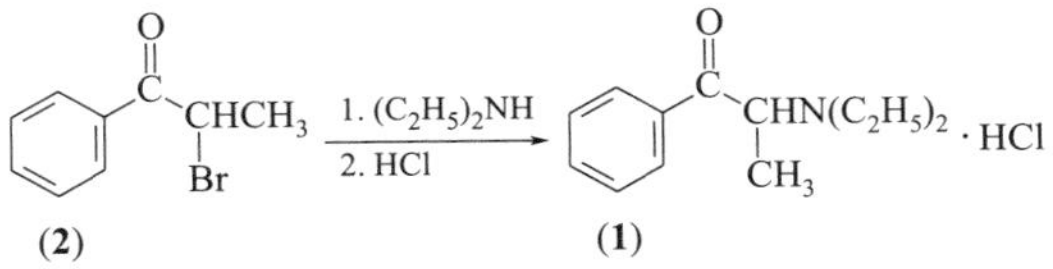

于反应瓶中加入 α-溴代苯丙酮（**2**）44.4 g（0.209 mol），搅拌下慢慢滴加二乙胺 33 g（0.452 mol），加完后于 80℃反应 15 min，稍冷后加苯 70 mL，搅拌 10 min，过滤。滤液用 10% 的盐酸提取（100 mL×3），合并提取液，用 20% 的氢氧化钠调至 pH9～10。用乙酸乙酯提取（150 mL×3），无水硫酸钠干燥，过滤。冷却下通入干燥的氯化氢气体至 pH3.5，析出晶体。过滤，用约 350 mL 异丙醇重结晶，得无色结晶性粉末（**1**）40 g，收率 78.5%，mp 168～170℃。

【用途】　盐酸安非拉酮（Amfepramone hydrochloride）原料药。

4′-(2-异丙氨基乙酰基)甲磺酰基苯胺盐酸盐

$C_{12}H_{18}N_2O_3S \cdot HCl$，306.81

【英文名】　4′-(2-Isopropylaminoacetyl)methylsulfonylaniline hydrochloride

【性状】　白色结晶。mp 223～225℃。

【制法】　陈欢生，陈宇，竺伟. 中国医药工业杂志，2013，44（3）：221.

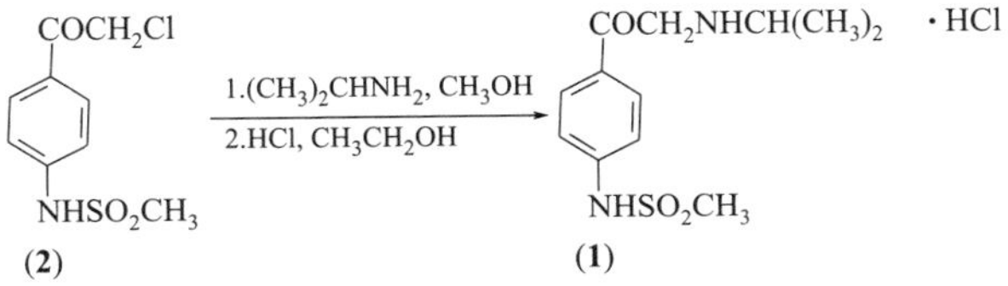

于反应瓶中加入化合物（**2**）500 g（2.02 mol），乙醇 1 L，室温搅拌下慢慢加入异丙胺 600 g（10.15 mol），加完后继续室温搅拌反应 2 h。减压蒸出溶剂和过量的异丙胺后，慢慢加入饱和的氯化氢乙醇溶液 1.5 L，析出固体。过滤，干燥，得白色固体（**1**）559 g，收率 90.3%，mp 222～225℃。

【用途】 心脏病治疗药盐酸索他洛尔（Sotalol hydrochloride）中间体。

N-(4-硝基-1-氧代-1,3-二氢-2H-异吲哚-2-基)-L-谷氨酰胺甲酯

$$C_{14}H_{15}N_3O_6, 321.29$$

【英文名】 N-(4-Nitro-1-oxo-1,3-dihydro-2H-isoindol-2-yl)-L-glutamine methyl ester

【性状】 白色固体。mp 100～102℃。

【制法】 方峰，徐熙，冀亚飞．中国医药工业杂志，2008，39（12）：888．

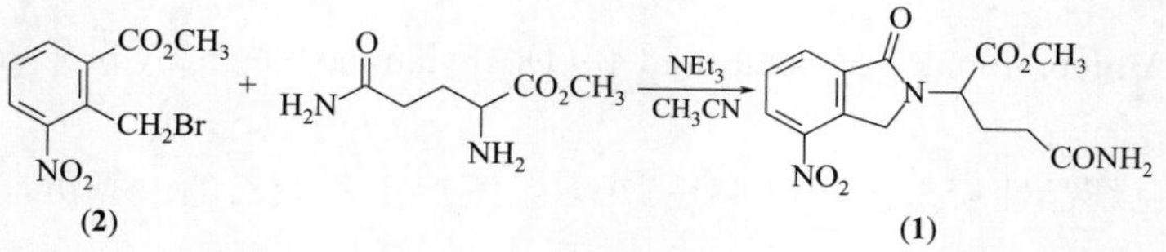

于反应瓶中加入 L-谷氨酰胺甲酯 2.4 g（15.0 mmol），乙腈 40 mL，搅拌溶解。加入 2-溴甲基-3-硝基苯甲酸甲酯（**2**）4.1 g（15.0 mmol），三乙胺 6.4 mL（46.2 mmol），加热回流反应 1 h。减压浓缩至干，剩余物中加入 60 mL 水，搅拌，析出固体。过滤，水洗，干燥，得白色固体（**1**）2.7 g，收率 56%，mp 100～102℃。

【用途】 治疗多发性骨髓瘤和骨髓增生异常综合征药物来那度胺（Lanalidomide）中间体。

卤沙唑仑

$$C_{17}H_{14}BrFN_2O_2, 377.21$$

【英文名】 Haloxazolam

【性状】 白色结晶。mp 179（dec）。易溶于冰醋酸及氯仿，可溶于丙酮、甲醇、无水乙醇及苯，几乎不溶于正己烷及水。

【制法】 ①DE 1968，1812252．②陈芬儿 有机药物合成法：第一卷．北京：中国医药科技出版社，1999：379．

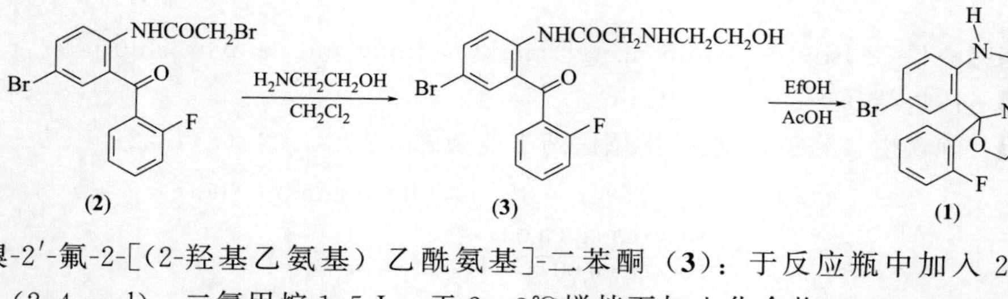

5-溴-2′-氟-2-[（2-羟基乙氨基）乙酰氨基]-二苯酮（**3**）：于反应瓶中加入 2-氨基乙醇 146.4 g（2.4 mol），二氯甲烷 1.5 L，于 2～3℃搅拌下加入化合物（**2**）415 g（1.0 mol）。加完后继续保温搅拌反应 30 min，室温放置过夜。将反应液倾入 3 L 冰水中，分出有机层，

水层用二氯甲烷提取。合并二氯甲烷层，水洗，无水硫酸钠干燥。减压浓缩，得油状物，放置后固化。用乙醇和乙醚重结晶，得（**3**）324 g，收率 82%。

卤沙唑仑（**1**）：于反应瓶中，加入化合物（**3**）395 g（1.0 mol）、乙酸 2～3 mL 和乙醇 3 L，加热回流 17 h。冷却，减压浓缩，剩余物用乙醇重结晶，得白色结晶（**1**）283 g，收率 75%，mp 179～184℃（dec）。

【用途】 镇静催眠药卤沙唑仑（Haloxazolam）原料药。

盐酸氨溴索

$$C_{13}H_{18}Br_2N_2O \cdot HCl，414.57$$

【英文名】 Ambroxol hydrochloride

【性状】 白色结晶性粉末。无臭，无味，易溶于热水，难溶于乙醇。mp 235～238℃（dec）。

【制法】 于书海，徐继健，杨健. 现代应用药学，1996，13（5）：36.

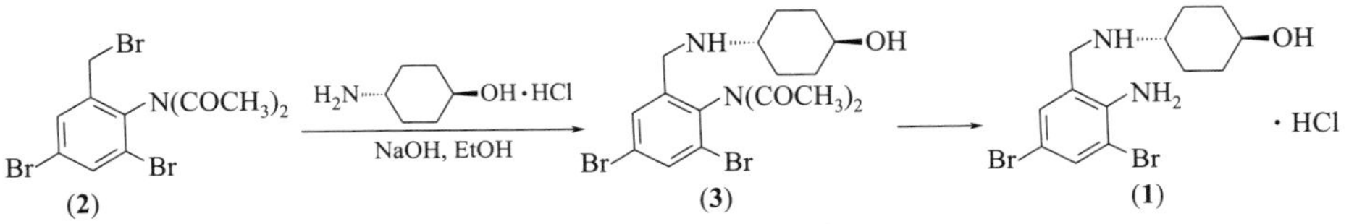

反式-4-[*N*-(3,5-二溴-2-二乙酰氨基)苯甲基]氨基环己醇（**3**）：于反应瓶中加入反式-4-氨基环己醇盐酸盐 23 g（0.15 mol），氢氧化钾 8 g（0.14 mol）和无水乙醇 200 mL，搅拌溶解，过滤，向滤液中加入化合物（**2**）21.5 g（0.05 mol），搅拌下加热回流 8 h。反应结束后，倒入 500 mL 水中，静置 2 h。过滤，得淡黄色粗品（**3**）。用乙醇重结晶得白色固体（**3**）16 g，收率 69%，mp 120～121℃。

盐酸氨溴索（**1**）：于反应瓶中加入上述化合物（**3**）9.2 g（0.02 mol），3 mol/L 盐酸 150 mL，加热回流 18 h。冷却，静置过夜。过滤，得粗品（**1**）。用水重结晶，得白色结晶（**1**）6.8 g，收率 82.5%，mp 235～238℃（dec）。

【用途】 镇咳祛痰药盐酸氨溴索（Ambroxol hydrochloride）原料药。

N-甲基-1-萘甲胺

$$C_{12}H_{13}N，171.24$$

【英文名】 *N*-Methyl-1-naphthalenemethylamine

【性状】 无色油状液体。bp 133～134℃/0.53 kPa，85～87℃/1.33 kPa。溶于乙醇、乙醚和氯仿，微溶于水。

【制法】 徐宝峰，赵爱华. 化学世界，2002，7：374.

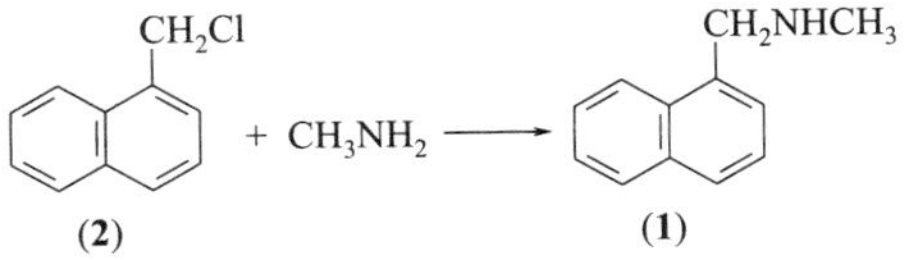

于反应瓶中加入 30% 的甲胺乙醇溶液 100 mL（0.41 mol），碳酸钾 13.8 g（0.1 mol），

PEG-400 5.0 g，冰浴冷却，搅拌下冷慢慢滴加 1-氯甲基萘（**2**）60 g（0.34 mol）溶于 200 mL 无水乙醇的溶液，加完后继续反应 3 h。蒸去乙醇，剩余物中加入氯仿 175 mL，依次用 1 mol/L 的氢氧化钠水溶液、水洗涤，无水硫酸钠干燥后，减压蒸馏，收集 131～134℃/0.53 kPa 的馏分，得化合物（**1**）49.7 g，收率 78.6%。

【用途】 抗真菌药萘替芬（Naftifine）等的中间体。

1-(3,4-二羟基苯基)-2-(甲氨基)乙酮盐酸盐

$C_9H_{12}ClNO_3$，217.65

【英文名】 1-(3,4-Dihydroxyphenyl)-2-(methylamino)ethanone hydrochloride
【性状】 白色结晶。mp 242℃。
【制法】 赵桂森，袁玉梅，侯宁. 山东医药工业，1995，2：1.

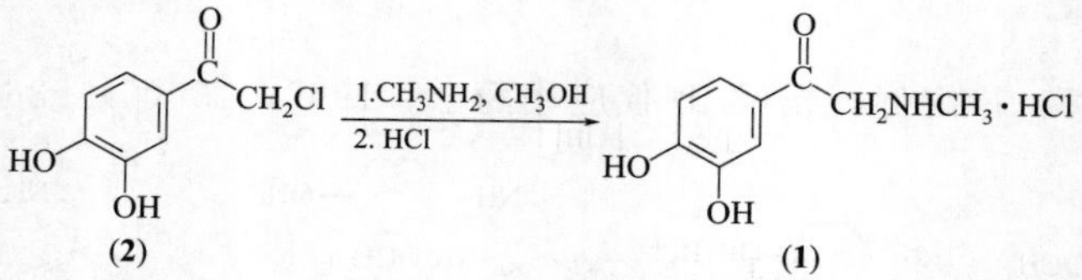

于反应瓶中加入化合物（**2**）50.3 g（0.27 mol），甲醇 200 mL，搅拌溶解。慢慢加入 40% 的甲胺溶液 100 mL，于 50℃ 搅拌反应 2 h。过滤，滤饼充分洗涤。将固体物溶于 1 mol/L 的盐酸 350 mL 中，减压浓缩至约 50 mL，加入甲醇 50 mL，活性炭脱色。过滤，滤液加入 7 倍量的丙酮，析出结晶。过滤，真空干燥，得化合物（**1**）。mp 242℃。

【用途】 青光眼治疗药盐酸地匹福林（Dipivefrin hydrochloride）中间体。

2-氨基-6-氯-3-硝基吡啶

$C_5H_4ClN_3O_2$，173.56

【英文名】 2-Amino-6-chloro-3-nitropyridine
【性状】 mp 195～196℃。
【制法】 刘田宇，闫峰，关瑾，樊凯奇. 当代化工，2009，38（5）：450.

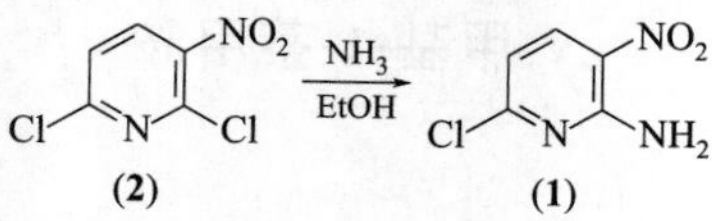

于反应瓶中加入 2,6-二氯-3-硝基吡啶（**2**）2 g（0.13 mol），搅拌下滴加 15% 的氨水 30 mL，加完后回流反应 8 h。冷却，抽滤，水洗，干燥，得黄色固体（**1**）1.6 g，收率 84.2%，mp 198～200℃。

【用途】 镇痛药氟吡汀（Flupirtine）中间体。

2-氨基-6-(4-氟苯甲氨基)-3-硝基吡啶

$C_{12}H_{11}FN_4O_2$，262.24

【英文名】 2-Amino-6-[(4-fluorobenzyl)amino]-3-nitropyridine

【性状】　黄色固体。mp 179～181℃。

【制法】　陈宁. 广州化工，2016，44（13）：87.

2-氨基-6-氯-3-硝基吡啶（**3**）：于反应瓶中加入 2,6-二氯-3-硝基吡啶（**2**）25 g（0.13 mol）、乙醇 100 mL，搅拌下于 20～30℃通入氨气 10 g（0.6 mol），于室温搅拌 8 h，反应结束后，加入水 100 mL，析出固体，过滤，干燥，得粗品（**3**）。用乙醇重结晶，得黄色固体（**3**）20 g，收率 80%，mp 195～196℃。

2-氨基-6-（4-氟苄氨基）-3-硝基吡啶（**1**）：于反应瓶中加入上述化合物（**3**）173.5 g（1 mol）、对氟苄基胺 130 g（1.04 mol）和三乙胺 223 g，加热搅拌反应 6 h。加入 1 L 水，析出结晶，过滤，水洗，干燥。得粗品（**1**）。用正丙醇重结晶，得（**1**）210 g，收率 80%，mp 179～181℃。

【用途】　镇痛药氟吡汀（Flupirtine）中间体。

2-(4-氟苯基)-2-[4-(2-硝基苯胺)哌啶-1-基丙基]-1,3-二氧杂环戊烷

$C_{23}H_{28}FN_3O_4$，429.49

【英文名】　2-(4-Fluorophenyl)-2-[4-(2-nitroanilino) piperridin-1-ylpropyl]-1,3-dioxolane

【性状】　黄色结晶。mp 78～80℃。

【制法】　Makoto S，et al. Chem Phnarm Bull，1982，30（2）：719.

于反应瓶中加入化合物（**2**）2.82 g（9.15 mmol）、邻氯硝基苯 2.73 g（17.3 mmol）、无水碳酸钠 498 mg（4.7 mmol）、碘化钾 50 mg 和正丁醇 2 mL，加热搅拌回流 31 h。冷却，加入三氯甲烷 30 mL、5%氢氧化钠溶液 20 mL。分出有机层，水层用三氯甲烷（30 mL×2）提取，合并有机层，水洗，无水硫酸钠干燥。过滤，滤液回收溶剂后，剩余物过硅胶柱［洗脱剂为三氯甲烷-苯（9:1）］纯化，浓缩，冷却，析出黄色结晶，得粗品（**1**）。用乙醚-己烷重结晶，得黄色结晶（**1**）2.43 g，收率 61.8%，mp 78～80℃。

【用途】　抗精神失常药替米哌隆（Timiperone）中间体。

4-(4-氯-2-硝基苯氨基)-1-哌啶甲酸乙酯

$C_{14}H_{18}ClN_3O_4$，327.75

【英文名】　Ethyl 4-(4-chloro-2-nitrophenylamino)piperidine-1-carboxylate

【性状】　类白色或浅黄色固体。mp 113～116℃。溶于醇、氯仿、甲苯、乙酸乙酯，微溶于水。

【制法】 孙昌俊，曹晓冉，王秀菊.药物合成反应——理论与实践.北京：化学工业出版社，2007：214.

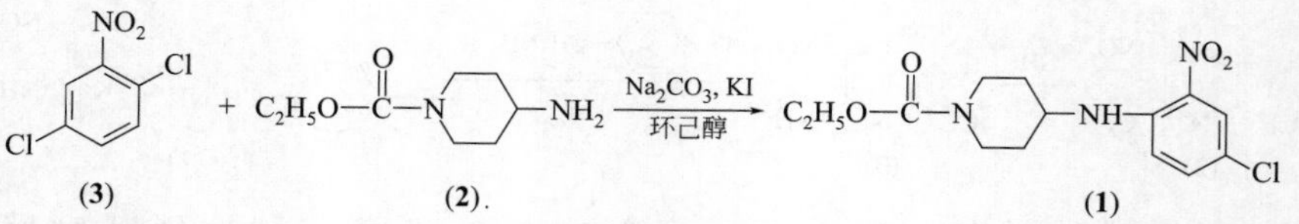

于反应瓶中加入 4-氨基-1-哌啶甲酸乙酯（**2**）43 g（0.27 mol），2,5-二氯硝基苯（**3**）57.6 g（0.3 mol），无水碳酸钠 32 g（0.3 mol），碘化钠 0.2 g，环己醇 160 mL，于 150℃搅拌反应 40 h。减压蒸去环己醇，加入甲苯 150 mL，再加水 100 mL，充分摇动，分去水层。有机层水洗，无水硫酸钠干燥，减压蒸出溶剂得油状物。将其溶于二异丙醚中，活性炭脱色，冷却析晶。得化合物（**1**）46.5 g，收率 52%，mp 112～116℃。

【用途】 胃动力药多潘立酮（Domperidone）的中间体。

奈韦拉平

$C_{15}H_{14}N_4O$，266.30

【英文名】 Navirapine

【性状】 浅棕色固体。mp 246～248℃。

【制法】 竺伟，陈欢生，胡永安.中国医药工业杂志，2012，43（6）：411.

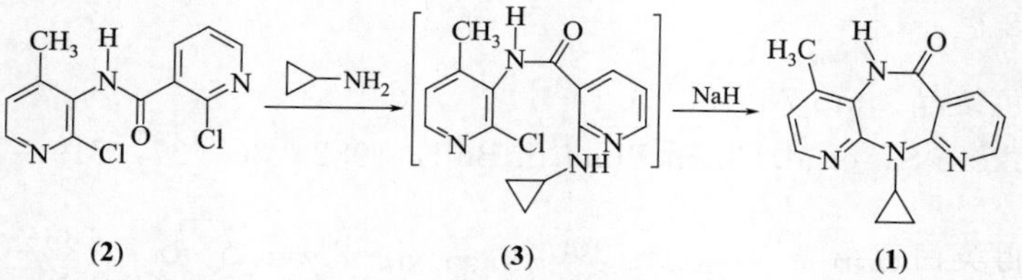

N-(2-氯-4-甲基-3-吡啶基)-2-环丙氨基烟酰胺（**3**）：于反应瓶中加入化合物（**2**）22.6 g（0.08 mol），碳酸钾 11 g（0.08 mol），氯化亚铜 0.8 g（0.08 mol），环丙胺 18.2 g（0.32 mol），2-甲基四氢呋喃 200 mL，室温搅拌反应 12 h。过滤，减压浓缩。剩余物溶于二甘醇二甲醚 100 mL 中，得化合物（**3**）的棕色溶液备用。

奈韦拉平（**1**）：于反应瓶中加入 50% 的氢化钠 2.9 g（0.23 mol），二甘醇二甲醚 100 mL，搅拌下加热至 140℃，滴加上述化合物（**3**）的溶液，加完后继续于 140℃搅拌反应 1 h。减压浓缩至干。冷却，加入 200 mL 水，100 mL 石油醚，搅拌下滴加冰醋酸至中性。过滤生成的黄色固体，水洗，干燥，得浅棕色固体（**1**）17.7 g，收率 82.7%，mp 246～248℃。

【用途】 艾滋病治疗药物奈韦拉平（Navirapine）原料药。

西他沙星

$C_{19}H_{18}ClF_2N_3O_3$，409.82

【英文名】 Sitafloxacin

【性状】 类白色结晶。mp 217～223℃。

【制法】 陈令武，张海波，梁慧兴等.中国医药工业杂志，2014，45（1）：1.

7-[（7S）-7-叔丁氧羰基氨基-5-氮杂螺［2.4］-庚-5-基]-8 氯-6-氟-1-[（1R,2S）-cis-2-氟-1-环丙基]-1,4-二氢-4-氧代喹啉-3-羧酸（3）：于反应瓶中加入化合物（2）350 g（1.11 mol），（S）-（-）-7-叔丁氧羰基氨基-5-氮杂螺［2.4］-庚烷 468 g（2.22 mol），乙腈 6.7 L，三乙胺 1.34 L（9.65 mol），搅拌下于 75～80℃反应 3～4 h，TLC 跟踪反应至完全。减压浓缩，剩余物中加入二氯甲烷 6 L。搅拌下于 0～10℃加入 10%枸橼酸溶液调至 pH4（约需 4.5 L）。分出有机层，水层用二氯甲烷提取（2 L×3）.合并有机层，饱和盐水洗涤 2 次，无水硫酸钠干燥。过滤，浓缩，剩余物中加入乙酸乙酯 1.1 L，于 40℃搅拌 30 min。冷却，加入石油醚 550 mL，于 0℃搅拌 1 h。抽滤，石油醚洗涤，干燥，得浅黄色固体（3）545 g，收率 97%，mp 217.5～220.5℃。

西地沙星（1）：于反应瓶中加入三氟乙酸 5.5 L，搅拌下冷至 -5℃，加入上述化合物（3）540 g（1.06 mol），苯甲醚 110 mL，于 0～5℃搅拌反应 30 min，TLC 跟踪反应至完全。于 35℃减压浓缩，剩余物中加入二氯甲烷 4.5 L，于 0～5℃慢慢加入 0.5 mol/L 的氢氧化钠溶液约 150 mL 调至 pH10～12，待固体完全溶解后分出水层，有机层用 0.1 mol/L 的氢氧化钠提取 2 次。合并水层，用二氯甲烷提取 4 次后过滤。滤液用 15%的枸橼酸（约需 4.8 L）溶液于 0～5℃中和至 pH7。抽滤，水洗，干燥，得浅黄色固体（1）粗品 410 g。

将其加入由乙醇 2.16 L、水 1.78 L，氨水 1.2 L 的混合溶剂中，于 45℃搅拌溶解，活性炭（13 g）脱色 30 min。过滤，减压蒸出 1.7 L 溶剂，冷至 10℃析晶。抽滤，冷乙醇洗涤，真空干燥，得类白色结晶（1）纯品 356 g，收率 82%，mp 217～223℃。

【用途】 抗菌药西他沙星（Sitafloxacin hydrate）原料药。

2-二乙氨基乙醇

$C_6H_{15}NO$，117.19

【英文名】 2-Diethylaminoethanol

【性状】 无色液体。bp 161℃，d_4 0.884，n_D^{20} 1.4410。

【制法】 林原斌，刘展鹏，陈红飙.有机中间体的制备与合成.北京：科学出版社，2006：497.

$$Et_2NH + ClCH_2CH_2OH \xrightarrow{NaOH} Et_2NCH_2CH_2OH$$
$$(2) \qquad (3) \qquad\qquad (1)$$

于反应瓶中加入二乙胺（2）380 g（5.2 mol），搅拌下加热至沸（52～60℃），滴加氯乙醇（3）320 g（4.0 mol），约 1 h 加完。加完后继续回流反应 8 h。冷至室温，慢慢加入由氢氧化钠 230 g（5.75 mol）溶于 350 mL 水配成的溶液，有氯化钠固体析出。加入 400 mL 水使固体溶解。加入 500 mL 苯，搅拌后分出有机层，水层用苯提取 2 次。合并有机层，无水碳酸钾干燥至苯溶液澄清。精馏，除去 85℃以前的馏分，减压精馏，收集 64～

65℃/2.4 kPa 的馏分。将 64℃/2.4 kPa 以前的馏分重新精馏，可得到部分产物。共得 2-二乙氨基乙醇（**1**）320～330 g，收率 68%～70%。

【用途】 局部麻醉剂普鲁卡因（Procaine）等医药中间体。

左羟丙哌嗪

$$C_{13}H_{20}N_2O_2，236.31$$

【英文名】 Levodropropizine

【性状】 白色固体。mp 98～100℃。

【制法】 沈大冬，朱锦桃. 中国药物化学杂志，2007，17（1）：29.

于反应瓶中加入 N-苯基哌嗪（**2**）20 g（0.123 mol），（R）-（－）-3-氯-1,2-丙二醇 13.5 g（0.123 mol），95% 的乙醇 40 mL，氢氧化钠 5 g；搅拌下升温至 60℃，保温反应，TLC 跟踪反应至反应完全。减压蒸出乙醇，剩余物中加入丙酮加热溶解，趁热过滤。滤液冷却，析出白色固体。用丙酮重结晶，得化合物（**1**）23.5 g，收率 81%，mp 98～100℃。

【用途】 镇咳药左羟丙哌嗪（Levodropropizine）原料药。

2-[4-[(4-氯苯基)苯甲基]-1-哌嗪基]乙醇

$$C_{19}H_{23}ClN_2O，330.86$$

【英文名】 2-[4-[(4-Chlorophenyl)phenylmethyl]piperazin-1-yl]ethanol

【性状】 油状物。

【制法】 方法 1 刘补蛾. 广东化工，2008，33（9）：66.

于反应瓶中加入 4-氯二苯基溴甲烷（**2**）28.2 g（0.10 mol）苯 200 mL，适量的铜粉，搅拌下加热至 80℃时，滴加羟乙基哌嗪 27.3 g（0.21 mol），约 30 min 加完。加完后继续保温反应 4 h。冷却，过滤，滤饼用苯洗涤。减压浓缩至恒重，得红色黏稠液体（**1**）26.4 g，收率 80%。

方法 2 王娟，贾鹏飞等. 河北师范大学学报，2013，37（2）：174.

于 500 mL 反应瓶中加入羟乙基哌嗪 28.6 g（0.22 mol），甲苯 250 mL，无水碳酸钾 15.2 g（0.11 mol），搅拌下加热回流，滴加 4-氯二苯基溴甲烷（**2**）56.3 g（0.20 mol），加完后继续回流反应 4 h。冷至室温，水洗 3 次。甲苯层用 10% 的盐酸提取 2 次，合并水层，用 40% 的氢氧化钠中和至 pH10，甲苯提取 3 次。合并甲苯层，无水硫酸钠干燥。过滤，减压浓缩至干，得浅黄色油状液体（**1**）58.5 g，收率 88.5%。

【用途】 抗过敏药盐酸西替利嗪（Cetirizine hydrochloride）中间体。

1-肉桂基哌嗪

$C_{13}H_{18}N_2$，202.30

【英文名】 1-Cinnamylpiperazine

【性状】 无色液体。bp 145~147℃/0.13~0.26 kPa。

【制法】 王立升，李敬芬，周天明，刘百里.中国医药工业杂志，1997，28（10）：438.

于反应瓶中依次加入六水哌嗪 19.4 g（0.1 mol），甲苯 30 mL，氢氧化钾 5.6 g（0.1 mol），于 80~90℃滴加肉桂酰氯（**2**）6.9 mL（0.05 mol），约 30 min 加完。保温反应 3 h。加入水 30 mL，用 9%的盐酸提取（30 mL×3），合并水层，用 50%的氢氧化钠调至 pH13，用甲苯提取 3 次。合并甲苯层，水洗，减压蒸馏，收集 155~170℃/930 Pa 的馏分，得淡黄色液体（**1**）7.3 g，收率 72.3%。

【用途】 钙拮抗剂二盐酸氟桂利嗪（Flunarizine dihydrochloride）中间体。

盐酸溴己新

$C_{14}H_{19}Br_2N_3O_2 \cdot HCl$，457.59

【英文名】 Bromhexine hydrochloride

【性状】 无色结晶。mp 238.3~238.5℃。

【制法】 蒲洁琨，张凯，郝晓飞等.中国医药工业杂志，2013，44（9）：846.

于反应瓶中加入 N-甲基环己基胺 22.5 g（0.198 mol），搅拌下分批加入 2-氨基-3,5-二溴苄基氯（**2**）19.8 g（0.066 mol），室温搅拌反应 2 h。加入无水乙醇 40 mL，活性炭脱色 20 min，过滤，减压蒸出乙醇和未反应的 N-甲基环己基胺。剩余物中加入乙酸乙酯 50 mL，搅拌 10 min 后过滤。滤液中加入 2 mol/L 的氯化氢乙醇溶液约 36 mL，调至 pH6.0，冰箱中放置 2 h。过滤，滤饼用 20 mL 乙醇洗涤，再用甲醇 260 mL 重结晶，85℃干燥，得无色结晶（**1**）16.9 g，收率 61.9%，mp 238.3~238.5℃。

【用途】 止咳祛痰药盐酸溴己新（Bromhexine hydrochloride）原料药。

N-三苯甲基-3,3′-亚氨基-双-1-丙醇

$C_{25}H_{29}NO_2$，375.51

【英文名】 N-Trityl-3,3′-iminodi-1-propanol

【性状】 mp 132~133℃。

【制法】 Cain B F，et al. J Med Chem，1977，20（4）：515.

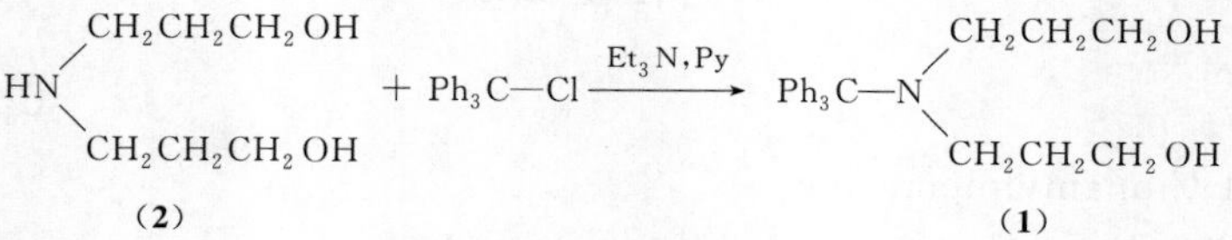

于反应瓶中加入 3,3′-亚氨基-双-1-丙醇（**2**）26.6 g（0.2 mol）、吡啶 125 mL，搅拌溶解后加入三乙胺 25 mL（0.185 mol），冷至 −5℃，分批加入新鲜制备的三苯基氯甲烷 50.13 g（0.18 mol）。室温搅拌 24 h 后，回流 1 h。减压回收溶剂，向剩余物中加入水，分出有机层，水洗，无水硫酸钠干燥。过滤，减压蒸馏，得粗品（**1**）。用苯重结晶，得纯品（**1**），mp 132～133℃。

【用途】 抗肿瘤药甲苯磺酸英丙舒凡（Improsulfan tosylate）中间体。

盐酸齐美定

$$C_{21}H_{18}Cl_2N_2O_4 \cdot 2HCl \cdot H_2O,\ 524.23$$

【英文名】 Zimeldine dihydrochloride
【性状】 结晶。溶于水，甲醇、乙醇。mp 192～194℃。
【制法】 Hoegberg T，Ulff B. J Med Chem，1981，24（12）：1499.

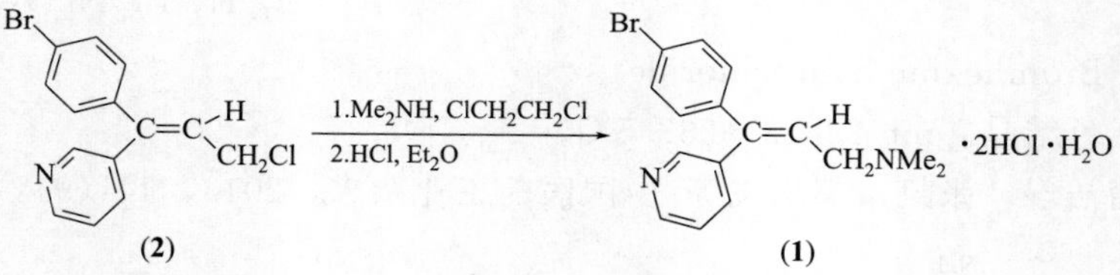

于反应瓶中加入 33%二甲胺 9.0 g（200 mmol），二氯乙烷 15 mL，于 10℃加入化合物（**2**）6.16 g（20 mmol）的二氯乙烷溶液，于室温搅拌 1 h。反应结束后，加入水 20 mL，分出有机层，水洗至 pH7，无水硫酸钠干燥。过滤，滤液回收溶剂，将剩余物溶于适量乙醚中，在 pH4.5 下，用盐酸提取数次，合并盐酸水溶液，用乙醚提取数次，合并有机层，用 10%氢氧化钠溶液调至 pH 呈强碱性，无水硫酸镁干燥。过滤，滤液回收溶剂，得油状物粗品（**1**）的游离碱 3.81～4.44 g，收率 60%～70%。固化后，用乙醇重结晶，得精品（**1**）的游离碱 2.22～3.17 g。将其溶于适量乙醚中，加入盐酸直至不析出结晶为止。过滤，干燥，得粗品（**1**）。用异丙醇-水重结晶，得（**1**），mp 192～194℃。

【用途】 抗抑郁药盐酸齐美定（Zimeldine dihydrochloride）原料药。

盐酸罗哌卡因

$$C_{17}H_{26}N_2O \cdot HCl,\ 310.87$$

【英文名】 Ropivacaine hydrochloride
【性状】 白色固体。mp 260～262℃。

【制法】 刘毅，李赛等.中国医药工业杂志，2012，43（11）：883.

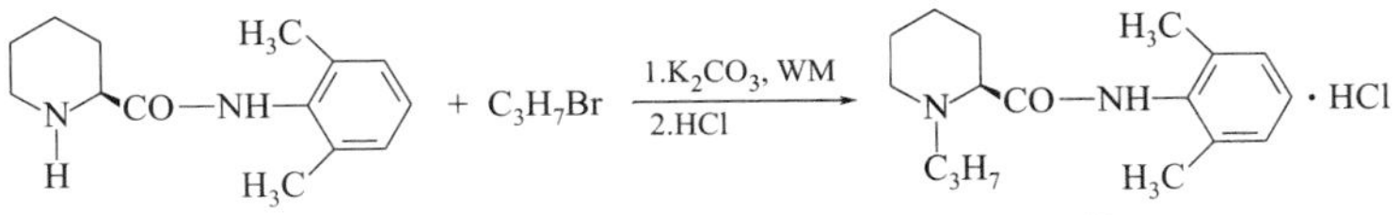

于反应瓶中加入化合物（**2**）8.63 g（0.037 mol），溴丙烷 4.67 mL（0.038 mol），碳酸钾 5.52 g（0.040 mol），DMF 20 mL，于 500 W 微波炉、80℃搅拌反应 15 min。冷却，倒入 60 mL 冰水中，过滤生成的白色沉淀，水洗，干燥。将其溶于 50 mL 异丙醇中，通入干燥的氯化氢气体 20 min，析出白色沉淀。过滤，异丙醇洗涤，干燥，得（**1**）8.69 g，收率 75.7%，mp 260～261℃。

【用途】 局部麻醉药盐酸罗哌卡因（Ropivacaine hydrochloride）原料药。

多潘立酮

$$C_{22}H_{24}ClN_5O_2，425.88$$

【英文名】 Domperidone

【性状】 白色晶体。mp 241～243℃。溶于氯仿、甲醇、乙醇、DMF，不溶于水。

【制法】 孙昌俊，王秀菊，曹晓冉.药物合成反应——理论与实践.北京：化学工业出版社，2007：213.

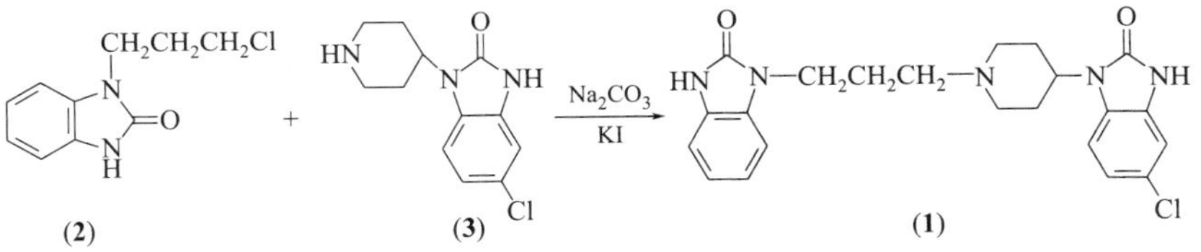

于反应瓶中加入 5-氯-1-(4-哌啶基)-苯并咪唑-2-酮（**3**）25.1 g（0.1 mol），4-甲基-2-戊酮 800 mL，无水碳酸钠 32 g（0.3 mol），1-(3-氯丙基)苯并咪唑-2-酮（**2**）23 g（0.11 mol），碘化钾 1 g，搅拌回流 24 h。蒸出约 600 mL 溶剂，倒入冰水中。滤出析出的固体，水洗，干燥后过硅胶柱纯化，用氯仿-甲醇（9∶1）作洗脱液。蒸去洗脱液，加入 4-甲基-2-戊酮，析出固体。再用 DMF 和水的混合液重结晶，得白色多潘立酮（**1**）18.5 g，收率 43.5%，mp 241～243℃。

【用途】 胃动力药多潘立酮（Domperidone）原料药。

2,6-双(二乙醇胺基)-4,8-二哌啶基嘧啶并[5,4-*d*]嘧啶

$$C_{24}H_{40}N_8O_4，504.63$$

【英文名】 2,6-Bis(diethanolamino)-4,8-dipiperidino-pyrimido[5,4-*d*]pyrimidine

【性状】 黄色针状结晶。mp 160～164℃。

【制法】 Josef Roch，Heinz Scheffler. US 3322755.1967.

（2） **（3）** **（1）**

2,6-二氯-4,8-二哌啶基嘧啶并［5,4-*d*］嘧啶（**3**）：于反应瓶中加入 2,4,6,8-四氯嘧啶并［5,4-*d*］嘧啶（**2**）0.6022 kg（2.2314 mol），丙酮 2.77 kg，搅拌下于 20℃ 滴加哌啶 0.7949 kg 与丙酮 0.9033 kg 配成的溶液，约 30 min 加完。加完后继续保温反应 1 h。加入 21 L 水，继续搅拌 1 h。过滤，滤饼水洗至中性。干燥，得化合物（**3**）0.6556 kg，收率 80%，mp 242～250℃。

2,6-双（二乙醇胺基）-4,8-二哌啶基嘧啶并［5,4-*d*］嘧啶（**1**）：于反应瓶中加入二乙醇胺 1.9668 kg（18.71 mol），加热至 150℃，而后上述化合物（**3**）0.6556 kg（1.7851 mol），搅拌下升温至 200℃，反应 30 min。冷至 60℃ 加入丙酮 4 kg，静置 16 h。过滤，水洗，干燥，得粗品。用乙酸乙酯重结晶，得黄色针状结晶（**1**）0.6306 kg，收率 70%，mp 160～164℃。

【用途】 抗凝血药莫哌达醇（Mopidamol）中间体。

盐酸环丙沙星

$$C_{17}H_{18}FN_3O_3 \cdot HCl, \quad 367.81$$

【英文名】 Ciprofloxacin hydrochloride
【性状】 白色结晶。
【制法】 方法 1 汪敦佳. 中国医药工业杂志，1994，25（7）：296.

（2） **（3）** **（1）**

1-环丙基-6-氟-1,4-二氢-4-氧代-7-(1-哌嗪基) 喹啉-3-羧酸（**3**）：于反应瓶中加入 1-环丙基-6-氟-7-氯-1,4-二氢-4-氧代-喹啉-3-羧酸（**2**）4.2 g（0.015 mol），*N*-乙氧羰基哌嗪 4.7 g（0.03 mol），DMSO 15 mL，搅拌下加热至 140～145℃ 反应 2 h。减压蒸出溶剂，剩余物中加入 5% 的氢氧化钾溶液 90 mL，于 98～100℃ 搅拌反应 2 h。趁热过滤，滤液用醋酸中和至 pH7～8。静置，抽滤，水洗，干燥，得淡黄色固体（**3**）粗品 4.3 g，收率 86%，mp 264～266℃。

盐酸环丙沙星（**1**）：于反应瓶中加入上述化合物（**3**）4.0 g（0.012 mol），乙醇 25 mL，10% 的盐酸 28 mL，搅拌加热溶解，活性炭脱色，补加乙醇 10 mL，继续加热至透明。冷却结晶，抽滤，干燥，得白色结晶（**1**）3.8 g，收率 82.6%，mp 320～321℃。

方法 2 马明华，纪秀贞，佰林，万平. 药学进展，1997，21（2）：109.

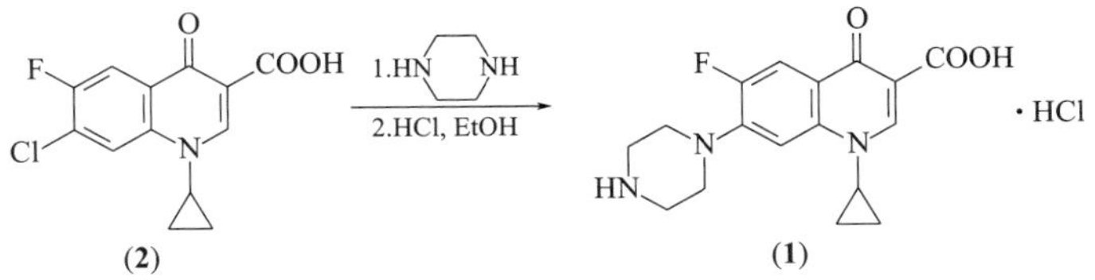

于反应瓶中加入化合物（**2**）37.5 g（0.133 mol），无水哌嗪 45 g（0.523 mol），乙二醇单甲醚 120 mL，搅拌下回流反应 6 h。减压回收溶剂后，加入碱溶解，用 2 g 活性炭脱色 30 min，过滤，用盐酸调节 pH7.0～7.2，过滤生成的固体，水洗，得固体（湿品）。

将上述湿品加入 10%的盐酸 200 mL 中，搅拌溶解，加入活性炭 2 g，回流 1 h。趁热过滤，冷至 60℃，加入乙醇，继续回流至透明，冷却至 10～15℃析晶。过滤，干燥，得白色结晶（**1**）38.0 g，收率 74.1%。

【用途】 喹诺酮类抗菌药盐酸环丙沙星（Ciprofloxacin hydrochloride）原料药。

甲磺酸吉米沙星

$$C_{18}H_{20}FN_5O_4 \cdot CH_3SO_3H，485.49$$

【英文名】 Gemifloxacin mesylate

【性状】 类白色无定型固体。mp 235～237℃。

【制法】 Hong C Y, et al. J Med Chem，1997，40（22）：3584.

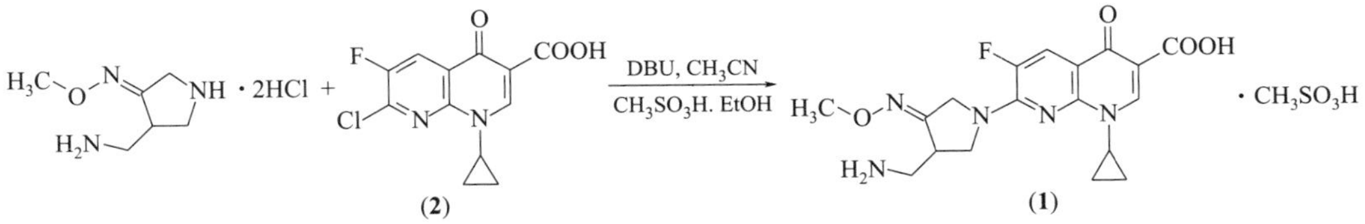

于反应瓶中加入 7-氯-1-环丙基-6-氟-4-氧代-1,4-二氢-1,8-二氮杂萘-3-羧酸（**2**）141 mg（0.5 mmol），乙腈 15 mL，4-(氨基甲基)吡咯烷-3-酮-O-甲基肟二盐酸盐 110 mg（0.5 mmol），搅拌下冷至 0℃。加入 DBU 4.6 g（30 mmol），室温搅拌反应 30 min。加入蒸馏水 15 mL，析出沉淀。过滤，乙腈洗涤，再用乙醚洗涤，真空干燥，得缩合产物 167 mg，收率 85%。用氯仿-乙醇重结晶，得类白色无定形固体。将其与甲基磺酸（等摩尔）在溶剂中成盐，得甲磺酸吉米沙星（**1**）。

【用途】 喹诺酮类抗菌药甲磺酸吉米沙星（Gemifloxacin mesylate）原料药。

2-[4-(2-甲基烯丙基)氨基苯基]丙酸甲酯盐酸盐

$$C_{14}H_{19}NO_2 \cdot HCl，269.77$$

【英文名】 Methyl 2-[4-(2-methylallyl)aminophenyl]propionate hydrochloride

【性状】 白色固体化合物。mp 115℃。

【制法】 ①Emile Bouchara. US 3957850. 1976. ②陈仲强，李泉. 现代药物的制备与合成：第二卷. 北京：化学工业出版社，2011：211.

2-(对氨基苯基）丙酸甲酯（**3**）：于氢化反应装置中加入 2-(对硝基苯基）丙酸甲酯（**2**）52 g（0.25 mol），乙醇 500 mL，5% 的 Pd-C 催化剂 1 g，用氮气置换空气，再以氢气置换氮气，搅拌下常压氢化至不再吸收氢气为止。滤出催化剂，滤液减压浓缩至干，得几乎定量的结晶化合物（**3**），mp 40～43℃。

2-[4-(2-甲基烯丙基）氨基苯基］丙酸甲酯盐酸盐（**1**）：于反应瓶中加入上述化合物（**3**）44.75 g（0.25 mol），甲基烯丙基氯 34 g（0.38 mol），吡啶 30 mL，异丙醇 400 mL，搅拌下回流反应 30 h。反应结束后，减压浓缩，剩余物中加入水和乙醚，充分搅拌。分出有机层，水层用乙醚提取。合并有机层，水洗，无水硫酸钠干燥。过滤，浓缩，剩余油状物减压蒸馏，收集 115～120℃/13.3 Pa 的馏分主要为原料（**3**）。收集 128～130℃/13.3 Pa 的馏分，重 30 g。将其与盐酸成盐，乙酸乙酯中重结晶，得白色固体化合物（**1**）22.7 g，收率 34% 左右，mp 115℃。

【用途】 非甾体抗炎药阿明洛芬（Alminoprofen）等的中间体。

吡咯芬

$$C_{13}H_{14}ClNO_2，251.71$$

【英文名】 Pirprofen

【性状】 结晶。mp 98～100℃。

【制法】 王东阳，嵇耀武，张广明.中国医药工业杂志，1991，22（7）：2.

于干燥的反应瓶中，加入化合物（**2**）6.0 g（0.0276 mol）、顺-1,4-二氯-2-丁烯 5.6 g（0.0448 mol）、无水碳酸钠 12.6 g（0.114 mol）和 N,N-二甲基甲酰胺 50 mL，加热搅拌回流 5～6 h。反应结束后，冷却，过滤。滤液减压回收溶剂，冷却，向剩余物中加入正己烷适量，搅拌，过滤。滤液回收溶剂，冷却，得化合物（**3**）。向（**3**）中加入 25% 氢氧化钠 20 mL，搅拌回流 8 h。加水适量，用乙醚提取数次弃去，水层用 2 mol/L 盐酸调至 pH5～5.2，用乙醚提取数次，合并有机层。回收溶剂后，析出固体，得粗品（**1**）。用苯-正己烷重结晶，得（**1**）1.61 g，收率 23.2%，mp 95～96℃。

【用途】 消炎镇痛药吡洛芬（Pirprofen）原料药。

5-甲基-2-（2-硝基苯氨基）-噻吩-3-甲腈

$$C_{12}H_9N_3O_2S，259.28$$

【英文名】 5-Methyl-2-(2-nitrophenylamino)thiophene-3-carbonitrile

【性状】　黄色结晶。mp 99～102℃。溶于氯仿、二氯甲烷、热乙醇，不溶于水。

【制法】　高敏，张宇驰，卢苗苗等.化工时刊，2011，25（9）：28.

于反应瓶中加入邻硝基氯苯 56.4 g（0.4 mol），2-氨基-3-氰基-5-甲基噻吩（**2**）55.2 g（0.4 mol），氢氧化锂 24.8 g（0.6 mol），DMF 300 mL，搅拌下于 70℃反应 6 h。减压蒸出部分溶剂，冷后倒入碎冰中，用二氯甲烷提取（500 mL×3）。合并有机层，依次用 2 mol/L 的盐酸、水洗涤，无水硫酸镁干燥。过滤，蒸去溶剂至干，剩余物用乙醇重结晶，得黄色固体（**1**）70 g，收率 70%，mp 99～101℃。

【用途】　抗精神病药物奥氮平（Olanzapine）等的中间体。

氯苯扎利二钠

$C_{14}H_8NO_4ClNa_2$，335.65

【英文名】　Lobenzarit disodium

【性状】　白色粉末无臭，稍有咸味。稍易溶于水，难溶于甲醇。mp 约 388℃（dec）。

【制法】　彭家志，李家明，李丰.化学世界，2010，8：479.

氯苯扎利（**3**）：于干燥的反应瓶中，加入异戊醇 180 mL，2,4-二氯苯甲酸（**2**）9.5 g（0.05 mol），邻氨基苯甲酸 21.0 g（0.15 mol），无水碳酸钾 20 g（0.15 mol），铜粉 1 g（0.007 mol）和碘 0.2 g，于 125～130℃油浴中加热搅拌回流 6 h。反应结束后，冷却至室温，加入水 200 mL 中搅拌。过滤，减压回收异戊醇后，水层冷却，用 3 mol/L 盐酸调至 pH2～3，析出固体。过滤，水洗，得粗品（**3**）。

将上述粗品溶于 20%的碳酸钠水溶液中，于 80℃活性炭脱色 10 min。趁热过滤，用 3 mol/L 的盐酸调至 pH2～3，析出固体。过滤，水洗，用 95%的乙醇重结晶，得化合物（**3**）12.3 g，收率 84.2%，mp 336～338℃。

氯苯扎利二钠（**1**）：于反应瓶中加入上述化合物（**3**）10 g（0.034 mol），用 10%的氢氧化钠水溶液溶解澄清后，加入活性炭于 80℃脱色 30 min。趁热过滤。减压浓缩至有结晶析出，冷却，过滤，少量冷水洗涤，于 70℃干燥，得（**1**）10 g，收率 86.9%，mp 约 386℃（dec）。

【用途】　消炎镇痛药氯苯扎利二钠（Lobenzarit disodium）原料药。

2-(羟基亚氨基)-N-[2-(三氟甲基)苯基]乙酰胺

$C_9H_7F_3N_2O_2$，232.16

【英文名】　2-(Hydroxyimino)-N-[2-(trifluoromethyl)phenyl]acetamide

【性状】 白色结晶。

【制法】 徐勤丰.中国医药工业杂志，1993，24（12）：557.

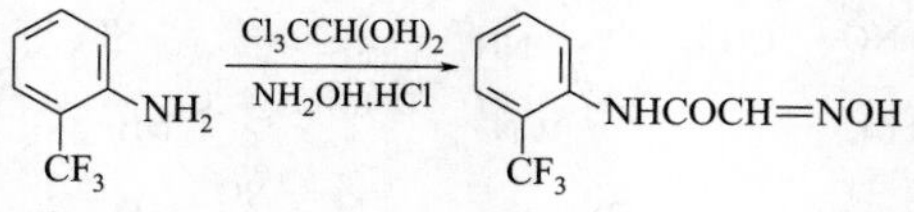

于反应瓶中加入 2-三氟甲基苯胺（**2**）87 g（0.54 mol），水 3 L，硫酸钠 600 g，浓盐酸 46 mL，水合氯醛 130 g（0.85 mol），盐酸羟胺 154 g（2.22 mol），于 80℃搅拌 20 min。冷至室温，分出油层。放置后析出结晶。干燥，得化合物（**1**）100 g，收率 79.8%。

【用途】 抗疟药盐酸甲氟喹（Mefloquine hydrochloride）等的中间体。

烯丙尼定

$$C_{12}H_{13}Cl_2N_3，270.14$$

【英文名】 Alinidine

【性状】 白色固体。mp 127～129℃。溶于醇、醚、氯仿、乙酸乙酯。不溶于石油醚。

【制法】 武引文，聂辉，颜廷仁等.中国医药工业杂志，1990，21（8）：10.

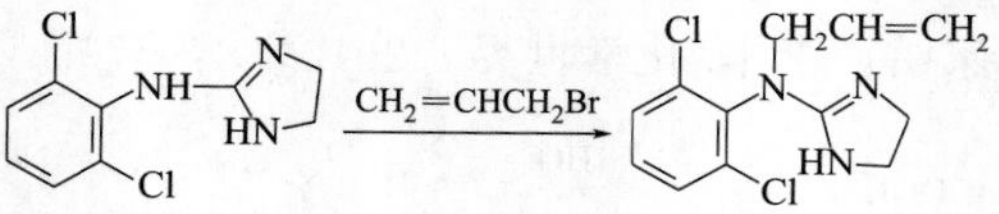

于反应瓶中加入 2-（N-2,6-二氯苯基）氨基咪唑啉（**2**）8.2 g（0.036 mol），无水乙醇 50 mL，无水碳酸钾 2.2 g。搅拌下慢慢滴加烯丙基溴 6.4 g（0.052 mol），加完后回流反应 4 h。冷后过滤，减压蒸出乙醇，剩余黏稠物中加入 1 mol/L 盐酸 75 mL，活性炭脱色，过滤。滤液用 20%的氢氧化钠调至碱性，析出固体。抽滤、水洗、石油醚充分洗涤，得白色固体（**1**）6.0 g，收率 61.7%，mp 127～129℃（文献值 127～129℃）。

【用途】 治疗心肌缺血性疾病药物烯丙尼定（Alinidine）原料药。

盐酸伊普吲哚

$$C_{19}H_{28}N_2 \cdot HCl，320.91$$

【英文名】 Iprindole hydrochloride

【性状】 浅黄色固体。mp 143～144℃。难溶于甲醇、水，不溶于丙酮、乙酸乙酯。

【制法】 胡天佑，陈新，杨祯祥等.中国医药工业杂志，1983，14（6）：3.

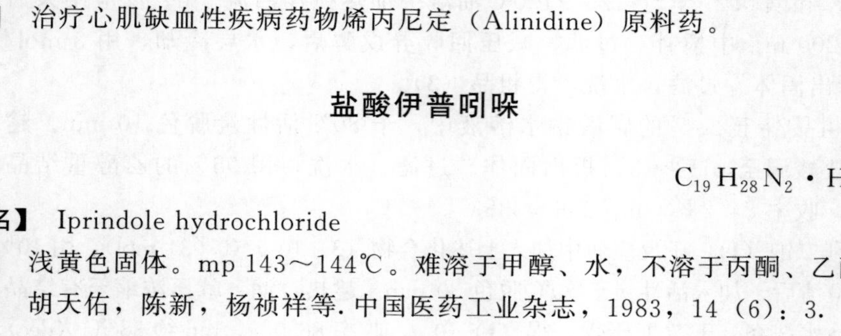

于安有搅拌器、分水器、滴液漏斗的反应瓶中，加入环辛并［b］吲哚（**2**）15.5 g（0.077 mol），甲苯 150 mL，氢氧化钾 24 g（0.43 mol），搅拌下油浴加热至回流。滴加二

甲氨基氯丙烷 12.1 g（0.1 mol）与甲苯 30 mL 的混合液，约 1 h 加完，继续回流分水 6 h。冷却，倒入 100 mL 冷水中，分去水层，甲苯层水洗后，加入 80 mL 水，用盐酸酸化至 pH3，分取水层。水层中加入乙醚 100 mL，用 20％的氢氧化钠调至 pH13。分出乙醚层，水层用乙醚提取（50 mL×3），合并乙醚层，饱和食盐水洗涤后无水硫酸钠干燥。蒸出乙醚，得黄色油状物。将其溶于 100 mL 乙醚中，冰盐浴冷却下用氯化氢无水乙醇溶液调至 pH2～3，析出浅黄色固体。用甲醇-丙酮重结晶，得（**1**）13 g，收率 52％，mp 143～146℃（文献值 144℃）。

【用途】 抗忧郁药盐酸伊普吲哚（Iprindole hydrochloride）原料药。

N-(4-氯苯基)-4-(4-吡啶甲基)酞嗪-1-胺

$C_{20}H_{15}ClN_4$，346.82

【英文名】 *N*-(4-Chlorophenyl)-4-(4-pyridinylmethyl)-1-phthalazinamine
【性状】 粉红色或红色固体。mp 209～212℃。
【制法】 吕金玲，刘丹，马小军.中国药物化学杂志，2008，18（3）：200.

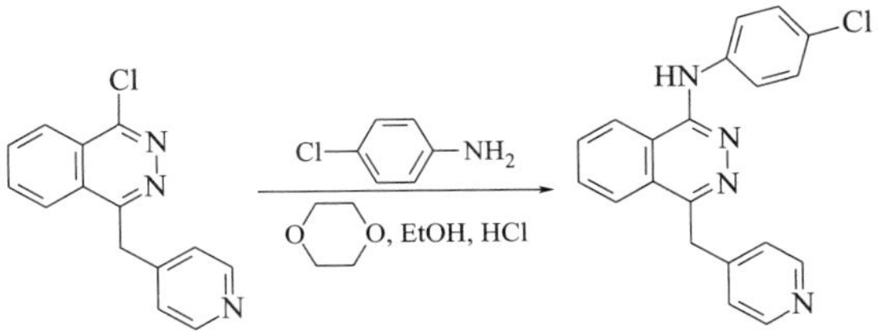

于反应瓶中加入 1-氯-4-(4-吡啶甲基) 酞嗪（**2**）10 g（40 mmol），乙醇 80 mL，搅拌溶解。再加入对氯苯胺 7.5 g（60 mmol），盐酸二氧六环饱和溶液 15 mL，于 80℃搅拌回流反应 5 h。冷却，过滤生成的黄色沉淀，依次用二氯甲烷、乙酸乙酯洗涤。将滤饼加入水中，用氨水调至碱性，得粉红色或红色固体（**1**）11.24 g，收率 81.25％，mp 209～212℃。

【用途】 抗癌药琥珀酸瓦他拉尼（Vatalanib succinate）碱基。

氟曲马唑

$C_{22}H_{16}F_2N_2$，346.38

【英文名】 Flutrimazole
【性状】 白色固体。mp 161～163℃。
【制法】 方法 1 ①陈宝泉，雷英杰，李采文等.华西药学杂志，2008，23（3）：318.
②张玲，安顺永，刘玲等.化学试剂，2010，32（10）：933.

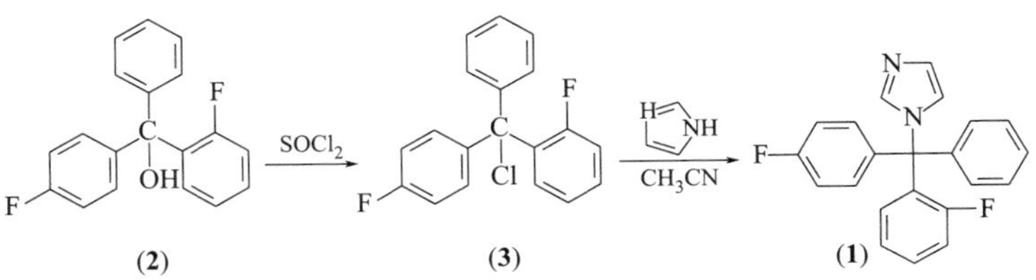

（2-氟苯基）(4-氟苯基) 苯基氯甲烷（**3**）：于反应瓶中加入（2-氟苯基）(4-氟苯基) 苯甲

醇（**2**）44.5 g（0.15 mol），甲苯 100 mL，搅拌下于 50～60℃滴加氯化亚砜 50 mL，加完后加热回流反应 4 h。减压蒸出挥发组分，剩余物石油醚重结晶，得白色固体（**3**）40.7 g，收率 86%，mp 65～66℃。

氟曲马唑（**1**）：于反应瓶中加入咪唑 55.7 g（0.82 mol），丙酮 280 mL，搅拌溶解。于 25～30℃加入化合物（**3**）94.4 g（0.35 mol），加完后于 30℃左右搅拌反应 4 h。浓缩，得黏稠物。加入 150 mL 乙醚，搅拌析出固体。过滤，回收乙醚。温水洗涤，乙腈至重结晶，得白色固体（**1**）83.8 g，收率 80.7%，mp 161～163℃。

方法 2　江相兰，韩正国.中国医药工业杂志，2007，38（5）：330.

于反应瓶至加入化合物（**2**）48 g（0.15 mol），二氯甲烷 200 mL，三乙胺 18 g（0.18 mol），冰浴冷至 0～5℃，搅拌下滴加甲基磺酰氯 20 g（0.17 mol）溶于 50 mL 二氯甲烷的溶液。加完后慢慢加热回流反应 2 h。蒸出溶剂，剩余物至加入乙腈 200 mL，咪唑 32 g（0.44 mol），碘化钾 0.1 g，搅拌回流反应 5 h。冷至 0℃，析晶。过滤，依次用石油醚、水洗涤，乙腈至重结晶，得白色结晶（**1**）42 g，收率 80.5%，mp 164～166℃。

【用途】　抗真菌药氟曲马唑（Flutrimazole）原料药。

3,4-二氢-2*H*-[1,3]噁嗪并[3,2-*a*]吲哚-10-羧酸甲酯

$C_{13}H_{13}NO_3$，231.25

【英文名】　Methyl 3,4-dihydro-2*H*-[1,3]oxazino[3,2-*a*]indole-10-carboxylate
【性状】　白色固体。mp 129～131℃。
【制法】　袁志法，何彬，茆勇军等.中国药物化学杂志，2007，17（6）：372.

2-（3-氯丙氧基）吲哚-3-羧酸甲酯（**3**）：于反应瓶中加入吲哚-3-羧酸甲酯（**2**）14 g（80 mmol），二氯甲烷 180 mL，三乙胺 6.2 mL（44 mmol），搅拌下冷至 0℃以下，加入 NBS 15.8 g（88 mmol），搅拌后，将其滴加至盛有 3-氯-1-丙醇 7.4 g（88 mmol）、甲基磺酸 0.2 mL、二氯甲烷 120 mL 的预先冷至－20℃的混合液中，约 20 min 加完。加完后继续搅拌反应 1 h。用 1 mol/L 的碳酸钠溶液洗涤，水洗至中性，无水硫酸钠干燥。过滤，减压浓缩，甲苯中重结晶，得白色结晶（**3**）14.8 g，收率 69%，mp 123～124℃。

3,4-二氢-2*H*-[1,3]-噁嗪并［3,2-a］吲哚-10-羧酸甲酯（**1**）：于反应瓶中加入上述化合物（**3**）13.4 g（50 mmol），丙酮 150 mL，无水碳酸钾 13.8 g（100 mmol），室温搅拌反应 20 h。过滤，减压浓缩。剩余物加入 120 mL 二氯甲烷溶解，依次用碳酸钠溶液、水洗

涤，无水硫酸钠干燥。过滤，减压浓缩，剩余物用甲苯溶解，冷却析晶。抽滤，干燥，得白色固体（**1**）9.1 g，收率 79%，mp 129～131℃。

【用途】　胃肠道疾病治疗药盐酸哌波色罗（Piboserod hydrochloride）中间体。

［(4R)-2-［(1H-咪唑-1-基)甲基］-2-(2,4-二氯苯基)-1,3-二氧杂环戊-4-基］甲基苯甲酸酯硝酸盐

$$C_{21}H_{18}Cl_2N_2O_4 \cdot HNO_3，496.30$$

【英文名】　［(4R)-2-［(1H-Imidazol-1-yl)methyl]-2-(2,4-dichlorophenyl)-1,3-dioxolan-4-yl]methyl benzoate nitrate

【性状】　白色结晶。mp 172～174℃。

【制法】　①Heeres J，et al. J Med Chem，1979，22（8）：1003.②杨济秋，刘丽琳，王小燕等.第二军医大学学报，1984，5（1）：28.

于反应瓶中加入加入化合物（**2**）220 g（0.492 mol），DMF 500 mL，加热回流。加入咪唑 100 g（1.48 mol），继续回流反应 4 天。冷至室温，加入适量水，乙醚提取数次。合并有机层，无水硫酸镁干燥。过滤。滤液中加入 65% 的硝酸（计算量），析出结晶。过滤，干燥，得粗品。用异丙醚-异丙醇重结晶，得化合物（**1**）155 g，收率 55%，mp 172～174℃。

【用途】　抗真菌药酮康唑（Ketoconazole）等的中间体。

1-(2,4-二氯苯基)-2-(1H-咪唑-1-基)乙醇

$$C_{11}H_{10}Cl_2N_2O，257.11$$

【英文名】　1-(2,4-Dichlorophenyl)-2-(1H-imidazol-1-yl)ethanol

【性状】　淡棕色固体。mp 133～135℃。溶于乙醇和氯仿，微溶于水。

【制法】　①蒋彩珍，张国红.中国医药工业杂志，1997，28（5）：232.②王明慧，吴坚平，杨立荣，陈新志.有机化学，2005，25（6）：660.

于安有搅拌器的反应瓶中，加入甲醇 180 mL，2,4,ω-三氯苯乙酮（**2**）20 g（0.09 mol），搅拌下分批加入硼氢化钾 5.5 g（0.11 mol），约 1 h 加完。室温反应 1 h，放置过夜。减压蒸去甲醇，加入苯 100 mL，常压蒸馏至呈糊状，得中间体（**3**），加入 DMF 90 mL 备用。

于另一反应瓶中加入甲醇 100 mL，分批加入金属钠 3.8 g（0.16 mol），待钠全部反应完后，室温下加入咪唑 7.4 g（0.108 mol），反应 1 h。减压蒸去甲醇至干，加 DMF 80 mL，于 110～115℃滴加（**3**）的溶液，约 1 h 加完，继续搅拌反应 1 h。减压蒸去部分溶

剂，冷后倒入 800 mL 冰水中，析出固体。抽滤、水洗，于 80℃ 干燥，得淡棕色固体（**1**）18.5 g，收率 82.5%，mp 132～134℃。

【用途】 抗真菌药物咪康唑（Miconazole）等的中间体。

2′,4′-二氟-α-(1H-1,2,4-三唑-1-基)苯乙酮

$$C_{10}H_7F_2N_3O，223.17$$

【英文名】 2′,4′-Difluoro-α-(1H-1,2,4-triazol-1-yl)acetophenone

【性状】 白色固体。mp 103～105℃。溶液乙醇、氯仿、二氯甲烷、乙酸乙酯等有机溶剂，不溶于水。

【制法】 钟武，张万年，李科，周有俊.中国医药工业杂志，1999，30（9）：418.

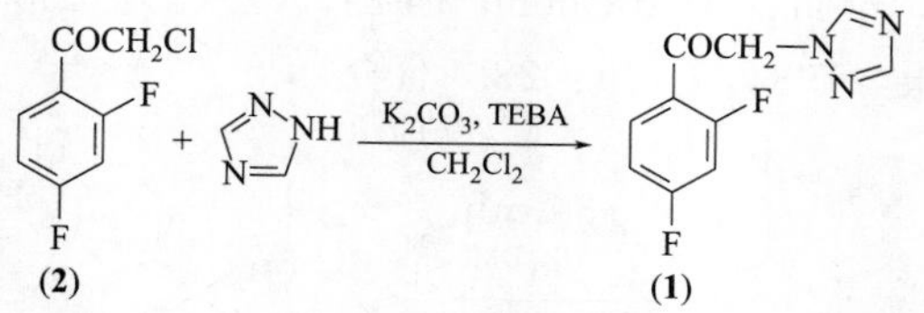

于反应瓶中加入 1H-1,2,4-三唑 9.0 g（0.13 mol），TEBA 0.5 g，碳酸钾 13.8 g（0.13 mol），二氯甲烷 50 mL。搅拌下于 0℃ 滴加 α-氯代-2,4-二氟苯乙酮（**2**）19.05 g（0.1 mol）溶于 50 mL 二氯甲烷配成的溶液。加完后自然升至室温反应 6 h。过滤，减压回收溶剂。加入 500 mL 冷水，用稀盐酸调至全部溶解，静置后分出油层。水层用二氯甲烷提取一次。水层以碳酸钠水溶液调至 pH6，析出白色固体，抽滤，水洗，干燥，得化合物（**1**）18.4 g，收率 82.5%，mp 105～106℃（文献值 103～105℃）。

【用途】 广谱抗真菌药物氟康唑（Fluconazole）等的中间体。

1-甲基吲唑-3-羧酸

$$C_9H_8N_2O_2，176.17$$

【英文名】 1-Methylindazole-3-carboxylic acid

【性状】 类白色或浅黄色固体。mp 212～214℃。溶于碱，不溶于水。

【制法】 徐宝财，邓飞.精细石油化工，1999，4：18.

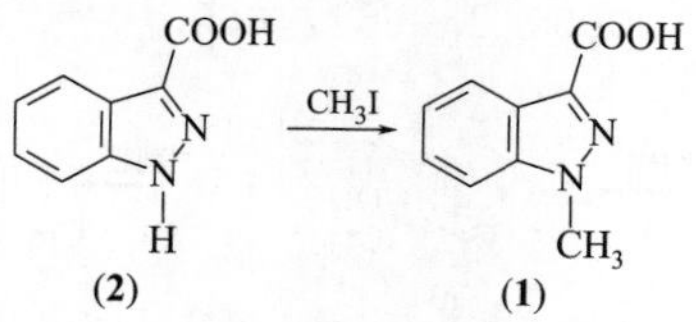

于反应瓶中加入异丙醇 60 mL，金属钠 1.4 g（0.06 mol），搅拌至钠全部反应完。加入 1H-吲唑-3-甲酸（**2**）4.9 g（0.03 mol），回流 3 h。慢慢滴加碘甲烷 12.9 g（0.09 mol）溶于 20 mL 异丙醇的溶液，加完后回流 5 h。静置过夜，滤出析出的黄色固体。将固体物溶于 30 mL 水中，过滤后用稀盐酸调至 pH1～2，析出黄色固体。抽滤、水洗、干燥，得 1-甲基吲唑-3-羧酸（**1**）4.8 g，收率 90%，mp 212～214℃。

【用途】 止吐药盐酸格拉司琼（Granisetron hydrocholride）的中间体。

7-(2,3-二羟丙基)-茶碱

$$C_{10}H_{14}N_4O_4，254.24$$

【英文名】 7-(2,3-Dihydroxypropyl)theophylline, Diprophylline

【性状】 白色粉末。mp 159～163℃。易溶于水，微溶于乙醇，极微溶于乙醚和氯仿。

【制法】 刘金荣.化工中间体，2015，6：41.

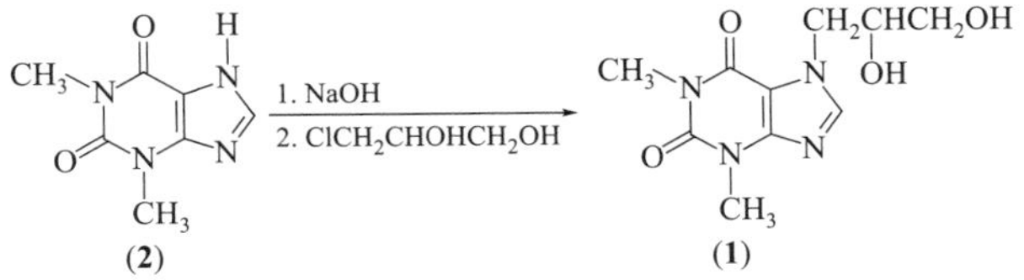

于反应瓶中加入 40% 的氢氧化钠水溶液 100 g，水 140 mL，搅拌下升温至 50℃，慢慢加入茶碱（**2**）90 g（0.5 mol），升温至 95℃反应 30 min。稍冷后于 80℃左右滴加 1-氯丙二醇 110.5 g（1 mol），加完后继续反应 30 min。升温至 105℃反应 30 min。反应液呈弱碱性。减压蒸馏除水，使内温升至 120℃。冷却，加入乙醇加热至回流，使缩合物全部溶解。趁热过滤，滤饼用热乙醇洗涤。滤液冷却后析出固体，抽滤，于 80℃干燥，得化合物（**1**）101 g，收率 80%，mp 158～160℃。

【用途】 支气管哮喘和哮喘型慢性支气管炎治疗药二羟丙茶碱（Diprophylline）原料药。

噻托溴铵

$$C_{19}H_{22}N^+O_4S_2 \cdot Br^-，472.41$$

【英文名】 Tiotropium bromide

【性状】 白色固体。mp 218～219.3℃。

【制法】 靳凤民，张静.化学工业与工程，2016，33（1）：57.

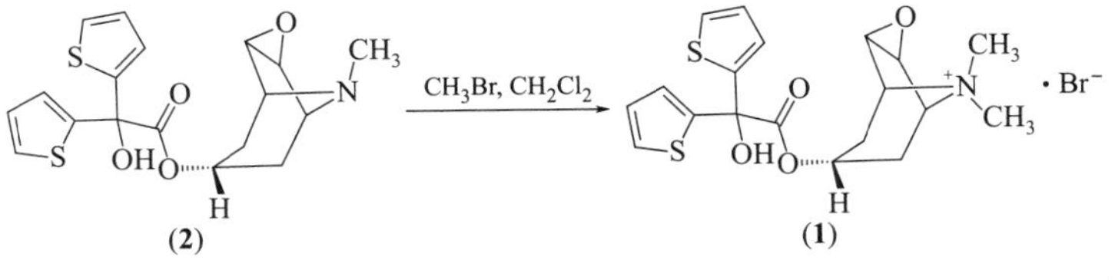

于反应瓶中加入二氯甲烷 140 mL，化合物（**2**）37.75 g（0.1 mol），搅拌溶解后，于 20～25℃通入溴甲烷 28.49 g（0.3 mol），而后继续搅拌反应 5 h。TLC 跟踪反应至化合物（**2**）基本消失。通入氮气 25 min，尾气用乙醇吸收。过滤，固体物于 30℃干燥 8 h，得白色固体（**1**）45.1 g，收率 95.5%，mp 218～219.3℃。

【用途】 慢性支气管炎和肺气肿等症治疗药物噻托溴铵（Tiotropium bromide）原料药。

苄基三乙基氯化铵

$$C_{13}H_{22}ClN，227.77$$

【英文名】 Benzyltriethylammonium chloride

【性状】 白色结晶。mp 180～192℃。易溶于水。在芳烃、石油醚中溶解度较小。常用作相转移催化剂。

【制法】 方法1 李吉海，刘金庭.基础化学实验（Ⅱ）——有机化学实验.北京：化学工业出版社，2007.

$$PhCH_2Cl + (C_2H_5)_3N \longrightarrow [PhCH_2N(C_2H_5)_3]^+Cl^-$$
$$\qquad\qquad\text{(2)}\qquad\qquad\qquad\qquad\qquad\qquad\text{(1)}$$

于反应瓶中加入 DMF 7 mL，乙酸乙酯 2 mL，氯化苄（**2**）10 mL（0.087 mol），三乙胺 12.6 mL（0.09 mol），加热搅拌于 104℃左右反应 1 h。冷却至 80℃，搅拌下慢慢加入苯 8 g，使铵盐沉淀。冷却，抽滤，少量冷苯洗涤，干燥，得化合物（**1**）17.25 g，收率 87%。干燥器中保存。

方法2 刘书荣.河北化工，1992，3：17.

于反应瓶中加入 1,2-二氯乙烷 20 mL，氯化苄（**2**）0.1 mol，三乙胺 0.1 mol，加热搅拌回流反应 2 h，温度控制在 105～110℃。油状物消失，生成黏稠物。将反应物冷却，析出结晶。抽滤，用少量 1,2-二氯乙烷洗涤，干燥，得（**1**），收率 91%。

【用途】 杀菌剂，相转移催化剂等。

辛可宁邻氯苄基溴化铵

$C_{26}H_{28}BrClN_2O$，499.88

【英文名】 Cinchonine *o*-chlorobenzylammonium broride

【性状】 白色结晶。mp 238～240℃（分解）。

【制法】 李智，康明明，孟庆伟.高等学校化学学报，2010，31（8）：1564.

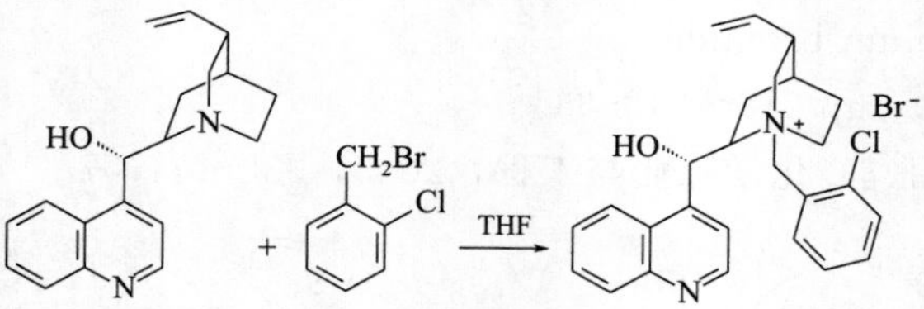

于反应瓶中加入辛可宁（**2**）1.0 g（3.4 mmol），邻氯苄基溴 0.70 g（3.4 mmol），50 mL THF，回流反应 4 h。冷至室温，倒入 200 mL 乙醚中，搅拌 30 min。过滤，乙醚洗涤，得粗品。用甲醇-乙醚重结晶，得白色固体（**1**）1.38 g，收率 81%，mp 238～240℃（分解）。

【用途】 不对称合成相转移催化剂。

槟榔碱

$C_8H_{13}NO_2$，155.20

【英文名】 Arecoline，Arecane

【性状】 bp 209℃。

【制法】 黄胜堂，黄文龙，张慧斌.中国医药工业杂志，2004，35（3）：265.

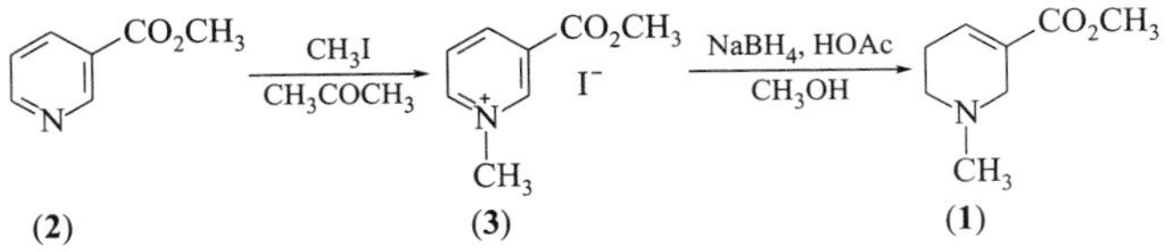

烟酸甲酯 *N*-甲基碘化铵（**3**）：于反应瓶中加入烟酸甲酯 8.2 g（0.06 mol），丙酮 18 mL，搅拌溶解，滴加碘甲烷 4.4 mL（0.072 mol），于 35～39℃反应 6 h，而后室温反应 24 h。抽滤，丙酮洗涤。无水乙醇中重结晶，得淡黄色固体（**3**）16.1 g，收率 96%，mp 126～128℃。

槟榔碱（**1**）：于反应瓶中加入化合物（**3**）13.9 g（0.05 mol），无水乙醇 56 mL，搅拌溶解后冰浴冷却，加入乙酸 30 mL。冷至−10℃以下，分批加入 NaBH₄ 3.8 g（0.1 mol），加完后慢慢升至室温继续搅拌反应 3 h。冰浴冷却，慢慢滴加 30 mL 水，室温反应过夜。减压蒸出乙醇，加入少量水使固体溶解，乙醚提取 2 次。水层用 10% 的氢氧化钠调至 pH9～10，二氯甲烷提取 3 次。合并二氯甲烷层，无水硫酸钠干燥。过滤，浓缩，得浅黄色油状液体（**1**）4.8 g，收率 62%。

【用途】　在医疗上用于治疗青光眼，能使绦虫瘫痪，所以也用作驱绦虫药。

N-乙基-3-甲氧基乙酰苯胺

$C_{11}H_{15}NO_2$，193.25

【英文名】　*N*-Ethyl-3-methoxyacetylaniline
【性状】　油状物。
【制法】　Hugh C，David C，Ken J Gould，et al. J Med Chem，1985，28（12）：1832.

于干燥反应瓶中，加入 50% 氢化钠（使用前应洗涤除油）28.5 g（0.60 mol）、无水 *N*,*N*-二甲基甲酰胺 100 mL，搅拌下加入 3-甲氧基乙酰苯胺（**2**）74.3 g（0.45 mol）和无水 *N*,*N*-二甲基甲酰胺 400 mL 的溶液，加毕，冰浴冷却，滴加溴乙烷 65.4 g（0.60 mol），于室温搅拌 2 h。反应结束后，将反应物小心倒入含水的乙醇适量中，用乙醚提取数次，合并有机层，水洗，无水硫酸钠干燥。过滤，滤液回收溶剂，冷却，得油状物（**1**）78.3 g，收率 90%。

【用途】　平喘药奈多罗米钠（Nedocromil sodium）中间体。

N-甲基己内酰胺

$C_7H_{13}NO$，127.19

【英文名】　*N*-methyl caprolactam
【性状】　淡黄色液体。
【制法】　陈芬儿. 有机药物合成法：第一卷. 北京：中国医药科技出版社，1999：851.

于反应瓶中加入含氢化钠 6.2 g（0.15 mol）的 50％矿物油悬浮液，用石油醚（30～60℃）洗去矿物油，加入甲苯 200 mL，搅拌下滴加己内酰胺 11.3 g（0.1 mol）和甲苯 200 mL 的溶液，加完后于 60℃搅拌 1 h。冷至 5℃，加入碘甲烷 21.6 mL（28.4 g，0.2 mol），室温搅拌 20 h。加入乙酸和水适量，分出有机层，水层用甲苯提取数次。合并有机层，水洗，无水硫酸镁干燥。过滤，滤液回收溶剂，减压蒸馏，收集 bp 106～108℃/0.8 kPa 馏分，得无色液体（1），收率83％，n_D^{20} 1.4840。

【用途】 镇痛药盐酸美普他酚（Meptazinol hydrochloride）中间体。

3-氨基-2,3,4,5-四氢-1H-[1]苯并氮杂䓬-2-酮-1-乙酸乙酯

$C_{14}H_{18}N_2O_3$，262.31

【英文名】 Ethyl 3-amino-2,3,4,5-tetrahydro-1H-[1]benzazepin-2-one-1-acetate
【性状】 白色固体。mp 101～102℃。
【制法】 Watthey W H, et al. J Med Clmm，1985，28（10）：1511.

3-叠氮基-2,3,4,5-四氢-1H-[1] 苯氮杂䓬-2-酮-1-乙酸乙酯（**3**）：于干燥的反应瓶中，加入化合物（**2**）3.0 g（0.015 mol），溴化四丁基铵 0.5 g（0.0015 mol）、粉状氢氧化钾 1.1 g（0.016 mol）和四氢呋喃 30 mL，搅拌溶解后再加入溴代乙酸乙酯 1.9 mL（0.016 mol），氮气保护，室温下快速搅拌反应 1.5 h。加入水 50 mL，二氯甲烷 100 mL，搅拌、静置。分出有机层，水洗，无水硫酸钠干燥。过滤，减压回收溶剂，得浅黄色油状物（**3**）4.1 g，收率96％（可直接用于下步反应）。

3-氨基-2,3,4,5-四氢-1H-[1] 苯氮杂䓬-2-酮-1-乙酸乙酯（**1**）：于干燥反应瓶中，加入上述化合物（**3**）20.0 g（0.070 mol）、乙醇 100 mL、10％Pd-C 催化剂 1.0 g，于室温、303.9 kPa 的氢压下氢化 1.5 h，间歇放气，以除去生成的氮气。反应完毕后过滤，回收 Pd-C 催化剂，减压回收溶剂，得黄色油状物，加乙醚 100 mL，捣碎，过滤，干燥，得白色固体（**1**）17.0 g，收率93％，mp 101～102℃。

【用途】 高血压症治疗药盐酸贝那普利（Benazepril hydrochloride）中间体。

2-(2 氧代吡咯啉-1-基)乙酸乙酯

$C_8H_{13}NO_3$，171.20

【英文名】 Ethyl 2-(2-oxopyrrolidin-1-yl)acetate
【性状】 无色液体。bp 110～113℃/133～266 Pa，溶于乙醇、乙醚和氯仿，微溶于水。
【制法】 郭靖，刘瑶，宋帅等. 中国药物化学杂志，2015，25（5）：190.

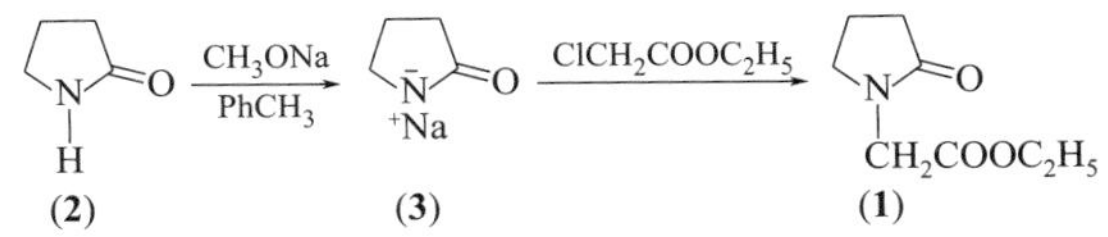

(2) (3) (1)

于反应瓶中依次加入吡咯烷酮（2）228 mL（3.0 mol），甲苯 1.2 L，搅拌加热至 50℃，减压滴加质量分数 28.4% 的甲醇钠-甲醇溶液 570 g（3.0 mol），并收集馏出液。加完后补加甲苯 400 mL，常压蒸馏至馏出温度 110℃，得吡咯烷酮钠盐（3），直接用于下一步反应。冷至 40℃，搅拌下滴加氯乙酸乙酯 262.8 mL（3.3 mol）与甲苯 300 mL 的溶液，控制反应液温度在 50～60℃。加完后继续保温反应 5 h。冷却，抽滤，滤饼用甲苯洗涤 2 次。合并滤液和洗涤液，减压蒸馏，收集 100～105℃/1.33～1.60 kPa 的馏分，得浅黄色油状液体（1）434.7 g，收率 92.3%。

【用途】 用于脑动脉硬化症及脑血管意外所致的记忆和思维功能减退的治疗药物吡拉西坦（Piracetam）等的中间体。

5-氟-1-(3-氧代-1,3-二氢异苯并呋喃-1-基)嘧啶-2,4-(1H,3H)-二酮

$C_{12}H_7FN_2O_4$，262.19

【英文名】 5-Fluoro-1-(3-oxo-1,3-dihydroisobenzofuran-1-yl)pyrimidine-2,4-(1H,3H)-dione

【性状】 无色针状结晶。mp 292～296℃（分解）。溶于 DMF、DMSO，不溶于醇、水。

【制法】 赵彦伟等.齐鲁药事，1988，4：17.

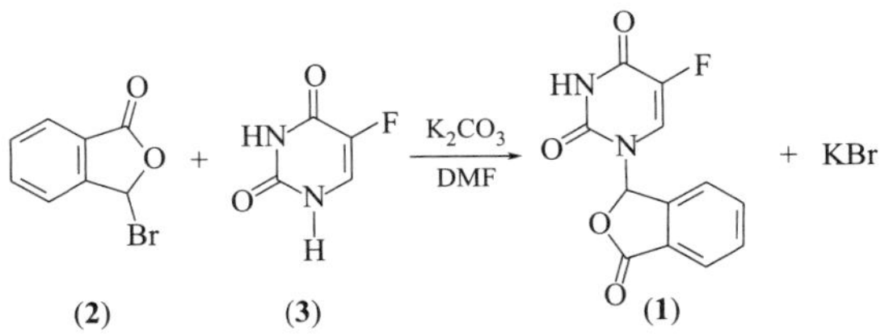

(2) (3) (1)

于反应瓶中加入 3-溴苯酐（2）21.4 g（0.1 mol），5-氟脲嘧啶（3）14.0 g（0.107 mol），DMF 180 mL，搅拌下分批加入无水碳酸钾 8 g（0.058 mol），搅拌反应 3 h，过滤。滤液减压浓缩蒸去 DMF，加入 400 mL 水，滤出析出的固体，水洗、干燥。用热氯仿 100 mL 处理，趁热过滤，得化合物（1）22 g。用二甲亚砜和甲醇重结晶，得无色针状结晶 20.5 g，收率 78.3%，mp 292～296℃（分解）。

【用途】 抗癌药 1-苯酐-5-氟脲嘧啶原料药。

1-(3-氯丙基)-1H-苯并咪唑-2(3H)-酮

$C_{10}H_{11}ClN_2O$，210.65

【英文名】 1-(3-Chloropropyl)-1H-benzo[d]imidazol-2(3H)-one

【性状】 mp 112～115℃。溶于氯仿、二氯甲烷、乙醇等有机溶剂，不溶于水。

【制法】 孙昌俊，曹晓冉，王秀菊.药物合成反应——理论与实践.北京：化学工业出版

社，2007：212.

1-(2-烯丙基)-3-(3-氯丙基)苯并咪唑-2-酮（**3**）：于反应瓶中加入 1-(2-烯丙基)-苯并咪唑-2-酮（**2**）30 g（0.17 mol），DMF 80 mL，氢氧化钾 13.8 g（0.24 mol），搅拌下于室温滴加 1,3-溴氯丙烷 32.4 g（0.21 mol），约 1 h 加完，室温反应 4 h。将反应物倒入冰水中，用二氯甲烷提取三次，二氯甲烷提取液用无水硫酸钠干燥，蒸去溶剂，得油状化合物（**3**）。

1-(3-氯丙基)-1*H*-苯并咪唑-2（3*H*）-酮（**1**）：上述油状物（**3**）中加入水 70 mL，浓盐酸 10 mL，乙醇 45 mL，搅拌下加热至 60℃，反应 2 h，蒸去部分乙醇，冷却，滤出析出的固体，水洗、干燥、得化合物（**1**）31.5 g，收率 87.5%，mp 112～115℃。

【用途】 胃动力药多潘立酮（Domperidone）的中间体。

8-(4-溴丁基)-8-氮杂螺[4,5]癸烷-7,9-二酮

$C_{13}H_{20}BrNO_2$，302.21

【英文名】 8-(4-Bromobutyl)-8-azaspiro[4,5]decane-7,9-dione

【性状】 淡黄色黏稠油状物。

【制法】 徐燕等.中国医药工业杂志，1993，24（2）：59.

于干燥的反应瓶中，加入 β,β-四亚甲基戊二酰亚胺（**2**）33.4 g（0.2 mol）、1,4-二溴丁烷 86.4 g（0.4 mol）、无水碳酸钾 55 g（0.4 mol）和甲苯 500 mL，加热搅拌回流 20 h。反应结束后，过滤，滤液减压回收溶剂后，收集 bp 160～170℃/13 Pa 馏分，得淡黄色黏稠油状物（**1**）36.5 g，收率 60%。

【用途】 抗焦虑药盐酸丁螺环酮（Buspirone hydrochloride）中间体。

邻苯二甲酰亚氨基丙二酸二乙酯

$C_{15}H_{15}NO_6$，305.29

【英文名】 Phthalimidomalonic acid diethyl ester Diethyl 2-(1,3-dioxoisoindolin-2-yl)malonate

【性状】 白色晶体。mp 75～77℃。

【制法】 ①Martinkus K J，Tann C H，Gould S J. Tetrahedron，1983，39（21）：3493. ②孙昌俊，曹晓冉，王秀菊.药物合成反应——理论与实践.北京：化学工业出版社，2007：217.

邻苯二甲酰亚胺钾（**3**）：于 10 L 反应瓶中，加入粉碎的邻苯二甲酰亚胺（**2**）215 g（1.5 mol），无水乙醇 4.3 L，加热回流溶解。另将氢氧化钾 84 g（1.3 mol）与 800 mL 无水乙醇混和加热回流使其溶解。搅拌下将氢氧化钾乙醇溶液加入上述邻苯二甲酰亚胺溶液中搅拌均匀后，自然放置过夜。滤出析出的鳞片状白色固体，无水乙醇洗涤，干燥后，得化合物（**3**）205 g，收率 95%（纯度 94%）。

邻苯二甲酰亚氨基丙二酸二乙酯（**1**）：于 1000 mL 烧杯中加入溴代丙二酸二乙酯 210 g（0.88 mol），上述化合物（**3**）165 g（0.89 mol）。搅拌混合均匀，反应放热，可自动升温至 130℃，若反应不能自动进行可加热至 110～120℃，混合物变成液体，呈浅棕色。温度开始下降时，于 110℃ 油浴中反应 1 h。将反应物倒入 500 mL 苯中，充分搅拌，趁热过滤，除去生成的溴化钾和未反应的邻苯二甲酰亚胺。滤饼用苯洗涤，合并滤液和洗涤液，减压蒸去溶剂。剩余物倒入搪瓷盘中，冷后固化。粉碎后用乙醚充分洗涤直至纯白色，抽滤、干燥，得白色结晶（**1**）185 g，收率 68%，mp 75～77℃。

【用途】　氨基酸等的中间体。

3-氧-1,2-苯并异噻唑-2-乙酸乙酯-1,1-二氧化物

$$C_{11}H_{11}NO_5S, 269.21$$

【英文名】　Ethyl 3-oxo-1,2-benzisothiazole-2-acetate 1,1-dixoide，3-Oxo-1,2-benzisothiazole-2-acetic acid ethyl ester 1,1-dixoide

【性状】　白色固体。mp 104～106℃。溶于乙醇，不溶于水。

【制法】　①付金广. 山东化工，2013，42（9）：19. ②何健雄. 中国医药工业杂志，1987，18（12）：531.

于反应瓶中加入于 120℃ 干燥过的糖精钠（**2**）417 g（2.03 mol），DMF 1500 mL，搅拌下油浴加热至回流，慢慢滴加氯乙酸乙酯 248 g（2.02 mol）。加完后继续搅拌反应 9 h。蒸出大部分 DMF，将反应物倒入水中，抽滤，得白色固体。用 600 mL 乙醇和 400 mL 水重结晶，冰箱中放置过夜。抽滤，50% 的乙醇洗涤，干燥，得（**1**）392 g，收率 70%，mp 104～106℃。

【用途】　治疗风湿性及类风湿性关节炎药物吡罗昔康（Piroxicam）等的中间体。

N-(5-溴戊基)邻苯二甲酰亚胺

$$C_{13}H_{14}BrNO_2, 296.16$$

【英文名】　*N*-5-(Bromopentyl)phthalimide

【性状】 白色固体。

【制法】 徐娟娟，张镖，李小珠，陈家树. 现代食品科技，2010，26（6）：598.

于反应瓶中加入邻苯二甲酰亚胺钾（**2**）50 g（0.27 mol），1，5-二溴戊烷 155 g（0.68 mol），碳酸钾 30 g，无水丙酮 250 mL，回流反应过夜。TLC 跟踪反应结束，过滤。滤液浓缩，于 130℃ 减压蒸出过量的 1，5-二溴戊烷。剩余物中加入戊烷，搅拌后析出黄色固体。过滤，石油醚洗涤，跟踪，得白色固体（**1**）61.5 g，收率 77%。

【用途】 抗抑郁药噻奈普汀（Tianeptine）中间体。

4. C-烃基化反应

N-(4-氟苯甲基)邻苯二甲酰亚胺

$C_{15}H_{10}FNO_2$，255.25

【英文名】 N-(4-Fluorobenzyl)phthalimide

【性状】 白色针状结晶。mp 132～134℃。

【制法】 孙昌俊，曹晓冉，王秀菊. 药物合成反应——理论与实践. 北京：化学工业出版社，2007：234.

于反应瓶中加入无水三氯化铝 25 g（0.18 mol），干燥的二硫化碳 150 mL，N-氯甲基邻苯二甲酰亚胺（**2**）85 g（0.4 mol）。搅拌下加热回流，慢慢滴加氟苯 80 mL（0.8 mol），加完后升温至 60～65℃ 反应 12 h。蒸去部分溶剂，冷后倒入 120 g 冰水和 40 mL 浓盐酸的混合液中，充分搅拌，抽滤，水洗，干燥后用冰醋酸和无水乙醇的混合液重结晶，得白色针状结晶化合物（**1**）68 g，收率 61%。

【用途】 抗过敏药阿司咪唑（Astemizole）中间体。

叔丁基苯

$C_{10}H_{14}$，134.22

【英文名】 t-Butylbenzene，2-Methyl-2-phenylpropane

【性状】 无色液体。mp -58.1℃，bp 168.5℃，65.6℃/2.67 kPa。d_4^{20}0.8669，n_D^{20}1.49235。与乙醇、乙醚、苯等混溶，不溶于水。

【制法】 Furniss B S，Hannaford A J，Rogers V，et al. Vogel's Textbook of Practical Chemistry. Longman London and New York. Fourth edition，1978：606.

$$(CH_3)_3CCl + C_6H_6 \xrightarrow{AlCl_3} C_6H_5C(CH_3)_3$$
$$(2) \qquad\qquad\qquad (1)$$

于反应瓶中加入干燥的苯 200 mL，无水三氯化铝 50 g（0.33 mol），冰浴冷却。搅拌下滴加叔丁基氯（**2**）50 g（0.54 mol），先滴加约 3～5 mL，以防止苯的固化。保持在 0～5℃约 4～5 h 加完。加完后继续搅拌反应 1 h 以上。搅拌下分批加入碎冰 200 g，而后加水 200 mL。进行水蒸气蒸馏，直至无油状物馏出。分出馏出液中的有机层，水层以苯提取，合并有机层，无水硫酸镁干燥，分馏，收集 165～170℃的馏分，得叔丁基苯（**1**）45 g，收率 62%。

【用途】 香料铃兰醛（Lily aldehyde）、农药哒螨酮（Pyridaben）、抗组胺类抗过敏药布克力嗪（Buclizine）等的中间体。

1-(4-叔丁基苯基)-4-氯丁-1-酮

$C_{14}H_{19}ClO$，238.76

【英文名】 1-(4-*t*-Butylphenyl)-4-chlorobutan-1-one
【性状】 无色液体。
【制法】 刘剑锋.齐鲁药事，2004，23（1）：45.

于反应瓶中加入化合物（**2**）19.8 g（0.108 mol），无水三氯化铝 15.5 g（0.116 mol），叔丁基氯 10.7 g（0.112 mol），二氯甲烷 700 mL，于 45℃搅拌反应 10 h。将反应物倒入由浓盐酸和水配成的稀盐酸中，过滤。滤液中加入乙醚 40 mL，搅拌，析出固体。分去水层，加入石油醚 12.5 mL，搅拌。回收溶剂后减压蒸馏，收集 152～155℃/10.133 kPa 的馏分，得化合物（**1**）19.7 g，收率 76%。

【用途】 抗组胺药特非那定（Terfenadine）中间体。

1,2,3,4-四氢-1,1,4,4-四甲基萘

$C_{14}H_{20}$，188.31

【英文名】 1,2,3,4-Tetrahydro-1,1,4,4-tetramethylnaphthalene
【性状】 淡黄色液体。
【制法】 边海勇，徐文芳.中国医药工业杂志，2009，40（1）：9.

于反应瓶中加入苯 1.6 L，2,5-二氯-2,5-二甲基己烷（**2**）73.2 g（0.4 mol），搅拌下加入无水 AlCl_3 5.33 g（0.04 mol），加热回流反应 2 h。冷却，将反应物倒入 1 L 冰水中，充分搅拌。分出有机层，依次用水、10%的碳酸钠溶液、水洗涤，无水硫酸钠干燥。过滤，减压蒸出溶剂，剩余物减压蒸馏，收集 135～165℃/6 kPa 的馏分，得淡黄色液体（**1**）57.2 g，收率 75.9%。

【用途】 白血病治疗药他米巴罗汀（Tamibarotene）中间体。

噻布洛芬

$$C_{14}H_{12}O_3S，260.31$$

【英文名】 Suprofen

【制法】 白色或浅黄色结晶性粉末。易溶于甲醇、乙醇、三氯甲烷、丙酮，溶于乙醚，极微溶于水。mp 122～124℃。

【制法】 赵桂森，袁玉梅，成华等.中国医药工业杂志，1994，25（7）：300.

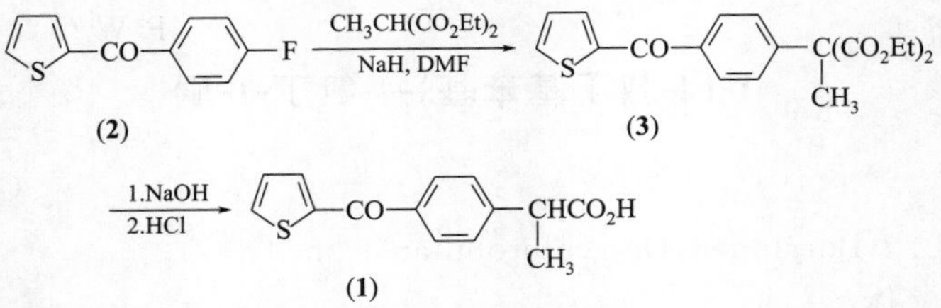

α-甲基-2-[4-(2-噻吩羰基)苯基]丙二酸二乙酯（**3**）：于干燥反应瓶中加入经乙醚洗涤的80%氢化钠1.3 g（0.04 mol），DMF 25 mL，搅拌下滴加2-甲基丙二酸二乙酯8.7 g（0.05 mol）。冷却，保持10℃以下分批加入（**2**）5.2 g（0.025 mol），于100℃搅拌10 h。反应毕，加入苯和水80 mL，分出有机层，水洗，无水硫酸镁干燥。回收溶剂，得化合物（**3**）粗品，直接用于下一步反应。

噻布洛芬（**1**）：于反应瓶中加入上述化合物（**3**），5%氢氧化钠溶液100 mL，搅拌回流6 h。冷却，用苯提取。水层用浓盐酸调至pH2～3，继续搅拌15 min。用三氯甲烷提取，合并有机层，水洗，无水硫酸镁干燥。过滤，回收溶剂，冷却，向剩余物中加入石油醚，研磨，过滤，得粗品（**1**）。用乙腈重结晶，得（**1**）2.2 g，收率34%，mp 122～123℃。

【用途】 消炎镇痛药噻布洛芬（Suprofen）原料药。

2-苯甲酰基-(3,3-二乙氧羰基)丙基吡咯

$$C_{20}H_{23}NO_5，357.41$$

【英文名】 2-Benzoyl-[3,3-di(ethoxycarbonyl)propyl]pyrrole

【性状】 无色液体。

【制法】 Muchowski J M，et al. US 5082951. 1992.

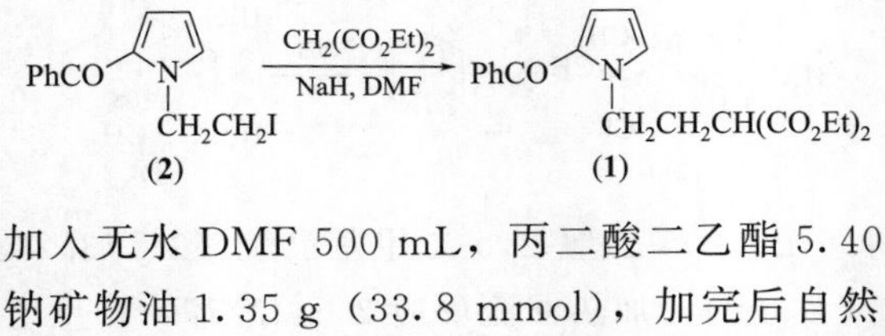

于干燥反应瓶中，加入无水DMF 500 mL，丙二酸二乙酯5.40 g（33.8 mmol），冷却至0℃，加入60%氢化钠矿物油1.35 g（33.8 mmol），加完后自然升至室温，搅拌0.5 h。加入化合物（**2**）11.0 g（33.8 mol）和DMF 50 mL的溶液，室温搅拌16 h。反应结束后，将反应液倒入1000 mL水中，用乙酸乙酯（300 mL×3）提取，合并有机层，依次用水、饱和氯化钠溶液洗涤，无水硫酸钠干燥。过滤，滤液减压回收溶剂，油状剩余物过硅胶柱

［洗脱剂：正乙烷-乙酸乙酯（1∶1）］纯化，洗脱液减压浓缩，得（**1**）9.85 g，收率80％。

【用途】 止痛药酮洛酸氨丁三醇（Ketorolac tromethamine）中间体。

环丁烷羧酸

$C_5H_8O_2$，100.12

【英文名】 Cyclobutanecarboxylic acid

【性状】 无色液体。mp $-20\sim-7.5$℃，bp 195℃，96℃/2.04 kPa。d_4^{20} 1.047，n_D 1.4433。溶于乙醇、氯仿，稀碱水溶液。

【制法】 Furniss B S，Hannaford A J，Rogers V，Smith P W G，Tatchell A R. Vogel's Textbook of Practical Organic Chemirtry，Fourth edition，1978：861.

环丁烷-1,1-二羧酸（**4**）：于反应瓶中加入1,3-二溴丙烷（**2**）212 g（1.05 mol），丙二酸二乙酯160 g（1.0 mol），搅拌下滴加由金属钠46 g（2.0 mol）与800 mL无水乙醇反应生成的溶液。控制反应液温度在60～65℃，约1 h加完。加完后慢慢冷却至50～55℃。水浴加热直至取几滴液体加入水中后不再对酚酞显示碱性，约需2 h。加入足量的水以溶解生成的溴化钠沉淀，水浴加热蒸出乙醇。剩余物进行水蒸气蒸馏，蒸出生成的环丁烷二羧酸二乙酯（**3**）和未反应的丙二酸二乙酯，约收集馏出液4 L，需9～10 h。馏出液冷却后用乙醚提取（350 mL×3），合并乙醚层，水浴蒸出乙醚。剩余物同112 g氢氧化钾和200 mL乙醇一起回流2 h。蒸出大部分乙醇后，减压浓缩至干。将固体物溶于100 mL热水中，用浓盐酸调至对石蕊刚刚变色。煮沸几分钟以除去二氧化碳。用氨水调至弱碱性，加入稍过量的氯化钡溶液至煮沸的上述溶液中，趁热过滤以除去丙二酸钡，滤液冷却后用浓盐酸调至强酸性。乙醚提取（250 mL×4）。乙醚层用无水氯化钙干燥，回收乙醚，滤出结晶，得环丁烷-1,1-二羧酸（**4**）55 g，收率38％。用乙酸乙酯重结晶，mp 158℃。

环丁烷羧酸（**1**）：于安有蒸馏装置的反应瓶中，加入（**4**）30 g（0.208 mol），油浴加热至160～170℃，使固体物熔融。而后升温至210℃，环丁烷羧酸于191～197℃蒸出。蒸完后再重新蒸馏一次，收集195～197℃的馏分，得无色液体（**1**）18 g，收率86％。

【用途】 镇痛药布托啡诺（Butorphanol）、纳丁啡（Nalbuphine）等的中间体。

正丁基丙二酸二乙酯

$C_{11}H_{20}O_4$，216.28

【英文名】 Diethyl 2-n-butylmalonate

【性状】 无色液体。mp -54℃，bp 235～240℃，140～145℃/5.33 kPa，122℃/1.2 kPa，d_4^{25} 0.983，n_D^{20} 1.4250。易溶于乙醇、乙醚、溶于丙酮、乙酸乙酯，不溶于水。

【制法】 方法1 谢文林，成本诚.化学试剂，2001，22（3）：133.

$$CH_2(COOC_2H_5)_2 + CH_3CH_2CH_2CH_2Br \xrightarrow[\text{A-1}]{K_2CO_3} CH_3CH_2CH_2CH_2CH(COOC_2H_5)_2$$

（2）　　　　　　　　　　　　　　　　　　　　　　　　（1）

于反应瓶中加入丙二酸二乙酯（**2**）19 mL（0.125 mol），正溴丁烷 16.1 mL（0.15 mol），无水碳酸钾 22.5 g（0.163 mol），相转移催化剂季铵盐 A-1［三烷基（$C_8 \sim C_{10}$）甲基氯化铵］1.72 g（0.00375 mol），搅拌回流反应 2 h。冷却后加入适量水使碳酸钾完全溶解。分出有机层，用盐酸调至 pH5～7，饱和盐水洗涤，无水硫酸钠干燥。过滤，减压浓缩，收集 115～120℃/1.995 kPa 的馏分，得化合物（**1**），收率 92%，纯度 90%。

方法 2　孙昌俊，曹晓冉，王秀菊. 药物合成反应——理论与实践. 北京：化学工业出版社，2007：217。

于安有搅拌器、回流冷凝器（安一只氯化钙干燥管）、滴液漏斗的反应瓶中，加入无水乙醇 2500 mL，分批加入金属钠 115 g（5 mol），搅拌下于 60℃左右反应，待钠全部反应完后，滴加入丙二酸二乙酯（**2**）825 g（5 mol），加完后搅拌反应 30 min，滴加正溴丁烷 685 g（5 mol），反应放热，约 3 h 加完，而后继续回流反应 2 h。改成蒸馏装置，减压蒸出乙醇。冷后加入 2 L 水，充分搅拌使生成的溴化钠溶解，分出水层，油层减压蒸馏，收集 140～145℃/5.33 kPa 的馏分，得正丁基丙二酸二乙酯（**1**）890 g，收率 82.4%。

【用途】　关节炎治疗药保泰松（4-Butyl-1,2-diphenyl-3,5-pyrazolidinedione）等的中间体。

苄基丙酮

$C_{10}H_{12}O$，148.21

【英文名】　Benzylacetone

【性状】　无色液体。bp 235℃，115℃/1.73 kPa。d_4^{25} 0.985，n_D^{20} 1.511。溶于乙醇、乙醚、氯仿、苯，微溶于水。

【制法】　彭彩云，王福东，盛文兵等. 中南药学，2008，6（1）：40.

$$CH_3COCH_2CO_2C_2H_5 \xrightarrow[\text{KF/Al}_2\text{O}_3]{\text{PhCH}_2\text{Cl}} \underset{\underset{CH_2Ph}{|}}{CH_3COCHCO_2C_2H_5} \xrightarrow[\text{2. HCl,}\triangle]{\text{1. NaOH}} PhCH_2CH_2COCH_3$$

（**2**）　　　　　　　　　　（**3**）　　　　　　　　　（**1**）

KF/Al$_2$O$_3$ 催化剂的制备：于反应瓶中加入氟化钾、Al$_2$O$_3$ 和水（三种物质的量之比为 1：1：6），于 50～60℃搅拌 1 h。减压浓缩至干，于 115～120℃干燥 3 h，真空干燥器中保存备用。

于反应瓶中加入上述催化剂 44.5 g，乙酰乙酸乙酯（**2**）20 mL（0.156 mol），搅拌下慢慢滴加氯化苄 20 mL（0.173 mol），温度控制在 60℃，约 30 min 加完。加完后继续保温反应 1.5 h。冷却，过滤。滤液于 40℃慢慢滴加 10% 的氢氧化钠溶液 70 mL，约 15 min 加完。加完后于 60℃搅拌反应 1 h。此时有油层析出，反应液 pH8～9。慢慢加入浓盐酸 30 mL，于 60℃反应 1 h。冷至室温，分出棕红色油状液体，得化合物（**1**）粗品。将油状物减压蒸馏，收集 113～116℃/1.73 kPa 的馏分，收率 65%。

也可采用如下方法来合成（孙昌俊，曹晓冉，王秀菊. 药物合成反应——理论与实践. 北京：化学工业出版社，2007：231）：

$$CH_3COCH_2CO_2C_2H_5 \xrightarrow[\text{CH}_3\text{ONa}]{\text{PhCH}_2\text{Cl}} \underset{\underset{CH_2Ph}{|}}{CH_3COCHCO_2C_2H_5} \xrightarrow[\text{2. HCl,}\triangle(65\%)]{\text{1. NaOH}} PhCH_2CH_2COCH_3$$

【用途】　用于上呼吸道感染所致的咳嗽治疗药物止咳酮（Antitussone）等的中间体。

2,2-二丙基乙酰乙酸甲酯

$C_{11}H_{20}O_3$，200.28

【英文名】 Methyl 2,2-dipropylacetoacetate

【性状】 无色液体。

【制法】 ①王学勤，田永广. 中国医药工业杂志，1999，30（9）：389. ②曲迪. 山东化工，2012，41（3）：30.

$$CH_3COCH_2CO_2CH_3 + CH_3CH_2CH_2Br \xrightarrow{K_2CO_3, TBAB} CH_3COC(CH_2CH_2CH_3)(CH_2CH_2CH_3)CO_2CH_3$$

（2）　　　　　　　　　　　　　　　　　　　　　　　　　（1）

于安有分水器的反应瓶中依次加入无水碳酸钾 331.2 g（2.4 mol），1-溴丙烷 344.4 g（2.8 mol），TBAB 2.0 g，搅拌下滴加乙酰乙酸甲酯（2）116 g（1 mol）。加完后继续回流反应，并不断分出水（36 mL）。冷至 60℃，加水 200 mL 使固体溶解。分出有机层，无水硫酸钠干燥。过滤，减压蒸馏，收集 78～80℃/267 Pa 的馏分，得化合物（1）184 g，含量 96%，收率 88%。

【用途】 抗癫痫药丙戊酸钠（Sodium valproate）中间体。

2-甲基-3-对叔戊基苯基丙酸

$C_{15}H_{22}O_2$，234.33

【英文名】 2-Methyl-3-(p-t-pentylphenyl)propionic acid

【性状】 白色固体。mp 38～40℃。

【制法】 孙昌俊，曹晓冉，王秀菊. 药物合成反应——理论与实践. 北京：化学工业出版社，2007：232.

α-甲基-α-对叔戊基苄基丙二酸二乙酯（3）：于反应瓶中加入无水乙醇 400 mL，搅拌下分批加入金属钠 15 g（0.65 mol），待钠全部反应完后，滴加甲基丙二酸二乙酯 66 mL（0.65 mol），约 1 h 加完。而后滴加对叔戊基苄基溴（2）110 g（0.51 mol），约 2 h 加完，继续反应 4 h。减压蒸出乙醇，得黄色油状物（3）。

α-甲基-α-对叔戊基苄基丙二酸（4）：向上述油状物（3）中加入 20% 的氢氧化钠溶液 500 mL，搅拌加热回流 5 h，同时蒸出反应中生成的乙醇。冷至室温，用盐酸调至 pH2，析出白色固体。过滤、水洗、干燥。甲苯中重结晶，得白色粉状化合物（4）125 g，收率 92.4%，mp 139～140℃。

2-甲基-3-对叔戊基苯基丙酸（1）：将上面得到的 125 g 固体（4）加入反应瓶中，油浴加热，慢慢升温至 180℃，反应 2 h，冷后得白色蜡状固体（1）102.1 g，收率 97%，mp

38～40℃。

【用途】 抗真菌药盐酸阿莫罗芬（Amorolfine hydrochloride）等的中间体。

苄基丙二酸二乙酯

$$C_{14}H_{18}O_4，250.30$$

【英文名】 Diethyl 2-benzylmalonate

【性状】 无色液体。bp 142～145℃/1.07 kPa。$n_D^{20}1.4860$。

【制法】 ①徐立中，贺燕，刘宇.沈阳理工大学学报，2010，29（4）：72.②孙昌俊，曹晓冉，王秀菊.药物合成反应——理论与实践.北京：化学工业出版社，2007：235.

$$CH_2(COOC_2H_5)_2 + \text{（benzyl chloride）} \xrightarrow[\text{PEG-400}]{K_2CO_3} \text{（product）} CH_2CH(COOC_2H_5)_2$$
(2)　　　　　　　　　　　　　　　　　　　　　　　　(1)

于安有搅拌器、温度计、滴液漏斗的反应瓶中，加入丙二酸二乙酯（**2**）0.58 mol，苄基氯 0.7 mol，无水碳酸钾 0.7 mol，0.017 mol 的相转移催化剂 PEG-400，搅拌回流反应 2 h。TLC 跟踪反应至反应完全。冷却，过滤。蒸馏水洗涤，减压蒸馏，得化合物（**1**），收率 76%。

【用途】 心脏病治疗药普罗帕酮（Propafenone）、糖尿病治疗药米格列奈（Mitiglinide）等的中间体。

甲基环丙基酮

$$C_5H_8O，84.12$$

【英文名】 Cyclopropyl methyl ketone

【性状】 无色液体。bp 111～112℃。溶于乙醇、乙醚、氯仿、丙酮、苯、乙酸乙酯，可溶于水。

【制法】 Furniss B S, Hannaford A J, Rogers V, Smith P W G, Tatchell A R. Vogel's Textbook of Practical Organic Chemirtry, Longman, London and York. Fourth edition，1978，863.

$$\text{（2）} \xrightarrow[-CO_2]{HCl} ClCH_2CH_2CH_2COCH_3 \xrightarrow{NaOH} \triangleright\!\!-COCH_3$$
(2)　　　　　　　　　(3)　　　　　　　(1)

5-氯-2-戊酮（**3**）：于安有蒸馏装置的反应瓶中（接受瓶用冰浴冷却），加入 2-乙酰基丁内酯（**2**）64 g（0.5 mol），90 mL 水和几粒沸石。再加入 75 mL 浓盐酸，慢慢加热，直至二氧化碳较快逸出，继续小心的加热，至泡沫中等并且反应物变为黑色（约 5～10 min）。而后迅速加热快速蒸出生成物。当蒸出约 125 mL 时，加入 75 mL 水继续蒸馏，直至共收集 200 mL 馏出液。由馏出液中分出浅黄色有机层，水层用乙醚提取（30 mL×3），合并有机层，无水氯化钙干燥，蒸出乙醚后，减压分馏，收集 70～73℃/2.66 kPa 的馏分，得化合物（**3**）45 g，收率 75%。

甲基环丙基酮（**1**）：于反应瓶中加入 20 g（0.5 mol）氢氧化钠，20 mL 水，搅拌溶解后，滴加上述化合物（**3**）42 g（0.35 mol），约 30 min 加完。滴加过程中加热以保持回流。加完后继续回流反应 1 h。改成蒸馏装置，蒸出有机物，直至无有机物馏出为止。馏出液用碳酸钾饱和，分出有机层，水层用乙醚提取三次，合并有机层，无水氯化钙干燥。分馏，收集 111～112℃的馏分，得化合物（**1**）24 g，收率 82%。

【用途】 广谱抗菌剂环丙氟哌酸类药物和拟除虫菊酯类农药的重要中间体。

双环丙基甲酮

$C_7H_{10}O$，110.15

【英文名】 Bicyclopropyl ketone
【性状】 无色液体。bp 72～74℃/4.39 kPa。n_D^{25} 1.4654。
【制法】 Omer E C，Jr Joseph M S，et al. Org Synth，1963，Coll Vol 4：278.

于反应瓶中加入无水甲醇 600 mL，分批加入金属钠 50 g（2.17 mol）。待金属钠全部反应完后，搅拌下一次加入 γ-丁内酯（**2**）344 g（4.0 mol），而后尽快将甲醇蒸出。当蒸出 475 mL 后，减压再蒸出 50～70 mL 甲醇。剩余物为双丁内酯（mp 86～87℃）。搅拌下慢慢滴加浓盐酸，有相当量的二氧化碳放出，约 10 min 共加入浓盐酸 800 mL。回流反应 20 min。冷却（此时若用乙醚提取、分馏，可得到 1,7-二氯-4-庚酮，bp 100～110℃/530 Pa，n_D^{25} 1.4713）。搅拌下尽可能快地滴加 480 g 氢氧化钠溶于 600 mL 水的溶液，控制内温不超过 50℃。加完后回流反应 30 min。蒸馏，收集 650 mL 酮-水混合物。向此混合物中加入固体碳酸钾使之饱和，分出有机层，水层用乙醚提取 3 次。合并乙醚层，无水硫酸镁干燥，回收乙醚后减压精馏，收集 72～74℃/4.39 kPa 的馏分，得双-环丙基甲酮（**1**）114～121 g，收率 52%～55%。

【用途】 高血压病治疗药利美尼定（Rilmenidine）等的中间体。

吉非贝齐

$C_{15}H_{22}O_3$，250.34

【英文名】 Gemfibrozil，5-(2,5-Dimethylphenoxy)-2,2-dimethylpentanoic acid
【性状】 白色固体。
【制法】 卢金荣，马英. 中国现代应用药学，2000，17（2）：124.

于反应瓶中加入正己烷 70 mL，氮气保护，加入用石蜡油粉碎的锂 3.0 g（0.43 mol），冰浴冷却，保持 25～28℃滴加 1-氯丁烷 20 g（0.22 mol），室温搅拌反应 8 h，得正丁基锂-

己烷溶液，测定浓度备用。

于反应瓶中加入二异丙基胺 6.2 g，THF 60 mL，氮气保护，10℃滴加 1.4 mol/L 的正丁基锂-己烷溶液 24 mL，室温搅拌 1 h。加入异丁酸钠 6.5 g（0.059 mol），室温搅拌 2 h。10℃以下滴加化合物（2）7.0 g（0.035 mol），约 30 min 加完。加完后继续搅拌反应 15 min，而后室温搅拌 5 h。加水 100 mL。分出有机层，水洗，合并水层，用乙醚洗涤。水层用盐酸调至 pH4～5，分出油层，水层用乙醚提取 2 次。合并有机层，无水硫酸钠干燥。过滤，浓缩，用石油醚重结晶，得白色固体（1）4.5 g，收率 51%，mp 58～59℃。

【用途】 降血脂药吉非贝齐（Gemfibrozil）原料药。

5-氯-2,2-二甲基戊酸异丁酯

$$C_{11}H_{21}ClO_2，220.74$$

【英文名】 Isobutyl 5-chloro-2,2-dimethylpentanoate

【性状】 无色液体。

【制法】 Francis R Kearney. US 4665226. 1987.

$$CH_3CHCOOCH_2CH(CH_3)_2 \xrightarrow[2.\ ClCH_2CH_2CH_2Br]{1.\ i\text{-}PrNH_2,Li,THF} ClCH_2CH_2CH_2\text{-}CCOOCH_2CH(CH_3)_2$$

（2） （1）

于干燥的反应釜中，加入干燥的 THF 40.8 kg，二异丙胺 25.7 kg（2.54 mol），慢慢加入金属锂 1.6 kg（23 mol）。而后于 35～40℃加入苯乙烯 12.68 kg（121 mol），反应完后冰浴冷至 5～15℃，滴加异丁酸异丁酯（2）30 kg（208 mol），再慢慢滴加 1-溴-3-氯丙烷 42.5 kg（270 mol），于 14℃搅拌反应 13 h。加水 13.5 L，回收 THF。剩余物中加入 75 L 水，己烷提取数次。合并有机层，减压蒸馏，收集 94～98℃/0.53 kPa 的馏分，得化合物（1）43 kg，收率 94%。

【用途】 降血脂药吉非贝齐（Gemfibrozil）中间体。

1-己炔

$$C_6H_{10}，82.15$$

【英文名】 Hex-1-yne，Butylacetylene

【性状】 无色液体。bp 71～72℃。溶于乙醇、乙醚、氯仿、乙酸乙酯等有机溶剂，不溶于水。

【制法】 Furniss B S，Hannaford A J，Rogers V，et al. Vogel's Textbook of Practical Chemistry. Longman London and New York. Fourth edition，1978：349.

$$HC\equiv CH + NaNH_2 \xrightarrow{液\ NH_3} HC\equiv CNa \xrightarrow{n\text{-}BuBr} HC\equiv C\text{-}Bu\text{-}n$$

（2） （1）

于安有搅拌器的 5 L Dewar 瓶中，加入液氨 3 L，加入 0.5 g 硝酸铁，5 g 除去表面氧化物的金属钠。2 min 后，于 30 min 左右分批加入 138 g（6.0 mol）金属钠（切成小块）。加完后放置，直至深蓝色的反应混合物变成浅灰色（约 20 min）。慢慢通入乙炔（2）气体（乙炔来自于乙炔钢瓶，使乙炔气体通过两个盛有浓硫酸的洗气瓶以除去丙酮）。反应放热，反应瓶用干冰-丙酮浴冷却，通乙炔气体的速度每分钟 2～3 L，直至生成黑色液体，约需 4～5 h。反应过程中如有必要可补充液氨。安上压力平衡漏斗，滴加丁基溴 685 g（5.0 mol），约 2 h 加完，同时继续通入乙炔气体，通入速度约每分钟 500 mL。反应放热，注意用干冰-丙酮浴冷却，保持在 −50℃ 左右进行反应。加完后停止通乙炔，慢慢使氨挥发蒸发完之前加入 60 g 氯化铵以分解未反应的氨基钠或乙炔钠。加入 500 g 碎冰，而后加入 1.5 L 蒸馏水。水蒸气蒸馏。分出馏出液中的有机层，无水硫酸钠干燥，分馏，收集 71～72℃ 的馏分，得 1-己炔（**1**）280 g，收率 68%。

【用途】 药物、有机合成中间体。

4-氯-2-丁炔酸甲酯

$$C_5H_5ClO_2，132.54$$

【英文名】 Methyl 4-chloro-2-butynoate

【性状】 无色液体。bp 41℃/33 Pa，n_D^{20} 1.4778.

【制法】 Olomucki M，Le Gall J Y. Org Synth，1993，Coll Vol 8：371.

$$ClCH_2C{\equiv}CH \xrightarrow{CH_3Li} ClCH_2C{\equiv}CLi \xrightarrow{ClCO_2CH_3} ClCH_2C{\equiv}C{-}CO_2CH_3$$

（2）   （1）

于反应瓶中通入氩气，用注射器加入无水乙醚 35 mL、炔丙基氯（**2**）7.45 g（7.16 mL，0.1 mol），搅拌下冷却至 −50～−60℃，慢慢滴加 1.41 mol/L 的甲基锂乙醚溶液 72.4 mL，约 20 min 加完。加完后继续搅拌反应 15 min。滴加氯甲酸甲酯 18.9 g（0.2 mol），约 10 min 加完。加完后于 3～4 h 内升温至 −5～0℃，此时应有沉淀生成。快速搅拌下滴加 40 mL 水。分出有机层，水层用乙醚提取两次（每次 500 mL），合并有机层，无水硫酸镁干燥。回收乙醚后减压蒸馏（33 Pa），得到 4-氯-2-丁炔酸甲酯（**1**）10.7～11.1 g，收率 81%～83%。

【用途】 医药中间体。

3-(3-氯苯乙基)-*N*-叔丁基皮考林酰胺

$$C_{18}H_{21}ClN_2O，316.83$$

【英文名】 3-(3-Chlorophenethyl)-*N*-*t*-butylpicolinamide

【性状】 白色结晶。mp 45～46℃。

【制法】 郑学文，江涛. 广东医学院学报，2005，21（6）：655.

（2）   （1）

于干燥的反应瓶中，加入化合物（**2**）256 g（1.3 mol），无水 THF 4 L，冷至 −40℃，加入正丁基锂-己烷溶液 2.6 mol，控制滴加速度，使反应液不超过 −32℃。加完后加入溴化钠 12 g，搅拌 10 min。于 −40℃ 加入间氯苄基氯 221.2 g（1.4 mol）溶于 1 L THF 的溶液，继续搅拌 1 h。慢慢滴加水至紫红色变为淡黄色。乙酸乙酯提取，水洗，无水硫酸钠干燥。过滤，蒸出溶剂，得油状物（**1**）398.6 g，纯度 85.5%，收率 85.1%。加入正己烷，析出白色结晶（**1**），mp 45～46℃。

【用途】 抗组胺药氯雷他定（Loratadine）中间体。

3-甲基-2-(3,4,5-三甲氧基苯基)丁腈

$$C_{14}H_{19}NO_3，249.31$$

【英文名】 3-Methyl-2-(3,4,5-trimethoxyphenyl)butanenitrile

【性状】 无色油状液体。

【制法】 张大成，李志亚，葛敏. 合成化学，2011，19（5）：679.

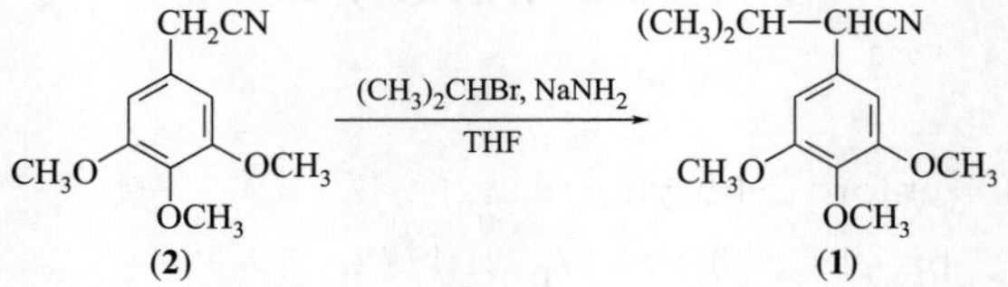

于反应瓶中加入 3,4,5-三甲氧基苯乙腈（**2**）25.0 g（120 mmol），氮气保护，加入苯 40 mL，异丙基溴 12.1 mL（120 mmol），氢化钠 4.7 g（120 mmol），搅拌回流过夜。冷却，倒入冰水中，乙酸乙酯提取 2 次。合并有机层，饱和盐水洗涤，无水硫酸钠干燥。过滤，减压浓缩，剩余物过硅胶柱纯化，以石油醚-乙酸乙酯（9∶1）洗脱，得无色油状液体（**1**）16.6 g，收率 56%。

【用途】 钙拮抗剂盐酸戈洛帕米（Gallopamil hydrochloride）中间体。

2-苯基丁腈

$$C_{10}H_{11}N，145.20$$

【英文名】 2-Phenylbutanenitrile

【性状】 无色液体。

【制法】 Makosza M，Jonczyk A. Org Synth，1988，Coll Vol 6：897.

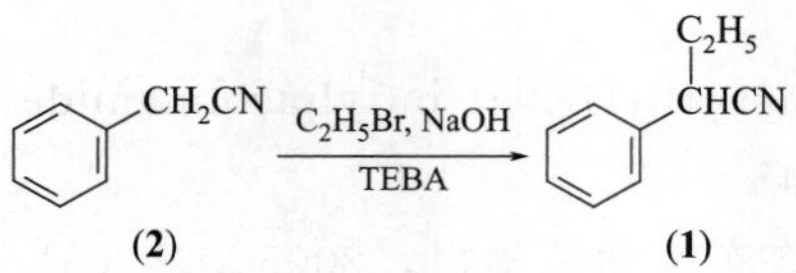

于反应瓶中加入 50% 的氢氧化钠溶液 540 mL，苯乙腈（**2**）257 g（2.2 mol），苄基三乙基氯化铵 5.0 g（0.022 mol），搅拌下于 28～35℃滴加溴乙烷 218 g（2.0 mol）。加完后继续保温反应 2 h，而后于 40℃反应 30 min。冷至室温，加入苯甲醛 21.2 g（0.20 mol）（苯甲醛的作用是与未反应的苯乙腈反应生成高沸点的缩合产物），继续保温反应 1 h。加入水 750 mL，苯 100 mL，分出有机层，依次用水、稀盐酸、水洗涤，无水硫酸钠干燥。过滤，减压浓缩，最后减压蒸馏，收集 102～104℃/0.933 kPa 的馏分，得化合物（**1**）225～242 g，收率 78%～84%。

【用途】 抗凝血药吲哚布芬（Indobufen）中间体。

普拉洛芬

$C_{15}H_{13}NO_3$，255.27

【英文名】 Pranoprofen

【性状】 白色结晶或结晶性粉末。溶于二氯甲烷、三氯甲烷，不溶于水。mp 183～183.5℃。

【制法】 ①陈芬儿. 有机药物合成法：第一卷. 北京：中国医药科技出版社，1999：479.
②Michio Nakanishi，Takanori Oe，Mineo Tsuruda. US 3931205. 1976.

7-氰基甲基-5H-[1]-苯并吡喃并［2,3-b］吡啶（**3**）：于反应瓶中加入化合物（**2**）23 g（0.1mol），N,N-二甲基甲酰胺 200 mL，搅拌溶解后，滴加氰化钾 7.8 g（0.12 mol）和水 20 mL 的溶液。于 55～60℃搅拌 2 h。将反应液倒入水中，析出固体。过滤，滤饼用水洗涤，得粗品（**3**）。用二氧六环重结晶，得精品（**3**）20 g，收率 90%，mp 166～167℃。

2-(5H-[1]-苯并吡喃并［2,3-b］吡啶-7-基）丙酸乙酯（**4**）：于干燥反应瓶中，加入（**3**）6.6 g（0.03 mol）、碳酸二乙酯 46 mL、金属钠 0.76 g（0.033 mol）和乙醇 15 mL 的溶液，加热搅拌回流 1 h。冷却，加入碘甲烷 5.2 g（0.037 mol）(放热，温度迅速上升，注意防止冲料），加热继续搅拌。回收过量的碳酸二乙酯（套用），冷却，加入适量甲苯。有机层用水洗，无水硫酸钠干燥。过滤，减压回收溶剂，冷却，析出固体，得粗品（**4**）。用异丙醇重结晶，得精品（**4**）8.2 g，收率 94%，mp 119～120℃。

普拉洛芬（**1**）：于反应瓶中，加入（**4**）100 g（0.34 mol），冰乙酸 500 mL 和浓盐酸 200 mL，加热搅拌回流 48 h。反应毕，减压浓缩，向剩余物中加热水适量，用 10%氢氧化钠调至 pH2～3，析出固体。过滤，滤饼用水洗涤，得粗品（**1**）。用二氧六环-水重结晶，得白色结晶（**1**）60.6 g，收率 70%，mp 183～183.5℃。

【用途】 消炎镇痛药普拉洛芬（Pranoprofen）中间体。

4-氯苯乙腈

C_8H_6ClN，151.60

【英文名】 4-Chlorophenylacetonitrile

【性状】 棱状结晶。mp 30.5℃，bp 265～267℃，160℃/2.66 kPa。溶于乙醇、乙醚和氯仿，不溶于水。

【制法】 罗新湘，文瑞明. 湖南城市学院学报：自然科学版，2005，14（1）：53.

于反应瓶中加入氰化钠 4.9 g（0.1 mol），水 10 mL，搅拌溶解。慢慢滴加对氯氯苄（**2**）12.88 g（0.08 mol）和苯 10 mL 的溶液，约 5 min 加完。加完后搅拌回流反应 2 h。冷却，分出有机层，水层用苯提取。合并有机层，减压蒸出溶剂后，剩余物冰水中冷却。过滤，水洗，干燥。用苯重结晶，得白色结晶（**1**）10.67 g，收率 88%。

【用途】 预防疟疾和休止期抗复发治疗药乙胺嘧啶（Pyrimethamine）等的中间体。

二、酯类烃基化试剂

1. O-烃基化反应

（R）-2-叔丁氧羰基-3-甲氧基丙酸

$C_9H_{17}NO_5$，219.24

【英文名】 (R)-2-(t-Butoxycarbonyl)-3-methoxypropanoic acid
【性状】 无色油状液体。
【制法】 马银玲，赵峰，杜玉民等. 中国医药工业杂志，2009，40（9）：641.

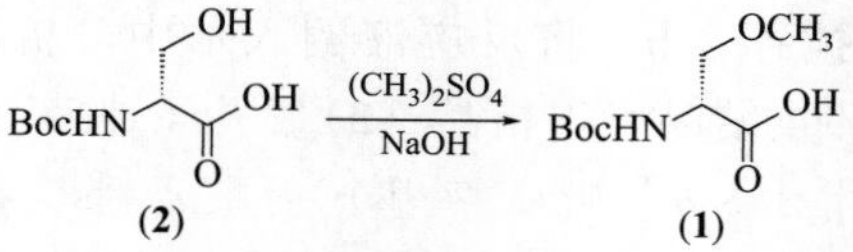

于反应瓶中加入化合物（**2**）15 g（0.073 mol），四丁基溴化铵 0.7 g（0.002 mol），甲苯 200 mL，冷至 0～5℃，加入 20% 的氢氧化钠水溶液 12 mL，搅拌 30 min。滴加硫酸二甲酯 14 mL（0.146 mol），其间用 50% 的氢氧化钠调节反应液 pH10～11。加完后继续于 0～5℃搅拌反应 1 h。TLC 跟踪反应完全。分出水层，用 50% 的枸橼酸调至 pH2～3，二氯甲烷提取（30 mL×3）。合并有机层，饱和盐水洗涤，无水硫酸钠干燥。过滤，浓缩，得浅黄色油状液体（**1**）14.4 g，收率 90%。

【用途】 糖尿病性神经痛和成年癫痫病治疗药拉科酰胺（Lacosamide）的中间体。

N-(1-苄基-4-甲氧甲基-4-哌啶基)苯胺

$C_{20}H_{26}N_2O$，310.44

【英文名】 N-(1-Benzyl-4-methoxymethyl-4-piperidinyl)aniline
【性状】 油状物。
【制法】 陈芬儿. 有机药物合成法：第一卷. 北京：中国医药科技出版社，1999：702.

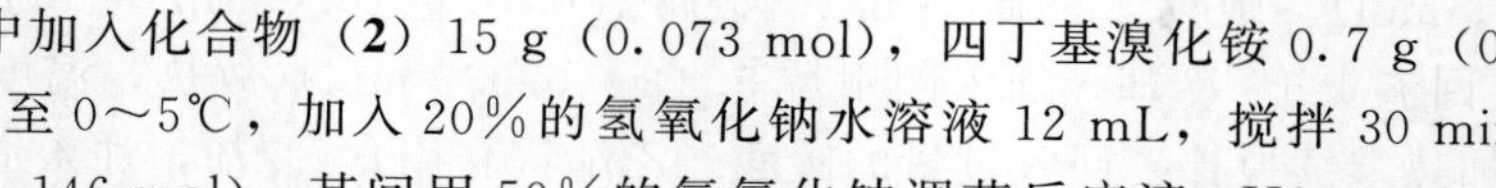

于反应瓶中加入化合物（**2**）32 g（0.107 mol）、苄基三乙基氯化铵 0.2 g，苯 100 mL 和 50% 氢氧化钠溶液 100 mL，搅拌下于 30℃滴加硫酸二甲酯 13.5 g（0.107 mol，内温不超过 30℃），加完后继续保温搅拌 1.5 h。反应结束后，冷却，加入水 200 mL，分出有机

层，水层用苯提取数次。合并有机层，水洗，无水硫酸钠干燥。过滤，滤液减压回收溶剂后，剩余物经硅胶柱［洗脱剂：三氯甲烷-甲醇-氨水（80∶2∶18）］纯化，得油状物（**1**）24.8 g，收率 74.7%（其盐酸盐 mp 240.5℃）。

【用途】 镇静药盐酸阿芬太尼（Alfentanil hydrochloride）中间体。

2-甲氧基-1,1,1-三氟乙烷

$$C_3H_5F_3O，114.07$$

【英文名】 2-Methoxy-1,1,1-trifuloroethane

【性状】 无色液体。

【制法】 ①DE 1969，1814962（CA，1970，72：334b）.②陈芬儿.有机药物合成法：第一卷.北京：中国医药科技出版社，1999：1007.

$$CF_3CH_2OH \xrightarrow[CH_3OH]{(CH_3)_2SO_4 \ KOH} CF_3CH_2OCH_3$$
$$\text{(2)} \qquad\qquad\qquad \text{(1)}$$

于反应瓶中加入氢氧化钾 86 g（1.5 mol）、水 100 mL，搅拌下滴加 2,2,2-三氟乙醇（**2**）140 g（1.0 mol），再滴加硫酸二甲酯 164 g（1.3 mol），于 30℃搅拌反应 5 h。分出有机层，水层用乙醚提取，合并有机层，用饱和氯化钠溶液洗涤，无水硫酸钠干燥。过滤，滤液回收溶剂后，得无色液体（**2**）113 g，收率 98.4%，纯度 99.3%。

【用途】 吸入麻醉剂异氟烷（Isoflurane）中间体。

1-(2-甲氧基乙基)苯

$$C_9H_{12}O，136.20$$

【英文名】 1-(2-Methoxyethyl)benzene，β-Methoxyethylbenzene

【性状】 无色透明液体。bp 85~87℃/2.9 kPa。溶于乙醇、乙醚和氯仿，不溶于水。

【制法】 黄嘉梓等.中国医药工业杂志，1983，14（1）：5.

于反应瓶中加入苯乙醇（**2**）122 g（1 mol），氢氧化钠 50 g（1.25 mol），搅拌下加热至 95℃，滴加硫酸二甲酯 142.5 g（1.12 mol）。加完后继续反应 2 h。加入 100 mL 水，冷后用乙醚提取（100 mL×3）。提取液用无水硫酸钠干燥，蒸出乙醚。减压蒸馏，收集 bp 85~87℃/2.9 kPa 的馏分，得化合物（**1**）123 g，收率 91%。

【用途】 降压药美多心安（Metoprolol）等的中间体。

2-甲氧基-4-乙酰氨基苯甲酸甲酯

$$C_{11}H_{13}NO_4，223.23$$

【英文名】 Methl 2-methoxy-4-acetaminobenzoate

【性状】 白色固体。

【制法】 张红东，李光勇，丁爱新. 化学研究，1999，10（3）：63.

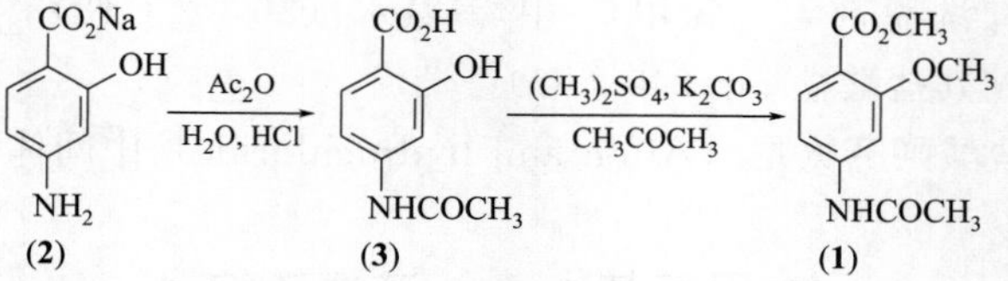

4-乙酰氨基水杨酸（**3**）：于反应瓶中加入加入化合物（**2**）25 g（0.14 mol），50 mL 水，冷至 10℃ 以下，搅拌下滴加醋酸酐 15 g（0.15 mol），控制内温不超过 15℃。加完后继续搅拌反应 1.5 h。加入 5 mL 工业盐酸，析出固体。用 50 mL 水稀释，搅拌 1 h。冷却，过滤，干燥，得化合物（**3**）26.7 g，收率 90%，mp 136~138℃。

2-甲氧基-4-乙酰氨基苯甲酸甲酯（**1**）：于反应瓶中加入上述化合物（**3**）25 g（0.13 mol），硫酸二甲酯 34 g（0.26 mol），以及在 300℃ 干燥的无水碳酸钾 34 g，无水丙酮 150 mL，搅拌回流反应 8 h。冷却，过滤，滤饼用丙酮洗涤。合并滤液和洗涤液，回收溶剂，加入水 200 mL，析出结晶。过滤，水洗，干燥，得化合物（**1**）22.4 g，收率 84%，mp 125~127℃。

【用途】 胃病治疗药甲氧氯普胺（Metoclopramide）中间体。

1,2,4-三乙氧基苯

$$C_{12}H_{18}O_3，210.27$$

【英文名】 1,2,4-Triethoxybenzene

【性状】 低熔点固体。mp 33~34℃。

【制法】 ① 魏昭云等. 安徽大学学报：自然科学版，1992，1：63. ② 陈亚萍. 高师理科学刊，2003，23（4）：39.

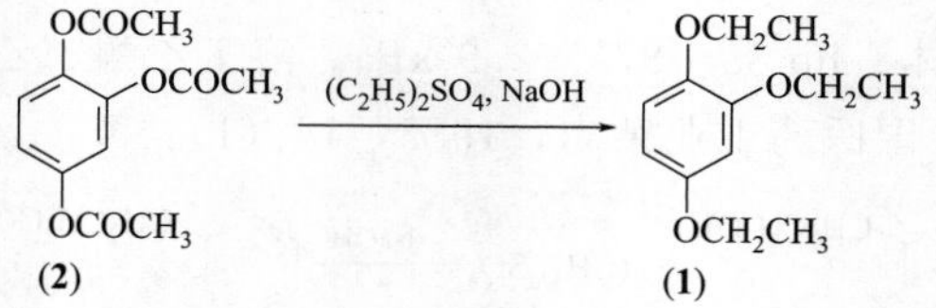

于反应瓶中加入 1,2,4-苯三酚乙酸酯（**2**）20 g（0.079 mol）、甲醇 32 mL，搅拌下升温至 50℃，（**2**）完全溶解后，加入硫酸二乙酯 42.8 g（0.278 mol），搅拌回流下滴加氢氧化钠 30 g（0.75 mol）溶于水 30 mL 的溶液。加完后继续回流 1 h。加入一倍量的水，用正己烷 100 mL 提取，水洗至中性，无水硫酸钠干燥，回收溶剂，得（**1**）14.5 g，收率 88.4%，mp 33~34℃。

【用途】 利胆药曲匹布通（Trepibutone）中间体。

乙氧基苯

$$C_8H_{10}O，122.17$$

【英文名】 Ethoxybenzene

【性状】 无色液体。

【制法】 舒学军，孙青，杨龙等. 化学研究与应用，2012，24（1）：142.

$$\underset{(2)}{C_6H_5\text{—OH}} + (C_2H_5)_2SO_4 \xrightarrow[\text{NaOH, }(C_{18}H_{37})_2\text{NMeCH}_2\text{PhCl}^-]{\text{EtOH, Tol}} \underset{(1)}{C_6H_5\text{—OC}_2H_5}$$

催化剂二（十八烷基）苄基甲基氯化铵：于反应瓶中加入双十八烷基甲基胺 53.6 g（0.1 mol），异丙醇 170 mL，于 60℃滴加苄基氯 12.6 g（0.1 mol），约 30 min 加完。加完后于 70℃反应 14 h。蒸出溶剂，得固体。石油醚洗涤后，用乙酸乙酯-石油醚（1：2）重结晶，得白色固体。60℃真空干燥，备用。

于反应瓶中加入苯酚（**2**）18.8 g（0.2 mol），乙醇 20 mL，甲苯 50 mL，搅拌溶解。加入氢氧化钠 8 g，水 60 mL，搅拌溶解。氮气保护，加入上述相转移催化剂适量，于 60℃滴加硫酸二乙酯 0.18 mol。加完后继续于 60℃搅拌至反应完全。倒入 100 mL 冷水中，用盐酸调至中性。分出有机层，水层用甲苯提取 2 次。合并有机层，无水硫酸钠干燥。过滤，浓缩，减压蒸馏，收集 65～67℃/133 Pa 的馏分，得无色液体（**1**），收率 92%。

【用途】 抗炎、抗过敏药物地塞米松（Dexamethasone）、解热镇痛药非那西汀（Phenacetin，Acetophenetidine）等的中间体。

1-氯-4-乙氧基苯

C_8H_9ClO，156.61

【英文名】 1-Chloro-4-methoxybenzene

【性状】 无色油状液体。mp －21℃，bp 212～214℃，98℃/2.27 kPa，d_4^{25} 1.1254，n_D^{20} 1.5253。溶于乙醇、乙醚、乙酸、苯、氯仿，不溶于水。具特殊香味。

【制法】 孙昌俊，曹晓冉，王秀菊. 药物合成反应——理论与实践. 北京：化学工业出版社，2007：227.

$$\underset{(2)}{Cl\text{—}C_6H_4\text{—OH}} \xrightarrow[(C_2H_5)_2SO_4]{KOH} \underset{(1)}{Cl\text{—}C_6H_4\text{—OC}_2H_5}$$

于安有搅拌器、温度计、回流冷凝器、滴液漏斗的反应瓶中，加入对氯苯酚（**2**）39 g（0.3 mol），360 mL 1 mol/L 的氢氧化钾水溶液。剧烈搅拌下慢慢滴加硫酸二乙酯 51 g（0.33 mol）。加完后升温至沸，回流反应 30 min。冷后用乙醚提取。合并乙醚提取液，无水硫酸钠干燥。蒸去乙醚后再蒸馏产品，收集 210～214℃的馏分，得化合物（**1**）43 g，收率 91.8%。

【用途】 中期妊娠引产药利凡诺（Rivanol）等的中间体。

3,4-二甲氧基苯甲醛

$C_9H_{10}O_3$，166.18

【英文名】 3,4-Dimethoxybenzaldehyde

【性状】 针状结晶。mp 44℃（58℃），bp 285℃，bp 172～175℃/2.4 kPa。易溶于醇、醚，微溶于热水。

【制法】 方法 1 王成峰，林源斌. 长沙电力学院学报：自然科学版，2004，19（4）：87.

1,2-二甲氧基苯（3）：于 250 mL 反应瓶中加入水 80 mL，氢氧化钠 16 g（0.4 mol），搅拌溶解后冰水冷却至 10℃ 以下。分批加入邻苯二酚（2）22 g（0.2 mol），搅拌溶解后滴入硫酸二甲酯 50.4 g（0.4 mol），反应物由棕黑色变为绿色。加完后升温至 80℃ 并保温搅拌 0.5 h。冷至 50℃，补加 30% 氢氧化钠溶液 10 mL（0.1 mol），再补加硫酸二甲酯 6.3 g（0.05 mol），升温至 80℃ 并保温搅拌 0.5 h。再冷至 50℃，补加 30% 氢氧化钠溶液 10 mL（0.1 mol）和硫酸二甲酯 6.3 g（0.05 mol），于 80℃ 保温搅拌 3 h。水蒸气蒸馏，收集约 800 mL 馏出液。分出有机层，水层用二氯甲烷（100 mL×3）萃取。合并有机层，无水硫酸钠干燥。过滤，回收二氯甲烷，得无色液体（3）26.9 g，收率 97.5%，冷却后得白色固体，mp 21.5～22.5℃。

3,4-二甲氧基苯甲醛（1）：于 250 mL 反应瓶中加入 DMF 60 mL，上述化合物（3）13.7 g（0.1 mol），搅拌溶解后冰水冷至 10℃ 以下，缓缓滴入三氯氧磷 38.5 g（0.25 mol），控制滴加速度使内温不超过 20℃，约 0.5 h 加完。于 20℃ 搅拌 2 h，60℃ 搅拌 2 h，70℃ 搅拌 0.5 h。冷后倒入 300 g 冰水中，搅拌下用 5 mol/L 的氢氧化钠溶液调至 pH6，有大量奶黄色固体析出。抽滤，得浅黄色固体。用乙醇-水（1:1，体积比）重结晶，得白色针状晶体。室温真空干燥，得产物（1）16.5 g，收率 86.5%，mp 44～45℃，含量 99.2%（HPLC）。

方法 2 陈芬儿. 有机药物合成法：第一卷. 北京：中国医药科技出版社，1999：499.

于反应瓶中加入 4-羟基-3-甲氧基苯甲醛（2）15.2 g（0.1 mol），水 150 mL，氢氧化钠 20 g（0.5 mol），二氯甲烷 150 mL，TEBA 1.3 g，剧烈搅拌下滴加硫酸二甲酯 15 mL。加完后继续回流反应 8 h。冷后分出有机层，依次用稀氨水、水洗涤，无水硫酸钠干燥。蒸去溶剂，得化合物（1）15 g，收率 90%，mp 42～45℃。

【用途】 治疗高血压药物甲基多巴（Aldometil）、防治支气管哮喘、过敏性鼻炎药物曲尼司特（Tranilast）等的中间体。

3,4,5-三甲氧基苯甲酸甲酯

$$C_{11}H_{14}O_5，226.23$$

【英文名】 Methyl 3,4,5-trimethoxybenzoate

【性状】 白色固体。mp 83～85℃，bp 274～275℃。溶于乙醇、乙醚、氯仿，不溶于水。

【制法】 ①高兴文，曹俊耀，刘玉琦等. 广州化工，2009，37（5）：124. ②孙昌俊，王秀菊，曹晓冉. 药物合成反应——理论与实践. 北京：化学工业出版社，2007：223.

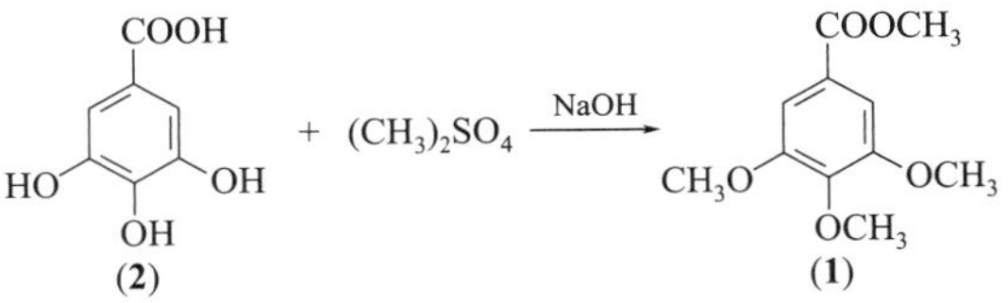

于反应瓶中加入 3,4,5-羟基基苯甲酸（**2**）34 g（0.2 mol），硫酸二甲酯 72.5 g，水 85 mL，通氮气，于 15～35℃滴加 30%的氢氧化钠水溶液 75 mL，加完后于 35～40℃搅拌反应 20 min，再加硫酸二甲酯 47.5 g（共 0.952 mol），于 40～45℃滴加 30%的氢氧化钠溶液 16.5 mL，保持反应液 pH8～9 不变，保温反应 1 h。冷至 30℃，过滤，冷水洗涤至中性，干燥后得化合物（**1**）40.5 g，收率 90%，mp 81～84℃。

【用途】　抗菌药甲氧苄啶（Trimethoprim）等的中间体。

雌酮-3-甲基醚（3-甲氧基雌酮）

$C_{19}H_{24}O_2$，284.40

【英文名】　Estrone 3-methyl ether，3-Methoxyestrone
【性状】　白色固体。mp 167～169℃。
【制法】　徐芳，朱臻，廖清江. 中国药科大学学报，1997，28（5）：260.

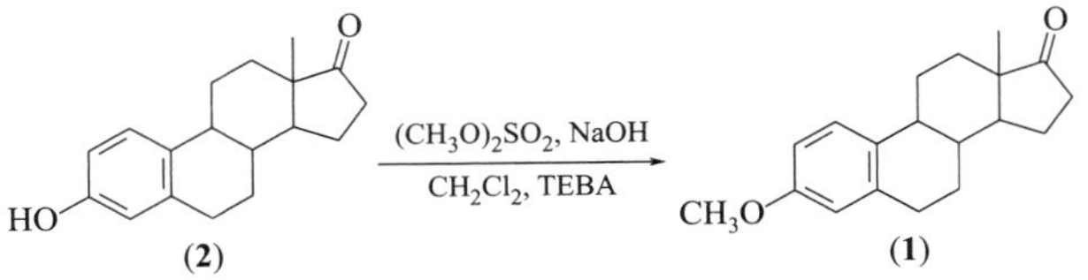

于反应瓶中加入雌酚酮（**2**）10.0 g（0.037 mol），二氯甲烷 195 mL，氢氧化钠 2.3 g，水 167 mL，TEAB 0.9 g，室温搅拌下滴加硫酸二甲酯 10 mL（0.106 mol），加完后继续搅拌反应 10 h。分出有机层，水层用二氯甲烷提取。合并有机层，依次用氨水、氢氧化钠溶液、稀盐酸、饱和氯化钠溶液洗涤，无水硫酸钠干燥。过滤，浓缩，得白色固体（**1**）9.98 g，收率 95%，mp 167～169℃。

也可以使用碳酸二甲酯，收率 65%。

【用途】　抗雄性激素药奥生多龙（Oxendolone）中间体。

顺式-2-甲氧亚胺乙酰乙酸乙酯

$C_7H_{11}NO_4$，173.17

【英文名】　Ethyl 2-(methoxyimino)acetoacetate
【性状】　无色液体。
【制法】　沈征武，惠云身. 药学学报，1988，23（9）：662.

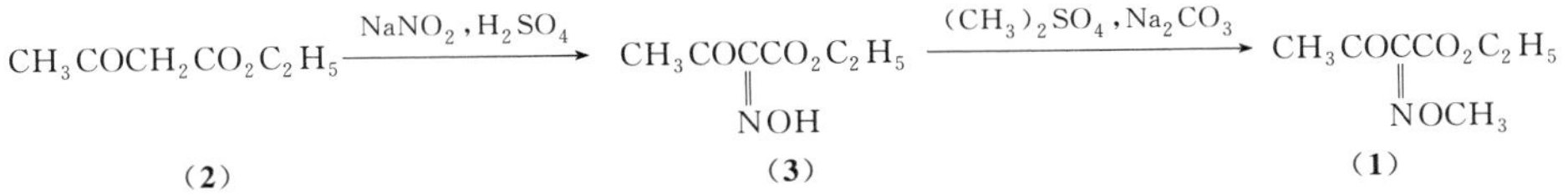

$$CH_3COCH_2CO_2C_2H_5 \xrightarrow{NaNO_2, H_2SO_4} \underset{\underset{\text{(3)}}{NOH}}{CH_3COCCO_2C_2H_5} \xrightarrow{(CH_3)_2SO_4, Na_2CO_3} \underset{\underset{\text{(1)}}{NOCH_3}}{CH_3COCCO_2C_2H_5}$$

2-肟基乙酰乙酸乙酯（**3**）：于反应瓶中加入乙酰乙酸乙酯（**2**）70 g（0.54 mol），水

260 mL，亚硝酸钠 70 g（0.72 mol），冷至 −5℃，搅拌下滴加硫酸 29 mL 与水 26 mL 配成的稀硫酸。加完后于 5～8℃ 继续搅拌反应 2 h。用乙酸乙酯提取，水洗，无水硫酸钠干燥。过滤，浓缩，得黄色液体（**3**）85.6 g，收率 100%。

顺式-2-甲氧亚胺乙酰乙酸乙酯（**1**）：于反应瓶中加入上述化合物（**3**）8.6 g（0.054 mol），10% 的碳酸钠溶液 45 mL，甲醇 25 mL，室温搅拌下滴加硫酸二甲酯 10 mL（0.106 mol）。加完后继续保温反应 2 h。分出有机层，水层用乙酸乙酯提取。合并有机层，水洗，无水硫酸钠干燥。过滤，浓缩，得黄色液体（**1**）9.3 g，收率 100%。

【用途】 抗生素头孢噻肟钠（Cefotaxime sodium）中间体。

2-(2-氨基噻唑-4-基)-2-(*Z*)-甲氧基亚氨基乙酸乙酯

$$C_8H_{11}N_3O_3S, \quad 229.25$$

【英文名】 Ethyl 2-(2-aminothiazole-4-yl)-2(*Z*)-methoxyiminoacetate
【性状】 白色固体。
【制法】 Michihiko Ochial, Akira Morimoto, Yoshihiro Matsushiaa. US 4680390. 1987.

于反应瓶中加入碳酸钠 10.6 g，水 150 mL，搅拌溶解，加入化合物（**2**）10.7 g，THF 150 mL，甲醇 50 mL，冰浴冷却，滴加硫酸二甲酯 12.6 g，约 5 min 加完。撤去冰浴，室温搅拌反应。反应过程中生成白色固体。反应 3 h 后，减压蒸出有机溶剂。剩余物冷却，过滤，水洗，干燥，得白色固体（**1**）5 g。

【用途】 抗生素头孢他美酯（Cefetamet pivoxil）中间体。

特康唑

$$C_{26}H_{31}Cl_2N_5O_3, \quad 532.47$$

【英文名】 Terconazole
【性状】 结晶。易溶于三氯甲烷、二氯甲烷，几乎不溶于水。
【制法】 Heeres J, Hendrickx R, Cutsem V. J Med Chem, 1983, 26（4）：611.

于干燥反应瓶中，加入 50% 氢化钠 0.6 g（0.012 mol）、二甲基亚砜 100 mL、4-(4-羟基苯基)-1-异丙基哌嗪 2.5 g（0.01 mol），搅拌 1 h 后，加入化合物（**2**）4.1 g（0.01 mol），80℃ 搅拌 4 h。反应结束后，冷却至室温，加适量水，用二氯甲烷提取数次，合并有机层，无水硫酸镁干燥。过滤，滤液减压回收溶剂，冷却放置后，得粗品（**1**）。用异丙醇重结晶，得（**1**）3.4 g，收率 64%，mp 126.3℃。

【用途】 抗真菌药特康唑（Terconazole）原料药。

拉米替隆

$C_{16}H_{21}NO_2$，259.35

【英文名】 Ramelteon
【性状】 结晶。mp 113～115℃。$[\alpha]_D^{20}-57.8°$（$c=1.004$，$CHCl_3$）。
【制法】 Uchikawa O, Fukatsu K, Tokunoh R, et al. J Med Chem, 2002, 45 (19)：4222.

于反应瓶中加入（S）-N-[2-[6-羟基-7-（2-羟乙基）-2,3-二氢-1H-茚-1-基]乙基]丙酰胺（**2**）4.99 g（18.0 mmol），吡啶 14.6 mL（180 mmol），搅拌溶解。冷至−10℃，滴加甲基磺酰氯 1.39 mL（18.0 mmol），加完后继续于−10～−5℃搅拌反应 25 min。补加甲基磺酰氯 0.697 mL（9.0 mmol），再于−10～−5℃搅拌反应 25 min。加入乙酸乙酯 10 mL，饱和碳酸氢钠溶液 10 mL（注意保持在 0℃以下），升至室温，室温搅拌 30 min。倒入水中，用盐酸调至 pH 呈微酸性。加入乙酸乙酯，分出有机层，水洗，无水硫酸镁干燥。过滤，减压浓缩，剩余物过硅胶柱纯化，以乙酸乙酯洗脱，得化合物（**1**）4.02 g，收率 86%，mp 113～115℃。$[\alpha]_D^{20}-57.8°$（$c=1.004$，$CHCl_3$）。

【用途】 失眠症治疗药拉米替隆（Ramelteon）原料药。

2,5-双(2,2,2-三氟乙氧基)苯甲酸 2′,2′,2′-三氟乙酯

$C_{13}H_9F_9O_4$，400.20

【英文名】 2′,2′,2′-Trifluoroethyl 2,5-bis(2,2,2-trifluoroethoxy)benzoate
【性状】 黄色透明液体。
【制法】 Banitt E H, Coyne W E. J Med Chem. 1955，18（11）：1130.

于反应瓶中加三氟甲磺酸 2,2,2-三氟乙酯 249 g（1.06 mol），无水碳酸钾 180 g（1.30 mol）和丙酮 600 mL。加热搅拌回流，滴加 2,5-二羟基苯甲酸（**2**）50 g（0.323 mol）和丙酮 600 mL 的溶液，约 2 h 加完，加完后继续加热搅拌回流 24 h。反应结束后，趁热过滤，滤液减压回收溶剂。冷却，向剩余物中加入适量三氯甲烷和水，分出有机层，无水硫酸镁干燥。过滤，滤液减压蒸馏，收集 bp 128℃/39.997 Pa 的馏分，得黄色透明液体（**1**）111.7 g，收率 86%。

【用途】 抗心律失常药醋酸氟卡尼（Flecainide acetate）中间体。

间甲基茴香醚

$C_8H_{10}O$，122.17

【英文名】 *m*-Methylanisole
【性状】 无色液体。
【制法】 郭俊胜. 河南化工，2001，1：12.

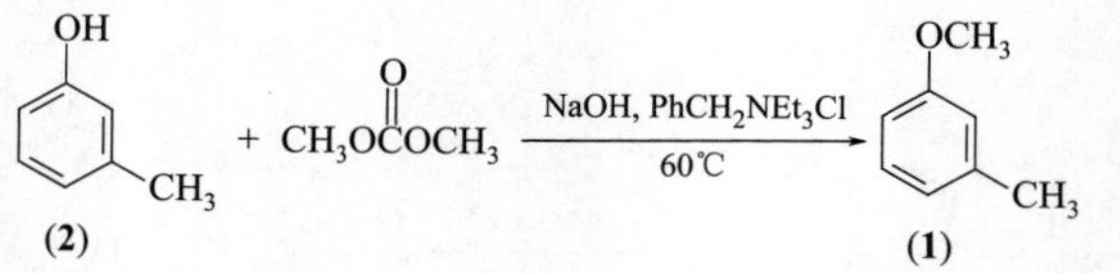

于反应瓶中加入适量水、氢氧化钠和苄基三乙基氯化铵 22.7 g（0.1 mol），搅拌溶解。冷却下慢慢加入间甲基苯酚（**2**）108 g（1.0 mol），滴加碳酸二甲酯 108 g（1.2 mol），控制反应液温度不高于 65℃。加完后继续保温反应 3 h。冷却，分出有机层，无水硫酸镁干燥。过滤，减压蒸馏，收集 45℃/800 Pa 的馏分，得无色液体（**1**），收率 90%。

【用途】 医药、农药中间体。

L-天门冬酰胺叔丁酯

$C_8H_{16}N_2O_3$，188.23

【英文名】 L-Asparagine *t*-butyl ester
【性状】 白色固体。mp 72～74℃。
【制法】 施志皓，魏运祥，丁亚明，孙钰林. 化学研究与应用，2006，18（7）：856.

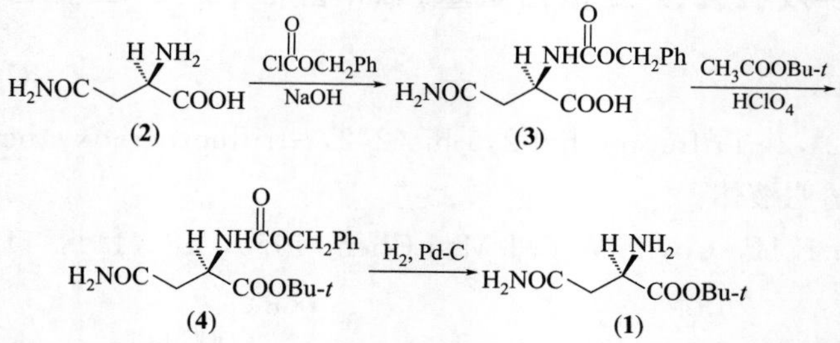

N-苄氧羰基天门冬酰胺（**3**）：于反应瓶中加入天门冬酰胺一水合物（**2**）3.0 g（20.0 mmol），2 mol/L 的氢氧化钠溶液 10 mL（20 mmol），搅拌溶解。冰浴冷却，同时滴加氯甲酸苄基酯 5.12 g（30 mmol）和 2 mol/L 的氢氧化钠 14 mL（28 mmol），保持反应液 pH8，温度不超过 10℃。加完后室温搅拌反应 1.5 h。加水至固体完全溶解，乙醚提取 3 次。水层用盐酸调至酸性，析出白色固体。过滤，水洗，干燥，得化合物（**3**）3.62 g，收率 68%，mp 162～164℃。

N-苄氧羰基天门冬酰胺叔丁酯（**4**）：于反应瓶中加入上述化合物（**3**）0.97 g（3.6 mmol），醋酸叔丁酯 20 mL，冰浴冷至 0℃，加入 70% 的高氯酸 0.46 mL，30 min 后升至室温，继续搅拌反应 5 h。将反应物倒入 5% 的碳酸钾水溶液 180 mL 和乙醚 50 mL 的混合

液中，分出有机层，水层用乙醚提取 3 次。合并有机层，浓缩，得白色固体（**4**）1.1 g，收率 95%，mp 100～102℃。

L-天门冬酰胺叔丁酯（**1**）：于氢化装置中加入化合物（**4**）4 g（12.4 mmol），甲醇 50 mL，溶解后加入 10% 的 Pd-C 催化剂 1 g，常温、常压氢化反应 2 h。过滤除去催化剂，减压蒸出甲醇，得浅黄色油状液体，放置后固化，真空干燥，得白色固体（**1**）2.25 g，收率 96%，mp 72～74℃。

【用途】　氨基酸药物合成中间体。

蔗糖-6-乙酸酯

$C_{14}H_{24}O_{12}$，384.34

【英文名】　Sucrose-6-acetate
【性状】　浅黄色糖浆状物，硅胶柱纯化，得白色固体，mp 82～86℃。
【制法】　①朱仁发，邵国泉，何勇.安徽大学学报：自然科学版，2008，32（1）：78.
②沈国平，琴华.辽宁化工，2002，32（11）：487.

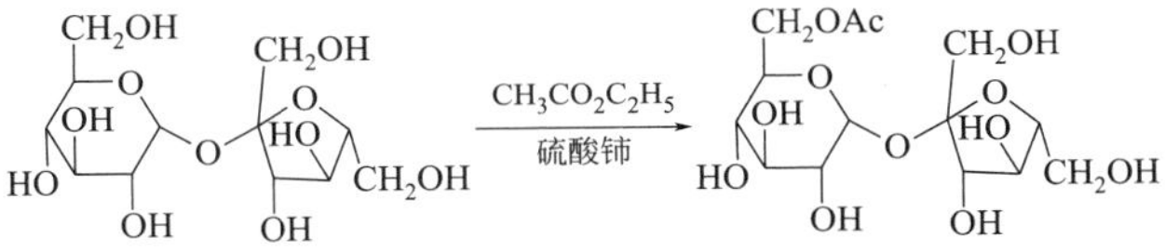

于反应瓶中加入干燥过的蔗糖（**2**）34 g（0.1 mol），无水硫酸铈 1.5 g，乙酸乙酯 60 mL，DMF 150 mL，油浴加热至 95℃ 左右，搅拌反应 4 h（TLC 跟踪反应，氯仿：甲醇为 2：1）。冷至室温，过滤回收硫酸铈，减压蒸出未反应的乙酸乙酯，即可得化合物（**3**）的 DMF 溶液。

【用途】　非营养型甜味剂三氯蔗糖（Sucralose）中间体。

2. S-烃基化反应

对甲硫基苯甲酸

$C_8H_8O_2S$，168.21

【英文名】　p-(Methylthio)benzoic acid
【性状】　浅黄色固体。mp 189～191℃。
【制法】　舒宏，周建宁，王彦青等.中国药物化学杂志，2007，17（5）：516.

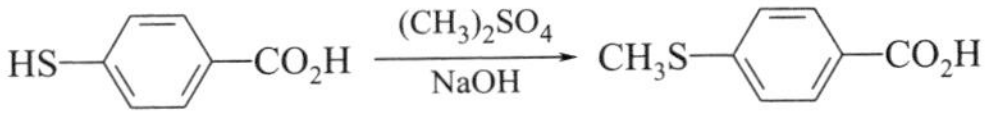

于反应瓶中加入对巯基苯甲酸（**2**）15.4 g（0.1 mol），硫酸二甲酯 18.8 g（0.15 mol），氢氧化钠 23.4 g（0.59 mol），搅拌下加热至 110℃，保温反应 3 h。冷却，用盐酸调至 pH1～2，析出沉淀。过滤，滤饼用氯仿重结晶，得浅黄色固体（**1**）13.4 g，收率 79.8%，mp 189～191℃。

【用途】 心脏病治疗药依诺昔酮（Enoximone）等的中间体。

S-甲基异硫脲硫酸盐

$$[C_2H_6N_2S]_2 \cdot H_2SO_4,\ 278.36$$

【英文名】 *S*-Methylisothiourea sulfate

【性状】 白色针状结晶。mp 234～236℃。

【制法】 康汝洪，马志博，刘俊玲. 化学试剂，1994，16（6）：373.

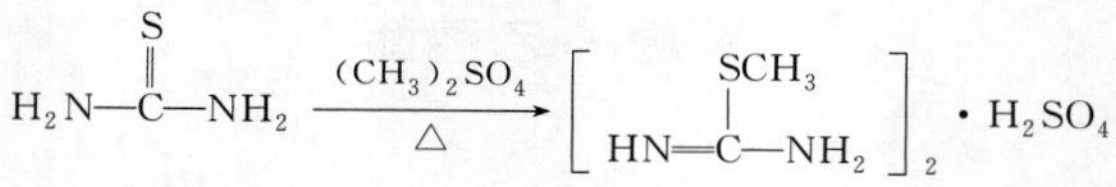

于反应瓶中加入硫脲（**2**）7.9 g（0.1 mol），水 6.5 mL，TEBA 0.3 g（0.0013 mol），而后加入硫酸二甲酯 7.3 g（0.055 mol），反应自发进行，必要时可以冷却。待反应平稳后回流反应 1.5 h。冷却至室温，过滤，以 95％的乙醇洗涤 2 次，干燥，得白色结晶，收率 94％，mp 234～236℃。

【用途】 可用于制备杀菌剂二甲嘧酚、乙嘧酚，杀虫剂嘧啶氧磷、抗蚜威等。用作医药胍乙啶（Abapresin）、氢化泼尼松磷酸钠（Prednisolone sodium phosphate）等的中间体。

苯甲硫醚

$$C_7H_8S,\ 124.20$$

【英文名】 Thioanisole

【性状】 无色液体。bp 187～188℃。

【制法】 周继鑫，杜得兰. 甘肃化工，2004，4：34.

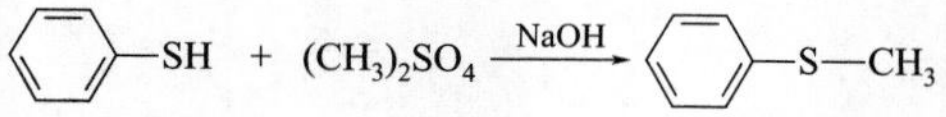

于反应瓶中加入苯硫酚（**2**）、水，搅拌下滴加氢氧化钠水溶液，加完后滴加硫酸二甲酯，滴加过程中保持反应体系呈碱性。加完后于 85℃反应 1 h。分出有机层，减压蒸馏，收集 120℃/0.07～0.08MPa 的馏分，得化合物（**1**），收率 95％（苯硫酚：氢氧化钠：硫酸二甲酯摩尔比为 1：1：1）。

【用途】 抗生素罗非昔布（Rofecoxib）等的中间体。

甲磺酸培高利特

$$C_{19}H_{26}N_2S \cdot CH_3SO_3H,\ 410.60$$

【英文名】 Pergolide mesylate

【性状】 白色结晶。mp 252～254℃。

【制法】 ① Edmund C Kornfeld，Niecholas J Bach. US4166182.1970. ② Anastasia，Cighetti，Allevi. J Chem Soc Perkin Trans 1，2001，19：2398.

8β-[（甲硫基）甲基]-6-丙基-D-麦角灵（**3**）：于反应瓶中加入 DMF 2 L，甲醇钠 224 g，通入甲硫醇气体 232 g，于 0～5℃ 放置 30 min。于 1 h 内慢慢滴加化合物（**2**）1.07 kg（2.95 mol）溶于 10.3 L DMF 的溶液，注意内温不超过 5℃。室温搅拌过夜，而后 90℃ 反应 1 h。冷却，加入适量水，析出固体。过滤，水洗，干燥，得化合物（**3**），mp 206～209℃。

甲磺酸培高利特（**1**）：于干燥的反应瓶中，加入甲醇 15 L，化合物（**3**）536 g（1.7 mol），搅拌回流。滴加甲磺酸 256 mL（3.95 mol），约 30 min 加完。加入活性炭 170 g，回流 10 min。过滤，冷却，析出固体。过滤，冷甲醇洗涤，干燥，得白色结晶化合物（**1**）600 g，mp 255℃（分解）。

【用途】 抗帕金森症药物甲磺酸培高利特（Pergolide mesylate）原料药。

7-氨基-3-（1-甲基-1*H*-四氮唑-5-基）硫甲基-3-头孢霉烷-4-酸（7-TMCA）

$C_{10}H_{12}N_6O_3S_2$，328.36

【英文名】 7-Amino-3-[（1-methyl-1*H*-tetrazole-5-yl）-thiomethyl]-3-cephem-4-carbox-ylic acid

【性状】 白色至微黄色粉末。

【制法】 侯钰，张越，吴鹏程. 精细与专用化学品，2004，12（3-4）：9.

于反应瓶中加入 7-ACA（**2**）27.2 g（0.1 mol），水 200 mL，丙酮 100 mL，搅拌下加入饱和碳酸氢钠溶液，调至 pH7.9，于 45℃ 加入 1-甲基-5-巯基四唑 19.6 g（0.115 mol）溶于 200 mL 丙酮的溶液，而后于 80℃ 搅拌反应 3 h。冷却，用盐酸调至 pH3.9，搅拌 15 min。过滤，水洗，干燥，得化合物（**1**）25，收率 75%。

【用途】 抗生素头孢匹胺（Cefpiramide）中间体。

（1*S*,8*R*）-4-[（1,2,3-噻二唑-5-基硫）甲基]-8-氨基-7-
氧代-2-硫杂双环[4.2.0]辛-4-烯-5-甲酸

$C_{11}H_{11}N_3O_3S_3$，329.41

【英文名】 （1*S*,8*R*）-4-[（1,2,3-Thiadiazol-5-ylthio）methyl]-8-amino-7-oxo-2-thiabicy-clo[4.2.0]oct-4-ene-5-carboxylic acid

【性状】 类白色固体。

【制法】 陈芬儿.有机药物合成法：第一卷.北京：中国医药科技出版社，1999：652.

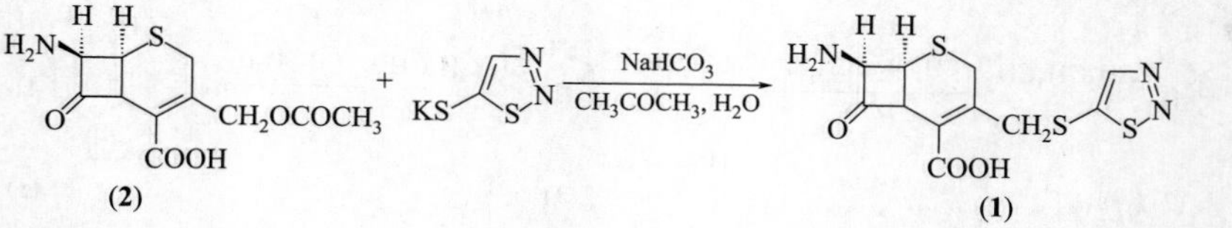

于反应瓶中加入 7-ACA（**2**）2.62 g（0.96 mmol），1,2,3-噻二唑-5-硫醇钾 1.72 g（1.1 mmol），碳酸氢钠 0.88 g（1.03 mmol），水 40 mL，丙酮 30 mL，回流反应 2 h。冷至室温，用盐酸调至 pH3.5，析出固体。过滤，丙酮洗涤，干燥，得类白色固体（**1**）2.16 g，收率 68%。

【用途】 抗生素头孢唑啉钠（Cefazolin sodium）中间体。

3. N-烃基化反应

9-甲基-1,2,3,9-四氢-4H-咔唑-4-酮

$$C_{13}H_{13}NO，199.25$$

【英文名】 9-Methyl-1,2,3,9-tetrahydro-4H-carbazol-4-one
【性状】 灰白色固体。mp 198～201℃。
【制法】 徐继增，富强，李铭东等.江苏药学与临床研究，2005，13（3）：15.

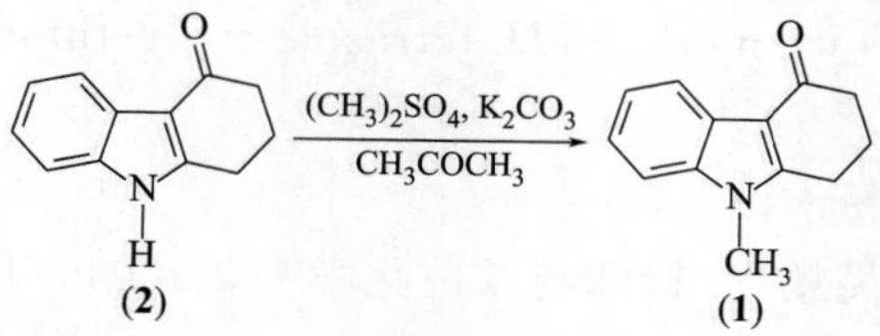

于反应瓶中加入化合物（**2**）54.3 g（0.294 mol），丙酮 1100 mL，依次加入碳酸钾 80 g 和硫酸二甲酯 0.735 mol，室温搅拌 32 h。减压蒸出一半体积的丙酮后，倒入 2.4 L 中，搅拌 30 min。冷却，过滤，水洗，干燥，得灰白色固体（**1**）53.8 g，收率 93%，mp 198～201℃。

【用途】 止吐药盐酸昂丹司琼（Ondansetron hydrochloride）中间体。

盐酸甲哌卡因

$$C_{15}H_{22}N_2O \cdot HCl，282.81$$

【英文名】 Mepivacaine hydrochloride
【性状】 白色结晶。
【制法】 郭家斌，叶姣，胡艾希.中南药学，2008，6（1）：21.

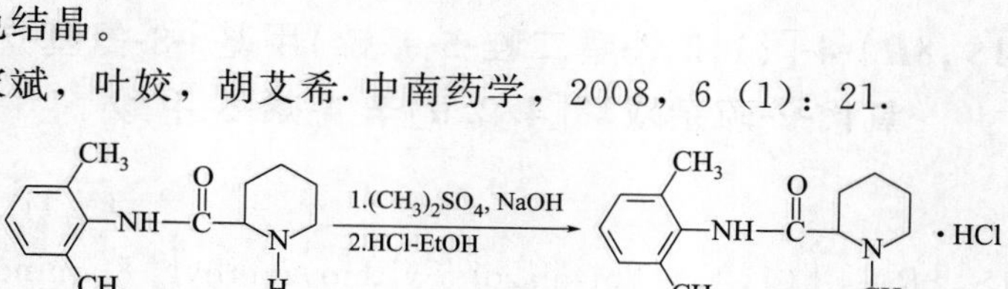

于反应瓶中加入化合物（**2**）2.32 g（0.01 mol），乙醇 5 mL，搅拌溶解。加入 10% 的

氢氧化钠水溶液 5 mL，加热至 40℃，滴加硫酸二甲酯 1.26 g（0.01 mol）溶于 4 mL 乙醇的溶液。加完后保温反应 3 h。于 80℃再搅拌反应 2.5 h 后，冷却，加入 10 mL 浓盐酸。减压蒸出乙醇，用 10%的氢氧化钠调至 pH13，过滤，水洗，干燥，得粗品（**1**）的游离碱 2.36 g，收率 96%，mp 148～150℃（文献值 150～152℃）。将其溶于乙醇中，通入干燥的氯化氢气体，析出白色固体（**1**），收率 96%，mp 263～265℃。

【用途】 局部麻醉药盐酸甲哌卡因（Mepivacaine hydrochloride）原料药。

4-羟基-2-甲基-2H-1,2-苯并噻嗪-3-羧酸甲酯 1,1-二氧化物

$C_{11}H_{11}NO_5S$，269.27

【英文名】 Methyl 4-hydroxy-2-methyl-2H-1,2-benzothiazine-3-carboxylate 1,1-dioxide
【性状】 白色固体。mp 160～161.5℃。
【制法】 付金广. 山东化工，2013，42（9）：19.

于反应瓶中加入化合物（**2**）39.8 g（0.16 mol），乙醇 95 mL，30%的氢氧化钠溶液 23 g，水 86 mL，于 75℃搅拌溶解。冷至 20℃，滴加硫酸二甲酯 32.6 g（0.25 mol）。加完后室温反应 10 h。冷至 10℃以下，析出固体。过滤，水洗，干燥，得化合物（**1**）41 g，收率 100%，mp 160～161.5℃。

【用途】 消炎镇痛药吡罗昔康（Piroxicam）中间体。

N-对乙氧基-N-甲基乙酰苯胺

$C_{11}H_{15}NO_2$，193.24

【英文名】 N-(4-Ethoxyphenyl)-N-methylacetamide
【性状】 无色或浅黄色液体。bp 120～122℃/13.3 Pa。溶于乙醇、乙醚、氯仿等有机溶剂，微溶于水，溶于稀酸。
【制法】 范如霖，王雯云，徐传宁. 中国医药工业杂志，1980，12（1）：1.

于反应瓶中加入对乙氧基乙酰苯胺（**2**）89.5 g（0.5 mol），二氯甲烷 700 mL，搅拌下加热溶解。加入碘化四丁基铵（TBAI）4.6 g（0.0125 mol），剧烈搅拌下滴加 50%的氢氧化钠水溶液 200 g，加完后继续搅拌反应 10 min。滴加硫酸二甲酯 75.6 g（0.6 mol），加完后回流反应 3 h。加冷水 200 mL，分出有机层，水层用二氯甲烷提取一次。合并二氯甲烷层，水洗至中性，无水硫酸钠干燥。蒸出二氯甲烷，而后减压蒸馏，收集 120～122℃/13.3 Pa 的馏分，得对乙氧基-N-甲基乙酰苯胺（**1**）92.5 g，收率 95%。

【用途】 中药麻醉后的催醒药催醒宁等的中间体。

7-氯-1-甲基-5-苯基-1,3-二氢-1H-1,4-苯并二氮杂䓬-2-酮-4-氧化物

$C_{16}H_{13}ClN_2O_2$，300.74

【英文名】 7-Chloro-1-methyl-5-phenyl-1,3-dihydro-1H-1,4-benzodiazepin-2-one-4-oxide

【性状】 淡黄色结晶。mp 172～174℃。

【制法】 吉民，徐云根，张惠敏等. 中国药科大学学报，1997，28（4）：201.

$$\xrightarrow{(CH_3)_2SO_4, NaOH}$$

（2）　　　　　　　　　　　　（1）

于反应瓶中加入化合物（**2**）3.0 g，乙醇 20 mL，搅拌混合。加 10％的氢氧化钠水溶液 10 mL，保持碱性，再加硫酸二甲酯 1.5 g，搅拌反应 1 h。有大量淡黄色固体析出，再加入少量乙醇，继续搅拌反应 10 min，过滤，滤饼用 95％的乙醇洗涤，干燥，得淡黄色结晶（**1**），收率 90.8％，mp 172～174℃。

【用途】 安眠药替马西泮（Temazepan）中间体。

2-甲氧基-4-(N-甲基-N-甲苯磺酰氨基)苯甲酸甲酯

$C_{17}H_{19}NO_5S$，349.40

【英文名】 Methyl 2-methoxy-4-(N-methyl-N-methylphenylsulphonylamino)benzoate

【性状】 类白色固体。mp 98～99℃。

【制法】 Iwanami S，Takashima M，Hirata Y，et al. J Med Chem，1981，24（10）：1224.

（2）　　　　　　　　　　（3）　　　　　　　　　　（1）

4-(4-甲苯磺酰氨基）水杨酸（**3**）：于反应瓶中加入 4-氨基水杨酸钠（**2**）14.0 g（66 mmol），碳酸钠 0.7 g（6.6 mmol），水 27 mL，搅拌加热至 75～80℃。加入对甲苯磺酰氯 15.2 g（80 mmol），继续同温搅拌反应 15 min。加入 24％的氢氧化钠水溶液 13 mL，搅拌 10 min。冷至 40℃，搅拌下加入 14 mL 水和 13％的盐酸 22 mL，冰水浴中放置 1 h。过滤，水洗，于 55℃干燥过夜，得化合物（**3**）粗品 18 g，收率 88.5％。用乙醇重结晶，得无色结晶，mp 238～240℃。

2-甲氧基-4-(N-甲基-N-甲苯磺酰氨基）苯甲酸甲酯（**1**）：于反应瓶中加入上述化合物（**3**）粗品 18 g（58.6 mmol），氢氧化钾 11.5 g（288 mmol），丙酮 140 mL，室温搅拌 20 min。慢慢加入硫酸二甲酯 23.2 g（184 mmol），其间保持反应体系微微沸腾。加完后继续回流反应 2 h。蒸出溶剂，剩余物中加入 110 mL 水，用乙酸乙酯提取。有机层水洗后无水硫酸钠干燥。过滤，减压浓缩，剩余物中加入异丙醇 18 mL，冰箱中放置过夜。过滤析

出的固体，干燥，得化合物（**1**）12.8 g，收率 62.5%，mp 98～99℃。

【用途】 抗精神病药物奈莫必利（Nemonapride）等的中间体。

左羟丙哌嗪

$C_{13}H_{20}N_2O_2$，236.31

【英文名】 Levodropropizine

【性状】 白色粉末。溶于甲醇、乙醇、二氯甲烷，三氯甲烷，难溶于丙酮。mp 102～104℃，$[\alpha]_D^{20}$ -10.5°（$c=0.01$，C_2H_5OH）。

【制法】 赵桂芝，王桂梅.中国医药工业杂志，1998，29（11）：485.

在反应瓶中加入（R)-对甲苯磺酸-1-甘油酯 3 g（0.012 mol）、N-苯基哌嗪（**2**）4.1 g（0.025 mol）和苯 25 mL，加热搅拌回流 18 h。冷至室温过滤，滤饼用无水乙醇洗涤。合并滤液和洗涤液，浓缩，冷却，加少许乙醚，析出固体，得粗品（**1**）。依次用丙酮、氯仿重结晶，得精品白色固体（**1**）2 g，收率 70.4%，mp 99～101℃，$[\alpha]_D^{20}$ -10.5°（$c=0.01$，C_2H_5OH）。

【用途】 镇咳祛痰药左羟丙哌嗪（Levodropropizine）原料药。

阿司咪唑

$C_{28}H_{31}FN_4O$，458.58

【英文名】 Astemizole

【性状】 白色或类白色固体。

【制法】 Janssens F，Torremans J，Janssen J，et al. J Med Chem，1985，28（12）：1934.

于反应瓶中加入 2-（4-甲氧基）苯乙基甲磺酸酯 2.3 g（0.01 mol）、化合物（**2**）4.9 g（0.01 mol），碳酸钠 3.2 g（0.03 mol），DMF 35 mL，碘化钾 0.1 g，于 70℃ 搅拌反应 8 h。将反应物倒入适量水中，以甲苯提取数次。合并有机层，水洗，无水硫酸钠干燥。过滤，减压浓缩。剩余物过硅胶柱纯化，以氯仿-甲醇（98：2）洗脱，最后用异丙醇重结晶，得结晶（**1**）2.2 g，收率 48%，mp 171.4℃。

【用途】 抗过敏药阿司咪唑（Astemizole）原料药。

N,N-二甲基苯胺

$C_8H_{11}N$，121.18

【英文名】 N,N-Dimethylaniline

【性状】 淡黄色油状液体。mp 2.4℃，bp 194℃，77℃/1.73 kPa，d_4^{20} 0.9557。溶于乙醇、丙酮、苯、氯仿、乙醚，微溶于水。能随水蒸气挥发。

【制法】 刘海峰，姜鹏，彭亮福.湖南科技大学学报：自然科学版，2011，26（3）：91.

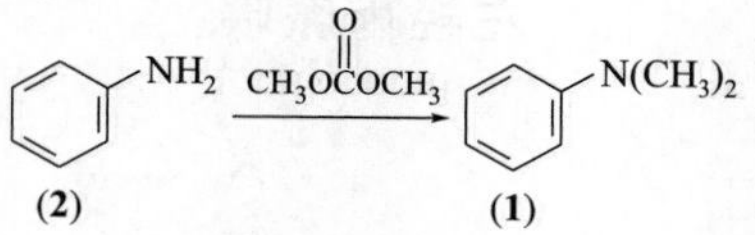

于高压反应釜中加入 0.75 g 四乙基溴化铵，苯胺（**2**）14.9 mL，碳酸二甲酯 17.1 mL，水 2 mL，用氮气置换空气，而后搅拌升温，在 170℃、4.0MPa 条件下反应 2 h。反应结束后，冷却至室温，转入蒸馏瓶中减压回收甲醇。剩余物减压蒸馏，收集 90℃/0.02MPa 的馏分，得化合物（**1**）18.1 g，收率约 95%。

也可用如下方法来合成（孙昌俊，曹晓冉，王秀菊.药物合成反应——理论与实践.北京：化学工业出版社，2007：214）。

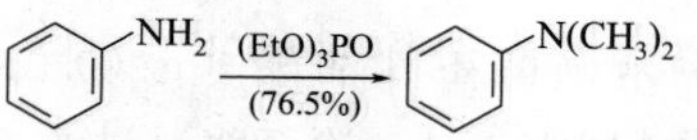

【用途】 头孢唑啉（Cefazolin）、氟孢嘧啶（Fluorocytosine）、磺胺邻二甲氧嘧啶（Sulfadimoxine）等的中间体。

N-甲基吲哚

C_9H_9N，131.18

【英文名】 *N*-Methylindole

【性状】 bp 236～239℃。不溶于水。n_D^{20} 1.606～1.608。

【制法】 Shieh W C，Dell S，Bach A，et al. J Org Chem，2003，68（5）：1954.

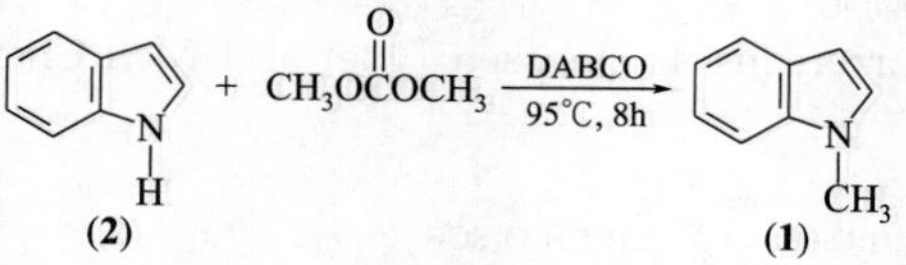

于反应瓶中加入吲哚（**2**）1 g，1,4-二氮杂双环［2.2.2］辛烷（DABCO）适量，DMF 1 mL，碳酸二甲酯 10 mL，于 94～95℃搅拌反应 8 h。HPLC 跟踪反应直至反应完全。冷至室温，用乙酸乙酯 50 mL 和水 50 mL 稀释。分出有机层，依次用水、10%的柠檬酸（50 mL×2）、水（50 mL×4）洗涤，无水硫酸钠干燥。过滤，减压浓缩，得化合物（**1**），收率 97%。

【用途】 医药中间体。

1-(β-羟乙基)-2-甲基咪唑盐酸盐

$C_6H_{10}N_2O \cdot HCl$，162.62

【英文名】 1-(β-Hydroxyethyl)-2-methylimidazole hydrochloride，2-(2-Methyl-1*H*-imidazol-1-yl)ethanol

【性状】 白色或类白色结晶性粉末。mp 128～131℃。易溶于水，几乎不溶于乙醚。无臭，味苦，有吸湿性。

【制法】 ①张志祥，董瑞武，舒国欣等.药学学报，1980，15（12）：719.②Natsuo Sawa.Japan 13872.1965.

于反应瓶中加入 2-甲基咪唑（**2**）82 g（1 mol），碳酸乙二醇酯 106 g（1.2 mol），甲苯 150 mL，加热回流 7 h，冷至 65℃左右，静置分层，分出的下层为 1-(β-羟乙基)-2-甲基咪唑粗品。

将粗品溶于 3 倍量的无水乙醇中，冷至 10℃以下，通入干燥的氯化氢气体，控制不超过 50℃，直至反应液 pH1.5～2。冷至 0℃左右，抽滤，用少量无水乙醇洗涤，得盐酸盐粗品。将粗品用等量的无水乙醇重结晶，活性炭脱色，间歇搅拌下冷至 5℃，过滤析出的固体，于 60℃干燥，得化合物（**1**）52 g，收率 32%，mp 128～131℃。

【用途】 抗钩端螺旋体药盐酸甲唑醇（Methimidol hydrochloride）原料药。

4. *C*-烃基化反应

2-苯基丙腈

C_9H_9N，131.17

【英文名】 2-Phenylpropanenitrile

【性状】 无色液体。bp 230～232℃，bp 78～80℃/0.267～0.4 kPa。溶于乙醇、乙醚和氯仿，微溶于水。

【制法】 ①王东阳，嵇耀武，张光明.中国医药工业杂志，1991，22（7）：289.②苏玉珍，郑庚修.化学试剂，1996，18（4）：245.

于安有搅拌器、滴液漏斗的反应瓶中，加入 50% 的氢氧化钠水溶液 300 g，苯乙腈（**2**）87 g（0.74 mol），溴化四丁基铵 1 g，剧烈搅拌下于室温滴加硫酸二甲酯 95 g（0.75 mol）。加完后继续于 25℃搅拌反应 4 h。分出有机相，水层用苯提取。合并有机相，依次用稀盐酸、水洗涤，无水硫酸钠干燥。常压蒸去苯，减压蒸馏，收集 bp 78～80℃/0.267～0.4 kPa 的馏分，得 2-苯基丙腈（**1**）70.5 g，收率 72%。

【用途】 非甾体抗炎药氟比洛芬（Flurbiprofen）、吡洛芬（Pirprofen）等的中间体。

酮基布洛芬

$C_{16}H_{14}O_3$，254.29

【英文名】 Ketoprofen

【性状】 白色固体。mp 93～95℃。

【制法】 ①陈芬儿.有机药物合成法：第一卷.北京：中国医药科技出版社，1999：742. ②陈芬儿，张文文等.中国医药工业杂志，1991，22（8）：344.

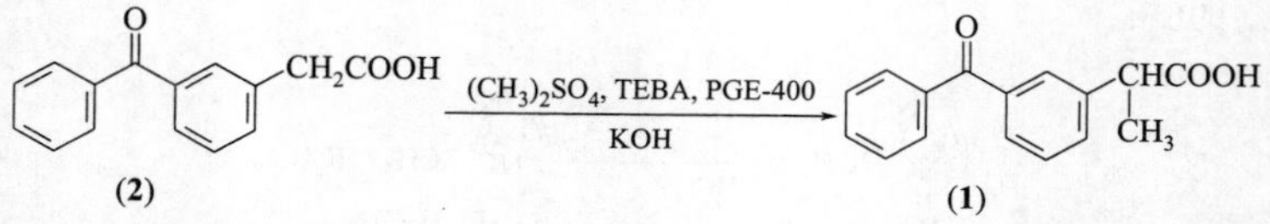

于反应瓶中加入化合物（**2**）100 g（0.42 mol），氢氧化钾 229 g（4.08 mol），苄基三乙基氯化铵（TEBA）和 PEG-400 适量，二氯甲烷 750 mL，室温搅拌 30 min。滴加硫酸二甲酯 155 g（1.23 mol），约 1 h 加完。加完后回流反应 7 h。回收溶剂，加入 750 mL 水，保持 pH 大于 10，回流 2.5 h（可以用氢氧化钾调节）。冷却，二氯甲烷提取 3 次。水层活性炭脱色，以浓盐酸调至 pH2，析出黄色油状物。分出油层，水层用苯提取。合并有机层，水洗至中性。用 10% 的氢氧化钠溶液调至 pH＞10，静置分层。水层用醋酸调至 pH7，活性炭脱色。过滤，调至 pH2～3，析出白色固体。过滤，水洗，干燥，得化合物（**1**）90 g，收率 85%，mp 93～95℃。

【用途】 消炎药酮基布洛芬（ketoprofen）原料药、外用消炎镇痛药盐酸吡酮洛芬（Piketoprofen hydrochloride）中间体。

甲基丙二酸二乙酯

$C_8H_{14}O_4$，174.20

【英文名】 Diethyl methylmalonate

【性状】 无色液体。

【制法】 周碧荷，侯海鸽，李楠.黑龙江大学自然科学学报，1983，1：97.

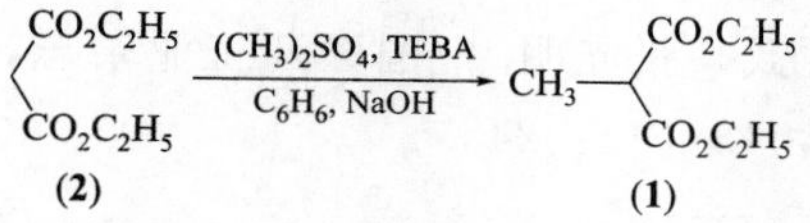

于反应瓶中加入苯 120 mL，丙二酸二乙酯（**2**）32 g（0.2 mol），硫酸二甲酯 30 g（0.24 mol），苄基三乙基氯化铵 4.6 g（0.01 mol），于 10℃ 搅拌下滴加 44% 的氢氧化钠水溶液 24 g（0.026 mol），控制反应液温度不超过 23℃，约 30 min 加完。于 15℃ 继续搅拌反应 45 min。分出有机层，水洗，无水硫酸钠干燥。过滤，减压蒸馏，收集 100～105℃/4.0 kPa 的馏分，得无色液体（**1**）33.3 g，收率 95.7%。

【用途】 麝香酮（Muscone）、盐酸阿莫洛芬（Amorolfine hyhloride）等的中间体。

2-甲基乙酰乙酸乙酯

$C_7H_{12}O_3$，144.17

【英文名】 Ethyl 2-methylacetoacetate

【性状】 无色液体。

【制法】 ①张婷.硕士学位论文，湖南师范大学，2011. ②洪露，周金培.农药，1991，35（10）：18.

2-六氢吡啶基丁烯酸乙酯（**3**）：于安有分水器的反应瓶中加入乙酰乙酸乙酯（**2**）13.1 g（0.1 mol），TsOH 1.0 g，苯 100 mL，搅拌下于 75～80℃滴加六氢吡啶 11.1 g（0.13 mol），约 1.5 h 加完。继续搅拌反应直至不再产生气泡，继续保温反应 30 min，分水器中不再有水生成，表示反应结束。减压蒸馏，得无色透明液体（**3**）19.9 g，含量 96%，收率 96.4%。

2-甲基乙酰乙酸乙酯（**1**）：于反应瓶中加入化合物（**3**）20.6 g（0.1 mol），甲苯 100 mL，加热至 85～90℃，滴加硫酸二甲酯 18.9 g（0.15 mol）。加完后于 90℃继续反应 2 h。冷却，加入 100 mL 水。分出有机层，浓缩，得浅黄色液体。减压蒸馏，收集 70～90℃/4.0 kPa 的馏分，得无色液体（**1**）12.8 g，收率 85.4%。

【用途】 高效杀菌剂磺胺异噁唑（Sulfisoxazole）中间体。

(3*R*,4*S*)-1,2,3,4-四氢-1,3,4-三甲基-4-[3-(1-甲基乙氧基)苯基]吡啶

$C_{17}H_{25}NO$，259.39

【英文名】 (3*R*,4*S*)-1,2,3,4-Tetrahydro-1,3,4-trimethyl-4-[3-(1-methylethoxy)phenyl]pyridine

【性状】 橙色液体。

【制法】 Werner J A，Cebone L R，Frank S A，et al. J Org Chem，1996，61 (2)：587.

于反应瓶中加入（*R*）-1,2,3,6-四氢-1,3-二甲基-4-[3-(1-甲基乙氧基）苯基]吡啶（**2**）19.6 g（纯度 92%，73.5 mmol），THF 175 mL，搅拌溶解。冷至 -10～-20℃，搅拌下滴加 1.6 mol/L 的正丁基锂-己烷溶液 70.0 mL，约 30 min 加完。滴加过程中保持反应体系在 -10～-20℃，生成深红色混合物。加完后继续于 -15℃搅拌反应 30 min。冷至 -50℃，滴加硫酸二甲酯 7.7 mL（81 mmol），滴加过程保持在 -50℃，约 30 min 加完，注意反应放热。加完后反应体系呈黄棕色，继续于 -50℃搅拌反应 30 min。而后用导管将反应物导入稀的氨水（由氨水 15.5 mL 和 55 mL 水混合配制）和 70 mL 庚烷的混合液中，控制温度在 0℃以下。搅拌下慢慢升至 25℃搅拌 2 h。分出有机层，水洗，旋转浓缩蒸出溶剂，得橙色液体（**1**）21.4 g，收率 96%（纯度 86%）。

【用途】 用于手术以及使用阿片类药物导致的胃肠功能紊乱，特发性便秘以及肠易激综合症等药物爱维莫潘（Alvimopan）中间体。

环己基苯

$C_{12}H_{16}$，160.26

【英文名】 Cyclohexylbenzene

【性状】 无色油状液体。mp 7～8℃，bp 235～236℃，127～128℃/4.0 kPa。d_{15}^{40}.938，n_D^{25} 1.523。易溶于醇、丙酮、苯、四氯化碳、蓖麻油、己烷和二甲苯，不溶于水和甘油。

【制法】 Singh R P，Kamble R M，Chandra K L，et al. Tetrahedron，2001，57（1）：241.

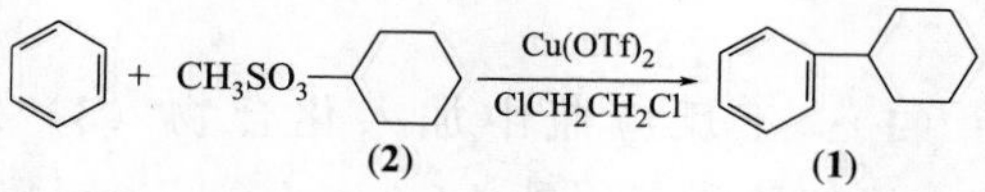

于反应瓶中加入三氟甲磺酸铜 [Cu（OTf）$_2$] 0.1 mmol（0.1 摩尔分数），干燥的 1,2-二氯乙烷 5 mL，甲磺酸环己醇酯（**2**）1 mmol 和苯 1 mmol，于 80℃搅拌反应 4 h。反应完后，减压蒸出溶剂，过硅胶柱纯化，用石油醚洗脱，得无色液体化合物（**1**），收率 81%。

【用途】 重要医药、化工原料苯酚和环己酮的原料。

三、环氧乙烷类化合物烃基化试剂

1. O-烃基化反应

尼普地洛

$C_{15}H_{22}N_2O_6$，326.35

【英文名】 Nipradilol

【性状】 无色针状结晶。

【制法】 Shiratsuchi M，Kawamura K，Akashi T，et al. Chem Pharm Bull，1987，35（2）：632.

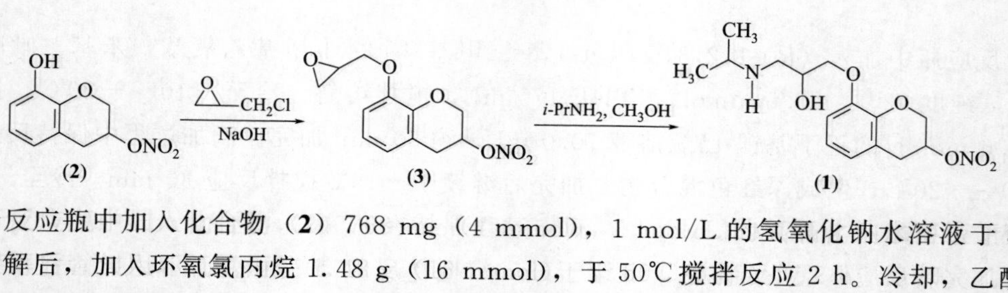

于反应瓶中加入化合物（**2**）768 mg（4 mmol），1 mol/L 的氢氧化钠水溶液于 5 mL，搅拌溶解后，加入环氧氯丙烷 1.48 g（16 mmol），于 50℃搅拌反应 2 h。冷却，乙酸乙酯提取。乙酸乙酯层依次用 1 mol/L 的氢氧化钠、饱和盐水洗涤，无水硫酸钠干燥。过滤，浓缩，得油状液体（**3**），直接用于下一步反应。

取上述油状物（**3**）1.07 g（4 mmol）溶于 30 mL 甲醇中，加入异丙胺 1.19 g（20 mmol），搅拌下于 70℃反应 1 h。减压浓缩至干，剩余的油状物过氧化铝柱纯化，以氯仿洗脱，得到的固体用乙酸乙酯-己烷重结晶，得化合物（**1**）795 mg，收率 61%，mp

110～122℃。

【用途】 抗高血压药物尼普地洛（Nipradilol）原料药。

盐酸替利洛尔

$$C_{17}H_{24}N_2O_3 \cdot HCl，340.85$$

【英文名】 Tilisolol hydrochloride

【性状】 白色结晶，熔点 203～205℃。

【制法】 Hideo Fukushima，Yoshikuni Suzuki. US 4129565. 1978.

4-(2,3-环氧)-丙氧基-2-甲基异喹诺酮（**3**）：于反应瓶中加入 4-羟基-2-甲基异喹诺酮（**2**）20 g（0.114 mol），28%的甲醇钠-甲醇溶液 22 g（0.114 mol），环氧氯丙烷 52.6 g（0.570 mol），于 50～60℃搅拌反应 2 h。减压蒸出溶剂，剩余物中加入 100 mL 丙酮，搅拌后过滤除去不溶物。浓缩，得粗品（**3**）20.2 g。将其溶于 30 mL 丙酮中，过硅胶柱纯化，用丙酮洗脱，得白色无定形结晶（**3**）7.0 g，收率 26.6%，mp 130～132℃。

盐酸替利洛尔（**1**）：于反应瓶中加入无水乙醇 100 mL，上述化合物（**3**）10.5 g（0.045 mol），搅拌溶解。加入叔丁基胺 20 g（0.274 mol），搅拌回流反应 6 h。减压浓缩，得油状物 14.2 g。将其溶于氯仿。过硅胶柱纯化，以氯仿-甲醇洗脱，得替利洛尔游离碱。将其加入用氯化氢气体饱和的 50 mL 乙醚中，搅拌后放置过夜。过滤，乙酸乙酯洗涤，干燥，得白色无定形结晶（**1**）7.3 g，收率 47.6%，mp 203～205℃。

【用途】 抗高血压药物盐酸替利洛尔（Tilisolol hydrochloride）原料药。

非布丙醇

$$C_{13}H_{20}O_3，224.30$$

【英文名】 Febuprol

【性状】 无色或微黄色透明液体，有刺激性辣味。易溶于甲醇、无水乙醇、丙酮、三氯甲烷、乙醚，不溶于水。bp165℃/1.47 kPa。n_D^{20}，1.5004。d_4^{20} 1.027。

【制法】 方法 1　王尔华. 中国药科大学学报，1987，18（4）：277.

苯基缩水甘油醚（**3**）：于反应瓶中加入环氧氯丙烷 185 g（2 mol），苯酚（**2**）94.1 g（1 mol），加热至一定温度，滴加 50%的氢氧化钠溶液适量。加完后继续搅拌反应 1 h。冷却，分出有机层，用 10%的硫酸调至 pH7，水洗，无水硫酸钠干燥。过滤，减压回收环氧氯丙烷（可以套用），减压分馏，收集 137～140℃/3.066 kPa 的馏分，得化合物（**3**）134 g，收率 89%。

非布丙醇（**1**）：于反应瓶中加入化合物（**3**）75 g（0.5 mol），正丁醇 185 g（2.5 mol），适量粉状氢氧化钠，搅拌加热反应 1 h。冷却，过滤。滤液减压回收丁醇。剩余物依次用稀酸、饱和盐水洗涤，无水硫酸钠干燥。过滤，减压分馏，收集 160℃/1.466 kPa 的馏分，得化合物（**1**）72 g，收率 64.2%。

方法 2　李瑞英，王京昆，李祥杰等.中国医药工业杂志，1991，22（8）：371.

$$\underset{(2)}{\text{ClCH}_2\text{—CH—CH}_2} \xrightarrow[]{n\text{-C}_4\text{H}_9\text{OH, BF}_3\text{-Et}_2\text{O}} \underset{(3)}{\text{O}} \xrightarrow[\text{NaOH, (CH}_3)_2\text{CHOH}]{} \underset{(1)}{\text{OCH}_2\text{CHCH}_2\text{OCH}_2\text{CH}_2\text{CH}_3}$$

正丁基缩水甘油醚（**3**）：于反应瓶中加入正丁醇 74 g（1 mol），三氟化硼乙醚液 0.38 mL，搅拌下于 75℃滴加环氧氯丙烷（**2**）47.6 g（0.5 mol）。加完后继续保温搅拌 0.5 h。冷却至 20℃以下，反应液用氨水调至 pH5，减压回收过量溶剂。向剩余液中加入 5%氢氧化钠溶液至 pH7，于 20～30℃继续搅拌 4～5 h。过滤，静置，分出有机层，无水硫酸钠干燥。减压蒸馏，收集 bp 56～58℃/2.4 kPa 馏分，得化合物（**3**）47.5～48.6 g，收率 83%～85%，n_D^{20} 1.4172～1.4176。

非布丙醇（**1**）：于反应瓶中加入研细的粉末状氢氧化钠 1.6 g（0.029 mol）、异丙醇 250 mL，搅拌，加入（**3**）46.8 g（0.36 mol）、苯酚 28.2 g（0.3 mol），在氮气保护下加热搅拌 7～8 h。在氮气保护下，减压回收溶剂。冷却，向剩余物中加入水 35 mL 搅拌溶解，用乙醚提取数次，合并有机层，水洗至 pH7，无水硫酸钠干燥。回收溶剂后，减压蒸馏，收集 bp 164～165℃/1.46 kPa 馏分，得化合物（**1**）63 g，收率 93%，n_D^{20} 1.5002～1.5006。

【用途】　利胆药非布丙醇（Febuprol）原料药。

1,3-二-*O*-苄基丙二醇

$C_{17}H_{20}O_3$，272.34

【英文名】　1,2-Di-*O*-benzylglycerol

【性状】　无色油状液体。

【制法】　方法 1　Martin J C，Dvorak C A，Smee D F，et al. J Med Chem，1983，26（5）：759.

$$2 \; \text{—CH}_2\text{OH} + \underset{(2)}{\text{ClCH}_2\text{—CH—CH}_2} \xrightarrow[]{\text{NaOH, H}_2\text{O}} \underset{(1)}{\overset{\text{CH}_2\text{OCH}_2\text{Ph}}{\underset{\text{CH}_2\text{OCH}_2\text{Ph}}{\text{CHOH}}}}$$

于反应瓶中加入苄基醇（**2**）1.1 kg（10.6 mol），氢氧化钠 300 g（7.5 mol），水 280 mL，搅拌溶解（放热）。冷至 25℃，强烈搅拌下滴加环氧氯丙烷 306 g（3.31 mol），约 30 min 加完。加完后继续搅拌反应 6 h。将反应物倒入 6 L 水中，用甲苯提取（4 L×3）。合并有机层，水洗，无水硫酸钠干燥。过滤，减压蒸出溶剂后，收集 170～180℃/0.133 kPa 的馏分，得无色液体（**1**）563 g，收率 63%。

方法 2　Verheyden J P，et al. US 4355032. 1982.

将 100 g 50%的氢化钠（2.08 mol）用 1 L 己烷洗涤（氮气保护下），加入 1.5 L 干燥的 DMF 中，于 50℃以下滴加 400 mL 苄基醇（**2**），约 2 h 加完。而后滴加环氧氯丙烷

92.5 g（1 mol），约 30 min 加完，其间可以用冰浴冷却，以保持反应体系不超过 40℃。室温搅拌 16 h，再于 50℃搅拌反应 2.5 h。减压蒸出 DMF，剩余物依次用水、2％的盐酸、1％的碳酸氢钠、饱和盐水洗涤，无水硫酸钠干燥。过滤，得棕色油状物。减压蒸馏，收集 170～180℃/0.133 kPa 的馏分，得无色液体（**1**）147.8 g，收率 54％。

【用途】 抗病毒药更昔洛韦（Ganciclovir）中间体。

4-(3-乙氧基-2-羟基丙氧基)硝基苯

$C_{11}H_{15}NO_5$，241.24

【英文名】 4-(3-Ethoxy-2-hydroxypropoxy)nitrobenzene
【性状】 油状液体。
【制法】 ①李志裕，陆平波，莫芬珠等.中国药物化学杂志，2009，19（1）：46.②李春钢，刘英，刘艳敏等.广东药学院学报，2009，25（3）：278.

对硝基苯氧基-1,2-环氧乙烷（**3**）：于反应瓶中加入对硝基苯酚（**2**）41.7 g（0.30 mol），四丁基硫酸氢铵 4.0 g，碳酸钾 82.8 g（0.60 mol），环氧氯丙烷 246 g（2.66 mol），搅拌升温至 75～80℃，保温反应 2.5 h。过滤，减压蒸出过量的环氧氯丙烷，剩余物用乙醇重结晶，得淡黄色结晶（**3**）50.5 g，收率 86.3％，mp 69～70℃。

4-(3-乙氧基-2-羟基丙氧基)硝基苯（**1**）：于反应瓶中加入无水乙醇 120 mL，分批加入金属钠 6.0 g（0.26 mol），待金属钠完全反应后，加入上述化合物（**3**）39 g（0.20 mol），搅拌升温至 42℃，保温反应 45 min。冷却，用盐酸调至 pH7，过滤。滤液减压蒸出溶剂，得黄绿色油状液体（**1**）46.7 g，收率 96.8％。

【用途】 治疗过敏性疾病如支气管哮喘、特应性皮炎、过敏性鼻炎药物甲磺司特（Suplatast tosylate）等的中间体。

3-间甲苯氧基-1,2-环氧丙烷

$C_{10}H_{12}O_2$，164.20

【英文名】 3-*m*-Tolyloxy-1,2-epoxypropane
【性状】 无色液体。
【制法】 陆涛，唐伟方，张彦平.中国医药工业杂志，1994，25（1）：6.

于反应瓶中加入间甲苯酚（**2**）54 g（0.5 mol），水 200 mL，氢氧化钠 25 g（0.625 mol），TEBA 4 g，搅拌下滴加环氧氯丙烷 120 mL（1.54 mol），约 30 min 加完。

加完后继续室温搅拌反应 3 h。乙酸乙酯提取数次，合并有机层，水洗，无水硫酸镁干燥。过滤，回收溶剂及未反应的环氧氯丙烷。剩余物减压蒸馏，收集 120～124℃/1.33 kPa 的馏分，得化合物（**1**）58 g，收率 71%。

【**用途**】　心脏病治疗药盐酸贝凡洛尔（Bevantolol hydrochloride）等的中间体。

1-氯-3-(α-萘氧基)-2-丙醇

$C_{13}H_{13}ClO_2$，236.70

【**英文名**】　1-Chloro-3-(α-naphthoxy)-2-propanol

【**性状**】　棕色或浅黄色黏稠液体。

【**制法**】　① Bredikhina Z A，Savelev D V，Bredikhin A A. Russian J Org Chem，2002，38（2）：213.②周以国，李玲殊.中国医药工业杂志，1979，(11) 9：1.

1-氯-3-(α-萘氧基)-1,2-环氧丙烷（**3**）：于反应瓶中加入 α-萘酚（**2**）145 g（1.0 mol），环氧氯丙烷 186 g（2.0 mol），搅拌下水浴加热至 75℃，停止加热。慢慢滴加 28%～30% 的氢氧化钠水溶液 155 g，先加入 8～10 mL，反应放热，自然升温。待升温平稳后再滴加其余的氢氧化钠溶液，保持反应温度不超过 100℃。保温反应 1 h。加入少量热水以溶解无机盐。分出水层，有机层用热水洗涤，直至水层为中性。水浴加热，减压蒸馏，直至无液体馏出。剩余棕红色黏稠液体化合物（**3**）210 g，折合纯品收率 82%。

1-氯-3-(α-萘氧基)-2-丙醇（**1**）：于反应瓶中加入上述化合物（**3**）210 g，甲苯 420 mL，搅拌溶解。停止搅拌，通入干燥的氯化氢气体至饱和。慢慢搅拌加热，于 80～85℃ 反应 3 h。冷后水洗，再依次用 5% 的碳酸钠、水洗涤。无水硫酸钠干燥。减压蒸出溶解，得棕色黏稠油状物（**1**）粗品 235 g，收率 96%。

【**用途**】　抗心律失常药萘肟洛尔（Nadoxolol）中间体。

(一)-4-[2-羟基-3-(异丙胺)-丙氧]吲哚

$C_{14}H_{10}N_2O_2$，248.32

【**英文名**】　(一)-4-[2-Hydroxy-3-(isopropylamino)propoxy]indole

【**性状**】　白色或浅黄白色结晶性粉末。易溶于冰醋酸，难溶于甲醇、乙醇、丙酮，几乎不溶于水。

【**制法**】　孙昌俊，曹晓冉，王秀菊.药物合成反应——理论与实践.北京：化学工业出版社，2007：218.

于安有搅拌器、通气导管的反应瓶中，加入 4-羟基吲哚（**2**）21.6 g（0.162 mol），加入氢氧化钠 6.5 g（0.163 mol）溶于 150 mL 水配成的溶液，通氮气。搅拌下滴加（一）环氧氯丙烷 15 g（0.162 mol）。加完后搅拌反应 14 h。用二氯甲烷提取（50 mL×4），合并提取液，无水硫酸钠干燥，减压蒸出溶剂。剩余物加入二氧六环 120 mL，异丙胺 60 mL，于 80℃ 反应 20 h。减压浓缩至干，用乙酸乙酯和 1 mol/L 的酒石酸水溶液提取三次。合并酒石酸层，加氢氧化钠水溶液调至碱性。用二氯甲烷提取（50 mL×3），无水硫酸钠干燥。减压浓缩至干，剩余物中加苯，微热，滤去不溶物。滤液浓缩后析出结晶。用苯重结晶三次，得化合物（**1**）28 g，收率 70%，mp 89～91℃。[α] −4.2（c=5.3，CH₃OH）。

【用途】 心脏病治疗药吲哚洛尔（Pindolol）原料药。

（2*R*,3*S*）-3-（2-乙氧苯氧基）-3-苯基-1,2-丙二醇

$C_{17}H_{20}O_4$，288.34

【英文名】 (2*R*,3*S*)-3-(2-Ethoxyphenoxy)-3-phenylpropane-1,2-diol

【性状】 mp 78～79℃。

【制法】 Melloni P，et al. Tetrahedron，1985，41（7）：1393.

于反应瓶中加入反式-肉桂醇（**2**）20 g（0.149 mol），二氯甲烷 500 mL，冷至 0～5℃，于 1.5 h 内分批加入间氯过苯甲酸 27.6 g（0.160 mol）。加完后自然升至室温，搅拌反应 24 h。过滤，滤液依次用焦亚硫酸钠溶液、20% 的碳酸钠溶液、水洗涤，无水硫酸钠干燥。过滤，浓缩，得无色油状物（**3**）20.7 g，收率 94%。冷至 20℃ 以下可结晶，mp 20～25℃。

于反应瓶中加入氢氧化钠 2.65 g（66.5 mmol），水 100 mL，搅拌下加入 2-乙氧基苯酚 27.6 g（200 mmol），氮气保护，加热至 70℃，至固体完全溶解。于 10 min 加入上述化合物（**3**）10.0 g（66.5 mmol），于 70℃ 搅拌反应 2.5 h。将反应物倒入 10～15℃ 的 1 mol/L 氢氧化钠溶液中，二氯甲烷提取数次。合并有机层，依次用氢氧化钠溶液、饱和盐水洗涤。减压浓缩，剩余物用异丙醚重结晶，得化合物（**1**）15.9 g，收率 83%，mp 78～79℃。

【用途】 抑郁症治疗药物瑞波西汀（Reboxetine）中间体。

盐酸艾司洛尔

$C_{16}H_{25}NO_4 \cdot HCl$，331.84

【英文名】 Esmolol hydrochloride

【性状】 白色固体。mp 83～85℃。

【制法】 邹霈，罗世能，谢敏浩等. 中国现代应用药学，1999，16（6）：32.

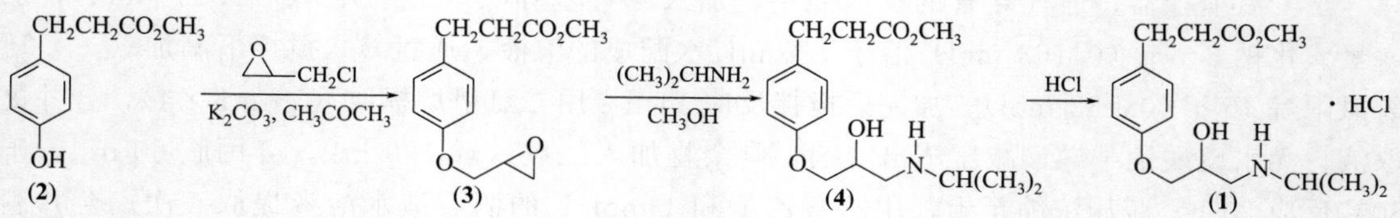

3-[4-(2,3-环氧丙氧基）苯基］丙酸甲酯（**3**）：于反应瓶中加入对羟基苯丙酸甲酯（**2**）14.4 g（0.08 mol），环氧氯丙烷 31 mL（0.4 mol），碳酸钾 27.6 g（0.2 mol），丙酮 250 mL，加热回流 24 h。过滤，减压蒸出溶剂，将残留液溶于 100 mL 甲苯中，用 1 mol/L 的氢氧化钠水溶液洗涤后再用水洗涤。甲苯层用无水硫酸镁干燥后，减压蒸出溶剂，得油状物（**3**）11 g，收率 58.3%。

艾司洛尔盐酸盐（**1**）：于反应瓶中加入上述化合物（**3**）50 g（0.21 mol），异丙胺 100 mL，甲醇 100 mL，搅拌回流 4 h。减压蒸出溶剂和过量的异丙胺后，得油状物（**4**）的粗品。将其溶于甲醇 50 mL 中，冰浴冷却下滴加饱和氯化氢乙醚溶液至 pH2，静置 8 h。过滤，用无水乙醚洗涤，异丙醇中重结晶，真空干燥，得白色固体（**1**）42.9 g，收率 61.6%，mp 83～85℃。

【用途】 抗心律失常药盐酸艾司洛尔（Esmolol hydrochloride）原料药。

2. N-烃基化

奥硝唑

$C_8H_{13}ClN_2O$，188.66

【英文名】 Ornidazole

【性状】 淡黄色粉末。mp 76～77℃。

【制法】 张峻松，张广明，贾春晓等. 中国医药工业杂志，2004，35（11）：644.

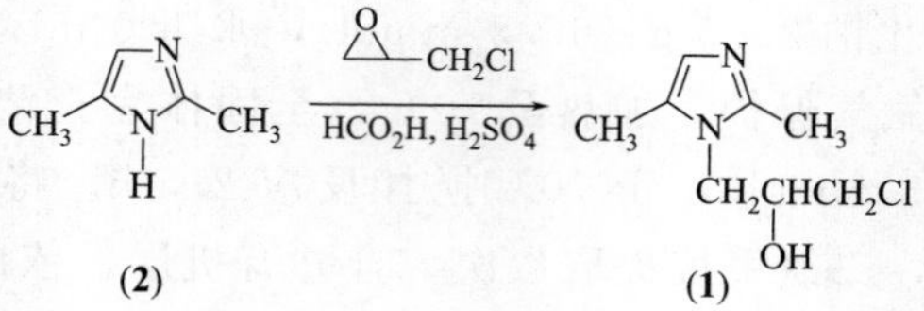

于反应瓶中加入甲酸 35 mL，浓硫酸 1 mL，搅拌下加入化合物（**2**）6.3 g（0.05 mol），冷至 0～5℃，滴加环氧氯丙烷 23 g（0.25 mol）。加完后室温搅拌反应 10 h。减压回收甲酸和过量的环氧氯丙烷，剩余物中加入冰水 10 mL，用浓氨水调至 pH3～4，冷至 0℃，析出未反应的化合物（**2**），滤去。滤液用氨水调至 pH7～8，加入硫酸铵使之饱和，用苯提取（25 mL×5）。合并有机层，用 10 mol/L 的硫酸提取（15 mL×3），合并硫酸溶液，用氯化铵饱和，以氨水调至 pH7～8，得黄色油状物。加入少量（**1**）的晶种，析出结晶。过滤，水洗，干燥，得产物 6.9 g。用甲苯重结晶，得淡黄色粉末（**1**）5.6 g，收率 51%，mp 76～77℃。

【用途】 抗厌氧菌和抗滴虫药物奥硝唑（Ornidazole）原料药。

甲硝唑

$$C_6H_9N_3O_3，171.16$$

【英文名】　Metronidazole
【性状】　白色或微黄色的结晶或结晶性粉末。
【制法】　邱方丽，陈炳贤，马希升. 中国医药工业杂志，1994，25（1）：7.

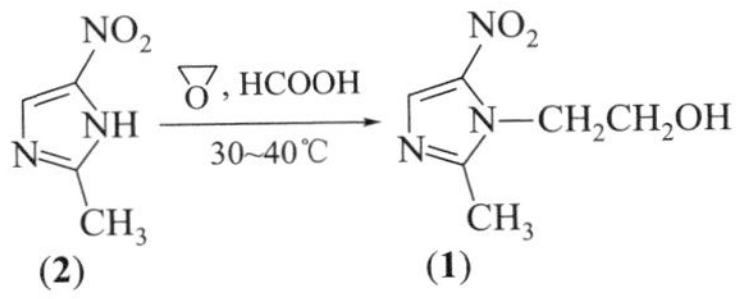

于反应瓶中加入 85% 的甲酸 350 g，搅拌冷却下滴加浓硫酸 90 g，控制在 30℃ 以下。加入化合物（**2**）250 g（1.97 mol），搅拌加热溶解。于 40～50℃ 交替通入环氧乙烷 230 g（5.22 mol）其间交替加入浓硫酸 40 g。保温反应 30 min。减压蒸出甲酸 230 g，将反应物倒入 800 mL 冰水中，于 30℃ 用 30% 的氢氧化钠调至 pH2.5 左右，析出未反应的化合物（**2**）。过滤，干燥，重 77 g。滤液继续中和至 pH10，析出化合物（**1**）。过滤，水洗，干燥，得乳白色结晶（**1**）188 g，收率 80.7%，mp 157.5～160℃。
【用途】　抗寄生虫药物甲硝唑（Metronidazole）原料药。

塞克硝唑

$$C_7H_{11}N_3O_3，185.18$$

【英文名】　Secnidazole
【性状】　黄色结晶或结晶性粉末。几乎不溶于水、苯和甲苯。mp 76℃。
【制法】　薛小兰. 海峡药学，2010，22（9）：213.

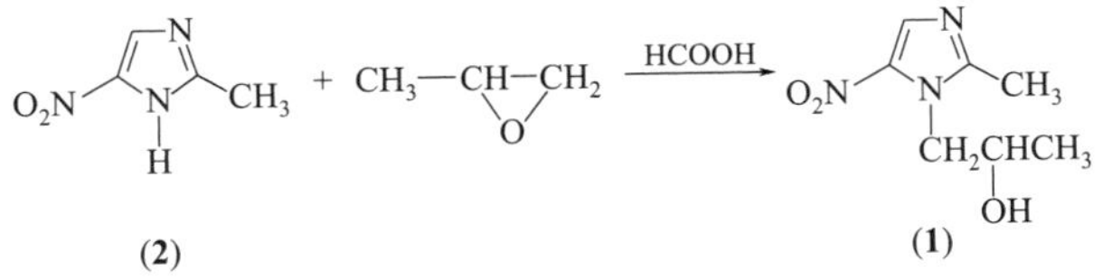

于反应瓶中加入化合物（**2**）19.02 g（0.15 mol）、85% 甲酸 150 mL，冷却至 0℃，于搅拌下滴加环氧丙烷 26 mL（0.45 mol），约 30 min 滴完，而后于 30℃ 搅拌反应 7 h。反应毕，减压回收甲酸，冷却，加入水 100 mL，过滤，水洗，得粗品（**1**）。合并滤液和洗液，用 10 mol/L 氢氧化钠溶液调至 pH9，冷冻放置过夜，又可得到部分产品。粗品总收率 57%。其中含主产物 82.3%。
【用途】　抗阿米巴药、抗滴虫药塞克硝唑（Secnidazole）原料药。

盐酸吡布特罗

$$C_{12}H_{20}N_2O_3 \cdot 2HCl，313.22$$

【英文名】　Pirbuterol hydrochloride
【性状】　白色结晶或结晶状粉末。易溶于水，可溶于甲醇、乙醇。mp 182℃（dec）。
【制法】　①陈芬儿. 有机药物合成法：第一卷. 北京：中国医药科技出版社，1999：739.

②Nakanishi S，Lyme E，Conn. US 4031108. 1977.

6-(1-羟基-2-特丁基氨基乙基)-2-苯基-4H-吡啶并 [3,2-d]-1,3-二噁烷 （**3**）：于干燥的反应瓶中，加入化合物 （**2**）2.3 g （9.0 mmol），乙醇 25 mL，搅拌溶解后，加入叔丁基胺 95 mL，加热搅拌回流 2 h，再加入叔丁基胺 1.0 mL。冷却至 50℃，保温搅拌 3 h。反应毕，减压回收溶剂和过量的叔丁胺，得 （**3**） 2.21 g，收率 75%。

盐酸吡布特罗 （**1**）：于反应瓶中，加入上述化合物 （**3**） 1.58 g （4.8 mmol），丙酮-水 （1：1） 溶液 20 mL，搅拌溶解。再加入 12 mol/L 盐酸 1.0 mL，加热搅拌回流 5 h。减压浓缩，剩余油状物溶于 100 mL 乙醇中，加入三乙胺调至 pH7。过滤，滤液减压浓缩。剩余物中加入丙酮适量，搅拌溶解后，回收溶剂得油状物。将油状物溶于无水乙醇 10 mL 中，加入氯化氢的无水乙醇溶液 184 mL （188 mg HCl/mL C_2H_5OH），搅拌溶解后，将此溶液滴加至无水异丙醇中，析出结晶。过滤，干燥，得粗品 （**1**） 1.05 g，收率 70%。用甲醇-丙酮重结晶，得白色结晶 （**1**） 0.95 g，收率 63.3%，mp 182℃ （dec）。

【用途】 拟交感神经药盐酸吡布特罗 （Pirbuterol hydrochloride） 原料药。

氟康唑

$C_{13}H_{12}F_2N_6O$，306.27

【英文名】 Fluconazole

【性状】 白色结晶性粉末。

【制法】 ①莫安国，谢庆朝，吴瑞芳等. 中国医药工业杂志，1996，26 （1）：18.②王健祥.华西药学杂志，2005，20 （3）：241.

于反应瓶中加入化合物 （**2**） 6.7 g （0.02 mol），1,2,4-三唑 2.8 g （0.04 mol），无水碳酸钾 9.1 g （0.066 mol），DMF 35 mL，搅拌下于 90℃ 反应 4.5 h。冷至室温，加入 170 mL 水，用氯仿提取。合并有机层，水洗，无水硫酸镁干燥。过滤，浓缩，得粗品 5.3 g。用异丙醇重结晶，活性炭脱色。过滤，浓缩至 25 mL，冷却析晶。过滤，干燥，得白色固体 （**1**） 2.6 g，收率 44%，mp 139～140℃。

【用途】 抗真菌药氟康唑 （Fluconazole） 原料药。

盐酸贝凡洛尔

$C_{20}H_{27}NO_4$，345.44

【英文名】 Bevantolol hydrochloride

【性状】 白色结晶。mp 136～138℃。

【制法】 陆涛，唐伟方，张彦平. 中国医药工业杂志，1994，25 （1）：6.

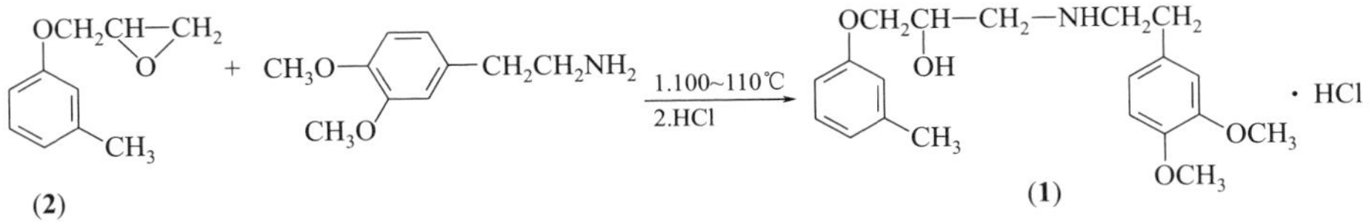

于反应瓶中加入化合物（**2**）20.0 g（0.122 mol），3,4-二甲氧基苯乙胺 22.0 g（0.123 mol），搅拌下于 100～110℃反应 2.5 h。冷却，加入乙醚 30 mL，搅拌下析出白色固体。过滤，干燥，得粗品 28 g。将其溶于异丙醇中，通入干燥的氯化氢气体，直至固体完全析出。过滤，异丙醇洗涤，干燥，得化合物（**1**）26.8 g，收率 58%，mp 136～138℃。

【用途】 心脏病治疗药盐酸贝凡洛尔（Bevantolol hydrochloride）原料药。

1-异丁氧基-3-(吡咯啉-1-基)丙-2-醇

$C_{11}H_{23}NO_2$，201.31

【英文名】 1-Isobutoxy-3-(pyrrolidin-1-yl)propan-2-ol
【性状】 无色液体。
【制法】 彭震云，陈锦明，谷淑玲.中国药物化学杂志，1993，3（2）：124.

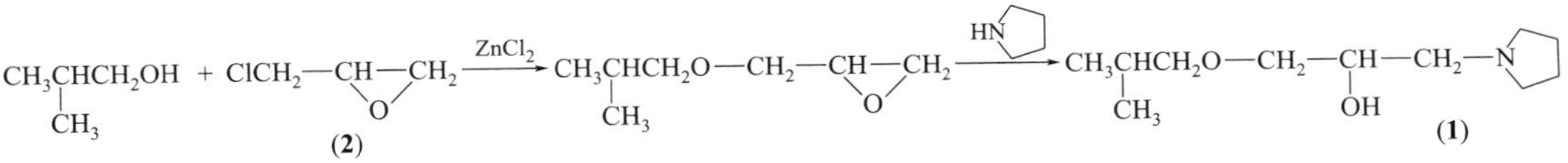

于干燥的反应瓶中加入异丁醇 27.5 g（0.37 mol），环氧氯丙烷（**2**）22.5 g（0.245 mol），无水氯化锌 0.5 g，于 95℃搅拌反应 24 h。冷至 40℃，加入吡咯烷 21.3 g（0.30 mol），搅拌反应 10 min。冷至 15℃以下，滴加由氢氧化钠 9.8 g（0.245 mol）溶于 10 mL 水的溶液，于 70～80℃搅拌反应 1.5 h，再于 95℃搅拌反应 30 min。加入冷水 50 mL，甲苯提取 3 次。合并有机层，回收溶剂后减压蒸馏，收集 120～122℃/1.33 kPa 的馏分，得化合物（**1**）48.2 g，收率 83%。

【用途】 心脏病治疗药盐酸苄普地尔（Bepridil hydrochloride）中间体。

盐酸布新洛尔

$C_{22}H_{25}N_3O_2 \cdot HCl$，399.92

【英文名】 Bucindolol hydrochloride
【性状】 白色针状结晶。mp 187～188℃。
【制法】 邱飞，王礼琛，董颖.中国药物化学杂志，2003，13（6）：353.

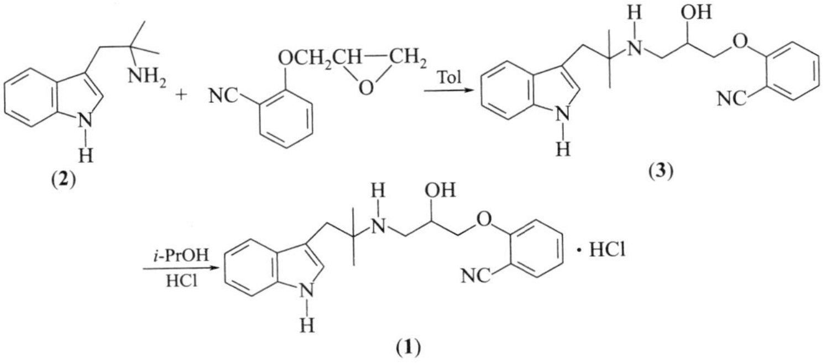

于反应瓶中加入化合物（**2**）0.94 g（0.005 mol），2-（2,3-环氧丙氧基）苯甲腈 0.9 g（0.005 mol），甲苯 50 mL，搅拌回流 1 h。冷却，得淡黄色固体。用异丙醇重结晶，得白色固体 1.3 g，收率 72%，mp 118～120℃。将其溶于 20 mL 异丙醇中，通入干燥的氯化氢气体至 pH2～3，冷却，析出白色针状结晶。过滤，干燥，得化合物（**1**）1.0 g，收率 78%，mp 187～188℃。

【用途】 高血压治疗药盐酸布新洛尔（Bucindolol hydrochloride）原料药。

萘哌地尔

$C_{24}H_{28}N_2O_3$，392.50

【英文名】 Naftopidil

【性状】 白色固体。mp 126～127℃。

【制法】 江立新，韦亚峰. 安徽医药，2014，18（6）：1028.

3-（1-萘氧基）-1,2-环氧丙烷（**3**）：于反应瓶中加入 1-萘酚（**2**）190 g（1.32 mol），环氧氯丙烷 502 mL（6.6 mol），无水碳酸钾 456 g（3.3 mol），苄基三乙基氯化铵 14.8 g（66 mmol），蒸馏水 160 mL，室温搅拌反应 24 h。加水使固体物溶解，分出有机层，饱和盐水洗涤 2 次，减压蒸出过量的环氧氯丙烷，得黄色油状液体（**3**）280 g，直接用于下一步反应。

萘哌地尔（**1**）：于反应瓶中加入化合物（**3**）280 g（1.26 mol，纯度 95%），邻甲氧基哌嗪氢溴酸盐 344 g（1.26 mol），无水碳酸钾 95.7 g（0.69 mol），氯仿 500 mL，搅拌回流 5 h。冷至室温，过滤，滤饼用 400 mL 氯仿洗涤。合并滤液和洗涤液，饱和盐水洗涤 2 次，减压浓缩，得黑色油状液体。加入无水乙醇 2 L，回流 10 min。冷却至室温后，冰浴冷却 3 h，析出固体。抽滤，干燥，得浅黄色固体 439.8 g，收率 85%，mp 125～127℃。加入 2 L 丙酮，加热溶解，加入 20 g 活性炭回流 10 min。过滤，冰浴冷却 3 h。抽滤，50℃干燥，得白色固体（**1**）369.4 g，收率 84%，mp 126～127℃。

【用途】 治疗前列腺疾病的药物萘哌地尔（Naftopidil）原料药。

盐酸溴沙特罗

$C_9H_{15}BrN_2O_2 \cdot HCl$，299.60

【英文名】 Broxaterol hydrochloride

【性状】 白色针状结晶。mp 184～185℃。

【制法】 陈宝泉，马宁，曾海霞等.中国药物化学杂志，2002，12（4）：223.

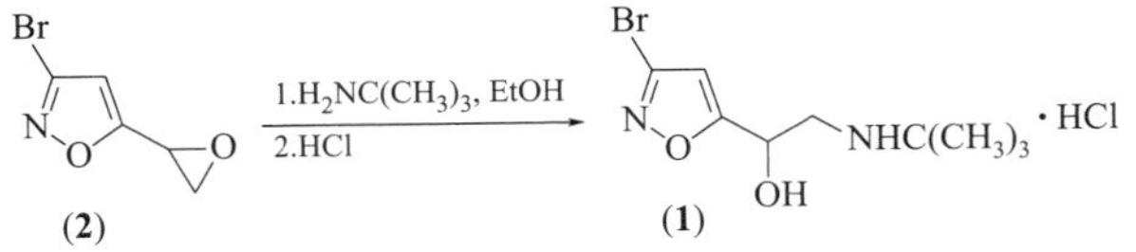

于反应瓶中加入 3-溴-5-环氧乙基异噁唑（**2**）19 g（0.1 mol），无水乙醇 350 mL，搅拌下滴加叔丁基胺 8.8 g（0.12 mol），而后回流反应 18 h。减压蒸出溶剂，剩余物中加入 2 mol/L 的盐酸 60 mL、乙醚 60 mL。分出水层，加入 0.3 g 活性炭脱色 1 h。过滤，加入 12 g 碳酸钠，搅拌 30 min。乙醚提取，合并乙醚提取液，浓缩。加入 2 mol/L 的盐酸 70 mL 和 95％的乙醇 50 mL，搅拌 30 min。减压浓缩，剩余物以乙腈重结晶，得白色针状结晶（**1**）17.6 g，收率 58.5％，mp 184～185℃。

【用途】 治疗支气管哮喘病的药物盐酸溴沙特罗（Broxaterol）原料药。

盐酸左布诺洛尔

$C_{17}H_{25}NO_3$，291.39

【英文名】 Levobunolol hydrochloride

【性状】 白色结晶。222～224℃。

【制法】 陈登辉，饶志威，左文果等.合成化学，2013，21（5）：630.

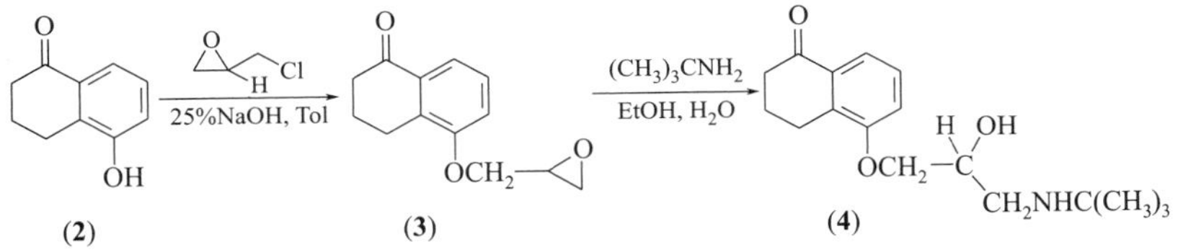

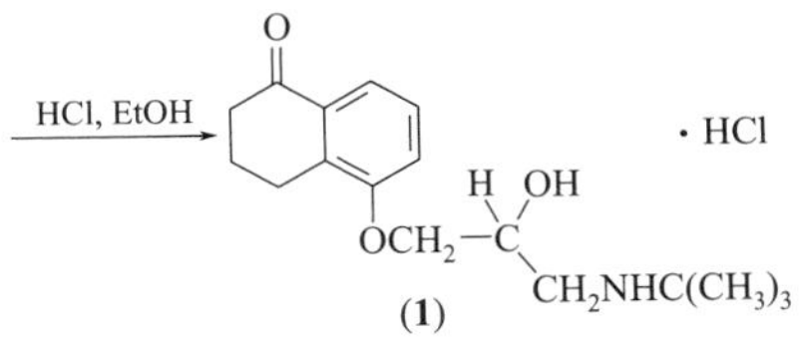

5-(2,3-环氧丙氧基)-α-萘满酮（**3**）：于反应瓶中加入 α-羟基萘满酮（**2**）10 g（61.7 mmol），氢氧化钠 3 g（75 mmol），水 13 mL，95％的乙醇 100 mL。搅拌溶解后，于 25℃ 以下滴加环氧氯丙烷 34.4 g（375 mmol），加完后继续搅拌反应 24 h，TLC 跟踪反应。抽滤，滤液用活性炭脱色。减压浓缩，剩余物溶于乙酸乙酯中，水洗，无水硫酸镁干燥。过滤，减压浓缩，得淡黄色黏稠液体（**3**），直接用于下一步去反应。

盐酸左布诺洛尔（**1**）：将上述化合物（**3**）溶于 70 mL 无水乙醇中，加入叔丁胺 21 g（280 mmol），回流反应 30 min。减压蒸出溶剂，得黏稠液体（**4**）粗品18.2 g。加入 75 mL 无水乙醇，冰浴冷却，通入干燥的氯化氢气体，生成大量白色固体。过滤，干燥，得化合物（**1**）16.2 g，收率 83.6％。产物为外消旋体。乙醇中重结晶，mp 222～224℃。

【用途】 非选择性腺受体阻滞剂盐酸左布诺洛尔（Levobunolol hydrochloride）中间体。

卡维地洛

C$_{24}$H$_{26}$N$_2$O$_4$，406.48

【英文名】 Carvedilol

【性状】 无色结晶. mp 114～115℃（乙酸乙酯）。易溶于 DMSO，溶于二氯甲烷、甲醇，稍溶于乙醇、异丙醇，微溶于乙酸乙酯，几乎不溶于水。

【制法】 王豫辉，于淑海，杨苑建等.中国医药工业杂志，1997，28（11）：491.

4-（2,3-环氧丙氧基）咔唑（**3**）：于反应瓶中加入 4-羟基咔唑（**2**）4.6 g（0.025 mol），氢氧化钠 1.5 g（0.038nol），水 30 mL，苄基三乙基氯化铵 0.4 g，搅拌下滴加环氧氯丙烷 6 mL（0.08 mol），约 30 min 加完。加完后室温搅拌反应 4 h。加入 60 mL 水，继续搅拌反应 20 min。过滤，滤饼依次用 0.1 mol/L 的氢氧化钠溶液、水洗涤，抽干。用乙酸乙酯重结晶，得化合物（**3**）2.9 g，收率 48.5%，mp 162～163℃。

卡维地洛（**1**）：于反应瓶中加入上述化合物（**3**）2.4 g（0.01 mol），2-（2-甲氧基苯氧）乙胺 2 g（0.012 mol），异丙醇 20 mL，搅拌下回流反应 2.5 h。冷至室温，加入甲苯 80 mL，冷至 5℃，放置 24 h。抽滤，乙酸乙酯中重结晶，得化合物（**1**）1.76 g，收率 43.1%，mp 113～115℃。

【用途】 降压药卡维地洛（Carvedilol）原料药。

N-环氧丙基邻苯二甲酰亚胺

C$_{11}$H$_9$NO$_3$，203.20

【英文名】 N-(2,3-Epoxypropyl)phthalimide

【性状】 白色固体。mp 89～95℃。

【制法】 郑琦宏，何军邀，黄喜生.宁波大学学报：理工版，2002，15（2）：20.

于反应瓶中加入邻苯二甲酰亚胺钾（**2**）220 g（1.9 mol），环氧氯丙烷 450 mL，搅拌回流反应 4 h。减压蒸出环氧氯丙烷，剩余物中加入 900 mL 热乙醇，冷却，过滤，得化合物（**1**）178 g，收率 73.7%，mp 89～95℃。

【用途】 枸橼酸莫沙必利（Mosapride citrate）中间体。

氟他唑仑

C$_{19}$H$_{18}$ClFN$_2$O$_3$，376.81

【英文名】 Flutazolam

【性状】　无色柱状结晶。mp 150～151℃。

【制法】　①陈芬儿.有机药物合成法：第一卷.北京：中国医药科技出版社，1999：249.②Stembach L H，et al. J Org Chem，1962，27（11）：3788.

(2) → **(1)**

于干燥的反应瓶中，加入（**2**）15 g（0.052 mol）、无水苯 150 mL 和三氯化铝 9 g（0.068 mol），室温下搅拌 15 min。反应混合物冷却后滴加环氧乙烷 8.8 g（0.2 mol），室温下搅拌 18 h，再加热至 40℃反应 1 h。然后冷至室温，加入三氯化铝 5 g（0.038 mol）和环氧乙烷 4.4 g（0.1 mol），于 45～50℃反应 4 h。减压浓缩至干，加入二氯甲烷、冰和氨水，充分混合后滤去固体，滤液分出有机层，减压浓缩。剩余物溶于稀盐酸，用氨水调至 pH5，用乙醚洗涤，碱化后用二氯甲烷提取。乙酰洗涤液在 pH5 蒸发至干，剩余物溶于二氯甲烷，用 200 g 硅胶进行柱色谱，以二氯甲烷和乙酸乙酯洗脱。合并洗脱液和二氯甲烷提取液，浓缩，剩余物由三氯甲烷和石油醚重结晶，得无色片状结晶（**1**），mp 147～151℃。

【用途】　抗焦虑药氟他唑仑（Flutazolam）原料药。

3. *C*-烃基化反应

2-溴甲基-1-苯基环丙烷甲酸

$C_{11}H_{11}BrO_2$，255.11

【英文名】　2-Bromomethyl-1-phenylcyclopropane carboxylic acid

【性状】　白色固体。mp 121～122℃。

【制法】　张小林，罗佳洋，欧阳红霞.南昌大学学报：理科版，2012，36（4）：373.

(2)　　**(3)**　　**(4)**　　**(1)**

2-羟甲基-1-苯基环丙腈（**3**）：于反应瓶中加入无水 THF 20 mL，苯乙腈（**2**）5 mL（42 mmol），搅拌下分批加入固体叔丁醇钠 7.2 g（75 mmol），室温反应 6 h。冰水冷却，慢慢加入环氧氯丙烷 4 mL（52 mmol）溶于 15 mL THF 的溶液，加完后室温搅拌反应 8 h。TLC 跟踪至反应完全。得棕色黏稠液体（**3**），直接用于下一步反应。

1-苯基-3-氧杂双环［3,1,0］己-2-酮（**4**）：将上述化合物（**3**）加入 20%的氢氧化钾水溶液 40 mL 中，回流 18 h，TLC 跟踪反应至完全。冷却，分出水层，用浓盐酸调至 pH1，乙酸乙酯提取。无水硫酸镁干燥，过滤，减压浓缩，得黄色油状物。过硅胶柱纯化，得浅黄色油状化合物（**4**）4.3 g，两步总收率 59%。

1-溴甲基-1-苯基环丙烷甲酸（**1**）：将上述化合物（**4**）4.3 g（25 mmol）加入 33%的溴化氢-冰醋酸溶液中，于 80℃加热至 TLC 跟踪反应完全，约需 4 h。冷至室温，加入 30 mL

冰水中，乙酸乙酯提取 3 次。合并有机层，无水硫酸镁干燥。过滤，减压浓缩。剩余物过硅基柱纯化，得白色固体（**1**）4.2 g，收率 67%，mp 121～122℃。

【用途】 抗抑郁药米那普仑（Milnacipran）中间体。

（1R,2S）-1-(3,4-二氯苯基)-3-氧杂二环[3,1,0]己-2-酮

$C_{11}H_8Cl_2O_2$，243.09

【英文名】 (1R,2S)-1-(3,4-Dichlorophenyl)-3-oxabicyclo[3,1,0]hexan-2-one

【性状】 浅黄色固体。mp 103.5～104.5℃。

【制法】 高凯，李建其. 中国医药工业杂志，2008，39（2）：81.

（1R,2S）-1-(3,4-二氯苯基)-2-羟甲基环丙基腈（**3**）：于反应瓶中加入干燥的甲苯 150 mL，$NaNH_2$ 17.2 g（0.44 mol），搅拌下冷至 10℃ 以下。慢慢滴加 3,4-二氯苯乙腈（**2**）37.2 g（0.20 mol）溶于 150 mL 甲苯的溶液，约 1 h 加完。加完后室温搅拌反应 3 h。冷至 5℃ 以下，滴加（S）-(＋)环氧氯丙烷 16.2 g（0.18 mol）溶于 50 mL 甲苯的溶液。加完后室温搅拌反应过夜。减压浓缩，得红棕色油状液体（**3**），直接用于下一步反应。

（1R,2S）-1-(3,4-二氯苯基)-3-氧杂二环 [3,1,0] 己-2-酮（**1**）：于反应瓶中加入上述化合物（**3**），1 mol/L 的氢氧化钾水溶液 200 mL，搅拌回流反应 15 h。冷至 10℃ 以下，用盐酸酸化至 pH1，反应体系由棕红色变为黄色，有油状物生成。减压浓缩至干，得油状物。于 120～130℃ 保温 30 min，冷至室温，加入乙酸乙酯 150 mL。用 1 mol/L 的氢氧化钠溶液调至 pH8～9，有机层用饱和盐水洗涤 3 次，无水硫酸镁干燥。过滤，减压浓缩，室温静置析晶。过滤，干燥，得浅黄色固体（**1**）35 g，收率 82.3%，mp 103.5～104.5℃。

【用途】 新型抗抑郁药 DOV21947 中间体。

1-氯-4-(4-氯苯基)-2-丁醇

$C_{10}H_{12}Cl_2O$，219.11

【英文名】 1-Chloro-4-(4-chlorophenyl)-2-butanol

【性状】 无色液体。

【制法】 张海波。金荣庆，王志贤等. 海峡药学，2009，21（12）：215.

于干燥反应瓶中，加入镁屑 6 g（0.25 mol）、无水乙醚 100 mL，于搅拌下滴加对氯氯苄（**2**）40 g（0.248 mol）和无水乙醚 60 mL 的溶液，加完后，加热搅拌回流至镁屑完全反应为止，得（**2**）的 Grignard 试剂乙醚溶液（备用）。

于另一干燥反应瓶中,加入环氧氯丙烷 23 g(0.25 mol)和无水乙醚 100 mL,搅拌下滴加(**2**)的 Grignard 试剂乙醚溶液(滴加速度维持缓慢回流),加完后继续加热搅拌 1 h,放置过夜。将反应液倒入冰水和适量稀硫酸中,分出有机层,水层用乙醚提取数次。合并有机层,水洗至 pH7,无水硫酸镁干燥。过滤,滤液回收溶剂后减压蒸馏,收集 bp 111~125℃/40~20 Pa 馏分,得(**1**)38.7 g,收率 63%,含量 89%(GLC)。

【用途】 局部抗真菌药硝酸布康唑(Butoconazole nitrate)等的中间体。

(十)-2-苯基-1-丙醇

$C_9H_{12}O$,136.19

【英文名】 (+)-2-Phenyl-1-propanol
【性状】 无色液体。
【制法】 Nakajima T,Suga S. Bull Chem Soc Japan,1967,40(12):2980.

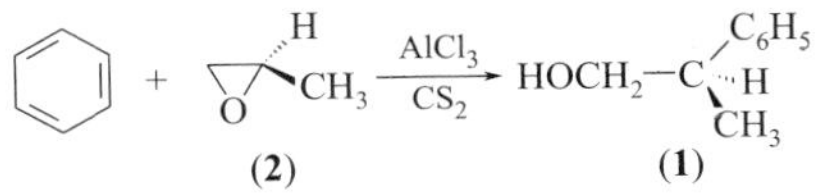

于安有搅拌器、温度计、滴液漏斗的反应瓶中,加入苯 32 g,无水三氯化铝 8.1 g(0.06 mol),二硫化碳 15 mL,冷至 −5℃,搅拌下滴加由(十)-环氧丙烷(**2**)2.9 g(0.05 mol)、20 mL 苯和 5 mL 二硫化碳配成的溶液,约 3.5 h 加完。反应结束后按照常规方法处理,得化合物(**1**)3.8 g,收率 55.8%,bp 112~113℃/2.5 kPa。同时还得到 1-氯-2-丙醇和 2-氯-1-丙醇的混合物 1 g。

【用途】 手性医药中间体。

2-(2-甲基-1*H*-吲哚-3-基)-2-(4-氯苯基)-乙醇

$C_{17}H_{16}ClNO$,285.77

【英文名】 2-(2-Methyl-1*H*-indol-3-yl)-2-(4-chlorophenyl)-ethanol
【性状】 黄色油状液体。
【制法】 Kantam M L,Laha S,Yadav J,Sreedhar B. Tetrahedron Lett,2006,47(35):6213.

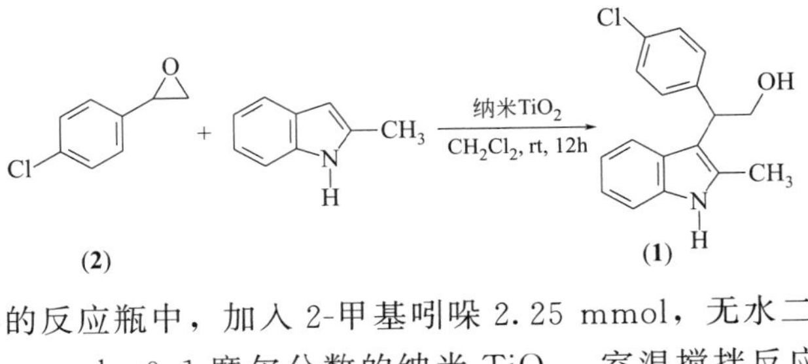

于安有磁力搅拌的反应瓶中,加入 2-甲基吲哚 2.25 mmol,无水二氯甲烷 3 mL,对氯苯基环氧乙烷(**2**)1 mmol,0.1 摩尔分数的纳米 TiO_2,室温搅拌反应 12 h。TLC 跟踪反应至反应完全。离心除去催化剂,乙醚、二氯甲烷洗涤。加入饱和碳酸氢钠水溶液 3 mL 淬灭反应。乙醚提取,合并有基层,无水硫酸钠干燥,浓缩,得粗品。过硅胶柱纯化,得黄色油状液体(**1**),收率 72%。

【用途】 新药开发中间体。

3-羟甲基四氢呋喃

$C_5H_{10}O_2$，102.13

【英文名】 3-Hydroxymethyltetrahydrofuran
【性状】 无色液体。bp 72~76℃/133~266 kPa。
【制法】 孙乐大. 广州化工，2010，38（1）：104.

$$CH_2(CO_2C_2H_5)_2 + \triangle O \xrightarrow{Na, C_2H_5OH} HOCH_2CH_2-CH(CO_2C_2H_5)_2 \xrightarrow{-EtOH} (3) \xrightarrow{KBH_4} (1)$$

（2）　　　　　　　　　　　　　　　　　　　　　　　　（3）　　　（1）

于反应瓶中加入无水乙醇 900 mL，金属钠 44 g，待金属钠完全反应后，冷却下滴加丙二酸二乙酯（2）320 g（2 mol），加完后继续搅拌 30 min，得糊状物。滴加由环氧乙烷 88 g 和 300 mL 无水乙醇配成的溶液，控制反应温度在 40~45℃。加完后室温搅拌 15 h。冰浴冷却下慢慢加入冰醋酸 120 mL，减压蒸出溶剂，剩余物加入 500 mL 水溶解生成的醋酸钠。分出有机层，无水硫酸钠干燥。过滤，减压蒸馏，收集 101~105℃/133~266 Pa 的馏分，得化合物（3）237 g，收率 75%。

3-羟甲基四氢呋喃（1）：于反应瓶中加入硼氢化钾 81 g，叔丁醇 500 mL，氮气保护，滴加化合物（3）79 g 溶于 80 mL 叔丁醇的溶液，加完后继续 70℃搅拌反应至反应完全。冷却下滴加浓盐酸 240 mL 至酸性。过滤，滤液浓缩得油状物。减压分馏，收集 106~108℃/2.30 kPa 的馏分，得无色透明液体化合物（1）35.7 g，收率 70%，纯度 98.7%（GC）。

也可用如下方法来合成 [刘安昌，张良，谭珍友，刘芳. 世界农药，2009，31（2）：22]：

$$CH_2(CO_2C_2H_5)_2 + ClCH_2CO_2C_2H_5 \xrightarrow[KI(71.4\%)]{Na, C_2H_5OH} C_2H_5O_2CCH_2-CH(CO_2C_2H_5)_2 \xrightarrow[(79\%)]{NaBH_4} HOCH_2CH_2-CH(CH_2OH)_2 \xrightarrow[(53.5\%)]{TsOH} (1)$$

【用途】 抗病毒药喷昔洛韦（Penciclovir）、烟碱类杀虫剂呋虫胺（Dinotefuran）等的中间体。

α-环丙羰基-γ-丁酸内酯

$C_8H_{10}O_3$，154.17

【英文名】 α-(Cyclopropylcarbonyl)-γ-butyrolactone
【性状】 无色液体。
【制法】 Hart H，Curtis O E. J Am Chem Soc，1956，78（1）：112.

$$\triangle CH_2CO_2C_2H_5 \xrightarrow[C_2H_5OH]{\triangle O, C_2H_5ONa} (1)$$

（2）　　　　　　　　　　　（1）

于干燥的反应瓶中加入无水乙醇 1.0 L，分批加入新切割的金属钠 52 g（2.26 mol），搅拌成溶液后，于冰浴冷却下，再缓慢加入环丙酰基乙酸乙酯（2）355 g（2.27 mol），而后再通入环氧乙烷 130 g（2.95 mol），于室温搅拌 22 h。减压回收溶剂，用 36％乙酸调至 pH7。用苯提取数次，合并有机层，无水硫酸钠干燥。过滤，减压回收溶剂后，向剩余物中加入水 200 mL，搅拌溶解后，过滤。滤液减压蒸馏，收集 bp 92～105℃/533.2 Pa 馏分，可回收未反应的（**2**）36 g（套用）。继续减压蒸馏，收集 bp 122℃/400 Pa 馏分，得（**1**）217 g，收率 69％，n_D^{25} 1.4844。

【用途】 高血压治疗药利美尼定（Rilmenidine）等的中间体。

对羟基苯乙醇

$C_8H_{10}O_2$，138.17

【英文名】 2-(4-Hydroxyphenyl)ethanol，Tyrosol
【性状】 白色结晶。
【制法】 郑红，高文芳，冀学时，张守芳. 中国药物化学杂志，2002，12（3）：166.

4-（苯甲氧基）溴苯（**3**）：于反应瓶中加入对溴苯酚（**2**）31.2 g（0.18 mol），100 mL 丙酮，无水碳酸钾 50 g，苄基氯 25.3 g（0.20 mol），搅拌下回流反应 10 h。抽滤，浓缩，剩余物乙醇中重结晶，得针状结晶 40.7 g，收率 86％，mp 62～63℃。

4-苯甲氧基苯乙醇（**4**）：于反应瓶中加入镁屑 2.0 g，另将化合物（**3**）21 g（80 mmol）溶于 90 mL 无水 THF 中，先用滴液漏斗加入 20 mL，向反应瓶中加入 1～2 滴碘甲烷引发反应。保持回流，滴加其余的溶液，加完后继续反应直至镁屑消失。冷至 0℃，慢慢滴加由环氧乙烷 7.5 mL（0.15 mol）溶于 20 mL THF 的溶液，控制滴加速度，使温度保持在 5～9℃。加完后室温反应 3 h。倒入水中，用盐酸调至 pH4，乙醚提取。无水硫酸钠干燥，过滤，浓缩，得白色固体（**4**）13 g，收率 71.2％，mp 87～88℃。

对羟基苯乙醇（**1**）：于氢化反应瓶中加入化合物（**4**）22.8 g（0.1 mol），乙醇 180 mL，5％的 Pd-C 催化剂，氢化 8 h。过滤，减压浓缩。剩余物用氯仿重结晶，得白色结晶（**1**）12.3 g，收率 89％，mp 92～93℃。

【用途】 高血压、心脏病治疗药美多洛尔（Metoprolol）、治疗药高血压、青光眼病的药物倍他洛尔（Betaxolol）等的中间体。

2-噻吩乙醇

C_6H_8OS，128.19

【英文名】 2-(Thiophen2-yl)ethanol
【性状】 无色液体。bp 108～109℃/1.75 kPa。
【制法】 沈东升. 精细石油化工，2001，3：30.

于反应瓶中加入干燥的镁屑 38.5 g（1.58 mol），无水 THF 100 mL，一粒碘。慢慢滴入由 2-溴噻吩（**2**）250 g（1.5 mol）和 1000 mL THF 配成的溶液，先加入约 40 mL，温热引发反应。引发后搅拌下滴加其余的 2-溴噻吩溶液，保持内温 45℃左右，约 4 h 加完。加完后继续搅拌反应 2 h。冷至 5℃，慢慢滴加环氧乙烷 70.4 g（1.6 mol）溶于 200 mL THF 且冷至 5℃的溶液，约 4 h 加完，室温搅拌反应 6 h。冰水浴冷至 5℃，滴加 200 mL 饱和氯化铵溶液而后于 35～40℃保温反应 0.5 h。倾出上层溶液，下层黏稠物用 THF 提取两次，合并 THF 溶液，依次用饱和碳酸钠溶液、饱和食盐水洗涤，无水硫酸钠干燥。减压蒸出 THF，而后减压分馏，收集 102℃/0.4～0.66 kPa 的馏分，得（**1**）135～145℃，收率 70%～75%。

【用途】 动脉血栓栓塞性疾病的防治药物噻氯匹定（Ticlopidine）等的中间体。

四、醇类烃基化试剂

1. *N*-烃基化反应

N,*N*-二甲基苯胺

$$C_8H_{11}N，121.18$$

【英文名】 *N*,*N*-Dimethylaniline

【性状】 淡黄色油状液体。mp 2.4℃，bp 194℃，77℃/1.73 kPa，d_4^{20} 0.9557。溶于乙醇、丙酮、苯、氯仿、乙醚，微溶于水。能随水蒸气挥发。

【制法】 孙昌俊，王秀菊，曹晓冉. 药物合成反应——理论与实践. 北京：化学工业出版社，2007：214.

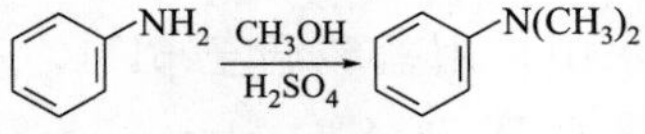

于高压釜中加入甲醇 280 kg，苯胺（**2**）228.2 kg，浓硫酸 24.1 kg，密闭，加热至 210～215℃，压力 3.1MPa，反应 4 h。冷却，卸去压力，蒸馏回收甲醇，剩余物中加入 30%的氢氧化钠溶液 80 kg，分出下层水层（油层保留），水层再于 160℃，0.7～0.9 kPa 反应 3 h，水解产物与上面的油层合并，水洗、真空蒸馏，得 *N*,*N*-二甲基苯胺（**1**）。收率 96%，

【用途】 抗生素头孢霉素 V、抗真菌类药物氟孢嘧啶（Flucytosine）、磺胺邻二甲氧嘧啶等的中间体。

N-叔丁基脲

$$C_5H_{12}N_2O，116.16$$

【英文名】 *N-tert*-Butylurea

【性状】 水或醇中析出针状结晶。mp 172℃（分解），也有报道 180～182℃分解。能升华。

【制法】 郑学梅，陈玉琴，赵媛媛. 山东化工，2012，41（6）：1.

$$(CH_3)_3C{-}OH + H_2NCONH_2 \xrightarrow{H_2SO_4} (CH_3)_3C{-}NHCONH_2 + H_2O$$
（2）　　　　　　　　　　　　　　　　　（1）

于反应瓶中加入浓硫酸 196 g，冰水浴冷至 15℃，搅拌下分批加入尿素 60 g（1 mol），保持在 15～20℃加完。加完后继续反应 2 h。而后滴加叔丁醇（2）74 g（1 mol），保持 20～25℃，加完后室温搅拌反应 16 h。搅拌下倒入 1.5 kg 冰水中，慢慢加入氨水，调至 pH4～5，冷至 15℃以下，抽滤，滤饼用冷水洗涤两次。将滤饼加入 500 mL 水中，加热至沸，趁热过滤。滤液冷却至 0℃左右，析出白色固体。抽滤、干燥，得白色固体（1）105 g，收率 90.5%，mp 180～182℃。

【用途】 医药中间体，用于广谱抗菌药利福平（Rifampicin）的合成。

香叶胺

$C_{10}H_{19}N$，153.27

【英文名】 Geranyl amine

【性状】 无色液体。

【制法】 孟庆义，陈义郎，姚其正. 中国药物化学杂志，2007，17（5）：279.

2-(3,7-二甲基-辛-2,6-二烯基) 异吲哚-1,3-二酮（3）：于反应瓶中加入香叶醇（2）5 g（32.4 mmol），邻苯二甲酰亚胺 5.72 g（38.9 mmol），三苯基膦 10.2 g（38.9 mmol），无水 THF 200 mL，搅拌溶解。冰浴冷却，避光条件下滴加偶氮二甲酸二乙酯（DEAD）6.77 g（38.9 mmol），加完后继续室温搅拌反应 24 h。减压蒸出溶剂，剩余物用石油醚提取。浓缩后过硅胶柱纯化，以石油醚-乙酸乙酯（5：1）洗脱，得白色固体（3）9.1 g，收率 99%。

香叶胺（1）：于反应瓶中加入上述化合物（3）9.1 g（32.2 mmol），乙醇 100 mL，搅拌下滴加 25%～30% 的甲胺水溶液 30 mL（约 265 mmol），而后于 70～79℃搅拌反应 2 h。冷至室温，加入 100 mL 水，用盐酸调至 pH<2，以乙醚洗涤一次。水层用氢氧化钠溶液中和至 pH>10，乙醚提取（100 mL×2）、合并有机层，无水硫酸钠干燥。过滤，减压浓缩，得黄色液体（1）4.8 g，收率 95%。

【用途】 抗结核病药物 SQ109 中间体。

2. *C*-烃基化反应

2-苄基苯酚

$C_{13}H_{12}O$，184.24

【英文名】 2-Benzylphenol

【性状】 白色固体。mp 53～55℃。

【制法】 章佳安，张健. 化学世界，2005，7：431.

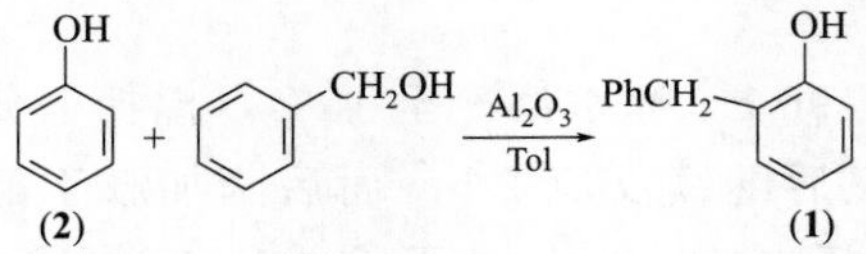

于安有分水器的反应瓶中加入甲苯 10 mL，苯酚（2）17 g（0.18 mol），苯甲醇 9.8 g（0.09 mol），研细的 Al_2O_3 3.0 g，氮气保护，于 175～180℃搅拌回流反应脱水，直至收集 1.6 mL 水。降温，过滤。减压蒸馏，先回收未反应的苯酚，再收集 175～185℃/0.085MPa 的馏分，冷后固化。用己烷重结晶，得白色固体（1）14.2 g，收率 86%，mp 53～55℃。

【用途】 智力增进药盐酸二苯美仑（Bifemelane hydrochloride）等的中间体。

(R,S)-N-苯甲酰基-2-[(2R)-1-溴丙氧基]-5-氟苯基甘氨酸

$C_{18}H_{17}BrFNO_4$，410.24

【英文名】 (R,S)-N-Benzoyl-2-[(2R)-1-bromopropyloxy]-5-fluorophenylglycine

【性状】 类白色固体。mp 203～210℃。

【制法】 Dirlam N I，Moore B S，Urban F J. J Org Chem，1987，52（16）：3587.

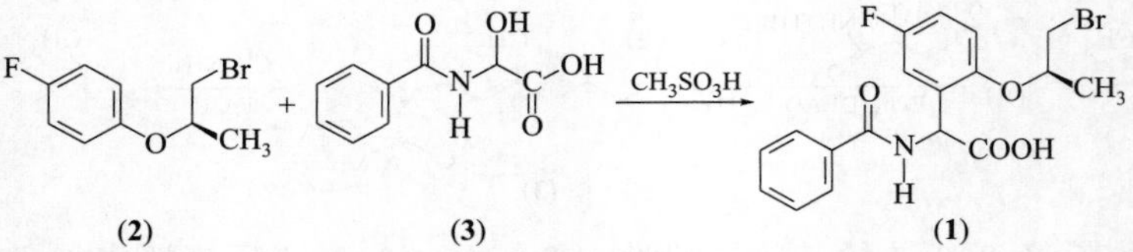

于反应瓶中加入（R）-1-溴-2-(4-氟苯氧基)丙烷（2）200 g（0.86 mol），甲磺酸 620 mL，搅拌混合，冷至 35℃以下，加入 N-苯甲酰基-α-羟基甘氨酸（3）156 g（0.80 mol），搅拌下 1～2 h 化合物（3）逐渐溶解，反应体系成悬浊液。此时反应可能结束，继续搅拌反应适当时间。将反应物搅拌下倒入冰水中，析出类白色固体。冷却，抽滤，水洗、适量乙醇洗涤，真空干燥，得类白色固体（1）272 g，收率 83%，mp 203～210℃。

【用途】 糖尿病综合征治疗药物 Methosorbinil 中间体。

丙泊酚

$C_{12}H_{18}O$，178.27

【英文名】 Propofol

【性状】 无色液体。bp136℃/4 kPa。n_D^{20} 1.5134。

【制法】 方法 1 Klemm L H，Taylor D R. J Org Chem，1980，45（22）：4326.

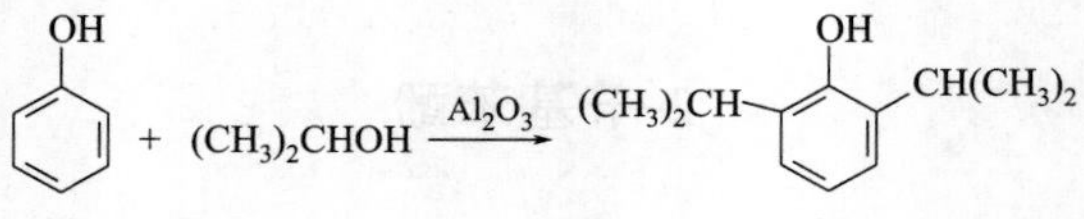

在高压釜中，加入苯酚 94.0 g（1mol）和异丙醇 2.4 kg（40 mol），再加入适量三氧化

铝，升温至 300℃，搅拌 5 h。冷却，用硅藻土过滤脱色，滤液回收过量的异丙醇，剩余液经分馏柱减压分馏，收集 bp126℃/2.2 kPa 馏分，得无色液体（**1**）92 g，收率 51.7%，n_D^{20} 1.5134。

方法 2 陈洪.药学研究，2013，32（6）：328.

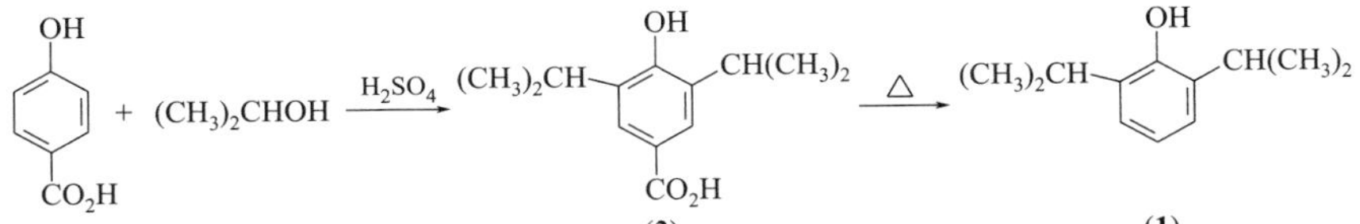

4-羟基-2,6-二异丙基苯甲酸（**3**）：于反应瓶中加入 25 mL 水，冷却下慢慢加入浓硫酸 180 mL，于 15℃ 以下慢慢加入对羟基苯甲酸（**2**）100 g 和异丙醇 130 g，加完后升至 60～65℃，保温反应 4 h。反应体系用碱中和，以甲苯 400 mL 洗涤 2 次。水层酸化，生成沉淀。过滤，水洗，干燥，得化合物（**3**）120 g，mp 145～147℃。

丙泊酚（**1**）：于反应瓶中加入乙二醇 300 mL，化合物（**3**）100 g，于 130℃ 反应 7 h。冷却，加入 5 倍量的水，调至 pH1～2，用甲苯提取。减压蒸出溶剂，减压蒸馏，得化合物（**1**）75 g。

【用途】 麻醉药丙泊酚（Propofol）原料药。

1,2,3,4-四氢-1,1,4,4,-四甲基-6-乙酰氨基萘

$C_{16}H_{23}NO$，245.36

【英文名】 1,2,3,4-Tetrahydro-1,1,4,4-tetramethyl-6-aceylamidonaphthalene
【性状】 微黄色结晶。mp 116～118℃。
【制法】 肖健，罗兰，何舒澜.中国药物化学杂志，2009，19（4）：268.

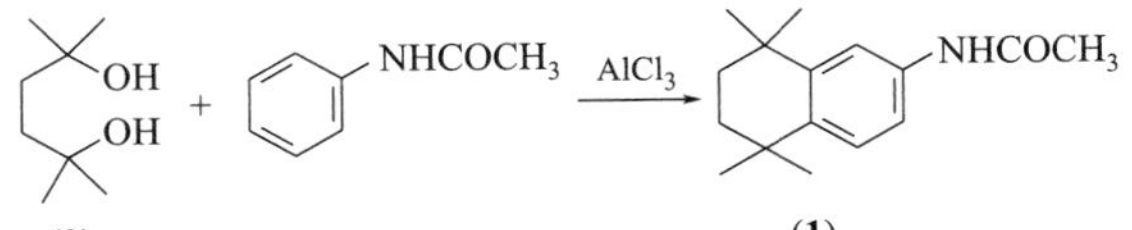

于反应瓶中加入乙酰苯胺 27 g（0.2 mol），无水二氯甲烷 150 mL，溶解后冰盐浴冷却，加入无水三氯化铝 52.5 g（0.5 mol），低温滴加 2,5-二甲基-2,5-己二醇（**2**）51.2 g（0.35 mol）。加完后于 -5℃ 搅拌反应 4 h，再于室温反应 3 h。将反应液倒入 300 mL 冰水中，分出有机层，水层用二氯甲烷提取 2 次。合并有机层，水洗至中性，无水硫酸镁干燥。过滤，减压除溶剂，剩余物用乙腈重结晶，得微黄色结晶（**1**）29.6 g，mp 115～117℃，收率 60.4%。

【用途】 白血病治疗药他米巴罗汀（Tamibarotene）中间体。

叔戊基苯

$C_{11}H_{16}$，148.25

【英文名】 *t*-Amylbenzene
【性状】 无色液体。

【制法】 董玉环，康汝洪，于海涛. 河北师范大学学报：自然科学版，1997，21 (1)：68.

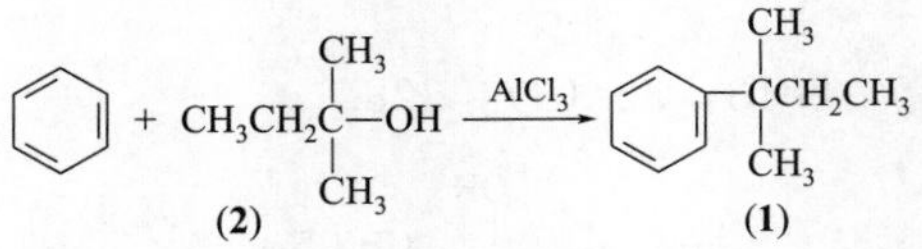

于反应瓶中加入苯 56 mL，无水三氯化铝 6 g (0.045 mol)，冰水冷却，搅拌下滴加由苯 10 mL 和叔戊醇 (**2**) 10 mL (0.091 mol) 配成的混合液，控制反应液温度不高于 6℃，加完后继续保温反应 6 h。放置 12 h，冷水分解。分出有机层，水层用苯提取 2 次。合并有机层，无水氯化钙干燥。过滤，减压蒸馏，收集 40℃/400 Pa 的馏分，得化合物 (**1**)，收率 72%。

【用途】 抗真菌药盐酸阿莫洛芬 (Amorolfine hyhloride) 中间体。

3-(7-叔丁基-2,3-二氢-1-苯并呋喃-5-基)丙酸

$C_{15}H_{20}O_3$，248.32

【英文名】 3-(7-*tert*-Butyl-2,3-dihydro-1-benzofuran-5-yl)propanoic acid

【性状】 白色固体。mp 127～129℃。

【制法】 毛白杨，王明林，夏正君等. 中国医药工业杂志，2016，47 (5)：534.

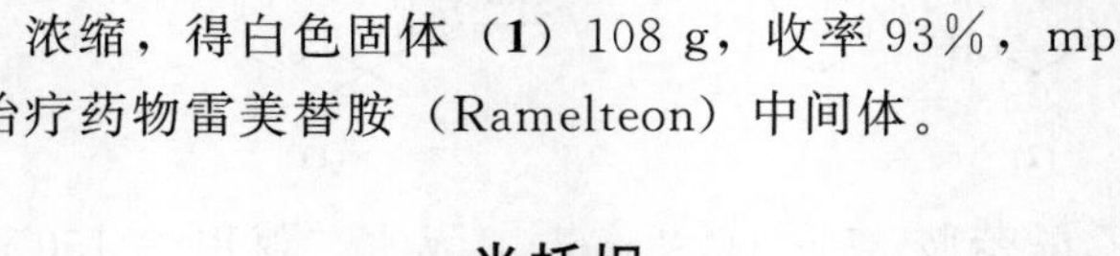

于反应瓶中加入 2,3-二氢-1-苯并呋喃-5-基丙酸 (**2**) 90 g (0.47 mol)，85% 的磷酸 900 mL，搅拌下滴加叔丁醇 38 g (0.52 mol)，加完后升至 80℃搅拌反应 5 h。冷至室温，倒入 4.5 L 冷水中，搅拌 20 min。二氯甲烷提取 (1.8 L×2)，有机层用饱和盐水洗涤，无水硫酸钠干燥。过滤，浓缩，得白色固体 (**1**) 108 g，收率 93%，mp 127～129℃。

【用途】 失眠症治疗药物雷美替胺 (Ramelteon) 中间体。

米托坦

$C_{14}H_{10}Cl_4$，320.04

【英文名】 Mitotane

【性状】 白色结晶固体。mp 76～78℃。溶于乙醇和四氯化碳。

【制法】 邓莉平，陶伟锋，王玮，张泳，吴春雷. 中国医药工业杂志，2012，43 (3)：171.

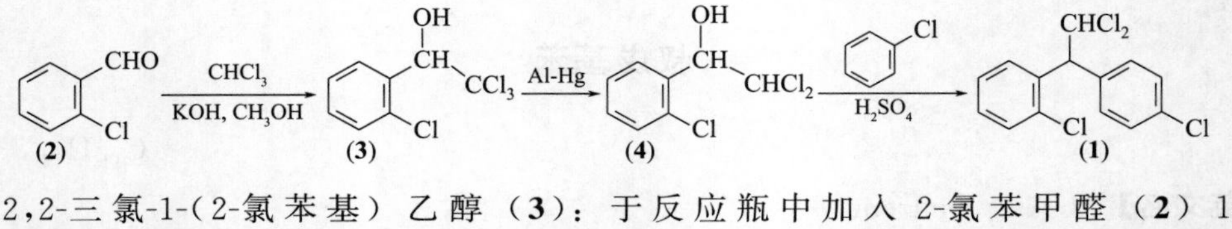

2,2,2-三氯-1-(2-氯苯基)乙醇 (**3**)：于反应瓶中加入 2-氯苯甲醛 (**2**) 140.5 g (1 mol)，氯仿 180.3 mL (2.25 mol)，DMF 400 mL，冷至 −9℃。搅拌下滴加由氢氧化钾

41.7 g（0.7 mol）溶于 125 mL 甲醇的溶液，约 2.5～3 h 加完。加完后继续于 −8℃搅拌反应 2 h。用 1 mol/L 的盐酸调至中性。分出有机层，水层用氯仿提取 2 次。合并有机层，水洗，无水硫酸钠干燥。过滤，减压浓缩，得浅黄色液体（**3**）258 g，收率 94.5%，直接用于下一步反应。

2,2-二氯-1-（2-氯苯基）乙醇（**4**）：于反应瓶中加入上述化合物（**3**），95% 的乙醇 2 L，常温搅拌下分批加入铝-汞齐 104 g，约 30 min 加完。加完后继续回流反应 2 h。趁热过滤，滤饼用 50℃的乙醇洗涤（400 mL×2）。合并滤液和洗涤液，减压浓缩，得黄色黏稠液体（**4**）160.7 g，收率 62.2%，直接用于下一步反应。

米托坦（**1**）：于反应瓶中加入上述化合物（**4**）273.3 g（1.0 mol），氯苯 168.8 g（1.5 mol），室温搅拌下加入浓硫酸 368 mL，于 60℃搅拌反应 1 h。冷至室温，用石油醚（200 mL×3），合并有机层，依次用水、5% 的碳酸氢钠溶液洗涤，无水硫酸钠干燥。过滤，减压浓缩。剩余物冷却固化，用甲醇重结晶，得化合物（**1**）149.1 g，收率 46.6%，mp 76～78℃。

【用途】　肾上腺皮质癌、肾上腺皮质增生以及肿瘤所致的皮质醇增多症治疗药物米托坦（Mitotane）原料药。

9-(4-溴丁基)-9-芴甲酸

$C_{18}H_{17}BrO_2$，345.24

【英文名】　9-(4-Bromobutyl)-9-fluorenecarboxylic acid

【性状】　白色固体。mp 146.3～148.3℃。

【制法】　杜鑫明，易岩，韩明，窦亚男，赵燕芳. 中国医药工业杂志，2014，45（9）：804.

9-芴甲酸（**3**）：于反应瓶中加入二苯羟乙酸（**2**）40 g（0.18 mol），氯苯 400 mL，搅拌下冷至 0℃，慢慢加入无水三氯化铝 58.4 g（0.44 mol），回流反应 1.5 h。减压蒸出溶剂，剩余物中加入 10% 的氢氧化钠 250 mL，于 50℃搅拌 30 min。冷后用 6 mol/L 的盐酸调至 pH3～4。过滤，水洗，干燥，得白色固体（**3**）32.8 g，收率 89.3%。mp 218～221.5℃。

9-(4-溴丁基)-9-芴甲酸（**1**）：于反应瓶中加入 THF 600 mL，上述化合物（**3**）50 g（0.24 mol），搅拌下于 −78℃滴加 1.6 mol/L 的正丁基锂-己烷溶液 330 mL（0.53 mol），加完后同温反应 1 h。滴加 1,4-二溴丁烷 56.6 g（0.26 mol），而后室温反应 10 h。加入 500 mL 水，搅拌 30 min。减压蒸出 THF，剩余物用乙醚提洗涤（200 mL×2），加入 150 mL 4 mol/L 的盐酸调至 pH3～4，二氯甲烷提取（300 mL×3）。合并有机层，无水硫酸钠干燥。过滤，浓缩，得白色固体（**1**）76.9 g，收率 92%，mp 146.3～148.3℃。

【用途】　胆固醇过高治疗药甲磺酸洛美他派（Lomitapide mesylate）中间体。

五、烯烃烃基化试剂

1. *O*-烃基化反应

17-*β*-叔丁氧基雄甾酮

$C_{21}H_{34}O$，318.31

【英文名】 17-*β*-*t*-Butoxy-androstanotone

【性状】 无色结晶。mp 146~148℃。

【制法】 Robert E I，Thomas H O，Glen L T. Org Synth，1990，Coll Vol 7：66.

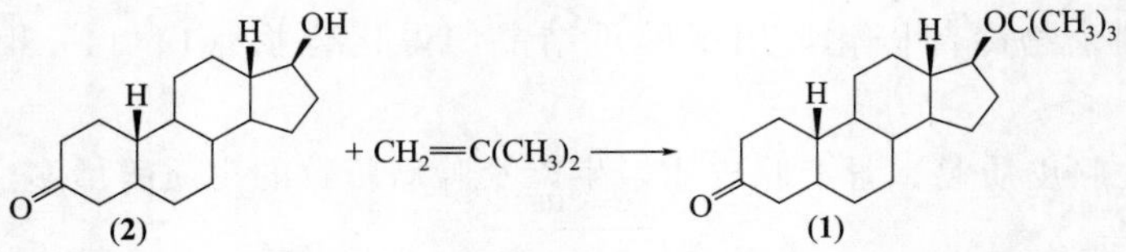

于安有磁力搅拌、温度计、通气导管、干燥管的 250 mL 反应瓶中，加入雄甾酮（**2**）4.1 g（14 mmol），30 mL 二氯甲烷，搅拌溶解。冷至 −20℃，通入氩气 15 min。注射加入三氟化硼乙醚溶液 0.125 mL（0.9 mmol），再注入 0.053 mL（1 mmol）无水磷酸（5 g 85%的磷酸与 2 g 五氧化二磷制备），而后慢慢注入 100 mL 异丁烯。此时甾族化合物又溶解。去掉干燥管，用塞子塞住，室温（25℃）搅拌反应 4 h。冷至 0℃，拔开塞子，温热至室温，使异丁烯挥发。将反应物倒入盛有 100 mL 氨水和 75 mL 乙酸乙酯的分液漏斗中，充分摇动后分出有机层，水层用乙酸乙酯提取 2 次。合并有机层，饱和食盐水洗涤，无水硫酸钠干燥，旋转浓缩至干。粗品用己烷重结晶，得纯品（**1**）4.1 g，收率 86%。

【用途】 药物合成中间体。

甘氨酸叔丁酯亚磷酸盐

$C_6H_{13}NO_2 \cdot H_3PO_3$，213.17

【英文名】 *t*-Butyl glycinate phosphite

【性状】 白色结晶。mp 155~157℃。

【制法】 Anderson G W，et al. J Am Chem Soc，1960，82（7）：3359.

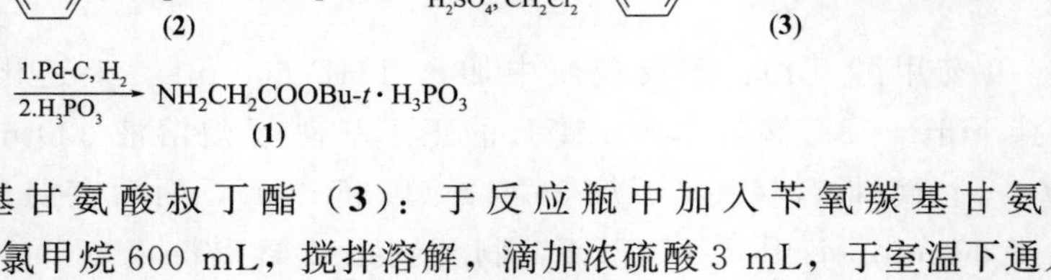

N-苄氧羰基甘氨酸叔丁酯（**3**）：于反应瓶中加入苄氧羰基甘氨酸（**2**）62.7 g（0.30 mol）、二氯甲烷 600 mL，搅拌溶解，滴加浓硫酸 3 mL，于室温下通入异丁烯气体使之饱和（约需 65 h）。反应结束后，用饱和碳酸氢钠溶液调至 pH7，静置，分出有机层，水洗，减压回收溶剂，冷却得油状粗品（**3**）。

甘氨酸叔丁酯亚磷酸盐（**1**）：于干燥反应瓶中，加入上述化合物（**3**）7.99 g

（0.03 mol）、乙醇 100 mL 和 10％ Pd-C 催化剂 1 g，搅拌下室温通氢氢解 1.5 h。反应结束后，过滤回收催化剂（套用），向滤液中加入亚磷酸 24.2 g（0.3 mol），搅拌，得结晶（**1**）5.39 g，收率 82％，mp 155～157℃。

【用途】 高血压病治疗药地拉普利（Delapril）等的中间体。

（*S*）-1，2，3，4-四氢异喹啉-3-羧酸叔丁酯盐酸盐

$$C_{14}H_{19}NO_2 \cdot HCl，269.77$$

【英文名】 （S）-1，2，3，4-Tetrahydro-3-isoquinolinecarboxylic acid *t*-butyl ester hydro-chloride

【性状】 白色固体。mp 190～192℃（dec）。

【制法】 Klutchko S，Blankley C J，Fleming R W，et al. J Med Chem，1986，29（10）：1953.

于干燥反应瓶中，加入（*S*）-1，2，3，4-四氢异喹啉-3-羧酸（**2**）63.5 g（0.36 mol），干燥的 1,4-二氧六环 650 mL，振荡溶解，加入浓硫酸 65 mL，冷至 0℃。氮气保护下，定量通入异丁烯 447 g（7.98 mol），于室温下反应 17 h（反应器皿需密闭不漏气且经常摇动）。反应结束后，将反应混和物倒入预冷的 2 mol/L 氢氧化钠溶液 2.5 L 中，用乙醚提取。合并有机层，水洗，无水硫酸钠干燥。过滤，浓缩至约 500 mL，加入 2 mol/L 氯化氢的异丙醇溶液 180 mL，析出沉淀。过滤，用乙醇-乙醚重结晶，得白色固体（**1**）45.5 g，收率 47％，mp 190～192℃（dec）。

【用途】 中、重度高血压，充血性心力衰竭治疗药喹那普利（Quinapril）中间体。

L-丙氨酸叔丁酯

$$C_7H_{15}NO_2，145.20$$

【英文名】 *t*-Butyl L-prolinate，L-Alanine *tert*-butyl ester

【性状】 油状物。其盐酸盐为白色结晶。

【制法】 陈芬儿. 有机药物合成法：第一卷. 北京：中国医药科技出版社，1999：334.

于反应瓶中加入 L-丙氨酸（**2**）26.7 g（0.30 mol），二氯甲烷 600 mL，搅拌溶解，加入浓硫酸 3 mL，室温下向此溶液中通入异丁烯使之饱和（至体积增加 300 mL 左右，约需 65 h）。然后加入足够中和所有酸的碳酸氢钠水溶液 500 mL。分出二氯甲烷层，水洗，60℃下减压浓缩，得油状物。用石油醚-乙醚在干冰-丙酮冷却下重结晶，得化合物（**1**）20.4 g，收率 46.8％。

【用途】 中、重度高血压，充血性心力衰竭治疗药喹那普利（Quinapril）中间体。

7-氨基头孢烯酸叔丁酯

$$C_{14}H_{20}N_2O_5S，328.38$$

【英文名】 7-Aminocephalosporanic acid *t*-butyl ester

【性状】 白色片状结晶。mp 114~115℃（分解）。

【制法】 陈芬儿.有机药物合成法：第一卷.北京：中国医药科技出版社，1999：899.

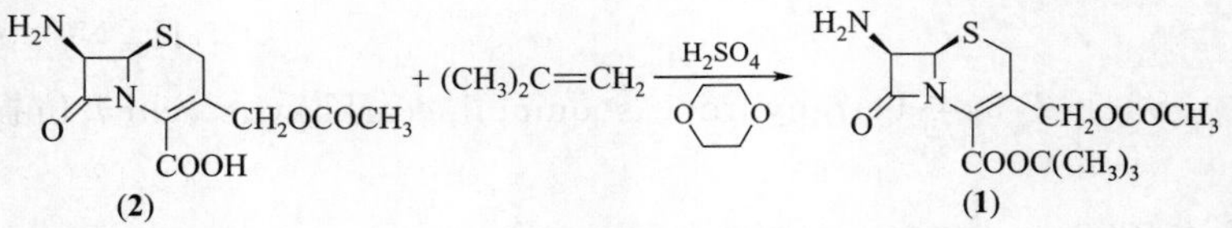

于干燥的耐压反应瓶中，加入 7-ACA（**2**）10.9 g（0.04 mol），无水二氧六环 100 mL，浓硫酸 10 mL，而后通入异丁烯 50 mL，于 28~30℃搅拌反应 2 h。将反应物倒入由碳酸氢钠 40 g 溶于 100 mL 水的溶液中，乙酸乙酯提取数次。合并有机层，水洗，无水碳酸钠干燥。过滤，减压浓缩，得浅棕色油状液体，放置固化。加入环己烷 50 mL，粉碎，过滤，得化合物（**1**）6.8 g，收率 52%，mp 110~112℃。甲醇-异丙醇重结晶，得白色片状结晶，mp 114~115℃（分解）。

【用途】 抗生素盐酸头孢甲肟（Cefmenoxime）中间体。

2. *C*-烃基化反应

吲达品

$$C_{15}H_{20}N_2，228.34$$

【英文名】 Indalpine

【性状】 白色结晶或结晶性粉末。mp 159℃。易溶于热水，溶于醇。

【制法】 Gueremy C，et al. J Med Chem，1980，23（12）：1306.

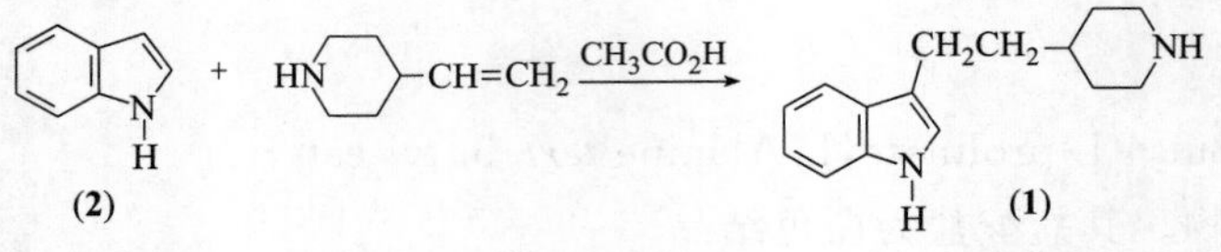

于反应瓶中加入吲哚（**2**）19.47 g（0.165 mol），4-乙烯基哌啶 25.44 g（0.24 mol），乙酸 125 mL，搅拌回流 5 h。减压回收溶剂，剩余物中加入 250 mL 水，加热溶解，趁热过滤。冷却，析出结晶。过滤，得粗品。用乙醇-水重结晶，得化合物（**1**）19.97 g，收率 53%，mp 159℃。

【用途】 抗抑郁药吲达品（Indalpine）原料药。

3-(3,4-二甲氧基苯基)丙腈

$$C_{11}H_{13}NO_2，191.23$$

【英文名】 3-(3,4-Dimethoxyphenyl)propanenitrile

【性状】　bp 135～180℃/133～930 Pa。

【制法】　广州医药工业研究所.中国医药工业杂志，1979，10（1）：1.

$$CH_3O-C_6H_4-OCH_3 (2) + CH_2=CHCN \xrightarrow{AlCl_3} CH_3O-C_6H_3(OCH_3)-CH_2CH_2CN (1)$$

于反应瓶中加入邻二甲氧基苯（**2**）140 g，10℃下分批加入粉碎的无水三氯化铝 150 g，搅拌反应，控制内温不超过 30℃。加完后冷至 15℃以下，滴加丙烯腈 120 g，注意温度不要高于 30℃。加完后于 15℃通入氯化氢 1 h。撤去冷浴，继续通入氯化氢至温度不再升高。于 65℃搅拌反应 6 h。冷却，将反应物倒入冰水中，分出有机层。水层用氯仿提取，合并有机层，水洗，干燥。减压蒸出溶剂和未反应的原料，收集 135～180℃/133～930 Pa 的馏分，得化合物（**1**）68～80 g，收率 65%～70%。

【用途】　镇痛药四氢帕马丁（Tetrahydropalmatine）中间体。

叔丁基对苯二酚

$C_{10}H_{14}O_2$，166.21

【英文名】　*tert*-Butylhydroquinone

【性状】　白色或无色结晶。mp 127～129℃。易溶于甲醇、丙酮、乙酸乙酯、甲苯、苯，不溶于水、石油醚。

【制法】　段行信.实用精细有机合成手册.北京：化学工业出版社，2000：20.

$$HO-C_6H_4-OH (2) + (CH_3)_2CH=CH_2 \xrightarrow{H_3PO_4} HO-C_6H_3(OH)-C(CH_3)_3 (1)$$

于安有搅拌器、温度计、通气导管（伸至瓶底）、回流冷凝器的反应瓶中，加入二甲苯 2 L，对苯二酚（**2**）555 g（5.0 mol），85%的磷酸 900 g，搅拌下加热至 110℃左右，慢慢通入异丁烯气体。直至增重 270 g。通完后继续搅拌反应 10 min。趁热分出上层有机层，磷酸层回收重复使用。冷却后析出固体。抽滤，空气中干燥，得粗品 650 g，mp 121～126℃。用 15 倍的水重结晶后，mp 127～129℃，呈粉红色。再用二甲苯重结晶一次，得白色结晶（**1**），总收率 65%。

【用途】　抗氧剂，并具有抑菌作用。

环己基苯

$C_{12}H_{16}$，160.26

【英文名】　Cyclohexylbenzene,Phenylcyclohexane

【性状】　无色油状液体。mp 7～8℃，bp 235～236℃，127～128℃/4.0 kPa。d_{15}^{40} 0.938，n_D^{25} 1.523。易溶于醇、丙酮、苯、四氯化碳、蓖麻油、己烷和二甲苯，不溶于水和甘油。

【制法】　①Olah D A，et al. Synthesis，1978：397.②Kamiyama T，et al. Chem Lett，1979：261.

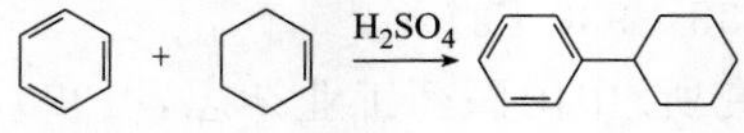

于反应瓶中加入苯 468 g（6 mol），96％的硫酸 92 g，冰水浴冷却，慢慢滴加环己烯 （**2**）164 g（2.0 mol），约 2 h 加完。反应结束后分出有机层，依次用冷的 96％的硫酸、水、 3％的氢氧化钠、水洗涤，干燥。用短分馏柱分馏两次，收集 239～245℃的馏分，得化合物 （**1**）200 g，收率 62％。反应中还生成二或三环己基苯和环己烯的聚合物。

【用途】 有机合成中间体，可用于合成苯酚和环己酮。

六、Blanc 反应

对叔丁基苄氯

$C_{11}H_{15}Cl$，182.69

【英文名】 *p-tert*-Butylbenzyl chloride

【性状】 无色液体。bp 124～132℃/3.3 kPa。溶于乙醚、氯仿、苯等有机溶剂，不溶 于水，但遇水慢慢分解。

【用途】 孙昌俊，曹晓冉，王秀菊. 药物合成反应——理论与实践. 北京：化学工业出版 社，2007：240.

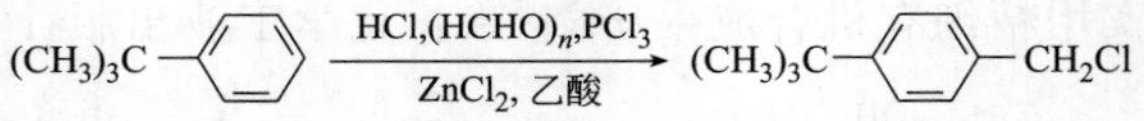

于反应瓶中加入叔丁基苯（**2**）134 g（1 mol），工业盐酸（30％）315 mL，多聚甲醛 88.5 g（相当于甲醛 3 mol），氯化锌 148 g，冰醋酸 140 g，搅拌下加热至 60℃，滴加三氯 化磷 130 g，控制滴加温度在 65～70℃。加完后继续于 65～70℃搅拌反应 7 h。冷至 30℃以 下，分出下层酸层。油层水洗两次再用 5％的碳酸氢钠洗涤，水洗，无水硫酸钠干燥。减压 蒸馏，收集 124～132℃/3.3 kPa 的馏分，得化合物（**1**）173 g，收率 95％。

【用途】 抗过敏药布可利嗪（Buclizine）等的中间体。

1-氯甲基萘

$C_{11}H_9Cl$，176.65

【英文名】 1-Chloromethylnaphthalene

【性状】 mp 32℃，bp 122～133℃/0.67 kPa。

【制法】 徐宝峰，赵爱华. 化学世界，2002，7：374.

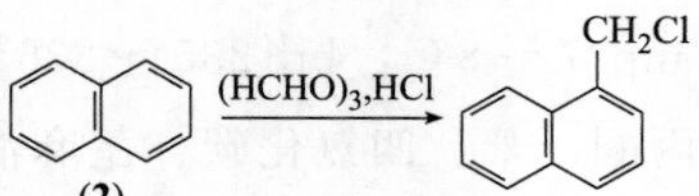

于反应瓶中加入萘（**2**）128 g（1 mol）、多聚甲醛 55 g（1.83 mol）、冰乙酸 130 mL、 85％磷酸 85 mL、浓盐酸 21 mL，升温至 80～85℃，搅拌 6 h。反应结束后冷却至 15～

20℃，分出有机层，依次用冷水、冷 10％碳酸钾溶液、冷水洗涤。向有机层加入乙醚 200 mL，无水碳酸钾干燥。回收溶剂，减压蒸馏，收集 115～121℃/0.35 kPa 馏分，得（**1**）120 g，收率 68.3％。

【用途】 抗真菌药盐酸萘替芬（Naftifine hydrochloride）中间体。

胡椒基甲醛

$C_8H_6O_3$，150.13

【英文名】 Heliotropine，3,4-Methylenedioxybenzaldehyde

【性状】 无色有光泽的结晶。mp 37℃，bp 约 263℃，88℃/66.66 kPa。有葵花香味。易溶于乙醇、乙醚。溶于 500 份水中。

【制法】 ①章思规.实用精细化学品手册，有机卷，下.北京：化学工业出版社，1996：1440.②Knudsen R D，et al. J Org Chem，1975，40：2878.

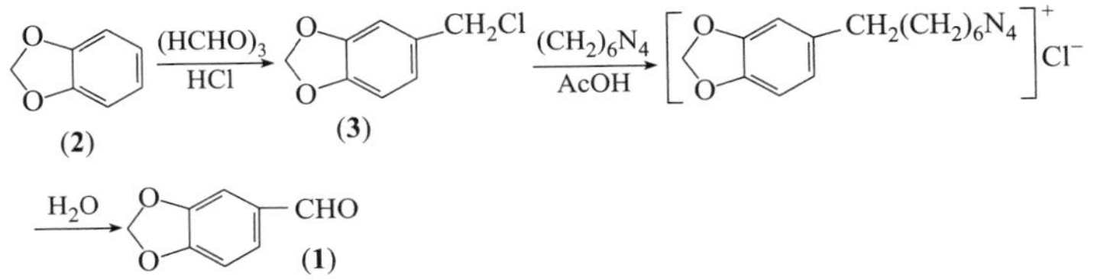

于反应瓶中加入胡椒醛（**2**）100 g（0.82 mol），三聚甲醛 39.2 g（1.3 mol），搅拌均匀，保持 15～25℃滴加浓盐酸 300 mL，加完后于 25～30℃反应 3.5 h。冷却至 20℃以下，静置，分出油状物，得胡椒基氯甲烷（**3**）。

于反应瓶中加入乌洛托品 175 g（1.25 mol），乙酸 55 g，水 50 mL。水浴冷却，于 20℃滴加化合物（**3**），滴加时注意反应液温度不要超过 35℃。加完后于 40℃反应 1 h 使之生成盐。加水 800 mL，于 100～102℃反应 3 h 进行水解。冷却至 40℃，用氯仿提取（150 mL×3）。合并氯仿提取液，减压回收氯仿，再减压蒸馏，收集 100～120℃/0.53～0.80 kPa 的馏分，冷后固化，得胡椒甲醛（**1**）75 g，收率 61％。

【用途】 抗菌药小檗碱盐酸盐（盐酸黄连素）(Berberine hydrochloride) 等的中间体。

3-氯甲基-4-羟基苯乙酮

$C_9H_9ClO_2$，184.62

【英文名】 3-Chloromethyl-4-hydroxyacetophenone

【性状】 白色固体。mp 164～166℃。

【制法】 ① Hercouet A，Corre M Le. Tetrahedron，Franch，1981，37（16）：2867. ②Yanagi Takashi，Kikuchi Ken，et al. Chem & Pharm Bull，2001，49（8）：1018.

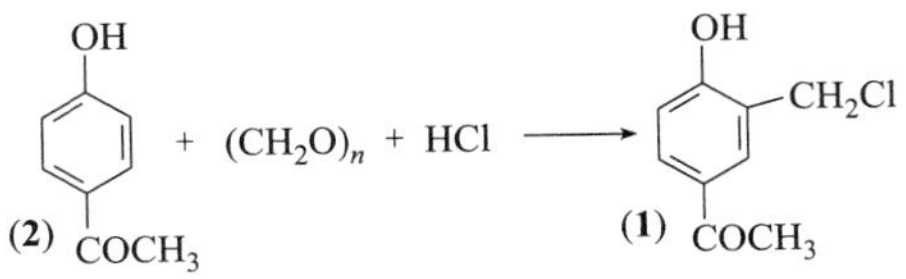

于反应瓶中加入 40％的甲醛溶液 90 mL，浓盐酸 500 mL。于 20～30℃慢慢加入对羟基

苯乙酮（**2**）100 g（0.74 mol），保持 30～35℃保温反应 4 h。室温放置 18 h 后抽滤。滤饼用 40～60℃ 的热水洗涤，干燥，得化合物（**1**）110～116 g，mp 155～164℃，收率 81%～86%。

【用途】 支气管哮喘、喘息性支气管炎、支气管痉挛、肺气肿等症治疗药物沙丁胺醇（Salbutamol）等的中间体。

氯甲基二氢黄樟素

$$C_{11}H_{13}ClO_2，212.68$$

【英文名】 Chloromethyl dihydrosafrole
【性状】 无色油状液体。
【制法】 ①蓝文祥.西南师范大学学报，2001，26（3）：301.②唐道琼.广西化工，2000，29（2）：15.

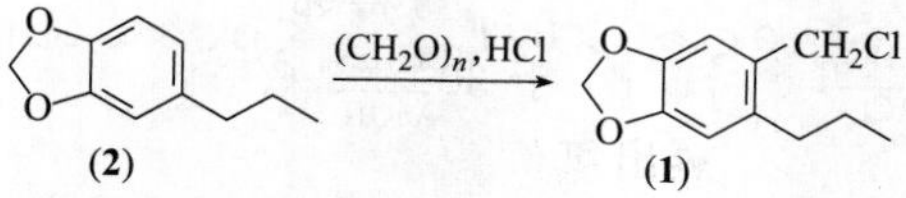

于安有搅拌器、温度计、回流冷凝器的反应瓶中，加入二氢黄樟素（**2**）85 g（纯度 96%，0.5 mol），多聚甲醛 19.2 g（纯度 94%，0.6 mol）和 360 mL 36% 的浓盐酸，相转移催化剂适量，在 70℃ 反应 7 h。分出水层，有机层用水洗涤。得油状液体（**1**），收率 98%。

【用途】 农药增效剂胡椒基丁醚的合成中间体。

对叔戊基苄基溴

$$C_{12}H_{17}Br，241.17$$

【英文名】 *p-tert*-Pentylbenzyl bromide
【性状】 浅黄色液体。bp 135～140℃/1 kPa。n_D^{15} 1.5715。溶于乙醚、氯仿、苯等有机溶剂，不溶于水，但遇水慢慢分解。
【制法】 孙昌俊，曹晓冉，王秀菊.药物合成反应——理论与实践.北京：化学工业出版社，2007：239.

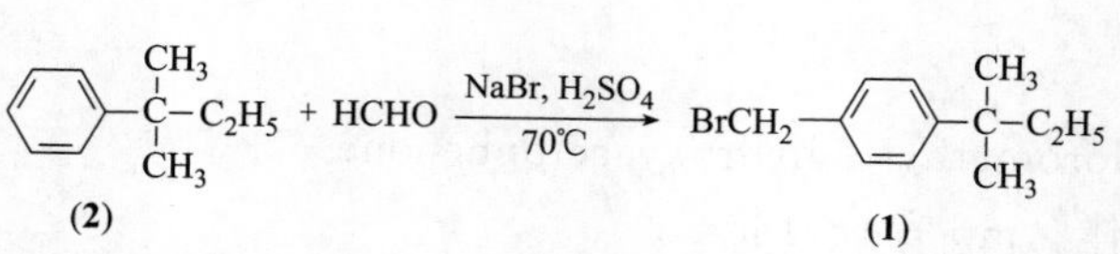

于反应瓶中加入叔戊基苯（**2**）94.7 g（0.64 mol），多聚甲醛 22 g（相当于甲醛 0.73 mol），溴化钠 80 g（0.77 mol），冰醋酸 30 mL，水浴加热至 70℃，搅拌下滴加浓硫酸与冰醋酸的混合液（体积比：浓硫酸：醋酸为 2.5：1），8～10 h 加完，而后继续反应 12 h。冷至室温，倒入 400 mL 冰水中。用乙醚提取 3～4 次，乙醚提取液依次用冷水、饱和碳酸氢钠溶液洗涤，无水硫酸钠干燥。减压蒸馏，收集 135～140℃/1.0 kPa 的馏分，得对叔戊基苄基溴（**1**）110.8 g，收率 80.3%。

【用途】 抗真菌药盐酸阿莫洛芬（Amorolfine hydrochloride）的中间体。

3,4-二甲氧基苯乙腈

$C_{10}H_{11}NO_2$，177.20

【英文名】　3,4-Dimethoxyphenyl acetonitrile

【性状】　白色固体。mp 60~62℃。溶于乙醇、乙醚、氯仿、苯、丙酮等有机溶剂，不溶于水。

【制法】　①章思规.实用精细化学品手册，有机卷，上.北京：化学工业出版社，1996：1029.②陆庆松，程雪芳，周浩，潘为胜.云南化工，2002，29（6）：1.

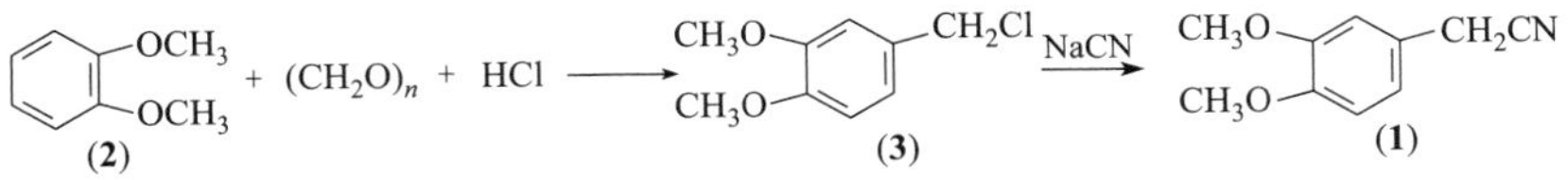

3,4-二甲氧基苄基氯（**3**）：于安有搅拌器、温度计的反应瓶中，加入多聚甲醛 35 g（1.18 mol），盐酸 450 mL，室温搅拌溶解，另将邻二甲氧基苯（**2**）100 g（0.72 mol）溶于 400 mL 氯仿中，将其加入反应瓶中，于 30℃搅拌反应 5 h。静置分层，分出有机层，水洗 3 次。无水硫酸钠干燥。过滤，蒸出氯仿，得淡黄色黏稠液体（**3**），放置后凝固。加入丙酮 180 mL 溶解。

3,4-二甲氧基苯乙腈（**1**）：将氰化钠 58 g 溶于 120 mL 水中，慢慢加入上述苄基氯的丙酮溶液，于 50℃搅拌反应 2 h，静置分出水层。有机层蒸馏回收丙酮，剩余物加入 4 倍量的水中，得到沉淀。抽滤。滤饼用乙醇重结晶，得化合物（**1**）64 g，mp 58℃以上，收率 50%。

【用途】　心血管疾病治疗药物维拉帕米（Verapamil）、贝凡洛尔（Bevantolol）等的中间体。

2-氯甲基噻吩

C_5H_5ClS，132.61

【英文名】　2-Chloromethylthiophene

【性状】　无色或浅黄色液体。bp 78~82℃/2.39 kPa。

【制法】　①Wiberg K B and McShane H F. Org Synth，1955，Coll Vol 3：197.②周如金，黄敏，黄艳仙，张庆.化学生物与生物工程，2008，25（04）：31.

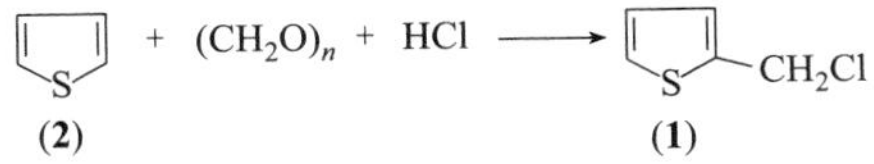

于安有搅拌器、温度计、通气导管、回流冷凝器的反应瓶中，加入 40%的甲醛溶液 90 mL，浓盐酸 100 mL，冰盐浴冷至 −5℃以下。慢慢加入新蒸馏的噻吩（**2**）100 g（1.19 mol），保持−5℃剧烈搅拌下通入干燥的氯化氢气体，注意温度不得超过 5℃，直至尾气中有明显的氯化氢逸出，再通氯化氢 5 min。分出有机层，无水硫酸钠干燥，过滤。滤液减压蒸馏，收集 78~82℃/2.40 kPa 的馏分，得 2-氯甲基噻吩（**1**）70.7~76.9 g，收率 45%~49%。

【用途】　合成多种镇痉药和半合成抗菌素的重要中间体。

5-氯甲基-2-羟基苯乙酮

$$C_9H_9ClO_2，184.62$$

【英文名】 5-Chloromethyl-2-hydroxyacetophenone

【性状】 白色固体。mp 75～82℃。

【制法】 赵晓东，姚庆强，李文保. 山东化工，2009，10：10.

于反应瓶中加入多聚甲醛 1.4 g（0.047 mol），2-羟基苯乙酮（**2**）5 mL（0.0416 mol），浓盐酸 80 mL，于40℃搅拌反应 4～5 h。其间出现大量黄色固体。冷至室温，过滤，水洗，少量甲醇洗涤，干燥，得乳白色固体化合物（**1**）6.5 g，收率85%，mp 75～82℃。

【用途】 生物探针合成中间体，新药开发中间体。

1,3-二苄氧基-2-氯甲氧基丙烷

$$C_{18}H_{21}ClO_3，320.82$$

【英文名】 1,3-Dibenzyloxy-2-(chloromethoxy)propane

【性状】 油状液体。不稳定。

【制法】 ① Ogilvie，Nguyen-Ba，Gille，et al. Canadian Journal of Chemistry，1984，62（2）：241. ② Singh P K，Saluja Sunita，Pratap Ram，et al. Indian Journal of Chemistry，Section B：Organic Chemistry Including Medicinal Chemistry，1986，25：823.

1,3-二苄氧基-2-丙醇（**3**）：于反应瓶中加入苄基醇 1.1 kg（10.6 mol），氢氧化钠 300 g（7.5 mol），水 280 mL，搅拌溶解，冷至 25℃，加入环氧氯丙烷（**2**）306 g（3.31 mol），约 30 min 加完。加完后继续搅拌反应 6 h。将反应物加入 2 L 水中，用甲苯提取（4 L×3），合并甲苯层，水洗，无水硫酸钠干燥。过滤，减压回收溶剂后减压蒸馏，收集 170～180℃/0.133 kPa 的馏分，得油状液体（**3**）563 g，收率63%。

1,3-二苄氧基-2-氯甲氧基丙烷（**1**）：于干燥的反应瓶中加入多聚甲醛 117 g（3.9 mol），化合物（**3**）486 g（1.8 mol），二氯甲烷 4.8 L，冷至 0℃，通入干燥的氯化氢气体（用浓硫酸干燥），直至固体物完全溶解，放置 16 h。无水硫酸钠干燥，过滤，浓缩，得油状粗品（**1**）。

【用途】 预防及治疗免疫功能缺陷病人的巨细胞病毒感染药物更昔洛韦（Ganciclovir）中间体。

1-氯-2-(乙酰氧基甲氧基)乙烷

$$C_5H_9ClO_3，152.58$$

【英文名】 1-Chloro-2-(acetoxymethoxy)ethane

【性状】 无色液体。bp 64～70℃/11 kPa。

【制法】 陈晓芳，范长春，刘学峰.中国医药工业杂志，2008，39（9）：643.

$$HO\!\!-\!\!\diagdown\!\!-\!\!Cl \xrightarrow{(HCHO)_n HCl} Cl\!\!-\!\!\diagdown\!\!O\!\!-\!\!\diagdown\!\!Cl \xrightarrow[CH_2Cl_2]{CH_3COONa} CH_3CO\!\!-\!\!O\!\!-\!\!\diagdown\!\!O\!\!-\!\!\diagdown\!\!Cl$$

（2）　　　　　　　　　　　（3）　　　　　　　　　　　（1）

1-氯-2-(氯甲氧基)乙烷（**3**）：于反应瓶中加入氯乙醇（**2**）100 g（1.2 mol），多聚甲醛 41 g（1.4 mol），搅拌加热至 50℃，反应 30 min。冷至 0℃，通入干燥的氯化氢气体 8 h，其间保持反应体系在 0℃左右，反应液逐渐澄清。于 5℃搅拌反应过夜。分层，有机层用无水硫酸钠干燥，过滤。减压浓缩，得油状化合物（**3**）125 g，收率 78%，直接用于下一步反应。

1-氯-2-(乙酰氧基甲氧基)乙烷（**1**）：于反应瓶中加入二氯甲烷 400 mL，无水醋酸钠 160 g（1.95 mol），化合物（**3**）125 g，搅拌反应 1 h 后，于 40～50℃搅拌反应 3.5 h。冷却，过滤，滤饼用二氯甲烷洗涤。合并滤液和洗涤液，水洗，无水硫酸钠干燥。过滤，浓缩，减压蒸馏，收集 64～70℃/11 kPa 的馏分，得化合物（**1**）110 g，收率 74.4%，纯度 95%以上（GC）。

【用途】 治疗水痘带状疱疹及Ⅰ型、Ⅱ型单纯疱疹病毒感染药物盐酸伐昔洛韦（Valaciclovir hydrochloride）中间体。

N-氯甲基-*N*-苯基乙酰胺

$$C_9H_{10}ClNO，183.64$$

【英文名】 *N*-Chloromethyl-*N*-phenylacetamide

【性状】 白色固体。

【制法】 丁丽君等.吉林大学学报，2004，42（1）：100.

$$\diagup\!\!\diagdown\!\!-\!\!NHAc \xrightarrow[C_6H_6,40℃]{(CH_2O)_n HCl} \diagup\!\!\diagdown\!\!-\!\!N\!\!\diagup\!\!\diagdown\!\!\begin{matrix}Ac\\CH_2Cl\end{matrix}$$

（2）　　　　　　　　　　　　　（1）

于反应瓶中加入苯 30 mL，乙酰苯胺（**2**）0.6 g（4.4 mmol），于 40℃搅拌溶解。加入多聚甲醛 0.3 g（9.6 mmol），回流条件下通入干燥的氯化氢气体 1～2 h，TLC 跟踪反应。反应结束后，冷至室温，用饱和氯化钠溶液洗涤至中性，无水硫酸镁干燥。过滤，蒸出溶剂，剩余物过硅胶柱纯化，乙酸乙酯-石油醚（2:1）洗脱，得化合物（**1**）0.6 g，收率 71%。

【用途】 药物合成、有机合成中间体。

第五章 | 酰基化反应

一、羧酸酰化剂

1. *O*-酰基化反应

对硝基苯甲酸 2-二乙基氨基乙基酯

$C_{13}H_{18}N_2O_4$，266.30

【英文名】 2-Diethylaminoethyl 4-nitrobenzoate

【性状】 浅黄色液体。

【制法】 唐海平. 山东化工，2012，41（2）：27.

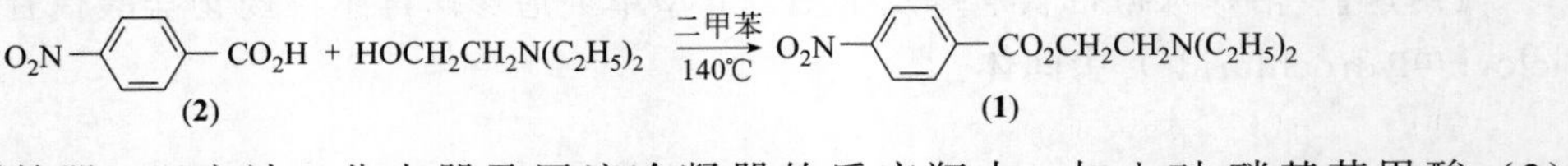

$$O_2N-\underset{(2)}{\underset{|}{\bigcirc}}-CO_2H + HOCH_2CH_2N(C_2H_5)_2 \xrightarrow[140℃]{二甲苯} O_2N-\underset{(1)}{\underset{|}{\bigcirc}}-CO_2CH_2CH_2N(C_2H_5)_2$$

　　于安有搅拌器、温度计、分水器及回流冷凝器的反应瓶中，加入对-硝基苯甲酸（**2**）20 g，β-二乙氨基乙醇 14.7 g，二甲苯 150 mL，回流共沸带水 6 h。稍冷，将反应液倒入 250 mL 锥形瓶中，放置冷却，析出固体。将上清液用倾泻法转移至减压蒸馏烧瓶中，水泵减压蒸除二甲苯，残留物以 3% 盐酸 140 mL 溶解，并与锥形瓶中的固体合并，过滤，除去未反应的对-硝基苯甲酸，滤液减压浓缩，得黄色液体（**1**）。

【用途】 局部麻醉药盐酸普鲁卡因（Procaine hydrochloride）中间体。

N-乙酰基-D-神经氨酸甲酯

$C_{13}H_{24}NO_9$，338.33

【英文名】 *N*-Acetylneuraminic acid methyl este

【性状】 白色固体。

【制法】 金微西，赵志庆，颜庆林等. 中国医药工业杂志，2007，38（5）：321.

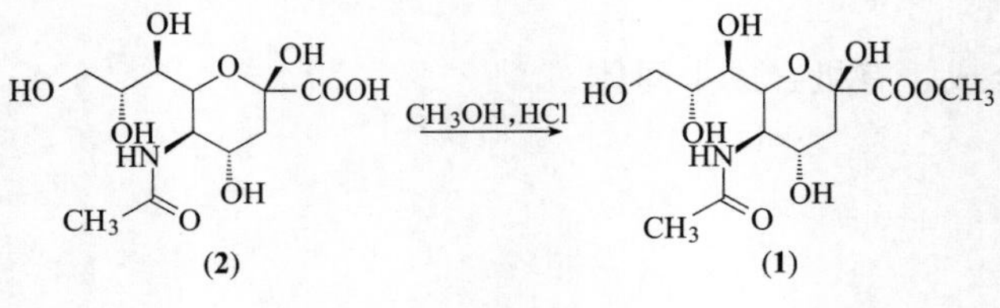

于反应瓶中加入 N-乙酰基-D-神经氨酸（**2**）30 g（97 mmol），无水甲醇 450 mL，2 mol/L 的氯化氢-甲醇溶液 4.5 mL，于 50℃ 搅拌反应 2.5 h。40℃ 下减压浓缩至约 150 mL，分次加入乙酸乙酯 300 mL、250 mL、150 mL，每次均减压浓缩至约 150 mL。得到的浆状物加入 150 mL 乙酸乙酯冰浴冷下搅拌 1.5 h。抽滤，乙酸乙酯洗涤，真空干燥，得白色固体（**1**）28.2 g，收率 90%。

【用途】 抗病毒药扎那米韦（Zanamivir）中间体。

氯贝丁酯

$C_{12}H_{15}ClO_3$，242.70

【英文名】 Clofibrate

【性状】 无色透明液体。

【制法】 王广洪. 齐鲁药事, 2006, 25(5): 298.

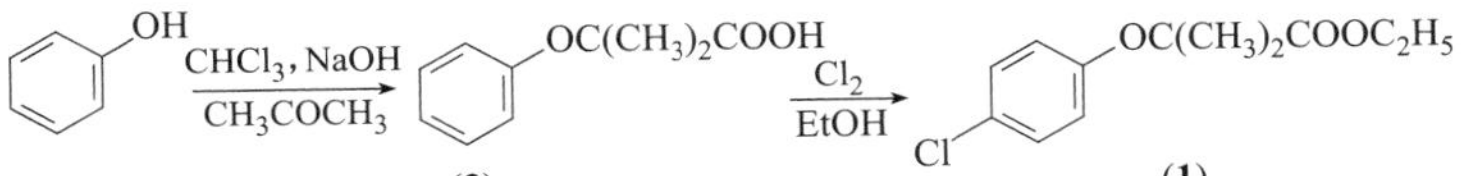

苯氧异丁酸（**3**）：于反应瓶中加入苯酚 75.2 g（0.8 mol），丙酮 500 g，氢氧化钠 180 g（4.5 mol），搅拌加热至回流时，停止加热。慢慢滴加氯仿 120 g（1 mol），加完后继续回流 3 h。蒸出丙酮后，加入 800 mL 水加热溶解，调节 pH 至 2，放置结晶。抽滤，固体物用饱和碳酸氢钠溶解，用氯仿提取。水层用乙酸调至酸性，得黄色结晶。过滤，干燥，得化合物（**3**），收率 70%，mp 93～96℃。

氯贝丁酯（**1**）：于反应瓶中加入化合物（**3**）120.4 g（0.66 mol），无水乙醇 210 mL，溶解后于 20～40℃ 通入氯气，得红棕色液体。减压蒸出溶剂，剩余物用氯仿溶解，饱和碳酸氢钠溶液洗涤，无水硫酸钠干燥。过滤，浓缩，减压蒸馏，收集 124～129℃/532 Pa 的馏分，得无色透明液体（**1**），收率 77%，纯度 99.5%。

【用途】 降血脂药氯贝丁酯（Clofibrate）原料药。

丙二酸二异丙酯

$C_9H_{16}O_4$，188.22

【英文名】 Diisopropyl malonate

【性状】 无色液体。

【制法】 方法 1 唐立新. 湖南化工, 2000, 30(5): 23.

于反应瓶中加入丙二酸钠干粉（**2**）0.2 mol，异丙醇 1.2 mol，超强酸 1.6 g，搅拌下于 25～30℃ 滴加硫酸 19.6 g（0.2 mol），而后回流反应 8 h。静置分层，有机层依次用饱和碳酸钠、水洗涤，蒸出溶剂，剩余物即为化合物（**1**），收率 90%，纯度 96%。

方法 2 陈芬儿.有机药物合成法：第一卷.北京：中国医药科技出版社，1999：408.

$$CH_2(COOH)_2 + (CH_3)_2CHOH \xrightarrow{HPM,C_6H_6} CH_2 \begin{array}{c} COOCH(CH_3)_2 \\ \\ COOCH(CH_3)_2 \end{array}$$

（2）   （1）

于安有分水器的干燥反应瓶中，加入丙二酸（**2**）20.81 g（0.2 mol）、异丙醇 30.05 g（0.5 mol）、HPM（一种杂多酸）催化剂 0.5 g 和苯 15 mL，加热回流共沸带水，直至无水珠出现为止（约 5 h）。反应结束后，回收苯和异丙醇，剩余物减压蒸馏，收集 bp 120～122℃/6.0 kPa 馏分，得（**1**）21.01 g，收率 82%。

【用途】 保肝药马洛替酯（Malotilate）中间体。

2,3′-脱水-5′-O-对甲氧基苯甲酰基胸腺嘧啶脱氧核苷

$$C_{18}H_{18}N_2O_6, \ 358.35$$

【英文名】 2,3′-Anhydro-5′-O-(4-methoxybenzoyl)thymidine

【性状】 白色粉末。mp 259～261℃。

【制法】 ①余勇，刘骞锋，杨永忠等.应用化工，2011，40（8）：1484.②李伟，姜玉钦等.河南师范大学学报，2004，32（4）：136.

（2）   （1）

于反应瓶中加入 β-胸苷（**2**）2 g，三苯基膦 3.2 g，DMF 5 mL，乙酸乙酯 10 mL，混合搅拌，室温下滴加对甲氧基苯甲酸 1.3 g、偶氮二甲酸二乙酯（DEAD）2.2 g 与 5 mL DMF 的混合溶液。滴加完毕后保持室温反应 30 min。再次加入三苯基膦 3.2 g，滴加 2.2 g DEAD。加完后保持原温度反应 2 h。加入乙酸乙酯 80 mL，过滤，得白色粉末（**1**）2.7 g，收率 75%。

【用途】 抗病毒药齐多夫定（Zidovudine）中间体。

布洛芬吡甲酯

$$C_{19}H_{23}NO_2, \ 297.40$$

【英文名】 Ibuprofen piconol

【性状】 微黄色透明液体，无臭，味苦。溶于稀盐酸，不溶于水。bp178℃/0.133 kPa。n_D^{20} 1.529～1.532。

【制法】 Noda K，Nakagawa A，Nakajima Y. JP 8087770. 1978.

（2）   （1）

于安有分水器的反应瓶中加入布洛芬（**2**）50 g（0.243 mol），α-羟甲基吡啶 24.6 g（0.23 mol）和甲苯 250 mL，加热搅拌回流 16 h。反应结束后，减压回收溶剂。冷却，向剩余物中加适量水，分出有机层，依次用 1%碳酸钠溶液和水洗至 pH7，无水硫酸钠干燥。过滤，滤液回收溶剂后，减压蒸馏，收集 bp 160～165℃/0.133 kPa 馏分，得（**1**）42 g，收率 90%。

也可以用如下方法来合成［向玲，吴贝，邓勇.华西药学杂志.2006，21（21）：178］：

$$(CH_3)_2CHCH_2 \text{—} \text{—} CHCOOH \xrightarrow[(99\%)]{SOCl_2} (CH_3)_2CHCH_2 \text{—} \text{—} CHCOCl$$

$$\xrightarrow[(93.6\%)]{} (CH_3)_2CHCH_2 \text{—} \text{—} CHCOOCH_2 \text{—} N$$

【用途】 外用消炎镇痛药布洛芬吡甲酯（Ibuprofen piconol）原料药。

3-羧基-5-(4-氯苯甲酰基)-1,4-二甲基-1*H*-吡咯-2-乙酸乙酯

$C_{18}H_{18}ClNO_5$，363.80

【英文名】 Ethyl 3-carboxy-5-(4-chlorobenzoyl)-1,4-dimethyl-1*H*-pyrrole-2-acetate
【性状】 白色结晶。mp 192～198℃。
【制法】 ①陈芬儿.有机药物合成法：第一卷.北京：中国医药科技出版社，1999：1041.②蔡允明，董文良.中国医药工业杂志，1983，14（5）：3.

$$\xrightarrow{C_2H_5OH, HCl}$$

于反应瓶中加入化合物（**2**）20.0 g（0.06 mol），0.5% 的氯化氢无水乙醇溶液 200 mL，加热回流 40 min。反应结束后，冷却，过滤，干燥得白色结晶（**1**）19.7 g，收率 90%，mp 192～198℃。

【用途】 消炎镇痛药佐美酸钠（Zomepirac sodium）中间体。

3-氨基-4-羟基苯基-α-甲基乙酸乙酯

$C_{11}H_{15}NO_3$，209.25

【英文名】 Ethyl 3-amino-4-hydroxyphenyl-α-methylacetate
【性状】 mp 79～82℃。
【制法】 Dunwell D W，et al. J Med Chem，1975，18（1）：53.

$$\xrightarrow{EtOH, HCl(g)}$$

于干燥的反应瓶中加入 3-氨基-4-羟基苯基-α-甲基乙酸（**2**）13.82 g（0.076 mol）、无

水乙醇 50 mL、通入干燥氯化氢气体至饱和后，加热搅拌回流 5.5 h。减压回收溶剂，冷却，向剩余油状物中加入水 50 mL，用 10％碳酸氢钠溶液调至 pH8 后，用乙醚提取数次。合并有机层，无水硫酸钠干燥。过滤，滤液回收溶剂后，减压蒸馏，收集 bp154～156℃/333 Pa 馏分，得化合物（**1**）8.43 g，收率 53％。固化后，mp 79～82℃。

【用途】 消炎镇痛药苯噁洛芬（Benoxaprofen）等的中间体。

6-氯-α-甲基-1,2,3,4-四氢咔唑-2-乙酸乙酯

$C_{17}H_{20}ClNO_2$，305.80

【英文名】 Ethyl 6-chloro-α-methyl-1,2,3,4-tetrahydrocarbazole-2-acetate

【性状】 mp 125～126℃。

【制法】 ①陈芬儿.有机药物合成法：第一卷.北京：中国医药科技出版社，1999：312. ②Montchair L B, et al. US 3896145. 1975.

（**2**）　　　　　　　　　　　　　　　（**1**）

于反应瓶中加入 6-氯-α-甲基-1,2,3,4-四氢咔唑-2-乙酸（**2**）36 g（0.13 mol），无水乙醇 1500 mL，搅拌溶解（此溶液使用前，应经过硅藻土过滤），通入干燥的氯化氢气体 10 g（0.27 mol），在氮气保护下，搅拌回流 12 h，而后室温继续搅拌 48 h。冷却，加入苯 100 mL，减压回收溶剂至干。向剩余物中加入乙醇 1 L，通入氯化氢气体 11 g（0.30 mol）加热搅拌回流 12 h。冷却，加入苯 200 mL，减压回收溶剂。向剩余物中加入乙醚 800 mL，用冷的 2 mol/L 氢氧化钠溶液 200 mL 提取，弃去碱水层。有机层水洗至 pH7，无水硫酸镁干燥.。过滤，回收溶剂，冷，析出胶状固体，得粗品（**1**）35.9 g，收率 91.2％。用乙醇重结晶，得精品（**1**），mp 125～126℃。

【用途】 消炎镇痛药卡洛芬（Carprofen）中间体。

3-甲基丁-2-烯酸甲酯

$C_6H_{10}O_2$，114.14

【英文名】 Methyl 3-methylbut-2-enoate, Methyl 3-methylcrotonate

【性状】 无色油状液体。

【制法】 吕加过，张万年，朱驹等.中国医药工业杂志，1995，26（7）：289.

（**2**）　　　　　　　　（**3**）　　　　　　　　（**1**）

3-甲基丁-2-烯酸（**3**）：于反应瓶中加入 4-甲基-3-戊烯-2-酮（**2**）98 g（1 mol），12％的次氯酸钠溶液 2000 mL，搅拌反应 3 h。自然升温至 60～70℃，蒸出生成的氯仿。用亚硫酸氢钠除去过量的次氯酸钠，再用盐酸酸化，析出白色固体。冷却，过滤，水洗，干燥，得白色结晶（**3**）56 g，收率 56％，mp 66～68℃。

3-甲基丁-2-烯酸甲酯（**1**）：于反应瓶中加入上述化合物（**3**）100 g（1 mol），甲醇 150 mL，硫酸 6 mL，搅拌回流反应 8 h。减压蒸出甲醇，剩余油状物依次用水、饱和碳酸氢钠溶液、水洗涤，无水硫酸钠干燥。过滤，蒸馏，收集 135～139℃ 的馏分，得化合物（**1**）77 g，收率 67％。

【用途】　抗真菌药环吡司胺（Ciclopirox olamine）中间体。

L-谷氨酸-γ-乙酯

$C_7H_{13}NO_4$，175.18

【英文名】　L-Glutamic acid-γ-ethyl ester

【性状】　白色固体。mp 179～180℃。$[\alpha]$ +29.8°（$c=1$，10％盐酸）。

【制法】　①金龙飞，毛骁，吴勇飞等.中南民族大学学报：自然科学版，2013，32（2）：17.②李为明，王小妹.化工时刊，1999，9：16.

$$HO_2CCH_2CH_2\underset{\underset{NH_2}{|}}{C}HCO_2H + C_2H_5OH \xrightarrow{H_2SO_4} C_2H_5O_2CCH_2CH_2\underset{\underset{NH_2}{|}}{C}HCO_2H$$
$$\text{（2）}\qquad\qquad\qquad\qquad\qquad\qquad\qquad\qquad\text{（1）}$$

于反应瓶中加入 L-谷氨酸（**2**）29.4 g（0.2 mol），无水乙醇 400 mL，搅拌下慢慢滴加浓硫酸 12 mL，加热至 70℃，反应 2 h。减压蒸馏回收乙醇。剩余物冷至 10℃ 以下，滴加 5％的氢氧化钠水溶液调至 pH7，冰箱中放置过夜。滤去析出的硫酸钠，滤液减压浓缩至有白色固体析出，加入乙醇 80 mL，冷却 3 h，滤出析出的固体。母液浓缩后又可得到部分固体。将固体合并，用 85％的乙醇重结晶，得（**1**）32.5 g，收率 93％，mp 174～176℃。

【用途】　L-脯氨酸 ［L(−)-Proline］ 等的中间体。

4-异丙基环己甲酸 *N*-琥珀酰亚胺酯

$C_{14}H_{21}NO_4$，267.33

【英文名】　*N*-Succinimidyl 4-isopropylcyclohexanecarboxylate，4-Isopropylcyclohexanecarboxylic acid *N*-hydroxysuccinimide ester

【性状】　白色固体。

【制法】　刘韬，盛春光，张虎山，孙铁民.中国药物化学杂志，2005，15（6）：251.

于反应瓶中加入 4-异丙基环己基甲酸（**2**）20 g（118 mmol），*N*-羟基琥珀酰亚胺 15 g（130 mmol），无水 THF 110 mL，于 0℃ 分批加入 DCC 26.8 g（130 mmol），搅拌反应 1 h 后，室温搅拌反应 24 h。加入 9 mL 冰醋酸反应 1 h 后，抽滤除去白色固体。减压蒸出溶剂，剩余物中加入氯仿溶解。用碳酸钠水溶液调至 pH8～8.5，依次用饱和盐水、水洗涤，无水硫酸镁干燥。过滤，浓缩，得白色固体（**1**）。过硅胶柱纯化，以乙酸乙酯-石油醚（1：2）洗脱，得顺式 4-异丙基环己甲酸 *N*-琥珀酰亚胺酯 17.3 g，收率 55％；反式 4-异丙基环己甲酸 *N*-琥珀酰亚胺酯 11.9 g，收率 38％。

【用途】 降糖药那格列奈（Nateglinide）中间体。

2-乙酰氧基苯甲酸 3-羟甲基苯基酯

$C_{16}H_{14}O_5$，286.28

【英文名】 3-Hydroxymethylphenyl 2-acetyloxybenzoate

【性状】 白色固体。mp 78～80℃。

【制法】 蒋丽媛，陈莉，张奕华. 中国药物化学杂志，2004，14（3）：178.

于反应瓶中加入阿司匹林（**2**）1.8 g（10 mmol），间羟基苯甲醇1.36 g（11 mmol），无水二氯甲烷10 mL，加入DCC 2.1 g（10 mmol），几粒DMAP，室温搅拌反应3 h。过滤生成的白色沉淀，滤液浓缩，得白色固体。用乙酸乙酯-石油醚重结晶，得化合物（**1**）2.43 g，收率85℃，mp 78～80℃。

【用途】 NO供体型非甾体抗炎药NCX-4016中间体。

乙酰甘氨酸乙酯

$C_8H_{11}NO_3$，145.16

【英文名】 Ethyl *N*-acetylglycinate，Ethyl acetamidoacetate

【性状】 白色固体。mp 43～46℃，bp 260℃/94.9 kPa。溶于乙醇、乙醚，不溶于水。

【制法】 ①黄斌，蒋立建，丁军. 化工时刊，2004，18（6）：34.②孙昌俊，曹晓冉，王秀菊. 药物合成反应——理论与实践. 北京：化学工业出版社，2007：280.

$$CH_3CONHCH_2CO_2H + C_2H_5OH \longrightarrow CH_3CONHCH_2CO_2C_2H_5 + H_2O$$
$$(2) \qquad\qquad (1)$$

于反应瓶中加入乙酰甘氨酸（**2**）117 g（1 mol），无水乙醇1200 mL，强酸性苯乙烯系阳离子交换树脂120 g，剧烈搅拌回流反应5 h。冷至室温，滤去树脂。树脂用乙醇洗涤。合并滤液和洗涤液，常压蒸馏，而后减压除尽乙醇。剩余物依次用5%的氢氧化钠、水洗涤，无水硫酸钠干燥，得粗品乙酰甘氨酸乙酯（**1**）133.5 g，收率92%。减压蒸馏，收集260℃/95 kPa的馏分，可得到纯品。

【用途】 抗勾端螺旋体药物咪唑酸乙酯（Ethyl imidazolate）等的中间体。

盐酸贝奈克酯

$C_{23}H_{28}ClN_3O_4 \cdot HCl \cdot H_2O$，445.95

【英文名】 Benexate hydrochloride

【性状】 从甲醇-乙醚结晶，mp 83℃。

【制法】 ①Saton T，et al. Chem Pharm Bull，1985，33（2）：647.②陈芬儿. 有机药物合成法：第一卷. 北京：中国医药科技出版社，1999：735.

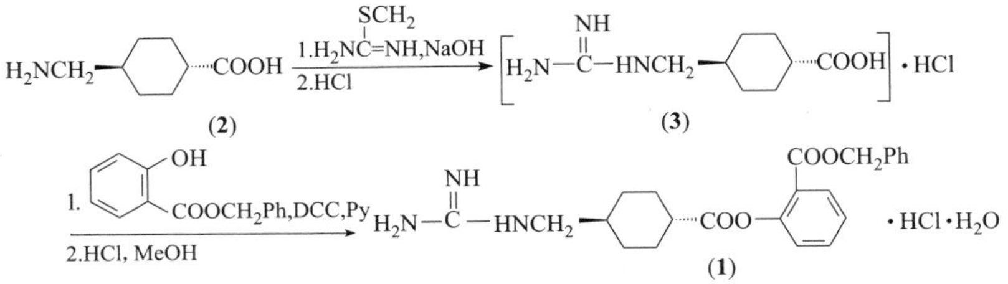

反式-4-(胍甲基) 环己基甲酸盐酸盐（**3**）：将甲基异硫脲硫酸氢盐 10.0 g（0.07 mol）溶于 36 mL 水中，冰浴冷却，搅拌下加入 36 mL 2 mol/L 氢氧化钠，而后滴加反式-4-(氨甲基) 环己基甲酸（**2**）10.8 g（0.069 mol）溶于 54 mL 沸水的溶液。室温放置过夜后，冰浴冷却 1 h。过滤，冷水洗涤，得反式-4-(胍甲基) 环己基甲酸 11.4 g，收率 83%，mp 300℃。

将反式-4-(胍甲基) 环己基甲酸（10.0 g，0.05 mol）溶于 76 mL 1mol/L 盐酸中，过滤除去不溶物。滤液减压浓缩至 25 mL。冰水冷却，析出无色棱状的结晶，收集后用水重结晶，得化合物（**3**），收率 57%，mp 234～235.5℃。

盐酸贝奈克酯（**1**）：于反应瓶中加入化合物（**3**）11.8 g（0.05 mol），邻羟基苯甲酸苄酯（0.06 mol）和 N,N′-二环己基碳化二亚胺（DCC）12.4 g（0.06 mol），搅拌下溶于 75 mL 吡啶和 75 mL 二甲基甲酰胺（DMF）的混合溶液中。反应结束后，减压浓缩，剩余物悬浮于 200 mL 1mol/L 盐酸中，然后过滤。滤液浓缩至 100 mL，用冰水冷却。沉淀用甲醇和乙醚重结晶，得化合物（**1**），收率 89%，mp 82～84℃。

【用途】 抗溃疡药盐酸贝萘克酯（Banexate hydrochloride）原料药。

(S)-2-苄基丁二酸二对硝基苯酚酯

C_{23}H_{18}N_2O_8，450.40

【英文名】 (S)-Bis(4-nitrophenyl)2-benzylsuccinate

【性状】 类白色固体。mp 126～129℃。

【制法】 张红梅，陈立功，曹小辉等. 现代化工，2008，28（8）：56.

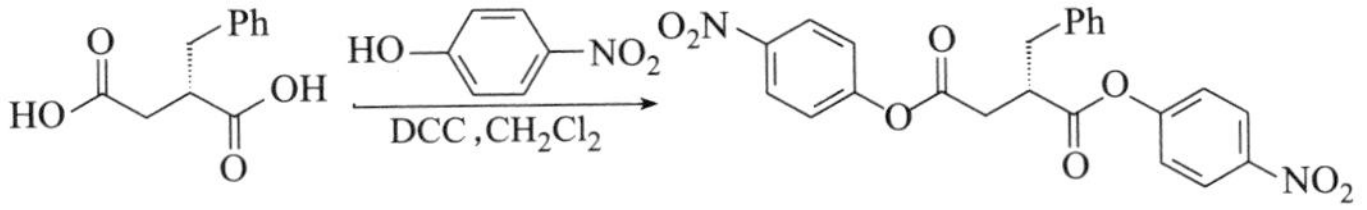

于反应瓶中加入（S）-2-苄基丁二酸（**2**）2.08 g（10 mmol），对硝基苯酚 2.78 g（20 mmol），二氯甲烷 40 mL，DCC 6.18 g（30 mmol），室温搅拌反应 24 h。过滤，滤液减压浓缩。剩余物过硅胶柱纯化（二氯甲烷为洗脱机），得淡黄色黏稠物。用乙酸乙酯-石油醚（1：3）重结晶，得类白色固体（**1**）3.94 g，收率 87.5%，mp 126～129℃。

【用途】 止吐药米格列奈（Mitiglinide）中间体。

呱胺托美丁

C_{24}H_{24}N_2O_5，420.46

【英文名】 Amtolmetin guacil

【性状】 白色结晶。

【制法】 熊远珍，周南进.中国药物化学杂志，2004，14（4）：236.

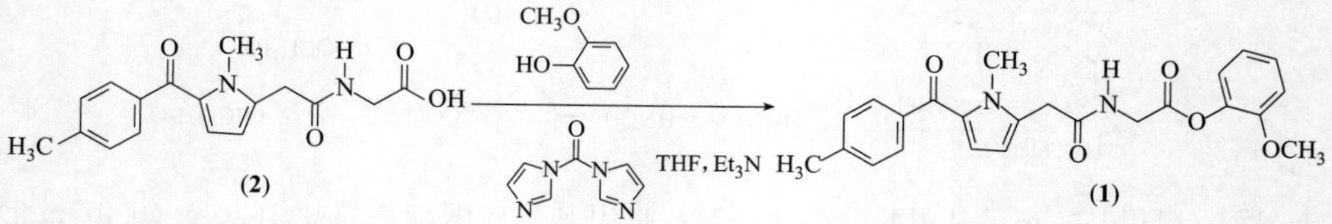

于反应瓶中加入化合物（**2**）2.4 g（7.64 mmol），无水 THF 150 mL，搅拌溶解。于 30 min 内滴加由 N,N-羰酰二咪唑 1.5 g（9.17 mmol）溶于 70 mL THF 的溶液，有沉淀生成，加完后继续搅拌反应 1 h。加入愈创木酚 1.4 g（11.29 mmol）溶于 30 mL THF 的溶液，室温搅拌反应 2 h。升至 70℃搅拌反应 30 min。减压蒸出溶剂，得油状物。将其溶于 150 mL 乙酸乙酯中，依次用 1 mol/L 的氢氧化钠、饱和盐水洗涤，无水硫酸镁干燥。过滤，减压浓缩得固体。用乙酸乙酯-环己烷（1∶1）重结晶，得白色结晶性化合物（**1**）2.31 g，收率 71.8%，mp 117～120℃。

【用途】 解热镇痛药呱胺托美丁（Amtolmetin guacil）原料药。

2. S-酰基化反应

2-（1H-四唑-1-基）硫代乙酸 S-1,3,4-噻二唑-2-基酯

$C_5H_4N_6OS_2$，228.25

【英文名】 S-1,3,4-Thiadiazol-2-yl 2-(1H-tetraazol-1-yl)ethanethioate

【性状】 黄色粉末。

【制法】 张秋荣，季聪慧，杨志华等.中国药物化学杂志.2012，21：391.

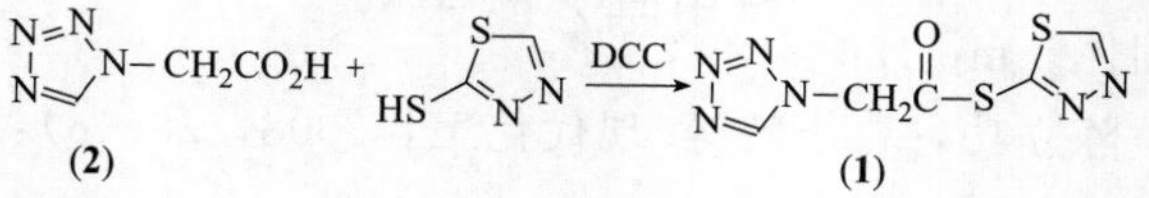

于反应瓶中加入化合物（**2**）12.93 g（0.101 mol），2-巯基-1,3,4-噻二唑 11.4 g（96.6 mmol），THF 150 mL，搅拌溶解。冰浴冷却，加入 DCC 21.75 g（0.105 mol），冰浴冷却下搅拌反应 2 h。滤去二环己基脲，减压浓缩后，加入石油醚 100 mL，搅拌，过滤，干燥，得黄色粉末（**1**）20.79 g，收率 94.4%。

【用途】 抗生素头孢替唑（Ceftezole）中间体。

3. N-酰基化反应

N-己基甲酰胺

$C_7H_{15}NO$，129.20

【英文名】 N-Hexylformamide

【性状】 无色液体。

【制法】 李辉南，张仲瑜，麦幼兰，黄恺.中国医药工业杂志，1990，21（1）：3.

$$CH_3CH_2CH_2CH_2CH_2CH_2NH_2 \xrightarrow{HCO_2H,C_6H_6} CH_3CH_2CH_2CH_2CH_2CH_2NHCHO$$
(2) (1)

于安有分水器的反应瓶中，加入正己胺（**2**）101 g（1.0 mol），甲酸 100 g（2，17 mol），苯 70 mL，回流分水 18 h。回收苯和过量的甲酸，剩余物减压蒸馏，收集 100～102℃/0.27 kPa 的馏分，得化合物（**1**）115.7 g，收率 90%。

【用途】 抗癌药卡莫氟（Carmofur）中间体。

L-N-甲酰基-1-苯基-2-氨基丙烷

$C_{10}H_{13}NO$，163.22

【英文名】 L-(+)-N-Formyl-1-phenyl-2-aminopropane
【性状】 mp 49～51℃。
【制法】 Chester John Cavallito，Allan Poe Gray，et al. US 3489840. 1970.

于安有分水器的反应瓶中加入 L-苯基异丙胺（**2**）433 g（3.464 mol），苯 1 L，冰浴冷却下缓慢加入 90%甲酸 321 g（6.40 mol），加热搅拌回流至无水珠出现为止。冷至室温，依次用水、3%盐酸、水洗涤，无水硫酸钠干燥。过滤，滤液回收溶剂后减压蒸馏，收集 bp118～121℃/13.33 Pa 馏分，得化合物（**1**）465 g，收率 90%。放置后固化，mp 49～51℃。

【用途】 抗震颤麻痹药盐酸司来吉兰（Selegiline hydrochloride）等的中间体。

对甲基乙酰苯胺

$C_9H_{11}NO$，149.19

【英文名】 4-Methylacetanilide
【性状】 白色针状结晶。mp 148.5℃（153℃）。溶于热乙醇，难溶于水、苯。
【制法】 ①段行信.实用精细有机合成手册.北京：化学工业出版社，2000：163. ②曾琦斐.应用化工，2011，40（6）：1115.

于反应瓶中加入对甲苯胺（**2**）107 g（1 mol），冰醋酸 90 g（1.5 mol），安上回流冷凝器，搅拌下加热回流反应 6 h。由于反应中不断生成水，回流温度由开始的约 120℃降至 113℃左右。改成分馏装置，蒸出稀醋酸，使反应瓶中液体的温度升至 160℃。减压分馏，控制压力 53.3 kPa 左右，直至内温达到 180℃。趁热将反应物倒入大量 50℃的热水中，用碳酸钠中和至 pH7，冷后抽滤，水洗，干燥，得产物（**1**）约 140 g，收率 94%，mp 146℃。

【用途】 医药中间体。

N-(3-甲氨基丙基)-2-四氢呋喃甲酰胺

$C_9H_{18}N_2O_2$，186.25

【英文名】 N-[3-(Methylamino)propyl]-tetrahydrofuran-2-carboxamide

【性状】 无色透明液体。

【制法】 徐静，何湛，宋宏锐. 精细化工中间体，2010，40（3）：40.

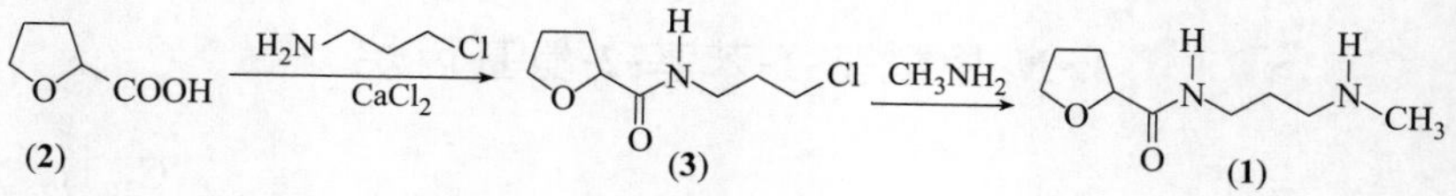

于反应瓶中加入 2-四氢呋喃甲酸（**2**）11.6 g（0.1 mol），氯仿 80 mL，冷至 0～5℃，加入无水氯化钙 5.74 g（0.05 mol），搅拌下滴加 3-氯丙胺 11.24 g（0.12 mol）溶于 70 mL 氯仿的溶液。加完后继续反应 24 h。依次加入氢氧化钾 4.48 g（0.08 mol）、碘化钾 0.1 g，再投入甲胺气体，搅拌反应 12 h。过滤，减压蒸出溶剂，得无色液体（**1**）10.6 g，收率 56.7%。

【用途】 治疗良性前列腺肥大症药物盐酸阿呋唑嗪（Alfuzosine hydrochloride）的中间体。

3-[2-(4-氰基苯氨基)甲基-1-甲基-N-(吡啶-2-基)-1H-苯并[d]咪唑-5-甲酰氨基]丙酸乙酯

$C_{27}H_{26}N_6O_3$，482.54

【英文名】 Ethyl 3-[2-(4-cyanophenylamino)methyl-1-methyl-N-(pyridine-2-yl)-1H-benzo[d]imidazole-5-carboxamido]propanoate

【性状】 褐色油状物。

【制法】 朱津津，樊士勇，仲伯华. 中国药物化学杂志，2012，22（3）：204.

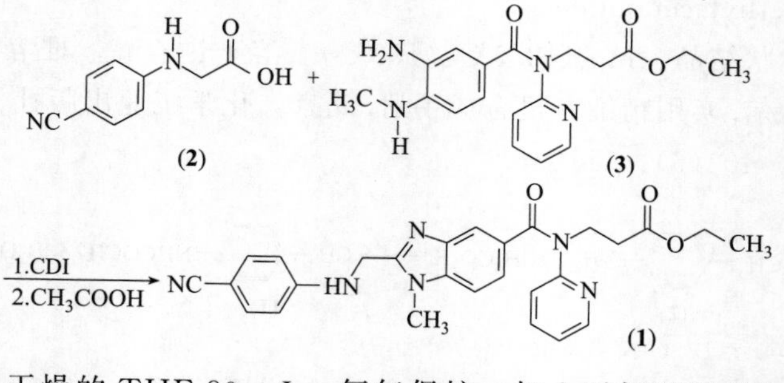

于反应瓶中加入干燥的 THF 80 mL，氮气保护，加入对氰基苯甘氨酸（**2**）2.64 g（45 mmol），N,N'-羰基二咪唑 2.43 g（45 mmol），搅拌回流 40 min。加入化合物（**3**）5.13 g（45 mmol），继续回流反应 5 h。冷至室温，减压浓缩。剩余物中加入冰醋酸 50 mL，回流 1 h。减压蒸出醋酸，剩余物溶于 50 mL 二氯甲烷中，水洗，无水硫酸钠干燥。过滤，过硅胶柱纯化，以二氯甲烷-甲醇（25:1）洗脱，得褐色油状物（**1**）6.18 g，收率 85.3%。

【用途】 凝血酶抑制剂达比加群酯（Dabigatran etexilate）中间体。

N-苄基水杨酸酰胺

$$C_{14}H_{13}NO_2，227.26$$

【英文名】 *N*-Benzyl salicylamide，*N*-Benzyl salicylic amide

【性状】 白色固体。mp 132℃（乙醇-水）。

【制法】 Einhorn J，Einhorn C，Luche J L. Synth Commun，1990，20（8）：1105.

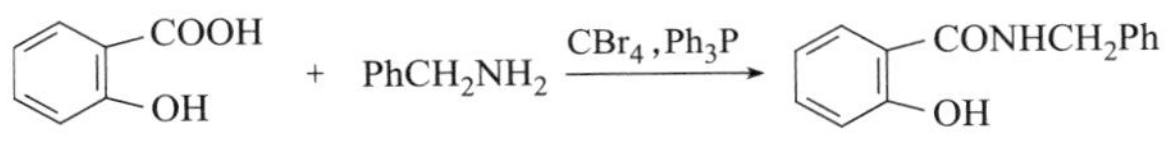

于反应瓶中加入水杨酸（**2**）0.276 g（2 mmol），苄基胺 0.214 g（2 mmol），三乙胺 0.202 g（2 mmol），四溴化碳 0.662 g（2 mmol），5 mL 干燥的二氯甲烷。搅拌下于 5 min 内室温分批加入固体三苯基膦 0.554 g（2 mmol），加完后继续搅拌反应 10 min。蒸出溶剂，加入 1∶1 的己烷-乙酸乙酯混合溶剂，滤去三苯基膦氧化物。蒸出溶剂后用乙醇-水重结晶，得白色固体（**1**），mp 132℃，收率 40%。

该类反应的可能的反应机理如下：

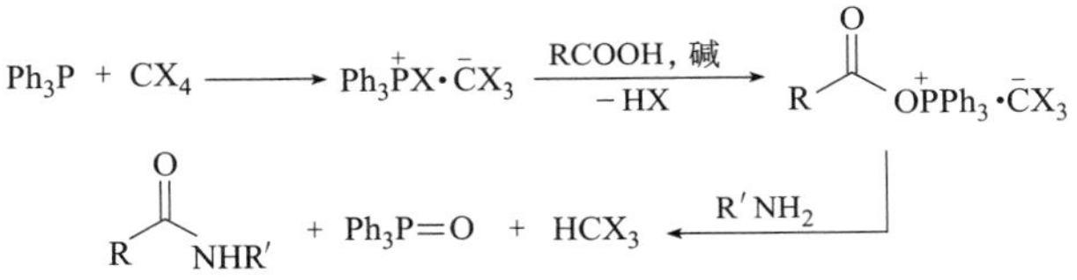

【用途】 非甾体抗炎新药开发中间体。

布西拉明

$$C_7H_{13}NO_3S_2，223.31$$

【英文名】 Bucillamine

【性状】 白色结晶或结晶性粉末。mp 139～140℃。

【制法】 ①单世明，罗洪波. 中国医药工业杂志，1991，22（2）：61. ②Oya M，Matsumoto J，Takashina H，et al. Chem Pharm Bull，1981，29（4）：940.

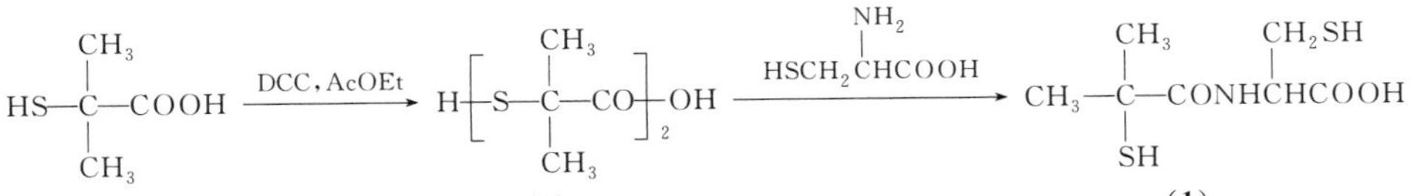

于反应瓶中加入巯基异丁酸（**2**）1.6 g（0.013 mol），乙酸乙酯 17.5 mL，溶解后冰浴冷却，搅拌下滴加由乙酸乙酯 17 mL 和 DCC 3.6 g 配成的溶液。加完后室温反应 1 h。滤去二环己基脲，减压浓缩至约 12 mL，得二聚体（**3**）的溶液。

于反应瓶中加入半胱氨酸 2.1 g（0.017 mol），甲醇 10 mL，水 10 mL，碳酸钾 1.3 g，搅拌下加入上述化合物（**3**）的溶液，室温反应 4 h，静置过夜。减压浓缩，酸化，乙酸乙酯提取 3 次。合并有机层，水洗，无水硫酸钠干燥。过滤，减压浓缩，剩余物于乙酸乙酯中重结晶，得化合物（**1**），收率 60%，mp 139～140℃。

【用途】 消炎镇痛药布西拉明（Bucillamine）原料药。

7-(1H-1-四唑基)乙酰氨基头孢烷酸

$C_{13}H_{13}N_6O_6S$，381.25

【英文名】 7-(1H-Tetrazol-1-yl)acetamidocephalosporanic acid，7-[2-(1H-Tetrazol-1-yl)ac-etamido]-3-(acetoxymethyl)-8-oxo-5-thia-1-aza-bicyclo[4,2,0]oct-2-ene-2-carboxylic acid

【性状】 结晶性粉末。mp 113～116℃（分解）。

【制法】 孙昌俊，曹晓冉，王秀菊.药物合成反应——理论与实践.北京：化学工业出版社，2007：285.

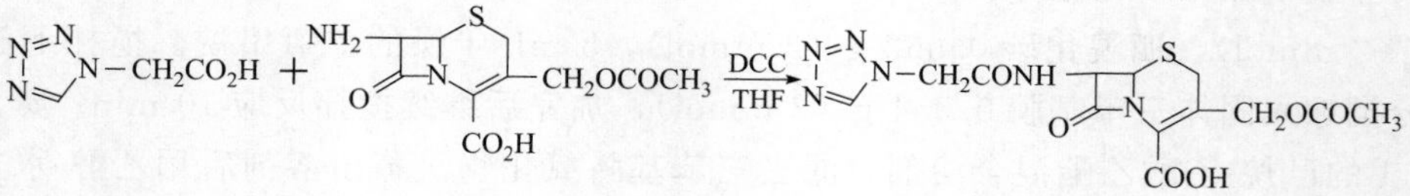

于反应瓶中加入 1H-四唑-1-乙酸（2）6.0 g（0.047 mol），DCC 6.0 g（0.029 mol），四氢呋喃 200 mL，冰水浴冷却下搅拌 30 min。滴加 7-氨基头孢菌素酸（3）5.44 g（0.02 mol）、三乙胺 6.0 g 溶于 100 mL 氯仿的溶液。加完后继续冰水浴冷却下搅拌反应 7 h。滤去沉淀物，滤液加水 300 mL。分出水层，水层用乙酸乙酯提取后，用 5%的盐酸调至 pH2。乙酸乙酯提取（100 mL×3）。提取液用饱和食盐水洗涤，无水硫酸钠干燥，减压蒸出乙酸乙酯，得化合物（1）4 g，收率 52.6%，mp 113～116℃（分解）。

【用途】 抗生素头孢替唑（Ceftezole）中间体。

1-甲酰基-L-脯氨酰-L-苯丙氨酸甲酯

$C_{16}H_{20}N_2O_4$，304.35

【英文名】 1-Formyl-L-prolyl-L-phenylalanine methyl ester

【性状】 黏稠油状物。

【制法】 于慧，关筱微，王琳等.精细化工中间体，2014，44（4）：40.

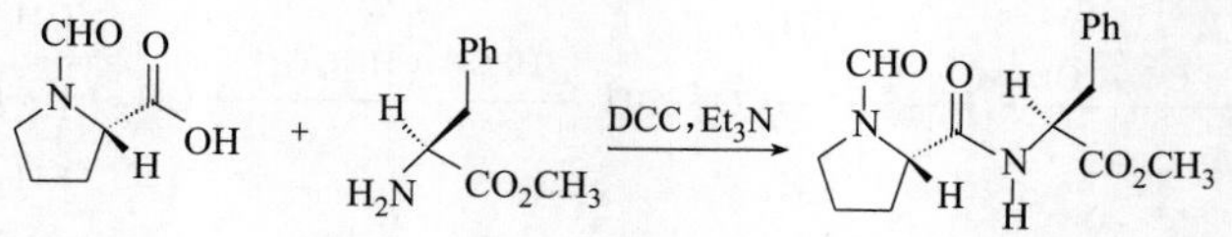

于反应瓶中加入 1-甲酰基-L-脯氨酸（2）20 g（0.139 mol），L-苯丙氨酸甲酯盐酸盐 30 g（0.139 mol），三乙胺 14.1 g（0.139 mol），二氯甲烷 50 mL，搅拌下慢慢加入 DCC 28.8 g（0.139 mol）溶于 50 mL 二氯甲烷的溶液。室温搅拌反应过夜。过滤，浓缩。剩余物中加入乙酸乙酯，冰箱中放置 2 h。过滤，滤液依次用碳酸氢钠水溶液、水、10%的柠檬酸水溶液洗涤。回收溶剂，得黏稠物（1）40.6 g，收率 96%。

【用途】 血管紧张素转化酶抑制剂阿拉普利（Alacepril）中间体。

N-(2-二乙基氨基乙基)-2,4-二甲基-5-甲酰基-1*H*-吡咯-3-甲酰胺

$C_{14}H_{23}N_3O_2$，265.36

【英文名】　*N*-[2-(Diethylamino)ethyl]-2,4-dimethyl-5-formyl-1*H*-pyrrole-3-carboxamide

【性状】　棕色固体。mp 177～180℃。

【制法】　刘彪，林蓉，廖建宇等.中国医药工业杂志，2007，38（8）：539.

于反应瓶中加入 2,4-二甲基-5-甲酰基-1*H*-吡咯-3-甲酸（**2**）8.4 g（0.05 mol），DMF 20 mL，搅拌溶解。于 0℃滴加由 DCC 5.5 g（0.075 mol）溶于 120 mL 二氯甲烷的溶液。加完后加入 *N*,*N*-二乙基乙二胺 7.7 mL（0.055 mol），于 35～40℃搅拌反应 36 h。过滤，滤液中加入 120 mL 水和 120 mL 二氯甲烷，充分搅拌。分出有机层，水层用 60 mL 二氯甲烷提取。合并有机层，用饱和盐水洗涤，无水硫酸钠干燥。过滤，浓缩。剩余物中加入 50 mL 乙酸乙酯，搅拌，过滤，乙酸乙酯洗涤，干燥，得棕色固体（**1**）5 g，收率 42.5%，mp 177～180℃。

【用途】　抗肿瘤药物苹果酸舒尼替尼（Sunitinib malate）中间体。

[2-(邻氯苯甲酰基)-4-硝基苯氨基甲酰甲基]氨基甲酸苄酯

$C_{23}H_{18}ClN_3O_6$，467.87

【英文名】　Benzyl[2-(*o*-chlorobenzoyl)-4-nitrophenylaminoformylmethyl]carbamate

【性状】　黄色固体。

【制法】　① 陈芬儿.有机药物合成法：第一卷.北京：中国医药科技出版社，1999：292. ② 日本 CMC 公司.药物合成手册.卢玉华等.北京：人民卫生出版社，1989：573.

于干燥反应瓶中加入化合物（**2**）5 g（18 mmol）、二氯甲烷 125 mL 和苄氧羰基甘氨酸 3.9 g（18.66 mmol），搅拌溶解后，冷却至 0℃。于 0.5 h 内分 4 次加入二环己基碳二亚胺 3.9 g（18.9 mmol），加完后冷冻 6 h，室温放置过夜。加入乙酸 4 mL，搅拌 0.5 h。过滤，滤液用稀碳酸氢钠溶液洗涤，无水硫酸钠干燥。过滤，减压回收溶剂至干，冷却，固化，得粗品（**1**）。用苯-环己烷重结晶，得精品（**1**）4.92 g，收率 60%。

【用途】　镇静催眠药甲磺酸氯普唑仑（Loprazolam mesilate）中间体。

2-[[4-氯-2-(2-氟苯甲酰基)苯基](甲基)氨基]-2-氧代乙基氨基甲酸苄酯

$C_{24}H_{20}ClFN_2O_4$，454.89

【英文名】 Benzyl 2-[[4-chloro-2-(2-fluorobenzoyl)phenyl](methyl)amino]-2-oxoethyl-carbamate

【性状】 固体。

【制法】 ①卢玉华等编译.药物合成手册.北京：人民卫生出版社，1989：217.②陈芬儿.有机药物合成法：第一卷.北京：中国医药科技出版社，1999：234.

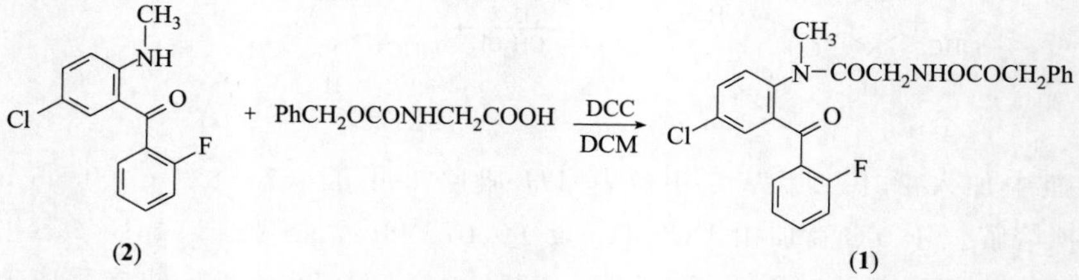

在干燥反应瓶中，加入二氯甲烷 125 mL、苄氧羰基甘氨酸 3.9 g（0.0186 mol）和 5-氯-2'-氟-2-甲基氨基-二苯甲酮（2）4.7 g（0.0178 mol）、搅拌溶解后，冷却至 0℃，于 0.5 h 内，分 4 次加入 N,N'-二环己基碳二亚胺 3.9 g（0.0189 mol），保温搅拌 6 h，室温放置 12 h。加入乙酸 4 mL，搅拌 0.5 h 后，过滤，滤液用 5%碳酸氢钠溶液洗涤，无水硫酸钠干燥。回收溶剂后，冷却，固化，得粗品（1），用苯-己烷重结晶，得（1）4.86 g，收率 60%。

【用途】 抗焦虑药氟地西泮（Fludiazepam）中间体。

尼罗替尼

$C_{28}H_{22}F_3N_7O$，529.52

【英文名】 Nilotinib

【性状】 白色结晶性固体。mp 230～232℃。

【制法】 ①陈永红，王丽华，周红，王丛站.中国医药工业杂志，2009，40（6）：401.②Huang W S，Shakespeare W C.Synthesis，2007，14：2121.

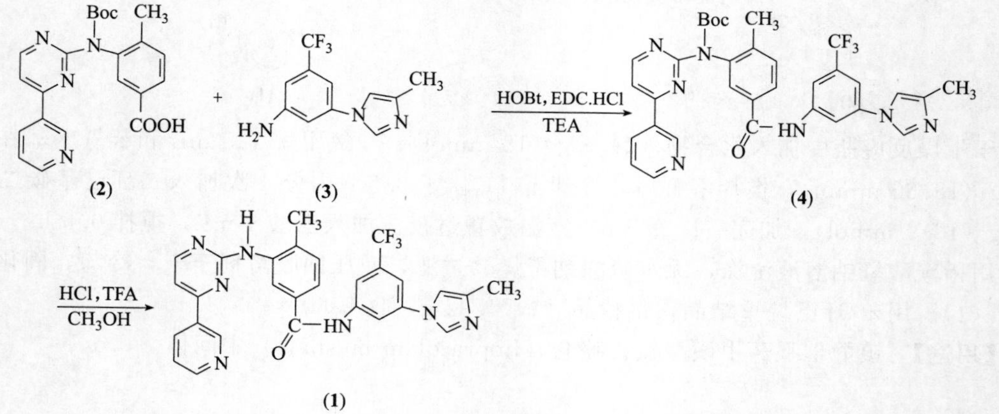

4-甲基-N-［3-(4-甲基-1H-咪唑-1-基)-5-(三氟甲基) 苯基]-3-［N-叔丁氧羰基-［4-(3-吡啶基)-2-嘧啶基］ 氨基］ 苯甲酰胺 （**4**）：于安有搅拌器、回流冷凝器、通气导管的反应瓶中，加入 4-甲基-3-［N-叔丁氧羰基-［4-(3-吡啶基)-2-嘧啶基］ 氨基］ 苯甲酸（**2**）2.0 g （4.9 mmol），1-羟基苯并三唑 （HOBt）1.0 g （7.4 mmol），1-(3-二甲氨基丙基)-3-乙基碳二亚胺盐酸盐 （EDC·HCl）1.11 g （5.6 mmol），三乙胺 1.94 mL （14.8 mmol），氮气保护，再加入 120 mL 乙腈。搅拌至全溶，室温反应 20 min。加入 3-三氟甲基-5-(4-甲基-1H-咪唑-1-基) 苯胺 （**3**）1.25 g （5.4 mmol），室温搅拌反应过夜。减压蒸出溶剂，剩余物中加入 50 mL 水，溶解后以乙酸乙酯提取 2 次，每次 50 mL。合并有机层，无水硫酸镁干燥，过滤后减压浓缩至干。剩余物中加入己烷 12 mL，搅拌析晶。抽滤，减压干燥，得类白色固体 （**4**）2.9 g，收率 94%，mp 168～171℃。

尼罗替尼 （**1**）：于安有搅拌器、温度计、回流冷凝器的反应瓶中，加入化合物 （**4**）2.9 g （4.61 mmol），2 mol/L 的盐酸-甲醇溶液 86 mL，三氟乙酸 6.2 mL （78.9 mmol），于 45℃搅拌反应 6 h。减压蒸出溶剂，得淡黄色固体。加入 20% 的盐水 50 mL，乙酸乙酯提取。有机层依次用饱和食盐水、水洗涤后，浓缩至干。剩余物过硅胶柱纯化，以氯仿-甲醇 （98:2） 洗脱。洗脱液减压浓缩，剩余物中加入乙酸乙酯 10 mL，搅拌析晶。抽滤，干燥，得白色结晶 （**1**）2.11 g，收率 86.8%，mp 230～232℃。

【用途】　慢性髓性白血病治疗药：尼洛替尼 （Nilotinib） 原料药。

8-氧代-8-苯氨基辛酸甲酯

$C_{15}H_{21}NO_3$，263.34

【英文名】　Methyl 8-oxo-8-(phenylamino)octanoate
【性状】　白色固体。mp 64～65℃。
【制法】　Gediya I K，et al. J Med Chem，2005，48 (16)：5047.

于反应瓶中加入辛酸单甲酯 （**2**）10 g （0.0531 mol），1-羟基苯并三氮唑 （HOBt）8.61 g （0.0637 mol），苯胺 5.93 g （0.0637 mol），DMF 60 mL，搅拌溶解。室温搅拌下加入 DCC 13.14 g （0.0637 mol），室温搅拌反应 1.5 h。过滤，滤饼用少量 DMF 洗涤。合并滤液和洗涤液，倒入 900 mL 冷水中，析出沉淀。过滤，水洗，干燥、过硅胶柱纯化，用石油醚-乙酸乙酯 （1:1） 洗脱，得化合物 （**1**）12.4 g，收率 88.7%，mp 64～65℃。

【用途】　抗癌药物伏利诺他 （Vorinostat） 中间体。

N-(3,5-二甲基苯基)-2-(4-羟基苯基)乙酰胺

$C_{16}H_{17}NO_2$，255.32

【英文名】　N-(3,5-Dimethylphenyl)-2-(4-hydroxyphenyl)acetamide
【性状】　灰黄色固体。mp 186～187℃。
【制法】　杨辉，刘明峰，张嫡群等.中国医药工业杂志，2007，38 (7)：470.

于反应瓶中加入对羟基苯乙酸（**2**）20 g（0.131 mol），3,5-二甲基苯胺 16.4 mL（0.131 mol），二甲苯 100 mL，搅拌回流反应 2 天。TLC 跟踪反应至完全。冷却，过滤。滤饼用己烷、10% 的碳酸氢钠、水、10% 的盐酸、水洗涤，干燥，得灰黄色固体（**1**）28.9 g，收率 86.1%，mp 186~187℃。

【用途】 抗癌药物乙丙昔罗（Efaproxiral）中间体。

2-[2-[1-甲基-5-(对甲基苯甲酰基)-1*H*-吡咯-2-基]乙酰氨基]乙酸乙酯

$C_{19}H_{22}N_2O_4$，342.39

【英文名】 Ethyl 2-[2-[1-methyl-5-(4-methylbenzoyl)-1*H*-pyrrol-2-yl]acetamido]acetate

【性状】 mp 132~133℃。

【制法】 熊远珍，周南进.中国药物化学杂志，2004，14（4）：236.

于反应瓶中加入 *N*,*N*-羰酰二咪唑 3.4 g（20 mmol），无水 THF 70 mL，搅拌溶解。冰浴冷却下滴加 1-甲基-5-对甲苯甲酰基吡咯-2-乙酸（**2**）4.6 g（18 mmol）溶于 150 mL THF 的溶液。加完后于 20℃ 剧烈搅拌反应 1 h。加入甘氨酸乙酯 3.2 g（31 mmol），生成的悬浊液剧烈搅拌下加入三乙胺溶于 20 mL THF 的溶液，于 20℃ 搅拌反应 3 h。过滤生成的三乙胺盐，滤液于 55℃ 水浴中减压浓缩至干，得油状物。用乙酸乙酯溶解，依次用 1 mol/L 的氢氧化钠、水洗涤，饱和盐水洗涤至中性。无水硫酸镁干燥，过滤，减压浓缩，得固体、用己烷-苯（1∶1）重结晶，得化合物（**1**）4.74 g，收率 77%，mp 132~133℃。

【用途】 解热镇痛药呱胺托美丁（Amtolmetin guacil）中间体。

4. *C*-酰基化反应

4-己酰间苯二酚

$C_{12}H_{16}O_3$，208.26

【英文名】 4-Caproylresorcinol

【性状】 固体或液体。mp 53~56℃。

【制法】 方法 1 简杰，杨晖，许文东等.中国医药工业杂志，2016，47（6）：685.

于反应瓶中依次加入间苯二酚（**2**）66 g（0.6 mol），正己酸 104.4 g（0.9 mol），三氟化硼-乙醚复合物 127.2 g（0.9 mol），氮气保护，于 100℃搅拌反应 3 h。冷却，加入乙酸乙酯 500 mL，依次水洗（300 mL×2）、饱和盐水洗涤（300 mL×3），无水硫酸钠干燥。过滤，减压浓缩至干，得褐色油状物（**1**）123.6 g，收率 99%。

方法 2　Wassmann W S，Schmidt H J，Wilken J，et al. US 20060129002.

$$\text{(2)} \quad + \quad CH_3(CH_2)_4COOH \quad \xrightarrow[135℃]{ZnCl_2} \quad \text{(1)}\ CO(CH_2)_4CH_3$$

于反应瓶中加入己酸 307 g，氯化锌 61 g，于 135℃搅拌溶解。分批加入间苯二酚（**2**）120 g，加完后继续于 135℃搅拌反应 4 h。将反应物倒入 500 mL 冰水中，分出有机相，水洗三次，大部分的己酸洗去。剩余物中加入甲苯和石油醚，直至生成结晶。过滤，洗涤，干燥，得化合物（**1**），收率 47%。

【用途】　驱虫药己雷琐辛（4-Hexylresorcinol）中间体。

2,4-二羟基苯乙酮

$$C_8H_8O_3，152.15$$

【英文名】　2,4-Dihydroxyacetophenone

【性状】　针状或叶状结晶。mp 147℃。在水中渐渐分解。溶于热乙醇、吡啶、冰醋酸，几乎不溶于乙醚、苯。遇三氯化铁呈红色。

【制法】　吕亚萍，何金桓，杨忠愚. 浙江工业大学学报，2002，30（2）：109.

$$\text{(2)} \quad + \quad CH_3CO_2H \quad \xrightarrow{ZnCl_2} \quad \text{(1)}$$

于反应瓶中加入冰醋酸 165 g（2.7 mol），无水氯化锌 160 g（1.2 mol），搅拌下慢慢加热至约 140℃，加入间苯二酚（**2**）110 g（1 mol）。控制反应温度在 150℃左右，反应 1 h。冷后倒入 250 mL 水和 250 mL 浓盐酸配成的溶液中。冰浴中冷至 5℃。滤出析出的固体，滤饼用 1:3 的稀盐酸充分洗涤，于 80℃干燥，得橘红色固体（**1**）108 g，收率 72%，mp 140～142℃。

【用途】　心脏病治疗药物乙氧黄酮（Efloxatem）等的中间体。

2,4-二羟基苯基苄基酮

$$C_{14}H_{12}O_3，228.25$$

【英文名】　2,4-Dihydroxyphenyl benzyl ketone

【性状】　黄色固体。mp 112～114℃。

【制法】　姜晔. 中国医药工业杂志，1997，28（7）：300.

$$\text{(2)} \quad + \quad PhCH_2COOH \quad \xrightarrow{ZnCl_2} \quad \text{(1)}\ COCH_2Ph$$

于反应瓶中加入苯乙酸 49 g（0.4 mol），无水氯化锌 43.6 g（0.36 mol），于 130～140℃搅拌反应 30 min。再加入间苯二酚（**2**）61.6 g（0.56 mol），保温反应 2.5 h。将反应物倒入 1 L 冰水中，析出褐红色半固体物，放置后固化。水洗，干燥，得红棕色固体 30 g，mp 106～110℃。用 50%甲醇重结晶，得化合物（**1**）26 g，mp 112～114℃。

【用途】 抗骨质疏松药依普黄酮（Ipriflavone）等的中间体。

6-溴-4-氧代-1,2,3,4-四氢萘-1-甲酸

$C_{11}H_9BrO_3$，269.09

【英文名】 6-Bromo-4-oxo-1,2,3,4-tetrahydronaphthalene-1-carboxylic acid

【性状】 白色固体。

【制法】 Gong L，et al. Label Compound Radiopharm，1996，38：425.

于反应瓶中加入化合物（**2**）1.8 g（6.3 mmol），乙醚 15 mL，搅拌下加入 PPA 220 g，加热至 90℃使乙醚挥发，于 90℃搅拌反应 4 h。冷却，将反应物倒入冰水中，乙酸乙酯提取 3 次。合并乙酸乙酯层，用饱和碳酸钠水溶液提取。水层用 10%的盐酸酸化，再用乙酸乙酯提取。乙酸乙酯层依次用水。饱和盐水洗涤，无水硫酸钠干燥。过滤，减压浓缩，剩余物过硅胶柱纯化，得白色固体化合物（**1**）0.78 g，收率 46%。

【用途】 止吐药盐酸帕洛诺司琼（Palonosetron hydrochloride）等的中间体。

10,11-二氢二苯并[*a*,*d*]环庚烯酮-5

$C_{15}H_{12}O$，206.24

【英文名】 10,11-Dihydro-dibenzo[*a*,*d*]cyclohepten-5-one，Dibenzosuberone

【性状】 mp 32～34℃，bp 148℃/40 Pa。

【制法】 ①刘巧云，陈文华.中国医药工业杂志，2013，44（5）：414.②孙昌俊，曹晓冉，王秀菊.药物合成反应——理论与实践.北京：化学工业出版社，2007.

于反应瓶中加入化合物（**2**）20 g（88.4 mmol），PPA 20 g（59.2 mmol），加热至 115～120℃，搅拌反应 4～6 h。冷至 80～90℃，滴加 20 mL 水，同温搅拌 1 h。静置分层，分出水层，油层加入 20 mL 水稀释用 30%的氢氧化钠溶液调至 pH7～7.5，静置分层。有机层用水洗涤至中性。减压蒸馏，收集 190～192℃/266 Pa 的馏分，得淡黄色油状液体（**1**）17.2 g，收率 93%。

【用途】 抗抑郁药阿米替林（Amitriptyline）等的中间体。

5H-[1]-苯并吡喃[2,3-b]吡啶-5-酮

$$C_{12}H_7NO_2，197.19$$

【英文名】 5H-[1]Benzopyrano[2,3-b]pyridine-5-one
【性状】 浅棕色固体。mp 180~184℃。
【制法】 金荣庆，张海波，孟霆，陈言德. 精细化工中间体，2009，39（3）：37.

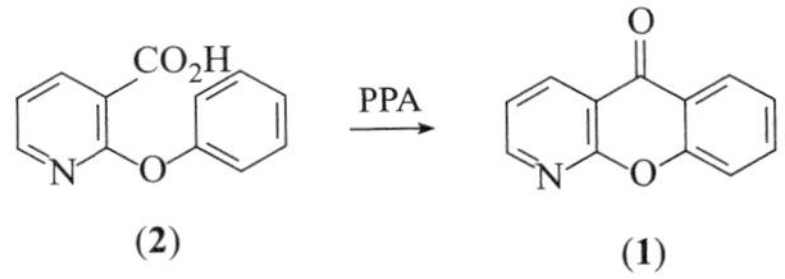

于反应瓶中加入多聚磷酸 240 g，油浴加热至 120℃，加入化合物（**2**）60 g，保温反应 8 h。将反应物倒入 5 L 冷水中，慢慢加入 240 g 氢氧化钠，充分搅拌，控制 pH12。过滤，水洗，干燥，得浅棕色固体（**1**）46.7 g，收率 85%，mp 180~184℃。

【用途】 镇痛、消炎、解热和抗风湿药物普拉洛芬（Pranoprofen）等的中间体。

(S)-6-氟-3,4-二氢-4-氧代-2H-苯并吡喃-2-羧酸

$$C_{10}H_7FO_4，210.16$$

【英文名】 （S）-6-Fluoro-3,4-dihydro-4-oxo-2H-benzopyran-2-carboxylic acid，（S）-6-Fluoro-4-oxo-2,3-dihydrochromene-2-carboxylic acid
【性状】 白色粉末。mp 172~174℃。
【制法】 吴成龙，黄志雄，桑志培，周鸣强，邓勇. 有机化学，2011，31（8）：1262.

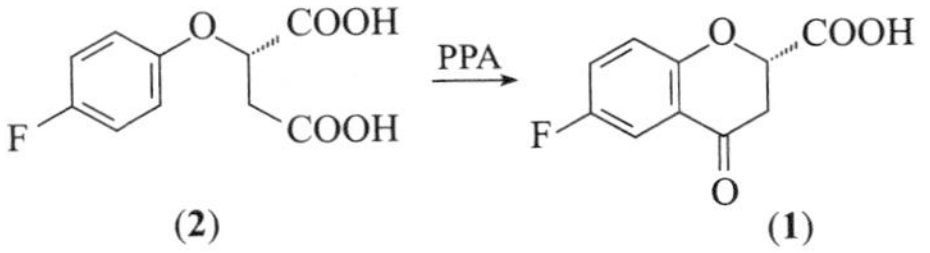

于反应瓶中加入多聚磷酸 40 g，化合物（**2**）15.0 g（65.8 mmol），搅拌下于 55~60℃ 反应 5 h。冷至室温，倒入 100 mL 冰水中，充分搅拌。用乙酸乙酯提取（70 mL×2），合并有机层。饱和盐水洗涤，无水硫酸钠干燥。过滤，减压浓缩。剩余物用乙酸乙酯-己烷重结晶，得白色粉末（**1**）12.8 g，收率 92%，mp 172~174℃。

【用途】 用于治疗糖尿病并发神经病变药物非达司他（Fidarestat）的合成中间体。

Vadimezan

$$C_{17}H_{14}O_4，282.30$$

【英文名】 Vadimezan
【性状】 白色结晶粉末。mp 259~261℃。
【制法】 梁艳霞，陈国华，胡杨. 中国医药工业杂志，2011，42（4）：248.

2-[(2-羧甲基) 苯氧基]-3,4-二甲基苯甲酸 (**3**)：于反应瓶中加入 2-羟基-3,4-二甲基苯甲酸 (**2**) 10 g (0.06 mol)，无水碳酸钾 20.7 g (0.15 mol)，DMF 90 mL，搅拌回流反应 1 h。依次加入 TBAB 1.9 g (6 mmol)、CuCl 0.6 g (6 mmol)、邻氯苯乙酸 12，0 g (0.07 mol) 和碘化钾 0.8 g (5 mmol)，回流反应 5 h。减压蒸出溶剂，剩余物中加入 100 mL 冰水，再加入约 50 mL 冰醋酸调至 pH3。过滤，滤饼水洗后于 100℃ 真空干燥，乙酸乙酯中重结晶，得白色结晶 (**3**) 14.2 g，收率 79%，mp 240～243℃。

Vadimezan (**1**)：于反应瓶中加入 4.8 mL 水，慢慢加入浓硫酸 42 mL，而后加入上述化合物 (**3**) 9.0 g (0.03 mol)，于 90℃ 搅拌反应 1 h。冷却，倒入 150 mL 冰水中，充分搅拌。过滤，将滤饼加入 90 mL 水中，用氨水中和至全溶。加入冰醋酸约 50 mL 调至 pH3。抽滤，水洗，再用甲醇重结晶，得白色结晶粉末 (**1**) 7.8 g，收率 92%，mp 259～261℃。

也可采用如下方法来合成 [刘学峰. 中国医药工业杂志，2015，46 (3)：238]。

于反应瓶中加入 84% 的多聚磷酸 50 g，化合物 (**3**) 19.6 g (0.065 mol)，室温搅拌反应 1 h。加热至 80℃ 搅拌成均相，慢慢冷至 10℃，搅拌下慢慢加入 300 mL 水。抽滤，滤饼水洗 (100 mL×3)，加入由 300 mL 甲醇和 200 mL 水的混合溶剂中，搅拌均匀。避光，用氨水调至 pH9，析出白色固体。过滤，依次用水、冷甲醇洗涤，得粗品 (**1**)。用乙醇重结晶，得白色粉末 (**1**) 16.6 g，收率 90%，mp 257～259℃。

【用途】 新药肿瘤血管阻断剂 Vadimezan 原料药。

6-氟-4-硫色满酮

C$_9$H$_7$FOS，182.16

【英文名】 6-Fluoro-thiochroman-4-one
【性状】 浅黄色片状结晶。mp 92～94℃。
【制法】 ①孙昌俊，曹晓冉，王秀菊. 药物合成反应——理论与实践. 北京：化学工业出版社，2007：458. ②Li Ji-Tai，Li Hong-Ya，Li Hui-Zhang，et al. J Chem Research，2004，6：394.

β-对氟苯硫基丙酸 (**3**)：于反应瓶中加入对氟苯硫酚 (**2**) 12.8 g (0.1 mol)，60 mL 水，氢氧化钾 6 g，溶解后加入适量 95% 的乙醇。另将 β-氯代丙酸 12 g (0.11 mol) 溶于含 15 g (0.11 mol) 碳酸钾的 100 mL 水中。将此溶液加入反应瓶中，回流反应 6 h。减压蒸出乙醇，剩余物冷却，过滤。滤液用盐酸酸化，析出固体。抽滤，水洗，干燥，得 β-对氟苯硫基丙酸（**3**）16 g，收率 80%。

6-氟-4-硫色满酮（**1**）：将（**3**）10 g（0.05 mol）加入 60 mL 浓硫酸中，摇动使之溶解，室温放置过夜。慢慢倒入冰水中，析出浅黄色固体。抽滤，依次用碳酸氢钠水溶液、水洗涤，50%的乙醇重结晶，得浅黄色片状结晶（**1**）4 g，收率 44%，mp 92～94℃。

【用途】 具有广泛的生理活性化合物硫色满酮（Thiochromanone）等的合成中间体。

8-氯-5,6-二氢-11*H*-苯并[5,6]环庚烷并[1,2-*b*]吡啶-11-酮

$C_{14}H_{10}ClNO$，243.69

【英文名】 8-Chloro-5,6-dihydro-11*H*-benzo[5,6]-cyclohepten[1,2-*b*]pyridine-11-one

【性状】 淡黄色粉末。mp 99～100℃。

【制法】 ①王宏博，张柯华，周后元.中国医药工业杂志，2016，47（7）：843.②张广，陈敏，庄守群等.中国医药工业杂志，2013，44（12）：1215.

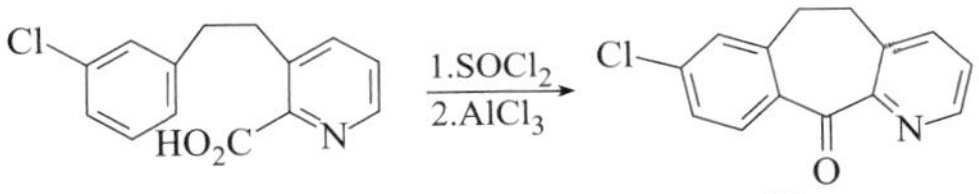

于反应瓶中加入 3-[2-(3-氯苯基) 乙基]-2-吡啶甲酸（**2**）50 g（0.19 mol），氯化亚砜 280 mL，室温搅拌 30 min 后，回流反应 1.5 h。减压蒸出氯化亚砜，得红褐色黏稠液体。冷却，加入二氯甲烷 1.7 L，搅拌下加入无水三氯化铝 115 g（00.86 mol），室温搅拌反应 2 h。加入 1 mol/L 的盐酸 1.4 L，搅拌 30 min。分出有机层，水层用二氯甲烷提取。合并有机层，水洗，无水硫酸镁干燥。过滤，浓缩，剩余物用异丙醚 300 mL 重结晶，得淡黄色粉末（**1**）21.4 g，收率 46%，mp 99～100℃。

二、酸酐酰化剂

1. *O*-酰基化反应

11*β*,17*α*,21-三羟基孕甾-4-烯-3,20-二酮-21-乙酸酯

$C_{23}H_{32}O_6$，404.50

【英文名】 11*β*,17*α*,21-Trihydroxypregn-4-ene-3,20-dione-21-acetate，Cortisol-21-acetate

【性状】 白色结晶。

【制法】 Gallegra P G. US 3956349. 1976.

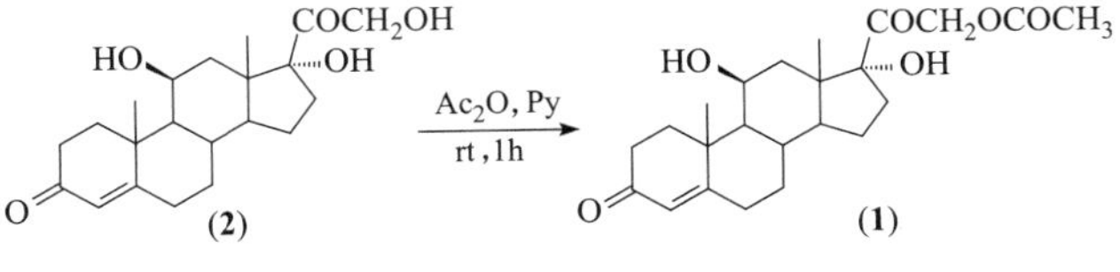

于干燥的反应瓶中，加入 11β，17α，21-三羟基孕甾-4-烯-3，20-二酮（**2**）100 g（0.276 mol）、吡啶 400 mL，搅拌溶解，强烈搅拌下加入乙酸酐 163.3 g（1.59 mol），加完后室温搅拌反应 1 h。缓慢加入水 300 mL（加水时内温不超过 40℃），静置 20 min，然后加入稀氯化钠水溶液 1.5 L，冷却至 10℃，静置 1 h，析出结晶。过滤，水洗，于 50～60℃下真空干燥，得白色固体化合物（**1**）110.4 g，收率 99.2%。

【用途】 皮质激素类抗炎药（用于哮喘、风湿性关节炎等）氯泼尼醇（Cloprednol）中间体。

乙酰水杨酸

$$C_9H_8O_4，180.15$$

【英文名】 Acetylsalicylic acid，Aspirin

【性状】 白色针状或片状结晶或粉末。mp 135℃。在干燥的空气中稳定，遇潮缓慢水解成水杨酸和乙酸。溶于乙醇、乙醚、氯仿，微溶于水。

【制法】 孙昌俊，曹晓冉，王秀菊. 药物合成反应——理论与实践. 北京：化学工业出版社，2007：278.

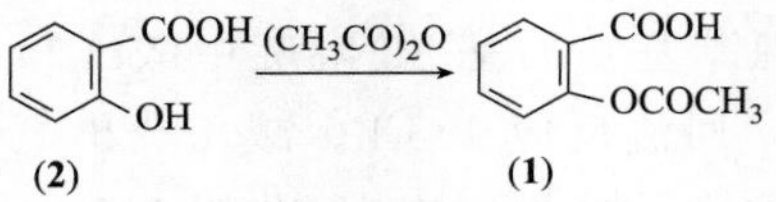

于干燥的反应瓶中，加入干燥的水杨酸（**2**）25 g（0.18 mol），醋酸酐 38 g（0.37 mol），浓硫酸 1 mL，于 60℃水浴中反应 30 min。冷却后倒入 400 mL 水中，充分搅拌，过滤、水洗。用 1∶1 的稀醋酸重结晶，得乙酰水杨酸（**1**）32 g，收率 98%。mp 136～138℃（128～135℃部分分解）。

【用途】 阿司匹林（Aspirin）原料药及其他药物中间体。

二丁酰环磷腺苷钙

$$(C_{18}H_{23}N_5O_8P)_2Ca \cdot 2H_2O，1245.04$$

【英文名】 Dibutyryl adenosine cyclophosphate calcium

【性状】 白色结晶。

【制法】 周潜，黄臻辉. 2007 年全国生化与生物技术药物学术年会论文集. 472.

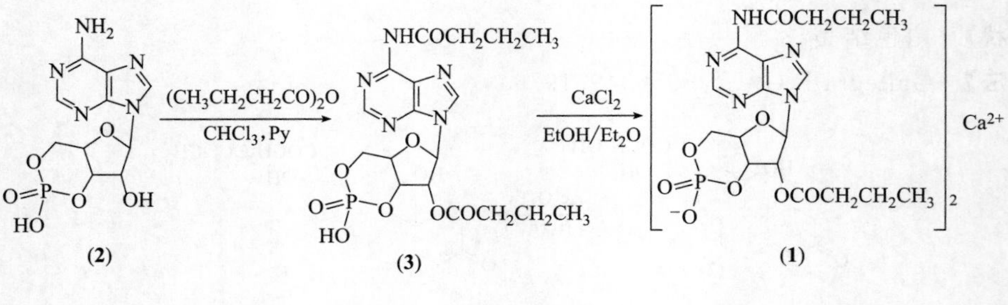

二丁酰环磷腺苷（**3**）：于反应瓶中加入环磷腺苷（**2**）100 g，吡啶2.5 L，搅拌下加热至60～65℃，溶解后加入丁酸酐450 mL、三乙胺70 mL，回流反应24 h。将得到的褐色透明液于70℃反应过夜直至反应完全［TLC检测，展开剂二氯甲烷-甲醇（4∶1）］。

冷至室温，加入350 mL蒸馏水，搅拌水解3 h。减压浓缩至约1 L，加水稀释至3.5 L，依次用乙酸乙酯（1.5 L×3）、乙醚（1.5 L×2）、二氯甲烷（300 mL×3）洗涤。水层减压浓缩至350 mL，将得到的棕色液体用二氯甲烷（1.8 L×3）提取。合并有机层，无水硫酸镁干燥。过滤，浓缩，得类白色固体。真空干燥，得（**3**）108.7 g，纯度98.05%（HPLC归一法）。

二丁酰环磷腺苷钙（**1**）：将上述化合物（**3**）加入200 mL无水乙醇中，搅拌至完全溶解。另将无水氯化钙28.26 g溶于75 mL 50%的乙醇中，慢慢滴加至上述化合物（**3**）的溶液中，加完后室温继续搅拌反应10 min。减压浓缩至干，得粗品（**1**）120.2 g。将其溶于250 mL无水乙醇中，冰浴冷却，慢慢加入无水乙醚1.8 L，搅拌3 h。过滤，无水乙醚洗涤，P_2O_5真空干燥，得白色结晶（**1**）111.8 g，总收率72.1%。

【用途】　蛋白激酶致活剂二丁酰环磷腺苷钙（Dibutyryl adenosine cyclophosphate calcium）原料药。可用于心绞痛，急性心肌梗死，心肌炎，心源性休克，也可用于治疗牛皮癣。

奥沙普秦

$C_{18}H_{16}NO_3$，294.33

【英文名】　Oxaprozin

【性状】　白色结晶。mp 164～165℃。

【制法】　方法1　陈邦银，张汉萍，丁惟培.中国医药工业杂志，1991，22（5）：205.

于干燥的反应瓶中，加入丁二酸酐40 g（0.40 mol）、二苯乙醇酮（**2**）62 g（0.30 mol）、吡啶35 g（0.44 mol），在氮气保护下，于90～95℃搅拌1.5 h后，加入乙酸铵45 g（0.58 mol）、冰乙酸150 g（2.5 mol），继续保温搅拌2～2.5 h。加水80 mL，于90～95℃搅拌1 h。冷至室温，析出结晶。过滤，水洗，干燥，得粗品（**1**）。用甲醇重结晶，得白色结晶精品（**1**）52 g，收率63%，mp 164～165℃。

方法2　温新民，张波，王慧云.济宁医学院学报，2006，29（1）：10.

于反应瓶中加入安息香（**2**）2.1 g（10 mmol），丁二酸酐1.3 g（13 mmol），吡啶1.6 g，微波（200W）辐照2 min。加入醋酸铵1.5 g（20 mmol）和冰醋酸5 mL，继续用微波（300W）辐照1 min。冷至室温后冰浴中冷却析晶。过滤，水洗，干燥，得浅黄色针状结晶。用甲醇重结晶，得白色结晶（**1**）2.11 g，收率72%，mp 161～162℃。

【用途】　非甾体抗炎药奥沙普秦（Oxaprozin）原料药。

呱西替柳

$C_{16}H_{14}O_5$，286.28

【英文名】 Guacetisal，2-(Acetyloxy) benzoic acid 2-methoxyphenyl ester

【性状】 白色结晶性粉末，mp 71～74℃。几乎无臭，无味。易溶于三氯甲烷、苯、可溶于热乙醇、无水乙醚，不溶于水。

【制法】 孙长安，黄建军.中国医药工业杂志，1990，21（9）：387.

于反应瓶中加入水杨酸愈创木酚酯（**2**）262 g（1 mol），醋酸酐 510 g（5 mol），浓硫酸 3.92 g（0.04 mol），于 60℃搅拌反应 1h。搅拌下滴入冰盐水中，放置 2～3 h，待结晶析出完全后，过滤，水洗至中性，干燥。用乙醇重结晶，得白色结晶（**1**）251.5 g，收率 88%，mp 72～74.5℃。

【用途】 镇咳祛痰药呱西替柳（Guacetisal）原料药。

2. N-酰基化反应

1-甲基-5-硝基-1*H*-苯并咪唑-2-丁酸乙酯

$C_{14}H_{17}N_3O_4$，291.31

【英文名】 Ethyl 1-methyl-5-nitro-1*H*-benzimidazole-2-butyrate

【性状】 黄色结晶。mp 109～110℃。

【制法】 高丽梅，汪燕翔，宋丹青.中国新药杂志，2007，16（23）：1960.

5-(2-甲氨基-5-硝基苯基) 氨基-5-氧代戊酸（**3**）：于反应瓶中加入 2-氨基-4-硝基-*N*-甲基苯胺（**2**）1.67 g（0.01 mol），二氯甲烷 50 mL，搅拌溶解。分批加入戊二酸酐 1.45 g（0.01 mol），加完后搅拌回流反应 30 min，有黄色固体生成，继续搅拌反应 2 h。冷却，抽滤，干燥，得黄色固体（**3**）2.7 g，收率 96%，mp 170.5～171.5℃。

1-甲基-5-硝基-1*H*-苯并咪唑-2-丁酸乙酯（**1**）：于反应瓶中加入化合物（**3**）2.81 g（0.01 mol），无水乙醇 15 mL，搅拌溶解。滴加浓硫酸 0.8 mL，而后加热回流反应 3 h。稍冷后倒入由 1.7 g 碳酸钾溶于 20 mL 水的溶液中，析出黄色结晶。过滤，干燥，得化合物（**1**）2.9 g，收率 99%，mp 109～110℃。

【用途】 抗肿瘤药盐酸苯达莫司汀（Bendamustine hydrochloride）合成中间体。

1-乙酰基-4-哌啶甲酸

$C_8H_{13}NO_3$，171.20

【英文名】 1-Acetyl-4-piperidinecarboxylic acid，1-Acetylisonipecotic acid

【性状】 白色固体。mp 180～182℃。

【制法】 Dunkan R L，Jr，Helsley G C，et al. J Med Chem，1970，13（1）：1.

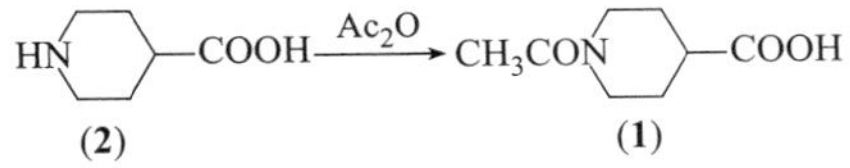

于反应瓶中加入 4-哌啶甲酸（**2**）51.6 g（0.4 mol），乙酸酐 200 mL，搅拌回流 2 h，而后室温继续搅拌反应 16 h。减压回收溶剂，剩余物中加入乙醚适量，研碎，过滤，得白色固体粗品（**1**）48.2 g，收率 70%，用异丙醇-异丙醚重结晶，mp 180～182℃。

【用途】 抗高血压药酮色林（Ketanserin）中间体。

N-(1-苄基-4-甲氧甲基-4-哌啶基)-*N*-苯基丙酰胺

$$C_{23}H_{30}N_2O_2，366.50$$

【英文名】 *N*-[1-Benzyl-4-(methoxymethyl) piperidin-4-yl]-*N*-phenylpropionamide

【性状】 黏稠液体。

【制法】 杨玉龙，朱新文，朱国政等. 药学学报，1990，25：253.

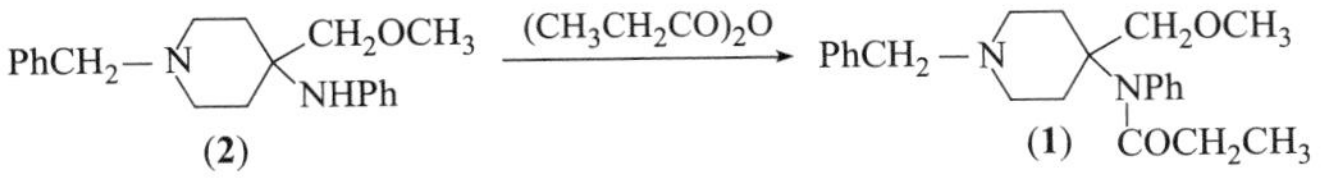

于干燥的反应瓶中加入化合物（**2**）50 g、丙酸酐 250 mL，加热搅拌回流反应 6 h。反应结束后，将反应液倒入碎冰中，用浓氨水调至 pH 碱性。静置，分出油层，水层用三氯甲烷提取数次，合并有机层，水洗，无水硫酸镁干燥。过滤，滤液回收溶剂后，冷却，得油状物粗品。将其溶于异丙醇中，制成草酸盐。过滤，得草酸盐白色固体 85 g，mp 202～204℃。经碱化、提取，减压除溶剂，得棕色黏稠物（**1**）55 g，收率 78%。

【用途】 镇痛药盐酸阿芬太尼（Alfentanil hydrochloride）中间体。

帕瑞考昔钠

$$C_{19}H_{17}N_2O_4SNa，392.40$$

【英文名】 Parecoxib sodium

【性状】 结晶。mp 271.5～272.7℃。

【制法】 Talley J J，Bertenshaw S R，Brown D L，et al. J Med Chem，2000，43（9）：1661.

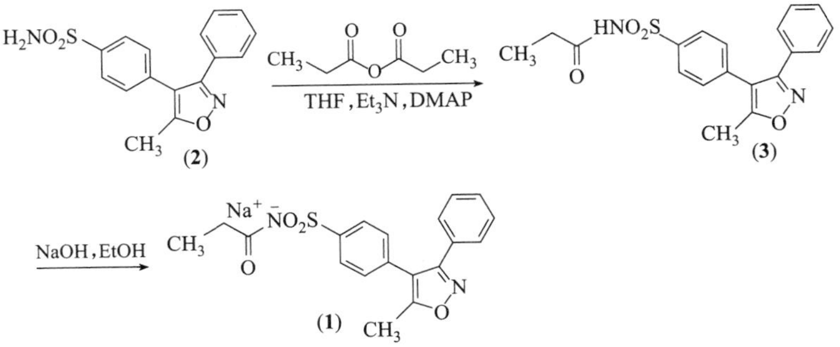

N-[4-(5-甲基-3-苯基异噁唑-4-基)苯磺酰基]丙酰胺（**3**）：于反应瓶中加入 4-(5-甲基-3-苯基异噁唑-4-基)苯磺酰胺（**2**）1.04 g（3.31 mmol），DMAP 0.202 g（1.66 mmol），无水 THF 作溶剂，搅拌溶解后，加入丙酸酐 1.22 g（9.39 mmol），三乙胺 0.4 g（3.97 mmol），室温搅拌反应 18 h。减压浓缩，剩余物溶于适量乙酸乙酯中，依次用 1 mol/L 的盐酸、饱和盐水洗涤，无水硫酸钠干燥。过滤，减压浓缩，析晶，得化合物（**3**）0.99 g，收率 81%，mp 149~151℃。

帕瑞考昔钠（**1**）：于反应瓶中加入上述化合物（**3**）0.307 g（0.83 mmol），2.5 mol/L 的 NaOH-乙醇溶液 0.33 mL，充分搅拌后减压浓缩至干。剩余物用乙醇溶解后，减压浓缩，析晶，过滤，真空干燥，得化合物（**1**）0.316 g，收率 97%，mp 271.5~272.7℃。

【用途】 COX-2 抑制剂帕瑞考昔钠（Parecoxib sodium）原料药。

奈莫必利

$$C_{21}H_{26}ClN_3O_2，387.91$$

【英文名】 Namonapride

【性状】 白色结晶或结晶性粉末，无臭。易溶于氯仿或冰醋酸，较难溶于甲醇或乙醇，难溶于乙醚，几不溶于水。

【制法】 Mutsu T，Sumio I，Shinji U. US 4210660. 1980.

于反应瓶中加入 2-甲氧基-5-氯-4-甲氨基苯甲酸（**2**）1.08 g（5 mmol），三乙胺 0.6 g（5.9 mmol），无水二氯甲烷 30 mL，搅拌溶解后冷至 -10~-40℃，加入氯甲酸乙酯 0.54 g（5 mmol），搅拌反应 30 min。而后于 -10~-40℃ 加入化合物（**3**）0.95 g（5 mmol）。加完后慢慢升至室温，继续搅拌反应 2 h。依次用水、1 mol/L 的氢氧化钠溶液、水洗涤，无水硫酸钠干燥。过滤，减压浓缩。剩余物用异丙醇重结晶，得化合物（**1**）1.765 g，收率 91%，mp 150℃。

【用途】 精神分裂症治疗药奈莫必利（Namonapride）原料药。

N-(N-苄氧羰基-L-丙氨酰)-N-(2-茚满基)甘氨酸叔丁酯

$$C_{26}H_{32}N_2O_5，452.55$$

【英文名】 N-(N-Benzyloxycarboxy-L-alanyl)-N-(2-indanyl) glycine *tert*-butyl ester

【性状】 无色油状液体。

【制法】 ①Miyake A，et al. Chem Pharm Bull，1986，34（7）：2852. ②陈芬儿. 有机药物合成法：第一卷. 北京：中国医药科技出版社，1999：184.

于干燥的反应瓶中加入（**2**）21.8 g（0.098 mol），三乙胺 12.8 mL 和四氢呋喃 200 mL，冷至 −15℃，搅拌下滴加氯甲酸乙酯 8.5 g（0.079 mol），加完后继续搅拌 15 min，生成化合物（**3**）的溶液。于 −10℃ 下滴加 N-(2-茚满基)-甘氨酸叔丁酯 22 g（0.089 mol）和三氯甲烷 100 mL 的溶液，加完后室温继续搅拌反应 1 h。将反应液倒入 500 mL 水中，搅拌，静置分层。分出有机层，减压回收溶剂。向剩余物中加入乙酸乙酯 300 mL，搅拌溶解后，依次用 1 mol/L 氢氧化钠溶液（50 mL×2）、20％磷酸（50 mL×2）和水 150 mL 洗涤，无水硫酸镁干燥。过滤，减压回收溶剂，得无色油状物（**1**）35 g，收率 87％。

【用途】 高血压病治疗药盐酸地拉普利（Depapril hydrochloride）中间体。

N-(3-氰基丙基)-N-甲基四氢呋喃甲酰胺

$$C_9H_{18}N_2O_2，186.25$$

【英文名】 N-(3-Cyanopropyl)-N-methyltetrahydrofurancarboxamide

【性状】 液体。bp 118～120℃/6.7 kPa。

【制法】 ①Manoury P M，Binet J L，Dumas A P，et al. J Med Chem，1986，29（1）：19. ②陈芬儿. 有机药物合成法：第一卷. 北京：中国医药科技出版社，1999：708.

于反应瓶中加入四氢呋喃-2-甲酸（**2**）34.8 g（0.3 mol），三乙胺 30.3 g，THF 250 mL，搅拌溶解。冷至 0℃，滴加氯甲酸乙酯 32.4 g（0.3 mol），滴加过程中保持反应体系不高于 5℃。加完后于 0～5℃ 继续搅拌反应 15 min。慢慢加入 3-甲氨基丙腈 25.2 g（0.3 mol）溶于 100 mL THF 的溶液，加完后保温反应 1 h，室温放置过夜。过滤，滤液减压回收溶剂。剩余物减压蒸馏，收集 118～120℃/6.7kPa 的馏分，得化合物（**1**）41 g，收率 75％。

【用途】 降压药盐酸阿呋唑嗪（Alfuzosin hydrochloride）中间体。

吗氯贝胺

$$C_{13}H_{17}ClN_2O_2，268.74$$

【英文名】 Moclobemide

【性状】 白色结晶或结晶性粉末。易溶于二氯甲烷、三氯甲烷，几乎不溶于水。mp 136.5～137℃。

【制法】 成志毅，蔡丽玲. 中国医药工业杂志，1994，25（8）：100.

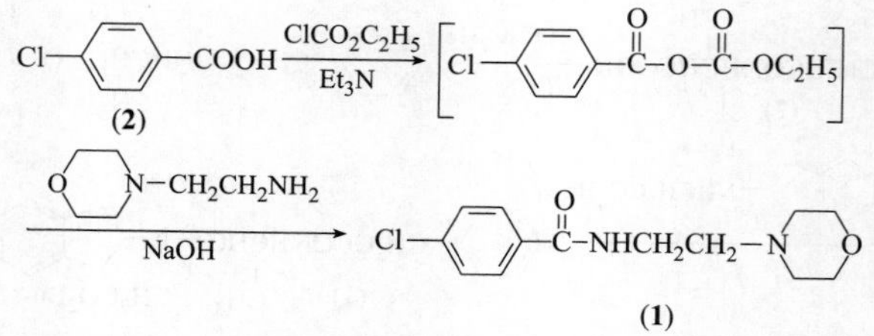

于干燥的反应瓶中，加入对氯苯甲酸 6.8 g（55 mmol）、丙酮 50 mL 和三乙胺 8.4 mL，冰浴冷却下滴加氯甲酸乙酯 5.3 mL（55 mmol），于 10℃ 左右搅拌 1 h 后，滴加 4-(2-氨基)乙基吗啉 6.5 g（50 mmol）溶于 1.0 mol/L 氢氧化钠 70 mL 的溶液，加完后继续保温搅拌反应 6 h。减压回收溶剂，剩余物用二氯甲烷（50 mL×3）提取，合并有机层，用饱和氯化钠溶液洗至 pH7，无水硫酸钠干燥。过滤，滤液回收溶剂后，冷却，加入少量异丙醇-石油醚，析出结晶，过滤，干燥，得白色固体（1）7.9 g，收率 58.9%，mp 136～137℃。

【用途】 抗抑郁药吗氯贝胺（Moclobemide）原料药。

β,β-四亚甲基戊二酰亚胺

$C_9H_{13}NO_2$，167.21

【英文名】 β,β-Tetramethyleneglutarimide

【性状】 白色鳞片状结晶。

【制法】 徐燕，朱志宏，童志杰等.中国医药工业杂志，1993，24（2）：49.

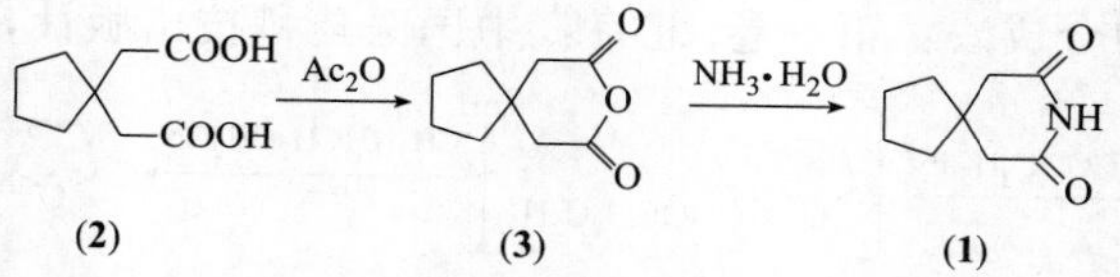

β,β-四亚甲基戊二酸酐（3）：于反应瓶中加入化合物（2）100 g（0.54 mol），醋酸酐 125 mL，搅拌回流反应 2 h，过滤，滤液减压浓缩至干。冷冻过夜，过滤，干燥，得白色结晶（3）81.3 g，收率 90%，mp 64～66℃。

β,β-四亚甲基戊二酰亚胺（1）：于反应瓶中加入化合物（3）100 g（0.60 mol），氨水 170 mL，加热至生成溶液。趁热倒入搪瓷盘中，冷却，析出鳞片状结晶（1）94.4 g，收率 95%，mp 153～154℃。

【用途】 抗焦虑药盐酸丁螺环酮（Buspirone hydrochloride）中间体。

丙谷胺

$C_{18}H_{25}N_2O_4$，334.42

【英文名】 Gastridine

【性状】 无色结晶或结晶性粉末。mp 148～150℃，易溶于甲醇、氯仿，稍难溶于丙酮，难溶于水及苯。其饱和水溶液 pH4。

【制法】 ①孙汉杰，邹亚平，马枢.中国医药工业杂志，1985，16（4）：26.②李勤耕，傅俞斌，李家声等.中国药物化学杂志，1995，5（1）：54.

$$\text{HO}_2\text{CCHCH}_2\text{CH}_2\text{CO}_2\text{H} \xrightarrow{(\text{CH}_3\text{CO})_2\text{O}} \text{C}_6\text{H}_5\text{CONH} \xrightarrow{(n\text{-}\text{C}_3\text{H}_7)_2\text{NH}} (n\text{-}\text{C}_3\text{H}_7)_2\text{N}-\text{CO}-\text{CHCH}_2\text{CH}_2\text{CO}_2\text{H}$$

（左）NHCOC₆H₅（2）　（中）(3)　（右）NHCOC₆H₅（1）

N-苯甲酰基谷氨酸酐（**3**）：于 10 L 反应瓶中加入醋酸酐 6 L，搅拌下分批加入 *N*-苯甲酰基谷氨酸（**2**）1.5 kg（6 mol），而后室温搅拌 8 h，室温放置过夜。滤出析出的固体，于 60～70℃ 及 100℃ 各干燥 1 h，得（**3**）850 g，收率 61%。

丙谷胺（**1**）：于反应瓶中加入二正丙胺 334 mL，水 1100 mL，充分搅拌，冷至 -30℃，在 60～75 min 内慢慢加入化合物（**3**）312 g（1.34 mol），保持反应温度在 -2～-4℃。加完后于 -3℃ 继续反应 15 min。再加入冰醋酸 650 mL，升温至 6℃，继续搅拌反应 1.5 h。撒入晶种，慢慢析出固体。过滤，将固体物加入 20 倍水中，于 60～70℃ 加入碳酸氢钠溶解，过滤。滤液搅拌下用 20% 的醋酸中和至 pH5.5。冷却，滤出固体物，水洗、干燥，得化合物（**1**）140 g，收率 31%，mp 142～145℃。

【用途】　胃溃疡和十二指肠溃疡、胃炎等病治疗药丙谷胺（Gastridine）原料药。

1-乙酰-4-(4-羟基苯基)哌嗪

$C_{12}H_{16}N_2O_2$，220.27

【英文名】　1-Acetyl-4-(4-hydroxyphenyl) piperazine

【性状】　白色固体。mp 180～181℃。

【制法】　林寒芬，岳翔，陈文斌. 中国，医药工业杂志，1988，19（2）：75.

$$\text{HO}-\text{C}_6\text{H}_4-\text{N}\text{NH} \xrightarrow[\text{}]{\text{Ac}_2\text{O},\text{K}_2\text{CO}_3} \text{HO}-\text{C}_6\text{H}_4-\text{N}\text{NCOCH}_3$$

（2）　（1）

于反应瓶中加入 1,2-二氯乙烷 100 mL，水 100 mL，1-(4-羟基苯基)哌嗪（**2**）34 g（0.10 mol），搅拌下加入碳酸钾 15.2 g（0.11mol），于 5～10℃ 滴加乙酸酐 10.8 g（0.105 mol），加完后继续室温搅拌反应 4～5 h。过滤，干燥，得粗品（**1**）。用乙醇重结晶，得白色固体（**1**）11.5 g，收率 72%，mp 180～181℃。

【用途】　广谱抗真菌药酮康唑（Ketoconazole）等的中间体。

N-羟基邻苯二甲酰亚胺

$C_8H_5NO_3$，163.13

【英文名】　*N*-Hydroxyphthalimide

【性状】　白色固体。mp 229～231℃。

【制法】　刘建国，刘和平. 广东化工，2012，39（4）：49.

$$\text{（邻苯二甲酸酐）} + \text{NH}_2\text{OH}\cdot\text{HCl} \xrightarrow[\text{CH}_3\text{OH}]{\text{CH}_3\text{ONa}} \text{N}-\text{OH（N-羟基邻苯二甲酰亚胺）}$$

（2）　（1）

分别将甲醇钠 5.9 g（0.11 mol），盐酸羟胺 7.6 g（0.11 mol）各自溶于 50 mL 甲醇中，冰浴冷至 5℃ 以下，慢慢将两种溶液混合，搅拌反应 10 min，得羟胺溶液备用。

于反应瓶中加入甲醇 30 mL，邻苯二甲酸酐（**2**）14.8 g（0.1 mol），慢慢加入上述羟胺溶液，室温搅拌反应 30 min。于 40℃再反应 30 min。加入三乙胺 10 mL，体系颜色变深。回流反应 3 h，反应液呈深红色。趁热过滤，滤液减压浓缩。剩余物中加入水，用盐酸调至中性，析出白色或浅黄色固体。冰箱中放置，过滤，水洗，干燥，得化合物（**1**）13.7 g，收率 84%。乙醇中重结晶，mp 233～234℃。

也可以用如下方法在水中进行合成（孙昌俊，王秀菊，曹晓冉. 药物合成反应——理论与实践. 北京：化学工业出版社，2007：291）：

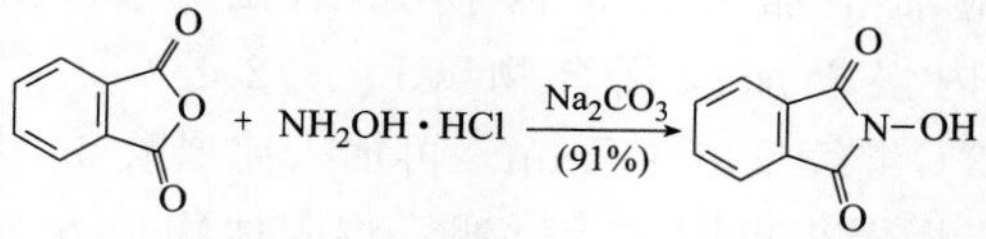

【用途】 糖尿病治疗药那格列萘（Nateglinide）、抗生素氨曲南（Aztreonam）等的中间体。也可用于活性酯的制备。

N-(2-羟乙基)邻苯二甲酰亚胺

$$C_{10}H_9NO_3，191.19$$

【英文名】 N-(2-Hydroxyethyl) phthalimide
【性状】 白色固体。mp 127～128℃。
【制法】 唐国青，周多刚，陈乐文. 浙江化工，2007，38（10）：4.

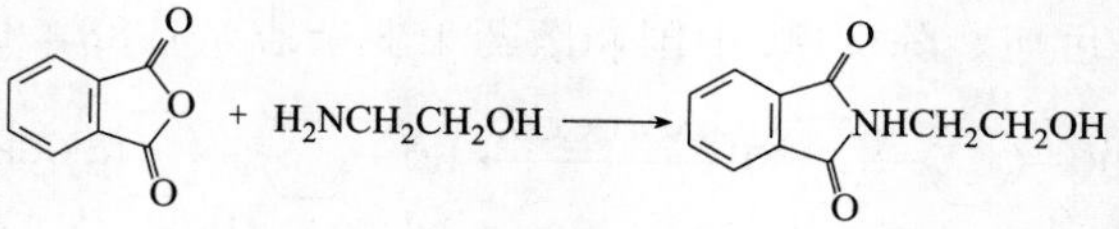

于反应瓶中加入乙醇胺 64 g（1.05 mol），慢慢加热，于 135℃分批加入邻苯二甲酸酐（**2**）148 g（1 mol），约 1 h 加完。加完后继续于 135℃反应 3 h。将反应物搅拌下倒入 400 mL 冷水中，析出白色固体。过滤，于 95～100℃干燥，得白色固体（**1**），收率 99%，mp 127～129℃（文献值 127～128℃）。

【用途】 血吸虫病药物呋喃双胺等的中间体。

(3S)-3-[(叔丁氧羰基)氨基]-3-苯丙酸甲酯

$$C_{15}H_{21}NO_4，279.34$$

【英文名】 Methyl (3S)-3-(*tert*-butoxycarbonylamino)-3-phenylpropionate
【性状】 白色固体。
【制法】 Price D A，Gayton S，Selby M D，et al. Tetrahedron Lett，2005，46（30）：5005.

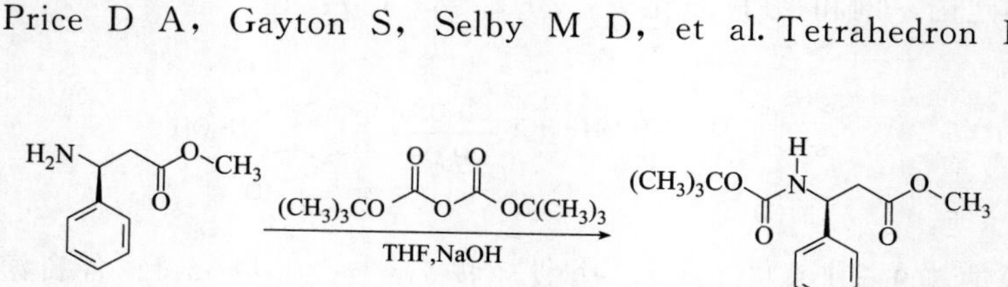

于反应瓶中加入（3S）-3-氨基-3-苯丙酸甲酯（**3**）5.38 g（30 mmol），二碳酸二叔丁基酯（Boc）$_2$O 8.72 g（40 mmol），THF 50 mL，2 mol/L 的氢氧化钠水溶液 25 mL，室温搅拌反应 2 h。用乙酸乙酯稀释，分出有机层，水层用乙酸乙酯提取。合并有机层，水洗，饱和盐水洗涤，无水硫酸钠干燥。过滤，减压浓缩，得白色固体（**1**）8.39 g，收率 100%。

【用途】 艾滋病治疗药马拉维诺（Maraviroc）中间体。

厄多司坦

$C_8H_{11}NO_4S_2$，249.30

【英文名】 Erdosteine
【性状】 白色固体。mp 158~161℃。
【制法】 李飞，官衍东，夏志清.中国医药工业杂志，2001，32（12）：533.

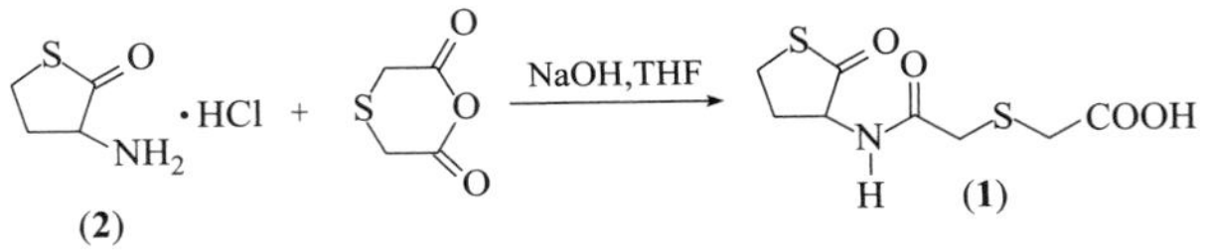

于反应瓶中加入化合物（**2**）31 g（0.2 mol），THF 100 mL，搅拌溶解。冷至 10℃以下，滴加 12 mol/L 的氢氧化钠溶液 5 mL，搅拌 10 min。而后滴加 3-硫代戊二酸酐 29 g（0.22 mol）溶于 100 mL THF 的溶液，用 12 mol/L 的氢氧化钠调至 pH7~8，加完后室温搅拌反应 4 h。分出有机层，减压浓缩至约 50 mL，用 5% 的氢氧化钠溶液洗涤（50 mL×2）。合并水层，用 6 mol/L 的盐酸调至 pH3.2，过滤析出的白色固体，水洗，干燥，得白色固体（**1**）26 g，收率 52.8%，mp 158~161℃。

【用途】 祛痰药厄多司坦（Erdosteine）原料药。

3. C-酰基化反应

邻苯甲酰基苯甲酸

$C_{14}H_{10}O_3$，226.23

【英文名】 *o*-Benzoylbenzoic acid
【性状】 白色三斜针晶，工业品为米黄色或白色颗粒。mp 127~129℃
【制法】 周干名，李菊仁.湖南化工，1994，2：32.

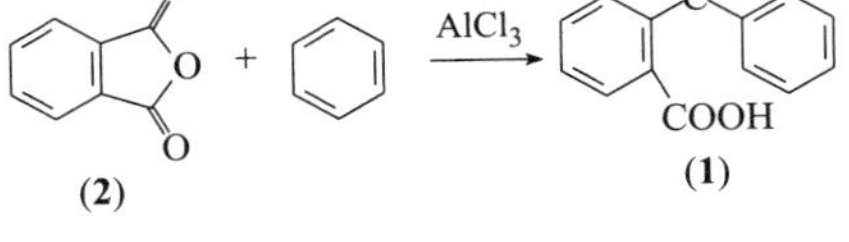

于反应瓶中加入邻苯二甲酸酐（**2**）30 g，苯 120 mL，搅拌下加热溶解。随后分批加入无水 AlCl$_3$ 60 g，反应立即开始。反应过程中维持反应液温度在 45~55℃，必要时可以冷却。反应约 2 h 后，停止反应。慢慢加入 8% 的硫酸 250 mL，水蒸气蒸馏蒸出过量的苯。反应液冷却至 60℃，再加入 250 mL 水，搅拌析晶。过滤，水洗，干燥，得化合物（**1**），收率 96%。

【用途】 眼病治疗药奈帕芬胺（Nepafenac）等的中间体。

4-对甲氧基苯基-4-氧代丁酸

$C_{11}H_{12}O_4$，208.22

【英文名】 4-(4-Methoxyphenyl)-4-oxobutanoic acid

【性状】 白色固体。mp 146～148℃。溶于碱，不溶于水。

【制法】 孙昌俊，王秀菊，曹晓冉. 药物合成反应——理论与实践. 北京：化学工业出版社，2007：287.

$$CH_3O-\text{⬡} + \underset{(2)}{\text{(丁二酸酐)}} \xrightarrow[ClCH_2CH_2Cl]{AlCl_3, PhNO_2} \underset{(1)}{CH_3O-\text{⬡}-COCH_2CH_2CO_2H}$$

于反应瓶中加入茴香醚（**2**）21.6 g（0.2 mol），丁二酸酐 21 g（0.21 mol），1,2-二氯乙烷 200 mL，硝基苯 50 mL，搅拌溶解。冷至 0℃ 以下，分批加入无水三氯化铝 56.1 g（0.42 mol）。加完后冰箱中放置三天，其间注意摇动数次。小心加入浓盐酸 70 mL，水 120 mL，水蒸气蒸馏除去溶剂，冷后滤出析出的结晶。产品不必干燥，溶于碳酸钠水溶液中，活性炭脱色，用盐酸调至 pH2，析出固体。过滤，水洗，干燥，得化合物（**1**）35.4 g，收率 85%，mp 146～148℃。

【用途】 哒嗪酮类药物合成中间体。

4-氧代-4-(4-甲磺酰氨基苯基)丁酸

$C_{11}H_{13}NO_5S$，271.29

【英文名】 4-Oxo-4-(4-methylsulfonamidophenyl) butyric acid

【性状】 浅黄色固体。mp 199～200℃。

【制法】 王玉成，郭惠元. 中国医药工业杂志，2003，34（5）：209.

$$CH_3SO_2NH-\text{⬡} + \underset{(2)}{\text{(丁二酸酐)}} \xrightarrow[CH_2Cl_2]{AlCl_3} \underset{(1)}{CH_3SO_2NH-\text{⬡}-COCH_2CH_2COOH}$$

于反应瓶中加入二氯甲烷 440 mL，无水三氯化铝 120 g（0.89 mol），冷至 10℃，搅拌下加入甲磺酰苯胺（**2**）40 g（0.234 mol）和丁二酸酐 24 g（0.238 mol），加完后搅拌回流反应 24 h，TLC 跟踪反应。反应结束后，静置分层，倾出上层二氯甲烷层，剩余物中加适量冰水，抽滤。滤饼溶于 600 mL 水中，用 10% 的氢氧化钠调至 pH10，活性炭脱色。过滤，滤液用 6 mol/L 的盐酸调至 pH1，析出黄色固体。抽滤，水洗，干燥，得浅黄色固体（**1**）61.2 g，收率 96.5%，mp 199～200℃。

【用途】 抗心律失常药富马酸伊布利特（Ibutilide furmarate）中间体。

β-苯甲酰基丙烯酸

$C_{10}H_8O_3$，176.17

【英文名】 *β*-Benzoylacrylic acid

【性状】　白色固体。mp 94～96℃。

【制法】　①ＥＣ霍宁.有机合成：第三卷.南京大学化学系有机化学教研室译.北京：科学出版社，1981：67.②Mario Bianchi, Fernande Barzaghi. US 4473583.1984.

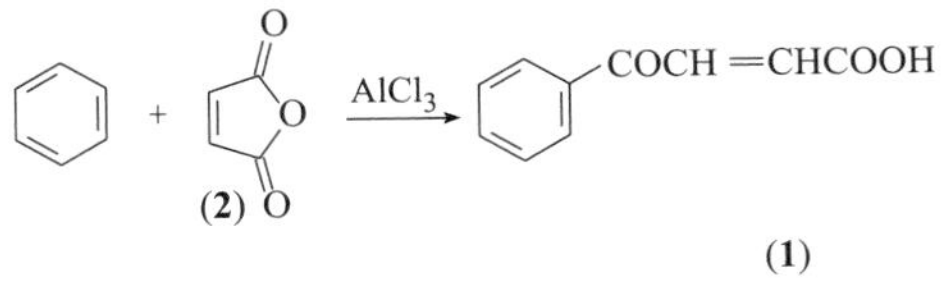

于干燥的反应瓶中加入丁烯二酸酐（**2**）34 g（0.347 mol），无水苯（无噻吩）200 mL（2.24 mol），搅拌溶解后，分批加入粉末状无水三氯化铝 100 g（0.75 mol，于 20 min 内分成 6～8 份），使反应液缓缓回流。加完后搅拌回流 1 h。冰浴冷却，搅拌下慢慢加水 200 mL（在 10～20 min 内先加 50 mL，其余的在 10 min 内加完），再加入浓盐酸 50 mL，继续搅拌 40 min。减压（50～60℃/2.7～4 kPa）回收溶剂，剩余物于 0～5℃下冷却 1 h。过滤，得黄色固体。将其悬浮在浓盐酸 25 mL 和水 100 mL 的溶液中，搅拌下冷却至 0～5℃，过滤，水洗，于 50℃下干燥得淡黄色粗品（**2**）56～63 g，mp 90～93℃。用苯重结晶，得精品（**1**）49～52 g，收率 80～85％，mp 94～96℃。

【用途】　血管紧张素转化酶抑制剂雷米普利（Rimipril）中间体。

曲匹布通

$$C_{16}H_{22}O_6, 310.35$$

【英文名】　Trepibutone

【性状】　白色或浅黄色结晶。mp 147～150℃（dec）。易溶于氯仿，溶于甲醇，几乎不溶于水。

【制法】　①魏昭云等.安徽大学学报：自然科学版，1992，1：63.②陈芬儿.有机药物合成法：第一卷.北京：中国医药科技出版社，1999：504.

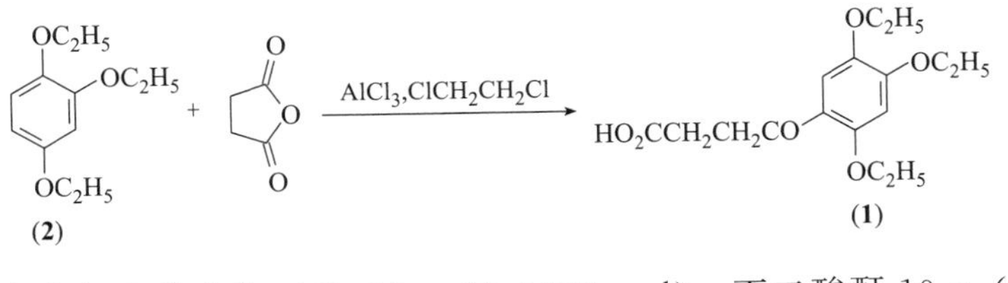

于干燥反应瓶中加入化合物（**2**）10 g（0.0476 mol）、丁二酸酐 10 g（0.1 mol）、二氯乙烷 130 mL，搅拌回流下加入无水三氯化铝 15 g（0.114 mol），加完后继续回流 1～2 h。将反应物倒入冰水 200 mL 中，搅拌，静置。分出有机层，回收溶剂，剩余物固化得土黄色固体（**1**）。将其加入由碳酸钠 15 g 溶于水 100 mL 的溶液中，加热沸腾 10 min。过滤。滤液中加入活性炭 2 g，脱色 4～5 min，过滤。滤液冷至 50～60℃，用盐酸调至 pH2～3，冷却至 0℃。过滤，水洗，干燥，得（**1**）。用乙醇-水重结晶，得浅黄色结晶（**1**）12.6 g，收率 85.7％，mp 147～150℃（dec）。

【用途】　利胆药曲匹布通（Trepibutone）原料药。

R-(一)-9-乙酰基-9-乙酰氨基-6,11-二羟基-7,8,9,10-四氢-5,12-萘并萘二酮

$C_{23}H_{22}NO_6$，408.43

【英文名】　*R*-(一)-9-Acetyl-9-acetamino-6,11-dihydroxy-7,8,9,10-tetrahydro-5,12-naphthacenedione

【性状】　橙色粉末状固体。mp 314～316℃。

【制法】　李志裕，任晓岚，刘潇，尤启冬.中国医药工业杂志，2009，40（11）：805.

(2) + 邻苯二甲酸酐 → (1)

　　干燥反应瓶中加入化合物（**2**）0.78 g（2.68 mmol）、邻苯二甲酸酐 1.19 g（8.04 mmol）、氯化钠 2.86 g 和无水三氯化铝 10.7 g（0.08 mol），氮气保护，充分混匀后，升温至 130～135℃，熔融搅拌 30 min。趁热加入草酸（14.4 g，0.16 mol）水溶液 107 mL 中，于 50～60℃搅拌 1 h。过滤，水洗，干燥，得橙色粉末状固体（**1**）0.73 g，收率 70%，mp 314～316℃。

【用途】　小细胞肺癌治疗药氨柔比星（Amrubicin）合成中间体。

3-正丁基-2,4-戊二酮

$C_9H_{16}O_2$，156.22

【英文名】　3-*n*-Butyl-2,4-pentanedione

【性状】　无色透明液体。bp 84～86℃/800 Pa，n_D^{25} 1.4422～1.4462。溶于乙醇、乙醚，微溶于水。

【制法】　①Mao Chung Ling and Hausker C R. Org Synth，1988，Coll Vol 6：245.
②韩广甸，范如霖，李述文.有机制备化学手册：下卷.北京：化学工业出版社，1978：20.

$$n\text{-}C_4H_9CH_2COCH_3 + (CH_3CO)_2O \xrightarrow{TsOH} n\text{-}C_4H_9CH=CCH_3 \text{(OCOCH}_3) \xrightarrow[(CH_3CO)_2O]{BF_3 \cdot CH_3COOH}$$

(2)

$$\xrightarrow[H_2O, \triangle]{CH_3CO_2Na} n\text{-}C_4H_9CH(COCH_3)_2$$

(1)

　　于安有搅拌器的反应瓶中，加入庚酮-2（**2**）28.6 g（0.25 mol），醋酸酐 51 g（0.5 mol），再加入 1.9 g 对甲基苯磺酸，室温搅拌反应 30 min。加入 1∶1 的三氟化硼-乙酸配合物 55 g（0.43 mol），反应放热。将得到的琥珀色溶液室温搅拌 16～20 h。加入三水合醋酸钠 136 g（1 mol）溶于 250 mL 水配成的溶液。回流反应 3 h。冷却后用石油醚提取三次，合并有机层，无水硫酸钙干燥，旋转蒸发出去溶剂，减压蒸馏，收集 84～86℃/800 Pa 的馏分，得无色液体（**1**）25～30 g，收率 64%～77%。

【用途】　医药中间体。

4-溴苯乙酮

$$C_8H_7BrO，199.05$$

【英文名】　4-Bromoacetophenone

【性状】　白色片状结晶。mp 51℃。溶于乙醇、乙醚、冰醋酸、苯、二硫化碳和石油醚，不溶于水。随水蒸气挥发。

【制法】　Roger Adams，C R Noller. Org Synth，Coll Vol 1：109.

$$Br-\!\!\bigcirc\!\!- \quad + \quad (CH_3CO)_2O \xrightarrow[CS_2]{AlCl_3} Br-\!\!\bigcirc\!\!-COCH_3$$
$$\text{(2)} \qquad\qquad \text{(3)} \qquad\qquad\qquad \text{(1)}$$

于反应瓶中加入溴苯（**2**）47.1 g（0.3 mol），干燥的二硫化碳 200 mL，无水三氯化铝 150 g（1.1 mol），搅拌下加热至回流，慢慢滴加醋酸酐（**3**）40.8 g（0.4 mol）。加完后继续回流 2 h。蒸出二硫化碳，将反应物倒入含有盐酸的冰水中，用乙醚提取（150 mL×3），乙醚层依次用 5% 的氢氧化钠、水洗涤，无水硫酸钠干燥。蒸去乙醚后减压蒸馏，收集 125～129℃/1.3 kPa 的馏分，得浅黄色液体，冷却后固化，得 4-溴苯乙酮（**1**）43 g，收率 72%，mp 47～50℃。

【用途】　广谱抗心律失常药索他洛尔（Sotalol）、止血药氨甲苯酸（Aminonethylbenzoic acid）等的中间体。

2-乙酰噻吩

$$C_6H_6OS，126.17$$

【英文名】　2-Acetylthiophene

【性状】　mp 10～11℃，bp 213.5℃，94～96℃/1.73 kPa。d1.1679，n_D1.5667。易溶于乙醚。

【制法】　①李公春，张龙晓，李雪峰. 河北化工，2011，6：35. ②徐新，罗国华，李鑫. 精细石油化工，2006，23（5）：42.

$$\bigcirc\!\!\!\!\!\!{}_S + (CH_3CO)_2O \xrightarrow{H_3PO_4} \bigcirc\!\!\!\!\!\!{}_S\!-COCH_3 + CH_3CO_2H$$
$$\text{(2)} \qquad\qquad\qquad\qquad \text{(1)}$$

于反应瓶中加入噻吩（**2**）200 g（2.4 mol），醋酸酐（**3**）100 g（0.93 mol），85% 的磷酸 10 g，搅拌下慢慢加热。当内温 60℃ 时，撤去热源，反应放热直至沸腾，必要时水浴冷却。温度下降时重新加热回流反应 2.5 h。冷却，用 300 mL 水洗涤，再用 5% 的碳酸钠洗涤（100 mL×2），无水硫酸钠干燥，得橙红色液体。分馏，先蒸出过量的噻吩，再减压蒸馏，收集 89～90℃/1.3 kPa 的馏分，得化合物（**1**）96 g，收率 82%。

【用途】　驱肠虫药噻乙吡啶（Thioethylpyridine）、抗菌药头孢噻吩钠（Cefotaxime sodium）等的中间体。

乙酰丙酮

$$C_5H_8O_2，100.12$$

【英文名】　Acetylacetone

【性状】 无色或微黄色透明液体。mp. $-23℃$，bp140.5℃，$d_4^{25}0.9721$，n_D 1.4494。溶于水，能与乙醇、乙醚、氯仿、丙酮等混溶。

【制法】 Denoon C E. Jr Org Synth，Coll Vol 3：16.

$$CH_3COCH_3 + (CH_3CO)_2O \xrightarrow{BF_3} CH_3COCH_2COCH_3 + CH_3COOH$$
$$\ \ \ \ \ (2) \ \ \ \ \ \ \ \ \ \ (3) \ \ \ \ \ \ \ \ \ \ \ \ \ \ \ \ \ (1)$$

于反应瓶中加入无水丙酮（**2**）58 g（1 mol），醋酸酐（**3**）255 g（2.5 mol），冰盐浴冷却。经过一个安全瓶向反应瓶中通入三氟化硼，通入速度大约在 5 h 内通入 250 g（约每秒钟鼓泡两次）。通完后慢慢倒入 400 g 醋酸钠溶于 800 mL 水配成的溶液中，水蒸气蒸馏，收集约 1500 mL 馏出液。

另将醋酸铜 120 g（1.12 mol）溶于 85℃的 1500 mL 热水中，若不透明可过滤除去不溶物。将上述馏出物与醋酸铜溶液混和，冰箱中放置过夜。滤出析出的沉淀，水洗，并尽可能抽干。将滤出物加到 400 mL 20%的硫酸水溶液中，用乙醚提取三次。合并乙醚层，无水硫酸钠干燥后，蒸去乙醚。而后进行常压分馏，收集 134～136℃的馏分，得乙酰丙酮（**1**）80 g，收率80%。

【用途】 抗菌药乙酰甲喹（Mequindox）中间体，兽药尼卡巴嗪（Nicarbazin）等的中间体。

三、酰氯酰化剂

1. O-酰基化反应

顺式-[2-(溴甲基)-2-(2,4-二氯苯基)-1,3-二氧环戊-4-基]甲基苯甲酸酯

$C_{18}H_{15}BrCl_2O_4$，446.12

【英文名】 *cis*-[2-Bromomethyl-2-(2,4-dichlorophenyl)-1,3-dioxolan-4-yl] methyl benzoate

【性状】 无色结晶。mp 118.3℃（120～121℃）。

【制法】 Heeres J，Backx L J J，Mostmans J H，et al. J Med Chem，1979，22（8）：1003.

于反应瓶中加入化合物（**2**）311.2 g（0.091 mol），吡啶 600 mL，搅拌下冷至 5℃，滴加苯甲酰氯 140.5 g（1.0 mol），约 1 h 加完。加完后继续保温反应 2.5 h。用氯仿提取数次，合并氯仿层，用 6 mol/L 的盐酸洗涤，无水硫酸镁干燥。过滤，减压回收溶剂。剩余物放置析晶，过滤，干燥，得化合物（**1**）225 g。收率 50%，用乙醇重结晶，mp 118.3℃。

【用途】 抗真菌药伊曲康唑（Itraconazole）中间体。

二丙烯酸 1,5-戊二醇酯

$C_{11}H_{16}O_4$，212.25

【英文名】 1,5-Pentanediol diacrylate，1,5-Pentamethylene diacrylate

【性状】 无色油状液体。

【制法】 陈芬儿. 有机药物合成法：第一卷. 北京：中国医药科技出版社，1999：120.

Stenlake J B，Waigh R D，et al. Europ J Med Chem，1981，16（5）：515.

$$CH_2=CHOOH \xrightarrow{PCl_3} CH_2=CHCOCl \xrightarrow[Et_3N,C_6H_6]{HO(CH_2)_5OH} CH_2=CHCOO(CH_2)_5OOCCH=CH_2$$
$$\qquad\quad (2) \qquad\qquad\qquad (3) \qquad\qquad\qquad\qquad\qquad (1)$$

丙烯酰氯（**3**）：于反应瓶中加入丙烯酸（**2**）67.8 mL（1 mol），三氯化磷 29 mL（0.333 mol），慢慢加热回流，冷至 65～70℃反应 15 min，而后室温放置 2 h。分出上层，向上层中加入氯化亚铜 1 g，减压蒸馏，收集 30～40℃/18.7 kPa 的馏分，再减压蒸馏一次，收集 30～32℃/18.7 kPa 的馏分，得无色液体（**3**）59.8 g，收率 66%。

二丙烯酸 1,5-戊二醇酯（**1**）：于反应瓶中加入 1,5-戊二醇 10.4 g（0.1 mol），三乙胺 20.2 g（0.22 mol），焦棓酚 0.1 g，无水苯 100 mL，搅拌溶解。于 30 min 滴加由化合物（**3**）18.1 g（0.2 mol）溶于 60 mL 苯的溶液。加完后再加入 100 mL 苯，10 mL 三乙胺，于 50℃反应 30 min。冷却，过滤，滤液减压回收溶剂，得黄色油状物。加入适量对甲氧基苯酚，减压蒸馏，收集 90～95℃/1.33 Pa 的馏分，得无色液体（**1**）12.9 g，收率 61%。

也可按照如下方法来合成（Chidambaram S V，Singaram S，Bojja V R，et al. WO 2010128518A2）。

$$CH_2=CHCOOCH_3 \xrightarrow[Tol,TsOH,70℃]{HO(CH_2)_5OH} CH_2=CHCOO(CH_2)_5OOCCH=CH_2$$

【用途】 神经肌肉阻断剂苯磺酸阿曲库铵（Atracurium besilate）等的中间体。

吡罗昔康特戊酸酯

$C_{20}H_{21}N_3O_5S$，415.46

【英文名】 Piroxicam pivalate

【性状】 白色结晶性粉末。易溶于热乙酸乙酯，不溶于水。mp 152～154℃。

【制法】 陈芬儿. 有机药物合成法：第一卷. 北京：中国医药科技出版社，1999：138.

于干燥的反应瓶中加入吡罗昔康（**2**）9.9 g（0.03 mol），无水吡啶 150 mL，搅拌溶解。室温加入 2,2-二甲基丙酰氯 3.6 g（0.03 mol），并室温搅拌反应 2 h。将反应液倒入水中，析出白色晶体。过滤，水洗，干燥，得粗品。用乙酸乙酯重结晶，得白色粉末状结晶（**1**）11.2 g，收率 90%，mp 152～154℃。

【用途】 消炎镇痛药吡罗昔康特戊酸酯（Piroxicam pivalate）原料药。

苯基丙二酸单苯酯

$C_{15}H_{12}O_4$，256.26

【英文名】 Phenylmalonic acid monophenyl ester

【性状】 无色结晶性固体。mp 115～117℃。溶于乙醇、氯仿、二氯甲烷，可溶于热苯。

【制法】 孙昌俊，曹晓冉，王秀菊．药物合成反应——理论与实践．北京：化学工业出版社，2007：269.

于安有搅拌器、温度计的反应瓶中，加入苯丙二酸（**2**）27 g（0.15 mol），干燥的乙醚80 mL，慢慢滴加氯化亚砜 17.9 g（0.15 mol），而后加入几滴 DMF，水浴加热回流反应3 h。减压蒸出乙醚，剩余物中加入无水乙醚 80 mL，苯酚 14.1 g（0.15 mol），加热回流2 h。冷至室温，用 25 mL 水洗涤。再用饱和碳酸氢钠提取，直至提取液呈碱性。合并提取液，用 100 mL 乙醚洗涤。水层用 5 mol/L 的盐酸调至酸性。生成的油状物用二氯甲烷充分提取，二氯甲烷层水洗、无水硫酸钠干燥。蒸去溶剂，生成的固体用苯重结晶，得无色针状结晶（**1**）30.2 g，收率 78.7%，mp 115～117℃。

【用途】 抗生素羧苄西林（Carbenicillin）等的中间体。

2,3,6-三去氧-1,4-*O*-二-*p*-硝基苯甲酰基-3-三氟乙酰氨基-*α*-L-来苏型-六氢吡喃

$C_{22}H_{18}F_3N_3O_{10}$，541.39

【英文名】 2,3,6-Trideoxy-1,4-*O*-di-*p*-nitrobenzoyl-3-trifluoroacetamido-*α*-L-lyxo-hexahydro-pyran

【性状】 白色固体。mp 202～203℃。

【制法】 Smith T M, et al. J Org Chem, 1977, 42（23）: 3653.

于反应瓶中加入化合物（**2**）18.9 g（77.7 mmol）、吡啶 600 mL，搅拌溶解后，于0℃以下加入对硝基苯甲酰氯 40.4 g（217.6 mmol），0℃搅拌 16 h 后，加入水 50 mL，继续搅拌 0.5 h。将反应液倒入水 1.5 L 中，用氯仿（250 mL×4）提取，合并有机层，依次用 1.5 mol/L 硫酸、水、饱和碳酸氢钠溶液、水洗涤，无水硫酸钠干燥。过滤，回收溶剂，冷却，固化，得粗品（**1**）。用丙酮-氯仿-环己烷混合液重结晶，得精品（**1**）39.3 g，收率 93%。mp 202～203℃。

【性状】 抗恶性肿瘤抗生素药物盐酸伊达比星（Idarubicin hydrochloride）中间体。

水杨酸苯酯

$C_{13}H_{10}O_3$，214.22

【英文名】 Phenyl salicylate

【性状】 白色片状结晶。mp 43℃，bp 173℃/1.6 kPa。溶于乙醇、乙醚、冰醋酸、苯，几乎不溶于水。微有冬青油的气味。

【制法】 王纪元，孙学军，李鹏涛. 曲阜师范大学学报，2009，35（1）：82.

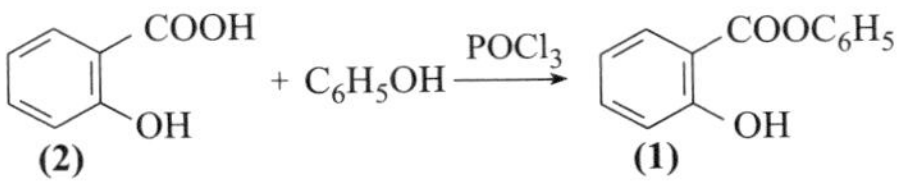

于安有搅拌器、温度计、回流冷凝器（连接一只氯化钙干燥管，并连接导气管至氯化氢吸收装置）的反应瓶中，加入水杨酸（**2**）11.0 g（0.08 mol），苯酚 9.4 g（0.1 mol），三氯氧磷 7.1 g（0.046 mol），于 80℃搅拌反应 2.5 h，反应体系最后呈熔融状态。将反应物倒入由 12.0 g 无水碳酸钠溶于 400 mL 水的溶液中，析出白色粉末。过滤，水洗，干燥，得化合物（**1**）粗品。用乙醇重结晶，得纯品（**1**），收率 95.7%，纯度＞98.5%。mp 40～42℃。

也可以使用 DCC、$SOCl_2$、PCl_3 等使水杨酸和苯酚反应来制备。

【用途】 用作医药消毒防腐剂，也用于有机合成。

布洛芬愈创木酚酯

$C_{20}H_{24}O_3$，312.41

【英文名】 Ibuprofen guaiacol ester

【性状】 结晶，mp 35～36℃。

【制法】 Leandro Balocchi，Bruso Silvestrial. US 4134989。1979.

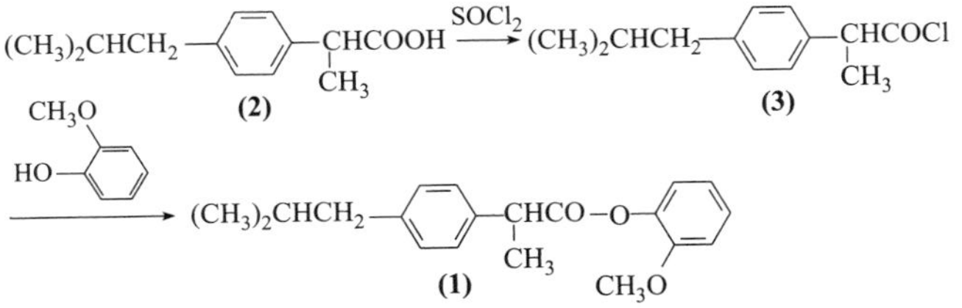

α-甲基-4-(2-甲基丙基) 苯乙酰氯（**3**）：于干燥反应瓶中，加入布洛芬（**2**）20.6 g（0.10 mol）、氯化亚砜 13 g（0.13 mol），加热搅拌回流直至无氯化氢气体逸出为止。反应毕，常压回收过量的氯化亚砜，冷却，得（**3**）21.3 g，收率 95%（可直接用于下步反应）。

布洛芬愈创木酚酯（**1**）：于干燥反应瓶中，加入化合物（**3**）21.5 g（0.096 mL）、愈创木酚 8.4 g（0.068 mol）和无水甲苯 100 mL，于室温搅拌 4 h，80～90℃搅拌 0.5 h。冷却，分出有机层，依次用饱和碳酸氢钠溶液、水洗涤至 pH7，无水硫酸钠干燥。过滤，滤液回收溶剂，减压蒸馏，收集 bp190℃/66.7 kPa 馏分，得（**1**）21 g，收率 99%。固化后，mp 35～36℃。

【用途】 消炎镇痛药布洛芬愈创木酚酯（Ibuprofen guaiacol ester）原料药。

贝诺酯

$C_{17}H_{15}NO_5$，313.31

【英文名】 Benorilate

【性状】 白色固体。mp 176～178℃。

【制法】 郑时龙，何菱，袁妙等。中国现代应用药学，1997，14（5）：29.

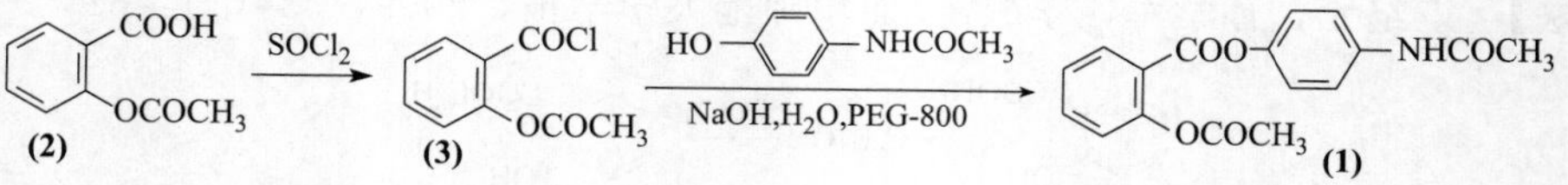

于反应瓶中加入乙酰水杨酸（**2**）10.8 g（0.06 mol），2 滴 DMF，氯化亚砜 5 mL，慢慢加热至 75 mL，直至无尾气生成。减压蒸出过量的氯化亚砜，得化合物（**3**）粗品，备用。

于反应瓶中加入 7% 的氢氧化钠水溶液 50 mL，冷至 5℃，加入对乙酰氨基苯酚 7.6 g（0.05 mol），0.05 摩尔分数的 PEG-800，搅拌溶解，于 10℃ 以下滴加化合物（**3**）溶于 10 mL 苯的溶液。加完后继续搅拌反应 30 min。抽滤，水洗至中性，干燥，得白色固体。用 95% 的乙醇重结晶，得化合物（**1**），收率 92%，mp 176～178℃。

【用途】 消炎、镇痛药贝诺酯（Benorilate）原料药。

二苯甲酰基-L-酒石酸

$$C_{18}H_{14}O_8 \cdot H_2O，376.31$$

【英文名】 Dibenzoyl-L-tartaric acid

【性状】 白色结晶。mp 91～92℃。

【制法】 郭卫峰，应瑞芬，陈新良等. 中国医药工业杂志，2009，40（2）：92.

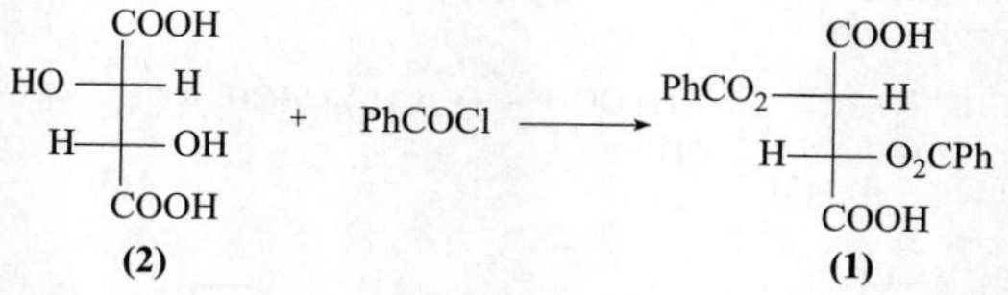

于安有搅拌器、回流冷凝器（顶部按一只氯化钙干燥管并连一导气管至氯化氢吸收装置）、温度计的反应瓶中，加入 L-酒石酸（**2**）75 g（0.5 mol），苯甲酰氯 250 g（1.78 mol），搅拌下加热至 130～135℃反应 3 h。反应过程中反应体系变黏稠。减压蒸出过量的苯甲酰氯，趁热加入甲苯 400 mL，冷却后过滤，用甲苯洗涤三次以除去苯甲酰氯。干燥，得白色二苯甲酰基-L-酒石酸酐，mp 153～155℃。

将其加入 250 mL 水中。加热至沸，冷却后过滤、干燥，得白色化合物（**1**）154 g，收率 82%，mp 88～89℃。

也可以由酒石酸、苯甲酸、氯化亚砜反应来合成［李雯，赵君颖，张亚冬等. 郑州大学学报：工学版，2006，27（2）：62］。

【用途】 手性拆分剂，例如用于局部麻醉药盐酸罗哌卡因（Ropivacaine hydrochloride）中间体的拆分。

2,2,6,6-四尼克酰氧甲基环己醇

$$C_{34}H_{32}N_4O_9，640.23$$

【英文名】 Nicomol，2,2,6,6-Tetrakis（nicotinoyloxymethyl）cyclohexanol

【性状】　白色固体。mp 180～181℃。

【制法】　陆涛，施欣忠，陈继俊，刘有强. 中国医药工业杂志，1997，28（4）：154.

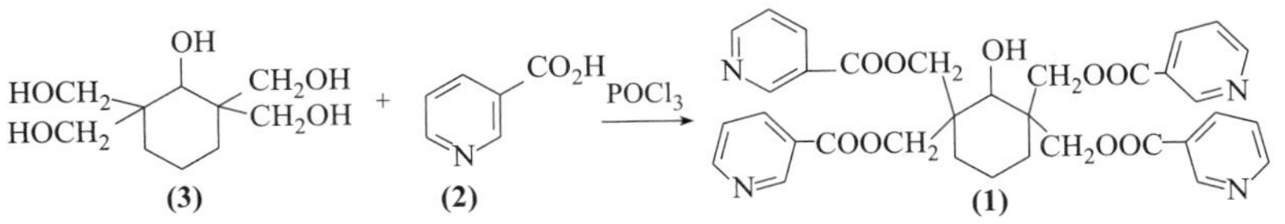

于反应瓶中加入无水吡啶 130 g，冷却下慢慢加入三氯氧磷 35 g，控制反应温度不超过 40℃。分批加入烟酸（**2**）47 g（0.38 mol），加完后于 60℃ 左右反应 2 h。稍冷后加入 2,2,6,6-四羟甲基环己醇（**3**）20 g（0.08 mol），于 75℃ 反应 3 h。冷却后加入适量水，析出浅黄色固体。抽滤，产品用醋酸-水混和溶剂重结晶，得白色固体（**1**）46 g，收率 89.8%，mp 180～181℃（文献值 177～180℃）。

【用途】　降血脂药尼可莫尔（Nicomol）原料药。

地拉䓬

$$C_{31}H_{44}N_2O_{10} \cdot 2HCl \cdot H_2O,\ 695.63$$

【英文名】　Dilazep

【性状】　白色结晶性粉末。mp 195～198℃，无臭、味苦。易溶于冰醋酸及氯仿，可溶于水，难溶于乙醇，几乎不溶于乙醚和石油醚。

【制法】　Herbert Arnold，Bielefeld，Kurt Pahis，et al. US 3532685. 1970.

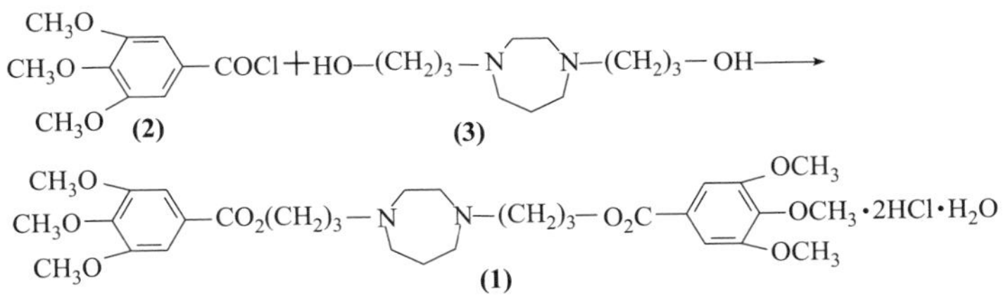

于反应瓶中加入 N,N'-双-（3-羟基丙基）高哌嗪（**3**）21.6 g（0.1 mol），无水氯仿 600 mL，3,4,5-三甲氧基苯甲酰氯（**2**）63.8 g（0.227 mol），搅拌回流 5 h。减压蒸出氯仿，剩余物溶于水中，乙醚提取。水层加碱石灰调至碱性。乙醚提取（100 mL×3）。乙醚层用无水硫酸钠干燥后，蒸出乙醚，得黏稠物。加入 150 mL 乙醇溶解，按计算量加入盐酸乙醚溶液，析出双盐酸盐结晶。过滤，用 120 mL 乙醇重结晶，于盛有五氧化二磷的干燥器中干燥，得白色化合物（**1**）40～50 g，收率 66%～70%，mp 194～198℃。

【用途】　抗心绞痛药，冠脉扩张药地拉䓬（Dilazep）原料药。

2. *N*-酰基化反应

N-(2-氯-6-甲基苯基)-2-新戊酰氨基噻唑-5-甲酰胺

$$C_{16}H_{18}ClN_3O_3S,\ 367.85$$

【英文名】　*N*-(2-Chloro-6-methylphenyl)-2-pivalamidothiazole-5-carboxamide

【性状】　白色固体。mp 254～256℃。

【制法】 张少宁，魏红涛，吉民. 中国医药工业杂志，2010，41（3）：161.

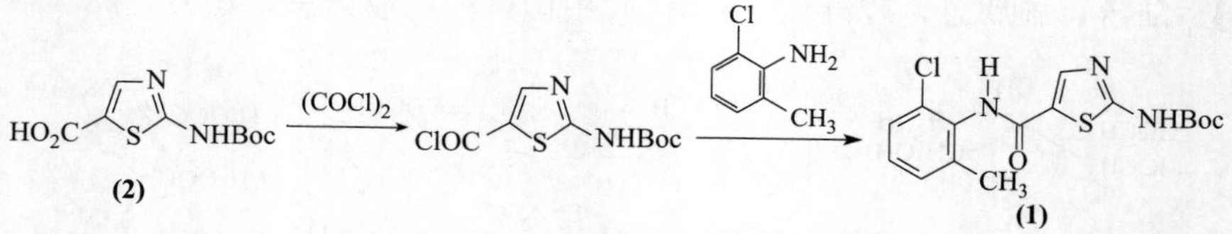

于反应瓶中加入 2-（N-新戊酰氨基）-5-噻唑甲酸（**2**）9.76 g（0.04 mol），DMF 2 mL，THF 100 mL，搅拌下于 0℃滴加草酰氯 5.1 mL（0.06 mol）溶于 20 mL THF 的溶液，加完后继续室温搅拌反应 6 h。冷至 0℃，滴加由 2-氯-6-甲基苯胺 6.8 g（0.05 mol）、THF 20 mL、三乙胺 11.1 mL 配成的溶液，加完后继续室温搅拌反应 8 h。减压蒸出溶剂，剩余的类白色固体中加入 100 mL 水，搅拌后过滤，水洗，干燥，得白色固体（**1**）5.61 g，收率 76.3%，mp 254～256℃。

【用途】 白血病治疗药达沙替尼（Dasatinib）中间体。

3,5-二甲氧基苯甲酰胺

$C_9H_{11}NO_3$，181.19

【英文名】 3,5-Dimethoxybenzamide
【性状】 白色结晶。mp 148～149℃。
【制法】 ① Suter C M，Weston A W. J Am Chem Soc，1939，61（2）：232. ②陈芬儿. 有机药物合成法：第一卷. 北京：中国医药科技出版社，1999：168.

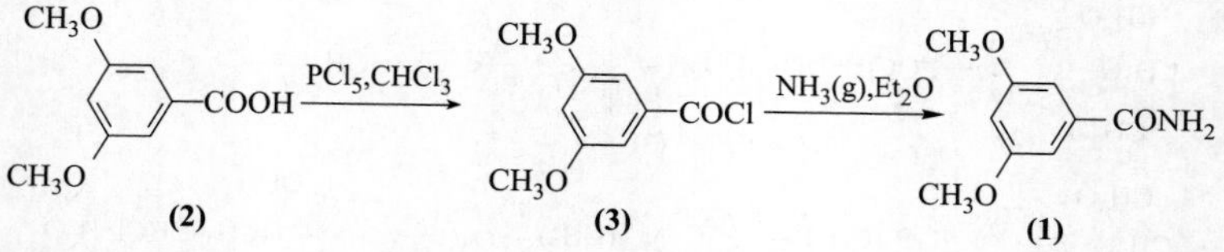

于干燥的反应瓶中加入 3,5-二甲氧基苯甲酸（**2**）60 g（0.33 mol），五氯化磷 62.5 g（0.30 mol）和三氯甲烷 285 mL，于室温搅拌 5 h。反应结束后，得化合物（**3**）的溶液。向反应物中加入干燥乙醚 350 mL，过滤除去不溶物。滤液冷却至 0℃，通入干燥的氨气至饱和，析出固体。过滤，向固体中加入乙醚和适量冷水。分出有机层，水层用乙醚提取数次，合并有机层，无水硫酸钠干燥。过滤，回收溶剂，得固体粗品（**1**）。用水重结晶，得白色结晶（**1**）43 g，收率 72%，mp 148～149℃。

【用途】 止吐药大麻隆（Nabilone）中间体。

N-苄氧羰基甘氨酸

$C_{10}H_{11}NO_4$，209.20

【英文名】 N-Benzyloxycarbonylglycine，N-[（Phenylmethoxy）carbonyl] glycine
【性状】 白色固体。mp 119～121℃。
【制法】 黄维德等. 多肽合成. 北京：科学出版社，1985：15.

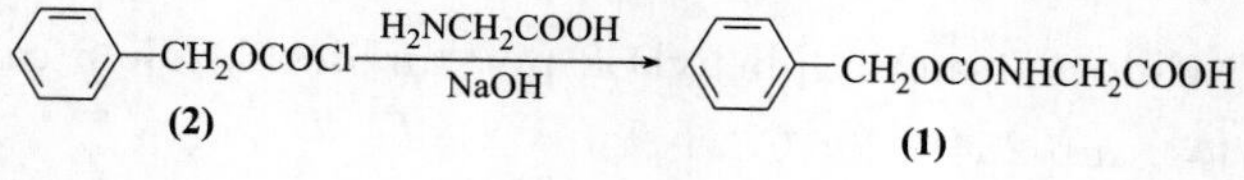

于干燥的反应瓶中加入甘氨酸 7.5 g（0.1 mol），2 mol/L 氢氧化钠溶液 50 mL，冰盐浴冷却，缓慢加入氯甲酸苄酯（**2**）17 g（0.1 mol），同时不断滴加 4 mol/L 氢氧化钠溶液 25 mL 以保持反应液 pH9 左右。加完后室温搅拌 10 min。静置，分出有机层，水层用乙醚提取数次，弃去有机层。水层冰浴冷却，用浓盐酸调至 pH1，析出白色固体。过滤，冷水洗，干燥（于空气中晾干），得（**1**）18～19 g，收率 86～91%，mp 119～121℃。

【用途】　血管紧张素转化酶抑制剂地拉普利（Delapril）等的中间体。

N-苄氧羰氨基-L-苯甘氨酸

$C_{16}H_{15}NO_4$，285.30

【英文名】　N-Benzyloxycarbonyl-L-phenylglycine
【性状】　无色针状结晶。mp 119～120℃。
【制法】　邓志华，夏红云，袁黎明. 云南化工，2007，34（2）：11.

于安有搅拌器、温度计、两个滴液漏斗的反应瓶中加入 L（－）-α-氨基-α-苯乙酸（**2**）4 g，2 mol/L 的氢氧化钠溶液 40 mL，0℃搅拌反应 20～25 min。慢慢同时滴加氯甲酸苄酯 10 g 和 4 mol/L 氢氧化钠溶液 25 mL。加完后继续搅拌反应 15 min。用盐酸调至对刚过红试纸呈酸性。过滤析出的固体，水洗，干燥，用氯仿重结晶，得产物约 10 g，mp 119～120℃。

【用途】　多肽、药物合成中间体。

N-(2-氨基-5-硝基苯甲酰基)邻甲苯胺

$C_{14}H_{13}N_3O_3$，271.28

【英文名】　N-(2-Amino-5-nitrobenzoyl)-o-toluidine
【性状】　黄色固体。mp 209～212℃。
【制法】　Tain J，Yamada Y，Oine T，et al. J Med Clhem，1979，22（1）：95.

2-氨基-5-硝基苯甲酰氯（**3**）：于干燥的反应瓶中加入 5-硝基邻氨基苯甲酸（**2**）20 g（0.109 mol）、氯化亚砜 50 g（0.42 mol）和无水苯 200 mL，加热搅拌回流 5 h。反应结束后，减压回收氯化亚砜和溶剂，冷却，析出黄色结晶，干燥，得（**3**）（可直接用于下步反应）。

N-(2-氨基-5-硝基苯甲酰基)邻甲苯胺（**1**）：于干燥的反应瓶中加入上述粗品（**3**）、邻甲基苯胺 35.1 g（0.327 mol）、三氯甲烷 200 mL，加热搅拌回流 2 h（反应过程中有结晶析出）。冷却，过滤，依次用少量三氯甲烷、5%氢氧化钠溶液、水洗至滤液 pH＝7，干燥，得黄色化合物（**1**）22.3 g，收率 75%，mp 209～212℃。

【用途】 肌肉松弛药氟喹酮（Afloqualone）等的中间体。

阿拉普利

$$C_{20}H_{26}N_2O_5S，406.50$$

【英文名】 Alacepril

【性状】 白色结晶粉末。mp 155～157℃。$[\alpha]_D^{26}-81.6°（c=1，乙醇）$

【制法】 Tadahiro S，et al. Chem Pham Bull，1990，38（2）：529.

于反应瓶中加入化合物（**3**）10 g（38.2 mmol）、碳酸钾 7.9 g（57 mmol）、四氢呋喃 10 mL 和水 40 mL，搅拌溶解。冷却，在剧烈搅拌下加入（R）-3-乙酰硫基-2-甲基丙酰氯（**2**）6.9 g（38.2 mmol）和四氢呋喃 10 mL 的溶液，室温搅拌 2 h。用乙酸乙酯洗涤，水层用稀盐酸酸化，用二氯甲烷提取数次。合并有机层，水洗，干燥。回收溶剂，剩余固化物用乙腈重结晶，得精品（**1**）10.1 g，收率 68%，mp 155～157℃，$[\alpha]_D^{26}-81.6°（c=1，$乙醇）。

【用途】 血管紧张素转化酶抑制剂阿拉普利（Alacepril）原料药。

N-(3,4-亚甲基二氧基苯基乙酰基)-L-脯氨醇

$$C_{14}H_{17}NO_4，263.29$$

【英文名】 N-(3,4-Methylenedioxyphenylacetyl) - L-prolinol

【性状】 无色油状物。

【制法】 Weinreb S M，Joseph A. J Am Chem Soc，1975，97（9）：2503.

于干燥的反应瓶中加入胡椒乙酸（**2**）18 g（0.10 mol）、氯化亚砜 20 mL（0.275 mL），室温搅拌 3 h。减压回收过量的氯化亚砜，向剩余物中加入乙腈 50 mL，得（**3**）的乙腈溶液。

于另一干燥反应瓶中，加入 L-脯氨醇 12 g（0.12 mol）和乙腈 125 mL，无水碳酸钾 40 g（0.29 mol）、搅拌冷却至 -20℃，滴加上步制得的（**3**），加完后继续于 -20℃ 搅拌 0.5 h。反应结束后，加入适量水，用氯仿提取数次。合并有机层，依次用水、10%盐酸洗涤，无水硫酸镁干燥。过滤，滤液回收溶剂后，得粗品（**1**）。向该粗品中加入碳酸钾 13 g（0.094 mol）、甲醇 150 mL 和水 50 mL，加热搅拌回流 1 h。减压浓缩，蒸出大部分溶剂后，加入水适量，用氯仿提取数次，合并有机层，无水硫酸镁干燥。过滤，滤液回收溶剂后，得无色油状物（**1**）21.5 g，收率 82%。

【用途】 抗肿瘤药三尖杉酯碱（Harringtonine）中间体。

顺-4-(2-甲基-3-对叔戊基苯基丙酰基)-2,6-二甲基吗啉

$$C_{21}H_{33}NO_2,\ 331.50$$

【英文名】 *cis*-4-(2-Methyl-3-*p*-*tert*-pentylphenylpropionyl)-2,6-dimethylmorpholine

【性状】 无色油状液体。溶于乙醇、乙醚、乙酸乙酯，微溶于水。

【制法】 ①冯志祥，张万年，周有俊等.中国药物化学杂志，2000，10（1）：64.②孙昌俊，曹晓冉，王秀菊.药物合成反应——理论与实践.北京：化学工业出版社，2007：270.

于安有搅拌器、回流冷凝器（顶部按一只氯化钙干燥管，并连一只导气管至氯化氢、二氧化硫吸收瓶）的反应瓶中加入 2-甲基-3-对叔戊基苯基丙酸（**2**）102 g（0.436 mol），氯化亚砜 300 mL，加热回流 3.5 h。减压蒸馏回收氯化亚砜，得黄色黏稠的 2-甲基-3-对叔戊基苯基丙酰氯，不必提纯直接用于下一步反应。

向上面油状物中加入二氯甲烷 200 mL，室温下滴加顺-2,6-二甲基吗啉 57 g（0.5 mol），约 2 h 加完，而后继续搅拌反应 4 h。减压蒸馏回收溶剂，得黄绿色油状物。加水稀释，用乙醚提取三次（50 mL×3），无水硫酸钠干燥，蒸去乙醚。过硅胶柱纯化，以石油醚-乙酸乙酯（3:1）洗脱，蒸去洗脱液，得无色油状化合物（**1**）130.5 g，收率 90%。

【用途】 抗真菌药阿莫罗芬（Amorolfine）的中间体。

头孢噻吩钠

$$C_{16}H_{15}N_2NaO_6S_2,\ 418.44$$

【英文名】 Cephalothin sodium

【性状】 白色结晶性粉末。mp 160～160.5℃。易溶于水，微溶于乙醇，不溶于氯仿、乙醚，几乎无臭。

【制法】 孙昌俊，曹晓冉，王秀菊.药物合成反应——理论与实践.北京：化学工业出版社，2007：272.

于反应瓶中加入 7-氨基头孢菌素酸（**3**）10 g（0.037 mol），再加入由碳酸氢钠 10 g（0.119 mol）溶于 500 mL 水和 400 mL 丙酮的混合溶液，冰水浴冷却，搅拌下滴加 2-噻吩乙酰氯（**2**）8.8 g（0.055 mol）溶于 80 mL 丙酮的溶液，约 30 min 加完。加完后继续搅拌反应 2.5 h。减压蒸去丙酮，加入乙酸乙酯 100 mL，用 1 mol/L 盐酸调至 pH2。分出有机层，水层用乙酸乙酯提取。合并乙酸乙酯层，加水 100 mL，用 0.5 mol/L 的氢氧化钠调至 pH5.5。分出水层，减压浓缩至干。加入丙酮研碎固体，过滤、减压干燥，得白色化合物（**1**）6.2 g，收率 40%，mp 159～161℃。

【用途】 头孢噻吩钠（Cephalothin sodium）原料药。

N-苯甲酰基谷氨酸

$$C_{12}H_{13}NO_5,\ 251.23$$

【英文名】 *N*-Benzoylglutamic acid
【性状】 白色固体。mp 136～140℃。
【制法】 ①李勤耕，傅渝滨，李家声等. 中国药物化学杂志，1995，5（1）：54. ②孙昌俊，曹晓冉，王秀菊. 药物合成反应——理论与实践. 北京：化学工业出版社，2007：275.

$$HO_2CCHCH_2CH_2CO_2H + C_6H_5COCl \xrightarrow[\text{2. HCl}]{\text{1. NaOH}} HO_2CCHCH_2CH_2CO_2H$$

（2）　　　　　　　（3）　　　　　　　（1）

于反应瓶中加入 2 mol/L 的氢氧化钠 2.4 L，冷至 10℃ 以下，慢慢加入 L-谷氨酸（**2**）588 g（4 mol）。搅拌下由两个滴液漏斗同时滴加苯甲酰氯（**3**）471 g（4.1 mol）和 3 mol/L 的氢氧化钠 1600 mL，保持内温不超过 15℃，同时反应液 pH 不超过 8。全部加完后，继续搅拌反应 30 min。用浓盐酸调至 pH3～4，于 5℃ 放置 10～18 h。滤出固体，将固体与600 mL 冷水混合，搅拌成糊状，抽滤、水洗、干燥，得 *N*-苯甲酰基谷氨酸（**1**）655 g，收率 65%，mp 136～140℃。

【用途】 丙谷胺（Gastridine）等的中间体。

2-氯乙酰氨基-5-氯二苯酮

$$C_{15}H_{11}Cl_2NO_2,\ 308.16$$

【英文名】 2-Chloroacetamido-5-chlorobenzophenone
【性状】 浅黄色固体。mp 117～119℃。溶于氯仿、热乙醇，不溶于水。
【制法】 沈怡平，张定遥，梁苏清等. 中国医药工业杂志，1982，13（5）：1.

于反应瓶中加入 2-氨基-5-氯-二苯酮（**2**）40 g（0.172 mol），环己烷 250 mL，搅拌下控制温度不超过 25℃，滴加氯乙酰氯 20 mL。加完后慢慢升温至回流，反应 1 h。冰水降温，加水 50 mL，析出黄色结晶。抽滤、水洗，干燥，得类白色固体（**1**）51 g，收率94%，mp 120～123℃。

【用途】 抗焦虑药地西泮（diazepam）等的中间体。

2-溴-*N*-(2,6-二甲苯基)丙酰胺

$$C_{11}H_{14}BrNO,\ 256.02$$

【英文名】 2-Bromo-*N*-(2,6-dimethylphenyl) propanamide
【性状】 无色结晶。mp 162～164℃。溶于乙醇、乙醚、热苯，不溶于水。
【制法】 徐云龙. 中国医药工业杂志，1981，12（5）：11.

于反应瓶中加入 2,6-二甲苯胺（**2**）181.5 g（1.5 mol），苯 2.2 L，搅拌下加热共沸脱水。冷至室温，控制温度不超过 30℃，滴加 α-溴代丙酰氯（**3**）320 g（1.87 mol）。加完后回流反应 7 h。冷后冰箱中放置过夜。滤出析出的固体，用少量苯洗涤，再用少量温水洗涤，干燥，得化合物（**1**）粗品。用苯重结晶，得纯品 300 g，收率 78%，mp 162～164℃。

【用途】 抗心率失常药妥卡尼（Tocainide）等的中间体。

N-(2-四氢呋喃甲酰基)哌嗪

$$C_9H_{16}N_2O_2，184.23$$

【英文名】 N-(Tetrahydro-2-furoylcarbonyl) piperazine

【性状】 淡黄色油状液体。bp 120～125℃/26.7 kPa。溶于乙醇、乙醚、乙酸乙酯，微溶于水。

【制法】 ①李锦华.中国医药工业杂志，1998，29（4）：147.②马玉卓，刘鹰翔，张斯英.中国药物化学杂志，1998，8（4）：296.

四氢呋喃-2-甲酰氯（**3**）：于反应瓶中加入四氢呋喃-2-甲酸（**2**）40 g（0.34 mol），搅拌下于 20～25℃滴加氯化亚砜 75 g（0.5 mol），加完后于 45℃反应 3 h。水泵减压蒸出氯化亚砜，而后减压蒸馏，收集 80～82℃/4 kPa 的馏分，得浅黄色液体（**3**）37.6 g，收率 80.5%。

N-(2-四氢呋喃甲酰基) 哌嗪（**1**）：于反应瓶中加入六水哌嗪 75 g（0.38 mol），乙醇 200 mL，加热至 40℃，搅拌下滴加 48% 的氢溴酸 55 g（0.19 mol），而后滴加四氢呋喃-2-甲酰氯（**3**）25 g（0.19 mol），回流反应 1.5 h。冷至 0℃，滤去析出的固体，无水乙醇洗涤。合并滤液和洗涤液，减压蒸去溶剂，加入水 50 mL，用碱调至 pH10，氯仿提取（60 mL×3），无水硫酸钠干燥，蒸去溶剂后减压蒸馏，收集 120～125℃/26.7 kPa 的馏分，得浅黄色油状液体（**1**）17.9 g，收率 52%。

【用途】 治疗前列腺肥大药物盐酸特拉唑嗪（Terazosin hydrochloride）等的中间体。

3-(4-乙氧基苯基)-1,1-二乙基脲

$$C_{13}H_{20}N_2O_2，236.30$$

【英文名】 3-(4-Ethoxyphenyl)-1,1-diethylurea

【性状】 白色结晶性固体。mp 96～97℃。溶于乙醇、甲醇、热的乙酸乙酯，不溶于水。

【制法】 王礼琛，任进知，韦万武等.中国现代应用药学杂志，1998，15（6）：35.

于反应瓶中加入对氨基苯乙醚（**2**）6.9 g（0.05 mol），碳酸氢钾 10.8 g（0.1 mol），丙酮 11 mL，搅拌下于室温滴加 *N*,*N*-二乙氨基甲酰氯（**3**）7.5 g（0.055 mol），加完后继续搅拌反应，TLC 跟踪反应至完全。加水 40 mL，用 6 mol/L 的盐酸调至 pH6，继续反应 2 h，有固体析出。冷却，过滤，水洗，干燥后得粗品 11.1 g，收率 92%。用乙酸乙酯重结晶，mp 95～96℃（文献值 96～97℃）。

【用途】 轻、中度高血压治疗药塞利洛尔（Celiprolol）等的中间体。

马尿酸

$$C_9H_9NO_3，179.18$$

【英文名】 Hippuric acid，2-Benzamidoacetic acid

【性状】 白色结晶。mp 186～187℃。溶于热水、热醇，不溶于苯、二硫化碳、石油醚。

【制法】 王利叶，李公春，刘亚军等.化学工程，2014，10：67.

于反应瓶中加入甘氨酸 0.9 g，水 10 mL，6 mol/L 的氢氧化钠水溶液 4.8 mL，搅拌溶解。慢慢滴加苯甲酰氯（**2**）1.6 mL，加完后继续搅拌反应 30 min。冷却下慢慢加入浓盐酸调至刚果红试纸变色。静置，滤出析出的白色固体。水洗，干燥，得化合物（**1**）1.45 g，收率 74.4%。水中重结晶，mp 187℃。

【用途】 抗菌药马尿酸乌洛托品（Methenamine hippurate）等的中间体。

N-(2,6-二甲苯基)-2-哌啶甲酰胺

$$C_{14}H_{20}N_2O，232.33$$

【英文名】 *N*-(2,6-Dimethylphenyl) piperidine-2-carboxamide

【性状】 白色固体。mp 110～112℃。溶于乙醇、异丙醇，不溶于水。

【制法】 ①孙昌俊，曹晓冉，王秀菊.药物合成反应——理论与实践.北京：化学工业出版社，2007：295.②刘毅，李赛，缑灵山等.中国医药工业杂志，2012，43（11）：883.

2-哌啶甲酰氯盐酸盐（**3**）：于安有搅拌器、回流冷凝器（顶部按一导气管至氯化氢吸收装置）、温度计、滴液漏斗的反应瓶中，加入哌啶-2-甲酸盐酸盐（**2**）100 g（0.6 mol），乙酰氯 1000 mL，剧烈搅拌下分批加入五氯化磷 100 g，于 35℃反应 8 h。而后再加入五氯化磷 50 g（共 0.72 mol），继续搅拌反应 6 h。冷至 10℃，过滤。滤饼用甲苯和丙酮洗涤，得 2-哌啶甲酰氯盐酸盐（**3**）。

N-(2,6-二甲苯基)-2-哌啶甲酰胺（**1**）：于反应瓶中加入上述盐酸盐（**3**），600 mL 丙酮，搅拌下慢慢加入 2,6-二甲苯胺 180 g（1.48 mol）。加热至沸反应 2 h。蒸出丙酮后，剩

余物溶于水中。用氢氧化钠水溶液调至 pH5.5～6，水蒸气蒸馏除去 2,6-二甲苯胺。活性炭脱色，用氢氧化钠溶液调至 pH＞11，滤出析出的固体，水洗，干燥，得化合物（**1**）112 g，总收率 80%，用甲苯-正己烷重结晶，mp 110～112℃。

反应中也可以使用氯化亚砜、三氯化磷等［刘毅，李赛，缑灵山等.中国医药工业杂志，2012，43（11）：883］。

【用途】 局部麻醉药布比卡因（Bupivacaine）、罗哌卡因（Ropivacaine）等的中间体。

3-对硝基苯甲酰氨基丙酸

$$C_{10}H_{10}N_2O_5，238.19$$

【英文名】 3-(4-Nitrobenzamido) propanoic acid

【性状】 黄色结晶。mp 164～166℃。溶于二氯甲烷、氯仿、稀碱溶液，不溶于水。

【制法】 ①施振华，丁健，宁奇等.中国医药工业杂志，2003，34（11）：537.②单惠军，方刚，吴松.中国药物化学杂志，2001，11（2）：110.

$$O_2N-\!\!\!\!\!\!\bigcirc\!\!\!\!\!\!-COCl + H_2NCH_2CH_2CO_2H \xrightarrow[\text{TEBA，CHCl}_3]{\text{Na}_2\text{CO}_3,\text{H}_2\text{O}} O_2N-\!\!\!\!\!\!\bigcirc\!\!\!\!\!\!-CONHCH_2CH_2CO_2H$$
$$\text{(2)} \qquad\qquad\qquad\qquad\qquad\qquad\qquad\qquad \text{(1)}$$

于反应瓶中加入碳酸钠 15.9 g（0.15 mol），TEBA 1.0 g，β-氨基丙酸 10.5 g（0.12 mol），水 60 mL，搅拌下滴加对硝基苯甲酰氯（**2**）22.3 g（0.12 mol）溶于 60 mL 二氯甲烷的溶液，约 1 h 加完，加完后室温反应 3 h。分出水层，用稀盐酸调至 pH1，析出固体。抽滤，水洗，干燥。用丙酮重结晶，得黄色结晶（**1**）23.0 g，收率 92.8%，mp 164～166℃。

【用途】 抗结肠炎药物巴柳氮钠（Balsalazide sodium）中间体。

ε-3,4,5-三甲氧基苯甲酰氨基己酸

$$C_{16}H_{23}NO_6，325.37$$

【英文名】 Capobenic acid，ε-(3,4,5-Trimethoxybenzamido) hexanoic acid

【性状】 白色粉末。mp 121～123℃。溶于乙醇、丙酮、氯仿、碱性水溶液，不溶于水、醚、四氯化碳，无味。

【制法】 姚爱平，胡永州，刘滔.浙江大学学报：医学版，1999，28（6）：277.

$$\begin{array}{c}\text{CH}_3\text{O}\\\text{CH}_3\text{O}-\!\!\!\!\!\!\bigcirc\!\!\!\!\!\!-\text{COCl}\\\text{CH}_3\text{O}\end{array} + \text{H}_2\text{N(CH}_2)_5\text{CO}_2\text{H} \xrightarrow{\text{NaOH}} \begin{array}{c}\text{CH}_3\text{O}\\\text{CH}_3\text{O}-\!\!\!\!\!\!\bigcirc\!\!\!\!\!\!-\text{CONH(CH}_2)_5\text{CO}_2\text{H}\\\text{CH}_3\text{O}\end{array}$$
$$\qquad\qquad\qquad \text{(2)} \qquad\qquad\qquad\qquad\qquad\qquad\qquad \text{(1)}$$

于反应瓶中加入 ε-氨基己酸 3.28 g（0.025 mol），水 8 mL，搅拌下加入氢氧化钠 1.52 g（0.038 mol）。冷至 0～5℃，分批滴加 3,4,5-三甲氧基苯甲酰氯（**2**）4.2 g（0.15 mol），共 6 次加完，每次 0.7 g。加完后于 2℃ 以下继续反应直至完全溶解。用稀盐酸调至对刚过红试纸呈酸性。滤出析出的固体，水洗，干燥。乙醇中重结晶，得白色粉末状（**1**）5 g，收率 78%，mp 121～123℃。

【用途】 抗心绞痛、心率失常药卡泊酸（Capobenic acid）原料药。

N-对羟基苯基水杨酰胺

$$C_{13}H_{11}NO_3，229.24$$

【英文名】 N-p-Hydroxyphenylsalicylamide

【性状】 白色结晶。mp 179℃。易溶于甲醇、乙醇、乙醚，微溶于热水、苯，不溶于冷水、乙酸。

【制法】 陈再成，孙昌俊，黄振东.中国医药工业杂志，1990，21（5）：199.

于反应瓶中加入对氨基苯酚（**3**）7.3 g（0.067 mol），水杨酸（**2**）10 g（0.072 mol），悬浮于 N,N-二甲基甲酰胺中。氮气保护，搅拌下慢慢滴加三氯化磷 4 g（0.029 mol），颜色逐渐变深。加完后慢慢升温至 140℃，反应 3 h。减压蒸出部分 DMF，冷至室温。将反应物倒入烧杯中，用氢氧化钠水溶液调至碱性，静置分层，水层加活性炭脱色，过滤。滤液用盐酸调至弱酸性，析出固体。用 30% 的乙醇重结晶，得白色固体（**1**）11.4 g，收率 74.3%，mp 177～178.5℃。

【用途】 利胆药柳胺酚（Osalmid）的原料药。

2-(2-溴乙酰氨基)-5-氯-2′-氟二苯酮

$$C_{15}H_{10}BrClFNO_2，370.61$$

【英文名】 2-(2-Bromoacetamido)-5-chloro-2′-fluorobenzophenone

【性状】 无色柱状或针状结晶。mp 132～133℃。

【制法】 ①陈芬儿.有机药物合成法：第一卷.北京：中国医药科技出版社，1999：249.
②Sternbach L H，et al. J Org Chem，1962，27（11）：3781，3788.

2-氨基-5-氯-2′-氟二苯酮（**3**）：于反应瓶中加入 2-氟苯甲酰氯 178.3 g（1.125 mol），120℃搅拌下分次加入 4-氯苯胺（**2**）67.8 g（0.5 mol），升温至 180～200℃，加入无水氯化锌 112.7 g（0.64 mol），在 200～205℃反应到无氯化氢气体产生为止（约 1～2 h）。冷至 120℃后与 3 mol/L 盐酸溶液充分混合，搅拌下加热至回流。倾出上部水层，并重复这样操作 2～3 次。将不溶于水的褐色物质溶于 75%（体积比）的硫酸 300 mL 中，回流 40 min。趁热倾入含有 1 kg 冰的 500 mL 水中，用二氯甲烷（300 mL×4）提取。合并二氯甲烷层，用 3 mol/L 盐酸溶液 500 mL 洗涤，再用 5 mol/L 氢氧化钠溶液（500 mL×3）洗涤，无水硫酸钠干燥。过滤，浓缩，得（**3**）的粗品。用甲醇重结晶，得黄色针状结晶（**3**）96.1 g，收率 77%，mp 94～95℃。

2-(2-溴乙酰氨基)-5-氯-2′-氟二苯酮（**1**）：于反应瓶中加入化合物（**3**）25 g（0.1mol）、乙醇（含有一定量的乙醚）500 mL，搅拌下分次加入 2-溴乙酰溴 26.3 g 的乙醚溶液和

500 g 冰，保持温度 10～15℃反应至醚层黄色消失（约 1～2 h）。分离有机层，水洗，再用冷的稀碱溶液洗涤，无水硫酸钠干燥，过滤，滤液减压浓缩，所得固体用甲醇重结晶，得无色柱状或针状结晶（**1**）36 g，收率 97%，mp 132～133℃。

【用途】 抗焦虑药氟他唑仑（Flutazolam）中间体。

3. C-酰基化反应

α-氯代-2,4-二氟苯乙酮

$C_8H_5ClF_2O$，190.58

【英文名】 α-Chloro-2,4-difluoroacetophenone
【性状】 白色结晶。mp 45～47℃。
【制法】 王健祥. 华西药学杂志，2006，20（3）：241.

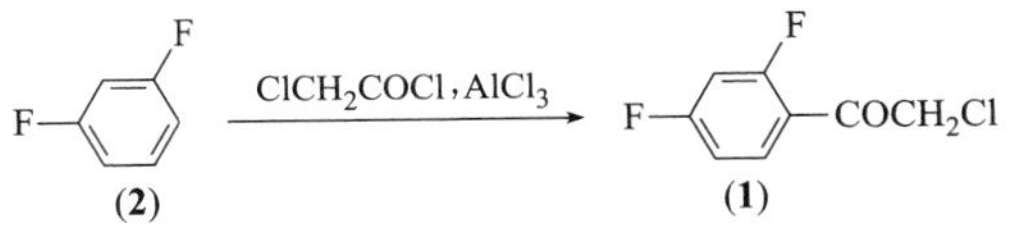

于反应瓶中加入无水三氯化铝 146.6 g（1.1 mol），间二氟苯（**2**）114 g（1.0 mol），搅拌加热溶解。冷至室温，慢慢滴加氯乙酰氯 113 g（1.0 mol）。加完后于 50～55℃继续搅拌反应 4～5 h。水解、结晶、抽滤，用 5%的盐酸洗涤 2 次，再用 5%的碳酸氢钠洗涤 2 次，抽滤，干燥，得粗品（**1**）189 g 减压蒸馏，收集 120～122℃/0.098 MPa 的馏分，得化合物（**1**）172 g。固化得白色结晶，收率 90%，mp 45～47℃。

【用途】 抗真菌药氟康唑（Fluconazole）中间体。

2-氨基-5-氯二苯酮

$C_{13}H_{10}ClNO$，213.68

【英文名】 2-Amino-5-chlorobenzophenone
【性状】 黄色棱柱状结晶。mp 99℃。溶于氯仿、乙醇、乙醚，不溶于石油醚。
【制法】 孙昌俊，曹晓冉，王秀菊. 药物合成反应——理论与实践. 北京：化学工业出版社，2007：294.

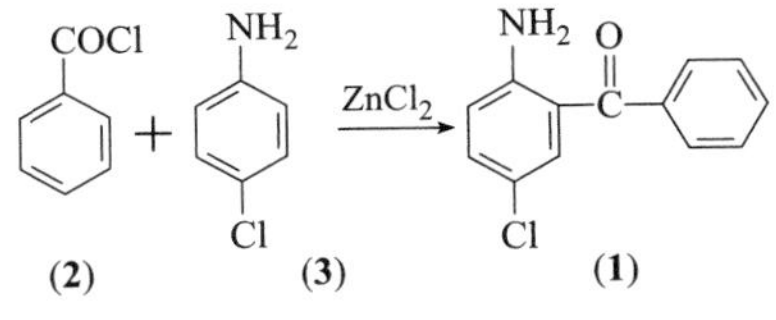

于反应瓶中加入苯甲酰氯（**2**）489 g（3.49 mol），加热至 110℃，滴加对氯苯胺（**3**）175 g（1.39 mol）。加完后慢慢升温至 180℃，加入氯化锌 230 g，升温至 220～230℃，于此温度反应 1～2 h，至不再产生氯化氢气体为止。冷至 120℃，加水，加热回流，倾出热水层，如此重复三次。将不溶于水的褐色物质悬浮于 350 mL 水、500 mL 醋酸、650 mL 浓硫酸的混合液中，回流反应 17 h。冷后将暗红色溶液倒入冰水中，用乙醚提取。乙醚层用 2 mol/L 的氢氧化钠溶液中和。乙醚溶液浓缩后，加入少量石油醚，过滤，干燥，得黄色结晶化合物（**1**），mp 85～88℃（文献值 99℃）。

【用途】 镇静催眠药奥沙唑仑（Oxazolam）、美达西泮（Medazepam）等的中间体。

2-丁基-3-(对甲氧基苯甲酰基)苯并呋喃

$C_{20}H_{20}O_3$，308.38

【英文名】 2-(n-Butyl)-3-(4-methoxybenzoyl) benzofuran

【性状】 油状液体。

【制法】 胡玉琴，周慧莉.中国医药工业杂志，1980，12（2）：1.

4-甲氧基苯甲酰氯（**3**）：于反应瓶中加入对甲氧基苯甲酸（**2**）64 g（0.42 mol）、石油醚 200 mL，氯化亚砜 88 g（0.74 mol）、无水三氯化铝 1 g，加热搅拌回流 4 h。反应结束后，减压回收溶剂，剩余物减压蒸馏，收集 118～120℃/0.4～0.5 kPa 馏分，得化合物（**3**）127 g，收率 68%。

2-丁基-3-(对甲氧基苯甲酰基)苯并呋喃（**1**）：于反应瓶中加入二硫化碳 210 mL，化合物（**3**）50 g（0.293 mol）和 2-丁基苯并呋喃 52 g（0.273 mol）。用冰盐浴冷却至 0℃，于 0～5℃分次加入粉末状无水三氯化铝 40 g（0.3 mol）（约 1 h），保温搅拌 3 h。静置过夜后，加入冷 5% 盐酸约 700 mL，搅拌，分出有机层，用水洗至 pH7，无水硫酸钠干燥。过滤，回收溶剂后减压蒸馏，收集 210～230℃/0.27～0.4 kPa 馏分，得化合物（**1**）66.5 g，收率 72%，n_D^{25}1.6018。

【用途】 抗心律失常药盐酸胺碘酮（Amiodarone hydrochloride）等的中间体。

2-(对氟苯甲酰基)噻吩

$C_{11}H_7FOS$，206.18

【英文名】 2-(p-Fluorobenzoyl) thiophene

【性状】 黄色结晶。mp 95～96℃。溶于乙醇、氯仿、乙醚、苯，不溶于水。

【制法】 ①De M G，La R G，Di P A，et al. J Med Chem，2005，48（13）：4378.②赵桂森，袁玉梅，成华.中国医药工业杂志，1994，25（7）：300.

于反应瓶中加入无水三氯化铝 76 g（0.56 mol），二硫化碳 300 mL，搅拌下滴加由对氟苯甲酰氯（**2**）80 g（0.57 mol）、噻吩 46 g（0.54 mol）、二硫化碳 200 mL 的混合液，约 1.5 h 加完。继续搅拌反应 3 h。再回流反应 3 h，蒸出大部分二硫化碳后，倒入冰水中，充分搅拌。用乙醚提取（200 mL×3），乙醚层依次用饱和碳酸钠水溶液、水洗涤，无水硫酸钠干燥。回收乙醚，用石油醚重结晶，得浅黄色结晶（**1**）101 g，收率 89%，mp 95～96℃。

【用途】 眼科用药噻布洛芬（Suprofen）等的中间体。

1-(5-氯-6-甲氧基-2-萘基)丙酮

$C_{14}H_{13}ClO_2$，248.71

【英文名】　1-(5-Chloro-6-methoxy-2-naphthyl) propanone

【形状】　淡黄色固体。mp 127.5～130℃。溶于乙醇、乙醚、氯仿、二氯甲烷、乙酸乙酯等有机溶剂，不溶于水。

【制法】　Oreste P，Franca S，Gluseppina V，et al. J Org Chem，1987，52 (1)：10.

于反应瓶中加入无水三氯化铝 153 g (1.15 mol)，1,2-二氯乙烷 400 mL，室温搅拌 30 min。滴加丙酰氯 106.5 g (1.15 mol)，约 1 h 加完。再滴加 1-氯-2-甲氧基萘 (**2**) 192.5 g (1.0 mol) 溶于 300 mL 1,2-二氯乙烷的溶液，约 1.5 h 加完，而后在 20～25℃ 继续反应 3 h。将反应物倒入 1000 g 冰水中，分出有机层，水层用二氯乙烷提取三次 (300 mL、200 mL、150 mL)。合并有机层，依次用饱和食盐水、水洗涤，无水硫酸钠干燥。减压回收溶剂，冷后析出淡黄色固体。加水 500 mL，充分搅拌，抽滤，水洗至无油状物为止。干燥，得浅黄色粉末 (**1**) 244 g，收率 98%，mp 127～130℃。

【用途】　解热镇痛非甾体抗炎药萘普生（Naproxen）等的中间体。

5-(4-氯苯甲酰基)-1,4-二甲基-3-乙氧羰基吡咯-2-乙酸乙酯

$C_{20}H_{22}ClNO_5$，391.85

【英文名】　Ethyl 5-(*p*-chlorobenzoyl)-1,4-dimethyl-3-ethoxycarboxypyrrole-2-acetate

【性状】　白色结晶性粉末。mp 89～94℃。

【制法】　蔡允明，董文良. 中国医药工业杂志，1983，14 (5)：3.

于干燥的反应瓶中加入对氯苯甲酰氯 17.5 g (0.1mol)、二氯甲烷 150 mL，无水三氯化铝 13.3 g (0.1 mol)，搅拌溶解后，加入 (**2**) 25.3 g (0.1 mol) 和二氯甲烷 100 mL 的溶液，加热搅拌回流 3 h。冷却至室温，将反应液倒入冰和盐酸混合液中。分出有机层，水层用二氯甲烷提取，合并有机层，水洗至 pH7，无水硫酸钠干燥。回收溶剂，冷却，得粗品 (**1**)。用乙醇重结晶，得白色结晶性粉末 (**1**) 27.5 g，收率 70%，mp 89～94℃。

【用途】　消炎镇痛药佐美酸钠（Zomepirac sodium）中间体。

9-氯吖啶

$C_{13}H_8ClN$，213.65

【英文名】　9-Chloroacridine

【性状】 白色固体。mp 119～120℃。溶于氯仿、二氯甲烷，不溶于水。

【制法】 Adrien Albert and Bruce Ritchie. Org Synth，1955，Coll Vol 3：53.

于反应瓶中加入邻苯氨基苯甲酸（**2**）50 g（0.23 mol），新蒸馏过的三氯氧磷 160 mL，搅拌下水浴加热，约 15 min 升温至 85～90℃。若反应过于剧烈，可暂时撤去水浴。反应缓和后，油浴加热至 135～140℃，保温 2 h。减压蒸出大部分三氯氧磷。冷后倒入 500 g 冰水、200 mL 氨水和 200 mL 氯仿的混合液中，充分搅拌。分出氯仿层，水层用氯化钙干燥，减压蒸出氯仿，得绿灰色 9-氯吖啶（**1**）50 g（几乎定量），mp 117～118℃。

【用途】 抗老年痴呆药他可林（Tacrine）等的中间体。

2-氯-1-(4-氟苯基)乙酮

C_8H_6ClFO，172.58

【英文名】 2-Chloro-1-(4-fluorophenyl) ethanone，α-Chloro-4-fluoroacetophenone

【性状】 黄色结晶。mp 43～45℃。溶于氯仿、二氯甲烷、乙醚、乙醇，不溶于水。

【制法】 金红日，陈晓芳，闫启东，杨美玲. 合成化学，2008，16（3）：358.

于反应瓶中，加入二氯甲烷 300 mL，无水 $AlCl_3$ 187 g（1.4 mol），冰水浴冷至 10℃以下，滴加氯乙酰氯 142 g（1.25 mol）溶于 150 mL 二氯甲烷的溶液，约 15 min 加完。再于 10℃以下滴加氟苯（**2**）96 g（1 mol）溶于 120 mL 二氯甲烷的溶液，约 45 min 加完。于 10～15℃搅拌反应 1 h，20～30℃反应 2 h。倒入冰水 1 kg 和 100 mL 浓盐酸的混合液中，分出有机层，水层用二氯甲烷提取。合并有机层，依次用水、饱和碳酸氢钠、饱和食盐水洗涤，无水硫酸钠干燥。回收二氯甲烷，得黄色化合物（**1**）171 g，收率约 100%，mp 43～45℃。

【用途】 降血脂药氟伐他汀（Fluvastatin）等的中间体。

1-对乙酰氨基苯基-2-氯-1-丙酮

$C_{11}H_{12}ClNO_2$，225.67

【英文名】 1-p-Acetylamidophenyl-2-chloro-1-acetone

【性状】 黄色固体。mp 118～121.5℃。

【制法】 郑士才，谢艳，吕延文等. 中国新药杂志，2011，20（6）：553.

于反应瓶中加入无水三氯化铝 48 g（0.36 mol），冷却下慢慢加入 DMF 160 mL，而后加入乙酰苯胺（**2**）27.0 g（0.20 mol），搅拌下滴加 2-氯丙酰氯 33.0 g（0.26 mol），约 30 min 加完。加完后于 70℃继续搅拌反应 5 h。减压蒸出部分溶剂，冷至 40℃以下，慢慢加入由 600 mL 冰水和 80 mL 盐酸配成的稀酸中，析出黄褐色固体。过滤，水洗，真空干燥，得化合物（**1**）38.3 g，收率 85.3％，mp 118～121.5℃。

【用途】　心脏病治疗药左西孟旦（Levosimendan）等的中间体。

苯甲酰腈

$$C_8H_5NO, 131.13$$

【英文名】　Benzoyl cyanide

【性状】　无色鳞状结晶。mp 32～33℃。bp 207℃，143～146℃/8.0 kPa。溶于醇、醚，不溶于水。

【制法】　方法 1　潘忠稳，凌冰，姚琼. 湖南化工，2000，30（4）：16.

将氰化钠压碎于 105～110℃干燥 3 h，于干燥器中冷却，得无水氰化钠。

于反应瓶加入甲苯 60 mL，上述无水氰化钠 12.4 g（0.24 mol），0.20 g PEG-600，0.2 mL 水，搅拌下于 30 min 升温至 105℃，滴加苯甲酰氯 28.5 g（0.20 mol），约 1 h 加完。加完后继续于 105℃搅拌反应 3 h。再回流反应 2 h。冷却，过滤，滤饼用甲苯洗涤。合并滤液和洗涤液，用气相色谱法测定含量，收率 72％。

方法 2　樊能廷. 有机合成事典. 北京：北京理工大学出版社，1992：223.

于反应瓶中加入氰化亚铜 110 g（1.2 mol），143 g（1.02 mol）经纯化的苯甲酰氯（**2**），摇动反应瓶使氰化亚铜全部湿润。将反应瓶加入预先加热至 145～150℃的油浴中，慢慢将油浴温度升至 220～230℃反应 1.5 h。反应过程中不断摇动反应瓶，使瓶内物质充分混合。安上蒸馏装置，使用空气冷凝器，油浴温度升至 300℃以上，收集 207～220℃的馏分，得粗品苯甲酰氰 110 g。分馏提纯，收集 143～147℃/8.0 kPa 的馏分，冷后固化为无色结晶苯甲酰氰（**1**）101 g，收率 76％。

【用途】　治疗胃及十二指肠溃疡、慢性胃炎、胃酸分泌过多等症药格隆溴铵（Glycopyrronium bromide）等的中间体。

2-乙酰基环己酮

$$C_8H_{12}O_2, 140.18$$

【英文名】　2-Acetylcyclohexanone

【性状】　bp 111～112℃/2.40 kPa。

【制法】　韩峰，徐崇福，李贞奇等. 安徽农业科学，2009，37（17）：7816.

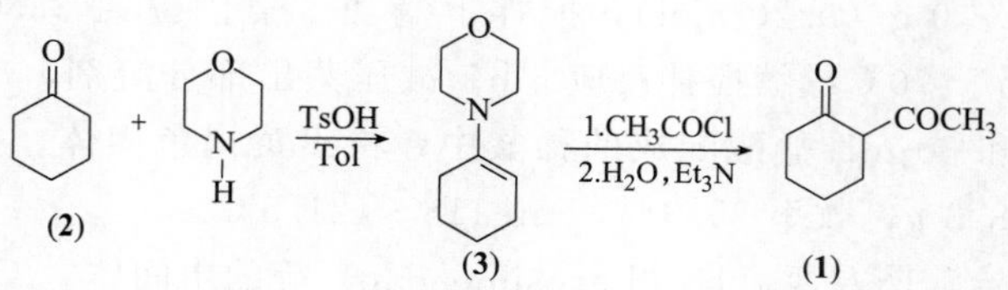

环己酮吗啉烯胺（**3**）：于反应瓶中加入环己酮（**2**）7.85 g，吗啉 8.36 g，对甲苯磺酸 0.1 g，甲苯 50 mL，安上分水器，回流反应 3，5 h，分水完全。减压蒸出溶剂，得化合物（**3**）。

2-乙酰基环己酮（**1**）：将上述化合物（**3**）加入氯仿 50 mL，三乙胺 8.1 g，搅拌下滴加由乙酰氯 6.28 g 溶于 25 mL 氯仿的溶液，冰浴冷却，约 45 min 加完。加完后撤去冷浴，室温反应 1 h。加入盐酸（1∶1）20 mL，回流 1 h。冷却，分出有机层，水洗 2 次，无水硫酸钠干燥。过滤，减压浓缩。剩余物减压蒸馏，收集 bp 111～112℃/2.40 kPa 的馏分，得化合物（**1**），收率 61%。

【用途】 内皮素转化酶抑制剂中间体。

4-(5-甲基-3-苯基异噁唑-4-基)苯磺酸

$C_{16}H_{13}NO_4S$，315.34

【英文名】 4-(5-Methyl-3-phenylisoxazol-4-yl) phenylsulfonic acid

【性状】 类白色固体。mp 197～199℃。

【制法】 王凯，徐泽彬，宋率华，金琪. 中国医药工业杂志，2013，44（12）：1207.

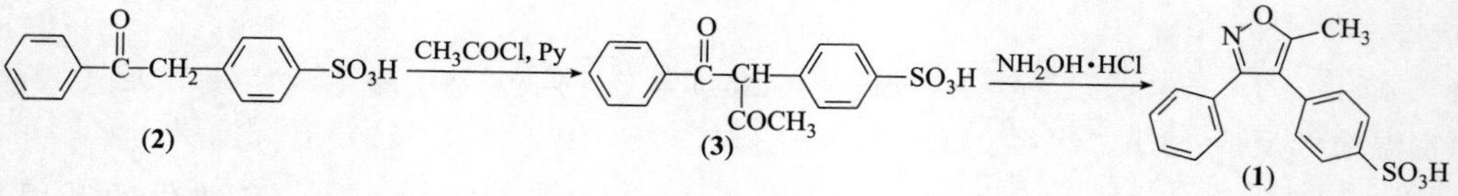

4-(1-苯基-1,3-二氧代-2-丁基) 苯磺酸（**3**）：于反应瓶酯加入 1-苯基-2-(4-磺酸基苯基)乙酮（**2**）10.0 g（0.036 mol），吡啶 60 mL，冰浴冷却下滴加乙酰氯 2.8 g（0.036 mol），加完后于 50℃搅拌反应 2 h。减压蒸出吡啶，剩余物倒入冰水中。过滤，依次用水、甲醇洗涤，干燥，得淡黄色粉末（**3**）8.1 g，收率 70.3%，mp 124～126℃。4-(5-甲基-3-苯基异噁唑-4-基) 苯磺酸（**1**）：于反应瓶中加入上述化合物（**3**）8.0 g（0.025 mol），乙醇 100 mL，搅拌下分批加入盐酸羟胺 1.7 g（0.025 mol），而后回流反应 8 h。冷却，析晶。过滤，干燥，得类白色固体（**1**）4.9 g，收率 62%，mp 197～199℃。

【用途】 镇痛药帕瑞昔布（Parecoxib）等的中间体。

4-甲基-3-氧代戊酸乙酯

$C_8H_{14}O_3$，158.20

【英文名】 Ethyl 4-methyl-3-oxopentanoate

【性状】 无色液体。

【制法】 方法 1 刘伟，严智，郑国钧. 化学试剂，2006，28（9）：561.

$$CH_2(CO_2C_2H_5)_2 \xrightarrow[\text{EtOH}]{Mg} ErMgCH(CO_2C_2H_5)_2 \xrightarrow{(CH_3)_2CHCOCl} (CH_3)_2CHCO-CH(CO_2C_2H_5)_2$$

(2)

$$\xrightarrow{TsOH} (CH_3)_2CHCO-CH_2CO_2C_2H_5$$

(1)

于反应瓶中加入镁屑 2.5 g（0.105 mol），无水乙醇 26 mL，四氯化碳 0.5 mL，加热引发反应后，滴加丙二酸二乙酯 15.1 mL（0.1 mol）和 30 mL 甲苯的混合液，约 30 min 加完。加完后继续于 60℃反应 2 h，至镁屑消失。冷却至 0℃，于 0～5℃滴加异丁酰氯 11.5 mL（0.11 mol）和 80 mL 甲苯的溶液，约 1 h 加完，而后室温继续反应 16 h。冷却，倒入由 45 mL 浓盐酸与 45 mL 冰水的稀酸中，分出有机层，水层用甲苯提取 2 次。合并有机层，饱和碳酸氢钠洗涤至中性，减压蒸出甲苯，得黄色油状液体。加入 50 mL 水和 0.1 g 对甲苯磺酸，回流 8 h。冷却，甲苯提取 3 次。合并有机层，饱和碳酸氢钠洗涤、饱和盐水洗涤后，减压浓缩，得橙色液体。减压蒸馏，收集 71～74℃/2.67 kPa 的馏分，得浅黄色液体 **（1）** 8.51 g，收率 54％。

方法 2 Wierenga W., Skulnick H I. Organic Syntheses，1990，Coll Vol 7：213.

$$\xrightarrow{H^+} (CH_3)_2CHCO-CH_2CO_2C_2H_5$$

(1)

于反应瓶中加入乙酸乙酯 125 mL，丙二酸单乙酯钾 **（2）** 13.6 g（80 mmol），冷至 0～5℃，依次加入无水氯化镁 9.12 g（96 mmol），三乙胺 27.8 mL（0.2 mol），于 30 min 升至 35℃并继续于 35℃反应 6 h。冷至 0℃，滴加异丁酰氯 6 mL（57 mmol），约 1 h 加完，继续室温搅拌反应 12 h。冷至 0℃，慢慢加入 13％的盐酸 70 mL，分出有机层，水层用甲苯提取 3 次。合并有机层，饱和碳酸氢钠洗涤、饱和盐水洗涤。减压蒸出溶剂，剩余物减压蒸馏，得无色液体 **（1）** 5.5 g，收率 61％。

【用途】 高胆固醇血症和混合性高脂血症治疗药阿托伐他汀钙（Atorvastatin calcium）中间体。

2,3-二氯-5-乙酰基吡啶

$C_7H_5Cl_2NO$，190.03

【英文名】 2,3-Dichloro-5-acetylpyridine

【性状】 无色或浅黄色液体。

【制法】 杨晓健. 河北化工，2012，35（9）：32.

于反应瓶中加入 5,6-二氯吡啶酰氯 **（2）** 25.4 g，THF 200 mL，通入氮气，再加入铜粉 79 mg、氯化亚铜 119 mg，搅拌下冷至 -20℃，滴加预先制备的甲基氯化镁-THF 溶液

40 mL（120 mmol），直至反应瓶中的固体完全溶解，约需 1.5～2 h。加完后继续保温反应 1 h。加入 100 mL 饱和氯化钠溶液。用乙酸乙酯提取，无水硫酸钠干燥。过滤，减压浓缩，得化合物（**1**）22.4 g，纯度 96.3%，收率 94%。

【用途】 农药、医药中间体。

3-氧代-3-(2,3,4,5-四氟苯基)丙酸乙酯

$$C_{11}H_8F_4O_3，264.18$$

【英文名】 Ethyl 3-oxo-3-(2,3,4,5-tetrafluorophenyl) propanoate

【性状】 白色针状结晶。mp 44～46℃。

【制法】 王斌，梁燕羽，王训道.化学试剂，2001，23（6）：372.

于反应瓶中加入乙酸乙酯 400 mL，丙二酸单乙酯钾（**2**）33.9 g（0.22 mol），依次加入无水氯化镁 28.5 g（0.3 mol），三乙胺 21.3 g（0.21 mol），于 25～30℃搅拌 30 min。冷至 0～5℃，于 1 h 滴加 2,3,4,5-四氟苯甲酰氯 42.5 g（0.2 mol）。加完后继续于该温度搅拌反应 8 h。慢慢加入 2 mol/L 的盐酸调至 pH2～3，于 25～30℃搅拌 30 min。分出有机层，水层用乙酸乙酯提取 3 次。合并有机层，依次用饱和碳酸氢钠溶液，饱和盐水洗涤，无水硫酸钠干燥。过滤，减压浓缩。剩余物中加入甲醇，冷冻析晶。过滤，干燥，得白色针状结晶（**1**）50.2 g，收率 95%，mp 44～46℃。

【用途】 喹诺酮类抗菌药左氧氟沙星（Levofloxacin）中间体。

4-甲基-6-环己基-1-羟基-2(1H)-吡啶酮

$$C_{12}H_{17}NO_2，207.27$$

【英文名】 4-Methyl-6-cyclohexyl-1-hydroxy-2（1H）-pyridinone

【性状】 白色固体。mp 144℃。

【制法】 吕加国，张万年，朱驹等.中国医药工业杂志，1995，26（7）：289.

3-甲基-4-环己基甲酰基-2-丁烯酸甲酯（**3**）：于干燥的反应瓶中加入 3-甲基-2-丁烯酸甲酯（**2**）57 g（0.50 mol）、二氯甲烷 200 mL 和无水三氯化铝 66.7 g（0.50 mol）。搅拌下滴加环己基甲酰氯 75 g（0.51 mol）溶于 100 mL 二氯甲烷的溶液。加完后搅拌回流反应 5 h。反应结束后，加入水 300 mL，分出有机相，水洗，无水硫酸钠干燥。过滤，滤液回收溶剂后，得（**3**）92.6 g，收率 83%（可直接用下步反应）。

4-甲基-6-环己基-1-羟基-2（1H）-吡啶酮（**1**）：于反应瓶中加入（**3**）11.2 g

（0.05 mol）、乙酸钠 46 g（0.56 mol）、盐酸羟胺 4.0 g（0.05 mol）、8 mL 水和 15 mL 甲醇，室温搅拌 20 h。加入氢氧化钠 4 g 溶于 8 mL 水的溶液，冷却至室温，继续搅拌 1 h。用苯提取数次，弃去有机层，水相用浓盐酸调至 pH6，析出固体。过滤，水洗，干燥，得结晶化合物（1）3.5 g，收率 40%，mp 144℃。

【用途】 广谱抗真菌药物环吡司胺（Ciclopirox olamine）中间体。

7-氟-1-[（*S*）-1-羟基-3-甲基丁-2-基]-6-碘-4-氧代-1,4-二氢喹啉-3-甲酸乙酯

$C_{17}H_{19}FINO_4$，447.25

【英文名】 Ethyl 7-fluoro-1-[（*S*）1-hydroxy-3-methylbutan-2-yl]-6-iodo-4-oxo-1,4-dihydroquinoline-3-carboxylate

【性状】 类白色固体。mp 226～227℃。

【制法】 马帅，赵俊，杜伟宏，曹胜华. 中国医药工业杂志，2014，45（1）：5.

2-（2,4-二氟-5-碘-苯甲酰基）-3-二甲氨基丙烯酸乙酯（3）：于反应瓶中加入 2,4-二氟-5-碘苯甲酸（2）12 g（42.25 mmol），甲苯 60 mL，DMF 0.3 mL，氯化亚砜 7.54 g（63.38 mmol），搅拌下回流反应 2 h。冷却，过滤，滤液减压浓缩。剩余物中加入 THF 30 mL。将其慢慢滴加至由 3-（*N*，*N*-二甲氨基）丙烯酸乙酯 6.65 g（46.48 mmol）、三乙胺 5.13 g（50.7 mmol）、THF 30 mL 的溶液中，加完后继续回流反应 5 h。冷却，加入 50 mL 水，乙酸乙酯提取（50 mL×2）。合并有机层，10% 的碳酸氢钠溶液洗涤 2 次，无水硫酸钠干燥。过滤，减压浓缩得红棕色油状液体（3）16.6 g，直接用于下一步反应。

7-氟-1-[（S）-1-羟基-3-甲基丁-2-基]-6-碘-4-氧代-1.4-二氢喹啉-3-甲酸乙酯（1）：将上述化合物（3）溶于 THF 30 mL 中，加入 L-缬氨醇 4.6 g（44.55 mmol），室温搅拌反应 30 min。减压蒸出溶剂。加入 THF 45 mL，碳酸钾 11.2 g（81 mmol），于 70℃反应 8 h。加入 50 mL 水，冷却析晶。抽滤，依次用30%的乙醇、乙醚-己烷（1：1）洗涤，干燥，得类白色固体（1）15.61 g，收率 82.6%，mp 226～227℃。

【用途】 抗病毒药物埃替格韦（Elvitegravir）中间体。

四、酯类酰化剂

1. *O*-酰基化反应

(*S*)-3-氨基-3-苯丙酸甲酯

$C_{10}H_{13}NO_2$，179.22

【英文名】 Methyl（*S*）-3-amino-3-phenylpropanoate

【性状】 其盐酸盐为白色固体。

【制法】 Price D A, Gayton S, Selby M D, et al. Tetrahedron Lett, 2005, 46 (30): 5005.

于反应瓶中加入（S)-3-氨基-3-苯丙酸叔丁酯（**2**）5.04 g (22.9 mmol), 2.25 mol/L 的 HCl-甲醇溶液 100 mL, 搅拌回流反应 2.5 h。冷至室温, 用饱和碳酸钠溶液调至 pH8, 静置分层。分出有机层, 水层用二氯甲烷提取 4 次。合并有机层, 饱和盐水洗涤, 无水硫酸钠干燥。过滤, 减压浓缩, 得化合物（**1**）3.97 g, 收率 91%。

【用途】 艾滋病治疗药马拉维诺（Maraviroc）中间体。

3-甲氧基-1,3,5(10),16-四烯雌烷-17-醇乙酸酯

$C_{21}H_{26}O_3$, 326.44

【英文名】 3-Methoxy-1,3,5 (10), 16-estratetraen-17-ol acetate

【性状】 无色片状结晶。mp 114.5~115℃。

【制法】 Johnson W S, Johns W F. J Am Chem Soc, 1957, 79 (6): 2005.

3-甲氧基雌酚酮（**3**）: 于反应瓶中加入化合物（**2**）27.0 g (0.10 mol)、无水碳酸钾 20.7 g (0.15 mol)、碳酸二甲酯 33 g (0.35 mol) 和 18-冠-6 2.4 g, 于 100℃ 搅拌反应 8 h。加入水适量, 用乙醚提取数次。合并有机层, 回收溶剂后, 析出固体。过滤, 干燥, 得（**3**）18.5 g, 收率 65%, mp 168℃。

3-甲氧基-1,3,5 (10),16-四烯雌烷-17-醇乙酸酯（**1**）: 于安有分馏装置的反应瓶中, 加入（**3**）5.96 g (0.021 mol)、乙酸异丙酯 90 mL, 对甲苯磺酸一水合物 1.0 g (0.0053 mol), 加热缓慢回流 14 h, 蒸出馏出物约 50 mL。冷却, 加入乙醚适量, 依次用饱和碳酸氢钠溶液和水洗涤, 无水硫酸镁干燥。过滤, 滤液回收溶剂后, 剩余物经 Florex 柱 [洗脱剂: 石油醚 (65~68℃)] 纯化, 得粗品（**1**）5.8 g。向粗品中加入石油醚 (65~68℃), 析出无色片状结晶。过滤, 干燥, 得（**1**）5.42 g, 收率 79.2%。mp 114.5~115℃。

【用途】 甲状腺肥大治疗药奥生多龙（Oxendolone）中间体。

格隆溴铵

$C_{19}H_{28}BrNO_3$, 398.34

【英文名】 Glycopyrronium bromide

【性状】 白色结晶性粉末, 无臭, 味微苦。熔点 193~198℃。易溶于水 (1:5) 和乙醇 (1:10), 几乎不溶于氯仿和乙醚。不能与碱性药物混合。

【制法】 ①王钝, 侯利柯, 吴丽蓉, 于鑫. 沈阳药科大学学报, 2012, 29 (2): 113. ②US2007 123557.

$$(2) + (3) \xrightarrow{NaH} (3) \xrightarrow{CH_3Br} (1)$$

1-甲基-3-(环戊基羟基苯乙酰氧基) 吡咯烷 (**3**): 于安有蒸馏装置的反应瓶中, 加入正己烷 20 mL, 氢化钠 40 mg, 搅拌下加入 α-环戊基扁桃酸甲酯 (**2**) 1.8 g (18 mmol), 加热蒸馏。待有馏出物时, 滴加 N-甲基吡咯烷-3-醇 3.5 g (15 mmol) 溶于 20 mL 己烷的溶液。加完后继续加热回流, 反应过程中保持始终有馏出物滴出, 并分 3 次加入氢化钠 0.1 g, 每次间隔 1 h, 同时不断补充正己烷以保持反应液体积恒定。TLC 跟踪反应至反应完全 (展开剂为石油醚-丙酮, 5:1)。冷至室温, 加入 4 mol/L 的盐酸 20 mL, 搅拌, 过滤。分出水层, 有机层再用盐酸提取。合并水层, 调至 pH8~9, 析出油状物。乙醚提取 3 次, 合并乙醚层, 无水硫酸钠干燥。过滤, 浓缩, 得浅黄色油状物 (**3**) 3.4 g, 收率 75%。

格隆溴铵 (**1**): 于反应瓶中加入化合物 (**3**) 4.6 g (15 mmol), 丁酮 20 mL, 于 0~ −5℃ 滴加溴甲烷 2.9 g (30 mmol) 溶于 6 mL 丁酮的溶液。加完后继续搅拌反应 15 min, 有白色固体析出。室温放置 36 h, 过滤, 干燥, 乙腈中重结晶, 得白色粉状结晶 (**1**) 3.9 g, 收率 66%, mp 191~193℃。

【用途】 胃及十二指肠溃疡、慢性胃炎、胃酸分泌过多等症治疗药物格隆溴铵 (Glyco-pyrronium bromide) 原料药。

碳酸乙二醇酯

$C_3H_4O_3$, 86.06

【英文名】 Ethylene glycol carbonate

【性状】 低熔点固体。mp 39~40℃, bp 248℃。$d_4^{39}1.3218$, $n_D^{50}1.4158$。溶于水、乙醇。

【制法】 段行信. 实用精细有机合成手册. 北京: 化学工业出版社, 2000: 135.

$$C_2H_5O\overset{O}{\overset{\|}{C}}OC_2H_5 + HOCH_2CH_2OH \longrightarrow (1) + 2C_2H_5OH$$
$$(2) \qquad\qquad\qquad\qquad\qquad\qquad (1)$$

于安有分馏装置的反应瓶中, 加入乙二醇 620 g (10 mol), 碳酸二乙酯 (**2**) 1300 g (11 mol), 搅拌下加热至 100℃。加入无水碳酸钾 3 g, 控制分馏柱顶部温度不超过 80℃, 蒸出反应中生成的乙醇。反应物的沸腾温度不断升高, 约蒸出理论量的 95% 的乙醇时 (约 570 mL), 向反应瓶中加入无水乙醇 500 mL, 活性炭脱色, 冷冻, 抽滤析出的结晶, 真空干燥, 得碳酸乙二酯 (**1**) 450 g, mp 38~40℃, 收率 50%。

【用途】 有机合成、药物合成中间体。

盐酸奥西布宁

$C_{22}H_{31}NO_3$, 357.49

【英文名】 Oxybutynin hydrochloride, 4-(Diethylamino) but-2-ynyl cyclohexylphenylglycolate hydrochloride

【性状】 白色固体。mp 123～125℃。

【制法】 ①Kenneth N，Camphell，et al. US3176019. 1965. ②GB940540. 1963.

于反应瓶中加入环己基扁桃酸甲酯（**2**）394.2 g（1.582 mol），乙酸 4-N,N-二乙氨基-2-丁炔酯 293.1 g（1.60 mol），正庚烷 2.6 L，搅拌下加热至 60～70℃，加入甲醇钠 8 g，加热升温，直至开始蒸馏。控制加热速度使其慢慢馏出，收集的馏出液中含乙酸甲酯，通过测定馏出液的折光系数确定反应进行的程度，直至不再有乙酸甲酯馏出为止，正庚烷的折射率为 $n_D^{26}1.3855$。大约 3～3.5 h 反应结束。冷至室温，水洗，用 2 mol/L 的盐酸提取 4 次，每次 165 mL。合并水层，室温搅拌至析出盐酸盐。冰浴冷却，抽滤，干燥。用 750 mL 水重结晶，得纯品（**1**）323 g，收率 57.2%。

【用途】 用于治疗尿急、尿频、尿失禁、夜尿和遗尿等症药物盐酸奥西布宁（Oxybutynin hydrochloride,）原料药。

2. N-酰基化反应

溴乙酰胺

$$C_2H_4BrNO，137.97$$

【英文名】 Bromoacetamide

【性状】 白色针状结晶（乙醇或苯中结晶）。mp 91℃。

【制法】 段行信. 实用精细有机合成手册. 北京：化学工业出版社，2000：161.

$$BrCH_2CO_2C_2H_5 + NH_3 \longrightarrow BrCH_2CONH_2 + C_2H_5OH$$
$$(2) \qquad\qquad\qquad (1)$$

于反应瓶中加入溴乙酸乙酯（**2**）150 g（0.9 mol），冰盐浴冷至 -10℃ 以下，另将 10% 的氨水 280 mL 也于冰盐浴中冷却。搅拌下保持反应液温度在 -5℃ 以下慢慢滴加上述冷的氨水，加完后低温搅拌反应 1 h。趁冷滤出固体，用乙醚洗涤，干燥，得产品（**1**）约 50 g，收率 42%，mp >85℃。

【用途】 杀螺药溴乙酰胺（Bromoacetamide）原料药。

4-[（R）-2-羟基丙酰基] 吗啉

$$C_7H_{13}NO_3，159.19$$

【英文名】 4-[（R）-2-Hydroxypropionyl] morpholine

【性状】 浅黄色油状液体。

【制法】 Tasaka A，Tamura N，Matsushita Y，et al. Chem Pharm Bull，1993，41（6）：1035.

于反应瓶中加入（*R*）-乳酸甲酯（**2**）104 g（1.0 mol），吗啉 260 mL（3.0 mol），搅拌下于 85℃反应 60 h。减压回收吗啉，剩余物过硅基柱（800 g 硅胶）纯化，用己烷-乙酸乙酯（1∶1）-乙酸乙酯进行梯度洗脱，得淡黄色油状液体（**1**）141 g，收率 88%。

【用途】 抗真菌药拉夫康唑（Ravuconazole）中间体。

阿屈非尼

$$C_{15}H_{15}NO_3S，289.35$$

【英文名】 Adrafinil
【性状】 结晶。mp 159～160℃。
【制法】 ①Lafon L. US 4127722. 1978. ②陆江海，王杉，邓静等. 中国新药杂志，2005，14（5）：583.

$$Ph_2CHSCH_2COOC_2H_5 \xrightarrow[\text{MeOH, KOH}]{NH_2OH \cdot HCl} Ph_2CHSCH_2CONHOH \xrightarrow[\text{AcOH}]{H_2O_2} Ph_2CH\overset{\overset{\displaystyle O}{\|}}{S}CH_2CONHOH$$

$$(2) \qquad\qquad (3) \qquad\qquad (1)$$

二苯甲基硫基乙酰羟胺（**3**）：于反应瓶中加入盐酸羟胺 5.25 g（0.0756 mol）、甲醇 40 mL，加热搅拌，澄清后，于 40℃以下，加入氢氧化钾 7.5 g（0.0134 mol）和甲醇 40 mL 的溶液，冷却至 5～10℃。加入化合物（**2**）10.8 g（0.0378 mol）和甲醇 40 mL 的溶液，放置 10 min，过滤。滤液于室温搅拌 15 h。减压回收溶剂，冷却，向剩余物中加入水 100 mL，用 3 mol/L 盐酸调至 pH 酸性，析出固体。过滤，水洗，干燥，得（**3**）9.1 g，收率 87.5%，mp 118～120℃。

阿屈非尼（**1**）：于反应瓶中加入（**3**）10.4 g（0.038 mol）、过氧化氢 3.8 mL（0.038 mol）和乙酸 100 mL 的溶液，于 40℃搅拌 2 h。减压回收乙酸，向剩余物中加入乙酸乙酯 60 mL，析出固体。过滤，干燥，得粗品（**1**）。用乙酸乙酯-异丙醇重结晶，得（**1**）8 g，收率 73%，mp 159～160℃。

【用途】 精神兴奋药阿屈非尼（Adrafinil）原料药。

N-(α-吡啶甲基)-2,5-双(2,2,2-三氟乙氧基)苯甲酰胺

$$C_{17}H_{14}F_6N_2O_3，408.30$$

【英文名】 *N*-(α-pyridinylmethyl)-2,5-bis (2,2,2-trifluoroethoxy) benzamide
【性状】 灰色固体。mp 103～105℃。
【制法】 ①Elden H Banitt，William R Bronn. US 4005209. 1977. ② 陈芬儿. 有机药物合成法：第一卷. 北京：中国医药科技出版社，1999：161.

于反应瓶中加入 α-吡啶甲胺 21.6 g（0.2 mol）、乙二醇二甲醚 200 mL，氮气保护，于室温搅拌下缓慢滴加 2,5-双（2,2,2-三氟乙氧基）苯甲酸-2′,2′,2′-三氟乙酯（**2**）40 g

（0.1 mol），约 1 h 加完。加完后继续室温搅拌反应 60 h，而后加热回流 1 h。反应结束后，冷却，减压回收溶剂。冷却，固化，得粗品（**1**）。用环己烷和四氯化碳重结晶，得白色固体（**1**），mp 102～104℃。

【用途】 抗心律失常药醋酸氟卡尼（Flecainide acetate）的中间体。

吡罗昔康

$C_{15}H_{13}N_3O_4S$, 331.35

【英文名】 Piroxicam

【性状】 微黄绿色针状结晶或结晶性粉末，无臭，无味。易溶于三氯甲烷、丙酮、乙醚、吡啶，难溶于乙醇，几乎不溶于水。mp 198～200℃。

【制法】 何健雄. 中国医药工业杂志，1987，18（12）：531.

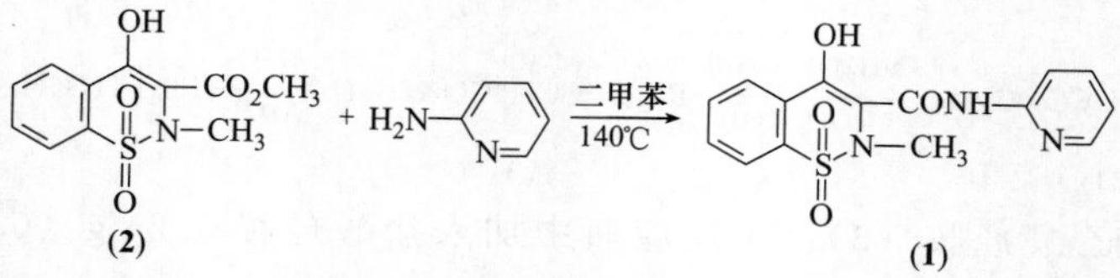

于安有填料的 25cm 分馏柱的反应瓶中，加入二甲苯 720 g，2-氨基吡啶 16.5 g（0.18 mol），搅拌下加入 4-羟基-2-甲基-2H-1,2-苯并噻嗪-3-羧酸甲酯 1,1-二氧化物（**2**）40 g（0.15 mol），升温至有馏出液缓慢滴出，调节温度，于 24 h 内使体积减少 1/2。冷至 10℃，析出固体。过滤，用少量乙醇洗涤，干燥，得粗品（**1**）37 g，mp 190～194℃。将粗品加入氢氧化钠的乙醇稀溶液中，溶解后加入活性炭适量、搅拌脱色。过滤，滤液用盐酸调至 pH2～3，析出固体。过滤，干燥，得（**1**）32.36 g，收率 65.1%，mp 198～202℃。

【用途】 非甾体抗炎药吡罗昔康（Piroxicam）原料药。

卡立帕米德

$C_{12}H_{17}N_3O_3S$, 283.35

【英文名】 Cariporide

【性状】 白色固体。mp 92～95℃（分解）。

【制法】 金宁，徐云根，华唯一. 中国药物化学杂志. 2006，16（2）：112.

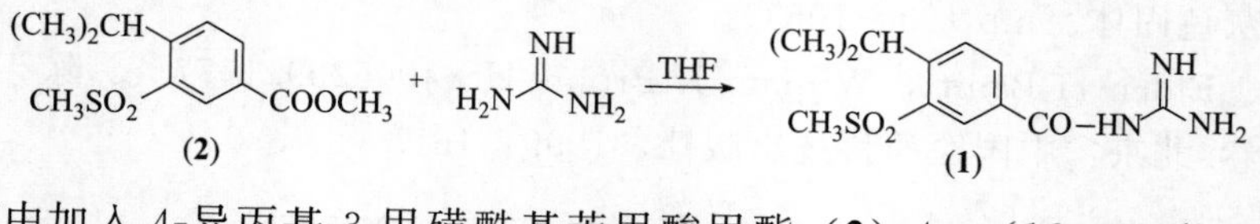

于反应瓶中加入 4-异丙基-3-甲磺酰基苯甲酸甲酯（**2**）4 g（16 mmol），THF 70 mL，搅拌下加入胍 3.5 g（60 mmol），回流反应 40 min。减压蒸出一半溶剂，剩余物中加入 20 mL 水，生成沉淀。冷却，过滤，干燥，得白色固体（**1**）4.1 g，收率 92.7%，mp 92～95℃（分解）。

【用途】 心脏保护剂卡立帕米德（Cariporide）原料药。

阿帕西林钠

$$C_{25}H_{22}N_5O_6SNa \cdot H_2O，561.54$$

【英文名】 Apalcillin sodium

【性状】 白色粉末。极易溶于水，易溶于乙醇，不溶于乙醚、氯仿。mp 265℃（dec）。

【制法】 陈芬儿.有机药物合成法：第一卷.北京：中国医药科技出版社，1999：20.

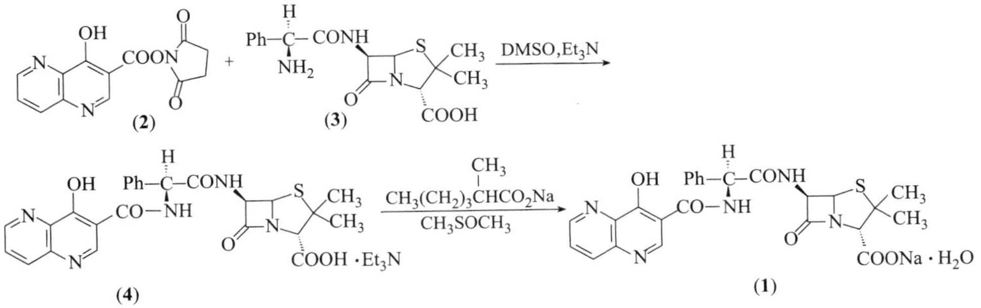

阿帕西林三乙胺盐（**4**）：于反应瓶中加入二甲基亚砜 12 mL，三乙胺 2 g（0.02 mol），氨苄青霉素三水合物（**3**）4.16 g（0.01 mol）和 4-羟基-1,5-萘啶-3-甲酸 *N*-羟基丁二酰亚胺酯（**2**）2.87 g（0.01 mol），室温搅拌溶解后，加入丙酮适量，析出结晶。过滤，滤饼用丙酮洗涤，干燥，得化合物（**4**）5.33 g，收率 85%，mp 210℃。

阿帕西林钠（**1**）：于反应瓶中加入上述化合物（**4**）8.5 g（0.02 mol）、2-乙基己酸钠 2.6 g（0.02 mol）和二甲亚砜 30 mL，搅拌溶解后，加入丙酮 300 mL，析出固体。过滤，干燥，得粗品（**1**）。用甲醇-丙酮重结晶，得白色粉末精品（**1**）6.7 g，收率 60%，mp 265℃（dec）。

【用途】 抗生素阿帕西林钠（Apalcillin sodium）原料药。

N-(反-4-异丙基环己基羰基)-D-苯丙氨酸乙酯

$$C_{21}H_{31}NO_3，345.48$$

【英文名】 *N*-(*trans*-4-Isopropylcyclohexylcarbonyl)-D-phenylananine ethyl ester

【性状】 浅黄色固体。

【制法】 Hisashi Shinkai, Masahiko Nishikawa, Yusuke Sato, et al. J Med Chem，1989，32（7）：1436.

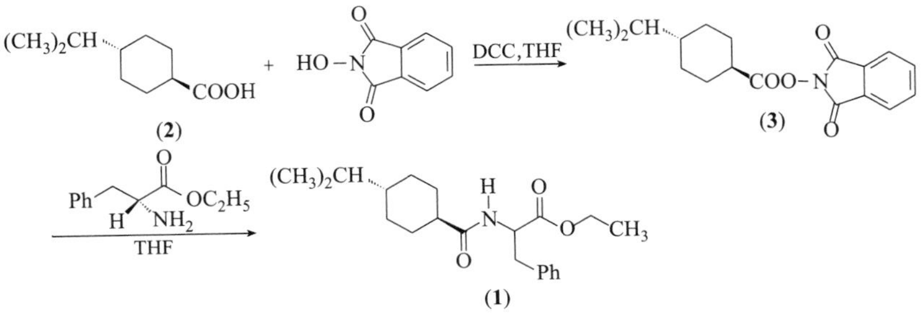

反-4-异丙基环己烷甲酸 *N*-羟基邻苯二甲酰亚胺酯（**3**）：于反应瓶中加入反-4-异丙基环

己烷甲酸（**2**）39.4 g（0.24 mol），THF400 mL，*N*-羟基邻苯二甲酰亚胺 38.3 g，搅拌溶解。冷却下加入 DCC 66.8 g（0.33 mol），室温搅拌反应 8 h。过滤，得化合物（**3**）的溶液备用。

N-(反-4-异丙基环己基羰基)-D-苯丙氨酸乙酯（**1**）：于反应瓶中加入化合物 D-苯丙氨酸乙酯 45.5 g（0.24 mol），THF160 mL，搅拌溶解。冰浴冷却下滴加上述化合物（**3**）的溶液，控制温度在 10℃ 以下。加完后室温搅拌反应 3 h。减压蒸出溶剂，剩余物中加入二氯甲烷 125 mL，依次用 10％ 的氢氧化钠溶液和水洗涤，无水硫酸钠干燥。过滤，浓缩，得浅黄色固体（**1**）粗品。

【用途】 糖尿病治疗药那格列奈（Nateglinide）中间体。

（*S*）-奥拉西坦

C_6H_{10}N_2O_3，158.16

【英文名】 （*S*）-Oxiracetam
【性状】 白色结晶性粉末。mp 132～133.5℃。
【制法】 李坤，王瑛瑛，于媛媛，陈宇英. 中国新药杂志，2011，20（19）：1920.

于反应瓶中加入 4-羟基-2-氧代-1-吡咯烷乙酸乙酯（**2**）11.3 g（0.06 mol），25％ 的氨水 40 mL，室温搅拌反应 6 h。减压浓缩，得黏稠物。加入 15 mL 水溶解，过 732-型强酸性阳离子交换树脂柱，再用 711-型强碱性阴离子树脂处理，减压浓缩，得化合物（**1**）10.6 g。用甲醇-丙酮重结晶，得纯品（**1**）7.2 g，收率 75.4％。mp 132～133.5℃。

【用途】 智能促进药奥拉西坦（Oxiracetam）原料药，用于脑损伤及引起的神经功能缺失、记忆与智能障碍的治疗。

2-甲基-4,6-二羟基嘧啶

C_5H_6N_2O_2，126.11

【英文名】 4,6-Dihydroxy-2-methylpyrimidine
【性状】 白色结晶。mp 339℃（分解）。
【制法】 武引文，梅和珊，张忠敏等. 中国药物化学杂志，2001，11（1）：45.

于反应瓶中加入无水乙醇 200 mL，分批加入金属钠 7.5 g（0.33 mol），待钠全部反应完后，依次加入乙脒盐酸盐（**3**）10.7 g（0.11 mol），丙二酸二乙酯（**2**）17 mL（0.11 mol），搅拌回流反应 3 h。减压蒸出溶剂，冷后加水使产物溶解。用盐酸调至酸性，析出固体。抽滤，水洗，再用少量乙醇洗涤，干燥，得（**1**）12.8 g，收率 89.7％，mp

339℃（分解）。

【用途】 中枢性降压药莫索尼定（Moxonidine）等的中间体。

替诺昔康

$$C_{13}H_{11}N_3O_4S_2，337.37$$

【英文名】 Tenoxicam

【性状】 黄色结晶。mp 209～213℃（dec）。无臭无味，稍易溶于二甲基甲砜，难溶于丙酮，三氯甲烷。

【制法】 张卫红，吴卫忠.中国医药工业杂志，2006，37（5）：295.

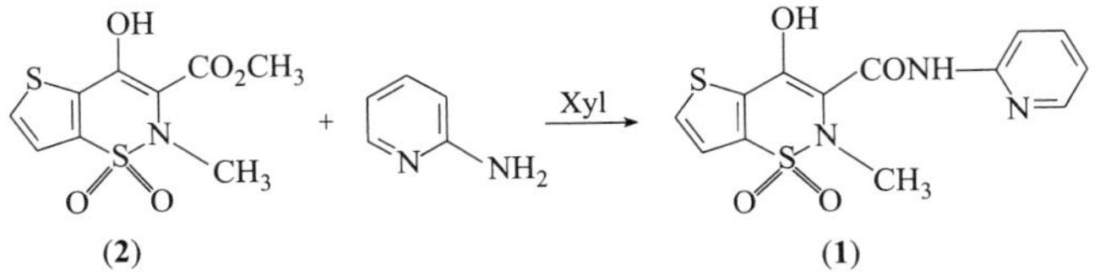

于反应瓶中加入 3-甲氧羰基-4-羟基-2-甲基-2H-噻吩并［2,3-e]-1,2-噻嗪-1,1-二氧化物（**2**）4.5 g（0.164 mol），2-氨基吡啶 1.4 g（0.149 mol）和无水二甲苯 300 mL，加热搅拌回流 6 h。反应结束后，减压回收溶剂，冷却，析出固体。干燥，得粗品（**1**）。将其加入 15 mL 水和 55 mL 甲醇的混合溶剂中，加入 1 g 氢氧化钠，加热溶解，活性炭脱色。趁热过滤，滤液用盐酸调至 pH3，冷却，过滤。滤饼用二氧六环重结晶，得褐色固体（**1**）4.2 g，收率 76.2%，mp 209～213℃。

【用途】 消炎镇痛药替诺昔康（Tenoxicam）原料药。

2-(氧代吡咯烷-1-基)乙酰胺

$$C_6H_{10}N_2O_2，142.15$$

【英文名】 2-(2-Oxopyrrolidin-1-yl) acetamide

【性状】 白色结晶性粉末。mp 151.5～152.5℃。易溶于水，略溶于乙醇，几乎不溶于乙醚。无臭、味微苦。

【制法】 Kramarova E P，Shipov A G，Oriova N A，et al. J Gen Chem URRS，1988，58（5）：970.

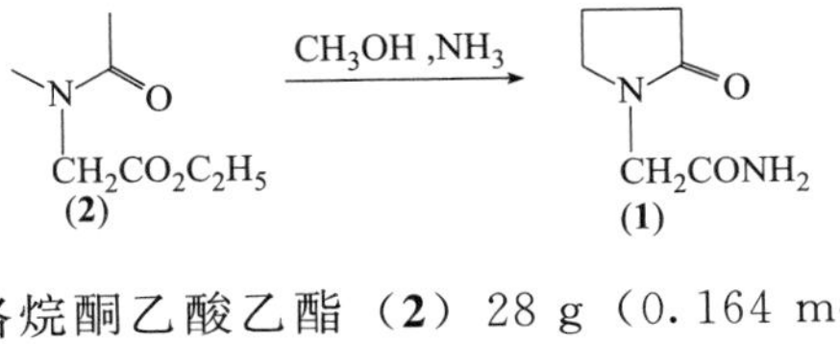

于反应瓶中加入 N-吡咯烷酮乙酸乙酯（**2**）28 g（0.164 mol），甲醇 200 mL，溶解后冰水冷却下通入干燥的氨气至饱和。密闭后室温放置过夜。抽滤，减压除去溶剂。剩余物用异丙醇重结晶，活性炭脱色后，冷冻，滤出析出的固体，干燥，得化合物（**1**）17.6 g，收率 75.6%，mp 151～153℃。

【用途】 脑动脉硬化症及脑血管意外所致的记忆和思维功能减退的治疗药吡拉西坦（Piracetam）原料药。

非达司他

$C_{12}H_{10}FN_3O_4$，279.23

【英文名】 Fidarestar

【性状】 无色针状结晶。mp 298～302℃。

【制法】 ①曹瑞强，汪燕翔，何维英，宋丹青.中国新药杂志，2006，15（6）：451.
②周艳丽，刘站柱.中国医药工业杂志，2005，36（12）：725.

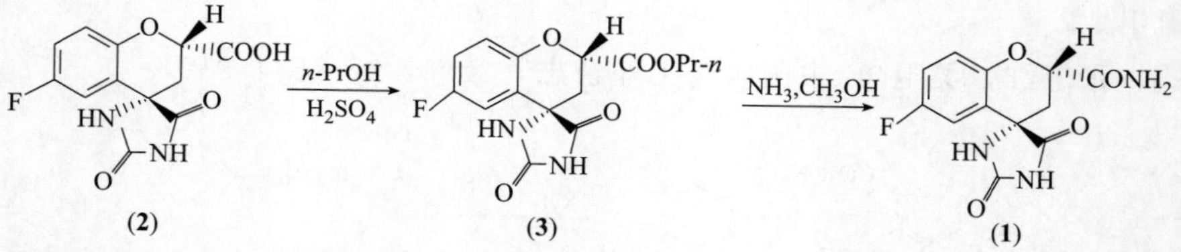

（2S,4S)-6-氟-2,3-二氢-2′,5′-二氧螺（4H-1-苯并吡喃-4,4′-咪唑烷)-2-羧酸丙基酯
（3）：于反应瓶中加入化合物（2）1.25 g（4.5 mmol），正丙醇 30 mL，浓硫酸一滴，搅拌回流反应 3 h。减压浓缩，得白色固体（3）1.4 g，收率 98%。甲醇中重结晶，mp
196～198℃。

非达司他**（1）**：于反应瓶中加入上述化合物（3）9 g（28 mmol），甲醇 50 mL，搅拌溶解。冷却下通入干燥是氨气反应 4 h。其间保持反应液温度在 20～25℃。减压浓缩，加入
90 mL 水，搅拌 1 h。用盐酸调至 pH3～4，得到的固体用甲醇重结晶，得无色针状结晶
（1） 7.3 g，收率 93.6%，mp 290～300℃。

【用途】 糖尿病及其并发症治疗药非达司他（Fidarestar）原料药。

五、其他酰基化反应

1.腈类酰化试剂

2-溴-6-(4-甲苯酰基)吡啶

$C_{13}H_{10}BrNO$，276.13

【英文名】 2-Bromo-6-(4-methylbenzoyl) pyridine

【性状】 白色固体。mp 97～99℃。

【制法】 石静波，李荣，彭磊，陆维丽.中国新药杂志，2009，18（22）：2176.

于反应瓶中加入 2,6-二溴吡啶（2）11.7 g（0.0494 mol），无水乙醚 120 mL，氮气保护，冷至－50℃，滴加 1.6 mol/L 的正丁基锂-己烷溶液 32 mL（0.0512 mol），加完后于
－50℃继续搅拌反应 45 min。滴加对甲基苯腈 6 g（0.0512 mol）溶于 30 mL 无水乙醚的溶液，体系为玫瑰红色。加完后继续于－50℃反应 3 h。加入 2 mol/L 的盐酸 120 mL，搅

拌 10 min。过滤，水洗 2 次，得灰色固体。用 95％的乙醇重结晶，得白色固体（**1**）7.1 g，收率 52％，mp 97～99℃。

【用途】　抗过敏药阿伐斯汀（Acrivastine）中间体。

7-苯甲酰基-2,3-二氢吲哚

$$C_{15}H_{13}NO，223.27$$

【英文名】　7-Benzoyl-2,3-dihydroindole

【性状】　黄色固体。mp 121～125℃。

【制法】　Walsh DA，Moran H W，Shamblee D A，et al. J Med Chem，1984，27(11)：1379.

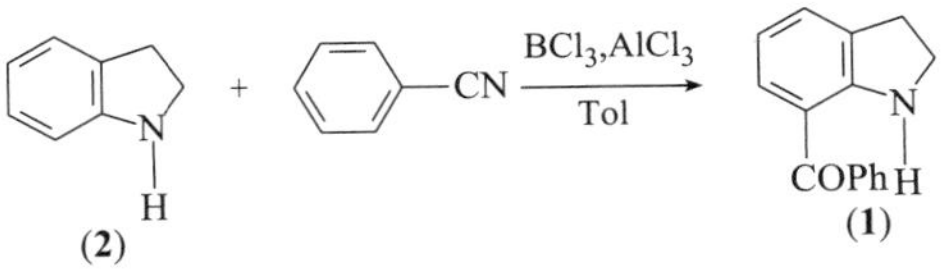

在安有分水器的反应瓶中加入苯甲氰 124 g（1.2 mol）、二氢吲哚（**2**）120 g（1 mol，含量99％）和甲苯 200 mL，加热回流共沸带水，待从分水器中收集馏出物 90 mL 后，停止反应。

在另一干燥反应瓶中，加入干燥甲苯 745 mL，冷至 5℃，加入三氯化硼 130 g（1.1 mol），保持温度 5～10℃，滴加上步反应液（约 2.5 h 加完），分次加入无水三氯化铝 147 g（1.1 mol，45 min 加完），加热搅拌回流 16 h。反应结束后，冷至 8℃，加水 188 mL，继续搅拌，析出胶状沉淀。加入 2 mol/L 盐酸 800 mL，加热搅拌回流 2.5 h，析出褐色颗粒。冷至室温，过滤，冰水洗涤。将滤饼加入 1.1 L 水中，于 20℃下用 20％氢氧化钠调至碱性，析出黄色黏稠状颗粒，继续搅拌 4 h。过滤，水洗，干燥，得黄色固体（**1**）179 g，收率 80％，mp 121～125℃。

【用途】　消炎镇痛药氨芬酸钠（Amfenac sodium）中间体。

2,4-二羟基-α-氯代苯乙酮

$$C_8H_7ClO_3，186.59$$

【英文名】　2,4-Dihydroxy-α-chloroacetophenone

【性状】　黄色针状结晶。mp 129～130℃。

【制法】　陈学敏，边晓丽，张虎山等. 中国药物化学杂志，2002，12（1）：5.

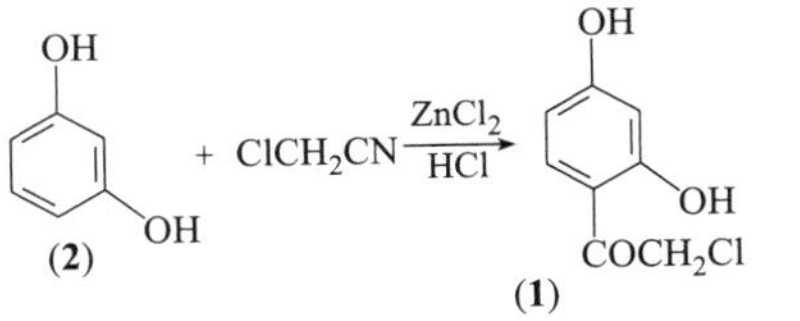

于反应瓶中加入间苯二酚（**2**）11 g（0.1 mol），氯乙腈 12.5 mL，乙醚 50 mL。冰水浴冷却，搅拌下加入无水氯化锌 2.8 g（0.02 mol），通入干燥的氯化氢气体 2 h，冰箱中放置一天。再通入氯化氢 2 h，冰箱中放置三天。倾去乙醚，再用乙醚洗涤两次。加入 450 mL 水，回流反应 1 h。静置过夜，析出橘黄色固体。抽滤，水中重结晶。得黄色针状结晶（**1**）8.5 g，收率 46％，mp 120～130℃。

【用途】 异丙肾上腺素（Isoprenaline）及噢哢类抗癌化合物中间体。

2,4-二羟苯基苄基甲酮

$C_{14}H_{12}O_3$，228.25

【英文名】 2,4-Dihydroxyphenyl benzyl ketone

【性状】 黄色固体。mp 113～115℃。

【制法】 ① 石春桐，王圣符. 中国海洋药物，1990，9（3）：10. ②王春桐，王圣符. 饲料工业，1986，（5）：25.

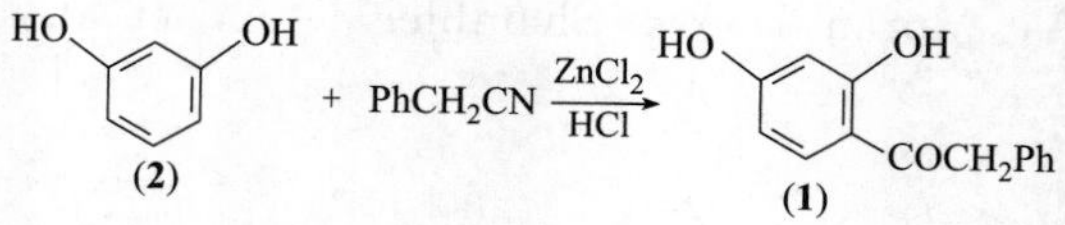

于干燥反应瓶中，加入间苯二酚（**2**）11.0 g（0.10 mol）、苯乙腈 12 g（0.10 mol）、无水氯化锌 13.5 g（0.10 mol）和无水乙醚 50 mL，于室温通入干燥氯化氢气体至饱和后，加热回流 4 h。反应毕，回收乙醚，加入水 100 mL，于 100～110℃加热回流 3 h。冷却，析出结晶，过滤，水洗，干燥，得结晶（**1**）14.6 g，收率 64%，mp 113～115℃。

【用途】 抗骨质疏松药依普黄酮（Ipriflavone）中间体。

2,4,6-三羟基苯乙酮

$C_8H_8O_4$，168.15

【英文名】 2,4,6-Trihydroxyacetophenone

【性状】 白色或浅黄色针状结晶。mp 218～219℃。溶于乙醇、乙醚、氯仿、乙酸乙酯，溶于热水。

【制法】 谢岚，徐明全，钟伟新. 广东化工，2013，40（7）：34.

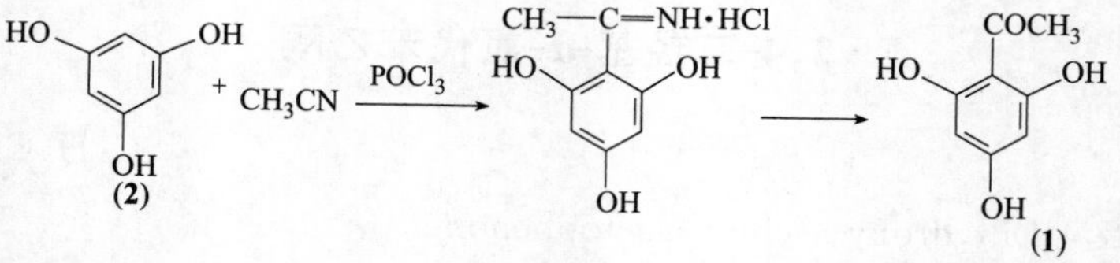

于反应瓶中加入均苯三酚（**2**）25.2 g（0.2 mol），乙腈 26 mL（约 0.5 mol），室温搅拌下滴加 $POCl_3$ 26 mL（0.3 mol），约 2 h 加完。加完后继续搅拌反应 6 h，放置过夜。

将反应物慢慢倒入 1.2 L 水中，煮沸 2 h。活性炭脱色 10 min，趁热过滤，冷却放置。过滤析出的固体，干燥，得褐色结晶（**1**）27.2 g，收率 79.5%。

也可采用如下方法来合成（孙昌俊，曹晓冉，王秀菊. 药物合成反应——理论与实践. 北京：化学工业出版社，2007：274）。

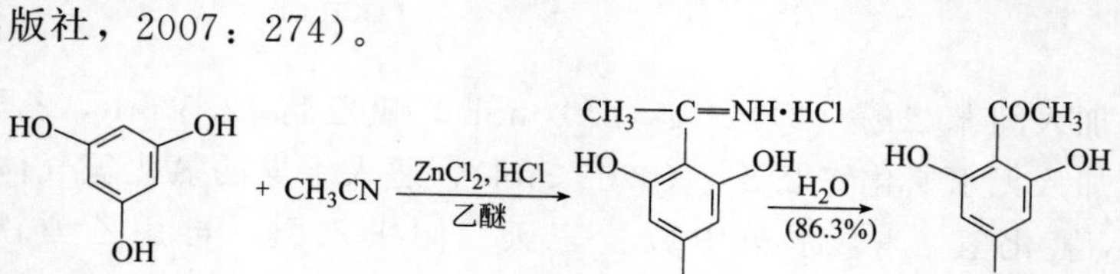

【用途】 医药中间体和合成新型抗氧剂黄烷酮等。

2,4,6-三甲基苯甲醛

$C_{10}H_{12}O$，148.20

【英文名】　2,4,6-Trimethylbenzaldehyde，Mesitaldehyde

【性状】　无色或浅黄色液体。bp 118～121℃/2.13 kPa。溶于苯、甲苯，可随水蒸气挥发。

【制法】　Furniss B S，Hannaford A J，Rogers V，et al. Vogel's Textbook of Practical Chemistry. Longman London and New York. Fourth edition，1978：759.

于安有搅拌器、通气导管（伸近液面）、回流冷凝器、温度计（水银球浸入液面下）的反应瓶中，加入新蒸馏的 1,3,5-三甲苯（**2**）51 g（0.425 mol），氰化锌 73.5 g（0.625 mol），200 mL 1,1,2,2-四氯乙烷。搅拌下迅速通入干燥的氯化氢气体，直至氰化锌分解（约 3 h）。冰浴冷却，撤去通气导管，剧烈搅拌下加入粉状的无水三氯化铝。反应物变得黏稠，约 10 min 加完三氯化铝。撤去冰浴，并且继续通入氯化氢气体 3.5 h。反应放热，1 h 后温度将上升至约 70℃。保持反应温度在 67～72℃。冷却，将反应物搅拌下倒入含 50 mL 浓盐酸的 1 kg 冰水中，放置过夜。将反应物回流 3 h，冷却，分出有机层，水层用四氯乙烷提取。合并有机层，以 10% 的碳酸钠溶液洗涤，水蒸气蒸馏。先蒸出约 450 mL，其中的有机物主要为溶剂。而后再收集另外的馏分约 4.5 L，分出油状物，水层用甲苯提取。合并有机层，无水硫酸镁干燥，蒸出溶剂，剩余物减压蒸馏，收集 118～121℃/2.13 kPa 的馏分，得 2,4,6-三甲基苯甲醛（**1**）50 g，收率 79%。

【用途】　除草剂三甲苯草酮（Tralkoxydim）中间体、医药合成的中间体。

茴香醛

$C_8H_8O_2$，136.15

【英文名】　p-Methoxybenzaldehyde，Anisaldehyde

【性状】　无色油状液体。mp 0℃，bp 248℃，89～90℃/200 Pa。d_4^{20} 1.119，n_D^{13} 1.5764。与乙醇、乙醚混溶，极微溶于水。

【制法】　Furniss B S，Hannaford A J，Rogers V，et al. Vogel's Textbook of Practical Chemistry. Longman London and New York. Fourth edition，1978：761.

于安有搅拌器。粗的通气导管（伸近瓶底）、回流冷凝器、温度计（水银球浸入液面下）的反应瓶中，加入茴香醚（**2**）30 g（0.28 mol），75 mL 用金属钠干燥的苯和 52 g

（0.44 mol）氰化锌，冷水浴冷却，剧烈搅拌下迅速通入干燥的氯化氢气体 1 h。撤去通气管，慢慢加入粉状的无水三氯化铝 45 g。重新安上通气管，于 40～45℃继续通入干燥的氯化氢 3～4 h。冷却后将反应物搅拌下慢慢倒入稀盐酸中，析出亚胺盐酸盐。加热回流 0.5 h 以分解亚胺盐酸盐，而后水蒸气蒸馏，直至无油状物馏出。分出有机层，水层用苯提取。合并有机层，无水硫酸镁干燥，蒸出苯后继续蒸馏（该为空气冷凝器），收集 246～248℃ 的馏分，得茴香醛（**1**）35 g，收率 92%。也可减压蒸馏，收集 134～136℃/1.6 kPa 的馏分。

【用途】 抗生素阿莫西林（Amoxycillin）等的中间体。

2. 酰胺酰化试剂

N-苄基乙酰胺

$$C_9H_{11}NO，149.19$$

【英文名】 *N*-Benzylacetamide

【性状】 白色固体。mp 153℃，bp 307℃。溶于醇、醚、乙酸乙酯、冰醋酸，极微溶于水。有毒。

【制法】 Bon E，Bigg D C H and Bertrand G. J Org Chem，1994，59（15）：4035.

$$CH_3CONH_2 + PhCH_2NH_2 \longrightarrow CH_3CONHCH_2Ph$$
$$(2) \qquad\qquad\qquad\qquad (1)$$

于反应瓶中加入 1,2-二氯乙烷 50 mL，无水三氯化铝 14.3 mmol，搅拌下冷至 0℃。再加入乙酰胺（**2**）0.649 g（11 mmol），苄胺 27.5 mmol，室温搅拌后升温至 90℃，搅拌反应 14 h。以 IR 或 TLC 跟踪反应。反应结束后，冷却，加入冰水。分出有机层，饱和食盐水洗涤 2 次，无水硫酸镁干燥。浓缩后过硅胶柱纯化，氯仿-甲醇洗脱，得化合物（**1**），收率 67%。

【用途】 抗菌药磺胺米隆（mafenide）的中间体。

2-(叔丁氧基羰氨基)-2-(4-羟基苯基)乙酸

$$C_{13}H_{17}NO_5，267.16$$

【英文名】 2-(*t*-Butoxycarbonylamino)-2-(4-hydroxyphenyl) acetic acid

【性状】 白色固体。

【制法】 孙昌俊，曹晓冉，王秀菊. 药物合成反应——理论与实践. 北京：化学工业出版社，2007：273.

于反应瓶中加入含水 50% 的二氧六环 120 mL，D-(－)-对羟基苯甘氨酸（**2**）8.36 g（0.05 mol），氧化镁 3.02 g（0.075 mol），搅拌反应 1 h。慢慢加入叔丁氧酰基叠氮（**3**）18.74 g（0.075 mol），于 45℃反应 17 h。用 400 mL 水稀释，乙酸乙酯提取（300 mL×2）。水层用枸橼酸调至 pH4。用氯化钠饱和后，乙酸乙酯提取（400 mL×3）。提取液无水硫酸钠干燥，减压蒸出溶剂，剩余物加入石油醚，将固体物粉碎，过滤，得化合物（**1**）10.4 g，收率 78.5%。

也可采用如下方法来合成：

HO—⟨⟩—CHCO₂H + (CH₃)₃COCOC(CH₃)₃ →(Et₃N / CH₃OH)→ HO—⟨⟩—CHCO₂H
　　　　　　 |　　　　　　　　　　　　　　　　　　　　　　　　　　　　　　　 |
　　　　　　NH₂　　　　　　　　　　　　　　　　　　　　　　　　　　 NHCOOC(CH₃)₃
　　　　　　　　　　　　　　　　　　　　　　　　　　　　　　　　　　　　(79%)

【用途】　头孢曲嗪丙二醇（Cefatrizine propylene glycol）、头孢丙烯（Cefprozil）等的中间体。

3. 烯酮类酰化试剂

乙酰乙酸 2-(4-二苯甲基哌嗪-1-基) 乙基酯

$$C_{23}H_{28}N_2O_3，380.49$$

【英文名】　2-(4-Benzhydrylpiperazin-1-yl) ethyl acetoacetate

【性状】　微棕色油状液体。

【制法】　①肖方青，刘旭桃，郑正春，马宁. 中国医药工业杂志，2004，35（2）：65. ②陈芬儿. 有机药物合成法：第一卷. 北京：中国医药科技出版社，1999：846.

CH₂=C—O
　 |　 |　　 + HOCH₂CH₂N⟨ ⟩N—CHPh₂ ⟶ CH₃COCH₂COOCH₂CH₂N⟨ ⟩N—CHPh₂
H₂C—C=O
　 (2)　　　　　　　　　　　　　　　　　　　　　　　　　　　　　　 (1)

于反应瓶中加入 1-羟乙基-4-二苯甲基哌嗪（**2**）552 g（1.86 mol），加热至 70℃，搅拌下滴加双乙烯酮 175 mL（2.27 mol），控制反应液温度不超过 80℃。加完后于 70~80℃ 继续搅拌反应 2 h。减压回收过量的双乙烯酮，剩余物过硅胶柱纯化，以环己烷-乙酸乙酯（3∶2）洗脱，得微棕色油状液体（**1**）558 g，收率 78.6%。

【用途】　钙拮抗剂盐酸马尼地平（Manidipine hydrochloride）中间体。

乙酰乙酸异丁酯

$$C_8H_{14}O_3，158.20$$

【英文名】　Isobutyl acetoacetate

【性状】　无色液体。bp 100~103℃/1.86 kPa。溶于乙醇、乙醚、氯仿、乙酸乙酯、苯等有机溶剂，不溶于水。

【制法】　① Leonardi Amedeo，Motta Gianni，Pennini Renzo，et al. Europ J Med Chem，1998，33（5）：399. ②孙昌俊，曹晓冉，王秀菊. 药物合成反应——理论与实践. 北京：化学工业出版社，2007：283.

CH₂=C—O
　 |　 |　　 + (CH₃)₂CHCH₂OH ⟶ CH₃COCH₂CO₂CH₂CH(CH₃)₂
H₂C—C=O
　 (2)　　　　　　 (3)　　　　　　　　　　　　 (1)

于反应瓶中加入异丁醇（**3**）772 g（10.4 mol），三乙胺 2.1 mL，搅拌下加热至 80℃。滴加双乙烯酮（**2**）876 g（10.4 mol），保持反应温度不超过 80℃，约 3 h 加完。加完后回流反应 3 h，反应液呈褐色。稍冷后减压蒸馏，收集 100~103℃ 1.86 kPa 的馏分，得乙酰乙酸异丁酯（**1**）1530 g，收率 93％。

【用途】 高血压治疗药尼索地平（Nisodipine）等的中间体。

3-氧代-*N*-苯基丁酰胺

$C_{10}H_{11}NO_2$，177.20

【英文名】 3-Oxo-*N*-phenylbutanamide

【性状】 白色结晶性固体。mp 85℃。溶于乙醇、乙醚、氯仿、热苯及氢氧化钠溶液，微溶于水。遇三氯化铁呈青紫色。

【制法】 孙昌俊，曹晓冉，王秀菊. 药物合成反应——理论与实践. 北京：化学工业出版社，2007：286.

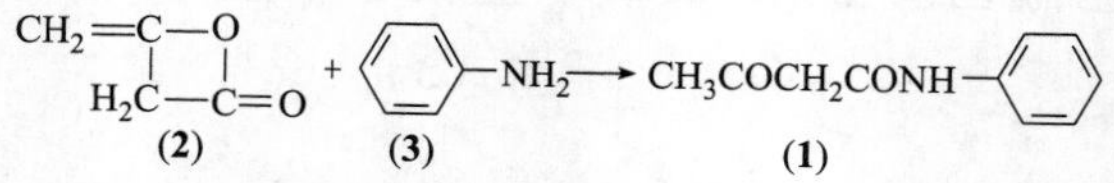

$$CH_3COCH_2CONH- \text{（示意结构式）}$$

于反应瓶中加入无水苯 125 mL，苯胺（**3**）46 g（0.5 mol），搅拌下滴加双乙烯酮（**2**）42 g（0.5 mol）与苯 70 mL 配成的溶液，约 30 min 加完。加完后回流反应 1 h。减压蒸出苯，加入 50％的乙醇加热溶解，冷后析出固体。冷至 0℃，过滤，得乙酰基乙酰苯胺。母液加入 250 mL 水，又析出部分产品，共得产品 65 g，收率 74％，mp 82～84℃。用 300 mL 50％的乙醇重结晶，得 55 g 纯品（**1**），mp 84～85℃。

【用途】 吡唑啉酮等的中间体。解热镇痛药氨基比林（Pyramidon，Aminopyrine）、退热药安乃近等中间体。

乙酰乙酸氯乙酯

$C_6H_9ClO_3$，164.59

【英文名】 2-Chloroethyl acetoacetate

【性状】 油状液体。

【制法】 胡春，王圣符，邢谷盈. 沈阳化工，1992，5：1.

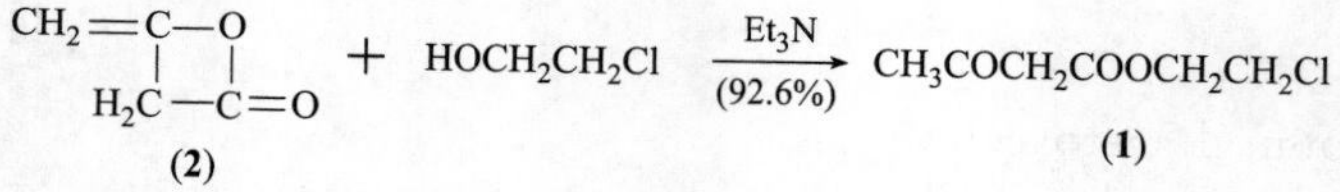

$$+ HOCH_2CH_2Cl \xrightarrow[\text{(92.6\%)}]{Et_3N} CH_3COCH_2COOCH_2CH_2Cl$$

于反应瓶中加入氯乙醇 332 g（4.12 mol），三乙胺 10 g，于 50～55℃滴加双乙烯酮（**2**）336 g（4.73 mol），加完后继续于 55℃搅拌反应 2 h。放置过夜，过滤。滤液减压浓缩，得棕红色粗品（**1**）645 g，收率 92.5％（含量 94.5％，TLC）。

【用途】 高血压治疗药盐酸尼卡地平（Nicardipine hydrochloride）等的中间体。

4. Vilsmeier-Haauc 反应

3,4-二甲氧基苯甲醛

$C_9H_{10}O_3$，166.19

【英文名】 3,4-Dimethoxybenzaldehyde

【性状】　白色结晶。mp 44～45℃。

【制法】　王成峰，林原斌.长沙电力学院学报，2004，19（4）：87.

邻二甲氧基苯（**3**）：于反应瓶中加入水 80 mL，氢氧化钠 16 g（0.4 mol），搅拌溶解，冷至 10℃，分批加入邻苯二酚（**2**）22 g（0.2 mol），慢慢滴加硫酸二甲酯 5.04 g（0.4 mol），反应液由棕色变为绿色，加热至 80℃反应 30 min。冷至 50℃，补加 30％的氢氧化钠溶液 10 mL，再补加硫酸二甲酯 6.3 g，于 80℃反应 30 min。再补加 30％的氢氧化钠溶液 10 mL，再补加硫酸二甲酯 6.3 g，于 80℃反应 3 h。水蒸气蒸馏，约收集 800 mL 馏出液。分出有机层，水层用二氯甲烷提取。合并有机层，无水硫酸钠干燥。过滤，减压蒸出溶剂，得无色液体（**3**）26.9 g，收率 97.5％，冷后固化，mp 21.5～22.5℃。

3,4-二甲氧基苯甲醛（**1**）：于反应瓶中加入化合物（**3**）13.7 g（0.5 mol），DMF 60 mL，搅拌下冷至 10℃，慢慢滴加氧氯化磷 38.5 g（0.25 mol），控制滴加速度，使反应液温度不超过 20℃，约 30 min 加完。加完后于 20℃搅拌反应 2 h，60℃搅拌反应 2 h，70℃搅拌反应 30 min。将反应物倒入 300 g 冰水中，充分搅拌。用氢氧化钠溶液调至 pH6，析出黄色固体。过滤，水洗，得浅黄色固体。用稀乙醇重结晶，得白色结晶（**1**）16.5 g，收率 85％，mp 44～45℃。

【用途】　抗过敏药曲尼可博、降压药哌唑嗪（Prazosin）、关节炎治疗药四氢巴马腾等的中间体。

2,3,6-三甲基-4-甲氧基苯甲醛

$$C_{11}H_{14}O_2，178.23$$

【英文名】　2,3,6-Trimethyl-4-methoxybenzaldehyde

【性状】　mp 65～66℃。

【制法】　Basel W B，Bottmingen R R，et al. US 4224244.1980.

于干燥的反应瓶中加入 N,N-二甲基甲酰胺 87.1 g（1.13 mol），于 10～20℃、20～30 min 内，滴加氧氯化磷 184 g（1.13 mol），再滴加 2,3,5-三甲基茴香醚（**2**）150 g（1.00 mol），滴加温度不超过 20℃。加完后，于 100℃继续搅拌反应 6 h。冷至室温，将反应液倒入 2 kg 冰水中，加入苯 1.5 L，乙酸钠 500 g（6.25 mol），搅拌 1 h。分出有机层，水层用苯提取。合并有机层，依次用 1.5 mol/L 盐酸、水洗涤，无水硫酸钠干燥。过滤，滤液用 20 g 活性炭脱色后，减压回收溶剂，冷却，得粗品（**1**）。用己烷重结晶，mp 65～66℃。

【用途】　抗牛皮癣药阿维 A 酯（Etretinate）中间体。

2-乙氧基-1-萘甲醛

$C_{13}H_{12}O_2$，200.24

【英文名】 2-Ethoxy-1-naphthaldehyde，2-Ethoxynaphthalin-1-carbaldehyde

【性状】 黄色针状结晶。mp 115℃，bp 185～187℃/3.33 kPa。溶于乙醇、冰醋酸，不溶于水。

【制法】 方法 1 Fieser L F，Flartwell J L，Jones J E，et al. Org Synth，1955，Coll Vol 3：98.

2-乙氧基萘（**3**）：于反应瓶中加入 β-萘酚（**2**）144 g（1.0 mol），无水乙醇 180 mL，搅拌下慢慢加入硫酸 31 mL，加热回流 10 h。冷后慢慢倒入 5% 的氢氧化钠水溶液 1 L 中，充分搅拌，析出灰白色结晶。抽滤，冷水洗至 pH7.5，干燥后得粗品 2-乙氧基萘 163 g，收率 95%，mp 35～37℃。粗品减压蒸馏，收集 bp 138～140℃/1.66 kPa 的馏分，可得精品 2-乙氧基萘（**3**）。

2-乙氧基-1-萘甲醛（**1**）：于反应瓶中加入（**3**）100 g（0.58 mol），60 g（0.75 mol）二甲基甲酰胺。搅拌下于 20℃ 以下滴加三氯氧磷 120 g（0.78 mol）。加完后于 95℃ 搅拌反应 2～3 h，冷后倒入 500 g 碎冰中。充分搅拌后，静置，抽滤，水洗，于 60℃ 以下真空干燥，得（**1**），收率 97%。

方法 2 霍宁 E C.有机合成：第三集.南京大学化学系有机化学教研室译.北京：科学出版社，1981：61.

于反应瓶中加入 N-甲基甲酰苯胺 45 g（0.33 mol），三氯氧磷 51 g（0.33 mol），2-乙氧基萘（**2**）43 g（0.25 mol）。搅拌下蒸气浴加热反应 6 h。将反应物以细流的方式搅拌下倒入 750 mL 冷水中，析出粒状固体。过滤，用 400 mL 乙醇重结晶，活性炭脱色，冷却，抽滤，冷乙醇洗涤，得浅黄色化合物（**1**）37～42 g，收率 74%～84%，mp 111～113℃。

【用途】 抗生素乙氧萘青霉素钠（Sodium nafcillin）中间体。

2-噻吩甲醛

C_5H_4OS，112.15

【英文名】 2-Thenaldehyde，2-Thiophenecarboxaldehyde

【性状】 浅黄色液体，放置后变暗。bp 97～100℃/3.60 kPa，85～86℃/2.13 kPa，n_D^{23} 1.5893。溶于乙醇、乙醚、氯仿、丙酮，微溶于水。暴露于空气中变褐色或黑色。

【制法】 方法 1 Weston A W，Michaels R J，J Org Synth，1973，Coll Vol 4：915.

$$\underset{(2)}{\text{[thiophene]}} + POCl_3 + HCON(CH_3)Ph \longrightarrow \underset{(1)}{\text{[thiophene]}}\text{—CHO}$$

于反应瓶中加入 N-甲基甲酰苯胺 135 g（1.0 mol），三氯氧磷 153.5 g（93 mL，1.0 mol），放置 30 min。温度升至 40～45℃，颜色逐渐由黄变红。冰水浴冷却，搅拌下滴加噻吩（2）92.4 g（1.1 mol），控制滴加速度，保持反应液温度在 25～35℃。加完后同温继续搅拌反应 2 h，室温放置 15 h。将黑色反应物搅拌下倒入 400 g 碎冰和 200 mL 水中。分出有机层，水层用乙醚提取。合并有机层，用 200 mL 稀盐酸（50 mL 浓盐酸与 400 mL 水组成）洗涤 2 次以除去 N-甲基苯胺。水层用乙醚提取 3 次，合并有机层，饱和碳酸氢钠溶液洗涤，水洗，无水硫酸钠干燥。蒸出乙醚后减压分馏，收集 97～100℃/3.60 kPa 的馏分，得化合物（1）80～83 g，收率 71%～74%。放置后颜色变暗。

方法 2　Furniss B S，Hannaford A J，Rogers V，et al. Vogel's Textbook of Practical Chemistry. Longman London and New York. Fourth edition，1978：763.

$$\underset{(2)}{\text{[thiophene]}} + (CH_3)_2NCHO \xrightarrow{POCl_3} \underset{(1)}{\text{[thiophene]}}\text{—CHO} + (CH_3)_2NH + H_2PO_4^{\ominus} + 3Cl^{\ominus}$$

于反应瓶中加入噻吩（**2**）21 g（0.25 mol），23 g（0.315 mol）二甲基甲酰胺和 80 mL 1,2-二氯乙烷。搅拌下冷至 0℃，慢慢滴加三氯氧磷 48 g（0.313 mol）。加完后小心加热，而后回流反应 2 h。冷后倒入碎冰中，用醋酸钠溶液中和至刚果红试纸呈酸性（约需三水合醋酸钠 200 g）。分出有机层，水层用乙醚提取。合并有机层，碳酸氢钠溶液洗涤，无水硫酸镁干燥，水浴蒸出乙醚后减压蒸馏，收集 85～86℃/2.13 kPa 的馏分，得（**1**）20 g，收率 71%。

【用途】　广谱驱虫药噻嘧啶（Pyrantel）及抗生素药物头孢噻吩（Cephalothin）、头孢噻啶（Cefaloridne）等的中间体。

5-氰基-1*H*-吲哚-3-甲醛

$$C_{10}H_6N_2O，170.17$$

【英文名】　5-Cyano-1*H*-indole-3-carbaldehyde

【性状】　浅黄色固体。mp 254～255℃。

【制法】　① 陈重，李钦，樊后兴. 中国医药工业杂志，2009，40（10）：732. ② 葛裕华，吴亚明，薛忠俊. 中国医药工业杂志，2005，36（11）：670.

$$\underset{(2)}{\text{NC—[indole]—H}} \xrightarrow{DMF,POCl_3} \underset{(1)}{\text{NC—[indole(CHO)]—H}}$$

于反应瓶中加入 DMF 25 mL，冰浴冷却下慢慢滴加三氯氧磷 7.7 mL（0.08 mol），加完后继续低温搅拌反应 20 min。而后慢慢滴加 5-氰基吲哚（2）10.0 g（0.07 mol）溶于 20 mL DMF 的溶液。加完后于 25～30℃搅拌反应 2 h。将反应液倒入 200 mL 冰水中，用 40% 的氢氧化钠溶液调至 pH9，搅拌 15 min。抽滤，滤饼水洗，于 40℃真空干燥，得浅黄色固体（1）11.2 g，mp 254～255℃，收率 93%。

【用途】 新药开发中间体。

4-N,N-二正丁氨基苯甲醛

$$C_{15}H_{23}NO，233.35$$

【英文名】 4-N,N-Dibutylaminobenzaldehyde
【性状】 浅黄色油状液体。
【制法】 赵晓东，姚庆强，李文保.山东化工，2009，10：10.

N,N-二正丁基苯胺（**3**）：于反应瓶中加入苯胺（**2**）9.3 g（0.1 mol），溴代正丁烷 22.6 mL（0.21 mol），碘化钠 0.3 g，正丁醇 300 mL。搅拌下加入固体碳酸钠 31.8 g（0.3 mol），通入氮气，加热回流反应 10 h。其间用 TLC 检测，显示苯胺已反应完全。冷至室温，过滤，减压浓缩，得黄色液体（**3**）19.6 g，收率 95.6%，LC-MS 检测纯度 97.8%。

4-N,N-二正丁氨基苯甲醛（**1**）：于反应瓶中加入干燥的 DMF 95 mL（1.25 mol），冷至 0℃，搅拌下加入三氯氧磷 28 mL（0.306 mol），加完后于 0℃搅拌反应 1 h，而后室温反应 1 h。加入化合物（**3**）19.6 g（0.0956 mol），升温至 70℃反应 3 h。冷至室温，倒入冰水中，用固体碳酸钠调至 pH7～8，乙酸乙酯提取。合并有机层，无水硫酸钠干燥，过滤，减压浓缩。剩余物过硅胶柱纯化，用石油醚-乙酸乙酯（15：1，体积比）洗脱，得浅黄色油状液体（**1**）18.8 g，收率 84.4%。

【用途】 新药中间体，生物探针合成中间体。

3-吲哚甲醛

$$C_9H_7NO，145.16$$

【英文名】 3-Indolecarboxaldehyde
【性状】 白色至淡黄色固体。mp 196～197℃。
【制法】 ①James P N，Snyder H R. Org Synth，1963，Coll Vol 4：539.②陈素琴，黄向红.化工技术与开发，2009，38（5）：5.

于反应瓶中加入新蒸馏的 DMF 288 mL（3.74 mol），冰盐浴冷却 0.5 h，搅拌下滴加新蒸馏的三氯氧磷 144 g（0.94 mol），约 30 min 加完。控制不高于 10℃滴加吲哚（**2**）100 g（0.85 mol）溶于 100 mL DMF 的溶液，约 1 h 加完。加完后慢慢升至 35℃，保温反应 1 h，直至反应液由清亮的黄色变为不透明的金黄色。将反应物倒入 500 g 碎冰和 100 mL 水中，充分搅拌。将其慢慢倒入 375 g 氢氧化钠溶于 1000 mL 水的碱液中，搅拌下先加入约 1/3，而后迅速加入其余的 2/3，加热至沸。冷至室温后，冰箱中放置过夜，过滤，滤饼用 1000 mL 水打浆，过滤，300 mL 水洗涤，空气中干燥，得 3-吲哚甲醛（**1**）120 g，收率

97%。用 95%的乙醇重结晶可得到纯品。

【用途】　用于制取吲哚衍生物，后者是重要的药物合成中间体。

5. Gattermann 反应

对甲基苯甲醛

$$C_8H_8O，120.15$$

【英文名】　*p*-Methylbenzaldehyde

【性状】　无色液体。bp 82～85℃/1.467 kPa。d_4^{20}1.016，n_D^{20}1.545。几乎不溶于水。

【制法】　Furniss B S，Hannaford A J，Rogers V，et al. Vogel's Textbook of Practical Chemistry. Longman London and New York. Fourth edition，1978：759.

于安有搅拌器、通气导管（伸入液面以下）的反应瓶中，加入纯的甲苯（**2**）92 g（1.0 mol），干燥的氯化亚铜 14 g，搅拌下控制室温慢慢加入无水三氯化铝 133 g（1.0 mol），通入一氧化碳和氯化氢的混合气体。该混合气体经硫酸干燥瓶干燥。两种气体的比例大约是一氧化碳为氯化氢的两倍。通入速度不能太快，约 7 h 通完，反应体系变稠并很少吸收。将反应物慢慢倒入 750 g 碎冰中，而后水蒸气蒸馏，直至无醛和甲苯蒸出为止。馏出液中加入 25 mL 乙醚，分出有机层，水层用乙醚提取。合并有机层，无水硫酸镁干燥。蒸出乙醚后，换成短的分馏柱进行分馏，收集 202～205℃的馏分，得对甲基苯甲醛（**1**）55 g，收率 46%。保存时可加入少量的氢醌以防止氧化。

【用途】　有机合成中间体。可用于调配铃兰、丁香、百合、椰子、杏仁等香型的香精。

6. Reimer-Tiemann 反应

2-羟基-1-萘甲醛

$$C_{11}H_8O_2，179.19$$

【英文名】　2-Hydroxy-1-naphthaldehyde

【性状】　浅棕色针状或无色结晶。mp 77～81℃，bp 192℃/3.6 kPa。溶于乙醇、乙醚、石油醚、碱溶液。

【制法】　①Furniss B S，Hannaford A J，Rogers V，et al. Vogel's Textbook of Practical Chemistry. Longman London and New York. Fourth edition，1978：762. ②刘富安，蒋维东，何锡阳等. 四川大学学报，2008，45（2）：399.

于反应瓶中加入 2-萘酚（**2**）50 g（0.347 mol），95%的乙醇 150 mL，搅拌下迅速加入由 100 g 氢氧化钠溶于 200 mL 水配成的溶液。水浴加热至 70～80℃，慢慢滴加氯仿 62 g

（0.5 mol），直至反应开始（反应液呈深蓝色）。除去水浴，继续滴加氯仿，滴加速度控制反应液回流，约 1.5 h 加完。加完时有酚醛的钠盐析出。继续搅拌反应 1 h。改成蒸馏装置，蒸出乙醇和未反应的氯仿。冷却下滴加浓盐酸直至对刚果红试纸成酸性。析出暗褐色油状物和大量无机盐沉淀。加入足量的水溶解无机盐，用乙醚提取。乙醚溶液水洗，无水硫酸镁干燥，蒸出溶剂。残余物减压蒸馏，收集 177～180℃/2.66 kPa 的馏分，冷后固化，得微红色的化合物（**1**）。用 40 mL 乙醇重结晶，得无色固体（**1**）28 g，mp 80℃，收率 47%。

【用途】 抗生素乙氧萘青霉素钠（Sodium nafcillin）中间体。

香草醛

$$C_8H_8O_3，152.15$$

【英文名】 Vanillin，4-Hydroxy-3-methoxybenaldehyde

【性状】 白色至淡黄色结晶粉末或针状结晶。mp 81～83℃。

【制法】 胡声闻，梁本熹，钱峰，李志良. 化学试剂，1993，15（3）：184.

于反应瓶中加入愈创木酚（**2**）24.8 g（0.2 mol），工业乙醇 90 mL，固体氢氧化钠 30 g，适量三乙胺，回流条件下滴加氯仿 10 mL，约 1 h 加完。加完后继续反应 1.5～2.5 h。滴加 1 mol/L 的盐酸至中性，滤去氯化钠，乙醇洗涤。水蒸气蒸馏至无油状物蒸出。剩余物用乙醚提取，无水硫酸镁干燥。过滤，浓缩。剩余的白色固体加入 15～20 倍的热水（40～60℃），分出油层，浓缩，得化合物（**1**），收率 76%，mp 80～82℃。

【用途】 抗过敏性平喘药曲尼司特（Tranilast）、降压药哌唑嗪（Prazosin）、关节炎治疗药四氢巴马汀（Tetrahydropalmatine）等的中间体。

水杨醛和对羟基苯甲醛

$$C_7H_6O_2，122.12$$

【英文名】 Salicylaldehyde and p-Hydroxybenaldehyde

【性状】 水杨醛：无色澄清或浅褐色液体。mp −7℃，bp 196～197℃。$d_4^{20}1.167$，$n_D^{20}1.5735$。溶于乙醇、乙醚，微溶于水。遇硫酸呈橙色。有类似杏仁的气味。

对羟基苯甲醛：无色针状结晶。mp 116℃。溶于乙醇、乙醚，微溶于苯、水。

【制法】 Furniss B S，Hannaford A J，Rogers V，et al. Vogel's Textbook of Practical Chemistry. Longman London and New York. Fourth edition，1978：762.

于反应瓶中加入氢氧化钠 80 g（2.0 mol），水 80 mL，搅拌溶解。搅拌下再加入苯酚（**2**）25 g（0.266 mol）溶于 25 mL 水配成的溶液。水浴保持在 65～70℃，慢慢滴加氯仿

60 g（0.5 mol），约 30 min 加完。加完后于沸水浴反应 1 h。水蒸气蒸馏除去未反应的氯仿。冷却生成的橙红色液体，以稀硫酸酸化至酸性，重新进行水蒸气蒸馏，直至无油状物馏出。母液中含对羟基苯甲醛。馏出液用乙醚提取，水浴蒸出乙醚，得粗品水杨醛（含苯酚）。将其慢慢倒入 2 倍体积的饱和亚硫酸氢钠溶液中，剧烈搅拌至少 30 min。再放置 1 h。抽滤，少量乙醇洗涤，再用乙醚洗涤。将固体物置于烧瓶中，水浴加热，以稀硫酸分解后，冷却，乙醚提取。乙醚溶液用无水硫酸镁干燥。蒸出乙醚后，继续蒸馏，收集 195～197℃ 的氯仿，得无色液体水杨醛（**3**）12 g，收率 37%。

水蒸气蒸馏后的母液，趁热过滤，除去树脂状物（也可用倾洗法除去树脂状物），冷却后用乙醚提取。蒸出乙醚得黄色固体。用含少量硫酸的水重结晶，得无色结晶对羟基苯甲醛（**1**）2～3 g，mp 116℃，收率 6%～9%。

【用途】　水杨醛主要用于香豆素合成，也用于配制紫罗兰香料，还可用作杀菌剂及其他有机合成中间体。

7. 利用乌洛托品在芳环上引入醛基

5-氟水杨醛

$C_7H_5FO_2$，140.11

【英文名】　5-Fluorosalicylaldehyde

【性状】　白色针状结晶。mp 83～85℃。

【制法】　汪硕鳌，陈红飙，申理滔，林原斌.中国医药工业杂志，2010，41（8）：564.

于反应瓶中加入对氟苯酚（**2**）9.5 g（0.085 mol），乙酸 30 mL，乙酸酐 15 mL，乌洛托品 20.5 g（0.15 mol），搅拌下于 1 h 内升温至 110℃。加入多聚甲醛 2.55 g（0.085 mol），升温至 130～140℃ 搅拌反应 3 h。冷至 105℃ 左右，加入由水 100 mL 和浓硫酸 16 mL 配成的稀硫酸，再回流 30 min。水蒸气蒸馏。流出液用乙酸乙酯提取 4 次。合并有机层，无水硫酸钠干燥，过滤，减压蒸出溶剂。剩余物用少量乙酸乙酯重结晶，得白色针状结晶（**1**）6.53 g，收率 55%，mp 83～85℃。

【用途】　医药、香料、染料中间体。

4-甲基-2,6-二甲酰基苯酚

$C_9H_8O_3$，164.16

【英文名】　4-Methyl-2,6-diformylphenol，2-Hydroxy-5-methylisophtalaldehyde

【性状】　浅黄色固体。mp 131～133℃。溶于氯仿、乙醇，微溶于水。可随水蒸气挥发。

【制法】　孙昌俊，曹晓冉，王秀菊.药物合成反应——理论与实践.北京：化学工业出版社，2007：288.

于反应瓶中加入五氧化二磷 54.4 g，85％的磷酸 45.6 g。搅拌下油浴加热至 160℃，使五氧化二磷全部溶解。另将对甲苯酚（2）10.8 g（0.1 mol）和乌洛托品 15.2 g（0.11 mol）在研钵中研细，分批加入反应瓶中，保持反应温度在 150～160℃，加完后继续搅拌反应 1.5 h。冷至室温，慢慢加入无离子水 60 mL。水蒸气蒸馏至馏出液透明。油状物冷却后固化为浅黄色固体。抽滤，水洗，干燥，得浅黄色（1）5.8 g，收率 35.4％，mp 130～132℃。

【用途】 生化试剂金属酶模型双核金属配合物中间体、医药中间体。

3,5-二甲氧基-4-羟基苯甲醛

$C_9H_{10}O_4$，182.18

【英文名】 3,5-Dimethoxy-4-hydroxybenzaldehyde

【性状】 浅黄色或棕黄色结晶。bp 108～110℃。溶于乙醇、乙醚、氯仿，不溶于水。

【制法】 Diana Guy D，Cutcliffe D，et al. J Med Chem，1989，32（2）：450.

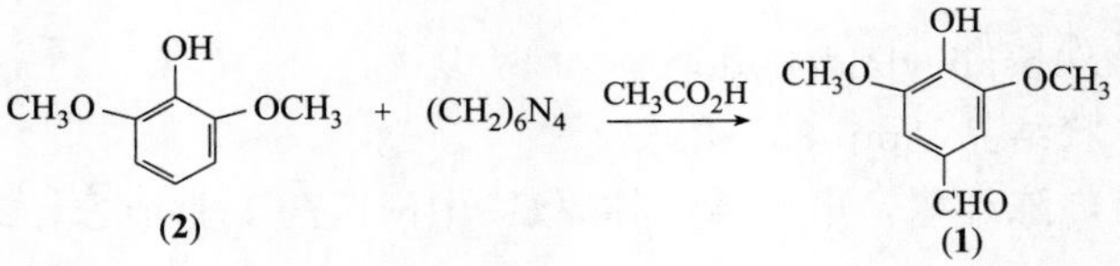

于反应瓶中加入 2,6-二甲氧基苯酚（2）7.7 g（0.05 mol），90％的冰醋酸 16 mL，磁力搅拌下加入乌洛托品 7 g，温度升至 35℃左右。再加入 90％的冰醋酸 15 mL，于 35～40℃反应 30 min。而后回流反应 6 h。减压回收醋酸至干。加水 20 mL，用氯仿提取三次。合并氯仿层，加入饱和亚硫酸氢钠溶液 80 mL，搅拌 3 h。分出氯仿后，水层用盐酸分解，析出棕黄色结晶。抽滤，干燥，得化合物（1）5 g，mp 108～110℃，收率 55％。

【用途】 用于合成磺胺类药物、抗菌增效剂 TMP 以及抗癫痫药物中间体。

对二甲氨基苯甲醛

$C_9H_{11}NO$，149.19

【英文名】 *p*-Dimethylaminobenzaldehyde

【性状】 白色至浅黄色结晶。mp 73～75℃。溶于乙醇，难溶于水。

【制法】 ① 段行信.实用精细有机合成手册.北京：化学工业出版社，2000：77. ② 黄晓龙，林东恩，张逸伟.化学试剂，2007，29（5）：307.

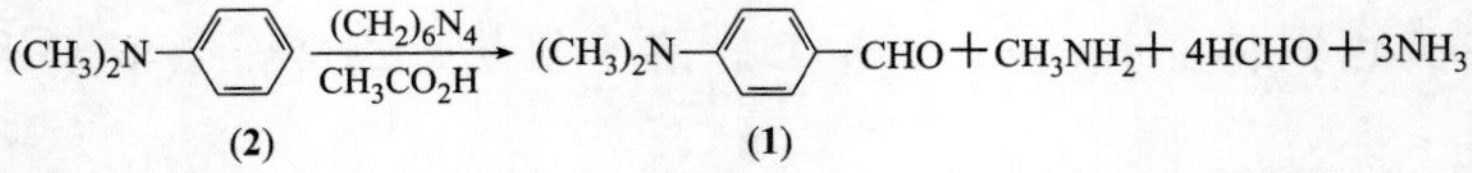

于反应瓶中加入 N,N-二甲基苯胺（2）92 g（0.76 mol），乙醇 70 mL，搅拌下慢慢加入乌洛托品 128 g（0.9 mol），加热至回流。慢慢加入由 22.5 mL 冰醋酸与 145 mL 水配成的稀醋酸。加完后剧烈回流反应 16 h。冷却后用盐酸调至 pH3，约用 30％的盐酸 250 mL。

放置后以 4 倍体积的水稀释，抽滤析出的结晶，冷水洗涤，得粗品 55 g。母液用碳酸钠调至 pH 8～9，析出部分结晶，抽滤，得第二部分产品。将两份产品加热溶于 15％的盐酸中，活性炭脱色，用氢氧化钠调至 pH8～9，冷却，抽滤，水洗，干燥，得对二甲氨基苯甲醛（**1**）105 g，收率 93％。用 78％的乙醇重结晶后，mp 72～75℃。

【用途】　生物检测试剂、有机合成中间体。

3,4-二氯苯甲醛

$$C_7H_4Cl_2O, 175.01$$

【英文名】　3,4-Dichlorobenzaldehyde

【性状】　白色结晶。mp 44℃，bp 247～248℃。微溶于热醇和醚，不溶于水。可随水蒸气挥发。

【制法】　Bell R P, et al. J Chem Soc, 1976, Perkin Trans 2: 1594.

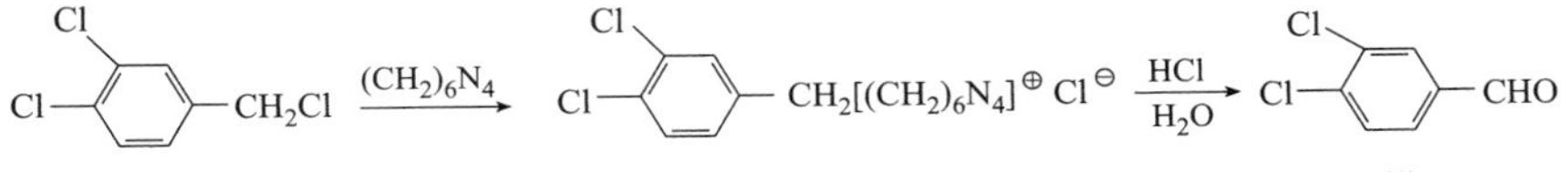

于反应瓶中加入 3,4-二氯苄基氯（**2**）350 g（1.79 mol），乌洛托品 504 g（3.6 mol），搅拌均匀，慢慢滴加冰醋酸 750 mL，再加入水 750 mL。慢慢加热至回流。而后逐渐升温，最终达到 110℃。趁热加入浓盐酸 600 mL，继续回流反应 30 min。冷却，静置分层。分出油状物，减压蒸馏，收集 96～102℃/520～650 Pa 的馏分，冷后固化，得（**1**）172 g，收率 55％。乙醇重结晶后，mp 40～42℃。

【用途】　抗疟疾药物硝喹（Nitroquine）等中间体。

间苯二甲醛

$$C_8H_6O_2, 134.13$$

【英文名】　Isophthalaldehyde

【性状】　无色针状结晶。mp 88～90℃。

【制法】　Ackerman J H and Surrey A R. Org Synth, 1973, Coll Vol 5: 668.

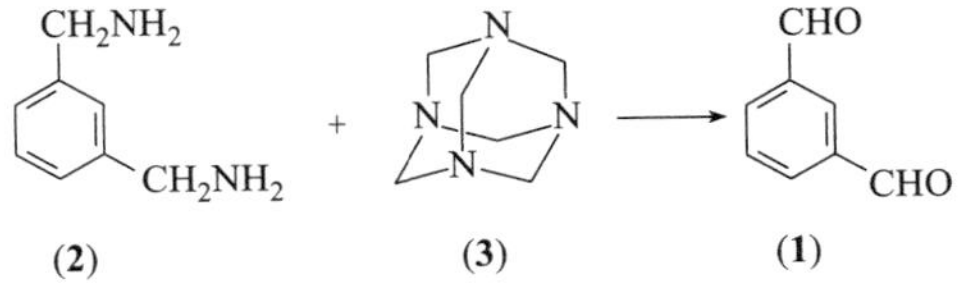

于 12 L 反应瓶中，加入 α,α′-二氨基间二甲苯（**2**）272 g（261 mL，2.0 mol），乌洛托品（**3**）1.0 kg（7.1 mol），浓盐酸 480 mL，50％的醋酸水溶液 3.2 L。搅拌下加热回流 2.5 h。将反应物倒入一大容器中，搅拌下慢慢加入由氢氧化钠 298 g 溶于 3.85 L 水的碱溶液。于 5℃放置过夜。抽滤析出的长针状结晶，冷水洗涤，真空干燥，得无色针状结晶（**1**）158～166 g，收率 59％～62％，mp 88～90℃。

【用途】　用作医药中间体、荧光增白剂中间体。

3-噻吩甲醛

$$C_5H_4OS，112.15$$

【英文名】 3-Thenaldehyde，3-Thiophenecarboxaldehyde

【性状】 无色液体。bp 196～199℃/98.95 kPa。d_4^{20}1.280，n_D^{20}1.5830。

【制法】 Campaigne E，Bourgeois R C and McCarthy W C. Org Synth，1963，Coll Vol 4：918.

于反应瓶中加入乌洛托品 38.5 g（0.275 mol），3-溴甲基噻吩（**2**）44 g（0.25 mol），氯仿 100 mL，搅拌下加热回流 30 min。冷却后倒入 250 mL 冷水中，搅拌使之溶解。分出有机层，水洗 2 次。合并水层，水蒸气蒸馏，收集约 500 mL 馏出液，用盐酸酸化。乙醚提取 3 次。合并乙醚层，无水硫酸钠干燥。蒸出乙醚后减压蒸馏，收集 72～78℃/1.6 kPa 的馏分，得化合物（**1**）20 g，收率 70%。

【用途】 医药合成中间体。

苯并呋喃-5-甲醛

$$C_9H_6O_2，146.15$$

【英文名】 Benzofuran-5-carbaldehyde

【性状】 浅黄色油状液体。

【制法】 万杰，吴成龙等. 中国医药工业杂志，2010，41（1）：14.

5-溴甲基苯并呋喃（**3**）：于反应瓶中加入 1,2-二氯乙烷 150 mL，5-甲基苯并呋喃（**2**）13.22 g（0.10 mol），NBS 21.36 g（0.12 mol），过氧化苯甲酰 0.50 g（0.002 mol），搅拌下加热回流反应 12 h。反应结束后，冷至室温。抽滤析出的固体，用 1,2-二氯乙烷洗涤。合并滤液和洗涤液，依次用碳酸氢钠溶液、水、饱和盐水洗涤，无水硫酸钠干燥。过滤，减压蒸出溶剂，得红棕色油状液体（**3**）20.73 g，收率 98%。直接用于下一步反应。

苯并呋喃-5-甲醛（**1**）：于反应瓶中加入化合物（**3**）7.9 g（0.038 mol），水 40 mL，乙酸 40 mL，乌洛托品 10.66 g（0.076 mol）。氩气保护下加热回流反应 1 h。加入浓盐酸 40 mL，继续回流反应 20 min。冷至室温，乙醚提取 2 次。合并乙醚层，依次用碳酸氢钠溶液、饱和盐水洗涤，无水硫酸钠干燥。过滤，蒸出溶剂，得浅黄色液体（**1**）4.3 g，收率 78.6%。

【用途】 治疗失眠药物雷美替胺（Ramelteon）中间体。

对氟苯甲醛

$$C_7H_5OF，124.11$$

【英文名】 *p*-Fluorobenzaldehyde

【性状】　无色液体，易氧化。bp 176～179℃。

【制法】　段行信.实用精细有机合成手册.北京：化学工业出版社，2000：77.

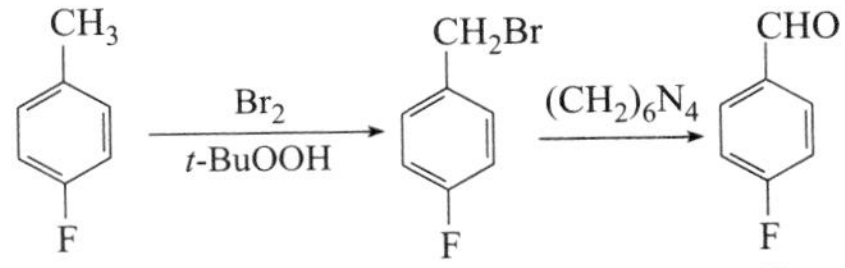

对氟苄基溴（**3**）：于反应瓶中加入对氟甲苯（**2**）125 g（1.14 mol），叔丁基过氧化氢 0.3 mL，搅拌下慢慢滴加无水溴 182 g（1.14 mol）。开始是可以褪至无色，很快不易完全褪去。加热至 100℃可以顺利褪色，约 1 h 加完，生成橘黄色，保温 10 min，冷却备用。

对氟苯甲醛（**1**）：于 2 L 反应瓶中加入 250 mL 水，乌洛托品 200 g（1.42 mol），加热至 60℃溶解。停止加热，加入上述反应物搅拌反应 1.5 h，席夫碱结晶析出。再加入 100 mL 水和 200 mL 乙酸配成的溶液，搅拌回流 2 h。加入 200 mL 水进行水蒸气蒸馏，收集到粗品（**1**）80 g，收率 56%。

【用途】　胃动力药物莫沙必利（Mosapride）等的中间体。

8. Grignard 反应法

6-甲氧基-2-萘甲醛

$$C_{12}H_{10}O_2，186.21$$

【英文名】　6-Methoxy-2-naphthaldehyde

【性状】　浅黄色片状结晶。mp 78～79℃。

【制法】　①方正，唐伟方，徐芳.中国药科大学学报，2004，35（1）：90.②谢建武，童国通.化学世界，2007，4：235.

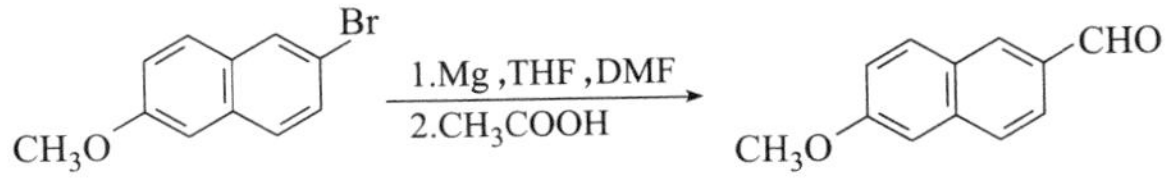

于干燥的反应瓶中加入镁屑 5.6 g（0.23 mol），少量碘，加入少量由 2-溴-6-甲氧基萘（**2**）52 g（0.22 mol）溶于 160 mL THF 的溶液，加热，待碘的颜色褪去，反应引发后再滴加其余溶液。控制温度 55℃。加完后继续回流 2 h。滴加由 53 mL THF 和 53 mL DMF 的混合液，加完后回流 1 h。减压回收溶剂，剩余物中加入 50% 的乙酸 533 mL 水解，搅拌 30 min，冷却，析出黄色固体。过滤，80% 的醋酸重结晶，得浅黄色片状结晶（**1**）37 g，收率 90%，mp 78～79℃。

【用途】　急、慢性关节炎等病治疗药物萘丁美酮（Nabumetone）中间体。

间三氟甲基苯乙酮

$$C_9H_7F_3O，188.15$$

【英文名】　3-Trifluoromethylacetophenone

【性状】　无色液体。bp 119~121℃/6.67 kPa。

【制法】　①周勇强，薛勇.中国医药工业杂志，2000，31（2）：79.②邱贵生，杨芝.浙江化工，2009，40（4）：1.

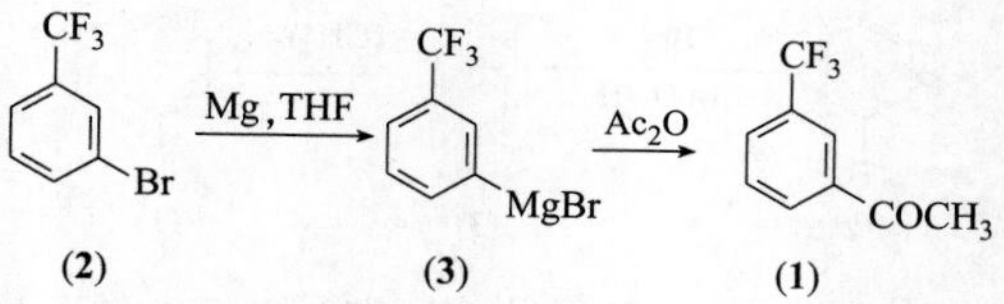

于反应瓶中加入镁屑 2.3 g（0.096 mol），THF 20 mL，再加入间溴三氟甲基苯（**2**）2.25 g（0.01 mol）和一粒碘，引发反应。引发后滴加由化合物（**2**）20.25 g（0.09 mol）溶于 45 mL THF 的溶液，于 50~60℃反应 1.5 h，制成 Grignard 试剂。

于另一反应瓶中加入醋酸酐 10 mL（0.106 mol），THF 10 mL，冷至 0℃，滴加上述 Grignard 试剂，约 70 min 加完。加完后于 2℃反应 5 min。加入冰水 50 mL，分出有机层。有机层依次用 10%的碳酸钠溶液、水洗涤至中性。合并水层，乙醚提取 2 次。合并有机层，无水氯化钙干燥。过滤，减压蒸馏，收集 119~121℃/6.67 kPa 的馏分，得化合物（**1**）15.3 g，收率 75.4%。

【用途】　杀菌剂肟菌酯（Trifloxystrobin）等的中间体。

第六章　缩合反应

一、醇醛缩合反应

2′-羟基查尔酮

$$C_{15}H_{12}O_2，224.26$$

【英文名】　2′-Hydroxychalcone

【性状】　淡黄色粉状固体。mp 84～85℃。

【制法】　①李秀珍，黄生建，陈侠等.中国医药工业杂志，2009，40（5）：329.②党珊，刘锦贵，王国辉.合成化学，2008，16（4）：460.

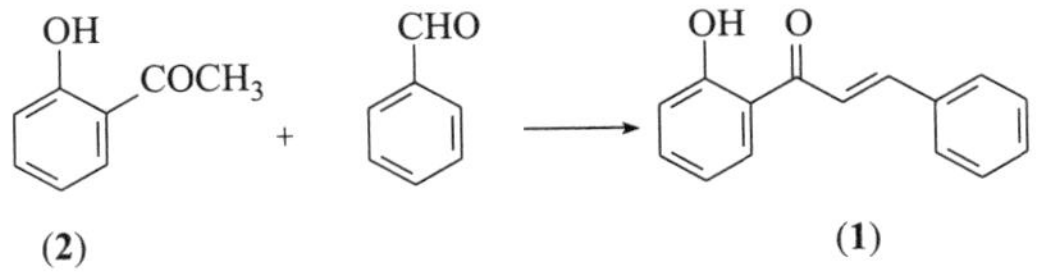

于反应瓶中加入邻羟基苯乙酮（**2**）13.6 g（0.1 mol），氢氧化钠 16 g（0.4 mol），水 100 mL，溴化四丁基铵 0.05 g。搅拌下慢慢加热至 50℃，于 20 min 内滴加苯甲醛 14.8 g（0.14 mol）。加完后升温至 70℃，保温反应 3 h。冷至室温，用浓盐酸约 40 mL 调至 pH1。抽滤，水洗。滤饼用乙醇重结晶，于 40℃减压干燥，得淡黄色粉状固体（**1**）19.9 g，收率 88.8％，mp 88～89℃。

【用途】　心脏病治疗药盐酸普罗帕酮（Propafenone hydrochloride）中间体。

2-羟基查尔酮

$$C_{15}H_{12}O_2，224.26$$

【英文名】　2-Hydroxychalcone

【性状】　金黄色棱状结晶。mp 84～85℃。

【制法】　李艳云，尹振宴.北京石油化工学院学报，2013，21（3）：58.

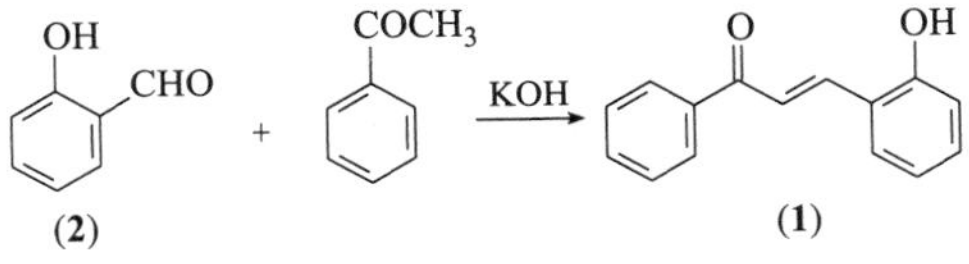

于反应瓶中加入苯乙酮 2.4 mL（20 mmol），95％的乙醇 100 mL，20％的氢氧化钾水

溶液 40 mL，剧烈搅拌下慢慢滴加水杨醛（**2**）2.8 mL（28 mmol）溶于 20 mL 95％乙醇的溶液。反应体系逐渐由淡黄色变为黄色，室温搅拌反应 6 h，最终变为红色。反应过程中有固体析出，反应结束后，用稀盐酸调至中性，生成黄色沉淀。冷却，过滤，水洗。用乙酸乙酯重结晶，得金黄色棱状结晶（**1**），收率 76％。

【用途】 具有多种生物学活性的黄酮类化合物合成中间体。

4-(4-甲氧基-2,3,6-三甲基苯基)-丁-3-烯-2-酮

$C_{14}H_{18}O_2$，218.30

【英文名】 4-(4-Methoxy-2,3,6-trimethylphenyl)-but-3-en-2-one

【性状】 无色液体。

【制法】 ①陈芬儿.有机药物合成法：第一卷.北京：中国医药科技出版社，1999：42.
②徐勤丰，乐陶.中国药物化学杂志，1992，2（4）：58.

于反应瓶中加入化合物 2,3,6-三甲基-4-甲氧基苯甲醛（**2**）260 g（1.46 mol）、10％氢氧化钠溶液 730 mL、丙酮 3.5 L 和水 1.4 L，于 0～5℃搅拌 0.5 h，而后室温搅拌 3 天。反应液中用乙酸调至 pH4～5，减压回收溶剂后，冷却，向剩余物中加入乙醚 3 L，搅拌，静置。分出有机层，依次用 5％碳酸钠溶液 700 mL、水 700 mL 洗涤，用无水硫酸钠干燥。过滤，回收乙醚后减压蒸馏，收集 bp 120～127℃/6.67 Pa 的馏分，得化合物（**1**）。

【用途】 银屑病治疗药物阿维 A 酯（Etretinate）中间体。

α-甲基肉桂醛

$C_{10}H_{10}O$，146.19

【英文名】 α-Methylcinnamaldehyde

【性状】 无色液体。bp 148～151℃/0.5 kPa。n_D^{20}1.6049。溶于乙醚、乙酸乙酯、氯仿，不溶于水。

【制法】 左华，赵宝祥，王大威.精细化工中间体，2003，33（6）：36.

于反应瓶中加入 95％的乙醇 20 mL，0.1 mol/L 的氢氧化钠水溶液 20 mL，TEBA 适量，冷至 5℃以下，加入新蒸馏过的苯甲醛（**2**）15.2 g（0.14 mol），搅拌下滴加丙醛 7.2 mL（0.1 mol），控制滴加温度不超过 5℃。加完后于室温反应 2.5 h，加水适量，用乙醚提取三次，合并乙醚提取液，无水硫酸钠干燥。常压蒸出乙醚，而后减压蒸馏，收集 148～152℃的馏分，得浅黄色液体（**1**），收率 84.6％。

【用途】 糖尿病治疗药物依帕司他（Epalrestat）等的中间体。

5-[(4-羟基苯基)甲基]-2,4-噻唑烷二酮

$$C_{10}H_9NO_3S，223.25$$

【英文名】 5-[(4-Hydroxyphenyl) methyl]-2,4-thiazolidinedione

【性状】 白色固体。mp 151～152.5℃。

【制法】 杨可峰，戴立言，陈英奇.有机化学，2004，24 (8)：890.

(2)　　　　　　　　　　　(3)　　　　　　　　　(1)

5-[(4-羟基苯基) 亚甲基]-2,4-噻唑烷二酮 (**3**)：于反应瓶中加入对羟基苯甲醛 61 g (0.5 mol)，甲苯 1 L，吡啶 5 mL (0.05 mol)，乙酸 2.8 mL (0.05 mol)，2,4-噻唑烷二酮 (**2**) 58.6 g (0.5 mol)，搅拌下慢慢加热至回流，而后回流反应 5 h。冷至室温搅拌 1 h，静置 4 h。抽滤，滤饼用甲醇洗涤 (100 mL×3)，水洗 2 次，于 60℃ 干燥，得粗品 (**3**) 91.7 g，收率 83%。直接用于下一步反应。

5-[(4-羟基苯基) 甲基]-2,4-噻唑烷二酮 (**1**)：于高压反应釜中加入上述化合物 (**3**) 30 g (0.136 mol)，5% 的 Pd-C 催化剂 20 g (50% 湿品)，按照常规方法，充入氢气至压力 8.2 MPa，加热至 100～105℃ 进行氢化，控制氢气压力在 9.5～10.0 MPa 反应 3 h。冷至 60℃，放出氢气至常压，氮气冲洗。滤去催化剂，得澄清透明液体。减压浓缩至 60 mL，冷却析晶。抽滤，无水乙醇洗涤，60℃ 干燥，得白色固体 (**1**) 28.1 g，收率 92.8%，mp 151～152.5℃。

【用途】 糖尿病治疗药盐酸吡格列酮 (Pioglitatone hydrochloride) 中间体。

2-苯亚甲基环戊酮

$$C_{12}H_{12}O，172.22$$

【英文名】 2-Benzylidenecyclopentone

【性状】 黄色结晶。mp 68～70℃。溶于醇、醚、热石油醚。

【制法】 孙昌俊，曹晓冉，王秀菊.药物合成反应——理论与实践.北京：化学工业出版社，2007：409.

(2)　　　　　　　　(1)

于安有搅拌器的反应瓶中加入苯甲醛 26 g (0.25 mol)，环戊酮 (**2**) 42 g (0.5 mol)，搅拌下室温滴加 25% 的氢氧化钠溶液 500 mL，约 1.5 h 加完。加完后再于室温搅拌反应 2 h。冷却下用盐酸调至 pH7，乙醚提取 (300 mL×3)。合并乙醚层，无水碳酸钠干燥，蒸馏回收乙醚。剩余物减压蒸馏，收集 164～168℃/1.3 kPa 的馏分，冷后固化，得黄色化合物 (**1**) 17.5 g，收率 70%。用正己烷重结晶，mp 60～69℃。

【用途】 抗炎类新药开发中间体。

(*E*)-3-苯基丙烯腈

$$C_9H_7N, 129.16$$

【英文名】 3-Phenylacrylonitrile

【性状】 油状液体。

【制法】 Palomo C，Aizpurua J M，Garcia J M，et al. J Org Chem，1990，55 (8)：2498.

$$Me_3SiCH_2CN \xrightarrow[\text{THF, }-78℃]{Me_3SiCl,BuLi} \underset{Me_3Si}{\overset{Me_3Si}{\diagdown}}CN \xrightarrow[\text{CH}_2Cl_2,rt]{PhCHO,TASF} Ph\diagup\diagdown CN$$

$$(2) \qquad\qquad (3) \qquad\qquad (1)$$

二（三甲基硅基）乙腈（**3**）：于反应瓶中加入 1.6 mol/L 的正丁基锂-己烷溶液 66 mL (105.6 mmol)，THF 70 mL，氩气保护，冷至 −78℃。滴加三甲基硅基乙腈（**2**）7.0 mL (50 mmol)，加完后继续搅拌 30 min。加入三甲基氯硅烷 13 mL (100 mmol)，继续搅拌 10 min，升至室温搅拌 30 min。将反应物倒入 150 mL 饱和氯化铵溶液中，剧烈搅拌 5 min，用 300 mL 水稀释。分出有机层，无水硫酸镁干燥。浓缩，得化合物（**3**）8.0 g，收率 86%。bp 102~103℃/2.13 kPa。

（*E*）-3-苯基丙烯腈（**1**）：于反应瓶中加入无水二氯甲烷 10 mL（含有少量 4A 分子筛）、苯甲醛 0.21 g (2 mmol)，化合物（**3**）0.46 g (25 mmol)，氩气保护，冷至 −100℃，加入（二甲氨基）锍盐的三甲基硅基二氟化物（TASF）50 mg，于此温度反应 30 min。快速升温至 40℃，加入三甲基氯硅烷 0.5 mL 淬灭反应。以二氯甲烷稀释后，依次用 0.1 mol/L 盐酸和水洗涤。分出有机层，无水硫酸镁干燥。过滤，减压浓缩，得化合物（**1**）0.23 g，收率 90%。bp 120~123℃/2.66 kPa。

【用途】 重要的人工合成香料。

2,8-二（三氟甲基）喹啉-4-羧酸

$$C_{12}H_5F_6NO_2, 309.17$$

【英文名】 2,8-Bis（trifluoromethyl）quinoline-4-carboxylic acid

【性状】 结晶状固体。

【制法】 ①Basf. DE 2940443.1981.②陈芬儿. 有机药物合成法：第一卷. 北京：中国医药科技出版社，1999：815.

$$\underset{\underset{CF_3}{}}{\overset{O}{\diagup}}\overset{O}{\diagdown}O + CF_3COCH_3 \xrightarrow{\text{NaOH,H}_2O} \underset{\underset{CF_3}{}}{\overset{COOH}{\diagup}}\overset{}{\diagdown}CF_3$$

$$(2) \qquad\qquad (1)$$

于反应瓶中，加入水 100 mL、氢氧化钠 9.6 g (0.24 mol)，7-三氟甲基靛红（**2**）43 g (0.29 mol)，1,1,1-三氟丙酮 26.8 g (0.24 mol)，加热搅拌回流 6 h。冷却至室温，搅拌下用 2 mol/L 盐酸调至 pH2.5，析出固体。过滤，水洗，得（**1**）57 g，收率 92.2%。

【用途】 抗疟药盐酸甲氟喹（Mefloquine hydrochloride）中间体。

5-(Z)-(3,5-二叔丁基-4-羟基苯基亚甲基)-2-亚氨基-4-噻唑啉酮

$$C_{18}H_{24}N_2O_2S, \ 332.46$$

【英文名】 5-(*Z*)-(3,5-Di-*tert*-butyl-4-hydroxybenzylidene)-2-imino-4-thiazolidinone

【性状】 浅黄色固体。mp 277～279℃。

【制法】 曲虹琴，赵冬梅，程卯生.中国药物化学杂志，2004，14（5）：298.

于反应瓶中加入 3,5-二叔丁基-4-羟基苯甲醛（**2**）20.1 g（80 mmol），2-亚氨基噻唑啉-4-酮 8.91 g（80 mmol），冰醋酸 300 mL，无水醋酸钠 15.6 g（0.19 mol），搅拌回流反应 19 h。冷却，将服务倒入碎冰中，析出固体。抽滤，水洗，得浅黄色固体。用乙醚提取水溶液 3 次，回收乙醚，再得黄色固体。共得产物（**1**）12.7 g，收率 58.1%。

【用途】 非甾体抗炎药甲磺酸达布非龙（Darbufelone mesylate）中间体。

米力农

$$C_{11}H_{10}N_2O, \ 186.21$$

【英文名】 Milrinone

【性状】 淡黄色结晶。

【制法】 方法 1 郑孝章，冯子侠，刘贻孙.中国医药工业杂志，1990，21（11）：486.

1-(4-吡啶基)-2-(二甲氨基)乙烯基甲基酮（**3**）：于干燥反应瓶中加入吡啶-4-基）丙酮（**2**）12 g（0.08 mol）、*N*,*N*-二甲基甲酰胺二甲基缩醛 35 g（0.30 mol）、乙腈 10 mL，加热搅拌回流 2 h。减压回收溶剂，冷却。向剩余物中加入适量三氯甲烷，搅拌溶解后，用氧化铝柱（索氏提取器）加热回流抽提 1～1.5 h。抽提液减压回收溶剂，冷却，固化，干燥，得粗品（**3**）。用四氯化碳-环己烷重结晶，得淡黄色针状结晶（**3**）13.5 g，收率 80.3%，mp 118℃。

米力农（**1**）：于干燥反应瓶中加入化合物（**3**）11.5 g（0.06 mol）、氰乙酰胺 5.5 g（0.07 mol）、甲醇钠 7 g（0.12 mol）和 *N*,*N*-二甲基甲酰胺 200 mL，加热搅拌回流 1 h。减压回收溶剂，冷却。剩余物中加入乙腈 80 mL，加热搅拌溶解后，冷却至 10℃，析出固体。过滤，于 55℃干燥，得棕褐色固体〔为（**1**）的钠盐，若依次用乙腈、乙醚漂洗后，则为棕黄色结晶〕。向该固体中加入水约 85 mL，活性炭脱色，滤液用 6 mol/L 盐酸调至 pH6.5～7，析出固体。过滤，干燥，得粗品（**1**）。用 *N*,*N*-二甲基甲酰胺-水重结晶，得淡黄色结晶（**1**）6.72 g，收率 53.1%，mp＞300℃。

方法 2　陈双伟，杨建国，金庆平等．中国药物化学杂志，2009，19（4）：241.

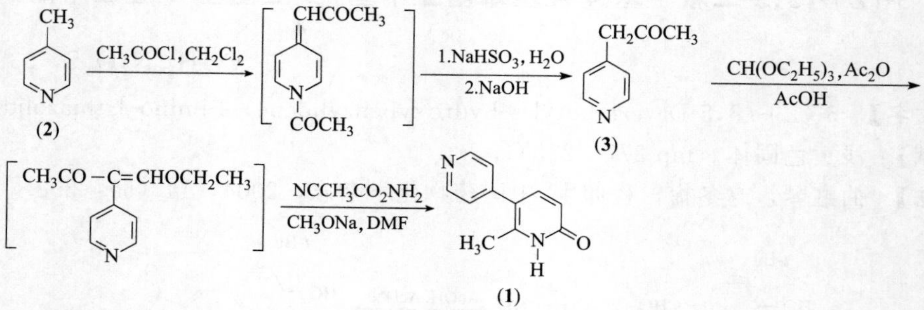

1-(4-吡啶基)-2-丙酮（3）：于 1 L 反应瓶中加入 4-甲基吡啶（**2**）53 mL（0.54 mol），二氯甲烷 200 mL，冰水浴冷却下，慢慢滴加乙酰氯 78 mL（1.1 mol），控制内温在 10℃ 以下。加完后继续于 30℃ 反应 16 h。冰浴冷却下滴加饱和碳酸钠溶液，调节 pH7～8，静置分层。水层用二氯甲烷（100 mL×2）萃取，合并有机层，减压浓缩。浓缩后加入 130 mL 饱和亚硫酸氢钠溶液，室温搅拌 2.5 h。用二氯甲烷萃取（100 mL×2），合并有机层，无水硫酸镁干燥。回收溶剂后减压蒸馏，收集 65～67℃/2.7 kPa 馏分，得未反应完的 4-甲基吡啶 26 g。水层用 6.25 mol/L 氢氧化钠溶液调 pH 值为 13，室温下反应 2 h。加入 150 mL 水，用二氯甲烷（100 mL×2）萃取，无水硫酸镁干燥过夜。回收溶剂后减压蒸馏，收集 100～102℃/2.7 kPa 馏分，得化合物（**3**）23.7 g，收率 70.1%。

米力农（1）：于反应瓶中加入化合物（**3**）10.0 g（0.074 mol），搅拌下加入 18 mL（0.11 mol）原甲酸三乙酯、19 mL（0.20 mol）乙酸酐及 18.5 mL（0.34 mol）冰乙酸，40℃ 搅拌反应 4 h。加入无水乙醇，减压蒸去低沸点溶剂，得深红色油状物。直接用于下一步反应。

在 150 mL 无水甲醇中加入甲醇钠 70 g（0.34 mol）、氰乙酰胺 8 g（0.095 mol）及上一步得到的产物，回流 1.5 h。冷却，过滤。固体用甲醇洗涤两次，用适量水溶解，活性炭脱色。滤液用冰醋酸调 pH6.5～7.0，析出固体。抽滤。以 DMF-乙醇重结晶，得淡黄色晶体化合物（**1**）11.7 g，收率 75.5%。

【用途】　强心药米力农（Milrinone）原料药。

3-甲基-2-环戊烯酮

C_6H_8O，96.13

【英文名】　3-Methyl-2-cyclopentenone

【性状】　无色液体。

【制法】　①李晓娇，刘忆明．华东科技，2012，6：19. ②Bagnell Laurence，Bliese Marianne，et al. J Org Chem，1997，50（9）：921.

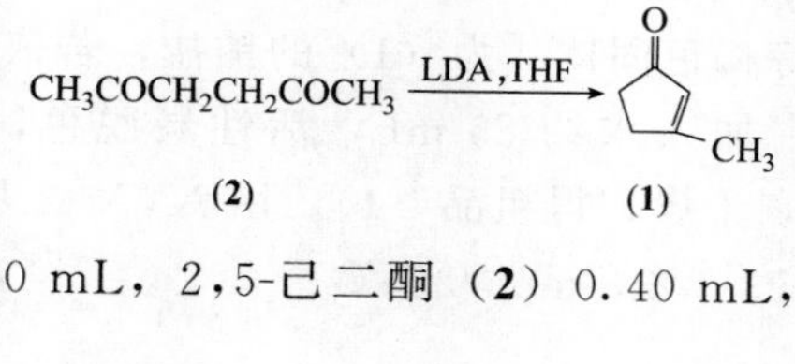

于反应瓶中加入 THF 60 mL，2,5-己二酮（**2**）0.40 mL，冷至 −78℃，滴加 2.1 mL

LDA，于−78℃搅拌反应 2 h。加入 15 mL 饱和氯化铵溶液淬灭反应，升至室温，乙醚提取（150 mL×2）。合并乙醚层，依次水、用饱和氯化钠溶液洗涤，无水硫酸钠干燥。过滤，浓缩，柱层析纯化，得无色液体（**1**）119 mg，收率 36%。

【用途】 新药开发中间体。

3-甲基-4-乙氧羰基-2-环己烯酮

$C_{10}H_{14}O_3$，182.22

【英文名】 3-Methyl-4-ethoxycarboxyl-2-cyclohexenone

【性状】 黄色液体。bp 126～128℃/90 Pa。

【制法】 胡炳成，吕春旭，刘祖亮.应用化学，2003，20（10）：1012.

于反应瓶中加入乙酰乙酸乙酯（**2**）130 g（1.0 mol），粉状的多聚甲醛 16.52 g（0.55 mol），再加入 3.05 mL DBU，于室温搅拌数分钟后慢慢升至 45℃，反应放热，温度迅速上升时，多聚甲醛逐渐溶解。用冰水冷却，控制不超过 90℃。剧烈反应后反应混合物变为均相（约 20 min）。于 80℃加热反应 2.5 h。冷却，以 150 mL 二氯甲烷提取，有机层用无水硫酸钠干燥。过滤，减压浓缩。加入 250 mL 苯，回流脱水。回收苯后，剩余物加入由无水乙醇 200 mL 和 11.5 g 金属钠制成的溶液，由黄色变为红色。氮气保护下回流 2 h。冷却，加入由 55 mL 冰醋酸和 55 mL 水配成的溶液，回流 3 h。减压蒸出溶剂。剩余物中加入二氯甲烷提取。有机层依次用 2 mol/L 的盐酸、水、饱和碳酸氢钠、饱和盐水洗涤，无水硫酸钠干燥。过滤，浓缩，减压蒸馏，收集 126～128℃/90 Pa 的馏分，得黄色油状化合物（**1**）52.8 g，收率 58%。

【用途】 维生素 E、天然卟吩等的中间体。

2-甲氧基-4-(2-硝基-1-丙烯基)苯酚

$C_{10}H_{11}NO_4$，209.20

【英文名】 2-Methoxy-4-(2-nitroprop-1-enyl) phenol

【性状】 棕黄色结晶。mp 98～100℃。

【制法】 刘颖，刘登科，刘默等.精细化工中间体，2008，38（2）：45.

于安有分水器的反应瓶中，加入香草醛（**2**）30.4 g（0.20 mol），甲苯 80 mL，升温至 60℃搅拌溶解。依次加入硝基乙烷 20.4 g（0.27 mol）、醋酸 1 mL，正丁胺 0.66 mL，回流分水，约 8 h 分出理论量的水。冷却，过滤，甲苯洗涤，得棕褐色结晶 38.1 g。乙醇-水（体积比 4：1）中重结晶，得棕黄色结晶（**1**）36.7 g，收率 87.6%，mp 98～100℃。

【用途】 帕金森病治疗药物卡比多巴（Carbidopa）的中间体。

ω-硝基-3,4-二甲氧苯乙烯

$$C_{10}H_{11}NO_4，209.20$$

【英文名】 *ω*-Nitro-3,4-dimethoxyphenylethylene

【性状】 黄色粉末。mp 138～141℃。

【制法】 ①汪华，邵军，唐恢同.化学通报，1983，2：8.②陈芬儿.有机药物合成法：第一卷.北京：中国医药科技出版社，1999：732.

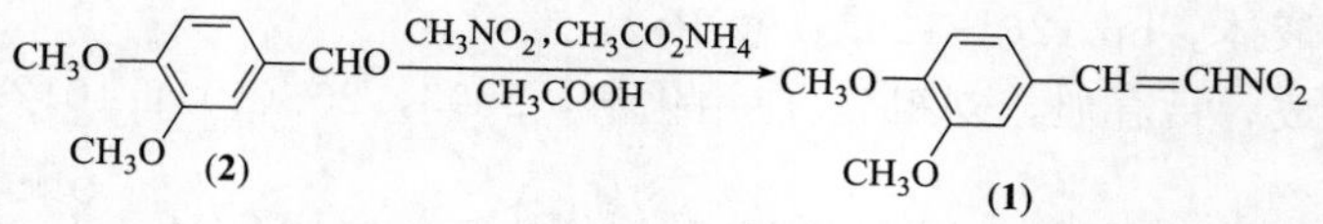

于反应瓶中加入 3,4-二甲氧基苯甲醛（2）3.0 g（0.018 mol）、乙酸铵 1.5 g、硝基甲烷 1.5 mL（0.028 mol）和冰乙酸 4.0 mL，85℃ 加热搅拌数分钟，再于 95～105℃ 搅拌 80 min，析出大量黄色糊状物。加入水 70 mL、搅拌 10 min，过滤，水洗，干燥，得黄色粉末（1）3.0 g，收率 80.6%，mp 138～141℃。

【用途】 治疗高血压、心绞痛和心律失常药物盐酸贝凡洛尔（Bevantolol hydrochloride）中间体。

2-(2-硝基乙烯基)噻吩

$$C_6H_5NO_2S，155.17$$

【英文名】 2-(2-Nitrovinyl) thiophene

【性状】 黄色固体。mp 80～82℃。

【制法】 岑均达.中国医药工业杂志，1997，28（5）：197.

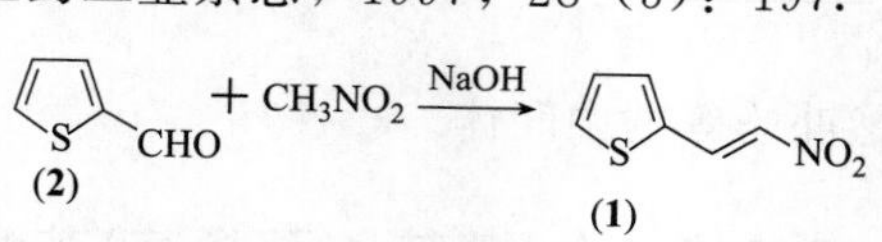

于反应瓶中加入噻吩甲醛（2）56 g（0.5 mol），硝基甲烷 61 g（1 mol），甲醇 1 L，冷至 0℃ 以下，滴加 40% 的氢氧化钠溶液 100 g，维持反应温度在 5℃ 以下，约 2 h 加完。加完后继续搅拌反应 4 h。加水 300 mL，慢慢倒入含浓盐酸 100 mL 的冰水中，析出黄色固体。过滤，水洗，干燥，得黄色固体（1）54 g，收率 70%，mp 80～82℃。

【用途】 抗血栓药盐酸噻氯匹定（Ticlopidine hydrochloride）中间体。

邻甲氧基苯基丙酮

$$C_{10}H_{12}O_2，164.20$$

【英文名】 *o*-Methoxyphenylacetone

【性状】 无色液体。bp 128～130℃/1.86 kPa，150℃/3.99 kPa。

【制法】 Heinzelman R V. Org Synth，1963，Coll Vol 4：573.

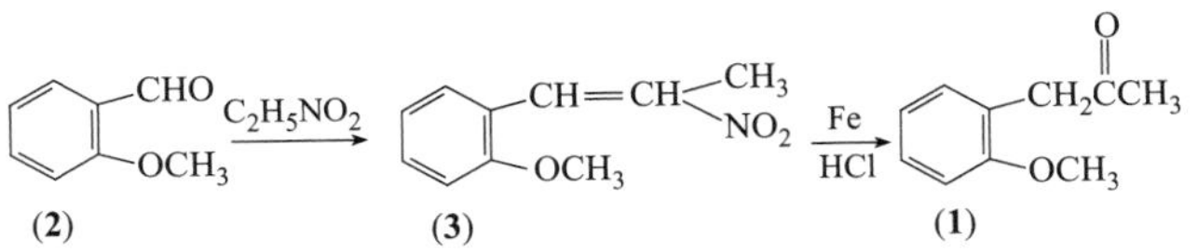

于安有搅拌器、分水器的反应瓶中，加入干燥的甲苯 200 mL，邻甲氧基苯甲醛（**2**）130 g（1 mol），硝基乙烷 90 g（1.1 mol），正丁胺 20 mL，搅拌下回流脱水，直至脱水完全，得化合物（**3**）的甲苯溶液直接用于下一步反应。

于反应瓶中加入上述化合物（**3**）的甲苯溶液，500 mL 水，200 g 铁粉和氯化亚铁 4 g，搅拌下加热至 75℃。于 2 h 滴加浓盐酸 360 mL，加完后继续搅拌反应 30 min。

将反应液转入 5 L 反应瓶中，进行水蒸气蒸馏，收集 7～10 L 馏出液。分出甲苯层，水层用甲苯提取。合并甲苯层，加入由亚硫酸氢钠 26 g 溶于 500 mL 水的溶液，搅拌 30 min。分出甲苯层，水洗。减压蒸出溶剂，得橙色液体 107～120 g。减压蒸馏，收集 128～130℃/1.86 kPa 的馏分，得产物（**1**）102～117 g，收率 63%～71%（以邻甲氧基苯甲醛计）。

【用途】　支气管哮喘病治疗药物甲氧非那明（Methoxyphenamine）中间体。

去甲文拉法辛

$C_{16}H_{25}NO_2$，263.38

【英文名】　Desmethylvenlafaxine

【性状】　白色固体。mp 220～222℃。

【制法】　赵杰，尚伟定，薛娜，张恺，杜玉民．中国医药工业杂志，2014，45（7）：601．

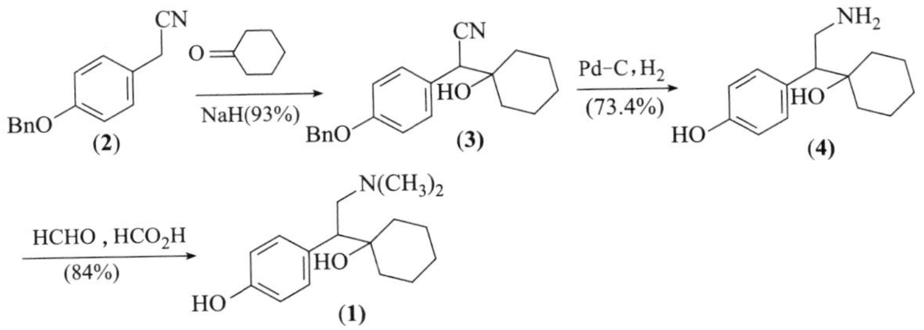

1-[1-氰基-1-(4-苄氧苯基)甲基]环己醇（**3**）：于反应瓶中加入 4-苄氧基苯乙腈（**2**）20 g（0.09 mol），环己酮 44 g（0.45 mol），搅拌下于 0℃分批加入 60%的氢化钠 4.3 g（0.11 mol），其间温度保持在 10℃以下。加完后保温反应 30 min。加入水 200 mL 淬灭反应，抽滤，水洗。用甲苯重结晶，得白色固体（**3**）25.5 g，收率 88.5%，mp 137.5～138.1℃。

1-[2-氨基-1-(4-羟基苯基)乙基]环己醇（**3**）：于反应瓶中加入甲醇 600 mL，上述化合物（**3**）20 g（0.06 mol），浓盐酸 20 mL，10%的 Pd-C 催化剂 7.54 g，于 40℃氢化反应 6 h。抽滤，滤液减压浓缩至干。剩余物溶于 50 mL 水中，用甲苯提取。水层用氢氧化钠溶液调至 pH9.5，滤饼水洗，干燥，得白色固体（**4**）10.8 g，收率 73.4%，mp 197.5～199℃。

去甲文拉法辛（**1**）：于反应瓶中加入水 55 mL，上述化合物（**4**）10.0 g（0.04 mol），

搅拌下加入 88％的甲酸 34.2 g（0.65 mol）、37％的甲醛水溶液 19.3 g（0.24 mol），回流反应 10 h。冷却，用氢氧化钠溶液调至 pH9.5。抽滤，滤饼水洗，用 220 mL 异丙醇重结晶，干燥，得白色固体（1）9.0 g，收率 80.2％，mp 220～222℃。

【用途】 抗抑郁药物去甲文拉法辛（Desmethylvenlafaxine）原料药。

二、安息香缩合反应

苯偶姻

$C_{14}H_{10}O_2$，210.22

【英文名】 Benzoin

【性状】 黄色棱状结晶。mp 95～96℃，bp 346～348℃（分解）。溶于醇、醚、氯仿、乙酸乙酯等有机溶剂，不溶于水。

【制法】 方法1 孙昌俊，曹晓冉，王秀菊.药物合成反应——理论与实践.北京：化学工业出版社，2007：407.

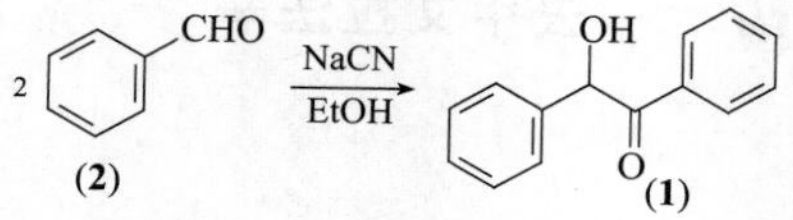

于反应瓶中加入苯甲醛（2）70 g（0.66 mol），乙醇 100 g，搅拌混合。滴加氢氧化钠溶液调至 pH7～8。滴加由氰化钠 1.4 g 溶于 50 mL 水配成的溶液。加完后加热回流 2 h。冷却至 25℃以下。抽滤析出的结晶，冷乙醇洗涤，干燥，得化合物（1）66 g，mp 129℃以上，收率 95％。

方法2 李吉海，刘金庭.基础化学实验（Ⅱ）——有机化学实验.北京：化学工业出版社，2007：27.

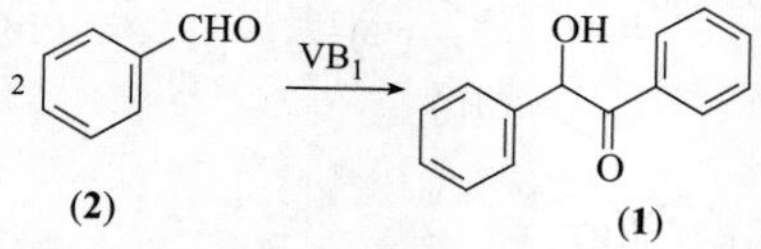

于反应瓶中加入含量不少于 98％的维生素 B_1 17.5 g（0.05 mol），水 35 mL，溶解后加入 95％的乙醇 150 mL，冰水浴冷却下慢慢加入 3 mol/L 的氢氧化钠约 40 mL，至呈深黄色。而后慢慢加入新蒸馏过的苯甲醛（2）104 g（0.98 mol），于 60～70℃水浴中搅拌反应 2 h。停止加热，自然冷却过夜。过滤析出的白色结晶，冷水洗涤，干燥，得粗品 79 g，收率 77％。用 95％的乙醇重结晶，得纯品苯偶姻（1）73 g，mp 135～136.5℃。

【用途】 抗癫痫药苯妥英钠（Phenytoinum natricum）、胃病治疗药贝那替嗪（Benactyzine）等的中间体。

5-羟基-4-辛酮(丁偶姻)

$C_8H_{16}O_2$，144.21

【英文名】 5-Hydroxyoctan-4-one，Butyroin

【性状】 无色液体。bp 90～92℃/173～1.86 kPa。n_D^{20} 1.4309。

【制法】 Stetter H，Kuhlmann H. Org Synth，1990，Coll Vol 7：95.

于安有搅拌器、温度计、回流冷凝器、通气导管的反应瓶中，加入催化剂 3-苄基-5-(2-羟乙基)-4-甲基-1,3-噻唑盐酸盐 13.4 g（0.05 mol），正丁醛（**2**）72.1 g（1 mol），三乙胺 30.3 g（0.3 mol），300 mL 无水乙醇。慢慢通入氮气，搅拌下加热至 80℃反应 1.5 h。冷至室温，减压浓缩。得到的黄色液体倒入 500 mL 水中，加入 150 mL 二氯甲烷。分出有机层，水层用二氯甲烷提取（150 mL×2）。合并有机层，依次用饱和碳酸氢钠溶液、水各 300 mL 洗涤。回收溶剂后减压分馏，收集 90~92℃/1.73~1.86 kPa 的馏分，得产品（**1**）51~54 g，收率 71%~74%。

【用途】 具有芳香奶油香和胡桃样的香气，广泛用于软饮料、冰制食品、糖果、烘烤食品中。

三、Reformatsky 反应

4-苯并呋喃乙酸

$$C_{10}H_8O_3，176.17$$

【英文名】 4-Benzofuranacetic acid
【性状】 白色固体。mp 110~111℃。
【制法】 仇缀百，焦萍，刘丹阳. 中国医药工业杂志，2000，31（12）：554.

6,7-二氢-苯并呋喃-4-乙酸乙酯（**3**）：于反应瓶中加入活性锌粉 16 g（0.246 mol），碘 0.13 g，于滴液漏斗中加入化合物（**2**）4.8 g（0.036 mol）、苯 66.7 mL、乙醚 66.7 mL，溴乙酸乙酯 4 mL（0.036 mol）配成混合溶液。先慢慢加入反应瓶中 10 mL，反应开始后，保持缓慢回流滴加其余溶液，约 1.5 h 加完。加完后继续回流反应 4 h。冷却，滤去锌粉。加入 10%的盐酸 25 mL，冰浴冷却。分出有机层，水层用苯提取。合并有机层，稀氨水洗涤，无水硫酸钠干燥。过滤，浓缩，减压蒸馏，收集 138~141℃/1.2 kPa 的馏分，得化合物（**3**）4.28 g，收率 58.9%。

4-苯并呋喃乙酸（**1**）：于反应瓶中加入二甲苯 10 mL，化合物（**3**）5.34 g（0.026 mol），四氯苯醌 6.94 g（0.028 mol），回流反应 12 h。冷却，过滤，浓缩。剩余物过色谱柱分离，以石油醚-乙酸乙酯（14∶1）洗脱，得粗品（**4**）2.27 g，收率 43%。将粗品（**4**）加入 20%的氢氧化钠水溶液 5 mL 中，加热搅拌至有机物溶解。盐酸酸化，乙醚提取。浓缩，得白色固体 1.85 g，用水重结晶，得白色固体（**1**）1.25 g，mp 110~111℃。

【用途】 强效镇痛药伊那朵林（Enadoline）中间体。

2,6-二氯-5-氟烟酰乙酸乙酯

$C_{10}H_8Cl_2FNO_3$，280.08

【英文名】 Ethyl 2,6-dichloro-5-fluoronicotinoylacetate

【性状】 白色固体。mp 66.1~67.4℃。

【制法】 刘巧云，陈文华，郭亮.中国医药工业杂志，2010，41（8）：571.

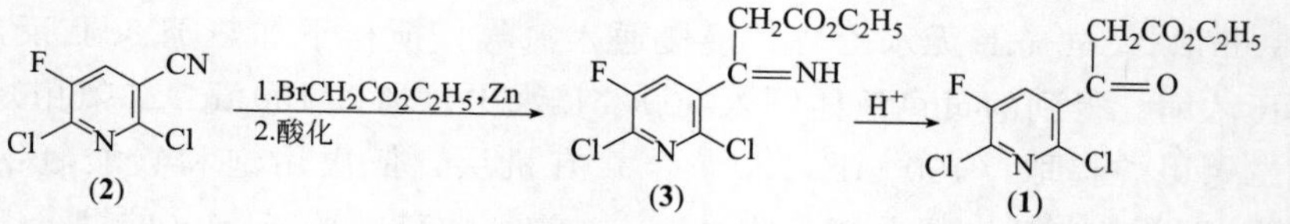

3-(2,6-二氯-5-氟吡啶-3-基)-3-亚氨基丙酸乙酯（3）：于反应瓶中加入 THF 60 mL，锌粉 4.12 g（63.2 mmol），甲磺酸 24 mg，搅拌下加热回流 1.5 h。加入 2,6-二氯-3-氰基吡啶（2）8.0 g（41.9 mmol），而后滴加溴乙酸乙酯 8.8 g（52.7 mmol），约 1.5 h 加完。加完后继续回流反应 2.5 h。TLC 跟踪反应至完全，冷至 0~10℃，加入 18% 的盐酸调至 pH2~3。用二氯甲烷提取 3 次，合并二氯甲烷层，减压蒸出溶剂，得浅黄色油状液体（3），直接用于下一步反应。

2,6-二氯-5-氟烟酰乙酸乙酯（1）：上述化合物（3）溶于 40 mL 无水乙醇中，室温慢慢加入氯化氢饱和的乙醇溶液约 6 mL，搅拌反应 2 h。过滤析出的固体，用 70% 的冷乙醇洗涤，干燥，的白色固体（1）10.3 g，收率 88%［以化合物（2）计］，mp 66.1~67.4℃。

【用途】 喹诺酮类药物吉米沙星（Gemifloxaxin）中间体。

2-羟亚氨基-4-羟基-4-甲基-3-氧代戊酸乙酯

$C_8H_{13}NO_5$，203.19

【英文名】 Ethyl 2-hydroxyimino-4-hydroxy-4-methyl-3-oxopentanoate

【性状】 玻璃态物质。

【制法】 卫禾耕，王平，郑国君等.中国医药工业杂志，2012，43（1）：14.

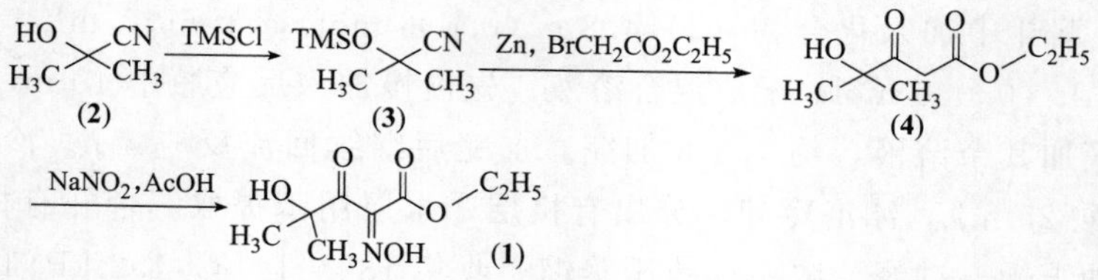

2-甲基-2-三甲基硅氧基丙腈（3）：于反应瓶中加入丙酮氰醇（2）17.0 g（0.2 mol），二氯甲烷 250 mL，搅拌下加入三乙胺 31 mL（0.22 mol）和 DMAP 1.2 g（10 mmol），冰浴冷却，滴加三甲基氯硅烷 26.8 mL（0.21 mol），约 1 h 加完。加完后继续室温搅拌反应过夜。过滤，依次用 10% 的氯化铵、水、饱和盐水洗涤，无水硫酸钠干燥。过滤，减压浓缩。剩余物减压蒸馏，收集 49~51℃/600 Pa 的馏分，得无色油状化合物（3）28.2 g，收率 90%。

4-羟基-4-甲基-3-氧代戊酸乙酯（4）：于干燥的反应瓶中加入锌粉 26.8 g（0.41 mol），

无水 THF 150 mL，甲磺酸 0.9 mL（13.7 mmol），回流 10 min。慢慢加入上述化合物（**3**）43 g（0.27 mol）溶于 60 mL THF 的溶液，而后滴加溴乙酸乙酯 39.4 mL（0.35 mol）溶于 60 mL THF 的溶液，约 2.5 h 加完。加完后继续回流反应 30 min。冷至室温，冰浴冷却下滴加 3 mol/L 的盐酸 200 mL，约 2 h 加完。加完后继续室温搅拌反应 2 h。加入乙酸乙酯 400 mL，充分搅拌。分出有机层，依次用水、饱和盐水洗涤，无水硫酸钠干燥。过滤，减压浓缩，剩余物过硅胶柱纯化，以石油醚-乙酸乙酯（9∶1）洗脱，得玻璃态化合物（**4**）37.1 g，收率 78%。

2-羟亚氨基-4-羟基-4-甲基-3-氧代戊酸乙酯（**1**）：于反应瓶中加入上述化合物（**4**）4.0 g（23 mmol），冰醋酸 15 mL，冰水浴冷却，于 5℃以下滴加由亚硝酸钠 4.0 g（57 mmol）溶于 20 mL 水的溶液，加完后继续搅拌反应 2 h。乙酸乙酯提取，有机层依次用水、饱和碳酸氢钠、饱和盐水洗涤，无水硫酸钠干燥。过滤，减压浓缩，剩余物过硅胶柱纯化，以石油醚-乙酸乙酯（6∶1）洗脱，得玻璃状化合物（**1**）4.2 g，收率 90%。

【用途】　高血压的治疗药物奥美沙坦酯（Olmesartan medoxomiI）合成中间体。

5-乙酰氧基-3-甲基-3-羟基戊酸乙酯

$C_{10}H_{18}O_5$，218.25

【英文名】　Ethyl 5-acetoxy-3-hydroxy-3-methylpentanoate

【性状】　无色液体。

【制法】　胡晓，翟剑锋，王理想等. 化工时刊，2009，23（7）：46.

$$CH_3CO_2CH_2CH_2COCH_3 \xrightarrow[\text{EtOAc}]{BrCH_2CO_2C_2H_5, Zn} CH_3CO_2CH_2CH_2 \overset{OH}{\underset{CH_3}{\underset{|}{\overset{|}{C}}}} - CH_2CO_2C_2H_5$$

（2）　　　　　　　　　　　　　　　　　　　　（1）

于反应瓶中加入乙酸乙酯 50 mL，活性锌粉 16.0 g（0.246 mol），室温滴加由化合物（**2**）14.5 g（0.111 mol）、溴乙酸乙酯 9.6 g（0.057 mol）与 100 mL 乙酸乙酯配成的溶液，约 50 min 加完。加完后继续于 45～55℃搅拌反应 5 h。补加 20 mL 乙酸乙酯和 2 g 活性锌，继续于 45～55℃反应 6 h。冷却，加入 135 mL 冰水和 0.5 mol/L 硫酸 20 mL，充分搅拌。滤去未反应的锌粉，分出有机层，水层用乙酸乙酯提取。合并有机层，无水硫酸镁干燥。过滤，减压浓缩，得无色液体（**1**）20.4 g，收率 84%。

【用途】　甲瓦龙酸内酯中间体，甲瓦龙酸内酯为生物合成萜类化合物的重要前体。

β-苯基-β 羟基丙酸乙酯

$C_{11}H_{14}O_3$，194.23

【英文名】　Ethyl β-phenyl-β-hydroxypropionate

【性状】　无色液体。bp 151～154℃/1.6 kPa。溶于醇、醚、氯仿、乙酸乙酯等大部分有机溶剂，难溶于水。

【制法】　方法 1　Tanaka Koichi，Kishigani Satoshi，Tod Fumio. J Org Chem，1991，56（13）：4333.

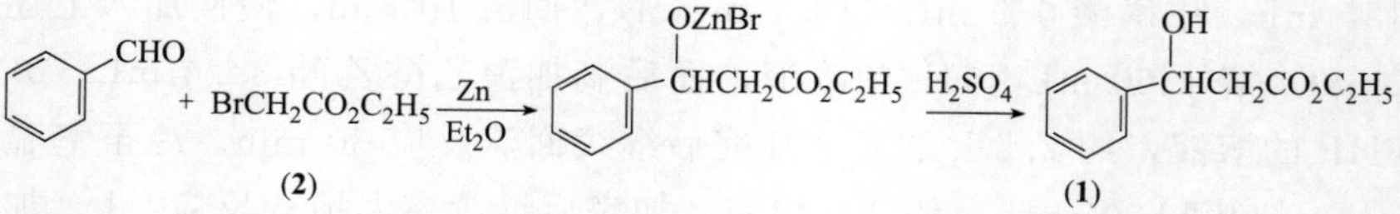

于反应瓶中加入干燥的锌粉 40 g（0.61 mol），搅拌下慢慢滴加由溴乙酸乙酯（**2**）83.5 g（0.5 mol）、新蒸馏过的苯甲醛 65 g（0.615 mol）、干燥的苯 80 mL 和无水乙醚 20 mL 配成的混合液。先滴加此混合液约 10 mL，慢慢加热使反应开始。反应开始后搅拌下继续滴加上述混合液，保持回流条件下约 1 h 加完，而后继续回流反应 30 min。冰浴冷却，剧烈搅拌下滴加 10％的硫酸水溶液 200 mL。分去水层，有机层依次用 5％的硫酸、10％的碳酸钠、水洗涤。水层再用乙醚提取一次。合并有机层，无水硫酸钠干燥后，常压蒸馏回收溶剂，而后减压蒸馏，收集 151～154℃/1.6 kPa 的馏分，得化合物（**1**）60 g，收率 62％。

方法 2 Araki S，Ito H. Synth Commun，1988，18：453.

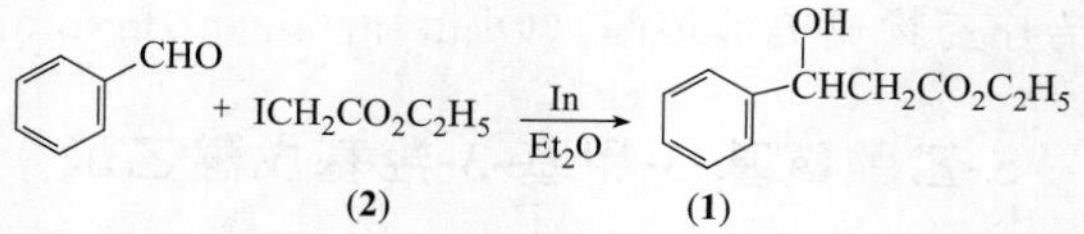

于安有磁力搅拌器的反应瓶中，加入铟粉 115 mg（1 mmol），THF 3 mL，碘代乙酸乙酯（**2**）1.5 mmol，搅拌下加入苯甲醛 1.0 mmol，放热反应立即进行。室温搅拌反应 1.5 h。将反应物倒入水中，乙醚提取，无水硫酸钠干燥。过滤，减压蒸出溶剂，得化合物（**1**）174 mg，收率 90％。

【用途】 药物合成中间体，肉桂酸及其酯等的中间体。

四、Grignard 试剂或烃基锂等与醛、酮、酯、腈等的反应

盐酸曲马多

$C_{16}H_{25}NO_2 \cdot HCl$，299.84

【英文名】 Tramadol hydrochloride
【性状】 mp 179.3～180.5℃。
【用途】 钟为慧，吴窈窕，张兴贤等. 中国药物化学杂志，2008，18（6）：426.

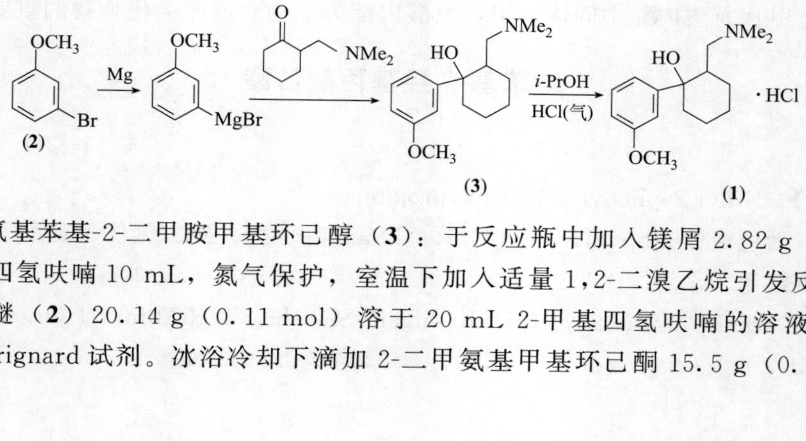

1-间甲氧基苯基-2-二甲胺甲基环己醇（**3**）：于反应瓶中加入镁屑 2.82 g（0.12 mol），无水 2-甲基四氢呋喃 10 mL，氮气保护，室温下加入适量 1,2-二溴乙烷引发反应。慢慢滴加间溴茴香醚（**2**）20.14 g（0.11 mol）溶于 20 mL 2-甲基四氢呋喃的溶液，回流反应 2 h，制成 Grignard 试剂。冰浴冷却下滴加 2-二甲氨基甲基环己酮 15.5 g（0.1 mol）溶于

20 mL 2-甲基四氢呋喃的溶液。加完后继续回流 1 h。冷却，加入饱和氯化铵溶液淬灭反应。分出有机层，水层用 2-甲基四氢呋喃提取。合并有机层，无水硫酸钠干燥。过滤，减压浓缩，得化合物（**3**）粗品。

盐酸曲马多（**1**）：将粗品（**3**）溶于 40 mL 异丙醇中，冰浴冷却，通入干燥的氯化氢气体，析出固体。抽滤，得粗品。用异丙醇重结晶，得化合物（**1**）24.6 g，收率 82.3%，mp 179.3～180.5℃。

【用途】　非阿片类中枢性镇痛药盐酸曲马多（Tramadol hydrochloride）原料药。

2-氨基二苯甲酮

$C_{13}H_{11}NO$，197.24

【英文名】　2-Aminobenzophenone
【性状】　黄色固体。mp 106～107℃（文献值 105～106℃）。
【制法】　林振华，许凌敏，吴建锋. 化工生产与技术，2011，18（2）：13.

苯基氯化镁的合成：于反应瓶中加入镁屑 0.59 g（24.5 mmol），2-甲基四氢呋喃 2 mL，催化量的碘，氮气保护，搅拌下慢慢加入由氯苯 2.29 g（20.4 mmol）溶于 15 mL 2-甲基四氢呋喃的溶液，引发后回流反应 6 h。得 PhMgCl 溶液备用。

3-羟基-3-苯基吲哚-2-酮（**3**）：于反应瓶中加入靛红（**2**）1 g（6.8 mmol），2-甲基四氢呋喃 10 mL，N_2 保护下缓慢滴加上述制备好的 PhMgCl。滴毕，升温回流反应 2 h。冷却，滴加 3 mol/L 的盐酸 5 mL 淬灭反应。静置，分离有机层，水层用 2-甲基四氢呋喃萃取 3 次。合并有机层，无水 Na_2SO_4 干燥。过柱纯化，以石油醚-乙酸乙酯（3∶1）为洗脱剂，得（**3**）1.32 g，收率 86%。

2-氨基二苯甲酮（**1**）：于反应瓶中加入化合物（**3**）0.5 g（2.2 mmol），质量分数 25% 的 KOH 溶液 10 mL，搅拌下升温至 50℃，滴加质量分数为 30% 的 H_2O_2 溶液 10 mL。加完后继续反应 1 h。冷却，向反应瓶中加入 2-甲基四氢呋喃，搅拌后静置。分离有机层，水层用 2-甲基四氢呋喃萃取 3 次。合并有机层，无水 Na_2SO_4 干燥。过柱纯化，以石油醚-乙酸乙酯（3∶1）为洗脱剂，得黄色固体（**1**）0.30 g，收率 68%，mp 106～107℃（文献值 105～106℃）。

【用途】　抗抑郁药坦帕明（Tampramine）等的中间体。

2-环己基扁桃酸乙酯

$C_{16}H_{22}O_3$，262.35

【英文名】　Ethyl 2-cyclohexylmandelate
【性状】　无色液体。
【制法】　Gonzalo B，Isabel F，Pilar F，et al. Tetrahedron，2001，57（6）：1075.

于反应瓶中加入无水 THF 120 mL，冷至 0℃。加入环己基氯化镁乙醚溶液 56 mL（2.0 mol/L，112 mmol），慢慢滴加苯甲酰基甲酸乙酯（**2**）14.89 g（79.41 mmol）溶于 20 mL THF 的溶液，约 30 min 加完。用 10 mL THF 冲洗漏斗并加入反应瓶中。0℃搅拌 15 min 后室温搅拌反应 3.5 h。将反应物倒入 150 mL 饱和氯化铵溶液中，加入 15 mL 水。浓缩除去有机溶剂。乙酸乙酯提取 2 次，合并有机层，饱和食盐水洗涤，无水硫酸钠干燥，浓缩，得浅绿色剩余物。过硅胶柱纯化，用 0～8％的乙酸乙酯-己烷洗脱，最后得到化合物（**1**）14.95 g，收率 72％。

【用途】 治疗尿急、尿频、尿失禁等疾病的药物奥昔布宁（Oxybutynin）等的中间体。

α-环戊基扁桃酸

$C_{13}H_{16}O_3$，220.27

【英文名】 α-Cyclopentylmandelic acid，α-Cyclopentylphenylglycolic acid
【性状】 白色固体。mp 153℃。
【制法】 王纯，侯利柯，吴丽蓉，于鑫.沈阳药科大学学报，2012，29（2）：113.

于反应瓶中加入镁屑 1.5 g（62 mmol），无水乙醚 20 mL，一粒碘，搅拌下于 30℃滴加环戊基溴 8.94 g（60 mmol）溶于 15 mL 乙醚的溶液，先滴加几滴，待反应引发后，再滴加其余的溶液。加完后于回流状态下继续反应约 20 min，直至镁屑基本反应完全。冷至 0～5℃，分批加入苯乙酮酸（**2**）3 g（20 mmol），加完后补加乙醚 40 mL，而后于 30℃搅拌反应 10 h。加入 4 mol/L 的盐酸 30 mL 使固体物溶解。分出乙醚层，用 10％的碳酸钠溶液提取 2 次（60 mL、40 mL），合并水层，用盐酸调至 pH1～2，析出淡黄色固体。冷却，过滤，干燥，得浅黄色固体（**1**）粗品 2.6 g，mp 146～150℃。粗品用二氯甲烷充分洗涤，得白色固体 2.0 g，收率 45.5％，mp 153℃。

【用途】 抗胆碱药格隆溴铵（Glycopyrronium bromide）中间体。

8-烯丙基-1,4-二氧杂螺 [4,5] 癸烷-8-醇

$C_{11}H_{18}O_3$，198.26

【英文名】 8-Allyl-1,4-dioxaspiro [4.5] decan-8-one
【性状】 bp 112～114℃/266 Pa。
【制法】 焦萍，仇缀百等.中国医药工业杂志，2001，32（8）：342.

于反应瓶中加入镁屑 2.5 g（0.1 mol），无水乙醚 50 mL，一粒碘，搅拌下滴加烯丙基溴 10 g（0.082 mol）溶于 30 mL 乙醚的溶液。加完后继续回流反应 20 min。而后滴加化合物（**2**）5 g（0.032 mol）溶于 70 mL 无水乙醚的溶液，约 40 min 加完。加完后继续回流反应 1 h。冷至 0℃，倒入半饱和氯化铵水溶液 250 mL 中，冰盐浴冷却下搅拌 15 min。分出有机层，水层用乙醚提取 2 次。合并有机层，饱和盐水洗涤，无水硫酸钠干燥。过滤，浓缩，减压蒸馏，收集 112～114℃/266 Pa 的馏分，得化合物（**1**）5 g，收率 78%。

【用途】　镇痛药盐酸伊那朵林（Enadoline hydrochloride）中间体。

（S）-α,α-二苯基-2-吡咯烷甲醇

$C_{17}H_{19}NO$，253.34

【英文名】　(S)-α, α-Diphenyl (pyrrolidin-2-yl) methanol

【性状】　白色固体。mp 74～76℃。

【制法】　①张发香，闫泉香，许佑君. 化学通报，2005，68：W047. ②乔颖，廉英，慕善学. 中国医药导报，2009，6（1）：20.

N-苄基-L-脯氨酸苄基酯（**3**）：于反应瓶中加入 L-脯氨酸（**2**）11.51 g（0.1 mol），DMF 100 mL，碳酸钾 35.6 g（0.25 mol），氯化苄 28.8 mL（0.25 mol），于 100℃反应 4 h。冷却，过滤，DMF 洗涤。减压浓缩，剩余物冷却，加入 100 mL 水，二氯甲烷提取。有机层用饱和盐水洗涤，无水硫酸钠干燥。过滤，浓缩，得黄色油状液体（**3**），直接用于下一步反应。

N-苄基-α,α-二苯基-2-吡咯烷甲醇（**4**）：于反应瓶中加入镁屑 9.91 g（0.41 mol），少量碘，50 mL 无水 THF，氮气保护，滴加溴苯 41.87 mL（0.4 mol）溶于 100 mL THF 的溶液，控制滴加速度，保持微沸。回流至镁屑基本消失，约需 6 h。冷至室温，迅速滴加上述油状物的 100 mL THF 溶液，于 70℃反应 3 h。减压浓缩，剩余物冰浴冷却，加入 100 mL 水，用 3%的硫酸调至 pH8～9。二氯甲烷提取 3 次，合并有机层，饱和盐水洗涤，无水硫酸钠干燥。过滤，浓缩，得黄色油状物。用乙醇 80 mL 重结晶，得白色结晶（**4**）24.7 g，收率 72.2%，mp 112～114℃。

（S）-α,α-二苯基-2-吡咯烷甲醇（**1**）：于常压氢化装置中，加入化合物（**4**）34.3 g（0.1 mol），95%的乙醇 300 mL，10%的 Pd-C 催化剂 1 g，常温氢化至不再吸收氢气为止。滤去催化剂，浓缩至干，得白色固体（**1**）25.2 g，收率 99%，mp 74～76℃。

【用途】　手性催化剂或配体，用于沙美特罗（Salmeterol）、西替利嗪（Cetirizine）和卡比沙明（Carbinoxamine）等的合成。

7-氯-2-氧代庚酸乙酯

$C_9H_{15}ClO_4$，222.67

【英文名】 Ethyl 7-chloro-2-oxoheptanoate

【性状】 无色液体。bp 122～124℃/0.665 kPa。

【制法】 石晓华，陈新志. 浙江大学学报：理学版，2006，33（2）：209.

$$Cl(CH_2)_5Br \xrightarrow{Mg, Et_2O} Cl(CH_2)_5MgBr \xrightarrow{\underset{C_2H_5O-C-COC_2H_5}{\overset{O\ \ \ \ O}{\parallel\ \ \ \ \parallel}}} Cl(CH_2)_5-\underset{(1)}{\overset{O\ \ \ \ \ O}{\overset{\parallel\ \ \ \ \ \parallel}{C-COC_2H_5}}}$$
$$\text{(2)}$$

于反应瓶中加入镁屑 2.64 g（0.11 mol），乙醚 10 mL，氮气保护，加入溴甲烷 0.2 mL 引发反应。引发后滴加 1-溴-5-氯戊烷（**2**）18.6 g（0.1 mol）和乙醚 70 mL 的混合液，控制滴加速度，保持反应液缓慢回流。加完后继续反应至镁屑反应完全，得到相应 Grignard 试剂。

于另一反应瓶中加入草酸二乙酯 14.6 g（0.1 mol），乙醚 50 mL，氮气保护，冷至 −15℃。快速滴入上述 Grignard 试剂，滴加过程中保持反应液在 −10℃ 以下。加完后继续反应 30 min。保持在 0℃ 以下加入 4 mol/L 的盐酸 25 mL。分出有机层，水层用乙醚提取 3 次，合并有机层依次用水、饱和亚硫酸氢钠、饱和碳酸氢钠、饱和盐水洗涤，无水硫酸镁干燥。过滤，浓缩，减压蒸馏，收集 122～124℃/0.665 kPa 的馏分，得无色液体（**1**）11.7 g，收率 57%。

【用途】 肾肽酶抑制剂西司他汀（Cilastatin）等的中间体。

4-二甲氨基丁醛缩二乙醇

$C_{10}H_{23}NO_2$，189.30

【英文名】 4-Dimethylaminobutanal diethyl acetal

【性状】 无色液体。

【制法】 ① 冯润良，陈修毅，宋智梅，岳冬玲. 山东科学，2011，24（5）：1. ② 黄安澧，莫芬珠. 药学进展，2002，26（4）：227.

$$(CH_3)_2N \diagdown \diagup Cl \xrightarrow[\overset{\qquad}{\underset{\text{2-甲基四氢呋喃}}{}}]{Mg} (CH_3)_2N \diagdown \diagup MgCl \xrightarrow{HC(OC_2H_5)_3} (CH_3)_2N \diagdown \diagup \underset{OC_2H_5}{\overset{OC_2H_5}{}}$$
$$\text{(2)} \qquad\qquad\qquad \text{(3)} \qquad\qquad\qquad\qquad \text{(1)}$$

于反应瓶中加入镁屑 5.3 g（0.22 mol），2-甲基四氢呋喃 10 mL，氮气保护，3-二甲氨基-1-氯丙烷（**2**）8.0 g（0.066 mol），加热至 30℃ 引发反应。引发后控制在 35～40℃ 滴加由（**2**）16.3 g（0.134 mol）溶于 40 mL 2-甲基四氢呋喃的溶液。加完后继续搅拌反应 1.5 h。冷至 15～20℃，滴加原甲酸三乙酯 35.5 g（0.24 mol），约 30 min 加完。加完后继续搅拌反应 6 h。冷至 5℃，慢慢加入 10% 的盐酸 100 mL，分出有机层，依次用 10% 碳酸钠溶液、水洗涤，无水硫酸钠干燥。过滤，减压蒸馏，先回收溶剂，而后收集 85～91℃/2.13 kPa 的馏分，得无色液体（**1**）31 g，收率 82%。纯度 99.4%（GC）。

【用途】 抗偏头痛药舒马曲坦（Sumatriptan）、抗偏头痛药佐米曲坦（Zolmitriptan）等的中间体。

环丙基-2-氟苄基酮

$C_{11}H_{11}FO$，178.21

【英文名】 Cyclopropyl 2-fluorobenzyl ketone，1-Cyclopropyl-2-(2-fluorophenyl) etha-none

【性状】 无色或淡黄色液体。

【制法】 彭锡江，刘烽，何锡敏，潘仙华. 精细化工，2011，28 (2)：156.

于 500 mL 三口瓶中，依次加入镁屑 2.64 g（0.111 mol）、乙醚 20 mL 和两粒碘，氮气保护下于 20～25℃加入邻氟苄溴（**2**）0.5 g，反应引发后，于室温（25℃）滴加邻氟苄溴（**2**）18.3 g（01097 mol）溶于 180 mL 乙醚的溶液，约 4 h 左右加完。将反应体系加热至回流，保温 2 h 后，冷至室温。向反应体系中滴加环丙基腈 6.8 g（0.10 mol），1 h 滴完，同温搅拌 3 h。滴加过量的氯化铵饱和溶液，搅拌 12 h。用乙酸乙酯（50 mL×3）萃取，合并有机相，依次用饱和碳酸氢钠溶液（100 mL）和水（100 mL×3）洗涤，无水硫酸钠干燥。过滤，减压蒸出溶剂。剩余物减压蒸馏，收集 80～82℃/350 Pa 的馏分，得无色或淡黄色液体 12.77 g，收率 71.7%，纯度 98%（GC）。

【用途】 抗血小板药物普拉格雷（Prasugrel）等的中间体。

五、氨烷基化反应

1. Mannich 反应

2-甲基-3-(1-吡咯烷基)-1-[4-(三氟甲基)苯基] 丙酮

$C_{15}H_{18}F_3NO$，285.31

【英文名】 2-Methyl-3-(1-pyrrolidino)-1-[4-(trifluoromethyl) phenyl] acetone

【性状】 油状液体。

【制法】 Shiozawa A，et al. Eur J Med Chem，1995，30 (1)：85.

于反应瓶中加入化合物（**2**）4.0 g（20 mmol），多聚甲醛 1.8 g（60 mmol），吡咯烷盐酸盐 3.2 g（30 mmol），盐酸 0.2 mL 溶于 35 mL 异丙醇的溶液，搅拌回流反应 7 h。减压浓缩，剩余物用饱和碳酸氢钠调至碱性，甲苯提取。合并甲苯层，无水硫酸镁干燥。过滤，浓缩，得油状化合物（**1**）5.4 g，收率 94%。

【用途】 肌肉松弛药盐酸兰吡立松（Lanperisone hydrochloride）的中间体。

2-[*N*-甲基-*N*-(1-萘甲基)氨基]乙基苯基酮

$C_{21}H_{21}NO$，303.40

【英文名】 2-[*N*-Methyl-*N*-(1-naphthylmethyl) amino] ethylphenyl ketone

【性状】 白色固体。mp 88~90℃。

【制法】 陈卫平，孙丽琳，杨济秋.中国医药工业杂志，1989，20（4）：148.

于反应瓶中加入 *N*-甲基-1-萘甲胺（**2**）15.6 g（0.09 mol），乙醇 40 mL，搅拌下慢慢加入浓盐酸 8.5 mL，35% 的甲醛水溶液 7.5 g（0.09 mol），苯乙酮 11.1 g（0.09 mol），加热回流 1.5 h。再加入多聚甲醛粉末 4.2 g（0.137 mol），继续回流反应 3 h。冷后倒入 300 mL 冰水中，用 20% 的氢氧化钠溶液调至强碱性，析出固体。抽滤，水洗，干燥，得 27 g 粗品。用甲醇重结晶，得（**1**）24.5 g，收率 90%，mp 87~88℃（文献值 88~90℃）。

【用途】 抗真菌药盐酸奈替芬（Naftifine hydrochloride）等的中间体。

2-二甲氨基甲基-1-环己酮

$C_9H_{17}NO$，155.24

【英文名】 2-(Dimethylaminomethyl)-1-cyclohexanone

【性状】 无色液体。bp 100~103℃/2.66 kPa。

【制法】 钟为惠，吴窈窕，张兴贤，苏为科.中国药物化学杂志，2008，18（6）：426.

于反应瓶中加入环己酮（**2**）19.6 g（0.20 mol），多聚甲醛 7.2 g（0.24 mol），盐酸二甲胺 19.6 g（0.24 mol），95% 的乙醇 160 mL，加入适量浓盐酸，搅拌回流 2 h。减压蒸出乙醇，冷却，析出固体（**3**）。加入适量水，用氢氧化钠溶液调至 pH9，乙酸乙酯提取。无水硫酸钠干燥后，减压浓缩，得化合物（**1**）28.9 g，收率 93%。

【用途】 镇痛药盐酸曲马多（Tramadol hydrochloride）中间体。

2-(3,4-亚甲二氧基苄基)丙烯酸

$C_{11}H_{10}O_4$，206.20

【英文名】 2-(3,4-Methylenedioxybenzyl) acrylic acid

【性状】 白色固体。mp 130~131℃。

【制法】 周和平，陈小勇，刘之恺等.中国医药工业杂志，2008，39（6）：405.

3,4-亚甲二氧基苯亚甲基丙二酸二乙酯（**3**）：于安有分水器的反应瓶中加入胡椒醛（**2**）50 g（333 mmol），丙二酸二乙酯 53.34 g（333 mmol），哌啶 2.26 g（27 mmol），甲苯 110 mL，搅拌溶解。加入乙酸 1.6 g（27 mmol），搅拌回流反应 3 h，共沸脱水约 6 mL。冷却，得（**3**）的浅棕色溶液备用。

3,4-亚甲二氧基苄基丙二酸二乙酯（**4**）：于高压反应釜中加入上述化合物（**3**）的溶液，10% 的 Pd-C 催化剂 2 g，于 55℃、氢气压力 1.5 MPa 下氢化 2.5 h。反应结束后，滤去催化剂（可重复使用），得（**4**）的亮黄色溶液备用。

3,4-亚甲二氧基苄基丙二酸（**5**）：于反应瓶中加入上述化合物（**4**）的亮黄色溶液，搅拌下滴加 35% 的氢氧化钠水溶液 80 mL，加完后加水 70 mL，回流反应 3 h，冷却，分出水层，加入乙酸乙酯 90 mL，用盐酸调至酸性。分出有机层，水层用乙酸乙酯提取，合并有机层，得（**5**）的溶液备用。

2-(3,4-亚甲二氧基苄基) 丙烯酸（**1**）：于反应瓶中加入上述化合物（**5**）的溶液，搅拌下滴加二乙胺 34.3 mL（332 mmol），而后加入多聚甲醛 15.7 g（497 mmol），回流反应 30 min，无气体放出后停止反应。用 40 mL 水稀释，冰浴冷却下用浓盐酸 30 mL 酸化。过滤生成的固体得化合物（**1**）。滤液静置分层，有机层加水 60 mL 减压蒸馏，当有固体生成时冰箱中冷却析晶。过滤，水洗，与前面的固体合并，于 60℃ 干燥，得白色固体（**1**）55.6 g，收率 81%，mp 130～131℃。

【用途】　心脏病治疗药法西多曲（Fasidotril）等的中间体。

假石榴碱

$C_9H_{15}NO$，153.22

【英文名】　Pseudopelletierine

【性状】　黄色固体。mp 47～53℃。溶于氯仿、乙醇、乙醚，可溶于水。

【制法】　①Cope A C，Dryden H L，J Howell C F. Org Synth，1963，Coll Vol 4：816. ②孙昌俊，曹晓冉，王秀菊. 药物合成反应——理论与实践. 北京：化学工业出版社，2007：436.

于反应瓶中加入甲胺水溶液 150 mL（1.6 mol），水 150 mL，冷却下慢慢滴加浓盐酸 80 mL，而后加入戊二醛（**2**）110 mL（0.55 mol），水 600 mL。再加入丙酮二羧酸（**3**）100 g（0.68 mol）溶于 1000 mL 水配成的溶液。通入氮气，加入十二水合磷酸氢二钠 88 g

（0.25 mol）与氢氧化钠 7.3 g（0.18 mol）溶于 200 mL 水配成的溶液。此时反应体系的 pH 在 2～3，为无色透明溶液。于 50℃左右搅拌过夜，反应体系有一氧化碳气体逸出，反应液颜色逐渐变深，pH 升至 5 左右。加入浓盐酸 50 mL，沸水浴加热反应 2 h，以使脱羧完全。冷至室温，用氢氧化钠溶液调至 pH12。用二氯甲烷提取（250 mL×6），合并提取液，无水硫酸钠干燥。过滤，浓缩至 500 mL 左右，过 Al_2O_3 层析柱，用二氯甲烷洗脱。洗脱液减压蒸出溶剂，冷后析出黄色假石榴碱（**1**）55 g，收率 65%，mp 47～50℃。

【用途】 止吐药盐酸格拉司琼（Granisetron hydrocholride）等的中间体。

吲哚-3-乙酸

$C_{10}H_9NO_2$，175.20

【英文名】 Indole-3-acetic acid
【性状】 白色结晶，mp 168～170℃。溶于二氯甲烷、乙酸、苯，极易溶于乙醇。
【制法】 段行信.实用精细有机合成手册.北京：化学工业出版社，2000：441.

3-二甲胺甲基吲哚（**3**）：于反应瓶中加入 30% 的二甲胺溶液 900 g（6.0 mol），冰浴冷却下慢慢滴加冰醋酸 720 g（12.0 mol），控制反应体系温度在 8～15℃，加完后再慢慢加入 37% 的甲醛溶液 470 g（5.5 mol），搅拌反应 30 min。而后慢慢加入吲哚（**2**）515 g（5.0 mol），搅拌 30 min 后放置过夜。保持在 30℃以下将上述反应物加入 10% 的氢氧化钠溶液（约需固体氢氧化钠 500 g）中，注意充分搅拌，析出固体。加完后放置 4 h，抽滤，水洗，干燥，得化合物（**3**）770 g，收率 87%，mp 126～129℃。

吲哚-3-乙酸（**1**）：于 20 L 反应瓶中，加入水 2 L，氰化钠 1.06 kg（93%，20 mol），加热溶解后，再加入乙醇 8 L，化合物（**3**）780 g（4.5 mol），搅拌下加热回流 80 h。稍冷后加入 188 g（4.7 mol）氢氧化钠溶于 2 L 水的溶液，继续搅拌回流 4 h。蒸出乙醇约 5.5 L。冷后过滤，得棕色溶液。冰水浴冷却，控制 15℃以下用无铁盐酸酸化，放置过夜。滤出结晶，用冷水浸洗，干燥，得粗品 640 g，收率 81%～82%，mp 160～162℃。用 8.2 L 二氯甲烷和 270 mL 乙醇的混合液重结晶，无铁活性炭脱色（回流 1 h）。冷至 10℃，滤出结晶，用二氯甲烷浸洗，70℃以下干燥，得浅橙色至类白色结晶 430 g，mp 167～168℃。母液中可以回收产品约 90 g。

【用途】 抗炎药吲哚美辛（Indometacin）等的中间体。是最早发现的植物激素。

3-(4′-乙酰氨基苯甲酰基)丁腈

$C_{13}H_{14}N_2O_2$，230.26

【英文名】 3-(4′-Acetamidobenzoyl) butyronitrile
【性状】 淡黄色固体。mp 140～144℃。
【制法】 ①孙昌俊，曹晓冉，王秀菊.药物合成反应——理论与实践.北京：化学工业出版社，2007：413.②朴日阳，段永熙，康容复.中国药物化学杂志，1994，4（1）：41.

2-[(4′-乙酰氨基苯甲酰基)-丙基]-三甲铵氢碘酸盐（**4**）：于 2 L 反应瓶中加入二甲铵盐酸盐 100 g（1.04 mol），36% 的甲醛水溶液 70 mL，加热溶解。冷却下分批加入醋酸酐 400 mL，控制反应温度不超过 30℃。反应放热。约 2 h 反应液澄清。加入 129 g（0.675 mol）对乙酰氨基苯丙酮（**2**），慢慢加热，65～70℃ 时全溶。于沸水浴搅拌反应 3 h，减压蒸出溶剂 250 mL。冷后加入 75 mL 丙酮，回流反应 5 min。减压蒸出丙酮，得橙红色液体。加水 400 mL，充分搅拌后，用二氯甲烷提取三次，弃去二氯甲烷层。冰水冷却下用 3 mol/L 的氢氧化钠水溶液中和至 pH10。加入 350 mL 二氯甲烷，并用固体氯化钠饱和。抽滤，滤饼用二氯甲烷洗涤。分出二氯甲烷层，无水硫酸钠干燥，得（**3**）的溶液备用。

向上面二氯甲烷溶液中搅拌下滴加碘甲烷 90 mL，反应放热，约 1 h 加完。加完后继续室温反应 3 h。过滤，二氯甲烷洗涤，干燥，得化合物（**4**）浅黄色固体 230 g，收率 87%，mp. 197～203℃（文献值 206～207℃）。

3-(4′-乙酰氨基苯甲酰基) 丁腈（**1**）：于反应瓶中加入上述化合物（**4**）230 g，水 1800 mL，甲醇 300 mL。温热溶解。慢慢滴加氰化钾 87.5 g（1.35 mol）溶于 700 mL 水配成的溶液，约 1 h 加完。滴加过程中反应液变混浊，并出现油状物，继续搅拌反应 3 h，油状物固化。抽滤，水洗。将其加入 300 mL 乙醇中，加热溶解，活性炭脱色，冷后析出浅黄色固体。过滤，干燥，得化合物（**1**）90 g，收率 67%，mp 140～144℃（文献值 138～141℃，127～130℃）。

【用途】 心脏病治疗药左西孟坦（Levosimendan）、强心、降压药盐酸匹莫苯（Pimobendan hydrochloride）等的中间体。

5-甲氧基吲哚

C_9H_9NO，147.18

【英文名】 5-Methoxyindole
【性状】 淡黄色固体。mp 55～56℃。
【制法】 Gribble G W，Saulnier M G，Obaza-Nutaitis J A，et al. J Org Chem，1992，57（22）：5991.

于反应瓶中加入化合物（**2**）83.6 g（0.50 mol），通入氮气，加入无水 THF 700 mL，四氢吡咯 50 mL，干燥的 N,N-二甲基甲酰胺二甲缩醛 150 mL（1.13 mol），搅拌加热回流反应 6 h。减压浓缩至原来体积的 1/10，冷至室温，乙醚稀释。依次用水、饱和盐水洗涤，无水硫酸钠干燥。过滤，浓缩，得化合物（**3**）备用。

于反应瓶中加入甲醇 500 mL，THF 500 mL，再加入上述化合物（**3**），搅拌溶解。加入 Raney Ni 催化剂 100 g，冰水浴冷却，慢慢滴加 85％的水合肼 250 mL。滴加时放出大量气体，反应液由红色变为棕黑色，此时撤去冰浴，室温继续搅拌反应 1 h。慢慢升至 60～65℃，继续搅拌反应 2 h。TLC 跟踪反应，若反应不完全，可适当补加水合肼，直至反应完全。滤去催化剂，用二氯甲烷洗涤。合并滤液和洗涤液，减压浓缩。剩余物过硅胶柱纯化，用甲苯洗脱，用己烷重结晶，得淡黄色固体（**1**）58.9 g，收率 80％，mp 55～56℃。

【用途】 治疗便秘为主的肠易激综合征药物马来酸替加色罗（Tegaserod malate）中间体。

2. Pictet-Spengler 反应

1,2,3,4-四氢异喹啉-3-羧酸

$C_{10}H_{11}NO_2$，177.20

【英文名】 1,2,3,4-Tetrahydroisoquinoline-3-carboxylic acid
【性状】 片状结晶，mp 335℃（dec）。
【制法】 ①Julian P L，et al. J Am Chem Soc，1948，70（1）：182. ②陈芬儿. 有机药物合成法：第一卷. 北京：中国医药科技出版社，1999：334.

于反应瓶中加入 α-苯丙氨酸（**2**）75 g（0.455 mol），36％的甲醛 170 mL 和浓盐酸 575 mL，在蒸气浴上搅拌加热反应 1.5 h。再加入 36％甲醛 75 mL 和浓盐酸 150 mL，并继续加热 3 h。冷却，过滤。滤饼溶解在 100 mL 热水中，再加入热乙醇 200 mL，趁热加入 10％氨水，用刚果红检验至中性。冷却后过滤生成的结晶，乙醇洗涤、干燥，得（**1**）49.5 g，收率 61％，mp 326℃（dec）。用乙醇-水重结晶，得闪光片状结晶，mp 335℃（dec）。

【用途】 高血压病治疗药喹那普利（Quinapril）中间体。

6-甲氧基-1,2,3,4-四氢异喹啉

$C_{10}H_{13}NO$，163.22

【英文名】 6-Methoxy-1,2,3,4-tetrahydroisoquinoline
【性状】 无色或浅黄色液体。
【制法】 陈有刚，周新锐. 精细化工中间体，2005，35（4）：33.

于反应瓶中加入间甲氧基苯乙胺（**2**）24.5 g，滴加 20％的甲醛水溶液 20 g。加完后于 80℃反应 1 h。冷却，以苯提取 3 次。合并有机层，水洗。减压蒸出苯，剩余物溶于 20％的盐酸 32 g，于 100℃蒸干，得化合物（**1**）的盐酸盐。将其溶于少量水中，乙醚提取 3 次。合并乙醚层，蒸出乙醚，得化合物（**1**）21.3 g，收率 80％。bp 143～144℃/0.8 kPa。

【用途】　生物碱育亨宾（Yohimbine）的中间体。

硫酸氯吡格雷

$$C_{16}H_{16}ClNO_2S \cdot H_2SO_4，419.90$$

【英文名】　Clopidogrel sulfate

【性状】　白色结晶。mp 180℃。

【制法】　①梁美好，沈正荣.中国药物化学杂志，2007，17（3）：163.②胡佳鹏，卢鑫，刘志强.浙江化工，2012，43（2）：9.

（＋）-α-2-噻吩乙氨基-2-氯苯基乙酸甲酯盐酸盐（**3**）：于反应瓶中加入（＋）-邻氯苯甘氨酸甲酯盐酸盐（**2**）5.8 g（24.6 mmol），乙腈 40 mL，磷酸氢二钾 10 g（57 mmol），室温搅拌 1 h。加入 2-（2-噻吩基）乙醇对甲苯磺酸酯 11.4 g（38 mmol），搅拌回流反应 40 h。冷至室温，抽滤，滤饼用乙腈洗涤 2 次。合并滤液和洗涤液，冰浴冷却，滴加浓盐酸 3 mL，室温搅拌。抽滤，滤饼用乙腈洗涤，干燥，得白色固体（**3**）3.5 g。滤液减压浓缩，又可以得到（**3**）3.4 g，共得 6.9 g，收率 81%，mp 175℃。

硫酸氯吡格雷（**1**）：于反应瓶中加入上述化合物（**3**）1.0 g（2.9 mmol），38%的甲醛 6 mL，于 60℃搅拌反应，TLC 跟踪反应至反应完全。冷却，用碳酸氢钠溶液中和，乙酸乙酯提取，无水硫酸钠干燥。过滤，加入晶种，搅拌下滴加硫酸 0.25 g（2.5 mmol），室温搅拌 24 h。过滤，真空干燥，得白色结晶（**1**）0.63 g，收率 52.5%，mp 180℃。

【用途】　心脏病治疗药硫酸氯吡格雷（Clopidogrel sulfate）原料药。

3. Strecker 反应

3-(4-氯-1,2,5-噻二唑-3-基)吡啶

$$C_7H_4ClN_3S，197.64$$

【英文名】　3-(4-Chloro-1,2,5-thiadiazol-3-yl) pyridine

【性状】　黄色固体，mp 48～49℃。

【制法】　牛彦，吕雯，陈安平，雷小平.中国医药工业杂志，2003，34（11）：541.

2-羟基-2-（3-吡啶基）乙腈（**3**）：于反应瓶中加入 KCN 4.1 g（63 mmol），水 17 mL，3-吡啶甲醛（**2**）4.0 g（42 mmol），搅拌下于 0～4℃滴加醋酸 3.6 mL（63 mmol），同温反应 8 h。冰箱中放置过夜。过滤，冰水洗涤，干燥，得白色固体（**3**）4.3 g，直接用于下一步反应。

2-氨基-2-(3-吡啶基）乙腈（**4**）：于反应瓶中加入氯化铵 9.8 g（0.183 mol），水 27.5 mL，25％的氨水 4.9 mL（0.066 mol），搅拌下室温慢慢加入化合物（**3**）4.9 g（0.037 mol），室温搅拌反应 18 h。二氯甲烷提取 2 次，合并有机层，无水硫酸钠干燥。过滤，浓缩，得红棕色油状物（**4**），直接用于下一步反应。

3-(4-氯 1，2,5-噻二唑-3-基）吡啶（**1**）：于反应瓶中加入 S_2Cl_2 4 mL（48.6 mmol）溶于 6.75 mL DMF 的溶液，冷至 5～10℃，于 20～30 min 滴加化合物（**4**）3.3 g（24.8 mmol）溶于 DMF 3.3 mL 的溶液。加完后继续于 5～10℃搅拌反应 30 min。加入冰水 13 mL，过滤析出的硫。滤液中加入 9 mol/L 的氢氧化钠 10 mL，注意保持体系温度在 20℃以下。冷却，过滤析出的固体，减压干燥，得化合物（**1**）2.95 g，收率 60％。正庚烷中重结晶，得黄色固体，mp 48～49℃。

【用途】 阿尔茨海默病治疗药物草酸占诺美林（Xanomeline oxalate）中间体。

2-氨基-5,8-二甲氧基-1,2,3,4-四氢萘-2-羧酸

$$C_{13}H_{17}NO_4，251.28$$

【英文名】 2-Amino-5，8-dimethoxy-1,2,3,4-tetrahydronaphthalene-2-carboxylic acid

【性状】 无色片状结晶，mp 274～277℃。

【制法】 Ishizumi K，Ohashi N，Tanno N. J Org Chem，1987，52（20）：4477.

于反应瓶中加入化合物（**2**）82.4 g（0.4 mol），氰化钾 34 g（0.52 mol），碳酸铵 345.6 g（3.6 mol），50％的乙醇 2.4 L，搅拌回流 1 h。蒸出乙醇，剩余物冷却，析出沉淀。过滤，干燥，得螺乙内酰脲（**3**）109.4 g，收率 98.7％，mp 275～278℃。

于反应瓶中加入化合物（**3**）102.5 g，八水合氢氧化钡 630 g，水 8 L，氮气保护，回流 36 h。冷却，加入 1 L 水后，用 6 mol/L 的硫酸中和至 pH6。过滤，滤液冷却，析出固体。过滤，水洗，干燥，得化合物（**1**）85.7 g，收率 92％，mp 264～266℃。取少量用水重结晶，得无色片状结晶，mp 274～277℃。

【用途】 抗肿瘤药盐酸氨柔比星（Amrubicin hydrochloride）的合成中间体。

苯甘氨酸

$$C_8H_9NO_2，151.16$$

【英文名】 Phenylglycine

【性状】 白色结晶。

【制法】 陈琦，冯维春，李坤，张玉英. 山东化工. 2002，31（3）：1.

于反应瓶中加入二氯甲烷 80 mL，TEBAC 2.3 g（0.01 mol），冷至 0℃，通入氨气至饱和。加入由氢氧化钾 33.6 g（0.6 mol）、氯化锂 8.5 g（0.20 mol）和 56 mL 浓氨水配成的溶液，于 0℃滴加由苯甲醛（**2**）110.6 g（0.10 mol）、氯仿 18 g（0.15 mol）和二氯甲烷 50 mL 配成的溶液，控制滴加速度，于 1～1.5 h 加完，期间保持通入氨气，并继续搅拌反应 6～12 h，室温放置过夜。

加入 100 mL 水，于 50℃搅拌 30 min。分出有机层，水层用盐酸调至 pH2。过 732 型离子交换柱，用 1 mol/L 盐酸洗脱，收集对 1.5%的茚三酮呈正反应的部分。用浓碱中和至 pH5～6，得白色沉淀。过滤，水洗，干燥，得化合物（**1**），收率 71%。

【用途】 氨苄青霉素、头孢氨苄、头孢拉定等 β-内酰胺类抗生素中间体苯甘氨酸的合成，苯甘氨酸也用于合成多肽激素和多种农药。

4. Petasis 反应

2-苯基-2-苯氨基乙腈

$C_{14}H_{12}N_2$，208.26

【英文名】 2-Phenyl-2-(phenylamino) acetonitrile
【性状】 白色固体。mp 89～90℃。
【制法】 吴昊妍，纪顺俊. 合成化学，2008，16（6）：670.

$$PhCHO + PhNH_2 + (CH_3)_3SiCN \xrightarrow{I_2} (1)$$

于反应瓶中加入苯甲醛（**2**）0.5 mmol，苯胺 0.5 mmol，氰基三甲基硅烷 0.6 mmol，碘（5×10^{-5}摩尔分数），氮气保护下室温搅拌反应 5 min。加入适量饱和硫代硫酸钠淬灭反应，二氯甲烷提取 3 次。合并有机层，蒸出溶剂，剩余物过硅胶柱纯化，以乙酸乙酯-石油醚（1:8）洗脱，得白色固体化合物（**1**），收率 99%，mp 89～90℃。

【用途】 新药合成中间体。

N-甲氧基-*N*-甲基氨基苯乙酸

$C_{10}H_{13}NO_3$，195.22

【英文名】 *N*-Methoxy-*N*-methylamino-phenylacetic acid
【性状】 白色固体。mp 152～153℃，$R_f=0.16$（5%MeOH/CH$_2$Cl$_2$）。
【制法】 Naskar D, Roy A, Seibel W L, et al. Tetrahedron Lett, 2003, 44 (49)：8865.

$$ \text{(2)} \xrightarrow{CH_2Cl_2} \text{(1)} $$

于反应瓶中加入乙醛酸一水合物 368 mg（4.0 mmol），二氯甲烷 12 mL，搅拌下加入 *N*,*O*-二甲基羟胺盐酸盐（**2**）390 mg（4.0 mmol），随后加入苯基硼酸 488 mg

（4.0 mmol），室温搅拌反应 24 h。过滤，二氯甲烷洗涤。减压浓缩，剩余物过硅胶柱纯化，得白色固体（**1**）750 mg，收率 96%，mp 152～153℃。

【用途】 合成多肽及药物的中间体。

(*S*)-2-[(*R*)-1-苯基乙氨基]-2-[1-(4-甲基苯磺酰基)-1*H*-吲哚-3-基]乙酸

$C_{25}H_{24}N_2O_4S$，448.54

【英文名】 (*S*)-2-[(*R*)-1-Phenylethylamino]-2-[1-(4-tosyl)-1*H*-indol-3-yl] acetic acid

【性状】 固体。$[\alpha]_D^{20}+94.5°$（$c=0.825$，$CHCl_3$）。

【制法】 Jiang B，Yang C G，Gu X H. Tetrahedron Lett，2001，42（13）：2545.

于反应瓶中加入 1-对甲苯磺酰基吲哚-3-硼酸（**2**）316 mg（1 mmol），二氯甲烷 8 mL，乙醛酸一水合物 92 mg（1 mmol），随后加入（*R*）-甲基苄基胺 121 mg（1 mmol），室温搅拌反应 12 h。蒸出溶剂，剩余物用甲醇重结晶，得化合物（**1**），收率 77%，$[\alpha]_D^{20}+94.5°$（$c=0.825$，$CHCl_3$）。

【用途】 头孢类抗生素新药中间体。

六、酯缩合反应

2-甲氧基-5-氟嘧啶-4(3*H*)-酮

$C_5H_5FN_2O_2$，144.11

【英文名】 2-Methoxy-5-fuloropyrimidin-4（3*H*）-one

【性状】 类白色结晶，mp 220℃。

【制法】 吕早生，赵金龙，黄吉林等. 化学与生物工程，2013，36（1）：54.

于反应瓶中加入无水甲醇 10 mL，新切割的洁净金属钠 0.9 g。待金属钠完全反应后，减压浓缩至干。粉碎后加入无水甲苯 5 mL，氮气保护，滴加甲酸乙酯 2.44 g（0.033 mol），其间保持反应液温度在 10℃ 以下。而后滴加氟乙酸乙酯（**2**）1.30 g（0.013 mol），约 2 min 加完。加完后于 20～25℃搅拌反应 20 min，再于 35℃反应 2 h。得乳白色或浅黄色黏稠物。

加入无水甲醇 22 mL，冰浴冷却，加入 *O*-甲基异脲酸式硫酸盐 1.60 g（0.013 mol），于 60℃反应 6 h。减压浓缩至干，加入 50℃的热水 25 mL，溶解后过滤，滤液用盐酸调至 pH4～5，冰箱中放置。过滤，水洗，干燥，得浅黄色固体（**1**）1.12 g，收率 59.5%，mp

185～188℃。

【用途】 抗癌药 5-氟脲嘧啶（5-Fluorouracil）中间体。

α-甲酰基苯乙酸乙酯

$C_{11}H_{12}O_3$，192.21

【英文名】 Ethyl α-formylphenylacetate
【性状】 无色液体。
【制法】 陆强，王艳艳.食品与药品，2012，14（2）：110.

$$PhCH_2CO_2C_2H_5 + HCO_2C_2H_5 \xrightarrow{CH_3ONa} \underset{\underset{CHONa}{\|}}{PhC-CO_2C_2H_5} \xrightarrow{HCl} \underset{\underset{CHO}{\|}}{PhCHCO_2C_2H_5}$$

$$\text{(2)} \hspace{8cm} \text{(1)}$$

于反应瓶中加入干燥的石油醚 30 mL，甲醇钠 1.35 g（0.025 mol）。苯乙酸乙酯（**2**）7.94 mL（0.05 mol），搅拌下加热至 40℃，慢慢滴加甲酸乙酯 6.1 mL（0.15 mol），超声继续于 40～50℃反应 4 h。冷却，用盐酸调至 pH1。分出油层，水洗，无水硫酸钠干燥。过滤，减压浓缩。减压蒸馏，收集 132～140℃/0.095 MPa 的馏分，得无色油状液体（**1**）8.9 g，收率 92.6%。

【用途】 治疗各种原因引起的白细胞减少、再生障碍性贫血等的药物利可君（Leuco-son，Leukogen）等的中间体。

2-氧代戊二酸

$C_5H_6O_5$，146.10

【英文名】 2-Oxoglutaric acid
【性状】 黄褐色固体。mp 103～110℃。
【制法】 Bottorff E M，Moorel L L Organic Syntheses 1973，Coll Vol 5：687.

1-氧代丙烷-1,2,3-三羧酸三乙酯（**3**）：于反应瓶中加入无水乙醇 356 mL，分批加入金属钠 23 g（1 mol），搅拌反应至金属钠完全反应。蒸出过量的乙醇，当反应物变黏稠后加入干燥的甲苯，继续蒸馏，并再加入甲苯直至将乙醇完全蒸出。冷至室温，加入无水乙醚 650 mL，随后加入草酸二乙酯 146 g（1.0 mol），向生成的黄色溶液中加入丁二酸二乙酯（**2**）174 g（1.0 mol），室温放置至少 12 h。搅拌下加入 500 mL 水，分出乙醚层，水洗。合并水层，以 12 mol/L 的盐酸酸化，分出油层，水层以乙醚提取（150 mL×3）。合并油层和乙醚层，用无水硫酸镁干燥。浓缩，得化合物（**3**）粗品 235～250 g，收率 86%～91%。

2-氧代戊二酸（**1**）：于安有搅拌器、回流冷凝器的反应瓶中，加入上述化合物（**3**）225 g（0.82 mol），12 mol/L 的盐酸 330 mL，水 660 mL，搅拌下回流反应 4 h。减压浓缩至干，剩余物放置后固化。加入 200 mL 硝基乙烷，温热溶解。过滤，滤液于 0～5℃搅拌 5 h。过滤生成的固体，于 90℃减压干燥 4 h，得黄褐色固体（**1**）88～89 g，收率 73%～

83％，mp 103～110℃。

【用途】 运动营养饮料等的成分，氨基酸、多肽合成前体的中间体。

苯基丙二酸二乙酯

$C_{13}H_{16}O_4$，236.27

【英文名】 Diethyl phenylmalonate

【性状】 mp 16～17℃。bp 205℃（分解），170～172℃/1.87 kPa，160℃/1.6 kPa。溶液乙醇、乙醚，不溶于水。

【制法】 ①Cohen B J，Kraus M A，Patchornik A. J Am Chem Soc，1981，103（25）：7620. ②孙昌俊，曹晓冉，王秀菊. 药物合成反应——理论与实践. 北京：化学工业出版社，2007：408。

$$PhCH_2CO_2C_2H_5 + \underset{\underset{(2)}{CO_2C_2H_5}}{\overset{CO_2C_2H_5}{\big|}} \xrightarrow[\text{2. H}_2\text{SO}_4]{\text{1. EtONa}} \underset{\underset{(3)}{CO_2C_2H_5}}{\overset{}{PhCHCOCO_2C_2H_5}} \xrightarrow[-CO]{175℃} \underset{(1)}{PhCH(CO_2C_2H_5)_2}$$

于反应瓶中加入无水乙醇 250 mL，搅拌下慢慢加入金属钠 11.5 g（0.5 mol）。待金属钠全部反应完后，于 60℃滴加草酸二乙酯 73 g（0.5 mol）。加完后加入苯乙酸乙酯（**2**）87.5 g（0.535 mol），很快出现固体物。趁热倒入烧杯中，冷至室温。加入乙醚 400 mL，充分搅拌。滤出固体，用少量乙醚洗涤。将固体物慢慢加入稀硫酸中（14～15 mL 浓硫酸溶于 250 mL 水），生成油状物。分出油层，水层用乙醚提取（50 mL×3），合并有机层，无水硫酸镁干燥后，蒸去乙醚，得化合物（**3**）。减压蒸馏，控制压力在 2.0 kPa，油浴慢慢加热至 175℃，直至无一氧化碳逸出（约需 5～6 h）。而后减压蒸馏，收集 158～161℃/1.3 kPa 的馏分，得苯基丙二酸二乙酯（**1**）95 g，收率 80％。

也可采用如下方法来合成［Aramendia M A，Borau V，Jimenez C，et al. Tetrahedron Letters，2002，43（15）：2847］：

$$PhBr(I) + CH_2(CO_2C_2H_5)_2 \longrightarrow PhCH(CO_2C_2H_5)_2$$

【用途】 镇静药苯巴比妥（Phenobarbital）、抗癫痫药扑米酮（Primidome）等的中间体。

3-(4-氯苯亚甲基)-2-氧代环戊烷甲酸甲酯

$C_{14}H_{13}ClO_3$，264.71

【英文名】 Methyl 3-(4-chlorobenzylidene)-2-oxocyclopentanecarboxylate

【性状】 淡黄色粉末。mp 129.9～130.3℃。

【制法】 林富荣，田胜，齐艳艳. 应用化工，2013，42（5）：905.

2-氧代环戊烷羧酸甲酯（**3**）：于反应瓶中加入 50 mL 甲苯和质量分数为 30.84％的甲醇钠-甲醇溶液 14.3 g（含甲醇钠为 0.081 mol），于 90℃缓慢滴加由己二酸二甲酯（**2**）

13.9 g（0.08 mol）溶于 50 mL 甲苯的溶液，约 1 h 加完。其间有大量白色固体产生，且在反应过程中不断将甲醇蒸出，约 4 h 反应结束。冰水浴冷却至 0℃ 左右，滴加质量分数为 6.0% 的稀盐酸，白色固体逐渐消失。调节 pH 至中性，水洗 2～3 次，分液。有机相用无水硫酸钠干燥，减压蒸出甲苯，得淡黄色油状产品 10.0 g，含量为 94.0%，收率 82.6%。

3-(4-氯苄亚基)-2-氧代环戊烷羧酸甲酯（**1**）：于反应瓶中加入 50 mL 甲苯、化合物（**3**）11.4 g（0.08 mol）和质量分数为 30.84% 的催化剂甲醇钠 1.75 g，于 90℃ 缓慢滴加由对氯苯甲醛 12.6 g（0.09 mol）溶于 50 mL 甲苯的溶液。反应一段时间，产生大量黄色固体，约 15 h 反应结束。冷至室温，滴加稀盐酸，白色固体逐渐消失，生成黄色浊液。调节 pH 至中性，水洗 2～3 次，分液。有机相用无水硫酸钠干燥，减压蒸出甲苯，得黄色固体。用乙醇重结晶，析出淡黄色粉末（**1**）18.6 g，含量为 95.7%，收率为 89.0%，mp 129.9～130.3℃。

【用途】　杀菌剂叶菌唑（Metconazole）等的中间体。

3-奎宁环酮盐酸盐

$$C_7H_{11}NO \cdot HCl，161.63$$

【英文名】　3-Quinuclidinone hydrochloride

【性状】　白色结晶。

【制法】　何敏焕，项斌，高扬，史津晖，孙宇. 浙江工业大学学报，2011，39（1）：34.

1-乙氧甲酰基甲基哌啶-4-甲酸乙酯（**3**）：于反应瓶中加入 4-哌啶甲酸乙酯（**2**）15.7 g（0.1 mol），THF 100 mL，碳酸钾 15.2 g（0.11 mol），溴乙酸乙酯 16.7 g（0.10 mol），搅拌下加热回流反应 4 h。减压蒸出溶剂，剩余物中加入水使固体溶解。以氯仿提取 3 次。合并有机层，无水硫酸钠干燥。过滤，浓缩，减压蒸馏，收集 143～146℃/530 Pa 的馏分，得化合物（**3**）21.9 g，收率 90.1%，纯度 98%（GC）。

3-奎宁环酮盐酸盐（**1**）：于反应瓶中加入干燥的甲苯 75 mL，金属钾 5.0 g（0.13 mol），加热至金属钾呈熔融状，滴加叔丁醇 11.0 g（0.15 mol），反应至金属钾完全反应。于 1 h 内滴加上述化合物（**3**）12.15 g（0.05 mol）溶于 25 mL 甲苯的溶液，加完后于 120～130℃ 继续搅拌反应 4 h。冰浴冷却下滴加 10 mol/L 的盐酸至酸性。分出水层，有机层用 10 mol/L 盐酸提取 2 次。合并水层，得化合物（**4**）的盐酸水溶液。

将上述水溶液回流反应 18 h，加入活性炭脱色回流 30 min。趁热过滤，冷却，分批加入固体碳酸钾至不再溶解。水层用氯仿提取 3 次，合并有机层，无水硫酸钠干燥，过滤，浓缩，得黄色液体。加入 25 mL 丙酮，通入干燥的氯化氢气体，至固体析出完全，继续搅拌 30 min。过滤，干燥，得类白色固体。用少量水和异丙醇重结晶，得化合物（**1**）4.55 g，收率 56.4%，纯度 97.6%。若将其用饱和碳酸钾溶液中和，乙酸乙酯提取，可以得到游离碱 3-奎宁酮，mp 139～140℃。

【用途】　新型抗肿瘤化合物 PRIMA-1 中间体。

1-苄基-3-氧代-4-哌啶甲酸乙酯盐酸盐

$$C_{15}H_{19}NO_3 \cdot HCl, \ 297.78$$

【英文名】 Ethyl 1-benzyl-3-oxo-4-piperidinecarboxyliate hydrochloride

【性状】 白色固体。mp 162~165℃。

【制法】 荣连招, 常东亮. 中国药物化学杂志, 2007, 17 (3): 166.

$$PhCH_2NHCH_2CO_2C_2H_5 \xrightarrow[Tol, Et_3N]{Br(CH_2)_3CO_2C_2H_5} PhCH_2N\begin{matrix}CO_2C_2H_5\\CO_2C_2H_5\end{matrix} \xrightarrow[2.HCl]{1.EtONa} PhCH_2N \underset{(1)}{\overset{CO_2C_2H_5 \cdot HCl}{}}$$
(2)　　　　　　　　　　　(3)

于反应瓶中加入 N-苄基甘氨酸乙酯 (**2**) 15.9 g (82.4 mmol), 三乙胺 15.2 g (150.5 mmol), 甲苯 130 mL, 搅拌下滴加 γ-溴代丁酸乙酯 31.2 g (160 mmol)。加完后继续搅拌反应, TLC 跟踪至反应完全。冷却, 过滤, 得化合物 (**3**) 的溶液。将其转移至另一反应瓶中, 加入乙醇钠 10.1 g (148.5 mmol), 搅拌加热反应, 直至 TLC 显示反应完全。冷却, 慢慢加入乙酸 9.0 g, 静置分层。分出有机层, 减压浓缩。剩余物加入含氯化氢的乙醇溶液, 调至 pH3, 室温搅拌 30 min。减压浓缩, 加入庚烷, 搅拌过夜。过滤, 滤饼用庚烷洗涤, 真空干燥, 得固体 (**1**) 14.8 g, 收率 61%, mp 162~165℃。

【用途】 安眠药加波沙朵 (Gaboxadol) 等的中间体。

N-(1-苯乙基哌啶-4-基)苯胺

$$C_{19}H_{24}N_2, \ 280.41$$

【英文名】 N-(1-Phenethylpiperidin-4-yl) aniline

【性状】 白色晶体。mp 99~101℃ (98~100℃)。

【制法】 谌志华, 曾海峰, 梁姗姗等. 中国医药工业杂志, 2013, 44 (5): 438.

$$PhCH_2CH_2NH_2 + 2CH_2=CHCO_2CH_3 \xrightarrow{CH_3OH} PhCH_2CH_2N(CH_2CH_2CO_2CH_3)_2$$
(2)　　　　　　　　　　　　　　　　　　　　(3)

$$\xrightarrow{CH_3ONa} PhCH_2CH_2N\overset{CO_2CH_3}{\underset{(4)}{}}O \xrightarrow{HCl} PhCH_2CH_2N\underset{(5)}{}O \xrightarrow{PhNH_2, Raney\ Ni}$$

$$PhCH_2CH_2N\text{—}NH\text{—}Ph$$
(1)

N,N-双 (甲氧羰基乙基) 苯乙胺 (**3**): 于 3 L 反应瓶中加入丙烯酸甲酯 688.7 g (8.0 mol) 和无水甲醇 480 mL, 搅拌 30 min。冰浴冷却, 滴加 β-苯乙胺 (**2**) 387.8 g (3.2 mol) 和无水甲醇 320 mL 的混合液, 控制内温不超过 40℃。加完后继续回流反应 8 h。冷至室温, 减压回收甲醇及过量丙烯酸甲酯, 得淡黄色油状液体 (**3**) 粗品 926.0 g, 收率 98.5%。

N-苯乙基-4-哌啶酮 (**5**): 于 3 L 反应瓶中加入无水甲苯 300 mL, 金属钠丝 22.08 g (0.96 mol), 氮气保护, 升温至 110℃, 搅拌回流 30 min。冷却至 40℃, 缓慢滴加无水甲醇 39.0 mL (0.96 mol), 搅拌 15 min。滴加化合物 (**3**) 235.0 g (0.80 mol), 控制温度不超过 60℃。加完后继续回流反应 3 h。TLC 显示反应完全后冷至室温, 剩余物固化得化合

物（**4**）。直接用于下一步反应。

将化合物（**4**）加至 25％盐酸 1.2 L 中，油浴加热回流 5 h，TLC 显示反应完全后冷却至室温，搅拌过夜。分去甲苯层，冰浴冷却，搅拌下用 40％氢氧化钠溶液调至 pH12，析出淡黄色固体。冷却，抽滤，滤饼用石油醚重结晶，得淡黄色晶体（**5**）145 g，收率 89.5％，mp 54.6～56.2℃（文献收率 64％，mp 55～57℃）。

N-(1-苯乙基哌啶-4-基)苯胺（**1**）：于 2 L 压力釜中加入化合物（**5**）54 g（0.266 mol）、苯胺 27.54 g（0.296 mol）、冰乙酸 3.0 mL、干燥的 3A 分子筛 75 g、无水乙醇 1 L 和 Raney Ni 20 g，用氮气除尽釜内空气后，于氢气压力 0.4 MPa、60℃条件下反应 2 h。冷却至室温，抽滤，滤液减压蒸除乙醇，剩余物中加入石油醚 20 mL，冷却析晶，抽滤，干燥后得白色晶体（**1**）65.6 g，收率 88.1％，mp 99～101℃（文献 98～100℃）。

【用途】 阿片类镇痛药芬太尼（Fentanyi）中间体。

N-苄基-3-吡咯烷酮

$C_{11}H_{13}NO$，175.23

【英文名】 *N*-Benzyl-3-pyrrolidinone
【性状】 无色液体。
【制法】 李桂花，陈延蕾，钱超，陈新志。化学反应工程与工艺，2010，26（5）：477.

3-苄氨基丙酸乙酯（**3**）：于 500 mL 三口烧瓶中，加入苄胺（**2**）174 mL（1.6 mol），搅拌下于 15～20℃缓慢滴加丙烯酸乙酯 101 g（1.0 mol），加完后继续搅拌反应 16 h。减压蒸馏，收集 70～75℃/0.8 kPa 的馏分，为过量的苄胺，回收重复利用；收集 140～142℃/0.8 kPa 的馏分，得无色液体（**3**）198 g，收率 96％。

3-(*N*-乙氧羰基亚甲基)苄氨基丙酸乙酯（**4**）：于三口烧瓶中加入化合物（**3**）198 g（0.96 mol），2.5 g（0.015 mol）碘化钾，150 g（1.1 mol）碳酸钾和 160 mL（1.5 mol）氯乙酸乙酯，室温搅拌 48 h。过滤，滤饼为碳酸氢钾、氯化钾等无机盐类。滤液减压蒸馏，收集 47～50℃/0.80 kPa 的馏分，为过量的氯乙酸乙酯，回收重复利用。剩余液体为化合物（**4**）的粗品 262 g，收率 93％。直接用于下一步反应。

N-苄基-3-吡咯烷酮（**1**）：于反应瓶中加入 300 mL 无水甲苯，43 g（1.8 mol）洁净的金属钠，加热至沸，剧烈搅拌使金属钠充分分散后，迅速冷却至 40℃，制成钠砂。慢慢滴加 34 mL（0.68 mol）无水乙醇，而后滴加化合物粗品（**4**）262 g（0.89 mol），控制温度不高于 40℃，约 9 h 反应完毕。冰浴冷却，滴加稀盐酸，搅拌 30 min。分液，甲苯相用 20 mL 浓盐酸萃取一次，合并到水相。水相加热回流 8 h。用固体氢氧化钠调节水溶液至强碱性。用 200 mL 乙酸乙酯萃取，无水硫酸镁干燥。减压蒸馏，收集 145～150℃/0.8 kPa 的馏分，得无色液体（**1**）101 g，收率 64％。

【用途】 合成杀虫剂、抗菌药等农药、医药的中间体。

7-氯-5-氧代-2,3,4,5-四氢-1*H*-1-苯并氮杂䓬

$$C_{10}H_{10}ClNO, 195.65$$

【英文名】 7-Chloro-5-oxo-2,3,4,5-tetrahydro-1*H*-1-benzazepine

【性状】 黄色固体。mp 98～101℃。

【制法】 童家勇, 张灿. 中国医药工业杂志, 2012, 43 (9): 736.

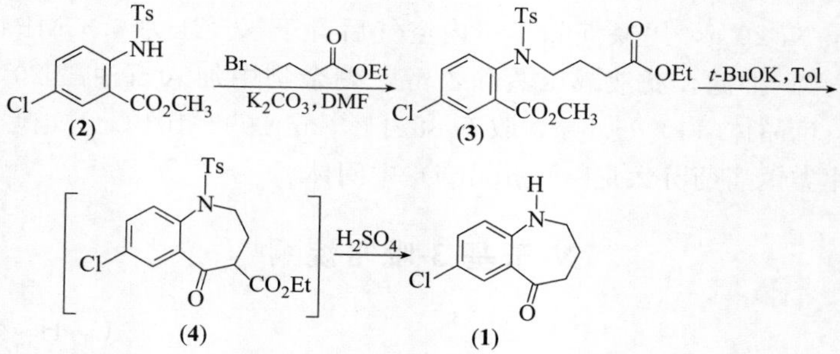

5-氯-2-[*N*-(3-乙氧羰基丙基)-*N*-(对甲苯磺酰基)] 氨基苯甲酸甲酯（**3**）：于反应瓶中加入化合物（**2**）15 g（44 mmol），DMF 50 mL，碳酸钾 16.6 g（120 mmol），4-溴丁酸乙酯 10.3 g（53 mmol），搅拌下回流反应 4 h。将反应物倒入冰水中（250 mL×3）搅拌 2 h，抽滤，水洗，干燥，得棕黄色固体（**3**）19.2 g，收率 95.7%，mp 82～85℃。

7-氯-5-氧代-2,3,4,5-四氢-1*H*-1-苯并氮杂䓬（**1**）：于反应瓶中加入上述化合物（**3**）15 g（33 mmol），甲苯 60 mL，搅拌下加入叔丁醇钾 5.5 g（49.5 mmol），回流反应 30 min。将反应物倒入 150 mL 冰水中，用二氯甲烷提取（80 mL×3），合并有机层，无水硫酸钠干燥。减压浓缩，得棕黄色固体（**4**）。

于反应瓶中加入 90% 的硫酸 60 mL，于 70℃ 分批加入上述化合物（**4**），保温反应 30 min。冷至室温，冰浴冷却下用 10% 的氢氧化钠溶液中和至 pH8，析出黄色絮状物。过滤，水洗，干燥，得黄色固体（**1**）5.8 g，收率 90%，mp 98～101℃。

【用途】 血管加压素 V2 受体拮抗药托伐普坦（Tolvaptan）中间体。

α-(2,4-二氯-5-氟苯甲酰基)乙酸甲酯

$$C_{10}H_7FCl_2O_3, 265.07$$

【英文名】 Methyl α-(2,4-dichloro-5-fluorobenzoyl) acetate

【性状】 淡黄色固体。mp 81～83℃。

【制法】 ①马明华, 纪秀贞, 沈百林, 万平. 药学进展, 1997, 21 (2): 110. ②汪敦佳. 中国医药工业杂志, 1994, 25 (7): 296.

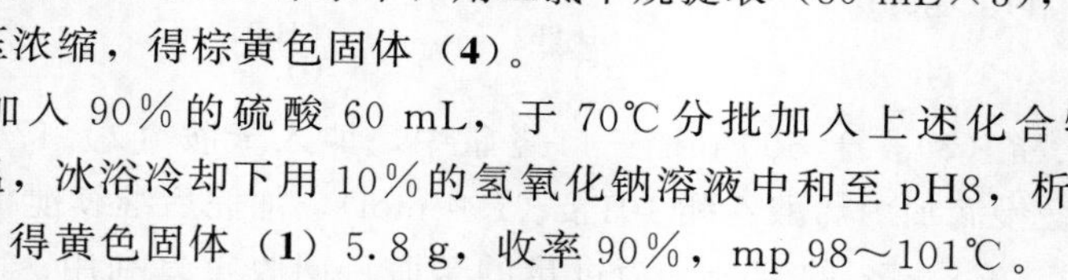

于反应瓶中加入甲醇钠-甲醇溶液（含甲醇钠 0.75 mol），苯 200 mL，加热蒸出甲醇至尽，加入碳酸二甲酯 75 g（0.833 mol），回流条件下滴加化合物（**2**）50 g（0.24 mol）和

100 mL 苯的混合溶液，约 3 h 加完，加完后继续回流反应 2 h。冷却，过滤，滤饼用苯洗涤。滤饼加入 200 mL 水和 300 mL 苯中，搅拌下用盐酸调至 pH5，使固体完全溶解。分出有机层，水洗 2 次。浓缩，得棕色油状物。放置后固化，得化合物（**1**）61 g，收率 95.3%，mp 81～83℃。

【用途】 喹诺酮类抗菌药盐酸环丙沙星（Ciprofloxacin hydrochloride）中间体。

β-环丙基-β-丙酮酸乙酯

$C_8H_{12}O_3$，156.18

【英文名】 Ethyl β-Cyclopropyl-β-pyruvate

【性状】 无色液体 bp 99～101℃/1.47 kPa。

【制法】 Jackmam M Bergman A J，Archer S. J Am Chem Soc，1948，70（2）：497.

于反应瓶中加入甲基环丙基酮（**2**）25.2 g（0.30 mol），无水乙醚 150 mL，搅拌下加入粉状氨基钠 23.4 g（0.60 mol），加热搅拌回流 0.5 h。冷却，滴加碳酸二乙酯 70.8 g（0.60 mol），加完后继续搅拌回流 2 h。加入乙醇适量，搅拌 10 min 后，再加入冰 500 g，用盐酸调至刚果红变蓝为止。分出有机层，水层用乙醚提取数次。合并有机层，依次用水、5% 碳酸钠溶液、水洗涤，无水硫酸镁干燥。过滤，滤液回收溶剂，减压蒸馏，收集 bp97.5～101℃/1.47 kPa 的馏分，得粗品（**3**）。再减压蒸馏，收集 bp 99～101℃/1.47 kPa 馏分，得精品（**1**）27 g，收率 57%。

【用途】 高血压治疗药利美尼定（Rilmenidine）等的中间体。

苯甲酰乙酸乙酯

$C_{11}H_{12}O_3$，192.21

【英文名】 Ethyl benzoylacetate

【性状】 浅黄色油状液体。

【制法】 张万金，王晓平，沈琼，罗艳.广东化工，2006，33（6）：13.

于反应瓶中加入碳酸二乙酯 125 mL，乙醇钠 113，6 g（0.2 mol），冷至 10℃，搅拌下滴加苯乙酮（**2**）24.0 g（0.2 mol），加完后室温搅拌反应 1 h。减压蒸出反应中生成的乙醇，剩余物中加入 10% 的醋酸 150 mL，有机层用乙醚提取 3 次。合并乙醚层，水洗，无水硫酸钠干燥，过滤，浓缩，减压蒸馏，收集 156～158℃/2.5 kPa 的馏分，得浅黄色油状液体（**1**）23.5 g，收率 61.2%。

【用途】 膀胱癌治疗药溴匹利明（Bropirimine）等的中间体。

5-甲基异噁唑-3-甲酰胺

$C_5H_6N_2O_2$，126.11

【英文名】 5-Methyl-isooxazole-3-carboxamide

【性状】 白色或淡白色固体。mp 164～169℃。

【制法】 ①刘志东，丁颖，王吉山等.化学研究，2000，11（3）：61.②陈芬儿.有机药物合成法：第一卷.北京：中国医药科技出版社，1999：949.

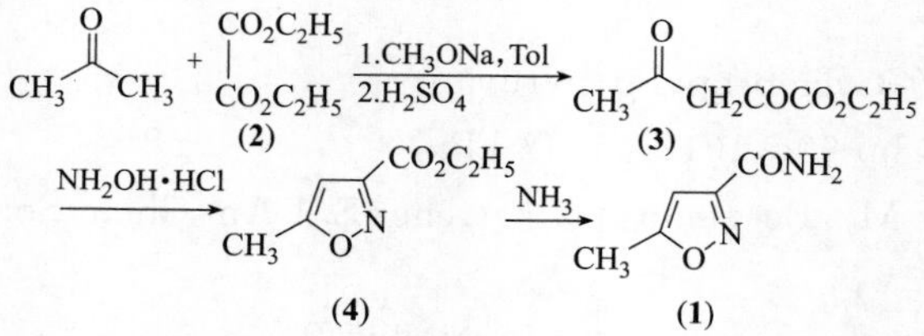

于干燥反应瓶中加入甲醇钠的甲醇溶液（甲醇钠含量 28%）190 g、甲苯 400 mL，冷至 10℃以下，滴加草酸二乙酯（2）146 g（1.0 mol）、丙酮 58 g 和甲苯 200 mL 的混合液，控制加料速度，使反应液不超过 40℃。加完后于 40℃搅拌反应 2 h。冷至 0～5℃，滴加浓硫酸，调节至 pH2 左右，得化合物（3）的溶液。分批加入盐酸羟胺 78 g（1.12 mol），加完后于 70～75℃搅拌 2 h。冷至 50℃，加入固体碳酸钠调至 pH4～5，搅拌回流共沸脱水 6 h。趁热过滤，滤饼用甲醇洗涤。合并滤液和洗涤液，减压回收溶剂直至无液滴为止，得化合物（4）。稍冷，加入 20%氨水 200 mL，于 50℃搅拌 1～1.5 h。冷却至 5℃，析出固体，过滤，水洗，干燥，得白色或类白色固体（1）81.9～88.2 g，收率 65%～70%，mp 164～169℃。

【用途】 消炎镇痛药伊索昔康（Isoxicam）中间体。

3-苯基-3-(二乙氧基膦酰)丙酮酸乙酯

$C_{15}H_{21}O_6P$，328.30

【英文名】 Ethyl 3-phenyl-3-diethoxylphosphonopyruvate

【性状】 无色油状液体。

【制法】 朱金龙，沈宗旋，张雅文.苏州大学学报：自然科学版，2008，24（3）：72.

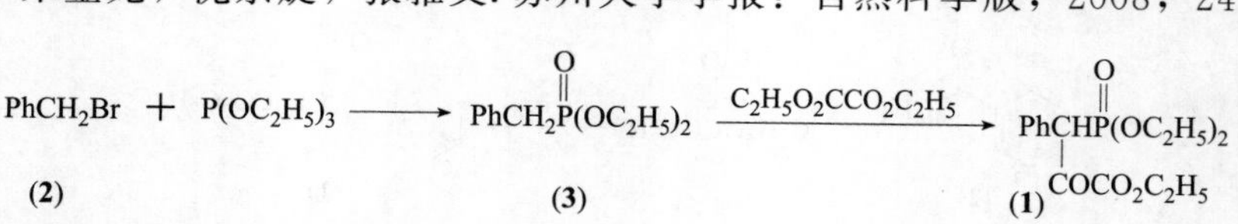

苄基膦酸二乙酯（3）：于反应瓶中加入苄基溴（2）8.55 g（50 mmol），加热至 120℃，慢慢滴加亚磷酸三乙酯 8.31 g（50 mmol）。加完后继续于 120℃搅拌反应 3 h。减压蒸馏，收集 124～125℃/172 Pa 的馏分，得化合物（3）7.03 g，收率 61.7%。

3-苯基-3-(二乙氧基膦酰)丙酮酸乙酯（1）：于反应瓶中加入化合物（3）1.82 g（8 mmol），5 mL THF，氩气保护，冷至 −20℃，慢慢加入正丁基锂-己烷溶液 3.0 mL（2.9 mol/L），加完后搅拌反应 30 min。慢慢滴加草酸二乙酯 1.17 g（8 mmol）溶于 1.5 mL THF 的溶液，于 −20℃搅拌反应 30 min 后，室温搅拌反应过夜。减压蒸出溶剂，剩余物中加入碎冰，用稀盐酸调至 pH3。二氯甲烷提取 3 次，合并有机层，无水硫酸钠干燥。过滤，浓缩，剩余物过硅胶柱纯化，石油醚-乙酸乙酯洗脱（2：1），得无色油状液体（**1**）2.01 g，收率 76.4%。

【用途】 抗病毒新药开发中间体。

1-甲基-4-丙基吡唑-3-羧酸乙酯

$C_8H_{12}N_2O_2$，168.20

【英文名】 Ethyl 1-methyl-4-propylpyrazolin-3-carboxylate
【性状】 浅黄色固体。mp 149～152℃。
【制法】 徐宝峰，赵爱华，吴秋业. 化学研究与应用，2002，14（5）：605.

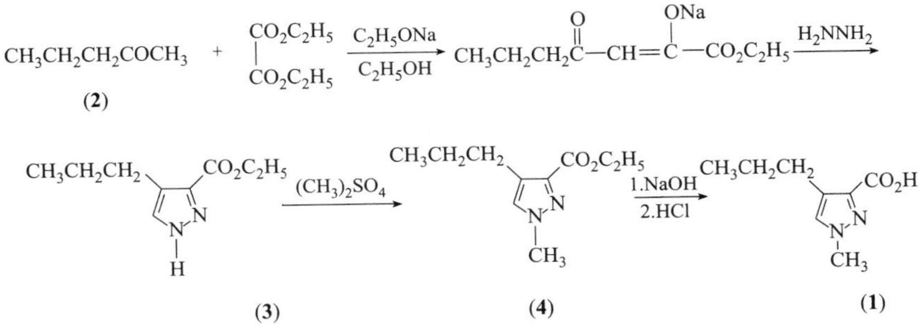

于反应瓶中加入无水乙醇 500 mL，分批加入金属钠 24 g（1.05 mol），待钠全部反应完后，滴加 2-戊酮（**2**）110 mL（1.0 mol）和草酸二乙酯 136 mL（1.0 mol）的混合液，约 2 h 加完，而后于 60℃反应 5 h。减压蒸去溶剂至干，得浅黄色固体。冷却下慢慢加入冰醋酸 200 mL，冰浴冷却，再慢慢加入水合肼 1.0 mol，回流反应 6 h。减压蒸出醋酸，冷后倒入 200 g 碎冰中，用固体碳酸氢钠中和至 pH8。用二氯甲烷提取，再用饱和碳酸氢钠水溶液洗涤，无水硫酸钠干燥，减压蒸馏至干，得油状物（**3**）140 g。加入硫酸二甲酯，加热反应 2.5 h。冷却，加入二氯甲烷，用碳酸钠溶液洗涤，无水硫酸钠干燥。过滤，蒸出溶剂，得粗品（**4**）125 g。加入氢氧化钠的乙醇-水溶液 400 mL，回流 4 h。减压蒸出乙醇，剩余水溶液用盐酸调至酸性，析出固体。冷却，过滤，水洗，干燥，得浅黄色化合物（**1**）91 g，mp 149～151℃，总收率 54%。

【用途】 磷酸二酯酶抑制剂西地那非（Sildenafil）等的中间体。

2-甲基-1,3-环戊二酮

$C_6H_8O_2$，112.13

【英文名】 2-Methyl-1,3-cyclopentanedione
【性状】 无色结晶。mp 211～212℃。
【制法】 Hengartner1 U，Vera Chu. Organic Syntheses，1988，Coll Vol 6：774.

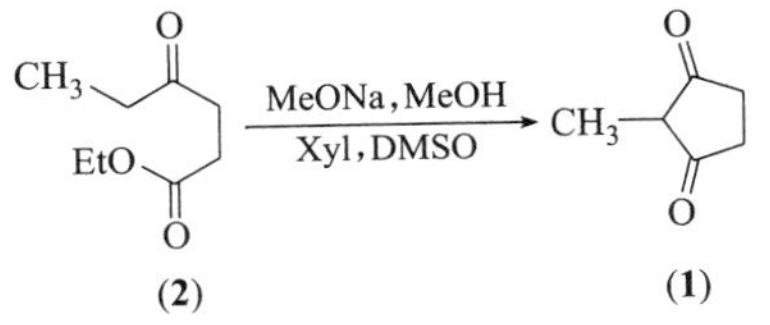

于安有搅拌器、滴液漏斗、蒸馏装置的反应瓶中，加入二甲苯 1.4 L，搅拌下加热至沸，慢慢滴加含有甲醇钠 43 g（0.8 mol）的甲醇溶液 179 g，约 20 min 加完，其间蒸出 450 mL 溶剂。加完后再加入二甲苯 300 mL，继续蒸馏，直至蒸汽温度升至 138℃。此时又蒸出 250 mL，生成白色悬浮液。加入 DMSO 18 mL，而后滴加由 4-氧代己酸乙酯（2）100 g（0.633 mol）溶于 200 mL 二甲苯的溶液，约 25 min 加完。共蒸出馏出物 900 mL。保持蒸汽温度 134～137℃，继续反应 15 min。冷至室温，剧烈搅拌下 5 min 加入 165 mL 水，分为两相。剧烈搅拌下加入浓盐酸 82 mL，于 0℃搅拌 1.5 h。过滤生成的固体，用冷却的乙醚洗涤 2 次，得粗品（1）。将粗品溶于 1 L 热水中，趁热过滤。浓缩至 550～600 mL，0℃放置过夜。抽滤，于 80℃干燥，得化合物（1）50～50.6 g，mp 210～211℃，收率 70%～71%。

【用途】 用于多环化合物的制备，甾族化合物合成用中间体。

2-甲基-1-环己烯-1-羧酸甲酯

$C_9H_{14}O_2$，154.21

【英文名】 Methyl 2-methyl-1-cyclohexene-1-carboxylate

【性状】 bp 96～97℃/3.59 kPa。

【制法】 Margot Alderdice，Sum F W，Larry Weiler. Organic Syntheses，1990，Coll Vol 7：351.

2-氧代环己烷甲酸甲酯（3）：于反应瓶中通入氮气，加入碳酸二甲酯 18.02 g（0.2 mol），无水 THF 50 mL，氢化钠 6.12 g（0.25 mol）（由含 50% 的矿物油的氢化钠 12.24 g 用戊烷洗涤 4 次得到），搅拌下加热回流，慢慢滴加环己酮（2）7.80 g（0.08 mol）溶于 20 mL THF 的溶液。2 min 后加入氢化钾 0.306 g（0.0076 mol）引发反应，而后继续滴加（2）的 THF 溶液，约 1 h 加完。加完后继续搅拌回流反应 30 min。冰浴冷却，慢慢加入 3 mol/L 的醋酸溶液 75 mL 进行分解。将反应物倒入 100 mL 氯化钠溶液中，氯仿提取（150 mL×4）。合并有机层，无水硫酸钠干燥。过滤，旋转浓缩。剩余物减压蒸馏，收集 53～55℃/46.6 kPa 的馏分，得无色液体（3）9.8～10.8 g，收率 79%～87%。

2-二乙氧基磷酰氧基-1-环己烯-1-甲酸甲酯（4）：于反应瓶中通入干燥的氮气，加入氢化钠（由含 50% 矿物油的氢化钠用无水乙醚洗涤 4 次以除去矿物油），无水乙醚 150 mL，冰浴冷却，慢慢滴加由化合物（3）4.68 g（0.03 mol）溶于 10 mL 乙醚的溶液，反应中放出氢气。加完后于 0℃继续搅拌反应 30 min。慢慢加入氯磷酸二乙酯 4.5 mL（5.37 g，0.031 mol），撤去冰浴，室温搅拌反应 3 h。加入氯化铵固体 0.6 g，继续搅拌反应 30 min。过滤，滤液减压浓缩，得化合物（4）8.18～8.63 g，直接用于下一步反应。

2-甲基-1-环己烯-1-甲酸甲酯（1）：于反应瓶中加入碘化亚铜 8.03 g（0.042 mol），无水乙醚 50 mL，通入氮气，冰浴冷却。迅速加入 1.1 mol/L 的甲基锂乙醚溶液 92.7 mL（0.084 mol），生成澄清无色或浅褐色二甲基铜锂溶液。用四氯化碳-干冰浴冷至 -23℃，于

5～10 min 滴加上述化合物（**4**）溶于 35 mL 无水乙醚的溶液。加完后继续冷却下搅拌反应 3 h。将暗紫色溶液倒入 75 mL 冰冷的用氯化钠饱和的 5% 的盐酸中，冰浴冷却下剧烈搅拌 5～10 min 以使分解完全。搅拌下加入 15% 的氨水 150 mL，搅拌至有机层澄清而水层呈浅蓝色。分出有机层，有机层用 15% 的氨水 50 mL 洗涤。合并水层，用 100 mL 乙醚提取。合并乙醚层，饱和盐水洗涤，无水硫酸镁干燥。过滤，旋转浓缩。剩余物减压蒸馏，收集 96～97℃/3.59 kPa 的馏分，得化合物（**1**）3.99～4.17 g，收率 86%～90%。

【用途】 有机合成、药物合成中间体。

γ-苯基-γ-氰基丙酮酸乙酯

$C_{12}H_{11}NO_3$，217.22

【英文名】 Ethyl γ-phenyl-γ-cyanopyruvate
【性状】 柠檬黄色结晶。mp 130℃。
【制法】 勃拉特 A H. 有机合成，第二集. 南京大学化学系有机化学教研室译. 北京：科学出版社，1964：198.

$$C_6H_5CH_2CN + \begin{array}{c}CO_2C_2H_5\\|\\CO_2C_2H_5\end{array} \xrightarrow{EtONa} C_6H_5C=C(ONa)CO_2C_2H_5 \xrightarrow{HCl} C_6H_5CHCOCO_2C_2H_5$$

(2) ... CN ... **(1)**

于干燥的反应瓶中加入无水乙醇 650 mL，分批加入金属钠 46 g（2 mol），反应剧烈，放出氢气。若反应过于剧烈可适当冷却。待金属钠全部反应完后，加入草酸二乙酯 312 g（2.1 mol），而后立即加入苯乙腈（**2**）234 g（2 mol），搅拌均匀后放置过夜。搅拌下加入水 250～300 mL，温热至 35℃。用浓盐酸酸化至强酸性，冷至室温，析出结晶。冰水浴中冷却，抽滤，冷水洗涤，干燥，得柠檬黄色结晶 360～380 g，mp 126～128℃。用 60% 的乙醇重结晶，得（**1**）300～325 g，mp 130℃，收率 69%～75%。

【用途】 医药、化工中间体。

4-氟苯甲酰乙腈

C_9H_6FNO，163.15

【英文名】 4-Fluorobenzoylacetonitrile，3-(4-Fluorophenyl)-3-oxopropanenitrile
【性状】 淡黄色固体。mp 74～76℃。
【制法】 王俊芳，王小妹，王哲烽，时惠麟. 中国医药工业杂志，2009，40（4）：247.

于反应瓶中加入干燥的甲苯 320 mL，60% 的氢化钠 26 g（0.65 mol），乙腈 26.6 g（0.65 mol），搅拌反应 30 min。慢慢滴加对氟苯甲酸甲酯（**2**）50 g（0.32 mol）与甲苯 50 mL 的溶液。加完后加热至 90℃，搅拌反应 2 h。再补加乙腈 26 g（0.65 mol），继续搅拌反应 6.5 h。冷却，抽滤，滤饼加入 550 mL 水中，搅拌溶解。用盐酸调至 pH6，二氯甲烷提取 4 次。合并二氯甲烷层，无水硫酸钠干燥。浓缩至干，得淡黄色固体（**1**）47 g，收率 92%，mp 74~76℃。

【用途】 非典型性精神病治疗药布南色林（Blonanserin）中间体。

（R）-6-氰基-5-羟基-3-氧代-N,N-二苯基己酰胺

$C_{19}H_{18}N_2O_3$，322.36

【英文名】 （R）-6-Cyano-5-hydroxy-3-oxo-N,N-diphenylhexanamide

【性状】 油状液体。

【制法】 ①US 5298627.1994. ②陈仲强，陈虹. 现代药物的制备与合成. 北京：化学工业出版社，2007：440.

于反应瓶中加入 N,N-二苯基乙酰胺 211 g（1.0 mol），THF 1 L，搅拌下于－10℃慢慢加入 2 mol/L 的二异丙基氨基锂 THF-庚烷溶液 0.5 L，其间保持反应液温度在－10~－5℃。加完后于 0~－20℃搅拌反应 30 min。而后慢慢加入化合物（R）-4-氰基-3-羟基丁酸甲酯（2）40 g（0.25 mol）溶于 200 mL HTF 的溶液，加完后于－5~－20℃反应 30 min。将反应物慢慢加入 2.2 mol/L 的盐酸 1 L 中，用 500 mL 乙酸乙酯提取，水层再用乙酸乙酯提取 2 次。合并有机层，减压浓缩，得粗品（1）。取少量样品过硅胶柱纯化，可以得到纯品油状物。

【用途】 降血脂药阿托伐他汀钙（Atorvastatin calcium）中间体。

1-对甲苯磺酰基-4-氰基-2,3,4,5-四氢-5-氧代-1H-苯并氮杂䓬

$C_{18}H_{16}N_2O_3S$，340.40

【英文名】 1-Tosyl-4-cyano-2,3,4,5-tetrahydro-5-oxo-1H-benzo［b］azepine

【性状】 浅黄色固体。mp 153.4~157.5℃。

【制法】 ①郑登宇，高文磊，赵俊等. 中国医药工业杂志，2015，46（9）：939. ②仇传菊. 中国医药工业杂志，2016，47（10）：1223.

2-[N-(3-氰基丙基)-4-甲基苯磺酰氨基]苯甲酸甲酯（3）：于反应瓶中加入 2-对甲苯磺酰氨基苯甲酸甲酯（2）85 g（0.278 mol），4-氯丁腈 34.8 g（0.336 mol），乙腈 1 L，搅拌溶解，加入碳酸钾 77.4 g（0.56 mol）和碘化钾 5 g，回流反应 46 h。冷至室温，倒入 3 L 水中，搅拌 30 min，析出固体。抽滤，水洗后用乙酸乙酯-石油醚（1∶1）重结晶，得白色固体（3）90 g，收率 87.6%，mp 103~105.3℃。

1-对甲苯磺酰基-4-氰基-2,3,4,5-四氢-5-氧代-1H-苯并氮杂䓬（1）：于反应瓶中加入 DMF 1.1 L，上述化合物（3）90 g（0.242 mol），搅拌下于－15~0℃分批加入叔丁醇钠

47 g（0.49 mol），加完后于 0～5℃搅拌反应 3 h。加入 1 L 水，用 450 mL 浓盐酸淬灭反应，搅拌 1 h，析出固体。抽滤，用甲醇重结晶，得浅黄色固体（**1**）71.5 g，收率 87%，mp 153.4～157.5℃。

【用途】　精氨酸加压素（AVP）V1a 和 V2 受体的一种非肽类双重抑制剂盐酸考尼伐坦（Conivaptan hydrochkoride）中间体。

七、羰基 α-位亚甲基化

苯亚甲基丙二酸二乙酯

$C_{14}H_{16}O_4$，248.28

【英文名】　Diethyl phenylmethylenemalonate
【性状】　无色透明液体。bp 140～142℃/0.5 kPa。溶于醇、醚，不溶于水。
【制法】　①孙昌俊，曹晓冉，王秀菊.药物合成反应——理论与实践.北京：化学工业出版社，2007：399.　②Shen Y C；Yang B Z. J Org Chem，1989，375：45.

于安有分水器的反应瓶中，加入丙二酸二乙酯（**3**）100 g（0.63 mol），工业苯甲醛（**2**）72～76 g，哌啶 5 mL，苯 200 mL，油浴加热回流共沸除水。大约 1.5 h 后共收集反应生成的水 12～14 mL。冷却，水洗，再用 1 moL/L 的盐酸洗涤，最后用饱和碳酸氢钠水溶液洗涤。水洗液用苯提取一次，合并有机层，无水硫酸钠干燥。减压蒸出苯，而后减压蒸馏，收集 140～142℃/0.5 kPa 的馏分，得无色液体（**1**）137～142 g，收率 89%～91%。

【用途】　抗生素羧苄西林钠（Carbenicillin sodium）、抗癫痫药物扑米酮（Primidone）等的中间体。

3-甲基-4-苯亚甲基-异噁唑-5(4*H*)-酮

$C_{11}H_9NO_2$，187.20

【英文名】　3-Methyl-4-benzylideneisooxazol-5（4*H*）-one
【性状】　mp 142～146℃。
【制法】　程青芳，许兴友，王启发，刘丽莎.有机化学，2009，29（8）：1267.

于反应瓶中加入乙酰乙酸甲酯（**2**）4 mmol，盐酸羟胺 4 mmol，吡啶 4 mmol，水 10 mL，超声反应 10 min。再加入苯甲醛 4 mmol，继续超声反应 0.5 h。放置过夜，抽滤，水洗，用 95% 的乙醇重结晶，得化合物（**1**），收率 76%，mp 142～146℃。

【用途】　开发抗精神病新药的中间体。

(*E*)-3,4-二甲氧基肉桂酸

$C_{11}H_{12}O_4$，208.21

【英文名】 (*E*)-3,4-Dimethoxycinnamonic acid

【性状】 白色粉状固体。mp 181～182℃。

【制法】 方法1 李凡，侯兴普等.中国医药工业杂志，2010，41（4）：241.

3,4-二甲氧基苯甲醛（**3**）：于反应瓶中加入 3-甲氧基-4-羟基苯甲醛（**2**）36.4 g（0.24 mol），水 90 mL，氮气保护下搅拌加热，慢慢滴加 33%的氢氧化钠水溶液 72 mL（0.59 mol）。加完后加热回流，慢慢滴加硫酸二甲酯 45.6 g（0.36 mol）。此后每隔 10 min 依次加入 33%的氢氧化钠溶液 12 mL（0.1 mol）和硫酸二甲酯 7.8 g（0.06 mol），重复 4 次。加完后继续回流 30 min。冷却后用石油醚提取（60 mL×3）。合并有机层，水洗 3 次，无水硫酸钠干燥，减压蒸出溶剂，得白色固体（**3**）35.3 g，mp 41℃，收率 88%。

（*E*）-3,4-二甲氧基肉桂酸（**1**）：于安有搅拌器、回流冷凝器的反应瓶中，加入吡啶 90 mL，化合物（**3**）3.7 g（0.2 mol），丙二酸 52.5 g（0.5 mol），β-丙氨酸 3 g（0.03 mol）。搅拌下加热回流 1.5 h。冷至 0℃，搅拌下滴加浓盐酸 240 mL。过滤，滤饼用水洗涤，于 105℃干燥 2 h，得白色粉末固体（**1**）40.1 g，mp 181～182℃，收率 98%。

方法2 孙亚芳，朱占元.浙江化工，2003，11：12.

于反应瓶中加入 3,4-二甲氧基苯甲醛（**2**）2.1 g，无水 KF 0.73 g，醋酸酐 3.8 mL，0.15 g PEG-400，慢慢升至 150℃反应 1.5 h。将反应物倒入沸水中搅拌溶解，而后用盐酸调至强酸性。冷却，过滤，得浅黄色固体（**1**）2.35 g，收率 89.3%，mp 178～180℃。乙醇-水重结晶，得白色针状结晶。

【用途】 抗帕金森病药物伊曲茶碱（Istradefylline）中间体、预防和治疗支气管哮喘和过敏性鼻炎药物曲尼司特（Tranilast）等的中间体。

对甲氧基苯丙酸

$C_{10}H_{12}O_3$，180.20

【英文名】 4-Methoxyphenylpropiinic acid，4-Methoxybenzenepropionic acid

【性状】 白色固体。mp 102～103℃。

【制法】 ①蒋荣海，陈晓琳.中国药物化学杂志，1993，3：203.②邹霈，罗世能，谢敏浩等.中国现代应用药学杂志，1999，12（6）：32.

3-对甲氧基苯基丙烯酸（**3**）：于干燥的反应瓶中加入对甲氧基苯甲醛（**2**）50 g（0.367 mol）、丙二酸 57.5 g（0.55 mol）、吡啶 68 mL（0.848 mol）和哌啶数滴，于 100℃搅拌反应 2 h，120～125℃搅拌反应 3 h。冷至室温，加入 3 mol/L 盐酸 300 mL，析出白色结晶。过滤，干燥，得粗品（**3**）。用乙醇重结晶，活性炭脱色，得白色结晶（**3**）48 g，收率 74％，mp 172～173℃。

对甲氧基苯丙酸（**1**）：于反应瓶中加入化合物（**3**）8.9 g（0.05 mol）、氢氧化钠 14 g（0.35 mol）溶于水 375 mL 的溶液，搅拌加热至 80℃，加入 5％Pd-C 催化剂 1 g，滴加次磷酸钠 45 g（0.51 mol）和水 75 mL 的溶液，加完后继续加热搅拌回流反应 5 h。冷却，过滤，滤液用浓盐酸调至 pH1～2，析出白色结晶。过滤，干燥，得白色固体（**1**）8.7 g，收率 96％，mp 102～103℃。

【用途】 心脏病治疗药盐酸艾司洛尔（Esmolol hydrochloride）等的中间体。

3-(呋喃-2-基)丙烯酸

$C_7H_6O_3$，138.12

【英文名】 3-(Furan-2-yl) acrylic acid

【性状】 白色粉末或针状结晶。mp 141℃，bp 117℃/1.06 kPa。溶于乙醇、乙醚、苯、乙酸，1 g 本品溶于 500 mL 水（25℃），不溶于二硫化碳，能随水蒸气挥发。

【制法】 方法 1 王慧敏，孔祥灏，徐东卫. 河南化工，2003，6：16.

于反应瓶中加入新蒸馏的糠醛（**2**）19.2 g（0.22 mol），丙二酸 20.8 g（0.22 mol），吡啶 20 mL，搅拌下沸水浴加热反应 2 h。冷后加入 20 mL 水。加入浓氨水使酸溶解。过滤，水洗。合并滤液和洗涤液，用盐酸酸化，冰浴中冷却。滤出析出的无色针状结晶，水洗，干燥，得（**1**）25.2 g，收率 91％，mp 139～141℃。

方法 2 孙昌俊，曹晓冉，王秀菊. 药物合成反应——理论与实践. 北京：化学工业出版社，2007：405.

于安有搅拌器、回流冷凝器的反应瓶中，加入新蒸馏的糠醛（**2**）96 g（1 mol），醋酸酐 155 g（1.5 mol），新熔融过的粉状醋酸钾 98 g（1 mol），搅拌下油浴加热，当油浴温度接近 145～150℃时，发生剧烈的放热反应，于此温度反应 4 h。稍冷后倒入 1.2 L 水中。加入活性炭煮沸 10 min。趁热抽滤，滤液用 1：1 的盐酸调至刚果红试纸变红。冷却，滤出析出的固体，水洗，干燥，得浅黄褐色（**1**）90～96 g，收率 65％～70％，mp 138～140℃。

【用途】 抗血吸虫病药物呋喃丙胺（Furapromide）的中间体，也用于制备庚酮二酸、庚二酸、乙烯呋喃等。

非洛地平

$$C_{18}H_{19}Cl_2NO_4，384.26$$

【英文名】 Felodipine

【性状】 白色或类白色固体。mp 142～145℃。

【制法】 李帅，郑德强，刘文涛，孙立民.食品与药品，2011，13（9）：328.

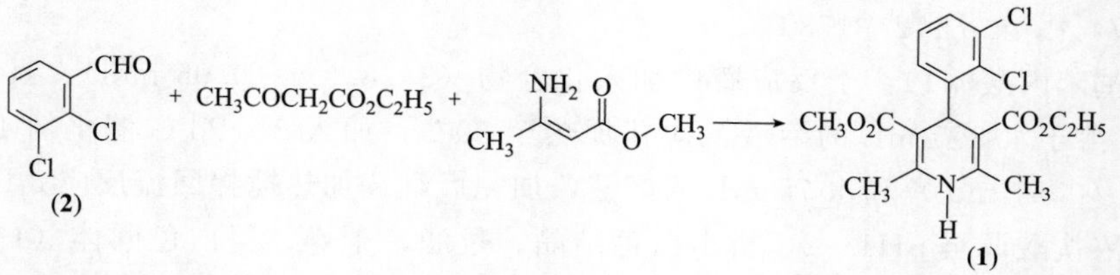

于反应瓶中加入异丙醇 120 mL，2,3-二氯苯甲醛（**2**）13.7 g（0.078 mol），3-氨基巴豆酸甲酯 11.0 g（0.096 mol），乙酰乙酸乙酯 12.5 g（0.096 mol），氮气保护，室温反应 30 min 后，回流反应 16 h，TLC 跟踪反应。反应结束后，减压浓缩至干，剩余物用乙酸乙酯重结晶，得淡黄白色结晶（**1**）22.9 g，收率 76.4%，mp 145～147℃。

【用途】 治疗高血压、心绞痛的药非洛地平（Felodipine）原料药。

2-苄基丙烯酸

$$C_{10}H_{10}O_2，162.19$$

【英文名】 2-Benzylacrylic acid

【性状】 mp 67～69℃。

【制法】 袁哲东，王强，俞雄，张秀平.中国医药工业杂志，2006，37（5）：293.

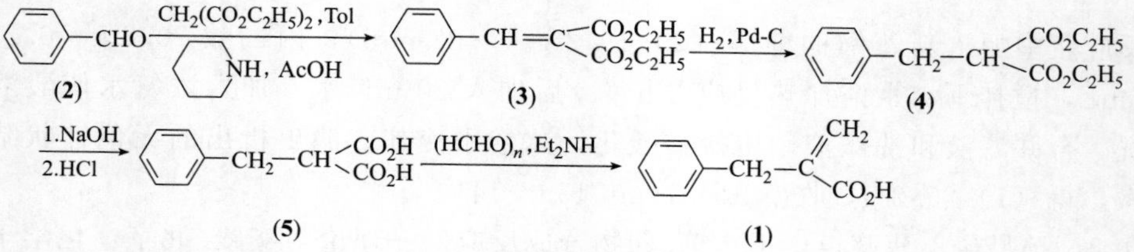

苯亚甲基丙二酸二乙酯（**3**）：于反应瓶中加入苯甲醛（**2**）120 g（1.13 mol），丙二酸二乙酯 181 g（1.13 mol），哌啶 7.7 g（0.09 mol），冰醋酸 5.4 g（0.09 mol），甲苯 260 mL，分水回流反应 3 h。共收集生成的水 20 mL 左右。冷却，得化合物（**3**）的甲苯溶液，直接用于下一步反应。

苄基丙二酸二乙酯（**4**）：于高压反应釜中加入上述化合物（**3**）的甲苯溶液，5% 的 Pd-C 催化剂 20 g，于 1～1.5 MPa 氢气压力下反应，控制反应温度 30～50℃，前期为 30℃，后期为 50℃，直至不再吸收氢气为止，约需 3 h。过滤除去催化剂，得化合物（**4**）的甲苯溶液。

苄基丙二酸（**5**）：向上述甲苯溶液中加入 20% 的氢氧化钠水溶液 800 mL，搅拌回流 3 h。冷却，分出水层，冷至 10℃ 以下，用浓盐酸调至 pH1。乙酸乙酯提取（200 mL×2）。合并乙酸乙酯层，水洗，得化合物（**5**）的乙酸乙酯溶液，用于下一步反应。

苄基丙烯酸（**1**）：将上述化合物（**5**）的乙酸乙酯溶液冷至 10℃ 以下，慢慢滴加二乙胺

116.6 mL（1.12 mol），注意内温要低于 30℃。加入多聚甲醛 53.6 g（1.64 mol），搅拌回流 1 h。冷至 10℃，加入 100 mL 水稀释，用浓盐酸调至 pH1。分出有机层，水洗，无水硫酸钠干燥。过滤，减压浓缩至干，得化合物（**1**）161 g，收率 88%（以苯甲醛计），mp 69℃。

【用途】 急性腹泻病治疗药消旋卡多曲（Racecadotril）中间体。

3-苯甲氧羰基-4-(6-甲氧基-2-萘基)-3-丁烯-2-酮

$$C_{23}H_{20}O_4，360.41$$

【英文名】 3-Phenylmethoxycarbonyl-4-(6-methoxy-2-naphthyl)-3-buten-2-one

【性状】 浅黄色固体。mp 82.8～83.6℃。

【制法】 陈小全，左之利，仇玉琴等．有机化学，2010，30（7）：1069．

于反应瓶中加入 6-甲氧基-2-萘甲醛（**2**）9.3 g（0.05 mol），乙酰乙酸苄酯适量和 120 mL 环己烷，搅拌溶解后，加入醋酸哌啶 0.5 g，超声回流反应 2 h。冷却，加入乙醚 30 mL，冷却放置过夜，析出结晶。过滤，用 50% 的乙醇 25 mL 洗涤，干燥，得浅黄色固体（**1**）14.1 g，收率 81.6%，mp 82.8～83.6℃。

【用途】 长效消炎镇痛药萘丁美酮（Nabumetone）中间体。

3-硝基苯亚甲基乙酰乙酸甲氧基乙酯

$$C_{14}H_{15}NO_6，293.28$$

【英文名】 Methoxyethyl 3-nitro-benzylideneacetoacetate

【性状】 白色结晶。mp 66～68℃。

【制法】 徐云根，华维一．中国医药工业杂志，2005，36（1）：8．

于反应瓶中加入乙酰乙酸甲氧基乙基酯 48 g（0.3 mol），乙酸酐 20.4 g（0.2 mol），冰盐浴冷却，搅拌下慢慢加入浓硫酸 4 g，分数次加入间硝基苯甲醛（**2**）30.2 g（0.2 mol），升至室温，固体搅拌溶解后继续反应 1 h。加入 95% 的乙醇 30 mL，搅拌后于 0℃放置 1 h。过滤，依次用冷乙醇（30 mL）、水（60 mL×3）洗涤，干燥，得类白色结晶（**1**）51.8 g，收率 88.3%，mp 65～67℃。用乙醇重结晶，得白色结晶（**1**），mp 66～68℃。

【用途】 钙拮抗剂尼莫地平（Nimodipine）中间体。

(±)-(*E*)-7-[3-(4-氟苯基)-1-异丙基-1*H*-吲哚-2-基]-5-羟基-3-氧代-庚-6-烯酸甲酯

$$C_{25}H_{26}FNO_4，423.48$$

【英文名】 Methyl（±）-(*E*)-7-[3-(4-fluorophenyl)-1-isopropyl-1*H*-indol-2-yl]-5-hydroxy-3-oxohept-6-enoate

【性状】 橙黄色固体。mp 99～101℃。

【制法】 ①蔡正艳，宁奇，周伟澄.中国医药工业杂志，2007，38（2）：73.②金红日，陈晓芳，闵启东等.合成化学，2008，16（3）：358.

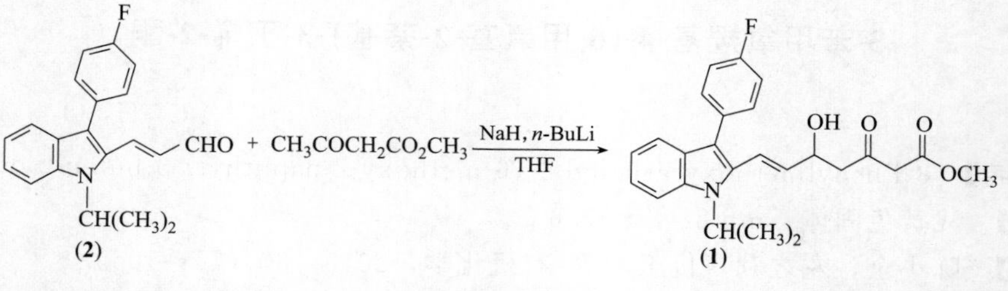

氮气保护下。于反应瓶中加入 60％的氢化钠 34 g（0.85 mol），无水 THF 800 mL，搅拌下冷至 0℃，滴加乙酰乙酸甲酯 99 g（0.85 mol），加完后继续搅拌 20 min。而后滴加 2.05 mol/L 的正丁基锂的乙烷溶液 425 mL（0.85 mol），加完后继续搅拌反应 20 min。慢慢滴加由化合物（**2**）151 g（0.5 mol）溶于 1.5 L 无水 THF 的溶液，加完后继续搅拌反应 1 h。将反应物慢慢倒入含有 325 mL 浓盐酸的 1 L 冰水中，用乙酸乙酯提取。合并有机层，饱和盐水洗涤，无水硫酸钠干燥。过滤，减压蒸出溶剂，得油状物 282 g。用无水乙醇重结晶，得橙黄色固体（**1**）175.8 g，收率 83％，mp 99～101℃。

【用途】 降血脂药氟伐他汀钠（Fluvastatin sodium）中间体。

肉桂酸

$C_9H_8O_2$，148.16

【英文名】 Cinnamic acid，3-Phenylacrylic acid

【性状】 白色结晶状固体。mp 135～136℃。bp 300℃。易溶于醚、苯、丙酮、冰醋酸、二硫化碳，溶于乙醇、甲醇、氯仿，微溶于水。

【制法】 吴赛苏.化学世界，2002，11：599.

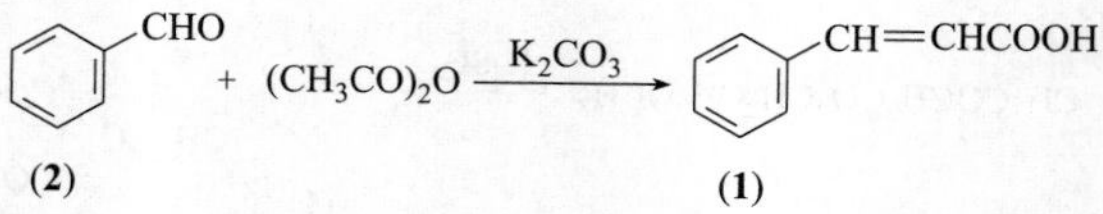

于反应瓶中加入新蒸馏的苯甲醛（**2**）6.1 mL（0.06 mol），醋酸酐 17 mL，无水粉状醋酸钾 9 g 及少量对苯二酚，油浴加热至 180℃，搅拌反应 1 h。冷后加入 15 mL 水，用碳酸钠调至 pH8。水蒸气蒸馏，除去未反应的苯甲醛。过滤，滤液调至 pH4，冷却析晶。抽滤，水洗。用乙醇-水（1：3）重结晶，得白色肉桂酸（**1**），收率 74％，mp 131～133℃。

【用途】 心绞痛治疗药普尼拉明（Prenvlamine）、解痉药米尔维林（Milverine）中间体。

α-甲基肉桂酸

$C_{10}H_{10}O_2$，162.19

【英文名】 α-Methylcinnamic acid

【性状】 白色固体。mp 81℃（74℃）。

【制法】 韩广甸，赵树纬，李述文.有机制备化学手册（中）.北京：化学工业出版社，1978：144.

$$\text{PhCHO} \; (2) \; + \; (CH_3CH_2CO)_2O \; \xrightarrow{CH_3CH_2COONa} \; \text{Ph}-CH=C(CH_3)COOH \; (1) \; + \; CH_3CH_2COOH$$

于反应瓶中加入新蒸馏的苯甲醛（**2**）21 g（0.2 mol），丙酸酐 32 g（0.25 mol），无水丙酸钠 20 g，油浴中于 130～135℃搅拌加热 30 h。而后将反应物慢慢倒入 400 mL 冰水中，再用碳酸氢钠溶液调至中性。水蒸气蒸馏，除去未反应的苯甲醛。活性炭脱色后，用浓盐酸调至酸性。滤出析出的固体，水洗，干燥，得 α-甲基肉桂酸（**1**）21～25 g。用汽油重结晶，得纯品 19～23 g，收率 60%～70%，mp 81℃（74℃）。

【用途】 抗癫痫药甲琥胺（Methsuximide）等的中间体。

香豆素

$$C_9H_6O_2，146.18$$

【英文名】 Coumarin，2H-1-Benzopyran-2-one

【性状】 无色斜方或长方晶体。mp 71℃，bp 301.7℃。溶于乙醇、氯仿、乙醚，稍溶于热水，不溶于冷水，有香荚兰豆香，味苦。

【制法】 方法 1 何怀国，侍爱秋，祁刚.化工时刊.2007，21（9）：34.

$$\text{(2)} \; \xrightarrow[CH_3CO_2Na]{(CH_3CO)_2O} \; \text{(1)}$$

将水杨醛（**2**）11 mL（0.110 mol）与醋酸酐 27 mL（0.130 mol）混和，再加入乙酸钠 20.5 g（0.125 mol），搅拌溶解，加热至 170℃反应 3 h。冷却，加入 20 mL 水，用 10% 碳酸钠溶液中和至 pH7，静置。过滤，用 20 mL 95% 乙醇重结晶，得白色针状晶体（**1**）13.1 g，收率 90%，mp 66～68℃。

方法 2 孙昌俊，曹晓冉，王秀菊.药物合成反应——理论与实践.北京：化学工业出版社，2007：453.

$$\text{(2)} \; \xrightarrow[K_2CO_3]{(CH_3CO)_2O} \; \text{(1)}$$

于安有韦氏分馏柱的 500 mL 反应瓶中，加入水杨醛（**2**）122 g（1.0 mol），醋酸酐 306 g（3.0 mol），无水碳酸钾 35 g（0.25 mol），慢慢加热至 180℃，同时控制馏出温度在 120～125℃。至无馏出物时，再补加醋酸酐 51 g（0.5 mol），控制反应温度在 180～190℃，馏出温度在 120～125℃。内温升至 210℃时，停止加热。趁热倒入烧杯中，用碳酸钠水溶液洗至中性。减压蒸馏，收集 140～150℃/1.3～2.0kPa 的馏分。再用乙醇-水（1∶1）重结晶，得香豆素（**1**）85 g，收率 58%，mp 68～70℃。

【用途】 香料及药物合成中间体。香豆素类药物是一类口服抗凝药物。

(E)-3-(3,5-二异丙氧基苯基)-2-(4-异丙氧基苯基)丙烯酸

$$C_{24}H_{30}O_5，398.50$$

【英文名】 (E)-3-(3,5-Diisopropoxyphenyl)-2-(4-isopropoxyphenyl) acrylic acid，α-

（*p*-Isopropoxyphenyl)-*m*，*m*-dipropoxycinnamic acid

【性状】 白色固体。mp 168～171℃。

【制法】 Solladie G，et al. Tetrahedron，2003，59：3315.

于反应瓶中通入氩气，加入 3,5-二异丙氧基苯甲醛（**2**）2.12 g，对异丙氧基苯乙酸 1.85 g，醋酸酐 1.62 mL，三乙胺 0.94 mL，于 110℃搅拌反应 12 h。冷至室温，加入 50 mL 水和 50 mL 乙酸乙酯。分出有机层，水层用乙酸乙酯提取 3 次。合并有机层，饱和盐水洗涤，无水硫酸镁干燥。过滤，减压浓缩，得深黄色固体 4.24 g。过硅胶柱纯化，己烷-乙酸乙酯（9：1）洗脱，回收 300 mg 未反应的原料（**2**），得化合物（**1**）3 g。用己烷重结晶，得纯品（**1**）2.38 g，收率 72%，mp 168～171℃。

【用途】 白藜芦醇（Resveratrol）等的中间体。

4-(3,4-二甲氧苯亚甲基)-2-苯基噁唑-5 (4*H*)-酮

$C_{18}H_{15}NO_4$，309.32

【英文名】 4-(3,4-Dimethoxybenzylidene)-2-phenyloxazol-5 (4*H*)-one

【性状】 黄色结晶。mp 151～152℃（苯中结晶）。

【制法】 Monk K A，Sarapa D，Mohan R S. Synth Commun 2000，30：3167.

于反应瓶中加入藜芦醛（**2**）160 g（0.96 mol），粉状的苯甲酰基甘氨酸 192 g（1.07 mol），新熔融的醋酸钠 80 g（0.98 mol），300 g 醋酸酐，反应体系几乎变为固体。慢慢加热，逐渐熔化，并变为深黄色。尽快熔化后，蒸气浴加热 2 h。其间有深黄色结晶析出。加入 400 mL 乙醇，冰箱中放置过夜。抽滤，冷乙醇洗涤 2 次，再用 100 mL 沸水洗涤，干燥，得黄色结晶（**1**）205～215℃，mp 149～150℃，收率 69%～73%。用苯重结晶后，mp 151～152℃。

【用途】 抗精神病药物中间体。

3-(2-氟-5-羟基苯基)丙氨酸

$C_9H_{10}FNO_3$，199.18

【英文名】 3-(2-Fluoro-5-hydroxyphenyl)-alanine

【性状】 白色固体。

【制法】 Konkel J T，Fan J，Jayachandran B，Kirk K L. J Fluorine Chem，2002，115：27.

2-苯基-4-(2-氟-5-苄氧基苯亚甲基)噁唑酮（**3**）：于反应瓶中加入 2-氟-5-苄氧基苯甲醛（**2**）500 mg（2.17 mmol），N-苯甲酰基甘氨酸 430 mg（2.40 mmol），醋酸钠 200 mg，醋酸酐 1.1 mL，于 80℃搅拌反应 2 h。将生成的黄色反应物冷却，加入 5 mL 乙醇，倒入 15 mL 冰水中，过滤，干燥，得黄色结晶（**3**）770 mg，收率 95%，mp 156～157℃。

2-苯甲酰氨基-3-(2-氟-5-苄氧基苯基)丙烯酸甲酯（**4**）：于反应瓶中加入化合（**3**）530 mg（1.43 mmol），醋酸钠 126 mg，甲醇 80 mL，室温搅拌反应 2 h。旋转浓缩，剩余物溶于 50 mL 乙酸乙酯中，水洗 2 次。浓缩，得白色固体（**4**）557 mg，收率 96%，mp 135～136℃。

N-苯甲酰基-3-(2-氟-5-羟基苯基)丙氨酸甲酯（**5**）：于压力反应釜中，加入化合物（**4**）470 mg（1.16 mmol），甲醇 100 mL，10%的 Pd-C 催化剂 100 mg，于 0.28 MPa 氢气压力下反应 20 h。滤去催化剂，减压浓缩，得化合物（**5**）306 mg，收率 83%，mp 139～140℃。

3-(2-氟-5-羟基苯基)丙氨酸（**1**）：于反应瓶中加入 3 mol/L 的盐酸 10 mL，化合物（**5**）158 mg（0.5 mmol），回流反应 24 h。减压浓缩至干，加入 5 mL 水。乙醚提取 3 次。水层用氢氧化钠溶液中和至 pH6，浓缩至 3 mL，析出白色固体。过滤，得化合物（**1**）43 mg，收率 40%。

【用途】　新药合成中间体。

4-(3,4-二氯苯基)-3-(乙氧羰基)-4-苯基丁-3-烯酸

$C_{19}H_{16}Cl_2O_4$，379.24

【英文名】　4-(3,4-Dichlorophenyl)-3-(ethoxycarbonyl)-4-phenylbut-3-enoic acid
【性状】　浅黄色油状液体。
【制法】　Welch W M，Kraska A R，Sarges R，et al. J Med Chem，1984，27（11）：1508.

于反应瓶中加入化合物（**2**）398 g（1.58 mol），叔丁醇 1.5 L，叔丁醇钾 169 g（1.5 mol），丁二酸二乙酯 402 mL（2.4 mol），氮气保护，搅拌回流 16 h。冷至室温，倒入 2 L 冰水中，用盐酸调至 pH1～2，乙酸乙酯提取（1 L×3）。合并有机层，用 1 mol/L 的氨水提取（1 L×3）。合并氨水层，乙酸乙酯洗涤后，冷至 0～5℃，用浓盐酸调至 pH1 以下，乙酸乙酯提取（2 L×4）。合并有机层，无水硫酸镁干燥。过滤，减压浓缩，得浅黄

色油状液体（**1**）477 g，收率 80%。

【用途】 抗抑郁药盐酸曲舍林（Sertraline hydrochloride）中间体。

(*E*)-2-(4-苄氧基-3-甲氧基苯亚甲基)丁二酸

$C_{19}H_{18}O_6$，342.35

【英文名】 (*E*)-2-(4-Benzyloxy-3-methoxybenzylidene) succinic acid

【性状】 黄色柱状结晶。mp 131～133℃。

【制法】 ①夏亚穆，王伟，杨丰科，常亮. 高等学校化学学报，2010，31（5）：947.
②夏亚穆，毕文慧，王琦，郭英兰. 有机化学，2010，30（5）：684.

于反应瓶中加入无水乙醇 500 mL，乙醇钠 40.8 g（0.6 mol），搅拌下加入 4-苄氧基-3-甲氧基苯甲醛（**2**）72.6 g（0.3 mol），丁二酸二乙酯 52.2 g（0.3 mol），回流反应 4 h。减压蒸出溶剂，加入 20% 的氢氧化钠 250 mL，回流 2 h。冷至室温，乙酸乙酯提取 3 次。水层用盐酸酸化，析出黄色沉淀。乙醇中重结晶，得黄色柱状结晶（**1**）85.2 g，收率 83%，mp 131～133℃。

【用途】 倍半木脂素 threo-3,4-二香草基四氢呋喃阿魏酸酯中间体。

八、Michael 加成和 Robinson 环化

2-(3-氧代环己基)丙酸

$C_9H_{14}O_3$，170.21

【英文名】 2-(3-Oxocyclohexyl) propanoic acid

【性状】 油状液体。

【制法】 ①Berger L，Corraz A J，et al. US 3896145. 1975. ②陈芬儿. 有机药物合成法：第一卷. 北京：中国医药科技出版社，1999：312.

α-甲基-3-氧代环己基丙二酸二乙酯（**3**）：于反应瓶中加入无水乙醇 300 mL，氮气保护，加入金属钠 2.2 g（0.096 mol），待金属钠反应完后，滴加甲基丙二酸二乙酯 182 g（1.14 mol），室温搅拌 1 h。滴加 2-环己烯-1-酮（**2**）92 g（0.96 mol）溶于 118 mL 乙醇的溶液，约 1 h 加完。加完后继续室温搅拌反应 5 h。用浓盐酸调至酸性，减压蒸出溶剂。剩余物中加入乙醚 1.2 L，静止分层。水洗，无水硫酸钠干燥。过滤，浓缩，减压蒸馏，收集149～152℃/106.7 kPa 的馏分，得油状液体（**3**）204.4 g，收率 78.7%。

2-(3-氧代环己基)丙酸（**1**）：于反应瓶中加入化合物（**3**）15.75 g（0.058 mol），

6 mol/L 的盐酸 235 mL，二氧六环 235 mL，回流反应 10 h。冰浴冷却，用 50% 的氢氧化钠溶液 75 mL 和水 75 mL 的溶液调至碱性。用乙醚 500 mL 提取，乙醚层弃去。水层用盐酸调至 pH1～2，浓缩至干。剩余物用乙醚提取（350 mL×3），合并乙醚层，无水硫酸钠干燥。过滤，浓缩，减压蒸馏，收集 164～166℃/93.3 kPa 的馏分，得化合物（**1**）5.4 g，收率 54.9%。

【用途】　消炎镇痛药卡洛芬（Carprofen）中间体。

2-乙酰基戊二酸二乙酯

$C_{11}H_{18}O_5$，230.26

【英文名】　Diethyl 2-acetylglutarate
【性状】　无色液体。bp 92～94℃/6.66 Pa。
【制法】　① Kappeler H，Stauffacher D，Eschenmoser A，Schinz H，Helv Chim Acta，1954，37：957. ②陈芬儿. 有机药物合成法：第一卷. 北京：中国医药科技出版社，1999：168.

$$CH_3COCH_2CO_2C_2H_5+CH_2\!\!=\!\!CHCO_2C_2H_5 \xrightarrow{KF,EtOH} CH_3COCHCO_2C_2H_5 | CH_2CH_2CO_2C_2H_5$$

（**2**）　　　　　　　　　　　　　　　（**1**）

于反应瓶中加入丙烯酸乙酯 25 g（0.25 mol）、乙酰乙酸乙酯（**2**）33 g（0.25 mol）、乙醇 40 mL 和氟化钾 4.8 g（0.08 mol），于 60℃搅拌反应 14 h。冷却，过滤除去催化剂，滤液减压回收溶剂后，减压蒸馏，收集 bp 92～94℃/6.66 Pa 馏分，得化合物（**1**）24.2 g，收率 42%。

【用途】　抗焦虑药、镇吐药大麻隆（Nabilone）等的中间体。

盐酸巴氯芬

$C_{10}H_{12}ClNO_2 \cdot HCl$，250.12

【英文名】　Baclofen hydrochloride
【性状】　白色固体。mp 178.2～179.0℃。
【制法】　江淼，谌志华，邹志芹等. 中国医药工业杂志，2010，41（6）：407.

3-硝基甲基-3-对氯苯基丙酸甲酯（**3**）：N_2 保护下，将 4-氯肉桂酸甲酯（**2**）60 g（0.305 mol）、碳酸钾 84 g（0.607 mol）、氯化三乙基苄铵（TEBAC）6.96 g（0.031 mol）和甲苯 450 mL 依次加至 2 L 反应瓶中，室温搅拌 0.5 h。冰浴冷却，缓慢滴加硝基甲烷 160 mL（3.05 mol），约 0.5 h 加完。撤去冰浴，于 30℃搅拌反应 24 h。TLC［展开剂乙酸乙酯-石油醚（1：5）］显示反应完全后，加入水 500 mL。搅拌后用乙酸乙酯（200 mL×3）

萃取。合并有机层，无水硫酸钠干燥。抽滤，滤液蒸去溶剂，得（3）粗品82.0 g，直接用于下步反应。

3-硝基甲基-3-对氯苯基丙酸（4）：将上述化合物（3）粗品82 g（0.319 mol）、2 mol/L盐酸400 mL和冰乙酸400 mL依次加至1 L反应瓶中，搅拌至固体完全溶解。加热回流1.5 h。TLC〔展开剂乙酸乙酯-石油醚-冰乙酸（20∶5∶1）〕显示反应完全后冷却至室温。减压蒸去溶剂，剩余物用二氯甲烷（115 mL）重结晶，得灰白色固体（4）56 g，以（2）计收率75.3%，mp 112.5～115.4℃。

盐酸巴氯芬（1）：化合物（4）8 g（0.033 mol）、Raney Ni 1.6 g和甲醇300 mL依次加入500 mL干燥氢化釜中，密封后先用氮气置换釜内空气再用氢气排除氮气。将氢压调至0.5 MPa，于30℃搅拌反应5 h。TLC〔展开剂正丁醇-冰乙酸-水（4∶1∶1）〕显示反应完毕后停止反应。冷后出料过滤，滤液加0.1 mol/L氢氧化钠溶液调至pH10。过滤，滤液减压蒸干。剩余物中加入2 mol/L盐酸45 mL，搅拌0.5 h。用乙酸乙酯（30 mL×2）洗涤水相减压蒸干。剩余白色固体10.2 g。将其加至甲醇250 mL中搅拌15 min。过滤滤液减压蒸干所得粗品8.3 g。用异丙醇（20 ml）重结晶，得白色固体（1）6.4 g，收率77.8%，mp 178.2～179.0℃。

【用途】 中枢神经抑制剂盐酸巴氯芬（Baclofen hydrochloride）原料药。

1-(1-甲基-3-氧代-丁基)-2-氧代环戊烷甲酸叔丁酯

$C_{15}H_{24}O_4$，268.35

【英文名】 1-(1-Methyl-3-oxo-butyl)-2-oxo-cyclopentanecarboxylic acid *t*-butyl ester

【性状】 油状液体。

【制法】 ① Hamashima Y，Hotta D，Sodeoka M. J Am Chem Soc，2002，124：11240. ②胡跃飞，林国强. 现代有机合成：第四卷. 北京：化学工业出版社，2008：222.

于安有磁力搅拌的反应瓶中，加入催化剂0.15 g（0.2 mmol），THF 1 mL，2-环戊酮甲酸叔丁酯（2）0.44 g（4.0 mmol），氮气保护，冷至−20℃。加入3-戊烯-2-酮0.67 g（8.0 mmol），继续于−20℃搅拌反应24 h。加入饱和氯化铵水溶液20 mL，乙醚提取（50 mL×3），合并乙醚层，饱和盐水洗涤，无水硫酸钠干燥。过滤，浓缩。剩余物经柱色谱纯化，得油状液体（1）0.79 g，收率89%，$[\alpha]_D^{20}$ −28.4°（$c=1.10$，CHCl$_3$）。

【用途】 药物合成，有机合成中间体。

萘丁美酮

$C_{15}H_{16}O_2$，228.29

【英文名】 Nabumetone

【性状】 无色结晶。mp 79～80℃。

【制法】 陈祖兴，王世敏.中国医药工业杂志，1989，20（4）：145.

于反应瓶中加入镁屑 2.8 g（0.12 mol），THF 10 mL，一粒碘，慢慢滴加由 6-甲氧基-2-溴萘（**2**）32.0 g（0.13 mol）溶于 70 mL THF 的溶液，保持反应体系微沸。加完后继续搅拌反应，直至镁屑消失。

于另一反应瓶中加入无水乙醚 70 mL，ZnCl$_2$-胺配合物 10.1 g，冷至 0℃，慢慢滴加上述 Grignard 试剂，加完后继续搅拌 10 min。加入新蒸馏的丁烯酮 3.3 mL（0.041 mol），于 0℃ 搅拌反应 40 min。加入饱和氯化铵溶液 350 mL，搅拌 10 min，加入苯 50 mL，分出有机层。无水氯化钙干燥。过滤，浓缩，减压蒸馏，收集 134～140℃/1.60 kPa 的馏分 15.5 g，为未反应的原料（**2**）。继续收集 140～220℃/1.60 kPa 的馏分 6.0 g，无水乙醇中重结晶，得无色结晶（**1**）2.7 g，收率 27.4%（以丁烯酮计）。mp 79～80℃。

【用途】 消炎药萘丁美酮（Nabumetone）原料药。

（*S*）-3,4,8,8*a*-四氢-8*a*-甲基-1,6（2*H*,7*H*）-萘二酮

C$_{11}$H$_{14}$O$_2$，178.23

【英文名】 （*S*）-3,4,8,8*a*-Tetrahydro-8*a*-methyl-1,6（2*H*,7*H*）-naphthalenedione

【性状】 mp 49～50℃，$[\alpha]_D^{25}$ +96.9°（toluene，*c*=1.2）。

【制法】 方法 1 Paul Buchschacher1，Fürst1 A. Gutzwiller J. Organic Syntheses，1990，Coll Vol 7：368.

2-甲基-2-（3-氧代丁基）-1,3-环己二酮（**3**）：于安有搅拌器、温度计、通气导管的反应瓶中，加入 2-甲基-1,3-环己二酮 126.1 g（1 mol），蒸馏水 300 mL，通入氩气保护，搅拌下加入醋酸 3 mL，氢醌 1.1 g，新蒸馏的甲基乙烯基酮（**2**）142 g（167 mL，2 mol），于 70～72℃ 搅拌反应 1 h。冷至室温，加入氯化钠 103 g。用 400 mL 乙酸乙酯提取，分出有机层，水层再用乙酸乙酯提取（150 mL×2）。合并有机层，饱和盐水洗涤（200 mL×2）。无水硫酸镁干燥，过滤。旋转浓缩，剩余物于 40℃/133 Pa 抽真空 30 min，得浅黄色油状粗品化合物（**3**）210.8 g，直接用于下一步反应。

（*S*）-8*a*-甲基-3,4,8,8*a*-四氢-1,6（2*H*,7*H*）-萘二酮（**1**）：于安有搅拌器、通气导管的反应瓶中，加入粉碎的 L-脯氨酸 5.75 g，化合物（**3**）210.8 g 溶于无水二甲亚砜 1 L 的溶液，氩气保护下室温（25℃）搅拌反应 120 h。于 65℃/133 Pa 减压蒸出溶剂，得暗红紫色油状液体 206.9 g。溶于 100 mL 甲苯中，过硅胶柱纯化，用己烷浸泡，用氩气加压，先用

己烷-乙酸乙酯（5∶1）洗脱，再以己烷-乙酸乙酯（3∶2）洗脱，含产物的馏分于 40～45℃减压浓缩，最后于 40℃/13.3 Pa 抽真空 30 min，得橙红色油状液体 154.2 g，室温放置呈透明的半固体，$[\alpha]_D^{25} +68°$（toluene，$c=1.5$）。将其溶于 535 mL 乙醚中，过滤，用 500 mL 乙醚洗涤反应瓶和滤纸，冷至 3℃，加入（S）-烯二酮晶种，于 −20℃放置 18 h。小心倾出上层液体，过滤，用冷至 0℃的 50% 的乙醚-己烷洗涤，室温真空干燥 16 h，得（S）-烯二酮（1）85.9 g，mp 49～50℃，$[\alpha]_D^{25} +96.9°$（toluene，$c=1.2$）。合并滤液和洗涤液，浓缩，得橙红色油状液体 67.1 g。将其溶于 604 mL 乙醚中，冷至 3℃，加入（R,S）-烯醇二酮晶种，于 −20℃放置 18 h 倾出上层液体，过滤，用 0℃的乙醚-己烷洗涤，室温真空干燥，得外消旋体 36.3 g。滤液和洗涤液合并后减压浓缩，得油状液体 30.6 g。将此油状物溶于 100 mL 乙醚中，过滤，用 114 mL 乙醚冲洗反应瓶和滤纸，冷至 3℃，加入纯的（S）-晶种，于 −20℃放置过夜，倾出上层液体，过滤，用 0℃的 50% 的乙醚-己烷洗涤，干燥后得浅琥珀色结晶 15.3 g，mp 49～50℃，总共得（S）-烯二酮（1）101.2 g，收率 56.8%。

方法 2　Tommy Bui, Carlos Barbas F. Tetrahedron Letters, 2000, 41 (36)：6951.

于反应瓶中加入 L-脯氨酸 0.32 g（0.28 mmol），2-甲基-1,3-环己二酮 1.0 g（7.9 mmol），无水 DMSO 50 mL，氩气保护，于 35℃搅拌直至原料完全溶解。慢慢滴加新蒸馏的甲基乙烯基酮（2）0.99 mL（11.9 mmol），加完后于 35℃剧烈搅拌反应 89 h。加入乙酸乙酯和不和氯化铵溶液淬灭反应。加入饱和盐水，分层。分出有机层，水层用乙酸乙酯提取 3 次。合并有机层，无水硫酸镁干燥。过滤，减压浓缩，剩余物过硅胶柱纯化，以己烷-乙酸乙酯（3∶2 而后 1∶1），得浆状物（1）0.69 g，收率 49%，76%ee。

【用途】　抗癌药紫杉醇合成中间体，天然产物类固醇类化合物合成中间体。

九、内鎓盐的缩合反应

Z,E-10-十六碳烯醛

$$C_{16}H_{30}O, \ 238.41$$

【英文名】　Z,E-10-Hexadecenal

【性状】　黏稠液体。

【制法】　宋卫，唐光辉，冯俊涛等. 西北林业科技大学学报，2008，36（1）：179.

10-溴-1-癸醇（3）：于反应瓶中加入 1,10-癸二醇（2）17.4 g（0.1 mol），350 mL 甲苯

和 12 mL 48％的 HBr（0.1 mol），回流反应 36 h。反应结束后，依次用 5％的 NaOH、10％的 HCl 和饱和食盐水洗涤，无水 $MgSO_4$。过滤后减压除去溶剂得粗产品 21.5 g，经柱层析分离（洗脱液：石油醚：乙酸乙酯为 10：1），得浅黄色油状液体（**3**）18.2 g，产率 76.8％，纯度＞96％（GC）。

10-十六碳烯醇（**4**）：于反应瓶中加入化合物（**3**）17.8 g（0.075 mol），依次加入 20 g（0.075 mol）三苯基膦（PPh₃）和 30 mL 无水苯，回流反应 24 h。反应结束后倾去多余苯，无水乙醚洗涤 3 次，得 35.6 g（0.07 mol）淡黄色黏稠状液体 10-溴-1-癸醇季鏻盐，产率为 94％。放入真空干燥器中备用。

于反应瓶中加入 20 mL 干燥的二甲亚砜、4.85 g NaH（70％矿物油分散体系，0.141 mol），氮气保护，加热至 78℃搅拌反应 1 h，直至 NaH 完全溶解并无 H₂ 放出。冰水冷却，得灰绿色二甲亚砜钠盐。可将其直接用于下一步反应。

将上述制备好的 10-溴-1-癸醇季鏻盐（0.07 mol）溶于 15 mL 热的干燥 DMSO 中，在电磁搅拌下缓慢滴加到上述二甲亚砜钠盐中，逐渐变为橘红色，30 min 加完，室温搅拌反应 1.5 h。将重蒸过的正己醛 7.0 g（0.07 mol）溶于 10 mL 干燥 DMSO 中，缓慢滴加到上述体系中，至少 30 min 加完，加完后继续反应 2 h。滴入由 1.65 g（0.072 mol）金属钠溶于 30 mL 无水乙醇的溶液，室温反应 1.5 h，而后升温至 60℃继续搅拌反应 1 h。反应完后倾入 200 mL 冰水中，用 10％的稀盐酸酸化至 pH2～4，乙醚萃取（150 mL×3）。合并乙醚层，无水 $MgSO_4$ 干燥。过滤，回收乙醚，粗产物用石油醚（60～90℃）洗涤 3 次，除去析出的三苯氧膦。再经柱层析分离（石油醚：乙酸乙酯为 50：1 洗脱），得浅黄色油状液体（**4**）5.4 g，产率 32.1％，纯度＞93％（GC），Z/E 比为 20/80。

10-十六碳烯醛（**1**）：氯铬酸吡啶盐（Pyridiniumchlorochromate，PCC）的制备：于反应瓶中加入 46 mL 6 mol/L 盐酸，搅拌下迅速加入 25 g（0.25 mol）CrO_3，搅拌反应 30 min 后，冷至 0℃，缓慢滴入 19.78 g（0.25 mol）吡啶，反应 1 h，冷至 0℃后得橘黄色固体。真空干燥，得 49.4 g PCC，产率 92％。

于 100 mL 反应瓶中加入 1.9 g（8.8 mmol）PCC 和 30 mL CH_2Cl_2，搅拌下滴加由化合物（**4**）1.4 g（5.83 mmol）溶于 15 mL CH_2Cl_2 的溶液，约 10 min 加完。加完后室温搅拌反应 4 h。用 50 mL 乙醚稀释后继续搅拌 40 min。反应结束后用乙醚洗涤反应瓶中的黑色物质数次，合并洗涤液和反应液，过硅胶柱纯化，以石油醚-乙酸乙酯（20：1）洗脱，得化合物（**1**）1.2 g，产率 86.3％，纯度 95％（GC），Z/E 比为 20/80。

【用途】 桃蛀螟性信息素。

4-甲基肉桂酸甲酯

$C_{11}H_{12}O_2$，176.22

【英文名】 Methyl 4-methylcinnamate
【性状】 白色至淡黄色结晶性粉末。mp 58～62℃。
【制法】 ①郑钦国，黄宪.杭州大学学报：自然科学版，1989，16：230. ②陈芬儿.有机药物合成法：第一卷.北京：中国医药科技出版社，1999：102.

$$CH_3-\!\!\!\!\bigcirc\!\!\!\!-CHO \xrightarrow[\text{K}_2\text{CO}_3, \text{C}_6\text{H}_6]{\text{BrCH}_2\text{CO}_2\text{CH}_3, \text{PPh}_3} CH_3-\!\!\!\!\bigcirc\!\!\!\!-CH\!=\!CHCO_2CH_3$$

(2)   (1)

于反应瓶中加入三苯膦 1.31 g（5 mmol）、溴乙酸甲酯 0.765 g（5 mmol）、对甲基苯甲醛（**2**）0.48 g（4 mmol）、苯 30 mL，搅拌溶解后，再加入碳酸钾 2.7 g（20 mmol）和水 20 mL 的溶液，于 50℃搅拌 7~9 h，TLC 跟踪反应。反应结束，分出有机层，水洗，无水硫酸镁干燥。过滤，滤液回收溶剂后，剩余物经硅胶柱（洗脱剂：苯）纯化，得白色固体（**1**）0.5 g，收率 70.5％，mp 83~85℃。

【用途】 抗凝血药奥扎格雷钠（Ozagrel sodium）等的中间体。

9-(4-甲氧基-2,3,4-三甲基苯基)-3,7-二甲基壬-2,4,6,8-四烯酸丁酯

$C_{25}H_{34}O_3$，382.54。

【英文名】 Butyl 9-(4-methoxy-2,3,4-trimethylphenyl)-3,7-dimethylnona-2,4,6,8-tetraenoate

【性状】 mp 80~81℃。

【制法】 ①Bollag W，Ruegg R，Ryser G. US 4105681. 1978. ②陈芬儿. 有机药物合成法：第一卷. 北京：中国医药科技出版社，1999：42.

于干燥的反应瓶中加入化合物（**2**）246 g（1 mol），苯 2.4 L，三苯基膦溴化氢 343 g（1 mol），于 60℃搅拌反应 24 h。冷却，过滤，滤饼用苯洗涤。滤饼溶于 700 mL 二氯甲烷，回收溶剂，真空干燥，得化合物（**3**），直接用于下一步反应。

于反应瓶中加入上述化合物（**3**）228 g（0.4 mol），DMF 910 mL，氮气保护，冷至 5~10℃，于 20 min 分批加入 50％的氢化钠（矿物油）17.5 g，加完后继续于 10℃搅拌反应 1 h。控制 5~8℃滴加 3-甲酰丁烯酸丁酯 61.8 g（0.36 mol），加完后继续搅拌反应 2 h。将反应物倒入 8 L 冰水中，加入氯化钠 300 g，用正己烷提取。合并提取液，依次用甲醇-水（6:4）、水洗涤，无水硫酸钠干燥。过滤，浓缩，冷却，析出固体（**1**），mp 80~81℃。

【用途】 抗牛皮癣药阿维 A 酯（Etretinate）中间体。

贝萨罗汀

$C_{24}H_{28}O_2$，348.49

【英文名】 Bexarotene

【性状】 白色粉末。mp 229~231℃。

【制法】 陆文超，于顺廷，饶龙意等. 中国医药工业杂志，2012，43（4）：241.

4-[1-(5,6,7,8-四氢-3,5,5,8,8-五甲基-2-萘基)-乙烯基]苯甲酸甲酯（**3**）：于反应瓶中加入无水二氯甲烷 250 mL，依次加入溴化甲基三苯基鏻 35.7 g（0.1 mol）、叔丁醇钾 11.2 g（0.1 mol），于 80℃用 400W 微波照射回流反应 4 min。冷却，加入化合物（**2**）9.1 g（25 mmol），而后于 60℃用 400W 微波照射 3 min。冷却，将反应物倒入 400 mL 冰水中，分出有机层，水层用二氯甲烷提取。合并有机层，无水硫酸钠干燥。过滤，浓缩，剩余物用乙醇重结晶，得白色粉末（**3**）7.2 g，收率 85%，mp 159~161℃。

贝萨罗汀（**1**）：于反应瓶中加入甲醇 300 mL，化合物（**3**）36.3 g（0.1 mol），2 mol/L 的氢氧化钾水溶液 150 mL，回流反应 1 h。冷至室温，用 1 mol/L 的盐酸调至 pH4~5，乙酸乙酯提取（200 mL×2），无水硫酸钠干燥。过滤，减压浓缩，剩余物用二氯甲烷重结晶，得白色粉末（**1**）31.4 g，收率 90%，mp 229~231℃。

【用途】 顽固性皮肤 T-细胞淋巴瘤治疗药贝萨罗汀（Bexarotene）原料药。

7-氨基-3-乙烯基-3-头孢烯-4-羧酸

$$C_9H_{10}N_2O_3S, 226.25$$

【英文名】 7-Amino-3-vinyl-3-cephem-4-carboxylic acid

【性状】 白色固体。

【制法】 姜起栋，黄薇，梁丽娟. 中国抗生素杂志，2011，36（5）：357.

7-苯乙酰氨基-3-乙烯基-2-头孢烯-4-羧酸对甲氧苄基酯（**3**）：于反应瓶中加入化合物（**2**）75 g，碘化钠 23 g，三苯基膦 53 g，丙酮 400 mL，水 20 mL，室温搅拌反应 2 h。加入二氯甲烷 450 mL，甲醛 85 mL，冷至 5℃以下，加入 10% 的氢氧化钠水溶液 62 mL，慢慢升至 15℃，搅拌反应 1 h。加入 1000 mL 水，分出有机层，水层用 450 mL 二氯甲烷提取。合并有机层，浓缩至干。加入甲醇 400 mL，水 100 mL，析出固体。冷却，过滤，适量甲醇洗涤，干燥，得化合物（**3**）60.8 g，收率 85%，mp 179~181℃。

7-氨基-3-乙烯基-2-头孢烯-4-羧酸（**1**）：于反应瓶中加入苯酚 182 g，化合物（**3**）60 g，于 50℃搅拌反应 8 h。加入 300 mL 乙酸乙酯，800 mL 水，冷至 10℃，加入碳酸钠 25 g，搅拌反应 15 min。静置分层，水层用乙酸乙酯 400 mL 提取，将水层置于反应瓶中，室温加入酶（IPA750）50 g，搅拌反应，其间用碳酸氢钠调节 pH 至 7.6~8.0。反应结束后，过滤，滤出的酶水洗后可以再使用。滤液冷至 10℃以下，用稀盐酸调至酸性，析出固体。搅拌 1 h 后过滤，依次用水、乙醇洗涤，干燥，得白色或微黄色固体（**1**）25.4 g，收率 87%。

【用途】 广谱抗生素头孢克肟（Cefixime）中间体。

(E)-3,4′,5-三甲氧基二苯乙烯

$C_{17}H_{18}O_3$，270.33

【英文名】 (E)-3,4′,5-Trimethoxystilbene

【性状】 白色晶体。mp 56℃。

【制法】 方法1 刘鹏，李家杰，程卯生.中国药物化学杂志，2008，18（6）：424.

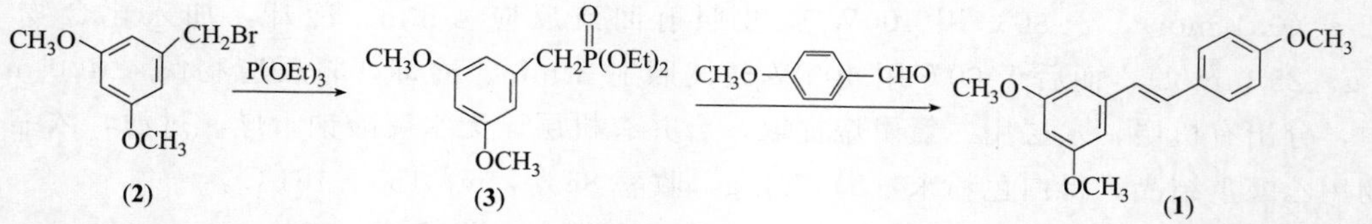

于安有搅拌器、温度计的反应瓶中，加入3,5-二甲氧基苄基溴（**2**）80 g（0.34 mol），亚磷酸三乙酯140 mL，四丁基溴化铵1.8 g，于150℃搅拌反应5 h，同时收集副产物溴代烷。减压蒸出过量的亚磷酸三乙酯。剩余物（**3**）冷却后加入DMF 200 mL，冷至0℃以下，分批加入固体甲醇钠54 g（1.0 mol），搅拌反应30 min。分次加入对甲氧基苯甲醛26.6 mL，撤去冰浴，室温搅拌反应过夜。将反应液倒入400 mL冰水中，过滤析出的类白色固体，水洗，干燥，得化合物（**1**）80.5 g，收率86%，mp 55～57℃。

方法2 侯建，王国平，邹强.中国医药工业杂志，2008，39（1）：1.

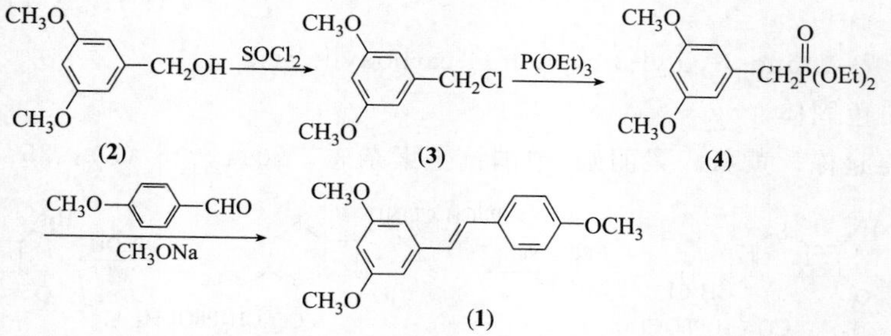

3,5-二甲氧基苄基氯（**3**）：于反应瓶中加入3,5-二甲氧基苄基醇（**2**）64 g（0.38 mol），乙醚200 mL，冷至0℃，搅拌下慢慢滴加氯化亚砜67.8 g（0.57 mol），加完后继续于0℃搅拌反应4 h。减压蒸出溶剂，剩余物中加入乙酸乙酯800 mL，用饱和碳酸氢钠溶液洗涤2次，无水硫酸钠干燥。过滤，减压浓缩，得黄色油状液体（**3**），直接用于下一步反应。

3,5-二甲氧基苄基膦酸二乙酯（**4**）：于反应瓶中加入上述化合物（**3**），亚磷酸三乙酯245.7 g（1.35 mol），于160℃搅拌反应6 h。减压蒸馏，收集167～173℃/530 Pa的馏分，得无色透明液体化合物（**4**）90.8 g，收率83%（以化合物2计）。

(E)-3,4′,5-三甲氧基二苯乙烯（**1**）：于反应瓶中加入上述化合物（**4**）104 g（0.36 mol），DMF 250 mL，冷至0℃。搅拌下分批加入30%的甲醇钠溶液97.2 g（0.54 mol），反应30 min后，分批加入对甲氧基苯甲醛42 g（0.4 mol）。加完后撤去冷浴，室温搅拌反应4 h。将反应物倒入300 mL冰水中，充分搅拌。乙酸乙酯提取（500 mL×2），合并有机层，以饱和亚硫酸氢钠溶液洗涤4次，无水硫酸钠干燥。过滤，减压浓缩。剩余物用50%的乙醇重结晶，得白色固体（**1**）97.2 g，收率90%，mp 56℃。

方法 3 Aggarwal V K，Fulton J R，Sheldon C G，et al. J Am Chem Soc，2003，125：6034.

(2)　　　　　　　　　　　　　　　　　　　　　　　　　　　　　　　(1)

于安有搅拌器、温度计的反应瓶中，加入磺酰基肼 329 mg（1.2 mmol），氮气保护，冷至 0℃，加入叔丁醇钾 0.15 mol 的甲苯 8 mL 的溶液，再加入 3,5-二甲氧基苯甲醛（**2**）180 mg（1.2 mmol），慢慢升至室温搅拌反应 1 h。依次加入苄基三乙基氯化铵 0.1 mmol、ClFeTPP 7 mg（0.01 mmol）、对甲氧基苯甲醛 140 mg（1.0 mmol）、三甲氧基磷 1.2 mmol、无水甲苯 5 mL。于 40℃搅拌反应 48 h。加入 7 mL 水淬灭反应，乙醚提取 3 次。合并乙醚层，无水硫酸钠干燥。过滤，减压浓缩。得黑褐色剩余物。过硅胶柱纯化，得 E-异构体（**1**）191 mg，收率 89%；得 Z-异构体 6 mg，收率 3%。

【用途】 白藜芦醇中间体。

1-苯氧基-1-苯基乙烯

C$_{14}$H$_{12}$O，196.21

【英文名】 1-Phenoxyl-1-phenylethene

【性状】 浅黄色液体。

【制法】 Stanley H P，Gia K，Virgil L. Org Synth，1993，Coll Vol 8：512.

$$PhCOOPh \xrightarrow[\text{AlMe}_3]{\text{Cp}_2\text{TiCl}_2} \overset{\overset{CH_2}{\|}}{PhCOPh}$$

(2)　　　　　　(1)

于安有磁力搅拌的反应瓶中，通入干燥的氮气，加入二环戊二烯和二氯化钛 5 g（20 mmol），2 mol/L 的三甲基铝-甲苯溶液 20 mL（40 mmol），室温搅拌反应 3 天，得 Tebbe 试剂。冰浴冷却，于 5～10 min 加入由苯甲酸苯基酯（**2**）4 g（20 mmol）溶于 20 mL THF 的溶液，反应放热，室温搅拌反应 30 min。加入乙醚 50 mL，而后滴加 50 滴 1 mol/L 的氢氧化钠水溶液，其间有大量甲烷气体生成。约 10 min 加完，继续搅拌至无甲烷放出。加入无水硫酸钠，过滤，乙醚洗涤。浓缩，剩余物过碱性氧化铝柱纯化，用己烷-乙醚（9：1）洗脱，得浅黄色液体化合物（**1**）2.68～2.79 g，收率 68%～72%。

【用途】 有机合成、药物合成中间体。

cis-4-异丙烯基环己基甲酸

C$_{10}$H$_{16}$O$_2$，168.24

【英文名】 *cis*-4-Isopropenylcyclohexanecarboxylic acid，*cis*-4-(Prop-1-en-2-yl) cyclo-hexanecarboxylic acid

【性状】 白色固体。mp 64～65℃。

【制法】 赖春球，嵇志琴. 化学试剂，1995，7（6）：359.

$$HO_2C - \overset{\text{(2)}}{\bigcirc} - \overset{O}{\underset{}{C}} CH_3 \xrightarrow[CH_2Cl_2]{Zn-CH_2Br_2-TiCl_4} HO_2C - \overset{\text{(1)}}{\bigcirc} - C$$

$Zn-CH_2Br_2-TiCl_4$ 的制备：于干燥的反应瓶中，加入锌粉 5.75 g，通入氮气，加入 THF 50 mL，二溴甲烷 2.03 mL，冷至 $-40℃$，于 10 min 用注射器慢慢加入 $TiCl_4$ 2.3 mL，升至室温，搅拌 3 天即可。

于反应瓶中加入化合物（**2**）15 mg，干燥的二氯甲烷 10 mL，氮气保护，慢慢加入上述 $Zn-CH_2Br_2-TiCl_4$ 溶液 2 mL，室温搅拌反应 6 h。强反应物倒入 2.0 mol/L 的盐酸 20 mL 中，搅拌 5 min，分出有机层，水层用乙醚提取 3 次。合并有机层，用 7% 的碳酸钠溶液洗涤（20 mL×4）。合并水层，盐酸酸化后，乙醚提取 4 次。合并乙醚层，饱和盐水洗涤，无水硫酸钠干燥。过滤，浓缩，剩余物过硅胶板层析纯化，得白色固体（**1**），收率 95%，mp 64～65℃。

【用途】 合成香料中间体。

十、Darzens 缩合反应

对甲氧基苯丙酮

$$C_{10}H_{12}O_2，164.20$$

【英文名】 4-Methoxyphenylacetone
【性状】 浅黄色液体。
【制法】 张翠娥，刘敏，韩建.应用化工，2009，38（10）：1540.

$$CH_3O-\bigcirc-CHO + CH_3CHClCO_2CH_3 \xrightarrow[2.HCl]{1.MeONa,MeOH} CH_3O-\bigcirc-CH_2COCH_3$$

于反应瓶中加入 28% 的甲醇钠-甲醇溶液 150 g（0.78 mol），室温滴加对甲氧基苯甲醛（**2**）68 g（95%，0.48 mol）和 2-氯丙酸甲酯 116 g（0.95 mol）的混合溶液，反应放热，升至 55～60℃，反应 2 h。冷至 40℃滴加 3 mol/L 的盐酸 580 mL，升至 90℃反应 4 h。冷至室温，分出有机层，水层用四氯化碳提取（50 mL×3）。合并有机层，以 5% 的亚硫酸氢钠溶液洗涤，水洗至中性。回收溶剂，减压蒸馏，收集 145℃/2.60 kPa 的馏分，得浅黄色液体（**1**）65.2 g，收率 83%。

【用途】 用于治疗支气管哮喘、慢性气管炎等所引起的呼吸困难药物福莫特罗（Formoterol）、治疗心绞痛药物乳酸心可定（Prenylamine lactate）等的中间体。

2-(3,5-二甲氧基苯基)辛醛

$$C_{16}H_{24}O_3，264.36$$

【英文名】 2-(3,5-Dimethoxyphenyl) octanal
【性状】 油状液体。
【制法】 Matsumato K，Stark P，Meister R G. J Med Chem，1977，20（1）：17.

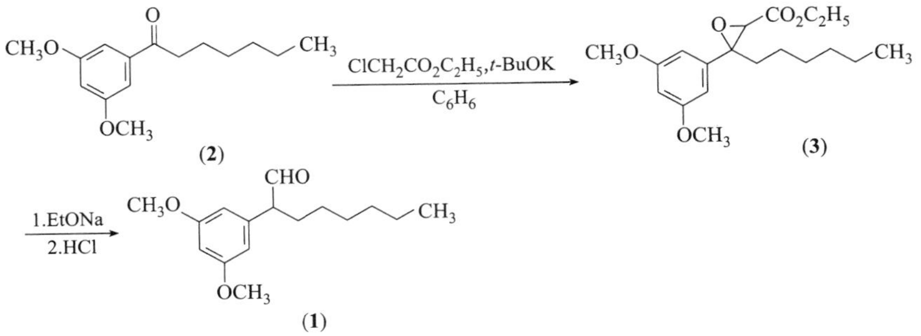

2,3-环氧-3-(3,5-二甲氧基苯基)壬酸乙酯（**3**）：于反应瓶中加入化合物（**2**）25.0 g（100 mmol），氯乙酸乙酯 18.4 g（150 mmol），苯 25 mL，冷至 0～−5℃，搅拌下分批加入叔丁醇钾 16.8 g（150 mmol）。加完后室温搅拌反应 2 h。慢慢倒入 200 g 冰水中，分出有机层。水层用苯提取 3 次。合并有机层，依次用水（100 mL×2）、含 3 mL 醋酸的 100 mL 水溶液洗涤，无水硫酸钠干燥。过滤，减压浓缩，得黏稠物（**3**）33.6 g（100％），直接用于下一步反应。

2-(3,5-二甲氧基苯基)辛醛（**1**）：于反应瓶中加入无水乙醇 200 mL，分批加入金属钠 10 g（0.44 mol），待金属钠完全反应后，加入上述化合物（**3**）135 g（0.40 mol），室温反应 4 h。冷至 15℃，加水 10 mL，减压浓缩。冷却，固化。加入水 200 mL，浓盐酸 36 mL，回流 2 h。加入适量乙醚，分出有机层，依次用水、饱和碳酸氢钠、水洗涤，无水硫酸钠干燥。过滤，回收溶剂，得红色液体（**1**）100 g，收率 95％。

【用途】 止吐药大麻隆（Nabilone）中间体。

N-甲基-2-(3,4-二甲氧基苯基)乙胺

$$C_{11}H_{17}NO_2，195.26$$

【英文名】 N-Methyl-2-(3,4-dimethoxyphenyl) ethylamine

【性状】 无色液体。bp 188℃。

【制法】 陈芬儿.有机药物合成法：第一卷.北京：中国医药科技出版社，1999：805.

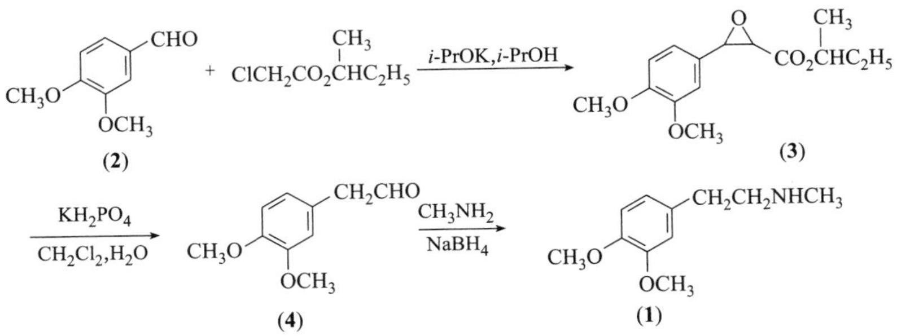

于干燥的反应瓶中，加入 3,4-二甲氧基苯甲醛（**2**）166.2 g（1.0 mL），氯乙酸异丁酯 205 mL（1.44 mol），搅拌下于 15～20℃滴加 14.57％异丁醇钾（1.23 mol）的异丁醇溶液 948.4 mL，约 1 h 加完。加完后继续室温搅拌 1 h，而后于 2 h 内将反应液分数次加至氢氧化钾 93 g（1.49 mol）和水 130 mL 的溶液中（控制内温 15～20℃）。继续于 15～20℃搅拌 3 h，室温放置 12 h。冷至 10℃，过滤，滤饼依次用异丁醇、二氯甲烷洗涤，得（**3**）（直接用于下步反应）。

于另一反应瓶中，加入水 500 mL，二氯甲烷 500 mL，磷酸二氢钾 140 g（1.03 mol），搅拌下，分数次加入上述制备的（**3**），加完后室温搅拌约 2 h。分出有机层，水层用二氯甲烷（50 mL×2）提取。合并有机层，水洗，得化合物（**4**）的溶液。将有机层滴加至 33.1% 的甲胺水溶液 296 mL 中，于 −5℃ 搅拌约 2 h，向反应液中加入氯化钠 4 g，搅拌 5 min。分出有机层，加入甲醇 500 mL，于 0～5℃ 分数次加入硼氢化钠 18.9 g（0.5 mol）、水 188 mL 和 15% 氢氧化钠 2 滴的溶液，约 1 h 内加完。于 0～10℃ 搅拌 2 h 后，再加入 30% 氢氧化钠溶液 100 mL，水 500 mL。分出有机层，水洗。向有机层中加水 700 mL，86% 硫酸 114 mL。分出有机层，有机层用水（100 mL×2）提取。合并水层，向水层中加入甲苯 600 mL，30% 氢氧化钠溶液 220 mL，水层用甲苯（100 mL×3）提取，合并有机层，无水硫酸钠干燥。过滤，滤液减压回收溶剂后，减压蒸馏，收集 bp122～127℃/0.27 kPa 馏分，得化合物（**1**）149.4 g，收率 76.5%（以 3,4-二甲氧基苯甲醛的收率）（含量 98%，HPLC）。

【用途】 钙拮抗剂，用于治疗心脏病药物盐酸戈洛帕米（Gallopamil hydrochloride）中间体。

3,3-二苯基-2,3-环氧丙酸甲酯

$$C_{16}H_{14}O_3，254.29$$

【英文名】 Methyl 3,3-diphenyl-2,3-epoxypropanate
【性状】 浅黄色油状液体。
【制法】 ①周付刚，谷建敏等. 中国医药工业杂志，2010，41（1）：1. ②Riechers H, Albrecht H P, Amberg W, et al. J Med Chem，1996，39（11）：2123.

于反应瓶中加入无水甲醇 100 mL，分批加入新切的金属钠 9.77 g（0.425 mol），金属钠反应完后，减压蒸出甲醇。剩余物中加入甲基叔丁基醚（MTB）75 mL，化合物二苯酮（**2**）45.6 g（0.25 mol）。冷至 −10℃，搅拌下慢慢滴加氯乙酸甲酯 46.1 g（0.425 mol）。加完后继续搅拌反应 1 h。慢慢滴加水 125 mL，静置分层。分出有机层，水层用 MTB 提取。合并有机层，饱和盐水洗涤至中性，无水硫酸钠干燥后，蒸出溶剂，得浅黄色油状液体（**1**）58.75 g，收率 89%。其纯度能满足一般合成反应的需要。

【用途】 治疗肺动脉高压药物安贝生坦（Ambrisentan）的中间体。

2-[3-(4-氯苯基)环氧乙烷-2-基]苯并[d]噁唑

$$C_{15}H_{10}ClNO_2，270.70$$

【英文名】 2-[3-(4-Chlorophenyl) oxiran-2-yl] benzo[d] oxazole
【性状】 淡黄色固体。mp 149～150℃。为顺反异构体的混合物，顺式：反式为 65：35。
【制法】 颜朝国，陆文兴，吴骥陶. 有机化学，1992，12（4）：390.

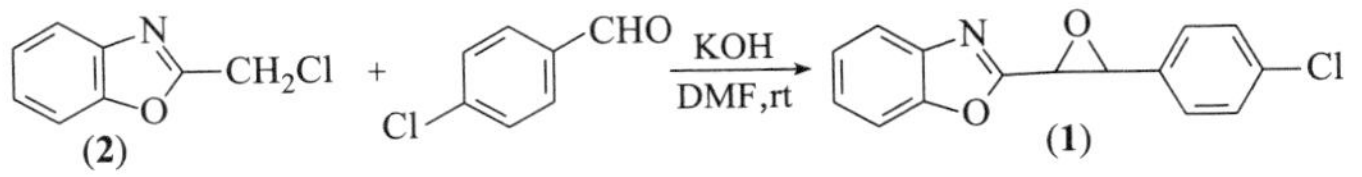

于反应瓶中加入粉状氢氧化钾 1.12 g（20 mmol），DMF 10 mL，搅拌下滴加由 2-氯甲基苯并噁唑（**2**）0.84 g（5 mmol）和对氯苯甲醛 5 mmol 溶于 8 mL DMF 的溶液。加完后继续搅拌反应 1 h。加入 50 mL 水，抽滤生成的固体，用 95% 的乙醇重结晶，得淡黄色固体（**1**），mp 149～150℃，收率 73%。为顺反异构体的混合物，顺式：反式为 65：35。

【用途】 药物合成、有机合成中间体。

3-苄基-α-甲基苯乙醛

$C_{16}H_{16}O$，224.30

【英文名】 3-Benzyl-α-methylphenylacetaldehyde，2-(3-Benzylphenyl) propanal
【性状】 淡黄色液体。
【制法】 余红霞，郭峰，陈芬儿.中国药物化学杂志，2003，13（2）：97.

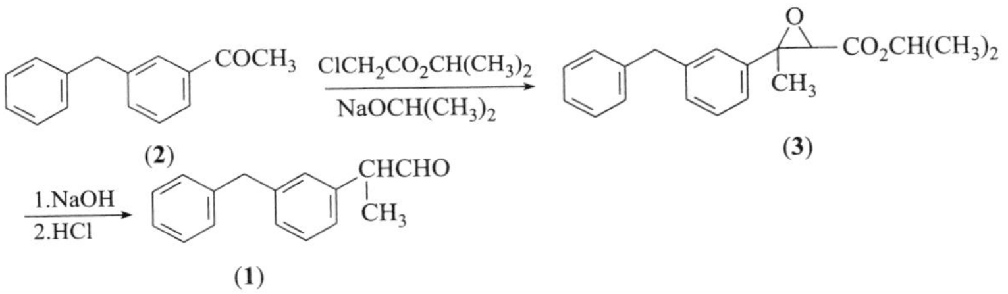

于干燥的反应瓶中加入异丙醇 180 mL，金属钠 6.5 g，搅拌下使金属钠完全反应。冷至 10℃ 以下，慢慢滴加氯乙酸异丙酯 38.5 g（0.284 mol）和 3-苄基苯乙酮（**2**）30 g（0.142 mol），约 10～15 min 加完。加完后继续于 0～5℃ 搅拌反应 30 min、35～40℃ 搅拌反应 5 h，而后回流反应 1 h，得 3-间苄基苯基-2,3-环氧丁酸异丙酯（**3**）的溶液。冷至 18～23℃，滴加 50% 的氢氧化钠水溶液 85.2 g，室温搅拌反应 2 h，放置过夜。加入 80 mL 水，冷却下慢慢加入浓盐酸约 71 mL 调至 pH7，再于 50～60℃ 滴加浓盐酸 57 mL，搅拌反应 6 h。用甲苯提取几次，合并有机层，饱和碳酸氢钠溶液洗涤，无水硫酸钠干燥。过滤，减压蒸出溶剂后减压蒸馏，收集 130～132℃/0.667 kPa 的馏分，得淡黄色液体（**1**）27 g，收率 84%。

【用途】 抗炎药酮基布洛芬（Ketoprofen）中间体。

十一、协同反应

2-甲基-3-羟基吡啶-4,5-二甲酸二乙酯

$C_{12}H_{15}NO_5$，253.25

【英文名】 Diethyl 2-methyl-3-hydroxypyridin-4,5-dicarboxylate
【性状】 透明液体。其盐酸盐为白色固体，mp 132～138℃（128～130℃）。
【制法】 英志威，段梅莉，冀亚飞.中国医药工业杂志，2009，40（2）：81.

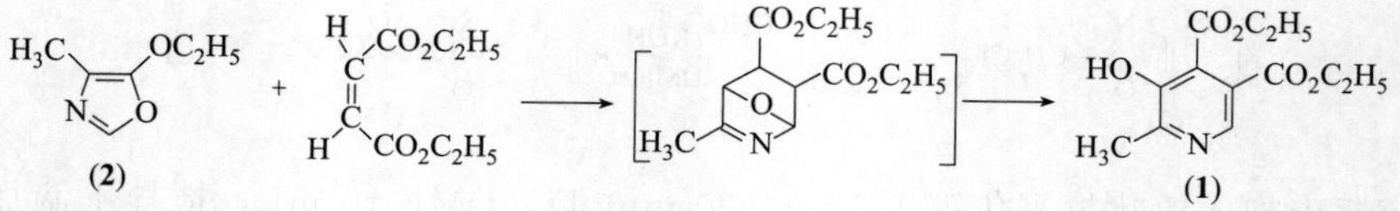

于反应瓶中加入 4-甲基-5-乙氧基噁唑（**2**）5.27 g（41.5 mmol），顺丁烯二甲酸二乙酯 14.3 g（83 mmol），于 150℃反应 5 h。冷至 0℃，加入乙醚 50 mL，通入氯化氢气体约 30 min。过滤析出的沉淀，得类白色固体。用乙醇-乙醚（1：1）重结晶，得白色固体（**1**）的盐酸盐 9.4 g，收率 89%。将其加入 50 mL 饱和碳酸氢钠溶液中，用氯仿提取 3 次，合并有机层，无水硫酸镁干燥，过滤，蒸出溶剂，得澄清液体（**1**）8.2 g，收率 78%。

【用途】 维生素 B$_6$ 中间体。

6-乙氧基-4*a*,5,8,8*a*-四氢萘-1,4-二酮

$$C_{12}H_{14}O_3，206.24$$

【英文名】 6-Ethoxy-4*a*,5,8,8*a*-tetrahydronaphthalene-1,4-dione

【性状】 mp 88～90℃。

【制法】 Lewis T R，et al. J Am Chem Soc，1952，74（21）：5321.

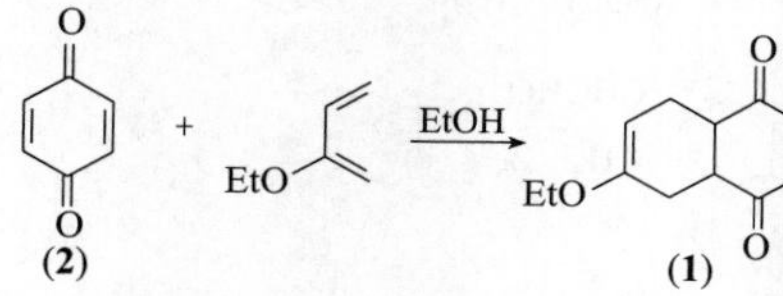

于反应瓶中加入对苯二醌（**2**）57.3 g（0.54 mol），无水乙醇 200 mL，搅拌溶解，加入 2-乙氧基-1,3-丁二烯 53.8 g（0.55 mol），回流反应 2 h。搅拌下倒入热的无水乙醇 25 mL 中，冷却 1 h。过滤，干燥，得化合物（**1**）97.7 g，收率 88%，mp 88～90℃。

【用途】 抗恶性肿瘤抗生素盐酸伊达比星（Idarubixin hydrochloride）中间体。

维生素 B$_6$

$$C_8H_{11}NO_3 \cdot HCl，205.64$$

【英文名】 Vitamin B$_6$

【性状】 无色晶体，易溶于水及乙醇。

【制法】 ①范卫东，章根宝，徐勇智等.广州化工，2012，40（17）：46.②周后元，方资婷等.中国医药工业杂志，1994，25（9）：385.

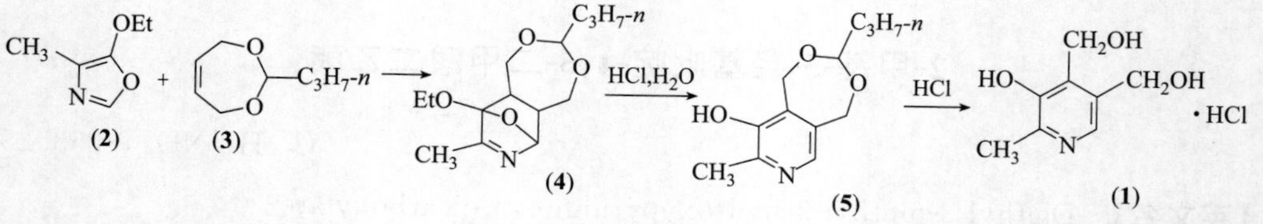

3-正丙基-1,5-二氢-1,3-二氧杂-3-甲基-4-乙氧基-7-氧杂-2-氮杂双环［2,2,1］-2-庚烯（**4**）：于反应瓶中加入 2-正丙基-4,7-二氢-1,3-二氧七环（**3**）900 g（6.338 mol），搅拌下升温至 150℃，加

入 4-甲基-5-乙氧基噁唑（**2**）75 g（0.591 mol），于 150～155℃ 保温反应 12 h。减压蒸馏（2～2.5 kPa）蒸出过量的化合物（**3**），直至基本无馏出物。剩余物为化合物（**4**），重 129 g。

1,5-二氢-3-正丙基-8-甲基吡啶并［3,4-*e*］(1,3)-二氧环庚-9-醇（**5**）：将上述化合物（**4**）加入 100 mL 石油醚中，搅拌溶解后冷至 25℃，加入由 3 mL 盐酸与 300 mL 水配成的稀盐酸，于 25～30℃ 搅拌反应 12 h，而后于 60～65℃ 搅拌反应 2 h，得化合物（**5**）。

维生素 B_6（**1**）：将上述化合物（**5**）加入工业盐酸，调至 pH1～1.5，静置后分去石油醚，水层加热至 80～85℃，搅拌反应 30 min。减压蒸出水解产物丁醛和水，蒸干后加入适量乙醇，再蒸馏至干。加入 100 mL 乙醇，回流 30 min，冷至 0℃，析出结晶。过滤，干燥，得维生素 B_6 粗品 86.1 g，mp 204.2～204.5℃，纯度 98.6%。

将粗品加入 300 mL 水中，加入 9 g 活性炭于 80～85℃ 脱色 30 min，过滤后再加入 9 g 活性炭脱色，滤液减压浓缩至一半体积，加入等体积的乙醇，冷至室温，得微黄色固体。再次溶于 300 mL 水中，活性炭脱色，浓缩，加入乙醇，冷却，得白色化合物（**1**）80.5 g，mp 207.5～207.8℃。以化合物（**2**）计，总收率 81.6%。

【用途】 维生素 B_6（Vitamin B_6）原料药。

去甲斑蝥素

$C_8H_8O_4$，168.15

【英文名】 Norcantharidin
【性状】 白色粉末。mp 113～116℃。
【制法】 ①胡仲禹，黄华山，夏美玲等．江西化工．2013，3：104．②张云，李春民，赵桂森．化学试剂，2007，29（11）：697．

(2) + (3) → H_2,Pd-C → (1)

于安有磁力搅拌器、回流冷凝管、温度计和恒压滴液漏斗的 250 mL 反应瓶中，依次加入马来酸酐（**2**）6.86 g（0.07 mol）和 1 呋喃 32.23 g（0.474 mol），室温下搅拌 16 h，混合物为淡黄色泥状物。抽滤，用少量乙醇洗涤，滤饼干燥，得白色粉末（**3**）4.79 g，收率 82.5%，mp 114～116℃。

于氢化装置中加入化合物（**3**）10 g（0.06 mol），氯化钙干燥的丙酮 80 mL，溶解后加入 5% 的 Pd-C 催化剂 1.5 g，氢化反应 48 h。滤去催化剂，减压浓缩，得化合物（**1**）9.3 g，收率 92.3%，mp 108～110℃（文献值 113～116℃）。

【用途】 抗癌药去甲斑蝥素（Norcantharidin）原料药。

环戊二烯

C_5H_6，66.10

【英文名】 Cyclopentadiene
【性状】 无色液体。
【制法】 Partridge J J，Chadha N K，Uskokovic M R. Org Synth，1990，Coll Vol 7：339.

(2) → (1)

于安有蒸馏装置的反应瓶中，加入二聚环戊二烯（**2**）100 mL，慢慢通入干燥的氮气，油浴加热至 200～210℃，反应液回流。先收集约 5 mL，弃去。改换接受瓶，丙酮-干冰浴冷却至 −78℃，继续蒸馏，其间保持氮气正压力。收集 36～42℃ 的馏分，得无色液体（**1**）。密闭后于 −78℃ 保存，可在其他实验中使用。残留的二聚环戊二烯可以保存，以备下一次蒸馏使用，直至剩余物固化。

【用途】 胃病治疗药格隆溴铵（Glycopyrronium bromide）的中间体，也是农药氯丹等的中间体。

5-巯基-1,2,3-三唑

$C_2H_3N_3S$，101.02

【英文名】 5-Mercapto-1,2,3-triazole

【性状】 无色固体。mp 60℃。bp 70～75℃/1.3kPa。溶于氯仿、乙酸乙酯，易溶于水，有弱酸性。

【制法】 孙昌俊，曹晓冉，王秀菊.药物合成反应——理论与实践.北京：化学工业出版社，2007：449.

C_6H_5CNCS + CH_2N_2 → (3) NHCOC_6H_5 → HS (1)
(2)

5-苯甲酰氨基-1,2,3-噻二唑（**3**）：于反应瓶中加入苯甲酰异硫氰酸酯（**2**）50.6 g（0.31 mol），乙醚 400 mL，冷至 0℃，通入氮气，慢慢滴加 0.685 mol/L 的重氮甲烷乙醚溶液 453 mL（0.31 mol）。加完后于 0℃ 搅拌反应 1 h。抽滤，收集固体，真空干燥，得（**3**）23.3 g，mp 232～257℃。纯品 mp 267℃。母液浓缩，可得产品 2 g。收率 40%。

5-巯基-1,2,3-三唑（**1**）：于反应瓶中加入上述化合物（**3**）8.2 g（0.04 mol），2 mol/L 的氢氧化钠 80 mL（0.16 mol），通入氮气回流反应 24 h。冷至 0℃。滴加浓盐酸 25 mL。过滤回收生成的苯甲酸。滤液用食盐饱和。用乙酸乙酯提取（30 mL×3）。合并提取液，饱和食盐水洗涤，无水硫酸镁干燥。减压除溶剂，剩余的黏稠物真空蒸馏，收集 70～75℃/1.3 kPa 的馏分，得油状化合物（**1**）2.85 g，收率 70%，固化后 mp 52～59℃（产品容易氧化，可直接转化为钾盐保存）。

【用途】 抗生素丙二醇头孢曲嗪（Cefatrizine propylene glycol）等中间体。

1-苄基-2-苯基-1H-1,2,3-三氮唑

$C_{15}H_{13}N_3$，235.29

【英文名】 1-Benzyl-4-phenyl-1H-1,2,3-triazole

【性状】 类白色固体。

【制法】 Shao C，Wang X，Xu J，et al. J Org Chem，2010，75：7002.

于反应瓶中加入 $CuSO_4 \cdot 5H_2O$ 5.0 mg（0.02 mmol），抗坏血酸 7.9 mg（0.04 mmol），苯甲酸 24.4 mg（0.2 mmol），叔丁醇-水 2 mL（体积比 1：2），搅拌下加入苯乙炔（**2**）204 mg（2 mmol）和苄基叠氮 280 mg（0.21 mg），搅拌 4 min 后完全固化。加入二氯甲烷 20 mL，水 20 mL，分出有机层，饱和盐水洗涤，无水硫酸钠干燥。过滤，浓缩，剩余物过硅胶柱纯化，以乙酸乙酯-石油醚（1：3）洗脱，得类白色固体（**1**）461 mg，收率 98%。

【用途】 新药开发中间体。

环庚三烯酚酮(2-羟基-2,4,6-环庚三烯-1-酮)

$C_7H_6O_2$，122.12

【英文名】 Tropolone，2-Hydroxy-2,4,6-cycloheptatrien-1-one

【性状】 白色针状结晶。mp 50～51℃。

【制法】 ①Richard A M. Org Synth，1988，Coll Vol 6：1037. ②林原斌，刘展鹏，陈红飙. 有机中间体的制备与合成. 北京：科学出版社，2006：299.

7,7-二氯-双环［3,2,0］庚-2-烯-6-酮（**3**）：于安有搅拌器、回流冷凝器、通气导管、滴液漏斗的反应瓶中，加入二氯乙酰氯 100 g（0.68 mol），环戊二烯（**2**）170 mL（2.0 mol）和戊烷 700 mL，通入氮气，搅拌下加热回流。而后慢慢滴加三乙胺 70.8 g（0.7 mol）与戊烷 300 mL 的溶液，约 4 h 加完。加完后继续搅拌回流 2 h。加入 250 mL 蒸馏水，分出有机层，水层用戊烷提取 2 次。合并有机层。旋转浓缩回收溶剂和未反应的环戊二烯。剩余物减压分馏，61～62℃/1.2 kPa 的馏分为双环戊二烯，66～68℃/267 Pa 的馏分为化合物（**3**），101～102 g，收率 84%～85%。n_D^{25} 1.5129。纯度>99%（GC）。

环庚三烯酚酮（**1**）：于反应瓶中加入冰醋酸 500 mL，100 g 固体氢氧化钠，搅拌溶解后，通入氮气，加入上述化合物（**3**）100 g，搅拌回流 8 h。用浓盐酸调至 pH1，加入 1 L 苯。过滤后，滤饼用苯洗涤 3 次。分出有机层。将有机相加入 2 L 烧瓶中，水相加入 1 L 烧瓶中，二者组成一个连续提取装置。加热 2 L 烧瓶，使苯连续提取水相 13 h。浓缩除苯，剩余物减压分馏，收集 60℃/13.3 Pa 的馏分，冷后固化为浅黄色固体。用 150 mL 二氯甲烷和 500 mL 戊烷重结晶，活性炭脱色。于－20℃冷冻结晶，抽滤，干燥，得环庚三烯酚酮（**1**）白色结晶 53 g，收率 77%。母液可回收 8 g 产品，总收率 89%。

【用途】 医药、农药、染料等的合成中间体。环庚三烯酚酮类化合物属于次级代谢产物，大多具有抑菌、抗病毒、抗肿瘤、杀虫、抗炎等作用，在新药开发中有重要应用。

第七章 杂环化反应

一、含一个杂原子的五元环化合物的合成

2-对氟苯基-5-对甲氧基苯基呋喃

$$C_{17}H_{13}FO_2，268.29$$

【英文名】 2-(4-Fluorophenyl)-5-(4-methoxyphenyl) furan

【性状】 有荧光的白色粉末状固体。mp 76～78℃。

【制法】 张继昌，苏坤，颜继忠，程冬萍.浙江化工，2009，40（7）：4.

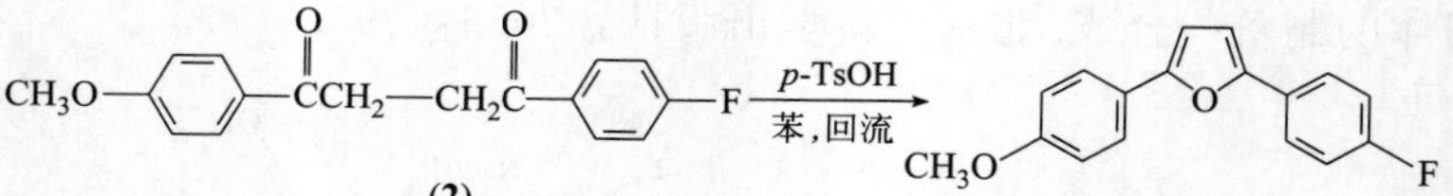

于反应瓶中依次加入化合物（**2**）0.16 g（0.55 mmol）、对苯甲磺酸 0.03 g（0.17 mmol）、苯 10 mL，95℃回流搅拌 3 h。TLC 跟踪反应至完成，冷却至室温。过滤除去不溶物，减压浓缩。剩余物进行柱层析（石油醚：乙酸乙酯为 15：1）分离，得到有荧光的白色粉末状固体（**1**）0.1 g，收率 70.1%，mp 76～78℃。

【用途】 用于老年痴呆症检测试剂中间体的合成。

2-甲氧基-5,5-二甲基四氢呋喃-2-羧酸甲酯

$$C_{10}H_{18}O_4，202.25$$

【英文名】 Methyl 2-Methoxy-5,5-dimethyltetrahydrofuran-2-carboxylate

【性状】 油状物。

【制法】 陈芬儿.有机药物合成法：第一卷.北京：中国医药科技出版社，1999：531.

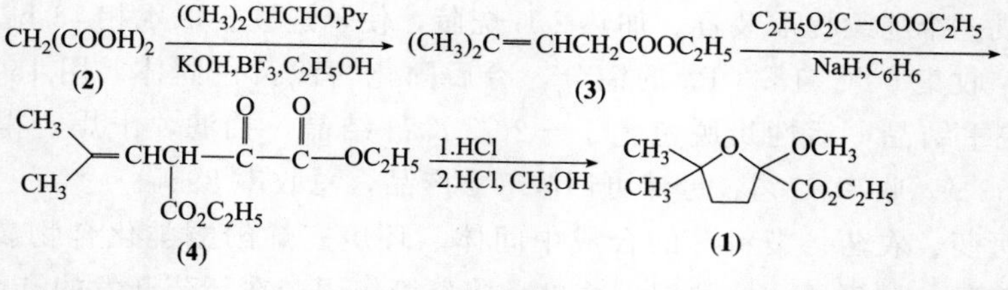

4-甲基-3-戊烯酸乙酯（**3**）：于安有分水器的反应瓶中加入重蒸的异丁醛 121 mL（1.33 mol），丙二酸（**2**）137 g（1.32 mol）和吡啶 105 mL，搅拌溶解后加入哌啶

0.8 mL，小心加热搅拌回流 4 h。反应结束后，回收过量异丁醛，冷却至室温。将反应物倒入 6 mol/L 盐酸和冰适量中，用乙醚提取数次。合并有机层，蒸出溶剂。冷却，加入含氢氧化钾 530 g（9.5 mol）的溶液 1.0 L，加热搅拌回流 8 h，用浓盐酸调至 pH 酸性。乙醚提取数次，合并有机层。加入 12%三氟化硼的无水乙醇溶液 300 mL，继续搅拌回流 0.5 h。反应毕，回收溶剂，得（**3**）136.9 g，收率 64%（可直接用于下步反应）。

3-乙氧羰基-2-氧代-5-甲基-4-戊烯乙酯（**4**）：于干燥的反应瓶中，氮气保护下加入无水苯 200 mL，氢化钠（55%氢化钠矿物油 42 g，经无水戊烷洗涤除去矿物油而得），冰水浴冷却下滴加草酸二乙酯 117 g（0.80 mol），再滴加上述化合物（**3**）103 g（0.73 mol），加完后室温搅拌 3 h，静置过夜。反应毕，合并有机层，无水硫酸钠干燥，回收溶剂后，得（**4**）116.4 g，收率 65%（可直接用于下步反应）。

2-甲氧基-5,5-二甲基四氢呋喃-2-羧酸甲酯（**1**）：于反应瓶中加入上述化合物（**4**）4.8 g（19.8 mmol）、4 mol/L 盐酸 30 mL，加热搅拌回流 6 h。冷却，用乙醚提取数次，合并有机层。用 5%碳酸钠溶液提取数次，合并提取液，用 4 mol/L 盐酸调至 pH2～3，然后用乙醚提取数次，合并有机层，用 5%碳酸钠溶液提取数次，合并提取液，用 4 mol/L 盐酸调至 pH2～3，将其酸化液加入至装有 4A 分子筛的索氏提取器中，再加入 3%盐酸的甲醇（含 20%苯）的混合液 100 ml，加热回流 4 h。反应毕，冷却，分出下层油状物。油状物经硅胶柱（洗脱剂：乙醚-正己烷）纯化[洗脱剂的用量和配比依次用 I00 mL（1:9）、200 mL（2:8）、200 mL（3:7）和 200 mL（4:6）]，收集所需组分（GLC 检测），减压浓缩，得（**1**）2.1 g，收率 36%。

【用途】 抗肿瘤药三尖杉酯碱（Harringtonine）中间体。

（±）-蒎脑

$$C_{10}H_{16}O，152.24$$

【英文名】 （±）-Pinol
【性状】 无色液体。
【制法】 ①Cocker W，et al. J Chem Soc，Perkin Trans I，1972，15：1971. ②陈芬儿. 有机药物合成法：第一卷. 北京：中国医药科技出版社，1999：953.

于反应瓶中加入松针内酯（**2**）1 g（5.87 mmol）、1%硫酸 25 mL，于 60～65℃搅拌反应 1 h。冷却，用石油醚提取数次。合并有机层，水洗至 pH7，无水硫酸镁干燥。过滤，滤液回收溶剂后，得（**1**）0.66 g，收率 74%。

【用途】 利尿药、肝脏保护药依泊二醇（Epomediol）等的中间体。

2-丁酰基苯并呋喃

$$C_{12}H_{12}O_2，188.23$$

【英文名】 4-Butyrylbenzofuran，1-(2-Benzofuranyl)-1-butanone
【性状】 无色液体。

【制法】 胡钰琴，周慧莉.中国医药工业杂志，1980，11（2）：1.

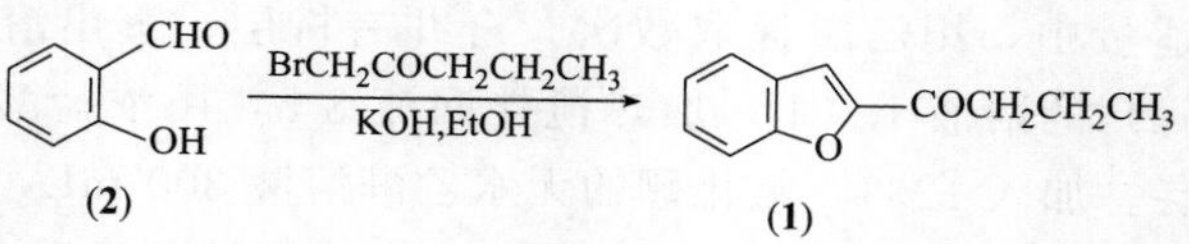

于反应瓶中加入无水乙醇 800 mL，氢氧化钾 56 g，搅拌至完全溶解。加入水杨醛（**2**）122 g（1 mol），加热至 70℃，慢慢滴加 1-溴-2-戊酮 165 g（1 mol），约 1 h 加完。加完后继续搅拌回流反应 2 h。冷却，过滤除去生成的溴化钾。滤液减压浓缩，剩余物减压蒸馏，收集 140～145℃/1.47 kPa 的馏分，得无色液体（**1**）127 g，收率 68％。

【用途】 抗心律失常药盐酸胺碘酮（Amiodarone）等的中间体。

2-乙酰基苯并呋喃

$C_{10}H_8O_2$，160.17

【英文名】 2-Acetylbenzofuran
【性状】 浅黄色片状结晶。mp 76～78℃。
【制法】 李家明，查大俊，何广卫.中国医药工业杂志，2000，31（7）：289.

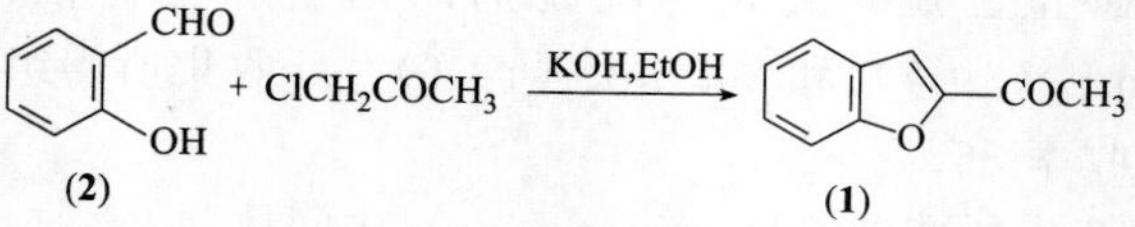

于反应瓶中加入无水乙醇 100 mL，氢氧化钾 5.6 g（0.1 mol），搅拌溶解。加入水杨醛（**2**）12.2 g（0.1 mol），加热至回流。滴加氯代丙酮 9.3 g（0.1 mol），约 30 min 加完。而后继续搅拌回流反应 1.5 h。冷却后过滤。滤液浓缩至约 40 mL，冷却析晶。抽滤，粗品用无水乙醇重结晶，得浅黄色片状化合物（**1**）13.1 g，收率 82％，mp 76～78℃（文献值 76℃）。

【用途】 治疗痛风病药物苯溴马隆（Benzbromarone）等的中间体。

苯并呋喃

C_8H_6O，118.13

【英文名】 Benzofuran，Coumarone
【性状】 油状液体。mp −18℃，bp 174℃，62～63℃/2.0 kPa。$d_4^{13}1.0913$，$n_D^{17}1.5611$。溶于乙醇、乙醚、苯，不溶于水，能随水蒸气挥发。
【制法】 ①Burgstahler A W，Worden I R. Org Synth，1973，Coll VoL 5：251.②孙昌俊，曹晓冉，王秀菊.药物合成反应——理论与实践.北京：化学工业出版社，2007：433.

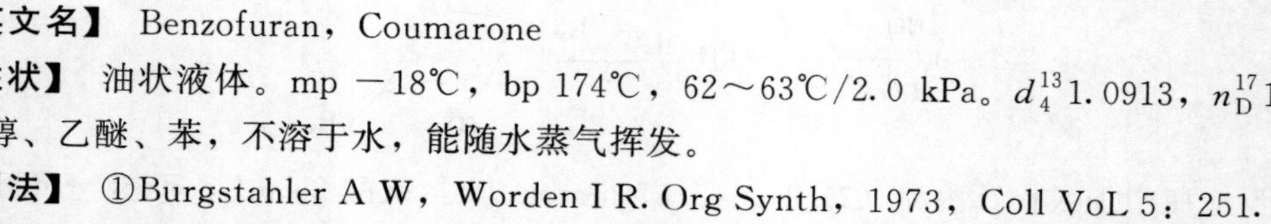

邻甲酰基苯氧乙酸（**3**）：于反应瓶中加入水杨醛（**2**）40 g（0.33 mol），氯乙酸 31.5 g（0.33 mol），水 250 mL，搅拌下慢慢加入氢氧化钠 26.7 g（0.66 mol）溶于 700 mL 水配成的溶液。加热至沸反应 3 h，生成红褐色溶液。冷却，用 60 mL 浓盐酸酸化。水蒸气蒸馏除去未反应的水杨醛（大约回收 14 g）。瓶中的暗红色油状物冷却后固化。抽滤，水洗，干燥，得邻甲酰基苯氧乙酸（**3**）27 g。水中重结晶，mp 132～133℃，收率 71%（按消耗的水杨醛计）。

苯并呋喃（**1**）：将化合物（**3**）20 g（0.11 mol），无水醋酸钠 40 g，醋酸酐 100 mL 和冰醋酸 100 mL 加入反应瓶中，搅拌回流反应 8 h。冷却后倒入 600 mL 冰水中，放置数小时并不断搅动，以使醋酸酐分解完全。用苯提取三次。合并苯层，以 5% 的氢氧化钠水溶液洗涤，直至水层呈碱性，再用饱和食盐水洗至中性，无水氯化钙干燥。先蒸出苯，而后蒸馏，收集 169～172℃ 的馏分，得无色苯并呋喃（**1**）9.5 g，收率 91%。

【用途】 抗心律失常药盐酸胺碘酮（Amiodarone）等的中间体。

4-氧代-4,5,6,7-四氢苯并呋喃

$C_8H_8O_2$，136.15

【英文名】 4-Oxy-4,5,6,7-tetrahydrobenzofuran
【性状】 无色液体。
【制法】 仇缀百，焦平，刘丹阳. 中国医药工业杂志，2009，31（12）：554.

于反应瓶中加入碳酸氢钠 26.4 g，水 210 mL，45% 的氯乙醛水溶液 50 mL（0.28 mol），水 10 mL，冷至 5℃ 以下，滴加 1,3-环己二酮（**2**）29.6 g（0.26 mol）溶于 230 mL 水的溶液，约 100 min 加完。室温搅拌过夜，加入乙酸乙酯 265 mL，以浓硫酸酸化至 pH1。分出有机层，水层用乙酸乙酯提取。合并有机层，水洗，无水硫酸钠干燥。过滤，浓缩。减压蒸馏，收集 85～87℃/300 Pa 的馏分得无色液体（**1**）18.65 g，收率 48%。

【用途】 *k*-亚型阿片受体选择性激动剂伊那朵林（Enadoline）中间体。

N-乙氧羰基-2,5-二甲基吡咯

$C_9H_{13}NO_2$，167.21

【英文名】 *N*-Ethoxycarbonyl-2,5-dimethylpyrrole
【性状】 无色液体。bp 78℃/1.60 kPa。
【制法】 张娟，范晓东，刘毅锋，李华. 现代化工，2006，26（11）：47.

于安有搅拌器、温度计、分水器的 250 mL 四口瓶中，加入 2,5-己二酮（**2**）22.8 g（0.2 mol），氨基甲酸乙酯 0.2 mol，对甲苯磺酸 0.69 g（0.004 mol），甲苯 80 mL，搅拌下加热回流共沸脱水。反应 6 h 后，蒸出甲苯，改为减压蒸馏装置进行减压蒸馏，收集 78℃/1.60 kPa 的馏分，得无色液体（**1**），收率 87.5%。

【用途】 抗炎、抗癌、降胆固醇等的新药中间体。

3,5-二甲基-4-乙氧羰基 1*H*-吡咯-2-羧酸叔丁酯

$C_{14}H_{21}NO_4$，267.33

【英文名】 *tert*-Butyl 3,5-dimethyl-4-ethoxycarbonyl-1*H*-pyrrole-2-carboxylate，2-*tert*-Butyl 4-ethyl 3,5-dimethyl-1*H*-pyrrole-2,4-dicarboxylate

【性状】 白色固体，mp 128～130℃。

【制法】 刘翔宇，杜焕达，王琳等. 精细化工中间体，2009，30 (3)：40.

于反应瓶中加入乙酰乙酸叔丁酯（**2**）316 g（2.0 mol），冰醋酸 400 mL，搅拌下慢慢加入亚硝酸钠 138 g（2.0 mol），室温反应 3.5 h，得粉红色液体。另将乙酰乙酸乙酯 260 g（2.0 mol）加入 3 L 反应瓶中，加入冰醋酸 800 mL，再加入锌粉 100 g（1.5 mol），慢慢加热至 60℃。加入上述粉红色反应液，再慢慢加入锌粉 400 g（6.0 mol），于 75℃反应 1 h。将反应物倒入 3 L 水中，抽滤。滤饼用甲醇重结晶，得白色固体（**1**）373 g，收率 70%，mp 128～130℃（文献值 131℃）。

【用途】 抗肿瘤新药苹果酸舒尼替尼（Sunitinib malate）中间体。

1,4-二甲基-2-(2-乙氧-2-氧代乙基)-1*H*-吡咯-3-甲酸乙酯

$C_{13}H_{19}NO_4$，253.30

【英文名】 Ethyl 2-(2-ethoxy-2-oxoethyl)-1,4-dimethyl-1*H*-pyrrole-3-carboxylate

【性状】 白色针状结晶。mp 71～73℃。

【制法】 John R C，Wong S. J Med Chem，1973，16 (2)：173.

于反应瓶中加入 40% 的甲胺水溶液 75 mL，冰浴冷却，慢慢加入化合物（**2**）20.2 g（0.1 mol），注意温度不超过 25℃。待析出白色固体后，升至 40℃，慢慢滴加氯代丙酮 18.5 g（0.2 mol）。固体溶解后冷至室温，搅拌反应 2 h。将反应物倒入冰盐水中，析出固体。过滤，水洗，异丙醇中重结晶，得白色针状结晶（**1**）17.5 g，收率 70%，mp 71～73℃。

【用途】 消炎镇痛药佐美酸钠（Zomepirac sodium）中间体。

N-苯基吡咯烷

$C_{10}H_{13}N$，147.22

【英文名】 *N*-Phenylpyrrole

【性状】 油状液体。bp 119～120℃/1.6kPa，81℃/0.06kPa，d_4^{25} 1.0260。溶于乙醚、

乙醇、氯仿等有机溶剂。

【制法】 ①孙昌俊，曹晓冉，王秀菊.药物合成反应——理论与实践.北京：化学工业出版社，2007：452.②Ju Yuhong，Varma Rajender S. Org Letters，2005，7（12）：2409.

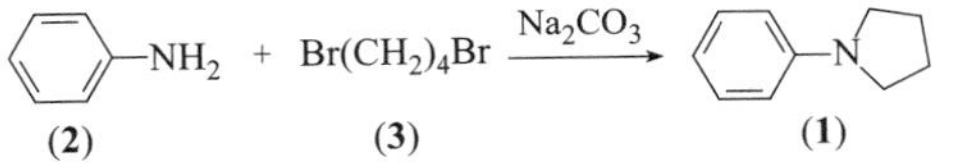

于反应瓶中加入水 150 mL，碳酸钠 60 g（0.57 mol），搅拌使之溶解。加入苯胺（**2**）43 g（0.462 mol），1,4-二溴丁烷（**3**）100 g（0.463 mol），慢慢加热至 90℃，搅拌反应6 h。冷却，静置分层。弃去水层，油层水洗至中性，无水硫酸钠干燥。减压蒸馏，收集118～121℃/1.6kPa 的馏分，得化合物（**1**）52 g，收率 76.5%。

【用途】 治疗蛲虫病药物司替碘铵（Stilbazium iodide）等的中间体。

1-苄基-5-氧代吡咯烷-3-甲酸甲酯

$$C_{13}H_{15}NO_3，233.27$$

【英文名】 Methyl 1-benzyl-5-oxopyrrolidine-3-carboxylate
【性状】 白色固体。
【制法】 王学涛，葛敏.化学试剂，2010，32（11）：986.

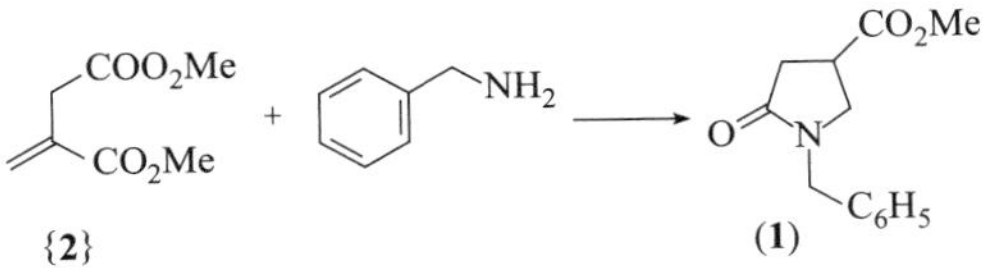

于反应瓶中加入衣康酸甲酯（**2**）158 g（1.0 mol），苄基胺 107 g（1.0 mol），于 90℃回流反应。反应结束后，冷却，旋干，加入二氯甲烷 500 mL，100 mL 稀盐酸，震荡、分层。有机层依次用碳酸氢钠溶液、饱和盐水洗涤，无水硫酸钠干燥。过滤，回收二氯甲烷。剩余物用乙酸乙酯-石油醚重结晶，得白色固体（**1**）200 g，收率 86%。

【用途】 抗组胺药物甲比吩嗪类等药物的中间体。

吲哚

$$C_8H_7N，117.15$$

【英文名】 Indole
【性状】 无色片状结晶。mp 52.2℃，bp 254℃，123～125℃/0.67 kPa。溶于热水、苯、石油醚，易溶于乙醇、乙醚。能随水蒸气挥发。
【制法】 申屠有德，申屠阳，金毅强等.浙江化工，2005，36（9）：24.

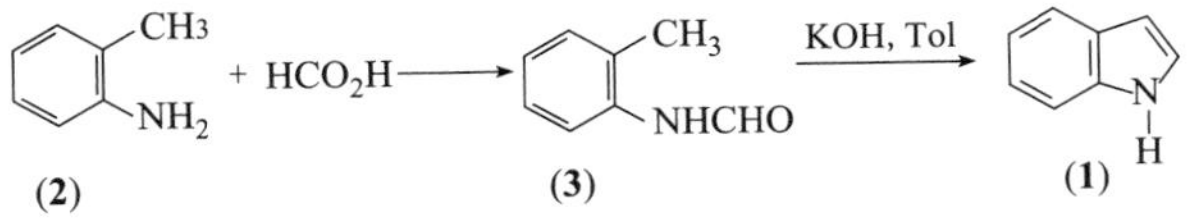

N-甲酰基邻甲苯胺（**3**）：于反应瓶中加入邻甲苯胺（**2**）45.6 g（0.8 mol），90% 的甲酸 40.3 g（0.84 mol），搅拌下于 105～110℃加热反应 3 h。常压蒸出反应中生成的水，冷却。得粗品（**3**）96 g，收率 86%。可直接用于下一步反应。用苯-石油醚重结晶，

mp 61℃。

吲哚（**1**）：于安有分水器、滴液漏斗的反应瓶中，加入甲苯 120 mL，邻甲基苯胺（**2**）100 g，粉状氢氧化钾 61.1 g。另将化合物（**3**）135 g（1 mol）溶于 100 mL 甲苯中，转移至滴液漏斗中。加热搅拌下滴加化合物（**3**）的溶液，控制滴加速度，保持甲苯回流带水。约需 8 h，共收集约 17.6 mL 水。蒸出甲苯后升温至 250~280℃蒸出邻甲基苯胺 154 g。再升温至 300~304℃反应 30 min。冷至 100℃以下，加入 250 mL 水，进行水蒸气蒸馏，收集产物。真空干燥后，得化合物（**1**）38.5 g，收率 65%，mp 48.5~50℃。

【用途】 抗抑郁药吲达品（Indalpine）等的中间体。

1,2-二甲基-5-羟基-1*H*-吲哚-3-羧酸乙酯

$C_{13}H_{15}NO_3$，233.27

【英文名】 Ethyl 1,2-dimethyl-5-hydroxy-1*H*-indole-3-carboxylate
【性状】 类白色固体。mp 208~210℃。
【制法】 ①张珂良，宫平. 精细与专用化学品，2007，15（13）：14. ②宋萍，赵静国，李桂杰. 化学与生物工程，2011，28（8）：57.

（*Z*）-3-甲氨基-2-丁烯酸乙酯（**3**）：于安有搅拌器、温度计、通气导管的反应瓶中，加入乙酰乙酸乙酯（**2**）169 g（1.3 mol），搅拌下加热至 35~40℃，慢慢通入甲胺气体〔由甲胺溶液 508 mL（2.6 mol）慢慢滴加至 50%的氢氧化钠溶液 300 mL 中产生〕。通气结束后，室温搅拌反应 17 h。加入乙醚 400 mL，分出有机层，水洗至 pH8，无水硫酸钠干燥。过滤，蒸出溶剂，得棕红色澄清液体（**3**）177 g，收率 94.9%，纯度 95.7%。

1,2-二甲基-5-羟基-1*H*-吲哚-3-羧酸乙酯（**1**）：于反应瓶中加入对苯醌 127 g（1.18 mol），1,2-二氯乙烷 500 mL，搅拌下加热至 70℃，慢慢滴加上述化合物（**3**）177 g 溶于 100 mL 二氯乙烷的溶液，控制温度，使反应液处于微沸状态。加完后继续回流反应 8 h。冷至室温，析出固体。抽滤，以 50%的丙酮洗涤，干燥，得灰白色固体（**1**）197 g，收率 52%，mp 208~210℃。

【用途】 抗流感病毒药盐酸阿比朵尔（Arbidol hydrochloride）等的中间体。

2-甲基-5-羟基吲哚-3-羧酸乙酯

$C_{12}H_{13}NO_3$，219.24

【英文名】 Ethyl 2-methyl-5-hydroxyindole-3-carboxylate
【性状】 白色针状结晶。mp 207~108℃。
【制法】 王纯，吴秀静，宫平. 中国医药工业杂志，2004，35（8）：457.

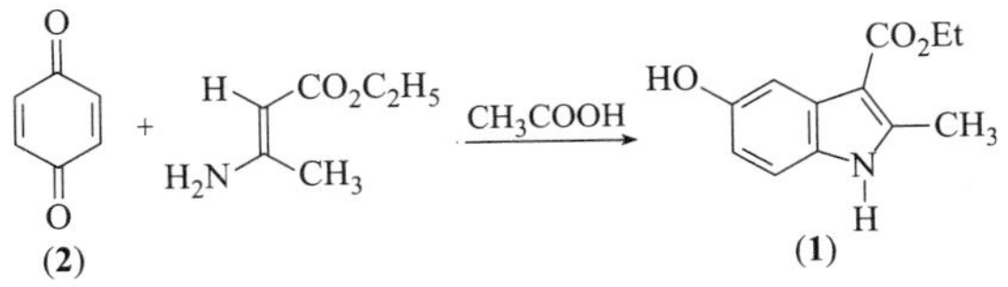

于反应瓶中加入冰醋酸 3.5 L，对苯醌 (**2**) 324 g (3.0 mol)，搅拌溶解。于 45℃滴加 3-氨基巴豆酸乙酯 258 g (2.0 mol)，加完后于 80℃继续搅拌反应 5.5 h。冷却，抽滤，滤饼以 50%的丙酮洗涤，干燥，得粗品 365 g。以甲醇重结晶，得白色针状结晶 (**1**) 296 g，收率 67.5%，mp 207~108℃。

【用途】 抗流感药盐酸阿比朵尔 (Arbidol hydrochloride) 中间体。

1-甲基-2-苯硫甲基-5-羟基吲哚-3-羧酸乙酯

$C_{19}H_{19}NO_3S$，341.42

【英文名】 Ethyl 1-methyl-2-phenylthiomethyl-5-hydroxyindole-3-carboxylate

【性状】 粉红色固体。

【制法】 ①宋艳玲，赵燕芳，宫平. 中国现代应用药学，2005，22 (3)：93. ②宋艳玲，孟艳秋，刘丹. 沈阳化工学院学报，2006，20 (2)：92.

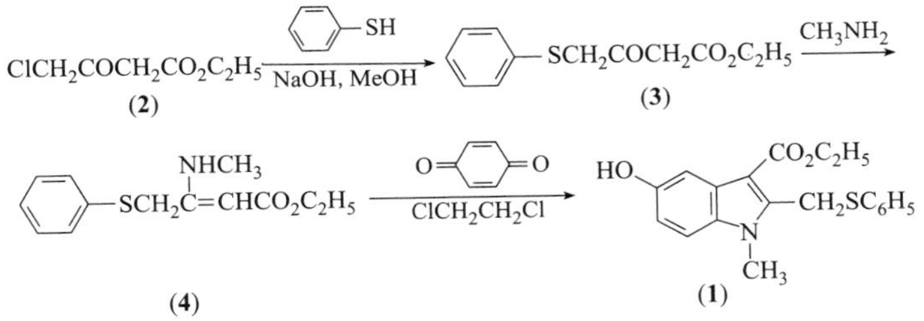

4-苯硫基乙酰乙酸乙酯 (**3**)：于反应瓶中加入 200 mL 水，氢氧化钠 44 g (1.1 mol)，搅拌溶解。冷却下加入苯硫酚 121 g (1.1 mol)，冰浴冷却，慢慢滴加 4-氯代乙酰乙酸乙酯 (**2**) 181 g (1.1 mol)，加完后室温搅拌反应 3~4 h。过滤，滤液用乙醚提取 3 次。合并有机层，水洗，浓缩，得化合物 (**3**)，收率 92%。

4-苯硫基-3-甲氨基-2-丁烯酸乙酯 (**4**)：于反应瓶中加入化合物 (**3**) 238 g (1.0 mol)，甲胺 1.1 mol，于 45~50℃搅拌反应 3 h，而后室温反应 17 h。水洗，乙醚提取。乙醚层用无水硫酸钠干燥，过滤，浓缩，得淡黄色油状透明液体 (**4**)，收率 92%。

1-甲基-2-苯硫甲基-3-乙氧羰基-5-羟基吲哚 (**1**)：于反应瓶中加入 1,2-二氯乙烷 400 mL，对苯醌 93.5 g (0.864 mol)，回流条件下滴加化合物 (**4**) 239 g (0.95 mol)，加完后继续回流反应 7~8 h。冰箱中放置过夜。过滤析出的固体，丙酮洗涤，干燥，得粉红色固体 (**1**)，收率 33.7%。

【用途】 抗流感病毒药盐酸阿比朵尔 (Arbidol hydrochloride) 中间体。

7-三氟甲基靛红

$C_9H_4F_3NO_2$，215.13

【英文名】 *7-Trifluoromethylisatin*

【**性状**】 紫红色粉末，mp 192～193℃。

【**制法**】 ①陈芬儿. 有机药物合成法：第一卷. 北京：中国医药科技出版社，1999：815.
②Maginnity，Gaulin. J Am Chem Soc，1951，73（2）：3579.

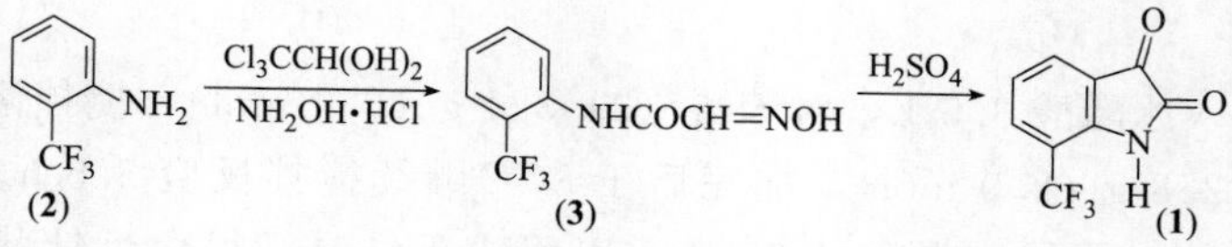

2-三氟甲基肟基乙酰苯胺（**3**）：于反应瓶中加入 2-三氟甲基苯胺（**2**）87 g
（0.54 mol）、水 3 L、硫酸钠 600 g、浓盐酸 54 g、水合氯醛 130 g（0.85 mol）和盐酸羟胺
154 g（2.22 mol），于 80℃搅拌 20 min。反应结束后，冷至室温。分出油层，室温搅拌，
析出结晶。干燥，得化合物（**3**）100 g，收率 79.8%。

7-三氟甲基靛红（**1**）：于反应瓶中加入浓硫酸 500 g，搅拌升温至 80℃，加入上述化合
物（**3**）110 g（0.47 mol），加完后继续保温搅拌反应 0.5 h。冷至室温，倒入 4 L 冰水中，
充分搅拌。过滤，水洗，于 40℃干燥，得化合物（**1**）80 g，收率 78.5%。

5-三氟甲基靛红可以按照类似的方法来合成〔Maginnity，Gaulin. J Am Chem Soc，
1951，73（2）：3579〕：

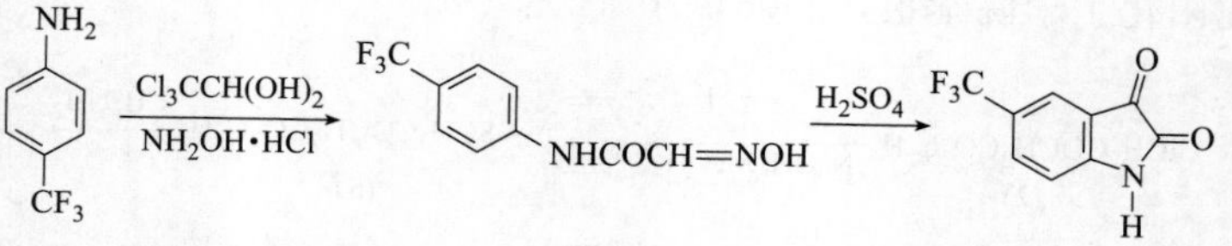

【**用途**】 抗疟药盐酸甲氟喹（Mefloquine hydrochloride）中间体。

6-甲氧基靛红

$$C_9H_7NO_3，177.16$$

【**英文名**】 6-Methoxyisatin

【**性状**】 亮黄色固体。

【**制法**】 王鸿玉，宋云龙，章玲等. 药学实践杂志，2015，33（2）：127.

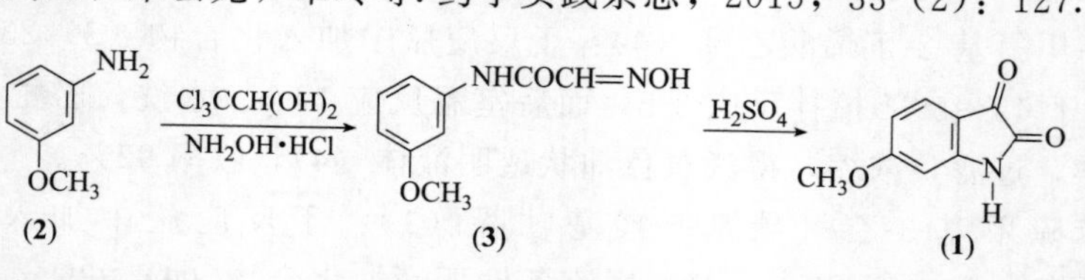

3-甲氧基肟基乙酰苯胺（**3**）：于反应瓶中加入水合三氯乙醛 16.5 g（54 mmol），水
300 mL，无水硫酸钠 86.7 g，搅拌溶解。称取盐酸羟胺 32.7 g 用稀盐酸（1∶9）100 mL
溶解，再加入 3-甲氧基苯胺（**2**）11.5 g（50 mmol），搅拌成悬浊液。将此悬浊液加入上述
水合三氯乙醛溶液中，很快出现大量固体，继续搅拌反应 5 min，于 60℃搅拌反应 2 h。
TLC 跟踪反应至反应完全。冷却，过滤，跟踪，得粗品褐色化合物（**3**）。

6-甲氧基靛红（**1**）：于反应瓶中加入甲基磺酸 15 mL，分批加入上述化合物（**3**）
3.0 g，加入过程中保持反应体系在 70℃以下，加完后于 80℃反应 30 min。TLC 跟踪
反应至反应完全。冷至室温，倒入冰水中，充分搅拌。过滤，水洗，得粗品（**1**）。将

其溶于 1 mol/L 的氢氧化钠溶液中，用乙酸中和，过滤后用乙醇重结晶，得亮黄色粉末化合物（**1**）。

【用途】 医药中间体。可用于中药黄三七主要成分 Soulied vaginata 的合成。

4,5-二氟-2-甲基吲哚

$$C_9H_7F_2N, \quad 167.16$$

【英文名】 4,5-Difluoro-2-methylindole

【性状】 浅黄色结晶。mp 72～74℃。

【制法】 Ishikawa H，Uno T，Miyamoto H，et al. Chem Pharm Bull，1990，38（9）：2459.

2-溴-4,5-二氟苯胺（**3**）：于反应瓶中加入 3,4-二氟苯胺（**2**）12.9 g（0.1 mol），碳酸钾 13.8 g（0.1 mol），二氯甲烷 260 mL，冷至 −15℃，慢慢滴加由溴 16.0 g（0.1 mol）溶于 160 mL 二氯甲烷的溶液。加完后继续于 −15℃ 搅拌反应 30 min。将反应物倒入冰水中，分出有机层，水层用二氯甲烷提取。合并有机层，无水硫酸镁干燥。过滤，减压蒸出溶剂。减压蒸馏，收集 90～93℃/133 Pa 的馏分，得化合物（**3**）17.7 g，收率 85%。

7-溴-3-乙硫基-4,5-二氟-2-甲基吲哚（**4**）：于反应瓶中加入化合物（**3**）115 g（0.55 mol），二氯甲烷 1 L，搅拌下慢慢滴加次氯酸叔丁酯 60 g（0.55 mol）。加完后继续搅拌反应 5～10 min。冷至 −50℃，慢慢加入由乙硫基-2-丙酮 65.5 g（0.55 mol）溶于 100 mL 二氯甲烷的溶液，反应放热。加完后继续于 −50℃ 搅拌反应 2 h。随后滴加三乙胺 58 g（0.57 mol）。加完后撤去冷浴，慢慢升至室温。加入 1 L 水，分出有机层，无水硫酸镁干燥。过滤，减压蒸出溶剂。剩余物用己烷重结晶，得无色针状结晶化合物（**4**）158 g，收率 93%，mp 63～65℃。

4,5-二氟-2-甲基吲哚（**1**）：于反应瓶中加入化合物（**4**）174 g（0.6 mol），乙醇 3 L，Raney Ni 催化剂（W-2）1.5 kg，搅拌回流 3 h。滤去催化剂，乙醇洗涤。合并滤液和洗涤液，减压浓缩。剩余物用己烷重结晶，得浅黄色棱状结晶（**1**）85.5 g，收率 86%，mp 72～74℃。

【用途】 杀星类抗菌剂新药中间体。

依托度酸甲酯

$$C_{18}H_{23}NO_3, \quad 301.39$$

【英文名】 Etodolac methyl ester

【性状】 白色固体。mp 130～131℃。

【制法】 戴立言，王晓钟，陈英奇.化工学报，2005，56（8）：1536.

于反应瓶中加入邻乙基苯肼盐酸盐（**2**）25 g（0.145 mol），水 5 mL，异丁醇 300 mL，搅拌下慢慢滴加 2,3-二氢呋喃 11.2 g（0.16 mol），约 30 min 加完。加完后继续加热回流反应 3 h。TLC 跟踪反应至反应完全。减压蒸出溶剂至干，剩余物为化合物（**3**）和氯化铵。加入 70 mL 乙醇，200 mL 甲苯，3-氧代戊酸甲酯 21 g（0.159 mol），冷至 0℃，滴加浓硫酸 50 g，约 1 h 加完。加完后继续反应约 1.5 h，TLC 跟踪反应至基本反应完全。分出有机层，水层用甲苯提取 3 次。合并甲苯层，用 5% 的碳酸氢钠溶液充分洗涤，无水硫酸钠干燥。过滤，减压浓缩至约 20 mL，加入石油醚 20 mL，冷冻。抽滤，石油醚洗涤，干燥，得白色固体（**1**）27.5 g，收率 63%，mp 130～131℃。

【用途】 消炎镇痛药依托度酸（Etodolac）中间体。

（6-氯-1,2,3,4-四氢-1*H*-2-咔唑基）甲基丙二酸二乙酯

$$C_{20}H_{24}ClNO_4，377.87$$

【英文名】 Diethyl（6-chloro-1,2,3,4-tetrahydro-1*H*-carbazol-2-yl）methylpropanedioate

【性状】 白色固体。mp 128～129℃。

【制法】 牛宗强. 浙江化工，2012，43（8）：21.

α-甲基-3-氧代环己基丙二酸二乙酯（**3**）：于反应瓶中加入无水乙醇 40 mL，金属钠 0.3 g，氮气保护，搅拌至金属钠反应完全。加入甲基丙二酸二乙酯 25 g，搅拌反应 1 h。慢慢滴加 2-环己烯-1-酮（**2**）12.5 g 溶于 20 mL 无水乙醇的溶液，约 30 min 加完。加完后继续室温搅拌反应 12 h。加入 3 mL 醋酸，减压蒸出溶剂。剩余物中加入 200 mL 乙醚，水洗 3 次。无水硫酸钠干燥，过滤，浓缩，而后减压蒸馏，得无色油状物（**3**）30.7 g，收率 87.5%。

6-氯-1,2,3,4-四氢-1*H*--2-咔唑-甲基丙二酸二乙酯（**1**）：于反应瓶中加入上述化合物（**3**）12.5 g，对氯苯肼盐酸盐 8.28 g，无水乙醇 40 mL，室温搅拌反应 1.5 h，而后回流反应 1.5 h。冷至室温过夜。过滤，无水乙醇洗涤滤饼，再用己烷-乙醇洗涤。于 40～50℃ 旋转浓缩，得白色固体 16.3 g。加入 60 mL 冰水中，搅拌 15 min。过滤水洗，真空干燥，得白色固体（**1**）14.2 g，收率 81%。mp 128～129℃。

【用途】 消炎镇痛药卡洛芬（Carprofen）中间体。

吲哚并［2,3-*b*］环辛烷

$$C_{14}H_{17}N，199.30$$

【英文名】 Indole［2,3-*b*］cyclooctane

【性状】 白色或浅黄色结晶。mp 75～77℃。不溶于水。

【制法】 胡天佑，陈新，杨祯祥等.中国医药工业杂志，1983，14（6）：3.

于反应瓶中加入水 80 mL，浓盐酸 27.4 mL，加热至回流，搅拌下滴加苯肼（**2**）17.2 g（0.16 mol），加完后，内温 100℃滴加环辛酮 20 g（0.159 mol），约 40 min 加完，而后继续反应 4 h。反应结束后，倒入 400 mL 冰水中，剧烈搅拌，使黏稠物分散为颗粒状。抽滤，水洗。乙醇中重结晶，得化合物（**1**）25 g，收率 70％，mp 73～75℃。

【用途】 抗忧郁药丙辛吲哚（Iprindole）的中间体。

1,3,3-三甲基-5-羟基吲哚啉-2-酮

$C_{11}H_{13}NO_2$，191.23

【英文名】 5-Hydroxy-1,3,3-trimethylindolin-2-one
【性状】 粉末状固体。mp 216～218℃。
【制法】 ①孙昌俊，曹晓冉，王秀菊.药物合成反应——理论与实践.北京：化学工业出版社，2007：449. ② Takchiko N，Kyoko I，et al.Helvetica Chimica Acta，2005，88（1）：35.

对甲氧基-N-甲基-N-（α-溴代异丁酰基）苯胺（**3**）：于反应瓶中加入对甲氧基-N-甲基苯胺（**2**）137 g（1.0 mol），无水苯 300 mL。搅拌下滴加 α-溴代异丁酰溴 117 g（1.0 mol），控制反应温度不超过 50℃，约 30 min 加完。加完后回流反应 1 h。冷后加入冷水 100 mL，分出苯层，苯层用稀盐酸洗涤。合并水层，用 30％的氢氧化钠溶液调至碱性。用苯提取后分馏，回收苯及未反应的对甲氧基-N-甲基苯胺（65 g）。苯层用无水硫酸钠干燥后，减压蒸馏，尽量除去苯，得黏稠状（**3**）134 g，收率 94％。

1,3,3-三甲基-5-羟基吲哚满-2-酮（**1**）：将上面黏稠物（**3**）加入 2 L 烧杯中，油浴加热至 60℃，搅拌下加入无水三氯化铝 125 g，约 5 min 后发生剧烈反应，快速搅拌。反应缓和后再加入无水三氯化铝 125 g，并用 170～180℃的油浴加热，直至生成均匀的黏稠液体。倒入大量冷水中水解。冷后得粉末状结晶。抽滤，水洗至中性，80℃干燥，得化合物（**1**）76 g，收率 82％，mp 198～202℃。乙醇中重结晶，mp 216～218℃。

【用途】 中药麻醉后的催醒药催醒宁等的中间体。

3,4-二羟基-5-甲基噻吩-2-羧酸甲酯

$C_7H_8O_4S$，188.20

【英文名】 Methyl 3,4-dihydroxy-5-methyl-2-thiophenecarboxylate
【性状】 mp 116～117℃。
【制法】 Mullican M D，Sorenson R J，Connor D T，et al.J Med Chem，1991，34

(7)：2186.

2-甲氧羰基甲硫基丙酸甲酯（**3**）：于反应瓶中加入 2-溴丙酸甲酯（**2**）8.9 g（53 mmol），三乙胺 5.4 g（53 mmol），氮气保护，冰浴冷却，搅拌下加入巯基乙酸甲酯 5.6 g（53 mmol），室温搅拌反应 16 h。将反应物倒入 150 mL 冰水中，乙醚提取（125 mL×2），合并乙醚层，饱和食盐水洗涤，无水硫酸钠干燥。过滤，蒸出乙醚，得无色液体（**3**）。

3,4-二羟基-5-甲基噻吩-2-羧酸甲酯（**1**）：于反应瓶中加入无水甲醇 35 mL，加入洁净的金属钠 3.8 g（165 mmol），制成甲醇钠-甲醇溶液。冰浴冷却，慢慢滴加由上述化合物（**3**）溶于 25 mL 甲醇的溶液与草酸二甲酯 9.4 g（79 mmol）配成的混合溶液。加完后慢慢升温回流反应 1 h，旋转浓缩。剩余物过滤，固体物用冷的甲醇、乙醚洗涤，干燥。将其溶于少量的水中，用 4 mol/L 的盐酸酸化。过滤析出的固体，水洗，干燥，得化合物（**1**）4.3 g，收率 43%。浓缩并处理有机母液，可以回收 2.5 g，总收率 68%，mp 116～117℃。

【用途】 抗过敏新药中间体。

3-羟基噻吩-2-甲酸甲酯

$C_6H_6O_3S$，158.17

【英文名】 Methyl 3-hydroxythiophene-2-carboxylate
【性状】 mp 42℃。
【制法】 Huddleston PR，Baeker J M. Synth Commun，1979，9（8）：731.

于干燥的反应瓶中加入巯基乙酸甲酯 62 g（0.58 mol），2 mol/L 的甲醇钠-甲醇溶液 500 mL，搅拌下滴加由 2-氯丙烯酸甲酯（**2**）70.3 g（0.58 mol）溶于 70 mL 甲醇的溶液，控制内温不超过 35℃。加完后室温搅拌反应 1 h。回收甲醇，剩余物用 4 mol/L 的盐酸调至酸性。水蒸气蒸馏。馏出物用二氯甲烷提取数次，合并有机层，无水硫酸钠干燥。过滤，减压浓缩，剩余物减压蒸馏，收集 102～106℃/2.0 kPa 的馏分，冷后固化，得化合物（**1**）66.3 g，收率 72%，mp 42℃。

【用途】 消炎镇痛药替诺昔康（Tenoxicam）等的中间体。

3-氨基-4-甲基噻吩-2-羧酸甲酯盐酸盐

$C_7H_9NO_2S \cdot HCl$，207.67

【英文名】 Methyl 3-amino-4-methylthiophene-2-carboxylate hydrochloride
【性状】 浅灰色固体。mp 128℃。
【制法】 段亚波，张国宏，李翼等. 中国药物化学杂志，2004，14（2）：109.

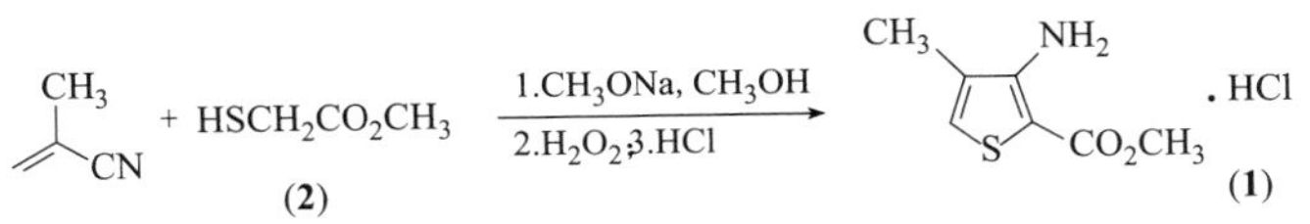

于反应瓶中加入无水甲醇 90 mL，分批加入金属钠 6.9 g，搅拌反应至金属钠完全反应。冷至 0℃，加入巯基乙酸甲酯（**2**）24 mL（0.27 mol），而后滴加 2-甲基丙烯腈 25.2 mL（0.3 mol）。自然升至室温，搅拌反应 2 天。将生成的黄色透明溶液冷至 10℃ 以下，慢慢滴加浓盐酸调至 pH7～8，滴加 30% 的 H_2O_2 39.6 mL（0.396 mol），自然升至室温反应 4 h。反应结束后，加入浓盐酸 25 mL，于 60℃ 搅拌反应 2～4 h。减压浓缩，析出棕褐色固体。过滤，乙酸乙酯洗涤，干燥，得浅灰色固体（**1**）26 g，收率 46.4%，mp 128℃。

【用途】 局部麻醉药盐酸卡替卡因（Carticaine hydrochloride）中间体。

5-氨基-4-氰基-3-乙氧羰甲基-2-噻吩甲酸甲酯

$$C_{10}H_{10}N_2O_4S，254.26$$

【英文名】 Methyl 5-amino-4-cyano-3-ethoxycarbonylmethylthiophene-2-carboxylate

【性状】 褐色固体。mp 137℃。

【制法】 王强，潘红娟，袁哲东. 中国医药工业杂志，2007，38（2）：76.

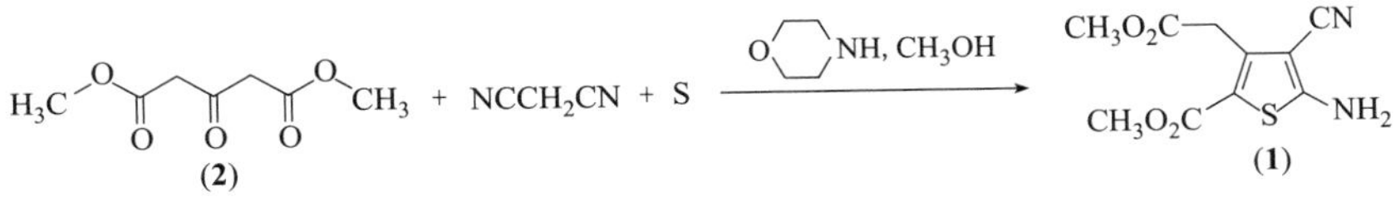

于反应瓶中加入 3-氧代戊二酸二甲酯（**2**）400 g（2.298 mol），丙二腈 158 g（2.394 mol），甲醇 560 mL，搅拌下控制温度 40℃ 以下加入吗啉 199.6 g（2.294 mol），而后加入硫黄粉 73.6 g（2.30 mol），回流反应 2 h。加水至出现沉淀，放置，过滤，水洗，干燥，得褐色化合物（**1**）449.4 g，收率 77%，纯度 98%，mp 137℃。

【用途】 治疗妇女绝经后骨质疏松症的药物雷尼酸锶（Strontium ranelate）中间体。

盐酸替诺立定

$$C_{17}H_{20}N_2O_2S \cdot HCl，352.88$$

【英文名】 Tinoridine hydrochloride

【性状】 白色固体。mp 220～224℃。

【制法】 蔡国荣，李佳玲，肖丽纳等. 中国医药工业杂志，2003，34（5）：211.

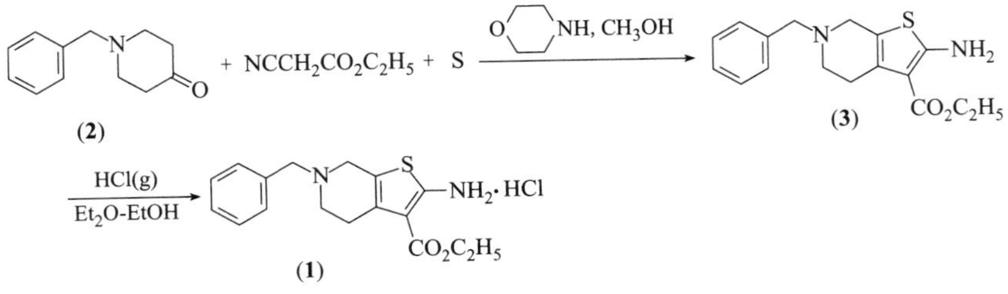

于反应瓶中加入 1-苄基-4-哌啶酮（**2**）40 g（0.212 mol），氰基乙酸乙酯 22.75 mL（0.29 mol），升华硫 7.1 g（0.22 mol），吗啉 21 mL，甲醇 120 mL，加热回流 20 min，直

至硫全部溶解，继续回流反应 1 h。冷却，过滤，甲醇中重结晶，得黄白色固体（**3**）55 g，收率 82.1%，mp 124～126℃。

取化合物（**3**）2.0 g（6.33 mmol），加入乙醚 12 mL 和甲醇 8 mL 的混合液中，加热至 50℃，通入氯化氢气体。冷却，过滤，干燥，得白色固体（**1**）2.05 g，收率 92%，mp 220～224℃。

【用途】 抗炎镇痛药盐酸替诺立定（Tinoridine hydrochloride）原料药。

2-氨基-3-氰基-5-甲基噻吩

$$C_6H_6N_2S, 138.15$$

【英文名】 2-Amino-3-cyano-5-methylthiophene

【性状】 黄色固体。mp 100℃。

【制法】 岑俊达. 中国医药工业杂志，2001，32（9）：391.

$$CH_3CH_2CHO + S + NCCH_2CN \xrightarrow{(C_2H_5)_3N} \underset{(1)}{\text{(structure)}}$$

于反应瓶中加入硫黄粉 21.8 g（0.68 mol），丙醛（**2**）47.3 g（0.81 mol），DMF 135 mL，冷至 5～10℃，滴加三乙胺 57.6 mL（0.41 mol），约 30 min 加完，于 18～20℃ 反应 1 h。滴加丙二腈 45 g（0.68 mol）溶于 90 mL DMF 的溶液，约 1 h 加完，而后于 15～20℃反应 1 h。将反应液倒入 1 L 冰水中，析出黄色固体，充分静置后抽滤，水洗，干燥，得黄色固体（**1**）70 g，收率 75%，mp 99～100℃（文献值 100℃）。

【用途】 精神病治疗药奥氮平（Olanzapine）中间体。

2-氨基-5-乙基-3-(2-氯苯甲酰基)噻吩

$$C_{13}H_{12}ClNOS, 265.76$$

【英文名】 2-Amino-3-(2-chlorobenzoyl)-5-ethylthiophene

【性状】 黄色固体。mp 132～133℃。

【制法】 Michio N. Tetsuya T，Kazuhiko A，et al. J Med Chem，1973，16（3）：214.

$$\underset{(2)}{\text{(structure)}} \xrightarrow[\text{EtOH, DMF, Et}_3\text{N}]{CH_3CH_2CH_2CHO, S} \underset{(1)}{\text{(structure)}}$$

于反应瓶中加入正丁醛 7.2 g（0.1 mol）、乙醇 5 mL，加热至 45～55℃，搅拌下滴加化合物（**2**）18.0 g（0.1 mol）、硫黄粉 3.5 g（0.11 mol）、N,N-二甲基甲酰胺 30 mL 和三乙胺 8 mL 的混合液，0.5 h 内滴完，而后于 60℃搅拌反应 1 h。将反应液倒入水中，用乙酸乙酯提取数次。合并有机层，依次用 10% 盐酸溶液，碳酸钠溶液和水洗涤，无水硫酸钠干燥。过滤，减压回收溶剂。冷却，析出固体，得粗品（**1**）。用己烷-己醇重结晶得精品（**1**）16.2 g，收率 61%，mp 132～133℃。

【用途】 抗焦虑药依替唑仑（Etizolam）中间体。

6-甲氧基-2-(4-甲氧基苯基)苯并[*b*]噻吩

$C_{16}H_{14}O_2S$，270.35

【英文名】 6-Methoxy-2-(4-methoxyphenyl) benzo [*b*] thiophene

【性状】 灰色固体。mp 191～193℃。

【制法】 方法1 宋艳玲，赵艳芳，孟艳秋等.中国新药杂志，2005，14（7）：882.

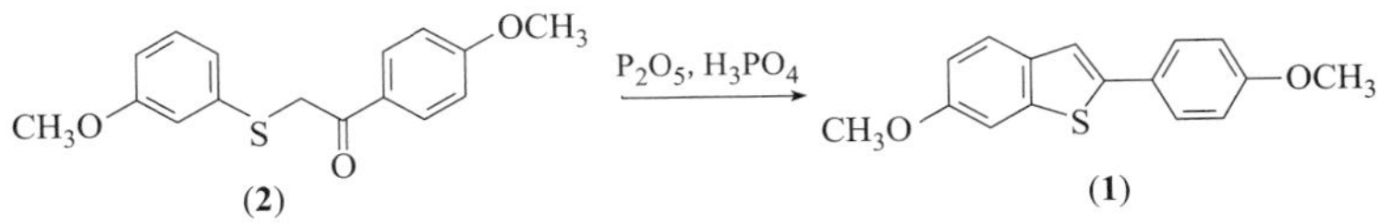

于反应瓶中加入 P_2O_5 77.5 g（0.54 mol），冰浴冷却下慢慢加入磷酸 51.5 mL（0.75 mol），加完后升至 100℃反应 1 h，得多聚磷酸。分批加入化合物（**2**）23.8 g（0.08 mol），控制温度不超过 100℃，而后于 90～95℃搅拌反应 2 h。冷却，倒入 350 mL 冰水中，析出固体。过滤，水洗，甲醇洗涤，干燥，得粗品 33.5 g。用乙酸乙酯 330 mL 重结晶，得白色固体（**1**）11.5 g，收率 63.2%，mp 191～193℃。

方法2 陈仲强，陈虹.现代药物的制备与合成：第一卷.北京：化学工业出版社，2008：518.

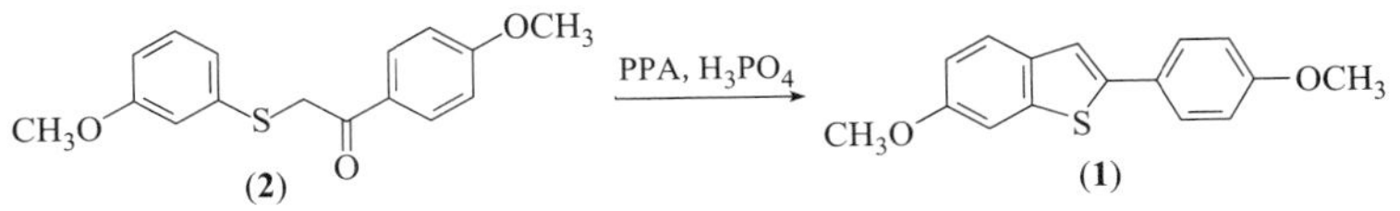

于反应瓶中加入多聚磷酸 660 g，磷酸 100 g，搅拌下升至 100℃，分批加入化合物（**2**）145 g（0.503 mol），控制内温 95～100℃，约 2 h 加完。加完后继续保温反应 6 h。冷至 70℃，搅拌下倒入冰水中，过滤，水洗至中性。干燥，得棕色固体 102 g。加入丙酮回流 2 h，冷至室温，过滤，干燥，得灰色固体（**1**）78 g，收率 57.4%，mp 191～193℃。

【用途】 预防绝经后妇女的骨质疏松症药盐酸雷洛昔芬（Raloxifene）、预防骨质疏松和乳腺癌药物阿佐昔芬（Arzoxifene）等的中间体。

3-氨基吡啶并[3,2-*b*]噻吩-2-羧酸乙酯

$C_{10}H_{10}N_2O_2S$，222.26

【英文名】 Ethyl 3-aminopyrido [3,2-*b*] thiophene-2-carboxylate

【性状】 浅黄色固体。

【制法】 Showalter H D H，Bridges A J，Zhou H R，et al. J Med Chem，1999，42（26）：5464.

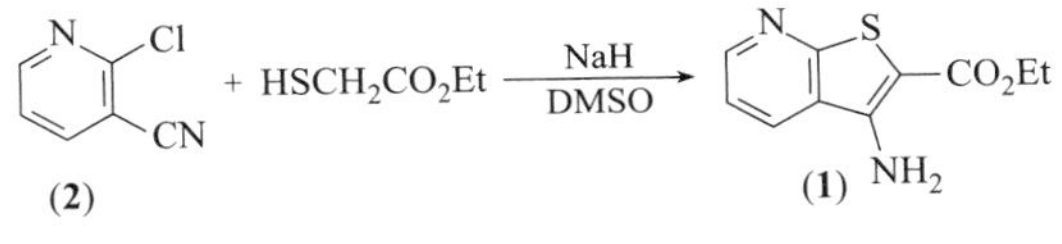

于反应瓶中加入 DMSO 1 mL，氢化钠 0.036 g（1.5 mmol），氮气保护下加入巯基乙酸乙酯 0.12 ml（1.1 mmol）。反应中有氢气生成。而后加入 2-氯-3-氰基吡啶（**2**）0.14 g

（1.0 mmol），反应 3 h。将反应物倒入冰水中，生成浅黄色沉淀。过滤，水洗，干燥，得浅黄色固体（**1**）197 mg，收率 89%。

【用途】 络氨酸激酶抑制剂中间体。

2-甲基苯并噻吩

$$C_9H_8S，148.22$$

【英文名】 2-Methylbenzothiophene

【性状】 白色针状结晶。mp 52.1～52.6℃。

【制法】 赵生敏，张文官.化学试剂，2009，31（8）：646.

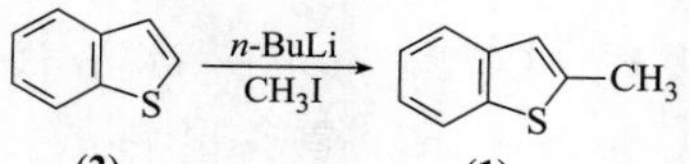

于反应瓶中加入苯并噻吩（**2**）26.84 g（0.2 mol），250 mL 无水 THF，氮气保护下冷至 −78℃，滴加 2.5 mol/L 的正丁基锂的己烷溶液 100 mL。加完后搅拌反应 30 min，而后升至室温继续搅拌反应 45 min。重新冷至 −78℃，滴加碘甲烷 13.2 mL，30 min 后升至室温，搅拌反应过夜。加水适量，二氯甲烷提取 3 次。合并有机层，无水硫酸钠干燥。过滤，浓缩，得白色固体。用乙醇重结晶，得白色针状结晶（**1**）24.36 g，收率 82.3%，mp 52.1～52.6℃。

【用途】 重要的化学试剂、精细化学品、医药中间体和材料中间体。

二、含二个杂原子的五元环化合物的合成

4-甲基-5-乙氧基噁唑-2-甲酸乙酯

$$C_9H_{13}NO_4，199.21$$

【英文名】 5-Ethoxy 4-methyl-2-oxazolic acid ethyl ester

【性状】 无色液体。

【制法】 方法 1 ①Maeda I. Bull Chem Soc Japan，1969，42：1435. ②Brit，1195864.1970.

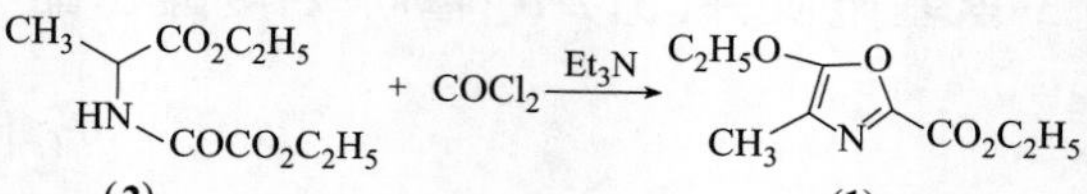

于 2 L 反应瓶中加入氯仿 800 g，三乙胺 268 g，N-乙氧草酰丙氨酸乙酯（**2**）262 g（1.203 mol），搅拌下水浴冷却，于 20～25℃慢慢滴加由光气 131 g（1.336）溶于 970 g 氯仿组成的溶液，约 1.5 h 加完。加完后继续室温搅拌反应 30 min，而后升温至 50℃再反应 1 h。冷至室温，加入水 200 mL，充分搅拌后，静置分层。氯仿层水洗后，无水硫酸钠干燥。蒸出氯仿，剩余物减压蒸馏，得（**1**），收率 75%。

方法 2 ①陈芬儿.有机药物合成法：第一卷.北京：中国医药科技出版社，1999：762. ②周后元.中国医药工业杂志，1994，25：385.

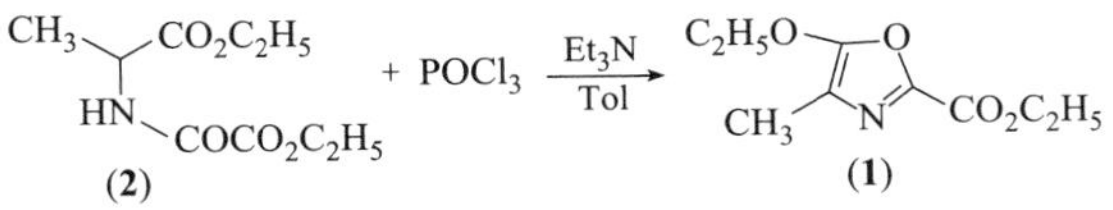

于干燥反应瓶中，加入三氯氧磷 87.3 g（0.57 mol）、甲苯 420 mL、三乙胺 206 g（0.507 mol）和化合物（**2**）96.7 g（0.445 mol），于 8℃搅拌 10 h。反应毕，冷却至室温，慢慢滴加水 350 mL 以溶解析出的固体物。分出有机层，水层用甲苯提取数次。合并有机层，水洗至近中性。减压回收甲苯后，减压蒸馏，收集 bp 106～120℃/0.27 kPa 馏分，得（**1**）80.2 g，收率 90.4%。

【用途】　利尿药、高血压治疗药盐酸西氯他宁（Cicletanine hydrochloride）等的中间体。

奥沙普秦

$C_{18}H_{15}NO_3$，293.32

【英文名】　Oxaprozin
【性状】　白色结晶。mp 164～165℃。
【制法】　陈邦银，张汉萍，丁惟培等.中国医药工业杂志，1991，22（5）：205.

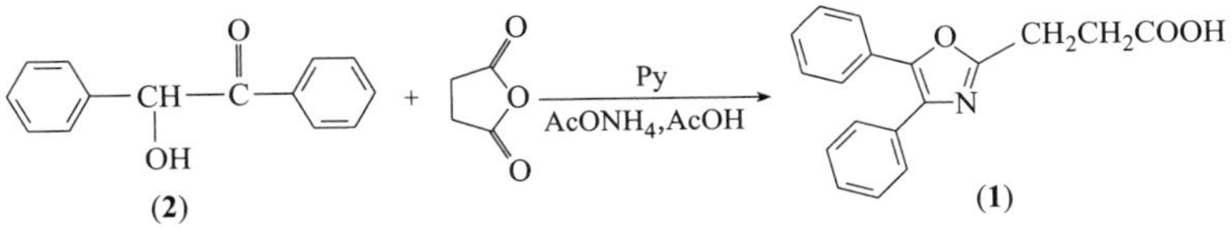

于干燥的反应瓶中，加入丁二酸酐 40 g（0.4 mol）、二苯乙醇酮（**2**）62 g（0.3 mol）、吡啶 35 g，氮气保护，于 90～95℃搅拌反应 1.5 h。加入醋酸铵 45 g（0.58 mol）、冰醋酸 150 g，继续保温反应 2～2.5 h。加水 90 mL，于 90～95℃搅拌 1 h。冷至室温，析出结晶。过滤，水洗，干燥。用甲醇重结晶，得白色结晶（**1**）52 g，收率 63%，mp 164～165℃。

【用途】　消炎镇痛药奥沙普秦（Oxaprozin）原料药。

2,4-二苯基噁唑-5-基氨基甲酸叔丁酯

$C_{20}H_{20}N_2O_3$，336.39

【英文名】　(2,4-Diphenyloxazol-5-yl)-carbamic acid *t*-butyl ester
【性状】　类白色泡沫。
【制法】　Heal W，Thom Pson M J，Muter R，et al.J Med Chem，2007，50（6）：1347.

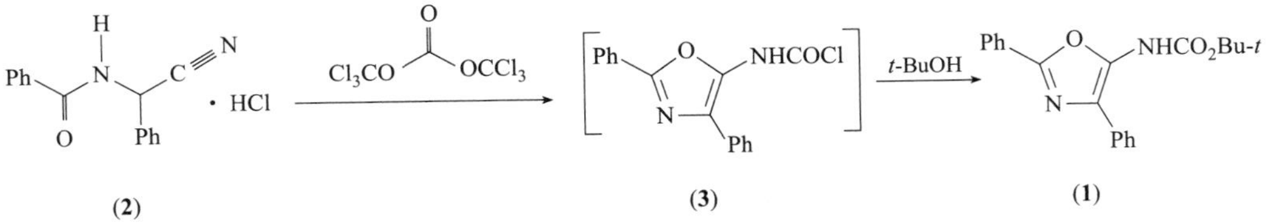

于反应瓶中加入 2-苯甲酰氨基-2-苯基乙腈盐酸盐（**2**）3.89 g（14.3 mmol），二氯甲烷 70 mL，水 50 mL，搅拌下用碳酸钠调至碱性（pH10）。分出有机层，无水硫酸镁干燥。过

滤，稀释至 100 mL，得化合物（**2**）的游离碱溶液。

于另一安有搅拌器、回流冷凝器的反应瓶中，加入二氯甲烷 30 mL，三光气 4.23 g（14.3 mmol），搅拌下慢慢加入上述化合物（**2**）的游离碱溶液，随后开始生成沉淀。继续搅拌反应 15 min，小心加入叔丁醇 30 mL。几分钟后生成均匀溶液，继续搅拌反应 5 min。加入 0.1 mol/L 的 K_2CO_3 溶液淬灭反应，分出有机层，用 0.1 mol/L 的 K_2CO_3 溶液洗涤，无水硫酸镁干燥。过滤，减压浓缩，过硅胶柱纯化，以 DMC-己烷洗脱，得类白色泡沫（**1**）1.07 g，收率 22%。

【用途】 新药开发中间体。

2-噁唑烷酮

$C_3H_5NO_2$，87.08

【英文名】 2-Oxazolidone
【性状】 结晶性固体。mp 86～89℃。bp 220℃/6.38kPa。
【制法】 ①苏军，孟庆伟，赵伟杰，赵德丰. 辽宁化工，2003，6：246. ② Kim Yong Jin，Varmo Rajenders. Tetrahedron Letters，2004，45（39）：7205.

于安有回流冷凝器、温度计、滴液漏斗的反应瓶中，加入氨基乙醇（**2**）61 g（1.0 mol），尿素 60 g（1.0 mol），DMF 3.42 mol，搅拌下加热至 120～130℃时开始回流。继续升温，于 160～170℃回流反应 6 h。减压蒸馏回收溶剂，剩余物冰箱中放置过夜。过滤，用少量乙醇洗涤，干燥，得化合物（**1**），收率 85%，mp 86～88℃。

【用途】 抗癌药卡莫司汀（Carmustine）、洛莫司汀（Lomustine）等的中间体。

2-[2-(4-氯苯基)苯并[*d*]噁唑-5-基]丙酸乙酯

$C_{18}H_{16}ClNO_3$，329.78

【英文名】 Ethyl 2-[2-(4-chlorophenyl) benzo [*d*] oxazol-5-yl] propanoate
【性状】 白色结晶。mp 59～61℃。
【制法】 Dunwell DW，Evans D，Hicks T A. J Med Chem，1975，18（1）：53.

于反应瓶中加入对氯苯甲酰氯 3.35 g（0.019 mol），搅拌下滴加化合物（**2**）4.4 g（0.021 mol）和干燥的吡啶 15 mL 的溶液，加完后于 100℃反应 1 h。减压回收溶剂，于 240℃继续反应 10 min。冷却，得粗品。用乙醇重结晶，得白色结晶（**1**）7.5 g，收率 90%，mp 59～61℃。

【用途】 消炎镇痛药苯噁洛芬（Benoxaprofen）中间体。

5-甲基-4-异噁唑甲酸乙酯

$$C_7H_9NO_3，155.15$$

【英文名】 Ethyl 5-methylisoxazole-3-carboxylate
【性状】 浅黄色液体。
【制法】 徐军，廖本仁. 中国医药工业杂志，2002，33（4）：158.

乙氧亚甲基乙酰乙酸乙酯（**3**）：于安有滴液漏斗和分馏装置的反应瓶中，加入乙酰乙酸乙酯（**2**）130.1 g（1.0 mol），原甲酸三乙酯 178 g（1.2 mol），搅拌加热至 130℃，滴加醋酸酐 242 mL，控制分馏温度低于 80℃，反应液温度在 110～130℃，加完后继续保温反应 2 h。减压收集 110～116℃/0.27 kPa 的馏分，得黄色液体（**3**）152 g，收率 82%。

5-甲基-4-异噁唑甲酸乙酯（**1**）：于反应瓶中加入上述化合物（**3**）150 g（0.80 mol），无水乙醇 300 mL，搅拌下加入盐酸羟胺 56 g（0.80 mol），回流反应 2 h。减压蒸出乙醇，剩余物倒入 250 mL 水中，二氯甲烷提取 3 次。合并有机层，水洗，无水硫酸镁干燥。过滤，浓缩，减压蒸馏，收集 74～78℃/0.27 kPa 的馏分，得浅黄色液体（**1**）87 g，收率 71%。

【用途】 类风湿病治疗药物来氟米特（Leflunomide）中间体。

5-甲基异噁唑-3-甲酰胺

$$C_5H_6N_2O_2，126.11$$

【英文名】 5-Methylisoxazole-3-carboxamide
【性状】 白色或类白色固体。mp 166℃。
【制法】 ①陈芬儿 有机药物合成法：第一卷. 北京：中国医药科技出版社，1999：949. ②刘志东，丁颖，王吉山等. 化学研究，2000，11（3）：61.

于反应瓶中加入 28% 的甲醇钠-甲醇溶液 190 g，甲苯 400 mL，冷至 10℃ 以下。搅拌下慢慢滴加草酸二甲酯（**2**）118 g（1 mol）、丙酮 58 g、甲苯 600 mL 组成的混和液，控制反应液温度不超过 40℃。加完后随着温度的升高，逐渐析出钠盐直至固化。强烈搅拌下于 40℃ 保温反应 2 h。冷至 0～5℃，慢慢滴加浓硫酸，调至 pH2，再加入盐酸羟胺 78 g，慢慢加热至 70～75℃ 回流反应 2 h。冷至 50℃ 以下，用固体碳酸钠中和至 pH4～5。安上分水器，再升温回流反应 6 h，反应中不断分出水。反应结束后，趁热抽滤除去无机盐，滤饼用甲醇洗涤 3 次。合并滤液和洗涤液，减压蒸馏回收甲醇至有升华现象。冷后加入 20% 的氨水 200 mL，于 50℃ 搅拌反应 1 h。冷至 5℃ 左右，抽滤，水洗，干燥，得化合物（**1**），mp

164~169℃，总收率 65%~70%。

【用途】 消炎镇痛药伊索昔康（Isoxicam）、磺胺类药物新诺明（SMZ）等的中间体。

3,5-二甲基-4-[3-(3-甲基异噁唑-5-基)丙氧基]苯甲腈

$$C_{16}H_{18}N_2O_2，270.33$$

【英文名】 3,5-Dimethyl-4-[3-(3-methylisoxazole-5-yl) propoxy] benzonitrile

【性状】 白色固体。mp 46~47℃。

【制法】 ①EP 566199.1993.②陈仲强，陈虹.现代药物的制备与合成.北京：化学工业出版社，2008：100.

于反应瓶中加入 DMF 140 mL，NCS 12 g（0.09 mol），搅拌溶解，加入几滴吡啶。室温搅拌下滴加乙醛肟 5.51 mL（0.09 mol）和 DMF 36 mL 的溶液，加完后继续搅拌反应 1 h。而后加入化合物（2）0.05 mol 溶于 40 mL DMF 的溶液。升温至 85℃，滴加三乙胺 12.6 mL（0.09 mol）和 DMF 72 mL 的溶液，加完后于 85~90℃搅拌反应 1 h。冷至室温，加入 400 mL 水，用乙酸乙酯提取 3 次。合并有机层，依次用 10%的硫酸氢钠、饱和盐水、水洗涤，无水硫酸钠干燥。过滤，减压浓缩，过硅胶柱纯化，得白色固体（1）7.66 g，收率 56.7%，mp 46~47℃。

【用途】 抗鼻病毒和肠病毒药物普米可那利（Pleconaril）等的中间体。

3-溴-5-异噁唑甲酸乙酯

$$C_6H_6BrNO_3，220.02$$

【英文名】 Ethyl 3-bromo-5-isoxazolecarboxylate

【性状】 无色液体。bp 120~123℃/1.33 kPa。

【制法】 陈宝泉，马宁，曾海霞等.中国药物化学杂志，2002，12（4）：233.

二溴甲醛肟（3）：于反应瓶中加入 40%的乙醛酸（2）水溶液 146 mL（约 1 mol），水 500 mL，盐酸羟胺 69.5 g（1 mol），室温搅拌反应 24 h。加入碳酸氢钠 176.4 g（2.1 mol），二氯甲烷 750 mL，冷至 5~10℃，慢慢滴加溴 240 g（1.5 mol）溶于 375 mL 二氯甲烷的溶液。加完后继续搅拌反应 3 h。分出有机层，水层用二氯甲烷提取。合并有机层，无水硫酸钠干燥。过滤，减压蒸出溶剂，剩余物用己烷重结晶，得白色结晶（3）95.2 g，收率 46.8%，mp 63~64℃。

3-溴-5-异噁唑甲酸乙酯（1）：于反应瓶中加入丙炔酸乙酯 64.5 g（0.75 mol），碳酸氢

钾 45 g（0.45 mol），乙酸乙酯 600 mL，水 6 mL，室温搅拌下于 3 h。慢慢加入上述化合物（**3**）30.5 g（0.15 mol）。加完后继续搅拌反应 18 h。加入 200 mL 水使固体物溶解，分出有机层，水洗数次，无水硫酸钠干燥。过滤，蒸出溶剂后减压蒸馏，收集 120～123℃/1.33 kPa 的馏分，得无色液体（**1**）9.7 g，收率 50%。

【用途】 支气管哮喘病治疗药溴沙特罗（Broxaterol）等的中间体。

5-甲基-3-苯基异噁唑-4-羧酸

$$C_{11}H_9NO_3，203.20$$

【英文名】 5-Methyl-3-phenyl-4-isoxazolic acid

【性状】 类白色固体。mp 190～192℃。

【制法】 ①孙昌俊，曹晓冉，王秀菊. 药物合成反应——理论与实践. 北京：化学工业出版社，2007：445. ②Kurkouska Joanna，Zadrozna Irmina. Journal of Research，2003，5：541.

于反应瓶中加入 α-氯代苯甲醛肟（**2**）7.8 g（0.05 mol），乙醇 60 mL，乙酰乙酸乙酯 7.8 g（0.06 mol），冷至 0～5℃，搅拌下滴加 10% 的氢氧化钠乙醇溶液，调至 pH 8～9，继续于 20℃ 左右反应 4 h，得化合物（**3**）。加 30 mL 水，用 30% 的氢氧化钠调至强碱性，加热回流 3 h，同时蒸出乙醇。若碱性下降，应及时补加氢氧化钠以保持强碱性。冷后用浓盐酸调至 pH7。除去胶状物，活性炭脱色。滤液酸化至 pH2～3，析出白色固体。抽滤，用酸、碱中和法提纯，得类白色（**1**）9.7 g，收率 47.8%，mp 187～190℃。

【用途】 抗生素苯唑西林钠（Oxacillin sodium）中间体。

5-氯-3-苯基-苯并异噁唑

$$C_{13}H_8ClNO，229.66$$

【英文名】 5-Chloro-3-phenylbenzisoxazole

【性状】 类白色固体。mp 115～117℃。

【制法】 ①王建新，梁景成，张亚萍等. 中国医药工业杂志，1978，9（6）：1. ②沈怡平，张定遥，梁苏清等. 中国医药工业杂志，1982，13（5）：1.

于反应瓶中加入 95% 的乙醇 200 mL，氢氧化钠 42，5 g，搅拌下加热回流 30 min。冷至 40℃，加入对硝基氯苯（**2**）72 g（0.457 mol），搅拌反应 30 min。冷至 30℃，滴加苯乙腈 58.5 g（0.5 mol），控制滴加温度在 25～35℃。加完后继续反应 3 h。冷至 25℃ 以下，滴加次氯酸钠溶液，温度不超过 30℃，至无氰根为止。抽滤，滤饼水洗至中性，干燥，得 (**1**) 23.5 g，收率 90％，mp 113～117℃。

【用途】 抗焦虑药哈拉西泮（Halazepam）、阿普唑仑（Alprazolam）等的中间体。

6-氟-3-(4-哌啶基)-1,2-苯并异噁唑盐酸盐

$$C_{12}H_{13}N_2OF \cdot HCl，256.71$$

【英文名】 6-Fluoro-3-(piperidin-4-yl)-1,2-benzoisoxazole hydrochloride

【性状】 白色固体。mp 168.6～170.4℃。

【制法】 陆学华，潘莉，唐承卓，程卯生.中国药物化学杂志，2007，17（2）：89.

2,4-二氟苯基-(4-哌啶基) 甲酮肟（**3**）：于反应瓶中加入化合物（**2**）13.2 g （0.05 mol），盐酸羟胺 10.5 g（0.151 mol），95％的乙醇 100 mL，搅拌下加入三乙胺 13.9 mL（0.1 mol），回流反应 3 h。冷至室温，抽滤，干燥，得白色固体（**3**）11.4 g，收率 82.4％，mp 256.8～258.4℃。

6-氟-3-(4-哌啶基)-1,2-苯并异噁唑盐酸盐（**1**）：于反应瓶中加入水 30 mL，氢氧化钾 11.5 g，溶解后，加入乙醇 40 mL，化合物（**3**）11.4 g（0.041 mol），回流反应 4 h。减压 蒸出溶剂，加入 120 mL 水，甲苯提取 3 次。合并有机层，水洗，无水硫酸钠干燥。过滤，减压浓缩，得灰白色固体 8.7 g。用己烷重结晶，得白色固体 7.6 g，收率 84.2％。将其溶 于 76 mL 甲醇中，慢慢滴加氯化氢-甲醇溶液，调至 pH3。抽滤，得白色固体（**1**）7.7 g，收率 73.2％，mp 168.6～170.4℃。

【用途】 精神病治疗药物利培酮（Risperidone）和帕潘立酮（Paliperodone）等的中间体。

2-胍基-4-氯甲基噻唑盐酸盐

$$C_5H_7ClN_4S \cdot HCl，227.11$$

【英文名】 2-Guanidino-4-chloromethylthiazole hydrochloride，4-(Chloromethyl)-2-thi-azolylguanidine hydrochloride

【性状】 白色固体。mp 160～163℃。

【制法】 周媛，杜芳艳.湖北化工，2000，5：19.

于干燥的反应瓶中加入脒基硫脲（**2**）21 g（0.178 mol）、丙酮 100 mL，搅拌下加入

1,3-二氯丙酮 22.5 g（0.178 mol）和丙酮 40 mL 的悬浊液，于 35℃搅拌至澄清，而后于 25～30℃搅拌反应 10 h。过滤，用少量丙酮洗涤，用 10 倍量的乙醇重结晶，干燥，得白色固体（**1**）53.9 g，收率 75%，mp 160～163℃。

【用途】　抗溃疡药法莫替丁（Famotidine）中间体。

2-氨基噻唑啉-4-酮

$$C_3H_4N_2OS，116.07$$

【英文名】　2-Aminothiazolin-4-one

【性状】　白色固体。mp 215～217℃（分解）。

【制法】　曲虹琴，赵冬梅，程卯生．中国药物化学杂志，2004，14（5）：298.

$$ClCH_2CO_2C_2H_5 \ (2) \ + \ H_2NC(=S)-NH_2 \ (3) \ \xrightarrow{\text{丙酮}} \ (1)$$

于反应瓶中加入硫脲（**3**）72 g（0.973 mol），丙酮 1 L。搅拌下慢慢加入氯乙酸乙酯（**2**）120 g（0.973 mol），室温搅拌反应 12 h，冷却，抽滤。滤饼用丙酮洗涤后，溶于 240 mL 水中，再用饱和碳酸钠溶液调至 pH 9～10，析出白色固体。冰水中冷却，抽滤，冷水洗涤，干燥，得白色化合物（**1**）92 g，收率 81%，mp 216℃（分解）。

【用途】　非甾体抗炎药甲磺酸达布非龙（Darbufelone mesilate）中间体。

2-巯基-4-甲基-1,3-噻唑-5-乙酸

$$C_6H_7NO_2S_2，189.25$$

【英文名】　2-Mecarpto-4-methyl-1,3-thiazol-5-ylacetic acid

【性状】　mp 208.5～210℃。

【制法】　付德才，楼杨通，李忠民．中国药物化学杂志，2002，12（2）：105.

$$CH_3COCHCH_2CO_2H \ (Br) \ (2) \ + \ H_2NC(=S)-SNH_4 \ \xrightarrow{\text{EtOH}} \ (1)$$

于反应瓶中加入氨基二硫甲酸铵 22 g（0.2 mol），95% 的乙醇 60 mL，水 80 mL，无水醋酸钠 20 g，搅拌溶解。于 10℃滴加 3-溴-4-氧代戊酸（**2**）41 g（0.21 mol）与 20 mL 95% 乙醇的混合液，约 2～3 h 加完。加完后继续室温搅拌反应 4 h。用盐酸调至 pH1.5～2，冷冻析晶。过滤，50% 的乙醇洗涤，干燥，得化合物（**1**）22.3 g，收率 59%，mp 208.5～210℃。

【用途】　抗生素头孢地嗪钠（Cefodizime sodium）等的中间体。

6-乙酰氨基-2-氨基-4,5,6,7-四氢苯并噻唑

$$C_9H_{15}N_3OS，213.30$$

【英文名】　6-Acetamido-2-amino-4,5,6,7-tetrahydrobenzothiazole

【性状】 mp 172～173℃。

【制法】 Schneider C S，et al. J Med Chem，1987，30 (3)：494.

于反应瓶中加入 4-乙酰氨基环己酮（**2**）31 g（0.2 mol），醋酸 300 mL，搅拌下升至 60℃，滴加溴 32 g（0.2 mol），加完后继续同温反应 1 h。加入硫脲 30.4 g（0.4 mol），搅拌回流 1 h。减压浓缩，剩余物中加入 200 mL 水，调节 pH 为碱性，冷却，抽滤，依次用水、甲醇洗涤。干燥，得化合物（**1**）26 g，收率 61.6%，mp 172～173℃。

【用途】 帕金森病治疗药盐酸普拉帕索（Pramipexole hydrochloride）中间体。

盐酸他利帕索

$C_{10}H_{15}N_3S \cdot 2HCl$，282.24

【英文名】 Talipexole hydrochloride

【性状】 mp 245℃（分解）。

【制法】 陈仲强，李泉.现代药物的合成与制备：第二卷，北京：化学工业出版社，2011：268.

1-烯丙基-5-溴-六氢-4*H*-氮杂草-4-酮氢溴酸盐（**3**）：于反应瓶中加入 1-烯丙基-六氢-4*H*-氮杂草-4-酮（**2**）4.59 g（30 mmol），冰醋酸 100 mL，40% 的氢溴酸 15 mL，室温搅拌下滴加溴 4.8 g（30 mmol）溶于 50 mL 冰醋酸的溶液。加完后继续反应 30 min。减压蒸出溶剂和溴化氢，剩余物为化合物（**3**），直接用于下一步反应。

5,6,7,8-四氢-6-(2-烯丙基)-4*H*-噻唑并［4,5-*d*］-氮杂草-2-胺氢溴酸盐（**4**）：于反应瓶中加入上述化合物（**3**）粗品，乙醇 200 mL，搅拌下加入硫脲 2.28 g（30 mmol），回流反应 2 h。TLC 跟踪反应至反应完全。冷却，抽滤，得化合物（**4**），直接用于下一步反应。

盐酸他利帕索（**1**）：于反应瓶中加入上述化合物（**4**），加水适量溶解，用氢氧化钠溶液调至 pH12，生成游离碱。用氯仿提取 3 次，合并有机层，减压浓缩。剩余物用热乙醇溶解，加入饱和的 HCl-异丙醇溶液至呈强酸性。加入乙酸乙酯（与上述使用的热乙醇体积相等），搅拌冷却析晶。过滤，干燥，得化合物（**1**）5.67 g，收率 67%。mp 245℃（分解）。

【用途】 帕金森病治疗药盐酸他利帕索（Talipexole hydrochloride）原料药。

3-羧甲基绕丹宁

$C_5H_5NO_3S_2$，191.10

【英文名】 Rhodanine-3-acetic acid

【性状】 浅黄色固体。mp 144～145℃。

【制法】 ①孙昌俊，曹晓冉，王秀菊.药物合成反应——理论与实践.北京：化学工业出版社，2007：455.②李月珍，赖宜生，李芳良.广西师院学报：自然科学版，2001，18（1）：47.

于反应瓶中加入浓氨水 60 mL，二硫化碳 26 mL（0.42 mol），十六烷基三甲基溴化铵 1.5 g，剧烈搅拌 15 min，冷至 10～15℃，滴加由甘氨酸（**2**）22.5 g（0.3 mol）和氢氧化钠 12 g（0.35 mol）溶于 100 mL 水配成的溶液，约 40 min 加完。加完后继续于 10～15℃ 反应 2 h。常压蒸出低沸物，生成中间体（**3**）。而后加入由氯乙酸 34 g（0.36 mol）和氢氧化钠 12.4 g（0.36 mol）溶于 120 mL 水配成的溶液，室温搅拌反应 1 h。用盐酸调至 pH2，沸水浴加热 15 min。冷却，析出黄色针状结晶。抽滤，用水重结晶，得浅黄色固体（**1**）47.8 g，收率 85%，mp 144～145℃。

【用途】 糖尿病治疗药依帕司他（Epalrestat）等的中间体。

L-2-(2-苯基-2-乙氧羰基甲基)-4-噻唑烷酸

$C_{14}H_{17}NO_4S$，259.30

【英文名】 L-2-(2-Phenyl-2-ethoxycarboxymethyl)-thiazolidine-4-carboxylic acid
【性状】 白色固体。mp 164～166℃。
【制法】 ①孙昌俊，曹晓冉，王秀菊.药物合成反应——理论与实践.北京：化学工业出版社，2007：451.②陆强，王艳艳.食品与药品，2012，14（2）：110.

于反应瓶中加入 L-半胱氨酸盐酸盐 6.6 g（0.043 mol），水 40 mL，搅拌溶解。加入碳酸氢钠调至 pH3～4，加热至 50℃。滴加 α-甲酰基苯乙酸乙酯（**2**）9.6 g（0.05 mol）溶于 35 mL 丙酮的溶液，约 1 h 加完。升温至 60℃，反应 4 h。冷至 20℃，加水 100 mL，抽滤。滤饼依次用丙酮、pH3～4 的盐酸、丙酮洗涤，干燥，得化合物（**1**）粗品 9.5 g，用 80% 的乙醇重结晶，得白色产品 6.9 g，收率 55%。mp 164～165℃。

【用途】 预防和治疗各种原因引起的白细胞减少、再生障碍性贫血及血小板减少药利可君（Leucoson）原料药。

2-(4-硝基苯基)苯并噻唑

$C_{13}H_8N_2O_2S$，256.28

【英文名】 2-(4-Aminophenyl) benzothiazole
【性状】 白色固体，mp 227～229℃。
【制法】 雷英杰，毕野，欧阳杰，丁玫.化学研究与应用，2012，10：1596.

于反应瓶中加入醋酸 50 mL，邻氨基苯硫酚（**2**）2.50 g（2 mmol），对硝基苯甲醛 3.02 g（2 mmol），三价醋酸锰 6 mmol，搅拌下于 70℃反应 2～3 h，TLC 跟踪至反应完全。冷却，将反应物倒入 100 mL 水中，二氯甲烷提取。分出有机层，水洗，饱和碳酸氢钠溶液洗涤，无水硫酸钠干燥。过滤，浓缩。剩余物过硅胶柱纯化，以乙酸乙酯-石油醚洗脱，得白色固体（**1**），收率 85%，mp 227～229℃。

【用途】 抗肿瘤新药开发中间体。

2-(4-羟基苯基)-4-甲基-1,3-噻唑-5-羧酸乙酯

$C_{13}H_{13}NO_3S$，263.31

【英文名】 Ethyl 2-(4-hydroxyphenyl)-4-methyl-1,3-thiazole-5-carboxylate
【性状】 白色固体。mp 89～91℃。
【制法】 方法 1 武瑊，王春辉，李松等.中国药物化学杂志，2008，18（4）：259.

对羟基硫代苯甲酰胺（**3**）：于反应瓶中加入对羟基苯甲腈（**2**）1 g（8 mmol），硫代乙酰胺 1.13 g（14 mmol），用盐酸饱和的 DMF 4 mL，搅拌下加热至 80℃，TLC 跟踪反应。反应结束后，乙酸乙酯提取，有机层过硅胶柱纯化，得黄褐色固体（**3**）0.3 g，收率 24.5%，mp 197～199℃。

2-(4-羟基苯基)-4-甲基-1,3-噻唑-5-羧酸乙酯（**1**）：于反应瓶中加入上述化合物（**3**）0.35 g（2 mmol），乙醇 10 mL，搅拌溶解。加入氯代乙酰乙酸乙酯 0.31 g（1.8 mmol），回流反应，TLC 跟踪反应至反应完全。浓缩，过硅胶柱纯化，用石油醚-乙酸乙酯（30∶1）洗脱，得白色固体（**1**）0.27 g，收率 45%，mp 89～91℃。

方法 2 郑凡，钱珊，杨莉等.中国医药工业杂志，2009，40（10）：726.

4-羟基硫代苯甲酰胺（**3**）：80%多聚磷酸 110.8 g 和硫代乙酰胺 18.9 g（252 mmol）混匀，于 85℃加入（**2**）15 g（126 mmol），搅拌 4 h 后冷却至室温。加入乙酸乙酯 600 mL 和水 450 mL，分出有机相，无水硫酸镁干燥。过滤，滤液减压浓缩至干，得土黄色固体（**3**）17.5 g，直接用于下一步反应。

2-(4-羟基苯基)-4-甲基-1,3-噻唑-5-羧酸乙酯（**1**）：将上述化合物（**3**）17.5 g（114 mmol）、2-氯乙酰乙酸乙酯 35.0 g（285 mmol）溶于 500 mL 异丙醇中，于 80℃搅拌

反应 12 h。冷至室温，静置析晶。过滤，干燥，得白色针状结晶（**1**）20.8 g，收率 68.6%（以化合物 **2** 计），mp 194～195℃。

【用途】 抗痛风药非布索坦（Febuxostat）中间体。

2-氨基-4-甲基苯并噻唑

$C_8H_8N_2S$，164.22

【英文名】 2-Amino-4-methylbenzothiazole

【性状】 白色结晶。mp 136～138℃。

【制法】 丁成荣，贺孝啸，张翼等.浙江工业大学学报，2010，38（2）：138.

于反应瓶中加入邻甲基苯基硫脲（**2**）24 g，然后加入 70 mL 二氯乙烷溶解，冷至 −1℃，开始通入氯气，通入的氯气量为 16 g，通氯过程中，反应液温度保持在 2℃。通氯完毕，升温至 52℃，在反应过程中进行液相色谱追踪。当化合物（**2**）的质量浓度低于 1% 时停止反应，得到化合物（**1**）的盐酸盐。然后加入水，溶液分层，油层为二氯乙烷。水层中加入 NaOH 中和，析出白色结晶。过滤，烘干，得到白色化合物（**1**）22 g，mp 136～138℃。

【用途】 杀菌剂三环唑（Tricyclazole）等的中间体。

5-甲基-4-咪唑甲酸乙酯

$C_7H_{10}N_2O_2$，154.17

【英文名】 Ethyl 5-methyl-4-imidazolecarboxylate

【性状】 结晶性固体。mp 204～205℃。溶于氯仿、乙酸乙酯、稀酸、稀碱，不溶于水。

【制法】 施炜，李润涛，杜诗初，李长轩.中国医药工业杂志，1987，18（2）：26.

于反应瓶中加入乙酰乙酸乙酯（**2**）13 g（0.1 mol），浓盐酸 10 mL，搅拌下冰水浴冷至 5℃左右，滴加亚硝酸钠 7 g（0.1 mol）溶于 15 mL 水配成的溶液。加完后继续搅拌反应 30 min。分去水层，得 2-羟亚氨基乙酰乙酸乙酯（**3**）粗品约 16 g。

于反应瓶中加入甲醛 15 mL，浓盐酸 42 mL，冷至 0℃，于 10℃以下滴加到上面得到的（**3**）中，控制反应温度在 10℃左右，搅拌反应 2 h。于 20 min 内分批加入甲醛水溶液 28 mL，再滴加浓氨水约 50 mL，调至 pH3～5。慢慢升温至 68℃，加完后于 65～70℃反应 30 min。减压蒸出部分水，再加氨水 15 mL，调至 pH8，继续反应 10 min。冷却，析出固体。过滤，水洗，干燥，得（**1**）10.5 g，总收率 66%，mp 203～205℃。

【用途】 治疗十二指肠溃疡、胃溃疡等的药物西咪替丁（Cimetidine）等的中间体。

咪唑-4,5-二羧酸

$$C_5H_4N_2O_4,\ 156.10$$

【英文名】 4,5-Imidazole dicarboxylic acid

【性状】 白色至淡黄色结晶性粉末。

【制法】 陈芬儿.有机药物合成法：第一卷.北京：中国医药科技出版社，1999：623.

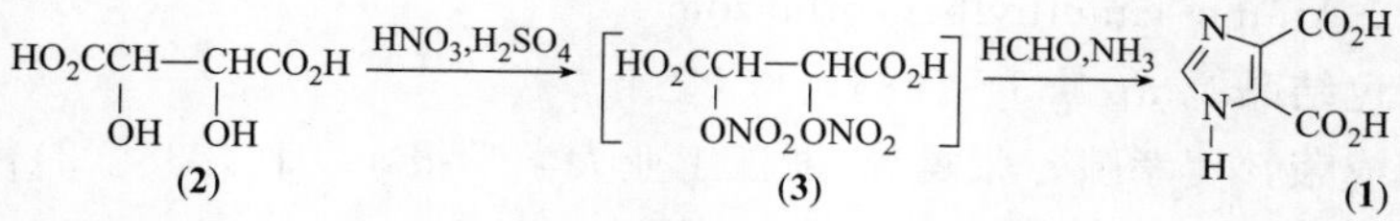

酒石酸二硝酸酯（3）：于反应瓶中加入 D-酒石酸（2）200 g（1.33 mol）、硝酸（d 1.84）432 mL 和发烟硝酸（d 1.50）432 mL，搅拌溶解后，缓慢滴加浓硫酸（d 1.84）800 mL（内温控制在 38～43℃）。反应中析出结晶，于 20～25℃ 放置 3 h。过滤，得结晶（3）（不宜放置太久，在空气中易分解）。将其倒入冰水 3 L 中，搅拌溶解，得（3）的溶液（备用）。

咪唑-4,5-二羧酸（1）：于反应瓶中加入冰水 3 L，搅拌下加入上述化合物（3）的溶液，于 -5℃ 以下，缓慢滴加浓氨水 600～700 mL，3～4 h 滴完，得（3）的氨溶液（备用）。

于另一反应瓶中加入浓氨水 500 mL，搅拌下小心缓慢滴加甲醛溶液（d 1.08）500 mL。滴完后冷却至 0℃，得六次甲基四胺溶液（备用）。将 0℃ 的此溶液于 2℃ 下，滴至（3）的氨溶液中，0.5 h 滴完，停止搅拌，放置过夜。过滤，向滤液中加入乙醇 100 mL，滴加浓盐酸至刚果红试纸呈酸性，0.5 h 滴完，于冰箱中放置 4～5 h。过滤，得粗品（1）。向固体中加入水 400～500 mL，搅拌，过滤，依次用水、甲醇和乙醚洗涤，于空气中干燥，得（1）90～100 g，收率 43.3%～48.2%，mp 280℃（dec）。

【用途】 抗生素头孢咪唑钠（Cefpimizole sodium）中间体。

妥拉唑啉

$$C_{10}H_{12}N_2 \cdot HCl,\ 196.68$$

【英文名】 Tolazoline

【性状】 白色或乳白色结晶粉末。mp 174℃。易溶于水，溶于乙醇、氯仿，不溶于乙醚。味苦，有微香味。

【制法】 李吉海，刘金庭.基础化学实验（Ⅱ）——有机化学实验.北京：化学工业出版社，2007：206.

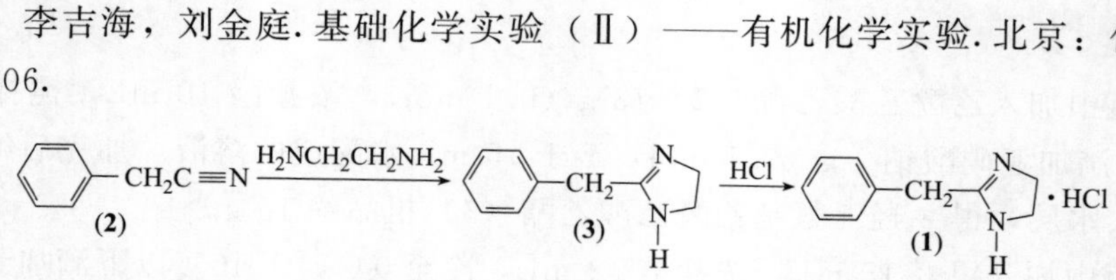

2-苄基咪唑啉（3）：于反应瓶中加入苯乙腈（2）60 mL（0.51 mol），无水乙二胺 50 mL（0.75 mol），加热回流。为了检验反应的终点，可取约 2 mL 反应液，冷后全部固化表明反应基本结束。改为减压蒸馏装置，减压蒸馏，收集 175～190℃/1.33 kPa 的馏分。馏出物物冷后固化为淡黄色固体。粗品收率 93%。用 95% 的乙醇重结晶，得白色絮状结晶 2-苄基咪唑啉（3），mp 202℃。

妥拉唑啉（**1**）：将上述重结晶的产物溶于 4 倍量的乙酸乙酯中，冷却下通入干燥的氯化氢气体至 pH3 左右，冷却，析出盐酸盐。抽滤，干燥。将其溶于 2 倍量的无水乙醇中，过滤，再加入 5 倍量的乙酸乙酯，冷冻析晶。抽滤，干燥，得白色结晶性粉末（**1**），mp 172～176℃，收率 92％～93％。

【用途】 短效 α-受体阻断药妥拉唑林（Tolazoline）原料药。

琥珀酸西苯唑啉

$C_{18}H_{18}N_2 \cdot C_4H_6O_4$，380.39

【英文名】 Cibenzoline succinate
【性状】 结晶。溶于水，不溶于三氯甲烷、乙醚、乙腈。mp 165℃。
【制法】 ①陈芬儿.有机药物合成法：第一卷.北京：中国医药科技出版社，1999：279. ② BE 807630.1974（CA，1976，84：17342v）.

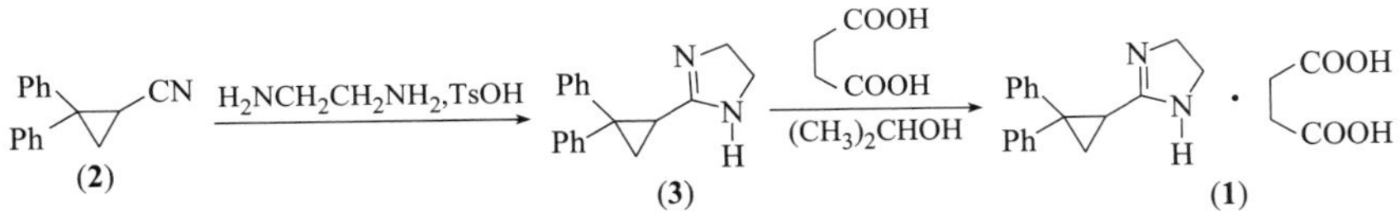

西苯唑啉（**3**）：于反应瓶中加入 1-氰基-2,2-二苯基环丙烷（**2**）109.5 g（0.5 mol）、乙二胺单对甲基苯磺酸盐 230 g（1 mol），缓慢搅拌加热至 200℃后，继续保温搅拌 2 h。自然冷至室温，加入氢氧化钠 48 g（1.2 mol）和水 400 mL 的溶液，搅拌数分钟后，用三氯甲烷提取。合并有机层，无水硫酸钠干燥。过滤，滤液减压回收溶剂，冷却，析出固体。过滤，干燥，得粗品（**3**）。用石油醚重结晶，得精品（**3**）119.2 g，收率 91％，mp 103～104℃。

琥珀酸西苯唑啉（**1**）：于反应瓶中加入琥珀酸 118 g（1 mol）、异丙醇 120 mL，加热搅拌溶解后，加入（**3**）26.2 g（0.1mol）和异丙醇 50 mL 的溶液，搅拌 0.5～1 h。冷却，加入乙醚 100 mL，析出结晶。过滤，干燥，得粗品（**1**）。用乙醇-乙醚（7∶3）重结晶，得精品（**1**）32.3 g，收率 85％，mp 165℃。

【用途】 心脏病治疗药物琥珀酸西苯唑啉（Cibenzoline succinate）原料药。

盐酸洛非西定

$C_{11}H_{12}Cl_2N_2O \cdot HCl$，295.60

【英文名】 Lofexidine hydrochloride
【性状】 白色固体。mp 223～224℃。
【制法】 徐正，唐维高，钟志成.华西药学杂志，2001，16（5）：360.

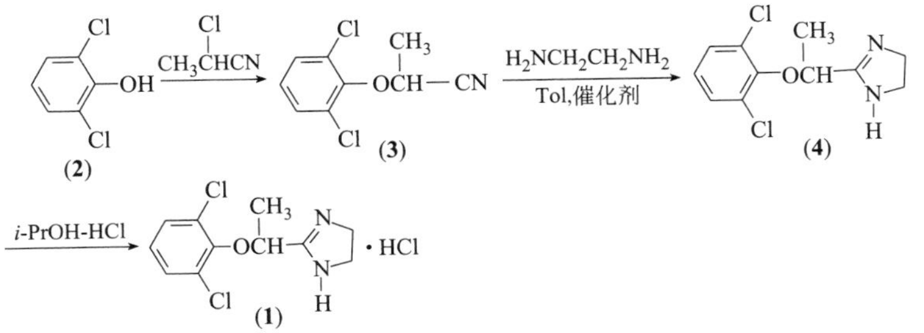

2-(2,6-二氯苯氧基）丙腈（3）：于反应瓶中加入 2,6-二氯苯酚（2）32.6 g（0.20 mol）、丁酮 100 mL，2-氯丙腈 19.1 g（0.22 mol），无水碳酸钾 26 g，少量的碘化钾，搅拌回流反应 20 h。滤去不溶物，减压回收溶剂。加入 100 mL 氯仿，用 10% 的氢氧化钠洗涤 3 次，水洗，无水硫酸钠干燥。过滤，减压浓缩后减压蒸馏，收集 128～136℃/0.266 kPa 的馏分，得化合物（3），收率 74%。

洛非西定（4）：于干燥的反应瓶中，加入上述化合物（3）8.64 g（0.04 mol）甲苯40 mL，乙二胺 4 mL（0.06 mol），少量环合催化剂，搅拌下加热回流至无氨气放出。减压蒸出甲苯，剩余物中加入 2 mol/L 的盐酸 20 mL 溶解。氯仿提取后，水层用氢氧化钠溶液碱化，生成黄色沉淀。过滤，水洗，干燥，得黄色粉末（4）7.25 g，收率 70%，mp122～124℃。

盐酸洛非西定（1）：于反应瓶中加入化合物（4）4.0 g（0.015 mol），异丙醇 20 mL，搅拌溶解。慢慢滴加等摩尔的异丙醇-氯化氢溶液，静置，冷却，生成白色沉淀。过滤，异丙醇中重结晶，得白色固体（1）3.65 g，收率 82%，mp 223～224℃。

【用途】 降压药盐酸洛非西定（Lofexidine hydrochloride）原料药。

马来酸咪达唑仑

$$C_{18}H_{13}ClFN_3 \cdot C_4H_4O_4，441.85$$

【英文名】 Midazolam maleate

【性状】 结晶。mp 114～117℃。

【制法】 Walsef A，et al. J Org Chem，1978，43（5）：936.

8-氯-3a，4-二氢-6-(2-氟苯基)-1-甲基-3H-咪唑 [1,5-a](1,4) 苯并二氮杂䓬（3）：于反应瓶中加入 7-氯-5-(2-氟苯基)-2-氨甲基-2,3-二氢-1H-1,4-苯并二氮杂䓬二马来酸盐（2）21.5 g（0.04 mol）、二氯甲烷 150 mL、水 100 mL 和浓氨水 20 mL，室温搅拌反应 1 h。分出有机层，水洗，无水硫酸钠干燥。过滤，滤液回收溶剂。剩余物中加入二甲苯100 mL、原乙酸三乙酯 22 mL（0.12 mol），加热搅拌回流 2 h。减压回收溶剂，冷却，向剩余物中加入乙醚适量，析出结晶。过滤，干燥，得类白色结晶（3）9.0 g，收率 68%，mp 142～145℃（用乙酸乙酯重结晶，mp 144～146℃）。

马来酸咪达唑仑（1）：于反应瓶中加入上述化合物（3）13.1 g（0.04 mol）、甲苯300 mL 和活性二氧化锰 65 g（0.75 mol），加热搅拌回流 40 min。冷却，过滤，除去二氧化锰，滤渣用四氢呋喃和二氯甲烷洗涤。滤液浓缩，得棕色油状物。向剩余物中加入乙醇20 mL，加热搅拌回流 10 min 后，加入马来酸 4.1 g（0.035 mol）和乙醇 15 mL 的溶液，当开始析出结晶时，逐渐加入乙醚 100 mL。过滤，用乙醚洗涤，干燥，得（1）10.2 g，收率 58%，mp 114～117℃。

【用途】 麻醉剂马来酸咪达唑仑（Midazolam maleate）原料药。

苯并咪唑

$$C_7H_6N_2，118.13$$

【英文名】　Benzimidazole

【性状】　白色斜方或单斜结晶。mp 170.5℃。溶于热水、醇、酸及强碱溶液，微溶于冷水及醚，几乎不溶于苯及石油醚。

【制法】　Wagner E C，Millett Worg. Synth，1943，Coll Vol 2：65.

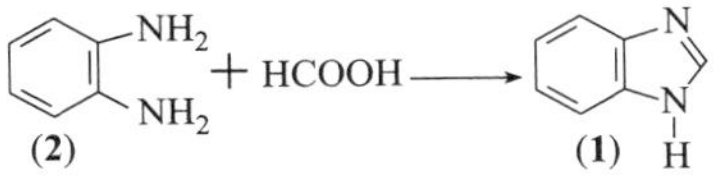

于反应瓶中加入邻苯二胺（**2**）54 g（0.5 mol），90％的甲酸 35 g（0.68 mol），搅拌下于沸水浴加热反应 2 h。冷却至 60℃左右，慢慢加入 10％的氢氧化钠水溶液至对石蕊呈碱性。抽滤，滤饼用冷水洗涤。将滤出的固体溶于 400 mL 沸水中，活性炭脱色，趁热过滤。滤液冷至 10℃，过滤析出的固体，冷水洗涤，干燥，得苯并咪唑（**1**）50 g，收率 85％，mp 171～172℃。

【用途】　抗真菌药物克霉唑（Clotrimazole）等的中间体。

2-氨甲基苯并咪唑

$$C_8H_9N_3，147.18$$

【英文名】　2-Aminomethylbenzimidazole

【性状】　mp 225～229℃。

【制法】　刘思全，毕彩丰，王立国. 精细化工，2009，26（1）：102.

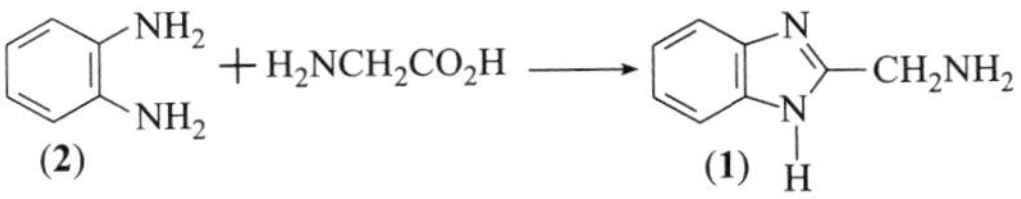

于反应瓶中加入一定量的磷酸和多聚磷酸的混酸（1：2），氮气保护，磁力搅拌下加入一定量的甘氨酸和邻苯二胺（摩尔比 3.5：1）。加完后搅拌 10 min 使物料混合均匀。油浴加热 190～200℃，保温反应 30 h。冷却，倒入 200 mL 水中，慢慢滴加 NaOH 溶液中和至 pH8～9。冷却过滤，冷水洗涤 3 次，得粗品。用无水乙醇重结晶，活性炭脱色，得粉末状晶体（**1**），mp 225～229℃。

【用途】　农药杀菌剂、肝病治疗药物合成中间体。

2-(1-乙氧甲酰-4-哌啶基氨基)苯并咪唑

$$C_{15}H_{20}N_4O_2，288.33$$

【英文名】　2-(1-Ethoxyformyl-4-piperidinylamino) benzimidazole

【性状】　类白色结晶。mp 241～243℃。

【制法】　Janssens F，Torremans J，Janssen M，et al. J Med Chem，1985，28(12)：1925.

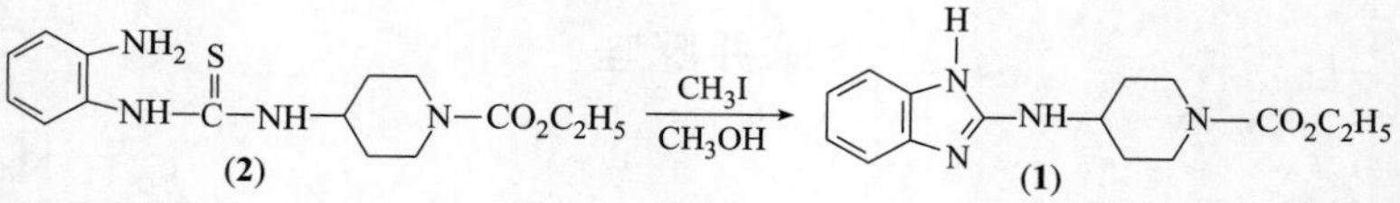

于反应瓶中加入 N-(2-氨基苯基)-N′-(1-乙氧甲酰基-4-哌啶基) 硫脲（**2**）25.7 g（0.08 mol），碘甲烷 112 g（0.8 mol），甲醇 300 mL，搅拌回流 10 h。蒸出溶剂，加入 5% 的氨水 100 mL，充分搅动。用二氯甲烷提取三次，合并二氯甲烷提取液，无水硫酸钠干燥，蒸出溶剂。剩余物用异丙醇重结晶，得（**1**）7.2 g，收率 28%，mp 241～243℃（文献值 240.6℃）。

【用途】 抗过敏药阿司咪唑（Astemizole）等的中间体。

4-甲基-6-(1-甲基-1H-苯并[d]咪唑-2-基)-2-丙基-1H-苯并[d]咪唑

$C_{19}H_{20}N_4$，304.39

【英文名】 4-Methyl-6-(1-methyl-1H-benzo［d］imidazol-2-yl)-2-propyl-1H-benzo［d］imidazole

【性状】 淡橙色固体。mp 139～140℃。

【制法】 付焱，郭毅，杨双革等.中国新药杂志，2003，12（7）：538.

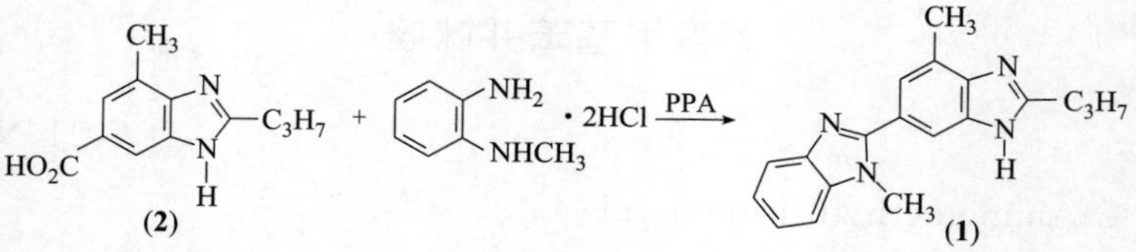

于反应瓶中加入化合物（**2**）5.0 g（0.0229 mol），多聚磷酸 61.4 g，搅拌下慢慢加热溶解。升至 160℃时，分批加入 N-甲基邻苯二胺盐酸盐 4.5 g（0.023 mol），30 min 加完，反应体系呈紫色，有 HCl 气体生成。于 150～160℃搅拌反应 20 h。冷却，倒入 275 g 碎冰中，搅拌，用氨水调至 pH9，析出沉淀。过滤，干燥，加入 100 mL 乙酸乙酯中，回流 1 h，趁热过滤，如此再重复 2 次。合并乙酸乙酯层，冷却，析出淡橙色固体。过滤，乙醚洗涤，得淡橙色固体（**1**）4.5 g，收率 68%，mp 139～140℃。

【用途】 抗高血压药替米沙坦（Telmisartan）中间体。

2-对甲氧基苯基-1H-苯并咪唑

$C_{14}H_{12}N_2O$，224.26

【英文名】 2-(4-Methoxyphenyl)-1H-benzimidazole

【性状】 mp 223～226℃（226～227℃）。

【制法】 Gogol P，Knwar G. Tetrahedron Lett，2006，47（1）：79.

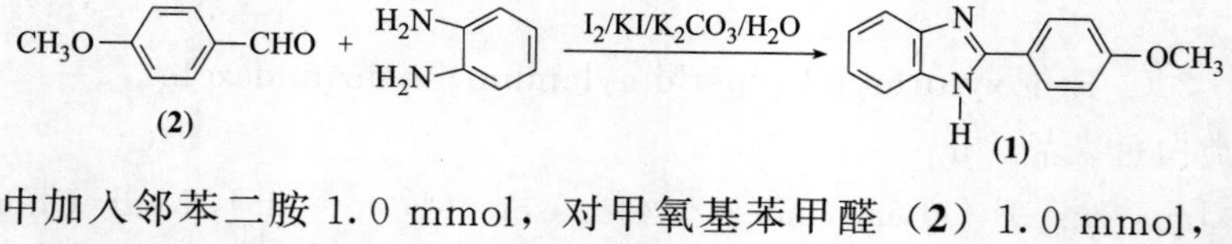

于反应瓶中加入邻苯二胺 1.0 mmol，对甲氧基苯甲醛（**2**）1.0 mmol，水 10 mL，室温搅拌 20 min。加入碳酸钾 1.5 mmol，继续搅拌反应 10 min。再加入由碘化钾

0.25 mmol、I_2（0.06 g，0.25 mmol）、水 5 mL 配成的溶液，而后分批加入 I_2 0.75 mmol，每次间隔 5 min。加完后升至 90℃搅拌反应 45 min。加入 10％的硫代硫酸钠溶液 5 mL，乙酸乙酯提取。有机层用无水硫酸钠干燥。过滤，减压浓缩，得化合物（**1**），收率 78％，mp 223～226℃（226～227℃）。

【用途】 新药开发中间体。

4-(5-氯-2-氧代苯并咪唑基)-1-哌啶甲酸乙酯

$$C_{15}H_{18}ClN_3O_3，323.76$$

【英文名】 4-(5-Chloro-2-oxobenzoimidazole)-1-piperidinecarboxylic acid ethyl ester

【性状】 类白色固体。mp 135～137℃。溶于热乙醇，不溶于水。

【制法】 孙昌俊，曹晓冉，王秀菊.药物合成反应——理论与实践.北京：化学工业出版社，2007：438.

于反应瓶中加入 4-(2-氨基-4-氯苯氨基)-1-哌啶甲酸乙酯（**2**）74.1 g（0.25 mol），尿素 21.6 g（0.36 mol），氮气保护下油浴加热至 160～180℃，反应 5 h。将反应物趁热倒入甲苯中，活性炭脱色。减压蒸出溶剂。加入二异丙醚，有油状物，搅拌下固化。抽滤，干燥，得（**1**）68 g，收率 84％，用乙醇重结晶，mp 135～137℃（有文献报道，mp 160℃）。

【用途】 胃动力药多潘立酮（Domperidone）中间体。

5-甲氧基-2-巯基苯并咪唑

$$C_8H_8N_2OS，180.22$$

【英文名】 2-Mercapto-5-methoxybenzimidazole

【性状】 棕色粉末。mp 261～263℃。

【制法】 方法1 周跃宏，周久红.中国医药工业杂志，1998，29（11）：518.

于反应瓶中加入 4-甲氧基-2-硝基苯胺（**2**）20.5 g（0.119 mol），铁粉 26.5 g（0.476 mol），水 30 mL，甲醇 140 mL，搅拌下室温加入 36％的盐酸 3.5 mL，而后于 75℃回流反应 1 h。用 30％的氢氧化钠溶液调至 pH＞8，趁热过滤，滤饼用热水洗涤。合并滤液和洗涤液，加入乙氧基荒酸钾 24.8 g（0.155 mol），回流反应 6 h。冷却后用氢氧化钠调至 pH＞12，活性炭脱色。过滤，滤液用盐酸调至 pH3，冷却析晶。抽滤，水洗，干燥，得化合物（**1**）20.5 g，收率 94％。

方法2 陈芬儿.有机药物合成法：第一卷.北京：中国医药科技出版社，1999：83.

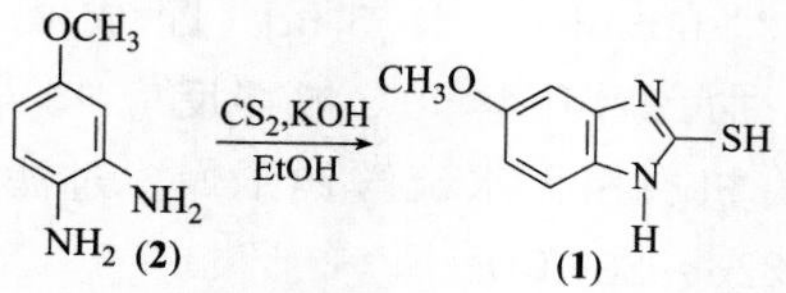

于反应瓶中加入 4-甲氧基邻苯二胺（**2**）131.0 g（0.95 mol）、氢氧化钾 30.0 g（0.54 mol）、二硫化碳 80 mL（1.33 mol）、乙醇 1.2 L 和水 200 mL，加热搅拌回流 2.5 h。稍冷，加入活性炭 60 g，加热回流 10 min。经硅藻土过滤，滤液加热至 70℃，加入热水 1.2 L，搅拌下加入乙酸 100 mL 和水 200 mL 的溶液，冰浴冷却，析出固体。过滤，水洗，干燥，得棕色粉末（**1**）135 g，收率 84.5%，mp 261～263℃。

【用途】 质子泵抑制剂奥美拉唑（Omeprazole）中间体。

替米哌隆

$C_{22}H_{24}FN_3OS$，397.51

【英文名】 Timiperone

【性状】 白色结晶，微溶于水，mp 201～203℃。

【制法】 Makoto S，Arimoto M，Ueno K，et al. J Med Chem，1978，21（11）：1116.

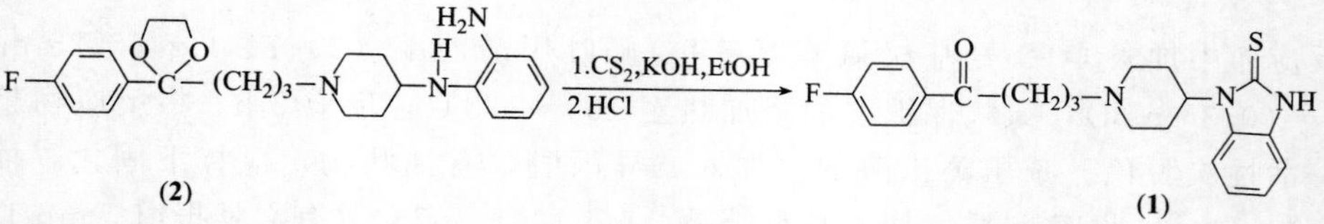

于高压反应釜中，加入 2-(4-氟苯基)-2-[4-(2-氨基苯胺）哌啶-1-基丙基]-1,3-二氧环戊烷（**2**）9.99 g（0.025 mol）、氢氧化钾 2.80 g（0.05 mol）、二硫化碳 5.7 g（0.075 mol）、水 5 mL 和乙醇 25 mL，于 80℃搅拌 3 h。冷却，打开反应釜，取出反应物。减压浓缩后，加入乙醇 250 mL，水 100 mL 和浓盐酸 25 mL，加热搅拌回流 10 min。冷却，用浓氨水调至 pH 碱性，减压浓缩。用三氯甲烷提取数次，合并有机层，水洗，无水硫酸钠干燥。过滤，浓缩，剩余物过硅胶柱（洗脱剂三氯甲烷）纯化，得白色固体（**1**）。用丙酮重结晶，得白色结晶（**1**）7.4 g，收率 74.5%，mp 201～203℃。

【用途】 治疗精神分裂症的药物替米哌隆（Timiperone）原料药。

1-异丙烯基-1,3-二氢-2H-1,3-苯并咪唑-2-酮

$C_{10}H_{10}N_2O$，174.19

【英文名】 1-Isopropenyl-1,3-dihydro-2H-1,3-benzimidazol-2-one

【性状】 白色固体。mp 118～120℃。

【制法】 孙昌俊，曹晓冉，王秀菊. 药物合成反应——理论与实践. 北京：化学工业出版社，2007：438.

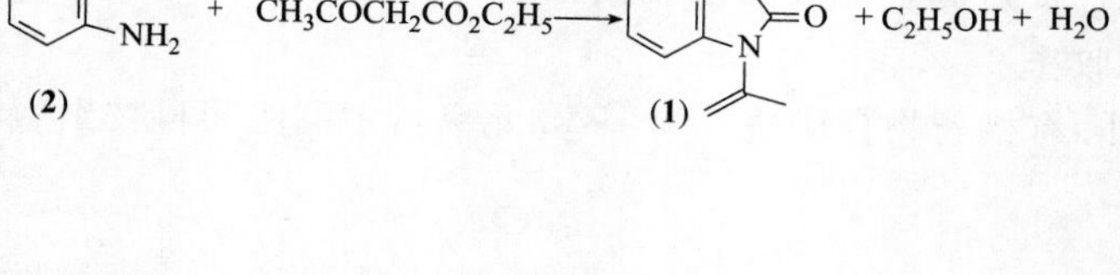

于安有韦氏分馏柱的反应瓶中，加入邻苯二胺（**2**）510 g（4.72 mol），二甲苯 2000 mL，氮气保护下加热至回流。慢慢滴加乙酰乙酸乙酯 690 g（5.3 mol）与 300 mL 二甲苯的混合液，约 1.5 h 加完，同时由韦氏分馏柱回收反应中生成的乙醇和水（大约收集 260 mL）。而后继续回流反应 5 h，冷却，过滤析出的白色固体，得化合物（**1**）370 g。母液浓缩至一半体积，倒入 4 L 稀碱中（内含氢氧化钠 800 g），滤出析出的固体。将固体物加到 500 mL 水中，用醋酸调至 pH6，过滤，充分水洗，干燥，又得产品 230 g，共得产品（**1**）600 g，收率 72%，mp 118～120℃。

【用途】　胃动力药多潘立酮（Domperidone）、抗组胺药奥莎米特（Oxatomide）等的中间体。

2-(4-氯哌啶基)-1-(4-氟苄基)-1*H*-苯并咪唑

$$C_{19}H_{19}ClFN_3，343.83$$

【英文名】　2-(4-Chloropiperidyl)-1-(4-fluorobenzyl)-1*H*-benzimidazole

【性状】　白色晶体。mp 183～193℃。

【制法】　赵颖俊.化工时刊，2010，24（10）：35.

2-氯-1-(4-氟苄基)-1*H*-苯并咪唑（**3**）：于反应瓶中加入 2-氯苯并咪唑（**2**）30.5 g，（0.2 mol），DMF 500 mL，氢化钠（12 g，0.3 mol）。搅拌下于 60℃滴加对氟苄基氯 28.8 mL（0.24 mol），约 1 h 加完。加完后加热至 80℃反应 6 h。冷至室温，倒入冰水 500 mL 中。过滤，滤饼减压干燥，得白色固体（**3**）38.1 g，收率 73.1%，mp 77～79℃。

2-(4-氯哌啶基)-1-(4-氟苄基)-1*H*-苯并咪唑（**1**）：将上述化合物（**3**）26.1 g（0.1 mol）加至含有碳酸钾 13.8 g（0.1 mol）和碘化钠 1.5 g（0.01 mol）的 200 mL DMF 中。加热至 80℃，搅拌反应 0.5 h。加入 4-氯哌啶 11.8 g（0.1 mol），加热回流 6 h。倒入冷水 250 mL 中，用乙酸乙酯（500 mL×3）萃取。合并有机相，无水硫酸镁干燥。过滤，滤液减压蒸去溶剂，剩余物用丙酮重结晶，得白色晶体（**1**）24.6 g，收率 71.7%，mp 183～193℃。

【用途】　抗组胺药咪唑斯汀（Mizolastine）中间体。

5-(4-氯苯基)-1-(2,4-二氯苯基)-4-甲基-1*H*-吡唑-3-羧酸乙酯

$$C_{19}H_{15}Cl_3N_2O_2，409.70$$

【英文名】　Ethyl 5-(4-chlorophenyl)-1-(2,4-dichlorophenyl)-4-methyl-1*H*-pyrazole-3-carboxylate

【性状】　淡黄色结晶。mp 125～127℃。

【制法】　汤立合，陶林，陈合兵等.中国医药工业杂志，2007，38（4）：252.

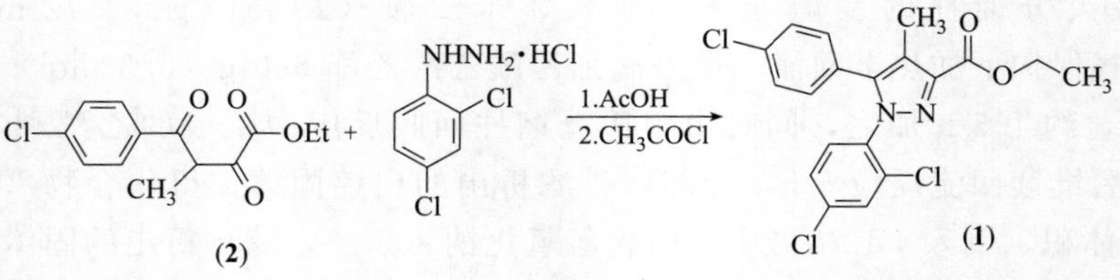

于反应瓶中加入化合物（**2**）26.9 g（0.1 mol），2,4-二氯苯肼盐酸盐 23.5 g（0.11 mol），醋酸 120 mL，室温搅拌 5 h。加入乙酰氯 15.7 g（0.2 mol），搅拌回流 8 h。蒸出约一半体积的溶剂，剩余物冷却析晶。过滤，用 80％的乙醇重结晶，得淡黄色结晶（**1**）32.1 g，收率 75.4％，mp 125~127℃。

【用途】 减肥药盐酸利莫那班（Rimonababt hydrochloride）中间体。

3-氨基-1*H*-4-氰基吡唑

$C_4H_4N_4$，108.10

【英文名】 3-Amino-1*H*-pyrazole-4-carbonitrile
【性状】 黄色晶体。mp 172~173℃（文献值 173~174℃）。
【制法】 方法1 王春，徐自奥.安徽化工，2012，38（3）：14.

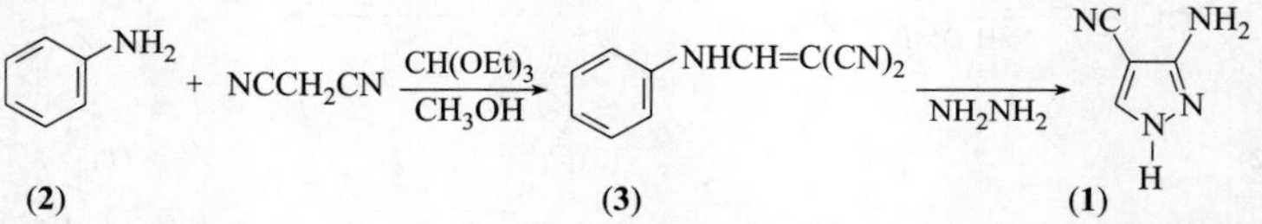

N-β-二氰基乙烯基苯胺（**3**）：于安有搅拌器、滴液漏斗、回流冷凝器的 1000 mL 反应瓶中，加入 66.0 g（1.0 mol）丙二腈，甲醇 160 mL，原甲酸三乙酯 298.0 g（2.0 mol），加热使之回流，搅拌条件下滴加苯胺（**2**）186.0 g（2.0 mol），加完后继续搅拌回流反应 3 h，冷却，过滤，得 307.5 g 浅黄色固体（**3**），收率 90.0％（以丙二腈计）。mp 182~184℃（文献 182~184℃）。

3-氨基-1*H*-4-氰基吡唑（**1**）：于反应瓶中加入化合物（**3**）170.9 g（1.0 mol）和 800 mL 甲醇，搅拌下滴加 59 mL 85％的水合肼，控制内温不得超过 40℃，约 3 h 加完。加毕后继续在此温度下保温反应 2 h。冷至 -5℃，放置过夜，有大量晶体析出。过滤，得黄色晶体（**1**）98.0 g。用 160 mL 蒸馏水重结晶，活性炭脱色，得 89.1 g 黄色晶体（**1**），HPLC 分析产品纯度为 99.2％，反应收率 81.8％。mp 172~173℃（文献 173~174℃）。

方法2 张书桥，刘艳丽，吴达俊.合成化学，2002，2：170.

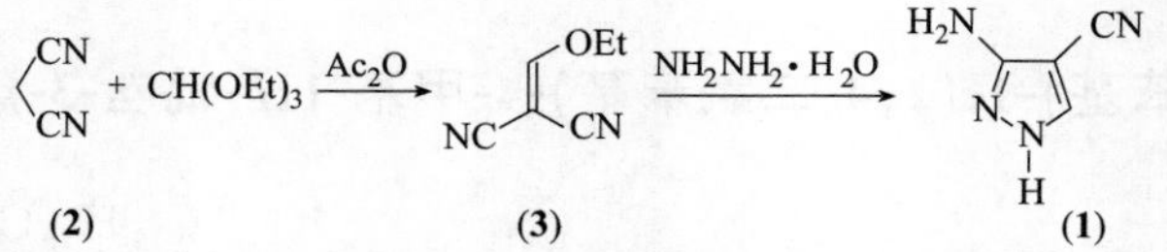

乙氧亚甲基丙二腈（**3**）：于反应瓶中加入丙二腈（**2**）3.3 g（50 mmol），原甲酸三乙酯 11.1 g（75 mmol），醋酸酐 12 mL，搅拌回流反应 6 h。活性炭脱色后，过滤，蒸出溶剂，剩余物冰箱中放置。过滤，冷乙醇洗涤，干燥，得化合物（**3**）5.0 g，收率 82.5％，mp 66~68℃。

3-氨基-1*H*-4-氰基吡唑（**1**）：于反应瓶中加入化合物（**3**）1.5 g（12.3 mmol），85％的水合肼 1.2 mL（24.8 mmol），油浴加热 1 h。加入 1 mL 水，冰箱中放置。过滤，冷水洗涤，干燥，得化合物（**1**）1.1 g，收率 83.3％，mp 173～174℃。

【用途】　镇定催眠药扎来普隆（Zaleplon）等的中间体。

3(5)-氨基吡唑

$$C_3H_5N_3，83.90$$

【英文名】　3-(5)-Aminopyrazole

【性状】　无色或浅黄色油状液体，低温固化。bp 100～101℃/1.33 Pa。

【制法】　方法 1　Dorn H and Zubek A. Org Synth, 1973, Coll Vol 5：39.

β-氰乙基肼（**3**）：于反应瓶中加入 72％的水合肼 417 g（6.0 mol），搅拌下慢慢滴加丙烯腈（**2**）318 g（6.0 mol），控制内温 30～35℃，约 2 h 加完。减压蒸出水（45～50℃/5.3 kPa），得黄色油状（**3**）490～511 g，收率 96％～100％。也可减压蒸馏，收集 76～79℃/66 Pa 的馏分，得纯品。

3-氨基-3-吡唑啉硫酸盐（**4**）：于反应瓶中加入 95％的硫酸 308 g（169 mL，3.0 mol），慢慢滴加无水乙醇 450 mL（约 20～30 min 加完），维持内温 35℃以下，剧烈搅拌下滴加上述 β-氰乙基肼（**3**）与 50 mL 无水乙醇组成的溶液，1～2 min 加完。反应物自动升温至 88～90℃，保持此温度 3 min，直至有结晶析出。于 1 h 内逐渐降至 25℃，室温放置过夜。抽滤，无水乙醇（80 mL×3）和乙醚 80 mL 洗涤，80℃干燥，得化合物（**4**）177～183 g，收率 97％～100％。用甲醇重结晶得白色固体，mp 144～145℃。

3-氨基-1-对甲苯磺酰基吡唑啉（**5**）：于反应瓶中加入上述化合物（**4**）183 g（1.0 mol），水 1 L，剧烈搅拌下分批加入碳酸氢钠 210 g（2.5 mol），约 10 min 加完。而后依次加入对甲基苯磺酰氯 229 g（1.2 mol），400 mL 苯及 0.5 g 十二烷基苯磺酸钠。再加入碳酸氢钠 25.2 g，15 min 后再加入 16.8 g，30 min 后再加入 16.8 g，共需时 55 min。加完后于 18～25℃搅拌反应 5 h。再加入碳酸氢钠 8.4 g，200 mL 乙醚，继续搅拌 1 h。过滤，依次用乙醚、水洗涤，90℃干燥，得产品（**5**）139～180 g，收率 58％～75％，mp 183～185℃。

3(5)-氨基吡唑（**1**）：于反应瓶中加入异丙醇 500 mL，分批加入金属钠 18.4 g（0.8 mol），待钠全部反应完后，升温至 60～70℃，于 10 min 内分批加入化合物（**5**）191 g（0.8 mol），剧烈搅拌下回流反应约 2 h，慢慢冷至室温，过滤，异丙醇（25 mL×4）洗涤。滤液用活性炭脱色两次，蒸去溶剂，最后于 50℃/266 Pa 蒸出残存的溶剂，得 62～66 g 浅黄色油状液体（**1**），收率 93％～99％。若得纯品，可以减压精馏，收集 100～102℃/1.33 Pa 的馏分，冷冻后固化。

方法 2　蔡继平，蒋华江，林显明. 化工时刊，2006，20（5）：15.

3（5）-氨基吡唑-4-甲酸（**3**）：于反应瓶中加入 6.25 g 水合肼、17 g 乙氧亚甲基氰乙酸乙酯（**2**）和工业酒精 80 mL，搅拌下加热回流 4 h。滴加 33％的氢氧化钠溶液（12 g 氢氧化钠溶于 24 mL 水），加热回流 4 h。冷至室温，减压蒸馏蒸去溶剂，用 32％的盐酸溶液调节 pH4 左右，有黄色固体析出。用冰水浴冷却，抽滤，用冰水淋洗，干燥，得黄色固体。粗品用乙醇与水（1：1）的混和溶剂重结晶，得淡黄色晶体（**3**），产率 90％，mp 134～136℃。

3（5）-氨基吡唑（**1**）：将 12.7 g 化合物（**3**）加入反应瓶中，加热脱羧。升温时产生大量气泡，注意防止冲料。最后将温度升至 140～150℃，并保温 30 min。降温到 80℃ 以下，加入乙酸乙酯 60 mL，活性炭脱色回流 20 min。热滤，减压浓缩，冷却析晶，过滤，得化合物（**1**），产率 60％以上，mp 36～39℃，含量 97％以上（HLPC 测定）。

【用途】 医药、农药中间体。

5-氨基-3-氰基-1-(2,6-二氯-4-三氟甲基苯基)吡唑

$$C_{11}H_5Cl_2F_3N_4，321.09$$

【英文名】 5-Amino-3-cyano-1-(2,6-dichloro-4-trifluoromethylphenyl) pyrazole

【性状】 浅黄色结晶，mp 142～143℃。

【制法】 ①陈震，曹晓群等. 精细与专用化学品，2008，16（9）：11. ②严传明，李翔，王耀良等. 现代农药，2002，4：12.

于反应瓶中加入亚硝酸钠 3.0 g，冰浴冷却下滴加由浓硫酸 10 mL、冰醋酸 10 mL 配成的溶液，得到的浆状物继续搅拌 15 min。慢慢加入由 2,6-二氯-4-三氟甲基苯胺（**2**）10 g 溶于冰醋酸的溶液，加完后慢慢升至 55℃，保温反应 30 min。冷却，于 15℃ 以下滴加丁二腈甲酸乙酯 6.6 g 溶于冰醋酸的溶液。加完后继续搅拌反应 15 min。减压蒸出乙酸，剩余物中加入水，用二氯甲烷提取。合并有机层，饱和盐水洗涤。蒸出溶剂，得粗品（**3**）18 g，直接用于下一步反应。

将上述粗品（**3**）18 g 溶于 40 mL 二氯甲烷中，加入浓氨水 30 mL，于 10℃ 剧烈搅拌 3 h，得深棕色混合物。分出有机层，水层用二氯甲烷提取。合并有机层，饱和盐水洗涤，无水硫酸钠干燥。过滤，浓缩，得棕红色黏稠物。用石油醚重结晶，得浅黄色结晶（**1**）12.7 g，收率 91.4％，mp 142～143℃。

【用途】 杀虫剂氟虫腈（Fipronil）等的中间体。

3-甲基-1-苯基吡唑啉-5-酮

$$C_{10}H_{10}N_2O，174.20$$

【英文名】 3-Methyl-1-phenylpyrazolin-5-one
【性状】 浅黄色固体。mp 127～128℃。
【制法】 王树清，高崇.染料与染色，2004，41（2）：114.

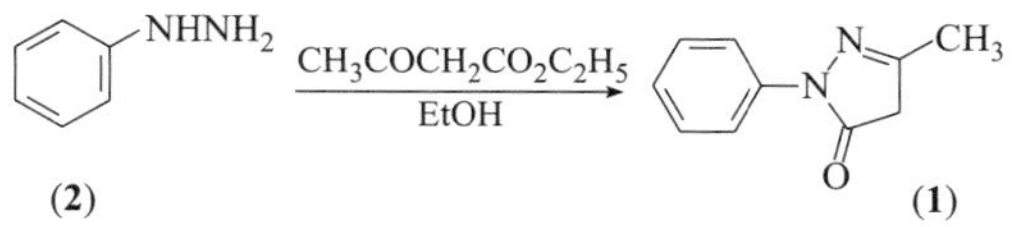

于反应瓶中加入苯肼（**2**）16.2 g（0.15 mol），无水乙醇 50 mL，搅拌下于 60℃滴加乙酰乙酸乙酯 20.5 g（0.157 mol），约 1.5 h 加完。加完后于 60～75℃搅拌反应 7 h。减压蒸出 25 mL 乙醇，冷却，析出浅黄色固体。过滤，干燥，得化合物（**1**），收率 90％。乙醇中重结晶 2 次，mp 127～128℃。

【用途】 退烧药安替比林（Antipyrine）和安基比林（Aminopyrine；Aminophenazone）等的中间体。

吲 唑

$$C_7H_6N_2，118.14$$

【英文名】 Indazole，Benzopyrazole
【性状】 无色固体。mp 148℃。
【制法】 方法1 Rolf H，Klaus B. Org Synth，1973，Coll Vol 5：650.

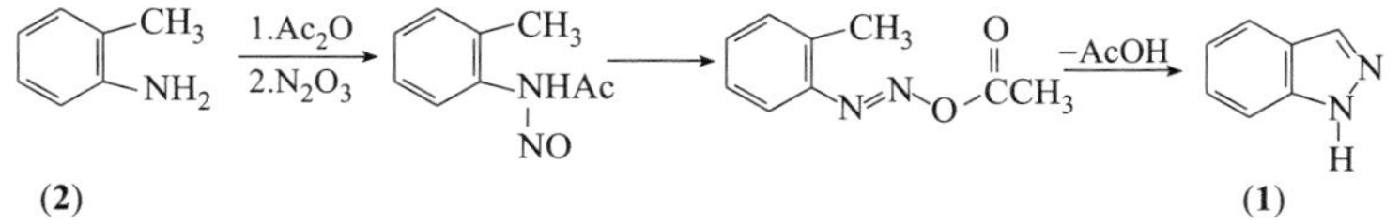

于反应瓶中加入冰醋酸 90 mL，醋酸酐 180 g（1.9 mol），冰浴冷却，搅拌下慢慢滴加邻甲基苯胺（**2**）90 g（90.2 mL，0.83 mol），反应放热。加完后于 1～4℃通入 N_2O_3 气体进行亚硝化反应。N_2O_3 可以按照如下方法来制备：于 1 L 三口瓶中加入亚硝酸钠 180 g，而后慢慢滴加 d 1.47 的浓硝酸 250 mL（由 200 mL 发烟硝酸与 70 mL 浓硝酸混合而成），控制通气速度，保持反应液在 1～4℃，约通 6 h。注意应当使反应液出现持久的墨绿色，表明已有过量的 N_2O_3 存在。将得到的 N-亚硝酰邻甲基-乙酰苯胺溶液倒入 600 g 碎冰中，搅拌后放置 2 h。分出有机层，水层用苯提取三次，每次 200 mL。合并有机层，冷水洗涤 3 次，无水氯化钙干燥，冰箱中放置过夜。过滤，滤饼用苯洗涤。于 35℃放置 1 h，再于 40～45℃放置 7 h。而后加热煮沸数分钟。冷却，用 2 mol/L 的盐酸 200 mL、5 mol/L 的盐酸（50 mL×3）洗涤。合并酸液，加入过量的氨水，冰箱中冷却 2 h。抽滤，水洗，于 100～105℃干燥过夜，得浅棕色固体（**1**）36～46 g，收率 36％～47％，mp 144～147℃。

方法2 蔡可迎，宗志敏，魏贤勇.化学试剂，2007，29（1）：53.

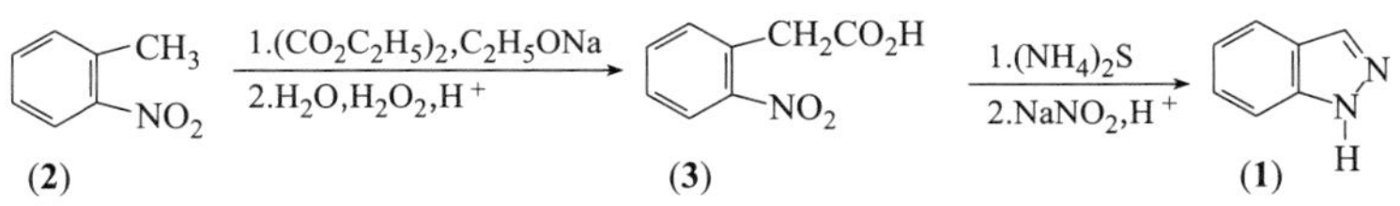

啉硝基苯乙酸（**3**）：于反应瓶中加入无水乙醇 20 mL，搅拌下分批加入金属钠 1.6 g（70 mmol），反应完后冷至室温。加入草酸二乙酯 8.8 g（60 mmol），而后滴加邻硝基甲苯（**2**）8.2 g（60 mmol），约 30 min 加完，加完后继续室温反应 1 h，再回流反应 1 h。加入 30 mL 水，回流水解 1.5 h。水蒸气蒸馏，回收未反应的化合物（**2**）。冷至室温，滴加 30% 的过氧化氢，同时不断取反应液用氢氧化钠溶液检测，若反应液遇到氢氧化钠溶液不变色时，表明反应结束。冷至室温，用盐酸调至 pH2，静置，有固体析出。冷却，抽滤，用乙醇-水（1:3）重结晶，得白色针状结晶（**3**）6.74 g，收率 62%，mp 138～140℃。

吲唑（**1**）：于反应瓶中加入上述化合物（**3**）3.62 g（20 mmol），8% 的硫化铵 35 mL，回流反应 2 h。冷却，过滤。滤液用盐酸调至 pH<3，冰盐浴冷至 5℃ 以下，慢慢滴加 30% 的亚硝酸钠水溶液 4.2 mL，约 10 min 加完。加完后继续低温搅拌反应 10 min，用碘化钾-淀粉试纸检测，必要时可加入尿素以分解过量的亚硝酸。过滤除去未反应的化合物（**3**），滤液室温放置 24 h，不断析出固体，并有气体放出。过滤，得鳞片状固体。用热水重结晶，真空干燥，得浅黄色粉末（**1**）1.68 g，收率 71%，mp 145～147℃。

【用途】 药物合成、有机合成中间体。

6-氟-3-甲酰基吲唑

$C_8H_5FN_2O$，164.14

【英文名】 6-Fluoro-3-formylindazole
【性状】 红色固体。mp 162℃。
【制法】 易奋飞，何毅. 化学通报，2011，74（8）：760.

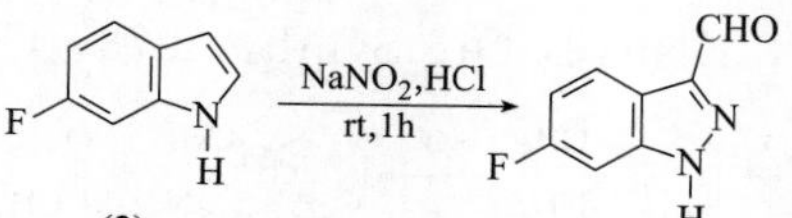

于安有搅拌器、温度计、滴液漏斗的反应瓶中，加入 $NaNO_2$ 63.9 g（0.9259 mol），水 2.3 L，搅拌下室温下滴加浓盐酸至 pH2～3。而后滴加由 6-氟吲哚（**2**）25 g（0.1852 mol）溶于 THF 150 mL 配成的溶液。加完后室温搅拌 30 min，过滤，得 28.2 g 红色固体（**1**），产率 92.9%，mp 162℃。

该反应的大致过程如下〔Buchi G，Lee G C M，Yang D，et al. J Am Chem Soc，1986，108（15）：4115〕：

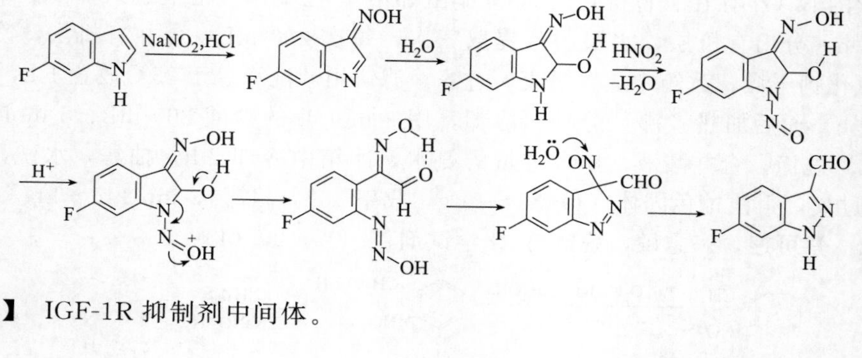

【用途】 IGF-1R 抑制剂中间体。

1-苄基-1*H*-吲唑-3-醇

$$C_{14}H_{12}N_2O，224.26$$

【英文名】 1-Benzyl-1*H*-indazol-3-ol

【性状】 白色固体。mp 166～167℃。

【制法】 Baiocchi L，Corsi G，Palazzo G. Synthesis，1978：633.

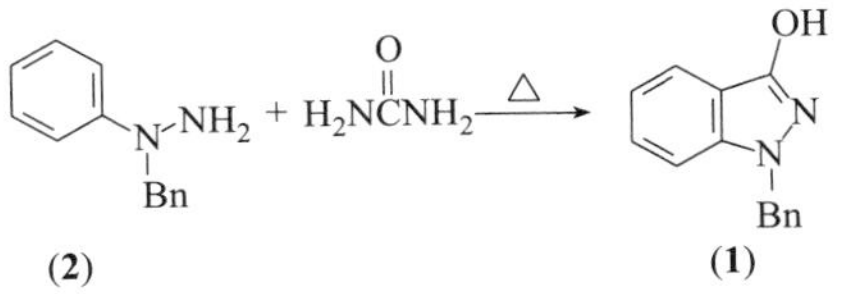

于反应瓶中加入 1-苯基-1-苄基肼（**2**）16 g（0.088 mol），尿素 5 g（0.083 mol），置于预热至 100℃ 的油浴中，于 1 h 加热至 200℃，保温反应 2.5 h。而后于 0.5 h 升温至 280～285℃，8 min 后冷却，乙醚提取 4 次。合并乙醚层，过滤，浓缩。剩余物加热溶于 50 mL 乙醚中，冰箱中放置过夜。过滤生成的沉淀，冷乙醚洗涤，于 100℃ 干燥，得化合物（**1**）3.5 g，收率 20%，mp 166～167℃。

【用途】 抗炎药苄达明（Benzydamine）、预防和治疗白内障药物苄达赖氨酸（Bendazac lysine）等的中间体。

4-溴-6-氯吲唑

$$C_7H_4BrClN_2，231.48$$

【英文名】 4-Bromo-6-chloroindazole

【性状】 白色晶体。mp 198～202℃。

【制法】 翁运幄，王涛，雷鸣. 化学试剂，2013，35（9）：857.

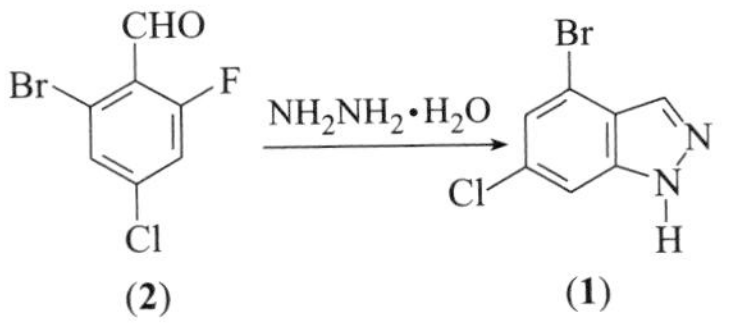

于反应瓶中依次加入 100 mL 1,4-二氧六环、50 mL 80% 水合肼和 2-氟-4-氯-6-溴苯甲醛（**2**）20 g（0.084 mol）。升至 80℃，搅拌反应 5 h，TLC 监测没有原料（**2**）。冷却至室温，将反应液倒入水中，过滤，得白色固体。用乙醇-水重结晶，得白色晶体化合物（**1**）18 g，产率 90%，mp 198～202℃。

【用途】 新药开发中间体。

三、含多个杂原子的五元环化合物

2-甲基-5-巯基-1,3,4-噻二唑

$$C_3H_4N_2S_2，132.20$$

【英文名】 5-Mercapto-2-methyl-1,3,4-thiadiazde，5-Methyl-1,3,4-thiadiazole-2-thiol

【性状】 白色固体。mp 178～184℃。

【制法】 章思规.实用精细化学品手册：有机卷：下.北京：化学工业出版社，1996，1627.

$$CH_3CO_2C_2H_5 \xrightarrow{NH_2NH_2} CH_3CONHNH_2 \xrightarrow[KOH]{CS_2} CH_3CONHNHC \overset{S}{\underset{|}{\parallel}} SK \xrightarrow{H_2SO_4} \begin{array}{c} N-N \\ CH_3 \end{array} SH$$

于反应瓶中加入乙酸乙酯（**2**）775 g（8.8 mol），水合肼（8 mol），搅拌下加热回流反应 5 h，得乙酰肼的乙醇溶液。冷至 10℃左右，慢慢加入二硫化碳（8.7 mol），于 25℃以下反应 1 h。冰水浴冷却、静置，抽滤。滤饼用无水乙醇洗涤，得 N-乙酰肼基二硫代甲酸钾。低温干燥。将得到的固体粉碎，分批加入安有搅拌器、冷至 −5℃以下的浓硫酸中，注意反应温度不高于 5℃。将反应物搅拌下倒入大量的碎冰中，抽滤，滤饼用冰水洗涤以除去游离的硫酸，低温真空干燥，得白色固体（**1**），mp 178～184℃，收率 55%～60%。

【用途】 抗菌素类药物头孢唑林（Cefazolin）的中间体。

2,5-二巯基-1,3,4-噻二唑

$$C_2H_2N_2S_3，150.23$$

【英文名】 2,5-Dimercapto-1,3,4-thiadiazole

【性状】 白色结晶粉末。mp 161～165℃。

【制法】 ①郑信，毕莉.云南冶金，1999，28（3）：23.②王雪娟，冯建.化学工程与装备，2011，1：150.

$$H_2N-NH_2 + 2CS_2 \xrightarrow{-H_2S} \underset{S}{\overset{H}{\underset{}{N}}}\overset{H}{N}{S} \xrightarrow{NaOH} NaS\begin{array}{c}N-N\end{array}SNa \xrightarrow{HCl} HS\begin{array}{c}N-N\end{array}SH$$

将 23.4 g 水合肼（含量 54.5%）与 32 g NaOH 在 150 mL 水中混合。搅拌下于 5～6℃（用冰冷却）慢慢由分液漏斗滴入 60.8 g CS$_2$，在 2 h 内加完。然后水浴中加热（80℃）回流 1 h（当开始加热至 45℃时有 H$_2$S 逸出）。冷至室温，再加入 12.2 g CS$_2$，继续回流 2～3 h，反应液呈橙黄色。减压除尽剩余的 CS$_2$，残留物为 DMTDNa 盐溶液。冷却下用浓盐酸（约 50 mL）酸化至 pH1，折出大量白色粉状物。抽滤，水洗，烘干，产物变成黄色。将粗产品用无水乙醇重结晶，得纯的化合物（1）49.5～51 g，收率 70%～73%，mp 164～165℃。

【用途】 医药、农药、染料等的中间体。

1,2,4-噁二唑-3-基甲胺盐酸盐

$$C_3H_5N_3O \cdot HCl，135.55$$

【英文名】 1,2,4-Oxadiazol-3-yl-methanamine hydrochloride

【性状】 白色固体。

【制法】 赵春深，周志旭，董磊，宋吾燕.化学试剂，2012，34（3），283.

$$BocNHCH_2CN \xrightarrow[Na_2CO_3,EtOH]{NH_2OH \cdot HCl} BocNHCH_2 \overset{N-OH}{\underset{NH_2}{C}} \xrightarrow[2.EtOH \cdot HCl]{1.CH(OEt)_3} \begin{array}{c}N\\O\end{array}{CH_2NH_2 \cdot HCl}$$

2-(Boc-氨基)-N'-羟基乙脒（**3**）：于反应瓶中加入 100 mL 乙醇，4.45 g（0.064 mol）盐酸羟胺，慢慢加入 4.07 g（0.038 mol）碳酸钠，室温搅拌 15 min。回流条件下慢慢滴加 10 g（0.064 mol）Boc-氨基乙腈的 30 mL 乙醇溶液，滴完后反应 2 h。趁热抽滤，蒸干乙醇。加水，用二氯甲烷提取（30 mL×2）。合并有机层，水洗，无水硫酸镁干燥，蒸除溶剂，得化合物（**3**）12.3 g，收率 93.75%。

1,2,4-噁二唑-3-基甲胺盐酸盐（**1**）：于反应瓶中加入 100 mL 原甲酸三乙酯，化合物（**3**）10 g（0.049 mol），100℃反应 10 min。冷却，用盐酸-乙醇调至 pH3～4。静置，抽滤，得白色固体（**1**）6.37 g，收率 95.9%。

【用途】 脾源性络氨酸酶抑制剂和双噁唑烷酮类药物中间体。

3-(4-吗啉基苯基)-5-苯基-1,2,4-噁二唑

$C_{18}H_{17}N_3O_2$，307.35

【英文名】 3-(4-Morpholinylphenyl)-5-phenyl-1,2,4-oxadiazole
【性状】 白色固体。mp 173.5～175.5℃。
【制法】 陈东亮，初文毅，鄢明.化学研究与应用，2012，22（2）：176.

N'-羟基-4-吗啉基苯甲脒（**3**）：于反应瓶中加入 4-吗啉基苯甲腈（**2**）9.4 g（0.05 mol），乙醇 300 mL，盐酸羟胺 8.34 g（0.12 mol），碳酸钾 11.08 g（0.08 mol），搅拌下回流反应 16 h，TLC 跟踪反应至完全。加入 200 mL 水，以 2 mol/L 的氢氧化钠溶液调至 pH12，二氯甲烷提取。无水硫酸镁干燥后，过滤，减压浓缩，得白色固体。以乙酸乙酯-己烷重结晶，得化合物（**3**）9.1 g，收率 82%，mp 194～196℃。

3-(4-吗啉基苯基)-5-苯基-1,2,4-噁二唑（**1**）：于反应瓶中加入化合物（**3**）1.1 g（0.005 mol），三乙胺 1.2 g（0.012 mol），干燥的甲苯 200 mL，于 0℃搅拌反应 2 h。滴加苯甲酰氯 0.7 g（0.005 mol），而后继续于 0℃搅拌反应 3 h。慢慢升至 120℃回流，TLC 跟踪反应至完全。冷至室温，依次用水、饱和盐水洗涤，无水硫酸镁干燥。过滤，减压浓缩，得白色固体。己烷中重结晶，得化合物（**1**）1.1 g，收率 72%，mp 173.5～175.5℃。

【用途】 抗菌新药开发中间体。

3-氨基-1,2,4-三氮唑

$C_2H_4N_4$，84.08

【英文名】 3-Amino-1,2,4-triazole
【性状】 无色结晶。mp 159℃。溶于水、乙醇、氯仿。
【制法】 方法1 叶余原.浙江化工，2005，36（10）：16.

于反应瓶中加入甲酸 35 mL，搅拌下慢慢加入氨基胍碳酸盐（**2**）68 g（0.5 mol），开始会产生大量泡沫，控制反应温度在 50～60℃。加完后安上分水器，于 115～120℃反应分水 5 h。减压蒸馏，很快反应瓶中出现白色固体，继续减压蒸馏，剩余物为粗品（**1**）。加入乙醇 60～70 mL，搅拌加热溶解。过滤，冷却析晶。抽滤，少量乙醇洗涤，干燥，得白色固体（**1**）36.1 g，收率 85.9%，mp 152～154℃。

方法 2　孙昌俊，曹晓冉，王秀菊. 药物合成反应——理论与实践. 北京：化学工业出版社，2007：445.

于反应瓶中加入碳酸氢氨基胍（**2**）68 g（0.5 mol），慢慢加入 2.5 mol/L 的稀硫酸 100 mL 中，至不再产生二氧化碳气体后，沸水浴加热反应 1 h，然后于 2.0 kPa 减压浓缩至干，得白色固体。滴加无水甲酸和 2～3 滴浓硝酸，沸水浴加热 24 h。向所得糖浆状物中加水 100 mL，于 50℃加热溶解，慢慢加 25 g 碳酸钠，减压蒸发至干。加无水乙醇 200 mL 煮沸提取二次，提取液过滤，蒸出乙醇。剩余物在 50 mL 乙醇和 50 mL 乙醚中粉碎，过滤，干燥，得粗品（**1**）33～36 g，收率 79%～86%，mp 125～143℃。用 140 mL 无水乙醇重结晶，活性炭脱色后，加入 50 mL 乙醚，冷冻得纯品 20～25 g，mp 148～153℃。

【用途】　治疗及预防冠心病、心绞痛、心肌梗死等疾病的药物曲匹地尔（Trapymin）等的中间体。

卢非酰胺

$C_{10}H_8F_2N_4O$，238.20

【英文名】　Rufinamide

【性状】　白色结晶。mp 241～243℃。

【制法】　居文建，陈国华，胡杨，张明亮. 中国医药工业杂志，2010，41（4）：248.

1-[（2,6-二氟苯基）甲基]-1H-1,2,3-三唑-4-甲酸甲酯（**3**）：于反应瓶中加入 2,6-二氟苄基叠氮（**2**）280 g（1.66 mol），甲醇 2 L，丙炔酸甲酯 165 g（1.97 mol），搅拌下加热回流反应 10 h。减压蒸出溶剂，得淡黄色固体。用石油醚-甲醇（4∶1）重结晶，得白色针状结晶（**3**）299 g，收率 51.8%，mp 140～143℃。

卢非酰胺（**1**）：将上述化合物（**3**）290 g（1.15 mol）加入 2 L 用氨气饱和的甲醇中，于 0℃搅拌反应 24 h。抽滤，滤饼用甲醇洗涤。以甲醇-DMF（10∶1）重结晶，得白色结晶（**1**）249 g，收率 90.9%，mp 241～243℃。

【用途】　辅助治疗局部癫痫发作和 Lennox-Gastaut 综合征药物卢非酰胺（Rufinamide）原料药。

托匹司他

$$C_{13}H_8N_6，248.25$$

【英文名】 Topiroxostat

【性状】 淡黄色固体。mp 325～326℃。

【制法】 高瑞，王德才，许斌，王鑫，苏鹏.中国医药工业杂志，2016，47（7）：835.

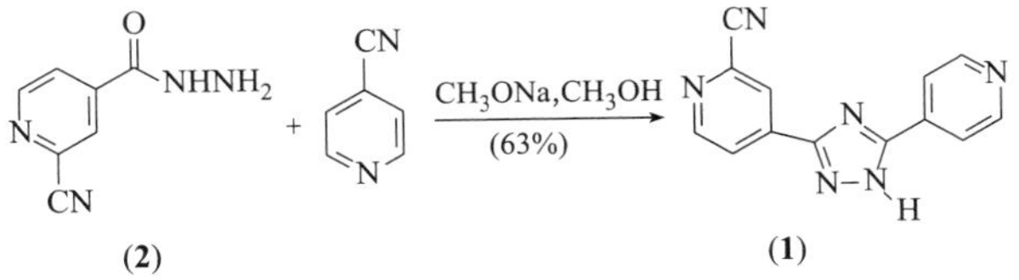

于反应瓶中加入 4-氰基吡啶 267 g（2.6 mol），甲醇 1.5 L，甲醇钠 28 g（0.52 mol），搅拌溶解后，加入 2-氰基异烟肼（**2**）420.4 g（2.6 mol），加热回流反应 10 h。TLC 跟踪反应至完全，冷至室温析晶。过滤，甲醇洗涤后真空干燥，得淡黄色粉末（**1**）405.5 g，收率 63%。

【用途】 治疗痛风、高尿酸血症药物托皮司他（Topiroxostat）原料药。

5-乙基-4-(2-苯氧基乙基)-2*H*-1,2,4-三唑-3(4*H*)-酮

$$C_{12}H_{15}N_3O_2，233.27$$

【英文名】 5-Ethyl-4-（2-phenoxyethyl）-2*H*-1，2,4-triazol-3（4*H*）-one

【性状】 黄色固体。mp 132～137℃。

【制法】 郭佰淑，张峰明，沈菊英等.中国医药工业杂志，2003，34（6）：265.

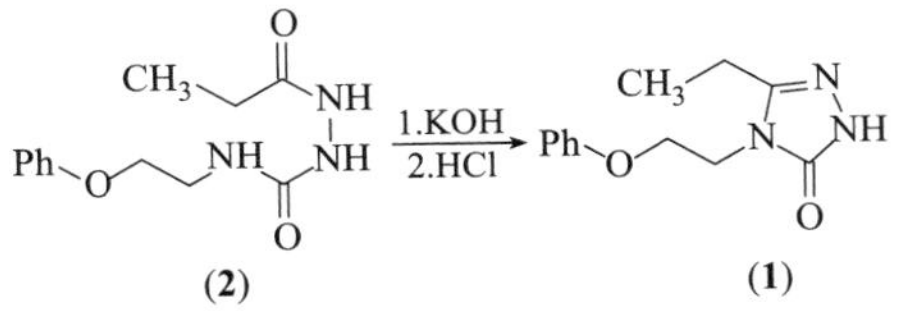

于反应瓶中加入 1% 的氢氧化钾水溶液 2.13 L，搅拌下加热至 95℃，加入化合物（**2**）95.6 g（0.38 mol），40 min 后趁热过滤。滤液冰水浴冷却，慢慢加入浓盐酸 35 mL，搅拌 20 min，而后室温搅拌 1 h。抽滤，干燥，得黄色固体（**1**）79 g，收率 89%，mp 132～137℃。

【用途】 抑郁症治疗药物盐酸奈法唑酮（Nefazodone hydrochloride）中间体。

依替唑仑

$$C_{17}H_{15}ClN_4S，342.85$$

【英文名】 Etizolam

【性状】 白色固体。mp 147～148℃。

【制法】 方法 1 开永茂，李磊，赵廷兴等.西南科技大学学报，2014，29（1）：10.

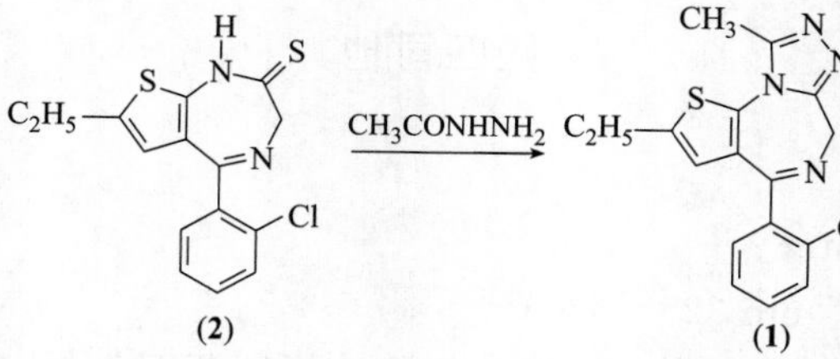

(2) → (1)

于反应瓶中加入化合物（2）1.5 g（4.7 mmol），氮气保护，加入正丁醇 10 mL，乙酰肼 1.4 g（7.2 mmol），搅拌回流反应 4 h。冷却，抽滤，滤饼再用丙酮重结晶，得白色固体（1）1.4 g，收率 87.4%，mp 145～146℃。

方法 2　陈芬儿.有机药物合成法：第一卷.北京：中国医药科技出版社，1999：995.

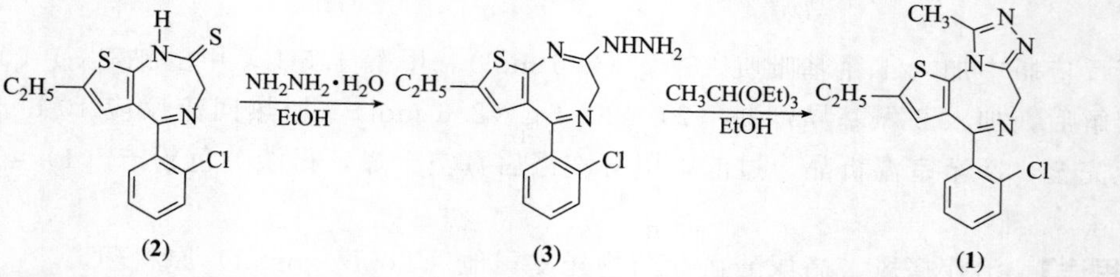

(2) → (3) → (1)

于反应瓶中加入化合物（2）38.1 g（0.1 mol），甲醇 200 mL，水合肼 8 mL，搅拌数分钟，生成红色透明溶液，随后析出固体。室温搅拌 2 h，冰浴冷却。过滤，甲醇洗涤，得黄色固体（3）28.6 g，收率 89%，mp 214～216℃（分解）。

依替唑仑（1）：于反应瓶中加入化合物（3）6.4 g（0.02 mol），乙醇 100 mL，原乙酸三乙酯 16 g（0.1 mol），浓硫酸 1 mL，搅拌回流 1 h。减压浓缩，加入碳酸氢钠水溶液中和，乙酸乙酯提取，无水碳酸钾干燥。过滤，减压回收溶剂，剩余物中加入石油醚-丙酮，析出结晶。过滤，用石油醚-丙酮重结晶，得白色固体（1）6.1 g，收率 89%，mp 147～148℃。

【用途】　抗焦虑药依替唑仑（Etizolam）原料药。

阿普唑仑

$C_{17}H_{13}ClN_4$，308.76

【英文名】　Alprazolam

【性状】　白色或类白色结晶性粉末，微苦。易溶于三氯甲烷，略溶于乙醇、丙酮，几乎不溶于水和乙醚。mp 229～230℃。

【制法】　①陈芬儿，刘兴勤.中国医药工业杂志，1990，21（7）：345.② 姚新建，李占灵.郑州大学学报：医学版，2008，43（4）：791.

$$CH_3CO_2C_2H_5 + NH_2NH_2 \cdot H_2O \xrightarrow{EtOH} CH_3CONHNH_2$$

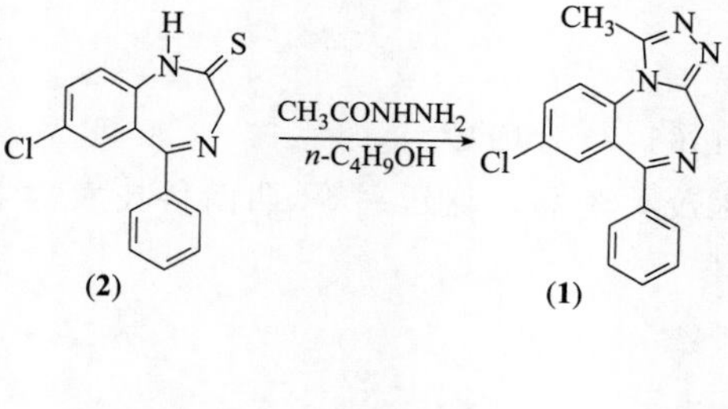

(2) → (1)

于反应瓶中加入水合肼 14.3 g（0.29 mol）、乙酸乙酯 25 g（0.28 mol）和 95％乙醇 14.2 mL（0.23 mol），加热回流 10～15 h。减压回收乙醇，冷却，析出白色结晶。过滤，干燥，得乙酰肼粗品 14.2 g（备用）。

于反应瓶中加入上述所得乙酰肼粗品 14.2 g，化合物（**2**）20 g（0.07 mol）和正丁醇 200 mL，氮气保护下加热搅拌回流反应 4 h。反应结束后，减压回收溶剂。将剩余物倒入冰水 70 mL 中，析出固体。过滤，将固体溶于适量二氯甲烷中，无水碳酸钾干燥。过滤，滤液回收溶剂，冷却，得粗品（**1**）20 g。用乙酸乙酯重结晶，得类白色结晶性粉末（**1**）17.2 g，收率 80％，mp 227～229℃。

【用途】　焦虑症治疗药物阿普唑仑（Alprazolam）原料药。

1,2,4-三唑并[4,3-*a*]吡啶-3(2*H*)酮

$$C_6H_5N_3O，135.11$$

【英文名】　1,2,4-Triazolo[4,3-*a*]pyridin-3(2*H*)-one
【性状】　黄色固体。mp 229℃。
【制法】　方法 1　孙昌俊，曹晓冉，王秀菊.药物合成反应——理论与实践.北京：化学工业出版社，2007：453.

于反应瓶中加入 2-吡啶肼（**2**）54.5 g（0.5 mol），尿素 60 g（1 mol），混和均匀后加热至 160℃左右反应 2.5 h。反应结束后，冷却，加水 100 mL，将固体物粉碎。抽滤，水洗，干燥，得黄色固体（**1**）55 g，收率 86％，mp 224～226℃（文献值 229℃）。

方法 2　薛叙明，贺新，刘长春等.中国医药工业杂志，2008，39（11）：808.

于反应瓶中加入乙二醇单甲醚 200 mL，2-氯吡啶（**2**）80 g（0.7 mol），氨基脲盐酸盐 153 g（1.37 mol），搅拌下加热回流至全溶。稍冷后加入浓硫酸 3 g，于 128～130℃反应 24 h。冷至室温，析出结晶。过滤，水洗至中性，干燥，得浅黄色化合物（**1**）66 g，收率 70％，mp 226.5～228.5℃。

【用途】　抑郁病治疗药盐酸曲唑酮（Trazodone hydrochloride）的中间体。

1-羟基苯并三唑

$$C_6H_5N_3O，135.13$$

【英文名】　1-Hydroxybenzotriazole
【性状】　白色固体。mp 157℃。
【制法】　①黄维德，陈常庆.多肽合成.北京：科学出版社，1985，11.②马新起，宋群立，姚莉等.化学研究，2000，11（3）：58.

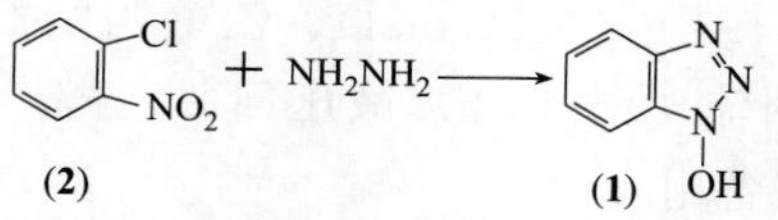

$$(2) \qquad (1)$$

于 100 mL 圆底烧瓶中加入邻硝基氯苯（**2**）15.76 g（0.1 mol），水合肼 14.55 mL（0.3 mol），乙醇 50 mL，安上回流冷凝器，油浴加热回流 5 h。冷却，过滤。滤液减压浓缩，剩余物加入少量水溶解。乙醚提取后，水层于冰浴中冷却，慢慢加入浓盐酸酸化至酸性，析出沉淀。过滤，水洗。热水中重结晶，得化合物（**1**）7.41 g，mp 157℃，收率 55%。

【用途】 增强免疫功能药物乌苯美司（Ubenimex）的中间体，也是多肽保护剂。

阿佐塞米

$$C_{12}H_{11}ClN_8O_2S_2，370.83$$

【英文名】 Azosemide，2-Chloro-5-(1*H*-tetrazol-5-yl)-4-[(2-thienylmethyl) amino] benzenesulfonamide

【英文名】 白色或黄白色结晶性粉末。mp 226℃（分解）。易溶于 DMF，难溶于甲醇、乙醇，几乎不溶于水，遇光变黄。

【制法】 张庆文，周明华，尹昊传等. 中国医药工业杂志，2002，3（9）：419.

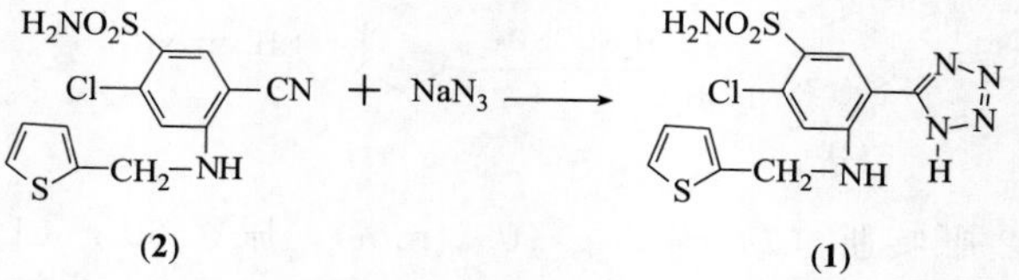

$$(2) \qquad (1)$$

于反应瓶中加入 4-氯-5-氨磺酰基-2-(2′-噻吩甲氨基) 苯甲腈（**2**）32.8 g（0.1 mol），DMF 330 mL，叠氮钠 13 g（0.2 mol），氯化铵 10.7 g（0.2 mol），搅拌下于 100～105℃反应 3 h。冷至室温，过滤。滤液减压回收溶剂后，将得到的橘红色油状物溶于 2.5% 的氢氧化钠溶液 1.3 L 中，加入活性炭室温脱色。过滤，用醋酸调至弱酸性，析出固体。抽滤，滤饼溶于 500 mL95% 的热乙醇中，加入 50 mL 醋酸，再加入 1 L 水，冷至 0℃。过滤，水洗，干燥，再用 80% 的乙醇重结晶，得白色固体（**1**）29.3 g，收率 79%。mp 222.7℃。

【用途】 利尿药阿佐塞米（Azosemide）原料药。

洛沙坦

$$C_{14}H_{12}N_4，236.28$$

【英文名】 Losartan

【性状】 mp 148～151℃。

【制法】 彭建，黄山，张慧斌. 广西轻工业，2008，2：8.

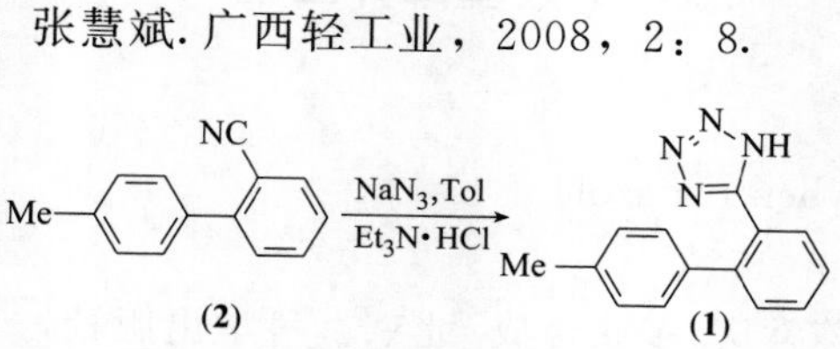

$$(2) \qquad (1)$$

于反应瓶中加入甲苯 120 mL，2-氰基-4′-甲基联苯（**2**）10 g（0.05 mol），三乙胺盐酸盐 12.4 g（0.09 mol），叠氮钠 5.6 g（0.08 mol），搅拌下于 98℃反应 48 h。冷至室温，加入冰水。分出水层，用盐酸调至 pH1。过滤，水洗，干燥，得化合物（**1**）8.4 g，收率 68.7%，mp 148～151℃。

【用途】 抗高血压药物洛沙坦钾（Losartan potassium）的中间体。

5-甲基-1*H*-四唑

$$C_2H_4N_4，84.08$$

【英文名】 5-Methyl-1*H*-tertazole
【性状】 类白色晶体粉末。mp 145～146℃。
【制法】 ① Finnegan W G，Henry R A，Logquist R. J Am Chem Soc，1958，80：3908. ②陈芬儿. 有机药物合成法：第一卷. 北京：中国医药科技出版社，1999：647.

$$CH_3CN + NaN_3 \xrightarrow[n\text{-}C_4H_9OH]{CH_3COOH} \underset{(1)}{\text{(四唑环)}} CH_3$$
（2）

于反应瓶中加入乙腈（**2**）41.1 g（1.0 mol），叠氮钠 88 g（1.32 mol），冰醋酸 80 mL，正丁醇 400 mL，搅拌下回流反应 4 天。冷至室温，加入氢氧化钠 19 g（0.475 mol），冰醋酸 44 g，正丁醇 40 mL，继续回流反应 2 天。加水 1.2 L，减压蒸出溶剂 1.2 L。剩余物用 50%的氢氧化钠调至 pH7。过滤除去不溶物，减压浓缩后，加入 400 mL 水，用盐酸调至 pH2，减压浓缩。剩余物冷却，加入甲醇少许，析出结晶。过滤，得粗品（**1**）。用甲醇-乙酸乙酯重结晶，得（**1**）26.7 g，收率 31.8%，mp 145～146℃。

【用途】 抗炎药头孢特仑酯（Cefteram pivoxil）中间体。

5-乙氧羰甲基-1*H*-四唑

$$C_5H_8N_4O_2，156.14$$

【英文名】 5-Ethoxycarbonylmethyl-1*H*-tetrazole，Ethyl 2-(1*H*-tetrazol-5-yl) acetate
【性状】 无色结晶。mp 128～130℃。
【制法】 徐云根，雷林，张睿，华唯一. 中国医药工业杂志，2003，34（7）：315.

$$NC\text{-}CH_2CO_2Et \xrightarrow[DMF]{NaN_3, NH_4Cl} \text{(tetrazole product)}$$
（2） （1）

于反应瓶中加入氰基乙酸乙酯（**2**）67.8 g（0.60 mol），叠氮钠 43 g（0.66 mol），氯化铵 35.4 g（0.66 mol），DMF 260 mL，搅拌下于 90℃反应 8 h。减压蒸出溶剂，剩余物中加入 260 mL 水，以盐酸调至 pH2。冷却，过滤，冷水洗涤，干燥后得类白色化合物（**1**）73 g，收率 77.9%。以异丙醇重结晶，得无色结晶 60.5 g，收率 64.5%，mp 128～130℃。

【用途】 支气管哮喘的长期治疗药吡嘧司特钾（Pemirolast potassium）等的中间体。

5-氯-1-苯基四唑

$$C_7H_5ClN_4，180.60$$

【英文名】 5-Chloro-1-phenyltetrazole
【性状】 结晶状固体。mp 122～123℃。

【制法】　① Maggiulli C A，Paine R A. Brit Pat 1128025. 1968. ② Alves，Jose A C，Johnstone，Robert A W. Synth Commun，1997，27（15）：2645.

$$C_6H_5N=CCl_2 + NaN_3 \longrightarrow \text{(1)} + NaCl$$

(2) **(1)**

于反应瓶中加入叠氮钠 25 g（0.353 mol），水 120 mL，室温下搅拌溶解。加入由苯基异腈二氯化物（**2**）66.7 g（0.383 mol）溶于 300 mL 丙酮配成的溶液。搅拌下慢慢加热，逐渐由 25℃升温至 50℃，15 min 后加热回流反应 1.5 h。冷却，加入等体积的水，搅拌 15 h。抽滤，水洗，干燥。产品用甲醇重结晶，得化合物（**1**）51.88 g，收率 75%，mp 122～123℃。

【用途】　药物合成中间体。脱除酚羟基试剂。

2-(1*H*-四唑-1-基)-4,5,6,7-四氢-1-苯并噻吩-3-羧酸乙酯

$C_{12}H_{14}N_4O_2S$，278.33

【英文名】　Ethyl 2-(1*H*-tetrazol-1-yl)-4,5,6,7-tetrahydro-1-benzothiophene-3-carbox-ylate

【性状】　白色结晶。mp 88℃。

【制法】　Pokhodylo N T，Matiychuk V S，Obusake M D. Tetrahedron，2008，64（7）：1430.

(2) **(1)**

于反应瓶中加入化合物（**2**）50 mmol，原甲酸三乙酯 37.9 mL（0.23 mol），叠氮钠 3.9 g（60 mmol），冰醋酸 40 mL，搅拌下加热回流反应 2 h。冷至室温，慢慢加入 7 mL 浓盐酸。过滤，滤液减压浓缩。剩余物用乙醇重结晶，得白色固体（**1**），收率 81%，mp 88℃。

【用途】　药物开发中间体。

1-[2-(*N*,*N*-二甲氨基)乙基]-1*H*-四唑-5-硫醇

$C_5H_{11}N_5S$，173.24

【英文名】　1-[2-(Dimethylamino) ethyl]-1*H*-tetrazole-5-thiol

【性状】　mp 218～219℃。

【制法】　陈芬儿. 有机药物合成法：第一卷. 北京：中国医药科技出版社，1999：212.

(2) **(1)**

于反应瓶中加入化合物（**2**）520 g（2.92 mol）、叠氮化钠 190 g（2.92 mol），乙醇

1.05 L 和水 2.1 L，加热搅拌回流 3 h。再加入（**2**）52 g 和乙醇 100 mL 的溶液，继续搅拌回流 1 h。反应毕，冷却至 20℃，加入水 2.0 L，用浓盐酸调至 pH2～2.5，减压回收乙醇。剩余液经氢型离子交换树脂吸附，水洗至 pH7，再用 5% 氨水洗脱，洗脱液减压浓缩，冷却，析出结晶。过滤，干燥，得（**1**）350 g，收率 68.5%，mp 218～219℃。

【用途】 抗生素二盐酸头孢替安（Cefotiam hydrochloride）中间体。

1-羟乙基-5-巯基-1*H*-四唑

$C_3H_6N_4O_S$，146.17

【英文名】 1-Hydroxyethyl-5-mercapto-1*H*-tetrazole
【性状】 mp 135～137℃。
【制法】 方法1 肖斌，沈毅，周辉，李勤耕.中国医药工业杂志，2011，42（5）：330.

(2) → NaN₃,THF,H₂O → **(3)** → PPTS → **(1)**

1-[（2-四氢吡喃）氧乙基]-5-巯基四唑（**3**）：于反应瓶中加入 THF 240 mL，化合物（**2**）59 g（0.19 mol），搅拌溶解。慢慢滴加由叠氮钠 12.4 g（0.19 mol）溶于 120 mL 水的溶液。加完后于 40℃ 搅拌反应 10 h。减压浓缩，剩余物中加入 200 mL 水，乙酸乙酯洗涤。用 85% 的磷酸约 28 mL 调至 pH3，用乙酸乙酯提取。有机层用无水硫酸钠干燥后，过滤，活性炭脱色。减压浓缩，得无色液体（**3**）39.3 g，直接用于下一步反应。

1-羟乙基-5-巯基-1*H*-四唑（**1**）：将上述化合物（**3**）39.3 g（0.171 mol）、吡啶对甲苯磺酸盐（PPTS）4.3 g（0.017 mol）、甲醇 220 mL 加入反应瓶中，回流反应 1 h。减压浓缩，剩余的白色固体物加入 150 mL 水，用乙酸乙酯提取。有机层用无水硫酸钠干燥，过滤。减压浓缩，剩余物用叔丁基甲基醚重结晶，得白色粒状结晶（**1**）21.2 g，收率 78%（以化合物 **2** 计），mp 135.5～138℃。

方法2 陈芬儿.有机药物合成法：第一卷.北京：中国医药科技出版社，1999：256.

(2) → NaN₃,C₂H₅OH → **(1)**

于反应瓶中加入 N-[2-（2-四氢吡喃）氧乙基] 二硫代氨基甲酸甲酯（**2**）11.8 g（0.05 mol）和乙醇 40 mL，搅拌下加入含叠氮化钠 3.4 g（0.05 mol）的水溶液 20 mL，加热搅拌回流 2 h。减压浓缩，冷却，向剩余物中加入适量水，用乙酸乙酯提取数次弃去。水层用磷酸调至酸性，再用乙酸乙酯提取数次，合并有机层。水洗，无水硫酸钠干燥。过滤，滤液减压回收溶剂。冷却，向剩余物中加入适量丙酮水溶液，用浓盐酸调至 pH2，室温放置 2 h。减压浓缩，冷却，用乙醚提取数次，合并有机层，无水硫酸钠干燥。过滤，滤液回收溶剂，向剩余物中加入乙酸乙酯-正己烷混合液，析出结晶。过滤，干燥，得（**1**）6.2 g，收率 85%，mp 135～137℃。

【用途】 抗菌药氟氧头孢（Flomoxef）中间体。

1,5-五亚甲基四唑

$C_6H_{10}N_4$, 138.17

【英文名】 1,5-Pentylenetetrazole, 6,7,8,9-Tetrahydro-5H-tetrazolo[1,5-a]azepine, Pentetrazol

【性状】 白色结晶，mp 59℃。

【制法】 Eshghi Hossein, Hassankhani Asadollah. Synth Communs, 2005, 35 (8): 1115.

于玛瑙研钵中加入环己酮（**2**）1 mmol，叠氮钠 4 mmol，三氯化铝 3 mmol，于 50℃研磨 12 min。冷至室温，加入 5 mL 水，二氯甲烷提取 2 次。合并有机层，无水氯化钙干燥。过滤，浓缩，得化合物（**1**），收率 95%。

【用途】 用于急性传染病、麻醉药及巴比妥类药物中毒时引起的呼吸抑制、急性循环衰竭的药物戊四唑（Pentetrazol）原料药。

1-乙基-1,4-二氢-5H-四唑-5-酮

$C_3H_6N_4OS$, 146.17

【英文名】 1-Ethyl-1,4-dihydro-5H-tetrazol-5-one

【性状】 白色固体。mp 79.7℃。

【制法】 Janssens F, Torremans J, Janssen P A J. J Med Chem, 1986, 29 (11): 2290.

于干燥的反应瓶中加入无水三氯化铝 39 g（0.22 mol）、无水四氢呋喃 250 mL，搅拌下迅速依次加入异氰酸乙酯（**2**）14.2 g（0.2 mol）、叠氮化钠 29.2 g（0.45 mol）和无水四氢呋喃 150 mL 的溶液。加热搅拌回流 24 h。冷却，用 6 mol/L 盐酸调至 pH 酸性。减压浓缩，冷却，析出白色固体。该固体用热丙酮提取数次，合并有机层，无水硫酸镁干燥。过滤，滤液回收溶剂后，析出白色固体，真空干燥，得化合物（**1**）18 g 收率 65%，mp 79.7℃，bp 133℃/133 Pa。

【用途】 镇痛药盐酸阿芬太尼（Alfentanil hydrochloride）中间体。

1-甲基-5-巯基-1H-四唑

$C_2H_4N_4S$, 116.14

【英文名】 5-Mercapto-1-methyltetrazole

【性状】 白色结晶。mp 125～126.5℃。

【制法】 方法1 常相娜，张建宇，宁肖肖等.陕西科技大学学报，2015，33（1）：131.

$$CH_3NCS + NaN_3 \xrightarrow{PTC} \underset{(1)}{\text{HS-四唑}} $$

于反应瓶中加入叠氮钠 2.96 g，去离子水 30 mL，再加入相转移催化剂环糊精适量（约为叠氮钠的 1%），于 75℃ 滴加由异硫氰酸甲酯（**2**）4.0 g 溶于 10 mL 乙醇的溶液，约 1 h 加完。加完后继续搅拌反应 2 h。减压浓缩，冷却至 10℃ 以下，用盐酸酸化至 pH2，析出结晶。冷却，过滤。将滤饼加入水中，用氨水调至 pH8～9。过滤，滤液再用盐酸调至酸性，析出白色固体。过滤，干燥，得化合物（**1**），收率 76.9%，mp 125～126℃。

方法2 陈芬儿.有机药物合成法：第一卷.北京：中国医药科技出版社，1999：702.

$$NH_2NH_2 \cdot H_2O \xrightarrow[\text{EtOH}]{n\text{-}C_4H_9ONO,NaOH} [NaN_3] \xrightarrow{CH_3NCS} \underset{(1)}{\text{HS-四唑}}$$

于反应瓶中加入氢氧化钠 8.0 g（0.20 mol）、无水乙醇 100 mL，加热搅拌回流溶解，冷却至 20℃，再滴加 85% 水合肼（**2**）11.8 g（0.20 mol），搅拌冷却至 10℃，1 h 内滴加新制备的亚硝酸丁酯 31 g（0.30 mol，控制内温 10℃ 左右），加完后于 10℃ 左右继续搅拌 2 h。加入水 30 mL，升温至 70℃，蒸去少量未反应的亚硝酸丁酯。滴加异硫氰酸甲酯 16.1 g（0.22 mol，内温控制 70℃），0.5 h 内加完，再于 75℃ 搅拌 3 h。减压浓缩至原反应液的 1/2 体积，加水 50 mL，冷至 10℃ 以下，用浓盐酸调至 pH1.0，用三氯甲烷（30 mL×5）提取。合并有机层，冰水洗涤，无水硫酸镁干燥。过滤，滤液减压回收溶剂后，析出淡黄色粒状结晶粗品（**1**）18.5 g，收率 79.7%，mp 110～118℃。粗品加入水 13.9 mL 中，于 30℃ 搅拌下用浓氨水调至 pH8.0，过滤，除去不溶物。滤液冷却至 5℃，浓盐酸调至 pH1.0，析出结晶，于冰浴冷却下，继续搅拌 0.5 h。过滤，少量冰水洗涤，干燥，得白色结晶。用三氯甲烷 14.8 mL 加热溶解，冰箱中放置过夜。过滤，用少量环己烷-三氯甲烷（3：1）洗涤，真空干燥，得白色结晶（**1**）15.73 g，收率 67.8%，mp 125～126.5℃。

【用途】 抗生素盐酸头孢甲肟（Cefmenoxime）中间体。

5-溴-2-（2-甲基-2*H*-四唑-5-基）吡啶

C~7~H~6~BrN~5~，240.06

$$C_7H_6BrN_5 ，240.06$$

【英文名】 5-Bromo-2-(2-methyl-2*H*-tetrazol-5-yl) pyridine

【性状】 类白色固体。mp 164～166℃。

【制法】 曾煌，张子学，刘育，潘登，王冠.中国医药工业杂志，2016，47（12）：1491.

5-溴-2-(2H-四唑-5-基）吡啶（**3**）：于反应瓶中加入 2-氰基-5-溴吡啶（**2**）10 g（54.6 mmol），氯化铵 4.39 g（81.9 mmol），DMF160 mL，搅拌下加入叠氮钠 5.3 g（81.9 mmol），于 90℃反应 1 h，析出大量白色沉淀。冷却，过滤，于 60℃减压干燥，得类白色固体（**3**）11.8 g，收率 89%，mp 226~228℃。

5-溴-2-(2-甲基-2H-四唑-5-基）吡啶（**1**）：于反应瓶中加入上述化合物（**3**）10 g（44 mmol），氢氧化钠 4.44 g（111 mmol），THF 90 mL，DMF 30 mL，搅拌下于 10~15℃滴加碘甲烷 15.6 g（111 mmol），而后于 48℃搅拌反应 6 h。减压蒸出 THF，剩余物中加入水 100 mL，析出大量黄色固体。过滤，将其溶于 50 mL 二氯甲烷中，用 6 mol/L 的盐酸提取（100 mL×4），合并水层，用 50%的氢氧化钠溶液调至 pH10，析出白色固体。过滤，滤饼加入 50 mL 乙酸异丙酯中，于 50℃搅拌成白色浆状物，冷至室温，过滤，于 60℃真空干燥，得类白色固体（**1**）4.22 g，收率 40%，mp 164~166℃。

【用途】 抗生素特地唑胺磷酸酯（Tedizolide phosphate）中间体。

四、含一个杂原子的六元环化合物

3-苄基-4-羟基香豆素

$C_{16}H_{12}O_3$，252.27

【英文名】 3-Benzyl-4-hydroxycoumarin
【性状】 土黄色固体。mp 200~203℃。可溶于碱，不溶于水。
【制法】 吴艳，张亚青.陕西化工，1997，1：24.

于安有韦氏分馏柱的 500 mL 反应瓶中，加入苄基丙二酸二乙酯（**2**）126 g（0.5 mol），苯酚 49 g（0.52 mol），慢慢加热升温，使生成的乙醇不断蒸出。待反应瓶中温度升至 300℃时，再反应 30 min。稍冷后，将反应物倒入甲苯中，冷后析出固体。抽滤，冷甲苯洗涤，干燥，得土黄色（**1**）100 g，收率 71%，mp 200~202℃。

【用途】 心脏病治疗药普罗帕酮（Propafenone）等的中间体。

7-溴香豆素

$C_9H_5BrO_2$，225.04

【英文名】 7-Bromocurmarin
【性状】 无色针状结晶。mp 122~124℃。
【制法】 Harayama T，Nakatsura K，Nishioka H，et al.Chem Pharm Bull，1994，42：2170.

于反应瓶中加入 4-溴水杨醛（**2**）1 mmol，三苯基乙氧羰基甲基 Wittig 试剂 1.2 mmol，N,N-二乙基苯胺 10 mL，搅拌下加热回流反应 3.5 h。反应液用 5% 的盐酸稀释，乙醚提取。浓缩后过硅胶柱纯化，以己烷-乙酸乙酯（8∶2）洗脱，甲醇中重结晶，得无色针状结晶（**1**），收率 75%，mp 122～124℃。

【用途】 药物合成中间体。

香豆素-3-羧酸乙酯

$$C_{12}H_{10}O_4，218.21$$

【英文名】 Ethyl coumarin-3-carboxylate
【性状】 白色结晶。
【制法】 徐翠莲，杨楠，刘善宇等. 河北农业大学学报，2009，43（4）：468.

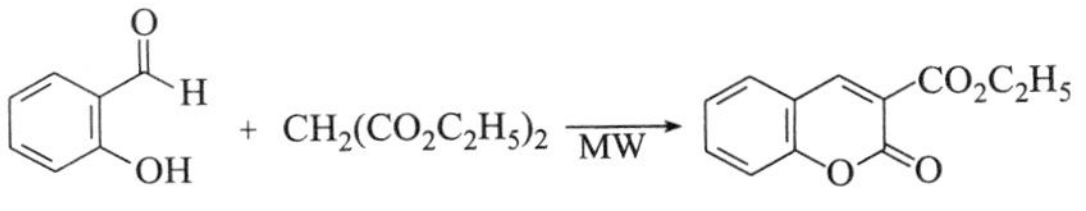

于反应瓶中加入水杨醛（**2**）2.44 g（20 mmol），丙二酸二乙酯 4.17 g（26 mmol），哌啶 0.3 mL，3 滴醋酸，磁力搅拌下微波加热 6 min。冷却后用乙醇重结晶，得化合物（**1**），收率 84.5%。

【用途】 重要的香料及有机合成、药物合成中间体。

6-甲基-4-苯基-3,4-二氢香豆素

$$C_{16}H_{14}O_2，238.29$$

【制法】 6-Methyl-4-phenyl-3,4-dihydrocoumarin
【性状】 白色固体。mp 82～83℃。
【制法】 周淑晶，魏海，李秋萍等. 黑龙江医药科学，2011，34（2）：39.

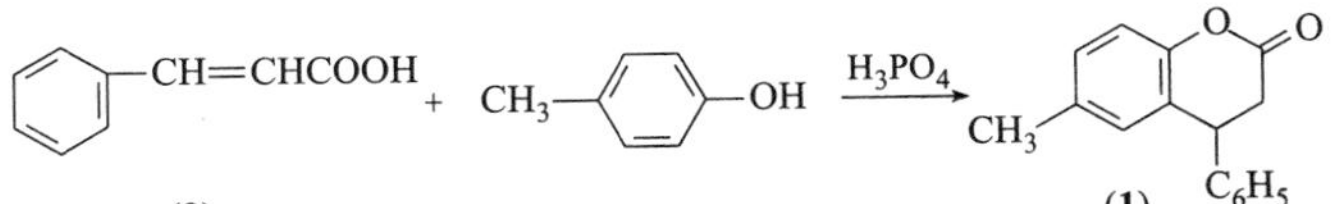

于反应瓶中加入化合物（**2**）3.8 g（0.026 mol），对甲苯酚 3 g（0.028 mol），加热熔化。加入 1 mL 浓磷酸，于 110℃ 回流 2.5 h。冷却，加入乙酸乙酯 10 mL 溶解，水洗。有机层用无水硫酸钠干燥。过滤，浓缩。剩余物用乙醇重结晶，得白色固体（**1**）4.6 g，收率 74%，mp 82～83℃。

【用途】 抗尿失禁药物酒石酸托特罗定（Tolterodine tartrate）中间体。

补骨脂二氢黄酮

$$C_{20}H_{20}O_4，324.38$$

【英文名】 Bavachin
【性状】 白色晶体。mp 184～185℃。

【制法】 于令军，胡永州. 中国药学杂志，2005，40（13）：1029.

2,4-二羟基-5-异戊烯基苯乙酮（**3b**）：于反应瓶中加入 2,4-二羟基苯乙酮（**2**）5.0 g（0.033 mol），125 mL 无水丙酮，搅拌下滴加 NaOH 1.72 g（0.043 mol）溶于 10 mL 水的水溶液。待析出固体后过滤，干燥。将得到的钠盐加入 75 mL 无水苯中，加热回流，滴加 3.0 g 异戊烯基溴，反应 4 h。再滴加 3.0 g 异戊烯基溴，继续加热回 15 h。减压蒸去溶剂，残留物加 60 mL 水稀释，乙醚提取，用无水硫酸钠干燥。过滤，蒸去乙醚，残留物过硅胶柱纯化，以苯-石油醚（1：1）洗脱，得无色结晶（**3a**）1.4 g，mp 157～158℃，收率 20%。同时还得到白色针状晶体（**3b**）980 mg，mp 143～144℃（文献 144～145℃，产率 14%）。

4-甲氧基亚甲氧基-5-异戊烯基-2-羟基苯乙酮（**4**）：将 660 mg（3 mmol）化合物（**3b**）、0.5 g 无水碳酸钾、50 mL 无水丙酮混合均匀后，加入 300 mg（3.75 mmol）氯甲基甲醚，加热回流 30 min。冷却，抽滤，减压蒸去丙酮，残留物过硅胶柱纯化，以石油醚-醋酸乙酯（20：1）洗脱，得 580 mg 淡黄色液体（**4**），产率 73%。

4,4-二甲氧基亚甲氧基-5-异戊烯基-2-羟基查尔酮（**5**）：将 470 mg 化合物（**4**）与 296 mg（1.78 mmol）对甲氧基亚甲氧基苯甲醛混合于 3 mL 乙醇中，冷至 0℃。另将含 1.5 g KOH 的 60% 乙醇水溶液 3 mL 冷却至 0℃后，滴加到混合液中。氮气保护，冰浴冷却搅拌 3 h，然后室温搅拌 3 h。将反应液倒入冰水中，用稀盐酸酸化至 pH3～4。乙醚萃取，乙醚液水洗至中性，无水硫酸钠干燥。过滤，蒸去乙醚，残留物过硅胶柱纯化（石油醚-醋酸乙酯 15：1），得 550 mg 黄色胶状物（**5**），产率 75%。

4′,7-二甲氧基亚甲氧基-6-异戊烯基黄烷酮（**6**）：将 500 mg（1.21 mmol）化合物（**5**）和 500 mg 无水醋酸钠混合于 5 mL 乙醇中，加 3 滴水使醋酸钠溶解，加热回流 24 h。将反应液倒入冰水中，用乙醚萃取。有机相水洗后用无水硫酸钠干燥，浓缩，残留物过硅胶柱纯化（石油醚-醋酸乙酯 10：1），得 360 mg 淡黄色胶状物（**6**），产率 72%。

补骨脂二氢黄酮（**1**）：将 300 mg（0.73 mmol）化合物（**6**）溶于 10 mL 甲醇中，加入 2 mL 3 mol/L 的盐酸，加热回流 30 min。冷却后加水 15 mL，用醋酸乙酯萃取。水洗，干燥，浓缩。剩余物过硅胶柱色纯化，用乙醇-水重结晶，得 180 mg 白色晶体（**1**），产率

76％，mp 184～185℃（文献值：mp 189℃）。

【用途】 抑制肿瘤血管生成的治疗剂补骨脂二氢黄酮（Bavachin）原料药。

7-甲氧基苯并吡喃-4-酮

$C_{10}H_8O_3$，176.17

【英文名】 7-Methoxy-benzopyran-4-one
【性状】 淡黄色固体。mp 105～106℃。
【制法】 ①董环文，刘珏莹，张月莉等.中国药物化学杂志，2010，20（4）：252.②董环文，李科，刘超美等.化学学报，2009，67（8）：819.

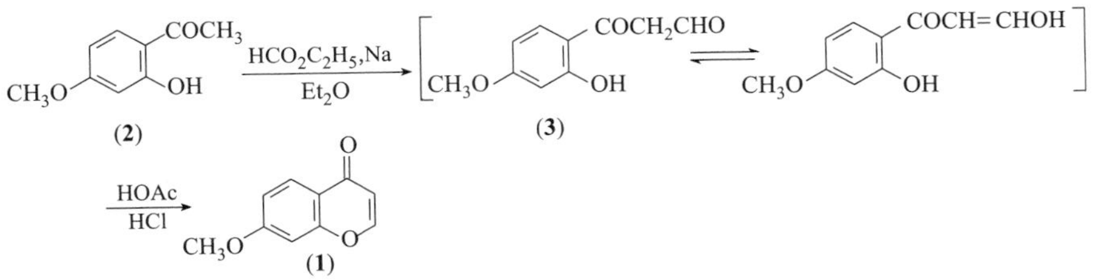

3-(2-羟基-4-甲氧基苯基)-3-氧代丙醛（**3**）：于反应瓶中加入干燥的二甲苯 100 mL，金属钠 12.7 g（0.552 mol），剧烈搅拌下加热至金属钠熔融，迅速冷却至室温，制成钠砂。倾出二甲苯，无水乙醚洗涤 2 次后，加入无水乙醚 100 mL，氮气保护，冷至 0℃。慢慢滴加由丹皮酚（**2**）30.7 g（184.9 mmol）和甲酸乙酯 40.9 g（552.2 mmol）溶于 100 mL 无水乙醚的溶液。加完后继续于 0℃搅拌反应 1 h，而后室温搅拌反应过夜。将反应液倒入 2.08 mol/L 的冰醋酸水溶液 400 mL 中，乙酸乙酯提取 3 次。合并有机层，饱和食盐水洗涤，无水硫酸钠干燥，过滤，减压浓缩，得淡黄色固体（**3**）32.9 g，收率 92.2％，mp 121～122℃。

7-甲氧基苯并吡喃-4-酮（**1**）：于反应瓶中加入化合物（**3**）33.0 g（170.9 mmol），冰醋酸 150 mL，浓盐酸 10 mL，搅拌下于 100℃反应 30 min。减压蒸出醋酸后，加入 300 mL 水，用碳酸氢钠调至 pH8，二氯甲烷提取 3 次。合并有机层，饱和盐水洗涤，无水硫酸钠干燥。过滤，减压蒸出溶剂，得黄色固体。加入 100 mL 无水乙醚中，搅拌 10 min，过滤，干燥，得淡黄色固体（**1**）28 g，收率 93.1％，mp 105～106℃。

【用途】 抗癌新药开发中间体。

7-羟基异黄酮

$C_{15}H_{10}O_3$，238.24

【制法】 7-Hydroxyisoflavone
【性状】 白色固体。mp 286～288℃。
【制法】 刘悍，汤建国.化工生产与技术，2009，16（1）：18.

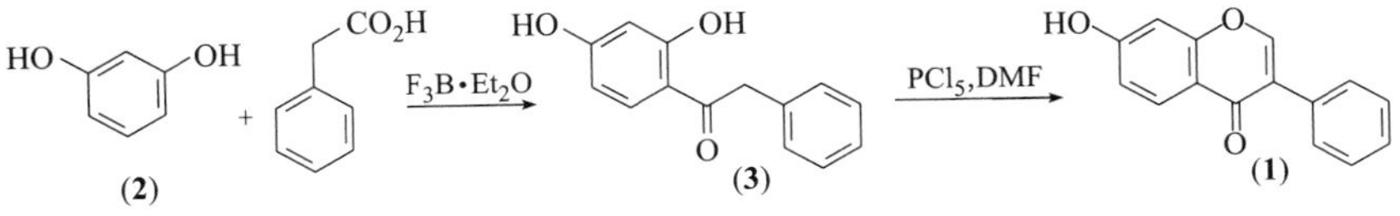

将苯乙酸（2.72 g，20 mmol）和间苯二酚（**2**）2.20 g（20 mmol）溶于新蒸的三氟化硼乙醚（20 mL）中，加热至 85℃，磁力搅拌反应 3 h（TLC 显示原料消失），然后冷至 20℃，再滴加 DMF（30 mL），得化合物（**3**）的溶液。

将 DMF（55 mL）冷却至 20℃，然后分批加入 PCl_5 6.30 g（30 mmol），再加热至 55℃，磁力搅拌反应 20 min，得淡红色混合物备用。

控温 20℃以下，30 min 内将上述混合物逐滴滴加到混合物（**3**）中，然后在室温下磁力搅拌反应 2 h；将此反应混合物倒入 100 mL 甲醇的盐酸溶液（0.1 mol/L）中，加热至 70℃，恒温 20 min，冷却静置过夜，抽滤、水洗、干燥，用 50% 的乙醇重结晶，得白色固体（**1**）4.38 g，产率 92.1%，mp 286～288℃。

【用途】 抗骨质疏松药依普黄酮（Ipriflavone）的中间体。

4-甲基-6-环己基-1-羟基-2(1*H*)-吡啶酮

$C_{12}H_{17}NO_2$，207.27

【英文名】 6-Cyclohexyl-1-hydroxy-4-methylpyridin-2（1*H*）-one

【性状】 mp 144℃。

【制法】 ①李绮云，孙洪远，庞景茹.中国药物化学杂志，1995，5（1）：52.②陈芬儿.有机药物合成法：第一卷.北京：中国医药科技出版社，1999：281.

3-甲基-4-环己基甲酰基-2-丁烯酸甲酯（**3**）：于反应瓶中加入 3-甲基-2-丁烯酸甲酯（**2**）57 g（0.5 mol），二氯甲烷 200 mL，无水三氯化铝 66.7 g（0.5 mol），搅拌下滴加由环己基甲酰氯 75 g（0.51 mol）溶于 100 mL 二氯甲烷的溶液。加完后回流反应 5 h。加水 300 mL，分出有机层，水层用二氯甲烷提取。合并有机层，水洗，无水硫酸钠干燥。过滤，浓缩，得化合物（**3**），92.6 g，收率 83%，直接用于下一步反应。

4-甲基-6-环己基-1-羟基-2（1*H*）-吡啶酮（**1**）：于反应瓶中加入化合物（**3**）11.2 g（0.05 mol），醋酸钠 46 g（0.56 mol），盐酸羟胺 4.0 g（0.05 mol），水 8 mL，甲醇 15 mL，室温搅拌 20 h。加入由氢氧化钠 4 g 和 8 mL 水配成的溶液，室温搅拌 1 h。用苯提取数次，水层以盐酸调至 pH6，析出固体。冷却，过滤，水洗，干燥，得化合物（**1**）3.5 g，收率 40%，mp 144℃。

【用途】 广谱抗真菌药环吡酮胺（Ciclopirox olamine）中间体。

2,6-二甲基吡啶

C_7H_9N，107.16

【英文名】 2,6-Dimethylpyridine，2,6-Lutidine

【性状】 无色油状液体。mp −5.5℃，bp 144℃，d_4^{20} 0.9252。能与 DMF、THF 混溶，

易溶于冷水，溶于乙醇、乙醚等有机溶剂。

　　【制法】　林源斌，刘展鹏，陈红彪.有机中间体的制备与合成.北京：科学出版社，2006：708.

$$2CH_3COCH_2CO_2C_2H_5 + HCHO + NH_3 \longrightarrow$$
(2)

　　2,6-二甲基二氢吡啶-3,5-二羧酸乙酯（**3**）：于反应瓶中加入乙酰乙酸乙酯（**2**）500 g（3.85 mol），冷至0℃，加入40％的甲醛水溶液152 g（2 mol），2 mL二甲胺，在0℃反应6 h，而后室温反应40 h。分出有机层，水层用乙醚提取。合并有机层和乙醚层，无水氯化钙干燥，减压蒸出溶剂。剩余物加入等体积的乙醇，冷至0℃，通入氨气至饱和（4～8 h），室温放置45 h，减压蒸出大部分乙醇。冷却析晶。过滤，干燥，得浅黄色固体（**3**）410～435 g，收率84％～89％，mp 175～180℃。

　　2,6-二甲基吡啶-3,5-二羧酸乙酯（**4**）：将上述化合物（**3**）200 g（0.79 moL）加入5 L反应瓶中，加入水270 mL，冷却下小心加入浓硝酸（d1.42）72 g和浓硫酸78 g配成的氧化液。搅拌下慢慢加热，使反应可以控制为宜，产生大量泡沫。反应平稳后再加热至深红色，整个过程约需15 min。冷却，加入500 g碎冰和500 mL水，用浓氨水调至碱性。过滤，干燥后减压蒸馏，收集170～172℃/1.06 kPa的馏分，得化合物（**4**）115～130 g，收率58％～65％。

　　2,6-二甲基吡啶（**1**）：于反应瓶中加入上述化合物（**4**）130 g（0.52 mol），400 mL乙醇，加热至沸。滴加由氢氧化钾78.5 g（1.4 mol）溶于400 mL乙醇的溶液，先加入1/3，待澄清后再加入1/3，直至沉淀完全消失，最后加入其余的1/3。加完后继续回流反应40 min。减压蒸出乙醇，将干燥的钾盐研成粉末，与氧化钙390 g充分混合，置于铜制的曲颈瓶中，用强火加热进行蒸馏。将馏出液体重新蒸馏，除去90℃之前的馏分后，剩余物用氢氧化钾干燥12 h。精馏，收集142～144℃的馏分，得化合物（**1**）35～36 g，收率63％～65％。三步总收率30％～36％。

　　【用途】　缓激肽拮抗剂吡卡酯（Pyricarbates）、治疗蛲虫病药物司替碘铵（Stilbazium）、用于血管扩张、降血脂、抗血小板凝集药吡扎地尔（Pirozadil）等的中间体。

盐酸尼卡地平

$$C_{26}H_{29}N_3O_6 \cdot HCl，515.99$$

　　【英文名】　Nicardipine hydrochloride

　　【性状】　淡黄色粉末或黄色结晶性粉末；无臭，几乎无味。在甲醇中溶解，在乙醇、三氯甲烷中略溶，在水或乙醚中几乎不溶；在冰醋酸中溶解。

　　【制法】　①张学民，解季芳，管作武等.中国医药工业杂志，1990，21（3）：104。②李小娜，孙志明，娄桂琴.华北煤炭医学院学报，2002，4（6）：700.

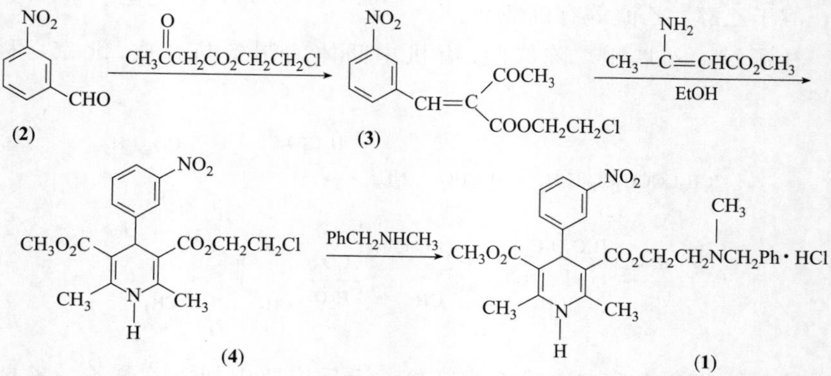

2-(3-硝基苯亚甲基）乙酰乙酸氯乙酯（**3**）：于反应瓶中加入间硝基苯甲醛（**2**）22.5 g（0.149 mol），乙酰乙酸氯乙酯 24.5 g（0.149 mol），异丙醇 106 g，室温搅拌反应 10 h。减压浓缩，剩余物用氯仿提取，浓缩，冷冻析晶。过滤，干燥，得化合物（**3**）28.8 g，收率 65％，mp 93～94℃。

2,6-二甲基-4-间硝基苯基-1,4-二氢吡啶-3,5-二羧酸甲酯氯乙酯（**4**）：于反应瓶中加入上述化合物（**3**）75 g（0.25 mol），3-氨基丁烯酸甲酯 30 g（0.26 mol），无水乙醇 180 mL，室温搅拌反应 18 h。减压浓缩，冷冻析晶。过滤，干燥，得化合物（**4**）81.9 g，收率 82.3％，mp 134～136℃。

盐酸尼卡地平（**1**）：于反应瓶中加入上述化合物（**4**）50 g（0.13 mol），N-甲基苄胺 32.5 g（0,.27 mol），甲苯 150 mL，回流反应 6 h。冷却，加入乙烯稀释，滤去 N-甲基苄胺盐酸盐。加入浓盐酸，弃去有机层，水层用氯仿稀释。氯仿层水洗，干燥，浓缩，加入乙酸乙酯搅拌析晶。再重结晶一次，过滤，干燥，得化合物（**1**）40.3 g，收率 61.7％，mp 180～183℃。

【用途】 强效钙拮抗剂盐酸尼卡地平（Nicardipine hydrochloride）原料药。

硝苯地平

$C_{17}H_{18}N_2O_6$，346.34

【英文名】 Nifedipine

【性状】 淡黄色固体。mp 172～175℃。

【制法】 何敬宇，贾鹏飞，刘思媛等.精细与专用化学品，2013，21（3）：21.

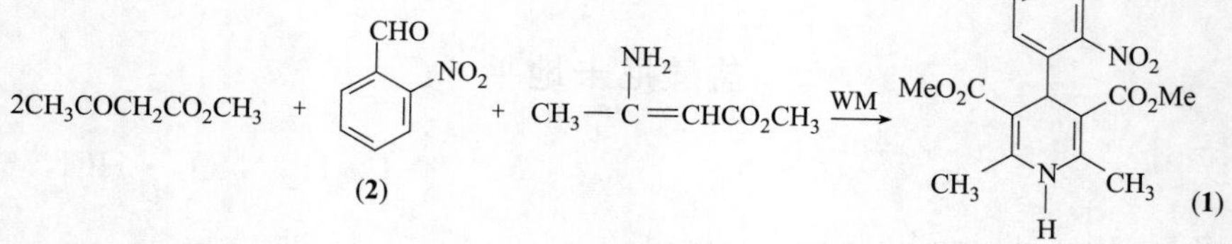

于反应瓶中加入邻硝基苯甲醛（**2**）15.1 g（100 mmol），乙酰乙酸甲酯 15.1 g（130 mmol），3-氨基巴豆酸甲酯 14.9 g（130 mmol），混合均匀后置于微波炉中，以 300 W 微波辐射 10 min。冷却，得粗品。用 50％的乙醇 10 mL 洗涤，过滤，干燥，得淡黄色固体（**1**）29.6 g，收率 81.2％，mp 172～173.4℃。

【用途】 治疗心脏病的药物硝苯地平（Nifedipine）原料药。

尼莫地平

$$C_{21}H_{26}N_2O_7，418.45$$

【英文名】 Nimodipine
【性状】 淡黄色结晶。mp 125～126℃。
【制法】 鲍春和，陈子明，杜玉民. 中国医药工业杂志，1996，27（7）：295.

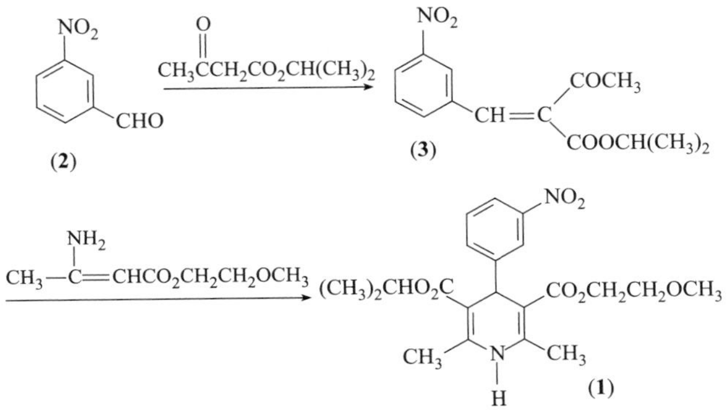

2-(3-硝基苯亚甲基）乙酰乙酸异丙酯（**3**）：于反应瓶中加入间硝基苯甲醛（**2**）15.1 g（0.1 mol），乙酰乙酸异丙酯 16 g（0.11 mol），室温搅拌溶解。加入冰醋酸 0.4 mL，哌啶 0.6 mL，于 40～50℃搅拌至固化（约 6～7 h）。继续于 40～50℃保温反应 4 h。加入乙醇 15 mL，回流 30 min 至固体溶解。冷至 0～5℃，析出白色固体。过滤，干燥，得化合物（**3**）25.1 g，收率 90.6％，mp 90～91℃。

尼莫地平（**1**）：于反应瓶中加入上述化合物（**3**）27.7 g（0.1 mol），3-氨基巴豆酸甲氧基乙基酯 16 g（0.1 mol），于浴温 60℃引发反应。反应开始后撤去热源，自然升温至 90～100℃（约 15 min）。当温度下降至 70～80℃时（约 30 min），保温搅拌至固化（约 2～3 h）。停止搅拌，于 70～80℃保温反应 6 h。加入 25 mL 乙醇，加热回流使固体溶解。冷却析晶，过滤，乙醇中重结晶，得淡黄色结晶（**1**）35.1 g，收率 81％，mp 125～126℃。

【用途】 治疗心脏病的药物尼莫地平（Nimodipine）原料药。

8-羟基喹啉

$$C_9H_7NO，145.16$$

【英文名】 8-Hydroxyquinoline
【性状】 白色结晶或结晶性粉末。mp 76℃，bp 约 267℃。易溶于乙醇、苯、氯仿、丙酮、无机酸水溶液，几乎不溶于水、乙醚。有酚味，遇光变黑。
【制法】 Furniss B S，Hannaford A J，Rogers V，et al. Vogel's Textbook of Practical Chemistry. Longman London and New York. Fourth edition，1978：912.

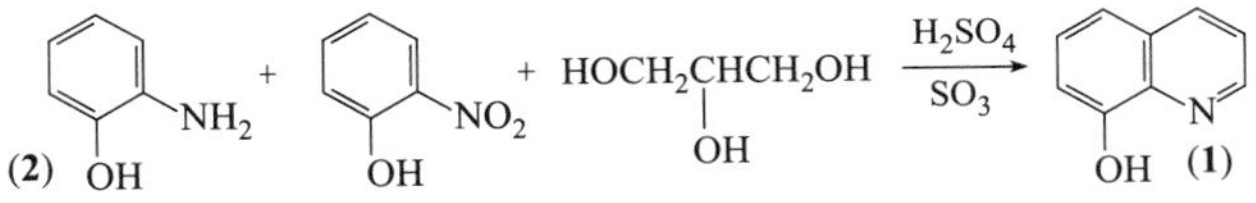

于反应瓶中加入甘油 200 g，搅拌下慢慢加入浓硫酸 140 g，而后依次加入邻氨基苯酚（**2**）100 g（0.917 mol）、邻硝基苯酚 50 g。慢慢滴加 30％的发烟硫酸 65 g。加热至 125℃，立即停止加热，反应放热并升温至 140℃左右。待内温降至 135℃时，再加入发烟硫酸 33 g，保持在 137℃以下加完。加完后保温反应 4 h。冷至 100℃以下，慢慢倒入 10 倍量（以邻氨基苯酚计）的水中，搅拌下加热至 75～80℃，以 30％的氢氧化钠溶液中和，继续加热至析出油状物。静止，倾去水层，油状物冷后固化。得 8-羟基喹啉粗品。经减压升华，得纯品 8-羟基喹啉（**1**），收率 72％。

【用途】 抗阿米巴药物喹碘仿（Chiniofon）、双碘喹啉（Diiodohydroxyquinolineine），皮肤科用药氯碘喹啉（Iodochlorohydrxyquinolin）等的中间体。

9-氨基四氢吖啶

$C_{13}H_{14}N_2$，198.26

【英文名】 9-Aminotetrahydroacridine
【性状】 白色结晶。mp 182～184℃。溶于氯仿、二氯甲烷、热甲苯。
【制法】 孙昌俊，曹晓冉，王秀菊. 药物合成反应——理论与实践. 北京：化学工业出版社，2007：440.

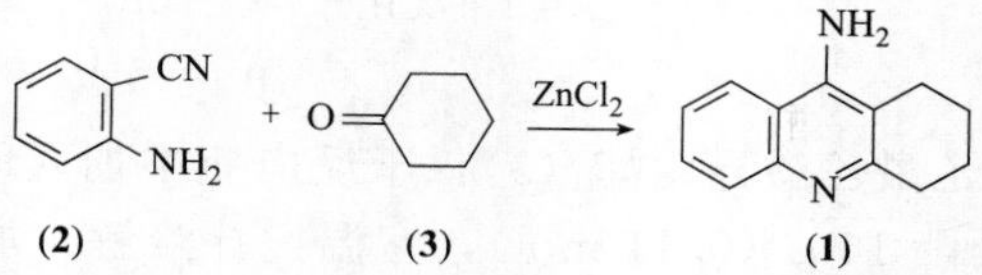

于反应瓶中加入邻氨基苯甲腈（**2**）11.8 g（0.1 mol），环己酮（**3**）100 mL，无水氯化锌 14 g（0.1 mol），加热回流反应 30 min。冷却，过滤，滤饼用环己酮洗涤。将滤饼悬浮于 400 mL 水中，用 30％的氢氧化钠溶液调至碱性。用二氯甲烷提取三次。合并提取液，水洗，无水硫酸镁干燥，蒸出二氯甲烷。剩余物以甲苯重结晶，得白色化合物（**1**）33 g，收率 94.2％，mp 182～184℃。

【用途】 抗老年痴呆症药物他克林（Tacrine）等的中间体。

8-甲基-2-苯基喹啉-4-甲酸

$C_{17}H_{13}NO_2$，263.30

【英文名】 8-Methyl-2-phenylquinoline-4-carboxylic acid
【性状】 mp 245～246℃（乙醇）。
【制法】 Atwell G J，Baguley B C，Denny W A. J Med Chem，1989，32（2）：396.

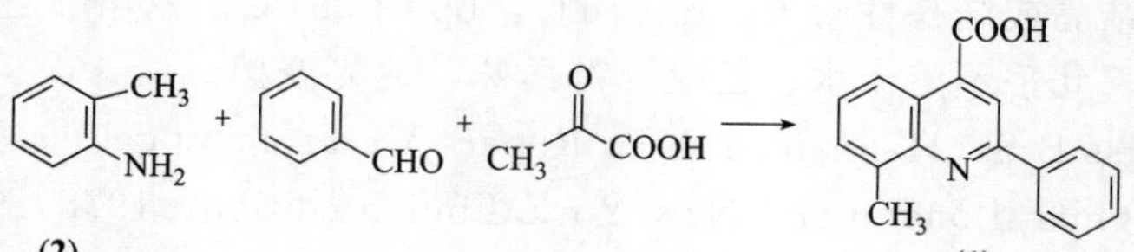

于反应瓶中加入丙酮酸 33 g（0.38 mol），苯甲醛 28 g（0.26 mol），乙醇 100 mL，搅拌溶解，再加入邻甲基苯胺（**2**）28 g（0.26 mol）溶于乙醇 50 mL 的溶液。搅拌下回流反应 3 h。冷却过夜，过滤生成的固体。用冷乙醇、苯洗涤，干燥，得化合物（**1**）13.4 g，收率 20％，mp 245～246℃（乙醇）。

【用途】 抗癌化合物合成中间体。

1-乙基-6,7,8-三氟-1,4-二氢-4-氧代喹啉-3-羧酸乙酯

$C_{14}H_{12}F_3NO_3$，299.25

【英文名】 Ethyl 1-ethyl-6,7,8-trifluoro-1,4-dihydro-4-oxoquinoline-3-carboxylate

【性状】 固体。mp 197～200℃。

【制法】 ①陈仲强，陈虹. 现代药物的制备与合成：第一卷. 北京：化学工业出版社，2008：133. ②申永存，邹淑静，李春香等. 华西药学杂志，1997，12（2）：100.

6,7,8-三氟-4-羟基喹啉-3-羧酸乙酯（**4**）：于反应瓶中加入 2,3,4-三氟苯胺（**2**）1.47 g（0.01 mol），乙氧基亚甲基丙二酸二乙酯 2.16 g（0.01 mol），搅拌下加热至 140～150℃，保温反应 2 h。蒸出反应中生成的乙醇，生成化合物（**3**）。加入 1,2-二苯乙烷 18 mL，升至 230～240℃搅拌反应 2 h。冷却，过滤，石油醚洗涤，得化合物（**4**）2.71 g，收率 88.3%，直接用于下一步反应。

1-乙基-6,7,8-三氟-1,4-二氢-4-氧代喹啉-3-羧酸乙酯（**1**）：于反应瓶中加入上述化合物（**4**）1.355 g（5 mmol），DMF 15 mL，碳酸钾 1.38 g（10 mmol），搅拌下室温慢慢滴加溴乙烷 0.82 g（7.5 mmol），加完后于 50～60℃继续搅拌反应 4 h。冷却，过滤。滤液减压浓缩，得固体。用二氯乙烷重结晶，得化合物（**1**）1.35 g，收率 90.3%，mp 197～200℃。

【用途】 喹诺酮类抗菌药盐酸洛美沙星（Lomefloxacin hydrochloride）中间体。

4-羟基-1,5-萘啶-3-羧酸乙酯

$C_{11}H_{10}N_2O_3$，218.21

【英文名】 Ethyl 4-hydroxy-1,5-naphthyridine-3-carboxylate

【性状】 浅黄色固体。

【制法】 Adams J T，Bradsher C K，Breslow D S，et al. J Am Chem Soc，1947，68（7）：1317.

于反应瓶中加入 2-氨基吡啶（**2**）23.5 g（0.25 mol），乙氧亚甲基丙二酸二乙酯 54 g（0.25 mol），搅拌下加热至 150℃，蒸出反应中生成的乙醇，回流反应 1 h。冷却，析出固体。加入石油醚，过滤，用石油醚洗涤至洗涤液无色。干燥，得化合物（**1**）45 g，收率 82%。

【用途】 抗生素阿帕西林钠（Apalcillin sodium）等的中间体。

9,10-二氟-7-氧代-2,3-二氢-7*H*-吡啶并［1,2,3-*de*]-1,4-苯并噻嗪-6-羧酸乙酯

$C_{14}H_{11}F_2NO_3S$，311.30

【英文名】 Ethyl 9,10-difluoro-7-oxo-2,3-dihydro-7*H*-pyrido［1,2,3-*de*]-1,4-benzothi-azine-6-carboxylate

【性状】 白色针状结晶。mp 248～250℃。

【制法】 陈仲强，陈虹.现代药物的制备与合成：第一卷.北京：化学工业出版社，2008：131.

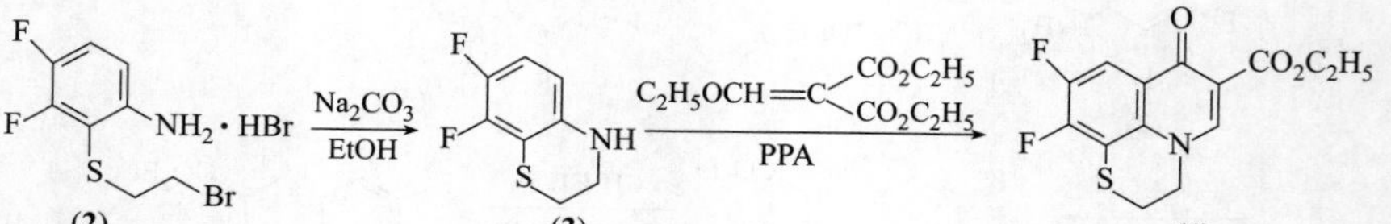

7,8-二氟-2,3-二氢-1,4-苯并噻嗪（**3**）：于反应瓶中加入 3,4-二氟-2-(2-溴乙基)硫基苯胺氢溴酸盐（**2**）430 g，乙醇 500 mL，搅拌加热溶解。用碳酸钠调至 pH8，于 50℃搅拌反应 2 h。回收乙醇后，用氯仿提取。蒸出溶剂，得棕色油状物（**3**）137.6 g，直接用于下一步反应。

9,10-二氟-7-氧代-2,3-二氢-7*H*-吡啶并［1,2,3-*de*]［1,4]苯并噻嗪-6-羧酸乙酯（**1**）：于反应瓶中加入上述化合物（**3**）137.6 g，乙氧亚甲基丙二酸二乙酯 176 g（0.8 mol），于120℃搅拌反应 1 h。加入 PPA 540 g，于160℃搅拌反应 1 h。冷却，加入 300 mL 水，温热搅拌 1 h。冷却，过滤。滤饼用 DMF 重结晶，得白色针状结晶（**1**）128 g，收率 69%，mp 248～250℃。

【用途】 抗生素盐酸芦氟沙星（Rufloxacin hydrochloride）中间体。

7-氯-1-(2,4-二氟苯基)-6-氟-4-氧代-1,4-二氢-1,8-萘啶-3-羧酸乙酯

$C_{17}H_{10}ClF_3N_2O_3$，382.73

【英文名】 Ethyl 7-chloro-1-(2,4-difluorophenyl)-6-fluoro-4-oxo-1,4-dihydro-1,8-naph-thyridine-3-carboxylate

【性状】 白色固体。mp 211～212℃。

【制法】 刘明亮，孙兰英，魏永刚等.中国医药工业杂志，2003，34（4）：157.

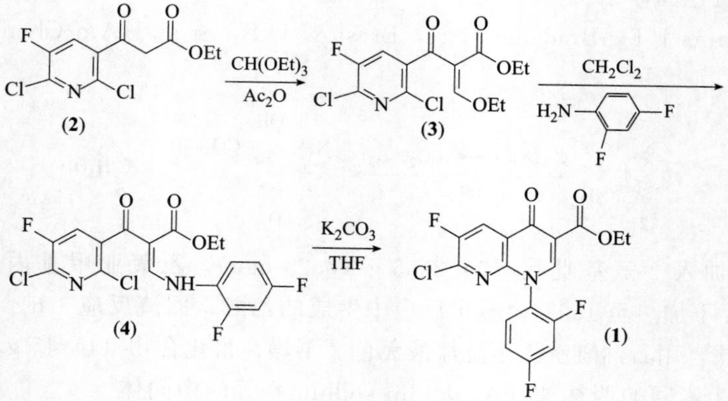

3-(2,4-二氟苯氨基)-2-(2,6-二氯-5-氟烟酰基)丙烯酸乙酯（**4**）：于反应瓶中加入 2,6-二氯-5-氟烟酰基乙酸乙酯（**2**）16.0 g（57 mmol），原甲酸三乙酯 14 mL（86 mmol），醋酸酐 100 mL，搅拌下加热至 130℃ 反应 1 h，同时蒸出反应中生成的乙酸乙酯。减压蒸出溶剂，得油状液体（**3**）。冷却后加入 500 mL 二氯甲烷溶解，加入 2,4-二氟苯胺 6.4 mL（63 mmol），室温搅拌反应 30 min。蒸出溶剂至干，剩余固体物加入己烷捣碎洗涤，过滤，干燥，得化合物（**4**）19.4 g，收率 81.4%，mp 139～140℃。

7-氯-1-(2,4-二氟苯基)-6-氟-4-氧代-1,4-二氢-1,8-萘啶-3-羧酸乙酯（**1**）：于反应瓶中加入上述化合物（**4**）82 g（0.196 mol），THF 400 mL，无水碳酸钾 81.2 g（0.588 mol），搅拌回流反应 3 h。冷至室温，倒入 200 mL 冰水中，搅拌 30 min。过滤，水洗。将滤饼用 95% 的乙醇重结晶，得白色固体（**1**）64.6 g，收率 86.3%，mp 211～212℃。

【用途】 抗生素甲苯磺酸托氟沙星（Tosufloxacin tosilate）中间体。

1-环丙基-6,7,8-三氟-1,4-二氢-5-硝基-4-氧代喹啉-3-羧酸乙酯

$$C_{15}H_{11}F_3N_2O_5，356.26$$

【英文名】 Ethyl 1-cyclopropyl-6,7,8-trifluoro-1,4-dihydro-4-oxoquinoline-3-carboxylate

【性状】 黄色固体。mp 263～265℃。

【制法】 ①申永存，邹淑静.中国医药工业杂志，1997，28（4）：151. ②朱云飞，申东升，祝宝福.中国新药杂志，2008，17（9）：756.

α-(2,3,4,5-四氟-6-硝基苯甲酰)-β-乙氧基丙烯酸乙酯（**3**）：于反应瓶中加入 2,3,4,5-四氟-6-硝基苯甲酰基乙酸乙酯（**2**）35 g（0.113 mol），原甲酸三乙酯 29 mL（0.174 mol），醋酸酐 250 mL，搅拌回流反应 3 h。减压浓缩，得化合物（**3**）39.2 g，收率 95%，直接用于下一步反应。

1-环丙基-6,7,8-三氟-1,4-二氢-5-硝基-4-氧代喹啉-3-羧酸乙酯（**1**）：于反应瓶中加入上述化合物（**3**）39.0 g（0.107 mol），乙醇 100 mL，环丙胺 6.2 g（0.109 mol），搅拌回流反应 3 h，TLC 跟踪反应至完全。减压蒸出乙醇，得化合物（**4**）。加入 DMF 200 mL，无水碳酸钠 28.4 g（0.268 mol），于 90℃搅拌反应 3 h，TLC 跟踪反应，一般 3 h 反应完全。冷却，过滤，得化合物（**1**）27.1 g，收率 71%，mp 263～265℃。

【用途】 抗菌药司氟沙星（Sparfloxacin）的中间体。

2-氨基-4-羟基-6-溴吡啶并[2,3-*d*]嘧啶

$C_7H_5BrN_4O$，241.05

【英文名】 2-Amino-4-hydroxy-6-bromopyrido [2,3-*d*] pyrimidine

【性状】 粉红色固体。

【制法】 ①徐赟，吴晗，刘增路等.中国医药工业杂志，2009，40（3）：165.②陈仲强，李泉.现代药物的制备与合成：第二卷.北京：化学工业出版社.2011：131.

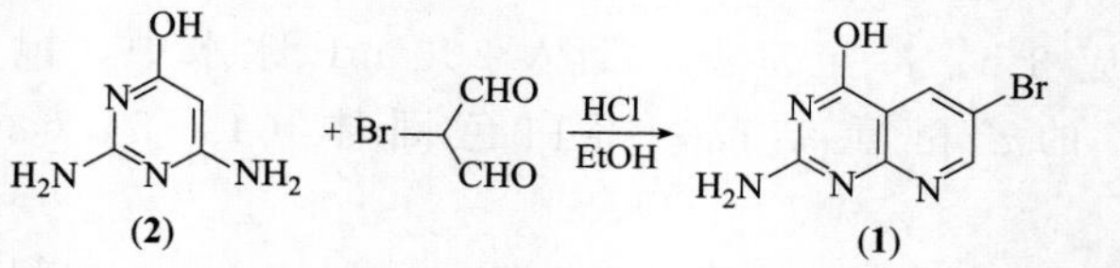

于反应瓶中加入 2,4-二氨基-6-羟基嘧啶（**2**）55.9 g（0.45 mol），溴代丙二醛 67.5 g（0.45 mol），乙醇 500 mL，浓盐酸 45 mL，搅拌下回流反应 24 h。冷却，过滤。滤饼依次用乙醇、乙酸乙酯洗涤，干燥，得粉红色固体（**1**）106 g，收率 99%，mp ＞250℃（文献值收率 91%，mp＞300℃）。

【用途】 抗癌药洛美曲索（Lometrexol）中间体。

2-[（3,4-二氢异喹啉-1-基）甲基]异吲哚啉-1,3-二酮

$C_{18}H_{14}N_2O_2$，290.32

【英文名】 2-[（3,4-Dihydroisoquinolin-1-yl) methyl] isoindoline-1,3-dione

【性状】 白色针状结晶。mp 196～198℃。

【制法】 Tiwari R T，Singsh D，Singsh J，et al.Eur J Med Chem，2006，41（1）：40.

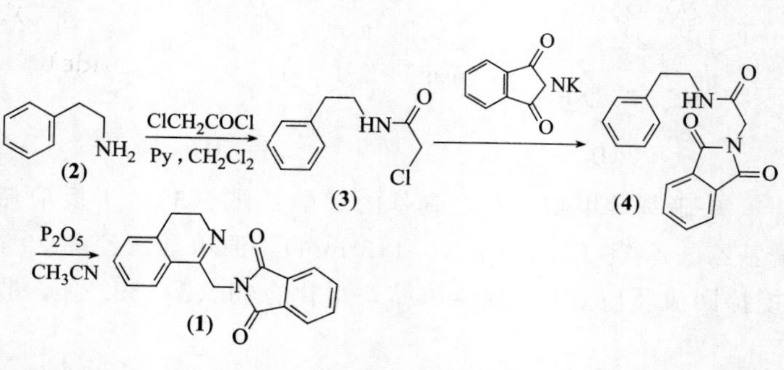

N-氯乙酰基苯乙胺（**3**）：于反应瓶中加入苯乙胺（**2**）12.6 mL（0.1 mol），吡啶 8.1 mL（0.1 mol），二氯甲烷 80 mL，搅拌下于 0℃滴加氯乙酰氯 8.8 mL（0.12 mol）。加完后继续搅拌反应至反应完全。用饱和盐水洗涤 2 次，无水硫酸钠干燥。过滤，减压浓缩，得浅黄色固体。用无水乙醇重结晶，得白色针状结晶（**3**）18.7 g，收率 94%，mp 61～63℃。

2-(1,3-二氧代异吲哚啉-2-基)-*N*-苯乙基乙酰胺（**4**）：于反应瓶中加入 DMF 100 mL，加热至 90℃，搅拌下加入上述化合物（**3**）10 g（50 mmol），邻苯二甲酰亚胺钾 13.9 g（75 mmol），保温反应 12 h。减压蒸出溶剂，剩余物用热水洗涤，抽滤，滤饼用甲醇重结

晶，得白色纤维状结晶（**4**）12.8 g，收率 83％，mp 187～189℃。

2-[（3,4-二氢异喹啉-1-基）甲基] 异吲哚啉-1,3-二酮（**1**）：于反应瓶中加入乙腈，搅拌下加入 P$_2$O$_5$ 10.0 g，上述化合物（**4**）6.2 g（20 mmol），搅拌回流 5 min，再加入 P$_2$O$_5$ 7.0 g（共 120 mmol），继续搅拌回流反应 2 h。倾出乙腈，用水处理。乙酸乙酯洗涤 2 次。用氨水调至 pH9，静置后析出白色固体。过滤，丙酮洗涤，得白色固体（**1**）5.0 g。用 THF 重结晶，得白色针状结晶（**1**）4.8 g，收率 82％，mp 196～198℃。

【用途】 非细胞毒性抗肿瘤药物德氮吡格（Tetrazanbigen，TNBG）中间体。

1-甲基-2,3-二氢异喹啉

$C_{10}H_{11}N$，145.20

【英文名】 1-Methyl-2,3-dihydroisoquinoline

【性状】 黄色油状液体。

【制法】 李桂珠，刘秀杰，王宝杰等. 沈阳药科大学学报，2007，27（6）：337.

N-乙酰基苯乙胺（**3**）：于反应瓶中加入苯乙胺 12.6 mL（0.1 mol），二氯甲烷 100 mL，三乙胺 14 mL（0.1 mol），冷至 0℃，搅拌下滴加乙酰氯 6.9 mL（0.1 mol）。加完后室温搅拌反应 10 min。水洗 3 次，无水硫酸钠干燥。过滤，减压蒸出溶剂，得白色固体（**3**）15.5 g，收率 91％，mp 51～52℃。

1-甲基-2,3-二氢异喹啉（**1**）：于反应瓶中加入多聚磷酸 135 g（0.4 mol），化合物（**3**）16.3 g（0.1 mol），于 160℃搅拌反应 1.5 h。将反应物倒入冷水中，以 8％的氢氧化钠溶液中和至 pH8，乙酸乙酯提取 3 次。合并有机层，无水硫酸镁干燥。过滤，活性炭脱水后减压蒸馏，得黄色油状液体（**1**）13.0 g，收率 89.7％，纯度 99.6％（GC）。

【用途】 抗胃溃疡药洛氟普啶盐酸盐（Revaprazan hydrochloride）的中间体。

7-羟基异喹啉

C_9H_7NO，145.16

【英文名】 7-Hydroxyisoquinoline

【性状】 淡黄色片状结晶。mp 226～228℃。

【制法】 张惠斌，冯玫华，彭司勋. 中国药科大学学报，1991，22（6）：326.

N-（3-羟基苯亚甲基）-2,2-二乙氧基乙胺（**3**）：于反应瓶中加入间羟基苯甲醛（**2**）2.4 g 和氨基乙缩醛 2.7 g，干燥的苯 30 mL，回流反应 1 h。稍冷，加入 10 g 无水硫酸镁，煮沸 10 min。抽滤，滤液浓缩至约 10 mL，而后加入石油醚（60～90℃）至有少量白色结晶析出。放置，冷却，析出大量白色针状结晶。过滤，干燥，得化合物（**3**）3.2 g，mp 66.5～67.5℃，收率为 70.5％。

7-羟基异喹啉 (**1**)：将 60％硫酸 10 mL 置于冰浴中，冷冻后加入化合物 (**3**) 2.0 g，在通 N₂、避光条件下于冰盐浴中搅拌 8 h，室温放置 12 h。将棕红色反应液倒入冰水中，用浓氨水中和至 pH6～7，再以饱和 Na₂CO₃ 溶液调至 pH8，有大量淡黄色沉淀析出。抽滤，以 90％乙醇重结晶，得淡黄色片状结晶 (**1**) 1.03 g，mp 226～228℃，收率 78.6％。

【用途】 抗血小板药物中间体。

佐替平

$$C_{18}H_{18}ClNOS, \quad 331.86$$

【英文名】 Zotepine

【性状】 白色或类白色结晶。mp 90～91℃。

【制法】 ① 陶晓虎，潘强彪，于万胜等. 精细化工，2012，29 (1)：101. ② Ueda I，Sato Y，Maeno S，Umio S. Chem Pharm Bull，1978，26 (10)：3058.

8-氯二苯并 [b,f] 硫杂草-10 (11H)-酮 (**3**)：于反应瓶中加入化合物 (**2**) 21 g (0.075 mol)，PPA 25 g，慢慢加热至 120℃，搅拌反应 1.5 h。趁热倒入 200 g 冰水中，氯仿提取。合并有机层，依次用 5％的氢氧化钠水溶液、水洗涤，无水硫酸钠干燥。过滤，浓缩，乙酸乙酯中重结晶，得浅灰色固体 (**3**) 18.1 g，收率 93％，mp 121～123℃。

佐替平 (**1**)：于反应瓶中加入化合物 (**3**) 52 g，碳酸钾 55 g，甲基异丁基酮 260 mL (其中含水 25.5 mL)，回流反应 1.5 h。加入新蒸馏的 N,N-二甲基氨基氯乙烷 57.6 g，继续回流反应 5.5 h。加入 210 mL 水，分出有机层，水层用甲基异丁基酮 120 mL 提取。合并有机层，无水硫酸镁干燥。过滤，减压浓缩。得到的油状物用环己烷重结晶，得化合物 (**1**) 51.3 g，收率 77.5％。

【用途】 抗精神病药物佐替平 (Zotepine) 原料药。

6-氟-硫色满-4-酮

$$C_9H_7FOS, \quad 182.16$$

【英文名】 6-Fluoro-thiochroman-4-one

【性状】 浅黄色片状结晶。mp 92～94℃。

【制法】 齐平，靳颖华，郭春等. 中国药物化学杂志，2003，13 (3)：134.

β-对氟苯硫基丙酸 (**3**)：于反应瓶中加入对氟苯硫酚 (**2**) 12.8 g (0.1 mol)，60 mL 水，氢氧化钾 6 g，溶解后加入适量 95％的乙醇。另将 β-氯代丙酸 12 g (0.11 mol) 溶于含 15 g (0.11 mol) 碳酸钾的 100 mL 水中。将此溶液加入反应瓶中，回流反应 6 h。减压蒸出乙醇，剩余物冷却，过滤。滤液用盐酸酸化，析出固体。抽滤，水洗，干燥，得（**3**）16 g，收率 80%。

6-氟-硫色满-4-酮（**1**）：将化合物（**3**）10 g（0.05 mol）加入 60 mL 浓硫酸中，摇动使之溶解，室温放置过夜。慢慢倒入冰水中，析出浅黄色固体。抽滤，依次用碳酸氢钠水溶液、水洗涤，50% 的乙醇重结晶，得浅黄色片状结晶（**1**）4 g，收率 44%，mp 92～94℃。

【用途】　硫色满酮（Thiochromanone）等的中间体。

五、含两个及两个以上杂原子的六元环化合物

N-（2-甲基-5-硝基苯基）-4-（吡啶-3-基）嘧啶-2-胺

$C_{16}H_{13}N_5O_2$，307.31

【英文名】　*N*-(2-Methyl-5-nitrophenyl)-4-(pyridin-3-yl) pyrimidin-2-amine
【性状】　浅黄色固体。195～198℃。
【制法】　Szakacs Z，et al. J Med Chem，2005，48（1）：249.

3-二甲基氨基-1-吡啶-3-基丙烯酮（**3**）：于反应瓶中加入 3-乙酰基吡啶（**2**）64.1 mL（583 mmol），*N*,*N*-二甲基甲酰胺二甲缩醛 94 mL（700 mmol），乙醇 250 mL，搅拌下加热回流反应过夜。减压浓缩，剩余物中加入乙醚 100 mL，冷至 0℃，析出结晶。过滤，干燥，得黄色固体（**3**）71.2 g，收率 69%，直接用于下一步反应。

N-（2-甲基-5-硝基苯基）胍硝酸盐（**5**）：于反应瓶中加入 2-甲基-5-硝基苯胺（**4**）22.8 g（150 mmol），乙醇 60 mL，搅拌溶解。加入浓硝酸 10.5 mL，搅拌下滴加氨基腈 50% 的水溶液 25.2 mL（300 mmol），加完后搅拌回流反应过夜。冷至 0℃，析出固体。过滤，依次用乙酸乙酯、乙醚洗涤，干燥，得化合物（**5**）20.6 g，收率 53%。

N-（2-甲基-5-硝基苯基）-4-（吡啶-3-基）嘧啶-2-胺（**1**）：于反应瓶中加入上述化合物（**3**）26.4 g（150 mmol），上述化合物（**5**）40.8 g（157.5 mmol），异丙醇 220 mL，搅拌生成悬浊液。加入氢氧化钠 6.95 g（175 mmol），回流反应 24 h。冷至 0℃，过滤。将滤饼加入水中搅拌，过滤，水洗，再分别用异丙醇、乙醚洗涤，干燥，得化合物（**1**）30.1 g，收率 65%。

【用途】　抗癌药甲磺酸伊马替尼（Imatinib mesylate）中间体。

2-甲基-4,6-二羟基嘧啶

$C_5H_6N_2O_2$，126.11

【英文名】　4,6-Dihydroxy-2-methylpyrimidine

【性状】 白色结晶。mp 339℃（分解）。

【制法】 武引文，梅和珊，张忠敏等.中国药物化学杂志，2001，11（1）：45.

$$CH_2(CO_2C_2H_5)_2 + CH_3\overset{NH}{\overset{\|}{C}}{-}NH_2 \cdot HCl \longrightarrow$$
(2)

(化合物 **(1)**：2-甲基-4,6-二羟基嘧啶)

于反应瓶中加入无水乙醇 200 mL，分批加入金属钠 7.5 g（0.33 mol），待钠全部反应完后，依次加入乙脒盐酸盐 10.7 g（0.11 mol），丙二酸二乙酯（**2**）17 mL（0.11 mol），搅拌回流反应 3 h。减压蒸出溶剂，冷后加水使产物溶解。用盐酸调至酸性，析出固体。抽滤，水洗，少量乙醇洗涤，干燥，得化合物（**1**）13 g，收率 90％，mp 339℃（分解）。

【用途】 中枢性降压药莫索尼定（Moxonidine）等的中间体。

6-甲基尿嘧啶

$$C_5H_6N_2O_2，126.12$$

【英文名】 6-Methyluracil，6-Methyl-2,4（1H，3H）-pyrimidinedione

【性状】 无色结晶。mp 311～313℃（270～280℃分解）。溶于水、热乙醇和碱溶液，微溶于乙醚。

【制法】 方法 1 蒋忠良，施宪法，栾家国.化学试剂，1995，17（5）：307.

$$CH_3COCH_2CO_2C_2H_5 + H_2NCONH_2 \longrightarrow \underset{\underset{NHCONH_2}{|}}{CH_3C{=}CHCO_2C_2H_5} \longrightarrow$$
(2)   **(3)**   **(1)**

于安有分水器的反应瓶中，加入尿素 10 g（0.167 mol），乙酰乙酸乙酯（**2**）20.4 g（0.157 moL），石油醚 150 mL，催化量的对甲苯磺酸，加热回流脱水 22 h，约分出 2.8 mL 水。蒸出石油醚，得 β-脲丁烯酸乙酯（**3**）。加入 8％的氢氧化钠水溶液 90 mL，于 90～95℃搅拌反应 30 min。冷却，盐酸酸化，析出白色固体。过滤，水洗，乙醚洗涤，干燥，得化合物（**1**）16.7 g，收率 84.4％。

方法 2 孙昌俊，曹晓冉，王秀菊.药物合成反应——理论与实践.北京：化学工业出版社，2007，448.

β-脲丁烯酸乙酯（**3**）：于一直径 15cm 的培养皿中，加入研细的尿素 80 g（1.33 mol），乙酰乙酸乙酯（**2**）160 g（1.23 mol），乙醇 25 mL，浓盐酸 1 mL，充分搅拌混和均匀，用一个表面皿盖上，置于盛有浓硫酸的干燥器中，水泵抽真空，直至化合物变干为止，约需5～7 天。得化合物（**3**）约 200 g。

6-甲基尿嘧啶（**1**）：于 2 L 反应瓶中加入 1.2 L 水，氢氧化钠 80 g（2.0 mol），搅拌溶解。加热到 95℃，加入化合物（**4**）约 200 g，搅拌至澄清。冷至 65℃，慢慢加入浓盐酸至 pH2，析出白色固体。冷至室温，抽滤，依次用冷水、乙醇洗涤，干燥，得化合物（**1**）115 g，收率 76％，冰醋酸中重结晶，mp 300℃以上。

【用途】 心脏病治疗药物潘生丁（Persantine）、抗凝血药莫哌达醇（Mopidamol）等的中间体。

6-氨基-1,3-二甲基尿嘧啶

$C_6H_9N_3O_2$，155.14

【英文名】　6-Amino-1,3-dimethyluracil

【性状】　白色或类白色固体。mp 294～296℃。

【制法】　许佑君，杨治旻，蒋清乾等.中国医药工业杂志，2000，31（7）：294.

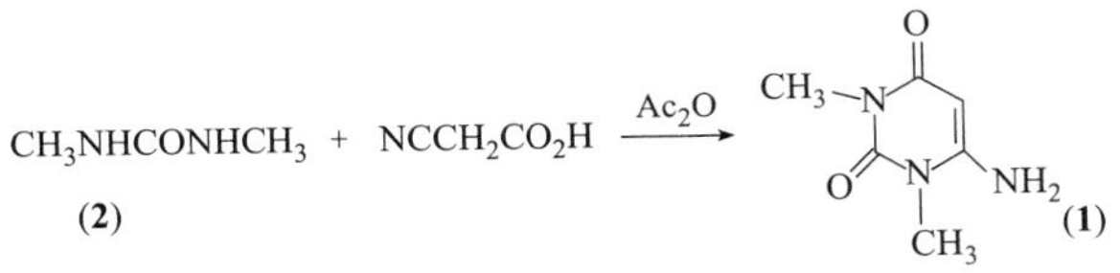

于反应瓶中加入 N,N'-二甲基脲（**2**）234 g（2.66 mol），氰基乙酸 200 g（2.353 mol），乙酸酐 400 mL，搅拌下于 90～95℃反应 2.5 h。减压蒸出乙酸酐和生成的乙酸，剩余物中加入 800 mL 水，加热溶解，活性炭脱色后，用 10%的氢氧化钠调至 pH10，析出白色结晶。抽滤，水洗，干燥，得（**1**）335 g，收率 92%，mp 294～296℃。

【用途】　降压药乌拉地尔（Urapidil）等的中间体。

4-羟基-2-(4-氟苯氨基)-5,6-二甲基嘧啶

$C_{12}H_{12}FN_3O$，233.25

【英文名】　4-Hydroxy-2-(4-fluoroanilino)-5,6-dimethylpyrimidine

【性状】　类白色固体。mp 254～255℃。

【制法】　①孙政进，马玉卓，陈静波等.中国医药工业杂志，2008，39（5）：321.②丁兵，马玉卓，王延安等.广东药学院学报，2009，2：173.

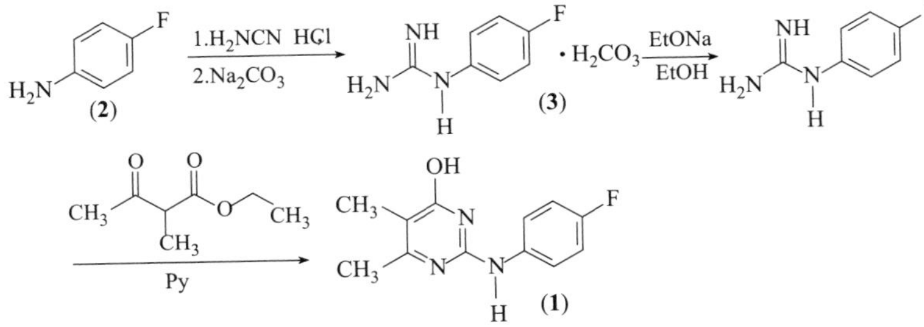

N-(4-氟苯基)胍碳酸盐（**3**）：于反应瓶中加入 4-氟苯胺（**2**）55.5 g（0.5 mol），搅拌下慢慢加入 32%的盐酸调至 pH2，慢慢升至 87～90℃，滴加 50%的氨基氰水溶液 25.2 g（0.6 mol），约 2 h 加完。加完后继续保温反应 3 h。冷至室温，滴加由 53 g（0.5 mol）碳酸钠溶于 90 mL 水的溶液，加完后继续搅拌 30 min，析出灰色沉淀。抽滤，依次用水、乙酸乙酯洗涤，干燥，得灰色固体（**3**）88.3 g，收率 82.9%，mp 174～175℃。

4-羟基-2-(4-氟苯氨基)-5,6-二甲基嘧啶（**1**）：于反应瓶中加入无水乙醇 40 mL，乙醇钠 5.44 g（0.08 mol），搅拌 5 min。全溶后加入上述化合物（**3**）10.66 g（0.05 mol），于 40～45℃搅拌反应 2 h。升至 75℃蒸出约 25 mL 溶剂。剩余物中加入吡啶 60 mL，于 1 h 内滴加甲基乙酰乙酸乙酯 11.5 g（0.08 mol），加完后回流反应 2 h。趁热抽滤，滤液浓缩后

冷至室温，加入 100 mL 水，用盐酸调至 pH7，搅拌 2 h。过滤，依次用水和丙酮洗涤，干燥，得类白色固体（**1**）9.46 g，收率 81.3%，mp 254～255℃。

【用途】 十二指肠溃疡、胃炎、胃溃疡治疗药盐酸瑞伐拉赞（Revaprazan hydrochloride）中间体。

5-乙酰胺甲基-4-氨基-2-甲基嘧啶

$C_8H_{12}N_4O$，180.21

【英文名】 5-Acetamidomethyl-4-amino-2-methylpyrimidine

【性状】 固体。

【制法】 陈芬儿.有机药物合成法：第一卷.北京：中国医药科技出版社，1999：866.

α-二甲氧基甲基-β-甲氧基丙腈（**4**）：于干燥的反应瓶中加入 23% 甲醇钠-甲醇溶液 340 g，搅拌升温，回收部分甲醇。加入煤油 95 g，再定量回收甲醇。冷却至 80℃，补加适量煤油。继续冷却至 20℃ 以下，加入少量甲酸乙酯，除去游离碱。温度自然上升，待温度回降至 25℃ 以下，缓慢滴加丙烯腈（**2**）53 g（1 mol）和甲酸乙酯 146 g 的混合液，于 5～20℃ 搅拌 35 h，得 α-羟钠次甲基-β-甲氧基丙腈（**3**）甲酸乙酯溶液。滴加冷却至 0～5℃ 的硫酸二甲酯 187.6 g（1.50 mol，控制内温 40～45℃），加完后于 56℃ 以下搅拌反应 2.5 h，得化合物（**4**）的溶液。冷至 25～30℃ 后，加入甲醇钠溶液使溶液 pH9～10。于 24～26℃ 继续搅拌 3 h。用乙酸调 pH5～6，过滤，滤饼为甲基硫酸钠。滤液回收甲醇及乙醇，冷却，过滤，滤饼为甲基硫酸钠。滤液分尽煤油，减压蒸馏，收集 bp 90～93℃/2～27 kPa 馏分，得（**5**）140～151 g，收率 88%～95%。

5-乙酰胺甲基-4-氨基-2-甲基嘧啶（**1**）：于反应瓶中加入 23% 甲醇钠溶液 647 g 和无水甲醇，溶液浓度约为 22%，搅拌冷却至 10～15℃ 后，依次加入甲酸乙酯 11 g（0.15 mol），上述化合物（**5**）159 g（1 mol），盐酸乙脒 318 g（3.37 mol）。加完后冷至 -10℃ 左右，逐渐升温，控制第一小时内回升至 12℃，第二小时 24℃，第三小时 66℃，于 66～70℃ 搅拌回流 1 h。回收甲醇，于 98～100℃ 搅拌 40 min，冷却至 0～5℃ 以下，析出固体。过滤、干燥得（**1**）118.8 g，收率 66%。

【用途】 抗肿瘤药盐酸尼莫司汀（Nimustine hydrochloride）等的中间体。

2,4-二氨基-6-羟基嘧啶

$C_4H_6N_4O$，126.13

【英文名】 2,4-Diamino-6-hydroxypyrimidine

【性状】 黄色针状结晶。mp 260～270℃（分解）。

【制法】 Botre Claudio，Via Emanuele Filiberti. EP 0295218. 1988.

$$NCCH_2CO_2CH_3 + H_2N-\overset{\overset{\displaystyle NH}{\|}}{C}NH_2 \cdot HNO_3 \xrightarrow[CH_3OH]{CH_3ONa}$$

(2)　　　　　　　　　　　　　　　　(1)

于反应瓶中加入 28.5％的甲醇钠甲醇溶液 500 mL，硝酸胍 122 g（1 mol），搅拌下加热回流 30 min。滴加氰基乙酸甲酯（**2**）99 g（1 mol），加完后继续回流反应 2 h。减压蒸出甲醇，剩余物加入 650 mL 水，煮沸，于 80℃用乙酸调至 pH8，析出黄色固体。冷至 20℃以下，抽滤，水洗，干燥，得化合物（**1**）100 g，收率 80％，mp 264～268℃（分解）。

【用途】 降压药米诺地尔（Minoxidil）、叶酸等的中间体。

6-氯-1,3-二甲基-2,4(1*H*,3*H*)-嘧啶二酮

$$C_6H_7ClN_2O_2，174.59$$

【英文名】 6-Chloro-1,3-dimethyl-2,4（1*H*，3*H*）-pyrimidinedione

【性状】 浅黄色固体。mp 110～111℃。溶于氯仿、二氯甲烷、乙醇，可溶于热水，微溶于冷水。

【制法】 蒋清乾，宁国涛，朱进，许佑君. 有机化学，2004，24：245.

$$CH_2(CO_2H)_2 + CH_3HNCONHCH_3 \xrightarrow[AcOH]{Ac_2O}$$

(2)　　　　　　　　　　　(3)　　　　　　(1)

于反应瓶中加入 1,3-二甲基脲 37.6 g（0.42 mol），丙二酸（**2**）51.2 g（0.5 mol），冰醋酸 80 mL，搅拌下加热至 60～65℃，滴加醋酸酐 170 mL，约 1.5 h 加完。加完后升温至 90℃反应 4 h。减压浓缩蒸出溶剂，剩余物为化合物（**3**）。冷后滴加三氯氧磷 250 mL，加完后回流反应 40 min。减压回收三氯氧磷。趁热将反应物倒入冰水中，充分搅拌。用饱和碳酸钠溶液调至中性。用氯仿提取（100 mL×4）。氯仿层水洗，无水硫酸钠干燥。减压蒸出氯仿，得黄色固体。用水重结晶，活性炭脱色，得浅黄色固体（**1**）46.5 g，收率 63.5％，mp 111～113℃（文献值 110～111℃）。

【用途】 抗心律失常药盐酸尼非卡兰（Nifekalant hydrochloride）等的中间体。

尿嘧啶

$$C_4H_4N_2O_2，112.09$$

【英文名】 Uracil，2,4（1*H*，3*H*）-Pyrimidinedione

【性状】 白色或浅黄色针状结晶。mp 338℃（分解）。易溶于热水，微溶于冷水，不溶于乙醇、乙醚。

【制法】 孙昌俊，曹晓冉，王秀菊. 药物合成反应——理论与实践. 北京：化学工业出版社，2007：439.

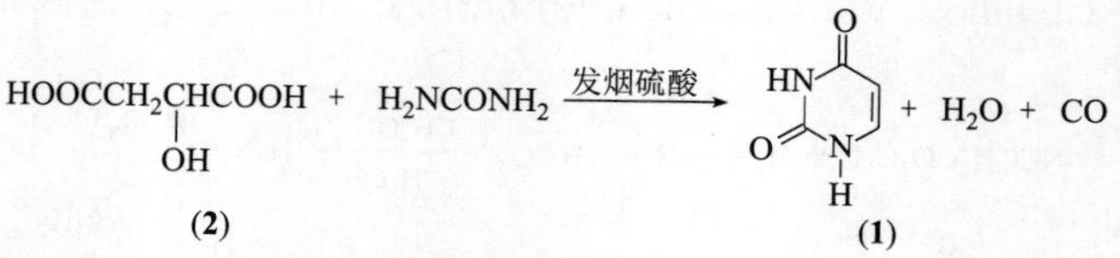

HOOCCH₂CHCOOH + H₂NCONH₂ $\xrightarrow{发烟硫酸}$ (1) + H₂O + CO

（2）

$$HOOCCH_2CHCOOH \\ \quad\quad\quad | \\ \quad\quad\quad OH$$

于安有搅拌器、温度计的 2 L 反应瓶中，加入 15％的发烟硫酸 400 mL，冰盐浴冷至 0℃，剧烈搅拌下分批加入尿素 100 g（1.67 mol），保持内温 10℃以下，加完后继续搅拌反应 10 min。加入苹果酸（**2**）100 g（0.75 mol），慢慢升温，在沸水浴中加热反应 1.5 h。冷却，将反应物倒入 1 kg 冰水中。滤出析出的固体，水洗，再用大约 1 L 水重结晶，活性炭脱色，冷后析出白色针状结晶。100℃干燥，得尿嘧啶（**1**）42～46 g，收率 50％～55％，mp 335～338℃。

也可以采用如下方法来合成，总收率 71％［王利敏，王思瑶，张诗缇等.辽宁医学院学报.2014，35（6）：7］：

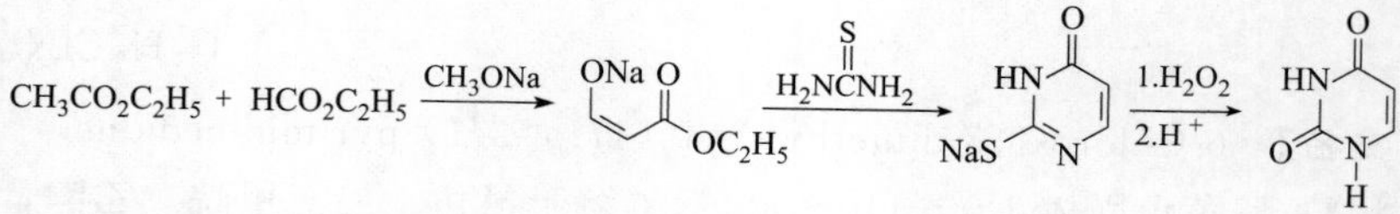

CH₃CO₂C₂H₅ + HCO₂C₂H₅ $\xrightarrow{CH_3ONa}$ (ONa O/OC₂H₅) $\xrightarrow{H_2NCNH_2}$ (NaS pyrimidine) $\xrightarrow[2.H^+]{1.H_2O_2}$ (uracil)

【用途】 RNA 特有的碱基，5-氟脲嘧啶等药物合成中间体。

2,4-喹唑啉二酮

C₈H₆N₂O₂，162.15

【英文名】 2,4-Quinazolinedione，2,4-(1*H*，3*H*)-Quinazolinedione
【性状】 白色针状晶体。熔点 300℃。溶于醇，不溶于水。
【制法】 李明月，翟文姬，洪建权等.广东化工，2016，43（8）：16.

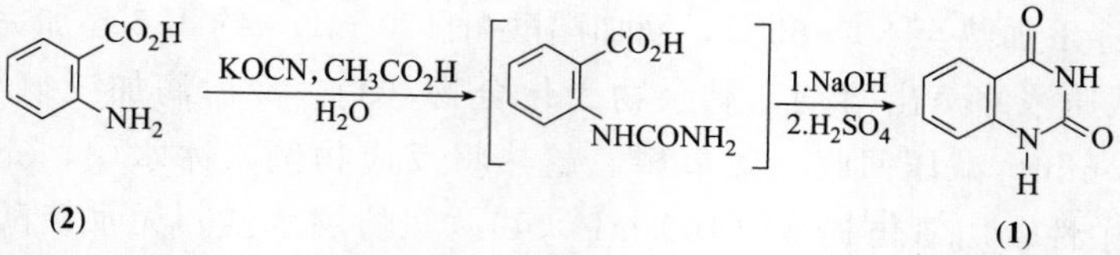

邻氨基苯甲酸 $\xrightarrow[H_2O]{KOCN,CH_3CO_2H}$ [中间体] $\xrightarrow[2.H_2SO_4]{1.NaOH}$ (1)

（2）

于反应瓶中加入邻氨基苯甲酸（**2**）1.37 g（10 mmol）、35℃热水 60 mL 和冰乙酸 1.2 mL，搅拌冷却至室温，滴加氰酸钾 2.03 g（25 mmol）和水 7 mL 的溶液。继续搅拌 30 min，室温放置过夜。分数次慢慢加入氢氧化钠 1.6 g（40 mmol，内温控制 40℃以下），室温反应 5 h。冰浴冷却，用盐酸调至 pH1，过滤，水洗，干燥，得白色固体（**1**）1.52 g，收率 94％。

【用途】 消炎镇痛药甲氯芬那酸（Meclofenamic acid）等的中间体。

6,7-二-(2-甲氧基乙氧基)-4(3*H*)-喹唑啉酮

C₁₄H₁₈N₂O₅，294.31

【英文名】 6,7-Bis（2-methoxyethoxy）quinazolin-4-(3*H*)-one
【性状】 白色固体。mp 189～191℃。

【制法】 李铭东，曹萌，吉民.中国医药工业杂志，2007，38（4）：257.

$$CH_3OCH_2CH_2O \text{ and } CO_2CH_3, NH_2 \quad + \quad HCONH_2 \quad \xrightarrow{150℃} \quad (1)$$

(2)   (1)

于反应瓶中加入 2-氨基-4,5-二-(2-甲氧基乙氧基) 苯甲酸甲酯（**2**）60.1 g（0.2 mol），甲酰胺 300 mL，搅拌下于 150℃ 反应 6 h。冷后冰箱中放置过夜。过滤，滤饼依次用水、甲醇洗涤，干燥，得白色粉末（**1**）51.2 g，收率87%，mp 189～191℃。

【用途】 抗癌药盐酸埃洛替尼（Erlotinib hydrochloride）等的中间体。

美托拉宗

$C_{16}H_{16}ClN_3O_3S$，365.83

【英文名】 Metolazone
【性状】 白色固体。252～254℃。
【制法】 沈国，单韦，薛建英等.沈阳药科大学学报，2004，21（2）：109.

$$\xrightarrow{CH_3CHO, HCl, EtOH}$$

(2)   (1)

于反应瓶中加入 2-氨基-4-氯-5-氨基磺酰基-N-邻甲苯甲酰胺（**2**）11.0 g（0.032 mol），95%的乙醇 90 mL，40%的乙醛 3.5 mL（0.032 mol），浓盐酸 3.3 mL，搅拌回流反应 2 h。减压浓缩回收大部分溶剂，冷却结晶。抽滤，水洗，干燥，得类白色固体（**1**）10.4 g，收率87.9%，mp 255～258℃。

【用途】 利尿药美托拉宗（Metolazone）原料药。

喹噁啉

$C_8H_6N_2$，130.15

【英文名】 Quinoxaline，Benzo ［α］ pyrazine
【性状】 白色结晶。mp 28℃ （29 ～ 30℃），bp 229℃，108 ～ 110℃/1.6kPa。$d_4^{40}1.1334$，$n_D^{40}1.6231$。易溶于水、醇、苯。一水合物 mp 37℃。
【制法】 ①孙昌俊，曹晓冉，王秀菊.药物合成反应——理论与实践.北京：化学工业出版社，2007：452.②邹祺，郑永勇，李斌栋，吕春旭.江苏化工，2005，33（增刊）：124.

$$\xrightarrow{NaHSO_3}$$

(2)   (1)

于反应瓶中加入亚硫酸氢钠 120 g（1.15 mol），水 110 mL，搅拌成糊状，滴加 40%的乙二醛 80 g，温度升至 75～80℃，析出白色结晶，继续搅拌反应 10 min。加水 430 mL，慢慢加入邻苯二胺（**2**）54 g（0.5 mol），于 75～80℃反应 1 h。冷至 50℃，用碳酸钠中和至

pH8。加热至 60℃，静置后分出水层，冷冻，析出固体。抽滤，冷水洗涤，真空干燥，得（**1**）粗品，含量 80% 以上，收率 90%。

【用途】 治疗结核病药物吡嗪酰胺（Pyrazinamide）等的中间体。

吡嗪-2,3-二羧酸

$C_6H_4N_2O_4$，168.11

【英文名】 Pyrazine 2,3-dicarboxylic acid

【性状】 白色粉末。mp 186.4～187.8℃。

【制法】 彭琼，王峰，赵钰红. 四川化工，2011，14（4）：18.

2,3-二氰基吡嗪（**3**）：于反应瓶中加入二氨基马来腈（**2**）86.2 g（0.797 mol），水 800 mL，40% 的乙二醛水溶液 135.2 g，草酸 21.8 g，搅拌下于 80℃ 反应 1.5 h。冷却，过滤，干燥，得淡黄色粉末（**3**）100.1 g，收率 94.7%。

吡嗪-2,3-二羧酸（**1**）：于反应瓶中加入上述化合物（**3**）66 g，水 70 mL，浓盐酸 50 mL，搅拌下加热至 50℃，慢慢滴加浓盐酸 150 mL，利用反应热逐渐升至 100℃，随后温度出现回落，保温反应 4 h。冷至 10℃ 以下析晶，过滤，干燥，得粗品 68.4 g。用 50% 的乙醇重结晶，活性炭脱色，得白色粉末（**1**）158.5 g，收率 69.2%，mp 186.4～187.8℃。

【用途】 治疗结核病药物吡嗪酰胺（Pyrazinamide）等的中间体。

1-乙基-2,3-二氧代哌嗪

$C_6H_{10}N_2O_2$，142.17

【英文名】 1-Ethyl-2,3-dioxopiperazine

【性状】 白色棱柱状结晶。mp 122～124℃。

【制法】 姚庆祥，刘仁勇. 沈阳药科大学学报，1985，2（2）：128.

于安有搅拌器、蒸馏装置的反应瓶中，加入无水乙醇 50 mL，N-乙基-1,2-乙二胺（**2**）14.6 g（0.166 mol），冰水浴冷却下通入二氧化碳，析出白色结晶。通入二氧化碳直至停止放热为止。于 20℃ 慢慢滴加草酸二乙酯 25.6 g（0.175 mol），加完后继续于 20℃ 反应 1.5 h。升温至 50℃，反应 1.5 h。蒸出乙醇，直至内温升至 120℃。冷后加入二氧六环 14 mL 重结晶，得白色棱柱状结晶（**1**）16 g，收率 70.3%，mp 122～124℃。

【用途】 抗生素氧哌嗪青霉素（Piperacillin）等的中间体。

4,5-二氯-2-甲基-3(2*H*)-哒嗪酮

$$C_5H_4N_2Cl_2O，179.01$$

【英文名】 4,5-Dichloro-2-methyl-3（2*H*）-pyridazinone

【性状】 无色结晶。mp 103～104℃。

【制法】 ①K Dury Angew Chem Int Ed Engl，1965，4：292.②陈芬儿. 有机药物合成法：第一卷. 北京：中国医药科技出版社，1999：955.

粘氯酸（**3**）：于反应瓶中加入糠醛（**2**）20 g（0.21 mol），浓盐酸 800 mL，搅拌下分批加入研细的二氧化锰 140 g（1.6 mol），温度逐渐升高。当加入约 120 g 二氧化锰时，回流反应 15 min，而后慢慢加入其余的二氧化锰。加完后继续搅拌反应直至反应体系澄清为止。冷却，乙醚提取数次，合并有机层，回收溶剂，析出固体。用沸水重结晶，得白色针状结晶（**3**）23.4 g，收率 65%，mp 127℃。

4,5-二氯-2-甲基-3（2*H*）-哒嗪酮（**1**）：于反应瓶中加入上述化合物（**3**）24 g（0.14 mol），甲醇 80 mL，80% 水合甲基肼 12.6 g（0.22 mol），10% 的盐酸 10 mL，于 95℃搅拌反应 3 h、冷至室温，析出固体。过滤，水洗，干燥，得无色结晶（**1**）23.7 g，收率 85.9%，mp 103～104℃。

【用途】 消炎镇痛药依莫法宗（Emorfazone）中间体。

4-氨基-5-氯-2-苯基-3(2*H*)-哒嗪酮

$$C_{10}H_8ClN_3O，221.65$$

【英文名】 4-Amino-5-chloro-2-phenyl-3（2*H*）-pyridazinone

【性状】 白色固体。mp 205～207℃。

【制法】 ①Von D R，et al. Angew Chem，1965，77：282.②陈芬儿. 有机药物合成法：第一卷. 北京：中国医药科技出版社，1999：290.

4,5-二氯-2-苯基-3（2*H*）-哒嗪酮（**3**）：于反应瓶中加入粘氯酸（**2**）24 g（0.14 mol）、甲醇 80 mL、苯肼 15.3 g（0.14 mol）和 10% 盐酸 10 mL，于 95℃搅拌 3 h，冷却，析出结晶，过滤，水洗，干燥，得化合物（**3**）28.6 g 收率 85%，mp 161～162℃。

4-氨-5-氯-2-苯基-3（2*H*）-哒嗪酮（**1**）：于反应瓶中加入上述化合物（**3**）24.1 g（0.1 mol）、18% 氨水 142 g（0.15 mol），室温搅拌 2 h 后，加入 20 mL 水，再于 70℃搅拌 0.5 h。冷却，析出固体，过滤，水洗，将湿固体加到三氯甲烷 50 mL 中，于室温搅拌 0.5 h，过滤，用三氯甲烷洗涤，真空干燥，得（**1**）15 g，收率 57%，mp 205～207℃。

【用途】 心脏刺激药甲硫阿美铵（Amezinium metilsulfate）的中间体。

6-(4-氨基苯基)-5-甲基-4,5-二氢哒嗪-3(2H)-酮

$C_{11}H_{13}N_3O$，203.22

【英文名】 6-(4-Aminophenyl)-5-methyl-4,5-dihydropyridazin-3（2H）-one

【性状】 白色固体。mp 206～207℃。

【制法】 ①孙晋瑞，马新成，娄盛茂等.中国药房，2014，25（13）：1172.②孙昌俊，曹晓冉，王秀菊.药物合成反应——理论与实践.北京：化学工业出版社，2007：456.

于反应瓶中加入 95% 的乙醇 700 mL，3-(4-氨基苯甲酰基)-丁酸（**2**）62 g（0.3 mol），加热溶解，生成橙黄色透明溶液。慢慢滴加 85% 的水合肼 73.5 mL，回流条件下约 1 h 加完，而后继续回流反应 3.5 h。减压蒸出乙醇，约蒸出一半时出现固体，蒸至剩余约 100 mL 时，冷却。抽滤，少量乙醇洗涤，干燥，得（**1**）57 g，收率 93.4%，mp 201～205℃（文献值 206～207℃）。母液浓缩至干，用水洗涤，可回收少量产品，mp 195～200℃。

【用途】 心脏病治疗药左西孟旦（Levosimendan）中间体。

4-(4-吡啶基甲基)-2H-酞嗪-1-酮

$C_{14}H_{11}N_3O$，237.26

【英文名】 4-(Pyridin-4-ylmethyl)-2H-phthalazin-1-one

【性状】 白色固体。mp 212～213℃。

【制法】 吕金玲，刘丹，马小军，杨庆忠.中国药物化学杂志，2008，18（3）：200.

2-(4-吡啶基)-1,3-茚二酮（**3**）：于反应瓶中加入苯酞（**2**）10 g（75 mmol），4-吡啶基甲醛 7 mL（74 mmol），乙酸乙酯 40 mL，甲醇 80 mL，搅拌溶解。冰浴冷却，慢慢滴加甲醇钠-甲醇溶液（350 mmol）80 mL，加完后室温搅拌 15 min。升至 65℃继续反应 2.5 h，生成橘红色溶液。减压浓缩，剩余物中加入 350 mL 水，用冰醋酸调至中性，析出黄色沉淀。抽滤，依次用水、乙酸乙酯、乙醚洗涤，干燥，得橘黄色固体（**3**）9.6 g，收率 57.6%，mp 305～307℃。

4-(4-吡啶基甲基)-2H-酞嗪-1-酮（**1**）：于反应瓶中加入上述化合物（**3**）2.0 g（9 mmol），水合肼 8.6 mL（174 mmol），搅拌加热至 110℃（回流），反应 8 h 后冷却沉淀。抽滤，依次用乙醇、乙醚洗涤，干燥，得白色固体（**1**）1.73 g，收率 81%，mp 212～213℃。

【用途】　抗癌药琥珀酸瓦他拉尼（Vatalanib succinate）中间体。

拉莫三嗪

$C_9H_7Cl_2N_5$，256.09

【英文名】　Lamotrigine
【性状】　白色结晶。mp 215.8～218.2℃。
【制法】　邓洪，廖齐，林原斌. 中国医药工业杂志，2006，37（10）：657.

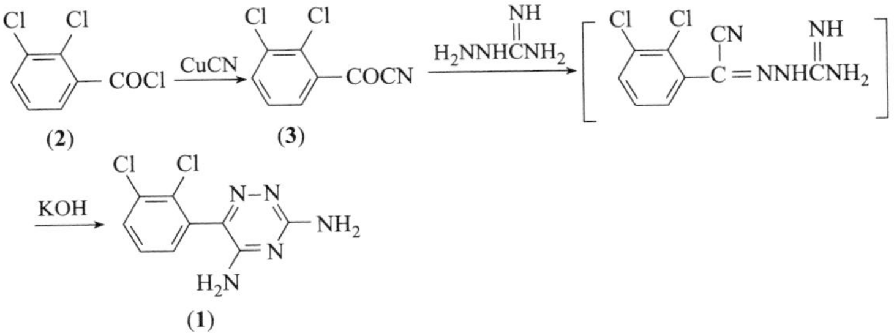

2,3-二氯苯甲酰腈（**3**）：于安有分水器的反应瓶中，加入氰化亚铜 12 g，碘化钾 19.2 g，无水二甲苯 135 mL，搅拌回流脱水反应 24 h。滴加 2,3-二氯苯甲酰氯（**2**）10 g（0.048 mol）溶于无水二甲苯 37 mL 的溶液，而后回流反应 72 h。冷却，过滤。滤液减压浓缩，剩余物减压蒸馏，收集 134～136℃/5.33 kPa 的馏分，放置后固化为白色固体（**3**）9.0 g，收率 93.8%，mp 59.6～60.2℃。

拉莫三嗪（**1**）：于反应瓶中加入氨基胍碳酸氢盐 12 g（0.088 mol），慢慢加入 8 mol/L 的硝酸 60 mL，得到白色悬浊液，于 25℃搅拌 30 min。滴加上述化合物（**3**）4.8 g（0.024 mol）溶于 12 mL DMSO 的溶液，加完后继续搅拌反应 3 h。室温放置 7 天。滴加氨水至 pH12，冰水浴冷却下搅拌 30 min。过滤，水洗，真空干燥。将其加入 10% 的氢氧化钾-甲醇溶液 60 mL 中，搅拌加热回流 12 h。蒸出甲醇，剩余物加入 120 mL 水，搅拌 30 min。过滤，用异丙醇重结晶，得白色结晶（**1**）0.9 g，收率 14.7%，mp 215.8～218.2℃。

【用途】　广谱抗癫痫和抗躁郁症药物拉莫三嗪（Lamotrigine）原料药。

伊索拉定

$C_9H_7Cl_2N_5$，256.09

【英文名】　Irsogladine
【性状】　白色固体。mp 268～269℃。
【制法】　孟繁浩，王立升，王鹤东等. 中国医药工业杂志，1996，27（4）：153.

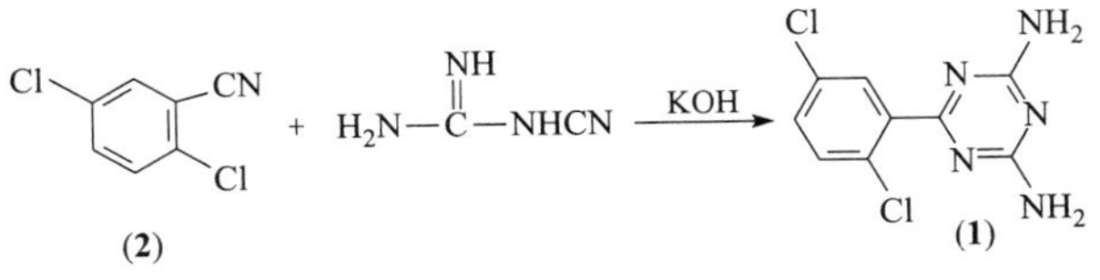

于反应瓶中加入 2,5-二氯苄腈（**2**）17.2 g（0.1 mol），氰基胍 12.5 g（0.15 mol），氢氧化钾 5.6 g（0.1 mol），羟丙基甲醚 100 mL，搅拌回流反应 3 h。冷却，倒入 300 mL 水

中，过滤，水洗，干燥，得淡黄色固体（**1**）。用乙醇重结晶，得白色固体（**1**）11.4 g，收率 66.3%，mp 268～269℃。

【用途】 抗胃溃疡药马来酸伊索拉定（Irsogladine maleate）中间体。

5-氮杂胞嘧啶

$$C_3H_4N_4O，112.09$$

【英文名】 5-Azacytosine

【性状】 白色固体。mp 350℃以上。

【制法】 方法1 郭刚，杨千姣，赵力挥等.中国药物化学杂志，2008，18（5）：377.

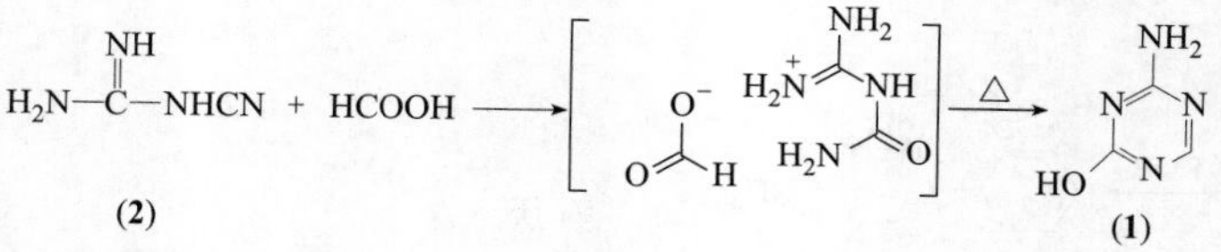

于反应瓶中加入 N-氰基胍（**2**）16.8 g（0.2 mol），甲酸 18.4 g（0.34 mol），搅拌下于 120℃反应 20 min，生成白色黏稠物。冷却，加入 10 mL 乙醇，搅拌，过滤，得化合物（**2**）的甲酸盐。将其铺成 1cm 厚的薄层，置于烘箱中于 145℃加热 145 min，得粗品（**1**）15.6 g。按照如下方法进行纯化：粗品加入 30 mL 水中，搅拌回流。加入适量盐酸使固体溶解，活性炭脱色。过滤，冷却，用氨水调至 pH6，冰箱中放置过夜。过滤，水洗，干燥，得白色结晶（**1**）12.6 g，收率 56.3%，mp＞300℃。

方法2 冷宗康，严正兰，黄枕亚.中国医药工业杂志，1978，11：15.

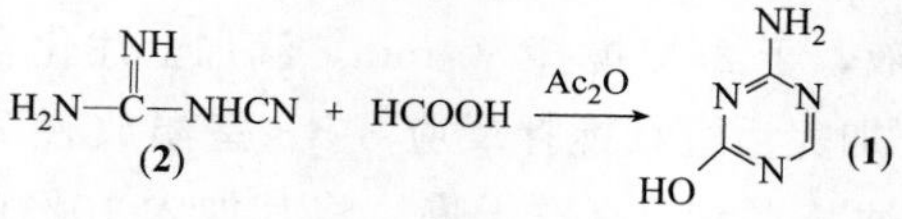

于反应瓶中加入 85%的甲酸 80 mL，醋酸酐 80 mL，N-氰基胍（**2**）84 g（1.0 mol）。慢慢加热至 100℃，反应开始猛烈沸腾，固体物逐渐溶解，不久有白色沉淀生成。再于 140℃反应 2 h。冷却至室温，抽滤，得粗品。粗品用沸腾的乙醇提取三次，真空干燥，得白色粉末 5-氮杂胞嘧啶（**1**）27 g，收率 24%，mp 350℃以上。

【用途】 抗癌药氮杂胞苷（Azacitidine）等的中间体。

六、七元杂环化合物的合成

1,4-二苯磺酰基-1,4-二氮杂䓬

$$C_{17}H_{20}N_2O_4S_2，380.37$$

【英文名】 1,4-Bis（benzenesulfonyl)-1,4-diazepane

【性状】 白色或类白色固体。mp 148～152℃。

【制法】 孙昌俊，曹晓冉，王秀菊.药物合成反应——理论与实践.北京：化学工业出版社，2007：448.

$$H_2NCH_2CH_2NH_2 \xrightarrow[\text{NaOH}]{\text{PhSO}_2\text{Cl}} PhSO_2NHCH_2CH_2NHSO_2Ph$$
(2)　　　　　　　　　　　　　　　**(3)**

$$\xrightarrow[\text{NaOH}]{\text{ClCH}_2\text{CH}_2\text{CH}_2\text{Br}} PhSO_2-N\underset{\text{(1)}}{\bigcirc}N-SO_2Ph$$

于反应瓶中加入氢氧化钠 130.2 g（3.25 mol），水 700 mL，乙二胺（**2**）88.8 g（1.48 mol），搅拌溶解。冰水浴冷却下。滴加苯磺酰氯 575 g（3.25 mol），控制反应温度在 30～50℃。加完后继续搅拌反应 3 h，生成化合物（**3**），反应液为酸性。先用氢氧化钠水溶液调至中性，再加入固体氢氧化钠 117 g，于 95℃滴加 1,3-溴氯丙烷 232 g（1.47 mol），约 2 h 加完。而后继续搅拌反应 4 h。冷却，滤出固体，先用稀碱洗涤，再水洗至中性，干燥后用乙醇重结晶，得化合物（**1**）380 g，收率（以乙二胺计）68%，mp 148～152℃。

【**用途**】　心脏病治疗药地拉齐普（Dilazep）等的中间体。

N,N'-双-(3-羟基丙基)-高哌嗪

$C_{11}H_{24}N_2O_2$，216.31

【**英文名**】　N,N'-Bis (3-hydroxypropyl) homopiperazine

【**性状**】　白色固体粉末。mp 46～47℃。bp 141～142℃/2.66 Pa。

【**制法**】　孙昌俊，曹晓冉，王秀菊.药物合成反应——理论与实践.北京：化学工业出版社，2007：450.

$$HO(CH_2)_3NHCH_2CH_2NH(CH_2)_3OH + ClCH_2CH_2CH_2Br$$
(2)

$$\xrightarrow{\text{Et}_3\text{N}} HO(CH_2)_3-N\underset{\text{(1)}}{\bigcirc}N-(CH_2)_3OH$$

于 3 L 反应瓶中加入 N,N'-双-(3-羟基丙基)-1,2-乙二胺（**2**）583 g（3.31 mol），无水乙醇 1.5 L，三乙胺 1.25 kg（12.4 mol），搅拌溶解。水浴加热至 50℃，滴加 1,3-溴氯丙烷 520 g（3.3 mol），约 3 h 加完。升温至 60℃反应 1 h。反应过程中有三乙胺的氢卤酸盐析出。冷至室温，滤去不溶物，无水乙醇洗涤。合并滤液和洗涤液，减压浓缩，得浅黄色黏稠油状物。加苯 500 mL，于 50～60℃提取三次。合并提取液，减压蒸去苯。趁热倒出油状物，冷后固化。粉碎后于盛有 P_2O_5 的干燥器中干燥，得白色固体（**1**）129 g，收率 20%，mp 46～47℃。

【**用途**】　心脏病治疗药地拉齐普（Dilazep）等的中间体。

1-[(4-甲基苯基)磺酰基]-5-氧代-2,3,4,5-四氢-1H-苯并氮杂䓬-4-腈

$C_{18}H_{16}N_2O_3S$，340.40

【**英文名**】　1-[(4-Methylphenyl) sulfonyl]-5-oxo-2,3,4,5-tetrahydro-1H-benzazepine-4-nitrile

【**性状**】　白色粉末。mp 153～154℃。

【**制法**】　① 邓登宇，高文磊，赵俊等.中国医药工业杂志，2015，46（9）：939.

②Tsunoda T，et al. Heterocycles，2004，63：1113.

2-[(3-氰基丙基)［(4-甲基苯基）磺酰基］氨基]苯甲酸甲酯（**3**）：于反应瓶中加入 2-对甲苯磺酰氨基苯甲酸甲酯（**2**）95 g（0.331 mol），2-甲基四氢呋喃 150 mL，加热溶解。室温加入 4-氯丁腈 38.6 g（0.373 mol），碳酸钾 84.9 g（0.614 mol），碘化钾 15.2 g（0.092 mol），搅拌回流反应 46 h。冰浴冷却下加入 540 mL 水，充分搅拌，生成白色粉末。抽滤，干燥，用乙酸乙酯-石油醚（1：1）重结晶，得化合物（**3**）93.5 g，收率 81%，mp 102.5～103.5℃。

1-［(4-甲基苯基）磺酰基]-5-氧代-2,3,4,5-四氢-1*H*-苯并氮杂䓬-4-腈（**1**）：于反应瓶中加入上述化合物（**3**）291 g（0.781 mol），DMF 870 mL，搅拌溶解后，冷至－10～0℃，加入叔丁醇钾 176 g（1.57 mol），而后于 0～5℃搅拌反应 2 h。同温下加入水适量，滴加 30%的盐酸调至 pH7。于 5℃搅拌 1 h，析出固体。抽滤，滤饼加入适量甲醇中，搅拌下加热溶解。冷至 5℃搅拌 1 h 析晶。抽滤，干燥，得白色固体（**1**）248 g，收率 93%，mp 153～154℃。

【用途】 精氨酸加压素 V_{1a} 和 V_2 受体的双重抑制剂盐酸考尼伐坦（Conivaptan hydrochkoride）中间体。

4-氨基-2-甲基-10*H*-噻吩并[2,3-*b*]［1,5]苯二氮杂䓬盐酸盐

$C_{12}H_{10}N_3S \cdot HCl$，264.75

【英文名】 4-Amino-2-methyl-10*H*-thiene [2,3-*b*][1,5] benzodiazepine hydrochloride
【性状】 黄色固体。mp＞250℃。
【制法】 岑均达.中国医药工业杂志，2001，32（9）：391.

于反应瓶中加入乙醇 600 mL，2-(邻硝基苯氨基)-3-氰基-5-甲基噻吩（**2**）60 g（0.23 mol），于 50℃搅拌 10 min。于 10 min 内加入由二水合氯化亚锡 170 g（0.75 mol）溶于 500 mL 6 mol/L 的盐酸配成的溶液，搅拌回流反应 1 h。减压回收乙醇后，自然冷却析晶。抽滤，水洗，丙酮洗涤至呈黄色，干燥，得黄色固体（**1**）50 g，收率 82%，mp＞250℃。

【用途】 精神病治疗药物奥氮平（Olanzapine）中间体。

第八章 | 消除反应

一、卤代化合物的消除反应

1,1-二氯-2,2-二氟乙烯

$$C_2Cl_2F_2,\ 132.92$$

【英文名】 1,1-Dichloro-2,2-difuloroethlene

【性状】 挥发性液体。凝固点 $-127.1\sim126.7℃$ （$-116℃$），bp $20.4℃$ （$19℃$），$d_4^{-20}\ 1.555$，$n_D^{-20}\ 1.383$。

【制法】 徐卫国，陈先进. CN 1566048. 2005.

$$CClF_2—CHCl_2 \xrightarrow{NaOH, Bu_4NBr} CF_2=CCl_2$$
$$\text{(2)} \qquad\qquad\qquad \text{(1)}$$

于反应瓶中加入 25％的氢氧化钠水溶液 240 g，四丁基溴化铵 1.0 g，搅拌下于 20～25℃滴加 2,2-二氟-1,1,2 三氯乙烷（**2**）169.5 g（1.0 mol），约 2 h 加完，加完后继续保温反应 2 h，收集产物（**1**）125 g，含量 99.0％，收率 94％。

【用途】 麻醉药物甲氧氟烷（Methoxyflurane）的中间体。

新己烯

$$C_6H_{12},\ 84.16$$

【英文名】 Neohexene

【性状】 无色液体。bp 41℃。

【制法】 刘升，王维伟，杜晓华. 精细与专用化学品，2014，22（1）：14.

$$(CH_3)_3C—Cl + CH_2=CH_2 \xrightarrow{Lewis\ acid} (CH_3)_3C—CH_2CH_2Cl \xrightarrow[\text{2-甲基吡咯烷酮}]{NaOH} (CH_3)_3C—CH=CH_2$$
$$\text{(2)} \qquad\qquad\qquad\qquad \text{(3)} \qquad\qquad\qquad\qquad \text{(1)}$$

氯代新己烷（**3**）：于高压反应釜中，加入叔丁基氯（**2**）185 g（2 mol），石油醚 62 g，5％的硅铝复合催化剂，搅拌下通入乙烯，保持反应温度 40℃，乙烯压力 0.5 MPa，反应 1.5 h 后，关闭乙烯阀门，直至乙烯压力不再下降。将生成的黄色透明液水洗、5％的氢氧化钠溶液洗涤，再水洗至中性。常压精馏，收集 118～122℃ 的馏分，得化合物（**3**）211 g，收率 88％。

新己烯（**1**）：于安有搅拌器、温度计、精馏柱的反应瓶中，加入 2-甲基吡咯烷酮 115 mL，于 80℃加入氢氧化钠［化合物（**3**）的 1.25 倍摩尔量］，而后慢慢滴加化合物（**3**），加热升至 140～180℃，收集 60℃之前的馏分，得化合物（**1**），收率 82%，纯度 99%。

【用途】 香料、农药甲氰菊酯（Fenpropathrin）等的合成中间体。

α-溴代肉桂醛

$$C_9H_7BrO，211.06$$

【英文名】 α-Bromocinnamaldehyde

【性状】 白色针状结晶。mp 66～68℃。

【制法】 方法 1 林笑，王凯，黄婷，巨修炼. 武汉工程大学学报，2011，33（12）：33.

$$C_6H_5CH=CHCHO+Br_2 \longrightarrow C_6H_5CHBrCHBrCHO \xrightarrow{K_2CO_3} C_6H_5CH=\overset{\overset{\displaystyle Br}{|}}{C}CHO$$
$$\text{(2)} \qquad\qquad\qquad\qquad\qquad\qquad\qquad\qquad\qquad \text{(1)}$$

于反应瓶中加入乙酸乙酯 50 mL，肉桂醛（**2**）13.2 g（0.1 mol），搅拌溶解，冷至 0℃。滴加溴 16 g（0.1 mol），约 1 h 加完，继续搅拌反应 15 min。加入无水醋酸钠 12.3 g（0.15 mol），于 50℃搅拌反应 30 min，再于 80℃反应 3 h。冷至室温，过滤，水洗。有机层减压浓缩，剩余物加入 50 mL 石油醚，搅拌冷却，析出颗粒状固体。过滤，石油醚洗涤，干燥，得黄色固体（**1**）18.2 g，收率 86.2%，mp 70～72℃。

方法 2 樊能廷. 有机合成事典. 北京：北京理工大学出版社，1992：15.

于反应瓶中加入冰醋酸 167 mL，肉桂醛（**2**）44 g（0.33 mol），冰水浴冷却，剧烈搅拌下滴加液溴 53.5 g（0.33 mol）。加完后加入无水碳酸钾 23 g（0.17 mol），搅拌。放气停止后加热回流 30 min。冷却，搅拌下倒入 450 mL 冷水中，析出红色粗品。抽滤，水洗，尽量抽干。将其溶于 220 mL 95% 的乙醇中，加入 50 mL 水，加热至澄清，先室温放置析晶，而后冰箱中放置。抽滤，用 80% 的冷乙醇洗涤，干燥，得化合物（**1**）52～60 g，收率 75%～85%。

【用途】 广谱杀菌、防霉、防蛀、除臭剂。

1,3-环己二烯

$$C_6H_8，80.13$$

【英文名】 1,3-Cyclohexadiene，Cyclohexa-1,3-diene

【性状】 无色透明液体，bp 80～82℃。d_4^{20} 0.840，n_D^{20} 1.475。易溶于乙醚，溶于乙醇，不溶于水。

【制法】 方法 1 Furniss B S，Hannaford A J，Rogers V，et al. Vogel's Textbook of Practical Chemistry. Longman London and New York. Fourth edition，1978：333.

于安有搅拌器、蒸馏装置的 250 mL 反应瓶中，加入 3-溴环己烯（**2**）32.2 g（0.2 mol），重新蒸馏过的干燥的喹啉 77 g，于接受瓶处连一氯化钙干燥管以防止水气的侵入。搅拌下油浴加热至 160～170℃，不断蒸出生成的产物，收集 80～82℃的馏分，得 1,3-环己二烯（**1**）约 11 g，收率 68%。

方法 2　John P S, Leland E. Org Synth, 1973, Coll Vol 5：285.

于反应瓶中加入 500 mL 三缩乙二醇二甲醚，300 mL 异丙醇，分批加入氢化钠 53.5 g（2.23 mol），搅拌均匀后，改为蒸馏装置，升温至 100～110℃，将异丙醇蒸出。通入氮气，水泵减压蒸馏将异丙醇尽量蒸出。安上滴液漏斗，滴加 1,2-二溴环己烷（**2**）242 g（1.0 mol），控制滴加速度，使反应温度维持在 100～110℃，同时水泵蒸出生成的产物（接受瓶用冰盐浴冷却），约 30 min 反应完。馏出液水洗 4 次。无水硫酸镁干燥，得粗品 56 g，收率 70%。将粗品于氮气保护下常压分馏，收集 78～80℃的馏分，得纯品（**1**）28～32 g，收率 35%～40%。

【用途】　重要的有机合成中间体，特别是在 Diels-Alder 反应中作为双烯体来使用。

反丁烯二酸

$$C_4H_4O_4，118.07$$

【英文名】　(*E*)-2-Butenedioic acid，Fumaric acid，*trans*-Ethylene-1,2-dicarboxylic acid

【性状】　无色结晶。加热至 200℃以上升华。于密闭的毛细管中加热，于 286～287℃熔化。难溶于水，易溶于乙醇，难溶于乙醚。

【制法】　韩广甸，赵树纬，李述文. 有机制备化学手册（中卷）。北京：化学工业出版社，1978：227.

于安有搅拌器、回流冷凝器（连接溴化氢吸收装置）、滴液漏斗、温度计的反应瓶中，加入预先干燥的丁二酸（**2**）118 g（1.0 mol），新蒸馏的三溴化磷 212 g，搅拌下滴加干燥的溴 307 g（98.5 mL），约 2 h 加完。滴加过程中体系变黏稠以至于难以搅拌。停止搅拌，加完所有的溴。放置过夜。水浴加热，搅拌 4 h，使溴的颜色消失（加热时不要使溴的蒸气逸出）。将反应物慢慢倒入 300 mL 沸水中，充分搅拌，析出结晶。再加入 500 mL 水，加热至沸，使固体物溶解，过滤。冷却析晶。抽滤析出的晶体，水洗、干燥，得化合物（**1**）25～30 g。母液减压浓缩至 1/2 体积时，冷却后又析出部分产品。共得反丁烯二酸（**1**）58 g，收率 50%。

【用途】　治疗小红血球型贫血的药物富血铁（Ferrosi fumaras）中间体，食品添加剂酸味剂。富马酸二甲酯是重要的防腐剂。眼病治疗药富马酸依美斯汀（Emedastine fumarate）中间体。

苯乙烯

$$C_8H_8, \ 104.15$$

【英文名】 Styrene

【性状】 无色透明油状液体。

【制法】 韩广甸，赵树纬，李述文. 有机制备化学手册（中卷）. 北京：化学工业出版社，1978：228.

(2)   (1)

于安有回流冷凝器的反应瓶中，加入喹啉 70 g，氢醌 0.5 g，加热至 190℃。

于另一只反应瓶中，加入 α-氯代乙苯（**2**）70 g（0.5 mol），加热至 150℃，并且快速将其加入上述喹啉中，加热反应 15 min，其间将反应温度逐渐下降为 150℃。冷却，加入 100 mL 10% 的盐酸，混合均匀。分出有机层，水洗 2 次，无水氯化钙干燥。过滤，减压分馏，收集 40～50℃/2.67～3.3 kPa 的馏分，得无色液体（**1**）45.5 g，收率 87.6%。

【用途】 广谱驱肠虫药盐酸左旋咪唑（Levamisole hydrochloride）等的中间体。

2-乙烯基噻吩

$$C_6H_6S, \ 110.18$$

【英文名】 2-Vinylthiophene

【性状】 无色液体。bp 65～67℃/6.65 kPa。

【制法】 Emerson W S，Patrick T M. Org Synth，1963，Coll Vol 4：980.

(2)   (3)   (1)

于安有搅拌器、温度计、通气导管的反应瓶中，加入噻吩（**2**）336 g（318 mL，4 mol），三聚乙醛 176 g（177 mL，1.33 mol），冷至 0℃，加入浓盐酸 300 mL，搅拌下保持内温 10～13℃ 通入氯化氢气体，约 25 min 使之饱和。将反应物倒入 300 g 碎冰中，充分搅拌，分出有机层，冰水洗涤（200 mL×3）。将有机层加入蒸馏瓶中，冷却下加入吡啶 316 g（322 mL，4 mol）和 2 g α-亚硝基-β-萘酚。将上述分出有机层后的水层，用乙醚提取（200 mL×2）。合并乙醚层，冰水洗涤后，氮气保护下回收乙醚。剩余物合并至上述有机物中。放置 1.5 h 后，氮气保护下减压蒸馏，接受瓶中放入 1 g α-亚硝基-β-萘酚，收集 125℃/6.65 kPa 以前的馏分，将蒸馏液倒入 400 g 碎冰与 400 g 浓盐酸组成的体系中，分出有机层，水层用乙醚提取（100 mL×2）。合并有机层，依次用 1% 的盐酸 100 mL、水 100 mL、2% 的氨水 100 mL 洗涤，无水硫酸镁干燥，回收溶剂后，氮气保护下减压精馏，收集 36℃/19.95 kPa 的馏分为噻吩（27.9～46.5 g），65～67℃/6.65 kPa 的馏分为 2-乙烯基噻吩（**1**），重 191.3～224 g，收率 50%～55%。

【用途】　心脑血管疾病治疗药物盐酸噻氯吡啶（Ticlopidine hydrochloride）等的中间体。

6,6-亚乙二氧基-胆甾-1-烯-3-酮

$$C_{29}H_{46}O_3，442.68$$

【英文名】　6,6-(Ethylenedioxy)-cholest-1-en-3-one
【性状】　白色固体。
【制法】　①DeLuca H F，Schnoes H K，Holick M F，et al. US 3741996.1973.②陈芬儿.有机药物合成法：第一卷.北京：中国医药科技出版社，1999：4.

2α-溴-6,6-亚乙二氧基-胆甾烷-3-酮（**3**）：于反应瓶中加入化合物（**2**）10 g（22.6 mmol）、乙酰胺2.67 g、四氢呋喃190 mL，加热至50℃，加乙酸3滴和氢溴酸1滴，缓慢滴加由溴素3.61 g（22.6 mmol）溶于四氯化碳7 mL的溶液（保持溶液无溴素颜色），加完后冰浴冷却，析出固体。过滤，用乙酸乙酯50 mL洗涤，合并滤液和洗液，过150 g氧化铝柱（洗脱液：乙酸乙酯）纯化，得浅黄色固体（**3**）。

6,6-亚乙二氧基-胆甾-1-烯-3-酮（**1**）：于反应瓶中加入上步所得化合物（**3**），2,4,6-三甲基吡啶40 mL，氮气保护下加热搅拌回流1.5 h。冷至室温，加入乙醚，搅拌。分出有机层，水层用乙醚提取。合并有机层，水洗。减压浓缩至干，剩余物溶于适量甲醇中，此溶液经直径3cm的交联葡聚糖LH-20柱（100 g）纯化，收集洗脱液，每10 mL一份，用TLC分析［展开剂：环己烷-乙酸乙酯（3∶1）］。合并25～33组分，减压浓缩至干，得固体。向此固体中加入2,4,6-三甲基吡啶40 mL，在氮气保护下，加热搅拌回流0.5 h。冷却，加入乙醚2.0 mL，混合物水洗，有机层减压浓缩。向黑色胶状剩余物中加入适量甲醇（可加入少量乙醚增加其溶解性），加热溶解后，冷却，析出固体。过滤，干燥，得白色固体2.4 g。滤液继续冷却，又析出固体，过滤，干燥，得白色固体1.6 g，合并白色固体［化合物（**1**）和化合物（**3**）的混合物］，共4.0 g。将滤液减压浓缩至干，剩余物溶于三氯甲烷-正己烷（1∶1）10 mL，此溶液经直径4cm的交联葡聚糖LH-20柱（300 g）［洗脱剂：三氯甲烷-正己烷（1∶1）］纯化，得固体。将固体重复上述柱层析一次，得（**1**）5.23 g。

【用途】　维生素类药阿法骨化醇（Alfacalcidol）中间体。

3β-羟基-孕甾-1,4-二烯-3,20-二酮［17α,16α-d］-2′-甲基噁唑啉

$$C_{23}H_{29}NO_4，383.49$$

【英文名】　3β-Hydroxypregna-1,4-diene-3,20-dione［17α,16α-d］-2′-methyloxazoline
【性状】　mp 279～280℃。
【制法】　Nathansohn G，Winters G，Testa E. J Med Chem，1968，10（5）：799.

2,4-二溴-11β-羟基-5α-孕甾-3,20-二酮 [17α,16α-d]-2'-甲基噁唑啉（**3**）：在干燥反应瓶中加入化合物（**2**）6.5 g（0.0168 mol），无水二氧六环 123 mL 和 25%溴化氢乙酸溶液 8.2 mL，搅拌下滴加溴素 5.5 g（0.0344 mol）和二氧六环 50 mL 的溶液，约 1 h 滴完，室温继续搅拌 0.5 h。将反应液倒入含乙酸钾 35.0 g 的冷水 1.0 L 中，析出固体。过滤，干燥，得（**3**）（直接用于下步反应）。

3β-羟基-孕甾-1,4-二烯-3,20-二酮 [17α,16α-d]-2'-甲基噁唑啉（**1**）：于反应瓶中加入上述化合物（**3**）和 N,N-二甲基甲酰胺 120 mL，氮气保护下加入溴化锂 2.88 g（0.0275 mol），碳酸锂 5.76 g，于 140℃搅拌反应 4 h。加入适量水，用乙酸乙酯提取数次。合并有机层，无水硫酸钠干燥。过滤，滤液回收溶剂，剩余物经硅胶柱 [洗脱剂苯-三氯甲烷-乙醇] 纯化，得（**1**）5.1 g，收率 80%，mp 275～280℃。用甲醇重结晶，mp 279～280℃。

【用途】 甾体抗炎药地夫可特（Deflazacort）中间体。

6-氯-11β,17α,21-三羟基-孕甾烷-1,4,6-三烯-3,20-二酮-21-基乙酸酯

$$C_{23}H_{27}ClO_6，434.92$$

【英文名】 6-Chloro-11β,17α,21-trihydroxy-pregnane-1,4,6-triene-3,20-dione-21-yl acetate

【性状】 mp 184～187℃。

【制法】 ①Gallegra P G, et al. US 3956349. 1976. ②陈芬儿. 有机药物合成法：第一卷. 北京：中国医药科技出版社，1999：393.

于干燥反应瓶中，加入化合物（**2**）45 g（0.103 mol）、二氯甲烷 350 mL 和中性三氧化二铝 30 g，搅拌 1 h。过滤，滤液浓缩至 50 mL，加入四氢呋喃 400 mL，继续蒸馏至沸点约 65℃，停止加热。冷却至 25℃，加入氢溴酸吡啶过溴化物 34 g（0.11 mol）和四氢呋喃 130 mL 的溶液，于 25℃搅拌 20 min。加入丙酮 3 mL，过滤，滤液被浓缩至 50 mL，依次加入 DMF 400 mL，碳酸锂 22.5 g（0.30 mmol）和溴化锂 8.1 g（0.09 mol）。在氮气保护下，于 105℃搅拌 2.5 h。反应结束后，减压浓缩至 200 mL。冷却至 60℃，加入乙酸 50 mL，水 70 mL，混匀后缓慢倒入 1.6 L 水中。静置 1 h，析出固体。过滤，水洗，于 60℃真空干燥，得粗品（**1**）41.5 g，收率 92.6%。用丙酮重结晶两次，得（**1**）32.7 g，收

率 73%，mp 184～187℃。

【用途】　甾体抗炎药氯泼尼醇（Cloprednol）中间体。

10-甲氧基-5H-二苯并［b,f］氮杂䓬

$$C_{15}H_{13}NO，223.27$$

【英文名】　10-Methoxy-5H-dibenz［b,f］azepine
【性状】　黄褐色固体。mp 122～124℃。
【制法】　刘旭桃，李梅连，肖方青. 中国医药工业杂志，2006，37：443.

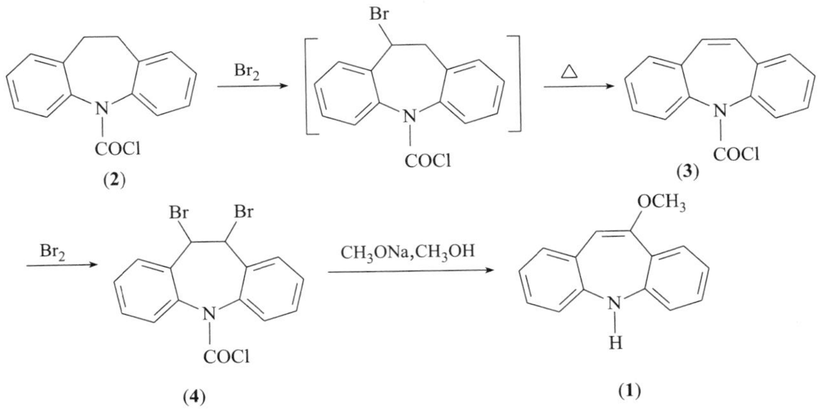

5-氯甲酰基-二苯并［b,f］氮杂䓬（**3**）：于反应瓶中加入化合物（**2**）1.0 kg（4.06 mol），氯苯 500 mL，过氧化苯甲酰 25 g，搅拌下加热至 140～150℃，滴加溴 778 g（4.86 mol），约 4 h 加完。加完后继续搅拌反应至无溴化氢气体逸出为止。减压浓缩，得棕色固体（**3**）964 g，收率 93.2%，直接用于下一步反应。

5-氯甲酰基-10,11-二溴-二苯并［b,f］氮杂䓬（**4**）：于反应瓶中加入化合物（**3**）964 g（3.77 mol），氯仿 2L，搅拌溶解。于 30℃滴加溴素 605 g（3.78 mol）和氯仿 600 mL 的溶液，约 2.5 h 加完。加完后继续室温搅拌反应 6 h。冰箱中放置过夜，析出固体。过滤，干燥，得褐色结晶（**4**）1.1 kg，收率 71.2%，mp 163～165℃。

10-甲氧基-5H-二苯并［b,f］氮杂䓬（**1**）：于反应瓶中加入 28%的甲醇钠-甲醇溶液 4.2 L，搅拌下加入上述化合物（**4**）1.1 kg（2.68 mol），回流反应 20 h。冷却，倒入 20 L 水中，搅拌 1 h。过滤，水洗，干燥，得黄褐色固体（**1**）548.6 g，收率 91.8%，mp 122～124℃。

【用途】　抗癫痫药奥卡西平（Oxcarbazepine）合成中间体。

奥卡西平

$$C_{15}H_{11}BrN_2O，315.17$$

【英文名】　Oxcarbazepine
【性状】　白色或淡黄色粉末。mp 221～223℃。于三氯甲烷中略溶，在甲醇、丙酮、二氯甲烷中微溶，在水、乙醇、0.1 mol/L 盐酸溶液或 0.1 mol/L 氢氧化钠溶液中几乎不溶。

【制法】 张胜建，应丽艳，江海亮，张洪. 精细化工，2008，25（12）：1236.

10-溴-5*H*-二苯并［*b*，*f*］氮杂䓬-5-甲酰胺（**3**）：于 500 mL 高压反应釜中加入化合物（**2**）23.2 g，氯仿 200 mL，室温通入液氨 3.8 g（224 mmol），压力约 0.5 MPa，搅拌反应至压力不下降，约需 30 h。放出氨，以氮气冲洗。过滤除去生成的氯化铵和溴化铵，氯仿洗涤。合并滤液和洗涤液，减压浓缩，得棕色半固体物（**3**）20 g，收率 98%。

奥卡西平（**1**）：于反应瓶中加入 96% 的硫酸 200 mL，上述化合物（**3**）20 g，室温搅拌反应 76 h。将反应物倒入 4 kg 冰水和 400 mL 二氯甲烷的混合体系中，充分搅拌。分出有机层，水层用二氯甲烷 900 mL 分 3 次提取。合并有机层，水洗，无水硫酸钠干燥。过滤，浓缩，得浅黄色结晶。将其加入 40 mL DMF 和 30 mL 甲醇的混合溶液中，加热回流，活性炭脱色。趁热过滤，冷却析晶。过滤，少量冷甲醇洗涤，干燥，得淡黄色粉末（**1**）10.9 g，收率 68%，mp 221～223℃。

【用途】 抗癫痫药奥卡西平（Oxcarbazepine）原料药。

丙烯醛缩二乙醇

$C_7H_{14}O_2$，130.19

【英文名】 Acrolein diethyl acetal

【性状】 无色液体。bp 123～124℃，n_D^{20} 1.4020，d_4^{15} 0.8543。难溶于水，商品中常加入 1% 氧化钙作稳定剂。

【制法】 孙昌俊，曹晓冉，王秀菊. 药物合成反应——理论与实践. 北京：化学工业出版社，2007：357.

$$ClCH_2CH_2CH(OC_2H_5)_2 \xrightarrow{KOH} CH_2{=}CHCH(OC_2H_5)_2$$
$$\textbf{(2)} \qquad\qquad\qquad\qquad \textbf{(1)}$$

于安有韦氏分馏柱的反应瓶中，加入干燥的粉状氢氧化钾 340 g（6 mol），β-氯丙醛缩二乙醇（**2**）167 g（1 mol），混合均匀后油浴加热至 210～220℃，不断有馏出物滴出，蒸至不再有馏出物时为止。将馏出物用分液漏斗分去下层水层，加入无水碳酸钾干燥，过滤后常压蒸馏，收集 122～126℃ 的馏分，得化合物（**1**）98 g，收率 75%。

【用途】 急性白血病治疗药氨蝶呤钠（Aminopterin sodium）、甲氨蝶呤（Methotrexatum）等的中间体。

己烯-1

C_6H_{12}，84.16

【英文名】 1-Hexene，Hexylene

【性状】 无色液体。bp 63.5℃。n_D 1.3837，d_4^{15} 0.6731。溶于醇、醚、苯、石油醚、氯

仿，不溶于水。

【制法】 段行信.实用精细有机合成手册.北京：化学工业出版社，2000：39.

$$CH_3(CH_2)_3CH-CH_2 \xrightarrow[90\%乙醇]{Zn} CH_3(CH_2)_3CH=CH_2 + ZnBr_2$$

下标 Br Br

(2)　　　　　　　　　　　(1)

于安有搅拌器、温度计、滴液漏斗和蒸馏装置的 1 L 反应瓶中，加入 90% 的乙醇 100 mL，锌粉 130 g，加热至沸。移去热源，慢慢滴加 1,2-二溴己烷 (**2**) 408 g（1.68 mol），反应放热，不断蒸出生成的己烯-1。加完后继续蒸馏 10 min。馏出物水洗，无水硫酸钠干燥，分馏，收集 61～63℃ 的馏分，得己烯-1（**1**），收率 60%。

【用途】 医药、农药及有机合成等中间体。

2-溴丙烯

C_3H_5Br，120.98

【英文名】 2-Bromopropene

【性状】 无色液体。bp 48～49℃/99.5 kPa。溶于乙醇、乙醚、氯仿、二氯甲烷等，不溶于水。

【制法】 孙昌俊，曹晓冉，王秀菊.药物合成反应——理论与实践.北京：化学工业出版社，2007：361.

$$BrCH_2CHCH_3 \xrightarrow[NaOH]{95\%C_2H_5OH} \underset{H_3C}{\overset{Br}{>}}C=CH_2$$

下标 Br

(2)　　　　　　　　　　　(1)

于反应瓶中加入 500 mL 95% 的乙醇，氢氧化钠 40 g（1 mol），水浴加热搅拌至基本全溶。冷却后加入 1,2-二溴丙烷 (**2**) 202 g（1 mol），水浴加热，保持回流状态。当反应液沸腾温度下降了 3～4℃，维持 1 h 不变，或反应液 pH 值降至 6～7 时，即为反应终点（约 1.5 h）。蒸出沸点 70℃ 以下的馏分，然后将馏出液分馏，收集 40～50℃ 的馏分，得 2-溴丙烯（**1**）65 g，收率 54%。

【用途】 非去极化型神经肌肉阻断药潘库溴铵（Pancuronium bromide）、哌库溴铵（Pipecuronium bromide）、安眠镇静药西可巴比妥（Secobarbital）等的中间体。

粘糠酸

$C_6H_6O_4$，142.11

【英文名】 *trans，trans*-Muconic acid

【性状】 白色结晶。mp 290℃（分解），bp 320℃。

【制法】 樊能廷.有机合成事典.北京：北京理工大学出版社，1992：594.

$$\begin{array}{l}CH_2CHBrCOOC_2H_5\\ |\\ CH_2CHBrCOOC_2H_5\end{array} \xrightarrow[2.HCl]{1.KOH} HOOC-CH=CH-CH=CH-COOH$$

(2)　　　　　　　　　　　(1)

于反应瓶中加入氢氧化钾 3 kg，甲醇 5 L，搅拌下保持回流状况下滴加热至 100℃ 的

2,5-二溴己二酸二乙酯（**2**）1130 g（3.14 mol），控制滴加速度，保持反应液回流。加完后继续回流反应 2 h，室温放置过夜。抽滤，滤饼用甲醇洗涤。将滤饼溶于 8 L 热水中，加入活性炭 30 g 脱色。过滤，滤液在冰盐浴冷却下，用 1.5 L 浓盐酸酸化。2 h 后过滤，水洗，甲醇洗，于 80℃ 干燥，得近乎无色的化合物（**1**）165～195 g，收率 37%～43%。

【用途】 防晒霜紫外线吸收剂。

（E）-4-己烯-1-醇

$C_6H_{12}O$，100.16

【英文名】 （E）-4-Hexen-1-ol

【性状】 无色液体。bp 70～74℃/1.53 kPa。

【制法】 Raymond Paul，Olivier Riobé，and Michel Maumy. Org Synth，1988，Coll Vol 6：675.

2,3-二氯四氢吡喃（**3**）：于安有搅拌器、温度计、通气导管的反应瓶中，加入无水乙醚 400 mL，二氢吡喃（**2**）118 g（1.40 mol），丙酮-干冰浴冷至 −30℃。通入干燥的氯气，控制反应液温度不得高于 −10℃，约 1 h 通完，此时反应液变为黄色，并反应温度迅速降低。加入几滴二氢吡喃使黄色消失。将得到的化合物（**3**）的无色溶液于 −30℃ 保存备用。

3-氯-2-甲基四氢吡喃（**4**）：于反应瓶中加入镁屑 51 g（2.11 mol），无水乙醚 1.2 L，搅拌下慢慢滴加溴甲烷 200 g（2.15 mol），控制滴加速度，保持反应液缓慢回流。约 2 h 后生成甲基溴化镁试剂。冰盐浴冷却，用滴液漏斗滴加上述化合物（**3**）的溶液，控制加入速度，使反应液不要回流太剧烈。加完后，将生成的浆状物回流反应 3 h。冰浴冷却，慢慢加入冷的 15% 的盐酸 900 mL。分出有机层，水层用乙醚提取 2 次。合并有机层，无水碳酸钾干燥。过滤，浓缩。剩余物减压分馏（12cm 韦氏分馏柱），收集 48～95℃/1.26～1.40 kPa 的馏分，得无色液体（**4**）122～136 g，收率 65%～72%。（**4**）为顺、反异构体混合物。

（E）-4-己烯-1-醇（**1**）：于反应瓶中加入新鲜切割的金属钠 53 g（2.3 mol），无水乙醚 1.2 L。搅拌下滴加化合物（**4**）136 g（1.10 mol），反应开始时反应液变蓝。控制滴加速度，保持反应液回流，约 90 min 加完，加完后继续回流反应 1 h。冰盐浴冷却，小心滴加 30 mL 无水乙醇，而后滴加 700 mL 水。分出有机层，水层用乙醚提取 2 次。合并有机层，无水碳酸钾干燥。过滤，浓缩。剩余物用 12cm 韦氏分馏柱减压分馏，收集 70～74℃/1.53 kPa 的馏分，得无色液体（**1**）89～94 g，收率 88%～93%。n_D^{25} 1.4389。

【用途】 食用香料。

去氢他喷他多

$C_{14}H_{21}NO$，219.33

【英文名】 Dehydro-tapentadol

【性状】 白色结晶性固体。mp 281～285℃（分解）。

【制法】　陶俊钰，徐奎. 中国医药工业杂志，2016，47（7）：838.

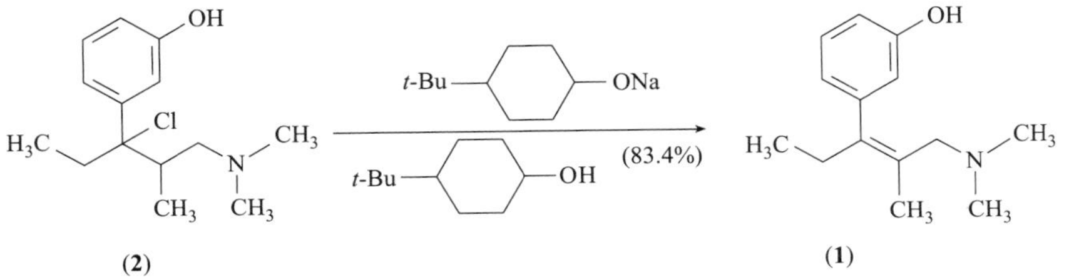

于反应瓶中加入 4-叔丁基环己醇 300 mL，化合物（**2**）12 g（47 mmol），搅拌下冷至 -5～0℃，加入 4-叔丁基环己醇钠 8.9 g（50 mmol），继续保温反应 6 h。于 -5～0℃慢慢加入氯化氢-乙酸乙酯溶液 16 mL，调至 pH2.0～2.5，搅拌 1 h。过滤生成的白色固体，将其加入 300 mL 甲醇中，回流 15 min。过滤，冷丙酮洗涤，于 75℃干燥 10 h，得白色结晶性固体（**1**）8.6 g，收率 83.4%，mp 281～285℃（分解）。

【用途】　中枢镇痛药琥珀酸去氢他喷他多酯（Succinate dehydro-tapentadol ester）中间体。

3-(4-吗啉基)-5,6-二氢-吡啶-2(1*H*)-酮

$C_9H_{14}N_2O_2$，182.22

【英文名】　3-(4-Morpholino)-5,6-dihydro-pyridin-2（1*H*）-one
【性状】　白色粉末。mp 145～148℃。
【制法】　张伟，王雪，昌兴龙，李瑛光，萧伟. 中国医药工业杂志，2016，47（10）：1216.

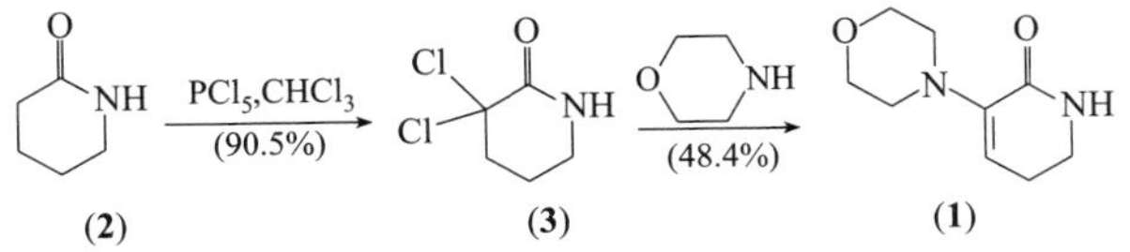

3,3-二氯哌啶-2-酮（**3**）：于反应瓶中加入五氯化磷 126 g（0.606 mol），氯仿 300 mL，冰浴冷却，搅拌下滴加由哌啶-2-酮（**2**）20 g（0.202 mol）溶于 200 mL 氯仿的溶液。加完后慢慢升至室温，而后加热回流反应 6 h。减压蒸出溶剂，剩余物慢慢倒入 400 g 碎冰中，充分搅拌。用 400 mL 氯仿提取，饱和盐水洗涤，水洗。无水硫酸钠干燥，过滤，浓缩，得白色粉末（**3**）30.5 g，收率 90.5%，mp 162～165℃。

3-(4-吗啉基)-5,6-二氢-吡啶-2（1*H*）-酮（**1**）：于反应瓶中加入上述化合物（**3**）20 g（0.12 mol），吗啉 60 mL，搅拌回流反应 3 h。减压浓缩，剩余物溶于 200 mL 二氯甲烷中，水洗 2 次，无水硫酸钠干燥。过滤，浓缩。剩余物用异丙醇-石油醚（2∶1）重结晶，得白色粉末（**1**）10.5 g，收率 48.2%，mp 145～148℃。

【用途】　抗凝血药阿哌沙班（Apixaban）中间体。

N-苯基-2,6-二氯苯胺

$C_{12}H_9Cl_2N$，238.10

【英文名】　*N*-Phenyl-2,6-dichloroaniline

【性状】 黄色结晶性粉末。mp 49.5～50.7℃。

【制法】 ①孙昌俊，曹晓冉，王秀菊.药物合成反应——理论与实践.北京：化学工业出版社，2007：355.②田俊波，周文辉.石家庄化工，2000，3：11.

N-苯基-2,2,6,6-四氯环己亚胺（3）：于反应瓶中加入 2,2,6,6-四氯环己酮（2）100 g（0.424 mol），苯胺 71 g（0.763 mol），冰醋酸 200 mL，于 45～50℃搅拌反应 6 h。冷至室温后，慢慢倒入 300 mL 冰水中，分出油层。水层用甲苯提取（50 mL×3），合并油层与甲苯层，依次用饱和碳酸氢钠、饱和食盐水、水洗涤，无水硫酸钠干燥。减压回收溶剂，得褐色油状物，冷后固化。用甲醇重结晶，活性炭脱色，冷后析出黄色结晶。抽滤，干燥，得化合物（3）123 g，收率93.5％，mp 70～73℃。

N-苯基-2,6-二氯苯胺（1）：于反应瓶中加入上述化合物（3）100 g（0.322 mol），DMF 10 mL，于 135～137℃搅拌反应 0.5 h。冷至室温，加入甲苯 300 mL，水 150 mL，室温搅拌 30 min。分出有机层，水层用甲苯提取，合并有机层，水洗至中性，无水硫酸钠干燥。减压蒸出溶剂，剩余物冷却后固化。用甲醇重结晶，活性炭脱色，冷后析出固体。过滤，干燥，得黄色结晶性粉末（1）74 g，收率 96.5％，mp 51.5～53℃，文献值49.5～50.7℃。

【用途】 抗炎药双氯芬酸钠（Diclofenac sodium）中间体。

2-丁炔二酸

$C_4H_2O_4$，114.06

【英文名】 But-2-ynedioic acid

【性状】 无色结晶，有强酸性。mp 175～177℃。

【制法】 ①Abbott T W，Arnold K T. Org synth，1943，Coll Vol 2：10.②樊能廷. 有机合成事典.北京：北京理工大学出版社，1992：572.

于 2 L 反应瓶中加入氢氧化钾 122 g（2.2 mol），95％的甲醇 700 mL，搅拌溶解。慢慢加入 α,β-二溴丁二酸（2）100 g（0.36 mol），加热回流 1.5 h。冷却抽滤，滤饼用甲醇充分洗涤，干燥后得 144～150 g 混合盐。将混合盐溶于 270 mL 水中，加入由 30 mL 水和 8 mL 浓硫酸配成的稀酸，丁炔二酸单钾盐析出，放置过夜。抽滤，将酸式盐溶于 60 mL 浓硫酸与 240 mL 水配成的稀酸中，用乙醚提取（100 mL×5）。合并乙醚提取液，蒸去乙醚，得丁炔二酸水合物。于盛有浓硫酸的干燥器中真空干燥，得丁炔二酸（1）30～36 g，收率73％～88％，mp 175～177℃。

【用途】 医药中间体，解毒药二巯基丁二酸钠（Sodium dimercaptosucinate）等的中间体。

苯乙炔

$$C_8H_6, \quad 102.14$$

【英文名】 Phenylacetylene

【性状】 无色液体。mp $-44.8℃$，bp $142.4℃$，$75℃/12\ kPa$，$39℃/2\ kPa$。$d_4^{20}\ 0.9300$，$n_D^{20}\ 1.5489$。与乙醇、乙醚等混溶，不溶于水。

【制法】 方法1 ①Furniss B S, Hannaford A J, Rogers V, et al. Vogel's Textbook of Practical Chemistry. Longman London and New York. Fourth edition, 1978：348. ②李斌，苗蔚荣，程侣柏. 精细化工，1998，15（3）：55.

$$C_6H_5CH=CH_2 \xrightarrow{Br_2} C_6H_5CHBr-CH_2Br \xrightarrow[NH_3]{NaNH_2} C_6H_5C\equiv CH$$
$$\qquad (2) \qquad\qquad\qquad (3) \qquad\qquad\qquad\qquad (1)$$

α,β-二溴苯乙烷（**3**）：于反应瓶中加入新蒸馏的苯乙烯（**2**）208 g（2.0 mol），干燥的氯仿200 mL，冰水浴冷却。慢慢滴加320 g（103 mL，2.0 mol）干燥的溴溶于200 mL氯仿的溶液，滴加速度控制在滴进溴后由红色变为黄色。加完后继续搅拌反应20 min。水浴加热蒸出氯仿，得粗品（**3**）510 g，收率97％。不必提纯直接用于下步反应。

苯乙炔（**1**）：于安有搅拌器的5 L Dewar瓶中，加入液氨3 L，加入1.5 g硝酸铁，5 g除去表面氧化物的金属钠。2 min后，于30 min左右分批加入160 g金属钠（切成小块）。加完后放置，直至深蓝色的反应混合物变成浅灰色（约20 min）。慢慢滴加（**2**）510 g溶于1.5 L无水乙醚配成的溶液，约2 h加完。加完后放置4 h。加入180 g粉状的氯化铵以分解碱性物质，再加入500 mL乙醚，继续搅拌数分钟。将反应物倒出，使氨挥发。再加入乙醚。过滤，滤出的无机盐用乙醚洗涤，保存滤液。将滤出的无机盐溶于水，用乙醚提取。合并滤液与乙醚提取液，以稀硫酸洗涤，直至对刚果红试纸呈酸性，而后水洗，无水硫酸镁干燥。蒸出乙醚，分馏，收集142~143℃的馏分，得苯乙炔（**1**）156 g，收率79％。

方法2 孙昌俊，曹晓冉，王秀菊. 药物合成反应——理论与实践. 北京：化学工业出版社，2007：350.

$$C_6H_5CH=CHCOOH \xrightarrow{Br_2} C_6H_5CHBrCHBrCOOH \xrightarrow{Na_2CO_3} C_6H_5CH=CHBr \xrightarrow{KOH} C_5H_5C\equiv CH$$
$$\quad (2) \qquad\qquad\qquad (3) \qquad\qquad\qquad\qquad (4) \qquad\qquad\qquad (1)$$

β-溴代苯乙烯（**4**）：于500 mL反应瓶中加入肉桂酸（**2**）74 g（0.5 mol），氯仿300 mL，加热溶解。搅拌下冰水浴冷却，很快结晶析出。将80 g溴溶于50 mL氯仿的溶液分三次加入反应瓶中，剧烈搅拌并冷却。加完后于冰水浴中放置30 min。抽滤，得到2,3-二溴-3-苯基丙酸（**3**），mp 204℃（分解）。化合物（**3**）与750 mL 10％的碳酸钠水溶液一起加热回流。冷后分出有机层，水层用乙醚提取（100 mL×2），合并有机层与乙醚提取液，无水氯化钙干燥，蒸出乙醚，得化合物（**4**）约68 g。

苯乙炔（**1**）：于安有蒸馏装置、滴液漏斗的500 mL反应瓶中，加入固体氢氧化钾100 g，加入约2 mL水。油浴加热至200℃，使碱熔融。滴加上面得到的β-溴代苯乙烯（**4**）到熔融的碱中，滴加速度约每秒1滴。苯乙炔蒸出，慢慢将浴温升至220℃，并保持在220℃左右滴加完毕。而后升温至230℃，直至无产物蒸出。分出上层馏出液，固体氢氧化钾干燥，并重新蒸馏，收集142~144℃的馏分，得苯乙炔（**1**）25 g，收率49％。

【用途】 抗癌化合物炔基脱氧尿苷（5-Ethynyl-2'-deoxyuridine）等的中间体。

间氨基苯乙炔

C$_8$H$_7$N，117.15

【英文名】 *m*-Aminophenylacetylene

【性状】 淡黄色液体。

【制法】 张俊，李星，孙丽文，朱锦桃.中国医药工业杂志，2012，43（10）：812.

2,3-二溴-3-(3-硝基苯基)丙酸（**3**）：于反应瓶中加入间硝基肉桂酸（**2**）16 g（0.08 mol），氯仿 100 mL，搅拌下滴加溴素 14.4 g（0.09 mol），加完后回流反应 6 h。冷却，依次用 10%的亚硫酸氢钠、水洗涤，无水硫酸钠干燥。过滤，减压浓缩，得白色固体（**3**）25.7 g，收率 88%，mp 171～172℃。

（*Z*）-1-溴-2-(3-溴苯基)乙烯（**4**）：于反应瓶中加入化合物（**3**）25 g（0.07 mol），DMF 80 mL，搅拌溶解后冷至 0℃。慢慢滴加三乙胺 17.2 g（0.17 mol），加完后继续保温反应 1 h，而后室温反应 8 h。将反应物倒入 300 mL 水中，乙酸乙酯提取 3 次。合并有机层，依次用饱和碳酸氢钠、水洗涤，无水硫酸钠干燥。过滤，减压浓缩，得黄色液体（**4**）13.7 g，收率 85%。

间硝基苯乙炔（**5**）：于干燥的反应瓶中，加入上述化合物（**4**）13.7 g（0.06 mol），无水 DMF 60 mL，冰浴冷却，分批加入 50%的氢化钠 6.32 g（0.132 mol），加完后继续搅拌反应 1 h。将反应物倒入 200 mL 5%的氯化铵水溶液中，充分搅拌 10 min，二氯甲烷提取 3 次。合并有机层，水洗，无水硫酸钠干燥。过滤，浓缩，得淡黄色液体（**5**）7.5 g，收率 85%。冷冻后固化，mp 26～27℃。

间氨基苯乙炔（**1**）：于反应瓶中加入还原铁粉 12.2 g（0.218 mol），50 mL 水，盐酸 0.1 mL，室温搅拌 10 min。加入化合物（**5**）7 g（0.054 mol）溶于 50 mL 甲醇的溶液，加热回流 3 h。趁热过滤，滤饼用甲醇洗涤。合并滤液和洗涤液，减压蒸出溶剂，得浅黄色液体（**1**）4.57 g，收率 82%，纯度 98%（GC）。

【用途】 新型抗肿瘤药物盐酸厄洛替尼（Erlotinib hydrochloride）的关键中间体。

对甲基苯乙炔

C$_9$H$_8$，116.16

【英文名】 *p*-Methylphenyl acetylene

【性状】 无色液体。

【制法】 Cheng Xuezhi, Jia Jun, Kuang Chunxiang. Chinese Journal of Chemistry, 2011, 29 (11)：2350.

于反应瓶中加入 3-对甲基苯基-2,3-二溴丙酸（**2**）0.5 mmol，碳酸钾 207 mg（15 mmol），DMSO 5 mL，于 115℃搅拌反应 12 h。将反应物倒入水中，乙醚提取 3 次。合并乙醚层，饱和盐水洗涤，无水硫酸钠干燥。过滤，浓缩，剩余物过硅胶柱纯化，己烷洗脱，得化合物（**1**），收率 93%。

【用途】 新药开发中间体。

3-苯基丙炔醛

C_9H_6O，130.15

【英文名】 3-Phenylpropiolaldehyde

【性状】 无色液体。

【制法】 ①Prous J，et al. Drugs Fut，1992，17（11）：991.②陈仲强，李泉. 现代药物的合成与制备：第二卷. 北京：化学工业出版社，2011：490.

于反应釜中加入肉桂醛（**2**）100 kg（757 mol），冰醋酸 300 L，冷至 0～10℃，搅拌下滴加溴素 121 kg（757 mol），加完后继续室温搅拌反应 2 h，生成化合物（**3**）。加入碳酸氢钠 39.4 kg（379 mol），冷至 0～10℃，以细流加入三乙胺 76.6 kg（757 mol），加完后升至 60℃并保温反应 1 h。冷至室温，加入二氯甲烷 800 L 和水 400 L，充分搅拌后静止分层。分出有机层，依次用 3%的碳酸氢钠和水各 500 L 洗涤。减压浓缩至约 250 L，加入乙醇 500 L，再浓缩至约 250 L，生成化合物（**4**）。加入原甲酸三乙酯 114.7 kg（774 mol），氯化铵 1.88 kg，回流反应 2.5 h。冷至室温，加入二氯甲烷 1200 L，用水 595 L 洗涤，浓缩，得油状液体（**5**）备用。

于另一反应釜中加入氢氧化钾 65 kg（1158 mol），乙醇 602 L，搅拌溶解。加入上述油状物（**5**），于 70～75℃搅拌反应 1 h。浓缩至约 400 L，加入二氯甲烷 803 L 和水 1600 L，用盐酸调至 pH7.5，静止分层。分出的水层用 800 L 二氯甲烷提取。合并二氯甲烷层，浓缩回收溶剂，得油状物。加入乙醇 14.3 L，搅拌溶解后，加入硫酸 89.2 kg（909 mol）与 715 L 水配成的稀硫酸，搅拌回流反应 1.5 h。冷至室温，加入二氯甲烷 715 L，充分搅拌后分层。分出有机层，水层用二氯甲烷 286 L 洗涤。合并有机层，浓缩回收溶剂得油状物 103.4 kg，HPLC 分析表明，其中含（**1**）79.7 kg。减压蒸馏，收集 91～93℃/0.8 kPa 的馏分，得化合物（**1**）60.5 kg。纯度 95%，收率 61%左右。

【用途】 利尿药 FK-453 中间体。

苯丙炔酸

$$C_9H_6O_2，146.15$$

【英文名】 Phenylpropiolic acid

【性状】 白色或类白色结晶性固体，mp 135～136℃。溶于乙醇，不溶于水。

【制法】 ①Reimer M. J Am CheM Soc，1942，64（10）：2510. ②孙昌俊，曹晓冉，王秀菊. 药物合成反应——理论与实践. 北京：化学工业出版社，2007：352.

于反应瓶中加入 95％的乙醇 1.2 L，氢氧化钾 252 g（4.5 mol），搅拌溶解。冷至 40～50℃，加入 α,β-二溴-β-苯基丙酸乙酯（**2**）336 g（1 mol），反应平稳后，加热回流 5 h。冷却，滤出沉淀（保留），滤液用浓盐酸调至中性，再滤出沉淀（保留），常压蒸馏回收乙醇。将剩余物与上面滤出的沉淀（**3**）合并，溶于 800 mL 水中，再加碎冰至约 1.8 L。冰水浴中用 20％的硫酸调至强酸性，析出淡棕色固体，抽滤，用 2％的稀硫酸洗涤。将滤出的固体溶于 1.5 L 5％的碳酸钠中，活性炭脱色，抽滤，冷后加碎冰 200 g。用 20％的硫酸调至强酸性，析出固体，抽滤，依次用 2％的硫酸、水洗涤，真空干燥器中干燥，得苯丙炔酸（**1**）115 g，收率 79％。用四氯化碳重结晶，得白色或类白色固体 70 g，mp 135～136℃。

【用途】 心脏病治疗药普尼拉明（Prenvlamine）、香料中间体。

叔丁基乙炔

$$C_6H_{10}，82.15$$

【英文名】 *tert*-Butylacetylene，3,3-Dimethyl-1-butyne

【性状】 无色液体，bp 37℃，n_D^{20} 1.3751。溶于乙醇、乙醚、氯仿、乙酸乙酯，不溶于水。

【制法】 方法 1 孙昌俊，曹晓冉，王秀菊. 药物合成反应——理论与实践. 北京：化学工业出版社，2007：352.

$$(CH_3)_3CCH_2CHCl_2[或(CH_3)_3CCCl_2CH_3] \xrightarrow{\text{KOH, DMSO}} (CH_3)_3CC{\equiv}CH$$
$$(2) \qquad\qquad\qquad\qquad\qquad\qquad (1)$$

于安有搅拌器、滴液漏斗、冷凝器的反应瓶中（冷凝管中通入 50℃的温水，上端安装蒸馏装置）加入氢氧化钾 115 g（2 mol），DMSO 200 mL，油浴加热至 140℃，搅拌下滴加 1,1-二氯-3,3-二甲基丁烷（**2**）77.5 g（0.5 mol），约 2 h 加完，随时蒸出生成的产物。加完后再在 140～170℃搅拌反应 10 h，得粗产品 32 g，蒸馏后得叔丁基乙炔（**1**）26 g，收率 63.4％，bp 37℃，n_D^{20} 1.3751。

方法 2 韩莹，黄嘉梓，屠树滋. 中国药科大学学报，2001，32（1）：8.

$$(CH_3)_3C\overset{O}{\overset{\|}{C}}CH_3 \xrightarrow{PCl_5} (CH_3)_3CCCl_2CH_3 \xrightarrow[\text{PTC}]{\text{KOH, DMSO}} (CH_3)_3CC{\equiv}CH$$
$$(2) \qquad\qquad\qquad (3) \qquad\qquad\qquad\qquad (1)$$

于反应瓶中加入 PCl$_5$ 37.5 g（0.18 mol），冰浴冷却下滴加品那酮（**2**）18 g（0.18 mol），加完后继续搅拌反应 9 h。倒入 100 g 碎冰中，用乙醚溶解悬浮的固体。分出乙醚层，水层用乙醚反复提取。合并乙醚层，水洗至中性，无水硫酸钠干燥。浓缩，得 2,2-二氯-3,3-二甲基丁烷（**3**）粗品 17.8 g，收率 67%。将上述粗品（**3**）与 2 倍量的氢氧化钾和 DMSO 100 mL 混合，搅拌溶解，再加入四丁基溴化铵 1 g，慢慢搅拌下加热，收集 40℃ 以下的馏分，得粗品（**1**）9 g。分馏，收集 37～39℃ 的馏分，得化合物（**1**）8.6 g，收率 90%。

【用途】 抗真菌药特比萘芬（Terbinafine）等的中间体。

环丙基乙炔

C$_5$H$_6$，66.10

【英文名】 Cyclopropyl acetylene
【性状】 无色液体。bp 52～53℃。
【制法】 Winfrid Schoberth，Michael Hanack. Synthesis，1972：703.

$$\triangleright\!\!-COCH_3 \xrightarrow{PCl_5} \triangleright\!\!-CCl_2CH_3 \xrightarrow{t\text{-BuOK, DMSO}} \triangleright\!\!-C\!\equiv\!CH$$
（**2**） （**3**） （**1**）

1,1-二氯-1-环丙基乙烷（**3**）：于反应瓶中加入甲基环丙基酮（**2**）37.2 g（0.443 mol），四氯化碳 350 mL，冷至 5℃，加入五氯化磷 104.1 g（0.5 mol），反应结束后，按照通常方法处理，减压蒸馏，收集 52～53℃/6.30 kPa 的馏分，得化合物（**3**）39.4 g，收率 64%。

环丙基乙炔（**1**）：于反应瓶中加入化合物（**3**）30.0 g（0.215 mol），二甲亚砜 150 mL，于 −80℃ 用叔丁醇钾 49.5 g（0.555 mol）处理，得化合物（**1**），4.8 g，收率 34%。

【用途】 抗艾滋病药物依法韦仑（Efavirenz）中间体。

硬脂炔酸[9-十八(碳)炔酸]

C$_{18}$H$_{32}$O$_2$，280.45

【英文名】 Stearolic acid，9-Octadecynoic acid
【性状】 白色至浅棕色结晶。mp 46～46.5℃。
【制法】 Khan N A，Deatherage F E and Brown J B. Org Synth，1963，Coll Vol 4：851.

$$CH_3(CH_2)_7CH\!=\!CH(CH_2)_7COOH \xrightarrow{Br_2} CH_3(CH_2)_7\underset{Br}{CH}\!-\!\underset{Br}{CH}(CH_2)_7COOH$$
（**2**） （**3**）

$$\xrightarrow[\text{2. HCl}]{\text{1. NaNH}_2} CH_3(CH_2)_7C\!\equiv\!C(CH_2)_7COOH$$
（**1**）

于反应瓶中加入油酸（**2**）100 g（0.35 mol），400 mL 乙醚，搅拌下于 0～5℃ 慢慢滴加溴，直至溴的颜色不再消失，大约需要 53 g（0.33 mol）。过量的溴通过加入少量油酸使之反应完全。生成二溴硬脂酸（**3**）乙醚溶液。

于反应瓶中加入液氨 1.9 L，1.6 g 无水三氯化铁，5～10 min 后分批加入金属钠 3 g，而后搅拌下慢慢加入金属钠 40 g（共 43 g，1.87 mol），反应中有氢气放出，生成氨基钠。慢慢滴加上述二溴硬脂酸的乙醚溶液，大约反应 6 h，再加入 60 g 氯化铵（1.12 mol）以分解过量的氨基钠。将氨慢慢挥发掉，剩余固体物。加入 1 L 水，氮气保护下加热至 60～70℃，慢慢加入 50 mL 浓盐酸酸化。分出有机层，用热水洗涤 4 次。有机层放置后固化。减压干燥，得化合物（1）。将其室温溶于 500 mL 石油醚中，过滤除去不溶固体，滤液减压浓缩至 300 mL，于 0～5℃冷却，过滤，得第一份产品（1）。进一步浓缩至 150 mL，冷却，过滤，得第二份棕色结晶（1）。两份产品合并，溶于 300 mL 石油醚中，生成浅红色溶液，冷至 0℃，过滤，真空干燥，得白色至浅棕色结晶 51.5～61.5 g，收率 52%～62%，mp 46～46.5℃。

【用途】 苹婆酸、一些保健品、减肥药的中间体。

炔丙醛缩二乙醇

$$C_7H_{12}O，128.17$$

【英文名】 Propiolaldehyde diethyl acetal，3,3-Diethoxy-1-propyne

【性状】 无色液体。bp 138～139℃，95～96℃/22.61 kPa。溶于乙醇、氯仿、丙酮、苯，不溶于水。

【制法】 Coq A L，Gorgues A. Org Synth，1988，Coll Vol 6：954.

$$CH_2=CHCHO \xrightarrow[CH(OEt)_3]{Br_2} BrCH_2-\underset{Br}{\underset{|}{CHCH(OEt)_2}} \xrightarrow{Bu_4NOH} HC\equiv C-CH(OEt)_2$$
$$(2) \qquad\qquad\qquad (3) \qquad\qquad\qquad (1)$$

2,3-二溴丙醛缩二乙醇（3）：于反应瓶中加入新蒸馏的丙烯醛（2）28 g（0.5 mol），冰盐浴冷至 0℃，滴加溴 80 g（0.5 mol），控制内温在 0～5℃，约 1 h 加完。而后滴加新蒸馏的原甲酸三乙酯 80 g（0.54 mol）与 65 mL 无水乙醇的混合液，约 15 min 加完。加完后于 45℃反应 3 h。

减压浓缩，剩余物减压分馏，收集 113～115℃/1.46 kPa 的馏分，得淡黄色液体（3）107～112 g，收率 74%～77%。

炔丙醛缩二乙醇（1）：于反应瓶中加入四丁基硫酸氢铵 100 g（0.3 mol），水 20 mL，搅拌下加入上述二溴化物（3）29 g（0.1 mol）与 75 mL 戊烷的溶液，冷至 10～15℃，滴加冷的 60 g（1.5 mol）氢氧化钠溶于 65 mL 水的溶液，约 10 min 加完。加完后继续搅拌回流反应 10～20 min，而后室温反应 2 h。冷至 5℃，搅拌下滴加 120 mL 冷至 5℃以下的 25%的硫酸。加完后停止搅拌，静置 30 min。分出有机层，水层过滤除去硫酸钠后用戊烷提取 3 次。水层可回收催化剂（减压浓缩至干，再用乙酸乙酯重结晶）。合并有机层，无水硫酸钠干燥，浓缩，减压蒸馏，收集 95～96℃/22.61 kPa 的馏分，得化合物（1）7.8～8.6 g，收率 61%～67%。

【用途】 重要的有机合成中间体，在天然产物甾族化合物、杂环化合物的合成中有重要的用途。

丙炔腈

$$C_3HN，51.05$$

【英文名】 Cyanoacetylene，Propynonitrile

【性状】 无色液体。mp 5℃，bp 42.5℃。d_4^{17} 0.8167，n_D^{20} 1.3868。与乙醇、乙醚等混

溶，难溶于水。暴露于空气及遇光时易分解。

【制法】 孙昌俊，曹晓冉，王秀菊.药物合成反应——理论与实践.北京：化学工业出版社，2007：362.

$$CH_2=CHCN \xrightarrow{Br_2} CH_2BrCHBrCN \xrightarrow{\triangle} CH\equiv C-CN$$
$$\quad\quad (2) \quad\quad\quad\quad (3) \quad\quad\quad\quad (1)$$

α,β-二溴丙腈（**3**）：于反应瓶中加入丙烯腈（**2**）100 g（1.89 mol），搅拌下冷却至15℃，用200 W灯泡照射反应瓶，慢慢滴加溴素302 g。控制滴加速度使内温不超过30℃，加完后继续搅拌反应直至溴的颜色褪去为止。减压蒸馏，收集105～112℃/2.66 kPa的馏分，得α,β-二溴丙腈（**3**），收率85%。

丙炔腈（**1**）：将硅碳管加热并调整至570℃，系统压力为2.67 kPa，接受器用干冰冷却至－50℃，慢慢滴加化合物（**3**）。经裂解生成溴化氢气体和丙炔腈。生成的丙炔腈在接受器中固化。将固化物于冷水浴融化后，减压蒸馏，收集42～45℃/2.67 kPa的馏分，得丙炔腈（**1**），收率50%。

【用途】 急性白血病治疗药物阿糖胞苷（Cytarabine）、盐酸环胞苷（Cyclocytidine hydrochloride）等中间体。

乙氧基乙炔

C_4H_6O，70.09

【英文名】 Ethoxyacetylene

【性状】 无色液体。bp 49～51℃/99.62 kPa。

【制法】 Jones E R H，Eglinton G，Whiting M C，et al. Org Synth，1963，Coll Vol 4：404.

$$ClCH_2CH(OEt)_2 \xrightarrow{NaNH_2,NH_3(液)} NaC\equiv COEt \xrightarrow{H_2O} HC\equiv COEt$$
$$\quad\quad (2) \quad\quad\quad\quad\quad\quad\quad\quad\quad\quad\quad\quad (1)$$

于反应瓶中加入液氨500 mL，水合硝酸铁0.5 g，而后加入新切成小块的金属钠38 g（1.65 mol）。待金属钠反应完后，滴加氯乙醛缩二乙醇（**2**）76.5 g（0.502 mol），约20 min加完。氮气气氛下将氨挥发。冷至－70℃，剧烈搅拌下一次加入冷至－20℃的饱和氯化铵溶液325 mL。蒸馏，接受瓶用干冰冷却。接受液用饱和磷酸二氢钠中和，水层用干冰浴冷冻成冰，倒出有机层，无水氯化钙干燥。过滤，蒸馏，收集49～51℃/99.62 kPa的馏分，得化合物（**1**）20～21.2 g，收率56%～61%。

【用途】 维生素A的重要中间体。

环丙基丙炔酸乙酯

$C_8H_{10}O_2$，138.16

【英文名】 Ethyl cyclopropylpropiolate

【性状】 无色液体。bp 87～95℃/1.33 kPa。

【制法】 Osmo H. Org Synth，1993，Coll Vol 8：247.

2-氯-2-环丙基乙烯-1,1-二甲酸二乙酯（**3**）：于反应瓶中加入环丙酰基丙二酸二乙酯（**2**）166 g（0.76 mol），三氯氧磷 500 g，水浴冷却，慢慢滴加三丁胺 135 g（0.73 mol），注意反应放热。加完后加热至 110℃ 搅拌反应 5～6 h。减压蒸出三氯氧磷。剩余物冷后加入无水乙醚 300 mL，再加入己烷直至出现两相。于分液漏斗中剧烈摇动，分出上层清液，下层用乙醚提取三次。合并乙醚层，依次用冷的 10% 的盐酸 300 mL、5% 的氢氧化钠溶液 200 mL 洗涤，蒸出乙醚，得化合物（**3**）136～156 g，收率 70%～87%。直接用于下一反应。

2-氯-2-环丙基乙烯-1,1-二甲酸单乙酯（**4**）：于安有磁力搅拌的反应瓶中，加入上述化合物（**3**）及 95% 的乙醇 100 mL，搅拌下滴加由 29.4 g（0.52 mol）氢氧化钾与 350 mL 95% 的乙醇配成的溶液。加完后继续搅拌反应 3 h，直至 pH7～8。减压浓缩。加入 360 mL 水溶解，乙醚提取（乙醚层弃去）。水层加入碎冰 200 g，盐酸酸化。乙醚提取 3 次，每次用乙醚约 300 mL。合并乙醚层，无水硫酸钠干燥，蒸出乙醚，得粗品（**4**）72～74 g，收率 70%～80%。不必提纯直接用于下一步反应。

环丙基炔丙酸乙酯（**1**）：于安有磁力搅拌的反应瓶中，加入上述化合物（**4**）90 g，三乙胺 63 mL，甲苯 200 mL，油浴加热搅拌反应至 90℃，约需 24 h，直至无二氧化碳放出为止。冷至室温，依次用 10% 的盐酸 300 mL、5% 的碳酸钠溶液 300 mL 洗涤，无水硫酸钠干燥。减压浓缩后，减压分馏，收集 87～95℃/1.33 kPa 的馏分，得环丙基炔丙酸乙酯（**1**）30～46 g，收率 66%～78%。总收率 33%～54%。

【用途】 降血脂药匹伐他汀钙（Pitavastatin calcium）的重要中间体。

乙基乙炔基醚

C_4H_6O，70.09

【英文名】 Ethyl ethynyl ether，Ethoxyethyne

【性状】 无色液体。

【制法】 ①Jones E R H，Eglinton G，Whiting M C and Shaw B L. Org Synth，1963，Coll Vol 4：404. ②曾志玲. 广东化工，2012，39（15）：32.

于反应瓶中通入干燥的液氨 500 mL，加入 0.5 g 水合硝酸铁，而后分批加入清洁、新切割的金属钠 38 g（1.65 mol），直至钠反应完全成氨基钠。于 15～20 min 内滴加氯乙醛缩二乙醇（**2**）76.5 g（0.502 mol），摇动 15 min，慢慢通入氮气使氨挥发。用干冰-三氯乙烷浴冷至 -70℃，立即加入预先冷至 -20℃ 的饱和氯化钠溶液 325 mL，尽可能的摇动。安上分馏头，接受瓶用干冰-三氯乙烯冷至 -70℃，将反应瓶慢慢加热至 100℃。反应完后，将接受物慢慢升至 0℃，而后再冷至 -70℃。逐滴加入饱和磷酸二氢钠溶液进行中和。用干冰冷却使水层冻结。倾出上层液体，用无水氯化钙干燥，分馏，收集 49～50℃/99.62 kPa 的馏分，得乙氧基乙炔（**1**）20～21 g，收率 58%～61%。

【用途】 喹诺酮类药物中间体。

二、热消除反应

(*R*)-1,2,3,6-四氢-1,3-二甲基-4-[3-(1-甲基乙氧基)苯基]吡啶

$C_{16}H_{23}NO$，245.36

【英文名】　(*R*)-1,2,3,6-Tetrahydro-1,3-dimethyl-4-[3-(1-methylethoxy)phenyl]pyridine

【性状】　无色或浅黄色液体。

【制法】　Werner J A，Cerbone L R，Fran S A，et al. J Org Chem，1996，61（2）：587.

于安有韦氏分馏柱的反应瓶中，加入化合物（**2**）50 g（0.149 mol），十氢萘 250 mL，氮气保护下搅拌回流（190～195℃）24 h（反应中生成的乙醇不断蒸出）。反应结束后得到黄-橙色液体。氮气保护下冷至室温，加入 1 mol/L 的盐酸 150 mL，搅拌后静置分层。分出水层，用庚烷提取 2 次以除去十氢萘。水层用 50%的氢氧化钠水溶液调至 pH13，用庚烷提取。有机层水洗，无水硫酸钠干燥。过滤，减压蒸出溶剂，得黄-橙色油状液体（**1**）36.5 g，收率 92%，纯度 92%。

【用途】　特发性便秘以及肠易激综合症治疗药爱维莫潘（Alvimopan）中间体。

4-乙烯基-*N*-乙酰基哌啶

$C_9H_{15}NO$，153.22

【英文名】　*N*-Acetyl-4-vinylpiperidine

【性状】　无色液体。

【制法】　Perry R A，Chen S C，Menon B C，et al. Can J Chem，1976，54（15）：2385.

4-(2′-乙酰氧基)乙基-*N*-乙酰基哌啶（**3**）：于干燥反应瓶中加入 2-(4′-哌啶基) 乙醇（**2**）10 g（77.5 mmol），乙酸酐 30 mL 和吡啶 10 mL，室温搅拌 7～8 h。减压蒸馏，收集 151～152℃/133.32 Pa 馏分，得化合物（**3**）。

4-乙烯基-*N*-乙酰基哌啶（**1**）：于安有加热器的精馏柱中，金属浴加热至 500℃，将上步反应物（**3**）滴加至柱内进行热消除（柱内维持 450℃），在氮气保护下进行蒸馏，收集馏出液。将暗褐色馏出物溶解于二氯甲烷 100 mL 中，分别用饱和碳酸氢钠溶液，水洗涤，分出有机层，无水硫酸钠干燥。过滤，滤液回收溶剂后，减压蒸馏，收集 125～135℃/16.7 kPa 馏分，得无色液体（**1**）5.61 g，收率 47%［以化合物（**2**）计］。

【用途】　抗抑郁药茚达品（Indalpine）的中间体。

噻乙吡啶

$C_{11}H_{10}BrNS$，268.17

【英文名】 Thioethylpyridine

【性状】 结晶性固体。mp 178～180℃。

【制法】 孙昌俊，曹晓冉，王秀菊. 药物合成反应——理论与实践. 北京：化学工业出版社，2007：351.

于安有搅拌器、温度计的反应瓶中，加入溴化吡啶羟乙基噻吩（**2**）125 g（0.5 mol），苯甲酰氯 126 g（1 mol），搅拌下油浴加热至内温 130℃，待反应物完全熔化后，反应 5 min。冷却，用 55%和 45%的甲苯-甲醇混合溶剂洗涤两次，分去甲苯层，剩余物用少量甲醇溶解，冷却后析出结晶。抽滤，用甲醇重结晶（1∶1.25），干燥后得化合物（**1**）87.1 g，收率 65%，mp 178～180℃。

【用途】 驱肠虫药噻乙吡啶（Thioethylpyridine）原料药。

16α-甲基-17α,21-二羟基孕甾-1,4,9(11)-三烯-3,20-二酮-21-基乙酸酯

$C_{24}H_{30}O_5$，398.50

【英文名】 16α-Methyl-17α,21-dihydroxypregna-1,4,9(11)-triene-3,20-dione-21-yl acetate

【性状】 mp 208℃。

【制法】 陈芬儿. 有机药物合成法：第一卷. 北京：中国医药科技出版社，1999：328.

于反应瓶中加入化合物（**2**）41.65 g（0.10 mol），吡啶 185 mL，搅拌溶解，冷却至0℃，加入对甲苯磺酰氯 56 g（0.30 mol），于 0～5℃搅拌反应 3 h，室温搅拌反应 16 h。将反应液倒入适量冰水中，析出固体，放置 2 h。过滤，水洗至 pH7，干燥，得化合物（**3**），备用。

在另一反应瓶中，加入冰乙酸 340 mL、无水乙酸钠 40 g，搅拌加热回流至无水乙酸钠全部溶解后，加入上步所得（**3**），加热回流 0.5 h。冷至室温，将反应液倾入适量冰水中，析出固体，放置 2 h。过滤，水洗至 pH7，干燥，得粗品（**1**）。用甲醇重结晶，得化合物（**1**），mp 208℃。

【用途】 外用甾体抗炎药糠酸莫米松（Mometasone furoate）中间体。

2-溴-6β-4-氟-17α,21-二羟基孕甾-1,4,9-三烯-3,20-二酮-17,21-基二乙酸酯

$C_{25}H_{28}BrFO_6$，523.40

【英文名】 2-Bromo-6β-4-fluoro-17α,21-dihydroxypregna-1,4,9-triene-3,20-dione-17,

21-yl diacetate

【性状】　mp 270～271℃ （dec），$[\alpha]_D^{25}-89°$ （CHCl$_3$）。

【制法】　①陈芬儿. 有机药物合成法：第一卷. 北京：中国医药科技出版社，1999：201. ②Bowers A，et al. Tetrahedron，1959，7：153.

于反应瓶中加入 N,N-二甲基甲酰胺 70 mL，碳酸锂 14 g（173.2 mmol）和溴化锂 7 g（80.6 mmol），搅拌下加入化合物（**2**）7 g（10 mmol），氮气保护下，于 130℃ 搅拌反应 1.5 h。反应结束后，冷却，将反应液倒入适量冷水中，析出固体。过滤，水洗，干燥至恒重，得粗品（**1**）。用丙酮重结晶，得（**1**）4.8 g，收率 91.5%，mp 270～271℃ （dec），$[\alpha]_D^{25}-89°$ （CHCl$_3$）。

【用途】　外用甾体抗炎药二醋酸卤泼尼松（Halopredone diacetate）中间体。

3,3-二甲基-1-丁烯

C_6H_{12}，84.16

【英文名】　3,3-Dimethyl-1-butene

【性状】　无色液体。bp 41.2℃，$d_4^{20}0.6259$，$n_D^{20}1.3763$。溶于苯、丙酮、氯仿、石油醚、乙醚等有机溶剂，不溶于水。

【制法】　Furniss B S，Hannaford A J，Rogers V，et al. Vogel's Textbook of Practical Chemistry. Longman London and New York. Fourth edition，1978：336.

O-1,2,2-三甲基丙基-S-甲基黄原酸酯（**3**）：于反应瓶中加入 2-甲基-2-丁醇 48.5 g（60 mL，0.55 mol），用金属钠干燥过的甲苯 750 mL，加热回流，分批加入金属钾 21 g（0.55 mol）。待钾全部反应完后，慢慢加入 3,3-二甲基丁醇-2（**2**）51 g（0.5 mol），充分搅拌。冷却，慢慢加入二硫化碳 57 g（0.75 mol），反应完后，冷至室温，得到橙色悬浮物。再慢慢加入碘甲烷 78 g（0.55 mol），水浴加热回流 5 h。冷却，放置过夜，滤去碘化钾。减压蒸馏，首先蒸出甲苯和醇，再收集 85～87℃/800 Pa 的馏分，得化合物（**3**）65 g，收率 71%。

3,3-二甲基-1-丁烯（**1**）：于安有蒸馏装置（接收瓶用冰水冷却）的圆底烧瓶中，加入上面的化合物（**3**），加热至沸，不断有分解产物蒸出。蒸完后，馏出液用冷的 20% 的氢氧化钠水溶液洗涤三次，再用冷水洗涤，无水硫酸钠干燥。过滤，蒸馏，收集 40～42℃ 的馏分，得（**1**）24 g，收率 53%。

【用途】 生产麝香香料、农药、医药及其他精细化工产品的重要中间体。

N-脲基高部奎宁

$$C_{11}H_{18}N_2O_3，226.28$$

【英文名】 *N*-Uramidohomomeroquinene

【性状】 棱状结晶。mp 163～164℃（分解）。

【制法】 Cope A C，Trumbell E R. Org Reactons，1960，11：317.

于一只铂或镍制坩埚中，加入化合物（**2**）1.45 g，再加入等量的水，搅拌加热，加入由 5 g 氢氧化钠溶于 4 mL 水的溶液 2.5 mL，于 140℃ 左右剧烈放出三甲基胺。慢慢将温度升至 165～180℃，不时补加水以补充由于挥发而减少的水，同时不断搅拌。当三乙胺不再放出时（约 0.5～1 h），冷却，用移液管除去过量的碱液，得到浅棕色固体或半固体物。加入 3 mL 水，用浓盐酸中和至对石磊呈中性，活性炭脱色。过滤，滤液中加入由氰酸钾 0.35 g 溶于少量水的溶液，蒸气浴加热 30 min。用盐酸调至刚过红变色。冷却，析出棱状结晶（**1**）0.3 g，收率 38%，mp 163～164℃（分解）。

【用途】 抗疟药奎宁（Quinine）中间体。

α-亚甲基-*γ*-丁内酯

$$C_5H_6O_2，98.10$$

【英文名】 *α*-Methylene-*γ*-butyrolactone，Tulipalin A

【性状】 无色油状液体。

【制法】 Roberts T L，Borromeo F S，Poulter C D. Tetrahedron Lett，1977，19：1621.

于安有搅拌器、低温温度计的反应瓶中，加入二异丙基胺 2.02 g（20 mmol），20 mL 无水 THF，冷至 4℃，加入 2.35 mol/L 的丁基锂-己烷溶液 8.34 mL（20 mmol），搅拌 15 min 后，冷至 -78℃，加入 γ-丁内酯（**2**）1.60 g（19 mmol），加完后继续于 -78℃ 搅拌反应 45 min。加入二甲基亚甲基碘化铵 7.4 g（40 mmol），于 -78℃ 搅拌 30 min 后升至室温。减压蒸出溶剂，剩余物溶于 20 mL 甲醇中，加入碘甲烷 15 mL，室温搅拌 24 h。减压蒸出溶剂，得白色固体。加入 70 mL 5% 的碳酸氢钠水溶液和 50 mL 二氯甲烷，使固体溶解。分出有机层，水层用二氯甲烷提取 5 次。合并有机层，无水硫酸镁干燥。过滤，减压蒸出溶剂，得浅黄色油状液体（**1**）2.4 g。过硅胶柱纯化，用二氯甲烷-丙酮洗脱，得化合物（**1**）1.21 g，收率 67%。

【用途】　该化合物本身具有抗真菌、抗癌等作用，医药、有机合成中间体，多用于新药开发。

2-亚甲基辛醛

$C_9H_{16}O$，140.23

【英文名】　2-Methyleneoctanal

【性状】　油状液体。

【制法】　方法 1　徐艳杰，孟祎，张方丽，陈力功. 应用化学，2003，7：696.

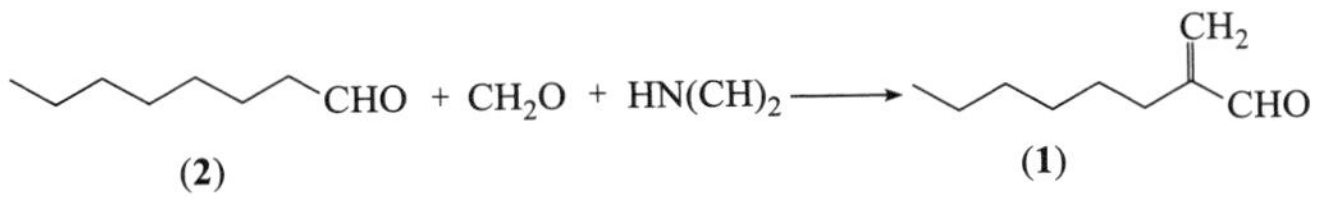

于反应瓶中加入二甲胺水溶液 7.70 g（56.37 mmol），6.0 mol/L 的盐酸 10.0 mL，搅拌下加入 38% 的甲醛 6.8 mL（93.96 mmol），20 mL 水。用饱和碳酸钠溶液中和至 pH7，而后加入正辛醛（**2**）5.95 g（46.48 mmol），加热至 90℃ 搅拌反应 4 h。冷至室温，乙醚提取 3 次。合并乙醚溶液，依次用氢氧化钠溶液、水洗涤，无水硫酸镁干燥。过滤，浓缩，过硅胶柱纯化，石油醚-乙醚（100∶1）洗脱，得无色液体（**1**）4.10 g，收率 63.2%。

方法 2　徐艳杰，孟祎，张方丽，陈力功. 应用化学，2003，7：696.

于反应瓶中加入二甲胺水溶液 7.18 g（52.62 mmol），醋酸 3.0 mL，搅拌下加入 38% 的甲醛 6.3 mL（87.70 mmol），而后加入正辛醛（**2**）4.49 g（38.08 mmol）和 20 mL 醋酸。加热至 90℃ 搅拌反应 4 h。冷至室温，加入饱和氢氧化钠溶液中和醋酸。乙醚提取 3 次。合并乙醚溶液，水洗，无水硫酸镁干燥。过滤，浓缩，过硅胶柱纯化，石油醚-乙醚（100∶1）洗脱，得无色液体（**1**）3.44 g，收率 70.1%。

【用途】　松叶蜂 Diprion pini 性信息素活性成分的关键中间体。

康普瑞汀 D-2

$C_{18}H_{16}O_4$，296.32

【英文名】　Combretastatin D-2

【性状】　白色结晶。mp 154.5～155℃。

【制法】　Scott D，Rychnovsky J and Kooksang Hwang. J Org Chem，1994，59（18）：5414.

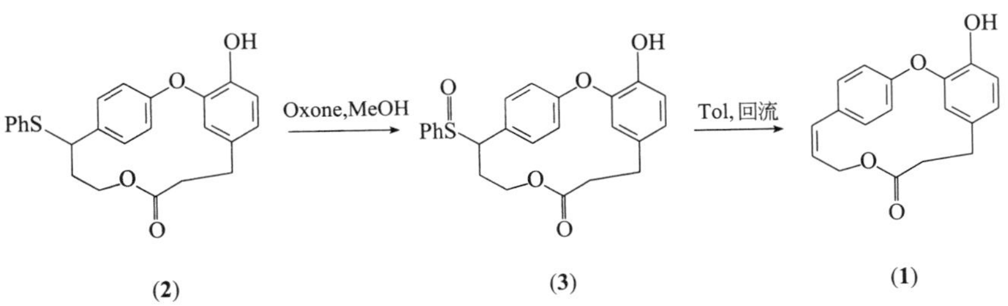

于反应瓶中加入化合物（**2**）52 mg（0.127 mmol），甲醇 50 mL，慢慢加入 0.25 mol/L 的 Oxone 水溶液 0.26 mL（0.065 mmol），室温搅拌反应 15 min 后，再加入上述溶液 0.16 mL（0.04 mmol），用 TLC 跟踪反应。加入乙醚和饱和盐水，分出有机层，水洗，无水硫酸镁干燥。过滤，浓缩，得砜类化合物（**3**）。将其溶于 15 mL 甲苯中，回流反应过夜。冷却，过硅胶柱纯化，以 10%～20% 的乙酸乙酯-己烷洗脱，得白色结晶（**1**）36.8 mg，收率 98%，mp 154.5～155℃（文献值 mp 152～154.5℃），$R_f = 0.28$（20% 乙酸乙酯-己烷）。

【用途】 抗癌药康普瑞汀 D-2 原料药。

丁炔二酸二乙酯

$C_8H_{10}O_4$，170.17

【英文名】 Diethyl butynedioate，Diethyl acetylenedicarboxylate

【性状】 无色液体。

【制法】 R Alan Aitken，Hugues Hérion，Amaya Janosi，et al. J Chem Soc，Perkin Tran 1，1994：2467.

$$Ph_3P\!=\!CHCO_2C_2H_5 \xrightarrow[Et_3N,Tol]{C_2H_5O_2CCOCl} Ph_3P \quad \overset{O \quad O}{\underset{O}{\big|}} \quad \overset{OC_2H_5}{\underset{OC_2H_5}{}} \xrightarrow{0.133\sim13.3Pa,500℃} C_2H_5O_2CC\!\equiv\!CCO_2C_2H_5$$

（**2**）　　　　　　　　（**3**）　　　　　　　　　　（**1**）

2-氧代-3-三苯基膦亚基丁二酸二乙酯（**3**）：于反应瓶中加入化合物（**2**）10 mmol，三乙胺 1.01 g（10 mmol），干燥的甲苯 50 mL，室温搅拌下滴加由草酸单乙酯酰氯 10 mmol 溶于 10 mL 甲苯的溶液。加完后继续搅拌反应 3 h，而后倒入 100 mL 水中。分出有机层，水层用二氯甲烷提取 2 次。合并有机层，无水硫酸钠干燥。过滤，减压浓缩。剩余物用乙酸乙酯重结晶，得无色结晶（**3**），收率 91%，mp 136～138℃。

丁炔二酸二乙酯（**1**）：将化合物（**3**）0.5 g 于 500℃、0.133～13.3 Pa 的真空条件下反应 1 h，经处理后得到化合物（**1**），收率 63%。

【用途】 重要的有机合成中间体。特别是在 Diels-Alder 反应中作为亲双烯体使用，用于合成环状化合物。

三、醇的消除反应

卢帕他定

$C_{27}H_{27}ClN_2$，414.98

【英文名】 Rupatadine

【性状】 白色固体。mp 60～61℃。

【制法】 张万全，罗艳，张艳梅. 中国医药工业杂志，2006，37（7）：433.

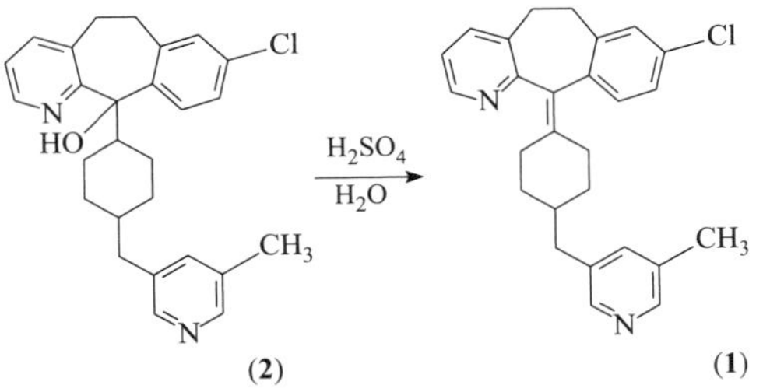

于反应瓶中加入化合物（**2**）8.6 g（0.02 mol），水 30 mL，搅拌下向悬浮液中慢慢加入浓硫酸 85 mL，全部溶解后于 70℃搅拌反应 10 h。冷却下慢慢加入 25％的氢氧化钠 300 mL，氯仿提取 3 次。合并有机层，水洗，无水硫酸钠干燥。过滤，减压浓缩至干，剩余物用异丙醚重结晶，得化合物（**1**）6.8 g，收率 82％，mp 59～60℃。

【用途】　鼻炎治疗药卢帕他定（Rupatadine）原料药。

环戊烯

C_5H_8，68.12

【英文名】　Cyclopentene

【性状】　无色液体。mp －135℃，bp 45～46℃，d_4^{20} 0.7720，n_D 1.4225。溶于醇、醚、苯、丙酮、氯仿，不溶于水。

【制法】　孙昌俊，曹晓冉，王秀菊. 药物合成反应——理论与实践. 北京：化学工业出版社，2007：362.

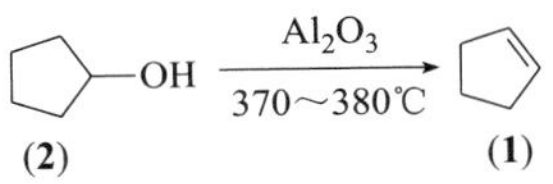

于一管式反应器中加入无水氧化铝，预热至 370～380℃。将环戊醇加热蒸发，将其蒸气通入预热的反应管中热裂。热裂后的蒸汽冷凝后分出水层。所得油层用无水硫酸钠干燥，得环戊烯（**1**），收率 85％～90％。

【用途】　非巴比妥类静脉麻醉剂盐酸氯胺酮（Ketamine hydrochloride）、环戊基苯酚（消毒剂）等的中间体。

α-（2,2-二苯基乙烯基）吡啶

$C_{19}H_{15}N$，257.33

【英文名】　α-(2,2-Diphenylvinyl)pyridine

【性状】　结晶性固体。

【制法】　孙昌俊，曹晓冉，王秀菊. 药物合成反应——理论与实践. 北京：化学工业出版社，2007：351.

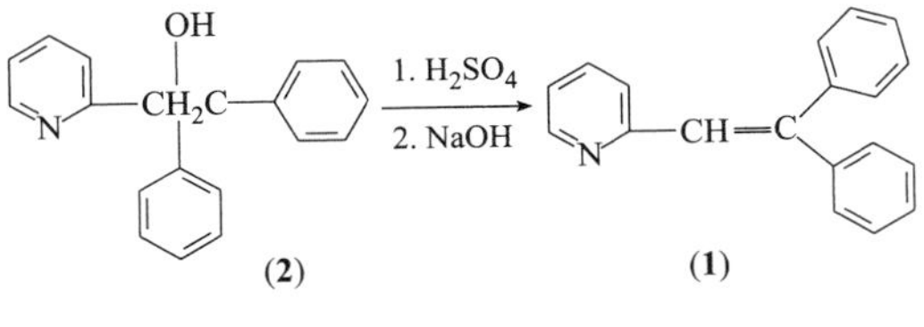

于反应瓶中加入 1,1-二苯基-2-(α-吡啶基) 乙醇 (**2**) 27.5 g, 浓硫酸 110 mL。搅拌下加热至 90～100℃, 搅拌反应 0.5 h。冷至 40℃以下, 于 40～60℃用 40％的氢氧化钠慢慢调至 pH12, 搅拌反应 2 h, 保持 pH 不变。冷至室温, 抽滤, 滤饼水洗至近中性。滤饼用 8 倍量的乙醇加热溶解, 活性炭脱色, 搅拌回流 1 h。趁热过滤, 冷冻后滤出固体。过滤, 干燥, 得化合物 (**1**) 17.2 g, 收率 67％。

【用途】 冠状动脉扩张药派克昔林 (Perhexiline) 等的中间体。

对氟苯乙烯

C_8H_7F, 122.14

【英文名】 *p*-Fluorostyrene

【性状】 无色液体。

【制法】 何明阳, 陈群. 石油化工, 2001, 30 (5): 380.

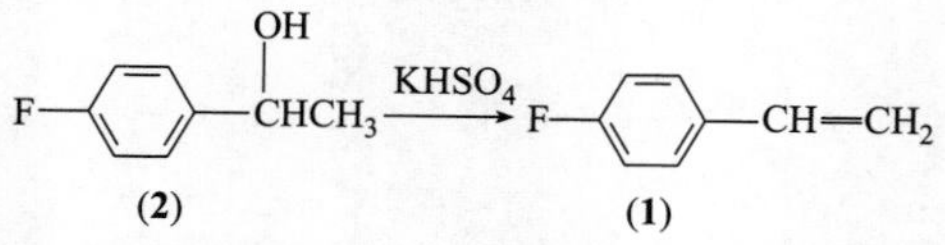

于安有温度计、滴液漏斗、分馏柱的反应瓶中, 加入硫酸氢钾 13.5 g, 少量对苯二酚。于滴液漏斗中加入 α-(4-氟苯基) 乙醇 (**2**) 140 g (1 mol) 及少量对苯二酚, 油浴加热, 于 220～330℃抽真空至 4 kPa, 滴加化合物 (**2**), 控制滴加速度约 15～20 滴/min, 收集 52～55℃的馏分。加完后蒸馏至无馏出物。将馏出物分层, 有机层用无水硫酸钠干燥。过滤, 减压蒸馏, 收集 73～74℃/2.5 kPa 的馏分, 得无色液体 (**1**) 108.8 g, 收率 89.2％。

用类似的方法可以合成对氯苯乙烯 [王璠, 陈金荣等. 应用化学, 2005, 22 (8): 912]。

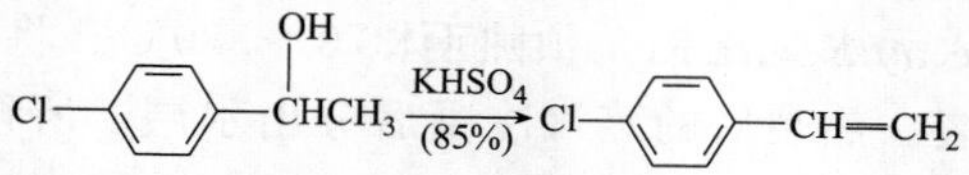

【用途】 药物合成、有机合成中间体。

对氟-α-甲基苯乙烯

C_9H_9F, 136.17

【英文名】 *p*-Fluoro-α-methylstyrene

【性状】 无色液体。

【制法】 蒋忠良, 李辰辰, 段辉等. 精细与专用化学品, 2005, 13 (24): 10.

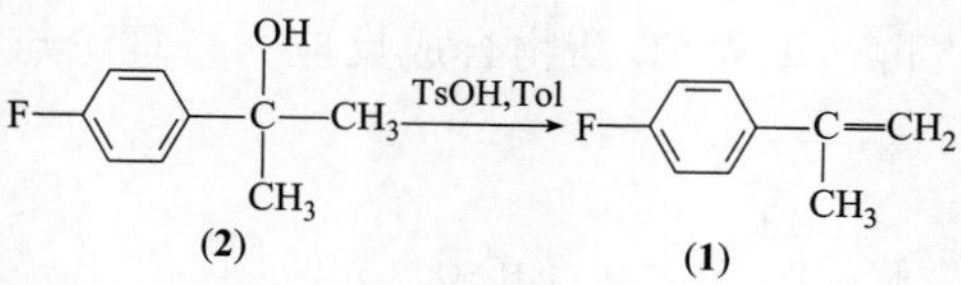

于安有分水器的反应瓶中加入 2-对氟苯基-2-丙醇 (**2**) 154 g (1.0 mol), 甲苯 600 mL, 催化量的对甲苯磺酸和少量对苯二酚, 加热回流脱水约 19 h。冷却, 依次用饱和碳酸氢钠溶液、水洗涤, 无水硫酸钠干燥。过滤, 减压蒸出溶剂后, 剩余物减压蒸馏, 收集

84～94℃/12.7 kPa 的馏分，得无色液体（**1**），收率 91％。

【用途】 抗抑郁剂和治疗痴呆症药物帕罗西汀（Paroxetine）中间体。

2-乙烯基吡啶

C_7H_7N，105.14

【英文名】 2-Vinylpyridine

【性状】 无色液体。

【制法】 许建帼，谢建伟，邵莉莉. 天津化工，2004，18（6）：33.

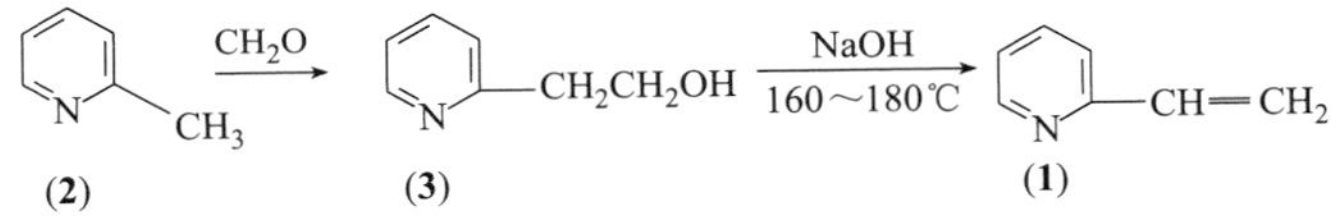

2-羟乙基吡啶（**3**）：于 10 L 反应瓶中加入 2-甲基吡啶（**2**）2 L，水 4 L，37％的甲醛水溶液 1 L，回流反应 20 h。减压（油浴 110℃）蒸出未反应的原料，得剩余物 600 g 左右。回收的原料再补加 1 L 甲醛溶液，重复上述操作，又得剩余物 600 g 左右。再重复 2 次，共得剩余物 1.7～1.8 kg。此剩余物为粗品 2-羟乙基吡啶（**3**）。

：2-乙烯基吡啶（**1**）：于 5 L 安有减压蒸馏装置的反应瓶中，加入化合物（**3**）1 kg（8 mol），片状氢氧化钾 300 g（或 50％的溶液），加热下减压蒸馏，当温度达 160℃时，脱水反应开始，当反应剧烈有反应物溢出时可暂时移去热源。温度逐渐升至 200℃时反应基本结束。趁热倾出剩余物，稍冷后用热水和丙酮交替洗涤。分出馏出物中的水层，有机层用固体氢氧化钾干燥三次，减压分馏，收集 79～82℃/4 kPa 的馏分，得化合物（**1**）430～440 g，收率 57％。

【用途】 矽肺病治疗药克矽平（Oxypovidinum）、眩晕、头晕、呕吐或耳鸣等症治疗药倍他定盐酸盐（Betahistine hydrochloride）中间体。

枸橼酸托瑞米芬

$C_{26}H_{29}NO_2 \cdot C_6H_8O_7$，598.09

【英文名】 Toremifene citrate

【性状】 白色结晶性粉末。mp 160～162℃。游离碱 mp 108～110℃。

【制法】 徐晓光. 中国医药工业杂志，2002，33（9）：417.

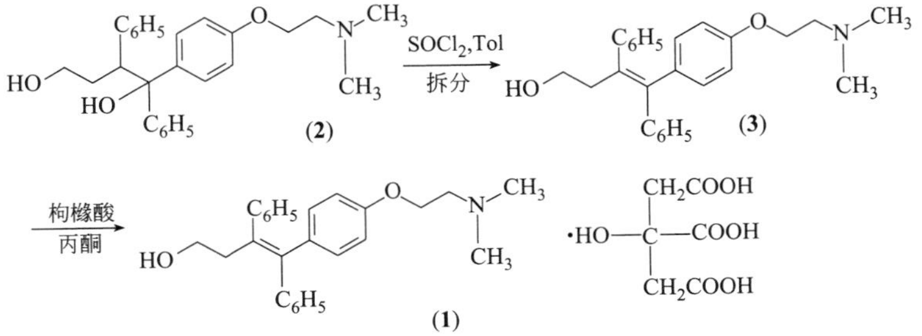

于反应瓶中加入化合物（**2**）320 g（0.79 mol），甲苯 2 L，搅拌溶解。冰盐浴冷至 0℃以下，于 1 h 内滴加氯化亚砜 220 mL（3.03 mol）。保温反应 1 h 后，再室温搅拌反应 1 h。

加热至 80℃继续反应 3 h。减压浓缩至干，剩余物用 1 L 乙酸乙酯重结晶，得 Z、E-异构体的盐酸盐混合物 300 g，收率 86%，mp 177～180℃。

将上述混合物加入 600 mL 水中，搅拌下微热，用 10% 的氢氧化钠水溶液调至 pH9～10，用甲苯提取（200 mL×3），合并有机层，无水硫酸镁干燥。过滤，浓缩。剩余物用 300 mL 丙酮重结晶 2 次，得白色结晶（**3**）150 g，收率 46.7%，mp 108～110℃。

将化合物（**3**）40.6 g、丙酮 175 mL 混合，微热溶解，加入枸橼酸 24.3 g 溶于 100 mL 丙酮的溶液，充分搅拌后冷却析晶。抽滤，冷丙酮洗涤，干燥，得化合物（**1**）53.8 g，收率 90%，mp 160～162℃。

脱水反应也可以采用如下方法（陈芬儿.有机药物合成法：第一卷.北京：中国医药科技出版社，1999：665）：

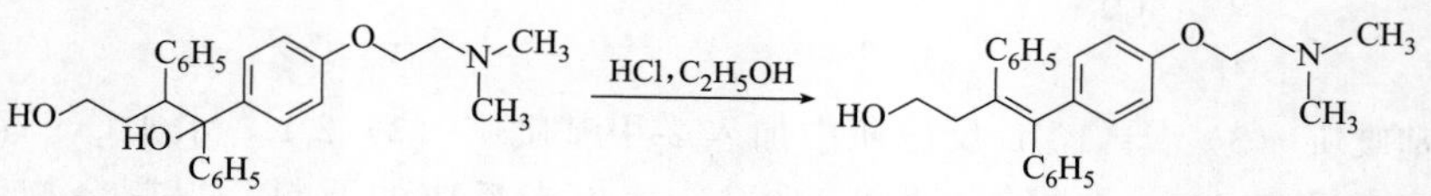

【用途】 用于绝经后妇女雌激素受体阳性或不详的转移性乳腺癌治疗药物枸橼酸托瑞米芬（Toremifene citrate）原料药。

盐酸萘替芬

$C_{21}H_{21}N \cdot HCl$，323.86

【英文名】 Naftifine hydrochloride

【性状】 结晶。易溶于水，不溶于乙醚。mp 177～179℃。

【制法】 ①陈卫平等.中国医药工业杂志，1989，20（2）：148.②Stütz A，et al. J Med Chem，1986，29（1）：112.

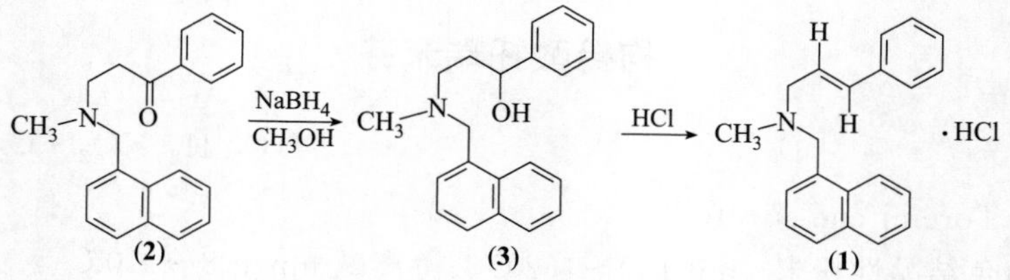

3-[N-甲基-N-(1-萘甲基)氨基]-1-苯基-1-丙醇（**3**）：于反应瓶中加入 3-[N-甲基-N-(1-萘甲基)氨基]-1-苯甲-1-丙酮（**2**）7.5 g（24.7 mmol）、甲醇 400 mL，搅拌溶解后，室温分次加入硼氢化钠 1 g（26 mmol），加完后继续搅拌反应 15 min～1 h。减压回收溶剂，冷却，得油状物（**3**）7.5 g（100%）（可直接用于下步反应）。其盐酸盐 mp 155～158℃（乙醇-乙醚）。

盐酸萘替芬（**1**）：于反应瓶中加入上步反应粗品 7.5 g（24.7 mmol）、5 mol/L 盐酸 300 mL，加热搅拌回流 2～3 h。冷却，分出油状物，用玻棒摩擦油状物使其固化。过滤，水洗，干燥，得粗品（**1**）7.6 g。用异丙醇-乙醚重结晶，得精品（**1**）7.1 g，收率 88.8%，mp 175～177℃。

【用途】 抗真菌药盐酸萘替芬（Naftifine hydrochloride）原料药。

4-溴-1,1-二(3-甲基-2-噻吩基)-1-丁烯

$$C_{14}H_{17}BrS_2，329.31$$

【英文名】 1,1-Bis(3-methyl-2-thienyl)-4-bromo-1-butene

【性状】 黄色油状物。

【制法】 赵学清，李飞，刘秀兰等.中国医药工业杂志，2006，37（2）：75.

于反应瓶中加入化合物（**2**）40.8 g（0.16 mol），乙醚 60 mL，搅拌下冷至 0~5℃，加入 47% 的氢溴酸 300 mL，同温搅拌反应 1.5 h。加入 800 mL 水，分出油状物。水层用乙醚提取，合并有机层，依次用水、1% 的碳酸钾、水洗涤，无水硫酸钠干燥。过滤，浓缩，得褐色油状物。过硅胶柱纯化，以石油醚洗脱，得黄色油状物（**1**）39.3 g，收率 77.5%。

【用途】 抗癫痫药物盐酸噻加宾（Tiagabin hydrochloride）中间体。

盐酸奥沙氟生

$$C_{14}H_{18}F_3NO·HCl，309.76$$

【英文名】 Oxaflozane hydrochloride

【性状】 结晶。溶于水，不溶于有机溶剂。mp 164℃。

【制法】 Weiintraub P M，Meyer D R，Aiman C E. J Org Chem，1980，45（24）：4989.

3,4-二氢-4-异丙基-2-(3-三氟甲基苯基)-2H-1,4-噁嗪（**3**）：于反应瓶中，加入（**2**）15.5 g（53.6 mmol）、对甲基苯磺酸水合物 11.2 g（58.9 mmol）和苯 400 mL，加热回流 2 h，冷至室温，用碳酸氢钠饱和水溶液（200 mL×2）洗涤，有机层用碳酸钾-硫酸镁干燥，活性炭脱色。浓缩，得红棕色液体，减压蒸馏，收集 150~155℃/3.33 Pa 馏分，得化合物（**3**）。

盐酸奥沙氟生（**1**）：于反应釜中加入化合物（**3**）1.0 g（3.69 mmol）、二氧化铂 0.12 g 和醋酸 75 mL，振摇下通入氢气反应 18 h。加入 95% 乙醇 50 mL，硅藻土过滤。浓缩，剩余物用 35 g 二氧化硅层析，用 5.5% 氯仿-0.5% 甲醇三乙胺洗脱。减压蒸馏，收集 52℃/0.67 Pa 馏分，得化合物（**1**）0.66 g，收率 66%。用乙酸乙酯溶解，然后加入必需量的干燥氯化氢饱和乙醇液，析出沉淀.过滤，干燥，得结晶（**1**），mp 164℃。

【用途】 抗抑郁药盐酸奥沙氟生（Oxaflozane hydrochloride）原料药。

2-二甲氨基甲基-4-氯甲基噻唑盐酸盐

$$C_7H_{11}ClN_2S·HCl，227.15$$

【英文名】 2-Dimethylaminomethyl-4-chloromethylthiazoline hydrochloride

【性状】 结晶性固体。mp 139～141℃。

【制法】 高宏武，苏向东，袁洪勋.中国医药工业杂志，1995，26（4）：148.

于反应瓶中加入化合物（**2**）5 g（0.048 mol），1,2-二氯乙烷 25 mL，搅拌溶解后，滴加由氯化亚砜 4 g 溶于 15 mL 1,2-二氯乙烷的溶液。加完后室温搅拌反应 12 h，而后于 40℃反应 1.5 h。过滤，滤饼用二氯乙烷洗涤，干燥，得化合物（**1**）3.4 g，收率 62％，mp 136～138℃。用乙酸-丙酮重结晶，mp 139～141℃。

【用途】 胃及十二指肠疾病治疗药尼扎替丁（AXID）等的中间体。

5,6-二脱氧-1,2-O-亚异丙基-α-D-木-5-烯呋喃糖

$$C_9H_{14}O_4，186.21$$

【英文名】 5,6-Dideoxy-1,2-O-isopropylidene-α-D-xylohex-5-enofuranose

【性状】 白色固体。mp 61～65℃，$[\alpha]_D^{20}-60°$（$c=2$，$CHCl_3$）。

【制法】 Horton D，Thompson J K，Tindall C G. J Methods Carbohydr Chem，1972，6：297.

1,2-O-亚异丙基-α-D-葡萄呋喃糖-5,6-硫代碳酸酯（**3**）：于反应瓶中加入 1,2-O-亚异丙基-α-D-葡萄呋喃糖（**2**）13.5 g（0.061 mol），250 mL 丙酮，搅拌下加热溶解，加入硫代碳酸二咪唑 13.1 g（0.073 mol），氮气保护下回流反应 1.5 h。加入活性炭 0.5 g，15 min 后过滤。减压浓缩，得浅棕色固体。加入 60 mL 甲醇，搅拌，过滤，得白色结晶 12.1 g。滤液冷冻，可以再得到 2.4 g。将固体物用 200 mL 甲醇重结晶，得化合物（**3**）11.2～13.5 g，mp 180～185℃，收率 70％～80％。

5,6-二脱氧-1,2-O-亚异丙基-α-D-木-5-烯呋喃糖（**1**）：于反应瓶中加入化合物（**3**）5.0 g（0.019 mol），新蒸馏的亚磷酸三甲酯 20 mL，氮气保护下回流反应 60 h。冷却后倒入 250 mL 1 mol/L 的氢氧化钠溶液中，氯仿提取（250 mL×4），无水硫酸镁干燥。过滤，减压浓缩，得无色浆状物，放置后固化，重 2.78 g，收率 78％。硅胶柱纯化后，mp 61～65℃，$[\alpha]_D^{20}-60°$（$c=2$，$CHCl_3$）。

【用途】 含糖新药开发中间体。

2′,3′-二脱氢-2′,3′-二脱氧肌苷（2,3-双脱氧脱氢肌苷）

$$C_{10}H_{10}N_4O_3，234.21$$

【英文名】 2′,3′-Didehydro-2′,3′-dideoxyinosine

【性状】 mp＞310℃（MeOH）（文献值 mp＞300℃）。

【制法】 Chu C K，Bhadti V S，Doboszewski B，et al. J Org Chem，1989，54（9）：2217.

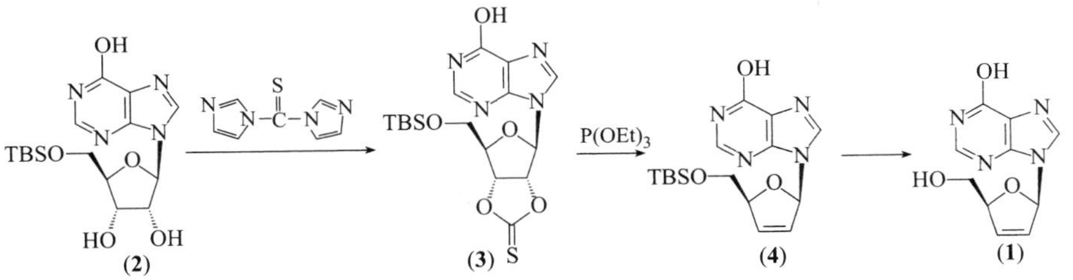

5′-O-叔丁基二甲基硅基-2′,3′-O-硫代碳酸酯基肌苷（**3**）：于反应瓶中加入化合物（**2**）4.6 g（12.04 mmol），1,1′-硫代碳酸二咪唑 4.2 g（23.6 mmol），DMF 50 mL，室温搅拌反应。反应结束后，按照常规方法处理，粗品过硅胶柱纯化，以氯仿-甲醇（17：1）洗脱，得化合物（**3**）2.76 g，收率 54%，mp 173～175℃。

5′-O-叔丁基二甲基硅基-2′,3′-二脱氢-2′,3′-二脱氧肌苷（**4**）：于反应瓶中加入化合物（**3**）1.0 g（2.4 mmol），三乙氧基磷 30 mL，氮气保护，回流反应 30 min。减压蒸出过量的试剂，剩余物过硅胶柱纯化，以氯仿-甲醇（15：1）洗脱，得化合物（**4**）0.32 g，收率 39%。

2′,3′-二脱氢-2′,3′-二脱氧肌苷（**1**）：于反应瓶中加入化合物（**4**）3.0 g（8.6 mmol），用 1 mol/L 的四丁基氟化铵的 THF 溶液 34 mL（34 mmol）脱保护基。减压蒸出溶剂，剩余物过硅胶柱纯化，用氯仿-甲醇（7：1）洗脱，得化合物（**1**）1.36 g，收率 67%，mp＞310℃（MeOH）（文献值 mp＞300℃）。

【用途】 抗艾滋病药物 2,3-双脱氧脱氢肌苷（2′,3′-Didehydro-2′,3′-dideoxyinosine）原料药。

16β-乙基雌烷-4-烯-3,17-二酮

$C_{20}H_{28}O_2$，300.44

【英文名】 16β-estrane-4-ene-3,17-dione

【性状】 mp 79～80℃。

【制法】 徐芳，朱臻，廖清江. 中国药科大学学报，1997，28（5）：260.

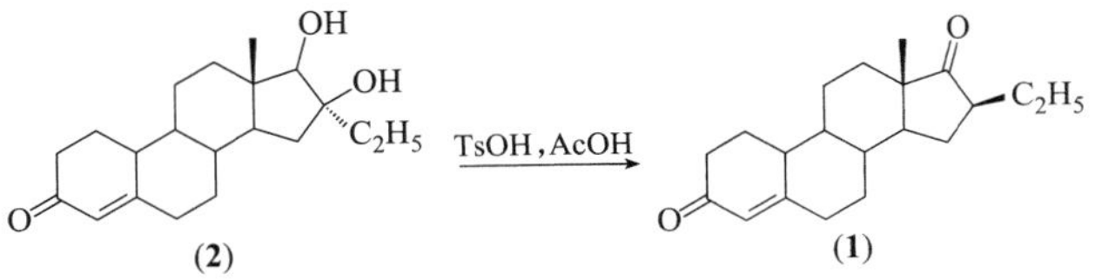

于反应瓶中加入化合物（**2**）5 g（0.016 mol），对甲苯磺酸 0.4 g（0.053 mol），冰醋酸 55 mL，搅拌回流反应 1.5 h。倒入水中，乙醚提取。水洗，无水硫酸钠干燥。过硅胶柱纯化，以乙酸乙酯-石油醚（1：10）洗脱，得化合物（**1**）1.75 g，收率 37%，mp 90～93℃。

也可采用如下方法（陈芬儿. 有机药物合成法：第一卷. 北京：中国医药科技出版社，1999：97）。

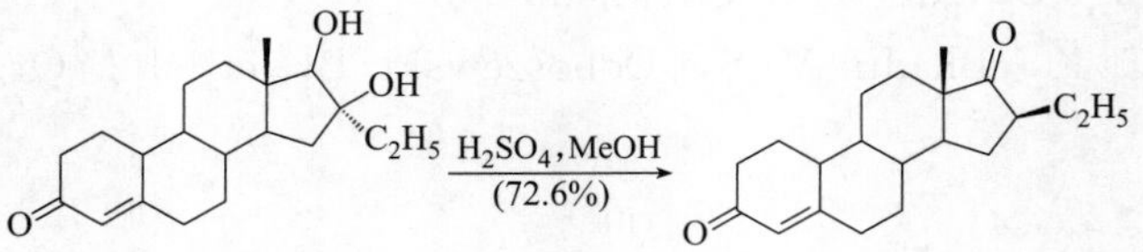

【用途】 甲状腺肥大治疗药奥生多龙（Oxendolone）中间体。

胆固醇

$$C_{27}H_{46}O, \quad 386.66$$

【英文名】 Cholesterol

【性状】 mp 147~150℃。不溶于水，易溶于乙醚、氯仿等溶剂。

【制法】 John E, Mc Murry and Tova Hoz. J Org Chem, 1975, 40 (25)：3797.

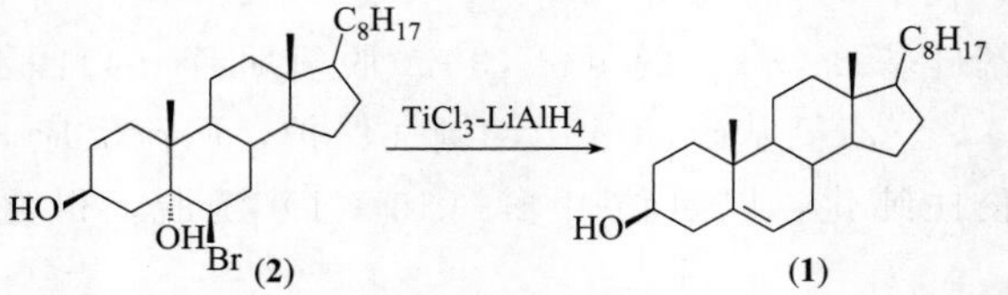

活性 Ti（Ⅱ）制备：于反应瓶中加入干燥的 THF 70 mL，TiCl$_3$ 2.3 g （15 mmol），氮气保护，搅拌下加入 LiAlH$_4$ 0.142 g （3.75 mmol），立即放出氢气，室温搅拌 10 min，得到黑色 Ti（Ⅱ）悬浮液。

化合物（2）5 mmol，溶于 5 mL 干燥的 THF 中，加入上述 Ti（Ⅱ）悬浮液中，回流反应 16 h。冷却后加入 60 mL 水淬灭反应。加入戊烷提取，合并有机层，饱和盐水洗涤，无水硫酸钠干燥。过滤，浓缩，得化合物（1），收率 79%，mp 148℃。

【用途】 胆固醇在体内有广泛的生理学功能，是制造激素的重要原料。

3,4,6-三-*O*-乙酰基-1,5-脱氢-2-脱氧-D-阿拉伯-己-1-烯糖

$$C_{12}H_{16}O_7, \quad 272.25$$

【英文名】 3,4,6-Tri-*O*-acetyl-l,5-anhydro-2-deoxy-D-arabino-hex-l-enitol

【性状】 油状液体。

【制法】 Cullen L Cavallaro and Jeffrey Schwartz. J Org Chem，1995，60 (21)：7055.

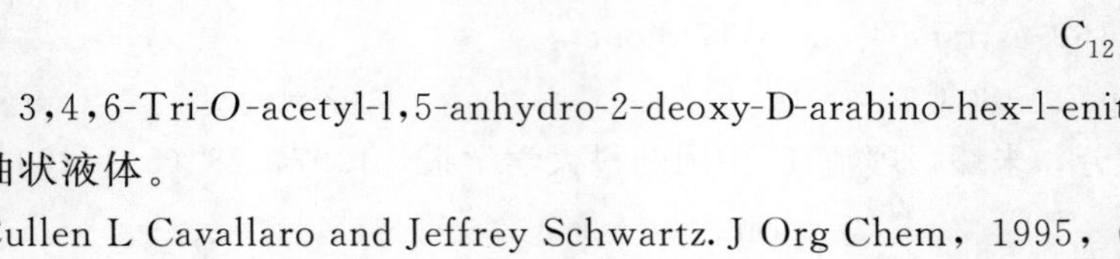

2,3,4,6-四-*O*-乙酰基-1-溴-α-D-甘露糖（3）：于反应瓶中加入 β-D-甘露糖（2）500 mg （2.78 mmol），醋酸酐 2.5 mL，14.3% 的溴化氢醋酸溶液 1.12 mL （18 mmol），室温搅拌反应 5 min。固体全溶后再加入 14.3% 的溴化氢醋酸溶液 5.8 mL （87 mmol），室温搅拌反应 12 h。用甲苯提取 3 次，减压蒸出溶剂。剩余糖浆物用乙醚溶解，减压浓缩，如此 3 次，

得无色浆状物（**3**）1.1 g，收率 95%。直接用于下一步反应。

　　于干燥的反应瓶中，加入二氯二茂钛 300 mg（0.702 mmol），THF 10 mL，搅拌下加入上述化合物（**3**）180 mg（0.438 mol）溶于 10 mL THF 的溶液，室温下约 5 min 加完。反应混合物很快变为棕色，10 min 后变红。减压浓缩，剩余物加入乙醚，过硅胶柱纯化，得无色油状液体（**1**）113 mg，收率 95%。

　　【用途】　在糖类化合物的合成中有重要用途。

二丁醚

$C_8H_{18}O$，130.26

　　【英文名】　Butyl ether

　　【性状】　无色液体。bp 142℃，d_4^{25} 0.7841。与醇、醚、互溶，不溶于水。

　　【制法】　孙昌俊，曹晓冉，王秀菊.药物合成反应——理论与实践.北京：化学工业出版社，2007：360.

$$C_4H_9OH \xrightarrow{H_2SO_4} C_4H_9OC_4H_9 + H_2O$$
$$(2) \qquad\qquad (1)$$

　　于安有分馏柱的反应瓶中，加入正丁醇（**2**）445 g（6 mol），慢慢加入浓硫酸 80 g，加入几粒沸石，加热至沸，控制分馏住顶部温度不超过 95℃，馏出速度 2～3 滴/秒进行分馏脱水。直至脱水完全。反应温度从开始的 110℃ 左右逐渐升至 145℃。冷后慢慢加入水 100 mL，充分摇动。分出有机层，以 5% 的硫酸洗涤二次，再依次用 5% 的硫酸亚铁、水洗涤，无水碳酸钠干燥后减压分馏。进行常压蒸馏，收集 140～143℃ 的馏分，得二丁醚（**1**）200 g，收率 50%。

　　【用途】　有机合成、药物合成中常用的溶剂、萃取剂。

叔丁基乙基醚

$C_6H_{14}O$，102.18

　　【英文名】　*tert*-Butyl ethyl ether

　　【性状】　无色液体。bp 73.1℃，d_{20}^{20} 0.7364，n_D^{20} 1.3728。可与水生成共沸物，共沸点为 64℃。溶于乙醇、氯仿、苯等有机溶剂，微溶于水。

　　【制法】　段行信.实用精细有机合成手册.北京：化学工业出版社，2000：195.

$$(CH_3)_3C\!-\!OH + CH_3CH_2OH \xrightarrow{H_2SO_4} (CH_3)_3C\!-\!OCH_2CH_3 + H_2O$$
$$(2) \qquad\qquad\qquad\qquad (1)$$

　　于安有搅拌器、温度计、滴液漏斗、分馏装置的反应瓶中，加入 20% 的硫酸 1.2 kg，二氧化硅 0.5 g，搅拌下加入乙醇 450 mL，加热至 70℃，慢慢滴加叔丁醇 350 mL。同时有醚蒸出。控制馏出速度在 0.5～0.75 mL/min，柱顶温度在 64℃ 左右。约 10 h 加完，收集溜出液 450 mL 左右。将溜出液水洗，无水碳酸钠干燥，再加入金属钠回流，以除去可能存在的醇。分馏，得叔丁基乙基醚（**1**）。

　　【用途】　常用作有机溶剂，也可制高纯度的异丁烯。

四、羧酸的脱水反应

二叔丁基乙烯酮

$$C_{10}H_{18}O,\ 154.25$$

【英文名】 Di-*ter*-butylketene

【性状】 浅黄色液体。

【制法】 Olah G A，WU A H，Faroog O. Synthesis，1989：568.

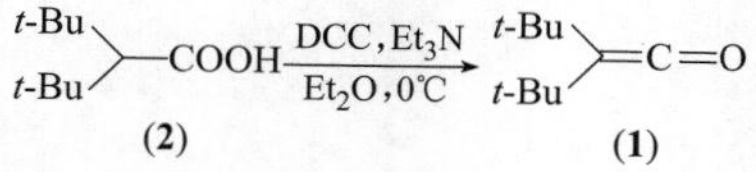

于反应瓶中加入干燥的乙醚 200 mL，DCC 20.6 g（0.1 mol），氮气保护，加入催化量的三乙胺 0.1 g，冷至 0℃。慢慢滴加二叔丁基乙酸（**2**）17.2 g（0.1 mol）溶于 100 mL 无水乙醚的溶液，约 4 h 加完。而后室温搅拌反应 2 h。减压浓缩，剩余物减压蒸馏，得浅黄色液体（**1**）10.8 g，收率 70%。

【用途】 药物合成、有机合成中间体。

3-(氨甲酰甲基)-5-甲基己酸

$$C_9H_{17}NO_3,\ 187.24$$

【英文名】 3-Carbamoymethyl-5-methylhexanoic acid

【性状】 白色结晶。mp 107.3～108.5℃。

【制法】 杨健，黄燕. 高校化学工程学报，2009，23（5）：825.

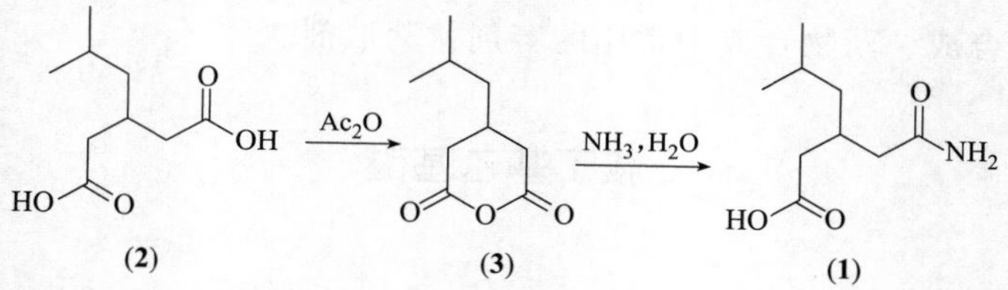

3-异丁基戊二酸酐（**3**）：于反应瓶中加入 3-异丁基戊二酸（**2**）18.1 g，醋酸酐 30 mL，搅拌下加热回流 3 h。回流温度约 132～135℃。减压蒸出醋酸和未反应的醋酸酐，得深红色油状物（**3**），直接用于下一步反应。

3-氨甲酰甲基-5-甲基己酸（**1**）：于反应瓶中加入叔丁基甲基醚 30 mL，氨水 20 mL，于-10～0℃将上述化合物（**3**）滴加至反应瓶中。加完后慢慢升至室温，冷却后分层。分出水层，有机层用水洗，合并水层。减压蒸出其中的有机溶剂后，用盐酸调至 pH1～1.5，冷却析晶。过滤，水洗，干燥。用乙酸乙酯重结晶，得白色结晶（**1**）13.2 g，收率 70.6%。

【用途】 抗神经痛和癫痫辅助药物普瑞巴林（Pregabalin）等的中间体。

己酸酐

$$C_{12}H_{22}O_3,\ 214.30$$

【英文名】 Hexanoic anhydride

【性状】 无色液体。mp −41℃，bp 254℃，143℃/2.0 kPa。溶于乙醚、氯仿、丙酮，遇水缓慢分解为己酸。

【制法】 段行信.实用精细有机合成手册.北京：化学工业出版社，2000：121.

$$2CH_3(CH_2)_4COOH + (CH_3CO)_2O \longrightarrow [CH_3(CH_2)_4CO]_2O + 2CH_3COOH$$
$$(2) \qquad\qquad\qquad\qquad (1)$$

于安有分馏装置的反应瓶中，加入己酸（**2**）233 g（2 mol），乙酸酐 410 g（4 mol），五氧化二磷 1 g，一粒沸石。加热分馏，蒸出反应中生成的乙酸，控制馏出速度约 2 滴/秒。蒸出约 300 mL 后，稍冷，减压分馏，收集 135～145℃/2.0 kPa 的馏分，而后重新分馏一次，收集 140～143℃/2.0 kPa 的馏分，得己酸酐（**1**）140 g，收率 65%。

【用途】 用于有机合成，合成酯类和药物。

苯甲酸酐

$C_{14}H_{10}O_3$，226.22

【英文名】 Benzoic anhydride

【性状】 白色棱形结晶。mp 43℃，bp 360℃，218℃/2.67 kPa。溶于醇、醚、氯仿、丙酮、冰醋酸，不溶于水。

【制法】 盖尔曼 H.有机合成：第一集.南京大学化学系有机化学教研室译.北京：科学出版社，1959：372.

于安有搅拌器，60 cm 填充分馏柱的 5 L 反应瓶中，加入苯甲酸（**2**）1220 g（10 mol），乙酸酐（**3**）1250 g（12 mol），五氧化二磷 0.5 g。用电热包加热，蒸出反应中生成的乙酸，控制馏速 1～2 滴/秒，至分馏出乙酸约 500 mL 时，再补加乙酸酐 350 mL，继续分馏，直至馏出液体积 1400 mL 左右。稍冷后，减压蒸馏，收集 200～230℃/2.7～5.0 kPa 的馏分，得粗品约 1000 g，重新减压蒸馏一次，得苯甲酸酐（**1**）900 g，收率 80%，冷后固化，mp 42℃。

【用途】 有机合成试剂。苯酰化剂，制药、染料工业中间体。

硫代羟基乙酸酐

$C_4H_4O_3S$，132.13

【英文名】 Thiodiglycolic anhydride，1,4-Oxathiane-2,6-dione

【性状】 白色针状结晶。mp 98～101℃。

【制法】 李飞，宫衍东，夏志清.中国医药工业杂志，2001，32（12）：534.

3-硫代戊二酸（**3**）：于反应瓶中加入九水合硫化钠 240 g（1 mol），乙酸乙酯 200 mL，搅拌下冷至 15℃，滴加氯乙酸乙酯（**2**）290 g（2.4 mol），加完后继续室温搅拌反应 4 h。

过滤，滤饼用乙酸乙酯洗涤。分出有机层，水层用乙酸乙酯提取。合并有机层，常压蒸出 140℃以下馏分。剩余物冷却，加入 10% 的盐酸 720 mL，回流反应 3 h。减压浓缩至干。加入 100 mL 水，冷至 −5℃，放置 4 h。抽滤，干燥，得白色固体（**3**）100 g，收率 66%，mp 128～131℃。

硫代羟基乙酸酐（**1**）：于反应瓶中加入上述化合物（**3**）75 g（0.5 mol），乙酰氯 118 g（1.5 mol），搅拌回流反应 3 h。常压蒸馏回收乙酰氯，剩余物于 −5℃ 放置 4 h 析晶。抽滤，滤饼用乙醚洗涤，干燥，得白色针状结晶（**1**）53 g，收率 80%，mp 98～101℃。

【用途】 祛痰药盐酸厄多司坦（Erdosteine hydrochloride）中间体。

对氯苯甲酸酐

$C_{14}H_8Cl_2O_3$，295.12

【英文名】 *p*-Chlorobenzoic anhydride

【性状】 白色结晶。mp 192～193℃。溶于氯仿、丙酮，不溶于水。热水中分解为对氯苯甲酸。

【制法】 Berliner，Altschui. J Am Chem Soc，1952，74：4110.

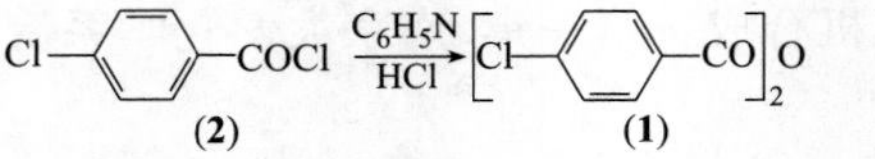

于反应瓶中加入对氯苯甲酰氯（**2**）17.5 g（0.1 mol），慢慢加入吡啶 50 mL，而后于蒸汽浴加热 5 min。将反应物加入 600 g 碎冰与 50 mL 浓盐酸的混合物中，充分搅拌，慢慢升至室温。抽滤，固体物依次用 15 mL 甲醇和 15 mL 无水甲苯洗涤，干燥，得对氯苯甲酸酐（**1**）14.5 g，收率 97%。用苯重结晶后，mp 192～193℃。

也可以采用如下方法直接由对氯苯甲酸来合成（Cabre-Castellvi J，Palomo-Coll A，Palomo-Coll A L. Synthesis，1981：616）。

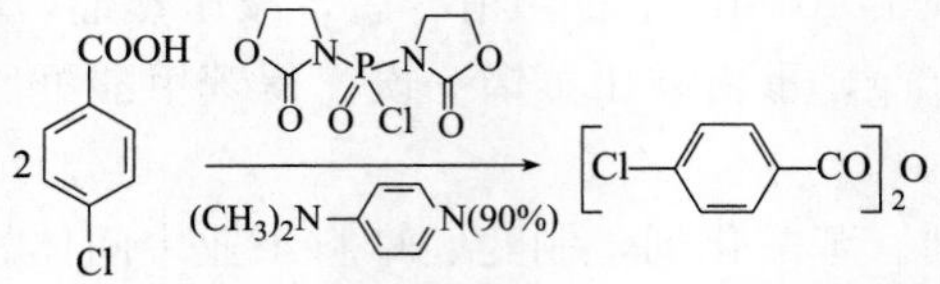

【用途】 解热镇痛及非甾体抗炎镇痛药吲哚美辛（Indometacin）中间体。

尼可酸酐

$C_{14}H_{10}O_3$，226.23

【英文名】 Nicotinic anhydride

【性状】 无色结晶。mp 122～125℃。

【制法】 Rinderknecht H，Gutenstein M. Org Synth，1973，Coll Vol 5：822.

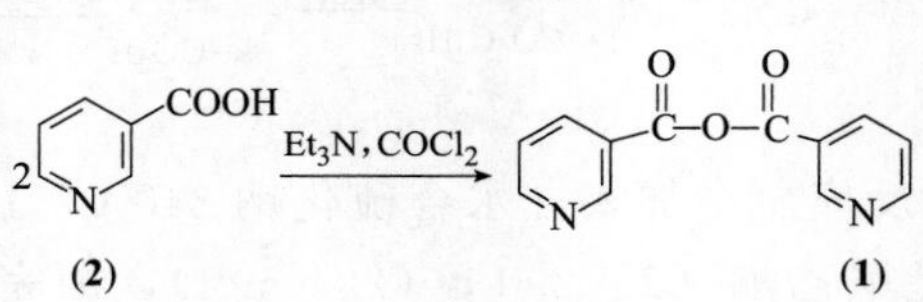

于安有搅拌器、蒸馏装置的反应瓶中，加入尼克酸（**2**）10 g（0.081 mol），无水苯275 mL，加热至沸，蒸出约 75 mL 的液体，以共沸除去水分。安上滴液漏斗、回流冷凝器（安氯化钙干燥管），冷至 5℃，加入三乙胺 8.65 g（0.086 mol，过量 5%）。冷却下继续搅拌，滴加 34 g 12.5% 的光气-苯溶液，控制滴加速度，注意反应液温度不要高于 7℃，立即生成三乙胺盐酸盐沉淀。加完后于室温搅拌反应 45 min。加热至沸，减压过滤，滤饼用热苯洗涤 3 次。合并滤液和洗涤液，低温下减压浓缩除去溶剂至干。剩余物中加入无水苯75 mL，加热，趁热过滤，滤饼用 5 mL 冷苯洗涤 2 次。合并滤液和洗涤液，于 20℃ 放置2～3 h。抽滤析出的结晶，冷苯洗涤，真空干燥，得化合物（**1**）6.25 g，收率 68%，mp122～125℃。将母液减压浓缩，加入 175 mL 苯-环己烷（2:3）混合液，加热、过滤，滤液于 5℃ 放置 18 h。过滤，冷苯洗涤，干燥，得 2.4 g 无色产物，收率 25%，mp 122～123℃。总收率 87%～93%。

【用途】 高脂血症、动脉粥样硬化治疗药肌醇烟酸酯（Inositol nicotinate）等的中间体。

丁二酸酐

$C_4H_4O_3$，100.07

【英文名】 Succinic anhydride

【性状】 无色斜方形棱状结晶。mp 119.6℃，bp 261℃。溶于醇、氯仿、四氯化碳，微溶于乙醚和水。于 115℃/0.67 kPa 升华。

【制法】 方法 1 Furniss B S，Hannaford A J，Rogers V，et al. Vogel's Textbook of Practical Chemistry. Longman London and New York. Fourth edition，1978：500.

于安有搅拌器、回流冷凝器的 500 mL 反应瓶中，加入丁二酸（**2**）59 g（0.5 mol），醋酸酐 102 g（94.5 mL，1 mol），搅拌下加热回流，直至生成透明液（约 1 h），继续回流反应 1 h。除去热源，停止搅拌，慢慢冷却，析出固体，最后冰浴中冷却。抽滤，用 40 mL无水乙醚洗涤，真空干燥，得 45 g 丁二酸酐（**1**），收率 90%，mp 119～120℃。

方法 2 ①段行信.实用精细有机合成手册.北京：化学工业出版社，2000：122.②孙昌俊，曹晓冉，王秀菊.药物合成反应——理论与实践.北京：化学工业出版社，2007：358.

于安有搅拌器、回流冷凝器的反应瓶中，加入丁二酸（**2**）118 g（1.0 mol），三氯氧磷80 g（0.5 mol），慢慢加热，反应中有大量氯化氢气体生成，注意吸收。加热反应至基本无氯化氢逸出为止。水泵减压蒸出未反应的三氯氧磷和氯化氢，加入乙酸酐，加热溶解。冷后析出结晶。抽滤，无水乙醚洗涤，干燥，得丁二酸酐（**1**）89 g，收率 90%。

【用途】 抗菌药琥珀单酰诺氟沙星（Norfloxacin succinil）、维生素 A 和磺胺药、哒嗪酮类药物等的中间体。

戊二酸酐

$C_5H_6O_3$，114.10

【英文名】 Glutaric anhydride

【性状】 白色针状结晶。mp 55～56℃，bp 287℃，150℃/1.33 kPa。溶于乙醚、乙醇、THF，吸水后生成戊二酸。

【制法】 Villemin Didier，et al. Synth Commun，1993，23（4）：419.

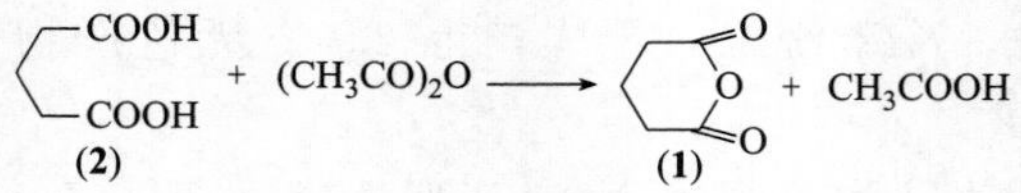

于 500 mL 反应瓶中加入戊二酸（**2**）65 g（0.5 mol），醋酸酐 102 g（94.5 mL，1.0 mol），搅拌下加热回流，直至生成透明液（约 1 h），继续回流反应 1 h。慢慢冷却，析出固体，冰浴中冷却。抽滤，用 40 mL 无水乙醚洗涤，真空干燥，得白色固体（**1**）45 g，收率 80%，mp 52～54℃。

【用途】 降血脂药依替米贝（Ezetimibe）的合成中间体。

8-氮杂螺[4.5]癸烷-7,9-二酮

$C_9H_{13}NO_2$，167.21

【英文名】 8-Azaspiro[4.5]decane-7,9-dione

【性状】白色结晶固体。mp 153～154℃。

【制法】王庆河,潘丽,程卯生. 中国药物化学杂志,2000,10(3):201.

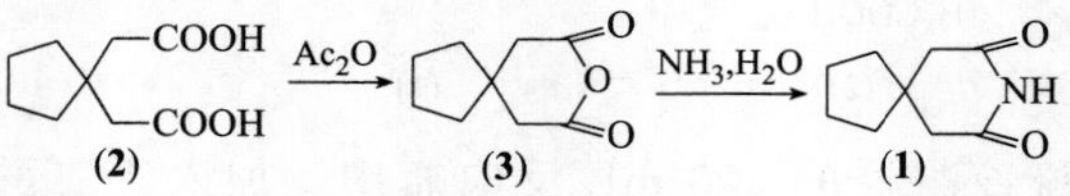

环戊烷-1,1-二乙酸酐（**3**）：于反应瓶中加入 1,1-环戊烷二酸（**2**）37.2 g(0.20 mol)，醋酸酐 50 mL，回流反应 1 h。减压浓缩，剩余物减压蒸馏，收集 170～172℃/2.0 kPa 的馏分，得无色液体（**3**）29.6 g，收率 88%。

8-氮杂[4.5]癸烷-7,9-二酮（**1**）：于反应瓶中加入上述化合物（**3**）16.8 g（0.1 mol），氨水 50 mL，敞口慢慢加热，当温度升至 200℃时保温反应 10 min。冷却后用乙醇重结晶，得白色结晶固体（**1**）13.3 g，收率 79.6%，mp 153～154℃。

【用途】 抗焦虑药丁螺环酮（Buspirone）的中间体。

辛二酸酐

$C_8H_{12}O_3$，156.18

【英文名】 Suberoyl anhydride

【性状】 白色固体。mp 50～52℃。

【制法】①胡杨，陈国华等，中国医药工业杂志，2009，40（7）：481.②Shardella E

G，Massa S. Org Prep Proced int，2001，33（4）：391.

$$HO-CO-(CH_2)_6-CO-OH \xrightarrow{Ac_2O} (CH_2)_6(CO)_2O$$
(2) → (1)

于安有搅拌器、回流冷凝器的反应瓶中，加入辛二酸（**2**）80.0 g（0.46 mol），乙酸酐 80 mL，搅拌下加热回流 4 h。冷却，减压蒸出溶剂，剩余物冷至 0℃，析出浅黄色固体。抽滤，用乙腈重结晶，得白色固体化合物（**1**）66 g，收率 92.3%，mp 50～52℃。

【用途】 抗癌药伏立诺他（Vorinostat）中间体。

4-苯甲酰氨基-5-(二丙氨基)-5-氧代戊酸

$C_{18}H_{25}N_2O_4$，334.42

【制法】 4-Benzamido-5-(dipropylamino)-5-oxopentanoic acid

【性状】 无色结晶或结晶性粉末。mp 148～150℃，易溶于甲醇、氯仿，稍难溶于丙酮，难溶于水及苯。其饱和水溶液 pH=4。

【制法】 孙昌俊，曹晓冉，王秀菊.药物合成反应——理论与实践.北京：化学工业出版社，2007：274.

$$HO_2CCHCH_2CH_2CO_2H \xrightarrow{(CH_3CO)_2O} C_6H_5CONH-(3) \xrightarrow{(n-C_3H_7)_2NH} (n-C_3H_7)_2N-CO-CHCH_2CH_2CO_2H$$
NHCOC_6H_5 (2) → (3) → (1) NHCOC_6H_5

N-苯甲酰基谷氨酸酐（**3**）：于 10 L 反应瓶中加入醋酸酐 6 L，搅拌下分批加入 N-苯甲酰基谷氨酸（**2**）1.5 kg（6 mol），而后室温搅拌 8 h，室温放置过夜。滤出析出的固体，于 60～70℃及 100℃各干燥 1 h，得化合物（**3**）850 g，收率 61%。

4-苯甲酰氨基-5-(二丙氨基)-5-氧代戊酸（**1**）：于反应瓶中加入二正丙胺 334 mL，水 1100 mL，充分搅拌，冷至 −30℃，在 60～75 min 内慢慢加入 N-苯甲酰基谷氨酸酐 312 g（1.34 mol），保持反应温度在 −2～−4℃。加完后于 −3℃继续反应 15 min。再加入冰醋酸 650 mL，升温至 6℃，继续搅拌反应 1.5 h。撒入晶种，慢慢析出固体。过滤，将固体物加入 20 倍水中，于 60～70℃加入碳酸氢钠溶解，过滤。滤液搅拌下用 20% 的醋酸中和至 pH5.5。冷却，滤出固体物，水洗、干燥，得化合物（**1**）140 g，收率 31%，mp 142～145℃。

【用途】 治疗胃溃疡和十二指肠溃疡、胃炎等消化性疾病药物丙谷胺（Proglumide）原料药。

2-亚甲基丁二酸酐(衣康酸酐)

$C_5H_4O_3$，112.08

【英文名】 2-Methylenesuccinic anhydride，Itaconic anhydride

【性状】 无色结晶。mp 70～72℃，bp 114～115℃/1.6 kPa。微溶于醚、苯、氯仿，易溶于水、醇并分解。易吸潮分解。

【制法】 勃拉特.有机合成：第二集.南京大学化学系有机化学教研室译.科学出版社，1964：252.

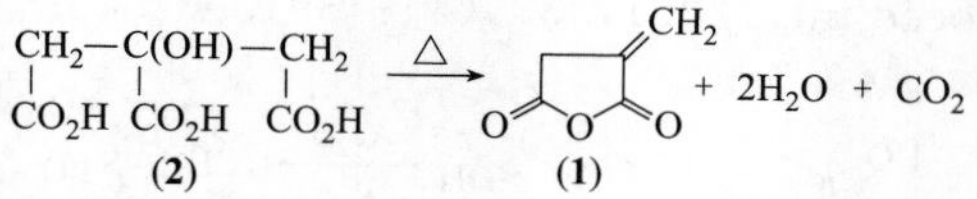

$$CH_2-C(OH)-CH_2 \quad \xrightarrow{\triangle} \quad \text{(1)} \quad + \ 2H_2O \ + \ CO_2$$

于安有蒸馏装置的反应瓶中，加入柠檬酸（**2**）200 g（0.95 mol），而后用直接火加热至熔融，迅速加热，以使蒸馏尽快地完成，约 15 min 左右即可结束反应。注意不要局部过热，当蒸气在反应瓶中开始变黄时应立即停止反应。馏出物中含有水和 2-亚甲基丁二酸酐，大部分于 175～190℃蒸出。将馏出物立即倒入分液漏斗中，分出下层，得 2-亚甲基丁二酸酐（**1**）40～50 g，固化生成无色结晶，收率 37%～47%。

【用途】 药物合成中间体，用于除草剂、杀虫剂的合成。

吡啶-2,3-二羧酸酐

$C_7H_3NO_3$，149.11

【英文名】 Pyridine-2,3-dicarboxylic anhydride
【性状】 白色固体。mp 136.5～136.9℃。
【制法】 杨建波，庞怀林，黄超群. 农药，2007，46（4）：237.

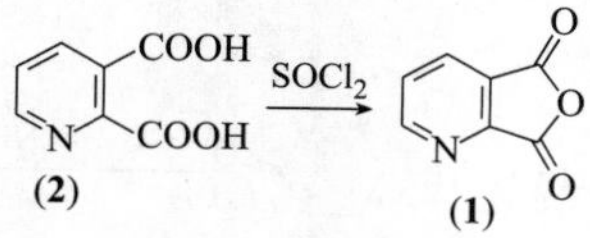

于反应瓶中加入 1,2-二氯乙烷 80 mL，2,3-吡啶二甲酸（**2**）25 g（0.15 mol），搅拌下滴加氯化亚砜 19.8 g（0.158 mol），加完后于 60℃继续搅拌反应 6 h。常压蒸出溶剂，剩余固体物研细，干燥，得白色固体（**1**）22.3 g，mp 136.5～136.9℃。

【用途】 医药、除草剂灭草烟（Mazapyr acid）合成中间体。

3-硝基邻苯二甲酸酐

$C_8H_3NO_5$，193.12

【英文名】 3-Nitrophthalic anhydride
【性状】 白色针状结晶。mp 164℃。溶于丙酮、热乙醇、热乙酸，微溶于苯，不溶于水。
【制法】 方法 1　Furniss B S，Hannaford A J，Rogers V，et al. Vogel's Textbook of Practical Chemistry. Longman London and New York. Fourth edition，1978：839.

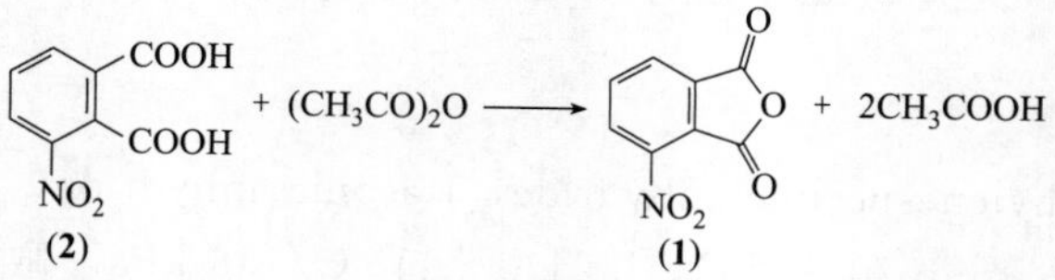

于反应瓶中加入乙酸酐 205 g（2.0 mol），3-硝基邻苯二甲酸（**2**）211 g（1.0 mol），慢慢加热至回流，直至固体完全溶解，而后再回流反应 20 min。将反应物趁热倒入搪瓷盘中，冷后析出结晶。将结晶研细，抽滤。固体物中加入无水乙醚，充分研细、洗涤两次，空气中干燥，而后于 105℃ 干燥至恒重，得化合物（**1**）175 g，mp 163～165℃，收率 90％。蒸馏含醋酸的母液，可回收约 10 g 产品。

方法 2　①唐玫，吴晗，张爱英等.中国医药工业杂志，2009，40（10）：721.②陈志敏，左霞，吴宜群等.合成化学，2004，12（2）：167.

于反应瓶中加入 3-硝基邻苯二甲酸（**2**）10.55 g（50 mmol），乙酸酐 10 mL，搅拌下加热回流反应 2 h。冷至室温，析出黄色结晶。抽滤，乙醚洗涤，干燥，得淡黄色针状结晶（**1**）8.78 g，mp 163～164℃，收率 90％。

【用途】　抗肿瘤药泊马度胺（Pomalidomide）的合成中间体。

五、羧酸的脱羧反应

2,4-二甲基-1H-吡咯-3-羧酸乙酯

$C_9H_{13}NO_2$，167.21

【英文名】　Ethyl 2,4-dimethyl-1H-pyrrole-3-carboxylate
【性状】　暗红色固体。mp 73～74℃。
【制法】　刘彪，林蓉，廖健宇等.中国医药工业杂志，2007：38（8）：539.

3,5-二甲基-1H-吡咯-4-乙氧羰基-2-羧酸（**3**）：于反应瓶中加入 3,5-二甲基-1H-吡咯-2,4-二羧酸二乙酯（**2**）47.8 g（0.2 mol），乙醇 200 mL，搅拌溶解。加入由氢氧化钾 28 g（0.5 mol）溶于 250 mL 水的溶液，搅拌回流反应 1.5 h。减压浓缩至 200 mL，倒入 300 mL 冰水中，用 10％的盐酸调至 pH4，抽滤析出的固体，水洗，干燥，得白色固体（**3**）36 g，收率 85.3％，mp 235～236℃。

2,4-二甲基-1H-吡咯-3-羧酸乙酯（**1**）：于反应瓶中加入上述化合物（**3**）21.1 g（0.10 mol），磷酸三乙酯 80 mL，搅拌下于 170～180℃反应 4 h。无二氧化碳气体生成时反应结束。减压浓缩，剩余物溶于二氯甲烷 180 mL 中，水洗，无水硫酸钠干燥。过滤，浓缩，剩余物用乙醚（150 mL）和戊烷（170 mL）重结晶，得暗红色固体（**1**）15 g，收率 90％，mp 73～74℃。

【用途】　抗肿瘤药苹果酸舒尼替尼（Sunitinib malate）中间体。

2-丙基戊酸

$C_8H_{16}O_2$，144.21

【英文名】　Valproic acid，2-Propylpentanoic acid
【性状】　无色或浅黄色液体。bp 221℃，128～130℃/2.66 kPa，120～121℃/1.86 kPa。d_4^{25}1.1。难溶于水。
【制法】　①孙昌俊，曹晓冉，王秀菊.药物合成反应——理论与实践.北京：化学工业出

版社，2007：364.②付金广. 山东化工，2012，41：3.

二丙基丙二酸（3）：于安有搅拌器、回流冷凝器的反应瓶中，加入二丙基丙二酸二乙酯 **（2）** 122 g（0.5 mol），乙醇 220 mL，4%的氢氧化钾 400 g，搅拌下回流反应 4 h。减压蒸出乙醇。冷却至室温，慢慢加入浓盐酸，调至 pH1，析出固体。冷却，抽滤，水洗，干燥，得黄色晶体 **（3）** 75.0 g，收率 80%，mp 155～158℃。

2-丙基戊酸（1）：于反应瓶中加入 **（3）** 75.0 g（0.4 mol），油浴慢慢加热至 180℃，反应物逐渐熔化，并放出大量二氧化碳气体，至无二氧化碳气体分出为止。减压蒸馏，收集 120～123℃/1.86 kPa 的馏分，得浅黄色液体 **（1）** 49.5 g，收率 86%，n_D^{14} 1.4252。

【用途】 治疗癫痫病药物丙戊酸钠（Sodium valproate）中间体。

卡洛芬

$C_{15}H_{12}ClNO_2$，273.72

【英文名】 Carprofen

【性状】 白色固体。mp 197～198℃。

【制法】 牛宗强. 浙江化工，2012，43（8）：21.

于反应瓶中加入 6-氯-2-咔唑甲基丙二酸二乙酯 **（2）** 3.74 g，冰醋酸 19 mL，6 mol/L 的盐酸 19 mL，搅拌回流反应 12 h。冷至室温，过滤，滤饼用 1∶1 的醋酸-水溶液洗涤。减压浓缩至干，剩余物中加入 1 mol/L 的氢氧化钾溶液 15 mL，搅拌溶解后用乙醚提取。水层用盐酸调至 pH2，搅拌 15 min。过滤，水洗，干燥，得粗品 **（1）** 2.67 g。用二氯甲烷重结晶，活性炭脱色，得白色固体 **（1）** 2.11 g，收率 77%，mp 197～198℃。

【用途】 消炎镇痛药卡洛芬（Carprofen）原料药。

佐美酸钠

$C_{15}H_{13}ClNNaO_3 \cdot 2H_2O$，349.75

【英文名】 Zomepirac sodium

【性状】 白色结晶。溶于热水、热异丙醇，难溶于冷水。mp 307～309℃。

【制法】 ①蔡允明，董文良. 中国医药工业杂志，1983，14（5）：3.②John R C，Wong Stewar. J Med Chem，1973，16（2）：172.

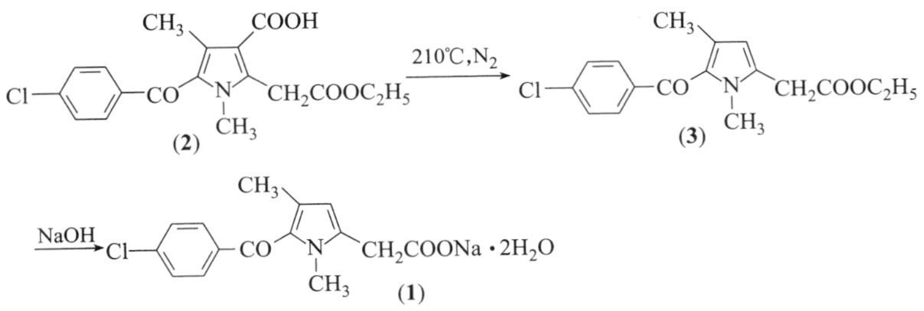

于反应瓶中，加入化合物（**2**）20 g（0.054 mol），在氮气的保护下加热至 210℃，搅拌 2 h 后，稍冷加入异丙醇 60 mL，继续加热搅拌回流直至固体全部溶解为止。反应毕，冷却，析出黄色结晶（**3**）。过滤，将固体加入到 0.5 mol/L 氢氧化钠溶液 120 mL 中，加热搅拌回流 0.5 h。反应毕，冷却，析出固体，过滤，干燥，得粗品（**1**）。用水重结晶，得淡黄色针状结晶（**1**）10.2 g 收率 48%，mp 307～309℃。

【用途】　消炎镇痛药佐美酸钠（Zomepirac sodium）原料药。

酮洛酸氨丁三醇

$$C_{15}H_{13}NO_3 \cdot H_2NC(CH_2OH)_3，376.41$$

【英文名】　Ketorolac tromethamine
【性状】　mp 163～165℃。
【制法】　①Muchowski J M，Cho I S. US 5082951.1992. ②陈芬儿. 有机药物合成法：第一卷. 北京：中国医药科技出版社，1999：589.

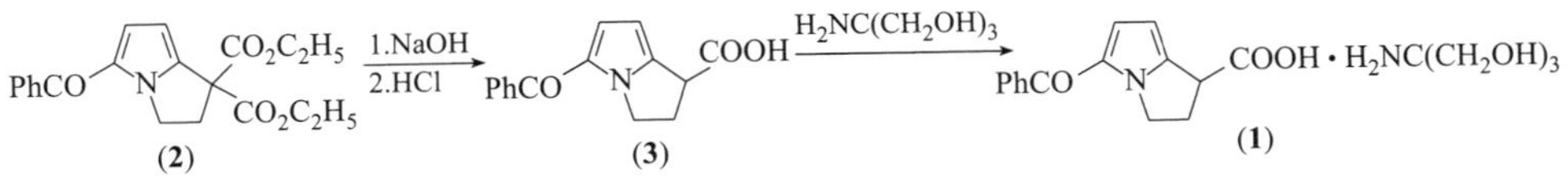

酮咯酸（**3**）：于反应瓶中加入化合物（**2**）600 mg（1.6 mmol），乙醚 10 mL，搅拌下加入 20% 的氢氧化钠水溶液 10 mL，剧烈搅拌回流反应 24 h。冷却，分出水层，乙醚提取后，有机层弃去。水层用盐酸调至 pH2，乙酸乙酯提取 3 次。合并有机层，加热至 70℃ 反应 4 h。减压回收溶剂，得化合物（**3**）400 ng，收率 93%，mp 160～161℃。

酮洛酸氨丁三醇（**1**）：于反应瓶中加入化合物（**3**）200 mg（0.78 mmol），苯 15 mL，搅拌溶解。加入氨基丁三醇 60 mg（0.78 mmol），搅拌 1～2 h。冷却，析晶。过滤，少量乙醚洗涤，干燥，得化合物（**1**），mp 163～165℃。

【用途】　镇痛药酮洛酸氨丁三醇（Ketorolac tromethamine）原料药。

4-哌啶酮盐酸盐

$$C_5H_9NO \cdot HCl，135.59$$

【英文名】　4-Piperidone hydrochloride
【性状】　白色固体。mp 139～141℃（dec）。
【制法】　Kuettel G M，et al. J Am Chem Soc，1931，53（7）：2692.

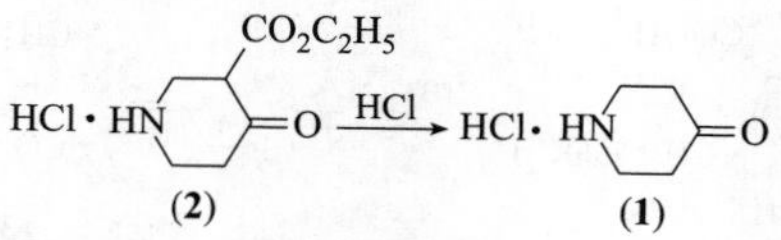

于反应瓶中，加入 3-乙氧羰基-4-哌啶酮盐酸盐（**2**）2.33 g（13.61 mol），20%盐酸 80 mL，加热回流约 0.5 h（用 $FeCl_3$ 跟踪反应进程，若反应液无色，则反应为终点），减压浓缩至干，得粗品固体（**1**）。用乙醇-乙醚重结晶，得精品（**1**）1.1 g，收率 81.5%，mp 139～141℃（dec）。

【用途】 抗过敏药阿司咪唑（Astemizole）等的中间体。

1-(2-羟基苯基)-3-苯基-1-丙酮

$C_{15}H_{14}O_2$，226.28

【英文名】 1-(2-Hydroxyphenyl)-3-phenylpropan-1-one

【性状】 浅黄色结晶。mp 36～37℃，bp 195～201℃/0.53 kPa。溶于醇、醚、氯仿，不溶于水。

【制法】 ①王文洲，曹胜利，潘长敏.中国医药工业杂志，1992，23（5）：193.②孙昌俊，曹晓冉，王秀菊.药物合成反应——理论与实践.北京：化学工业出版社，2007：364.

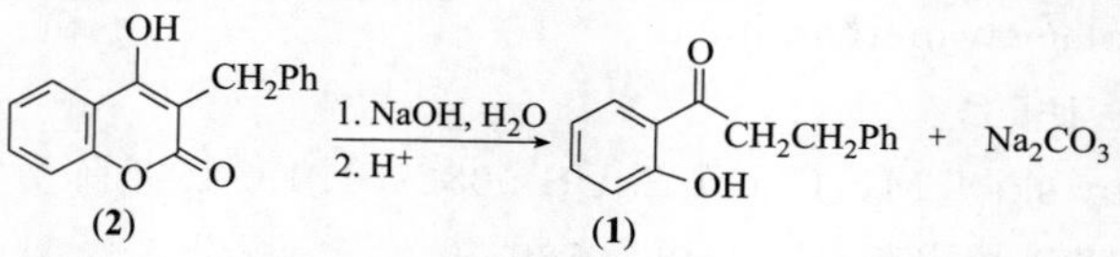

于反应瓶中加入 3-苄基-4-羟基香豆素（**2**）60 g（0.25 mol），10%的氢氧化钠水溶液 1800 mL，搅拌下加热回流 3 h，冷后用盐酸调至中性，分出有机层，水层用甲苯提取（300 mL×3）。合并有机层和甲苯提取液，水洗，无水氯化钙干燥。减压回收甲苯后，减压蒸馏，收集 195～201℃的馏分，得浅黄色油状物。冷后固化为浅黄色固体（**1**）41 g，收率 72.5%，mp 35～37℃。

【用途】 抗心律失常药普罗帕酮（Propafenone）等的中间体。

4-甲基-5-乙氧基噁唑

$C_6H_9NO_2$，127.14

【英文名】 5-Ethoxy-4-methyloxazole

【性状】 无色液体。

【制法】 杭德余，陈邦和，连祥珍等.精细化工，2002，19（3）：127.

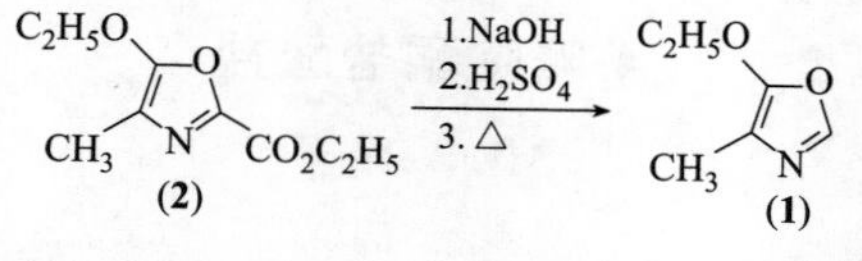

于反应瓶中加入化合物（**2**）41 g（0.2 mol），5 mol/L 的氢氧化钠水溶液 50 mL，搅拌反应 30 min。逐渐由浑浊变清。加入 50 mL 水，减压回收乙醇。冷却至 30℃以下，滴加 2.5 mol/L 的硫酸水溶液至 pH2.5，有固体析出。加热至 60℃，直至不再有二氧化碳气体放出。用氢氧化钠水溶液调至 pH8，水蒸气蒸馏。馏出液用氯仿提取，无水硫酸钠干燥。过滤，浓缩，减压蒸馏，收集 50～70℃/4.0～6.7 kPa 的馏分，得化合物（**1**）23 g，收率 88%。

【用途】 利尿药盐酸西氯他宁（Cicletanine hydrochloride）中间体。

吡嗪酰胺

$C_5H_5N_3O$，123.11.

【英文名】 Pyrazinamide

【性状】 白色片状或针状结晶粉末。mp 189～191℃。溶于沸水，微溶于乙醇。无臭、味苦。

【制法】 ①孙昌俊，曹晓冉，王秀菊.药物合成反应——理论与实践.北京：化学工业出版社，2007：358.②石荣荣，崔咪芬，汤吉海等.江苏化工，2005，33（增刊）：124.

于反应瓶中加入吡嗪-2,3-二羧酸（**2**）84 g（0.5 mol），醋酸酐 250 g（2.5 mol），搅拌下加热至 120～130℃，反应 1 h。常压蒸去醋酸，而后减压蒸馏直至不出醋酸为止，生成吡嗪二羧酸酐（**3**）。冷至 80℃ 以下，加入无水乙醇 150 mL，回流反应 1.5 h。减压蒸去乙醇，剩余物为吡嗪二羧酸单乙酯（**4**）。升温至 135～140℃脱羧反应 4 h。减压蒸馏，收集 105～115℃/1.33～2.66 kPa 的馏分，得吡嗪羧酸乙酯（**5**），冷后固化为白色固体。

于 180 mL 无水乙醇中通入干燥得氨气，直至氨气含量达 30% 左右，加入吡嗪羧酸乙酯（**5**）。搅拌，析出白色固体。放置过夜。抽滤，用少量乙醇洗涤，得吡嗪酰胺粗品。

将粗品加入 10 倍量的蒸馏水中，加热至沸使之溶解，活性炭脱色。趁热过滤，滤液冷至 15℃ 以下，析出结晶，抽滤，水洗，干燥，得吡嗪酰胺（**1**）37.4 g，收率 60.8%，mp 189～191℃。

【用途】 抗结核病药药吡嗪酰胺（Pyrazinamide）原料药。

2,6-二氯-3-甲基苯酚

$C_7H_6Cl_2O$，177.03

【英文名】 2,6-Dichloro-3-methylphenol

【性状】 无色液体。

【制法】 Juby P F, et al. J Med Chem, 1968, 11（1）：111.

于干燥的反应瓶中加入 3,5-二氯-4-羟基-2-甲基苯甲酸（**2**）191.6 g（0.87 mol），N，N-二甲基苯胺 422 g，于 160℃左右搅拌反应，直到无二氧化碳气体放出为止，再于 190℃

搅拌 0.5 h。冷却搅拌下，加入浓盐酸 450 mL，用乙醚提取数次，合并有机层，依次用 6 mol/L 盐酸、水洗涤，无水硫酸钠干燥。过滤，滤液回收溶剂后，减压蒸馏，收集 bp103.5～105℃/520 Pa 的馏分，得无色液体（**1**）148.6 g，收率 96.8%。

【用途】 抗炎药甲氯芬那酸（Melcofenamic acid）中间体。

2,6-二氯苯酚

$$C_6H_4Cl_2O，163.00$$

【英文名】 2,6-Dichlorophenol

【性状】 白色结晶。mp 64.5～75.5℃。

【制法】 陈芬儿.有机药物合成法：第一卷.北京：中国医药科技出版社，1999：834.

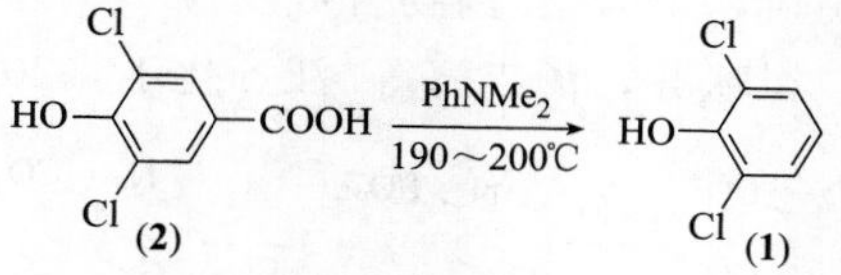

于反应瓶中加入 3,5-二氯-4-羟基苯甲酸（**2**）250 g（1.2 mol），新蒸馏的 N,N-二甲基苯胺 575 g，搅拌下慢慢加热至 190～200℃，有二氧化碳气体放出。2 h 后，冷却，慢慢倒入 600 mL 冷盐酸中。乙醚提取 6 次。合并乙醚层，以 6 mol/L 的盐酸洗涤，无水硫酸钠干燥。过滤，回收溶剂后，剩余物用石油醚重结晶，得白色结晶（**1**）130～140 g。母液浓缩，冷却，可以再得到（**1**）27～40 g，总收率 80%～91%，mp 64.5～65.4℃。

也可采用如下方法来合成［张圻，杨建设，万江陵等.武汉化工学院学报.1995，17 (1)：9］：

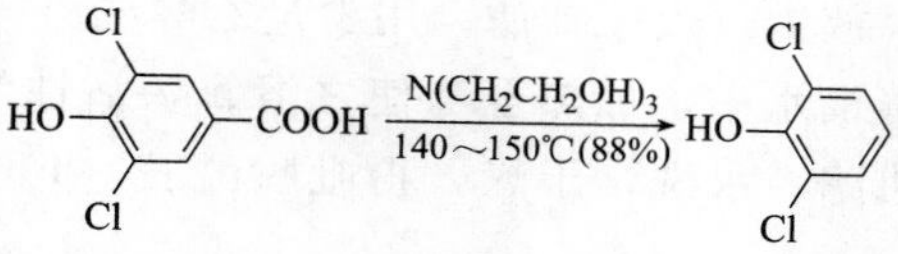

【用途】 降压药盐酸洛非西定（Lofexidine hydrochloride）等的中间体。

环戊酮

$$C_5H_8O，84.13$$

【英文名】 Cyclopentone

【性状】 无色液体。mp -51.3℃，bp 131℃，d^{20} 0.94869，n_D^{20} 1.4366。微溶于水，有无机酸存在时易聚合。

【制法】 段行信.实用精细有机制备手册.北京：化学工业出版社，2000：79.

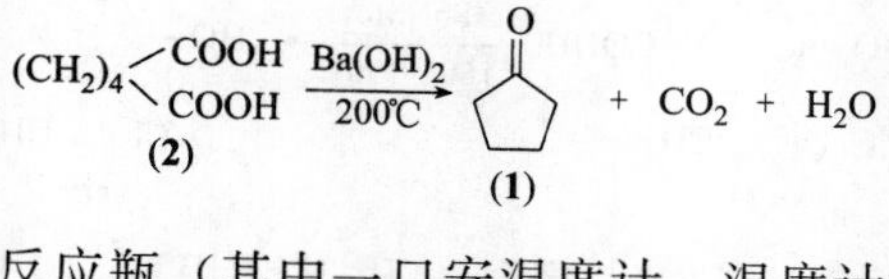

于安有蒸馏装置的三口反应瓶（其中一口安温度计，温度计伸到接近瓶底）中，加入己二酸（**2**）200 g（1.34 mol），研细的氢氧化钡 10 g，充分混合均匀。用电热套加热至

285~295℃，保持此温度进行蒸馏，直至反应瓶中仅剩少量残渣为止。馏出物用氯化钙饱和，分出有机层，少量碳酸钠溶液洗涤（除去蒸出的己二酸），再用饱和食盐水洗涤，无水氯化钙干燥。分馏，收集 128~131℃ 的馏分，得环戊酮（**1**）86~92 g，收率 75%~80%。

【用途】 重要的有机化工原料，广泛用于医药、农药、香料工业、生物制品以及橡胶工业。

苯基丙酮

$$C_9H_{10}O, \ 134.18$$

【英文名】 Phenylacetone，Benzyl methyl ketone

【性状】 黄色油状液体。mp -15℃，bp 214℃，100~101℃/1.87 kPa。d_4^{20} 1.0157，n_D^{25} 1.5174。可溶于乙醇、乙醚，不溶于水。

【制法】 Furniss B S，Hannaford A J，Rogers V，et al. Vogel's Textbook of Practical Chemistry. Longman London and New York. Fourth edition，1978：431.

将 294 g（0.5 mol）六水合硝酸钍溶于约 450 mL 水中，搅拌下慢慢加入由无水碳酸钠 106 g（1 mol）溶于 400 mL 水配成的溶液。碳酸钍沉淀析出。尽可能的倾出水层，用 500 mL 水倾洗。加入浮石（4~8 目）200 g 混合均匀。于一大的蒸发皿中搅拌加热蒸发，制成粉状。过筛，得约 250 g 白色粉状物，其中主要含有碳酸钍，并含有氧化钍。可以使用更多的浮石，制备约 1400 g 的浮石催化剂。

将制得的浮石催化剂置于加热管中 400~450℃ 氮气饱和下加热 6~12 h，转化为氧化钍。于 400~450℃ 滴加由苯乙酸（**2**）170 g（1.25 mol）与 225 g 冰醋酸配成的溶液，控制滴加速度 25~30 滴/min，也可通入氮气。加完后，分出有机层，用 15% 的氢氧化钠溶液洗涤至碱性，水洗两次。水层用乙醚提取两次，依次用碱、水洗涤。合并有机层，无水硫酸镁干燥，蒸出乙醚。剩余物减压分馏，收集 102~103℃/2.67 kPa 的馏分，得苯基丙酮（**1**）85 g，收率 51%。剩余物主要是二苄基酮。将其转移至一小蒸馏瓶中蒸馏，收集 200℃/2.8 kPa 的馏分，得二苄基酮，mp 34~35℃。

【用途】 苯丙胺、苯基异丙胺等医药中间体。也是杀鼠剂敌鼠钠（Sosium diphacinone）、氯鼠酮（Chlorophacinone）等的中间体。

丙酮酸

$$C_3H_4O_3, \ 88.06$$

【英文名】 pyruvic acid

【性状】 无色至浅黄色液体。mp 13.6℃，bp 165℃（分解）。d_4^{15} 1.267。能与水、醇、醚混溶，易吸潮，易聚合、分解，有酸味。容易聚合。

【制法】 孙昌俊，曹晓冉，王秀菊. 药物合成反应——理论与实践. 北京：化学工业出版社，2007：353.

方法 1

$$\begin{array}{c} \text{CHOHCOOH} \\ | \\ \text{CHOHCOOH} \\ \text{(2)} \end{array} \xrightarrow[\triangle]{\text{KHSO}_4} \text{CH}_3\text{COCOOH} + \text{CO}_2 + \text{H}_2\text{O} \quad \text{(1)}$$

将粉末状酒石酸（**2**）200 g（1.33 mol）、新熔融过的硫酸氢钾 300 g（2.2 mol）在研钵中研磨成均匀混合物，加入 1.5 L 反应瓶中，安上蒸馏装置（空气冷凝器）。油浴加热至 210～220℃，同时收集馏出液，直至不再有液体馏出为止。减压蒸馏馏出液，收集 75～80/3.3 kPa 的馏分，得无色或微黄色丙酮酸（**1**）60 g，收率 51％。冷冻后固化。

方法 2

于安有搅拌器、蒸馏装置的 3 L 反应瓶中，加入粉碎的焦硫酸钾 360 g（1.4 mol）、酒石酸（**2**）240 g（1.6 mol），混合均匀。电热包加热使熔化（约 180℃），有气泡产生，至气泡消失，并有烟雾产生，继续加热至 220℃。将生成的丙酮酸不断蒸出，直至无馏出液为止（约 240℃），得粗丙酮酸 110 g 左右。将粗丙酮酸重新减压分馏，收集 65～72℃/2.7 kPa 的馏分，得淡黄色丙酮酸（**1**）55 g，收率 39％。

【用途】 抗高血压药物依那普利（Enalapril）等的中间体。

1,3-茚二酮

$$C_9H_6O_2，146.14$$

【英文名】 Indane-1,3-dione

【性状】 无色针状结晶。mp 130～132℃。溶于乙醇、乙醚、苯，微溶于水。于碱溶液中呈深黄色。

【制法】 ①Furniss B S，Hannaford A J，Rogers V，et al. Vogel's Textbook of Practical Chemistry. Longman London and New York. Fourth edition，1978：860. ②黄莉莎，刘弋潞.佛山科学技术学院学报：自然科学版，2005，23（4）：48.

于安有搅拌器、滴液漏斗、回流冷凝器（安装氯化钙干燥管）的反应瓶中，加入邻苯二甲酸二乙酯（**2**）125 g（0.563 mol），金属钠丝 25 g（1.09 mol），蒸气浴加热。滴加由干燥的乙酸乙酯 122.5 g（1.39 mol）和 2.5 mL 无水乙醇配成的混合液，约 1.5 h 加完，而后继续搅拌反应 6 h。冷却，加入乙醚 50 mL。过滤析出的钠盐，以乙酸乙酯洗涤。将钠盐溶于 1.5 L 热水中，冷却至 70℃，剧烈搅拌下加入 100 mL 硫酸（由 3 份硫酸和 1 份水组成）。冰水浴冷却至 15℃。抽滤，水洗，于 100℃ 干燥，得 1,3-茚二酮（**1**）58 g，收率 71％。用二氧六环-苯重结晶（加入石油醚），mp 130℃。

【用途】 富勒烯合成前体。

1-乙酰基金刚烷

$C_{12}H_{18}O$，178.27

【英文名】 1-Acetyladamantane

【性状】 白色结晶。mp 55.5～56.5℃（53～54℃）。

【制法】 Huang B S，Parish E J，Miles D H. J Org Chem，1974，39（17）：2647.

于安有磁力搅拌器、回流冷凝器的反应瓶中，加入化合物（**2**）2.24 g（9.9 mmol），DABCO（1,4-二氮杂二环 [2.2.2] 辛烷）5.93 g（52.9 mmol），邻二甲苯 14.64 g（138.1 mmol），搅拌下加热回流反应 6 h。冷却，用 0.6 mol/L 的盐酸酸化，分出有机层，无水硫酸钠干燥。过滤，减压蒸出溶剂，剩余物过硅胶柱纯化，用甲醇重结晶，得白色结晶（**1**）1.29 g，mp 55.5～56.5℃，收率 84%。

【用途】 调节血糖药物沙格列汀（Saxagliptin）等中间体。

六、酰胺脱水生成腈

3-氰基吡啶

$C_6H_4N_2$，104.11

【英文名】 3-Cyanopyridine

【性状】 针状结晶。mp 50℃，bp 240～245℃。溶于水、醇和醚，能升华。

【制法】 ①Peyton C，Teague and William A. Short Org Synth，1963，Coll Vol 4：706. ②牛磊，肖国民. 化工时刊，2009，23（12）：49.

尼克酰胺（**3**）：于反应瓶中加入尼克酸乙酯（**2**）50 g（0.33 mol），而后再加入 75 mL 于 0℃用氨气饱和的氨水，密闭后放置 18 h。其间摇动数次，下层逐渐溶解。再通入氨气至饱和，放置 4 h。再用氨气饱和，反应瓶中有酰胺生成。浓缩至干，于 120℃干燥，几乎得到定量的尼克酰胺（**3**），mp 130℃。

3-氰基吡啶（**1**）：于反应瓶中加入粉状的尼克酰胺（**3**）24 g（0.2 mol），五氧化二磷 30 g，混合均匀。安上减压蒸馏装置，用硅油浴加热，并保持压力为 4.0 kPa，迅速升高油浴温度至 300℃。撤去油浴，直接加热，蒸出生成的酰胺，冷后生成浅黄色固体。将其常压蒸馏，约在 201℃之前蒸出，冷后固化，得 3-氰基吡啶（**1**）18 g，收率 86%，mp 49℃。

【用途】 外周血管扩张药烟醇（Nicotinyl alcohol），维生素 B 等的中间体。

邻溴苯甲腈

C_7H_4BrN，182.03

【英文名】 *o*-Bromobenzonitrile

【性状】 针状结晶（水中）。mp 55.5℃，bp 251～253℃。

【制法】 Juncai Feng，Bin Li，Changchuan Li. Synth Commun，1996，26（24）：4545.

于反应瓶中加入邻溴苯甲酸（**2**）202 g（1.0 mol），尿素 40 g，混合后慢慢加热，熔化后于 160℃保温反应 1 h。慢慢升至 200℃左右，保温反应 1 h。再慢慢升至 280℃左右，开始蒸馏，邻溴苯甲腈蒸出的同时，有部分邻溴苯甲酸馏出。升至 340℃左右时反应结束。将馏出物中加入水 300 mL。浓氨水 40 mL，加热熔化，充分搅拌后冷却，油状物固化，抽滤，水洗，干燥，得粗品。将粗品减压分馏，收集 126～130℃/1.8 kPa 的馏分。得邻溴苯甲腈（**1**）93～100 g，收率 51%～54%。

【用途】 主要用于沙坦类、四唑类药物合成中间体。

邻氯苯甲腈

C_7H_4ClN，137.57

【英文名】 *o*-Chloronitrile

【性状】 针状结晶，mp 43～46℃，bp 232℃，溶于乙醚、乙醇。

【制法】 孙昌俊，曹晓冉，王秀菊. 药物合成反应——理论与实践. 北京：化学工业出版社，2007：353.

于安有搅拌器、温度计、蒸馏装置的反应瓶中，加入邻氯苯甲酸（**2**）390 g（2.5 mol），尿素（**3**）120 g（2 mol），混合均匀，电热包加热至熔化，热至 160℃时保温 1 h，加热至 200℃左右时保温 1 h，升至 280℃，并开始有产物馏出，反应物升至约 310℃，反应基本结束。

将馏出物加入 600 mL 水，50 mL 20%的氨水，加热溶解蒸出的邻氯苯甲酸，分出粗产品邻氯苯甲腈，再用 1%的氨水洗涤一次，得粗品邻氯苯甲腈。粗腈常压蒸馏，收集 230～240℃得馏分，得邻氯苯甲腈（**1**）102 g，收率 44%。固化后 mp 42～44℃。

也可以用如下方法来合成 [朱益忠，张喜全，刘飞等. 应用化学，2013，30（8）：971]：

【用途】 疟疾病治疗药硝喹（Nitroquine）、抗真菌药克霉唑（Clotrimazole）等的中间体。

丙二腈

$C_3H_2N_2$，66.06

【英文名】 Malononitrile，Propanedinitrile

【性状】 无色冰状结晶。mp 32℃，bp 218～220℃，109℃/2.6 kPa，d_4^{34} 1.049。溶于水、乙醇、乙醚、丙酮、苯。

【制法】 孙昌俊，曹晓冉，王秀菊.药物合成反应——理论与实践.北京：化学工业出版社，2007：354.

$$NCCH_2CONH_2 + P_2O_5 \longrightarrow NCCH_2CN$$
$$\textbf{(2)} \qquad\qquad\qquad \textbf{(1)}$$

于安有温度计、减压蒸馏装置的 3 L 反应瓶中，加入氰乙酰胺（**2**）304 g（3.6 mol），五氧化二磷 500 g（3.6 mol），混合均匀。用 500 mL 圆底烧瓶作接收瓶，并置于冰水浴中。将反应瓶用小火慢慢加热，同时减压，控制压力不大于 5 kPa。当温度升至 110℃时，有丙二腈蒸出，同时反应物变黑。控制滴出速度，同时不使反应物充满容器为宜。缓缓升温至220℃左右，至馏出物颜色变深为止，得粗产品丙二腈。将粗产品重新减压蒸馏，收集108～110℃/2.67 kPa 的馏分，得丙二腈（**1**）130 g。

【用途】 甲氨蝶呤（Methotrexatum）、氨苯蝶啶（Triamterene）、臭氮平（Olanzapine）、左西孟旦（Levosimendan）等的中间体。

富马腈

$C_4H_2N_2$，78.07

【英文名】 Fumaronitrile

【性状】 白色针状结晶。mp 96℃。

【制法】 David T M，John M B. Org Synth，1963，Coll Vol 4：486.

富马酰胺（**3**）：于反应瓶中加入富马酸二乙酯（**2**）516 g（3.0 mol），28% 的氨水600 mL，氯化铵 60 g，于 25～30℃搅拌反应 7 h。生成的浆状物过滤，滤饼用 1 L 水打浆洗涤。过滤，水洗、冷乙醇 50 mL 洗涤，干燥，得化合物（**3**）270～300 g，收率 80%～88%。

富马腈（**1**）：于反应瓶中加入化合物（**3**）228 g（2 mol），P_2O_5 613 g（4.3 mol），混合均匀。反应瓶用一短连接装置与接受瓶相连，接受瓶用冰浴冷却。加热反应瓶，反应瓶与接受瓶之间连接处注意加热，以防产物固化堵塞。约 200℃时蒸出产物，约 1.5～2 h 反应结束。得到的产物（**1**）一般来说是很纯的，可以满足大部分的需要，产量 125～132 g，收率 80%～85%。将其溶于 150 mL 热苯中，而后倾入 500 mL 己烷或石油醚中，析出固体。过滤，干燥，得化合物（**1**）117～125 g，收率 75%～80%，mp 96℃。

【用途】 维生素类药物盐酸吡哆辛（Pyridoxine hydrochloride）中间体。

4-氯丁腈

$$C_4H_6ClN, 103.54$$

【英文名】 4-Chlorobutyronitrile

【性状】 无色液体。bp 93～96℃/2.67 kPa。

【制法】 孙昌俊，曹晓冉，王秀菊. 药物合成反应——理论与实践. 北京：化学工业出版社，2007：365.

$$ClCH_2CH_2CH_2\overset{\overset{\displaystyle O}{\|}}{C}NH_2 \xrightarrow{POCl_3} ClCH_2CH_2CH_2C\equiv N$$
$$(2)(1)$$

于反应瓶中加入 γ-氯代丁酰胺（**2**）121.5 g（1 mol），$POCl_3$ 230 g（1.5 mol），于110℃回流反应 6 h。蒸出过量的 $POCl_3$，冷后慢慢加入水 400 mL。用二氯甲烷提取（150 mL×3），合并提取液，水洗，无水硫酸钠干燥。过滤，减压蒸馏，收集 88～95℃/2.67 kPa 的馏分，得无色液体（**1**）85 g，收率81.7%。

【用途】 治疗精神分裂症药物氟哌啶（Benperidol）等的中间体。

邻苯二腈

$$C_8H_4N_2, 128.14$$

【英文名】 1,2-Benzodinitrile，o-Benzenedinitrile

【性状】 无色结晶。mp 141℃。可溶于乙醇、易溶于冰醋酸，微溶于水。可升华、可随水蒸气蒸馏。

【制法】 段行信. 实用精细有机合成手册. 北京：化学工业出版社，2000：187.

$$\underset{(2)}{\overset{\displaystyle CONH_2}{\underset{\displaystyle CO_2NH_4}{\bigcirc}}} + POCl_3 \xrightarrow{Py} \underset{(1)}{\overset{\displaystyle CN}{\underset{\displaystyle CN}{\bigcirc}}} + H_3PO_4 + 3HCl$$

于反应瓶中加入无水吡啶 1.6 L，加热至 70℃，搅拌下慢慢加入邻氨甲酰基苯甲酸铵（**2**）650 g（4.0 mol），升温至 90℃左右。滴加三氯氧磷 760 g（5.0 mol）。注意开始时滴加要慢，以防反应过于剧烈，保持回流条件下慢慢滴加。随着反应的进行，反应体系逐渐呈均匀透明液。加完后继续回流反应 0.5 h。冷却至 100℃以下，搅拌下倒入 3 kg 碎冰中，用液碱调至弱碱性，放置过夜。滤出结晶，用冰水洗涤，得结晶状固体。

滤液水蒸气蒸馏，先蒸出吡啶，而后有结晶随水蒸气蒸出，直至无结晶蒸出为止。过滤析出的结晶。与上面得到的固体合并，共得粗品 300 g 左右。粗品用 10 倍量的乙醇重结晶，得邻苯二腈（**1**）约 250 g，137～140℃，收率48.8%。

【用途】 酞磺胺类药物中间体。

4,5-二氯邻苯二甲腈

$$C_8H_2N_2Cl_2, 197.02$$

【制法】 4,5-Dichlorophthalonitrile

【性状】 黄色粉末。mp 183～185℃。

【制法】 吴永富，孙纲春，李俊海等.化学与生物工程，2008，25（10）：16.

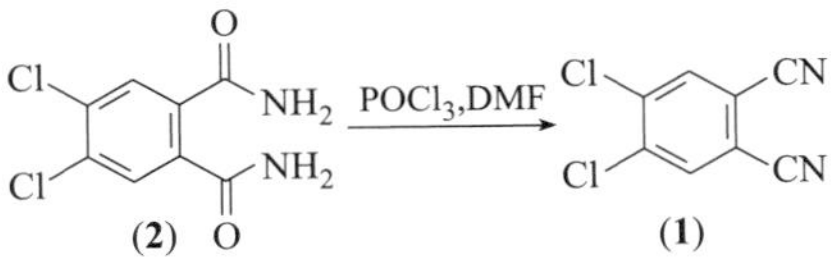

于反应瓶中加入 POCl₃ 30 mL，冰浴冷却。慢慢滴加由 4,5-二氯邻苯二甲酰胺（**2**）15 g（64.4 mmol）溶于 300 mL DMF 的溶液，约 1 h 加完。加完后继续冰浴冷却下搅拌反应 5 h。将反应物倒入冰水中，过滤析出的固体，水洗，干燥，得黄色粉末（**1**）11.3 g，收率 88.8%。

【用途】 有机合成中间体。

2,6-二氯-5-氟尼克腈

$C_6HCl_2FN_2$，190.99

【英文名】 2,6-Dichloro-5-fluoronicotinonitrile

【性状】 白色针状结晶。mp 91~93℃。

【制法】 陈芬儿.有机药物合成法：第一卷.北京：中国医药科技出版社，1999：984.

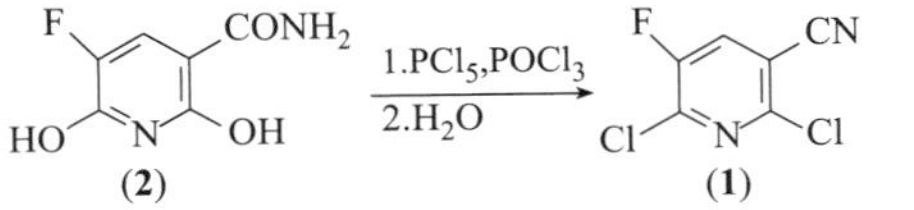

于反应瓶中加入 5-氟-2,6-二羟基烟酰胺（**2**）19.4 g（0.11 mol），五氯化磷 120 g（0.58 mol），POCl₃ 60 mL，加热回流反应 17 h。减压蒸出 POCl₃，冷却，小心加入冰水适量，以氯仿提取数次。合并有机层，用 1 mol/L 的氢氧化钠溶液调至 pH7，水洗，无水硫酸钠干燥。过滤，减压回收溶剂。剩余物用乙醚-己烷重结晶，得白色针状结晶（**1**）17.5 g，收率 83.3%，mp 91~93℃。

【用途】 喹诺酮类抗菌药依诺沙星（Enoxacin）等的中间体。

4-氯-3,5-二硝基苯甲腈

$C_7H_2ClN_3O_4$，227.56

【英文名】 4-Chloro-3,5-dinitrobenzonitrile

【性状】 黄色固体。mp 139~141℃。

【制法】 陈国良，薛建英，单韦等.沈阳药科大学学报，2004，21（3）：185.

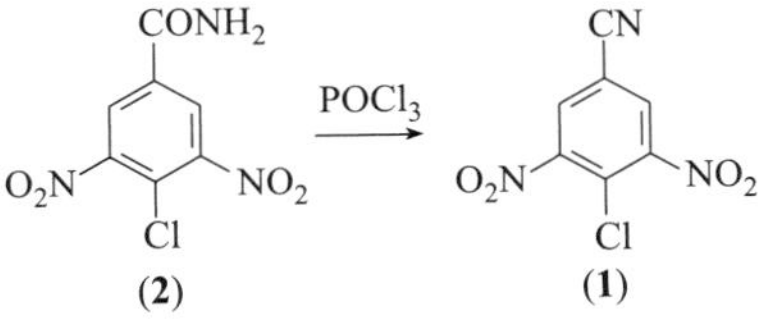

于反应瓶中加入 4-氯-3,5-二硝基苯甲酰胺（**2**）5 g（0.02 mol），三氯氧磷 10 mL，搅拌回流反应 5.5 h。减压蒸出过量的三氯氧磷。剩余物倒入冰水中，抽滤，水洗，干燥，得黄色固体（**1**）4.52 g，收率 97.4％，mp 139～141℃。

【用途】 过敏性眼病治疗药洛度沙胺氨丁三醇（Lodoxamide tromethamine）中间体。

己 腈

$$C_6H_{11}N，97.16$$

【英文名】 Hexanenitrile

【性状】 无色液体。bp 161～163℃。

【制法】 Furniss B S，Hannaford A J，Rogers V，et al. Vogel's Textbook of Practical Chemistry. Longman London and New York. Fourth edition，1978：523.

$$C_4H_9CH_2CONH_2 + SOCl_2 \longrightarrow C_4H_9CH_2CN + SO_2 + HCl$$
$$(2) \qquad\qquad\qquad\qquad (1)$$

于反应瓶中加入己酰胺（**2**）29 g（0.25 mol），新蒸馏的氯化亚砜 45 g（0.38 mol），安上回流冷凝器（连接二氧化硫、氯化氢气体吸收装置），加热回流 1 h。蒸出过量的氯化亚砜后，收集 161～163℃的馏分，得产物（**1**）21 g，收率 86％。

【用途】 医药（如抗癌药物 HCFU）、有机合成中间体。

4-硝基邻苯二甲腈

$$C_8H_3N_3O_2，173.13$$

【英文名】 4-Nitrophthalonitrile

【性状】 浅黄色针状结晶，mp 139～141℃。

【制法】 邱滔，吕新宇，范正明，陈光武. 江苏石油化工学院学报，2002，14（4）：42.

4-硝基邻苯二甲酰胺（**3**）：于反应瓶中加入无水甲醇 4 L，4-硝基邻苯二甲酰亚胺（**2**）150 g（0.79 mol），于 30℃搅拌溶解。过滤后慢慢通入氨气，逐渐有白色固体析出。冰浴冷却，过滤析出的固体，甲醇洗涤。干燥，得白色固体（**3**）153 g，收率 94％，mp 189～191℃。

4-硝基邻苯二甲腈（**1**）：于反应瓶中加入 DMF 240 mL，化合物（**3**）38 g（0.18 mol），冰盐浴冷至 -15℃，慢慢滴加氯化亚砜 130 g（1.08 mol）。加完后自然升温至 0℃，继续反应 4.5 h。将反应物倒入冰水中，析出白色固体。抽滤，水洗，干燥，得白色固体（**1**）21.3 g。丙酮中重结晶，得浅黄色针状结晶化合物（**1**）19.8 g，收率 63％，mp 139～141℃。

【用途】 用作医药、颜料中间体。

2-(四唑-1-基)苯甲腈

$$C_8H_5N_5，171.16$$

【英文名】 2-(Tetrazol-1-yl)benzonitrile

【性状】　白色固体。

【制法】　Mary Beth Young, James C Barrow, Kristen L Glass, et al. J Med Chem, 2004，47（12）：2995.

于反应瓶中加入 2-(四唑-1-基) 苯甲酰胺（**2**）1.5 g（7.9 mmol），THF 50 mL，于 1.5 h 分 3 次加入 Et$_3$N$^+$SO$_2$N$^-$COOCH$_3$ 内盐（Burgess 试剂）2.8 g（11.8 mmol）。反应完后，加水，乙酸乙酯提取。合并有机层，饱和盐水洗涤，无水硫酸钠干燥。过滤，减压浓缩，得白色固体化合物（**1**）1.3 g，收率 93%。

【用途】　凝血剂抑制剂中间体。

己二腈

$$C_6H_8N_2，108.15$$

【英文名】　Hexanedinitrile

【性状】　无色液体。mp 1℃，bp 295℃，140～142℃/200 Pa。d_4^{20} 0.9676，n_D^{20} 1.4380，溶于乙醇、乙醚，微溶于水。

【制法】　段行信. 实用精细有机合成手册. 北京：化学工业出版社，2000：187.

$$\underset{(2)}{NH_2CO(CH_2)_4CONH_2} + 2(CH_3CO)_2O \longrightarrow \underset{(1)}{NC(CH_2)_4CN} + 4CH_3COOH$$

于安有温度计（300℃）、分馏装置的反应瓶中，加入己二酰胺（**2**）180 g（1.25 mol），醋酸酐 450 g，钼酸铵 2 g，加热回流。控制分馏柱顶端温度不超过 120℃，慢慢蒸出生成的乙酸。随着乙酸的不断蒸出，反应瓶中的温度也不断上升。直至反应瓶中温度达到 230℃，蒸出乙酸约 500 g。冷却，以饱和碳酸钠溶液充分洗涤以除去酸，无水硫酸钠干燥，减压分馏，收集 140～142℃/200 Pa 的馏分，得己二腈（**1**）85 g，收率 64%。

【用途】　医药合成、有机合成中间体

（**S**）-1-（2-氯乙酰基）吡咯烷-2-甲腈

$$C_7H_9ClN_2O，172.61$$

【英文名】　（S）-1-（2-Chloroacetyl）pyrrolidine-2-carbonitrile

【性状】　白色固体。mp 58～60℃，mp 62～63℃（文献值 65～66℃）。

【制法】　方法 1　唐文婧，王亚楼. 化工中间体，2012，2：44.

于反应瓶中加入化合物（**2**）2.0 g（0.0104 mol），THF 20 mL，冰浴冷却，搅拌下滴加三氟醋酸酐 2.2 mL（0.0157 mol），加完后室温继续搅拌反应 3 h。冰浴冷却，分批加入碳酸氢钠 6.2 g（0.0586 mol）。搅拌 1 h 后，过滤，减压浓缩。剩余物用己烷重结晶，得白色固体（**1**）1.37 g，收率 76％，mp 58～60℃。

方法 2　陶铸，邓瑜，彭俊等.化工中间体，2013，10：1422.

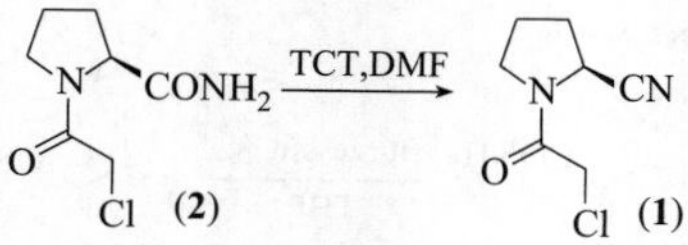

于反应瓶中加入化合物（**2**）4.0 g（0.021 mol），DMF 40 mL，搅拌热解后加入三聚氯氰 2 g（0.011 mol），于 40℃搅拌反应，TLC 跟踪反应。反应结束后，加入 100 mL 水和 100 mL 乙酸乙酯。分出有机层，水层用乙酸乙酯提取 2 次。合并有机层，依次用 5％的碳酸氢钠、饱和盐水洗涤，无水硫酸钠干燥。过滤，减压浓缩，剩余物用异丙醚重结晶，得白色固体（**1**）2.5 g，收率 70.1％，mp 62～63℃（文献值 65～66℃）。

【用途】　降糖药物维达列汀（Vildagliptin）等的中间体。

邻羟基苯甲腈

C_7H_5NO，119.12

【英文名】　2-Hydroxybenzonitrile，2-Cyanophenol

【性状】　白色固体。mp 92～95℃。

【制法】　①邓俊杰，陆涛，黄山.山西化工，2009，29（1）：4.②何伟明等.上海化工，2012，37（6）：10.

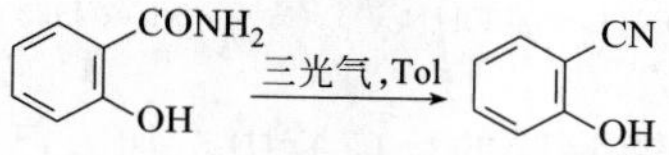

于反应瓶中加入水杨酰胺（**2**）137 g（1.0 mol），甲苯 200 mL，搅拌下于 100～105℃滴加由三光气 118.8 g（0.4 mol）溶于 200 mL 甲苯的溶液，约 2 h 加完。加完后继续搅拌反应 3 h。减压浓缩，剩余物用甲苯重结晶，得化合物（**1**）111.2 g，收率 90.6％。mp 92～95℃。

【用途】　心脏病治疗药布尼洛尔（Bunitrolol）等的中间体。

对甲苯磺酰甲基异腈

$C_9H_9NO_2S$，195.24

【英文名】　*p*-Tolylsulfonylmethyl isocyanide.

【性状】　白色固体。mp 116～117℃（分解）。

【制法】　①B E Hoogenboom，O H Oldenziel，A M van Leusen. Organic Syntheses，1988，Coll Vol 6：987.②丁成荣，张朝阳，王现刚等.农药，2012，51（12）：869.

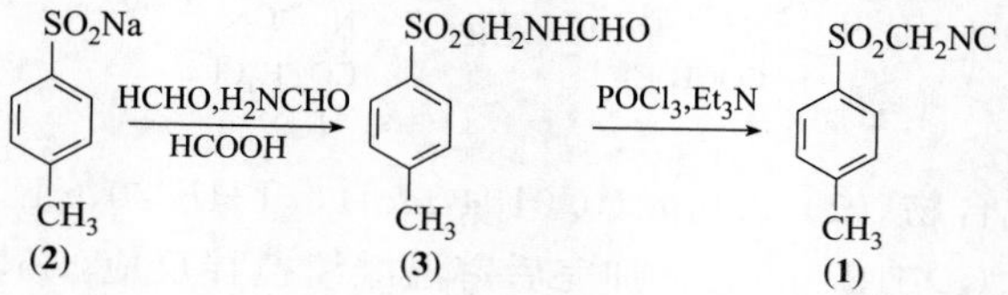

　　N-(对甲苯磺酰甲基)甲酰胺（**3**）：于 3 L 反应瓶中加入 267 g（1.5 mol）对甲苯亚磺酸钠（**2**）、750 mL 水、350 mL（378 g）34%～37%甲醛溶液（约 4.4 mol）、600 mL（680 g，15 mol）甲酰胺和 200 mL（244 g，5.3 mol）97%的甲酸。于 90℃加热，对甲苯亚磺酸钠溶解。将清亮溶液保持 90～95℃反应 2 h，冷却至室温，然后在 −20℃冷藏箱中进一步冷却过夜。吸滤，得白色固体。在烧杯中用 3 份 250 mL 冰水在搅拌下充分洗涤。在五氧化二磷存在下 70℃减压干燥，得粗品化合物（**3**）134～150 g，收率 42%～47%。

　　对甲苯磺酰甲基异腈（**1**）：于安有搅拌器、温度计、滴液漏斗和干燥管的 3 L 反应瓶中，加入化合物（**3**）107 g（0.50 mol）、250 mL 1,2-二甲氧基乙烷、100 mL 无水乙醚和 350 mL（255 g，2.5 mol）三乙胺。搅拌下将悬浮液冰盐浴中冷至 −5℃，然后滴加由三氯氧磷 50 mL（0.55 mol）溶于 60 mL 1,2-二甲氧基乙烷的溶液，控制滴加速度，保持反应液温度在 −5～0℃，在此反应过程中，化合物（**3**）渐渐溶解，而三乙胺盐则沉淀出来。反应近于完成时，白色悬浮液慢慢变成棕色。在 0℃再搅拌 30 min。加入 1.5 L 冰水，固体物质溶解而成清亮的暗棕色溶液。在 0℃搅拌析出细小的棕色沉淀，30 min 后，抽滤，用 250 mL 冷水洗涤。湿产物溶于 400 mL 热苯（40～60℃），用分液漏斗分出水层，暗棕色的苯溶液用无水硫酸镁干燥。过滤，加 2 g 活性炭。加热至约 60℃脱色 5 min。过滤。加入 1 L 石油醚（bp 40～80℃），析出固体。抽滤，在真空干燥器中干燥。得浅棕色固体（**1**），收率 76%～84%，mp 111～114℃（dec）。过柱纯化，得白色固体，mp 116～117℃（分解）。

　　【用途】　主要用于农药合成。

噻唑-4-甲酸乙酯

$C_6H_7NO_2S$，157.19

　　【英文名】　Ethyl thiazole-4-carboxylate
　　【性状】　类白色固体。mp 52～53℃。
　　【制法】　Hartman G D and Weinstock L M. Organic Syntheses，1988，Coll Vol 6：620.

　　异氰基乙酸乙酯（**3**）：于反应瓶中加入 N-甲酰基甘氨酸乙酯（**2**）65.5 g（0.500 mol）、三乙胺 125.0 g（1.234 mol）、二氯甲烷 500 mL，氮气保护。搅拌下冷至 0～−2℃，于 15～20 min 滴加三氯氧磷 76.5 g.（0.498 mol），注意温度保持在 0℃。反应体系变为红棕色，继续于 0℃搅拌 1 h。滴加由 100 g 无水碳酸钠溶于 400 mL 水的溶液，其间保持反应液温度在 25～30℃。搅拌 30 min 后，加入水直至水层约达 1 L。分出有机层，水层用二氯甲烷提取 2 次。合并有机层，饱和盐水洗涤，无水碳酸钾干燥。过滤，减压浓缩，剩余物减压蒸馏，收集 89～91℃/1.46 kPa 的馏分，得棕色油状液体（**3**）43～44 g，收率 76%～78%。

　　噻唑-4-甲酸乙酯（**1**）：于反应瓶中加入氰化钠 0.25 g（0.0051 mol），无水乙醇 10 mL，室温剧烈搅拌，慢慢滴加由化合物（**3**）4.52 g（0.0439 mol）和硫代甲酸-O-乙酯 3.60 g（0.0400 mol）溶于 15 mL 无水乙醇的溶液。由于反应放热，控制滴加速度保持反应液温度在 45℃以下，如有必要，可以用冰浴冷却。加完后继续于 50℃搅拌反应 30 min。

旋转浓缩，剩余的黑色物用热己烷提取（60 mL×3）。合并己烷溶液，旋转浓缩，剩余物冰浴冷却。过滤，得类白色固体（**1**）5.1～5.5 g，收率81%～87%，mp 52～53℃。

【用途】 杀菌剂噻菌灵（Thiabendazole）中间体。

七、肟的脱水生

肉桂腈

$$C_9H_7N，129.16$$

【英文名】 Cinnamonitrile

【性状】 mp 18～20℃，bp 254～255℃。

【制法】 Chaudhari S S，Akamanchi K G. Synth Commun，1999，29：1741.

于反应瓶中加入干燥的二氯甲烷10 mL，苯并三唑0.404 g（3.39 mmol），氯化亚砜0.25 mL（3.39 mmol），氮气保护，搅拌下滴加由肉桂醛肟（**2**）0.5 g（3.39 mmol）溶于10 mL二氯甲烷的溶液，立即有固体析出，继续搅拌反应直至肟反应完全（TLC跟踪反应）。加入50 mL水，分出有机层，依次用5%的氢氧化钠溶液、水各50 mL洗涤，无水硫酸钠干燥。过滤，浓缩，得化合物（**1**）0.423 g，收率97%。

【用途】 香料、医药中间体肉桂腈。本身具有抑菌、驱虫作用。

氢化肉桂腈

$$C_9H_9N，131.18$$

【英文名】 Hydrocinnamonitrile

【性状】 无色液体。bp 239～241℃。

【制法】 Attanasi O，Palma P，Serra-Zanetto F. Synthesis，1983，9：741.

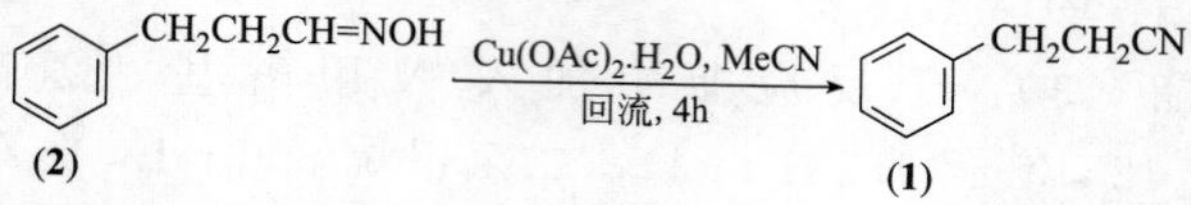

于反应瓶中加入一水合醋酸铜0.5 mmol，乙腈50 mL，搅拌溶解，而后加入氢化肉桂醛肟（**2**）5 mmol溶于5 mL乙腈的溶液。慢慢加热回流约4 h，直至反应完全（TLC跟踪反应）。减压蒸出溶剂，剩余物用50 mL乙醚提取，5%的硫酸洗涤3次，水洗，无水硫酸镁干燥。过滤，浓缩，得无色液体化合物（**1**），收率98%。

【用途】 药物合成中间体。

4-甲氧基-3-羟基苯甲腈

$$C_8H_7NO_2，149.15$$

【英文名】 4-Methoxy-3-hydroxybenzonitrile

【性状】 白色固体。

【制法】 杨诗婧，贾云宏，蔡东，郝月.化学通报，2012，75（10）：945.

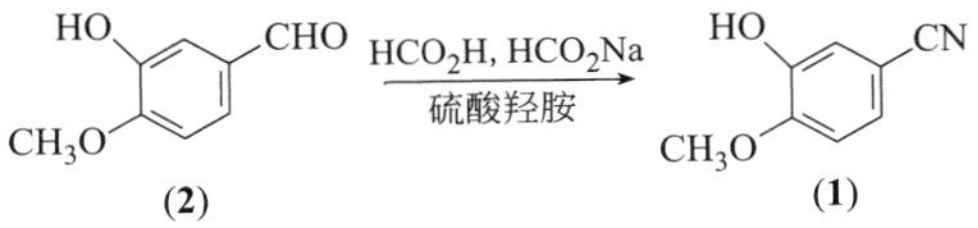

于反应瓶中加入甲酸 24 mL，异香兰素（**2**）5.0 g（32.9 mmol），甲酸钠 4.2 g（61.8 mmol），搅拌下加热至 85℃。分批加入硫酸羟胺 3.0 g（18.3 mmol），于 85℃ 搅拌反应 5 h。冷至室温，加入 100 mL 饱和氯化钠溶液。过滤，水洗，干燥，得白色固体（**1**）4.7 g，收率 94%。

【用途】 抗肿瘤药吉非替尼（Gifitinib）中间体。

3-氯-4-三氟甲氧基苯甲腈

C$_8$H$_3$ClF$_3$NO，221.57

【英文名】 3-Chloro-4-trifuloromethoxybenzonitrile

【性状】 白色结晶。

【制法】 赵昊昱.精细石油化工，2005，3：52.

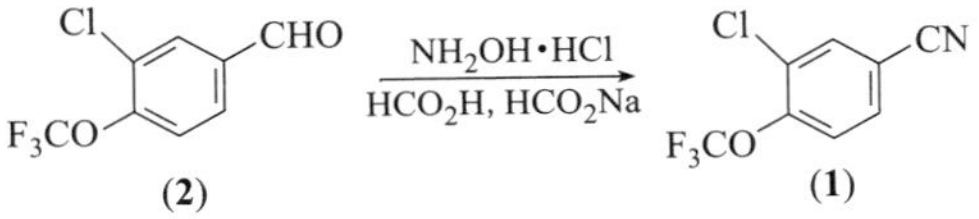

于反应瓶中加入 3-氯-4-三氟甲氧基苯甲醛（**2**）224.5 g（1.0 mol），94% 的甲酸600 mL，搅拌下加入甲酸钠 81.6 g（1.2 mol），盐酸羟胺 83.4 g（1.2 mol），慢慢升温，分别于 60～70℃、80℃、90℃、100℃各反应 1 h，而后回流反应 1 h，直至反应完全。减压回收甲酸约 420 g 后，冷却，抽滤，得类白色粉末。用 95% 的乙醇重结晶，得白色结晶（**1**）183 g，收率 82.5%。

【用途】 医药、农药合成中间体。

对羟基苯甲腈

C$_7$H$_5$NO，119.12

【英文名】 4-Hydroxybenzonitrile

【性状】 白色结晶，mp 112～113℃。

【制法】 张志德，袁西福，陈玉琴等.化学试剂，2005，27（3）：181.

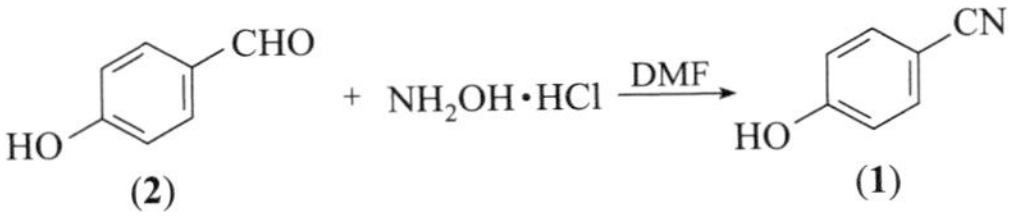

于反应瓶中加入对羟基苯甲醛（**2**）48.8 g（0.40 mol），盐酸羟胺 34.0 g（0.48 mol），DMF 400 mL。搅拌下加热至 110～120℃，TLC 跟踪反应，约 5 h 反应结束。减压回收溶剂，剩余物倒入冰水中，析出固体。过滤，热水中重结晶，得白色结晶（**1**）41 g，收率

86%，mp 112～113℃。

【用途】 医药、农药、液晶材料中间体。

3,4-二甲氧基苯甲腈

$C_9H_9NO_2$，163.18

【英文名】 3,4-Dimethoxybenzonitrile

【性状】 白色结晶。mp 68～70℃。溶于醇、醚，不溶于水。

【制法】 孙昌俊，曹晓冉，王秀菊. 药物合成反应——理论与实践. 北京：化学工业出版社，2007：356.

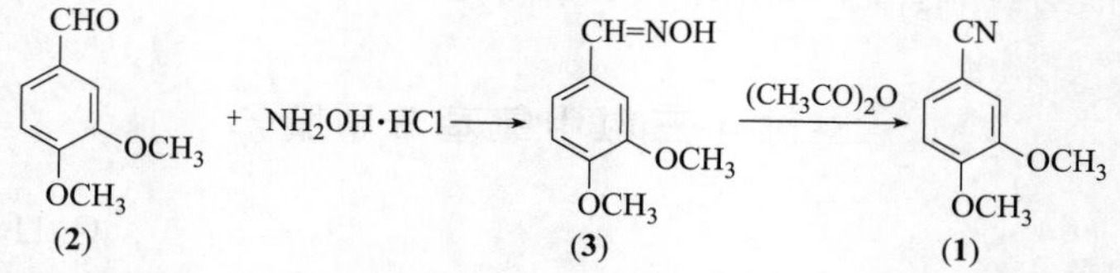

3,4-二甲氧基苯甲醛肟（**3**）：于反应瓶中加入 3,4-二甲氧基苯甲醛（**2**）83 g（0.5 mol），200 mL 95%的乙醇。搅拌下温热溶解，加入盐酸羟胺 42 g（0.6 mol）溶于 50 mL 水配成的溶液，然后慢慢加入氢氧化钠 30 g（0.75 mol）溶于 40 mL 水配成的溶液，反应 2.5 h。加入 250 g 碎冰，并通入二氧化碳至饱和。分出油状物，冰箱中放置过夜。抽滤，干燥，得（**3**）88 g，收率 97%。

3,4-二甲氧基苯甲腈（**1**）：将上面制得的醛肟，100 g 醋酸酐加入反应瓶中，安上回流冷凝器，慢慢加热。剧烈反应时移去热源，反应缓和后再加热。煮沸约 0.5 h 后，倒入 300 mL 冷水中，充分搅拌，析出类白色固体。抽滤，干燥，得（**1**）60 g，总收率 74%，mp 66～67℃。

【用途】 高血压治疗药甲基多巴（Aldometil）、兽药磺胺增效剂敌菌净（Diaveridine）等的中间体。

丙炔腈

C_3HN，51.05

【英文名】 Cyanoacetylene，Propinonitrile，Propynyl cyanide

【性状】 无色液体。mp 5℃，bp 43.5℃，d_4^{20} 0.8167，n_D1.3868，易溶于乙醇，微溶于水，暴露于空气或遇光分解。

【制法】 孙昌俊，曹晓冉，王秀菊. 药物合成反应——理论与实践. 北京：化学工业出版社，2007：362.

$$\underset{(2)}{CH\equiv C-CH_2OH} \xrightarrow[H_2SO_4]{CrO_3} \underset{(3)}{CH\equiv C-CHO} \xrightarrow{H_2NOH\cdot HCH} \underset{(4)}{CH\equiv C-CH=NOH} \xrightarrow{Ac_2O} \underset{(1)}{CH\equiv C-CN}$$

丙炔肟（**4**）：于反应釜中加入丙炔醇（**2**）1 kg（17.86 mol），水 3.6 L，通入氮气鼓泡，减压使系统压力稳定在 21.3～29.3 kPa，加热使内温度升至 50℃，开始滴加硫酸-铬酐水溶液（由水 5.8 L、铬酐 1.8 kg、硫酸 4.1 kg 配成），控制温度在 50～55℃，生成的丙炔醛（**3**）气体经安全瓶（55～60℃）进入成肟瓶中。成肟瓶中加入盐酸羟胺 840 g，水 2.4 L，并慢慢加入碳酸钾 810 g，用冰盐浴冷却。控制成肟温度在 8～25℃。硫酸-铬酐水溶液约 2 h 加完。加完后将氧化液升温至 60℃，反应 0.5 h。停止通氮和减压。将成肟液升至 25～30℃反应 1 h。成肟液用乙醚提取三次，合并提取液，回收乙醚，最后升至 55℃，减压浓缩，得丙炔肟（**4**），于 30～40℃加入冰醋酸中备用。

丙炔腈（**1**）：将乙酸酐 2 kg 加热至 100℃，滴加上述丙炔肟醋酸溶液，升至 120℃，边滴加边回流，用分馏柱分馏，收集 40～44℃的馏分，得丙炔腈（**1**）220 g，收率 24%。

【用途】 阿糖胞苷（Cytosine，Arabinoside）、盐酸环胞苷（Cyclocytidine hydrochloride）等的中间体。

4-硝基苯腈

$C_7H_4N_2O_2$，148.12

【英文名】 4-Nitrobenzonitrile

【性状】 奶油色结晶性粉末。mp 146～147℃。溶于氯仿醋酸和热乙醇，微溶于水和乙醚。能升华随水蒸气挥发。

【制法】 Tokujiro Kitagawa，Hideaki Sasaki，Noriyuki Ono. Chem Phaem Bull，1985，33（9）：4014.

于反应瓶中加入对硝基苯甲醛肟（**2**）5 mmol，苯 30 mL，再加入草酰二咪唑（ODI）5 mmol，室温搅拌反应 15 min 后，于 65～70℃再反应 30 min。过滤除去油状物，滤液依次用 1% 的盐酸、水洗涤，无水硫酸钠干燥。过滤，浓缩，剩余物用乙醇-苯（4：1）重结晶，得化合物（**1**），收率 79%，mp 145～147℃。

【用途】 用作酪氨酸激酶不可逆抑制剂和蛋白激酶抑制剂等医药中间体。

柠檬腈

$C_{10}H_{15}N$，149.24

【英文名】 3,7-Dimethyl-2,6-octadienenitrile，Citral nitrile

【性状】 无色至淡黄色液体。两种异构体的混合物。

【制法】 农克良，陆丹梅，农容丰等. 化学世界，2001，4：191.

于安有搅拌器、分水器的反应瓶中，加入柠檬醛肟 13.5 g（95.1%，0.077 mol），甲苯 50 mL，固体氢氧化钾 0.9 g，四丁基溴化铵 0.7 g，搅拌回流脱水。反应结束后，冷却，用醋酸调至中性。分出有机层，水洗，无水硫酸钠干燥。过滤，减压浓缩。剩余物减压蒸馏，收集 85～87℃/266 Pa 的馏分，得化合物（**1**）11 g，收率 91%。

【用途】 适于配制花香型和果香型化妆品和皂用香精，不宜食用。

邻氨基苯甲腈

$$C_7H_6N_2, \quad 118.14$$

【英文名】 *o*-Aminobenzonitrile

【性状】 类白色固体。mp 48～50℃。溶于乙醇、乙醚、氯仿、乙酸乙酯，微溶于水。

【制法】 ①操峰，任勇，华维一.中国现代应用药学杂志，2002，19（3）：210.②李加荣，周馨我，陈鹏.化学世界，1988，12：635.

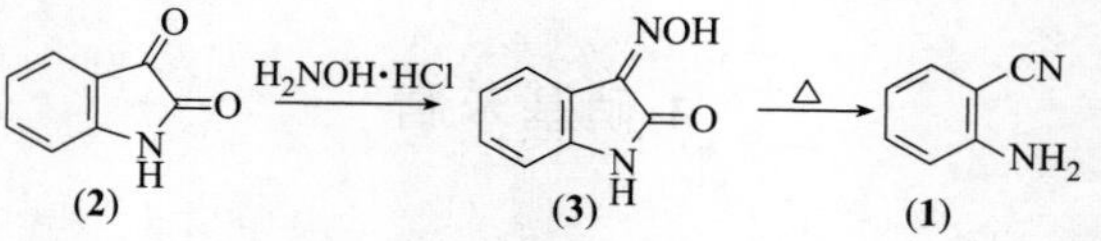

靛红-3-肟（**3**）：于反应瓶中加入靛红（**2**）50 g（0.34 mol），盐酸羟胺 27 g（0.38 mol），水 300 mL，搅拌下加热回流 30 min，产生大量黄色沉淀。冷却，过滤，以50%的乙醇重结晶，得黄色针状结晶靛红-3-肟（**3**）48 g，收率 90%，mp 223～225℃。

邻氨基苯甲腈（**1**）：于反应瓶中加入靛红-3-肟（**3**）16 g（0.1 mol），环丁砜 0.1 mol，甲醇钠 0.01 mol，油浴加热至 165℃。反应剧烈进行时撤去热浴，反应平稳后将反应温度控制在 180℃反应 30 min。冷至室温，水洗油状液体。用丙酮稀释后滤除固体。滤液放置后生成棕褐色固体，mp 49.5～50℃，收率 84.2%以上。提纯后为类白色固体。

【用途】 治疗阿尔茨海默病药物他可林（Tacrine）等的中间体。

八、卡宾的反应

DL-扁桃酸

$$C_8H_8O_3, \quad 152.15$$

【英文名】 DL-Mandelic acid

【性状】 白色结晶。mp 118～120℃。

【制法】 吴珊珊，魏运洋等.江苏化工，2004，32（1）：31.

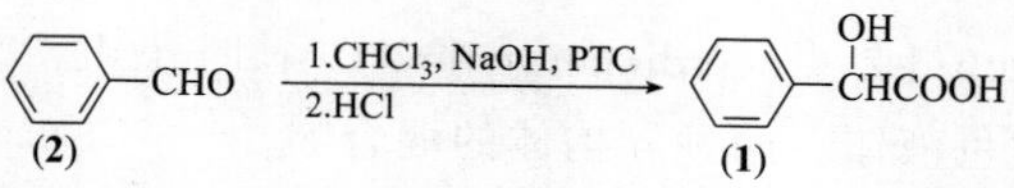

于反应瓶中加入氯仿 20 mL，新蒸馏的苯甲醛（**2**）10 mL，四丁基溴化铵 0.5 g，搅拌下加热回流，滴加 50%的氢氧化钠溶液 25 mL。加完后继续搅拌回流至反应结束。冷却，加入适量水使固体热解。分出有机层。水层用乙酸乙酯提取 2 次。将水层用盐酸调至 pH1，用乙酸乙酯提取数次。合并有机层，减压浓缩，得微黄色固体。二氯乙烷中重结晶，得白色结晶（**1**），收率 78%，mp 118～120℃。

【用途】 扁桃酸具有较强的抑菌作用，口服可治疗泌尿系统疾病，也是合成抗生素、周围血管扩张药环扁桃酯（Cyclandelate）等的中间体。

苯甘氨酸

$$C_8H_9NO_2，151.16$$

【英文名】 Phenylglycine

【性状】 白色结晶。

【制法】 陈琦，冯维春，李坤，张玉英.山东化工，2002，31（3）：1.

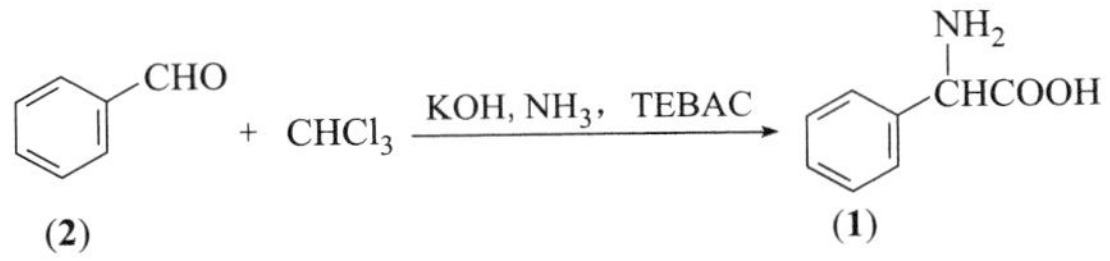

于反应瓶中加入二氯甲烷 80 mL，TEBAC 2.3 g（0.01 mol），冷至 0℃，通入氨气至饱和。加入由氢氧化钾 33.6 g（0.6 mol）、氯化锂 8.5 g（0.20 mol）和 56 mL 浓氨水配成的溶液，于 0℃滴加由苯甲醛（**2**）10.6 g（0.10 mol）、氯仿 18 g（0.15 mol）和二氯甲烷 50 mL 配成的溶液，控制滴加速度，于 1～1.5 h 加完，期间保持通入氨气，并继续搅拌反应 6～12 h，室温放置过夜。

加入 100 mL 水，于 50℃搅拌 30 min。分出有机层，水层用盐酸调至 pH2。过 732-型离子交换柱，用 1 mol/L 盐酸洗脱，收集对 1.5%的茚三酮呈正反应的部分。用浓碱中和至 pH5～6，得白色沉淀。过滤，水洗，干燥，得化合物（**1**），收率 71%。

【用途】 抗生素药物阿莫西林钠（Amoxicillin sodium）、头孢氨苄（Cephalexin）、头孢拉定（Cefradine）等的中间体，也用于合成多肽激素和多种农药。

琥珀酸西苯唑啉

$$C_{18}H_{18}N_2 \cdot C_4H_6O_4，380.44$$

【英文名】 Cibenzoline succinate

【性状】 白色或类白色结晶。mp 165℃。溶于水（25 mg/mL），不溶于氯仿、乙醚等有机溶剂。

【制法】 ①陈芬儿.有机药物合成法：第一卷.北京：中国医药科技出版社，1999：279.②BE 807630.1974.③Cognaco J C.US 3905993.1975.

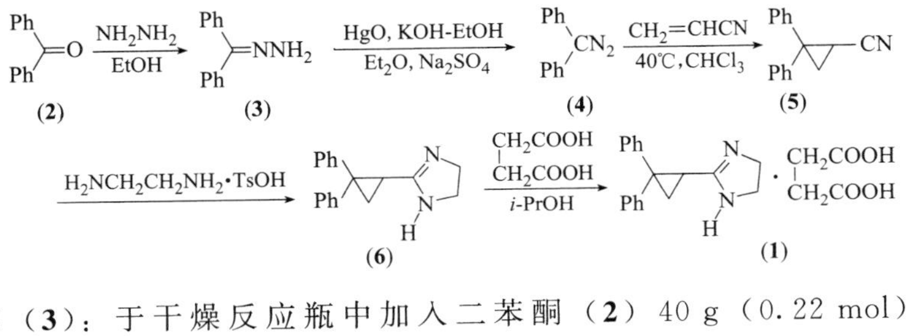

二苯酮腙（**3**）：于干燥反应瓶中加入二苯酮（**2**）40 g（0.22 mol）和无水乙醇 150 mL，搅拌溶解后，加入无水肼 41.2 g（1.29 mol），加热搅拌回流 16 h。冷冻，析出固体。过滤，干燥，得粗品（**3**）37.5 g，收率 87%，mp 97～98℃。

二苯基重氮甲烷（**4**）：于反应瓶中加入化合物（**3**）13 g（0.066 mol）、无水硫酸钠 15 g（0.106 mol）、黄色氧化汞 35 g（0.162 mol）、饱和氢氧化钾的乙醇溶液 5 mL 和乙醚 200 mL，于室温搅拌 75 min。过滤，滤液于室温减压回收溶剂。冷冻后自然升至室温，过滤析出黑红色结晶，空气中晾干，得化合物（**4**）11.4 g，收率 89%，mp 29～32℃。

1-氰基-2,2-二苯基环丙烷（**5**）：于反应瓶中加入化合物（**4**）97 g（0.50 mol）和氯仿 300 mL，于 40℃以下搅拌下滴加丙烯腈 29.2 g（0.55 mol）（滴加温度不超过 40℃），加完后继续搅拌 5 h，反应液呈无色液体（反应过程中，不断有氮气逸出）。减压回收溶剂，冷却，剩余物中加入戊烷 400 mL，搅拌溶解后，减压回收溶剂，得（**1**）93.1 g，收率 85%，直接用于下一步反应。

西苯唑啉（**6**）：于反应瓶中加入（**5**）109.5 g（0.5 mol）、乙二胺单对甲基苯磺酸盐 230 g（1 mol），缓慢搅拌加热至 200℃后，继续保温搅拌 2 h。反应结束后，自然冷却至室温，加入氢氧化钠 48 g（1.2 mol）和水 400 mL 的溶液，搅拌数分钟后，用三氯甲烷提取。合并有机层，无水硫酸钠干燥。过滤，滤液减压回收溶剂，冷却，析出固体。过滤，干燥，得粗品（**6**）。用石油醚重结晶，得精品（**6**）119.2 g，收率 91%，mp 103～104℃。

琥珀酸西苯唑啉（**1**）：于反应瓶中加入琥珀酸 118 g（1 mol）、异丙醇 120 mL，加热搅拌溶解后，加入（**6**）26.2 g（0.1mol）和异丙醇 50 mL 的溶液，搅拌 0.5～1 h。冷却，加入乙醚 100 mL，析出结晶，过滤，干燥，得粗品（**1**）。用乙醇-乙醚（7∶3）重结晶，得精品（**1**）32.3 g，收率 85%，mp 165℃。

【用途】　心脏病治疗药琥珀酸西苯唑啉（Cibenzoline succinate）原料药。

2,2,3,3-四甲基碘代环丙烷

$C_7H_{13}I$，224.08

【英文名】　2,2,3,3-Tetramethyliodocyclopropane

【性状】　澄清液体。bp 45～48℃/0.67 kPa，n_D^{25} 1.5087。

【制法】　①Marolewski T A，Yang N C. Org Synth，1988，Coll Vol 6：974。②Yang N C，Marolewski T A. J Am Chem Soc，1968，90（20）：5644。

$$(CH_3)_2C=C(CH_3)_2 + CHI_3 + NaOH \xrightarrow[CH_2Cl_2, H_2O]{光照} (CH_3)_2C-C(CH_3)_2 + I_2$$

（**2**）　　　　　　　　　　　　　　　　（**1**）

于安有磁力搅拌器的三个 250 mL 反应瓶中，分别加入 2,3-二甲基-2-丁烯（**2**）8.4 g（0.1 mol），二氯甲烷 175 mL，50 mL 5 mol/L 的氢氧化钠水溶液。冰水浴冷却，用 450W 的中压汞灯照射反应瓶（距离 1 cm）。每个反应瓶加入 2 g 碘仿，剧烈搅拌，直至碘仿的黄色消失。继续分批加入碘仿，直至加入 39.4 g（0.1 mol）的碘仿。反应结束后，三瓶中的反应物合并，分出有机层，水洗，无水硫酸钠干燥。过滤，旋转浓缩。剩余物中加入 1 g 甲醇钠，减压分馏，接收器用冰浴冷却，收集 45～48℃/0.67 kPa 的馏分，得化合物（**1**）14～15 g，收率 63%～67%。n_D^{25} 1.5087。

【用途】　农药拟除虫菊酯甲氰菊酯（Fenpropathrin）等的中间体。

阿托醛

C_9H_8O，132.16

【英文名】 Atropaldehyde，α-Methylenebenzeneacetaldehyde

【性状】 无色结晶。mp 38～40℃。

【制法】 ①Shield T C. J An Chen Soc，1967，89：5425. ②林原斌，刘展鹏，陈红飚. 有机中间体的制备与合成. 北京：科学出版社，2006：270.

$$PhCH=CH_2 \xrightarrow[PTC]{CHCl_3, NaOH} \underset{(3)}{Ph\overset{}{\underset{Cl\quad Cl}{\triangle}}} \xrightarrow[NaOH]{EtOH} \underset{(4)}{CH_2=C\overset{CH(OEt)_2}{\underset{Ph}{}}} \xrightarrow[HCO_2H]{H_2O} \underset{(1)}{CH_2=C\overset{CHO}{\underset{Ph}{}}}$$

1,1-二氯-2-苯基环丙烷（**3**）：于反应瓶中加入苯乙烯（**2**）57 mL（0.5 mol），氯仿 50 mL，苄基三乙基氯化铵 2 g，二氯甲烷 25 mL 和 50%的氢氧化钠溶液 154 g，于 40～45℃剧烈搅拌反应 1 h（反应放热）。而后于 55～60℃搅拌反应 1 h。加入 250 mL 水。冷却后分出有机层，水层用石油醚提取。合并有机层，无水硫酸钠干燥，过滤。滤液减压浓缩，而后减压分馏，收集 118～120℃/2.13 kPa 的馏分，得（**3**）80～82 g，收率 86%～88%。

阿托醛缩二乙醇（**4**）：于反应瓶中加入上述化合物（**3**）18.7 g（0.1 mol），氢氧化钠 16 g（0.4 mol），160 mL 乙醇，搅拌下加热回流 24 h。加入 200 mL 水，用石油醚提取 3 次，每次 50 mL。合并有机层，无水硫酸钠干燥，减压浓缩至干。减压分馏，收集 70～100℃/66.5 Pa 的馏分，得（**4**）14～15 g，收率 68%～73%。

阿托醛（**1**）：于反应瓶中加入化合物（**4**）15 g，冰盐浴冷至 4℃，搅拌下加入甲酸 15 mL 与水 4 mL 的混合液，降温至 -4℃，搅拌 1 min 后加入石油醚 15 mL 和 25 mL 水。分出有机层，水层用石油醚提取 2 次。合并有机层，无水硫酸镁干燥，减压旋转浓缩至干。加入 10 mL 石油醚和 10 mL 乙醚，于 -50℃冷冻 30 min。过滤，冷石油醚洗涤，干燥，得化合物（**1**）5.8～6.8 g，收率 60%～70%。

【用途】 抗炎药舒洛芬（Suprofen）、环氧洛芬钠（Loxoprofen sodium）等的中间体。

九、挤出反应

5,6,7,8-四氢异喹啉

$C_9H_{11}N$，133.19

【英文名】 5,6,7,8-Tetrahydroisoquinoline

【性状】 浅黄色油状液体。

【制法】 Boger D L，Panek J S，Meier M M. J Org. Chem，1982，47（5）：895.

于反应瓶中加入 1,2,4-三嗪（**2**）41.0 mg（0.5 mmol），氯仿 1 mL，氮气保护，再加入环己酮 49 mg（0.5 mmol）溶于 0.5 mL 氯仿、并加入四氢吡咯 36.0 mg（0.5 mmol）的溶液，加入活性 4A 分子筛 0.2 g，于 45℃搅拌反应 32 h。过柱纯化，乙醚-戊烷（50%）洗脱，得浅黄色油状液体（**1**）44 mg，收率 66%。

【用途】 抗生素头孢喹咪（Cefquinome）中间体。

1,2-二亚甲基环己烷

C_8H_{12}，108.18

【英文名】 1,2-Dimethylenecyclohexane

【性状】 无色油状液体。

【制法】 Eric Block and Mohammad Aslam。Org Synth，1993，Coll Vol，8：212.

溴甲基磺酰溴（**3**）：于 3 L 反应瓶中加入 1,3,5-三噻烷（**2**）100 g（0.73 mol），600 mL 水，搅拌下于 40℃滴加溴 1136 g（7.1 mol），加入约一半的溴时，再加入 600 mL 水，继续滴加溴。加完后继续搅拌反应 15 min。分出有机层，水层用二氯甲烷提取（200 mL×2）。合并有机层，依次用 5%的亚硫酸钠、水洗涤，无水硫酸镁干燥。过滤，浓缩，得浅黄色油状液体。减压蒸馏，收集 68～69℃/75 Pa 的馏分，得浅黄色油状液体（**3**）218～249 g，收率 42%～48%。

1-溴-1-甲基 2-(溴甲基磺酰基）环己烷（**4**）：取 4 个 Pyrex 玻璃试管（ϕ2.5 cm×20 cm），每个试管中加入 5 g 1-甲基环己烯（共 20 g，0.21 mol），12 mL 二氯甲烷，冰浴冷却。每个试管中加入化合物（**3**）13.6 g（共 54.4 g，0.23 mol）溶于 12 mL 二氯甲烷的溶液（预先冷至 0℃）。将试管用橡皮圈固定，于-15℃冰浴中冷却，用 45W 汞灯照射 2 h。每个试管中加入固体碳酸钾 1.5 g，用玻璃毛过滤，旋转浓缩，而后于 133 Pa 用真空泵减压蒸出剩余溶剂，得黏稠物，放置固化，重 68.3 g，收率 98%。用 95%的乙醇重结晶，得白色结晶（**4**）54.3 g，收率 78%，mp 59～61℃。

1,2-二亚甲基环己烷（**1**）：于反应瓶中加入叔丁醇钾 59.5 g（0.53 mol），叔丁醇-四氢呋喃（9：1）400 mL，冰浴冷却。搅拌下滴加由化合物（**4**）54.0 g（0.16 mol）溶于 100 mL 叔丁醇-四氢呋喃（9：1）的溶液，约 1 h 加完。加完后继续室温搅拌反应 0.5 h。将反应物倒入 500 mL 水中，用戊烷提取（150 mL×2），合并戊烷层，水洗 8 次，无水硫酸镁干燥。过滤，用韦氏分馏柱常压蒸出溶剂。剩余物减压蒸馏，收集 69～70℃/11.97 kPa 的馏分，得无色油状液体（**1**）11.4 g，收率 65%。

【用途】 常作为双烯体用于 D-A 反应中合成环状化合物，在有机合成中具有一定的用途。

白藜芦醇

$C_{14}H_{12}O_3$，228.25

【英文名】 Resveratrol

【性状】 白色固体。mp 256~257℃。

【制法】 王辉，周海珠，王三永等.精细化工，2011，2（5）：492.

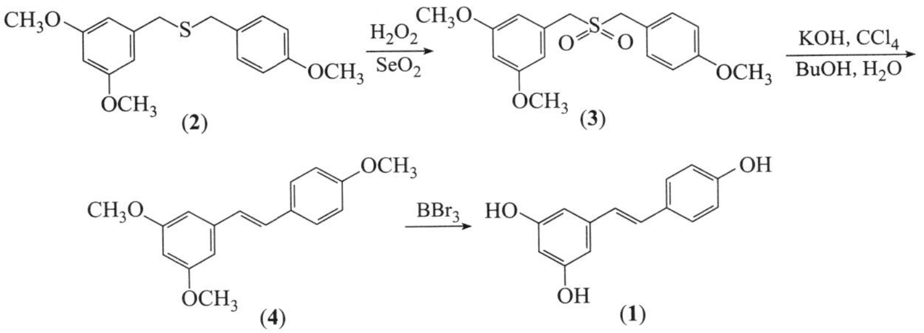

3,5-二甲氧基苄基-4′-甲氧基苄基砜（**3**）：于反应瓶中加入 3,5-二甲氧基苄基-4′-甲氧基苄基硫醚（**2**）0.91 g（3 mmol），二氧化硒 2.0 g，甲醇 50 mL。室温搅拌下滴加过量的质量分数 30% 的 H_2O_2，约 20 min 加完。加完后继续搅拌反应 5 h。将反应物倒入 100 mL 水中，用乙酸乙酯提取（100 mL×3）。合并有机层，用饱和盐水洗涤 2 次。无水硫酸钠干燥后，减压蒸出溶剂，得淡黄色固体。过硅胶柱纯化，用乙酸乙酯-石油醚（3:1）洗脱，得白色固体（**3**）。

（*E*)-1-(3,5-二甲氧基苯基)-2-(4-甲氧基苯基）乙烯（**4**）：于反应瓶中加入化合物（**3**）3.36 g（0.01 mol），四氯化碳 50 mL，正丁醇 50 mL，少量水。搅拌下分批加入粉状氢氧化钾 12.32 g（0.22 mol），而后回流反应 20 h。减压蒸出溶剂，剩余物用乙酸乙酯溶解，再依次用水、饱和盐水洗涤 2 次，无水硫酸钠干燥。减压蒸出溶剂，得黄色固体 2.4 g。用甲醇-水（5:1）重结晶，得白色针状结晶（**4**）2.27 g，收率 84.1%，mp 52~54℃。

白藜芦醇（**1**）：于反应瓶中加入化合物（**4**）2.70 g（0.01 mol），无水二氯甲烷 100 mL，搅拌溶解。氮气保护，冰浴冷却，慢慢滴加由三溴化硼 5.0 mL 溶于无水二氯甲烷 50 mL 的溶液，约 1 h 加完。加完后继续于 0℃ 反应 2 h。慢慢滴加 50 mL 冷的蒸馏水。将反应物倒入 100 mL 冰水中，析出白色固体。用乙酸乙酯提取 3 次，合并有机层，用饱和盐水洗至中性，无水硫酸钠干燥。减压蒸出溶剂，得灰白色固体。用甲醇-水重结晶，活性炭脱色，得白色结晶（**1**）1.92 g，收率 84.2%，mp 254~256℃（文献值 256~257℃）。

【用途】 又称芪三酚，是肿瘤的化学预防剂，也是对降低血小板聚集，预防和治疗动脉粥样硬化、心脑血管疾病的化学预防剂。具有多种生物学功能的保健品。

第九章 | 重排反应

一、亲核重排反应

1. 由碳至碳的重排反应

金刚烷

$$C_{10}H_{16}，136.24$$

【英文名】 Adamantane，Tricyclo[3.3.1.1^{3,7}]decane

【性状】 白色结晶。mp 268～270℃。

【制法】 Schleyer P von R，Donaldson M M，Nicolas R D，et al. Org Synth，1973，Coll Vol 5：16.

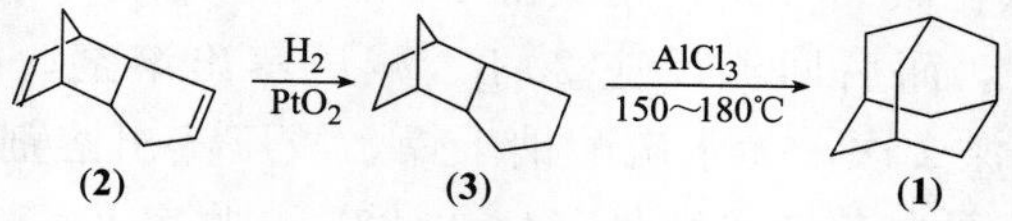

内型-四氢双环戊二烯（**3**）：于压力反应釜中加入二环戊二烯（**2**）200 g（1.51 mol），无水乙醚 100 mL，氧化铂 1.0 g，按照常法进行加氢还原，氢气压力 0.3 MPa，约 4～6 h 吸收 2 mol 的氢气。滤去催化剂。分馏蒸出乙醚后，改为蒸馏装置，继续蒸馏，收集 191～193℃的馏分，得化合物（**3**）196～200 g，收率 96.5%～98.4%。固化后 mp＞65℃。

金刚烷（**1**）：于 500 mL 三角瓶中，加入化合物（**3**）200 g（1.47 mol），加热熔融。加入无水三氯化铝 40 g，安上空气冷凝器，反应放热。磁力搅拌下慢慢加热至 150～180℃，三氯化铝有升华现象，特别是开始时更容易升华。注意将升华的三氯化铝用玻璃棒推回反应瓶中，反应 8～12 h。冷却后分为两层，上层的棕色物为金刚烷和其它物质，小心倾至 600 mL 烧杯中，下层为黑色油状物。反应瓶用石油醚（30～60℃）洗涤 5 次，石油醚层倒入上述烧杯中。加热，直至金刚烷进入石油醚层生成溶液。此时溶剂应过量很多。小心地加入 10 g 色谱级氧化铝进行脱色，过滤。氧化铝和烧杯用溶剂洗涤。将得到的几乎无色的溶液减压浓缩至 200 mL，干冰-丙酮浴冷却，抽滤析出的固体，得化合物（**1**）27～30 g，收率 13.5%～15%，mp 255～260℃。由石油醚中重结晶一次，mp 268～270℃。

【用途】 医药中间体，脑血管扩张剂、抗菌素、抗癌药物、人造血等的重要原料。

频那酮

C$_6$H$_{12}$O，100.16

【英文名】 Pinacolone

【性状】 无色液体。bp 103～107℃。

【制法】 Furniss B S，Hannaford A J，Rogers V，et al. Vogel's Textbook of Practical Organic Chemistry. Fourth edition，Longman，London and New York. 1978：439.

于安有滴液漏斗、蒸馏装置的 2 L 反应瓶中，加入 3 mol/L 的硫酸 750 g，水合品那醇 (**2**) 250 g。加热蒸馏，直至流出液有机层体积不再增加，约需 15～20 min。分出有机层，水层再加入蒸馏瓶中，再加入 60 mL 浓硫酸，250 g 频那醇水合物，继续蒸馏，如此反复，共加入水合频那醇 1000 g (4.42 mol)。

合并有机层，无水氯化钙干燥。过滤，分馏，收集 103～107℃ 的馏分，得无色液体化合物 (**1**) 287～318 g，收率 65%～72%。放置后变浅黄色，重新蒸馏又变为无色。

【用途】 抗真菌药特比萘芬 (Terbinafine) 等的中间体。

环丙基甲醛

C$_4$H$_6$O，70.09

【英文名】 Cyclopropanecarboxaldehyde，Cyclopropanecarbaldehyde

【性状】 无色液体。

【制法】 Barnier J P，Champion J and Conia J M. Org Synth，1990，Coll Vol 7：129.

顺，反-1,2-环丁二醇 (**3**)：于安有搅拌器、回流冷凝器、滴液漏斗、通气导管的反应瓶中，加入四氢铝锂 6.2 g (0.16 mol)，无水乙醚 20 mL。搅拌下通入干燥的氮气，慢慢滴加 2-羟基环丁酮 (**2**) 4.2 g (0.48 mol) 溶于 150 mL 乙醚的溶液，滴加时保持回流状态。加完后继续搅拌回流反应 1 h。冷至室温，加入 200 mL 乙醚，慢慢滴加硫酸钠饱和水溶液适量。过滤。滤出的固体于索氏提取器中用 THF 提取 24 h。合并有机层，减压浓缩，得顺、反异构体 (**3**) 34～40 g (50：50)，收率 80%～95%。

环丙基甲醛 (**1**)：于安有蒸馏装置的 50 mL 蒸馏瓶中 (接受瓶用干冰-甲醇冷却至 −20℃)，加入上述化合物 (**3**) 34 g (0.39 mol)，10 mL 三氟化硼-正丁醚溶液，加热至 230℃，冷凝器中出现液体，醛和水收集于接受瓶中，蒸馏温度保持在 50～100℃。蒸馏停止后再加入三氟化硼-正丁醚溶液 5～10 mL，继续蒸馏，典型的反应过程是每 10～15 min 加入 10 mL 三氟化硼-正丁醚溶液 10 mL，约需 3～4 h。馏出液用氯化钠饱和，分出有机层，水层用二氯甲烷提取 3 次。合并有机层，无水硫酸钠干燥，分馏蒸出溶剂，得几乎纯的化合物（**1**）17.5～21.6 g，收率 65%～80%。

【用途】 喹诺酮类抗菌药盐酸环丙沙星（Ciprofloxacin hydrochloride）等的中间体。

氯胺酮

$C_{13}H_{16}ClNO \cdot HCl$，274.19

【英文名】 Ketamine，2-(2-Chlorophenyl)-2-methylaminocyclohexanone hydrochloride

【性状】 无色结晶。mp 92～94℃。

【制法】 王世玉，李崇熙. 中国医药工业杂志，1986，17（2）：49.

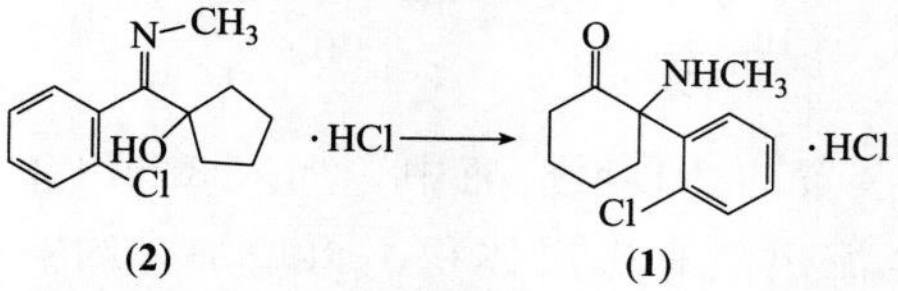

于反应瓶中加入 1-羟基环戊基邻氯苯基酮的 *N*-甲基亚胺盐酸盐（**2**）20 g，苯甲酸乙酯 60 mL，滤去少量不溶物（约 2 g），冰浴冷却下通入干燥的氯化氢气体至饱和，放置过夜。油浴加热，慢慢升至 210℃左右。冷后过滤，用少量苯甲酸乙酯洗涤，得粗品（**1**）16 g。用 170 mL 水重结晶，活性炭脱色，过滤。滤液用氨水中和，析出无色结晶。抽滤，水洗，干燥，得化合物（**1**）12 g，收率 67%（以 18 g 原料计），mp 92～94℃。

上述反应的大致过程如下：

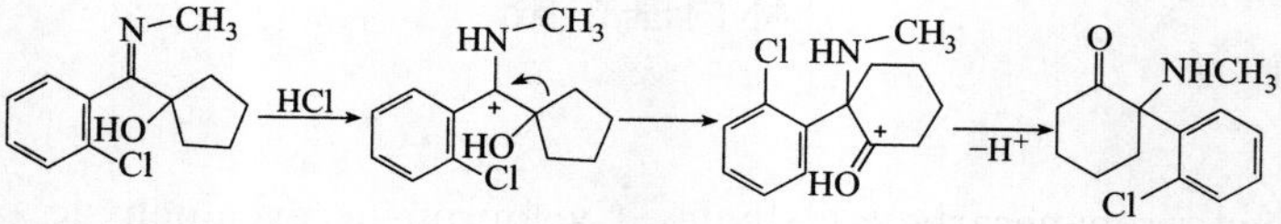

【用途】 麻醉剂氯胺酮（Ketamine）原料药。

环庚酮

$C_7H_{12}O$，112.17

【英文名】 Cycloheptanone

【性状】 无色液体。bp 80～85℃/3.99 kPa，69～72℃/2.67 kPa。n_D^{20} 1.4600。

【制法】 ①Dauben H J，Ringold H J，Wade R H，et al. Org Synth，1963，Coll Vol 4：221. ②Scholkopf U，Bohme P. Angew Chem，1971，83：490.

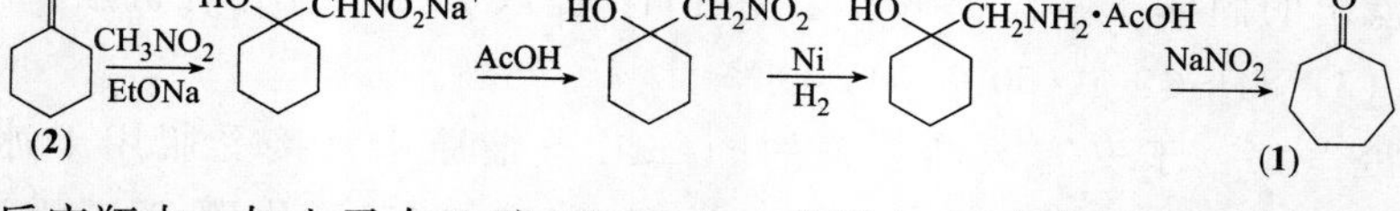

于干燥的反应瓶中，加入无水乙醇 1200 mL，分批加入洁净的金属钠 57.5 g（2.5 mol），待钠完全反应完后冷至 40℃。剧烈搅拌下慢慢滴加新蒸馏的环己酮（**2**）245.5 g（2.5 mol）与重蒸的硝基甲烷 198 g（3.25 mol）的混合液，保持反应温度在 42～48℃，约 3 h 加完。继续搅拌反应 3 h，放置过夜。冰浴冷却，抽滤。干燥 1 h 后研碎，转入 4 L 烧瓶中，冰浴冷却下慢慢加入由醋酸 184 g 溶于 1250 mL 水的溶液，搅拌溶解。分出油层，水层用乙醚

提取 3 次。合并有机层，无水硫酸镁干燥，回收乙醚和过量的硝基甲烷。剩余物中加入冰醋酸 450 mL，转入高压反应釜中，加入 Raney Ni 催化剂，于 0.3～0.4 MPa 氢压下还原，反应放热，注意冷却，保持反应温度在 25～30℃。约吸收理论量 90％的氢气时停止反应，以免过度氢化导致氢解，约需 15～18 h。打开反应釜，将反应液过滤，滤饼用冰醋酸洗涤。将滤液转入 5 L 安有搅拌器的反应瓶中，冰盐浴冷却，加入冰水 2300 mL，慢慢滴加由亚硝酸钠 290 g（4.2 mol）溶于 750 mL 水配成的溶液，保持内温 −5℃，约 1 h 加完。加完后继续低温反应 1 h。放置过夜，用碳酸氢钠中和至 pH7，水蒸气蒸馏，收集约 2 L 馏出液。冷却，分出油层，水层用乙醚提取 3 次。合并有机层，无水硫酸镁干燥，回收乙醚后减压蒸馏，收集 80～85℃/4.0 kPa 的馏分，得化合物（**1**）112～118 g，收率 40％～42％。

【用途】　抗高血压药硫酸胍乙啶（Guanethidine sulfate）中间体。

环辛酮

$$C_8H_{14}O，126.20$$

【英文名】　Cyclooctanone
【性状】　无色液体。bp 80～87℃/2.261 kPa。
【制法】　Smith P A S and Baer D R. Organic Reactions，1960：11，179.

于反应瓶中加入 1-氨甲基环庚醇（**2**）124 g（0.87 mol），400 mL 10％的盐酸，冷至 5℃，搅拌下慢慢加入由亚硝酸钠 69 g（1 mol）溶于 300 mL 水的溶液。加完后放置 2 h，其间慢慢升至室温。蒸气浴加热反应 1 h，冷却，分出油层。水层用 100 mL 乙醚提取。合并油层和乙醚层，无水碳酸钾干燥，蒸出乙醚，而后减压蒸馏，收集 80～87℃/2.261 kPa 的馏分，得化合物（**1**）67 g，收率 61％。高沸点物含有 2-羟甲基环庚醇，减压蒸馏，收集 142～147℃/267 Pa 的馏分，可以得到 2-羟甲基环庚醇 5 g。

【用途】　抗精神分裂药物布南色林（Blonanserin）的合成中间体。

环丁酮

$$C_4H_6O，70.09$$

【英文名】　Cyclobutanone
【性状】　无色液体。bp 99℃。d^{20}0.938，n_D^{20}1.4210。
【制法】　① Miroslav K，Jan R. Org Synth，1990，Coll Vol 7：114. ② Wang shouming，Warren M，John M，et al. Bioorganic & Medicinal Chemistry Letters，2002，12（3）：415.

于反应瓶中加入 250 mL 水，48 mL（约 0.55 mol）浓盐酸、环丙基甲醇（**2**）49.5 g（0.65 mol），搅拌回流 100 min（有不溶于水的油层出现）。冰水浴冷却，冷凝器中通入干冰-甲醇冷却液，向反应瓶中加入浓盐酸 45 mL、200 mL 水以及草酸二水合物 440 g （3.5 mol）配成的溶液。冰盐浴冷却。搅拌下滴加三氧化铬 162 g（1.62 mol）与 250 mL 水配成的溶液，控制滴加速度，以保持反应液温度在 10～15℃、二氧化碳温和放出为宜，约 1.5～2 h 加完。室温搅拌 1 h。用二氯甲烷提取 4 次，合并有机层，无水硫酸镁及碳酸钾干燥，精馏回收溶剂后，于 100 mL 蒸馏瓶中精馏，收集 98～99℃（回流比 10：1）的馏分，得环丁酮（**1**）14～16 g，收率 31%～35%，纯度 98%～99%。

【用途】 氨基酸、药物、农药甲氰菊酯（Fenpropathrin）等的中间体。

环庚醇

$C_7H_{14}O$，114.19

【英文名】 Cycloheptanol

【性状】 无色液体。bp 158～184℃/98.42 kPa。

【制法】 Smith P A S，Baer D R. J Am Chem Soc，1952，74（23）：6135.

六氢苄基胺（**3**）：于反应瓶中加入 320 mL 浓硫酸，142 g（1 mol）环己基乙酸（**2**），加热至 50℃，加入氯仿，使氯仿的量高度约 2 cm。搅拌下分批加入叠氮钠 80 g （1.25 mol），控制加入速度，使反应液在 50～60℃。加完后蒸气浴加热反应 30 min。倒入 1200 mL 冰中，用浓的氢氧化钠调至碱性。分出有机层，氢氧化钾干燥，蒸馏，收集 159～161℃/98.42 kPa 的馏分，得无色液体化合物（**3**）99.4 g，收率 88%。

环庚醇（**1**）：于反应瓶中加入磷酸二氢钠 55 g（0.4 mol），150 mL 水，化合物（**3**） 11.3 g（0.1 mol），再加入由亚硝酸钠 7.1 g（0.11 mol）溶于水制成的饱和溶液。搅拌下蒸气浴加热反应 4 h，生成棕色油状物。水蒸气蒸馏，馏出液用乙醚提取 3 次。合并有机层，无水硫酸镁干燥后减压蒸馏，收集 95～104℃/98.42 kPa 的馏分，得烯类化合物 2.6 g，收率 27%；收集 158～184℃/98.42 kPa 的馏分，得化合物（**1**）5.2 g，收率 46%；回收未反应的胺 2.2 g，占 15%。

【用途】 有机合成、抗高血压药硫酸胍乙啶（Guanethidine sulfate）等的中间体。

5-氯-2,8-二羟基-6-甲氧基-4-甲基氧杂蒽酮

$C_{15}H_{11}ClO_5$，306.70

【英文名】 5-Chloro-2,8-dihydroxy-6-methoxy-4-methylxanthone

【性状】 黄色针状结晶。mp 298～299℃。

【制法】 Oda T，Yamagushi Y and Sato Y. Chem Pharm Bull，1986，34（2）：858.

于反应瓶中加入化合物（**2**）270 mg，无水苯 20 mL，慢慢滴加碘化镁乙醚溶液 1.5 mL（制备方法如下：镁屑 300 mg，碘 1.9 g，加入 24 mL 无水乙醚和 4.8 mL 干燥的苯组成的混合溶剂中，反应完后过滤除去过量的镁），搅拌下回流反应 20 min。冷后倒入冰水中，乙酸乙酯提取，水洗，无水硫酸钠干燥，减压浓缩，剩余物（245 mg）用乙酸乙酯重结晶，得黄色针状结晶（**1**），mp 298～299℃。

【用途】 占吨酮类（Xanthones）药物中间体。

α,α-二甲基烯丙基乙酸酯和 γ,γ-二甲基烯丙基乙酸酯

$C_7H_{12}O_2$，128.17

【英文名】 α,α-Dimethylallyl acetate and γ,γ-dimethylallyl acetate

【性状】 无色液体。

【制法】 Young W G，Webb I D. J Am Chem Soc，1951，73（2）：780.

$$(CH_3)_2\overset{\overset{OH}{|}}{C}CH=CH_2 + (CH_3CO)_2O \longrightarrow (CH_3)_2\overset{\overset{OCOCH_3}{|}}{C}CH=CH_2 + (CH_3)_2C=CHCH_2OCOCH_3$$
$$\text{(2)} \qquad\qquad\qquad\qquad \text{(1)} \qquad\qquad \text{(3)}$$

于安有搅拌器、回流冷凝器的反应瓶中，加入 α,α-二甲基烯丙醇（**2**）43 g（0.5 mol），醋酸酐 62 g（0.6 mol），于 95℃ 水浴中搅拌反应 27 h。将反应液倒入冰水中，用饱和氢氧化钠溶液中和。乙醚提取，合并乙醚层，无水硫酸镁干燥。蒸出乙醚后减压分馏。收集 49℃/7.315 kPa 的馏分，为化合物（**1**），n_D^{20} 1.4103，bp 120～122℃，n_D^{20} 1.4120。收集 74℃/7.315 kPa 的馏分，为化合物（**3**），n_D^{20} 1.4298，bp 120～122℃，n_D^{20} 1.4120。总收率 58%，化合物（**1**）与化合物（**3**）的比率为 70:30。若在相同条件下将反应延长至 200 h 以上，则生成的产物几乎全部为化合物（**3**）。

【用途】 α,α-二甲基烯丙基乙酸酯为 V_E 重要中间体，也是 DV 菊酸（菊酯中间体），合成维生素 A、维生素 K_1、类胡萝卜素中间体。

9-癸炔-1-醇

$C_{10}H_{18}O$，154.25

【英文名】 9-Decyn-1-ol

【性状】 无色油状液体。bp 86～88℃/67 Pa。

【制法】 Abrams S R，Shaw A C. Org Synth，1993，Coll Vol 8：146.

$$HOCH_2-C\equiv C-(CH_2)_6CH_3 \xrightarrow[H_2N(CH_2)_3NH_2]{LiNH(CH_2)_3NH_2,t\text{-BuOK}} HOCH_2(CH_2)_7C\equiv CH$$
$$\text{(2)} \qquad\qquad\qquad\qquad\qquad\qquad\qquad \text{(1)}$$

于安有搅拌器、滴液漏斗、温度计、回流冷凝器（安干燥管，内装片状氢氧化钾）的反应瓶中，氩气保护下加入 1,3-丙二胺 300 mL，金属锂 4.2 g（0.6 mol），反应放热。室温搅拌反应 30 min。于 70℃ 油浴中加热反应，直至蓝色消失，生成白色氨基锂悬浮液。冷至室温，加入叔丁醇钾 44 g（0.4 mol），将生成的浅黄色液体室温搅拌反应 20 min。于 10 min 内慢慢滴加 2-癸炔-1-醇（**2**）15.4 g（0.1 mol），滴液漏斗用 20 mL 1,3 丙二胺冲洗并加入反应瓶中。将生成的浅红棕色反应物搅拌反应 30 min 后倒入 1 L 冰水中，用己烷提

取 4 次，每次 500 mL。合并有机层，依次用 1 L 冷水、10% 的盐酸、饱和食盐水洗涤。无水硫酸钠干燥，过滤，旋转浓缩，粗品减压蒸馏，收集 86～88℃/67 Pa 的馏分，得无色油状液体（**1**）12.8～13.5 g，收率 83%～88%。

【用途】 农药、茶长卷叶蛾性信息素中间体。

二苯基羟基乙酸

$$C_{14}H_{12}O_3，228.25$$

【英文名】 Benzilic acid

【性状】 白色固体。mp 149～150℃。

【制法】 方法 1 Furniss B S，Hannaford A J，Rogers V，Smith P W G，Tatchell A R. Vogel's Textbook of Practical Organic Chemistry. Longman London and New York，Fourth edition，1978：807.

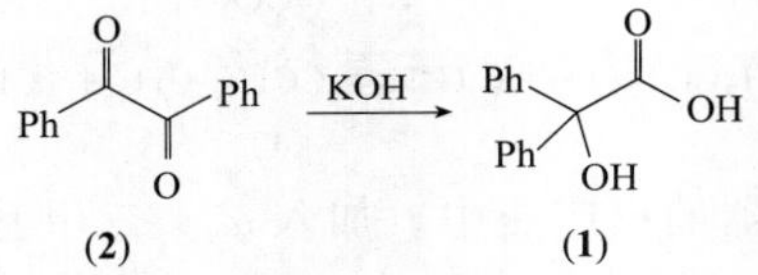

于反应瓶中加入氢氧化钾 35 g，70 mL 水，溶解后加入 90 mL 95% 的乙醇。搅拌下加入二苯基乙二酮（**2**）35 g（0.167 mol），生成深蓝黑色的溶液。沸水浴加热反应 10～15 min。将反应物倒入烧杯中，冷却过夜。过滤析出的二苯羟乙酸钾盐结晶，少量乙醇洗涤。将其溶于约 350 mL 水中，搅拌下加入 1 mL 浓盐酸，这样生成的沉淀为红棕色。过滤。滤液几乎是无色的，继续加盐酸酸化，直至对刚果红试纸呈酸性。过滤，冷水洗涤，直至无氯离子。干燥。得浅黄色粗品（**1**）30 g，收率 79%。用苯（6 mL/g）或水重结晶，活性炭脱色，mp 150℃。

方法 2 US 2010/0249451A1.

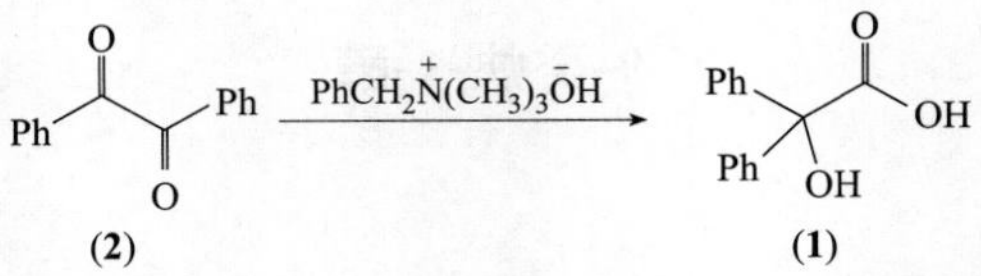

于反应瓶中加入二苯基乙二酮（**2**）0.1 mol，苄基三甲基氢氧化铵 0.2 mol，于 40℃ 搅拌反应 2 h。反应混合物用水稀释，用盐酸酸化至 pH3，抽滤析出的固体，水洗，干燥，得化合物（**1**），收率 92%。

【用途】 用于胃及十二指肠溃疡、胃炎、胃痉挛、胆石症等的药物苯那辛（胃复康）（Benaetyzine）等的中间体。

苯妥英钠

$$C_{15}H_{11}N_2O_2Na，274.25$$

【英文名】 Phenyltoin sodium，Sodium 5,5-diphenylhydantoinate

【性状】 白色粉末。无臭，味苦。微具吸湿性，在空气中可以吸收二氧化碳而析出苯妥英。

【制法】　邓晶晶，李婷婷，尤思路.内蒙古中医药，2008，5：46.

$$\underset{\underset{\overset{\parallel}{O}\ \overset{\parallel}{O}}{\text{(2)}}}{\text{Ph—C—C—Ph}} + \text{H}_2\text{NCNH}_2 \xrightarrow{\text{NaOH}} \underset{\text{(1)}}{\text{Ph} \atop \text{NH} \atop \text{ONa}}$$

于反应瓶中加入 1,2-二苯基乙二酮（**2**）2.031 g，尿素 1.16 g，15％的氢氧化钠水溶液 6.5 mL，95％的乙醇 10 mL。搅拌下加热回流 2.5 h。冷至室温，加入 30 mL 蒸馏水，搅拌后于冰箱中放置 15 min。抽滤除去黄色沉淀。滤液用 15％的盐酸调至 pH4～5，放置后抽滤，水洗，干燥，得苯妥英粗品 5.641 g。

将粗品加入 28 mL 蒸馏水中，搅拌下于 30～40℃滴加 15％的氢氧化钠溶液至完全溶解。于 50～60℃用活性炭脱色 15 min。过滤，冷至室温后于冰箱中放置。抽滤析出的固体，少量水洗，干燥，得化合物（**1**）2.21 g。

【用途】　抗癫痫药物苯妥英钠（Phenytoinum natricum）原料药。

2,2-二对氯苯基-2-羟基乙酸

$$C_{14}H_{10}Cl_2O_3,\ 297.14$$

【英文名】　2,2-Di(4-chlorophenyl)-2-hydroxyacetic acid

【性状】　白色结晶，mp 214～215℃。

【制法】　司宗兴.农药，1987，4：16.

$$\underset{\underset{\overset{\parallel}{O}\ \overset{\parallel}{O}}{\text{(2)}}}{\text{Cl—}\bigcirc\text{—C—C—}\bigcirc\text{—Cl}} \xrightarrow[\text{H}_2\text{O}]{\text{NaOH}} \underset{\underset{\text{OH}}{\text{(1)}}}{(p\text{-ClPh})_2\text{C—COOH}}$$

于反应瓶中加入对氯苯偶酰（**2**）14 g，固体氢氧化钠 6 g，水 30 mL，搅拌下慢慢升温，于 140℃回流反应 2～3 h。加入 100 mL 水溶解剩余残渣。过滤除去不溶物。滤液用盐酸调至 pH1，生成大量白色沉淀。抽滤，水洗，干燥，得化合物（**1**）12 g，收率 80％。用乙醇-水（1∶1）重结晶，得白色结晶，mp 214～215℃。

【用途】　农药杀螨剂三氯杀螨醇（Dicofol）中间体。

9-羟基芴-9-羧酸

$$C_{14}H_{10}O_3,\ 226.23$$

【英文名】　9-Hydroxyfluorene-9-carboxylic acid

【性状】　白色针状结晶。mp 125℃，166～167℃（无水物）。溶于氯仿、甲醇、乙醇，微溶于水。

【制法】　①程潜，李长荣，张彦文，陈娟.合成化学，1997，5（1）：97.②文海，耐登，赵卫东，赵凤英.内蒙古师大学报：自然科学汉文版，1996，2：43.

于反应瓶中加入菲醌（**2**）24.0 g（0.116 mol），2 mol/L 的氢氧化钠水溶液 600 mL，水浴加热，保持反应液温度在 75～80℃，反应 3 h。冷后用盐酸调至 pH8～9，过滤。滤液再用盐酸调至 pH1～2，析出淡黄色固体。抽滤，水洗。重结晶后得白色针状结晶 9-羟基芴-9-羧酸（**1**）25 g，mp 166～167℃，收率 95%。

【用途】 植物生长调节剂、医药合成中间体。

2. 由碳至氮的重排反应

对乙酰氨基苯酚

$C_8H_9NO_2$，151.17

【英文名】 Paracetamol，4-Acetamidophenol

【英文名】 白色结晶或结晶性粉末。mp 170～172℃。溶于甲醇、乙醇、DMF，丙酮、乙酸乙酯，微溶于热水。

【制法】 ①吕布，汪永忠，胡世林等.化学世界，2000，5：252.②刘宁，赵凌冲，余志华.江苏化工，2006，17：14.

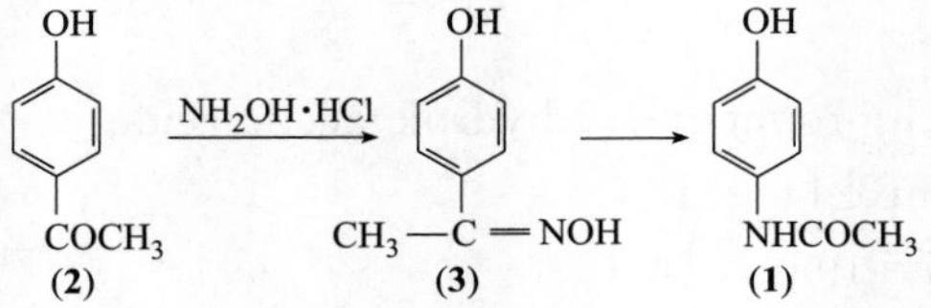

对羟基苯乙酮肟（**3**）：于反应瓶中加入盐酸羟胺 12 g，结晶醋酸钠 17 g，150 mL 水，搅拌溶解。于 60～65℃分 5 次加入对羟基苯乙酮（**2**）15 g，而后继续搅拌反应 1 h。冷至室温，抽滤生成的固体，水洗，干燥，得化合物（**3**），收率 92.5%，mp 144～145℃。

对乙酰氨基苯酚（**1**）：将 10 g 化合物（**3**）溶于 70%的硫酸中，搅拌下用氨水中和，保持反应液温度在 20℃，调至 pH8。用氯仿提取 3 次，合并氯仿层，水洗，无水硫酸钠干燥。减压蒸出氯仿，减压蒸馏，收集 137～140℃/1.67 kPa 的馏分，很快固化为白色结晶，收率 50.5%，mp 170～172℃。

【用途】 解热镇痛及非甾体抗炎镇痛药对乙酰氨基苯酚（4-Acetamidophenol）原料药。

己内酰胺

$C_6H_{11}NO$，113.16

【英文名】 Caprolactam

【性状】 白色粉末或结晶。mp 68～70℃，bp 216.2℃。具吸湿性，易溶于水。可溶于石油烃、乙醇、乙醚和卤代烃。

【制法】 方法 1 李吉海，刘金庭.基础化学实验（Ⅱ）——有机化学实验.北京：化学工业出版社，2007：141.

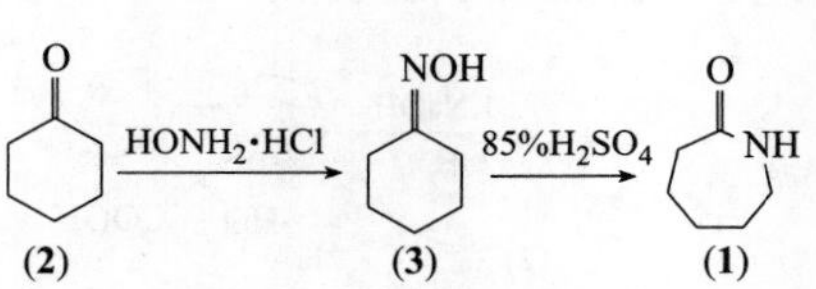

环己酮肟（**3**）：于反应瓶中加入水 60 mL，盐酸羟胺 14 g（0.2 mol），溶解后慢慢加入结晶醋酸钠 20 g，温热至 35～40℃。慢慢滴加环己酮（**2**）14 g（15 mL，0.14 mol），反应中有白色固体析出。加完后继续搅拌反应 15 min。冷却后抽滤，水洗，干燥，得白色结晶（**3**），mp 89～90℃。

己内酰胺（**1**）：于 500 mL 烧杯中加入环己酮肟（**3**）10 g，20 mL 85% 的硫酸，充分混合均匀，放入一只 200℃的温度计。慢慢加热，当开始有气泡产生时（约 120℃），立即撤去热源，此时发生强烈的放热反应，温度可自行升至约 160℃，反应在几秒钟完成。稍冷后将反应物倒入 250 mL 三口瓶中，安上搅拌器、滴液漏斗、温度计，冰盐浴冷却至 0～5℃。搅拌下慢慢滴加 20% 的氢氧化铵溶液，控制反应温度在 20℃ 以下，以免己内酰胺分解，直至溶液对石蕊试纸呈碱性（用氢氧化铵溶液约 60 mL，约 1 h 加完）。分出水层，将有机层进行减压蒸馏，收集 127～133℃/0.93 kPa 的馏分。馏出物冷后固化为无色结晶（**1**），mp 69～70℃，产量 5～6 g，收率 50%～60%。

方法 2　Ghiaci M，Imanzadeh G H. Synth Commun，1998，28（12）：2275.

环己酮肟（**2**）1.4 g（12.4 mmol），无水三氯化铝 2.4 g（26 mmol）混合，于研钵中研磨数分钟。氯化氢放出后，于 50～80℃ 加热反应 30 min。将反应物加入碎冰中，用氯仿连续提取。有机层无水硫酸钠干燥，减压蒸出溶剂，得己内酰胺（**1**）1.35 g，收率 97%，mp 68～69℃。

【用途】　治疗纤维蛋白溶酶活性升高所致的出血药物 6-氨基己酸（6-Aminocaproic acid）和高效皮肤渗透促进剂月桂氮卓酮（Laurocapram）的中间体。

庚内酰胺

$C_7H_{13}NO$，127.18

【英文名】　Oenantholactam，1-Aza-2-cyclooctanone

【性状】　无色液体。bp 133～135℃/532 Pa。

【制法】　George A Olah and Alexander P Fung. Org Synth，1990，Coll Vol 7：254.

于安有搅拌器、回流冷凝器、滴液漏斗、通气导管的反应瓶中，加入羟胺-O-硫酸 8.47 g（75 mmol），95%～97% 的甲酸 45 mL，通入干燥的氮气，搅拌下滴加庚酮（**2**）5.61 g（75 mmol）与 15 mL 甲酸的溶液，约 3 min 加完。加热回流反应 3 h。冷至室温，加入冰水 75 mL，氯仿提取 3 次。合并有机层，无水硫酸镁干燥。过滤，浓缩，减压蒸馏，收集 94～96℃/26.6 Pa 的馏分，得化合物（**1**）3.8～4.0 g，收率 60%～63%。

【用途】　降压药硫酸胍乙啶（Guanethidine sulfate）中间体。

加巴喷丁盐酸盐

$C_9H_{17}NO_2 \cdot HCl$，207.70

【英文名】 Gabapendin hydrochloricde
【性状】 白色固体。mp 123.6～124.6℃。
【制法】 徐显秀，魏忠林，柏旭. 有机化学，2006，26（3）：354.

2-氮杂-螺［4,5］-癸酮（3）：于反应瓶中加入螺［3,5］-2-壬酮（2）765 mg（5 mmol），甲酸 10 mL，搅拌溶解。慢慢加入羟胺-O-硫酸 0.992 mg（7.5 mmol），搅拌至透明后，加热回流反应 4.5 h（TLC 显示原料消失）。冷至室温，倒入 50 mL 饱和碳酸氢钠溶液中，氯仿提取 3 次。合并氯仿层，饱和盐水洗涤，无水硫酸钠干燥。蒸出溶剂，得黄色油状物。进行柱层析，以正己烷-乙酸乙酯（4∶1～2∶1）洗脱，得黄色固体化合物（3）0.4 g，收率 52％，mp 86～88℃。

加巴喷丁盐酸盐（1）：将化合物（3）153 mg（1 mmol）置于 10 mL 6 mol/L 的盐酸中，回流反应 9 h。减压蒸出溶剂，得白色固体。用异丙醇洗涤，干燥，得白色固体（1）178 mg，收率 83％，mp 123.6～124.6℃。异丙醇洗涤液浓缩，乙酸乙酯溶解，水洗，无水硫酸镁干燥，蒸出溶剂，可以回收化合物（3）15 mg。

【用途】 治疗癫痫病药物加巴喷丁盐酸盐（Gabapentin hydrochloride）原料药。

1,3,4,5-四氢-1H-[1]苯并氮杂䓬-2-酮

$C_{10}H_{11}NO$，161.20

【英文名】 1,3,4,5-Tetrahydro-1H-[1]-benzazepine-2-one
【性状】 白色片状结晶。mp 139～141℃。
【制法】 ①王甡惠，王玉成等. 徐州师大学报：自然科学报，1999，17（2）：34.②李宗圣. 中国医药工业杂志，2010，41（2）：85.

萘酮肟（3）：将 α-萘酮（2）14.6 g（0.1 mol），盐酸羟胺 8.3 g（0.12 mol），95％乙醇 60 mL 混合，搅拌下滴加由氢氧化钠 4.2 g（0.13 mol）和水 9.8 mL 配成的水溶液（控温在 20～40℃之内）。加完后继续加热回流 1 h。加水 100 mL，冷到 20℃以下，滤出结晶，烘干得产品（3）15.2 g，收率 94％，mp 98～102℃（文献值 mp 100～102℃）。

1,3,4,5-四氢-1H-[1]苯并氮杂䓬-2-酮（1）：将化合物（3）10.0 g（0.062 mol）和多聚磷酸 50.0 g 混合，慢慢搅拌加热至 120℃，此时内温快速上升（可达 180℃），迅速用冷

水冷却，冷到 80℃ 以下时，边搅拌边倾入 200 mL 水中。过滤，水洗，用水重结晶，得白色片状结晶（**1**）8.2 g，收率 82%，mp 139～141℃。

【用途】 抗高血压类药物苯那普利（Benazepril）等的中间体。

γ-氨基-α-羟基丁酸

$C_4H_9NO_3$，119.12

【英文名】 γ-Amino-α-hydroxybutyric acid

【性状】 白色结晶。mp 210～213℃。可溶于水，微溶于乙醇。

【制法】 ①孙昌俊，曹晓冉，王秀菊.药物合成反应——理论与实践.北京：化学工业出版社，2007：241.②卢旭耀，赵宝生.精细化工，1997，14（5）：46.

$$H_2N-\overset{O}{\underset{}{C}}-CH_2CH_2\overset{OH}{\underset{}{C}}HCOOH \xrightarrow[\text{Hoffmann 重排}]{NaOCl} H_2NCH_2CH_2\overset{OH}{\underset{}{C}}HCOOH$$

（2） （1）

于反应釜中加入水 18 L，氢氧化钠 6.8 kg，搅拌溶解。冰盐浴冷至 0℃，加入工业次氯酸钠溶液（约 1.6 mol/L）32 L，降至 0～5℃，分批加入 α-羟基-γ-氨甲酰基丁酸（**2**）3.0 kg（20.4 mol），加入速度控制不超过 5℃，加完后继续于 -5～0℃ 搅拌反应 1 h。迅速升温至 45～50℃，保温反应 3.5 h。冷至室温，用浓盐酸调至 pH4（约需盐酸 22 L）。加水稀释至 200 L，过 732-H 离子交换树脂柱（约需树脂 200 L）进行脱盐，用无离子水洗至流出液 pH 为 5。用 1 mol/L 的氨水洗脱，收集对茚三酮呈阳性反应的溶液（pH 在 8 以上）。将上述流出液减压浓缩至 5～6 L，加两倍量的无水乙醇，冷却析晶。过滤，用 70% 的乙醇洗涤，干燥，得粗品。将粗品溶于适量热水中，活性炭脱色，过滤。滤液慢慢加入二倍量的无水乙醇，析出结晶。过滤，干燥，得白色固体 γ-氨基-α-羟基丁酸（**1**）1.8 kg，收率 65%，mp 210～213℃。

【用途】 丁胺卡那霉素（Amikacin）中间体。

2,6-二氯-3-氨基-4-甲基吡啶

$C_6H_6Cl_2N_2$，177.03

【英文名】 2,6-Dichloro-3-amino-4-methylpyridine

【性状】 黄色针状结晶。mp 81～84℃。

【制法】 孟庆伟，曾伟，赖琼等.中国医药工业杂志，2006，37（1）：5.

（2） （1）

于反应瓶中加入 700 mL 水，氢氧化钠 76.3 g（1.9 mol），搅拌溶解。冰浴冷却，于 0～5℃ 滴加溴 29.4 mL（0.6 mol）。加完后慢慢分批加入化合物（**2**）102.5 g（0.5 mol）。加完后慢慢升至 70℃ 反应 1.5 h。室温搅拌反应过夜。过滤，水洗，60℃ 干燥，得黄色针状结晶（**1**）82.5 g，收率 93.2%，mp 81～84℃。

【用途】 抗病毒药奈韦拉平（Nevirapine）中间体。

3-氨基-5-甲基异噁唑

C$_4$H$_6$N$_2$O，98.10

【英文名】 3-Amino-5-methylisoxazole
【性状】 白色晶体。mp 62℃。溶于水、氯仿、二氯甲烷、乙醚、吡啶和四氯呋喃等。
【制法】 周星蕾，陈永华，罗国选等. 中国医药工业杂志，1991，22 (9)：419.

于反应瓶中加入含次氯酸钠（有效氯含量 9.4%）0.271 mol 的水溶液 215 g，冰水浴冷至 8~12℃，搅拌下分批加入 5-甲基异噁唑-3-甲酰胺（**2**）31.5 g（0.25 mol），约 30 min 加完。加完后继续搅拌反应 1 h。加入 40% 的氢氧化钠溶液 13.8 g（0.138 mol）和水 30 mL，继续搅拌反应 10 min，反应液呈浅黄色透明液，为氯代酰胺钠溶液。

于另一反应瓶中，加入水 30 mL，加热回流，慢慢滴加上述氯代酰胺钠溶液，约 30 min 加完。此时反应液 pH 值为 7。再滴加 12% 的氢氧化钠溶液 70 g（0.21 mol），约 10 min 加完。加完后回流反应 2.5 h。冷至室温，加入 40% 的氢氧化钠溶液 35 g（0.35 mol），冷至 25℃，氯仿提取。回收氯仿后，冷却，析出固体，空气中干燥，得化合物（**1**）20.0~20.4 g。收率 81.6%~83.5%，mp 62℃。
【用途】 消炎镇痛药伊索昔康（Isoxicam）等的中间体。

氨力农

C$_{10}$H$_9$N$_3$O，87.20

【英文名】 Amrinone，5-Amino-(3,4'-bipyridyl)-6(1H)-one
【性状】 黄色针状结晶。mp 294~297℃（分解）。
【制法】 蔡允明，胡企申. 中国医药工业杂志，1984，15 (12)：14.

于反应瓶中加入 5-氨甲酰基-(3,4'-联吡啶)-6 (1H)-酮（**2**）43 g（0.20 mol），氢氧化钠 48.5 g（1.25 mol），水 700 mL，搅拌溶解。冷却下慢慢滴加溴 12.3 mL（0.20 mol）。加完后慢慢加热至 100℃反应 3 h。冷至室温慢慢加入 6 mol/L 的盐酸 320 mL，搅拌 30 min。用 10% 的碳酸钠溶液中和至 pH8，析出黄色结晶。抽滤，水洗，干燥，得化合物（**1**）30.3 g。用水重结晶，得黄色针状结晶 24 g，收率 64%，mp 300~304℃。
【用途】 强心药氨力农（Amrinone）原料药。

β-二乙氨基乙胺

C$_6$H$_{16}$N$_2$，116.21

【英文名】 β-Diethylaminoethylamine，N',N'-Diethylethane-1,2-diamine

【性状】 无色液体，bp 145.2℃。d_4^{20}0.8211，n_D1.4360。溶于乙醇、乙醚及多数有机溶剂，与水混溶。

【制法】 ①章思规.实用精细化学品手册：有机卷：上.化学工业出版社，1996：956.②樊能廷.有机合成事典.北京：北京理工大学出版社，1992：610.

方法1 以丙烯腈为原料。

$$CH_2=CHCN \xrightarrow[H_2SO_4]{H_2O} CH_2=CHCONH_2 \xrightarrow{(C_2H_5)_2NH} (C_2H_5)_2NCH_2CH_2CONH_2 \xrightarrow[NaOCl]{NaOH} (C_2H_5)_2NCH_2CH_2NH_2$$
$$(2) \qquad\qquad (3) \qquad\qquad\qquad (4) \qquad\qquad\qquad\qquad (1)$$

于反应瓶中加入磷酸亚铁 0.8 g，少量铁粉、水 36 mL，搅拌下慢慢加入 98% 的硫酸 110 mL。一次加入工业丙烯腈（2）132 mL（2.0 mol），水浴加热回流 0.5 h。待回流现象消失，再继续保温反应 0.5 h。冷至 30℃ 以下，先慢慢滴加 55 g 饱和碳酸钠溶液，而后分批加入固体碳酸钠，中和至中性（约需固体碳酸钠 165 g），生成丙烯酰胺（3）。加入二乙胺 208 mL（2 mol），加热回流反应 1 h。放置过夜，生成 β-二乙氨基丙酰胺（4）。冰水冷却下滴加 35% 的液碱 567 mL（4 mol），冷至 5℃ 以下，滴加次氯酸钠溶液（3.58 mol/L，1355 mL，2.4 mol），控制反应液温度不超过 10℃，约 1.5 h 加完。加完后继续搅拌反应 15 min。加热至 30～40℃，停止加热，自动升温至 50～70℃，反应液由无色逐渐变为橘黄色。待温度不再上升后，加热蒸馏，收集馏出液约 800 mL，加入固体氢氧化钠，有黄色油状物生成。分出油状物，再用固体氢氧化钠干燥，分馏，收集 144～146℃ 的馏分，得无色液体（1）140 g，纯度 98% 以上，总收率 60%（以丙烯腈计）。

方法2 以丙烯酰胺为原料。

$$CH_2=CHCONH_2 \xrightarrow{(C_2H_5)_2NH} (C_2H_5)_2NCH_2CH_2CONH_2 \xrightarrow[NaOCl]{NaOH} (C_2H_5)_2NCH_2CH_2NH_2$$
$$(2) \qquad\qquad\qquad (3) \qquad\qquad\qquad\qquad (1)$$

于反应瓶中加入丙烯酰胺（2）28.4 g（0.4 mol），水 25 mL，二乙胺 29.2 g（0.4 mol），水浴加热至 80℃，回流反应 1 h。放置过夜，生成化合物（3）。冰水浴冷至 10℃ 以下，加入 35% 的氢氧化钠溶液 92 mL。继续搅拌下滴加次氯酸钠溶液 400 mL（3.0 mol/L，0.6 mol）。加完后保温反应 1 h。加热至 30～40℃，停止加热，自动升温至 50～70℃，反应液由无色逐渐变为橘黄色。待温度不再上升后，加热蒸馏，收集馏出液约 160 mL，加入固体氢氧化钠，有黄色油状物生成。分出油状物，再用固体氢氧化钠干燥，分馏，收集 144～146℃ 的馏分，得无色液体 β-二乙氨基乙胺（1）29.6 g，纯度 98% 以上，总收率 64%。

【用途】 普鲁卡因胺盐酸盐（Procainamide hydrochloride）、泰必利（Tiapride）、地布卡因（Dibucaine）等的中间体

4-(2-氨基)乙基吗啉

$C_6H_{14}N_2O$，130.19

【英文名】 4-(2-Amino)ethylmorpholine

【性状】 无色液体。bp 99～100℃/3.2 kPa。n_D^{20} 14739。

【制法】 ①成志毅，蔡丽玲.中国医药工业杂志，1994，25（3）：100.②陈芬儿.有机药物合成法：第一卷.中国医药科技出版社，北京：1999，410.

$$CH_2{=}CHCONH_2 + \underset{(2)}{\bigcirc NH} \longrightarrow \left[\bigcirc N{-}CH_2CH_2CONH_2 \right] \xrightarrow{NaOCl} \underset{(1)}{\bigcirc N{-}CH_2CH_2NH_2}$$

于反应瓶中加入丙烯酰胺（**2**）7 g（0.1 mol），水 15 mL，冰浴冷却，慢慢滴加吗啉一水合物 8.7 g（0.1 mol）溶于 10 mL 水的溶液，控制滴加速度使反应温度在 10℃以下。加完后继续搅拌反应 30 min，而后于 45℃搅拌反应 2 h。将含次氯酸钠 8.9 g（0.12 mol）的溶液 240 mL 加入反应瓶中，于 55℃搅拌反应 1 h 后，加入亚硫酸氢钠 0.5 g，以分解未反应的次氯酸钠。水蒸气蒸馏，直至流出液为中性为止。将馏出液用稀盐酸调至 pH3，减压浓缩至析出固体，冷至室温。加入 40% 的氢氧化钠溶液，用乙醚提取 3 次，合并乙醚层，无水硫酸干燥。过滤，回收乙醚后，剩余物减压蒸馏，收集 99～100℃/3.2 kPa 的馏分，得无色液体（**1**）5.5 g，收率 42.3%。n_D^{20} 14739。

【用途】 抗抑郁药吗氯贝胺（Moclobemide）等的中间体。

邻氨基苯甲酸

$$C_7H_7NO_2, 37.14$$

【英文名】 *o*-Aminobenzoic acid

【性状】 白色至微黄色结晶性粉末。mp 146～147℃。溶于热水、乙醇和乙醚，微溶于苯、甲苯，难溶于冷水。

【制法】 ①韩广甸，赵树纬，李述文. 有机制备化学手册：中卷. 北京：化学工业出版社，1978，354. ②Furniss B S，Hannaford A J，Rogers V，et al. Vogel's Textbook of Practical Chemistry. Fourth Edition，Longman London and New York，1978：666.

$$\underset{(2)}{\bigcirc} \xrightarrow[]{NaOH} \overset{CONH_2}{\underset{COONa}{\bigcirc}} \xrightarrow[2.\ H^+]{1.NaOBr} \underset{(1)}{\overset{NH_2}{\underset{COOH}{\bigcirc}}}$$

于反应瓶中加入水 120 mL，氢氧化钠 30 g（0.75 mol），搅拌溶解。冰盐浴冷至 0℃以下，慢慢加入溴素 26.2 g（0.16 mol），直至反应完全。保持内温 0℃以下，加入邻苯二甲酰亚胺（**2**）24 g（0.163 mol），剧烈搅拌，直至生成透明的黄色溶液。加入由氢氧化钠 22 g 溶于 80 mL 水配成的溶液，加热至 80℃。冰浴冷却，慢慢加入浓盐酸调至中性，再加入冰醋酸约 20～25 mL，使邻氨基苯甲酸沉淀析出。抽滤，冷水洗涤。用热水重结晶，活性炭脱色后冷却析晶，得邻氨基苯甲酸（**1**）14 g，收率 62%，mp 145℃。

【用途】 抗炎药甲灭酸（Mefenamic acid）等的中间体。

四氯邻氨基苯甲酸

$$C_7H_3Cl_4NO_2, 274.92$$

【英文名】 Tetrachloro-*o*-aminobenzoic acid

【性状】 白色针状结晶。mp 184℃。

【制法】 曹玉庆，张瑞，李玉杰. 江苏化工，1998，26（1）：22.

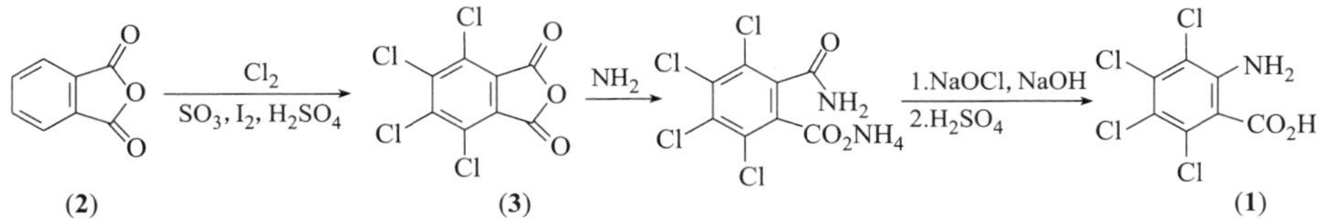

四氯苯酐（**3**）：于反应瓶中加入发烟硫酸 480 g，慢慢进入苯酐（**2**）40 g，碘 0.5 g，铁粉 0.5 g，加热并搅拌下通入氯气，保持反应体系浅红色，于 130～140℃反应 12 h。加热至 150℃，直至不再吸收氯气为止。将反应物转入大烧杯中，冷却析晶。过滤，用 10％的硫酸洗去发烟硫酸，再用冷水洗涤至近中性，干燥，得粗品（**3**），收率 95％以上，mp 253～254℃。冰醋酸中重结晶，得无色透明柱状结晶。mp 255℃。

四氯邻氨基苯甲酸（**1**）：于反应瓶中加入上述化合物（**3**）28.5 g，搅拌下慢慢滴加 20％的氨水 30 mL，加完后继续搅拌反应 30 min。冷至 0℃，慢慢加入氢氧化钠 8 g，冷至 0℃后滴加 10％的次氯酸钠溶液 80 mL，其间保持在 5℃以下。加入 40％的氢氧化钠溶液 20 mL，于 70℃搅拌反应 15 min。抽出氨气，用 20％的硫酸调至 pH5。抽滤，水洗，干燥，得粗品化合物（**1**），mp 182～183℃。用苯重结晶，得白色针状结晶，mp 184.2℃。总是率 83％～84％。

【用途】 喹诺酮类药物中间体。

苯基氨基甲酸异丙酯

$C_{10}H_{13}NO_2$，179.22

【英文名】 *i*-Propyl phenylcarbamate
【性状】 灰白色片状结晶。mp 87～89℃。
【制法】 黄光佛. 湖北化工，2000，5：21.

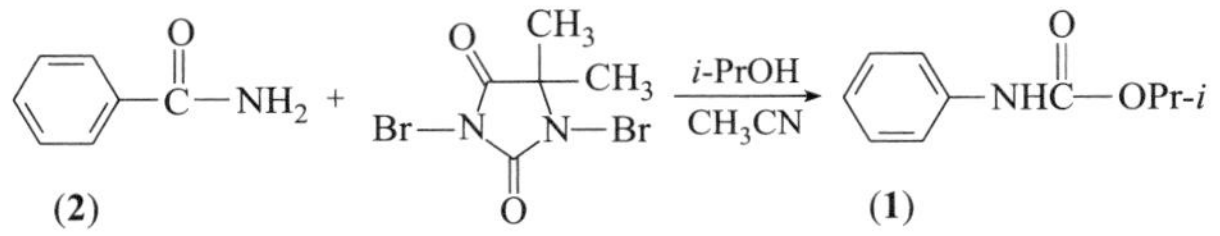

于反应瓶中加入苯甲酰胺（**2**）1.21 g（0.01 mol），乙腈 20 mL，搅拌溶解。再加入 1,3-二溴-5,5-二甲基乙内酰脲（DBDMH）2.86 g（0.01 mol），搅拌反应 30 min。加入醋酸汞 3.18 g（0.012 mol），继续搅拌 30 min。最后加入异丙醇 10.5 mL（0.13 mol），室温搅拌反应 12 h。加入亚硫酸钠 1.28 g，充分搅拌均匀。过滤，滤液呈红色，活性炭脱色后，减压蒸出溶剂，乙醇重结晶，得灰白色片状结晶（**1**）1.33 g，收率 74.3％，mp 87～89℃。

在相同条件下分别用甲醇、乙醇代替异丙醇，得到相应的甲酯和乙酯，收率分别为 95％和 80％。

【用途】 除草剂苯胺灵（Isopropyl *N*-phenylcarbamate）原料药，用于大豆、甜菜、棉花、蔬菜、烟草地中防除一年生禾本科杂草。

巴氯芬

$C_{10}H_{12}ClNO_2$，213.66

【英文名】 Baclofen，4-Amino-2-(4-chlorophenyl)butyric acid

【性状】 白色或微黄色固体。mp 206～208℃。

【制法】 郭忠武.中国医药工业杂志，1988，19（6）：266.

(2) ——NaOH, H₂O / 50℃—— ——1.NaOH, Br₂ / 2.H⁺—— **(1)**

将 4.0 g（100 mmol）氢氧化钠溶于 20 mL 水中，慢慢滴加溴 4.0 g（25.0 mmol），制成次溴酸钠溶液备用。

于反应瓶中加入水 20 mL，氢氧化钠 0.9 g（22.5 mmol），溶解后加入 3-对氯苯基戊二酰亚胺（**2**）4.3 g（19.24 mmol），于 50～60℃ 水浴中搅拌至溶解。冷至 15℃ 以下，搅拌下慢慢滴加上述次溴酸钠溶液，加完后搅拌反应 12 h。加热至 80℃，搅拌反应 30 min。冷后用浓盐酸调至 pH7，过滤，水洗，用水重结晶，得白色固体（**1**）3.0 g，收率 76%，mp 204.5～207℃（206～208℃）。

【用途】 骨骼肌松弛药巴氯芬（Baclofen）原料药。

3-氨甲基-5-甲基己酸

$C_8H_{17}NO_2$，159.23

【英文名】 3-Aminomethyl-5-methylhexanoic acid

【性状】 白色固体。mp 168.5～170℃。

【制法】 ①杨健，黄燕.中国医药工业杂志，2004，35（4）：195.②杨健，黄燕.高等学校工程学报，2009，23（5）：825.

$(CH_3)_2CHCH_2$— **(2)** ——Br₂, NaOH—— $(CH_3)_2CHCH_2$— **(1)**

于反应瓶中加入 90 mL 水，50% 的氢氧化钠溶液 52.8 g（0.66 mol），冷至 -15℃，慢慢滴加溴 32.5 g（0.2 mol），搅拌反应 1 h。分批加入化合物（**2**）24 g（0.13 mol），温度保持在 -10～-15℃，搅拌反应 2 h。室温反应 1 h 后，于 70℃ 反应 2 h。冷却，用甲基叔丁基醚 50 mL 提取 1 次。用盐酸调至 pH1，用甲基叔丁基醚提取 2 次。水层用 50% 的氢氧化钠调至 pH7，析出白色固体。室温搅拌 3 h，过滤，水洗，干燥，得白色固体（**1**）15.8 g，收率 77.3%，mp 168.5～170℃。

【用途】 抗神经痛和癫痫治疗辅助药普瑞巴林（Pregabalin）合成中间体。

环丙基胺

C_3H_7N，57.10

【英文名】 Cyclopropylamine

【性状】 无色液体。有氨味。

【制法】 易健民，唐阔文，黄良.精细化工，2000，17（9）：552.

$$\triangleright\!-\text{COOH} \xrightarrow{\text{H}_2\text{NCONH}_2} \triangleright\!-\text{CONH}_2 \xrightarrow[\text{NaOH}]{\text{NaOBr}} \triangleright\!-\text{NH}_2$$

(2)　　　　　　　　**(3)**　　　　　　　**(1)**

环丙基甲酰胺（**3**）：于反应瓶中加入尿素 32 g（0.53 mol），环丙基甲酸 43 g（0.5 mol），油浴加热至 150℃ 并搅拌反应 30 min。用玻璃棒将冷凝器底部的固体捅回反应瓶中，加热至 195~200℃ 反应 3.5 h。反应过程中有氨气和二氧化碳气体放出。冷却，生成浅黄色固体（**3**）35.2 g，收率 82.9%，mp 117~119℃。用 95% 的乙醇重结晶，得白色固体（**3**），mp 123~124℃。

环丙基胺（**1**）：于反应瓶中加入化合物（**3**）32 g（0.376 mol），水 95 mL，搅拌成悬浮液。冰浴冷却，滴加新制备的次溴酸钠 0.425 mol，加完后继续搅拌反应 1 h。再滴加 50% 的氢氧化钠 32 g，升至 50℃ 反应 2 h。产物精馏，收集 51℃ 以下的馏分，得化合物（**1**）18.72 g，收率 87.2%。

【**用途**】 喹诺酮类抗菌药物环丙沙星（Ciprofloxacin）、环丙氟哌酸（Ciprofloxacin hydrochloride）等的中间体。

环丁基胺

C_4H_9N，71.12

【**英文名**】 Cyclibutylamine

【**性状**】 无色液体。bp 80.5~81.5℃，n_D^{25} 1.4356。其盐酸盐 mp 183~184℃。

【**制法**】 方法 1 　Merrick R A，Julie B S，Alan E T，et al. Org Synth，1993，Coll Vol 8：132.

$$\square\!-\text{CONH}_2 \xrightarrow[\text{2. H}_2\text{O}]{\text{1. (F}_3\text{CCO}_2)_2\text{PhI}} \square\!-\overset{+}{\text{NH}_2}\!\cdot\text{HCl}$$

(2)　　　　　　　　　　　　**(1)**

于 500 mL 反应瓶（用铝箔包裹）中，加入 1,1-双三氟乙酰氧基碘苯 16.13 g（37.5 mmol），37.5 mL 乙腈，生成的溶液用 37.5 mL 无离子水稀释。加入环丁基甲酰胺（**2**）2.48 g（25 mmol），酰胺很快溶解，继续搅拌反应 4 h。旋转蒸发除去乙腈，剩余的水层中加入 250 mL 乙醚一起搅拌，加入 50 mL 浓盐酸。将其转移至分液漏斗中，分出水层，水层用乙醚提取 2 次。乙醚层用 2 mol/L 的盐酸提取 2 次。合并水层，减压浓缩。剩余物中加入 50 mL 苯，继续减压浓缩。如此加苯、浓缩重复 5 次。剩余物于盛有浓硫酸的真空干燥器中真空干燥过夜。将得到的固体加入 5 mL 无水乙醇和 35 mL 无水乙醚中，加热回流，慢慢加入乙醇，直至固体溶解。冷至室温，慢慢加入乙醚，直至开始出现结晶。冰箱中放置析晶，过滤，于盛有五氧化二磷的干燥器中减压干燥过夜，得化合物（**1**）1.86~2.06 g，收率 69%~77%，mp 183~185℃。

方法 2 　Newton W W，Joseph C Jr. Org Synth，1973，Coll Vol 5：273.

$$\square\!-\text{CO}_2\text{H} \xrightarrow[\text{H}_2\text{SO}_4]{\text{NaN}_3} \square\!-\overset{\oplus}{\text{NH}_3}\!\cdot\text{HSO}_4^{\ominus} \xrightarrow{\text{NaOH}} \square\!-\text{NH}_2$$

(2)　　　　　　　　　　　　　　　　**(1)**

于反应瓶中加入氯仿 180 mL，环丁烷甲酸（**2**）16.0 g（0.31 mol），48 mL 浓硫酸。搅拌下油浴加热至 45~50℃，于 1.5 h 内分批加入叠氮钠 20.0 g（0.31 mol）。加完后于

50℃搅拌反应 1.5 h。冰浴中冷却，慢慢加入 200 g 碎冰，而后慢慢滴加 100 g 氢氧化钠溶于 200 mL 水的冷溶液，使反应液 pH12～13。水蒸气蒸馏，接受瓶中加入 90 mL3 mol/L 的盐酸，收集约 2 L 的馏出液。将接受瓶中的氯仿和水减压蒸出，残存的环丁胺盐酸盐溶于数毫升水中。将其转移至 50 mL 圆底烧瓶中，安上回流冷凝器，冰浴冷却下由冷凝器顶部分批加入浆状氢氧化钾（将粒状氢氧化钾溶于最少体积的水置于研钵中研磨而得），直至溶液呈强碱性，游离出环丁胺。分出胺层，用固体氢氧化钾干燥后，分馏，收集 79～83℃的馏分。再用固体氢氧化钾干燥 2 天，分馏，得环丁胺（**1**）7～9 g，收率 60%～80%。

【用途】 抗结核病药利福平（Rifampicin）等的中间体。

帕珠沙星

$C_{16}H_{17}FN_2O_4$，320.32

【英文名】 Pazufloxacin

【性状】 白色固体。mp 267～268℃，纯度 99.4%（HPLC）。

【制法】 ①张文治，束家友. 中国医药工业杂志，2003，34（12）：593. ②朱建明. 中国药师，2007，10（3）：249.

于安有搅拌器、低温温度计的反应瓶中，加入甲醇 250 mL，50% 的甲醇钠 24.8 g（0.23 mol），氮气保护，干冰-丙酮浴冷至 -40℃。剧烈搅拌下滴加溴 11.2 g（70 mmol），待溴的颜色褪去后，分批加入（3S）-9-氟-10-(1-氨甲酰基环丙基)-3-甲基-7-氧代-2,3-二氢-7H-吡啶 [1,2,3-*de*]-1,4-苯并噁嗪-6-羧酸（**2**）15 g（43 mmol）。完全溶解后继续保温反应 1 h。慢慢升至 35℃，搅拌反应 1 h，再于 60℃反应 15 min。自然冷至室温，加入 2 mol/L 的氢氧化钠溶液 50 mL，回流反应 30 min。用 6 mol/L 的盐酸调至 pH5，析出淡黄色固体。过滤，水洗。滤液和洗涤液合并后用乙酸乙酯提取。将提取液减压浓缩至干，得部分固体。将其与前面的淡黄色固体合并，于 70℃溶于适量 6 mol/L 的盐酸中，活性炭脱色，减压蒸出溶剂至干，得白色的化合物（**1**）的盐酸盐。溶于适量含 1.8% 的氢氧化钾的 40% 乙醇溶液中，通入二氧化碳至饱和，析出白色固体，过滤，干燥，得白色化合物（**1**）10.5 g，收率 69%，mp 267～268℃，纯度 99.4%（HPLC）。

【用途】 抗菌药帕珠沙星（Pazufloxaxin）原料药。

3-氨甲基-5-甲基己酸

$C_8H_{17}NO_2$，159.23

【英文名】 3-(Aminomethyl)-5-methylhexanoicacid

【性状】 白色固体。mp 168.5～170℃。

【制法】 杨健，黄燕. 高校化学工程学报，2009，23（5）：825.

于反应瓶中加入水 90 mL，50％的氢氧化钠水溶液 52.8 g（0.66 mol），冷至−15℃，搅拌下滴加溴素 32.5 g（0.20 mol），加完后继续搅拌 1 h。慢慢加入 3-氨甲酰甲基-5-甲基己酸（**2**）24 g（0.13 mol），保持反应体系在−15～−10℃，搅拌 2 h，再室温搅拌反应 1 h，最后于 70℃搅拌反应 2 h。冷却，用叔丁基甲基醚提取一次。水层用盐酸调至 pH1，叔丁基甲基醚提取（50 mL×3）。用 50％的氢氧化钠调至 pH7，析出大量白色固体，室温冷却搅拌 3 h。过滤，水洗，干燥，得白色固体（**1**）15.8 g，收率 77.3％，mp 168.5～170℃。

【用途】　抗神经痛和癫痫辅助药物普瑞巴林（Pregabalin）中间体。

反-4-甲基环己基异氰酸酯

$C_8H_{13}NO$，139.20

【英文名】　*trans*-4-Methylcyclohexyl isocyanate

【性状】　无色透明液体。bp 112～114℃/1.5 kPa。

【制法】　邓勇，沈怡，严忠勤等.中国医药工业杂志，2005，36（3）：138.

反-4-甲基环己基甲酰氯（**3**）：于反应瓶中加入反-4-甲基环己基甲酸（**2**）36 g（0.25 mol），二氯乙烷 180 mL，PCl$_5$ 55.2 g（0.25 mol），于 45℃搅拌反应 3 h。减压蒸出溶剂，剩余物减压蒸馏，收集 116～119℃/1.5 kPa 的馏分，得浅黄色透明液体（**3**）38.6 g，收率 95％。

反-4-甲基环己基甲酰叠氮（**4**）：于反应瓶中加入叠氮钠 7.8 g（0.12 mol），水 35 mL，冷至 0℃以下。搅拌下慢慢滴加由化合物（**3**）16.1 g（0.1 mol）溶于 50 mL 甲苯的溶液，控制滴加速度，保持反应液温度在 5～10℃。加完后保温反应 2 h。静置分层，水层用冷的甲苯 50 mL 提取。合并有机层，无水硫酸钠干燥。过滤，得澄清的浅黄色化合物（**4**）的甲苯溶液，直接用于下一步反应。

反-4-甲基环己基异氰酸酯（**1**）：于反应瓶中加入 50 mL 干燥的甲苯，搅拌下加热至 65℃左右，慢慢滴加上述化合物（**4**）的甲苯溶液，控制反应液温度在 60～70℃，加完后继续反应直至无氮气放出，约需 1 h。蒸出溶剂，剩余物减压蒸馏，收集 112～114℃/1.5 kPa 的馏分，得无色透明液体（**1**）11.1 g，收率 80％。

【用途】　磺酰脲类抗糖尿病药格列美脲（Glimepiride）中间体。

2-(叔丁氧羰基)氨基-3-硝基苯甲酸甲酯

$C_{13}H_{16}N_2O_6$，296.28

【英文名】　Methyl 2-[(*t*-Butoxycarbonyl)amino]-3-nitrobenzoate

【性状】 浅黄色固体。mp 96～97℃（106～107℃）。

【制法】 ①Kubo K，Kohara Y，Imamiya E，et al. J Med Chem，1993，36（15）：2182.②束蓓艳，吴雪松，岑均达.中国医药工业杂志，2010，41（12）：881.

于反应瓶中加入甲苯 10 mL，2-硝基-6-甲氧羰基苯甲酸（**2**）2.3 g（10 mmol），氯化亚砜 1.8 g（15 mmol），2 滴 DMF，搅拌下加热回流 30 min。减压蒸出溶剂，剩余物溶于 10 mL 丙酮中，慢慢滴加至冰冷的叠氮钠 1.0 g（15 mmol）溶于 10 mL 水的溶液中，加完后继续低温反应 1 h。反应混合物用冷水稀释，过滤生成的固体，干燥，得酰基叠氮化合物。将其加入 10 mL 叔丁醇中，搅拌下慢慢加热，而后回流反应 1.5 h。减压蒸出溶剂，剩余物过硅胶柱纯化，乙酸乙酯-己烷（1：5）洗脱，剩余的固体用甲醇重结晶，得浅黄色固体（**1**）1.7 g，收率 57%，mp 96～97℃。

【用途】 高血压症治疗药物阿齐沙坦（Azilsartan）中间体。

1-氨基-7-甲氧基-*β*-咔啉盐酸盐

$$C_{12}H_{11}N_3O \cdot 2HCl，286.16$$

【英文名】 1-Amino-7-methoxy-*β*-carboline hydrochloride

【性状】 黄色固体。mp 258.5℃（分解）。

【制法】 徐广宇，周伊，左高磊，蒋勇军.有机化学，2009，29（10）：1593.

7-甲氧基-*β*-咔啉-1-碳酰肼（**3**）：于反应瓶中加入化合物（**2**）345 mg（1.35 mmol），甲醇 4 mL，溶解后慢慢滴加 80% 的水合肼 1.7 mL，析出白色固体。室温继续搅拌 30 min，冰箱中放置过夜。过滤，少量冷甲醇洗涤，干燥，得白色固体（**3**）324 mg，收率 93.9%，mp 250.4～252.7℃。

7-甲氧基-*β*-咔啉-1-酰基叠氮（**4**）：将化合物（**3**）306 mg（1.19 mmol）悬浮于 40 mL 水中，室温加入浓盐酸 1.7 mL，冷至 0℃，加入亚硝酸钠 94.3 mg（1.37 mmol），保温反应 2 h。将反应物倒入饱和碳酸钠水溶液中，调至 pH10，过滤，水洗，干燥，得淡黄色固体（**4**）313 mg，收率 98.1%，mp 100℃（分解）。

1-氨基-7-甲氧基-*β*-咔啉盐酸盐（**1**）：于反应瓶中加入苯 5 mL，氮气保护，加入化合物（**4**）200.4 mg（0.75 mmol），回流 10 min 后，冷至 50℃，加入 50% 的氢氧化钠水溶液 0.8 mL，回流 30 min。冷却，加入乙酸乙酯 10 mL，过滤，滤饼用乙酸乙酯洗涤，真空干燥。

用乙醇重结晶，得淡黄色粉末（**5**）142.9 mg。将其加入 1 mol/L 的乙醚-HCl 溶液 0.74 mL 中，而后加入 1 mL 甲醇，在接近回流的情况下，慢慢滴加无水乙醚至浑浊，放置后置于冰箱中。过滤，真空干燥，得黄色固体化合物（**1**）152.3 mg，收率 81.3%，mp 258.5℃（分解）。

【用途】 抗肿瘤新药开发中间体。

2-(1-咪唑基)乙胺

$$C_5H_9N_3，111.15$$

【英文名】 2-(1-Imidazolyl) ethanamine
【性状】 浅黄色油状液体。
【制法】 江来恩，邓胜松等. 中国医药工业杂志，2010，41（4）：253.

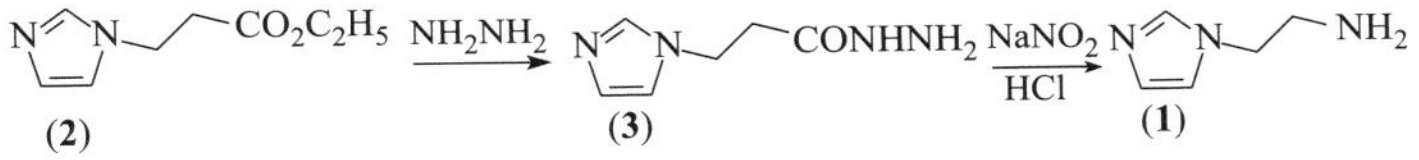

3-(1-咪唑基) 丙酰肼（**3**）：于反应瓶中加入 80% 的水合肼 72.7 mL（1.2 mol），乙醇 80 mL，于 40℃ 慢慢滴加 3-(1-咪唑基) 丙酸乙酯（**2**）67.3 g（0.4 mol）溶于 30 mL 乙醇的溶液，约 30 min 加完。加完后继续搅拌回流 8 h。减压蒸出溶剂，剩余物用二氯甲烷提取（300 mL×3），合并有机层，回收溶剂后过硅胶柱纯化，用二氯甲烷-甲醇（40:3）洗脱，得黄色油状液体（**3**）58.3 g，收率 94.5%。

2-(1-咪唑基) 乙胺（**1**）：于反应瓶中加入化合物（**3**）46.3 g（0.3 mol），水 100 mL，冷却下加入浓盐酸 74.7 mL（0.9 mol）。冰盐浴冷却，慢慢滴加由亚硝酸钠 24.8 g（0.36 mol）溶于 50 mL 水的溶液。加完后继续低温反应 1 h。慢慢加热至 90℃，反应 7 h。冷至室温，用 40% 的氢氧化钠溶液调至 pH9。减压蒸出溶剂，冷却下加入 150 mL 甲醇，冷却，过滤。滤液减压浓缩后过硅胶柱纯化，用二氯甲烷-甲醇（20:3）洗脱，得浅黄色油状液体（**1**）26.5 g，收率 79.5%。

【用途】 具有抑制 γ-分泌酶作用的 N-烷基磺胺类药物等的中间体。

麝香酮

$$C_{16}H_{30}O，238.41$$

【英文名】 Muscone
【性状】 无色油状液体。
【制法】 Mookherjee B D，Trenkle R W and Petll R R. J Org Chem，1971，36 (22)：3266.

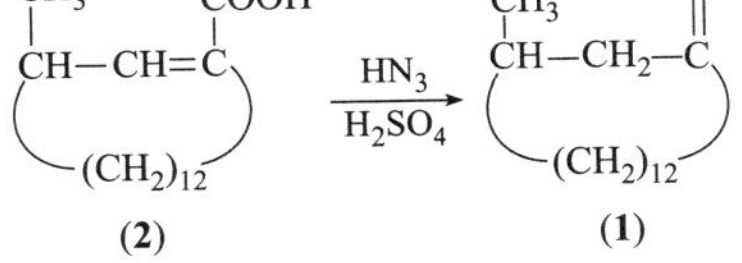

于安有搅拌器、温度计的反应瓶中，加入浓硫酸 5.2 g，于 5℃ 慢慢加入纯的 3-甲基环

十五-1-烯甲酸（**2**）2 g（0.007 mol），约 15 min 加完。再加入氯仿 15 mL，搅拌下加热至 40℃。在此温度下分批加入叠氮钠 0.6 g（0.0095 mol）。加完后继续于 40℃反应 15 min。冷至 5℃，倒入 50 g 碎冰中。将整个反应物转移至水蒸气蒸馏装置中，进行水蒸气蒸馏，收集约 500 mL 的馏出液。馏出液用氯化钠饱和，乙醚提取。乙醚提取液用硫酸钠干燥。蒸出溶剂，得油状物 1.2 g。过硅胶柱纯化（硅胶 80 g），用 2%的乙醚/己烷洗脱，最终得化合物（**1**）1.0 g，收率 58.8%。

【用途】 临床上用于冠心病、心绞痛、血管性头痛、坐骨神经痛、白癜风等的药物麝香酮（Muscone，Musk ketone）的合成中间体。

3-氨基香豆素

$$C_9H_7NO_2，161.16$$

【英文名】 3-Aminocoumarin

【性状】 白色针状或片状固体。mp 133℃。

【制法】 孙一峰，宋化灿，徐晓航等.中山大学学报：自然科学版，2002，41（6）：42.

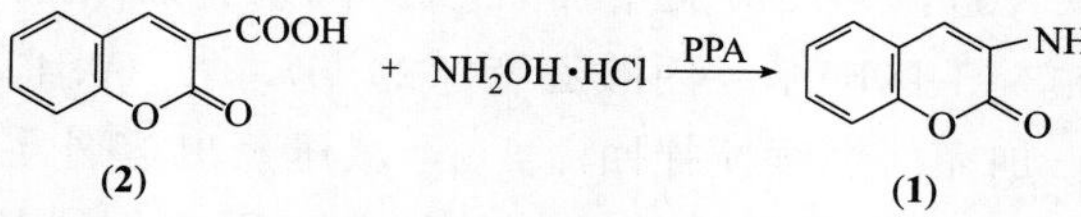

于干燥的反应瓶中，加入香豆素-3-甲酸（**2**）4.0 g（21 mmol），盐酸羟胺 1.6 g（23 mmol），搅拌下加入多聚磷酸 40 g。油浴慢慢加热，当达到 150℃时，有大量二氧化碳气体生成。待气体放出完毕（约 167℃），搅拌下将反应物倒入 200 g 碎冰中水解。抽滤，滤液用 30%的氢氧化钠溶液中和至 pH8，析出浅棕色固体。抽滤，水洗，干燥，得浅棕色固体（**1**）。用乙醇-水（1：2）重结晶，得白色针状或片状固体（**1**）1.7 g，收率 51.5%，mp 133℃。

【用途】 3-氨基香豆素本身具有止痛、镇静、抗菌等功能，为新药开发中间体，药物新生霉素（Novobiocin）、氯新生霉素（Chlorobiocin）分子中含有 3-氨基香豆素结构单元。

N,N'-二苯基脲

$$C_{13}H_{12}N_2O，212.25$$

【英文名】 N,N'-Diphenylurea

【性状】 白色固体。mp 238～240℃。溶于乙醚、冰醋酸，中等程度溶于吡啶，微溶于、丙酮、乙醇、氯仿。

【制法】 Pihuleac J，Bauer L.Synthesis，1989，1：61.

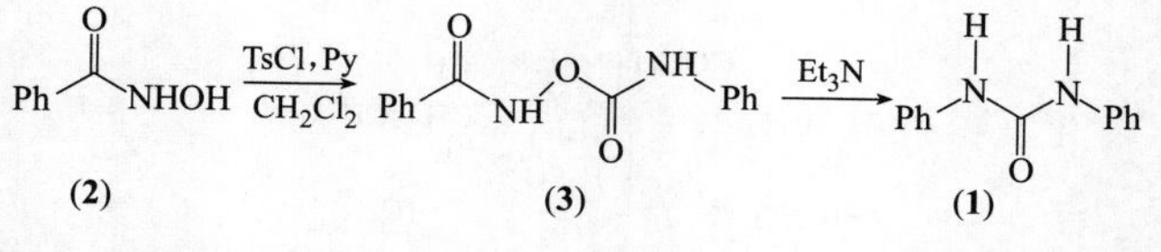

O-苯基氨甲酰基苯甲羟肟酸（**3**）：于反应瓶中加入苯甲羟肟酸（**2**）3.45 g（25 mmol），干燥的二氯甲烷 50 mL，吡啶 3.95 g（50 mmol），搅拌下室温慢慢滴加对甲

苯磺酰氯 4.75 g（25 mmol）溶于 25 mL 二氯甲烷的溶液。加热回流反应 30 min。冷却，加入 75 mL 水稀释，过滤析出的固体，干燥，得无色固体（**3**）2.3 g，收率 72%。mp 181～183℃，而后在 234～237℃重新熔化。

　　N，*N*′二苯基脲（**1**）：于反应瓶中加入干燥的二氯甲烷 20 mL，化合物（**3**）0.58 g（2 mmol），室温下慢慢滴加三乙胺 606 mg（6 mmol）溶于 10 mL 二氯甲烷的溶液。加完后加热回流 30 min。减压蒸出溶剂，剩余物依次用 1 mol/L 盐酸、1 mol/L 的氢氧化钾、水各洗涤 2 次，水中重结晶，得化合物（**1**）0.38 g，收率 94%，mp 238～240℃。

　　【用途】　磺胺类抗菌药物新诺明（Sinomin）中间体。

N-苄氧羰基苯乙胺

$C_{16}H_{17}NO_2$，255.32

【英文名】　*N*-(Benzyloxycarbonyl)phenethylamine

【性状】　无色固体。mp 50～52℃。

【制法】　Stafford J A，Gonzales S S，et al. J Org Chem，1998，63（26）：10040.

　　N-*tert*-丁氧羰基-*O*-甲磺酰基羟胺（**3**）：于反应瓶中加入 *N*-羟基氨基甲酸叔丁酯（**2**）26.6 g（0.2 mol），二氯甲烷 500 mL，冷至 0℃，搅拌下加入吡啶 17.4 g（0.22 mol）。10 min 后，慢慢滴加甲基磺酰氯 25.1 g（0.22 mol）。加完后于 4℃冰箱中放置 3 天。将反应物倒入 200 g 冰水中，分出有机层。有机层依次用水、1 mol/L 的磷酸、饱和盐水洗涤，无水硫酸镁干燥。过滤，减压浓缩，得固体物。用异丙醚-己烷重结晶，得无色固体（**3**）32.6 g，收率 77%，mp 83～85℃。

　　N-叔丁氧羰基-*N*-甲磺酰氧基-3-苯基丙酰胺（**4**）：于反应瓶中加入 3-苯基丙酸 650 mg（5.0 mmol），DMF 10 mL，冷至 0℃，搅拌下加入 *N*-甲基吗啉（NMM）510 mg（5 mmol），搅拌 5 min 后，滴加氯甲酸异丁酯 690 mg（5.1 mmol）。加完后于 0℃搅拌反应 30 min。于另一安有搅拌器的反应瓶中，加入化合物（**3**）1.0 g（0.48 mmol）、DMAP 60 mg（0.5 mmol），3 mL DMF，冷至 0℃。将上面的溶液加入此溶液中，撤去冰浴，室温搅拌反应 16 h。而后加入 50 mL 乙醚和 100 mL 水。分出乙醚层，水层用乙醚提取 3 次。合并乙醚层，依次用水（50 mL×2）、1 mol/L 的磷酸（50 mL）、盐水（50 mL）洗涤。无水硫酸镁干燥，过滤。减压蒸出溶剂，得固体物。用 8∶1 的己烷-乙醚处理。得无色化合物（**4**）1.36 g，收率 82%，mp 85～87℃。

　　N-苄氧羰基苯乙胺（**1**）：于反应瓶中加入化合物（**4**）686 mg（2.0 mmol），乙腈 10 mL，苄基醇 238 mg（2.2 mmol），2,6-二叔丁基吡啶（2,6-DTBP）382 mg（2.0 mmol），三氟醋酸锌 72 mg（0.2 mmol），于 85℃搅拌反应 16 h。冷至室温，加入 50 mL 乙酸乙酯稀释。依次用

水、1 mol/L 的磷酸、饱和盐水洗涤。合并水层，用乙酸乙酯提取 2 次。合并乙酸乙酯层，无水硫酸镁干燥。过滤，减压蒸出溶剂，过柱纯化，用己烷-乙酸乙酯（4∶1）洗脱，得无色固体（1）352 mg，收率 81%，mp 50～52℃。

【用途】 降血糖药盐酸苯乙双胍（Phenformin hydrochloride）中间体。

3-氨基-6-甲氧基-3,4-二氢-2H-苯并吡喃-4-酮盐酸盐

$C_{10}H_{11}NO_3 \cdot HCl$，229.22

【英文名】 3-Amino-6-methoxy-3,4-dihydro-2H-benzopyran-4-one hydrochloride

【性状】 棕黄色固体。

【制法】 蔡进，李铭东，张皎月等. 中国新药杂志，2006，15（12）：987.

CH$_3$O—[苯并吡喃-4-酮] (2) →（NH$_2$OH·HCl / Py，CH$_3$OH）→ CH$_3$O—[=NOH] (3) →（TsCl / Py）→ CH$_3$O—[=N—OTs] (4) →（1. C$_2$H$_5$ONa, Tol；2. HCl）→ CH$_3$O—[苯并吡喃-4-酮-3-NH$_2$·HCl] (1)

6-甲氧基-3,4-二氢-2H-苯并吡喃-4-肟（3）：于反应瓶中加入 6-甲氧基-3,4-二氢-2H-苯并吡喃-4-酮（2）25.3 g（0.142 mol），盐酸羟胺 25.3 g（0.364 mol），甲醇 320 mL，吡啶 30 mL，搅拌下回流反应 4 h。蒸出约 2/3 体积的溶剂后，倒入 500 mL 冰水中，析出浅褐色固体。抽滤，冷水洗涤，干燥，得浅褐色固体（3）25.5 g，收率 93.1%，mp 119～121℃。

6-甲氧基-3,4-二氢-2H-苯并吡喃-4-肟基对甲苯磺酸酯（4）：于反应瓶中加入化合物（3）25.5 g（0.132 mol），对甲苯磺酰氯 69 g（0.362 mol），吡啶 345 mL，于 0℃ 搅拌反应 4 h 后，再室温搅拌反应 2 h。将反应物倒入 550 mL 冰水中，充分搅拌，析出固体。抽滤，冰水洗涤 2 次，干燥，得棕色固体（4）42 g，收率 93.3%，mp 155～156℃。

3-氨基-6-甲氧基-3,4-二氢-2H-苯并吡喃-4-酮盐酸盐（1）：于反应瓶中加入无水乙醇 280 mL，搅拌下分批加入金属钠 11 g。待金属钠完全反应后，冰浴冷却，慢慢滴加由化合物（4）42 g（0.121 mol）溶于 400 mL 甲苯的溶液，加完后于 0℃ 反应 4 h，而后室温反应 2 h，35℃ 反应 30 min。过滤除去固体物，滤液用 10% 的盐酸调至酸性，分出水层。有机层用稀盐酸提取一次，合并水层，乙醚提取 2 次。水层减压浓缩至干，得褐色固体。用 95% 的乙醇重结晶，得棕黄色固体（1）21.9 g，收率 78.9%。

【用途】 多巴胺 D$_3$ 受体选择性激动剂 PD128907 中间体。

3. 由碳至氧的重排反应

2,2-二甲基-1-丙醇

$C_5H_{12}O$，88.15

【英文名】 2,2-Dimethyl-1-propanol，Neopentyl alcohol

【性状】 无色液体。mp 55℃。bp 111～113℃。

【制法】　Joseph Hoffmann. Org Synth，1973，Coll Vol 5：818.

$$(CH_3)_3CCH_2C=CH_2 \xrightarrow{H_2O_2} (CH_3)_3CCH_2\overset{\overset{\displaystyle CH_3}{|}}{\underset{\underset{\displaystyle CH_3}{|}}{C}}-OOH \xrightarrow{H^+} (CH_3)_3CCH_2OH + CH_3COCH_3$$

　　　　　(**2**)　　　　　　　　　　　　　　　　　　　　　　　　　　　　　　　(**1**)

　　于反应瓶中加入 30% 的过氧化氢 800 g，冰浴冷却，搅拌下滴加 800 g 浓硫酸与 310 g 碎冰组成并冷至 10℃ 以下的稀硫酸，控制在 5～10℃ 约 20 min 加完。而后滴加 2,4,4-三甲基戊烯-1（**2**）224.4 g（2.0 mol），5～10 min 加完。撤去冰浴，25℃ 搅拌反应 24 h。分出有机层，冰浴冷却，剧烈搅拌下滴加 70% 的硫酸 500 g，保持内温 15～25℃，约需 67～75 min。加完后于 5～10℃ 搅拌 30 min。静置 1～3 h，分出有机层，倒入 1000 mL 水中，常压蒸馏（可能出现泡沫，此时可停止蒸馏）。馏出液冷后分出有机层，无水硫酸钠干燥，分馏，收集 111～113℃ 的馏分，得化合物（**1**）60～70 g，收率 34%～40%。

　　【用途】　医药、农药、食品添加剂等的合成中间体。

己内酯

C₆H₁₀O₂，114.14

$C_6H_{10}O_2$，114.14

【英文名】　Caprolactone，6-Hexanolactone
【性状】　无色液体。bp 98～99℃，d_4^{20} 1.076，n_D^{20} 1.463。能与水任意混溶。
【制法】　方法 1　Olah G A，Wang Q，et al. Synth，1991：739.

$$\text{(环己酮)} \xrightarrow[\text{F}_3\text{CCOOH}]{\text{NaCO}_4} \text{(内酯)}$$

　　(**2**)　　　　　　(**1**)

　　于反应瓶中加入环己酮（**2**）10 mmol，三氟醋酸 20 mL，冰盐浴冷至 0℃。于 40 min 慢慢加入过碳酸钠 15～20 mmol。慢慢升至室温，搅拌反应 2 h。加入 40 mL 冰水淬灭反应，二氯甲烷提取 3 次，每次 30 mL。合并有机层，10% 的碳酸氢钠溶液洗涤，无水硫酸镁干燥。过滤，减压蒸出溶剂，得化合物（**1**），收率 81%。

　　方法 2　Krow G R. Organic Reactions，1993，43：251.

　　于反应瓶中加入单过氧邻苯二甲酸镁 1.39 g（3.6 mmol），DMF 15 mL，于 20℃ 加入环己酮（**2**）314 mg（3.2 mmol）。搅拌反应 16 h 后，加入二氯甲烷 50 mL，2.0 mol/L 的盐酸 20 mL。分出有机层，用饱和碳酸氢钠水溶液洗涤，无水硫酸钠干燥。蒸出溶剂，得化合物（**1**）204 mg，收率 57%。

　　【用途】　聚合生成聚己内酯，可以制备可控释药物载体、完全可降解塑料手术缝合线等。

苯甲酸苄基酯

$C_{14}H_{12}O_2$，212.25

【英文名】　Benzyl benzoate
【性状】　mp 18～20℃，bp 323℃，难溶于水。
【制法】　Krow G R. Organic Reactions，1993，43：251.

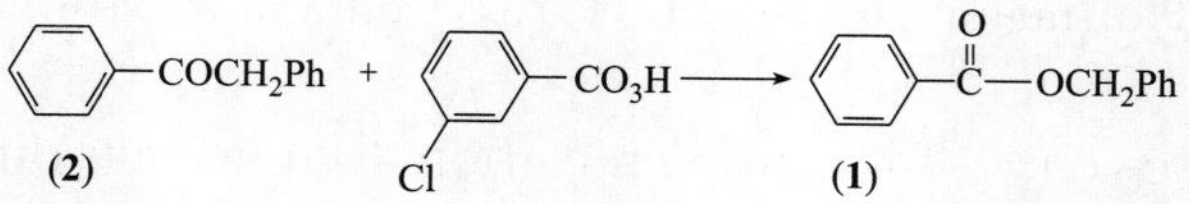

于研钵中加入粉状苯基苄基酮（**2**）和 2 倍（摩尔）量的 85% 的间氯过氧苯甲酸，一起研磨成细粉状。24 h 后，用 20% 的亚硫酸氢钠水溶液分解过量的间氯过氧苯甲酸。乙醚提取，乙醚层依次用 20% 的碳酸氢钠水溶液、水洗涤，无水硫酸钠干燥。过滤，蒸出乙醚。粗品过硅胶柱纯化，用苯-氯仿洗脱，得化合物（**1**），收率 97%。与在氯仿溶液中进行反应 24 h 进行比较，氯仿溶液中的氧化收率为 46%。

【用途】 皮肤科用药-抗感染药，外用治疗疥疮，亦可用于防止虱虫等叮咬。

2-氨基-3-(3,4-二羟基苯基)丙酸

$$C_9H_{11}NO_4，197.19$$

【英文名】 2-Amino-3-(3,4-dihydroxyphenyl)propanoic acid
【性状】 白色固体。mp 278℃（分解）。
【制法】 谢如刚，陈翌清，袁德其，靳洪强. 有机化学，1984，4：297.

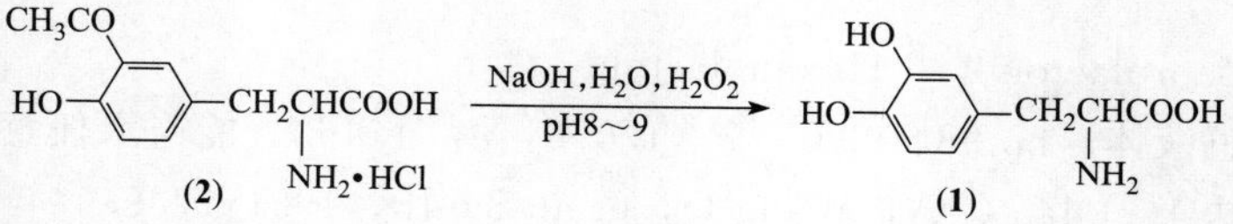

于安有磁力搅拌器、温度计的反应瓶中，加入左旋-3-乙酰基酪氨酸盐酸盐（**2**）770 mg（2.96 mmol），水 3 mL，用 5 mol/L 的氢氧化钠溶液调至 pH8～9，氮气保护，于 35～40℃，慢慢分批加入 6% 的过氧化氢 2.5 mL（4.41 mmol），其间用 5 mol/L 的氢氧化钠溶液随时调节反应液的 pH 保持在 8～9，约 5 h 反应结束。通入二氧化硫气体至 pH5～6，静置析晶。过滤。母液浓缩或过离子交换柱纯化，可以再得到部分产品。合并后用含二氧化硫的蒸馏水重结晶，得化合物（**1**）410 mg，收率 80.9%，mp 278℃（分解）。

【用途】 适用于原发性震颤麻痹症及非药源性震颤麻痹综合征的药物左多巴（Levodopa）的中间体。

二、亲电重排反应

反-环戊-1,2-二甲酸

$$C_7H_{10}O_4，158.15$$

【英文名】 *trans*-Cyclopentane-1,2-dicarboxylic acid
【性状】 白色粉状固体。mp 157～158℃（161～162℃）。
【制法】 鄢明国，黄耀东. 安徽化工，2002，2：22.

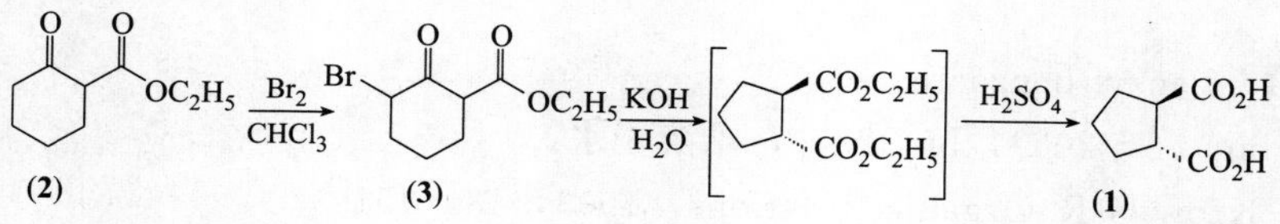

6-溴-环己酮-2-甲酸乙酯（**3**）：于反应瓶中加入环己酮-2-甲酸乙酯（**2**）25.0 g（0.1 mol），氯仿 75 mL，冰浴冷却下慢慢滴加溴 19.2 g（0.12 mol），约 30 min 加完。加完后搅拌反应过夜。向反应瓶中慢慢通入水蒸气，1 h 后将反应物转移至分液漏斗中，依次用饱和碳酸氢钠、食盐水洗涤，无水硫酸钠干燥。蒸出溶剂后减压蒸馏，收集 110～112℃/133 Pa 的馏分，得淡黄色液体（**3**）32.4 g，收率 86%。

反-环戊基-1,2-二甲酸（**1**）：于安有搅拌器、温度计的反应瓶中，加入 100 mL 水，10.0 g 氢氧化钠，溶解后冰盐浴冷却。加入化合物（**3**）30.0 g（0.12 mol），继续搅拌反应 2 h。慢慢加入浓硫酸 100 mL，加热回流反应 8 h。冷至室温，用乙酸乙酯提取 4 次，合并有机层，无水硫酸钠干燥。减压蒸出溶剂，得浅红色固体。用乙酸乙酯重结晶，得白色粉状固体（**1**）13.9 g，收率 73.3%，mp 157～158℃（161～162℃）。

【用途】 降糖药格列齐特（Gliclazide）等的中间体。

3,3-二苯基丙酸乙酯

$$C_{17}H_{18}O_2，254.33$$

【英文名】 Ethyl 3,3-diphenylpropionate

【性状】 无色液体。mp 19～22℃，bp 120～133℃/40 Pa，n_D^{25} 1.4850。不溶于水，溶于乙醇等有机溶剂。

【制法】 Stevens C L and Sherr A E. J Org Chem，1952，17（9）：1228.

于 100 mL 反应瓶中加入 1-氯-1,1-二苯基丙酮（**2**）5.4 g（0.022 mol），40 mL 无水乙醇。而后加入 9.2 mL 新制备的乙醇钠-乙醇溶液（每毫升溶液中含乙醇钠 2.42 mmol）。加入过程中反应放热，并变为棕色。1 min 后用盐酸滴定部分溶液证明反应了 89%。将反应液倒入冰水中，水层用稀盐酸中和。乙醚提取，无水硫酸钠干燥，蒸出溶剂后减压蒸馏，收集 120～133℃/40 Pa 的馏分，得化合物（**1**）4.5 g，收率 85%。mp 19～22℃，n_D^{25} 1.4850。

【用途】 医药合成中间体。

反-环戊基-1,2-二甲酰胺

$$C_7H_{12}N_2O_2，156.18$$

【英文名】 *trans*-Cyclopentane-1,2-dicarboxamide

【性状】 白色固体。mp 318℃。

【制法】 Bischoff C，Schroder K. Journal f Prakt Chemie，1981，323（4）：616.

6-溴-环己酮-2-甲酰胺（**3**）：于反应瓶中加入环己酮-2-甲酰胺（**2**）28.2.0 g（0.2 mol），

氯仿 200 mL，冰浴冷却下慢慢滴加溴 11 mL 溶于 50 mL 氯仿的溶液。保持反应液温度不超过 10℃。加完后搅拌反应 2 h。依次用饱和碳酸氢钠、食盐水洗涤，无水硫酸钠干燥。蒸出溶剂，得化合物（**3**）36.5 g，收率 83%，mp 163℃。

反-环戊基-1,2-二甲酰胺（**1**）：于反应瓶中加入化合物（**3**）8.8 g（0.04 mol），浓氨水 35 mL，搅拌反应。反应结束后过滤，水洗，干燥，得化合物（**1**）5.1 g，收率 81%，mp 318℃。有文献报道 mp 303℃。

【用途】 降糖药格列齐特（Gliclazide）等的中间体。

（±）-2-哌嗪甲酸氢溴酸盐

$$C_5H_{10}N_2O_2 \cdot 2HBr, \ 291.97$$

【英文名】 （±）-2-Piperazinecarboxylic acid dihydrobromide

【性状】 白色固体。mp 280℃（分解）。

【制法】 Merour J Y, Coadau J Y. Tetrahedron Lett，1991，32（22）：2469.

于反应瓶中加入化合物（**2**）2.0 g（7.5 mmol），水 50 mL。搅拌下加热，分批加入八水合氢氧化钡 2.4 g（7.6 mmol），回流反应 6 h。冷却，用硫酸中和至 pH7。于 80℃ 加热反应 1 h。过滤除去硫酸钡，滤液减压浓缩。得到的固体物溶于 48% 的氢溴酸中，加热。冷后得白色固体。过滤，丙酮洗涤，干燥，得化合物（**1**）0.98 g，收率 45%，mp 280℃（分解）。

【用途】 抗癌药吡噻硫酮（Oltipraz）和一线抗结核药物吡嗪酰胺（Pyrazinamide）等药物中间体。

环己基甲酸

$$C_7H_{12}O_2, \ 128.17$$

【英文名】 Cyclohexanecarboxylic acid

【性状】 mp 22～26℃（29℃）。bp 232.5℃。溶于乙醇、乙醚、氯仿等有机溶剂，微溶于水（15℃，0.021 g/100 mL）。

【制法】 Kende A S. Organic Reactions，1960，11：290.

于安有搅拌器、回流冷凝器的反应瓶中，加入碳酸钾 15 g，水 20 mL，2-氯环庚酮（**2**）5.0 g，搅拌下加热回流 6 h。冷却，乙醚提取以除去中性的副产物。水层酸化，乙醚提取。乙醚层干燥后蒸出溶剂，得化合物（**1**）3.0 g，收率 69%，mp 22～26℃（文献值 29℃）。

【用途】 广谱抗吸虫和绦虫药物吡喹酮（Praziquantel）等的中间体。

1-氧基-2,2,5,5-四甲基吡咯啉-3-甲酸甲酯

$C_{10}H_{18}NO_3$，200.26

【英文名】　Methyl 1-oxyl-2,2,5,5-tetramethylpyrrolidine-3-carboxylate
【性状】　黄橙色液体。
【制法】　Mark G，Pecar S. Syth Commun，1995，25（7）：1015.

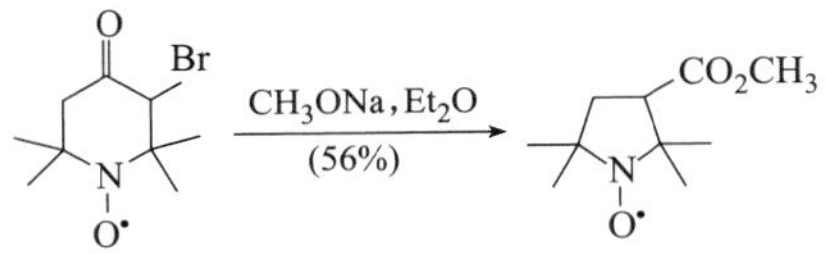

于反应瓶中加入甲醇钠 12 mmol，无水乙醚 50 mL，搅拌下室温滴加化合物（**2**）1.5 g（6 mmol）溶于 30 mL 乙醚的溶液。搅拌反应 5 h，TLC 跟踪直至反应完全。过滤，滤饼用乙醚洗涤。合并乙醚层，饱和盐水洗涤，无水硫酸钠干燥。过滤，浓缩，得黄色油状物，过硅胶柱纯化，以乙醚-已烷洗脱，得黄橙色化合物（**1**），收率 57%。
【用途】　主要用于自由基药物化学研究。

N-甲基-*N*-(2-甲基苄基)-4-甲氧基苄基胺

$C_{17}H_{21}NO$，255.36

【英文名】　*N*-Methyl-*N*-(2-methylbenzyl)-4-methoxybenzylamine
【性状】　油状液体。bp 120℃/24 Pa。
【制法】　Tanaka T，Shirai N，Sato Y. Chem Pharm Bull，1992，40（2）：518.

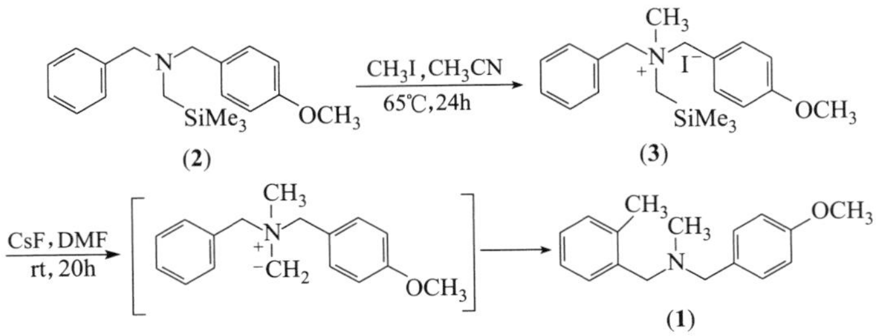

于安有搅拌器、回流冷凝器的反应瓶中，加入化合物（**2**）3 mmol，碘甲烷 27 mmol，乙腈 10 mL，于 63℃搅拌反应 24 h。减压蒸出溶剂和过量的碘甲烷，加入 30 mL 干燥的 DMF。减压蒸出 20 mL DMF 以尽量除尽乙腈。加入 CsF 2.2 g（14 mmol），室温搅拌反应 20 h，将反应物倒入 200 mL 1%的碳酸氢钠溶液中，乙醚提取 4 次，每次 100 mL 乙醚。合并乙醚层，用 1%的碳酸氢钠溶液洗涤 2 次，无水硫酸钠干燥。蒸出乙醚，剩余的油状物溶于 50 mL 乙醚中，用 10%的盐酸提取 3 次，每次 40 mL。合并水层，用 20%的氢氧化钠溶液调至碱性。乙醚提取 4 次，每次 100 mL。合并乙醚层，无水硫酸镁干燥。减压蒸出乙醚，剩余物过氧化铝柱纯化，以已烷-乙醚洗脱，最后得油状液体（**1**），收率 75%。bp 120℃/24 Pa。
【用途】　药物合成中间体。

2-二甲氨基-2-苄基-1-对氟苯基-1-丁酮

$$C_{19}H_{22}FNO, \ 299.39$$

【英文名】 2-Dimethylamino-2-benzyl-1-(p-fluorophenyl)-1-butanone

【性状】 黄色固体。mp 64～65℃。

【制法】 谢川，周荣，彭梦侠等.精细石油化工，1999，3：12.

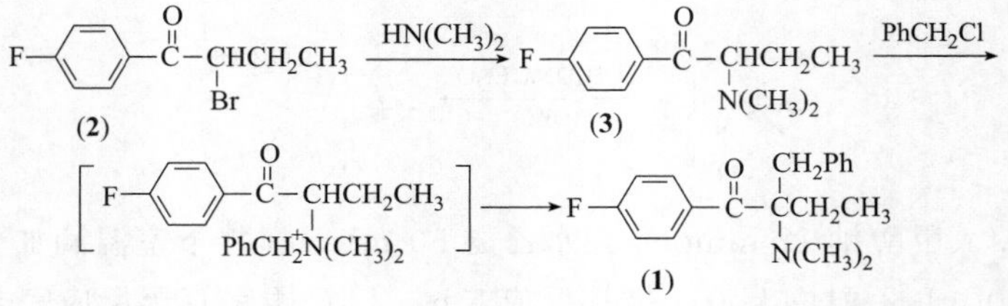

α-二甲氨基对氟苯丁酮（**3**）：于反应瓶中加入含二甲胺 45 g（1 mol）的乙醚溶液，冰水浴冷却下，滴加 α-溴代对氟苯丁酮（**2**）61 g（0.25 mol）。加完后继续搅拌反应至反应完全。通入氮气赶走过量的二甲胺。将反应物倒入水中，分出有机层，水洗至中性，干燥，蒸出乙醚，得红棕色液体。将粗品减压蒸馏，收集 139～141℃/2.34 kPa 的馏分，得淡黄色油状液体化合物（**3**），n_D^{20} 1.5300。

2-二甲氨基-2-苄基-1-对氟苯基-1-丁酮（**1**）：将 8.4 g 化合物（**3**）和适量溶剂加入反应瓶中，搅拌下慢慢滴加苄基氯 6.2 g，而后升温搅拌反应 12 h。蒸出溶剂后，加水升温至 50～70℃，加碱，回流反应 0.5～1 h。有机溶剂提取，水洗，干燥。蒸出溶剂后的膏状物用乙醇重结晶，得黄色固体，收率 93.7%，mp 64～65℃。

【用途】 有机合成、医用材料合成中间体。

邻甲基苄基甲基硫醚

$$C_9H_{12}S, \ 152.25$$

【英文名】 o-Methylbenzyl methyl sulfide

【性状】 淡黄色液体。

【制法】 刘斌，李捷，朱畅蟾.上海师范大学学报，1994，23（2）：156.

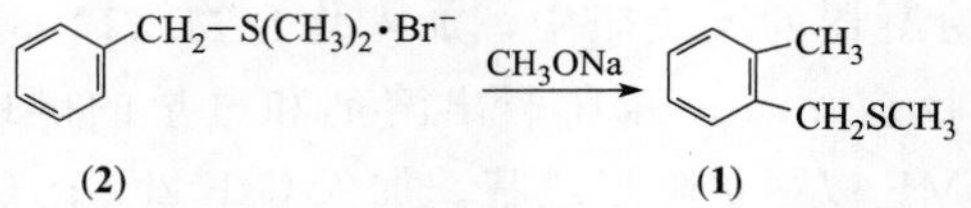

于安有搅拌器、回流冷凝器（安氯化钙干燥管）的反应瓶中，加入无水甲醇 11.2 mL，金属钠 0.635 g（0.027 mol），待金属钠完全反应后，氮气保护下蒸出甲醇。冷至室温，加入无水 DMSO 32 mL，溴化二甲基苄基锍（**2**）5.36 g（0.023 mol），室温搅拌反应 24 h。加入 100 mL 水，用二氯甲烷提取 4 次。合并二氯甲烷层，饱和食盐水洗涤，无水硫酸钠干燥。蒸出溶剂后，剩余物过硅胶柱纯化，用环己烷-乙醚（8：2）洗脱，得淡黄色液体（**1**）3.0 g，收率 85.7%。

【用途】 新药合成中间体。

萘并[2,1-*b*]吖啶-7,14-二酮

$C_{21}H_{11}NO_2$，309.32

【英文名】 Naphtho[1,2-*b*]acridine-7,14-dione

【性状】 浅黄色固体。mp 278～280.5℃。

【制法】 高文涛，张朝花，李阳，姜云.有机化学，2009，29（9）：1423.

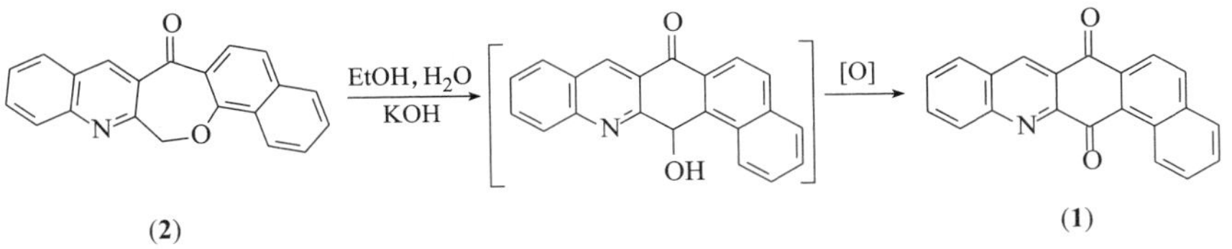

于反应瓶中加入化合物萘并［2′,1′,6,7］氧杂䓬并［3,4-*b*］喹啉-7（14*H*）-酮（**2**）0.099 g（0.3 mmol），再加入由 3.6 g 氢氧化钾溶于 45 mL 60％的乙醇溶液，搅拌下加热回流 1.5 h。冷却，抽滤生成的固体，用冰醋酸重结晶，得浅黄色化合物（**1**），收率 69.9％，mp 278～280.5℃。

【用途】 新药开发中间体。

1-苄基-8-甲基-7-氧杂-1-氮杂螺[4.4]壬烷-6-酮

$C_{15}H_{20}NO_2$，246.33

【英文名】 1-Benzyl-8-methyl-7-oxa-1-azaspiro[4.4]non-6-one

【性状】 无色油状液体。

【制法】 孙默然，卢宏涛，杨华.有机化学，2009，29（10）：1668.

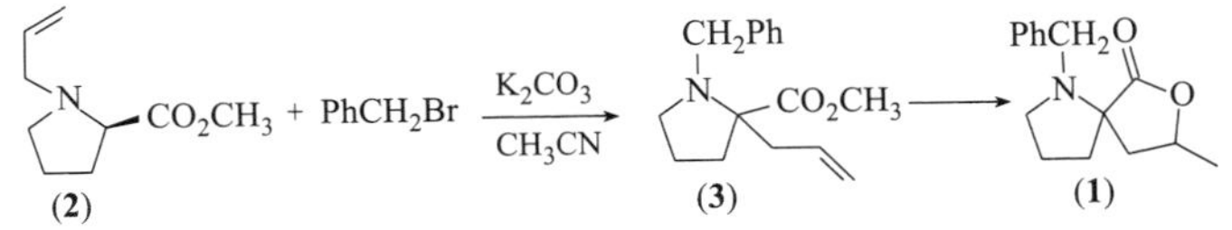

N-苄基-2-烯丙基吡咯烷-2-甲酸甲酯（**3**）：于反应瓶中加入 *N*-烯丙基吡咯烷-2-甲酸甲酯（**2**）10 g（59 mmol），无水碳酸钾 32 g（236 mmol），乙腈 200 mL，室温搅拌下滴加苄基溴 12 g（71 mmol）。加完后室温搅拌反应 12 h。滤去无机盐，减压蒸出乙腈。加入水，用乙酸乙酯提取。有机层用饱和食盐水洗涤，干燥。减压浓缩后过硅胶柱纯化，以石油醚-乙酸乙酯（5:1）洗脱，得无色油状液体（**3**）14 g，收率 92％。

1-苄基-8-甲基-7-氧杂-1-氮杂螺［4.4］壬烷-6-酮（**1**）：于反应瓶中加入化合物（**3**）1.9 g（7.3 mmol），二氯甲烷 10 mL，三氟甲磺酸 5.5 g（36.5 mmol），室温搅拌反应 7 min。加入 100 mL 二氯甲烷，依次用饱和碳酸钠、饱和盐水洗涤，干燥，浓缩。过硅胶柱纯化，以石油醚-乙酸乙酯（4:1）洗脱，得无色油状液体（**1**）1.7 g。收率 95％。

【用途】 抗白血病药物三尖杉碱（Cephalotaxine）等的中间体。

三、芳环上的重排反应

对羟基苯丙酮

$C_9H_{10}O_2$，150.18

【英文名】 *p*-Hydeoxypropiophenone，Paraoxypropiophenone

【性状】 白色粉末。mp 148～150℃。与醇、醚混溶，易溶于沸水，微溶于冷水。

【制法】 ①王立平，李鸿波，梁伍等.中国医药工业杂志，2009，40（12）：885.②王立平，陈凯，刘浪等.浙江化工，2010，（41）1：18.

丙酸苯酯（**3**）：于反应瓶中加入苯酚（**2**）5.4 g（57.4 mmol），三乙胺 7.0 g（69.3 mmol），二氯甲烷 15 mL，室温搅拌下慢慢滴加丙酰氯 6.4 g（69.2 mmol）溶于 15 mL 二氯甲烷的溶液，约 4 h 加完。加完后继续搅拌反应 10 h。将反应物倒入水中，分出有机层，水层用二氯甲烷提取 2 次。合并有机层，水洗至中性，无水硫酸钠干燥。过滤，减压蒸出溶剂，得无色液体（**3**）8.0 g，收率 92.7%，直接用于下一步反应。

对羟基苯丙酮（**1**）：于反应瓶中加入化合物（**3**）7.5 g（50.0 mmol），BF$_3$-H$_2$O 150.5 g（1.8 mol），于 80℃搅拌反应 1 h。冷至室温后倒入冰水中，用二氯甲烷提取（100 mL×2）。合并有机层，依次用 10% 的碳酸钠水溶液和不和盐水各洗涤 2 次，无水硫酸钠干燥。过滤，减压蒸出溶剂，得白色粉末（**1**）7.0 g，mp 148～150℃，收率 93.3%。

【用途】 抗早产药利托君（Ritodrine）等的中间体。

2-羟基-5-甲基苯乙酮

$C_9H_{10}O_2$，150.18

【英文名】 2-Hydroxy-5-methylacetophenone

【性状】 土黄色或白色固体。mp 49℃（文献值 50℃）。

【制法】 李敬芬，孙志忠，佟德成.化学世界，2003，6：312.

乙酸对甲苯酯（**3**）：反应瓶中加入对甲苯酚（**2**）54 g（0.5 mol），醋酸酐 51 g（0.5 mol），磷酸 1 g，搅拌下回流反应 3 h。安上分馏柱，蒸出乙酸 26～28 g。冷却后加入氯仿，用 5% 的氢氧化钠溶液洗涤。水洗后减压分馏，先蒸出氯仿，而后收集 83～84℃/0.8～0.93 kPa 的馏分，得无色液体（**3**）66～69 g，收率 90%～94%。

2-羟基-5-甲基苯乙酮（**1**）：于反应瓶中加入硝基苯 50 mL，无水三氯化铝 44.3 g（0.322 mol），充分搅拌，冷至室温。慢慢滴加化合物（**2**）25 g（0.166 mol）。加完后慢慢升至 70℃，搅拌反应 7 h。慢慢滴加 1:1 的盐酸 100 mL，而后加入 100 mL 水。搅拌至固体溶解，分出油层，水层用乙醚提取。合并有机层，用 10% 的氢氧化钠水溶液提取数次，每次 30 mL。合并水层，用乙醚提取 2 次后，减压蒸出其中少量的乙醚。水层冰浴冷却下用浓盐酸调至酸性，析出固体。抽滤，水洗，干燥，得土黄色化合物（**1**）15 g，收率 60%，mp 49℃（文献值 50℃）。

【用途】 具有多种生物学功能的黄酮类化合物中间体。

4-羟基-2-甲基苯乙酮

$$C_9H_{10}O_2，150.18$$

【英文名】 4-Hydroxy-2-methylacetophenone

【性状】 白色固体。mp 129～131℃。

【制法】 陈芬儿.有机药物合成法.北京：中国医药科技出版社，1999：305.

于干燥反应瓶中加入乙酸间甲苯酚酯（**2**）75 g（0.5 mol）、四氯化碳 150 mL，搅拌下加入无水三氯化铝 66.75 g（0.5 mol），室温搅拌反应 5 h。将反应液倒入含盐酸的冰水中，充分搅拌。分出有机层，水层用四氯化碳提取数次。合并有机层，水洗至 pH7，无水硫酸钠干燥。过滤，滤液减压回收溶剂后，冷却，析出结晶，得粗品（**1**）。用乙醇重结晶，得（**1**）63.8 g，收率 85%，mp 129～131℃。

【用途】 消炎镇痛药甲氯芬那酸（Meclofenamic acid）中间体。

2-羟基-5-异丙基苯乙酮

$$C_{11}H_{14}O_2，178.23$$

【英文名】 2-Hydroxy-5-isopropylacetophenone

【性状】 无色液体。bp 86～90℃/0.12 kPa。

【制法】 陈爱军，韩召耸.应用化工，2010，39（2）：303.

4-异苯基乙酸苯酯（**3**）：于反应瓶中加入对异丙基苯酚（**2**）40.8 g（0.3 mol），醋酸酐 92 g（0.9 mol），搅拌下加热回流反应 1 h。冷却后依次用水、5% 的碳酸氢钠溶液、水洗涤，无水硫酸钠干燥。过滤，减压蒸馏，收集 88～90℃/665 Pa 的馏分，得无色液体化合物（**3**）46.8 g，收率 87.5%。

2-羟基-5-异丙基苯乙酮（**1**）：于反应瓶中加入研细的无水三氯化铝 40.4 g（0.303 mol），二硫化碳 260 mL，搅拌下室温滴加化合物（**3**）42.8 g（0.24 mol）溶于 60 mL 二硫化碳的溶液，加完后继续搅拌反应 2.5 h。回收溶剂后，升温至 150～155℃，搅拌反应 30 min。冷却后加入冰水适量，乙酸乙酯提取。蒸出溶剂后，减压蒸馏，收集 99～

102℃/0.399 kPa 的馏分，得化合物（**1**）35.1 g，收率 82%。

【用途】 支气管哮喘治疗药氨来占诺（Amlexanox）等的中间体。

6-(4-甲氧基苯甲酰基)-7-羟基色满

C$_{17}$H$_{16}$O$_4$，284.31

【英文名】 6-(4-Methoxybenzoyl)-7-hydroxychromane

【性状】 浅黄色固体。mp 148～150℃。

【制法】 王世辉，王岩，朱玉莹等. 中国药物化学杂志，2010，20（5）：342.

7-(4-甲氧基苯甲酰氧基) 色满（**3**）：于反应瓶中加入 7-羟基色满（**2**）6.00 g（40 mmol），二氯甲烷 100 mL，搅拌溶解。再加入吡啶 3.48 g（44 mmol），搅拌下滴加对甲氧基苯甲酰氯 7.48 g（44 mmol）溶于适量二氯甲烷的溶液。加完后室温搅拌反应 3 h，TLC 检测至反应完全。将反应物倒入 100 mL 水中，分出有机层，水层用二氯甲烷提取。合并有机层，依次用 2% 的盐酸、2% 的氢氧化钠、水、饱和盐水洗涤，干燥。减压蒸出溶剂，乙醇中重结晶，得化合物（**3**）10.54 g，收率 92%，mp 92～94℃。

6-(4-甲氧基苯甲酰基)-7-羟基色满（**1**）：于安有磁力搅拌的反应瓶中，加入化合物（**3**）2.84 g（10 mmol），四氯化锡 13.03 g（50 mmol），安上回流冷凝器，搅拌下加热回流 8 h。冷至室温后，将反应物倒入含 10 mL 浓盐酸的 100 g 碎冰中，充分搅拌。过滤析出的黑色固体，乙醇中重结晶，得化合物（**1**）2.32 g，收率 82%，mp 148～150℃。

【用途】 抗肿瘤新药开发中间体。

4-羟基二苯酮

C$_{13}$H$_{10}$O$_2$，198.22

【英文名】 4-Hydroxybenzophenone，4-Hydroxy diphenyl ketone

【性状】 浅黄色结晶。mp 129～133℃。

【制法】 陈芬儿. 有机药物合成法. 北京：中国医药科技出版社，1994：665.

于安有搅拌器、回流冷凝器（连接氯化氢气体吸收装置）的干燥的反应瓶中，加入苯甲酸苯基酯（**2**）306 g（1.55 mol），加热至 70℃ 使其熔化。搅拌下迅速加入无水三氯化铝 245 g（1.84 mol），逸出大量氯化氢气体。于 130℃ 搅拌 15 min。冷却，加入稀盐酸，搅拌，析出黄色固体。抽滤，滤饼水洗至中性，干燥，得粗品（**1**）。用苯重结晶，得浅黄色结晶（**1**）190 g，收率 62％，mp 129～133℃。

【用途】　抗肿瘤药托瑞米芬（Toremifene）等的合成中间体。

4,4′-二羟基二苯酮

C₁₃H₁₀O₃，214.22

C$_{13}$H$_{10}$O$_3$，214.22

【英文名】　4,4′-Dihydroxybenzophenone
【性状】　白色结晶。mp 219～220℃。
【制法】　阮启蒙，伍杰等.中国医药工业杂志，2005，36（4）：197.

于反应瓶中加入化合物（**2**）21.5 g（0.1 mol），无水二硫化碳 200 mL，搅拌下分批加入无水三氯化铝 25 g（0.19 mol），回流反应 8 h。冷至室温，加入 5％的盐酸 200 mL。过滤，滤饼用 20％的碳酸氢钠溶液洗涤，水洗。用乙醇-水（1：4）重结晶，得白色结晶（**1**）18.3 g，收率 85％，mp 219～220℃。

【用途】　抗炎类医药合成中间体。

2-乙酰基-4-丁酰氨基苯酚

C$_{12}$H$_{15}$NO$_3$，221.26

【英文名】　2-Acetyl-4-butylamidophenol
【性状】　浅黄色固体。mp 118～119.5℃。
【制法】　吕德刚，张奎，张雷.应用化工，2006，35（3）：240.

4-丁酰氨基苯酚醋酸酯（**3**）：于反应瓶中加入苯 680 mL，对丁酰氨基苯酚（**2**）60 g（0.34 mol），无水碳酸钾 47 g（0.36 mol），乙酰氯 37.5 g（0.35 mol），搅拌下加热回流反应 4 h。减压蒸出溶剂至干，加入 300 mL 水，析出固体。抽滤，水洗，干燥，得粉红色固体（**3**），用石油醚-乙酸乙酯重结晶，得类白色固体（**3**）65 g，收率 84％，mp 102～103℃（文献值 102～103℃，收率 73％）。

2-乙酰基-4-丁酰氨基苯酚（**1**）：于反应瓶中加入化合物（**3**）30 g（0.14 mol），无水三氯化铝 54.5 g（0.41 mol），氯化钠 27.5 g（0.46 mol），搅拌加热至 120℃，反应体系呈稀糊状，并有酸性气体放出。保温反应约 4 h，至无气体放出时，冷至 60℃，慢慢加入 140 mL 水，剧烈搅拌，冷冻，抽滤，水洗，干燥，得浅黄色固体（**1**）23 g，收率 77％，mp 118～119.5℃。

【用途】　治疗高血压病药物醋丁洛尔（Acebutolol）中间体。

对氨基苯酚

C$_6$H$_7$NO，109.13

【英文名】 4-Aminophenol

【性状】 白色片状结晶。有强还原性。遇光和空气变为灰褐色。mp 186℃（分解）。稍溶于水、乙醇，几乎不溶于苯和氯仿。溶于碱液变褐色。

【制法】 Furniss B S，Hannaford A J，Rogers V，Smith P W G，Tatchell A R. Vogel's Textbook of Practical Organic Chemirtry，Fourth edition，Longman，London and York. 1978：723.

(2)　(3)　(1)

N-羟基苯胺（**3**）：于 2 L 反应瓶中加入氯化铵 25 g，水 800 mL，新蒸馏的硝基苯 50 g（0.41 mol），剧烈搅拌下于 15 min 分批加入纯度 90% 的锌粉 59 g（0.83 mol）。控制加入速度，使反应液温度迅速升至 65℃，并保持在此温度直至将锌粉加完。加完后继续搅拌反应 15 min 以使还原反应完全。减压过滤除去氧化锌，滤饼用 100 mL 热水洗涤。滤液用氯化钠饱和，于冰浴中冷却至少 1 h。过滤析出的结晶，水洗，干燥，得浅黄色粗品（**3**）38 g，其中含有少量的盐。将其溶于乙醚，除去无机盐，得纯品 29 g，收率 66%。若得纯品，可以用苯-石油醚或苯重结晶，mp 81℃。

对氨基苯酚（**1**）：于烧杯中加入 60 g 碎冰，20 mL 浓硫酸，冰浴冷却，慢慢加入化合物（**3**）4.4 g。加完后用 400 mL 水稀释。加热至沸，直至反应结束，可以取少量样品，用重铬酸盐实验，只有醌而无亚硝基苯或硝基苯的气味（约需 10～15 min）。冷却，用碳酸氢钠中和，氯化钠饱和，乙醚提取。乙醚层用无水硫酸镁干燥。蒸出乙醚，得化合物（**1**）4.3 g，收率 98%，mp 186℃。

【用途】 解热止痛药扑热息痛、治疗高脂蛋白血症药物安妥明（Clofibrate）、维生素 B 等的中间体。

2-乙基-4-甲氧基苯胺

C$_9$H$_{13}$NO，151.21

【英文名】 2-Ethyl-4-methoxybenzenamine

【性状】 红褐色固体。

【制法】 郭翔海，刘彦明，司爱华，沈家祥. 石油化工，2008，37（8）：827.

(2)　(1)

于安有搅拌器、温度计、回流冷凝器、通气导管的反应瓶中，加入邻硝基乙苯（**2**）19.0 g，3% 的 Pd-C 催化剂 0.25 g，搅拌下加入经预先处理过的发烟硫酸 17 mL 与 150 mL

甲醇配成的溶液。密闭抽气，以氮气置换空气，再用氢气置换氮气。搅拌下慢慢加热至
50℃，保持氢气压力在 1.2～4.8 kPa，待氢气压力不再变化时表示反应已结束。冷却，滤
出催化剂，加入 250 mL 水，用氨水调至 pH8。乙酸乙酯提取 3 次，每次用 100 mL 乙酸乙
酯。合并乙酸乙酯层，无水硫酸镁干燥后，旋转蒸出溶剂，剩余物为橙红色油状液体，重
17.0 g，经 HPLC 检测，其中含化合物（**1**）61.8 g。取其 2 g 过柱纯化，用乙酸乙酯-石油
醚洗脱，得红褐色化合物（**1**），收率 54.6%（以邻硝基乙苯计）。

【**用途**】　抗肠易激综合征药替加色罗（Tegaserod）等的中间体。

2,6-二氯二苯胺

$C_{12}H_9Cl_2N$，238.12

【**英文名**】　2,6-Dichlorodiphenylamine，*N*-2,6-Dichlorophenylaniline

【**性状**】　浅黄色固体。mp 51～53℃。

【**制法**】　秦丙昌，陈静，朱文举等.化学研究与应用，2009，7：1079.

2,6-二氯苯氧乙酸甲酯（**3**）：于反应瓶中加入 2,6-二氯苯酚（**2**）16.3 g（0.1 mol），
加热溶解后慢慢加入 28% 的甲醇钠-甲醇溶液 21.0 mL（0.1 mol），使生成酚钠盐。加入
氯乙酸甲酯 0.13 mol，改为蒸馏装置，蒸出约 2/3 体积的甲醇，搅拌回流反应（约
120℃）3.5 h。减压蒸出甲醇和过量的氯乙酸甲酯。冷至 60℃ 以下，加入 60 mL 水，充
分搅拌。用碳酸钠溶液调至弱碱性，抽滤，水洗，干燥，得白色化合物（**3**），收率 99%，
mp 55～56℃。

2,6-二氯二苯胺（**1**）：于反应瓶中加入化合物（**3**）23.5 g（0.1 mol），苯胺 0.13 mol，
甲醇钠-甲醇溶液 0.075 mol，于 60℃ 搅拌反应。用 TLC 检测反应的进行情况，直至中间体
（**4**）完全消失（硅胶 GF-254，乙酸乙酯-石油醚为 1：5）。常压蒸出大部分甲醇，加入一定
量的 10% 的氢氧化钠溶液，搅拌回流反应直至 TLC 检测中间体（**5**）完全消失，约需 6～
7 h。趁热将反应液倒入分液漏斗中，分出下层有机层，于 70℃ 用 10% 的盐酸调至 pH1～2。
分出有机层，冷后固化，得浅黄色固体（**1**），收率 91%，mp 51～53℃。

【**用途**】　强效非甾体抗炎解热镇痛药双氯芬酸钠（Diclofenac sodium）的关键中间体。

4,6-二乙酰基-2-丙基-3-乙基氨基苯酚

$C_{15}H_{21}NO_3$，263.34

【**英文名**】　4,6-Diacetyl-2-propyl-3-ethylaminophenol

【性状】 类白色固体。mp 114～116℃。

【制法】 ①韩莹，黄淑云，李兴伟.现代药物与临床，2010，25（2）：142.②陈芬儿.有机药物合成法：第一卷.北京：中国医药科技出版社，1999：440.

于安有搅拌器、回流冷凝器的反应瓶中，加入化合物（2）2.61 g（0.01 mol），N-甲基吡咯烷酮 20 mL，氮气保护，回流反应 1 h。冷至室温，加入 25 mL 乙醇，再加入 5%的 Pd-C 催化剂 0.5 g，于氢气压力 103.4～137.8 kPa 下氢化 2.5 h。过滤，倒入蒸馏水中，析出灰色固体。过滤，乙醇中重结晶，得类白色固体（1）2.35 g，收率 89%，mp 114～116℃。

【用途】 平喘药奈多罗米钠（Nedocromil sodium）中间体。

（S）-N-[2-（7-烯丙氧基-5-溴-6-羟基-2,3-二氢-1H-茚-1-基）乙基]丙酰胺

$C_{17}H_{22}BrNO_2$，352.27

【英文名】 （S）-N-[2-（7-Allyloxy-5-bromo-6-hydroxy-2,3-dihydro-1H-inden-1-yl）ethyl]propionamide

【性状】 mp 85～87℃（己烷-乙酸乙酯）。

【制法】 Uchikawa O，et al. J Med Chem，2002，45（19）：4222.

（S）-N-[2-（6-烯丙氧基-5-溴-2,3-二氢-1H-茚-1-基）乙基]丙酰胺（3）：于反应瓶中加入化合物（2）4.21 g（13.5 mmol），DMF 50 mL，搅拌溶解。冰浴冷却，加入 60%的 NaH 0.648 g，搅拌反应约 30 min。当无氢气放出时，小心加入烯丙基溴 4.90 g（40.5 mmol），于 0℃搅拌反应 1.5 h。慢慢加入几滴盐酸调至微酸性。加入适量乙酸乙酯提取，有机层水洗，无水硫酸钠干燥。过滤，减压浓缩，剩余物过硅胶柱纯化，以己烷-乙酸乙酯（1∶2）洗脱，得化合物（3）4.56 g，收率 96%，mp 86～87℃。

（S）-N-[2-（7-烯丙氧基-5-溴-6-羟基-2,3-二氢-1H-茚-1-基）乙基]丙酰胺（1）：于反应瓶中加入 N,N-二乙基苯胺 30 mL，上述化合物（3）4.12 g（11.7 mmol），氮气保护，搅拌下加热至 200～205℃反应 2.5 h。减压蒸出溶剂，剩余物中加入乙酸乙酯，依次用盐水、水洗涤，无水硫酸钠干燥。过滤，减压浓缩。剩余物过硅胶柱纯化，以己烷-乙酸乙酯（2∶1）洗脱，得化合物（1）3.29 g，收率 89%，mp 85～87℃（己烷-乙酸乙酯）。

【用途】 失眠症治疗药拉米替隆（Ramelteon）中间体。

6-烯丙基-5-羟基脲苷

$$C_{12}H_{16}N_2O_7，300.27$$

【英文名】 6-Allyl-5-hydroxyuridine
【性状】 白色固体。mp 121～125℃。
【制法】 Otter B A，Taube A and Fox J J. J Org Chem，1971，36（9）：1251.

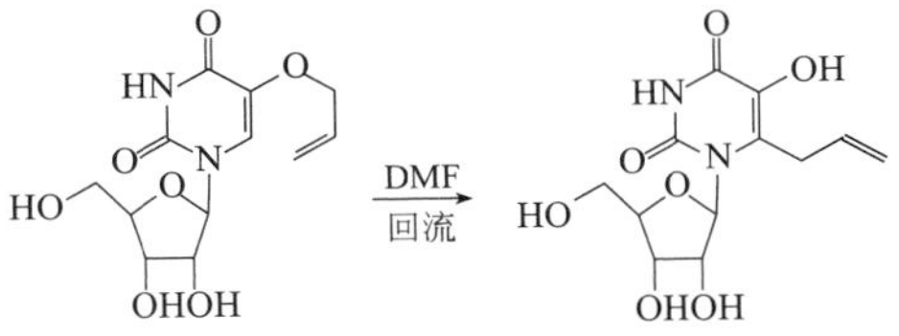

于安有搅拌器、回流冷凝器的反应瓶中，加入 5-烯丙氧基尿苷（**2**）1.85 g，DMF 20 mL，搅拌下加热回流反应 10 min。减压蒸出溶剂，而后加入二甲苯继续减压蒸馏以尽量除去 DMF。得到的浆状物用 85% 的乙醇重结晶，得化合物（**1**）1.5 g，收率 79%，mp 121～125℃。

【用途】 药物合成中间体。

2-烯丙基-1,1-二氧化苯并异噻唑酮

$$C_9H_9NO_3S，211.24$$

【英文名】 2-Allyl-1,1-oxybenzoisothiazolinone
【性状】 无色或浅黄色固体。mp 81～82℃。
【制法】 尹炳柱，王俊学，姜海燕，姜贵吉. 化学通报，1988，5：31.

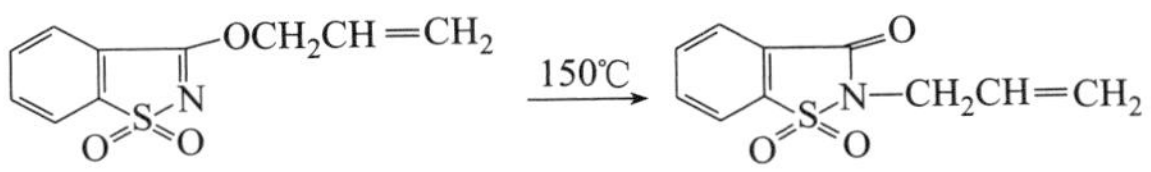

于试管中加入 3-烯丙氧基-1,1-二氧代苯并异噻唑（**2**）1 g，于 200℃加热反应 6 h。其间用 GF$_{254}$ 硅胶板跟踪反应的进程，反应 6 h 时转化率达 100%。冷至室温，用环己烷重结晶，得产品（**1**）。mp 81～82℃。

【用途】 化合物（**2**）为杀菌剂烯丙苯噻唑（Probenazole）原料药。重排产物为新药开发中间体。

D,L-色氨酸

$$C_{11}H_{12}N_2O_2，204.23$$

【英文名】 DL-Tryptophan，2-Amino-3-(3-indolyl)propionic acid
【性状】 白色或类白色结晶粉末。无臭、味甜。微溶于乙醇，极微溶于水。溶于稀酸或稀碱。

【制法】 Furniss B S，Hannaford A J，Rogers V，et al. Vogel's Textbook of Practical Chemistry. Longman London and New York. Fourth edition，1978：556.

$$CH_3CONHCH(CO_2C_2H_5)_2 \xrightarrow[C_2H_5ONa]{CH_2=CHCHO} \underset{(3)}{CH_3CONHC(COOC_2H_5)_2 \atop CH_2CH_2CHO} \xrightarrow{C_6H_5NHNH_2}$$

$$\underset{(4)}{CH_3CONHC(COOC_2H_5)_2 \atop CH_2CH_2CH=NNHC_6H_5} \xrightarrow{H_3O^+} (5) \xrightarrow[2.H_3O^+]{1.HO^-}$$

(5) 结构: CH_2C(COOC_2H_5)_2 / NHCOCH_3 连接吲哚环

$$(6) \xrightarrow[2.H_3O^+]{1.HO^-} (1)$$

(6): 吲哚环-CH_2CHCOOH / NHCOCH_3

(1): 吲哚环-CH_2CHCOOH / NH_2

4-乙酰氨基-4,4-二乙氧羰基丁醛苯腙（**4**）：（注意一定要在通风橱中进行）于安有搅拌器、温度计、滴液漏斗的反应瓶中，加入乙酰氨基丙二酸二乙酯（**2**）43.5 g（0.2 mol），苯 70 mL，水浴冷却，搅拌下加入浓的乙醇钠的乙醇溶液 0.5 mL。慢慢滴加丙烯醛 12 g（0.215 mol）与 14 mL 苯配成的溶液。控制滴加速度，不要使内温高于 35℃。加完后继续搅拌反应 2 h，过滤，得化合物（**3**）的溶液。加入 5 mL 冰醋酸，而后加入新蒸馏的苯肼 24 g（0.22 mol），温热至 50℃，生成橙色溶液，室温放置 2 天。滤出生成的沉淀，用苯洗涤两次，干燥，得化合物（**5**）50 g，mp 141℃，收率 69%。若收率较低，可将母液再放置 2 天，可得到部分产品。

（3-吲哚甲基）-乙酰氨基丙二酸二乙酯（**5**）：于反应瓶中加入水 300 mL，浓硫酸 14 mL，化合物（**4**）47 g（0.13 mol）。搅拌下加热回流 4.5 h，悬浮的固体物变成液体，而后固化。冷却，过滤。加水研细后过滤。用水-乙醇（1∶1）重结晶，得化合物（**5**）32 g，mp 143℃，固化后再测定，mp 159℃，收率 71%。

D,L-色氨酸（**1**）：于反应瓶中加入水 180 mL，氢氧化钠 18 g（0.45 mol），化合物（**5**）31 g（0.09 mol），搅拌下回流反应 4 h。活性炭脱色，过滤。滤液冰盐浴冷却，慢慢加入浓盐酸 55 mL 酸化，酸化时温度不要高于 20℃。于 0℃冷却 4 h，滤出生成的固体。将固体物加入 130 mL 水，回流反应 3 h，脱羧并有一些乙酰基色氨酸生成。再加入由 16 g 氢氧化钠溶于 30 mL 水配成的溶液，继续回流反应 20 h。加入活性炭 1 g 脱色，过滤，滤液冷却。加入 24 g 冰醋酸酸化，将其于 0℃冷却 5 h。抽滤生成的色氨酸。将其溶于含有 5 g 氢氧化钠的 300 mL 水中，加热至 70℃，用 100 mL 70℃的乙醇稀释，滤去生成的少量沉淀。用 7.5 mL 冰醋酸酸化，慢慢冷却。析晶完全后抽滤，依次用冷水、乙醇、乙醚洗涤两次，干燥，得无色片状 D,L-色氨酸（**1**）15 g，mp 283～284℃（分解），收率 82%。

【用途】 色氨酸为营养增补剂，是人体的必需氨基酸之一，用于孕妇营养补剂和乳幼儿特殊奶粉，用作烟酸缺乏症（糙皮病）治疗药等。

佐米曲坦

$C_{16}H_{21}N_3O_2$，287.36

【英文名】 Zolmitriptan

【性状】 类白色固体。mp 139～140.5℃。

【制法】 符乃光，陈平. 化学试剂，2008，30（11）：865.

于反应瓶中加入 200 mL 蒸馏水，150 mL 浓盐酸，（S）-4-(4-氨基苄基)噁唑烷-2-酮（**2**）96 g（0.5 mol），冰盐浴冷至 0℃，搅拌下慢慢滴加由亚硝酸钠 34.5 g（0.5 mol）溶于 115 mL 水的溶液，控制滴加速度，保持反应液温度在 5℃ 以下。加完后继续低温搅拌反应 30 min，得重氮盐溶液，暂时低温保存备用。

于反应瓶中加入浓盐酸 850 mL，二水合氯化亚锡 282.5 g（1.25 mol），搅拌溶解，生成透明溶液。冷至 0℃，慢慢滴加上述重氮盐溶液，控制反应液温度不超过 5℃。加完后慢慢升至室温，继续搅拌反应 2 h，生成化合物（**3**）的盐酸盐溶液。用 25% 的碳酸钾水溶液中和至 pH3～4，氮气保护下慢慢滴加 4,4-二乙氧基-N,N-二甲基丁胺 94.7 g（0.5 mol）。加完后慢慢升至 85～90℃，搅拌反应 5 h。冷至室温，用 10% 的氢氧化钠溶液调至 pH8～9，乙酸乙酯提取（200 mL×3）。合并乙酸乙酯层，水洗 2 次，无水硫酸钠干燥。减压蒸出溶剂，得浅黄色油状物。加入 150 mL 石油醚，于 0℃ 放置 5～6 h。抽滤生成的固体，用乙酸乙酯-异丙醇（9:1）重结晶，得类白色固体（**1**）65 g，收率 45.3%，mp 139～140.5℃。

【用途】 偏头痛病治疗药佐米曲坦（Zolmitriptan）原料药。

2,5-二甲基吲哚

$C_{10}H_{11}N$，145.20

【英文名】 2,5-Dimethylindole
【性状】 白色片状结晶。
【制法】 徐小军，尤庆亮，余朋高等. 化学与生物工程，2013，30（4）：59.

丙酮对甲基苯腙（**3**）：于反应瓶中加入 4-甲基苯肼盐酸盐（**2**）40 g（0.25 mol），水 40 mL，搅拌溶解。于 35℃ 滴加 2 mol/L 的氢氧化钠溶液约 110 mL，调至 pH8～9，抽滤，真空干燥，得灰黄色粉末 4-甲基苯肼 25.6 g。将其置于反应瓶中，加入 30 mL 甲苯，搅拌下滴加丙酮 15.1 g（0.26 mol），约 1 h 加完。反应液成红棕色。安上分水器，补充部分甲苯，回流脱水 4 h。减压蒸馏至干，得化合物（**3**）粗品 30.6 g，直接用于下一步反应。

2,5-二甲基吲哚（**1**）：于反应瓶中加入上述化合物（**3**）30.6 g，联苯醚 20 mL，无水氯化锌 10 g，油浴加热至 130℃。随着反应的进行，有白色气体生成，温度持续上升。当反应温度慢慢下降时，停止反应。冷却后用石油醚-丁醇混合液加热提取，倒出上层液体，冷却后析出固体。冷却，过滤，干燥，得淡黄色固体（**1**）19.6 g，收率64.4%（以4-甲基苯肼计），mp 112～114℃。乙醇-水中重结晶后得白色片状结晶。

【用途】 医药、农药、生物碱等的合成中间体。

6-(2-甲基-5-磺酸基-1*H*-吲哚-3-基)己酸

$C_{15}H_{19}NO_5S$，325.38

【英文名】 6-(2-Methyl-5-sulfo-1*H*-indol-3-yl)hexanoic acid
【性状】 浅褐色油状液体。
【制法】 孙彦伟，马军营，孙超伟等.河北科技大学学报，2010，31（3）：93.

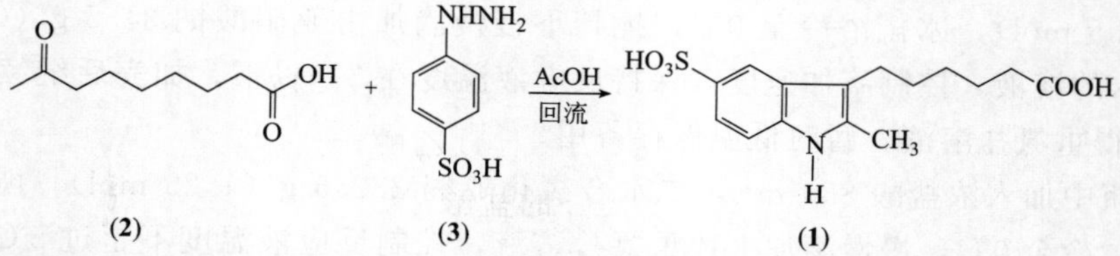

于安有搅拌、回流冷凝器的反应瓶中，加入9 mL冰醋酸，4-肼基苯磺酸（**3**）0.75 g（4 mmol），8-氧代壬酸（**2**）0.69 g（4 mmol），搅拌下加热回流反应5 h。TLC检测，反应结束后减压蒸出溶剂。剩余物过硅胶柱纯化，用氯仿-甲醇（4∶1）洗脱，得浅褐色油状液体（**1**）1.17 g，收率90%。

【用途】 新药开发中间体。

吲哚[2,3-*b*]环辛烷

$C_{14}H_{17}N$，199.31

【英文名】 Indole[2,3-*b*]cyclooctane
【性状】 白色或浅黄色结晶。mp 75～77℃。不溶于水。
【制法】 孙昌俊，曹晓冉，王秀菊.药物合成反应——理论与实践.北京：化学工业出版社，2007：452.

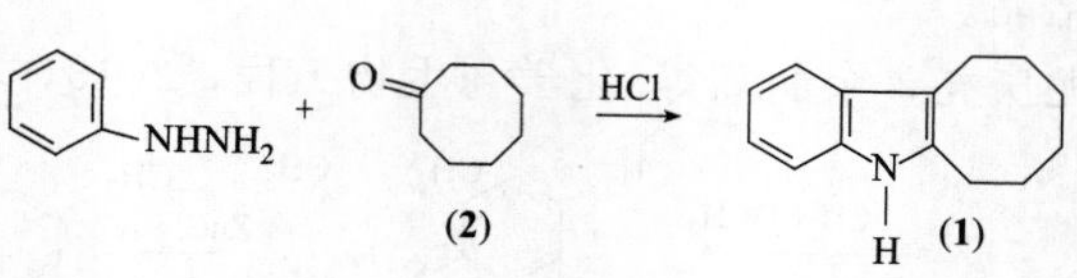

于反应瓶中加入水80 mL，浓盐酸27.4 mL，加热至回流，搅拌下滴加苯肼17.2 g（0.16 mol），加完后，内温100℃滴加环辛酮（**2**）20 g（0.159 mol），约40 min加完，而后继续反应4 h。反应结束后，倒入400 mL冰水中，剧烈搅拌，使黏稠物分散为颗粒状。抽滤，水洗。乙醇中重结晶，得（**1**）25 g，收率70%，mp 73～75℃。

【用途】 抗抑郁药丙辛吲哚盐酸盐（Iprindole hydrochloride）中间体。

5-(2,6-二氯苄氧基)-1*H*-吲哚-2-羧酸乙酯

$C_{17}H_{13}Cl_2NO_3$，350.20

【英文名】 Ethyl 5-(2,6-dichlorobenzyloxyl)-1*H*-indole-2-carboxylate，2-Ethoxycarbonyl-5-(2,6-dichlorobenzyloxyl) indole

【性状】 固体。不溶于水，溶于乙醇、乙酸乙酯。

【制法】 张学辉，李行舟，于红，李松.中国药物化学杂志，2006，16（4）：236.

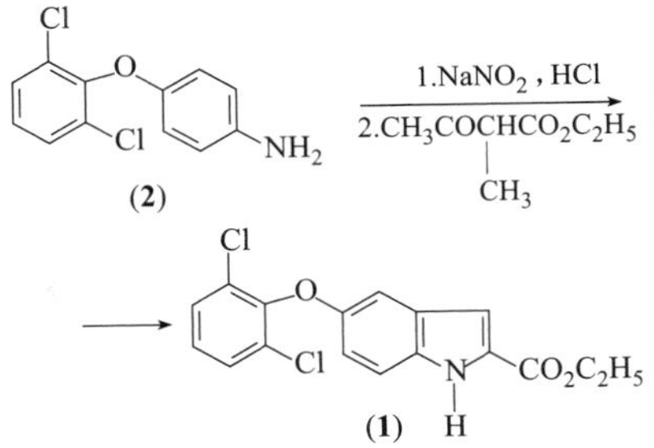

（E）-2-[2-[4-(2,6-二氯苄氧基)苯基]腙基]丙酸乙酯（**3**）：于反应瓶中加入 4-(2,6-二氯苯氧基）苯胺（**2**）6.38 g（23.8 mmol），10 mL 乙醇，加热溶解。冷却，加入冰水混合物，冰盐浴冷却。剧烈搅拌下加入 4 mol/L 的盐酸 18.6 mL，生成泥浆状物。慢慢滴加由亚硝酸钠 1.47 g 溶于 5 mL 水的溶液，反应放热，控制滴加速度，保持反应体系在 0℃ 以下。加完后继续搅拌反应 1 h。迅速过滤，滤液冰浴中保存备用。

另于 150 mL 反应瓶中，加入 2-甲基乙酰乙酸乙酯 3.20 g（22 mol），30 mL 乙醇，而后加入醋酸钠 16.4 g 和溶有 0.5 g 氢氧化钾的 2 mL 水溶液，搅拌几分钟后，加入冰，置于冰盐浴中。搅拌下加入上述重氮盐溶液，有红色油状液体生成。室温搅拌反应 2 h。二氯甲烷提取，无水硫酸钠干燥。蒸出溶剂，得粗品（**3**）。过硅胶柱纯化，石油醚-乙酸乙酯（6：1）洗脱，得红色固体（**3**）3.99 g，收率 44%。

5-(2,6-二氯苄氧基）1H-吲哚-2-羧酸乙酯（**1**）：于安有搅拌器、回流冷凝器（安氯化钙干燥管）的反应瓶中，加入化合物（**3**）3.99 g（12.6 mmol），20 mL 无水乙醇，回流溶解。通入干燥的氯化氢气体，反应放热，前 20 min 剧烈回流。继续通入氯化氢气体 1 h。减压蒸出溶剂，加入水，析出固体。过滤，水洗，干燥，得粗品（**1**）。过硅胶柱纯化，石油醚-乙酸乙酯（7：1）洗脱，得化合物（**1**）2.01 g，收率 53%。

【用途】 脂肪酸缩合酶抑制剂新药开发中间体。

2-甲基色胺

$C_{11}H_{14}N_2$，174.25

【英文名】 2-Methyltryptamine

【性状】 棕红色黏稠物。

【制法】 刘倩，江键安，冀亚飞.中国医药工业杂志，2011，42（10）：725.

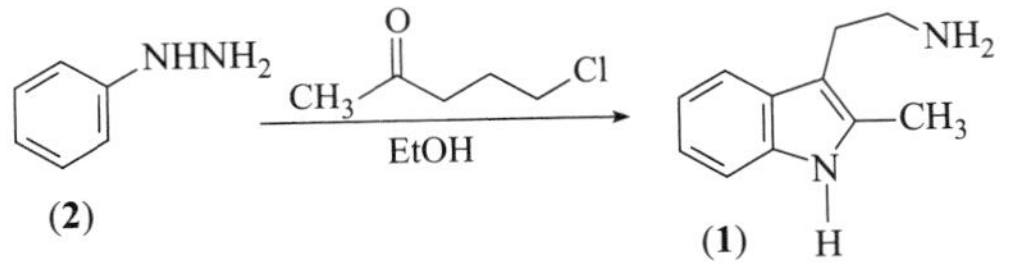

于反应瓶中加入苯肼（**2**）9.9 mL（100 mmol），无水乙醇 60 mL，4A 分子筛 2 g，搅

拌下加热至 35℃，慢慢滴加 5-氯-2-戊酮 12.5 mL（105 mmol），滴加过程中保持反应液在 35～40℃。加完后于 40℃继续反应 30 min。再加入 90 mL 乙醇，慢慢升至回流温度，并回流反应 2 h。冷至室温，过滤，减压浓缩至干。加入 140 mL 水，用乙酸乙酯洗涤 3 次。再加入甲苯 50 mL 和饱和碳酸氢钠 20 mL，搅拌后弃去甲苯层。水层中加入甲苯 150 mL，搅拌下滴加 40%的氢氧化钠溶液 10 mL，静止分层。分出有机层，用饱和氯化钠溶液洗涤 2 次后加热至 65～70℃，加入硅藻土 0.5 g，活性炭 0.5 g，搅拌 25 min。过滤，滤液减压浓缩，得棕红色黏稠物（**1**）12.1 g，收率 69.5%。

【用途】 抗癌药帕比司他（Panobinostat）中间体。

4,4′-二氨基联苯-2,2′-二磺酸

$C_{12}H_{12}N_2O_6S_2$，344.36

【英文名】 4,4′-Diaminobiphenyl-2,2′-disulfonic acid
【性状】 mp＞300℃。
【制法】 杨秉勤，郭媛，王云侠.应用化学，2002，19(11)：1118.

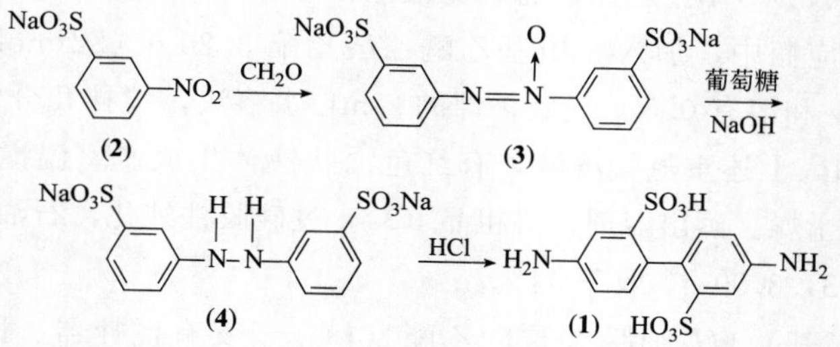

于反应瓶中加入间硝基苯磺酸钠（**2**）27 g，37%的甲醛水溶液 14 mL，2,3-二氯-1,4-苯醌 0.3 g，30 mL 水，搅拌下于 50～55℃滴加 48%的氢氧化钠溶液 30 g，约 30 min 加完。加完后于 50～60℃搅拌反应 30 min，再于 80～90℃搅拌反应 1 h，得化合物（**3**）的碱性水溶液。

加入 30%的氢氧化钠水溶液 30 g，于 50℃分批加入葡萄糖 24 g，搅拌 10 min，再升至 95℃搅拌反应 5 h，得化合物（**4**）的水溶液。冷至室温，用稀盐酸调至中性，再加入 30 mL 浓盐酸，充分搅拌后放置 10 h。过滤析出的棱柱形结晶，水洗，干燥，得化合物（**1**）14.1 g，总收率 81.5%，mp＞300℃。

【用途】 抗病毒、抗免疫缺乏、抗癌等新药中间体。

3,3′,5,5′-四甲基联苯胺

$C_{16}H_{20}N_2$，240.35

【英文名】 3,3′,5,5′-Tetramethylbenzidine
【性状】 微褐色针状结晶。mp 168～169℃。
【制法】 ①王琳，李政，李清民等.白求恩医科大学学报，1992，18（4）：329. ②Holland V R，et al. Tetrahedron，1974，30：3299.

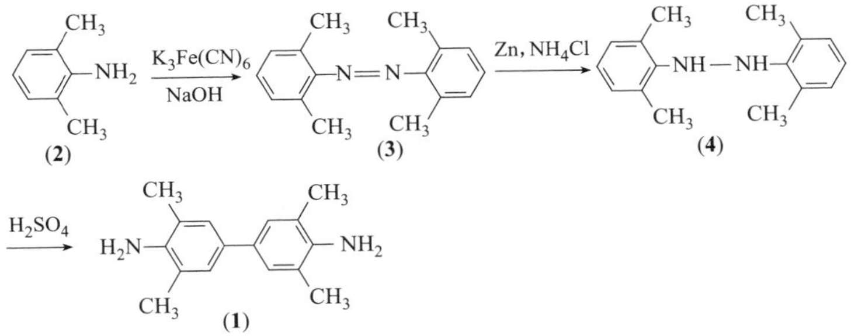

2,2′,6,6′-四甲基偶氮苯（**3**）：于 2 L 烧杯中加入铁氰化钾 90.0 g，12.75 g 氢氧化钠固体，45 mL 蒸馏水。于另一烧杯中加入 2,6-二甲苯胺（**2**）6.0 g，再加入 125 mL 1 mol/L 的盐酸，摇匀。将上述两种溶液分别加热至 95～96℃，搅拌下将两种溶液混合，反应剧烈进行，并在液面上形成黑红色焦油状物。加完后继续搅拌反应 5 min。冷却后乙醚提取 4 次。合并乙醚层，用 4 mol/L 的盐酸提取 4 次。弃去水层，乙醚层过滤。滤渣研细后用乙醚浸取，合并乙醚层。水洗 4 次，无水硫酸钠干燥。过滤，减压蒸出乙醚，得暗红色黏稠液体。过硅胶柱纯化，用氯仿-石油醚（1:4）洗脱，得深红色针状结晶（**3**）0.9 g。

2,2′,6,6′-四甲基氢化偶氮苯（**4**）：于安有磁力搅拌器、回流冷凝器的反应瓶中，加入化合物（**3**）0.55 g，乙醚 75 mL，水 75 mL，95％的乙酸 10 mL，氯化铵 3.5 g，90％的锌粉 7.5 g，剧烈搅拌直至颜色褪去。过滤，分出有机层，水层用乙醚提取。合并乙醚层，密闭备用，得化合物（**4**）的乙醚溶液，直接用于下一步反应。

3,3′,5,5′-四甲基联苯胺（**1**）：上述化合物（**4**）的乙醚溶液，冷却下慢慢加入 6 mol/L 的硫酸 75 mL，充分搅拌，析出白色粉末，加完后继续搅拌反应 5 min，使析出完全。抽滤，乙醚洗涤，再用少量乙醇洗涤，得硫酸盐。将其加入 250 mL 乙醚和 250 mL 水中，用氢氧化钠溶液中和至固体完全溶解。分出有机层，水层用乙醚提取。合并乙醚层，无水硫酸钠干燥。蒸出乙醚，得淡褐色粉状结晶。无水乙醇中重结晶，得微褐色针状结晶（**1**），mp 168～169℃。

【用途】 临床化验用试剂。

2,2′-二氨基-1,1′-联萘

$C_{20}H_{16}N_2$，284.36

【英文名】 2,2′-Diamino-1,1′-binaphthyl

【性状】 白色结晶，mp 186～188℃。

【制法】 方法 1 Shine H J，et al. J Am Chem Soc，1985，107（11）：3218.

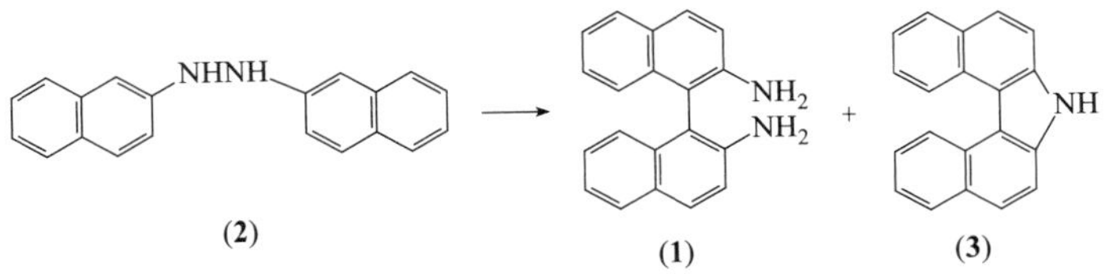

于安有搅拌器、温度计、通气导管的反应瓶中，加入 2,2′-氢化偶氮萘（**2**）1.136 g（0.004 mol），70％的二氧六环水溶液 500 mL，冷至 0℃。另外由高氯酸锂 21.2 g（0.199 mol），71％的高氯酸 0.142 g（0.001 mol）和 500 mL 70％的二氧六环水溶液混合，

配制成溶液，并冷却至 0℃。冰浴冷却，剧烈搅拌下将两种溶液迅速混合，通入无氧氮气。几分钟后，抽出 200 mL，于反应溶液氮气保护下于 0℃反应 24 h 可以 100% 的转化。反应瓶中的溶液反应一定时间后，由于转化率低，加入 40% 的氢氧化钠溶液调至碱性以淬灭反应。碱性溶液中的未反应的化合物（**2**），鼓泡通入氧气进行氧化 4～5 h，生成化合物（**3**）。根据分离的产物计算转化率。

将上述氧化溶液于室温下旋转浓缩至干，剩余物用苯提取。苯溶液用 10% 的盐酸提取，水层用氨水中和，过滤，水洗，干燥，得粗品化合物（**1**），mp 190～191℃。苯层室温浓缩至干，剩余物溶于最少量的 95% 的热乙醇中，冷却，过滤，得化合物（**3**）。乙醇母液浓缩至干，得暗棕色固体。将此固体溶于乙醚，滤去不溶物，乙醚溶液浓缩至干，剩余物为（**1**）与（**3**）的混合物，通过柱层析可以分离，化合物（**3**）mp 153～155℃。总收率 97%～99%。

方法 2　谭端明，吴建安，汪波，许遵宁.有机化学，2001，21（1）：64.

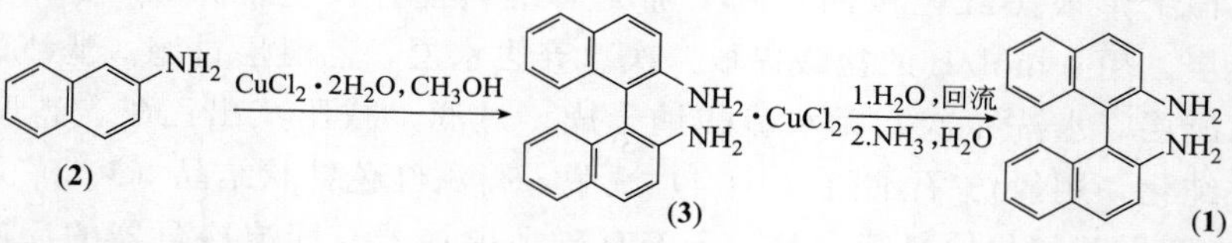

于反应瓶中加入 2-萘胺（**2**）10.0 g（70 mmol），甲醇 250 mL，搅拌溶解。加入由 $CuCl_2 \cdot 2H_2O$ 17.9 g（105 mmol）溶于 100 mL 甲醇的溶液。很快生成棕黑色结晶沉淀，继续搅拌反应 10 min，室温放置 24 h。抽滤，甲醇洗涤，于 100℃以下干燥，得化合物（**3**）8.8 g。

将化合物（**3**）加入水中，搅拌下煮沸 30 min，过滤。将固体物加入氨水中，于 50℃反应 10 min，保持 pH12 以上，黑色物质逐渐变为灰色。冷却，抽滤，干燥，得灰色固体（**1**）5.5 g，收率 56%。用苯重结晶，活性炭脱色，得白色结晶，mp 186～188℃。文献值 193～194℃。

【用途】　合成具有 C2 对称因素的手性试剂和手性催化剂的重要前体。

四、其他重排反应

5,7-二羟基黄酮(白杨素)

$$C_{15}H_{10}O_4,\ 254.24$$

【英文名】　5,7-Dihydroxyflavone

【性状】　浅黄色粉末。mp 275～277℃。

【制法】　方法 1　张小清，史娟，薛东，张尊听.西北大学学报：自然科学版，2006，36（4）：575.

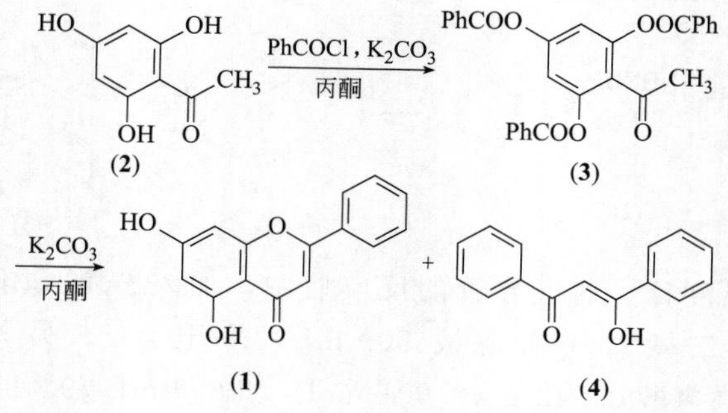

2,4,6-三苯甲酰氧基苯乙酮（**3**）：于安有磁力搅拌器、回流冷凝器的反应瓶中，加入2,4,6-三羟基苯乙酮（**2**）1.0 g，无水碳酸钾3.0 g。无水丙酮50 mL，搅拌下滴加苯甲酰氯5 mL。加完后回流反应30 min。冷后过滤，丙酮洗涤。合并滤液和洗涤液，减压蒸出丙酮，剩余物用乙醇重结晶，得白色固体（**3**）2.3 g，收率80.5%，mp 195～197℃。

5,7-二羟基黄酮（**1**）：取化合物（**3**）1.0 g，无水碳酸钾3.0 g，50 mL无水丙酮，搅拌回流反应4 h。冷至室温，过滤，丙酮洗涤。减压蒸出丙酮，得黄色沉淀。乙醇中重结晶，得浅黄色粉末（**1**）0.18 g，收率33.5%。mp 275～277℃。

母液减压蒸馏，剩余物用95%的乙醇重结晶，得橙色片状结晶（**4**）0.19 g，收率40.1%。mp 76～80℃。

方法2　任杰，程虹，王炜，胡昆. 中国药科大学学报，2011，42（3）：206.

2-羟基-4,6-二甲氧基苯乙酮（**3**）：于100 mL反应瓶中依次加入2,4,6-三羟基苯乙酮（**2**）1.68 g（0.01 mol），碳酸钾3.03 g（0.02 mol），丙酮30 mL。搅拌下慢慢加入硫酸二甲酯2 mL（0.02 mol），室温搅拌反应4 h。加入100 mL水，使碳酸钾完全溶解。搅拌后静置，慢慢析出固体。过滤，干燥，无水乙醇重结晶，得白色固体（**3**），收率90%。

2-乙酰基-3,5-二甲氧基苯基苯甲酸酯（**4**）：于100 mL反应瓶中依次加入化合物（**3**）392 mg（2 mmol），苯甲酰氯552 mg（2.4 mmol），碳酸钾414 mg（3 mmol），丙酮15 mL，氮气保护下室温搅拌反应8 h。加入100 mL冰水，使碳酸钾完全溶解，搅拌后静置。过滤，无水乙醇重结晶，得白色固体（**4**），收率84%。

1-(2-羟基-4,6-二甲氧基苯基)-3-苯基-1,3-丙二酮（**5**）：于反应瓶中加入化合物（**4**）100 mg（0.26 mmol），无水吡啶5 mL，加热至50℃，加入粉末状氢氧化钾35 mg（0.63 mmol），于50℃搅拌反应1 h。冷至室温，慢慢加入5%的稀盐酸20 mL，析出黄色固体。过滤，水洗，干燥，得黄色粗品（**5**）。过硅胶柱纯化，石油醚-乙酸乙酯洗脱，得黄色化合物（**5**），收率78%。

5,7-二甲氧基黄酮（**6**）：于反应瓶中加入化合物（**5**）100 mg（0.26 mmol），冰醋酸5 mL，加热至90℃，再加入一滴浓硫酸，于90℃搅拌反应1 h。冷至室温，倒入碎冰中，充分搅拌，析出白色固体。过滤，甲醇中重结晶，得白色粉状固体（**6**），收率72%。

5,7-二羟基黄酮（**1**）：于反应瓶中加入化合物（**6**）100 mg（0.33 mmol），盐酸吡啶1 g（8.69 mmol），置于油浴中，于220℃反应15 min。冷至室温，反应物凝固。加入5%的盐酸20 mL，摇动使固体溶解后，乙酸乙酯提取3次。合并有机层，无水硫酸镁干燥。减压蒸出溶剂，得橙黄色固体。过硅胶柱纯化，石油醚-乙酸乙酯洗脱，得浅黄色固体（**1**），收率68%。

【用途】　抗癌新药开发中间体。

3′,4′,5′,5,7-五羟基黄酮

C$_{15}$H$_{10}$O$_7$，302.24

【英文名】 Tricetin，3′,4′,5′,5,7-Pentahydroxyflavone
【性状】 浅黄色粉末。
【制法】 胡昆，王炜，任杰. 天然产物研究与开发，2010，22（6）：1028.

3,4,5-三甲氧基苯甲酸 2′-乙酰基-3′,5′-二甲氧基苯基酯（**4**）：于 100 mL 反应瓶中依次加入 2-羟基-4,6-二甲氧基苯乙酮（**2**）392 mg（2 mmol），3,4,5-三甲氧基苯甲酰氯（**3**）552 mg（2.4 mmol），丙酮 15 mL，无水碳酸钾 414 mg（3 mmol），氮气保护下室温搅拌反应 8 h。而后加入 50 mL 水使碳酸钾溶解。搅拌后静置，析出白色絮状固体。过滤，干燥，得粗品（**4**）。过硅胶柱纯化，石油醚-乙酸乙酯（8：1）洗脱，得白色结晶（**4**），收率 74.2%。

1-(2-羟基-4,6-二甲氧基苯基)-3-(3′,4′,5′-三甲氧基苯基)-1,3-丙二酮（**5**）：于反应瓶中加入化合物（**4**）100 mg（0.26 mmol），无水吡啶 1 mL，加热至 50℃，加入粉状氢氧化钾 33 mg（0.63 mmol），于 50℃搅拌反应 1 h。冷至室温，用 5%的稀盐酸 20 mL 酸化，析出黄色固体。过滤，干燥后，过硅胶柱纯化，石油醚-乙酸乙酯（5：1）洗脱，得黄色化合物（**5**），收率 52.8%。

3′,4′,5′,5,7-五甲氧基黄酮（**6**）：于反应瓶中加入化合物（**5**）100 mg（0.26 mmol），冰醋酸 5 mL，温热溶解。加热至 90℃，加入一滴浓硫酸，于 90℃反应 1 h。冷至室温，倒入碎冰中，析出白色固体。抽滤，水洗，干燥。甲醇中重结晶，得白色化合物（**6**），收率 67.5%。

3′,4′,5′,5,7-五羟基黄酮（**1**）：于反应瓶中加入化合物（**6**）100 mg（0.33 mmol），盐酸吡啶 1 g（8.69 mmol），于 240℃油浴中反应 10 min。冷至室温，反应物凝固。加入 5%的盐酸 20 mL，溶解后用乙酸乙酯提取 5 次。合并有机层，无水硫酸镁干燥。减压蒸出溶剂，得橙黄色固体。过硅胶柱纯化，二氯甲烷-甲醇（100：1）洗脱，得浅黄色粉末（**1**），收率 32.8%。

【用途】 本品为三粒小麦黄酮（Tricetin），属于黄酮类化合物，具有抗菌消炎、降压、止咳祛痰等活性。

N-苯基-2,6-二氯苯胺

C$_{12}$H$_9$Cl$_2$N，238.12

【英文名】 N-Phenyl-2,6-dichloroaniline
【性状】 白色固体。mp 49～51℃。

【制法】　①Sallmann A，Pfister R. US 3625762.1972.②王效山，蔡亚禄，徐中显.中国药学学报，1997，32（12）：774.③吴培云，张振远.合肥工业大学学报：自然科学版，2000，23（3）：447.

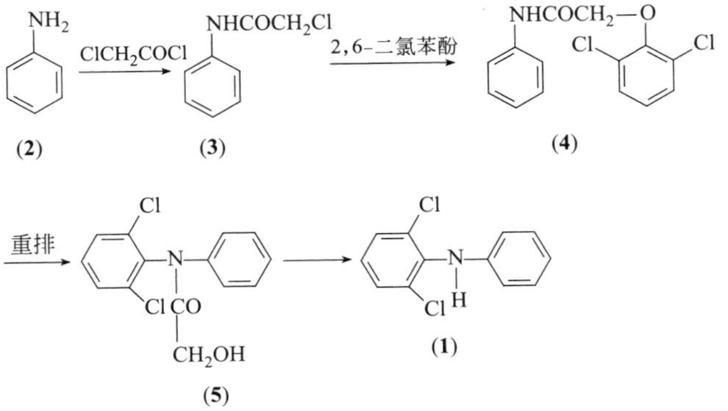

于反应瓶中加入甲苯 260 mL，苯胺（**2**）68 g（0.7 mol），碳酸氢钠 75 g，搅拌下慢慢加热，40℃时微回流。继续加热至 50～60℃，滴加氯乙酰氯 90 g（0.78 mol），控制反应液温度在 50～60℃。加完后回流反应 3 h。蒸出甲苯，得化合物（**3**）。加入 DMF 200 mL，搅拌下再加入 2,6-二氯苯酚 100 g（0.6 mol），碳酸钾 90 g，于 90℃搅拌反应 20 h。冷至 40℃，抽滤，甲苯洗涤，得化合物（**4**）的溶液。

将上述（**4**）的溶液中加入氢氧化钾 40 g，搅拌下加热至 105℃，保温反应 10 h。减压蒸出溶剂，冷至 70℃，加入 200 mL 水和 200 mL 甲苯，于 70℃搅拌反应 1 h。冷至 40℃，转移至分液漏斗中，静置 40 min。分出水层和乳化层，用甲苯提取 2 次。合并甲苯层，减压蒸出甲苯后，收集 160℃/9.9 kPa 以上的馏分，得化合物（**1**）12.8～13.3 g，冷后固化，mp 49～51℃，纯度 98%（气相色谱法），收率 87.7%～91.1%。

【用途】　消炎镇痛药双氯芬酸钠（Diclofenac sodium）合成中间体。

6-溴-*N*-[3-氯-4-(3-氟苄氧基)苯基]噻吩并[2,3-*d*]嘧啶-4-胺

$C_{19}H_{13}BrClFN_3OS$，462.96

【英文名】　6-Bromo-*N*-[3-chloro-4-(3-fluorobenzyloxy)phenyl]thieno[2,3-*d*]pyrimidin-4-amine

【性状】　茶色结晶。mp 187～188℃。

【制法】　詹冬梅，李思远，赵红莉，蓝闽波.有机化学，2011，31（2）：207.

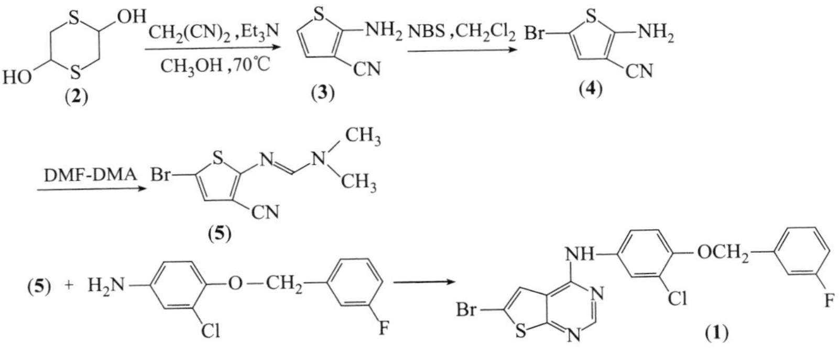

2-氨基-3-氰基噻吩（**3**）：于反应瓶中依次加入 1，4-二噻烷-2，5-二醇（**2**）7.61 g（50 mmol），丙二腈 6.61 g（100 mmol），甲醇 40 mL，三乙胺 5 mL，搅拌下加热回流反应 20 min。冷至室温，减压浓缩，得到的固体物中加入适量水，充分搅拌，抽滤，水洗，干燥，得浅黄色固体（**3**）10.02 g，收率 81%，mp 98～100℃。文献值 104～105℃。

5-溴-2-氨基-3-氰基噻吩（**4**）：于安有搅拌器的反应瓶中，加入化合物（**3**）2.48 g（20 mmol），二氯甲烷 80 mL，搅拌下分批加入 3.56 g（20 mmol）NBS，室温搅拌反应 1 h。加入饱和碳酸氢钠溶液终止反应，分出有机层，水洗，无水硫酸钠干燥。减压蒸出溶剂，得浅棕色固体（**4**）3.82 g，收率 94%。

N-(5-溴-3-氰基噻吩基)-*N*，*N*-二甲基甲酰亚胺（**5**）：于反应瓶中加入化合物（**4**）6.12 g（30 mmol），*N*，*N*-二甲基甲酰胺二甲缩醛（DMF-DMA）10 mL，搅拌下加热回流 1.5 h。冷至室温，冰箱中放置过夜。抽滤析出的黄色固体，水洗，真空干燥，得黄色化合物（**5**）6.89 g，收率 89%，mp 76～78℃。

6-溴-*N*-[3-氯-4-(3-氟苄氧基)苯基]噻吩并 [2,3-*d*]嘧啶-4-胺（**1**）：于反应瓶中加入化合物（**5**）2.58 g（10 mmol），3-氯-4-(3-氟苄氧基)苯胺 11 mmol，冰醋酸 10 mL，搅拌下加热回流反应 3 h。冷至室温，析出固体。抽滤，乙酸洗涤后用乙醚洗涤 2 次，真空干燥，得茶色结晶（**1**）3.88 g，收率 84%，mp 187～188℃。

【用途】 噻吩并嘧啶类抗菌、抗滤过性病原体、磷酸二酯酶抑制剂。抗癌等新药开发中间体。

N-[3-氯-4-[(3-氟苯基)甲氧基]苯基]-6-碘喹唑啉-4-胺

$C_{21}H_{14}ClFIN_3O$，505.71

【英文名】 *N*-[3-Chloro-4-[(3-fluorophenyl) methoxy] phenyl]-6-iodoquinazolin-4-amine，*N*-[4-(3-Fluorobenzyloxy)-3-chlorophenyl]-6-iodoquinazolin-4-amine

【性状】 浅黄色固体。mp 222～224℃。

【制法】 季兴，王武伟，许贯虹等. 中国医药工业杂志，2009，40（11）：801.

于反应瓶中加入 2-氨基-5-碘苯甲腈（**2**）1.84 g（7.5 mmol），*N*，*N*-二甲基甲酰胺二甲缩醛 4.0 mL（30 mmol），加热回流反应 1 h，得混合物（**3**）。减压蒸出过量的 *N*，*N*-二甲基甲酰胺二甲缩醛，加入冰醋酸 10 mL（175 mmol）和 3-氯-4-[(3-氟苯基)甲氧基]苯胺 1.5 g（5.95 mmol），搅拌回流反应 1 h。将反应物倒入 50 mL 冰水中，充分搅拌。抽滤生成的固体，依次用冰水、甲醇洗涤，减压干燥，得浅黄色固体（**1**）2.48 g，收率 82.4%，mp 222～224℃。

【用途】 晚期或转移性乳腺癌治疗药物拉帕替尼（Lapatinib）合成中间体。

3-甲基-2-丁烯醛

C_5H_8O，84.12

【英文名】 3-Methyl-2-butenal

【性状】 油状液体。bp 72℃/2.0 kPa。

【制法】 方法1 Lorber C Y，Osborn A. Tetrahedron Lett，1996，37（6）：853.

于一个螺口小瓶中加入 MoO$_2$（acac）$_2$ 30 mg（0.119 mol），2-甲基-3-丁炔-2-醇（**2**）200 mg（2.377 mmol），二丁基亚砜 722 mg（4.754 mmol），对叔丁基苯甲酸 156 mg（0.594 mmol），正辛烷（内标）150 mg，邻二氯苯 2 g，惰性气体保护，密闭后加热至 100℃。5 h 后用气相色谱分析，3-甲基-2-丁烯醛（**1**）的转化率 90%，未反应的原料 9%。10 h 后反应完全，转化率 99%。

方法2 Chabardes P. Tetrahedron Lett，1988，29（48）：6253.

于安有搅拌器、通气导管的反应瓶中，加入 2-甲基-3-丁炔-2-醇（**2**）12.8 g（152.2 mmol），对甲苯磺酸 3.2 g（26.4 mmol），邻二氯苯 19.6 g，二联环己烷（Dicyclo-hexyl）（GC 内标）5.3 g，四丁氧基钛 0.75 g（2.2 mmol），氯化亚铜 0.3 g（3.30 mmol），通入氩气。将反应混合物于 12 min 加热至 126℃，反应中生成黄色沉淀，并出现回流。反应放热，逐渐升温至 137℃。而后于 125~126℃反应 1 h，用 GC 进行分析，反应物转化率 97%，化合物（**1**）的转化率 87%。减压蒸馏，收集 72℃/2.0 kPa 的馏分，得化合物（**1**）13.2 g，收率 83%。

方法3 钱洪胜，鲁国斌，董金锋，商志才. 化工时刊，2010，24（11）：23.

于反应瓶中加入纯度 99.5%的 2-甲基-3-丁炔-2-醇（**2**）84.5 g（1.0 mol），液体石蜡 100 mL，异戊烯酸 5.0 g（0.05 mol），钛酸正丁酯 3.4 g（0.01 mol），氯化亚铜 1.0 g（0.01 mol），搅拌下于 115~125℃反应 3 h。冷至室温，减压蒸出化合物（**1**）粗品，而后减压蒸馏，收集 69~70℃/10.1 kPa 的馏分，得纯品化合物（**1**）73.5 g，收率 86.2%，纯度 98.5%（GC）。

【用途】 抗真菌药环吡酮胺（Ciclopirox olamine）合成中间体，也用于拟除虫菊农药的合成。

第十章 磺化、氯磺化、磺酰化反应

一、磺化反应

1. 直接磺化法

顺式-3-氨基-4-氨甲酰氧甲基-2-氮杂环丁酮-1-磺酸

$$C_5H_9N_3O_6S, 239.20$$

【英文名】 *cis*-3-Amino-4-(carbamoyloxy) methyl-2-azetidinone-1-sulfonic acid，（2*S*, 3*S*)-3-Amino-2-[(carbamoyloxy)methyl]-4-oxoazetidine-1-sulfonic acid

【性状】 白色结晶。mp 207~210℃（dec）。

【制法】 ①Kishimoto S，et al. Chem Pharm BuⅡ，1984，32（7）：2646.②陈芬儿. 有机药物合成法：第一卷. 北京：化学工业出版社，1999：316.

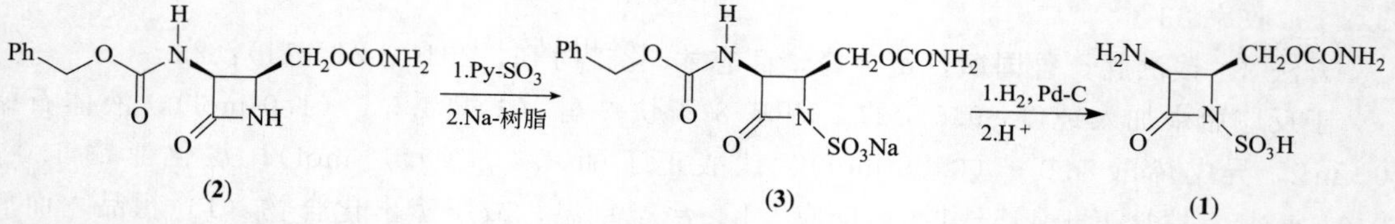

吡啶-三氧化硫复合物（pyridine-SO$_3$）的制备：干燥反应瓶中加入吡啶 79 g（1.0 mol）、无水三氯甲烷 500 mL，搅拌下于 1h 内滴加氯磺酸 116.5 g（1.0 mol）。加完后析出白色固体，用无水三氯甲烷洗涤，干燥，得产物 192 g，收率 89%，mp 160~165℃。

顺式-3-苯甲氧甲酰氨基-4-氨甲酰氧甲基-2-氮杂环丁酮-1-磺酸钠（**3**）：于反应瓶中加入化合物（**2**）293 mg（1mmol）、二氧六环 10 mL，搅拌下加入吡啶-三氧化硫复合物 477 mg（3.0 mmol），于室温搅拌 14 h。减压回收溶剂，加入水 20 mL 和 Dowex 50W（Na$^+$）树脂 20 mL，于室温搅拌 1h，过滤，滤液减压浓缩，得（**3**）270 mg，收率 64%（可直接用于下步反应）。

顺式-3-氨基-4-氨甲酰氧甲基-2-氮杂环丁酮-1-磺酸（**1**）：于反应瓶中加入上述化合物（**3**）295 mg（0.7 mmol）、水 8.3 mL、1mol/L 盐酸 0.7 mL 和 10%Pd-C 催化剂 295 mg，室温，常压下通氢气氢化 40 min。过滤，回收催化剂（备用），滤液减压浓缩至 5 mL，加入浓盐酸 2.8 mL，减压浓缩至 1 mL，于冰箱中静置过夜，析出结晶。过滤，水洗、干燥，得白色结晶（**1**）101 mg，收率 60%，mp 207~210℃（dec）。

【用途】　抗菌药卡芦莫南（Carumonam）中间体。

α-磺酸基苯乙酸

$$C_8H_8O_5S，216.21$$

【英文名】　α-Sulfophenylacetic acid

【性状】　白色固体。mp 225～227℃。

【制法】　李贤坤，樊维，吴勇. 华西药学杂志，2011，26（4）：313.

α-磺酸苯乙酸二钠盐（**3**）：将熔融的 50% 的发烟硫酸 200 mL 转移至三氧化硫发生器中，加热至 160℃，生成的三氧化硫气体通入 500 mL 1,2-二氯乙烷中，吸收瓶中产生白色烟雾，待白色烟雾消失后，停止加热，得三氧化硫的 1,2-二氯乙烷溶液（约 1.84 mol 的三氧化硫）。冰浴冷却下，慢慢加入二氧六环 158 g（1.84 mol），而后慢慢分批加入苯乙酸（**2**）152 g（1.12 mol），升至 40℃搅拌反应 4 h。将反应液倒入 600 mL 冰水中，搅拌 30 min。分出有机层，冷水洗涤 3 次。冷却至 0℃，分次加入氢氧化钠 147 g（3.70 mol），调节至 pH8。减压浓缩，得化合物（**3**）375 g。用 80% 的乙醇重结晶，得白色固体（**3**）270 g，收率 92.7%。

α-磺酸基苯乙酸（**1**）：将上述化合物（**3**）100 g 配成 4% 的水溶液，分两次过 732 型阳离子交换树脂柱，每次静置 15 min。收集 pH 小于 4 的流出液，最后用无离子水冲洗至中性。合并流出液，减压浓缩，干燥，得白色固体（**1**）80 g，收率 95%，mp 225～227℃。

【用途】　抗生素磺苄西林钠（Sulbenicllin disodium）中间体。

3-甲氧羰基-6-乙酰氨基-4-甲氧基苯磺酸

$$C_{11}H_{13}NO_7S，303.29$$

【英文名】　3-Methoxycarbonyl-6-acetamido-4-methoxybenzenesulfonic acid

【性状】　类白色固体。mp 238～240℃。

【制法】　程玉红，康江鹏，陈蔚等. 中国医药工业杂志，2011，42（11）：501.

于反应瓶中加入醋酸 500 mL，2-甲氧基-4-乙酰氨基苯甲酸甲酯（**2**）65 g（0.291 mol），搅拌下室温滴加浓硫酸 16 mL（0.312 mol），加完后于 50℃反应 1 h，有固体析出。冷却，过滤，干燥，得类白色固体（**1**）85.1 g，收率 96.5%，mp 238～240℃。

【用途】　治疗精神疾患药物氨磺必利（Amisulpride）等的中间体。

2,4,5-三甲基-3,6-二硝基苯磺酸钾

$$C_9H_9KN_2O_7S，328.27$$

【英文名】 Potassium 2,4,5-trimethyl-3,6-dinitrobenzenesulfonate

【性状】 黄色结晶性固体。微溶于水。

【制法】 袁梅卿.中国医药工业杂志，1983，（14）6：3.

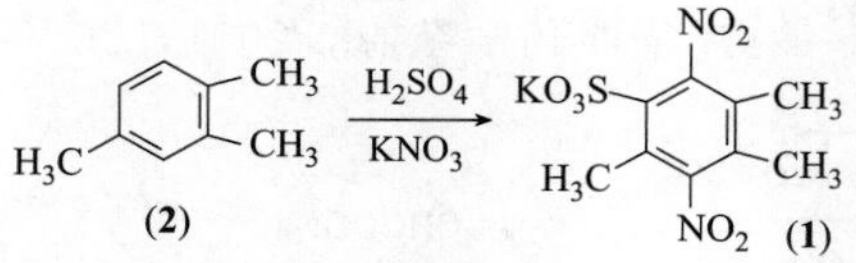

于安有搅拌器、温度计、回流冷凝器的反应瓶中，加入 1,2,4-三甲苯（**2**）30 g（0.25 mol），加热至 40℃，搅拌下慢慢加入浓硫酸 640 g，而后于 60～70℃ 反应 3 h。冷至 25℃，分批加入硝酸钾 60 g，于 30～40℃ 搅拌反应 6 h。将反应液慢慢倒入 1.2 kg 碎冰中，充分搅拌，冰箱中放置 3 h。抽滤，水洗，干燥，得粗品 90 g。用水重结晶，得化合物（**1**）58 g，收率 70%。

【用途】 维生素 E 等的中间体。

吡啶-3-磺酸

$$C_5H_5NO_3S，159.16$$

【英文名】 3-Pyridinesulfonic acid

【性状】 白色针状或片状结晶。mp 365～370℃（338～339℃，357℃）。易溶于水，难溶于醇，不溶于醚、苯、三氯乙烯等。

【制法】 孙昌俊，曹晓冉，王秀菊.药物合成反应——理论与实践.北京：化学工业出版社，2007：181.

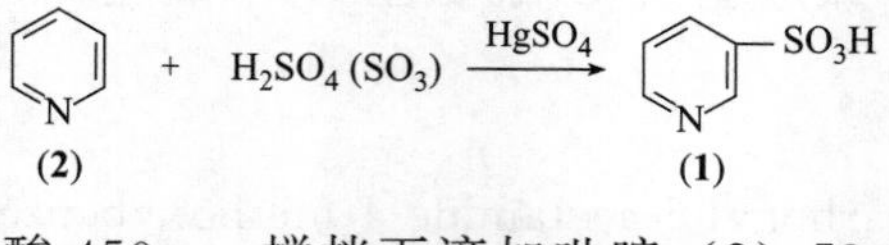

于反应瓶中加入发烟硫酸 450 g，搅拌下滴加吡啶（**2**）79 g（1 mol），约 2.5 h 加完。加入硫酸汞 1.4 g，慢慢升温至 230～240℃，保温反应 14 h。冷至 20℃ 以下，慢慢加入 95% 的乙醇 1.1 L。冷至 5℃ 以下，析出固体，抽滤，用 95% 的乙醇充分洗涤，干燥，得白色固体（**1**）129 g，收率 81%，mp 350℃。

【用途】 重症肌无力、手术后功能性肠胀气及尿潴留等治疗药物溴吡斯的明（Pyridostigmine bromide）等的中间体。

8-羟基喹啉-5-磺酸

$$C_9H_7NO_4S，225.22$$

【英文名】 8-Hydroxyquinoline-5-sulfonic acid

【性状】 淡黄色针状结晶或结晶性粉末。mp 213℃（分解），易溶于水，微溶于有机溶剂。

【制法】 孙昌俊，曹晓冉，王秀菊.药物合成反应——理论与实践.北京：化学工业出版社，2007：181.

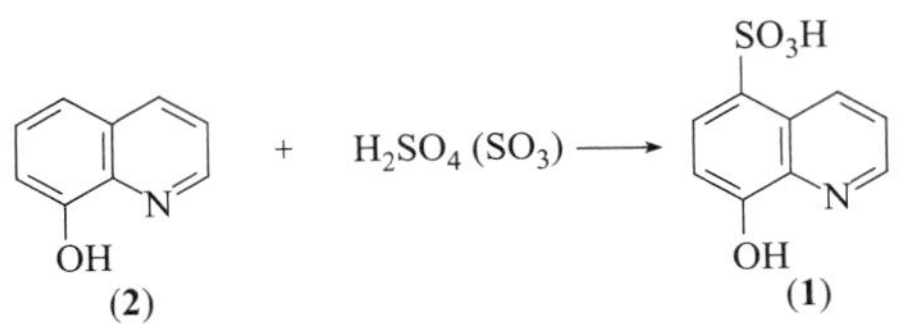

于安有搅拌器、温度计的反应瓶中，加入发烟硫酸 490 g，冰水浴冷却至 10℃以下，慢慢加入 8-羟基喹啉（**2**）145 g（1 mol），保持反应温度 15℃以下。加完后升温不超过 30℃，搅拌反应 5 h。放置过夜。将反应液倒入 1200 g 碎冰中，控制温度不超过 60℃，析出结晶。过滤，水洗，100℃干燥，得化合物（**1**）192 g，收率 85％，mp 205～210℃（分解）。

【用途】 抗阿米巴病药喹碘仿（Chiniofon）等的中间体。

2,4,5-三甲基苯磺酸

$C_9H_{12}O_3S$，200.19

【英文名】 2,4,5-Trimethylbenzenesulfonic acid

【性状】 白色结晶。mp 110～112℃。

【制法】 孙昌俊，曹晓冉，王秀菊.药物合成反应——理论与实践.北京：化学工业出版社，2007：181。

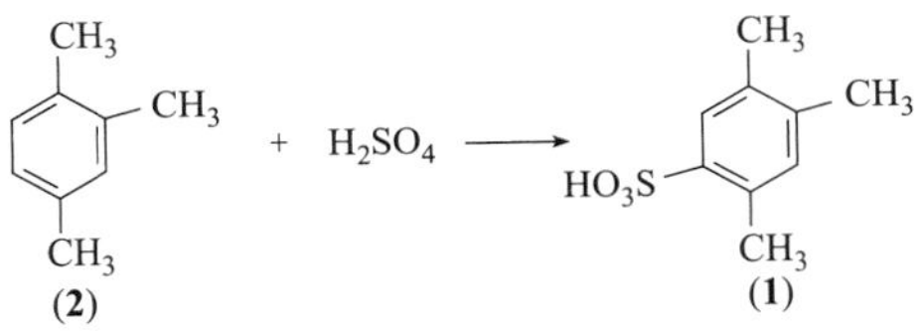

于反应瓶中加入 1,2,4-三甲苯（**2**）120 g（1 mol），搅拌下于 40～60℃滴加浓硫酸 240 g，加完后于 60～70℃反应 4 h。冷至 40℃以下，冷却下慢慢滴加 180 mL 水。加完后再滴加浓盐酸 85 mL，加热至 70～80℃。减压蒸馏回收未反应的 1,2,4-三甲苯。趁热倒入烧杯中，冷后析出固体。过滤，冷水洗涤，干燥，得 2,4,5-三甲基苯磺酸（**1**）158 g，收率 79％。

【用途】 维生素 E 醋酸酯（Vitamin E acetate）等的中间体。

1S-(＋)-樟脑磺酸

$C_{10}H_{16}O_4S$，232.31

【英文名】 1S-(＋)-Camphorsulfonic acid

【性状】 棱状结晶。不溶于醚，微溶于冰醋酸、乙酸乙酯，在潮湿的空气中容易潮解。

【制法】 方法1 刘秀娟，厉连斌，姚菊英，王歌云.江西教育学院学报，2006，27（3）：16.

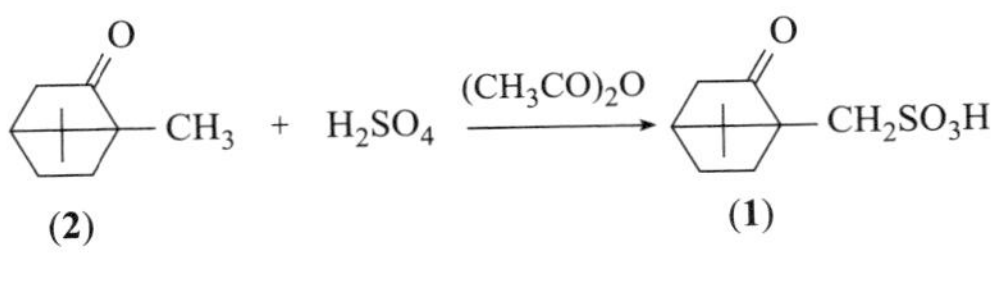

于反应瓶中加入天然樟脑（**2**）15.2 g（0.11 mol），醋酸酐 28.3 mL，冷却下滴加 98%的浓硫酸 7.1 mL，于 10℃搅拌反应 24 h。静置 7 天后，过滤，用 5 mL 乙酸乙酯洗涤 2 次，真空干燥，得白色结晶樟脑磺酸（**1**）19.2 g，收率 82.4%，mp 190～192℃。

方法 2　孙昌俊，曹晓冉，王秀菊. 药物合成反应——理论与实践. 北京：化学工业出版社，2007：182.

于反应器中加入醋酸酐 6.2 kg，冰水浴冷却，搅拌下慢慢加入 98%的硫酸 3.5 kg。保持内温 15℃以下，分批加入天然樟脑 5 kg，搅拌溶解。而后静置一个月，析出固体。抽滤，用 1 kg 醋酸洗涤至无硫酸根离子，于 100℃以下干燥，得右旋樟脑磺酸。

【用途】　光学异构体拆分剂。

5-异喹啉磺酸

$C_9H_7NO_3S$，209.22

【英文名】　5-Isoquinolinesulfonic acid

【性状】　类白色固体。mp 300℃。

【制法】　方法 1　张朋，王飞虎，范兴山. 山东化工，2012，41（5）：25.

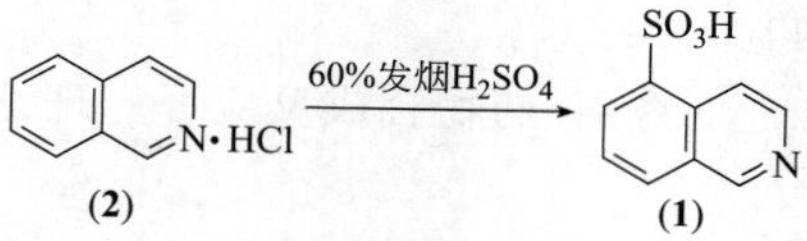

于反应瓶中加入 60%的发烟硫酸 150 mL，控制在 50℃左右分批加入异喹啉盐酸盐（**2**）30 g，约 1 h 加完。冷至 35℃左右保温反应 12 h。将生成的黑色黏稠物慢慢倒入 250 mL 丙酮中，搅拌 30 min，析出白色固体。过滤，丙酮洗涤。将粗品加入 90℃的热水 150 mL 中，搅拌溶解。滤去不溶物。滤液于 10℃静置 1 h。过滤，水洗，于 70℃干燥，得白色固体（**1**）34.8 g，收率 91.6%。

方法 2　陈仲强，李泉. 现代药物的制备与合成：第二卷. 北京：化学工业出版社，2011：400.

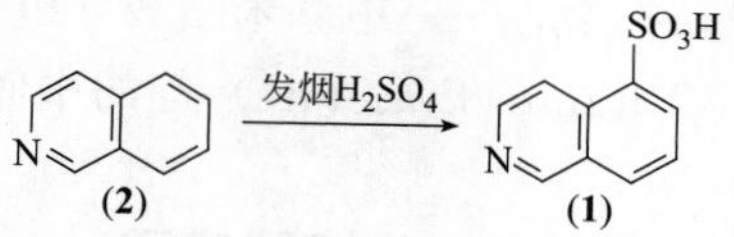

于反应瓶中加入 60%的发烟硫酸 500 g，冰浴冷却下慢慢加入异喹啉（**2**）114.4 g（0.887 mol），加完后慢慢升至 80℃，并于 80℃搅拌反应 18 h。将反应物搅拌下倒入 1 kg 冰水中，于 5℃以下搅拌 2 h。抽滤，水洗，依次用甲醇（100 mL）、乙醚洗涤，真空干燥，得化合物（**1**）108 g，收率 58.3%。

【用途】　血管扩张药盐酸法舒地尔（Fasudil hydrochloride）中间体。

β-萘磺酸钠

$C_{10}H_7NaO_3S$，230.22

【英文名】　Sodium β-naphthalenesulfonate

【性状】 白色结晶或粉末，易溶于水，不溶于醇。

【制法】 孙昌俊，曹晓冉，王秀菊.药物合成反应——理论与实践.北京：化学工业出版社，2007：182.

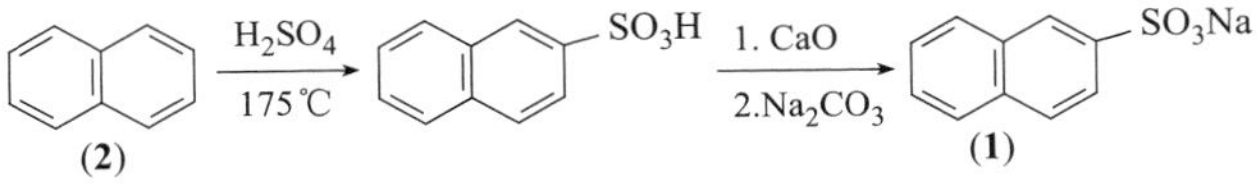

于安有搅拌器、温度计的敞口反应瓶中，加入粉碎的萘（**2**）100 g（0.8 mol），浓硫酸（98％）120 g（1.2 mol），油浴加热至170～180℃，搅拌反应4 h。冷后倒入2 L冰水中，抽滤除去未反应的萘，得到2-萘磺酸水溶液。加热至沸，用140 g氧化钙的水悬浮液中和。趁热过滤，滤饼用热水洗涤。若溶液混浊，可再过滤一次，得2-萘磺酸钙的稀溶液。减压浓缩至开始出现结晶时，放置过夜。滤出析出的结晶。将结晶溶于热水中，用饱和碳酸钠溶液调至弱碱性，冷却，过滤除去碳酸钙。滤液浓缩至开始出现结晶时，放置析晶。抽滤，得化合物（**1**）结晶。母液浓缩后，可得第二批产品，干燥后共得产品120 g，收率66％。

【用途】 药物合成中间体。

5-磺酸基水杨酸二水合物

$$C_7H_6O_6S \cdot 2H_2O，254.22$$

【英文名】 5-Sulfosalicylic acid dihydrate

【性状】 二水合物为白色结晶性粉末。无水物为针状结晶。mp 120℃。极易溶于水和乙醇，溶于醚。易吸潮，遇微量铁呈粉红色。

【制法】 ①孙昌俊，曹晓冉，王秀菊.药物合成反应——理论与实践.北京：化学工业出版社，2007：170.②周富强.广东化工，2015，42（11）：87.

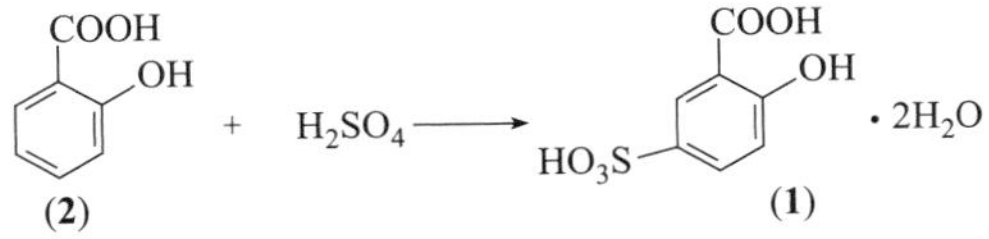

于反应瓶中加入浓硫酸290 mL，加热至40℃，搅拌下分批加入水杨酸（**2**）208 g（1.5 mol）。加完后大部分溶解，慢慢加热至70～75℃，仍有少量未溶的颗粒。磺基水杨酸开始析出，反应放热。继续升温至115℃，保温反应8 h。自然降温至40℃，抽滤，得粗品5-磺基水杨酸。将其加入200 mL蒸馏水中，加热至75～85℃，过滤。减压浓缩至开始析出晶体时，放置析晶。抽滤、干燥，得白色固体（**1**）320 g，收率84％。

【用途】 广谱抗菌剂多西环素（Doxycycline）、四环素类抗菌药美他环素盐酸盐（Metacycline hydrochloride）等的中间体。

间硝基苯磺酸钠

$$C_6H_4NNaO_5S，225..16$$

【英文名】 Sodium 3-nitrobenzenesulfonate

【性状】 白色结晶。mp 70℃。25℃时水中溶解度25 g/100 mL，在水中逐渐分解。能溶于热乙醇。

【制法】 ①孙昌俊，曹晓冉，王秀菊.药物合成反应——理论与实践.北京：化学工业出版社，2007：171.②陈继新，王芳.吉林化工学院学报，2004，21（2）：9.

于反应瓶中加入 25% 的发烟硫酸 350 g，搅拌下滴加硝基苯（**2**）123 g（1 mol），反应放热，约 15 min 加完。而后逐渐升温，保持反应温度在 105～110℃ 反应 2 h，生成间硝基苯磺酸（**3**）。冷后将反应物慢慢倒入 500 g 碎冰中，充分搅拌下，分批加入氯化钠 200 g，约 2～4 h 加完，磺酸盐不断析出，继续搅拌 3 h。放置过夜，抽滤。将滤饼加入 600 mL 水中，加热至沸，绝大部分溶解。用碳酸钠溶液调至碱性，活性炭脱色，过滤。冷却后析出无色间硝基苯磺酸钠（**1**）。过滤，干燥，得产品 170 g，收率 75.5%。母液每 100 mL 加 30 g 氯化钠，又可析出部分产品。

【用途】 有机合成、染料的中间体，并可用作船舶的除锈剂及电镀退镍剂。

3,5-二羟基苯甲酸

$C_7H_6O_4$，154.12

【英文名】 3,5-Dihydroxybenzoic acid

【性状】 白色结晶性固体。mp 237℃（无水）。

【制法】 ①孙昌俊，曹晓冉，王秀菊.药物合成反应——理论与实践.北京：化学工业出版社，2007：171.②马瑛，孟明扬，谭立哲等.精细与专用化学品，2004，12（8）：13.

5-羧基-1,3-苯二磺酸钠（**3**）：于安有搅拌器、温度计的 5 L 反应瓶中，加入 20% 的发烟硫酸 4 kg（10 mol），分批加入干燥的苯甲酸（**2**）0.61 kg（5 mol），搅拌下慢慢加热至 140～150℃，反应 6 h。冷后慢慢倒入 3 kg 碎冰中，充分搅拌，慢慢加入 2.4 kg 结晶硫酸钠溶于 2.5 L 水配成的溶液。加完后继续搅拌反应 10 min。放置自然降温，析出结晶。抽滤，饱和硫酸钠溶液洗涤，干燥，得 1.5～1.6 kg 粗品（**3**），收率 90%～93%。

3,5-二羟基苯甲酸（**1**）：于不锈钢锅中加入 4.7 kg 氢氧化钠，800 mL 水，加热至 290～300℃，分批加入上面的二磺酸钠（**3**）。加完后于 300～320℃ 反应 15 min。将反应物倒入不锈钢盘中，冷后固化。将其加入 6 L 水中，搅拌下加热，使块状物分散开，放置过夜。滤去不溶物（亚硫酸钠），滤饼用饱和硫酸钠洗涤。

合并滤液和洗涤液，以磺化时的废硫酸中和至 pH8～9，放置过夜，滤去析出的结晶硫酸钠。滤液用浓盐酸调至 pH3，放置过夜。抽滤，干燥，得化合物（**1**）0.5 kg，mp 230～235℃。

母液用乙醚提取，再用提取液提取上面的粗品，蒸出乙醚，得 3,5-二羟基苯甲酸 0.53 kg，收率 72.4%。热水中重结晶后，mp 234～236℃。

【用途】 支气管疾病治疗药物班布特罗（Bambuterol）、诊断用药泛影酸（Diatrizoic

acid）等的中间体。

1-苯基-2-(4-磺酸基苯基)乙酮

$$C_{14}H_{12}O_4S, 276.31$$

【英文名】 1-Phenyl-2-(4-sulfophenyl) ethanone
【性状】 白色粉末。mp 107～108℃。
【制法】 王凯，徐泽彬，宋率华，金琪.中国医药工业杂志，2013，44（12）：1207.

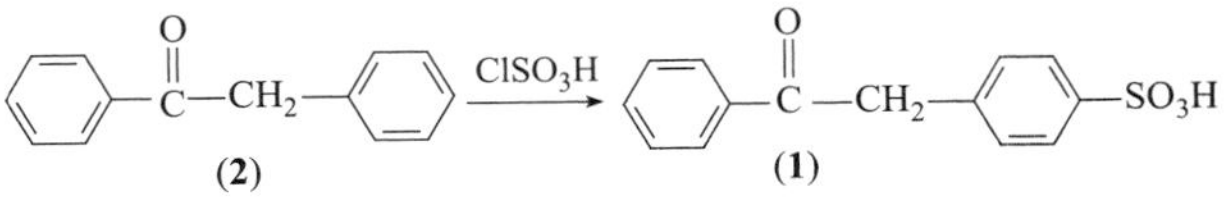

于反应瓶中加入丙酮 200 mL，α-苯基苯乙酮（**2**）19.6 g（0.1 mol），于 0℃搅拌下滴加氯磺酸 11.6 g（0.1 mol）。加完后自然升至室温反应 5 h。蒸出丙酮，剩余物加入 100 mL 水，回流 12 h。冷却，乙酸乙酯提取（50 mL×3），合并有机层，无水硫酸钠干燥。过滤，减压浓缩得白色结晶状粉末（**1**）19.8 g，收率 71.7%。

【用途】 镇痛药帕瑞昔布（Parecoxib）中间体。

2. 间接磺化法

2-溴乙磺酸钠

$$C_2H_4BrNaO_3S, 211.02$$

【英文名】 Sodium 2-bromoethanesulphonate
【性状】 无色结晶。mp 283℃。可溶于乙醇、水。
【制法】 ①孙昌俊，曹晓冉，王秀菊.药物合成反应——理论与实践.北京：化学工业出版社，2007：173.②赵平，欧莉，王建塔.贵州医学院学报，2006，31（6）：589.

$$BrCH_2CH_2Br + NaSO_3 \longrightarrow BrCH_2CH_2SO_3Na + NaBr$$
$$(2) \qquad\qquad\qquad (1)$$

于反应瓶中加入 1,2-二溴乙烷（**2**）205 g（1.1 mol），95% 的乙醇 420 mL，水 150 mL，搅拌下加热至沸。滴加无水亚硫酸钠 42 g（0.33 mol）溶于 150 mL 水配成的溶液，约 2 h 加完。继续回流反应 2 h。改成蒸馏装置，蒸出乙醇和未反应的 1,2-二溴乙烷，而后减压浓缩至干。加入 95% 的乙醇 700 mL，煮沸提取 2-溴乙磺酸钠，过滤（保留滤饼），冷却结晶。母液第二次提取滤饼，析晶。共得产品 2-溴乙磺酸钠（**1**）112～120 g，收率 78%～85%。

【用途】 牛磺酸（Taurine）、药物美司钠（Mesena）等的中间体。

1,2-乙烷二磺酸

$$C_2H_6O_6S_2, 190.20$$

【英文名】 1,2-Ethanedisulfonic acid
【性状】 针状结晶。mp 104℃（172～174℃），溶于乙醇，可被水分解。

【制法】 ①孙昌俊，曹晓冉，王秀菊. 药物合成反应——理论与实践. 北京：化学工业出版社，2007：179. ② Haegele G，Jueschke R，Olschner R，Sartori P. Journal of Fluorine Chemistry，1995，75（1）：61.

$$ClCH_2CH_2Cl + Na_2SO_3 \longrightarrow NaO_3SCH_2CH_2SO_3Na \xrightarrow{\text{离子交换树脂}} HO_3SCH_2CH_2SO_3H$$
$$\quad\quad (2) \quad\quad\quad\quad\quad\quad\quad\quad (3) \quad\quad\quad\quad\quad\quad\quad\quad\quad\quad (1)$$

1,2-乙烷二磺酸钠（3）：于反应瓶中加入亚硫酸钠 265 g（2.1 mol），水 550 mL，搅拌下加热至 102℃。回流条件下滴加 1,2-二氯乙烷（2）104 g（95%，1 mol），约 4 h 加完。继续搅拌反应直至无油状物时反应结束（约 40 h）。冷至 5℃以下，抽滤，得乙烷二磺酸钠粗品。加入 3 倍量的蒸馏水，加热溶解。减压浓缩至一半体积时，冷至 0℃，过滤析出的固体，干燥，得乙烷二磺酸钠（3）纯品。

1,2-乙烷二磺酸（1）：将乙烷二磺酸钠（3）溶于蒸馏水中，过滤，过强酸性阳离子交换树脂（732 型）柱，用蒸馏水洗脱，收集 pH1～4 的洗脱液。减压蒸馏除水至呈糖浆状，100℃干燥，得乙烷二磺酸（1）124 g，收率 65%，mp 102～104℃。

【用途】 镇咳药咳美芬（Caramipheni，Ethanedisulphonatum）等的中间体。

4-羟基丁基-1-磺酸钠

$$C_4H_9NaO_4S，176.12$$

【英文名】 Sodium 4-hydroxybutane-1-sulphonate

【性状】 白色针状固体。可溶于水，不溶于苯、乙醚。

【制法】 戴桂元，梅圣远，洪亚平. 中国医药工业杂志，1981，12（8）：14.

$$\underset{(2)}{\text{环氧戊烷}} \xrightarrow[\text{ZnCl}_2]{\text{CH}_3\text{COCl}} \underset{(3)}{CH_3COOCH_2CH_2CH_2CH_2Cl} \xrightarrow{Na_2SO_3} CH_3COO(CH_2)_4SO_3Na \xrightarrow[\text{2.NaOH}]{\text{1.HCl}} \underset{(1)}{HO(CH_2)_4SO_3Na}$$

于反应瓶中加入 THF（2）105 g（1.46 mol），无水氯化锌少量。慢慢滴加乙酰氯 130 g（1.66 mol），加完后回流反应 1.5 h，冷后放置过夜。升温至 150℃反应 10 min，冷后过滤。常压蒸出低沸物，而后减压蒸馏，收集 84～88℃/2.0 kPa 的馏分，得无色、透明、具有酯的香味的液体醋酸 4-氯丁基酯（3）167 g，收率 76%。

4-羟基丁基-1-磺酸钠（1）：于反应瓶中加入无水亚硫酸钠 250 g，水 450 mL，搅拌溶解。加入 271 g（1.23 mol）上述化合物（3），回流反应 20 h。滤出沉淀物，分出油状物。水层浓缩，直至有白色固体析出后，分次加入等体积的浓盐酸，煮沸 1 h。冷却，滤出氯化钠固体，继续浓缩、过滤，直至无氯化钠析出，得黏稠状液体。将此液体浓缩干燥，得 4-羟基丁基磺酸。将其用氢氧化钠溶液中和、浓缩，得化合物（1）粗品，以甲醇重结晶，得白色针状结晶 195 g，收率 90%。

【用途】 抗癫痫药物噻嗪磺胺（Sulthiamc）等的中间体。

3-磺酸基噻吩-2-甲酸

$$C_5H_4O_5S_2，208.20$$

【英文名】 3-Sulfo-2-thiophenecarboxylic acid

【性状】 固体。

【制法】 ①Dieter Binder，Otto Hromatka，Franz Geissler，et al. J Med Chem，1987，30（4）：678. ②陈芬儿. 有机药物合成法：第一卷. 北京：中国医药科技出版社，1999：146.

在干燥反应瓶中，加入 3-氯噻吩-2-羧酸（**2**）8.6 g（0.053 mol）、含 2.1 g（0.053 mol）氢氧化钠的水溶液 23 mL，搅拌下依次加入亚硫酸氢钠溶液［亚硫酸氢钠 5.6 g（0.054 mol）和水 16 mL］、氯化亚铜 0.43 g（0.0043 mol），于 143℃搅拌 16 h，反应结束后，冷至室温，过滤。滤液用浓盐酸调至 pH2 左右，用二氯甲烷提取数次。合并有机层，加入氯化钾 12 g（0.16 mol），加热搅拌回流 10 min。冷至 0℃，析出结晶。过滤，水洗，干燥，得 2-羧基噻吩-3-磺酸钾 8.2 g。向其钾盐中加入水 50 mL，搅拌溶解后，用 10%盐酸调至 pH5，析出结晶，过滤，水洗，真空干燥，得（**1**）6.6 g，收率 60%。

【用途】 消炎镇痛药替诺西康（Tenoxicam）中间体。

4-硝基苄基磺酸钠

$C_7H_6NO_5SNa$，239.18

【英文名】 Sodium 4-nitrobenzylsulfonate

【性状】 白色粉末。

【制法】 王绍杰，赵存良，杨卓等. 中国药物化学杂志，2008，18（6）：442.

于反应瓶中加入对硝基氯苄（**2**）103 g（0.6 mol），无水乙醇 100 mL，水 250 mL，搅拌下加入亚硫酸钠 83.5 g（0.66 mol），慢慢加热至回流，而后搅拌回流反应 5 h。冷至室温，析出黄色固体。于 0℃放置 12 h，抽滤，用冷的异丙醇洗涤，干燥，得白色粉末（**1**）118 g，收率 82%。

【用途】 抗偏头痛药舒马曲坦（Sumatriptan）中间体。

羟甲基磺酸钠

CH_3NaO_4S，134.09

【英文名】 Sodium hydroxymethanesulfonate，Formaldehyde sodium bisulfite

【性状】 水中析出的为一水合物针状结晶。

【制法】 方法 1　王强，陈冬梅. 洛阳理工大学学报，2005，15（3）：14.

$$CH_2O + Na_2S_2O_5 \longrightarrow HOCH_2SO_3Na$$
$$(2) \qquad\qquad (1)$$

于反应瓶中加入无离子水 75 mL，焦亚硫酸钠 40.02 g（0.2 mol），控制 15℃以下滴加 37%的甲醛（**2**）40.20 g（0.52 mol），约 10 min 加完。加完后于 85℃搅拌反应 1 h。冷却，过滤，得无色透明溶液。减压浓缩至 60 mL，冷却，加入约 180 mL 甲醇，析出白色固体。

过滤，将其溶于 45℃ 的 30 mL 水中，慢慢加入甲醇至浑浊，再加入几滴水至澄清，放置析晶。过滤，干燥，得化合物（**1**）49.9 g，收率 93%。

方法 2　孙昌俊，曹晓冉，王秀菊.药物合成反应——理论与实践.北京：化学工业出版社，2007：172.

$$CH_2O + NaHSO_3 \longrightarrow HOCH_2SO_3Na$$
$$\quad(2) \qquad\qquad\qquad\qquad (1)$$

于反应釜中加入 37% 的甲醛水溶液（**2**）10 kg，蒸馏水 1.6 L，冷至 15℃ 以下。搅拌下分批加入亚硫酸氢钠 6.15 kg（59.13 mol），于 60～65℃ 反应 30 min。用氢氧化钠水溶液调至 pH3。活性炭脱色，过滤。滤液冷却后加入乙醇，析出白色固体。静置过夜。过滤，乙醇洗涤，干燥，得白色结晶状羟甲基磺酸钠（**1**）。

【用途】　药物新胂凡钠明（Neoarsphenamine）、抗结核药物异菸肼甲烷磺酸钠（Isoniazid methanesulfonic sodium）等的中间体。

3. 亚磺酸的合成

对甲苯亚磺酸

$C_7H_8O_2S$，156.2

【英文名】　Toluene-4-sulphinic acid，4-Methylbenzenesulfinic acid
【性状】　白色结晶。mp 86～87℃。
【制法】　孙昌俊，曹晓冉，王秀菊.药物合成反应——理论与实践.北京：化学工业出版社，2007：178.

$$CH_3 \text{—⟨⟩—} + SO_2 \xrightarrow{AlCl_3} CH_3 \text{—⟨⟩—} SO_2H$$
$$\qquad(2) \qquad\qquad\qquad\qquad\qquad (1)$$

于安有搅拌器、温度计、回流冷凝器、通气导管的反应瓶中，加入甲苯（**2**）20 g（0.22 mol），二硫化碳 70 mL，无水三氯化铝 30 g（0.22 mol），搅拌下冷至 −10℃ 以下，慢慢通入干燥的氯化氢气体 10 min。而后再通入二氧化硫气体 2 h，放置过夜。将反应物倒入冰水中，加入碳酸钠至呈碱性。水蒸气蒸馏回收二硫化碳。趁热过滤除去生成的沉淀。滤饼用热水洗涤。合并滤液和洗涤液，减压浓缩至 250 mL 左右，以盐酸酸化，析出对甲苯亚磺酸晶体（**1**）。抽滤，干燥，得产品 31 g，收率 93%，mp 84℃。

也可采用如下方法来合成［王凯，项斌，施佳琪.浙江化工，2013，44（6）：34］。

$$CH_3 \text{—⟨⟩—} SO_2Cl \xrightarrow[H_2O(85\%)]{Na_2SO_3} CH_3 \text{—⟨⟩—} SO_2H$$

【用途】　头孢菌素类（Cephalosporins）抗生素等的中间体。

苯亚磺酸

$C_6H_6O_2S$，142.17

【英文名】　Benzenesulfinic acid

【性状】　白色固体。mp 83～84℃。易溶于热水及苯，微溶于冷水。

【制法】　孙昌俊，曹晓冉，王秀菊.药物合成反应——理论与实践.北京：化学工业出版社，2007：174.

于安有搅拌器、通气导管的反应瓶中，加入无噻吩苯（**2**）1 L，无水三氯化铝 400 g（3.0 mol），通入干燥的氯化氢气体约 10 g。搅拌下慢慢通入二氧化硫 260 g（约 4 mol），室温放置过夜。倒入 1 kg 碎冰中，而后加入氢氧化钠 520 g 溶于 2 L 水配成的溶液，加热回流至固体物消失。蒸馏回收苯，通入二氧化碳气体使铝盐沉淀析出。过滤，滤液减压浓缩后，用盐酸酸化，析出白色固体。抽滤，冷水洗涤，干燥，得苯亚磺酸（**1**）330 g，收率 79%（以三氯化铝计），mp 81～83℃。

【用途】　头孢菌素类（Cephalosporins）抗生素等的中间体。

二、氯磺化反应

2-氯-5-甲基-4-乙酰氨基苯磺酰胺

$C_9H_{11}ClN_2O_3S$，262.71

【英文名】　2-Chloro-5-methyl-4-acetamidobenzenesulfonamide

【性状】　类白色固体。mp 268～271℃。

【制法】　陈国良等.沈阳药科大学学报，2004，21（2）：109.

于反应瓶中加入氯磺酸 66.5 mL（1 mol），搅拌下慢慢加入 2-甲基-5-氯乙酰苯胺（**2**）25 g（0.135 mol），加完后升至 110℃搅拌反应 3 h。冷却后倒入碎冰中，析出固体。抽滤，水洗。将其加入 350 mL 氨水中，于 25℃搅拌过夜。抽滤，水洗，干燥，得化合物（**1**）18.2 g，收率 50.9%，mp 268～271℃。

【用途】　利尿药美托拉宗（Metolazone）中间体。

对乙酰氨基苯磺酰氯

$C_8H_8ClNO_3S$，233.67

【英文名】　*p*-Acetaminobenzenesulfonyl chloride

【性状】　浅褐色针状结晶（苯中）或棱柱状结晶（苯和氯仿中）。mp 140℃（分解）。溶于苯、乙醚、氯仿等，在空气中容易吸潮分解。

【制法】　①Mayfield C A，Dekuiter J.J Med Chem，1987，30（9）：1595.②孙昌俊，曹晓冉，王秀菊.药物合成反应——理论与实践.北京：化学工业出版社，2007：177.③邹晶，魏顺安，谭世语等.世界科技研究与发展，2012，34（2）：226.

〔2〕─NHCOCH₃ + ClSO₃H(过量) —50℃→ CH₃COHN─SO₂Cl 〔1〕

$$\text{〔2〕} \quad \text{NHCOCH}_3 + \text{ClSO}_3\text{H(过量)} \xrightarrow{50℃} \text{CH}_3\text{COHN}-\text{SO}_2\text{Cl} \quad \text{〔1〕}$$

于反应瓶中加入氯磺酸 106 g（1 mol），搅拌下于 20℃ 分批加入乙酰苯胺（**2**）20 g（0.15 mol），加完后于 50℃ 反应 3 h，放置过夜。搅拌下控制温度不超过 20℃ 滴加冰水 150 mL，分解过量的氯磺酸。稍冷后抽滤，用冰水洗涤至 pH3～4，干燥，得（**1**）26 g，收率 75%。

【用途】 磺胺类药物磺胺噻唑（Sulfathiazloe）、磺胺甲噁唑（Sulfamethoxazole）、硫氮磺胺吡啶（Sulfasalazine）等的中间体。

2-氟-4-氯-5-氨磺酰基苯甲酸

$C_7H_5ClFNO_4S$，253.63

【英文名】 4-Chloro-2-fluoro-5-sulfamoylbenzoic acid，2-Chloro-4-fluoro-5-carboxylbenzenesulfonamide

【性状】 mp 245～248℃。

【制法】 ①樊能廷.有机合成事典.北京：北京理工大学出版社，1992：55. ②Kazmierski W M，Anderson Don L，Aquino C，et al. J Med Chem，2011，54（11）：3756.

$$\text{Cl}-\text{COOH (F)} \quad \xrightarrow[\text{2.NH}_4\text{OH}]{\text{1.ClSO}_3\text{H,PCl}_3} \quad \text{H}_2\text{NO}_2\text{S} \cdots \text{Cl} - \text{COOH (F)}$$

（2）　　　　　　　　　　　　　　　　　（1）

于反应瓶中加入 4-氯-2-氟苯甲酸（**2**）17.4 g（0.1 mol）和氯磺酸 100 mL，于 120℃ 搅拌 2 h。冷至 90℃，滴加三氯化磷 8.4 mL，2 h 内滴完，而后保温搅拌 0.5 h。冷却，倒入适量冰水中，析出固体。过滤，水洗。将固体加入至搅拌的浓氨水 185 mL 中，继续搅拌 40 min 后，加入活性炭 1g，搅拌 0.5 h。过滤，滤液用浓盐酸调至 pH1～2，析出固体。过滤，水洗，干燥，得粗品（**1**）。用乙醇重结晶，得化合物（**1**）15.2 g，收率 60%。

【用途】 利尿药阿佐塞米（Azosemide）中间体。

4-氯-3-氨磺酰基苯甲酸

$C_7H_6ClNO_4S$，235.64

【英文名】 4-Chloro-3-sulfamoyl benzoic acid，2-Chloro-5-carboxylbenzenesulfonamide

【性状】 白色粉末。mp 256～258℃。

【制法】 ①樊能廷.有机合成事典.北京：北京理工大学出版社，1992：625. ②Takaharu N，et al. Labelled Compd Radiopharm，1978，14：191.

$$\text{Cl}-\text{COOH} \quad \xrightarrow{\text{ClSO}_3\text{H,CHCl}_3} \quad \text{ClO}_2\text{S} \cdots \text{Cl}-\text{COOH} \quad \xrightarrow{\text{NH}_4\text{OH}} \quad \text{H}_2\text{NO}_2\text{S} \cdots \text{Cl}-\text{COOH}$$

（2）　　　　　　　　　　（3）　　　　　　　　　　（1）

4-氯-3-氯磺酰基苯甲酸（**3**）：于反应瓶中加入氯磺酸 80 g（0.69 mol），冷至 0℃，滴加对氯苯甲酸（**2**）40 g（0.25 mol）和三氯甲烷 100 mL 的溶液。加完后保温搅拌 1 h。将反应液倒入适量碎冰中，分出有机层，水相用三氯甲烷提取数次。合并有机层，水洗，减压回收溶剂。冷却，加水，析出白色固体。过滤，水洗，干燥得化合物（**3**）44.6 g，收率 70%。

4-氯-3-氨磺酰基苯甲酸（**1**）：于反应瓶中加入 18.5% 氨水 24 g（0.26 mol），于搅拌下加入（**3**）25.5 g（0.1 mol），于 80~95℃ 继续搅拌 1 h。（反应液 pH 值 9 即为终点）。冷却，过滤，滤饼水洗至无氨味，干燥，得化合物（**1**）23 g，收率 98%，mp 256~258℃。

【用途】　利尿药吡咯他尼（Piretanide）、降压药曲帕胺（Tripamide）等的中间体。

对甲苯磺酰氯

$C_7H_7ClO_2S$，190.58

【英文名】　*p*-Toluenesulfonyl chloride，*p*-Toluene sulfonyl chloride，Tosyl chloride
【性状】　白色片状结晶。mp 71℃，bp 151.6℃/2.67 kPa，145~146℃/2.0 kPa。溶于乙醇、乙醚、苯，不溶于水。
【制法】　方法 1　郝艳霞，苏砚溪.河北化工，2006，29（6）：17.

于反应瓶中加入甲苯（**2**）适量，搅拌下加热至 105~110℃，滴加浓硫酸 27 mL（0.5 mol），加完后继续回流反应 5 h。在此期间，反应中生成的水和多余的甲苯不断蒸出。分出的甲苯可循环使用。将剩余的甲苯蒸出，冷却后倒入适量水中，析出对甲苯磺酸（**3**）。过滤，干燥，得对甲苯磺酸 80.6 g，收率 93.7%。

于反应瓶中加入四氯化碳 50 mL，上述对甲苯磺酸（**3**）17.2 g，硫黄粉 1.5 g，于 60℃ 通入氯气，氯气流速控制在 3~3.5 g/h，约 10 h 结束。搅拌反应 1 h 后再通入氯气 5 h。减压回收溶剂，剩余物倒入冰水中，过滤，风干，得化合物（**1**）14.7 g，收率 85.5%。

方法 2　孙昌俊，曹晓冉，王秀菊.药物合成反应——理论与实践.北京：化学工业出版社，2007：176.

于反应瓶中加入预先干燥的对甲苯磺酸钠（**2**）96 g（0.5 mol），粉状的五氯化磷 50 g（0.24 mol），油浴加热至 170~180℃ 反应 12~15 h，直至反应物成为浆状物。反应结束后，冷却，倒入 1 kg 碎冰中，充分搅拌。抽滤析出的固体，水洗。用石油醚重结晶，得对甲苯磺酰氯（**1**）80 g，收率 82%，mp 69~70℃。

【用途】　急、慢性功能性腹泻及慢性肠炎治疗药苯乙哌啶（Diphenoxylate）、皮肤病治疗药氟轻松醋酸酯（Fluocinonide）、过敏性与自身免疫性炎症性疾病治疗药倍他米松（Betamethasonum）等的中间体。

N-甲基-4-硝基苄基磺酰胺

$C_8H_9N_2O_4S$，229.23

【英文名】 *N*-Methyl-4-nitrobenzylsulfonamide

【性状】 类白色晶体。mp 152.0～153.0℃（文献值 mp 153.0～154.0℃）。

【制法】 张雪峰，王兴涌，杨志林，徐富强，李燕燕.中国医药工业杂志，2009，40（6）：410.

$$O_2N—\langle\rangle—CH_2Br(Cl) \xrightarrow{Na_2SO_3,MeOH} O_2N—\langle\rangle—CH_2SO_3Na$$
$$\qquad\qquad(2) \qquad\qquad\qquad\qquad\qquad (3)$$

$$\xrightarrow[2.CH_3NH_2]{1.PCl_5,Tol} O_2N—\langle\rangle—CH_2SO_2NCH_3$$
$$\qquad\qquad\qquad (1)$$

4-硝基苯甲磺酸钠（3）

方法 1 于反应瓶中加入 100 g（0.463 mol）对硝基溴苄（**2**），64.2 g（0.509 mol）亚硫酸钠，500 mL 甲醇和 500 mL 水的混合溶液，搅拌下缓慢加热回流。TLC 跟踪反应，当化合物（**2**）反应完后，冷却反应液至室温，有浅黄色固体析出。抽滤，60℃真空干燥，得类白色粉末状固体（**3**）100 g，收率 90%，可直接用于下步反应。

方法 2 于反应瓶中加入水 120 mL，亚硫酸钠 32 g（0.25 mol），搅拌加热至完全溶解，再加入甲醇 80 mL，立即析出白色固体。加入对硝基苄基氯（**2**）40 g（0.23 mol），加热至回流，反应体系逐渐变为橙黄色澄清液，继续回流反应 7 h。冷至室温，静止析晶。抽滤，干燥，得浅黄色固体（**3**）48 g，收率 86%，mp＞300℃。

N-甲基-4-硝基苯甲磺酰胺（1）：于安有分水器的 1 L 反应瓶中加入上述化合物（**3**）118 g（0.49 mol），600 mL 无水甲苯，搅拌加热至回流脱水 3 h。冷却至室温，搅拌下加入 123 g（0.59 mol）五氯化磷，安装回流冷凝管、干燥管和尾气（HCl）吸收装置，缓慢升温至回流（约需 2 h），搅拌反应 4 h。冷至室温，搅拌下加到 300 mL 冰水中，充分搅拌。分出有机层，用 600 mL 饱和食盐水分两次洗涤。转移至 2 L 反应瓶中，搅拌下滴加 130 mL（1.09 mol）甲胺水溶液。反应放热，用冰水浴冷却，保持反应液温度不高于 15℃，约 0.5 h 加完。此时溶液 pH8.0～9.0。缓慢升至室温反应 8 h。减压浓缩反应液得黏稠固液混合物。置于冰箱（4～5℃）中冷却 3 h。抽滤，滤饼用 50 mL 水洗涤，再用 50 mL 乙醇洗涤，自然干燥，得类白色固体粉末（**1**）93 g。用无水乙醇重结晶，得 87 g 类白色晶体（**1**），收率 76%，mp 152.0～153.0℃（文献值 mp 153.0～154.0℃）。

【用途】 偏头痛治疗药舒马曲坦（Sumatriptan）、纳拉曲坦（Naratriptan）等的中间体。

间硝基苯磺酰氯

$C_6H_4ClNO_4S$，221.62

【英文名】 *m*-Nitrobenzenesulfonyl chloride

【性状】 淡黄色结晶。mp 68～69℃。易溶于热醇，不溶于水。加热分解。

【制法】 ①Samanta Soma，Srikanth K，Banerjee Sachandra，et al. Bioorganic & Medicinal Chemistry，2004，12（6）：1413.② 孙昌俊，曹晓冉，王秀菊.药物合成反应——理

论与实践. 北京：化学工业出版社，2007：178.

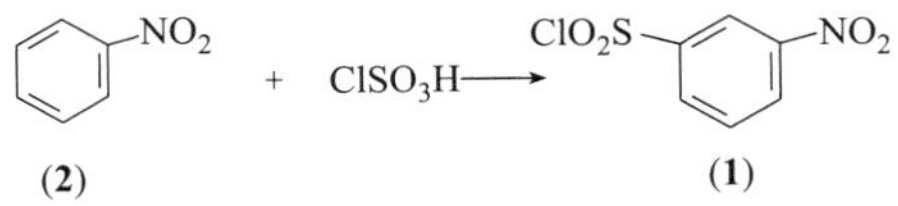

$$(2) + ClSO_3H \longrightarrow (1)$$

于反应瓶中加入氯磺酸 140 g（1.22 mol），搅拌下滴加硝基苯（**2**）24.6 g（0.2 mol），控制反应温度不超过 35℃。加完后于 40～45℃反应 3.5 h，而后升温至 105℃反应 5 h，放置过夜。剧烈搅拌下将反应液慢慢倒入 1 kg 碎冰中，控制不超过 15℃，析出淡黄色沉淀。过滤，用热水洗涤至对刚果红试纸不呈酸性，于 50～60℃干燥，得间硝基苯磺酰氯（**1**）39 g，收率 88%。

【用途】　香兰素等的中间体。

对氨甲基苯磺酰胺

$C_7H_{10}N_2O_2S$，186.24

【英文名】　*p*-Aminomethylbenzenesulfonamide

【性状】　白色固体。mp 151～152℃。溶于稀酸和稀碱。其盐酸盐为白色粉末，mp 256℃。

【制法】　孙昌俊，曹晓冉，王秀菊. 药物合成反应——理论与实践. 北京：化学工业出版社，2007：180.

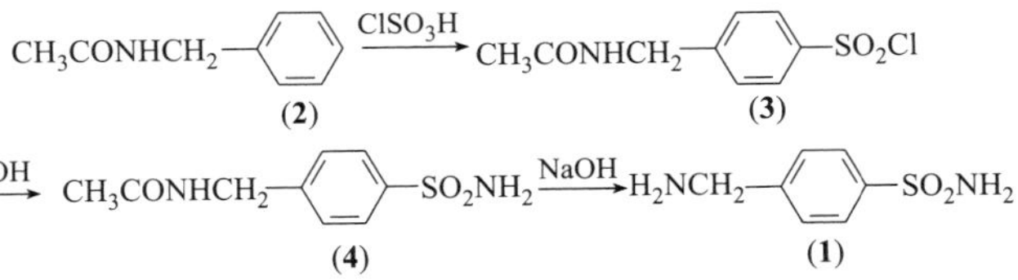

对乙酰胺甲基苯磺酰胺（**4**）：于反应瓶中加入氯磺酸 540 g，控制在 35℃以下，慢慢加入乙酰苄胺（**2**）149 g（1.0 mol），加完后升温至 55～60℃搅拌反应 2 h。稍冷后倒入 2 kg 冰水及 500 mL 氯仿中，充分搅拌。分出氯仿层，得对乙酰胺甲基苯磺酰氯（**3**）的氯仿溶液。将上述溶液搅拌下滴加到 20% 的氨水 500 mL 中，控制反应温度不超过 30℃，加完后继续搅拌反应 2 h。过滤析出的沉淀，水洗，干燥，得对乙酰胺甲基苯磺酰胺（**4**）105 g，收率 46%（以乙酰苄胺计）。

对氨甲基苯磺酰胺（**1**）：将上述化合物（**4**）105 g 加至 20% 的氢氧化钠水溶液 300 mL 中，于 100～102℃回流反应 5 h。加入 200 mL 水，活性炭脱色。过滤，冷后析出晶体。抽滤，滤饼溶于适量水中，于 50～60℃用盐酸调至 pH9.5～10，加入活性炭脱色，过滤，冷后析出结晶。抽滤、水洗、干燥，得白色固体（**1**）56 g，收率 65%，mp 149～151℃。

【用途】　抗真菌药磺胺米隆醋酸盐（Mafenide acetate）等的中间体。

苯基亚磺酰氯

C_6H_5ClOS，160.62

【英文名】　Phenylsulfinyl chloride

【性状】 浅黄色液体。

【制法】 Youn J B，Herrmann R. Tetraheron Lett，1986，27：1493.

于安有磁力搅拌器、温度计、滴液漏斗的反应瓶中，加入苯基二硫醚（**2**）0.1 mol，冰醋酸 0.2 mol，冷至 -40℃，于 30 min 滴加硫酰氯 0.31 mol。而后于 -20℃ 搅拌反应 3 h。于 2 h 慢慢升至室温。其间有二氧化硫和氯化氢放出。反应结束后，于 1 h 升至 35℃，减压蒸出生成的乙酰氯，得几乎纯的亚硫酰氯。

【用途】 医药、农药中间体。

甲基磺酰氯

$$CH_3ClO_2S，114.55$$

【英文名】 Methylsulfonyl chloride

【性状】 液体，bp 161~162℃。d_4^{18} 1.4806，n_D^{20} 1.4573。不溶于水。

【制法】 Peter J H and Noller C R. Org Synth，1950，30：58.

$$CH_3SO_3H + SOCl_2 \longrightarrow CH_3SO_2Cl + SO_2 + HCl$$
$$\quad\quad (2) \quad\quad\quad\quad\quad\quad\quad (1)$$

于安有搅拌器、温度计、滴液漏斗、回流冷凝器（安氯化钙干燥管并与氯化氢、二氧化硫气体吸收装置相连）反应瓶中，加入甲基磺酸（**2**）152 g（105 mL，1,5 mol），加热至 95℃，慢慢滴加氯化亚砜 146 mL（2.0 mol），约 4 h 加完。加完后于 95℃ 反应 3.5 h。分馏，收集 64~66℃/2.66 kPa 的馏分，得几乎无色的甲基磺酰氯（**1**）122~143 g，收率 71%~83%。

【用途】 药物、农药和其他有机合成的原料。用于慢性粒细胞白血病慢性期的缓解治疗药物白消安（Busulfan，Myleran）、预防和治疗疟疾药物阿的平（Meparcrine、Quinacrine）等的中间体。

3,5-二硝基-4-氯苯磺酰氯

$$C_6H_2Cl_2N_2O_6S，301.06$$

【英文名】 4-Chloro-3,5-Dinitrobenzenesulfonyl chloride

【性状】 浅黄色粉末。mp 85~87℃。溶于氯仿、二氯甲烷、苯，不溶于水。

【制法】 U S Pat 4165321.1979.

于安有搅拌器、温度计、回流冷凝器的反应瓶中，加入氯磺酸 250 mL，搅拌下于室温分批加入 3,5-硝基-4-氯苯磺酸钠（**2**）14 g（0.046 mol），约 45 min 加完。加完后慢慢加热至 100℃ 反应 1.5 h。冷却后倒入 3 L 冰水中。滤出浅灰色沉淀，水洗，50℃ 真空干燥，得浅黄色粉末 3,5-二硝基-4-氯苯磺酰氯（**1**）9 g，mp 83～86℃，收率 65%。

【用途】 除草剂安磺灵（Oryzalin）中间体。

安磺灵

$C_{12}H_{18}N_4O_6S$，346.36

【英文名】 Oryzalin

【性状】 橙红色固体。mp 135～137℃。

【制法】 孙昌俊，陈再成，王义贵等. 山东化工，1992，3：15.

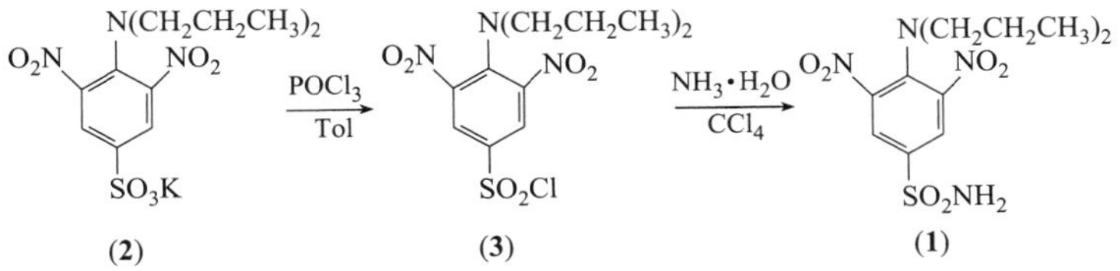

3,5-二硝基-4-二正丙氨基苯磺酰氯（**3**）：于干燥的反应瓶中，加入 3,5-二硝基-4-二丙基氨基苯磺酸钾（**2**）38.5 g（0.1 mol），无水甲苯 150 mL，$POCl_3$ 11 mL，搅拌下回流反应 3 h。冷至室温，慢慢加入冷水 50 mL。分出有机层，水层用甲苯提取 2 次。合并有机层，无水氯化钙干燥。过滤，减压浓缩，固体物用水洗涤，过滤，干燥，得黄色固体（**3**）33 g，收率 90%，用四氯化碳重结晶，mp 105～108℃。

安磺灵（**1**）：于反应瓶中加入用四氯化碳提纯过的化合物（**3**）26 g，15 mL 水和 15 mL 浓氨水，于 40～45℃搅拌反应 2.5 h。生成橙红色沉淀。冷却，过滤，干燥，得化合物（**1**）24 g，收率 97.5%，mp 135～137℃。

【用途】 除草剂安磺灵（Oryzalin）原料药。

三、磺酰化反应

甲磺酸培高利特

$C_{19}H_{26}N_2S \cdot CH_3SO_3H$，410.59

【英文名】 Pergolide mesylate

【性状】 mp 252～254℃。

【制法】 ①陈芬儿. 有机药物合成法：第一卷. 北京：中国医药科技出版社，1999：302. ②Korafeld E C，Bach N J. US 4166182. 1970.

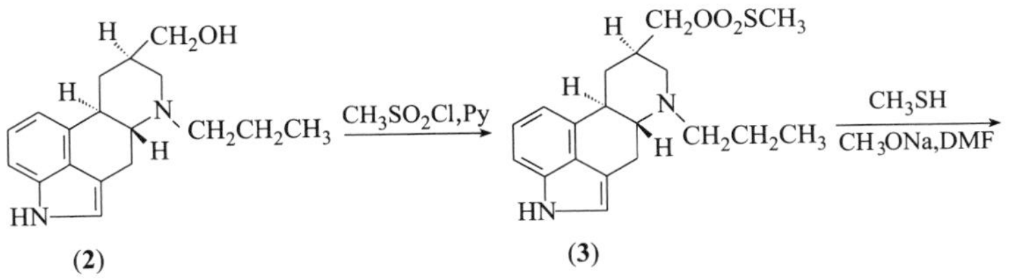

8β-羟甲基-6-丙基-D-麦角灵-甲磺酸酯（**3**）：于反应瓶中充入氮气，加入化合物（**2**）2.742 kg（9.64 mol），吡啶 15.4 L，搅拌下冷至 10℃，慢慢滴加甲基磺酰氯 1.74 kg（15.1 mol），控制滴加速度，保持反应体系不高于 35℃，约 1.5 h 加完。加完后于 20～25℃继续搅拌反应 1.5 h。将反应物倒入由 64 L 水和 1.2 L 氨水的混合液中，用浓氨水调至 pH10，搅拌 2 h。抽滤，水洗，干燥，得化合物（**3**）3.209 kg。

8β-甲硫基甲基-6-丙基-D-麦角灵（**4**）：于反应瓶中加入 DMF 2 L，甲醇钠 224 g，通入甲硫醇气体 232 L，于 0～5℃放置 0.5 h。于 1 h 内慢慢加入上述化合物（**3**）1.07 kg（2.95 mol）溶于 10.3 L DMF 的溶液，控制滴加速度，保持反应体系不超过 5℃。加完后室温搅拌反应过夜，而后于 90℃搅拌反应 1 h。冷却，加入适量水，析出固体。过滤，水洗，干燥，得化合物（**4**）2.68 kg，mp 206～209℃（分解）。

甲磺酸培高利特（**1**）：于反应瓶中加入上述化合物（**4**）536 g（1.7 mol），甲醇 15 L，搅拌下加热回流。滴加甲磺酸 256 mL（3.95 mol），约 30 min 加完。加入活性炭 170 g，回流。趁热过滤，冷却，析出固体。抽滤，甲醇洗涤，干燥，得化合物（**1**）600 g，mp 255℃（分解）。

【用途】 抗帕金森病药物甲磺酸培高利特（Pergolide mesylate）原料药。

4-甲基苯磺酸[(3R,4S，6S)-3,4-二羟基-6-甲氧基-四氢-2H-吡喃-2-基]甲基酯

$C_{14}H_{20}O_7S$，332.37

【英文名】 [(3R,4S, 6S)-3,4-Dihydroxy-6-methoxy-tetrahydro-2H-pyran-2-yl]methyl 4-methylbenzenesulfonate

【性状】 mp 115～116℃。$[\alpha]_D^{25}$ −92.38°（c=1.0165，CH_3OH）。

【制法】 Grethe G，Mitt T，Williams T H，et al. J Org Chem，1981，48 (26)：5309.

于干燥的反应瓶中，加入新重结晶的对甲苯磺酰氯 1.5 g（8 mmol），氮气保护，搅拌下缓慢加入冷却至 0～5℃的（**2**）1.4 g（7.9 mmol）和无水吡啶 10 mL 的溶液。加完后冰箱中放置过夜。于 30℃减至回收溶剂，剩余物经硅胶 200 g[甲苯-乙酸乙酯（1：1）]纯化，用乙醚重结晶，得化合物（**1**）1.94 g，收率 74%，mp 115～116℃。$[\alpha]_D^{25}$ −92.38°（c=1.0165，CH_3OH）。

【用途】 抗肿瘤药盐酸表柔比星（Epirubicin hydrochloride）中间体。

(R)-对甲基苯磺酸-1-甘油酯

$$C_{10}H_{14}O_5S, \quad 246.28$$

【英文名】 (R)-Glycerol-1-p-toluenesulfonate

【性状】 mp 59~61℃，$[\alpha]_D^{20}-9.8°$（$c=0.01$，C_2H_5OH）。

【制法】 方法1 赵桂芝，王桂梅.中国医药工业杂志，1998，29（1）：485.

(S)-1,2-异亚丙基-3-对甲苯磺酸甘油酯（**3**）：于反应瓶中加入（S）-1,2-异亚丙基甘油（**2**）20 g（0.15 mol）、吡啶 50 mL，冷至 0℃以下，分批加入对甲基苯磺酰氯 38 g（0.20 mol），加完后继续于 0℃搅拌 13~18 h。将反应物倒入 200 mL 水中，用乙醚提取。合并有机层，依次用稀盐酸、碳酸氢钠水溶液、水洗至 pH7，无水硫酸钠干燥。过滤，回收溶剂，得粗品（**3**）35 g，收率 77.5%（可直接用于下步反应）。

(R)-对甲基苯磺酸-1-甘油酯（**1**）：于反应瓶中加入上步粗品（**3**）20 g（0.07 mol）、丙酮 60 mL，搅拌溶解后，加入 1 mol/L 盐酸 40 mL，于 60℃搅拌 1 h。减压回收溶剂，剩余物用三氯甲烷（50 mL×4）提取，无水硫酸钠干燥。过滤，回收溶剂，得粗品（**1**）。用乙醚重结晶，得精品（**1**）16.5 g，收率 96%，mp 59~61℃，$[\alpha]_D^{20}-9.8°$（$c=0.01$，C_2H_5OH）。

方法2 杨健，向钰.中国药业.2000，9（3）：25.

于反应瓶中使（S）-1,2-异亚丙基甘油（**2**）5.5 g、吡啶 17 mL 冰浴下混合，于 0~5℃分批加入对甲基苯磺酰氯 12 g，加完后继续于 0℃搅拌 5 h。用 150 mL 乙醚稀释，过滤、滤液依次用 1 mol/L 的盐酸、饱和碳酸氢钠、水洗涤，无水硫酸镁干燥。过滤，浓缩，得浅黄色油状液体。加入 15 mL 丙酮，20 mL 盐酸，于 80℃反应 40 min。浓缩至 1/3 体积，冷至 0℃。2 h 后过滤，得白色结晶（**1**）6.7 g，收率 65.7%，mp 59~62℃，$[\alpha]_D^{20}-9.8°$（$c=0.3$，C_2H_5OH）。

【用途】 镇咳祛痰药左羟丙哌嗪（Levodropropizine）中间体。

二甲基磺酸-1,4-丁二醇酯

$$C_6H_{14}O_6S_2, \quad 246.31$$

【英文名】 Busulfan, 1,4-Butanedioldimethanesulfonate

【性状】 白色结晶性粉末。mp 119℃。不溶于水，水中缓慢分解。

【制法】 ①孙昌俊，曹晓冉，王秀菊.药物合成反应——理论与实践.北京：化学工业出版社，2007：289.②李桂芝，苗真智，李玉贤.河南科学，1995，13（3）：231.

$$HOCH_2(CH_2)_2CH_2OH + CH_3SO_2Cl \xrightarrow{\text{吡啶}} CH_3SO_3(CH_2)_4O_3SCH_3$$

于反应瓶中加入 1,4-丁二醇（**2**）13 g（0.144 mol），130 mL 干燥的吡啶。冷至 0℃，搅

拌下慢慢滴加甲基磺酰氯（**3**）40 g（0.35 mol）。加完后于室温继续搅拌反应 2 h。冷至 10℃ 以下，滤出析出的固体，水洗，干燥，得白色固体（**1**）34 g，收率 95%，mp 113～116℃。

【用途】 抗肿瘤药白消安（Busulfan，Myleran）的原料药。

2-[(5R,11R,17R)-2-溴-6-氟-5,17-二羟基-10,13-二甲基-11-(甲磺酰氧基)-3-氧代-十六氢-1H-环戊[d]菲-17-基]-2-氧代乙基醋酸酯

$C_{24}H_{34}BrFO_9S$，597.49

【英文名】 2-[(5R,11R,17R)-2-Bromo-6-fluoro-5,17-dihydroxy-10,13-dimethyl-11-(methylsulfonyloxy)-3-oxo-hexadecahydro-1H-cyclopenta[d]phenanthren-17-yl]-2-oxoethyl acetate

【性状】 白色固体。mp 122～123℃（分解）。

【制法】 ①陈芬儿. 有机药物合成法：第一卷. 北京：中国医药科技出版社，1999：201. ②Rauaser R，et al. J Org Chem，1966，31（1）：26.

于反应瓶中加入化合物（**2**）10 g（19.3 mmol），吡啶 50 mL，于 −5℃ 滴加甲基磺酰氯 8 g（70 mmol），约 20 min 加完。室温搅拌反应 1.5 h。将反应物倒入 400 mL 水和 200 mL 1,2-二氯乙烷的混合液中，用 2 mol/L 的硫酸调至 pH3.5，搅拌 1 h。过滤析出的固体，水洗，干燥，得白色固体（**1**）9 g，收率 78%，mp 122～123℃（分解）。

【用途】 甾体抗炎药二醋酸卤泼尼松（Halopredone biacetate）中间体。

三氯甲磺酸 2,2,2-三氟乙基酯

$C_3H_2Cl_3F_3O_3S$，281.46

【英文名】 2,2,2-Trifluoroethyl trichloromethanesulfonate

【性状】 无色液体。bp 84～86℃/2.67 kPa。

【制法】 Steinman M，Topliss J G，et al. J Med Chem，1973，16（12）：1354.

$$Cl_3CSO_2Cl + CF_3CH_2OH \xrightarrow{H_2O,NaOH} Cl_3CSO_2OCH_2CF_3$$
$$(2) \qquad\qquad\qquad\qquad (1)$$

于反应瓶中加入三氯甲磺酰氯（**2**）11.3 g（0.052 mol），2,2,2-三氟乙醇 5 g（0.05 mol），水 15 mL，搅拌下加热至 50℃，滴加由氢氧化钠 2.2 g（0.055 mol）溶于 9 mL 水的溶液，于 40～50℃ 搅拌反应 2 h 冷却过夜。加入石油醚提取。分出有机层，依次用稀氨水、水洗涤，无水硫酸钠干燥。过滤，浓缩，减压蒸馏，收集 101～102℃/5.05 kPa 的馏分，得化合物（**1**）7.9 g，收率 87%。n_D^{24} 1.4275。

【用途】 抗焦虑药哈拉西泮（Halazepam）中间体。

2-对甲苯磺酰氨基苯甲酸

$C_{14}H_{13}NO_4S$，291.32

【英文名】 2-(p-Toluenesulfonylamino) benzoic acid

【性状】 mp 229～230℃。

【制法】 陈仲强，李泉.现代药物的制备与合成：第二卷.北京：化学工业出版社，2011：219.

于反应瓶中加入 1500 mL 水，碳酸钠 260 g（2.4 mol），搅拌溶解。分批加入 2-氨基苯甲酸（**2**）137 g（1 mol），于 60℃分批加入对甲苯磺酰氯 230 g（1.21 mol），加完后于 60℃继续搅拌反应 20 min。升至 80℃，加入 10 g 活性炭脱色 10 min，趁热过滤。

于 4 L 烧杯中加入浓盐酸 250 mL，水 250 mL，搅拌下慢慢加入上述 50℃的滤液，注意反应放出二氧化碳。反应完后过滤，水洗，空气中干燥，而后于 100～120℃干燥，得浅黄色粉末（**1**）257～265 g，收率 86%～91%。用 95% 的乙醇溶解，而后加水析晶，得纯品，mp 229～230℃。

【用途】 抗炎镇痛药奈帕芬胺（Nepafenac）中间体。

3-[N-甲基-N-(2-乙酸甲酯基)胺磺酰基]噻吩-2-羧酸甲酯

$C_{10}H_{13}NO_6S_2$，307.34

【英文名】 Methyl 3-[N-methyl-N-(2-methyl acetate)sulfamoyl]-2-thiophenecarboxylate

【性状】 mp 84～85℃。

【制法】 ①Dieter Binder，Otto Hromatka，Franz Geissler，et al. J Med Chem，1987，30（4）：678. ②陈芬儿.有机药物合成法：第一卷.北京：中国医药科技出版社，1999：579.

3-氯磺酰基噻吩-2-羧酸甲酯（**3**）：于干燥反应瓶中加入化合物（**2**）7.4 g（0.033 mol）、氯化亚砜 50 mL，加热搅拌回流 16 h。减压回收过量的氯化亚砜，冷却，析出固体。加入石油醚加热溶解后，冷却析出结晶。过滤，干燥，得化合物（**3**）7.7 g，收率 91.6%。

3-[N-甲基-N-(2-乙酸甲酯基)磺酰氨基]噻吩-2-羧酸甲酯（**1**）：于反应瓶中加入上述化合物（**3**）20 g（0.078 mol）、三氯甲烷 100 mL，于 10 min 内滴加甲氨基乙酸甲酯 21 g（0.2 mol），于 50℃搅拌反应 20 min 后，静置，分出有机层。依次用 0.5 mol/L 的盐酸、2% 碳酸钠溶液洗涤，无水硫酸钠干燥。过滤，滤液回收溶剂，冷却、析出固体。过滤，得粗品（**1**）。用乙醇重结晶，得（**1**）18.1 g，收率 72%，mp 84～85℃。

【用途】 消炎镇痛药替诺昔康（Tenoxicam）中间体。

氨苯磺酰胍

$$C_7H_{10}N_4O_2S, \ 214.24$$

【英文名】 Sulfaguanidine，4-Amino-N-(diaminomethylene) benzenesulfonamide

【性状】 白色针状结晶。mp 189～190℃。溶于水、乙醇和稀酸。其一水合物的熔点为142.5～143.5℃。

【制法】 韩广甸，赵树纬，李述文. 有机制备化学手册（中）. 北京：化学工业出版社，1978：318.

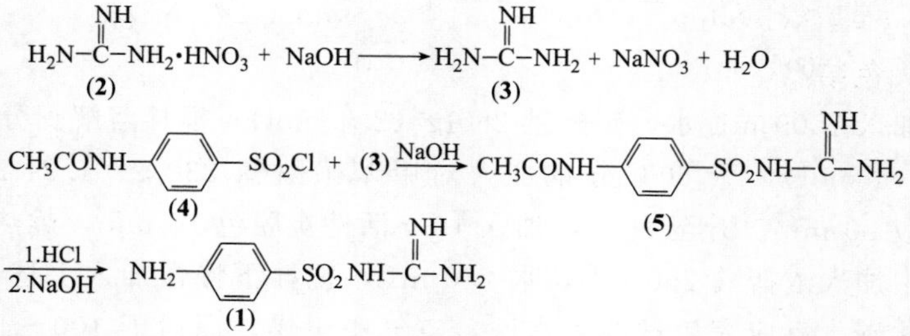

对乙酰氨基苯磺酰胍（**5**）：于反应瓶中加入硝酸胍（**2**）61 g（0.5 mol），50%的氢氧化钠水溶液（由 40 g 氢氧化钠与 40 mL 水配成），保持反应温度在 40℃。冷却至 30℃后，加入丙酮 120 mL。冰盐浴冷至 −5～0℃。剧烈搅拌下滴加对乙酰氨基苯磺酰氯（**4**）116.5 g（0.5 mol）溶于 580 mL 丙酮配成的溶液，同时保持反应温度不超过 0℃。加完后继续保温反应 0.5 h。用醋酸中和至对石蕊呈弱酸性。蒸出丙酮，冷后加水 1.2 L。抽滤，水洗，干燥，得化合物（**5**）100～105 g，收率 78%～80%。

氨苯磺酰胍（**1**）：于反应瓶中加入上述化合物（**5**），6%的稀盐酸 650 mL，搅拌下回流反应。将得到的透明溶液冷却，再用氢氧化钠溶液中和至对石蕊试纸呈碱性。抽滤析出的结晶，水洗。用沸水重结晶，于 110℃干燥，得白色针状结晶（**1**）44～45 g，mp 189～190℃，收率 47%～48%。

【用途】 磺胺类药物氨苯磺酸胍（Sulfaguanidine）原料药，用于肠道抗菌感染。也用作磺胺二甲嘧啶、磺胺嘧啶 SD 等磺胺嘧啶类药物的重要原料。

1-对溴苯磺酰基-5-氟脲嘧啶

$$C_{10}H_6BrFN_2O_4S, \ 349.13$$

【英文名】 1-p-Bromobenzenesulfonyl 5-flurouracil

【性状】 白色固体。mp 253～255℃。可溶于稀碱，不溶于水。

【制法】 周峰岩，孙昌俊等. 合成化学，2000，8（6）：475.

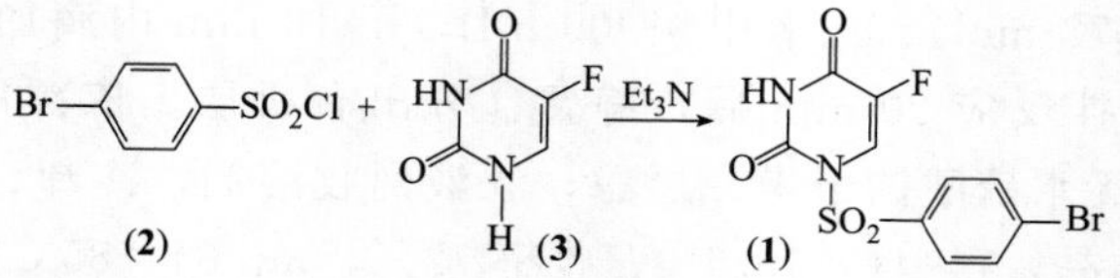

于反应瓶中加入 DMF 40 mL，三乙胺 10 mL，5-氟脲嘧啶（**3**）2.6 g（0.02 mol），对

溴苯磺酰氯（**2**）10.2 g（0.04 mol）。将化合物水浴加热至 30℃，搅拌反应 6 h。过滤，沉淀和滤液均保留。分别用 4 mol/L 的盐酸酸化至 pH2，冷却后过滤。生成的沉淀用 0.05 mol/L 的氢氧化钠溶液溶解，过滤，再用稀盐酸酸化至 pH2，冷却析晶。抽滤，水洗，干燥，得白色固体化合物（**1**）3.9 g，mp 253～255℃，收率 50%。

【用途】　抗癌活性化合物开发。

4-(甲苯磺酰氨基)水杨酸

$C_{14}H_{13}NO_5S$，307.32

【英文名】　4-(Methylphenylsulfonylamino) salicylic acid

【性状】　得无色结晶，mp 238～240℃。

【制法】　Iwanami S，Takashima M，Hirata Y，et al. J Med Chem，1981，24 (10)：1224.

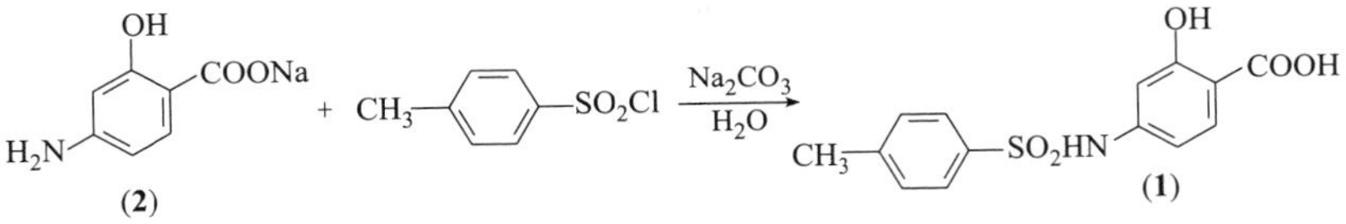

于反应瓶中加入 4-氨基水杨酸钠（**2**）14.0 g（66 mmol），碳酸钠 0.7 g（6.6 mmol），水 27 mL，搅拌下加热至 75～80℃，加入对甲苯磺酰氯 15.2 g（80 mmol），保温反应 10 min。加入 24% 的氢氧化钠水溶液 13 mL，搅拌反应 10 min。冷至 40℃，加入 14 mL 水和 22 mL 13% 的盐酸，静置。过滤，水洗，于 55℃ 真空干燥，得化合物（**1**）18 g，收率 88%。用乙醇重结晶，得无色结晶，mp 238～240℃。

【用途】　精神分裂症治疗药奈莫必利（Namonapride）等的中间体。

盐酸法舒地尔

$C_{14}H_{17}N_3O_2S \cdot HCl$，327.83

【英文名】　Fasudil hydrochloride

【性状】　白色、类白色或微黄色的结晶性粉末。无臭，味微苦。有引湿性。本品在水中极易溶，在甲醇中溶解，在乙醇中略溶，在氯仿中极微溶，在乙醚中几乎不溶。

【制法】　①Hiroyoshi Hidaka，Takanori Sone. US 4678783. 1987. ②张朋，王飞虎，范兴山. 山东化工，2012，41 (5)：25.

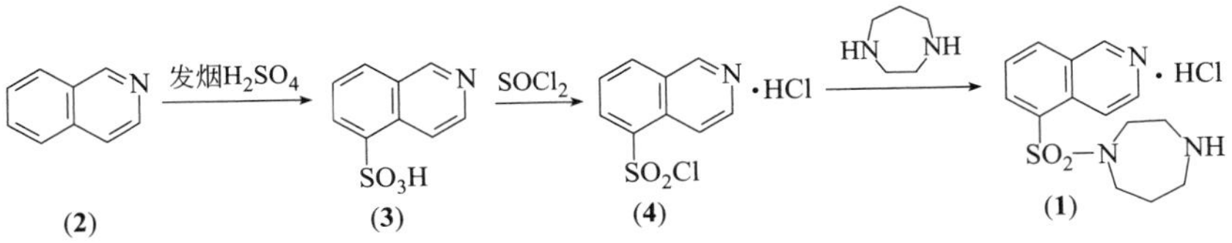

5-异喹啉磺酸（**3**）：于反应瓶中加入 60% 的发烟硫酸 500 g，冰浴冷却。搅拌下滴加异喹啉（**2**）114.4 g（0.887 mol）。加完后慢慢是指 80℃ 反应 18 h。冷却，倒入 1 kg 碎冰中，保持 5℃ 下搅拌 2 h。过滤，滤饼用 100 mL 冷甲醇洗涤，再用 100 mL 乙醚洗涤，真空干燥，得化合物（**3**）108 g，收率 58.3%。

5-异喹啉磺酰氯盐酸盐（**4**）：于反应瓶中加入氯化亚砜 1.2 L，上述化合物（**3**）150 g（0.72 mol），DMF 0.4 mL，搅拌回流反应 3 h。减压蒸出过量的氯化亚砜，剩余物中加入二氯甲烷 300 mL，析出结晶。过滤，二氯甲烷洗涤，真空干燥，得化合物（**4**）170 g，收率 89.4%。

盐酸法舒地尔（**1**）：于反应瓶中加入上述化合物（**4**）5.5 g（0.021 mol），冰水 50 mL，用饱和碳酸氢钠水溶液调至 pH6，用二氯甲烷 100 mL 提取备用。

于另一反应瓶中加入二氯甲烷 50 mL，高哌嗪 5.0 g（0.05 mol），冰浴冷却，搅拌下滴加上述二氯甲烷溶液，约 20 min 加完。加完后于 15～20℃继续搅拌反应 2 h。水洗，无水硫酸钠干燥。过滤，滤液减压浓缩，得油状物。过硅胶柱纯化，得 5.1 g 游离碱。按照常规方法将其与氯化氢-甲醇溶液反应，得化合物（**1**），收率 88%。

【用途】 血管扩张药盐酸法舒地尔（Fasudil hydrochloride）原料药。

安吖啶

$C_{22}H_{20}N_2O_3S$，392.47

【英文名】 Amsacrine
【性状】 橙红色固体。mp 229～231℃。
【制法】 陈冰，高凡，冬海洋，王建红，赵文善. 中国医药工业杂志，2015，46（9）：950.

3-甲氧基-4-(9-吖啶基氨基) 硝基苯（**3**）：于反应瓶中加入 2-甲氧基-4-硝基苯胺（**2**）3.5 g（20 mmol），无水乙醇 30 mL，搅拌溶解。加入浓硫酸 0.5 mL，冰浴冷却，搅拌 30 min。慢慢滴加 9-氯吖啶 3.0 g（14 mmol）溶于 10 mL 氯仿的溶液。加完后继续反应 10 min，而后室温反应 12 h。TLC 跟踪反应至反应完全。过滤，滤液用饱和碳酸钠溶液洗涤 3 次，水层用二氯甲烷提取。合并有机层，无水硫酸钠干燥。过滤，浓缩，得橙黄色固体（**3**）4.6 g，收率 94%，mp 252～254℃。

3-甲氧基-4-(9-吖啶基氨基) 苯胺（**4**）：于反应瓶中加入氯化亚锡 11.0 g（52 mmol），浓盐酸 15 mL，化合物（**3**）4.6 g（13 mmol），于 100℃搅拌反应 3 h。将反应物倒入 100 mL 冰水中，用氨水中和至 pH7～8，二氯甲烷提取。有机层合并，无水硫酸钠干燥。过滤，浓缩，剩余物过柱纯化，得橙红色固体（**4**）3.2 g，收率 78%，mp 89～93℃。

安吖啶（**1**）：于反应瓶中加入上述化合物（**4**）3.2 g（10 mmol），二氯甲烷 40 mL，三乙胺 10 mL，搅拌下滴加甲磺酰氯 4.6 g（40 mmol），室温搅拌反应 4 h。用饱和碳酸钠溶液洗涤（100 mL×3），减压浓缩，剩余物溶于 20 mL 无水乙醇中，冷却下用 4 mol/L 的盐酸调至 pH4～5，析出橙红色固体。过滤，滤饼加入 5% 的氢氧化钠溶液 20 mL 中，调至 pH8，二氯甲烷提取。合并有机层，无水硫酸钠干燥。过滤，浓缩，得橙红色固体（**1**）2.2 g，收率 56%，mp 229～231℃。

【用途】 急性骨髓性白血病治疗药安吖啶（Amsacrine）原料药。

2-甲氧基-5-氨磺酰基苯甲酸

$C_8H_9NO_5S$，231.22

【英文名】 2-Methoxy-5-sulfamoylbenzoic acid

【性状】 白色结晶。mp 210～211℃。

【制法】 ①韩长日，明文昱，王昌明，肖云. 中国医药工业杂志，1991，22（7）：320. ②Harrold M W，Wallace B A，Farooqui T，et al. J Med Chem，1989，32（4）：874.

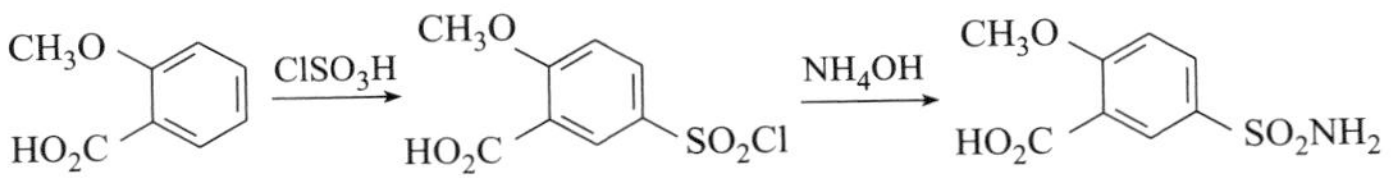

2-甲氧基-5-(氯磺酰基)苯甲酸（**3**）：于干燥的反应瓶中加入 2-甲氧基苯甲酸（**2**）5.5 g（0.036 mol），冷至 10℃ 以下，搅拌下滴加氯磺酸 15 mL（0.226 mol），约 12 min 滴完。升温至 10～70℃，搅拌 1 h。冷却，将反应液倒入冰水 100 g 中，析出黄色固体。过滤，水洗，得（**3**）6.8 g。

2-甲氧基-5-氨磺酰基苯甲酸（**1**）：于反应瓶中加入上述化合物（**3**）6.0 g（0.024 mol），冷至 5℃ 以下，于搅拌下滴加浓氨水（28%，d＝0.9）60 mL，保温搅拌 0.5 h，而后于 70℃ 搅拌 15 min。冷却，用 2.0 mol/L 盐酸（约 125 ml）调至 pH2～3，析出白色结晶。过滤，水洗，干燥，得（**1**）4.2 g，收率 62.6%，mp 210～211℃。

【用途】 临床上用作止吐剂、抗胃肠功能紊乱药和抗精神药左舒必利（Levosulpiride）中间体。

第十一章 硝化、亚硝化反应

一、硝酸酯

5-单硝酸异山梨醇酯

$$C_6H_9NO_6, 191.14$$

【英文名】 Isosorbide 5-mononitrate

【性状】 白色针状结晶。mp 90~92℃。

【制法】 邢慧海，鲍杰，段梅莉.中国医药工业杂志，2011，42（7）：489.

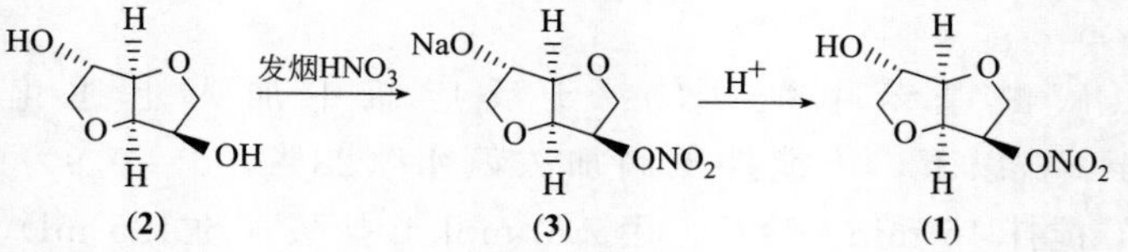

于反应瓶中加入甲苯 15 mL，乙酸 5 mL，醋酸酐 5 mL，搅拌下加热至约 55℃，加入异山梨醇（**2**）2.4 g，冷至 35℃，滴加发烟硝酸 0.6 mL（13.3 mmol），于 30℃ 搅拌反应 3 h。将反应物倒入 50 mL 冰水中，用 30% 的氢氧化钠溶液调至 pH7（约需 13.5 mL）。分出水层，有机层用水提取。合并水层，用丁酮提取（100 mL×3），合并有机层，减压蒸出溶剂，得油状物 1.8 g。加入无离子水 50 mL，冷至 0℃，滴加 30% 的氢氧化钠溶液 100 mL，反应 2 h 后过滤，得白色固体（**3**）1.4 g，直接用于下一步反应。

将上述化合物（**3**）加入 15 mL 无离子水中，生成悬浊液，用稀盐酸调至 pH6，生成乳浊液。用丁酮提取。蒸出溶剂，得白色针状结晶（**1**）0.55 g，收率 18.3%，mp 90~92℃。

【用途】 心脏病治疗药物单硝酸异山梨醇酯（Isosorbide 5-mononitrate）原料药。

硝化甘油

$$C_3H_5N_3O_9, 227.09$$

【英文名】 Nitroglycerine

【性状】 无色或黄色澄清油状液体。

【制法】 王庆法，石飞，张香文等.含能材料，2009，17（3）：304.

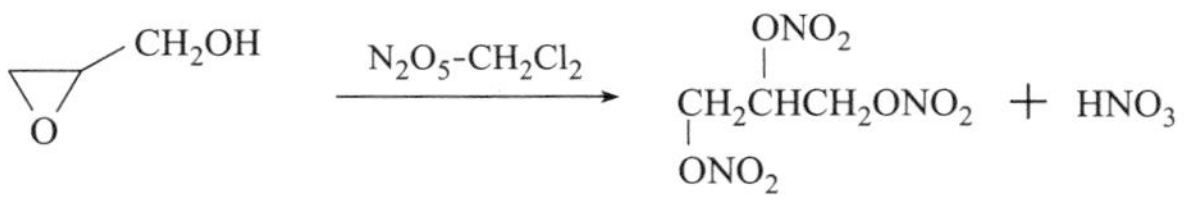

（2） （1）

于反应瓶中加入分子筛催化剂 0.25 g，1 mol/L 的 N_2O_5-CH_2Cl_2 溶液 20 mL，冰浴冷却至 0℃，滴加缩水甘油（**2**）溶于二氯甲烷的溶液 5 mL（1.2 mol/L），加完后慢慢升至 15～20℃，搅拌反应 4 h。慢慢加入饱和碳酸氢钠溶液中和，水洗至中性。无水硫酸镁干燥后，过滤，分析表明，其中主产物为化合物（**1**），副产物为缩水甘油单硝酸酯。

【用途】 血管扩张药硝化甘油（Nitroglycerine）原料药、含能材料（炸药）。

萘普西诺

$C_{18}H_{21}NO_6$，347.37

【英文名】 Naproxcinod
【性状】 透明油状物。
【制法】 曹亮，李慧，张恺等.中国医药工业杂志，2009，40（9）：644.

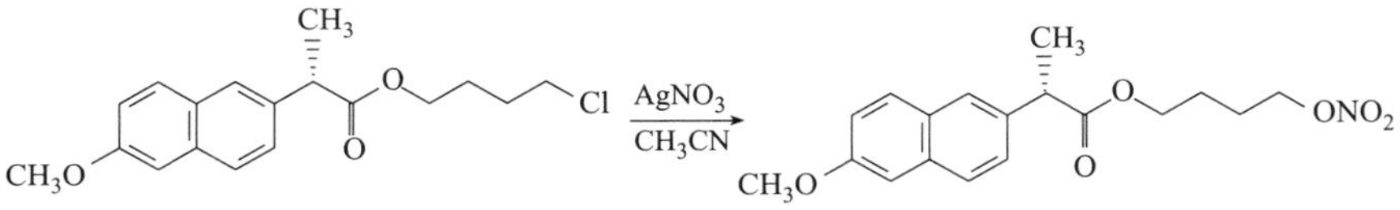

（2） （1）

于反应瓶中加入化合物（**2**）9.6 g（0.03 mol），无水乙腈 30 mL，搅拌溶解。加入硝酸银 5.8 g（0.035 mol），避光搅拌回流反应 5.5 h，TLC 跟踪反应至完全。冷却，减压浓缩至干。加入二氯甲烷 35 mL，搅拌 10 min，过滤。滤液减压浓缩至干，加入 50 mL 乙醇，活性炭脱色后，过滤，浓缩至干。30℃真空干燥过夜，得淡黄色透明油状物（**1**）9.37 g，收率 90%，纯度 98.2%（HPLC）。

【用途】 非甾体抗炎药萘普西诺（Naproxcinod）原料药。

二、硝化反应

4-（3-氯丙氧基）-5-甲氧基-2-硝基苯甲酸甲酯

$C_{12}H_{14}ClNO_6$，303.70

【英文名】 Methyl 4-(3-chloropropoxy)-5-methoxy-2-nitrobenzoate
【性状】 黄色固体。mp 63～65℃。
【制法】 王刚，张帆，张玉珠.中国医药工业杂志，2014，45（1）：13.

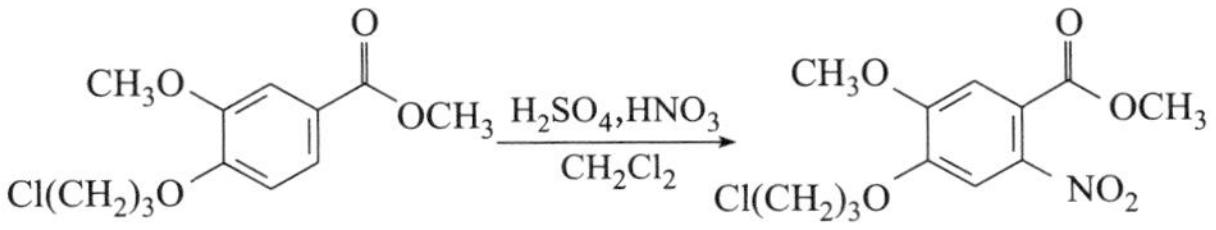

（2） （1）

于反应瓶中加入 4-(3-氯丙氧基)-5-甲氧基苯甲酸甲酯（**2**）130 g（0.5 mol），二氯甲烷 450 mL，搅拌溶解，冷至 10℃ 以下，慢慢滴加由浓硝酸 31.6 mL（0.75 mol）和浓硫酸 38 mL（0.7 mol）配成的混酸。加完后继续于 10～15℃ 搅拌反应 2 h。将反应物倒入 400 mL 水中，分出有机层，水洗，无水硫酸钠干燥。过滤，浓缩，干燥，得黄色固体（**1**）137.6 g，收率 90%，mp 63～65℃。

【用途】 Aurora 激酶抑制剂 ZM-447439 的合成中间体。

3-氨基-4-羟基苯甲酸甲酯

$$C_8H_9NO_3，167.16$$

【英文名】 Methyl 3-amino-4-hydroxybenzoate

【性状】 白色固体。mp 141～143℃。

【制法】 陈峰，张生平，王佩倍，李月珍，赖宜生. 中国医药工业杂志，2014，45（8）：701.

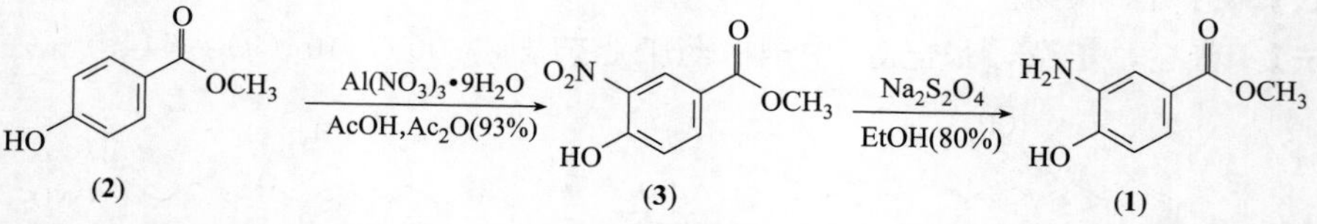

3-硝基-4-羟基苯甲酸甲酯（**3**）：于反应瓶中加入冰醋酸 40 mL，醋酸酐 40 mL，搅拌下加入九水合硝酸铝 20 g（53 mmol），冰浴冷却下加入 4-羟基苯甲酸甲酯（**2**）20 g（131 mmol），搅拌反应 1 h。将反应物倒入 500 mL 水中，析出固体。过滤，水洗，干燥，得浅黄色固体（**3**）24 g，收率 93%，mp 73～75℃。

3-氨基-4-羟基苯甲酸甲酯（**1**）：于反应瓶中加入 60% 的乙醇 100 mL，上述化合物（**3**）10 g（51 mmol），分批加入连二硫酸钠 17.8 g（102 mmol），搅拌反应 1 h。减压蒸出溶剂，剩余物倒入 100 mL 冰水中，过滤，水洗，干燥，得白色固体（**1**）6.8 g，收率 80%，mp 141～143℃。

【用途】 抗癌药来那替尼（Neratinib）中间体。

3,5-二硝基苯甲酸

$$C_7H_4N_2O_6，212.12$$

【英文名】 3,5-Dinitrobenzoic acid

【性状】 白色或浅黄色单斜晶体。mp 205～207℃，bp 300～303℃。易溶于醇和冰醋酸，微溶于水、醚。能随水蒸气挥发。

【制法】 Brewster R Q. Org Synth，1955，Coll Vol 3：337.

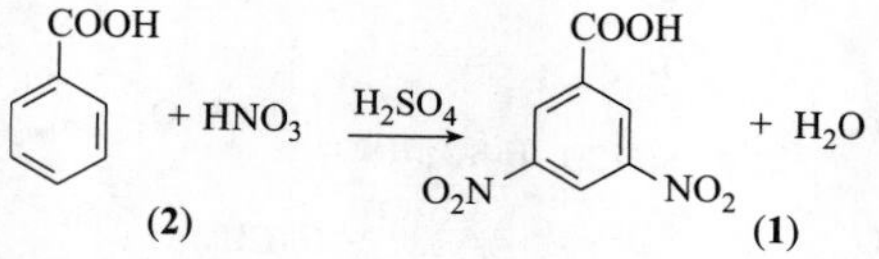

于反应瓶中加入苯甲酸（**2**）61 g（0.5 mol），浓硫酸（d1.84）300 mL。搅拌下分批

加入发烟硝酸（$d1.54$）100 mL，每次加入 2～3 mL，控制反应液温度在 70～90℃。加完后放置过夜。而后水浴加热反应 4 h，冷至室温，有黄色晶体析出。再加入发烟硝酸 75 mL，水浴加热 3 h。再在油浴中于 135～145℃反应 3 h。冷却，慢慢倒入 1500 g 冰水中，析出固体。抽滤，水洗，干燥，得 3,5-二硝基苯甲酸（**1**）62～65 g。粗品用 50% 的乙醇 270 mL 重结晶，得纯品 57～61 g，收率 54%～58%，mp 205～207℃。

【用途】　维生素 D_2、维生素 D_3、诊断用药泛影酸（Diatrizoic acid）等的中间体。

3-(5-硝基-2-呋喃基)丙烯腈

$C_7H_4N_2O_3$，164.12

【英文名】　3-(5-Nitrofuran-2-yl)acrylonitrile

【性状】　黄色固体。mp 74～77℃。溶于乙醇、乙醚、氯仿、乙酸乙酯等有机溶剂，不溶于水。

【制法】　孙昌俊，曹晓冉，王秀菊．药物合成反应——理论与实践．北京：化学工业出版社，2007：144.

于反应瓶中加入醋酸酐 270 g，冰盐浴冷至 0℃以下，滴加 48 g 发烟硝酸（98%～100%）与 1 mL 浓硫酸的混合液。滴加过程中反应放热，控制反应温度不超过 0℃。加完后滴加由醋酸酐 115 g（共用 385 g，3.77 mol）与 2-呋喃丙烯腈（**2**）60 g（0.5 mol）配成的溶液，控制反应温度在 -5～0℃。加完后继续低温反应 1.5 h。将反应液慢慢倒入碎冰中，充分搅拌，控制温度不超过 15℃。过滤析出的固体，水洗至洗涤液 pH5～6。干燥，得土黄色固体化合物（**1**）50.4 g，收率 61.5%，mp 71～77℃。

【用途】　广谱抗菌药呋喃唑酮（Furazolidone）等的中间体。

4,5-二-(2-甲氧乙氧基)-2-硝基苯甲酸甲酯

$C_{14}H_{19}NO_8$，329.31

【英文名】　Methyl 4,5-bis-(2-methoxyethoxy)-2-nitrobenzoate

【性状】　浅棕色油状液体。溶于乙醇、乙醚、氯仿、乙酸乙酯等有机溶剂，不溶于水。

【制法】　①李铭东，曹萌，吉民．中国医药工业杂志，2007：38（4）：257. ②Allan W，Floyd，Brawner，et al. Bioorganic & Medicinal Chemestry Letters，2002，12（20）：2893.

于反应瓶中加入 3,4-二-(2-甲氧基乙氧基)-苯甲酸甲酯（**2**）79.6 g（0.28 mol），冰醋酸 150 mL，搅拌溶解。冰浴冷却至 0℃，慢慢滴加 65%～67% 的硝酸 50 mL，控制滴加速度以保持反应液温度在 5℃以下。加完后于室温反应 1 h，而后于 50～60℃反应 4 h。将反应物慢慢倒入 3 L 冰水中，充分搅拌。用固体碳酸钠中和至 pH6.5～7，用乙酸乙酯提取

（200 mL×4）。合并有机层，依次用饱和碳酸氢钠、水洗涤，无水硫酸钠干燥。减压蒸出溶剂，得浅棕色油状液体（**1**）88.5 g，收率96%。

【用途】 抗肿瘤药盐酸埃洛替尼（Erlotinib hydrochloride）合成中间体。

2-溴-6-硝基苯酚

$C_6H_4BrNO_3$，218.01

【英文名】 2-Bromo-6-nitrophenol

【性状】 亮黄色固体。mp 66～70℃。

【制法】 陈仲强，李泉. 现代药物的制备与合成：第二卷. 北京：化学工业出版社，2011：387.

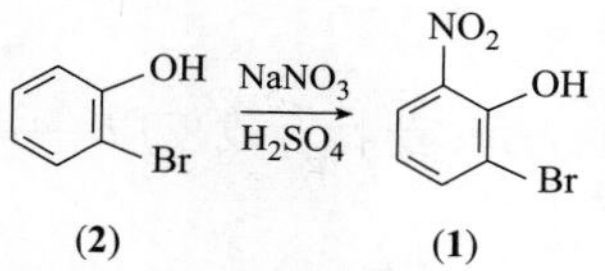

于反应瓶中加入硝酸钠 29 g（0.34 mol），浓硫酸 40 g 和水 70 mL 配成的稀硫酸，冰浴冷却至10℃，搅拌下慢慢加入邻溴苯酚（**2**）32.9 g（0.19 mol）。加完后升至室温反应 2 h。反应结束后加入 200 mL 水，乙醚提取，合并乙醚层，无水硫酸钠干燥。过滤，浓缩，剩余物过硅胶柱纯化，以 10% 的乙酸乙酯-己烷洗脱，得亮黄色固体（**1**）10.9 g，收率25%。

【用途】 特发性血小板减少性紫癜（ITP）治疗药物艾曲波帕（Eltrombopag）中间体。

5-硝基-2-糠醛二醋酸酯

$C_9H_9NO_7$，243.17

【英文名】 5-Nitro-2-furaldehyde diacetate

【性状】 白色结晶。mp 92.5℃。

【制法】 ①王惠贞，宋时英，宋迪生，杨哲民. 林产化学与工业，1986，6（2）：29. ②孙昌俊，曹晓冉，王秀菊. 药物合成反应——理论与实践. 北京：化学工业出版社，2007：146.

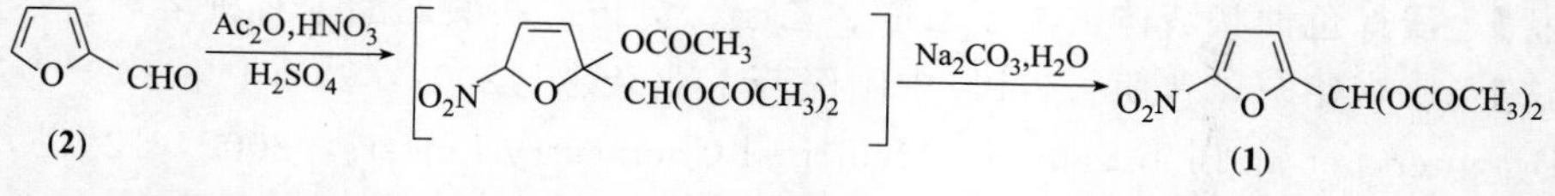

于安有搅拌器、温度计、两个滴液漏斗的反应瓶中，加入醋酸酐 300 g，冰盐浴冷至−7℃，搅拌下滴加 82 g 硝酸和 1.3 g 硫酸的混合液。先滴加约 10 mL，于0℃以下滴加新蒸馏过的糠醛（**2**）约 10 g。5 min 后同时滴加混酸和糠醛（共 86 g，1 mol），保持内温不超过7℃，并混酸先加完。原料全部加完后，于5℃左右反应 0.5 h。滴加碳酸钠 48 g 溶于 520 mL 水配成的溶液，于60℃左右搅拌反应 1.5 h。冷至15℃以下，抽滤，滤饼用冷水洗涤至洗涤液无色，干燥，得化合物（**1**）205 g，收率84.3%，mp 88～92℃。

【用途】 消毒防腐药呋喃西林（Nitrofurazone）、敏感菌所致的泌尿系统感染治疗药物呋喃妥因（Furantoin）等的中间体。

3-（5-硝基呋喃-2-基）丙烯酸

$$C_7H_5NO_5，183.13$$

【英文名】 3-(5-Nitrofuran-2-yl)acrylic acid

【性状】 浅黄色结晶性固体。

【制法】 孙昌俊，曹晓冉，王秀菊.药物合成反应——理论与实践.北京：化学工业出版社，2007：146.

(2) → **(1)**

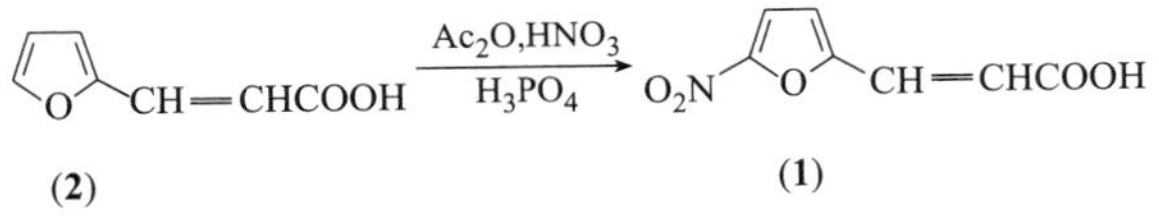

于反应瓶中加入三氯乙烷 200 g，醋酸酐 230 g，搅拌下冷至 −15℃，加入磷酸（82%）24 g，再冷至 −18℃，慢慢滴加发烟硝酸（96%）166 g，控制温度不超过 −10℃。加完后冷至 −22℃，逐渐分批加入呋喃丙烯酸（**2**）138 g（1 mol），控制内温不超过 −18℃，约 4~5 h 加完。加完后继续搅拌反应 20 min。慢慢倒入冰水中放置 20 min，抽滤，水洗至 pH5，干燥，得化合物（**1**）113 g，收率 62%。

【用途】 内服抗血吸虫病药物药物呋喃丙胺（Funanbingan）等的中间体。

2-氨基-5-硝基吡啶

$$C_5H_5N_3O_2，139.11$$

【英文名】 2-Amino-5-nitropyridine

【性状】 黄色结晶。mp 188℃。溶液乙醇、氯仿、乙酸乙酯，不溶于水，可溶于稀酸。

【制法】 方法1 宁换焱，杨晓云，黄其亮等.农药，2010，49（7）：492.

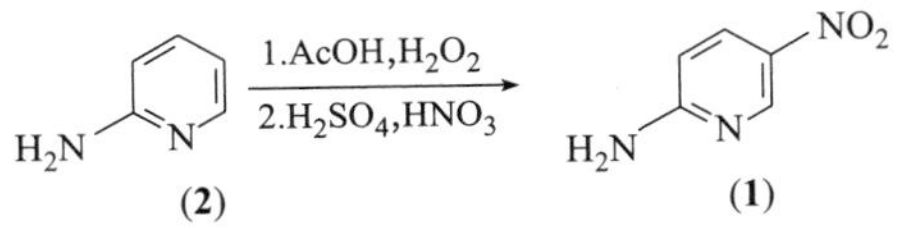

(2) → **(1)**

于反应瓶中加入 2-氨基吡啶（**2**）5.0 g（0.05 mol），溶于冰醋酸中，滴加双氧水 0.11 mol，于 40℃搅拌反应 3 h。减压浓缩，得 2-氨基吡啶 N-氧化物。

于反应瓶中加入浓硫酸 32 g（0.32 mol），冰浴冷却，搅拌下分批加入上述 N-氧化物，反应放热并冒白烟，10 min 后呈淡黄色。冰浴冷却，慢慢加入浓硝酸 6.36 g（0.06 mol），约 40 min 加完。加完后于 45℃搅拌反应 1 h，反应体系呈深红色，约 8 h 反应结束。将反应物倒入冰水中，于 0℃加入氨水调至 pH3，有固体析出，当 pH 达到 6 时，析出大量黄绿色固体。过滤，冷水洗涤。将其溶于甲醇中，搅拌回流，加入 PCl₃ 7.2 g（0.05 mol），1 h 后活性炭脱色。趁热过滤，减压蒸馏至干，得黄色固体（**1**）3.74 g，收率 47.3%，mp 190~191℃。

方法2 孙昌俊，曹晓冉，王秀菊.药物合成反应——理论与实践.北京：化学工业出版社，2007：146.

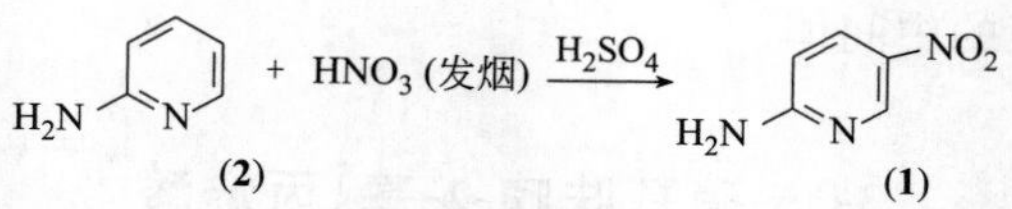

于反应瓶中加入 98% 的硫酸 230 mL，冷却下于 50℃ 以下慢慢加入 2-氨基吡啶（**2**）106 g（1 mol）。慢慢滴加发烟硝酸（d 1.5）45 g，控制反应液温度不超过 50℃。加完后于 45℃ 左右反应 2 h。再室温反应 4 h。将反应液慢慢倒入碎冰中，充分搅拌下控制不高于 5℃，用氨水调至 pH6，析出晶体。抽滤，水洗，干燥。水中重结晶，得黄色片状结晶（**1**）104 g，收率 75%，mp 188～190℃。

【用途】 恶性疟疾治疗药咯萘啶磷酸盐（Malaridine phosphate）等的中间体。

对硝基乙酰苯胺

$C_8H_8N_2O_3$，180.16

【英文名】 4-Nitroacetanilide

【性状】 白色棱状结晶。mp 215～216℃（分解）。溶于热水、醇、醚，几乎不溶于冷水。

【制法】 韩广甸，赵树纬，李述文. 有机制备化学手册（上）. 北京：化学工业出版社，1980：167.

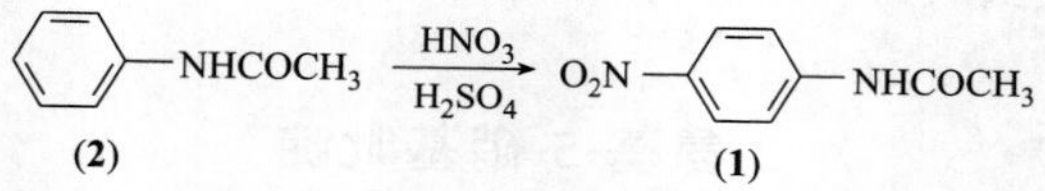

于反应瓶中加入浓硫酸 45 mL，冰醋酸 10 mL，室温搅拌下分批加入研细的乙酰苯胺（**2**）13.5 g（0.1 mol），冰浴冷至 0℃，滴加由 68% 的硝酸 9.4 g 和硫酸 9 g 配成的混酸，反应温度不超过 5℃。加完后于 3～5℃ 搅拌反应 3～4 h。将反应物倒入 250 mL 冰水中，过滤析出的固体，水洗，干燥，乙醇中重结晶，得化合物（**1**）12.5～13 g，收率 70%～72%。

【用途】 镇静药硝基地西泮、解热药非那西汀（Phenacetin，Acetophenetidine）等的中间体。

间硝基苯甲腈

$C_7H_4N_2O_2$，148.12

【英文名】 3-Nitrobenzonitrile

【性状】 结晶性固体。mp 115～117℃。溶于氯仿、热乙醇、热醋酸，微溶于乙醚、水。

【制法】 方法 1 李光壁，王明刚. 中国医药工业杂志，2008，39（2）：88.

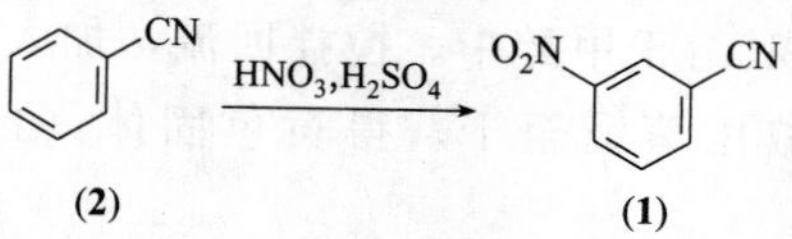

于反应瓶中加入浓硫酸 100 mL，冰水浴冷却至 10℃ 左右，慢慢加入苯甲腈（**2**）30 mL（0.28 mol），而后慢慢滴加硝酸（95%）15 mL，保持反应液℃不超过 10℃，约

50 min 加完。加完后继续搅拌反应 2 h。将反应物倒入 700 g 碎冰中析出白色固体。抽滤，依次用 2% 的碳酸钠、水洗涤，真空干燥，得化合物（**1**）35 g，收率 84.5%，mp 115～117℃。

方法 2 孙昌俊，曹晓冉，王秀菊. 药物合成反应——理论与实践. 北京：化学工业出版社，2007：148.

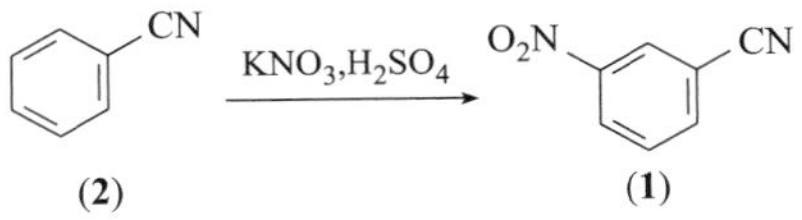

于反应瓶中加入浓硫酸 300 mL，干燥的硝酸钾 110 g（1.09 mol），搅拌下加热使之基本溶解。冷至 10℃，于 20℃以下慢慢滴加苯甲腈（**2**）100 g（0.97 mol），约 3 h 加完，继续搅拌反应 1 h。将所得黏稠物慢慢倒入碎冰中（2 kg），充分搅拌，析出固体。抽滤，滤饼水洗。加入稀氨水搅拌，抽滤，直至氨水洗涤液呈淡黄色为止。用稀乙醇重结晶，得化合物（**1**）88 g，收率 61%，mp 115～116℃。

【用途】 兽药咪唑苯脲（Imidocarb）、新药开发中间体。

2-甲基-5-硝基咪唑

$C_4H_5N_3O_2$，127.10

【英文名】 2-Methyl-5-nitroimidazole
【性状】 结晶性固体。mp 252～254℃（255℃）。
【制法】 ①蔡绍安，韦恂双. 化工技术与开发，2012，41（11）：18. ②孙昌俊，曹晓冉，王秀菊. 药物合成反应——理论与实践. 北京：化学工业出版社，2007：148.

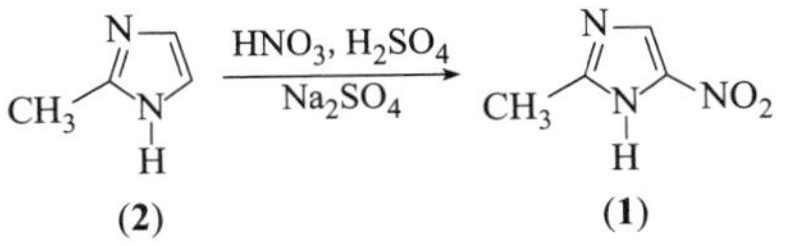

于反应瓶中加入浓硫酸 125 mL，无水硫酸钠 125 g，冷却下慢慢加入 2-甲基咪唑（**2**）82 g（1 mol），升温至 150～160℃，滴加硝酸 110 mL。加完后于 160～170℃反应 1 h。冷至 140℃以下，慢慢倒入碎冰中，用氨水调至 pH3.5～4，析出浅黄色固体。抽滤，水洗至中性。干燥，得化合物（**1**）75 g，收率 59%，mp 249～251℃。

【用途】 抗滴虫药甲硝唑（Metronidazole）等的中间体。

间硝基苯甲酸

$C_7H_5NO_4$，167.12

【英文名】 *m*-Nitrobenzoic acid
【性状】 白色至微黄色单斜叶片状结晶。mp 142℃。溶于丙酮、氯仿、乙醇、乙醚，微溶于苯、水。
【制法】 ①孙昌俊，曹晓冉，王秀菊. 药物合成反应——理论与实践. 北京：化学工业出版社，2007：149. ②杨晓军，杨琴，杨芳，李西安. 延安大学学报，2012，31（3）：76.

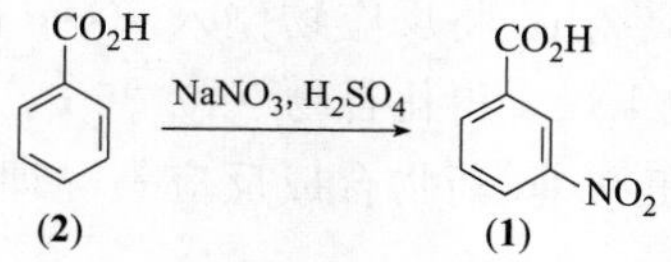

于反应瓶中加入浓硫酸 230 mL，加热至 40℃左右，分批加入烘干研细的硝酸钠 117 g（1.38 mol）和苯甲酸（**2**）122 g（1 mol）的混合物。加完后升温至 90℃搅拌反应 1.5 h。稍冷后慢慢倒入冰水中，析出黄色固体。抽滤，水洗三次，得间硝基苯甲酸粗品。将其溶于 5 倍量的沸水中，剧烈搅拌下于 80℃用石灰水干稠物（1∶4）调至 pH9。抽滤，得间硝基苯甲酸钙盐。将钙盐加入 5 倍量的水中，加热至 95℃，搅拌溶解。用盐酸调至刚果红试纸变蓝。冷后滤出析出的固体，水洗，干燥，得化合物（**1**）100 g，收率 60%，mp 140～142℃。

【用途】 诊断用药醋碘苯酸（Acetrizoic acid）、胆影酸（Adipiodone）等的中间体。

间硝基苯甲醛

$C_7H_5NO_3$，151.12

【英文名】 *m*-Nitrobenzaldehyde

【性状】 金黄色结晶。mp 58～59℃，bp 164℃/3.06 kPa。溶于醇、醚、氯仿、丙酮，几乎不溶于水。能随水蒸气挥发。

【制法】 方法 1 韩广甸，赵树纬，李述文. 有机制备化学手册（上）. 北京：化学工业出版社，1980：166.

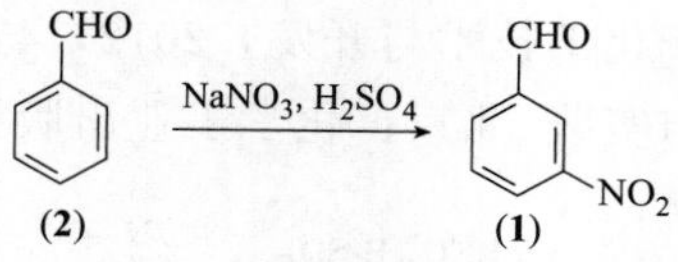

于反应瓶中加入浓硫酸 400 mL，干燥的硝酸钾 110 g（1.09 mol），搅拌下溶解，冷至 0℃。滴加苯甲醛（**2**）100 g（0.94 mol），控制滴加温度在 0～5℃。加完后于 8～10℃反应 1.5 h。将反应物倒入 200 g 冰水中，析出固体。抽滤，依次用冷水、5% 的冷碳酸钠溶液、水洗涤，再用少量乙醇洗去邻硝基苯甲醛，低温真空干燥，得化合物（**1**）118 g，收率 82.8%，mp 58～60℃。

方法 2 孙昌俊，曹晓冉，王秀菊. 药物合成反应——理论与实践. 北京：化学工业出版社，2007：150.

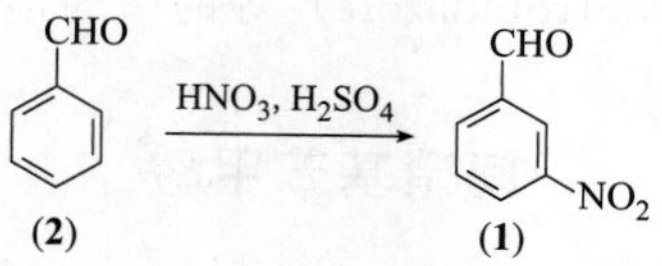

于反应瓶中加入浓硫酸 750 mL，冷至 20℃以下，慢慢加入 97% 的硝酸 95 g，而后降至 5℃以下，滴加苯甲醛（**2**）106 g（1 mol）。加完后于 5～10℃反应 1 h 左右，直至无明显苯甲醛的气味。将反应液倒入碎冰中，充分搅拌，使沉淀析出完全。抽滤，滤饼依次用冷水、5% 的碳酸钠洗涤，再用少量乙醇洗去邻位硝基物，低温真空干燥，得化合物（**1**）105 g，收率 70%，mp 52～58℃。

【用途】 诊断用药（脊髓造影）碘番酸（Iopanoic acid）、诊断用药碘普酸钙（Calcium

iopadate）等的中间体。

5-硝基异酞酸

$C_8H_5NO_6$，211.13

【英文名】 5-Nitroisophthalic acid
【性状】 白色针状结晶。mp 265℃。易溶于乙醇、乙醚和热水。
【制法】 黄建炎，潘健.安徽大学学报：自然科学版，2006，30（4）：84.

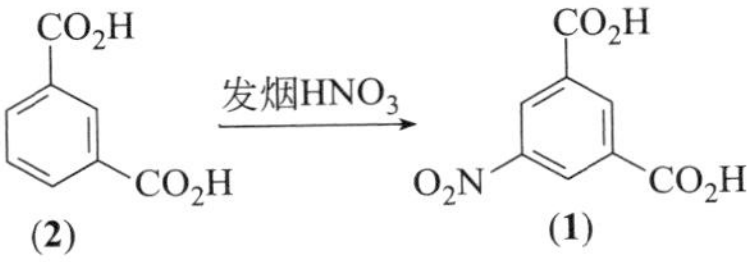

于反应瓶中加入发烟硝酸（d1.5）160 g，分批加入干燥的异酞酸（**2**）20 g，搅拌下慢慢升温至回流反应 6 h。蒸去过量的硝酸，冷却后倒入冰水中，析出结晶。抽滤，冷水洗涤。而后用 8 倍量的蒸馏水重结晶，活性炭脱色，趁热过滤，冷后析出结晶。抽滤，干燥，得（**1**）22.2 g，收率 87.2%，mp 265～267℃。
【用途】 诊断用药新泛影酸钠（Sodium iothalamate）的中间体。

4-硝基邻苯二甲酰亚胺

$C_8H_4N_2O_4$，192.13

【英文名】 4-Nitrophthalimide
【性状】 黄色针状或叶状结晶。mp 202℃（180～182℃）。溶于醇、乙酸、丙酮，难溶于热水。
【制法】 项斌，史鸿鑫，姜一飞.浙江工业大学学报，2003，31（6）：512.

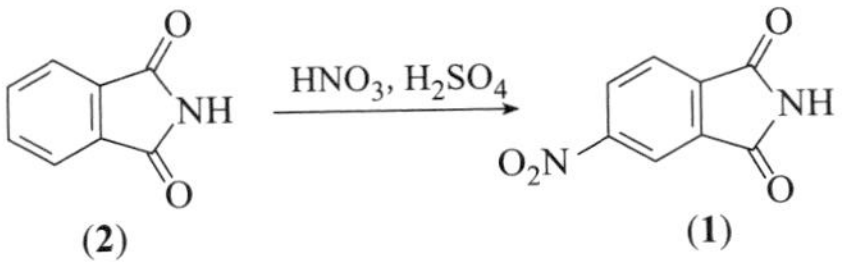

于反应瓶中加入98%的硫酸31.6 mL，冷至5℃，滴加发烟硝酸（d1.5）56.9 g，控制滴加温度在 10～15℃。加完后一次加入邻苯二甲酰亚胺（**2**）20 g（0.135 mol）。自然升至室温，剧烈搅拌反应 10 h。搅拌下慢慢将反应物倒入碎冰中，控制温度在20℃以下，析出固体。抽滤，水洗，干燥，得粗品。用 95%的乙醇重结晶，得黄色鳞片状结晶（**1**）21.6 g，收率82.6%，mp 192～192.7℃。
【用途】 诊断用药异硫氰酸荧光素（Fluorescein isothiocyanate）等的中间体。

4-硝基苯乙腈

$C_8H_6N_2O_2$，162.15

【英文名】 4-Nitrophenylacetonitrile
【性状】 无色片状结晶。mp 117℃。溶于乙醇、氯仿、乙醚和苯，不溶于水。

【制法】 方法1 韦长梅，稽鸣.精细化工，2001，18（4）：234.

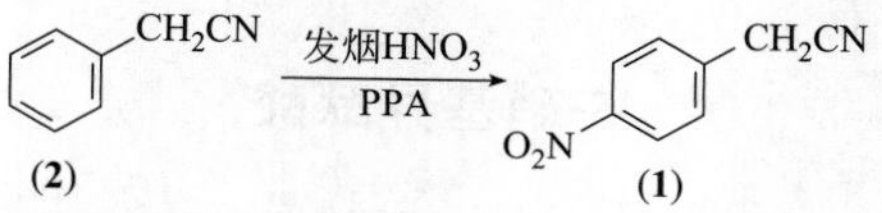

于反应瓶中加入68%的硝酸27.5 mL，冷至5℃，分批加入多聚磷酸35 g，控制温度不超过20℃。冷至0℃，滴加苯乙腈（**2**）15 g，控制温度不超过10℃。加完后升至20℃搅拌反应2 h。将反应物倒入100 g冰水中，析出淡黄色固体。用10∶1（体积比）的乙醇-水重结晶，得浅黄色固体（**1**）12.9 g，收率64.7%。

方法2 孙昌俊，曹晓冉，王秀菊.药物合成反应——理论与实践.北京：化学工业出版社，2007：152.

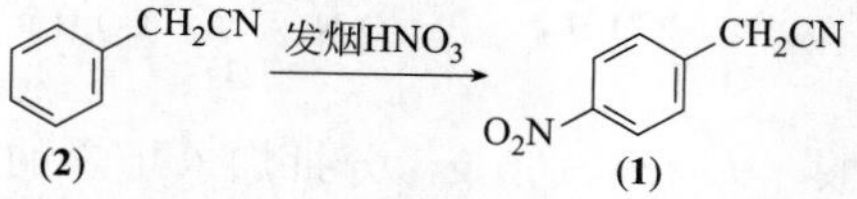

于反应瓶中加入发烟硝酸（*d*1.5）1.4 kg，冰水浴冷却，控制20～28℃滴加苯乙腈（**2**）234 g（2 mol），约1 h加完。而后继续于25℃左右反应3 h。将反应物慢慢倒入3 kg碎冰中，控制温度不高于25℃，充分搅拌。过滤析出的固体，冷水洗涤，干燥，得粗品240 g，收率75%。

将粗品用6倍量的乙醇重结晶，得片状结晶（**1**）150 g，mp 115～117℃。

【用途】 镇痛药左啡诺（Levorphanol）、麻醉类药物乙氧硝唑（Etonitazene）等的中间体。

2,4,5-三氯硝基苯

$$C_6H_2Cl_3NO_2，226.43$$

【英文名】 2,4,5-Trichloronitrobenzene，1,2,4-Trichloro-5-nitrobenzene
【性状】 黄色结晶。mp 58.5℃。溶于热乙醇，不溶于水。
【制法】 盛成德.中国兽药杂志，2003，37（9）：18.

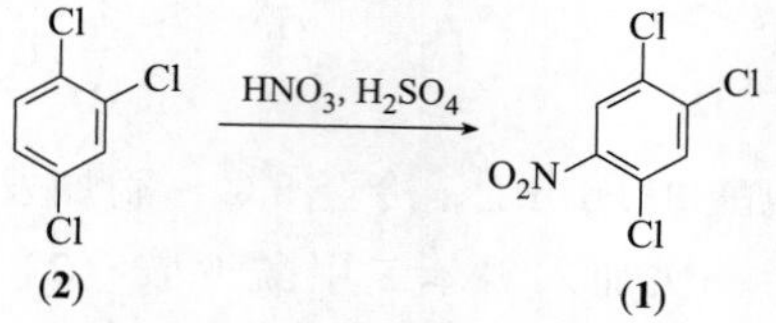

于反应瓶中加入1,2,4-三氯苯（**2**）102 g（0.56 mol），98%的硫酸130 mL，搅拌下于10℃慢慢滴加浓硝酸90 mL，控制反应温度不超过50℃，约30 min加完。加完后于40℃继续反应2.5 h。慢慢倒入1 kg碎冰中，析出黄色固体。静置2 h，抽滤，水洗，用乙醇重结晶，得化合物（**1**）109 g，收率86%，mp 57～59℃（文献值58.5℃）。

【用途】 抗肝吸虫药三氯苯唑（Triclabendazole）等的中间体。

2,3,4,5-四氟-6-硝基苯甲酸

$$C_7HF_4NO_4，239.08$$

【英文名】 2,3,4,5-Tetrafluoro-6-nitrobenzoic acid

【性状】　类白色结晶。mp 135～136℃。溶于二氯乙烷、稀碱，不溶于水。

【制法】　①戚建军，李树有，刘明亮等.中国医药工业杂志，2001，32（9）：387.②尹江平，陈卫东，徐环昕.精细化工中间体，2001，31（5）：14.

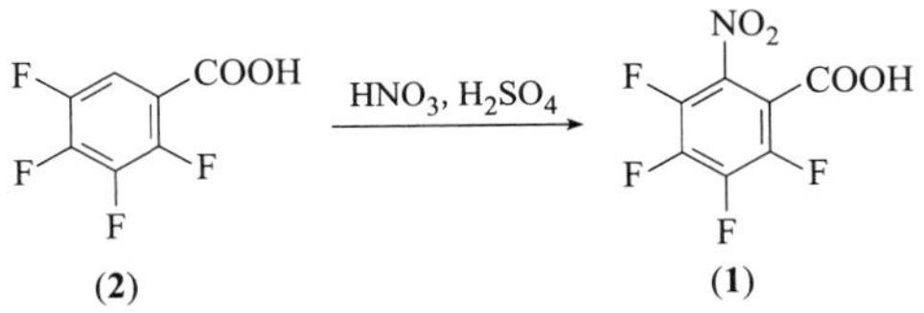

于反应瓶中加入 2,3,4,5-四氟苯甲酸（**2**）77.6 g（0.4 mol），浓硫酸 360 mL。搅拌下加热至 50～55℃使之溶解。慢慢滴加发烟硝酸 80 mL 与浓硫酸 80 mL 的混合液，约 2 h 加完。加完后于 50～55℃继续反应 30 min。升温至 60～65℃反应 4.5 h。冷至室温，慢慢倒入 1 L 冰水中，析出淡黄色固体。抽滤，得粗品。滤液用二氯乙烷提取（600 mL×4），将粗品加入提取液中溶解，分出少量残留的酸液，水洗。减压浓缩至干，冷冻后析出结晶。抽滤，干燥，得类白色结晶（**1**）48.6 g，收率 50.8%，mp 135～136℃，文献值 135～136℃。

【用途】　抗菌药氟喹诺酮类药物司帕沙星（Sparfloxacin）的中间体。

4-羟基-3-硝基苯乙酮

$C_8H_7NO_4$，181.15

【英文名】　4-Hydroxy-3-nitroacetophenone

【性状】　黄色结晶。mp 132～134℃。

【制法】　程丽，郭丽，郭子维等.中国药物化学杂志，2002，12（5）：295.

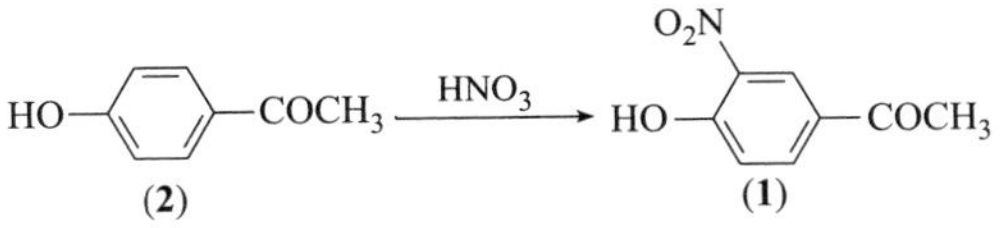

于反应瓶中加入发烟硝酸 130 mL，冷至－35℃，搅拌下慢慢加入对硝基苯乙酮（**2**）27 g（0.2 mol），加完后继续于－30℃反应 1.5 h。将反应物倒入 1.5 L 冰水中，析出固体。过滤，水洗。用乙酸乙酯-乙醇重结晶，得黄色结晶（**1**）27.4 g，收率 76%，mp 132～134℃。

【用途】　平喘药福莫特罗（Formoterol）等的中间体。

1-甲基-4-硝基-5-氯-1*H*-咪唑

$C_4H_4ClN_3O_2$，161.54

【英文名】　1-Methyl-4-nitro-5-chloro-1*H*-imidazole

【性状】　白色结晶。mp 148～150℃。

【制法】　①颜秋梅，何斌，潘富友.合成化学，2009，17（3）：360.②孙昌俊，曹晓冉，王秀菊.药物合成反应——理论与实践.北京：化学工业出版社，2007：154.

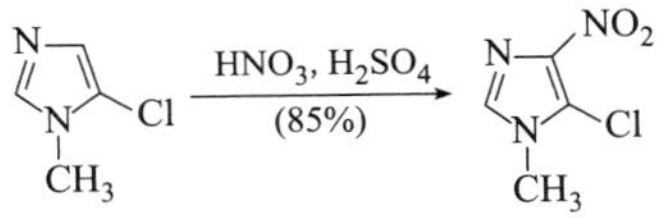

于反应瓶中加入 1-甲基-5-氯咪唑（**2**）116.5 g（1 mol），冰水浴冷却下慢慢滴加 85% 的硝酸 80 g，控制滴加速度，以无二氧化氮气体逸出为宜。加完后再慢慢滴加浓硫酸 175 mL，约 1.5 h 加完。慢慢升温至 100℃，搅拌反应 2 h。冷后倒入冰水中，充分搅拌，析出白色固体。抽滤，水洗至中性，干燥，得化合物（**1**）137 g，收率 85%，mp 148～150℃。

【用途】 用于器官移植病人的抗排斥反应药物硫唑嘌呤（Azathioprine）等的中间体。

5-溴-8-硝基异喹啉

$$C_9H_5BrN_2O_2，253.05$$

【英文名】 5-Bromo-8-nitroisoquinoline

【性状】 黄色固体。

【制法】 王军军，杨海超，葛敏. 中国医药工业杂志，2011，42（8）：569.

于反应瓶中加入浓硫酸 50 mL，搅拌下加入 50 溴异喹啉（**2**）10 g（0.048 mol），溶解后冰浴冷却下滴加溶有硝酸钾 6.8 g（0.067 mol）的 50 mL 浓硫酸溶液。加完后继续反应 30 min。将反应物倒入 300 mL 冰水中，慢慢加入浓氨水调至 pH8，析出黄色固体。过滤，水洗。滤饼溶于 200 mL 乙酸乙酯中，水洗，饱和盐水洗涤，无水硫酸钠干燥。过滤，减压浓缩，得黄色固体（**1**）12.04 g，收率 99%。

【用途】 竞争性 AMPA 受体拮抗剂 SPD502 中间体。

3,4-亚甲二氧基苯胺

$$C_7H_7NO_2，137.13$$

【英文名】 3,4-Methylenedioxyaniline

【性状】 淡黄色固体。mp 37～39℃，bp 95～97℃/0.104～0.133 kPa。溶于乙醇、乙醚、氯仿等有机溶剂。

【制法】 孙昌俊，曹晓冉，王秀菊. 药物合成反应——理论与实践. 北京：化学工业出版社，2007：156.

3,4-亚甲二氧基硝基苯（**3**）：于反应瓶中加入 65%～68% 的硝酸 30 mL，冰盐浴冷至 0℃，滴加亚甲二氧基苯（**2**）20 mL（0.16 mmol）。加完后室温搅拌反应 30 min。慢慢加入 80 mL 水，静置后过滤析出的沉淀，冷水洗涤至中性，干燥，得化合物（**3**）25 g，收率 98%，mp 138～140℃，文献值 138～141℃，146～148℃。

3,4-亚甲二氧基苯胺（**1**）：于氢化反应瓶中加入 95% 的乙醇 100 mL，乙酸乙酯 50 mL，上述化合物（**3**）8.5 g（0.05 mol），5% 的 Pd-C 催化剂 0.5 g，于 40～50℃ 常压氢

化 3～4 h，直至吸氢达理论量为止。滤去催化剂，蒸出溶剂，而后减压蒸馏，收集 95～97℃/104～133 Pa 的馏分，得化合物（**1**）6.7 g，冷后固化，mp 37～39℃。

【用途】　抗菌药西诺沙星（Cinoxacin）等的中间体。

6-硝基胡椒酸

$C_8H_5NO_6$，211.13

【英文名】　6-Nitropiperic acid
【性状】　浅黄色固体。mp 172～173℃。
【制法】　韩英锋，董建霞，杨定乔，刘二畅.合成化学，2005，13（3）：311.

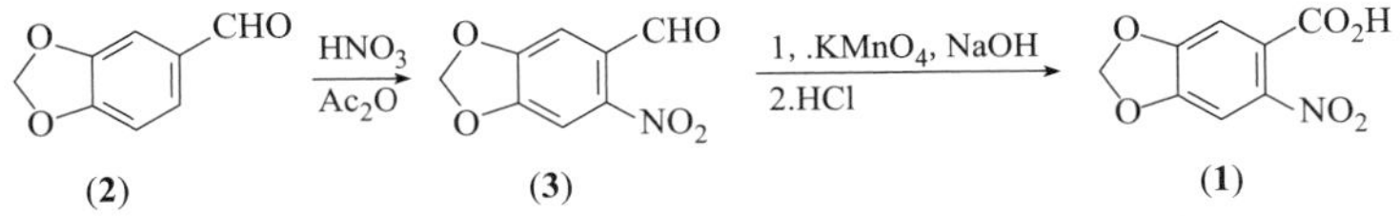

6-硝基胡椒醛（**3**）：于反应瓶中加入浓硝酸 20 mL（0.45 mol），冷至 0℃左右，加入醋酸酐 10 mL，反应液无色透明后，加入研细的胡椒醛（**2**）4.5 g（0.03 mol），自然升温至室温，反应 3 h。慢慢倒入冰水中，析出黄色固体。过滤，水洗，干燥，得粗品 5 g。用乙酸乙酯-乙醇重结晶，得黄色针状晶体（**3**）4.4 g，收率 75%，mp 97～98℃。

6-硝基胡椒酸（**1**）：上述化合物（**3**）4.5 g（0.025 mol），水 50 mL 混和，加热至 75～80℃，滴加 KMnO₄ 12 g（0.075 mol）溶于 200 mL 水配成的溶液，约 1 h 加完。加完后继续于 75～80℃反应 30 min，直至紫色褪去。用氢氧化钠溶液调至 pH10，滤去 MnO₂。滤液用盐酸调至 pH1，析出黄色的结晶。冷却、抽滤、水中重结晶，得浅黄色化合物（**1**）4.1 g，收率 77%，mp 172～173℃。

【用途】　抗菌药西洛沙星（Cinoxacin）、心血管药物奥索利酸（Oxolinic acid）等的中间体。

4-氯-3-硝基苯甲酸

$C_7H_4ClNO_4$，201.57

【英文名】　4-Chloro-3-nitrobenzoic acid
【性状】　淡黄色针状结晶。mp 181.6～182.9℃。
【制法】　邢松松，王晓蕾，周付刚等.中国医药工业杂志，2010，41（5）：321.

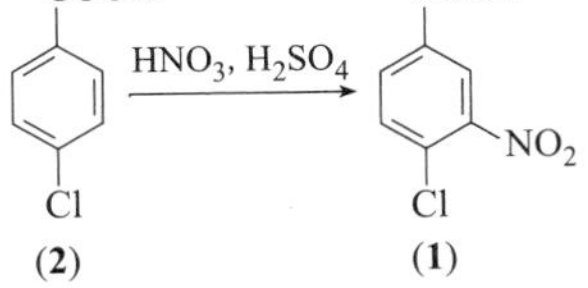

于反应瓶中加入浓硫酸 12 mL，冷至 0℃，搅拌下慢慢加入对氯苯甲酸（**2**）4.70 g（0.03 mol），加完后升至 20℃，滴加由浓硝酸 3 mL 和浓硫酸 3 mL 配成的混酸。加完后于 60℃搅拌反应 5 h。将反应物倒入 50 mL 冰水中，过滤，水洗至中性。用水重结晶，得淡黄色针状结晶（**1**）5.89 g，收率 97%，mp 181.6～182.9℃。

【用途】 抗凝药物达比加群酯（Dabigatran etexilate）等中间体。

3-(4-硝基苯基)丙酸

$$C_9H_9NO_4，195.17$$

【英文名】 3-(4-Nitrophenyl) propionic acid

【性状】 淡黄色结晶。mp 192～194℃。

【制法】 王亚楼，刘星. 中国药物化学杂志，2002，12（4）：225.

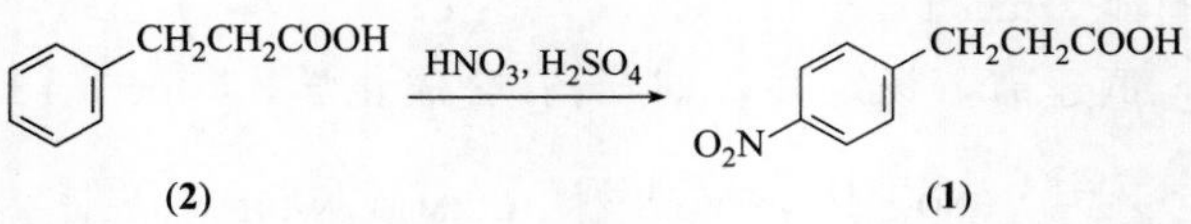

于反应瓶中加入浓硝酸 140 mL，浓硫酸 140 mL，搅拌下冷至 10℃ 以下并搅拌 1 h。分批加入 3-苯基丙酸（2）64 g（0.43 mol），控制体系温度不超过 20℃。加完后继续室温搅拌反应 1 h。倒入 1 L 冷水中，析出黄色固体。抽滤，水洗，乙醇中重结晶，得淡黄色结晶（1）71.2 g，收率 85%，mp 192～194℃。

【用途】 抗心律失常药盐酸尼非卡兰（Nifekalant hydrochloride）中间体。

4-甲氧基-2-硝基苯胺

$$C_7H_8N_2O_3，168.15$$

【英文名】 4-Methoxy-2-nitroaniline

【性状】 深红色棱状结晶。mp 129℃。溶于热水、乙醇、乙醚，难溶于冷水，能随水蒸气挥发。

【制法】 ①司红强，刘秀杰，何鑫，候占彭. 天津理工大学学报，2009，25（2）：19.②孙昌俊，曹晓冉，王秀菊. 药物合成反应——理论与实践. 北京：化学工业出版社，2007：156.

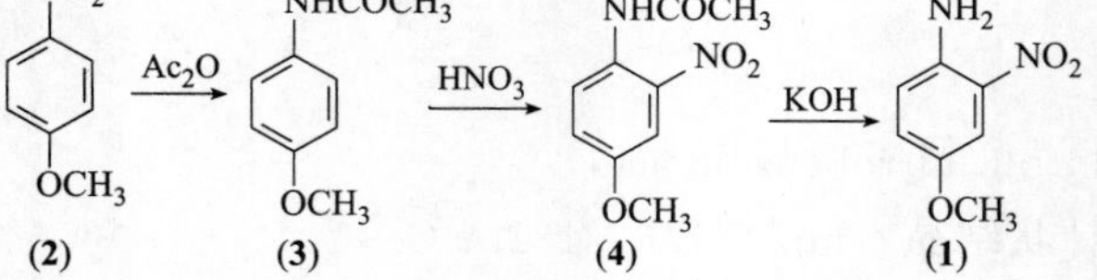

4-甲氧基-2-硝基乙酰苯胺（4）：于 2 L 反应瓶中加入对甲氧基苯胺（2）123 g（1 mol），300 mL 冰醋酸和 220 mL 水，搅拌溶解。加入 300 g 碎冰，当内温降至 0～5℃时，一次加入醋酸酐 103 mL（1.1 mol），瓶中很快出现结晶，温度升至 20～25℃。水浴加热至固体溶解，再慢慢冷至室温，大部分固体（3）析出。冰水浴冷却，加入硝酸（d1.42）100 mL，温度迅速升至 70℃ 左右，随后降至 60～65℃，并于此温度范围内反应 10 min。冷至室温，冰箱中放置过夜。抽滤，冷水洗涤，干燥，得黄色化合物（4）158～168 g，收率 75%～79%，mp 116～117℃。

4-甲氧基-2-硝基苯胺（1）：于 2 L 烧杯中加入氢氧化钾 88 g（1.57 mol），水 65 mL，甲醇 200 mL，搅拌溶解。而后加入上述化合物（4）160 g（0.762 mol），温热 15 min 后再加入 250 mL 热水，水浴加热 15 min。冷至 0～5℃，过滤析出的固体，水洗，干燥，得化合物（**1**）122～124 g，收率 95%～97%，mp 122～123℃。

【用途】 抗疟药伯氨喹（Primaquine）等的中间体。

2-乙基-5-硝基苯胺

$$C_8H_{10}N_2O_2，166.18$$

【英文名】 2-Ethyl-5-nitroaniline

【性状】 黄色针状结晶。mp 60.8～61.8℃。

【制法】 陈燕，方正，卫萍等.中国医药工业杂志，2010，41（5）：326.

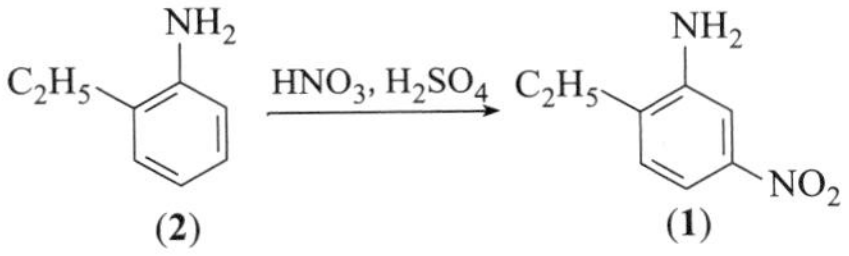

于反应瓶中加入浓硫酸 50 mL，慢慢加入 2-乙基苯胺（**2**）12.1 g（0.1 mol），冷至 0～5℃。搅拌下滴加发烟硝酸 9.3 g（0.15 mol），加完后保温反应 30 min。将反应物倒入 500 mL 冰水中，用氢氧化钠溶液调至 pH7～8，析出固体。过滤，用环己烷重结晶，得黄色针状结晶（**1**）12.5 g，收率 75%，mp 60.8～61.8℃。

【用途】 抗癌药盐酸帕唑帕尼（Pazopanib hydrochloride）等的中间体。

6-硝基邻甲苯胺

$$C_7H_8N_2O_2，152.15$$

【英文名】 6-Nitro-o-toluidine，2-Methyl-6-nitroaniline

【性状】 橙色或黄色柱状结晶。mp 97℃。溶于醇、醚、苯、氯仿，微溶于水。

【制法】 ①祁磊，庞思平，孙成辉.含能材料，2009，17（1）：4.②孙昌俊，曹晓冉，王秀菊.药物合成反应——理论与实践.北京：化学工业出版社，2007：157.

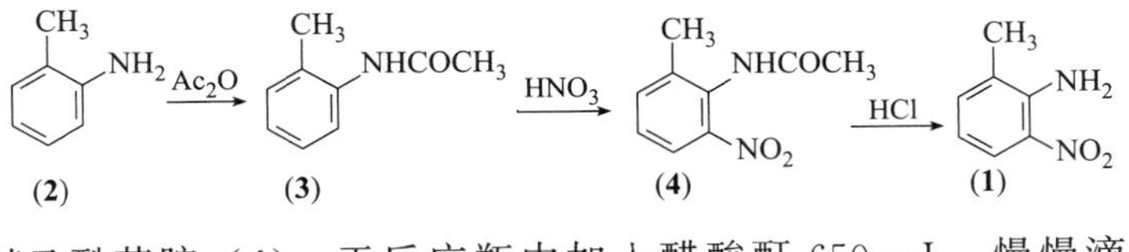

6-硝基-2-甲基乙酰苯胺（**4**）：于反应瓶中加入醋酸酐 650 mL，慢慢滴加邻甲苯胺（**2**）107 g（1 mol），反应放热生成化合物（**3**）。加完后冷至 12～15℃，再滴加 70% 的硝酸 125 mL，保持在 10～12℃约 1.5 h 加完。反应过程中反应液颜色变深，硝基化合物部分析出。

6-硝基邻甲苯胺（**1**）：将反应物倒入 3 L 冰水中，充分搅拌，析出固体（4-和 6-硝基乙酰苯胺的混合物），过滤，用 500 mL 冷水洗涤四次。将所得混合物加入 300 mL 浓盐酸中，进行水蒸气蒸馏，反应液呈暗红色，收集 36 L 馏出液，馏出液冷后析出亮橙色针状结晶。抽滤，干燥，得 6-硝基邻甲苯胺（**1**）80 g，收率 52%，mp 92～94℃。重新水蒸气蒸馏后，mp 95～96℃。

【用途】 麻醉药托利卡因（Tolycaine）等的中间体。

1,2,3,4-四氢-1,1,4,4-四甲基-6-硝基萘

$C_{14}H_{19}NO_2$，233.31

【英文名】 1,2,3,4-Tetrahydro-1,1,4,4-tetramethyl-6-nitronaphthalene

【性状】 白色结晶。mp 70~72℃。

【制法】 边海峰，徐文芳.中国医药工业杂志，2009，40（1）：9.

于反应瓶中加入 1,2,3,4-四氢-1,1,4,4-四甲基萘（**2**）56.5 g（0.3 mol），冰盐浴冷却，分批加入由浓硝酸 20 mL（0.32 mol）和浓硫酸 32 mL（0.6 mol）配成的混酸，冷至－10℃搅拌反应 2 h。将反应物倒入 500 g 冰水中，用二氯甲烷提取。有机层依次用 500 mL 水、1 mol/L 的氢氧化钠水溶液 500 mL 洗涤，水洗至中性。无水硫酸钠干燥，过滤，浓缩，剩余物用甲醇-水（88：12）重结晶，真空干燥，得白色结晶（**1**）35.4 g，收率 50.5％，mp 70~72℃。

【用途】 白血病治疗药他米巴罗汀（Tamibarotene）中间体。

4,6-二羟基-2-甲基-5-硝基嘧啶

$C_5H_5N_3O_4$，171.10

【英文名】 4,6-Dihydroxy-2-methyl-5-nitropyrimidine

【性状】 玫瑰红色结晶。mp 280℃（分解）。

【制法】 ①武引文，梅和珊，张忠敏等.中国药物化学杂志，2001，11（1）：45.②孙昌俊，曹晓冉，王秀菊.药物合成反应——理论与实践.北京：化学工业出版社，2007：157.

于反应瓶中加入浓硫酸 40 mL，冰盐浴冷却下慢慢加入浓硝酸 23 mL，冰醋酸 60 mL。冷至 10℃，搅拌下分批加入 2-甲基-4,6-二羟基嘧啶（**2**）30 g（0.24 mol），保持内温 15~20℃，加完后室温搅拌反应 1 h。将反应物倒入 300 mL 冰水中，析出玫瑰红色结晶。抽滤，水洗至中性。再用少量乙醇洗涤，干燥，得玫瑰红色结晶（**1**）36 g，收率 88％，mp 280℃（分解），文献值 mp 300℃（分解）。

【用途】 中枢性降压药莫索尼定（Moxonidine）等的中间体。

2,6-二甲基硝基苯

$C_8H_9NO_2$，151.16

【英文名】 2,6-Dimethylnitrobenzene

【性状】 浅黄色油状液体。bp 224~225℃/99.2 kPa。n_D^{20} 1.5224。溶于醇、醚、氯仿等有机溶剂，不溶于水。

【制法】 袁荣鑫，张鸣.化学试剂，1995，17（5）：316.

于反应瓶中加入间二甲苯（**2**）42.8 g（0.4 mol），98%的硫酸 400 g，硫酸汞适量，于 100~105℃反应 1.5 h 生成中间体（**3**）。冷至室温，得浅红色糊状物。冰水浴冷却下，充分搅拌，滴加由浓硫酸 60 g 和 99%的发烟硝酸 30 g 配成的混酸，控制反应温度在 30~35℃。加完后继续反应 2.5 h，得白色糊状物（**4**）。冷却下慢慢加水 500 mL，调至 pH4 后，水蒸气蒸馏。馏出液冷后分出油层，水层用乙醚提取二次。合并有机层，水洗，用碳酸钠中和至中性。无水氯化钙干燥，减压蒸馏，收集 224~225℃/99.2 kPa 的馏分，得浅黄色油状液体（**1**）47 g，收率 78%。

【用途】 局部麻醉药罗哌卡因（Ropivacaine）、甲哌卡因（Mepivacaine）等的中间体。

4-氟-3-甲基吡啶-2-甲酸甲酯

$C_8H_8FNO_2$，169.16

【英文名】 Methyl 4-fuloro-3-methylpyridine-2-carboxylate

【性状】 无色结晶。

【制法】 史群峰，张薇薇，周恒等.中国医药工业杂志，2012，43（1）：12.

3-甲基吡啶-2-甲酸甲酯 N-氧化物（**3**）：于反应瓶中加入冰醋酸 15 mL，3-甲基吡啶-2-甲酸甲酯（**2**）5 g（33 mmol），搅拌下滴加 30%的双氧水 7 mL（66 mmol），于 75~85℃搅拌反应 24 h。减压蒸出部分溶剂，剩余物用无水碳酸钠调至 pH7，用二氯甲烷提取 3 次。合并有机层，水洗，无水硫酸钠干燥。过滤，浓缩。剩余物过硅胶柱纯化，以二氯甲烷-甲醇（50：1）洗脱，得淡黄色油状物（**3**）3.6 g，收率 65.3%。

3-甲基-4-硝基吡啶-2-甲酸甲酯 N-氧化物（**4**）：于反应瓶中加入浓硫酸 12 mL，冷至 0℃，加入上述化合物（**3**）2.3 g（13.8 mmol），搅拌均匀后滴加发烟硝酸 4 mL（84.4 mmol），冰浴冷却下搅拌反应 15 min，而后于 95~100℃反应 5 h。冷却，用饱和碳酸钠溶液约 50 mL 调至 pH7，二氯甲烷提取 3 次。合并有机层，无水硫酸钠干燥。过滤，减压浓缩。剩余物过硅胶柱纯化，以二氯甲烷-甲醇（75：1）洗脱，得淡黄色固体（**4**）1.8 g，收率 62.1%，mp 166~168℃。

4-氨基-3-甲基吡啶-2-甲酸甲酯（**5**）：于氢化反应瓶中加入甲醇 50 mL，化合物（**5**）0.7 g（3.3 mmol），10%的 Pd-C 催化剂 0.1 g，按照常规方法常压氢化 4 h。滤去催化剂，减压浓缩，剩余物过硅胶柱纯化，得乳白色固体（**5**）0.5 g，收率 91.2%，mp 65～67℃。

4-氟-3-甲基吡啶-2-甲酸甲酯（**1**）：于聚四氟乙烯反应瓶中，加入上述化合物（**5**）0.6 g（3.6 mmol），40%的氢氟酸 8 mL（182.4 mmol），氟化钾 0.4 g（7.2 mmol），冰浴冷却，搅拌 15 min。滴加由亚硝酸钠 0.3 g（4.3 mmol）溶于 3.5 mL 水的溶液。加完后继续搅拌反应 15 min。撤去冰浴，室温反应 1 h。用碳酸钠约 8.5 g 调至 pH7，二氯甲烷提取 3 次。合并有机层，无水硫酸钠干燥。过滤，浓缩。剩余物过硅胶柱纯化，以二氯甲烷-甲醇（100：1）洗脱，得无色结晶（**1**）0.3 g，收率 47.7%，mp 37～39℃。

【用途】 抗组胺药氯雷他定（Loratadine）和卢帕他定（Rupatadine）等的中间体。

4-氯-7-氟-6-硝基喹唑啉

$C_8H_3ClFN_3O_2$，227.58

【英文名】 4-Chloro-7-fluoro-6-nitroquinazoline

【性状】 黄色固体。mp 118～121℃。

【制法】 吴云登，纪安成，沈义鹏，张爱华.中国医药工业杂志，2010，40（6）：404.

于反应瓶中加入浓硫酸 57 mL，发烟硝酸 57 mL，搅拌下加入 4-氯-7-氟喹唑啉（**2**）30 g（0.16 mol），于 100℃搅拌反应 1 h。冷却，倒入 1 L 冰水中，充分搅拌。抽滤，水洗，干燥，得黄色固体（**1**）35.5 g，收率 95%，mp 118～121℃。

【用途】 抗肿瘤药物卡奈替尼（Canertinib）等的中间体。

L-4-硝基苯丙氨酸

$C_9H_{10}N_2O_4$，210.19

【英文名】 4-Nitro-L-phenylalanine

【性状】 白色固体。

【制法】 刘金强，钱超，张涛等.高校化学工程学报，2009，23（6）：1008.

于反应瓶中加入 63%的硝酸 20 mL，冰浴冷却下滴加 98%的硫酸 240 mL，控制反应液温度不超过 5℃。分批加入 L-苯丙氨酸（**2**）100 g（0.60 mol），保持反应液温度不超过 10℃。加完后继续搅拌反应 3 h。将反应物倒入 1.5 L 冰水中，析出白色固体。过滤，得白色固体，弃去。滤液用氨水调至中性，0℃放置 1 h，过滤，用水重结晶，得化合物（**1**）67.3 g。滤液减压浓缩至有固体析出，冷却，过滤，用水重结晶，又得化合物（**1**）14.9 g，共 82.2 g，收率 65.2%。

【用途】 抗癌药溶肉瘤素的中间体。

三、亚硝基化反应

乙酰氨基丙二酸二乙酯

$$C_9H_{15}NO_3，217.22$$

【英文名】 Diethyl acetamidemalonate

【性状】 白色固体。mp 96.5～98℃。bp 185℃/2.67 kPa。溶于热醇，微溶于乙醚、热水。

【制法】 ①Hardegger E，et al. Heiv Chim Acta，1956，39：980. ②Zambito A J and Howe E E，Org Synth，1960，40：21.

$$CH_2(COOC_2H_5)_2 + NaNO_2 \xrightarrow{CH_3COOH} ON-CH(COOC_2H_5)_2 \xrightarrow[(CH_3CO)_2O]{Zn} CH_3CONHCH(COOC_2H_5)_2$$
$$\textbf{(2)} \qquad\qquad\qquad\qquad \textbf{(3)} \qquad\qquad\qquad\qquad \textbf{(1)}$$

亚硝基丙二酸二乙酯（**3**）：于反应瓶中加入丙二酸二乙酯（**2**）80 g（0.5 mol），冰醋酸 90 g，搅拌下冰盐浴冷至-2℃以下。慢慢滴加亚硝酸钠 43 g（0.61 mol）溶于 90 mL 水配成的溶液。滴加速度控制在反应液温度不超过 5℃。加完后继续低温反应 2.5 h，而后于 15～20 的反应 4 h。静置过夜，分出有机层，水层用氯仿提取。合并有机层，用 10% 的碳酸钠溶液调至 pH6～6.5。分出有机层，水洗。蒸出氯仿，而后减压分馏，得橘黄色油状液体亚硝基丙二酸二乙酯（**3**）。

乙酰氨基丙二酸二乙酯（**1**）：于反应瓶中加入化合物（**3**）60 g（0.317 mol），醋酸 170 mL，搅拌下分批加入锌粉 60 g，保持反应液于 30～35℃，约 1.5 h 加完。加完后继续搅拌反应 20 min。冷至 20℃，慢慢滴加醋酸酐 87 g（0.857 mol），控制温度在 20～25℃，约 20 min 加完。加完后继续搅拌反应 40 min。过滤，滤渣用少量乙酸洗涤。合并滤液和洗涤液，减压回收乙酸（可以套用于下一批），蒸干时有固体析出。加入 75 mL 水加热溶解，而后冰浴冷却，同时剧烈搅拌，析出白色固体。抽滤，干燥，得产物（**1**）50 g，mp 93～97℃，收率 73%。

【用途】 抗癌药消瘤芥（Nitrocaphar）等的中间体。各种氨基酸合成中间体。

对亚硝基-*N*,*N*-二甲苯胺

$$C_8H_{10}N_2O，150.18$$

【英文名】 *N*,*N*-Dimethyl-4-nitrosoaniline

【性状】 黄绿色片状或叶状结晶。mp 92.5～93.5℃。易溶于醇、苯，微溶于乙醚，不溶于水，可随水蒸气挥发。

【制法】 孙昌俊，曹晓冉，王秀菊.药物合成反应——理论与实践.北京：化学工业出版社，2007：147.

于 1 L 反应瓶中加入浓盐酸 105 mL，冷至 0℃左右，慢慢滴加 N，N-二甲苯胺（**2**）30 g（0.25 mol），搅拌下使之溶解。滴加亚硝酸钠 18 g（0.26 mol）溶于 30 mL 水配成的溶液，漏斗底部深入液面以下，保持反应温度不超过 8℃。加完后放置 1 h。抽滤，滤饼用稀盐酸（1∶1）洗涤，再用少量乙醇洗涤，得黄色对亚硝基-N，N-二甲苯胺盐酸盐，mp 173～177℃。

将上述盐酸盐加入 100 mL 水中，搅拌下用冷的氢氧化钠溶液调至碱性，变成绿色。用苯提取（60 mL×2），合并苯层，无水碳酸钾干燥后，蒸出约 1/2 的苯。冷却，析出深绿色结晶，过滤，干燥，得化合物（**1**）18 g，收率 60.8%，mp 83～85℃。

【用途】 抗麻风病药物丁氨苯硫脲（Thiambutosine）等的中间体。

6-氨基-5-亚硝基-1-甲基尿嘧啶

$C_5H_6N_4O_3$，170.13

【英文名】 6-Amino-5-nitroso-1-methyluracil
【性状】 紫色固体，mp 270℃。
【制法】 刘祥生，张毅，张吉泉，王建塔，汤磊. 中国医药工业杂志，2016，47（1）：4.

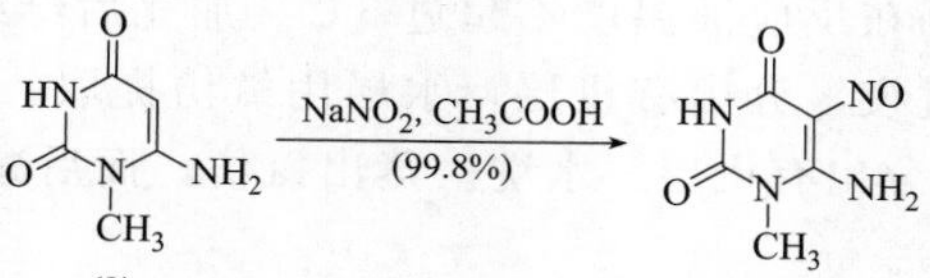

于反应瓶中加入 6-氨基-1-甲基尿嘧啶（**2**）60.0 g（0.43 mol），水 300 mL，醋酸 120 mL，搅拌下滴加由亚硝酸钠 43.5 g（0.63 mol）溶于 240 mL 水的溶液，加完后于 50℃搅拌反应 1 h。冷至室温，继续搅拌反应 1 h。过滤，水洗，冷乙醇 500 mL 洗涤，真空干燥，得紫色固体（**1**）72 g，收率 99.8%，mp 270℃。

【用途】 糖尿病治疗药物利格列汀（Linagliptin）中间体。

5-甲基-5H-二苯并[b,d]氮杂环庚-6,7-二酮-7-肟

$C_{15}H_{12}N_2O_2$，252.27

【英文名】 5-Methyl-5H-dibenzo[b,d]azepin-6,7-dione-7-oxime
【性状】 白色针状结晶。
【制法】 ①Abdul H F，Katherine S，Ghulam M M，et al. Bioorganic & Medicinal Chemistry Letters，2007，17：6392. ②Audia J E，Mabray T E，Nissen J A，et al. US Pat 6958300. 2005.

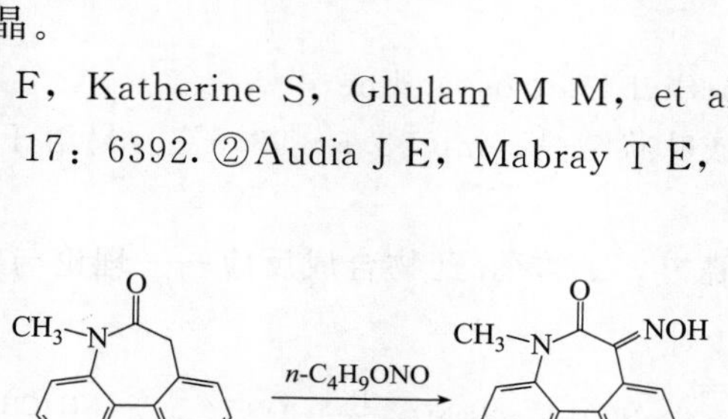

于反应瓶中加入 5-甲基-5H,7H-二苯并[b,d]氮杂环庚-6-酮（**2**）11.15 g（0.05 mol），甲苯 300 mL，亚硝酸正丁酯 11.68 mL（0.1 mol）。冰盐浴冷至 0℃以下，慢慢滴加 10％的六甲基二硅氨基钾（KHDMS）80 mL，加完后于 0℃继续搅拌反应 1.5 h。用硫酸氢钠溶液淬灭反应。二氯甲烷提取，水洗，无水硫酸镁干燥。蒸出溶剂，过硅胶柱纯化，得白色针状结晶（**1**）11.1 g，收率 88％。

【用途】　γ-分泌酶抑制剂 LY411575 合成中间体。

N-（2-氯乙基）-N′-环己基-N-亚硝基脲

$C_9H_{16}ClN_3O_2$，233.78

【英文名】　N-（2-Chloroethyl）-N′-cyclohexyl-N-nitrosourea，Lomustine

【性状】　黄色或浅黄色粉末。mp 90℃。溶于无水乙醇，微溶于丙二醇，几乎不溶于水。

【制法】　方法 1　苏军，孟庆伟，赵伟杰等.中国药物化学杂志，2003，13（3）：170.

于反应瓶中加入 98％的甲酸 150 mL，N-（2-氯乙基）-N′-环己基脲（**2**）10 g（0.049 mol），冰浴冷却下慢慢加入亚硝酸钠 7 g（0.1 mol），约 50 min 加完。其间反应液逐渐变为浅黄色。加完后继续冰浴中反应 2.5 h。滴加 110 mL 水，析出黄色固体。过滤，水洗，真空干燥，得化合物（**1**）10 g，收率 87.7％，mp 89～90℃。

方法 2　孙昌俊，曹晓冉，王秀菊.药物合成反应——理论与实践.北京：化学工业出版社，2007：144.

于反应瓶中加入冰醋酸 1 kg，搅拌下冷至 25℃以下，滴加浓硫酸 265 mL，保持温度在 25℃左右。而后加入 N-（2-氯乙基）-N′-环己基脲（**2**）102.3 g（0.5 mol），冷至 5℃以下，分批加入亚硝酸钠 81 g（1.17 mol）。加完后再于 0～5℃搅拌反应 2 h。保持同温下滴加冷蒸馏水 1 kg，反应放热。加完后继续搅拌反应 1 h。抽滤，滤饼用蒸馏水洗涤至 pH4～5，真空干燥，得 N-（2-氯乙基）-N′-环己基-N-亚硝基脲（**1**）黄色固体 94.3 g，收率 815％，mp 88～90℃。

【用途】　抗肿瘤药物洛莫司汀（Lomustine）原料药。

盐酸尼莫司汀

$C_9H_{13}ClN_6O_2 \cdot HCl$，309.15

【英文名】　Nimustine hydrochloride，ACUN

【性状】　微黄色结晶。

【制法】 张荣久，张爱华. 中国药物化学杂志，1996，6（3）：207.

于反应瓶中加入 5% 的盐酸 140 mL，搅拌下加入 1-(4-氨基-2-甲基嘧啶-5-基) 甲基-3-(2-氯乙基) 脲（**2**）14.5 g，过滤除去不溶物。冷至 0℃，滴加由亚硝酸钠 4.2 g 溶于 10 mL 水配成的溶液。控制反应温度在 0～5℃，约 1 h 加完。加完后继续保温反应 1 h。用 20% 的碳酸钠溶液调至 pH7～8，析出黄色沉淀。过滤，水洗，抽干。加入 50 mL 95% 的乙醇中，再加入 6% 的乙醇-HCl 溶液 20 mL，加热至 80℃溶解。趁热过滤，冷却，析出微黄色结晶。过滤，丙酮洗涤，干燥，得化合物（**1**）10.0 g，收率 60%，mp 125℃（分解）。

【用途】 抗癌药盐酸尼莫司汀（嘧啶亚硝脲；ACUN，Nimustine hydrochloride）原料药。

卡莫司汀

$C_5H_9Cl_2N_3O_2$，214.05

【英文名】 Carmustine，1,3-Bis（2-chloroethyl）-1-nitrosourea

【性状】 微黄色结晶或结晶性粉末。mp 30～32℃。溶于乙醇、甲醇及部分有机溶剂，难溶于水。

【制法】 ①Lown J W，Chauhan S M S. J Org Chem，1981，46：5309. ②Celaries，Benoit，Parkanyi C. Synthesis，2006，14：2371.

于反应瓶中加入 N，N′-双氯乙基（**2**）18.5 g（0.1 mol），甲酸 140 g，搅拌溶解。冰盐浴冷至 0～−5℃，慢慢滴加亚硝酸钠 15.5 g（0.22 mol）溶于 90 mL 水配成的溶液，控制反应温度不超过 0℃。加完后继续低温反应 4 h。冷至 −15℃以下，析出结晶。抽滤，冰水洗涤三次，抽干，真空干燥，得粗品。母液和洗涤液继续冷冻，可得少量粗品。粗品用 10 倍的乙醇溶解，于 10℃以下滴加 4 倍量的蒸馏水，控制温度不超过 12℃，活性炭脱色 30 min，过滤，滤液搅拌下滴加 1 倍量的蒸馏水，加入晶种，冷至 −15℃。抽滤析出的结晶，冷水洗涤，抽干，干燥，得化合物（**1**）15 g，收率 70%。

【用途】 抗癌药物卡莫司汀（Carmustine）原料药。

α-亚硝基苯乙酮

$C_8H_7NO_2$，149.15

【英文名】 α-Nitroso-acetophenone，Isonitrosoacetophenone

【性状】 黄色片状结晶。mp 126～128℃。具有令人愉快的气味。

【制法】 韩广甸，赵树伟，李述文. 有机制备化学手册（上卷），北京：化学工业出版

社，1978：176.

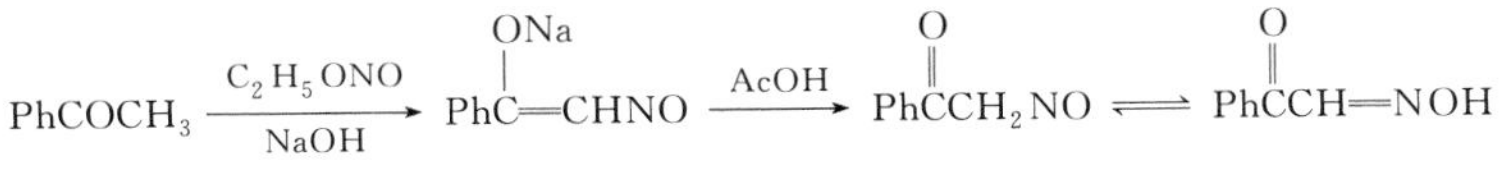

$$PhCOCH_3 \xrightarrow[\text{NaOH}]{C_2H_5ONO} PhC{=}CHNO \xrightarrow{AcOH} PhCCH_2NO \rightleftharpoons PhCCH{=}NOH$$

$$\text{(2)} \qquad\qquad \overset{\text{ONa}}{} \qquad\qquad \overset{\text{O}}{} \qquad\qquad \overset{\text{O}}{}$$

(此处为反应式，其中第二个结构上方为 ONa，第三、第四个结构上方为 O)

（**2**）　　　　　　　　　　　　　　　　（**1**）

于安有搅拌器、温度计、通气导管、回流冷凝器的反应瓶中，加入 400 g 乙醇，20 g（0.5 mol）氢氧化钠，搅拌溶解后加入苯乙酮（**2**）60 g（0.5 mol）。于 0℃通入干燥的亚硝酸乙酯（通至液面以下）。亚硝酸乙酯按如下方法制备：于安有导气管（连接氯化钙干燥管）、滴液漏斗的反应瓶中，加入亚硝酸钠 70 g（1 mol），30 g 乙醇，220 g 水，慢慢滴加浓硫酸，生成的亚硝酸乙酯通过导气管进入反应瓶。随着亚硝酸乙酯的通入，反应瓶中逐渐析出黄色的 α-异亚硝基苯乙酮钠盐沉淀。反应结束后冰箱中放置过夜，滤出沉淀，滤液浓缩后可得到部分沉淀。将固体物合并，溶于少量的冷水水（约 100 mL）中，用 90％的乙酸 40 g 酸化，析出沉淀。抽滤，空气中干燥。用乙酸乙酯或氯仿重结晶，得产品（**1**）41～48.5 g，收率 55％～65％。

【用途】　药物合成中间体。

第十二章 重氮化反应

一、卤化反应

4-氯-2-氟苯甲酸

$$C_7H_4ClFO_2, \quad 174.56$$

【英文名】 4-Chloro-2-fluorobenzoic acid

【性状】 白色固体。mp 206~208℃。

【制法】 陈芬儿.有机药物合成法.北京：中国医药科技出版社，1999：53.

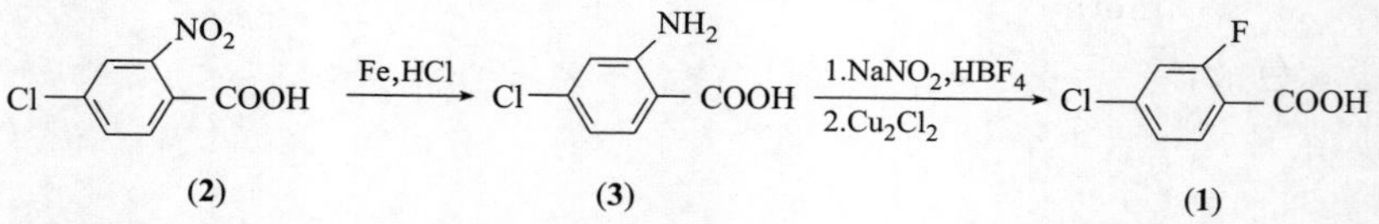

2-氨基-4-氯苯甲酸（**3**）：于反应瓶中加入 4-氯-2-硝基苯甲酸（**2**）46 g（0.23 mol）、水 100 mL 和 8 mL 盐酸，于 70℃分次加入铁屑 42 g（0.75 mol），约 1 h 内加完，加完后继续加热搅拌回流 5 h。过滤，滤液用 10%氢氧化钠溶液调至 pH10 以上，析出固体，过滤，水洗，干燥，得（**3**）31.5 g，收率 80%，mp 231~233℃。

2-氟-4-氯苯甲酸（**1**）：于反应瓶中加入 56%氟硼酸溶液 32 mL（0.26 mol），冷却至 0℃，搅拌下滴加亚硝酸钠 11 g（0.16 mol）、上述化合物（**3**）17.2 g（0.1 mol）和水 100 mL 的溶液（滴加温度不超过 5℃）。加完后继续搅拌反应 20 min，析出固体。将固体溶于适量水中，加入氯化亚铜 1.0 g，于 80~90℃搅拌反应 2 h。冷却，析出固体，过滤，水洗，干燥，得结晶（**1**）12.4 g，收率 71%，mp 206~208℃。

【用途】 治疗心脏、肝脏和肾脏病引起的水肿病的药物阿佐塞米（Azosemide）中间体。

邻氟甲苯

$$C_7H_7F, \quad 110.13$$

【英文名】 *o*-Fluorotoluene

【性状】 无色液体。bp 113~115℃。$n_D1.4712$。$d_4^{20}1.002$。溶于苯、氯仿、乙酸乙酯等有机溶剂，不溶于水。

【制法】 ①Yoneda Norihiko, Fukuhara Tsuyoshi, et al. Synth Commun, 1989, 19（5～6）：865.②Laali K K, Gettwert V J. Journal of Fluorine Chemistry, 2001, 107（1）：31.

于反应瓶中加入浓盐酸 165 mL，冷却下慢慢加入邻甲苯胺（**2**）107 g（1.0 mol），全溶后冷至 0℃，滴加亚硝酸钠 75.9 g（1.1 mol）溶于 100 mL 水配成的溶液，控制反应温度不超过 4℃，用 KI-淀粉试纸测定反应终点，过量的亚硝酸用氨基磺酸分解。

将 1.3 mol 的氟硼酸（硼酸加氟化氢）冷至 0℃，搅拌下倒入上述重氮盐溶液中，搅拌反应 5 min。抽滤，滤饼依次用氟硼酸溶液、95% 的乙醇、乙醚洗涤，真空干燥（不必加热），得氟硼酸重氮盐（**3**）。将氟硼酸重氮盐加热分解，收集馏出液。馏出液依次用 10% 的氢氧化钠水溶液、水洗涤，无水碳酸钠干燥，常压蒸馏，收集 113～115℃ 的馏分，得无色液体（**1**）72 g，收率 65%。

【用途】 催眠、镇静药氟西泮（Flurazepam）等的中间体。

3,4-二甲氧基氟苯

$C_8H_9FO_2$，156.12

【英文名】 3,4-Dimethoxyfluorobenzene

【性状】 无色液体。bp 94～96℃/1.3 kPa。溶于乙醇、乙醚、氯仿、乙酸乙酯、苯等有机溶剂，不溶于水。

【制备】 ①孙昌俊，曹晓冉，王秀菊. 药物合成反应——理论与实践. 北京：化学工业出版社，2007：331.②Furiano D C, Kirk K L. J Org Chem, 1986, 51（21）：4073.

于反应瓶中加入 41% 的氟硼酸水溶液 40 mL，甲醇 40 mL，慢慢加入 3,4-二甲氧基苯胺（**2**）10 g（0.065 mol），溶解后冰盐浴冷至 -5℃。搅拌下滴加亚硝酸正丁酯 10.0 mL，加完后继续搅拌反应 1.5 h。加入冷乙醚 200 mL，0℃ 放置过夜。抽滤析出的固体，用冷乙醚洗涤，真空干燥，得浅紫色氟硼酸重氮盐（**3**）15 g，收率 90%。

于反应瓶中加入上述化合物（**3**）24.7 g（0.1 mol），安上蒸馏装置，接受瓶用冰水浴冷却，电热包加热，使反应物分解，收集馏出物，得到棕色油状液体。用乙醚溶解后，依次用 10% 的氢氧化钠水溶液、水洗涤，水层用乙醚提取，合并乙醚层，无水硫酸镁干燥。蒸出溶剂后，减压蒸馏，收集 94～96℃/1.3 kPa 的馏分，得（**1**）5.4 g，收率 36%。

【用途】 6-氟-L-多巴（6-Fluoro-L-dopa）的中间体。

间二氟苯

$C_6H_4F_2$，114.09

【英文名】 1,3-Difluorobenzene

【性状】 无色液体。mp −59℃，bp 83℃，d_4^{18} 1.155。溶于苯、甲苯、乙醚，不溶于水。

【制法】 方法 1 李和平. 含氟、溴、碘精细化学品. 北京：化学工业出版社，2010：76.

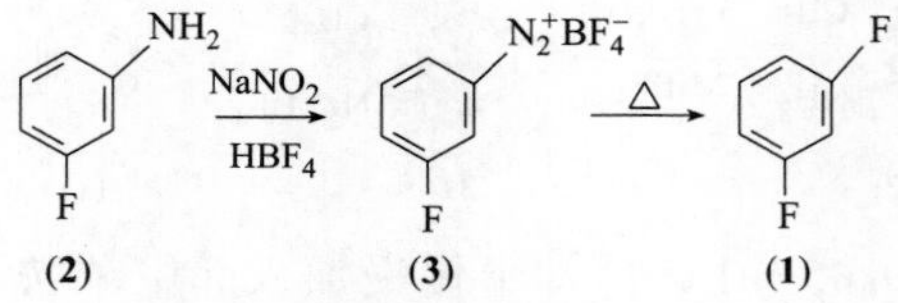

将预先冷至 −10℃的 1 L 反应器中加入无水氟化氢 370 g，氟化铵 56.3 g，间氟苯胺（2）111.1 g（1.0 mol），于（0±5）℃加入亚硝酸钠 84 g（1.2 mol）进行重氮化反应。而后于 28~62℃进行分解 10 h，不放出气体表示反应结束。冷至 0℃，转移至分液漏斗中，分出氟化氢层 394 g。用氨水中和，水蒸气蒸馏，得有机物 2.7 g，其中含化合物（1）1.43 g。将上层用 179 g 22%的氢氧化钠溶液中和，水蒸气蒸馏，得无色液体 52.5 g，其中含化合物（1）51.2 g，总收率 46.2%。

方法 2 孙昌俊，曹晓冉，王秀菊. 药物合成反应——理论与实践. 北京：化学工业出版社，2007：327.

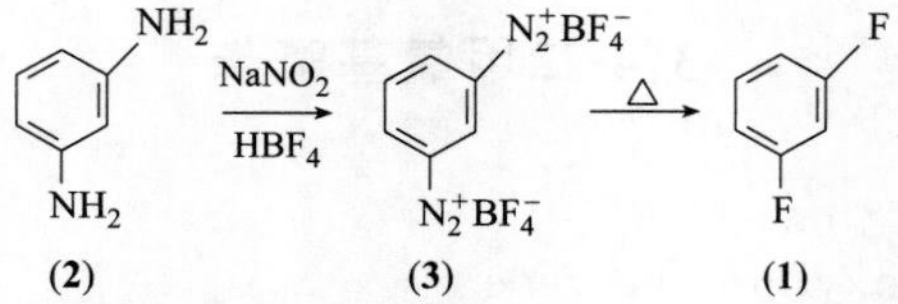

于安有搅拌器、两个滴液漏斗的反应瓶中，加入 56%的氟硼酸 64 mL，冷却下慢慢同时滴加亚硝酸钠 11 g（0.16 mol）溶于 30 mL 水的溶液；间苯二胺盐酸盐（2）14.5 g（0.08 mol）溶于 30 mL 水配成的溶液，滴加过程中析出黄色固体。加完后继续搅拌反应 30 min。抽滤、水洗、干燥，得二氟硼酸重氮盐（3）黄色固体。将固体物加热分解，蒸馏，得粗品间二氟苯（1）5.5 g。粗品用稀碱、水洗涤后，再进行蒸馏，收集 82~83℃的馏分，得纯品 4.4 g，收率 50%。

【用途】 非甾体抗炎、解热、镇痛药氟苯水杨酸（Difunisal）等的中间体。

2,6-二氯甲苯

$C_7H_6Cl_2$，161.03

【英文名】 2,6-Dichlorotoluene

【性状】 无色油状液体。bp 198℃，d_4^{20} 1.254，n_D 1.5507。溶于二氯甲烷、氯仿，不溶于水。

【制法】 ①韩广甸，赵树纬，李述文. 有机制备化学手册（中）. 北京：化学工业出版社，1980：28.②陈芬儿. 有机药物合成法：第一卷. 北京：中国医药科技出版社，1999：795.

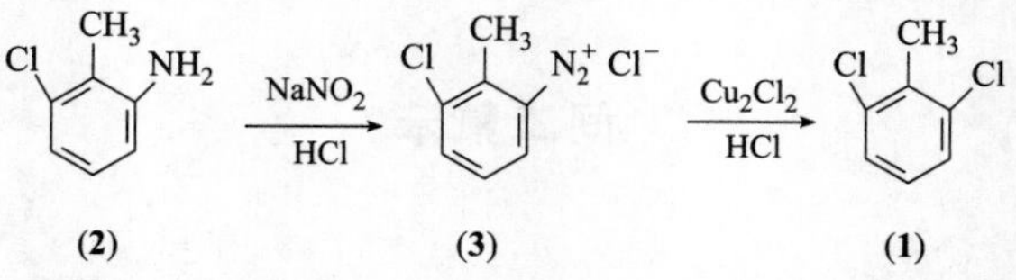

于反应瓶中加入 30%的盐酸 400 mL，水 200 mL，加热至 70~80℃，分批加入 2-甲基-

3-氯苯胺（**2**）141.5 g（1.0 mol），待反应物完全溶解后，冷至 5℃ 以下，滴加亚硝酸钠 70 g（1.0 mol）溶于 150 mL 水配成的溶液，控制反应温度不超过 5℃，约 1 h 加完，用碘化钾-淀粉试纸测定终点，生成重氮盐（**3**）。

另将硫酸铜 119 g，亚硫酸钠 47.3 g 溶于 500 mL 水中，加入浓盐酸 400 mL，加热至 50℃ 左右，生成氯化亚铜盐酸溶液。将生成的重氮盐溶液慢慢倒入氯化亚铜溶液中，而后继续搅拌反应 30 min，静置分层。油层用硫酸洗涤 3～4 次，再水洗两次，最后用氢氧化钠溶液调至 pH8～9。分去水层，无水氯化钙干燥，蒸馏，收集 196～200℃ 的馏分，得 2,6-二氯甲苯（**1**）117.5 g，收率 73%。

【用途】 降压药盐酸胍法辛（Guanfacine hydrochloride）中间体。

2,4-二氯甲苯

$$C_7H_6Cl_2，161.03$$

【英文名】 2,4-Dichlorotoluiene

【性状】 无色液体。mp －13.5℃，bp 200℃，61～62℃/0.4 kPa。能与乙醇、乙醚、苯混溶，不溶于水。

【制法】 方法 1　傅定一. 农药，2000，39（8）：10.

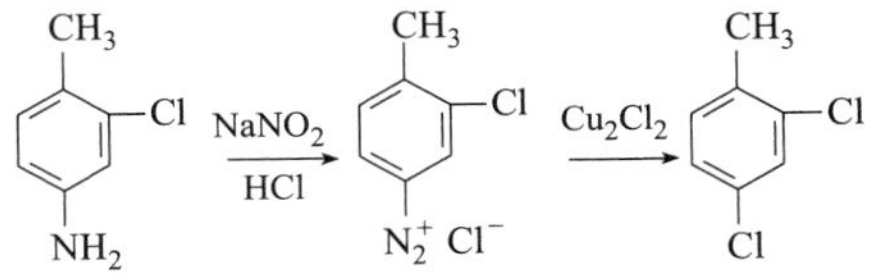

于反应瓶中加入 3-氯-4-甲基苯胺（**2**）28.3 g（0.2 mol），36% 盐酸 90 g，水 200 mL，室温搅拌反应 30 min。冰浴冷却至 5℃ 以下，滴加由亚硝酸钠 15 g（0.215 mol）溶于 40 mL 水的溶液，约 30 min 加完。加完后继续反应 10 min。用碘-淀粉试纸测反应终点，于 5～1℃ 保存备用。

于另一反应瓶中加入氯化亚铜盐酸水溶液 260 g，将上述重氮盐溶液匀速在 30 min 内加入反应瓶中，反应温度控制在 5℃ 以下。加完后继续反应 1 h，而后于 40 min 内慢慢升至 80℃。冷至室温，倒入分液漏斗中静置分层。分出有机层，水洗至中性，减压分馏，收集 89～91℃/2.67 kPa 的馏分，得无色透明液体（**1**）。收率 88%。经气相色谱仪分析确定，纯度达 98% 以上，杂质邻氯甲苯、对氯甲苯含量≤1.5%。

方法 2　孙昌俊，曹晓冉，王秀菊. 药物合成反应——理论与实践. 北京：化学工业出版社，2007：329.

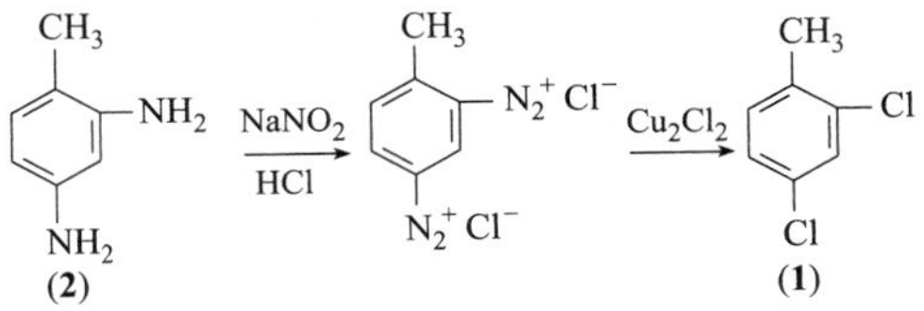

于反应瓶中加入浓盐酸 1700 mL，2,4-二氨基甲苯（**2**）122 g（1.0 mol），氯化亚铜（由结晶硫酸铜 75 g 制备），搅拌升温至 60℃ 溶解。滴加亚硝酸钠 183 g（2.15 mol）溶于

800 mL 水配成的溶液，控制反应温度 60℃，约 2～3 h 加完。加完后保温反应 30 min。冷后分出油层，水洗至中性，水蒸气蒸馏。分出馏出液中的油层，得 2,4-二氯甲苯（**1**）116 g，收率 72％。

【用途】 利尿药呋塞米（Furosemide，Frusemide）中间体。呋塞米被世界反兴奋剂机构列为违禁药物。

2-氯-5-甲基噻唑

C₄H₄ClNS，133.53

C_4H_4ClNS，133.53

【英文名】 2-Chloro-5-methylthazole

【性状】 棕色结晶。mp 142～144℃。溶于乙醇、氯仿，不溶于水。

【制法】 Takashi Wakasugl，Tadashi Miyakuwa，Takayuki Taninaka. US 5811555. 1998.

于反应瓶中加入 2-氨基-5-甲基噻唑（**2**）20 g（0.175 mol），浓盐酸 80 mL，水 30 mL，搅拌下冰盐浴冷至 -5℃。滴加亚硝酸钠 14 g（0.2 mol）溶于 30 mL 水配成的溶液，控制反应温度不超过 0℃。加完后继续反应 3 h。慢慢加热至 80℃，保温反应 3 h。冷后用氯仿提取（40 mL×3），水洗。减压蒸出氯仿，剩余物冰箱中放置过夜。滤出固体，干燥，得红棕色（**1**）16 g，收率 71.4％，mp 142～144℃。

【用途】 新烟碱类杀虫剂氯噻啉（Imidaclothiz）等的中间体。

邻氯苯甲酸

C₇H₅ClO₂，156.57

【英文名】 *o*-Chlorobenzoic acid

【性状】 无色针状或单斜结晶。mp 142℃，加热升华。易溶于醇和乙醚，溶于 900 份冷水，不溶于甲苯。

【制法】 ①勃拉特 A H（Blatt A H）.有机合成，第二集.南京大学化学系有机化学教研室译.北京：科学出版社，1964：93. ②沈群，刘德峥.平原大学学报，2003，20（2）：28.

于反应瓶中加入水 150 mL，浓盐酸 150 mL，搅拌下分批加入邻氨基苯甲酸（**2**）70 g（0.51 mol），搅拌溶解。冷至 5℃以下，滴加亚硝酸钠 35.8 g（0.51 mol）溶于 70 mL 水配成的溶液，保持反应温度不超过 7℃，加完后继续搅拌反应 20 min，以碘化钾-淀粉试纸测定终点，生成重氮盐（**3**）备用。

于烧杯中加入水 200 mL，硫酸铜 140 g，氯化钠 38 g，亚硫酸钠 38.5 g，盐酸 120 mL，配成氯化亚铜溶液。搅拌下分批加入上述重氮盐溶液，充分搅拌后放置 2 h 以上。过滤、水洗、干燥，得邻氯苯甲酸（**1**）63.5 g，收率 80％，mp 139～141℃。

【用途】　抗真菌药克霉唑（Clotrimazole）、抗精神病药氯丙嗪（Chlorpromazine）、镇咳药氯苯达诺（Clofedanol）等的中间体。

（S）-2-氯丙酸

$$C_3H_5ClO_2，108.52$$

【英文名】　（S）-2-Chloropropanoic acid

【性状】　无色液体。bp 75～77℃/1.33 kPa。$[\alpha]_D^{20}-13.98°$。

【制法】　①Bernhard K，Volker S. Org Synth，1993，Coll Vol 8：119. ②林原斌，刘展鹏，陈红飙. 有机中间体的制备与合成. 北京：科学出版社，2006：189.

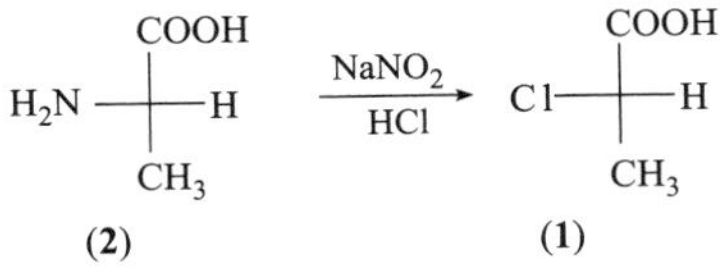

于反应瓶中加入（S）-丙氨酸（**2**）89.1 g（1.0 mol），5 mol/L 的盐酸 1300 mL，搅拌溶解。冰盐浴冷至 0℃，慢慢滴加亚硝酸钠 100 g（1.6 mol）溶于 400 mL 水的溶液。控制滴加速度约 2 mL/min，保持反应体系在 5℃ 以下，约 4～5 h 加完。加完后继续搅拌反应 30 min。室温放置过夜。搅拌下减压抽出生成的氧化氮，约需 3 h。搅拌下分批加入固体碳酸钠，乙醚提取（400 mL×3），合并乙醚层，无水氯化钙干燥 10 h。浓缩，将油状物减压蒸馏，收集 75～77℃/1.33 kPa 的馏分，得（S）-2-氯丙酸（**1**）63～71 g，收率 58%～65%。

【用途】　新药开发中间体。

4-氯-3-硝基苯甲醚

$$C_7H_6ClNO_3，187.58$$

【英文名】　4-Chloro-3-nitroanisole

【性状】　黄色固体。mp 41～43℃。溶于氯仿、二氯甲烷、乙醚、乙醇等有机溶剂，不溶于水。

【制法】　祁刚，吴同新，张银华. 化工时刊，2010，24（9）：26.

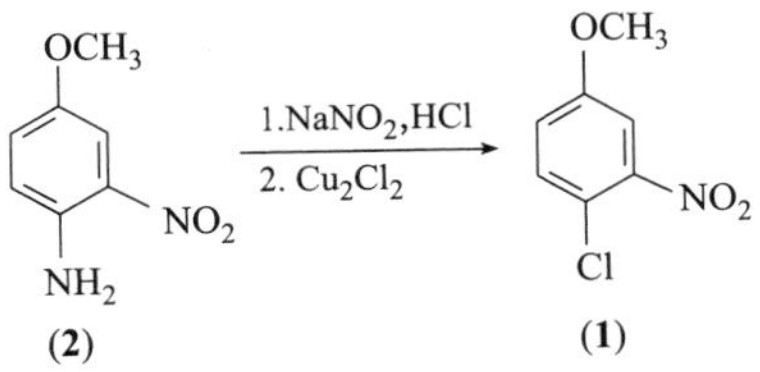

于反应瓶中加入浓盐酸 24.5 mL，水 24.55 mL，4-氨基-3-硝基苯甲醚（**2**）5.5 g（0.03 mol），搅拌溶解。冷至 10℃ 以下，慢慢滴加亚硝酸钠 2.26 g（0.03 mol）溶于 8 mL 水配成的溶液。加完后于 5℃ 以下反应 30 min。另将氯化亚铜 2.26 g 溶于 7 mL 浓盐酸和 8 mL 水的稀盐酸中，将重氮盐慢慢加入氯化亚铜溶液中，控制不超过 10℃，有大量泡沫生成。于 45℃ 使反应完全。冷至 30℃，乙酸乙酯提取。减压浓缩，乙醇中重结晶，得浅黄色固体（**1**）4.2 g，收率 91%，mp 42～43℃。

【用途】　甲氧氯普胺（胃复安；Metoclopramide）等的中间体。

2-溴吡啶

$$C_5H_4BrN, \quad 157.92$$

【英文名】 2-Bromopyridine

【性状】 浅黄色油状液体，bp 193～194℃，74～75℃/1.73 kPa，d_4^{25}1.657。能与乙醇、乙醚、苯等混溶，可溶于水。

【制法】 丁世环，龚艳明.广东化工，2013，40（16）：58.

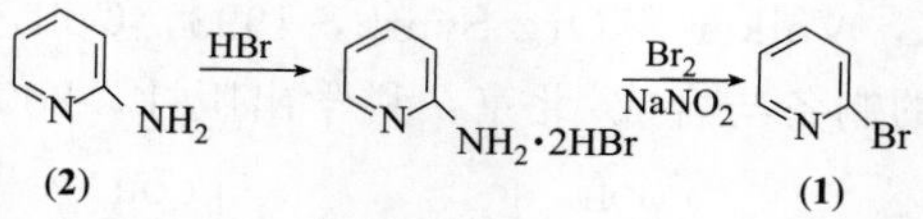

于反应瓶中加入 48% 的氢溴酸 48 mL，冰盐浴冷至 0℃，慢慢加入 2-氨基吡啶（**2**）7.2 g，搅拌至全溶。维持反应温度不超过 0℃滴加溴素 12 mL，约 45 min 加完。而后于 1.5 h 内滴加 10 mol/L 的亚硝酸钠水溶液 20 mL，控制滴加温度不超过 0℃。加完后搅拌反应 30 min（0℃以下）。滴加 2.5 mol/L 的氢氧化钠溶液 30 mL，反应液用乙醚提取（15 mL×4），合并乙醚提取液，水洗，无水硫酸钠干燥。回收乙醚后减压蒸馏，收集 73～75℃/1.7 kPa 的馏分，得 2-溴吡啶（**1**），收率 80.6%。

【用途】 抗心律失常药丙吡胺（Disopyramide）等的中间体。

邻溴甲苯

$$C_7H_7Br, \quad 171.04$$

【英文名】 *o*-Bromotoluene

【性状】 无色液体。mp －27.8℃，bp 187.7℃，58℃/1.33 kPa，d_4^{20}1.4232。能与醇、苯、四氯化碳混溶，不溶于水。

【制法】 ①韩广甸，赵树纬，李述文.有机制备化学手册（中卷）.北京：化学工业出版社，1978：29.②孙昌俊，曹晓冉，王秀菊.药物合成反应——理论与实践.北京：化学工业出版社，2007：325.

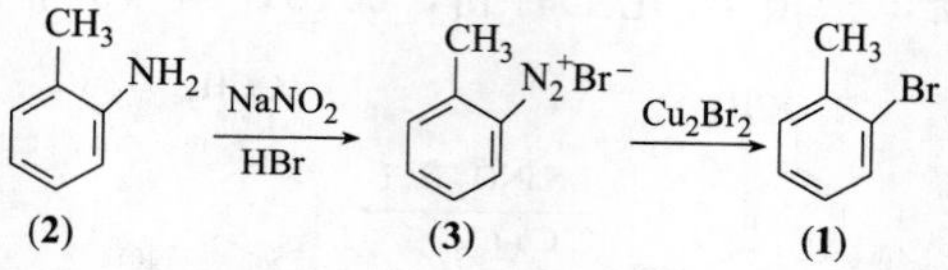

于反应瓶中加入 400 mL 水，邻甲苯胺（**2**）53.5 g（0.5 mol），慢慢加入浓硫酸 98 g（1.0 mol），加热直至邻甲苯胺完全溶解。冷至 0℃，滴加亚硝酸钠 35 g（0.5 mol）溶于 60 mL 水配成的溶液，保持反应温度不超过 10℃。得重氮盐（**3**）。

溴化亚铜的制备：于反应瓶中加入结晶硫酸铜 31.5 g（0.124 mol），铜粉 10 g（0.158 mol），结晶溴化钠 77 g（0.55 mol），1000 mL 水，浓硫酸 30 g（16.3 mL），回流反应 3～4 h。若反应液没有变成浅黄色，可加入几克亚硫酸钠以使反应完全，生成的溴化亚铜溶液备用。

将溴化亚铜溶液加热至沸，由分液漏斗加入上述重氮盐（**3**）溶液，分液漏斗底部伸入液面以下，约 30 min 加完。而后水蒸气蒸馏，直至无油状物馏出。馏出液用 20% 的氢氧化钠调至碱性，分出粗品邻溴甲苯，依次用浓硫酸、水洗涤，无水氯化钙干燥，蒸馏，收集178～181℃的馏分，得邻溴甲苯（**1**）60 g，收率70%。

【用途】　心脏病治疗药物溴苄胺（Bretylium）等的中间体。

邻氯溴苯

C$_6$H$_4$BrCl，191.45

【英文名】　*o*-Chlorobromobenzene

【性状】　无色液体。mp −12.3℃，bp 204℃（195℃）。d_4^{25}1.6387，n_D1.5809。溶于苯，不溶于水。

【制法】　Gross H，Rieche A，et al. Org Synth. 1973，Coll Vol 5：365.

于反应瓶中加入邻氯苯胺（**2**）96 g（0.753 mol），碎冰40 g，剧烈搅拌下一次性加入氢溴酸（56%）270 g，冰盐浴冷却下于0～5℃，滴加亚硝酸钠53 g（0.768 mol）溶于80 mL水配成的溶液，加完后保温反应1.5 h，用碘化钾-淀粉试纸测定终点，生成重氮盐（**3**）。

另取溴化亚铜58.3 g，氢溴酸70 g置于反应瓶中，加热至沸，滴加重氮化溶液并保持沸腾状态，加完后水蒸气蒸馏，直至无油状物馏出。分出有机层，水层以石油醚提取二次，提取液与油层合并，依次用硫酸、5%的氢氧化钠、水洗涤，无水氯化钙干燥，蒸出石油醚后进行减压分馏，收集200～205℃的馏分，得无色透明邻氯溴苯（**1**）123 g，收率85%。

【用途】　治疗肾上腺皮质癌及其迁移性癌药物氯苯二氯乙烷等的中间体。

2-溴-5-碘甲苯

C$_7$H$_6$BrI，296.93

【英文名】　2-Bromo-5-iodotoluene

【性状】　浅黄色液体。

【制法】　刘长春，贺新，张颀，臧寿楠. 应用化工，2012，41（7）：1291.

于反应瓶中加入水120 mL，98%的硫酸40 mL，2-氨基-5-碘甲苯（**2**）23.3 g（0.1 mol），搅拌溶解后，冷至0℃，于0～5℃滴加由亚硝酸钠7.0 g（0.1 mol）溶于15 mL水的溶液。加完后继续保温反应30 min，得化合物（**3**）的溶液备用。

于反应瓶中加入氢溴酸20 mL，铜粉4 g，搅拌下于70～80℃滴加上述（**3**）的溶液，加完后继续保温反应1 h。冷却，过滤。滤液用二氯甲烷提取2次。合并有机层，无水硫酸钠干燥。过滤，浓缩，剩余物减压蒸馏，收集155～162℃/4.0 kPa的馏分，得化合物（**1**）22.7 g，收率76%，纯度＞98%。

【用途】　抗抑郁药 SB-245570 中间体。

6α-溴青霉烷酸

$C_8H_{10}BrNO_3S$, 280.14

【英文名】 6α-Bromopenicillanic acid

【性状】 浅黄色或类白色泡沫。

【制法】 张楷男，李云政，张青山等. 精细与专用化学品，2006，14（12）：12.

于反应瓶中加入 2.5 mol/L 的硫酸 500 mL，冷至 10℃，分批加入 6-APA（**2**）43.2 g（0.2 mol），溴化钾 120.2 g，95% 的乙醇 400 mL，冷至 6～8℃。搅拌下慢慢滴加由亚硝酸钠 21.2 g 溶于 100 mL 水的溶液，约 1 h 加完。保持反应液温度在 6～8℃搅拌反应 3.5 h。氯仿提取，合并氯仿层，冷的盐水洗涤，无水硫酸镁干燥。过滤，减压浓缩，得浅黄色或类白色泡沫状（**1**）49.96 g，收率 89%。

【用途】 抗生素药物舒巴坦（Sulbactam）中间体。

6α,6β-二溴青霉烷酸

$C_8H_9Br_2NO_3S$, 359.00

【英文名】 6α,6β-Dibromopenicillanic acid

【性状】 类白色或浅黄色固体。mp 144～146℃。溶于二氯甲烷、氯仿、乙酸乙酯，不溶于水。

【制法】 王正平，韩俊凤. 精细化工原料与中间体，1995，9：12.

于反应瓶中加入二氯甲烷 50 mL，冷至 -5℃，加入液溴 4 mL，1.25 mol/L 的硫酸 20 mL，而后搅拌下慢慢加入亚硝酸钠 3.5 g（0.05 mol）。控制在 0～5℃分批加入 6-APA（**2**）5.4 g（0.025 mol），约 40 min 加完，继续搅拌 30 min。滴加 1 mol/L 的亚硫酸氢钠溶液 42 mL，约 20 min 加完，至无溴的颜色为止。分出有机层，水层用二氯甲烷提取（20 mL×2），合并有机层，饱和食盐水洗涤，无水硫酸钠干燥，活性炭脱色。减压蒸去溶剂，得浅黄色固体（**1**）6.8 g，收率 76%，mp 144～146℃。

【用途】 抗生素药物舒巴坦（Sulbactam）中间体。

间碘硝基苯

$C_6H_4INO_2$, 249.01

【英文名】 *m*-Iodonitrobenzene

【性状】 黄色或橘黄色结晶。mp 38.5℃，bp 240℃，191℃/6.67 kPa。溶于醇、醚、丙酮、苯。

【制法】 ①孙昌俊，曹晓冉，王秀菊.药物合成反应——理论与实践.北京：化学工业出版社，2007：321.②段行信.实用精细有机合成手册.北京：化学工业出版社，2000：337.

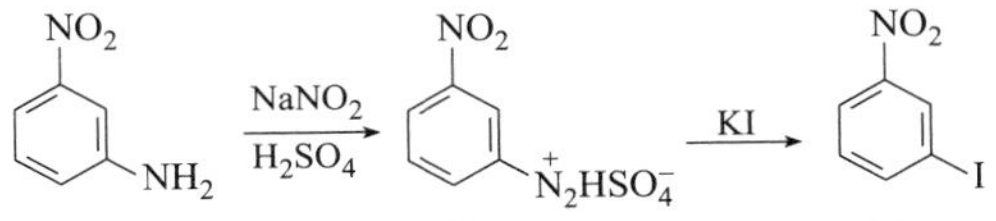

间硝基苯重氮盐（3）：于反应瓶中加入浓硫酸 420 g，搅拌下慢慢加入间硝基苯胺 270 g（2.0 mol），搅拌溶解生成硫酸盐。加入碎冰 2 kg，于 5℃以下滴加亚硝酸钠 140 g（2.02 mol）溶于 500 mL 水配成的溶液，生成基本清亮的重氮盐（3）的溶液，必要时可过滤。

间碘硝基苯（1）：于另一安有搅拌器、回流冷凝器的 10 L 反应瓶中，加入碘化钾 560 g（3.4 mol），水 2000 mL，加热溶解，于 40℃以下慢慢加入上述重氮盐溶液，有氮气放出，继续搅拌反应直至基本无氮气放出，放置过夜，有固体或油状物生成。倾去上层水层，热水充分洗涤，而后用 5%的硫代硫酸钠洗涤，再用水洗。冰箱中放置。滤出结晶，空气中干燥。溶于 5 倍量的乙醇中，过滤，减压蒸馏回收乙醇，得（1）约 200 g，收率 34%，mp 34~36℃。

【用途】 抗癌药甲氧芳芥（Methoxymerphalan）等的中间体。

对碘苯甲酸

$$C_7H_5IO_2，246.02$$

【英文名】 *p*-Iodobenzoic acid

【性状】 土黄色粉末。

【制法】 ①李和平.含氟、溴、碘精细化学品.北京：化学工业出版社，2010：360.②莫卫民，许丹红，孙楠等.精细化工中间体，2007，37：46.

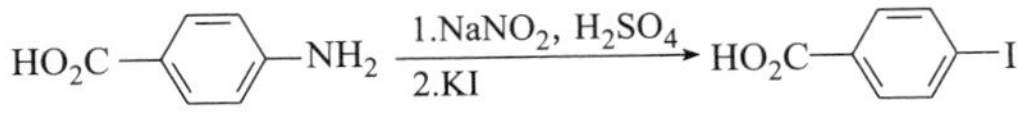

于反应瓶中加入对氨基苯甲酸（2）27.4 g（0.2 mol），24%的稀硫酸 530 mL，冷至 0℃，搅拌下滴加由亚硝酸钠 14.5 g 溶于水的溶液，约 30 min 加完。加完后继续搅拌反应 40 min，再加入 1.2 g 尿素以分解过量的亚硝酸。过滤，得重氮盐溶液，冷却备用。

于反应瓶中加入 320 mL 水，碘化钾 34.9 g，搅拌溶解，于 40℃慢慢加入上述重氮盐溶液，加完后继续搅拌反应 2 h。冷却，过滤，滤饼用硫代硫酸钠溶液、水洗涤，干燥，得土黄色粉末（1）48.6 g，收率 99%。

【用途】 药物合成、有机合成中间体。

4-氯-2-碘甲苯

$$C_7H_6ClI，252.48$$

【英文名】 *4-Chloro-2-iodotoluene*

【性状】 黄棕色液体。bp 96～97℃/1.3 kPa。

【制法】 薛叙明，赵昊昱.中国医药工业杂志，2005，36（10）：600.

5-氯-2-甲基苯胺（**3**）：于 250 mL 四颈瓶中，加入水 60 mL，铁粉 16.8 g（0.3 mol）、乙酸 2.3 mL（0.04 mol）和氯化铵 1.7 g，升温至回流，1.5 h 后加入 4-氯-2-硝基甲苯（**2**）17.2 g（0.1 mol），继续回流反应 2 h（TLC 跟踪反应）。冷后用 20%氢氧化钠水溶液调至 pH9，加入甲苯 30 mL，回流搅拌 10 min，趁热抽滤，滤饼用甲苯（10 mL×2）洗涤。合并滤液和洗涤液，蒸除甲苯和水后，继续减压蒸馏，收集 93～94℃/1.3 kPa 馏分，得黄色液体（**3**）9.4 g，收率 64.4%，纯度 97.1%（GC 法）。

4-氯-2-碘甲苯（**1**）：于 250 mL 四颈瓶中加入水 40 mL，98%硫酸 20.6 mL（0.4 mol），搅拌下滴入化合物（**3**）14.2 g（0.1 mol），再加水 80 mL。降至 0～5℃，滴加 NaNO₂ 7.1 g（0.1 mol）溶于水 15 mL 的溶液。加完后保温反应 0.5 h，得到的重氮盐溶液备用。

在另一 250 mL 四颈瓶中加入碘化钾 19.9 g（0.12 mol）、铜粉 0.1 g 及水 30 mL，搅拌升温至 40～50℃。缓慢滴加上述重氮盐溶液，加完后保温反应 0.5 h，升温至 70～80℃再反应 0.5 h（TLC 跟踪反应）。降至室温，静置分层。有机相依次用热的饱和亚硫酸氢钠溶液（20 mL×3）和水（10 mL×3）洗涤，蒸除溶剂，减压蒸馏，收集 96～97℃/1.3 kPa 的馏分，得黄棕色液体（**1**）11.3 g，收率 44.6%，纯度 99.7%（GC 法）。

【用途】 医药、农药合成中间体。

3-碘-1*H*-吡唑并［3，4-*b*］吡嗪

$$C_5H_3IN_4，246.01$$

【英文名】 3-Iodo-1*H*-pyrazolo[3,4-*b*]pyrizine

【性状】 白色固体。mp 268～272℃。

【制法】 匡仁云，郭瑾，周小春，黄春芳.中国医药工业杂志，2010，41（4）：249.

于反应瓶中加入 3-氨基-1*H*-吡唑并［3，4-*b*］吡嗪（**2**）3.0 g（0.022 mol），乙腈 120 mL，对甲苯磺酸 12 g（0.06 mol），冷至 10℃，搅拌下滴加由亚硝酸钠 2.8 g（0.05 mol）、碘化钾 9.2 g（0.05 mol）和 20 mL 水配成的溶液。加完后升至 25℃搅拌反应 4 h。加入 100 mL 水，用 1 mol/L 的碳酸氢钠溶液约 200 mL 调至 pH9～10，加入 2 mol/L 的硫代硫酸钠溶液 50 mL，搅拌后用二氯甲烷提取 3 次。合并有机层，无水硫酸钠干燥。过滤，浓缩，剩余物过色谱柱纯化，用二氯甲烷-己烷（5：1）洗脱，得白色粉末（**1**）7 g，收率 77%，mp 268～272℃。

【用途】 抗炎新药开发中间体。

N-对碘苯甲酰基谷氨酸

$$C_{12}H_{12}INO_5，377.13$$

【英文名】 *N-p*-Iodobenzoylglutamic acid，2-(4-Iodobenzamido) pentanedioic acid

【性状】 白色或浅黄色固体。mp 172～177℃。

【制法】 孙昌俊，曹晓冉，王秀菊. 药物合成反应——理论与实践. 北京：化学工业出版社，2007：322.

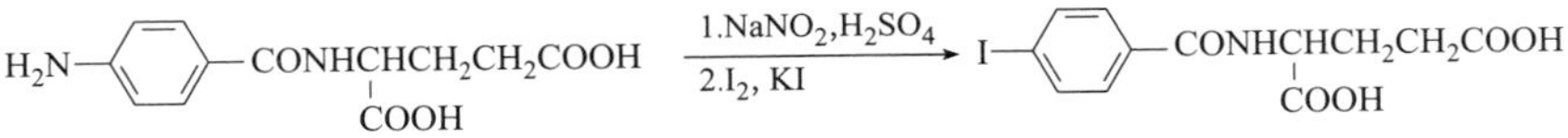

于反应瓶中加入水 250 mL，硫酸 25 mL，搅拌下分批加入对氨基苯甲酰谷氨酸（**2**）133 g（0.5 mol）。溶解后冷至 0℃，滴加亚硝酸钠 37 g（0.53 mol）溶于 55 mL 水配成的溶液，约 1 h 加完，而后继续反应 15 min。以碘化钾-淀粉试纸测定终点。

于另一反应瓶中加入碘 254 g（1.0 mol），碘化钾 240 g（1.44 mol），水 250 mL，搅拌成透明液，冰水冷却，慢慢加入上述重氮盐溶液，约 30 min 加完。搅拌反应 6 h 后，放置过夜。水浴加热 2 h，有大量碘蒸气逸出。冷却、抽滤，滤饼以酸性亚硫酸钠溶液（将亚硫酸钠溶于水后用硫酸调至 pH4～5）充分洗涤，直至洗涤液呈浅黄色，水洗。于 110℃干燥，得化合物（**1**）153 g，收率 81%，mp 165～172℃。将其溶于稀碱，过滤，再用酸调至酸性进行提纯，干燥后，mp 172～177℃。

【用途】 抗癌药甲氨蝶呤（Methotrexate）等的中间体。

二、水解反应

间羟基苯乙酮

$$C_8H_8O_2，136.15$$

【英文名】 *m*-Hydroxyacetophenone

【性状】 针状结晶。mp 95～97℃，bp 296℃/0.67 kPa。溶于乙醇、乙醚、氯仿、苯，微溶于水，不溶于石油醚。

【制法】 陈新志. 杭州化工，1998，28（4）：12.

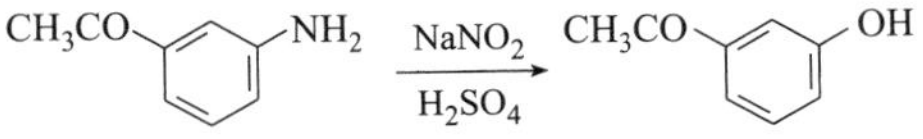

于反应瓶中加入 50 mL 水，浓硫酸 19.6 g（0.2 mol），搅拌下分批加入间氨基苯乙酮（**2**）13.5 g（0.1 mol），搅拌溶解后降至 5～8℃，滴加亚硝酸钠 7.3 g（0.105 mol）溶于 30 mL 水配成的溶液，控制滴加温度不超过 3℃，以碘化钾-淀粉试纸测定终点。加完后继续反应 30 min。将反应液冷却下慢慢加入沸腾的硫酸水溶液中，搅拌反应 1 h。冷却后析出固体。抽滤，固体物用热水重结晶，得化合物（**1**）8.95 g，收率 65.8%，mp 94～96℃。

【用途】 去氧肾上腺素盐酸盐（Phenylephrine hydrochloride）等的中间体。

2-溴-4-甲基苯酚

$$C_7H_7BrO，187.04$$

【英文名】 2-Bromo-4-methylphenol，3-Bromo-4-hydroxytoluene

【性状】 羽毛针状结晶。mp 56～57℃。

【制法】 Ungnade H E，Orwoll E F. Org Synth，1955，Coll Vol 3：130.

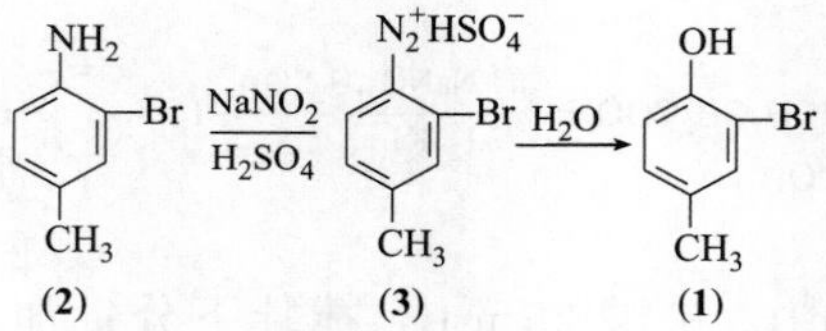

于反应瓶中加入水 200 mL，浓硫酸 72 mL，冷却下加入 3-溴-4-甲基苯胺（**2**）75 g（0.4 mol），再加入 75 mL 水，冰盐浴冷至 5℃ 以下，滴加由亚硝酸钠 32.2 g（0.47 mol）溶于 90 mL 水配成的溶液，控制 5℃ 以下于 15 min 加完。而后继续搅拌反应 5 min，加入尿素 2～3 g，以分解未反应的亚硝酸，再加入 600 g 冰水制成（**3**）的溶液备用。

于安有搅拌器、温度计、滴液漏斗、蒸馏装置的反应瓶中，加入无水硫酸钠 150 g，100 mL 水，浓硫酸 200 g（108 mL），加热至 130～135℃，滴加上面的重氮盐（**3**）的溶液，每次约 25 mL，同时由蒸馏装置收集馏出液，约 3～3.5 h 加完，收集馏出液约 200 mL。馏出液冷却后用乙醚提取（150 mL×3），乙醚层水洗后，再以 10% 的氢氧化钠提取（100 mL×3），合并碱提取液，冷却下用盐酸酸化。而后再用乙醚提取（100 mL×3），合并乙醚提取液，水洗、无水硫酸钠干燥后，蒸去乙醚，得棕色油状物。减压蒸馏，收集 102～104℃/2.67 kPa 的馏分，得化合物（**1**）60～69 g，收率 80%～92%。

也可按照如下方法来合成（任群翔，孟祥军，赵婷等. 化学研究与应用，2004，16：699）。

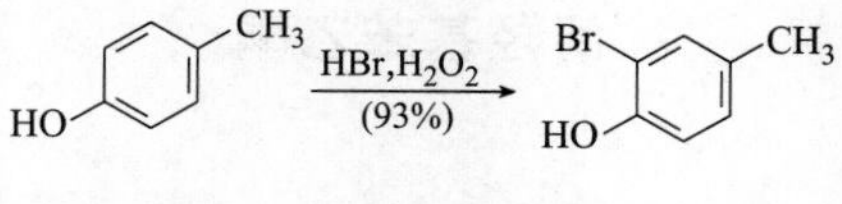

【用途】 药物及广谱型香料香兰素等的重要中间体。

对氟苯酚

$$C_6H_5FO，112.10$$

【英文名】 4-Fluorophenol

【性状】 浅黄色固体。mp 47～48℃。

【制法】 汪硕鳌，陈洪彪，申理滔，林原斌. 中国医药工业杂志，2010，41（8）：564.

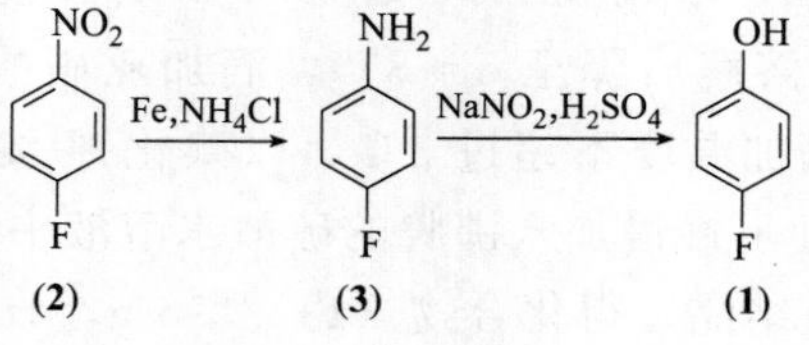

对氟苯胺（**3**）：于反应瓶中加入水 60 mL，氯化铵 11.1 g（0.2 mol），还原铁粉 11.2 g（0.2 mol），搅拌下加热至 95℃，滴加对硝基氟苯（**2**）21.5 g（0.15 mol），约 1 h 加完。加完后继续保温反应 3 h。冷至 30℃，加入氯仿 70 mL 提取，分出有机层，无水硫酸钠干燥。过滤，浓缩，减压蒸馏，收集 80～84℃/2.0 kPa 的馏分，得浅黄色液体（**3**）12.2 g，收率 72%。

对氟苯酚（**1**）：于反应瓶中加入水 100 mL，硫酸 7 mL，冷至 0～5℃，搅拌下滴加上述化合物（**3**）12.2 g（0.11 mol），得白色悬浊液。而后滴加由亚硝酸钠 8.7 g（0.11 mol）溶于 25 mL 水的溶液，于 6～9℃搅拌反应 1 h 备用。

于另一安有水蒸气蒸馏装置的反应瓶中，加入 34 mL 水，37 mL 浓硫酸，加热至 150℃，滴加上述重氮盐溶液，约 1.5 h 加完。反应中生成的对氟苯酚（**1**）随水蒸气一起蒸出，加完后继续蒸馏 30 min，蒸馏过程中注意随时补加水。馏出物用二氯甲烷提取 4 次，合并二氯甲烷层，无水硫酸钠干燥。过滤，减压浓缩，得淡黄色固体粉末（**1**）9.5 g，收率 78%，mp 47～48℃。

【**用途**】 医药、农药等的合成中间体。头孢类抗生素（Cephasprorin）等的中间体。

对羟基苯甲醛

$C_7H_6O_2$，122.12

【**英文名**】 *p*-Hydroxybenzaldehyde

【**性状**】 无色针状结晶。mp 115～116℃。空气中易升华。易溶于乙醇、乙醚、丙酮、乙酸乙酯。30.5℃时水中溶解度 1.38 g/100 mL。有芳香气味。

【**制法**】 ①Takeshita A. JP02172940. 1990. ②孙昌俊，曹晓冉，王秀菊. 药物合成反应——理论与实践. 北京：化学工业出版社，2007：327.

于 500 mL 烧杯中加入对氨基苯甲醛（**2**）20 g（0.165 mol），水 120 mL，慢慢加入浓硫酸 40 mL，任其自然升温，使生成硫酸盐，得深褐色悬浮液。冷至 5～10℃，滴加亚硝酸钠 14 g（0.2 mol）溶于 50 mL 水配成的溶液，边加边搅拌。以碘化钾-淀粉试纸测定终点。在此温度下静置 30 min，加入 2 g 尿素。缓缓升温，有大量氮气逸出，最后加热至沸。活性炭脱色，趁热过滤。滤饼用热水洗涤，合并滤液和洗涤液，冷却后析出固体。将固体物加入湿重 6 倍量的水中重结晶，过滤、干燥，得对羟基苯甲醛（**1**）15 g，收率 75%，mp 115～116℃。

【**用途**】 抗菌剂甲氧苄啶（Trimethoprim）、慢性支气管炎治疗药物杜鹃素（Farrerol）、天麻素（Gastrodin）等的中间体。

3-羟基苯甲醛

$C_7H_6O_2$，122.12

【**英文名**】 3-Hydroxybenzaldehyde

【性状】 无色针状或浅黄色晶体。mp 108℃，bp 240℃，191℃/6.67 kPa。溶于乙醇、乙醚、丙酮，微溶于冷水，能升华。

【制法】 方法1 张凯，薛娜，杜玉民等.中国医药工业杂志，2009，40（2）：83.

氯化 3-重氮基苯甲醛四氯化锡复合物（**4**）：于反应瓶中加入氯化亚锡二水合物 45 g（0.2 mol），浓盐酸 60 mL，搅拌热解。冷至 0℃，加入间硝基苯甲醛（**2**）10 g（0.066 mol），室温快速搅拌，温度自行升至 100℃后，降温至 0℃反应 3 h。过滤，得复盐（**3**）。

于另一反应瓶中加入浓盐酸 60 mL，加入上述复盐（**3**），冷至 0℃。搅拌下滴加由亚硝酸钠 4.6 g（0.067 mol）溶于 15 mL 水的溶液。加完后继续同温反应 1 h。过滤，得淡红色复合物（**4**），直接用于下一步反应。

3-羟基苯甲醛（**1**）：于反应瓶中加入 200 mL 水，搅拌下慢慢加入浓硫酸 3 mL，加热至沸，分四次加入上述化合物（**4**），不断搅拌并补加挥发的水。稍冷后加入活性炭脱色 10 min。趁热过滤，滤饼用水洗涤。冷却，过滤，于 75℃干燥，得淡黄色结晶（**1**）5.96 g，收率 74%，mp 101.7～102.4℃。

方法2 Woodward R B. Org Synth，1955，Coll Vol 3：453.

间硝基苯甲醛-亚硫酸氢钠加成物（**3**）水溶液：将亚硫酸氢钠 2.7 kg（26 mol）溶于 3.4 倍量的水中，加入间硝基苯甲醛（**2**）2.0 kg（13.2 mol），于 50℃搅拌溶解得棕色透明液。加 5.8 倍量的水，得间硝基苯甲醛-亚硫酸氢钠加成物（**3**）水溶液。

间羟基苯甲醛（**1**）：另将 22.7 kg（150 mol）硫酸亚铁溶于 3 倍量的热水中，搅拌下缓缓加入碳酸钙 9.4 kg（87 mol）。加入上面的间硝基苯甲醛-亚硫酸氢钠加成物（**3**）水溶液，搅拌回 3 h 左右，至 pH7～8 为止。过滤，滤渣水煮一次后弃去。合并洗涤液和滤液。将此液体冷至 15℃以下，滴加亚硝酸钠 1.4 kg（20 mol）配成的 30% 水溶液，温度不超过 15℃。加完后保温反应 1 h。再于 100～110℃水解。蒸馏，蒸至约五分之一体积时，活性炭脱色，过滤，冷冻，析出固体。过滤，水洗，干燥，得间羟基苯甲醛（**1**）粗品。用 10～12 倍的水重结晶，得精品 0.4 kg，收率 24%，mp 104～106℃。

【用途】 周围动脉闭塞性疾病预防和治疗药物 NCX-4016 合成中间体。

6-溴-3-羟基吡嗪-2-甲酰胺

$C_5H_4BrN_3O_2$，218.01

【英文名】 6-Bromo-3-hydroxypyrazine-2-carboxamide

【性状】 红色固体。mp 155.6～156.9℃。

【制法】 张涛，孔令金，李宗涛等.中国医药工业杂志，2013，44（9）：841.

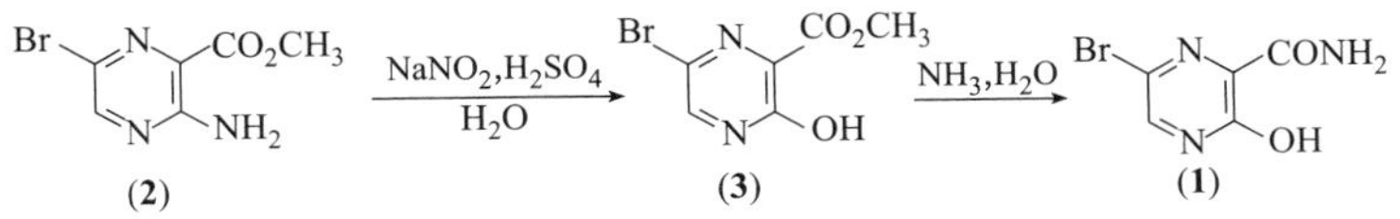

6-溴-3-羟基吡嗪-2-甲酸甲酯（**3**）：于反应瓶中加入浓硫酸 30 mL，6-溴-3-氨基吡嗪-2-甲酸甲酯（**2**）45.0 g（0.2 mol），冷至−5℃，加入亚硝酸钠 27.1 g（0.39 mol），加完后室温搅拌反应 30 min。将反应物倒入 300 mL 冰水中，乙酸乙酯提取（300 mL×3）。合并有机层，无水硫酸钠干燥。过滤，减压浓缩，得橙色固体（**3**）41.9 g，收率 92%，mp 119～120℃。

6-溴-3-羟基吡嗪-2-甲酰胺（**1**）：于反应瓶中加入浓氨水 400 mL，上述化合物（**3**）40 g（0.17 mol），室温搅拌反应 12 h。减压浓缩，剩余物中加入 500 mL 水，乙酸乙酯提取（300 mL×3）。合并有机层，水洗，无水硫酸钠干燥。减压浓缩，得红色固体（**1**）35.5 g，收率 94.8%，mp 155.6～156.9℃。

【用途】 抗流感药法匹拉韦（Favipiravir）合成中间体。

三、还原反应

1,3,5-三溴苯

$C_6H_3Br_3$，314.80

【英文名】 1,3,5-Tribromobenzene

【性状】 浅棕色粉末。mp 121℃。不能溶于水。

【制法】 胡小兵，王凯传. 化学工程师，2015，243（12）：48.

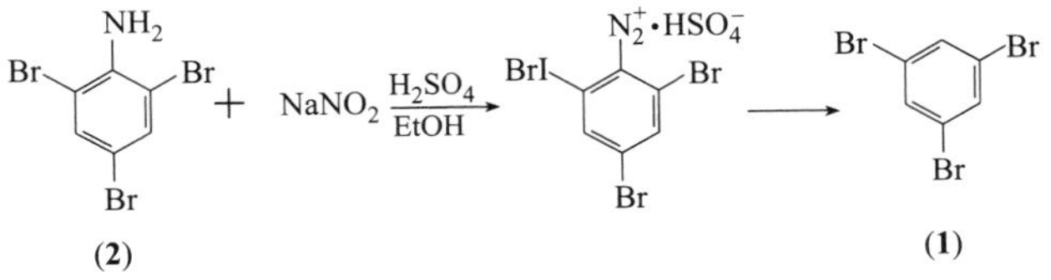

于反应瓶中加入 2,4,6-三溴苯胺（**2**）10 g（0.03 mol），无水乙醇 60 mL，苯 15 mL，搅拌回流溶解。慢慢滴加浓硫酸 3.5 mL，回流至澄清。除去热浴，分批加入亚硝酸钠粉末 3.5 g（0.05 mol），每次加入后剧烈反应，待反应平稳后再加入下一批。加完后继续加热回流，直至无气体放出。冰浴冷却，析出固体（含产物和硫酸钠）。过滤，水洗除去硫酸钠，得粗品（**1**）。

将粗品 7.5 g 加入由 120 mL 冰醋酸和 30 mL 水的混合液中，加热溶解，活性炭脱色，趁热过滤。冷却，析出固体。抽滤，少量冷乙醇洗涤，干燥，得化合物（**1**）6.0 g，收率 62%。

【用途】 血管扩张剂盐酸丁咯地尔（Buflomedil hydrochloride）中间体。

2-氯-3-氟溴苯

C_6H_3BrClF，209.45

【英文名】 2-Chloro-3-fluorobromobenzene

【性状】 无色油状液体。

【制法】 赵昊昱，潘玉琴. 化学世界，2011，11：678.

4-溴-3-氯-2-氟苯胺（**3**）：于反应瓶中加入干燥的 DMF 100 mL，分批加入 3-氯-2-氟苯胺（**2**）58.2 g（0.4 mol），溶解后冷至 10℃ 左右。搅拌下间隔加入 NBS 71.5 g（0.402 mol），GC 跟踪反应，直至主原料（**2**）含量达 1%～2% 为止。冷却，倒入 500 mL 冰水中，生成油状物。分出油层，水洗 2 次，生成黄色颗粒沉淀。抽滤，干燥，得化合物（**3**）86.5 g，收率 96.3%，mp 51～53℃。

2-氯-3-氟溴苯（**1**）：于 1 L 反应瓶中加入 80 mL 水，慢慢加入 80 mL 浓硫酸，于 50℃ 左右加入异丙醇 300 mL，氯化亚铜 1.0 g，而后加入全部上述化合物（**3**）粗品，于 80℃ 左右回流。慢慢滴加由亚硝酸钠 33.2 g（0.48 mol）溶于 70 mL 水配成的溶液，GC 跟踪反应至结束。冷至 50℃，静置 30 min。分出油层，水洗，无水硫酸钠干燥。减压蒸馏，收集 28～32℃/10.0 kPa 的馏分，得无色油状液体（**1**）70 g，收率 85.7%，纯度 99.5%。

【用途】 药物合成中间体。

1,2,4-三氮唑-3-羧酸甲酯

$$C_4H_5N_3O_2，127.08$$

【英文名】 Methyl 1,2,4-triazole-3-carbonate，3-Methoxycarbonyl-1,2,4-triazole

【性状】 白色或浅黄色结晶。mp 197～198℃。

【制法】 赖力，周清凯，张琳萍. 中国医药工业杂志，1993，24（4）：181.

于反应瓶中加入水 5 mL，浓硫酸 2 mL，5-氨基-1,2,3-三氮唑-3-羧酸甲酯硫酸盐（**2**）20 g（8.3 mmol），异丙醇 10 mL，冷至 0～5℃，滴加由亚硝酸钠 0.8 g 溶于 10 mL 水的溶液。加完后控制反应温度不超过 5℃ 继续反应 30 min，而后室温继续搅拌反应 2 h。用 50% 的氢氧化钠溶液调至 pH6～7，过滤。滤液减压浓缩，析出固体。用甲醇重结晶，得白色片状结晶（**1**）0.7 g，收率 66%，mp 195～197℃。

【用途】 抗病毒药利巴韦林（Ribavirin）等的中间体。

间溴甲苯

$$C_7H_7Br，171.04$$

【英文名】 *m*-Bromotoluene

【性状】 无色透明液体。mp −39.8℃，bp 184℃，60～62℃/1.33 kPa。d_4^{20} 1.4099，

n_D^{20} 1.551。与乙醇、乙醚、苯混溶，不溶于水。

【制法】 ①Furniss B S，Hannaqford A J，Rogers V，et al. Vogel's Textbook of Practical Organic Chemistry. Fouth Edition，Longman London and New York，1978：710。②孙昌俊，曹晓冉，王秀菊. 药物合成反应——理论与实践. 北京：化学工业出版社，2007：330.

4-乙酰氨基-3-溴甲苯（**3**）：于反应瓶中加入对甲基苯胺（**2**）107 g（1.0 mol），冰醋酸400 mL，回流反应 2 h。冷却，随着温度的下降，有结晶析出。当温度降至 45℃时，滴加162.5 g（1.01 mol）的溴，滴加时保持反应温度在 50～55℃，约 40 min 加完。加完后继续搅拌反应 30 min。搅拌下将反应混合物倒入由 1 kg 碎冰、1 kg 水和 14 g 亚硫酸氢钠的混合物中，若仍有溴的颜色，可再加入少量的亚硫酸氢钠。抽滤，水洗，干燥，得化合物（**3**）250 g。不必提纯直接用于下一步反应。

4-氨基-3-溴甲苯盐酸盐（**4**）：于反应瓶中加入上述化合物（**3**）250 g，95%的乙醇250 mL，水浴加热溶解。再加入浓盐酸 250 mL，搅拌回流反应 3 h，在此过程中有盐酸盐固体析出。冷却，抽滤，冷乙醇洗涤两次，干燥，得化合物（**4**）150 g，收率 67.5%。

4-氨基-3-溴甲苯（**5**）：将上述化合物（**4**）加入 400 mL 水中，搅拌下加入由 70 g 氢氧化钠溶于 350 mL 水配成的溶液，生成游离碱 4-氨基-3-溴甲苯暗色油状物（**5**）。冷至 15～20℃，分出油状物，重 125 g，收率 67%，直接用于下一步反应。

间溴甲苯（**1**）：于反应瓶加入 400 mL 工业乙醇，100 mL 浓硫酸，125 g（0.67 mol）粗品（**5**），搅拌下冰水浴冷却至 5℃，而后慢慢滴加由亚硝酸钠 74 g（1.07 mol）溶于 135 mL 水配成的溶液，控制反应温度不超过 10℃。加完后继续搅拌反应 20 min。用碘化钾-淀粉试纸检验反应终点。加入铜粉 17.5 g。安上回流冷凝器，小心地用水浴加热，反应剧烈时立即用冰浴冷却。控制氮气和乙醛的逸出不要过快。反应平稳后再继续加热。最终沸水浴加热反应 10 min。反应液的颜色由微红棕色变为黄色。加入水 1 L，水蒸气蒸馏，直至无油状物馏出。分出黄色油状物，用 10%的氢氧化钠水溶液洗涤两次，水洗两次。再依次用浓硫酸、水、5%的碳酸钠溶液洗涤，无水硫酸镁干燥，蒸馏，收集 180～183℃的馏分，得间溴甲苯（**1**）65 g，收率 38%。

【用途】 抗精神病药三氟哌多（Trifluperidol）等的中间体。

四氮唑

CH_2N_4，70.05

【英文名】 1*H*-Tetraazole

【性状】 白色结晶。mp 156～158℃。

【制法】 赵景瑞，胡波，张立东等. 精细化工，2013，30（4）：471.

5-氨基四氮唑（**3**）：于反应瓶中加入 80％的水合肼 62.6 g，冰浴冷却下滴加浓盐酸 100 mL，而后于 80℃滴加氨基氰（**2**）84.5 g（1.01 mol）的 50％的水溶液，加完后继续回流反应 3 h。冷至室温，依次滴加浓乙酸 101 mL，60 g 亚硝酸钠溶于 100 mL 水的溶液，加完后再加入碳酸钠 140 g（1.32 mol）。回流 3 h 后，冷却，用盐酸调至 pH4～5，0℃冷却，析出固体。过滤，用 360 mL 水重结晶，得白色固体。真空干燥，得（**3**）72 g，收率 84.6％，mp 203～205℃。

四氮唑（**1**）：于反应瓶中加入化合物（**3**）51.5 g（0.61 mol），次磷酸 88 g（质量分数 50％的水溶液），水 300 mL，冷至 0℃。搅拌下滴加由亚硝酸钠 46 g（0.67 mol）溶于 200 mL 水的溶液，控制反应液温度不超过 25℃，约 1 h 加完，搅拌反应过夜。加入乙醇 100 mL，搅拌反应 1 h。用氢氧化钠溶液调至 pH3.0～3.5，于 50℃搅拌反应 30 min。减压浓缩至干，剩余物用热乙醇洗涤（200 mL×3）。合并乙醇溶液，减压浓缩至 80 mL，冷至 15℃，析出白色结晶。抽滤，干燥，得化合物（**1**）40.6 g，收率 95.1％，mp 156～158℃。

【用途】 抗生素头孢唑啉钠（Cefazolin sodium）、头孢替唑钠（Ceftezole sodium）等的中间体。

2,4-二氯-5-异丙氧基苯肼

$C_9H_{12}Cl_2N_2O$，235.11

【英文名】 2,4-Dichloro-5-isopropyloxyphenylhydrazine

【性状】 类白色固体。

【制法】 王龙，王兰兰. CN102964270. 2013.

于反应瓶至加入浓盐酸 500 mL，冷至 5℃，慢慢加入 300 g 含化合物（**2**）38％的甲苯溶液，搅拌 30 min 成盐。剧烈搅拌下慢慢滴加由亚硝酸钠 35 g 溶于 50 mL 水的溶液，保持反应温度在 5℃以下。加完后继续搅拌反应 3.5 h。加入尿素分解过量的亚硝酸。静置，分出水层重氮盐（**3**）的溶液。

另将亚硫酸钠 190 g 溶于 800 mL 水中，冷至 10℃以下，搅拌下滴加上述重氮盐溶液，同时滴加 30％的氢氧化钠溶液以保持反应体系 pH7 左右，开始时有黄色固体析出，加完后生成大量红棕片状固体。保温搅拌反应 4 h，固体逐渐消失，再加热回流反应 2 h。冷至室温，用 150 mL 甲苯萃取除去焦油状物，得黄色悬浊液。减压浓缩，得磺酰胺钠盐湿品，于

100℃干燥，得浅黄色化合物（**4**）610 g。

　　将化合物（**4**）加入 1 L 乙酸乙酯中，冷至 15℃以下，搅拌下滴加浓硫酸 100 g，有酸性气体生成，反应体系先变稠再变稀，加完后于 35℃继续搅拌反应 2 h。冷至 10℃，滴加 10%的氢氧化钠溶液至 pH10。分出有机层，水层用乙酸乙酯提取。合并有机层，于 50℃以下旋转浓缩至干。加入 500 mL 水研磨。过滤，水洗，干燥，得化合物（**1**）111.5 g，收率 91.6%。

　　【用途】　除草剂噁草酮（Oxadiazon）等的中间体。

邻乙基苯肼盐酸盐

$$C_8H_{12}N_2 \cdot HCl，172.66$$

【英文名】　*o*-Ethylphenylhydrazine hydrochloride

【性状】　类白色片状结晶。mp 181～183℃。

【制法】　戴立言，王晓钟，陈英奇. 化工学报，2005，56（8）：1536.

　　于反应瓶中加入浓盐酸 53 mL，水 50 mL，冰盐浴冷却，慢慢滴加 2-乙基苯胺（**2**）24.2 g（0.2 mol），注意反应液温度不要高于 0℃。加完后继续搅拌下滴加预先配制的亚硝酸钠 14.5 g（0.21 mol）溶于 30 mL 水的溶液。加完后继续保温反应 30 min。与此同时，向另一反应瓶中加入固体亚硫酸钠 63 g（0.5 mol），350 mL 水，溶解后冷至 0℃，加入 25 mL 浓盐酸，25 g 冰，而后将上述重氮盐溶液迅速倒入此溶液中，于 0℃保温反应 30 min。撤去冰浴，自然升至室温反应 30 min，有大量固体析出。慢慢加热至 50℃，固体物溶解。继续加热至 70～75℃反应 3 h，生成红棕色溶液。慢慢加入 75 mL 浓盐酸，有大量二氧化硫气体生成，加完后于 70℃反应 30 min。冷至 50℃，有大量片状固体生成，于 0℃冷却。抽滤，用少量 18%的盐酸漂洗。用乙醇-水混合溶剂重结晶，得类白色片状结晶（**1**）31.9 g，收率 92.5%，mp 181～183℃。

　　【用途】　消炎镇痛药依托度酸（Etodolac）等的中间体。

2-肼基苯甲酸盐酸盐

$$C_7H_8N_2O_2 \cdot HCl，188.61$$

【英文名】　2-Hydrazinobenzoic acid hydrochloride

【性状】　类白色固体。mp 176～176.5℃。

【制法】　陈冲亚，潘富友. 广东化工，2007，34（4）：32.

　　于反应瓶中加入 31%的工业盐酸 177 g（1.50 mol），水 100 mL，邻氨基苯甲酸（**2**）

68.5 g（0.5 mol），2 g 聚乙二醇-600，慢慢加热至 50～60℃，化合物（**2**）完全溶解。冷至 5～10℃，滴加由亚硝酸钠 35.2 g（0.51 mol）溶于 70 mL 水配成的溶液，用碘化钾-淀粉试纸检测反应终点。过滤，备用。

另一反应瓶中加入固体亚硫酸钠 157.6 g（1.25 mol），300 mL 水，于 90℃溶解后冷至 70℃，而后将上述重氮盐溶液慢慢加入此溶液中，于 70℃保温反应 1 h。加入锌粉 3 g，活性炭 5 g，继续保温反应 1 h。过滤，滤液维持约 80℃慢慢加入 20%～25% 的盐酸 300 mL，保温反应 1 h。冷至室温，过滤，得黄色固体。将其加入 500 mL 水中，加热至 60～70℃，用 10% 的氢氧化钠调至 pH9～10，活性炭脱色。过滤，用盐酸调至 pH1～2。过滤，干燥，得类白色化合物（**1**）78.6 g，收率 83.4%，mp 176～176.5℃。

【用途】 医药、有机合成中间体。

4-肼基-*N*-甲基苯甲磺酰胺盐酸盐

$$C_8H_{13}N_3O_2S \cdot HCl,\ 251.73$$

【英文名】 4-Hydrazino-*N*-methylbenzenemethanesulfonamide monohydrochloride
【性状】 类白色固体。
【制法】 王超杰，赵存良，杨卓等.中国药物化学杂志，2008，18（6）：442.

于氢化装置中加入 400 mL 水，5% 的 Pd-C 催化剂 9.2 g，盐酸 22 mL（0.26 mol），搅拌下加入 *N*-甲基-4-硝基苯甲磺酰胺（**2**）46 g（0.2 mol），抽真空除去空气，通入氢气，于 25℃进行还原反应 10 h。滤去催化剂，滤饼用 4 mol/L 的盐酸 40 mL 洗涤。合并滤液和洗涤液，得化合物（**3**）的溶液。将其冷至 −5℃。搅拌下滴加由于亚硝酸钠 13.8 g 溶于 25 mL 水的溶液，约 30 min 加完，用碘化钾淀粉试纸控制反应终点。于 −5～−3℃继续搅拌反应 30 min，得化合物（**4**）的溶液备用。

于另一反应瓶中加入 150 mL 水，13.3 g（0.33 mol）氢氧化钠溶于 20 mL 水配成的溶液，再加入连二亚硫酸钠 102 g（0.53 mol），冷至 −5℃，搅拌下滴加上述化合物（**4**）的溶液，约 1 h 加完。加完后于 1.5 h 升至 20℃，继续搅拌反应 3.5 h。用浓的氢氧化钠溶液调至 pH7.8～8.0，于 15℃搅拌 1 h。抽滤，水洗，得化合物（**5**）湿品。直接用于下一步反应。

将上述湿品加入 350 mL 异丙醇中，搅拌下加入浓盐酸 18 mL（0.22 mol），于 15℃搅拌 25 min。过滤，异丙醇洗涤，干燥，得类白色固体（**1**）45 g，收率 71%。

【用途】 偏头疼治疗药舒马曲坦（Sumatriptan）合成中间体。

1*H*-吲唑-3-羧酸

$$C_8H_6N_2O_2,\ 162.14$$

【英文名】 1*H*-Indazole-3-carboxylic acid

【性状】 黄色固体。260~262℃（分解）。微溶于水，可溶于冰醋酸。

【制法】 李家明，周思祥，张兴. 中国医药工业杂志，2000，31（2）：49.

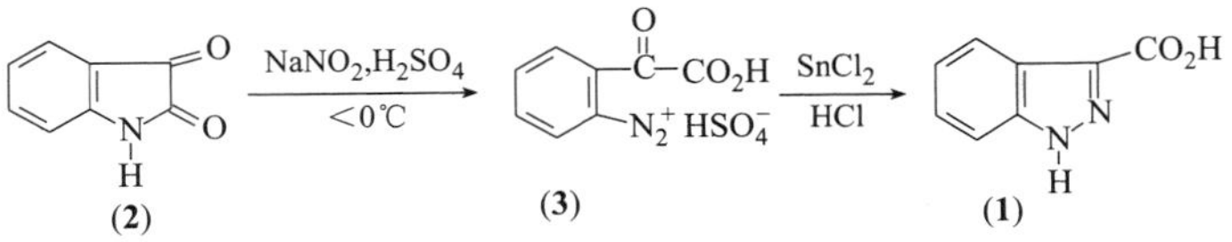

于反应瓶中加入浓硫酸 38.2 g（0.38 mol），冰盐浴冷至 -5℃。另将靛红（**2**）29.4 g（0.2 mol）溶于 6% 的氢氧化钠水溶液 130 mL 中，冷至 0℃ 左右；亚硝酸钠 13.8 g（0.2 mol）溶于 50 mL 水中，冷至 0℃。将靛红溶液与亚硝酸钠溶液混合。慢慢滴加此混合液，保持内温 0℃ 以下，约 2 h 加完。滴加过程中有大量泡沫产生，加入 4~5 mL 乙醚消泡，加完后继续反应 15 min，得重氮盐（**3**）溶液。

将二水合氯化亚锡 108 g（0.48 mol）溶于 170 mL 浓盐酸中，得一透明液体。将其慢慢滴入上述重氮盐溶液中，约 2 h 加完，而后继续反应 1 h。抽滤，滤液水洗，得砖红色固体。用冰醋酸重结晶，得黄色固体（**1**）14.5 g，收率 45%，mp 260~262℃。

【用途】 止吐药格拉司琼（Granisetron）等的中间体。

（*S*）-4-（4-肼基苄基）-1,3-噁唑啉-2-酮盐酸盐

$$C_{10}H_{13}N_3O_2 \cdot HCl，243.69$$

【英文名】 （*S*）-4-(4-Hydrazinylphenylmethyl)-1,3-oxazolidin-2-one hydrochloride

【性状】 浅黄色固体。

【制法】 Glen R C，et al. J Med Chem，1995，38（18）：3566.

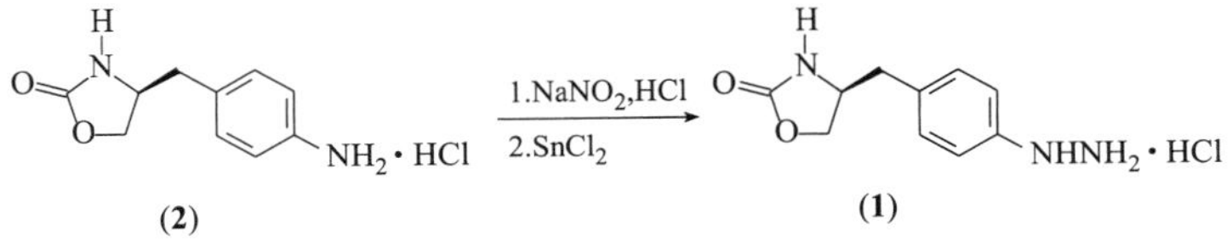

于反应瓶中加入化合物（**2**）0.79 g（3.45 mmol），水 5 mL，搅拌下慢慢滴加盐酸 8.1 mL。冷至 -5℃，滴加由于亚硝酸钠 0.24 g（3.48 mmol）溶于 2.5 mL 水的溶液，约 15 min 加完。加完后于 30 min 升至 0℃ 备用。

于另一反应瓶中，加入氯化亚锡 2.8 g，浓盐酸 7 mL，冷至 0℃。慢慢滴加上述重氮盐溶液，约 15 min 加完。加完后室温搅拌反应 3 h。减压浓缩，剩余物加入乙醚，研磨捣碎。过滤，干燥，得浅黄色固体（**1**）0.96 g。

【用途】 偏头疼治疗药佐米曲普坦（Zolmitriptan）合成中间体。

四、偶联反应

4-氨基-3-氯苯酚

$$C_6H_6ClNO，143.57$$

【英文名】 4-Amino-3-chlorophenol

【性状】 白色固体。mp 159～160℃。

【制法】 郝桂运。黄伟，岑均达.中国医药工业杂志，2013，44（9）：858.

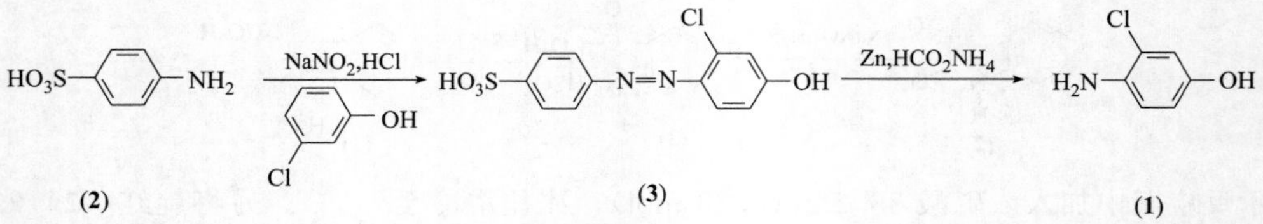

于反应瓶中加入对氨基苯磺酸（**2**）34.8 g（0.2 mol），水 300 mL，慢慢加入碳酸钠粉末 11.6 g（0.11 mol），搅拌溶解至澄清。冷至 0℃，滴加亚硝酸钠 14.5 g（0.21 mol）溶于 40 mL 水的溶液。加完后再滴加盐酸 50 mL，其间保持反应液温度不超过 5℃。加完后继续于 5℃ 以下搅拌反应 40 min。冷藏备用。

另将间氯苯酚 25.6 g（0.2 mol）加入 300 mL 水中，加入 20% 的氢氧化钠溶液 40 mL 和碳酸钠粉末 16.0 g（0.15 mol），冷至 0～5℃，搅拌下慢慢滴加上述重氮盐溶液。加完后继续同温反应 3 h，生成化合物（**3**）。用浓盐酸调至 pH5。升至 25℃，分别加入甲酸铵 63 g（1.0 mol）和锌粉 32.5 g（0.5 mol），室温反应 5 h。加入 400 mL 乙酸乙酯，搅拌 30 min。过滤，滤饼用乙酸乙酯洗涤。合并滤液和洗涤液，分出有机层，水层用乙酸乙酯提取。合并有机层，依次用水、饱和盐水洗涤，无水硫酸钠干燥。过滤，减压浓缩。剩余物中加入 40 mL 石油醚，搅拌析晶。过滤，石油醚洗涤，干燥，得白色固体（**1**）24.4 g，收率 85.3%，mp 159～160℃。

【用途】 络氨酸激酶抑制剂替沃扎尼（Tivozanib）合成中间体。

左西孟旦

$C_{14}H_{12}N_6O$，280.26

【英文名】 Levosimendan

【性状】 黄色结晶性粉末。mp 200℃（分解）。不溶于水、异丙醇。

【制法】 ①孙晋瑞，马新成，娄胜茂，李丹.中国药房，2014，25（13）：1172.②孙昌俊，曹晓冉，王秀菊.药物合成反应——理论与实践.北京：化学工业出版社，2007：321.

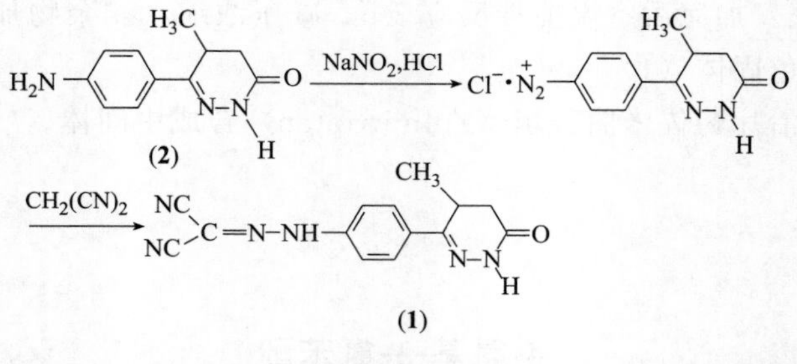

于反应瓶中加入（－）-6-［4′-氨基苯基］-5-甲基-2,3,4,5-四氢哒嗪-3-酮（**2**）2.03 g（0.01 mol），蒸馏水 70 mL，浓盐酸 5 mL，搅拌使之溶解。冷至 2℃ 左右，滴加亚硝酸钠 0.8 g（0.12 mol）溶于 10 mL 水配成的溶液，约 10 min 加完，生成黄色溶液。继续搅拌反应 20 min。滴加丙二腈 0.66 g（0.01 mol）溶于 10 mL 水配成的溶液，约 15 min 加完。慢慢升至室温，继续搅拌反应 2 h。过滤，用 10 g 醋酸钠溶于 10 mL 水配成的溶液调至 pH6，析出黄色固体。抽滤，水洗、异丙醇和水混合液（1:1）洗涤，干燥，得黄色粉末状固体（**1**）2.6 g，收率 93.5%，mp 200℃（分解）。

【用途】　心脏病治疗药左西孟旦（Levosimendan）原料药。

柳氮磺胺吡啶

$$C_{18}H_{14}N_2O_5S，398.4$$

【英文名】　Sulfasalazine

【性状】　棕黄色粉末。mp 240～250℃（分解）。微溶于冰醋酸，极微溶于乙醇，几乎不溶于水，可溶于 2% 的氢氧化钠水溶液。

【制法】　①金灿，林晓清，苏为科.合成化学，2012，20（4）：524.②孙昌俊，曹晓冉，王秀菊.药物合成反应——理论与实践.北京：化学工业出版社，2007：321.

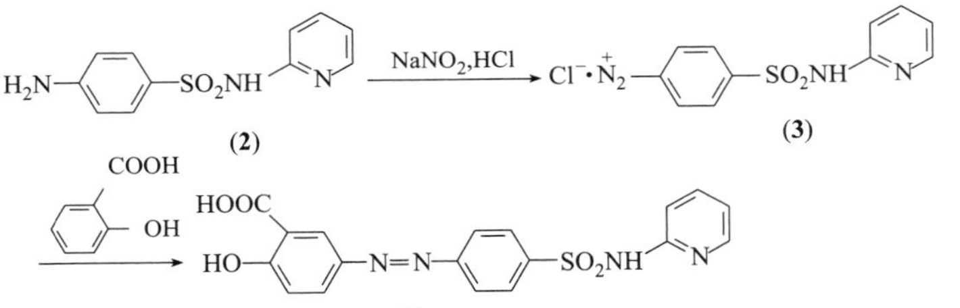

于反应瓶中加入水 250 mL，浓盐酸 24 mL，2-磺胺吡啶（**2**）24.9 g（0.1 mol），加热至 80℃溶解。冷至 0℃，滴加亚硝酸钠 6.9 g（0.1 mol）溶于 20 mL 水配成的溶液，控制反应温度不超过 5℃，反应物逐渐变稠。用刚果红试纸测终点，再用碘化钾-淀粉试纸测定终点，得重氮盐（**3**）备用。

另将水杨酸 14.4 g（0.1 mol），水 200 mL，氢氧化钠 18 g（0.45 mol）混合，溶解后冷至 0℃，加入上述重氮盐溶液，自然升温至 15～20℃，反应 2 h。用 H 酸溶液（1% 的 H 酸与 3% 的碳酸钠水溶液配成）测定反应终点。升温至 80℃再测终点不变时，过滤，滤液在 10℃以下用 15% 的盐酸调至 pH1～2。过滤，滤饼用 50% 的醋酸 400 mL 回流 2 h。趁热过滤，滤饼用蒸馏水洗至中性，减压干燥，得化合物（**1**）23 g，收率 58%，mp 240℃以上分解。

【用途】　磺胺类抗菌药柳氮磺胺吡啶（Sulfasalazine）的原料药。

巴柳氮钠

$$C_{17}H_{13}N_3O_6Na_2 \cdot 2H_2O，437.32$$

【英文名】　Balsalazide

【性状】　砖红色固体。mp＞350℃。

【制法】　单慧军，方刚，吴松.中国药物化学杂志，2001，11（2）：110.

$$H_2N-\langle\text{C}_6\text{H}_4\rangle-CONHCH_2CH_2COOH \xrightarrow{NaNO_2,HCl} Cl^-\cdot\overset{+}{N_2}-\langle\text{C}_6\text{H}_4\rangle-CONHCH_2CH_2COOH$$

(2)　　　　　　　　　　　　　　　　　　　　　　　　　(3)

$$\xrightarrow[NaOH,Na_2CO_3]{HO_2C,HO-\langle\text{C}_6\text{H}_3\rangle} HO-\langle\text{C}_6\text{H}_3(HO_2C)\rangle-N=N-\langle\text{C}_6\text{H}_4\rangle-CONHCH_2CH_2COOH \xrightarrow[Etoh]{NaOH}$$

(4)

$$HO-\langle\text{C}_6\text{H}_3(NaO_2C)\rangle-N=N-\langle\text{C}_6\text{H}_4\rangle-CONHCH_2CH_2COONa\cdot2H_2O$$

(1)

重氮盐溶液（**3**）：于反应瓶中加入盐酸 22.7 mL，水 140 mL，β-对氨基苯甲酰氨基丙酸（**2**）16.6 g（0.08 mol），冰盐浴冷至 -5℃，慢慢滴加由亚硝酸钠 5.64 g（0.082 mol）和 40 mL 水配成的溶液，控制反应液温度不超过 3℃，约 45 min 加完，而后继续低温反应 2 h，得重氮盐溶液（**3**）备用。

巴柳氮酸（**4**）：于另一反应瓶中（装置同上）加入水杨酸 11.3 g（0.082 mol），水 120 mL，氢氧化钠 6.8 g（0.17 mol），无水碳酸钠 13.3 g（0.082 mol），搅拌溶解。冰盐浴冷至 -3℃，慢慢滴加上述重氮盐（**3**）的溶液，加完后用氢氧化钠溶液调至 pH8，于 0～5℃反应 2 h。将反应液倒入 100 g 冰水中，用盐酸调至 pH2～3，析出砖红色固体。过滤，水洗，于 40℃真空干燥，得粗品 27.2 g，收率 94.7%。用 95% 的乙醇重结晶，得砖红色固体（**4**），mp ＞220℃（文献值 254～255℃）。

巴柳氮钠二水合物（**1**）：将上述化合物（**4**）精品 70.4 g（0.2 mol）悬浮于 1 L 95% 的乙醇中，室温搅拌下滴加由氢氧化钠 15.8 g（0.4 mol）溶于 500 mL 乙醇的溶液，加完后继续搅拌反应 5 h。冰水浴中冷却 5 h。过滤，95% 的乙醇洗涤，真空干燥，得砖红色固体（**1**）82.1 g，收率 95.3%，mp ＞350℃。

【用途】　溃疡性结肠炎治疗药巴柳氮钠（Balsalazide）的中间体。

3-乙氧基-4-羟基苯胺

$C_8H_{11}NO_2$，153.18

【英文名】　3-Ethoxy-4-hydroxyaniline

【性状】　浅黄色固体。mp 181～183℃。

【制法】　狄庆峰，赵子艳，梅雪艳，吴范宏. 中国医药工业杂志，2011，42（8）：577.

$$\langle\text{C}_6\text{H}_5\rangle-NH_2 \xrightarrow{NaO_2,HCl} \langle\text{C}_6\text{H}_5\rangle-\overset{+}{N_2}Cl^- \xrightarrow{HO-\langle\text{C}_6\text{H}_4\rangle-OC_2H_5} HO-\langle\text{C}_6\text{H}_3(OC_2H_5)\rangle-N=N-\langle\text{C}_6\text{H}_5\rangle$$

(2)　　　　　　　　　　　　　　　　　　　　　　　　(3)

$$\xrightarrow{Na_2S_2O_4} HO-\langle\text{C}_6\text{H}_3(OC_2H_5)\rangle-NH_2$$

(1)

于反应瓶中加入苯胺（**2**）52.6 g（0.56 mol），水 80 mL，浓盐酸 180 g（1.83 mol），冷至 0℃以下，搅拌下滴加由亚硝酸钠 50.5 g（0.73 mol）溶于 150 mL 水的溶液，加完后继续低温搅拌反应 1 h 备用。

于另一反应瓶中加入甲醇 3 L，2-乙氧基苯酚 79.6 g（0.58 mol），用饱和碳酸钠溶液调至 pH8～9。搅拌 1 h 后冷至 0℃，滴加上述重氮盐溶液，同时滴加饱和碳酸钠溶液以保持反应体系 pH8～9。加完后于 8℃ 继续搅拌反应 6 h。减压蒸出甲醇，得偶氮化合物（**3**）。将其加入由氢氧化钠 110.7 g（2.77 mol）溶于 300 mL 水的溶液中，搅拌下加热至 70～75℃，于 1.5 h 分批加入保险粉 210 g（1.21 mol），搅拌反应 8 h 后冷至室温。慢慢加入约 250 mL 盐酸调至 pH5～6。过滤，滤饼依次用冰水和乙醇洗涤，真空干燥，得浅黄色固体（**1**）74.2 g，收率 86.6%，mp 181～183℃。

【用途】 抗原虫药地考喹酯（Decoquinate）中间体。

五、其他反应

2-甲氧基苯腈

C$_8$H$_7$NO，133.15

【英文名】 2-Methoxybenzeonitrile
【性状】 无色液体。
【制法】 林源斌，刘振鹏，陈红彪. 有机中间体的制备与合成. 北京：化学工业出版社，2005：555.

将氢氧化钠 45 g 溶于 500 mL 水中，加入结晶硫酸铜 160 g（0.6 mol），剧烈搅拌，加热至沸，慢慢加入由亚硫酸氢钠 35 g 和氢氧化钠 25 g 溶于 250 mL 水的溶液，析出白绿色氯化亚铜沉淀。冷至室温，用倾泻法将沉淀洗涤 3 次备用。

于反应瓶中加入 500 mL 水，慢慢加入浓硫酸 100 mL，冰浴冷却。加入 2-甲氧基苯胺（**2**）53 g（0.43 mol），搅拌下于 0℃ 滴加由亚硝酸钠 35 g（0.5 mol）溶于 100 mL 水的溶液，用碘化钾-淀粉试纸检测反应终点。而后用 25 g 碳酸钠小心中和至中性。

另将氰化钠 82 g（1.67 mol）溶于 125 mL 水中，搅拌下加入上述氯化亚铜固体，剧烈搅拌下于 0℃ 滴加上述重氮盐的中性溶液。而后加入 125 mL 苯，放置 10～15 h 后，水蒸气蒸馏。将馏出液分出苯层，水层用苯提取。合并苯层，无水氯化钙干燥。过滤，浓缩，减压蒸馏，收集 142℃/2.66 kPa 的馏分，得无色液体（**1**）36.4～38 g，收率 64.5%～67.3%。

【用途】 药物合成中间体。

叠氮苯

C$_6$H$_5$N$_3$，119.12

【英文名】 Azidobenzene
【性状】 浅黄色油状液体，bp 49～50℃/1.67 kPa。溶于乙醚、苯，可随水蒸气挥发。
【制法】 孙昌俊，曹晓冉，王秀菊. 药物合成反应——理论与实践. 北京：化学工业出版

社，2007：316.

$$\text{C}_6\text{H}_5\text{—NHNH}_2 + \text{NaNO}_2 \xrightarrow{\text{HCl}} \text{C}_6\text{H}_5\text{—N}_3 + \text{NaCl} + \text{H}_2\text{O}$$
$$\textbf{(2)} \qquad\qquad\qquad\qquad \textbf{(1)}$$

于反应瓶中加入浓盐酸 56 mL，水 300 mL，冰盐浴冷却，搅拌下滴加苯肼（**2**）33.5 g（0.31 mol），约 10 min 加完。反应瓶中有白色沉淀生成，冷却至 0℃，加入 100 mL 乙醚。滴加亚硝酸钠 25 g（0.357 mol）溶于 30 mL 水配成的溶液，控制反应温度不超过 5℃，约 30 min 加完。加完后继续搅拌反应 1 h。水蒸气蒸馏，至收集馏出液 400 mL 左右时停止蒸馏。由馏出液中分出乙醚，水层用乙醚提取，合并乙醚层，无水氯化钙干燥。过滤，常压蒸馏回收乙醚。而后减压蒸馏，收集 bp 49～50℃/1.67 kPa 的馏分，得浅黄色油状液体叠氮苯（**1**）25 g，收率 68%。

【用途】 氮杂嘌呤类杀菌剂等的中间体。

2-氯-6-巯基苯甲酸

$$\text{C}_7\text{H}_5\text{ClO}_2\text{S}, \ 188.58$$

【英文名】 2-Chloro-6-mercaptobenzoic acid

【性状】 类白色或浅黄色结晶。mp 110～112℃。溶于乙酸乙酯、热氯仿，微溶于水。

【制法】 ①Dixson J A, et al. US 5149357.1992. ②孙昌俊，曹晓冉，王秀菊.药物合成反应——理论与实践.北京：化学工业出版社，2007：319.

$$\textbf{(2)} \xrightarrow[\text{0-5℃}]{\text{NaNO}_2,\text{HCl}} \textbf{(3)} \xrightarrow[\text{S}]{\text{Na}_2\text{S}} \textbf{(1)}$$

于反应瓶中加入水 150 mL，浓盐酸 60 mL，冷却下加入 2-氨基-6-氯苯甲酸（**2**）46 g（0.27 mol）。冷至 0℃ 左右，滴加亚硝酸钠 20 g（0.29 mol）溶于 60 mL 水配成的溶液，控制 0～5℃，约 30 min 加完。加完后继续搅拌反应 30 min.，加入少量尿素分解过量的亚硝酸，得重氮盐（**3**）的溶液。

将九水硫化钠 87 g（0.36 mol），硫黄 11.5 g（0.36 mol），氢氧化钠 15 g（0.37 mol）加到 150 mL 水中，加热至硫黄完全溶解，生成二硫化钠溶液。将此溶液慢慢加入上述重氮化溶液（**3**）中，加完后升至室温反应 2 h。将反应物倒入 1 L 水中，用盐酸调至酸性，乙酸乙酯提取，无水硫酸钠干燥，活性炭脱色。减压蒸出溶剂，用氯仿重结晶，得化合物（**1**）32 g，收率 63%，mp 109～112℃。

【用途】 除草剂嘧草硫醚（Pyrithiobac sodium）中间体。

邻氯苯磺酰氯

$$\text{C}_6\text{H}_4\text{Cl}_2\text{O}_2\text{S}, \ 211.06$$

【英文名】 *o*-Chlorobenzenesulfonyl chloride

【性状】 浅黄色结晶。mp 28.5℃，bp 96～98℃/0.133 kPa，144～145℃/1.6 kPa。溶

于乙酸乙酯、氯仿、醇、醚，不溶于水。

【制法】 ①孙昌俊，陈再成.精细化工中间体，1988：4. ②李光铉，姜德政.农药，2009，48（12）：870.

于反应瓶中加入 30% 的盐酸 65 mL，冷却下慢慢加入邻氯苯胺（**2**）25.5 g（0.2 mol），冰盐浴冷至 0℃，滴加亚硝酸钠 14.3 g（0.21 mol）溶于 20 mL 水配成的溶液，控制反应液温度在 0～5℃，加完后继续反应 10 min。

另于 1 L 烧杯中，将结晶硫酸铜 4.8 g，亚硫酸氢钠 19.3 g（0.186 mol）和 30% 的盐酸 200 mL 配成的溶液，冷至 10℃，激烈搅拌下将上述重氮化溶液、亚硫酸氢钠 19.3 g（0.186 mol）溶于 30 mL 水配成的溶液，同时慢慢倒入烧杯中，室温搅拌 1 h。用分液漏斗分出棕红色油状物，水洗。减压蒸馏，收集 143～145℃/1.6 kPa 的馏分，得邻氯苯磺酰氯（**1**）38 g，收率 90%。

【用途】 农药绿磺隆（Chlorsulfuron）等的中间体。

2-(3,4,5-三氯苯基)-1,2,4-三嗪-3,5-(2*H*,4*H*)-二酮-6-羧酸

$C_{10}H_4Cl_3N_3O_4$，336.52

【英文名】 2-(3,4,5-Trichlorophenyl)-1,2,4-triazine-3,5-(2*H*,4*H*)-dione-6-carboxylic acid
【性状】 黄色固体。mp 244～246℃。
【制法】 赵树春，薛飞群，辛启胜等.中国医药工业杂志，2011，42（12）：889.

于反应瓶中加入 3,4,5-三氯苯胺（**2**）2.0 g（10.2 mmol），冰醋酸 30 mL，盐酸 3 mL，搅拌下冷至 0℃，滴加亚硝酸钠 0.77 g（11.2 mmol）溶于 2.5 mL 水的溶液，温度保持在 5℃ 以下。加完后低温继续反应 1 h。碘化钾-淀粉试纸检测反应结束后升至室温。加入无水醋酸钠 2.1 g（25.6 mmol），N,N'-（二乙氧羰基）丙二酰胺 3.01 g（12.2 mmol），室温反应 2 h。再加入无水醋酸钠 0.92 g（11.2 mmol）和冰醋酸 13 mL，升至 110℃ 回流反应 3 h。冷至室温，减压浓缩后，加入醋酸 24 mL 和 50% 的硫酸 8.5 mL，回流反应 4 h。减压浓缩，加入 70 mL 温水，搅拌后过滤，滤饼水洗，干燥，得土黄色固体。加入 20 mL 水中，用氢氧化钠溶液调至 pH9～10，搅拌 30 min。过滤，用盐酸调至酸性，析出固体。过滤，水洗，干燥，得黄色固体（**1**）2.40 g，收率 69%，mp 244～246℃。

【用途】 抗球虫新药中间体。

第十三章 | 水解反应

一、酯的水解

4-乙氧羰基-3,5-二甲基-1*H*-吡咯-2-羧酸

$$C_{10}H_{13}NO_4，211.22$$

【英文名】 4-(Ethoxycarbonyl)-3,5-dimethyl-1*H*-pyrrole-2-carboxylic acid

【性状】 白色固体。mp 235～236℃。

【制法】 刘彪，林蓉，廖健宇等.中国医药工业杂志，2007：38（8）：539.

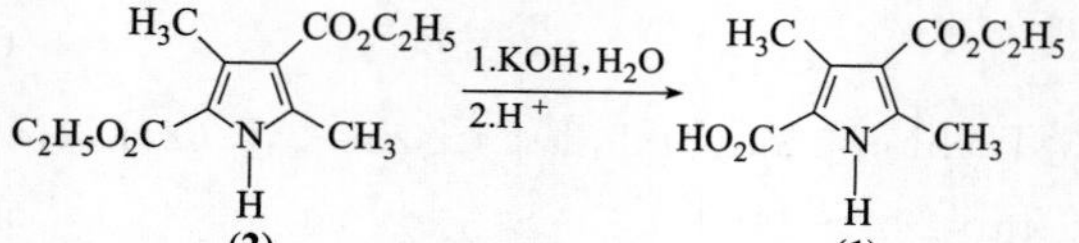

于反应瓶中加入3,5-二甲基-1*H*-吡咯-2,4-二羧酸二乙酯（**2**）47.8 g（0.2 mol），乙醇 200 mL，搅拌溶解。加入由氢氧化钾28 g（0.5 mol）溶于250 mL水的溶液，搅拌回流反应 1.5 h。减压浓缩至200 mL，倒入300 mL冰水中，用10%的盐酸调至 pH4，抽滤析出 的固体，水洗，干燥，得白色固体（**1**）36 g，收率85.3%，mp 235～236℃。

【用途】 抗肿瘤药苹果酸舒尼替尼（Sunitinib malate）中间体。

L-脯氨酰-L-苯丙氨酸

$$C_{14}H_{18}N_2O_3，262.31$$

【英文名】 L-Prolyl-L-phenylalanine

【性状】 白色固体。mp 255～258℃。

【制法】 Tadahiro S，et al. Chem Pham Bull，1990，38（2）：529.

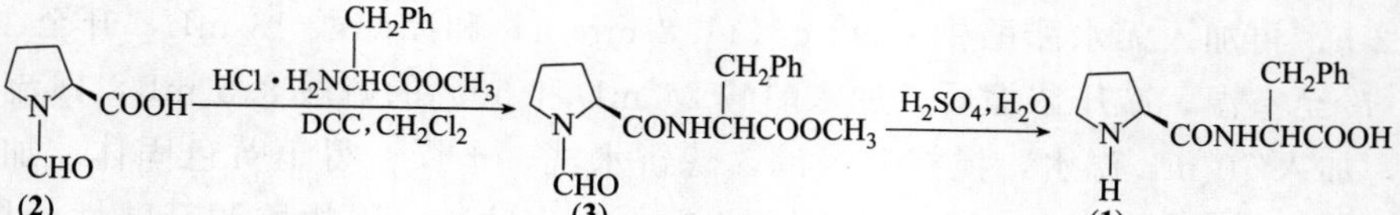

L-脯氨酰-L-苯丙氨酸甲酯（**3**）：于反应瓶中加入 *N*-甲酰基-L-脯氨酸（**2**）20.0 g （139 mmol），L-苯丙氨酸甲酯盐酸盐30 g（139 mmol），二氯甲烷300 mL，三乙胺14.1 g

（139 mmol），搅拌下加入由 DCC 28.8 g（139 mmol）与 50 mL 二氯甲烷的混合液，室温搅拌反应过夜。滤出沉淀，滤液浓缩。将剩余物溶于乙酸乙酯中，冰箱中放置 2 h。过滤除去沉淀，滤液用碳酸氢钠水溶液充分洗涤，而后依次用水、10％的柠檬酸溶液洗涤，无水硫酸钠干燥。过滤，减压浓缩，得黏稠油状物化合物（**3**）40.6 g。

L-脯氨酰-L-苯丙氨酸（**1**）：于反应瓶中加入上述化合物（**3**）40.6 g，硫酸 13.6 g（139 mmol）和水（225 mL）的溶液，于 80～85℃搅拌反应 2 h。冷却，用碱调至溶液 pH5.5，放置冰箱中过夜。过滤，干燥，得白色化合物（**1**）31.3 g，收率 86％，mp 255～258℃。$[\alpha]_D^{26}$ −42.2°（c＝1，0.6 mol/L HCl）。

【用途】　抗高血压药阿拉普利（Alacepril）中间体。

阿维 A 酯

$C_{23}H_{30}O_3$，354.49

【英文名】　Etretinate

【性状】　结晶。溶于石油醚，不溶于水。mp 104～105℃。

【制法】　①Bollg W，Ruegg R，Ryser G. US 4224244.1980. ②陈芬儿. 有机药物合成法：第一卷. 北京：中国医药科技出版社，1999：42.

9-(4-甲氧基-2,3,6-三甲基苯基)-3,7-二甲壬-2,4,6,8-四烯-l-酸（**3**）：于干燥反应瓶中，加入 9-(4-甲氧基-2,3,6-三甲基苯基)-3,7-二甲基壬-2,4,6,8-四烯-1-酸丁酯（**2**）125.8 g（0.33 mol）、无水乙醇 2000 mL、氢氧化钾 125.8 g（0.45 mol）和水 195 mL 的溶液，氮气保护下加热搅拌回流 0.5 h。反应结束后，冷却，将反应液倒入 10 L 冰水中，以浓盐酸调至 pH2～4，用二氯甲烷提取。合并有机层，水洗至 pH7，无水氯化钙干燥。过滤，回收溶剂后，将剩余物溶于正己烷 700 mL 中，冷冻，析出结晶。过滤，干燥，得化合物（**3**），mp 228～230℃。

阿维 A 酯（**1**）：于反应瓶中，加入上述化合物（**3**）60 g（0.18 mol）的丙酮溶液，碘乙烷 128 g（0.9 mol）和碳酸钾 128 g（0.93 mol），氮气保护下于 55～60℃搅拌反应 16 h。反应结束后蒸馏回收溶剂。剩余物溶于石油醚（bp 90～120℃）1 L 中，冷却至 −20℃，析出结晶，过滤，干燥，得化合物（**1**），mp 104～105℃。

【用途】　抗牛皮癣药阿维 A 酯（Etretinate）原料药。

奥扎格雷钠

$C_{13}H_{11}N_2O_2Na$，250.23

【英文名】　Ozagrel sodium

【性状】 白色结晶或结晶性粉末，无臭，味酸或苦。易溶于水，稍易溶于甲醇，几乎不溶于无水乙醇、丙酮和乙醚，遇光稍不稳定。

【制法】 ①王道林，刘伟禄，徐姣，宋娟.中国医药工业杂志，2007：38（5）：325.

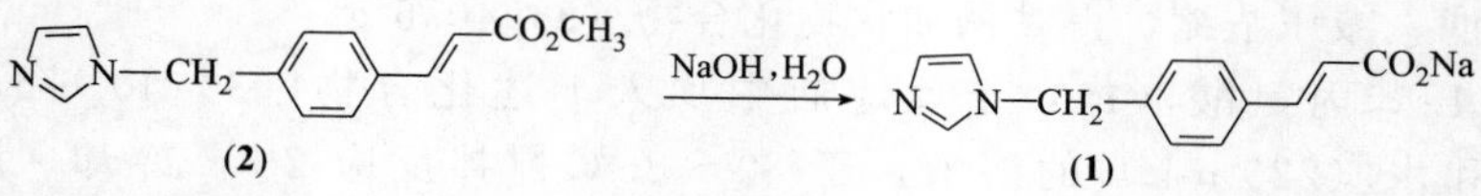

于反应瓶中加入（E）-3-[4-(1H-咪唑甲基) 苯基]-2-丙烯酸甲酯（**2**）12.8 g（50 mmol），氢氧化钠 2.4 g（60 mmol）和水 75 mL 的溶液，于 40℃搅拌反应 1 h。反应结束后，冷却，过滤。减压浓缩至 20 mL，慢慢加入丙酮 100 mL，静置 2 h 后过滤，干燥，得白色粉末（**1**）11.5 g，收率 86％，mp 307℃（分解）。

【用途】 抗凝血药奥扎格雷钠（Ozagrel sodium）原料药。

苯噁洛芬

$C_{16}H_{12}ClNO_3$，301.74

【英文名】 Benoxaprofen

【性状】 白色粉末。易溶于 N,N-二甲基甲酰胺，难溶于水。mp 189～190℃。

【制法】 Dunwell D W, et al. J Med Chem, 1975, 18 (1)：53.

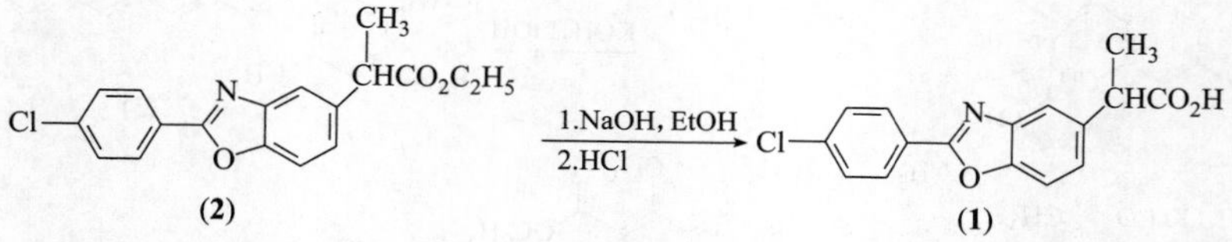

于反应瓶中加入 2-(4-氯苯基)-α-甲基-5-苯并噁唑乙酸乙酯（**2**）7.85 g（0.024 mol）、氢氧化钠 5 g（0.125 mol）溶于 90％乙醇 955 mL 的溶液，于室温下搅拌反应 4.5 h。反应结束后，减压回收溶剂。冷却，将剩余黏稠油状物溶于 50 mL 水中，过滤。向滤液中加入浓盐酸 10 mL，搅拌，过滤。滤饼水洗至 pH7，干燥，得粗品（**1**）。用乙醇重结晶，得白色固体（**1**）3.15 g，收率 44％，mp 189～190℃。

【用途】 消炎镇痛药苯噁洛芬（Benoxaprofen）原料药。

N-β-氟乙基去甲莨菪碱盐酸盐

$C_9H_{16}NOF \cdot HCl$，209.69

【英文名】 N-β-Fluoroethylnortropine hydrochloride

【性状】 白色固体。

【制法】 ①陈芬儿.有机药物合成法：第一卷.北京：中国医药科技出版社，1999：252. ②陈庆平，周家成.中国药科大学学报，1988，19（2）：119.

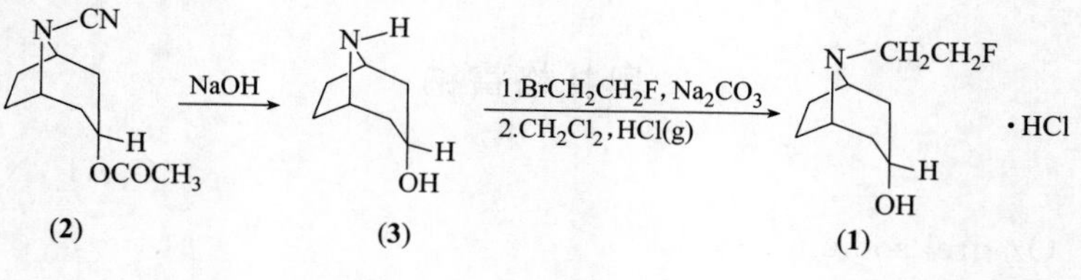

去甲莨菪碱（**3**）：于反应瓶中加入 *N*-氰基去甲莨菪碱乙酯（**2**）3.0 g（0.0155 mol），水 30 mL，氢氧化钠 3.0 g（0.075 mol），搅拌回流反应 7.5 h。冷却后加入氢氧化钠 4.5 g（0.125 mol），搅拌溶解。用氯仿提取（40 mL×4），合并有机层，减压回收溶剂，得粗品（**3**）1.88 g，收率 95.5%，直接用于下一步反应。

N-β-氟乙基去甲莨菪碱盐酸盐（**1**）：于干燥的反应瓶中加入上述化合物（**3**）33.8 g（0.2657 mol），2-溴氟乙烷 31.7 g（0.2922 mol），碳酸钠 31.0 g（0.2922 mol），无水乙腈 300 mL，搅拌回流反应 7.5 h。冷却，过滤，滤饼用乙腈洗涤。合并滤液和洗涤液，减压回收溶剂。剩余物溶于二氯甲烷中，通入干燥的氯化氢气体，析出白色固体。过滤，干燥，得粗品（**1**）。用异丙醇重结晶，得白色固体（**1**）48.6 g，收率 87.2%，mp 184~186℃。

【用途】 平喘药氟托溴铵（Flutropium bromide）中间体。

卡洛芬

$$C_{15}H_{12}ClNO_2，273.73$$

【英文名】 Carprofen

【性状】 结晶。mp 197~198℃。

【制法】 方法 1 牛宗强. 浙江化工，2012，43（8）：21.

于反应瓶中加入 6-氯-2-咔唑-甲基丙二酸二乙酯（**2**）3.74 g，冰醋酸 19 mL，6 mol/L 的盐酸 19 mL，搅拌回流反应 12 h。冷至室温，过滤固体，用 1:1 的醋酸-水洗涤（15 mL×3），水洗（20 mL×3）。减压浓缩至干，得粗品。加入 1 mol/L 的氢氧化钾水溶液 15 mL，生成的溶液用乙醚提取后，冷却，用盐酸调至 pH2，搅拌 15 min。过滤，水洗，干燥，得固体 2.67 g。用 50 mL 二氯甲烷重结晶，活性炭脱色，过滤后冷却析晶。过滤，干燥，得白色固体（**1**）2.11 g，收率 77%。mp 197~198℃。

方法 2 陈芬儿. 有机药物合成法：第一卷. 北京：中国医药科技出版社，1999：312.

于反应瓶中，在氮气保护下，加入 6-氯-*α*-甲基咔唑-2-乙酸乙酯（**2**）11 g（0.036 mol），乙醇 100 mL 和 3 mol/L 氢氧化钠溶液 100 mL，加热搅拌回流 2 h。反应毕，减压浓缩至干后，加入水 300 mL 和冰 200 g，用浓盐酸调至 pH1~2，用乙醚 200 mL×3 提取，合并有机层，水洗，无水硫酸镁干燥，回收溶剂，得粗品（**1**）9.8 g，收率 98.2%。用三氯甲烷重结晶，得精品（**1**）6.2 g，收率 62%，mp 197~198℃［母液中可回收部分（**1**）1.6 g（16%）］，mp 195~199℃。

【用途】 消炎镇痛药卡洛芬（Carprofen）原料药。

盐酸喹那普利

$$C_{25}H_{30}N_2O_5 \cdot HCl，474.96$$

【英文名】 Quinapril hydrochloride

【性状】 白色结晶，mp 120～130℃。$[\alpha]_D^{23} +14.5°$（$c=2$，乙醇）。

【制法】 Klutchko S, et al. J Med Chem，1986，29（10）：1953.

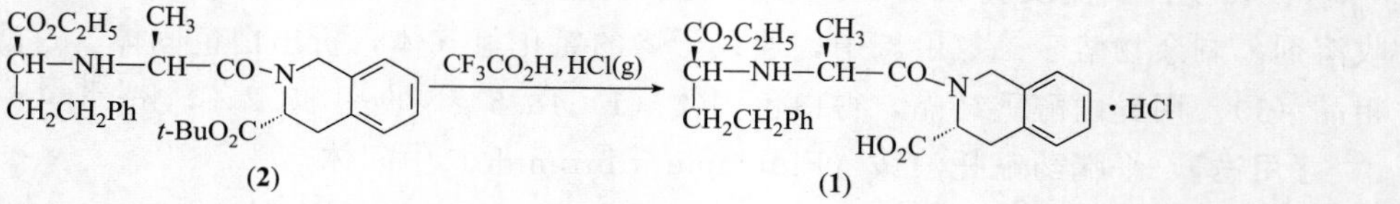

于干燥的反应瓶中，加入〔3S-[2-[R（R）]]-2-[2-[[1-(乙氧羰基)-3-苯丙基]氨基-1-氧代丙基]-1,2,3,4-四氢异喹啉-3-羧酸叔丁酯（**2**）11.6 g（0.023 mol），三氟乙酸 100 g，搅拌溶解，室温搅拌 1 h。减压回收溶剂，残留的油状物用干燥的乙醚 400 mL 溶解，再加入含干燥氯化氢 1.0 g 的干燥乙醚溶液 20 mL，搅拌，析出固体。过滤，用乙酸乙酯-甲苯重结晶，得结晶（**1**）9.60 g，收率 88%，mp 120～130℃，$[\alpha]_D^{23} +14.5°$（$c=2$，乙醇）。

【用途】 抗高血压药盐酸喹那普利（Quinapril hydrochloride）原料药。

齐多夫定

$$C_{10}H_{13}N_5O_4，267.24$$

【英文名】 Zidovudine

【性状】 白色或浅黄色固体。mp 120～122℃。易溶于乙醇，难溶于水。遇光分解。

【制法】 李伟，姜玉钦，黎民霞，郝二军. 河南师范大学学报，2004，32（4）：136.

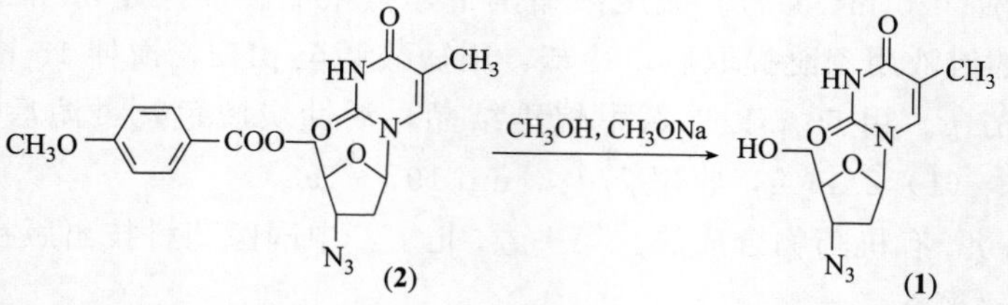

于反应瓶中加入叠氮物（**2**）1.0 g（2.5 mmol）、无水甲醇 15 mL，甲醇钠 3.16 g（3.0 mmol），室温搅拌 48 h。加入水 15 mL，减压蒸除甲醇。加入 15 mL 去离子水（此时 pH=12 左右），快速搅拌 15 min，滤除沉淀。滤液用 10%盐酸酸化到 pH=5～6，蒸除水得浆状物。用热正丁醇溶解，在冰柜中冷冻。抽滤，用少量冷正丁醇洗涤。把滤液蒸干，真空干燥，得（**1**）0.643 g，收率 96%，mp 120～122℃。

【用途】 抗艾滋病和抗病毒药齐多夫定（Zidovudine）原料药。

舒洛芬

$$C_{14}H_{12}O_3S，260.31$$

【英文名】 Suprofen

【性状】 白色或浅黄色结晶性粉末。易溶于甲醇、乙醇、三氯甲烷、丙酮，溶于乙醚，极微溶于水。mp 122～124℃。

【制法】 赵桂森，袁玉梅等.中国医药工业杂志，1994，25（7）：300.

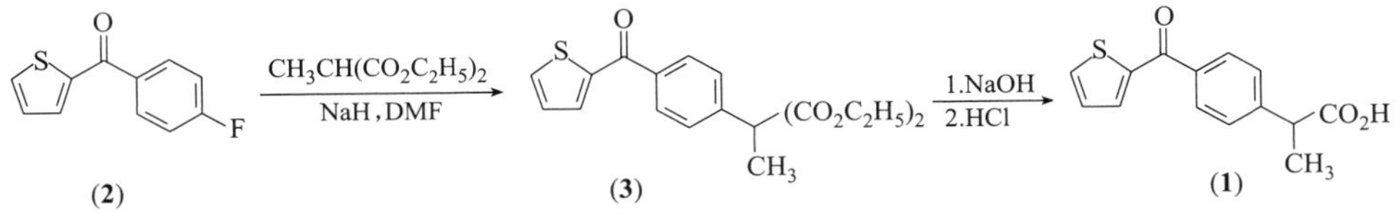

将 80% 的氢化钠 1.3 g（0.04 mol）用无水乙醚处理后置于反应瓶中，加入 DMF 25 mL，搅拌下加入甲基丙二酸二乙酯 8.7 g（0.05 mol），反应 30 min。保持 10℃ 以下，分批加入化合物（2）5.2 g（0.025 mol），而后于 100℃ 反应 10 h。冷却，加入水和 80 mL 甲苯。分出有机层，水洗，无水硫酸钠干燥。过滤，减压浓缩得化合物（3），加入 5% 的氢氧化钠 100 mL，回流。冷却，过滤，用盐酸调至酸性。用氯仿提取，分出有机层，水洗，无水硫酸镁干燥。过滤，回收溶剂，冷却，剩余物用石油醚、乙腈重结晶，得化合物（1）2.2 g，收率 34%，mp 122～123℃。

【用途】 消炎镇痛药舒洛芬（Suprofen）原料药。

8-羟基喹诺酮

$C_9H_7NO_2$，161.16

【英文名】 8-Hydroxyquinolinone

【性状】 淡褐色固体。mp 297～299℃。

【制法】 方法 1 蒲凌翔，肖蓉，张义文，宋航.合成化学，2013，21（6）：739.

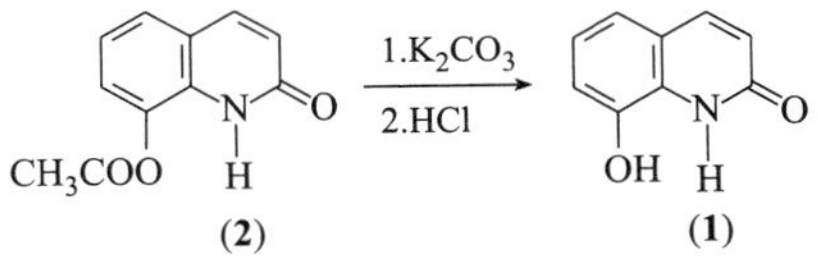

于反应瓶中加入 8-乙酰氧基喹诺酮（2）4.06 g（20 mmol），碳酸钾 2.76 g（20 mmol），水 5 mL，甲醇 35 mL，室温搅拌反应 1 h。旋干，剩余物用 10% 的盐酸调至无气泡产生。过滤，水洗，干燥，得化合物（1）3.01 g，收率 93.2%。

方法 2 焦淑清，于莲，候巍.中华医学写作杂志，2002，9（17）：1380.

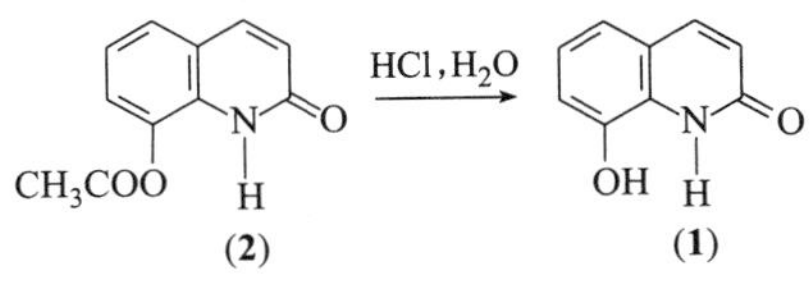

于反应瓶中加入 8-乙酰氧基喹诺酮（2）20.3 g（0.1 mol），浓盐酸 140 mL，于 80℃ 加热搅拌反应 5 h。冰浴冷却，析出黑褐色固体。过滤，干燥，得粗品（1）15.3 g，收率 95%，mp 298～300℃。

【用途】 平喘药盐酸丙卡特罗（Procaterol hydrochloride）中间体。

3-羧基-5-(4-氯苯甲酰基)-1,4-二甲基-1*H*-吡咯-2-乙酸

$C_{16}H_{14}ClNO_5$，335.74

【英文名】 3-Carboxyl-5-(4-chlorobenzoyl)-1,4-dimethyl-1*H*-pyrrole-2-acetic acid，2-(Carboxymethyl)-5-(4-chlorobenzoyl)-1,4-dimethyl-1*H*-pyrrole-3-carboxylic acid

【性状】 白色结晶。mp 242～252℃。

【制法】 ①蔡允明，董文良.中国医药工业杂志杂志，1983，14（5）：3.②陈芬儿.有机药物合成法：第一卷.北京：中国医药科技出版社，1999：1041.

于反应瓶中，加入 5-(4-氯苯甲酰基)-1,4-二甲基-3-乙氧羰基吡咯-2-乙酸乙酯（**2**）17.3 g（0.044 mol），15%氢氧化钠溶液 170 mL，加热搅拌回流 3 h。反应结束后，冷却，将反应液倒入冰水中，用浓盐酸调至 pH1～2，析出固体。过滤，水洗至 pH7，干燥得粗品（**1**）。用丙酮重结晶，得白色结晶（**1**）13.6 g，收率 92%，mp 242～252℃。

【用途】 消炎镇痛药佐美酸钠（Zomepirac sodium）中间体。

5-甲基异噁唑-4-甲酸

$C_5H_5NO_3$，127.10

【英文名】 5-Methylisoxazol-4-carboxylic acid，5-Methyl-4-isoxazolic acid

【性状】 白色针状结晶，mp 143～144℃。

【制法】 Pietro S，Paola E，Glulia M. J Heterocyclic Chemistry，1991，28（2）：453.

于反应瓶中加入 5-甲基异噁唑-4-甲酸乙酯（**2**）82 g（0.53 mol），乙酸 73 mL，水 73 mL，浓盐酸 73 mL，搅拌下加热回流 10 h。反应完后减压蒸馏至干。加入丙酮 75 mL，再浓缩至干，得（**1**）粗品 49 g。水：173%，用水重结晶，得白色针状结晶（**1**），mp 143～144℃。

方法 2 王绍杰，吴秀静，胡玉柱.中国药物化学杂志，2000，10（3）：199.

于反应瓶中加入 5-甲基异噁唑-4-甲酸甲酯（**2**）200 g，浓盐酸 100 mL，搅拌下加热回流反应 4 h。反应结束后，冷至室温。过滤，得浅黄色固体。用蒸馏水重结晶，得白色固体（**1**）105 g，收率 65%，mp 143～144℃。

【用途】 类风湿性关节炎治疗药来氟米特（Leflunomide）中间体。

二、腈的水解

4-氯苯甲酰胺

C_7H_6ClNO，155.58

【英文名】　4-Chlorobenzamide
【性状】　白色固体。mp 178～180℃。
【制法】　Katritzky A R，et al. Synthesis，1989：949.

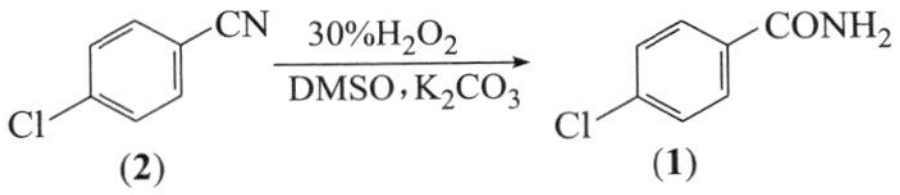

于安有搅拌器、温度计的反应瓶中，加入 4-氯苯甲腈（**2**）1.37 g（0.01 mol），DM-SO3 mL，冰浴冷却，加入 30％的 H_2O_2 1.2 mL，无水碳酸钾 0.2 g。慢慢升至室温（可以观察到强的放热效应）反应 5 min。用 50 mL 水稀释，冷却后过滤，得化合物（**1**），收率 85％，mp 178～180℃。

【用途】　降血脂药苯扎贝特（Bezafibrate）等的中间体。

5-氨甲酰基-(3,4'-联吡啶)-6(1*H*)-酮

$C_{11}H_9N_3O_2$，215.21

【英文名】　5-Aminocarbonyl-(3,4'-dipyridyl)-6（1*H*）-one
【性状】　黄色固体。mp 354℃。
【制法】　①陈芬儿.有机药物合成法：第一卷.北京：中国医药科技出版社，1999：67.
②蔡允明，胡企申.中国医药工业杂志，1984，15（12）：14.

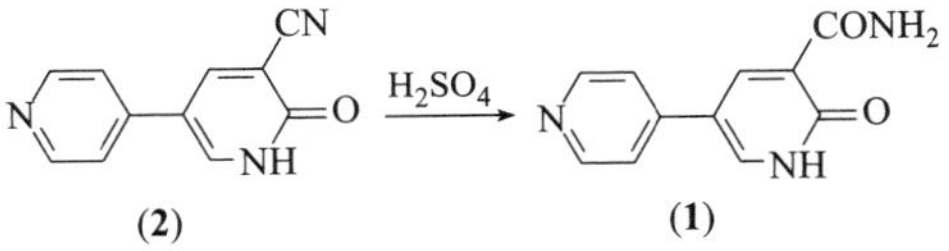

于反应瓶中加入 98％硫酸 236 mL（4.4 mol），5-氰基-(3,4'-联吡啶)-6（1*H*）-酮（**2**）39.4 g（0.20 mol），于 70℃搅拌反应 3 h。反应结束后，用 30％氢氧化钠溶液调至 pH8，析出黄色固体。过滤，水洗，干燥，得黄色固体（**1**）38.7 g，收率 90％，mp 354℃。

【用途】　强心药氨力农（Amrinone）中间体。

4-苯氨基-1-苄基-4-哌啶羧酸

$C_{19}H_{22}N_2O_2$，310.40

【英文名】　4-Anilino-1-benzyl-4-piperidinecarboxylic acid
【性状】　白色固体。mp 230～231.5℃。
【制法】　杨玉龙，朱新文，朱国政等.药学学报，1990，25（4）：253.

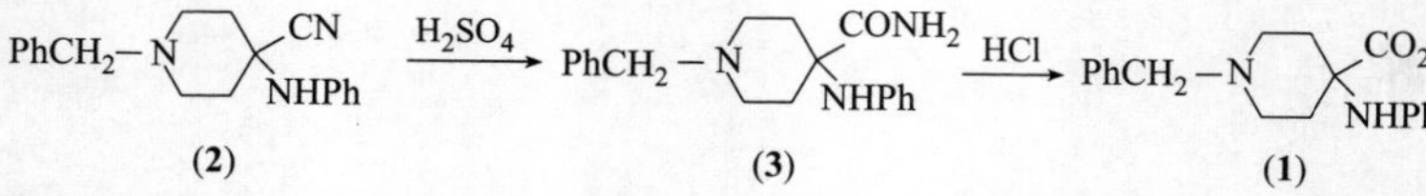

l-苄基-4-苯氨基-4-哌啶甲酰胺（**3**）：于反应瓶中加入浓硫酸 250 mL，搅拌下缓慢加入 1-苄基-4-氰基-4-苯氨基哌啶（**2**）71 g（0.244 mol），室温搅拌反应 24 h。将反应物倒入碎冰 100 g 和氨水 600 mL 中，充分搅拌后用三氯甲烷提取数次。合并有机层，减压回收溶剂。冷却，析出固体。抽滤，用少量异丙醇洗涤，干燥，得固体物（**3**）60 g，mp 188～190℃。滤液浓缩后，又得固体物 12 g，共得 72 g。

4-苯氨基-1-苄基-4-哌啶羧酸（**1**）：向上述固体（**3**）中加入 9 mol/L 盐酸 756 mL，加热搅拌回流 4 h。冷却，将反应物倒入适量水中，用稀氢氧化钠溶液调至 pH 碱性。静置，过滤，水洗，得（**1**）的钠盐 60 g。向钠盐中加入适量水，加热溶解后，趁热过滤，热滤液用盐酸调至 pH1～2，冷却，析出固体。过滤，水洗，干燥，得化合物（**1**）46.3 g，收率 52%，mp 230～231.5℃。

【用途】 盐酸阿芬太尼（Alfentanil hydrochloride）中间体。

3-(4-氟苯基)-3-氧代丙酰胺

$C_9H_8FNO_2$，181.17

【英文名】 3-(4-Fluorophenyl)-3-oxopropanamide
【性状】 白色固体。mp 122～126℃。
【制法】 王俊芳，王小妹，王哲烽，时惠麟. 中国医药工业杂志，2009，40（4）：247.

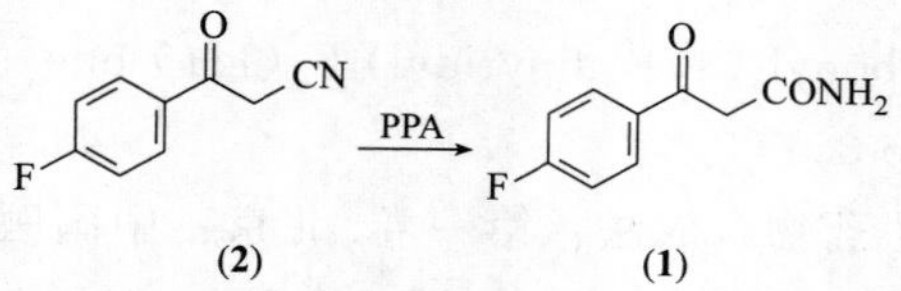

于反应瓶中加入多聚磷酸 310 g，加热至 75℃，慢慢加入 4-氟苯甲酰乙腈（**2**）29.5 g（0.18 mol），搅拌反应 5 h。冷却后加入冰水 600 mL，搅拌溶解。用乙酸乙酯提取 4 次，每次约 250 mL。合并有机层，水洗至中性，无水硫酸钠干燥。减压浓缩至干，无水乙醇重结晶，得白色固体（**1**）27.4 g，收率 83.6%，mp 122～126℃。

【用途】 抗精神病药物布南色林（Blonanserin）中间体。

苯乙酰胺

C_8H_9NO，135.17

【英文名】 Phenylacetamide
【性状】 白色片状或叶状结晶。mp 157～158℃，bp 280～290℃（分解）。溶于热水、乙醇，微溶于冷水、乙醚、苯。
【制法】 方法 1　Masuko F，Katsura T. US 4536599A1. 1985.

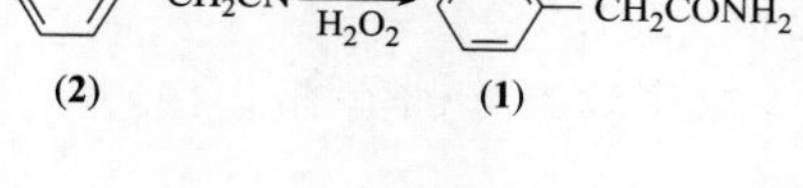

于反应瓶中加入苯乙腈（**2**）117.2 g（1.0 mol），25％的氢氧化钾溶液 56.1 g，35％的过氧化氢水溶液 291.5 g，苄基三乙基氯化铵 1.78 g，异丙醇 351.5 g，搅拌下于 50℃反应 4 h。反应结束后减压蒸出异丙醇，冷却，过滤，水洗，干燥，得化合物（**1**）128.5 g，mp 155℃，收率 95％。

方法 2　Furniss B S，Hannaford A J，Rogers V，et al. Vogel's Textbook of Practical Chemistry. Longman London and New York. Fourth edition，1978：518.

$$C_6H_5CH_2CN + H_2O \xrightarrow{HCl} C_6H_5CH_2CONH_2$$
$$\quad\quad\text{(2)} \quad\quad\quad\quad\quad\quad\quad\quad \text{(1)}$$

于反应瓶中加入苯乙腈（**2**）100 g（0.85 mol），400 mL 浓盐酸。搅拌下于 40℃反应约 40 min，温度升至 50℃。继续反应 30 min。冷至 15℃，滴加 400 mL 冷的蒸馏水。冰水浴冷却，抽滤析出的结晶。固体物加入 50 mL 水中，充分搅拌以出去苯乙酸。抽滤，于 50～80℃干燥，得苯乙酰胺（**1**）95 g，mp 154～155℃，收率 82％。用乙醇重结晶，mp 156℃。

【用途】　青霉素和苯巴比妥等药物的中间体。还用于制备苯乙酸、香料和农药等。

庚酸

$$C_7H_{14}O_2，130.19$$

【英文名】　Heptanoic acid

【性状】　无色透明油状液体。bp 223℃。具有腐败脂肪味。溶于乙醇、乙醚、DMF、DMSO，微溶于水。

【制法】　Pibiase S A，Wolak P P，et al. J Org Chem，1980，45（18）：3630.

$$CH_3(CH_2)_6CN \xrightarrow[t\text{-BuOK, 18-冠-6}]{O_2,THF} CH_3(CH_2)_5COOH$$
$$\quad\quad\text{(2)} \quad\quad\quad\quad\quad\quad\quad\quad\quad\text{(1)}$$

于安有搅拌器、回流冷凝器、通气导管的反应瓶中，加入辛腈（**2**）0.62 g（5.0 mmol），叔丁醇钾 2.24 g（20 mmol），18-冠-6 0.132 g（0.5 mmol），THF 25 mL，通入氧气，于 25℃反应 48 h。加入 5 mL 水淬灭反应。乙醚稀释，分出水层，乙醚层用水洗涤 2 次。合并水层，用稀盐酸酸化。乙醚提取 3 次。无水硫酸钠干燥后，蒸出乙醚，得油状液体化合物（**1**），收率 89％。

【用途】　用于生产庚酸酯类产品，作香料的原料，抗霉菌药。

吡洛芬

$$C_{13}H_{14}ClNO_2，251.71$$

【英文名】　Pirprofen

【性状】　结晶。mp 98～100℃。

【制法】　王东阳，嵇耀武，张广明 中国医药工业杂志，1991，22（7）：2.

于干燥的反应瓶中加入化合物（2）6.0 g（0.0276 mol），顺-1,4-二氯-2-丁烯 5.6 g（0.0448 mol），无水碳酸钠 12.6 g（0.114 mol）和 N,N-二甲基甲酰胺 50 mL，搅拌加热回流 5～6 h。反应结束后，冷却，过滤。滤液减压回收溶剂，向剩余物中加入正己烷适量。搅拌，过滤，滤液回收溶剂。冷却，得化合物（3）。向（3）中加入 25％氢氧化钠 20 mL，加热搅拌回流 8 h。加水适量，用乙醚提取数次弃去。水层用 2 mol/L 盐酸调至 pH5～5.2，用乙醚提取数次。合并有机层，回收溶剂后，析出固体，得粗品（1）。用苯-正己烷重结晶，得（1）1.61 g，收率 23.2％，mp 95～96℃。

【用途】 消炎镇痛药吡洛芬（Pirprofen）原料药。

2-(3-氨基-4-羟基苯基)丙酸

$$C_9H_{11}NO_3，181.19$$

【英文名】 2-(3-Amino-4-hydroxyphenyl) propanoic acid
【性状】 mp 167～169℃。
【制法】 Dunwell D W，et al. J Med Chem，1975，18（1）：53.

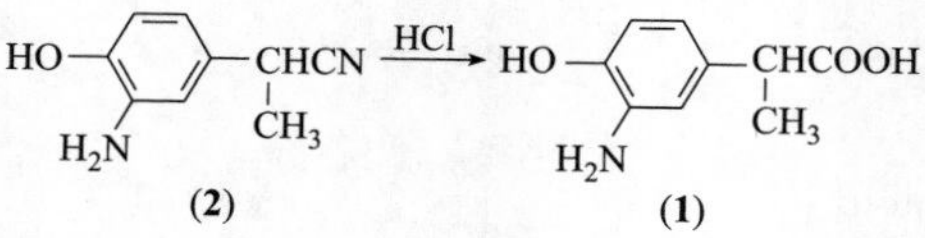

于反应瓶中加入 2-(3-氨基-4-羟基苯基) 丙腈（2）10 g（0.06 mol），浓盐酸 100 mL，加热搅拌回流 2.25 h。反应结束后，冷却，用 2 mol/L 氢氧化钠溶液调至 pH5，析出固体，过滤，干燥得粗品（1）。用甲醇重结晶，得精品（1）6.0 g，收率 54％，mp 167～169℃。

【用途】 消炎镇痛药苯噁洛芬（Benoxaprofen）中间体。

对羟基苯乙酸

$$C_8H_8O_3，152.15$$

【英文名】 4-Hydroxyphenylacetic acid
【性状】 白色结晶粉末。mp 151～154℃。
【制法】 盛伟城. 中国医药工业杂志，1993，24（6）：277.

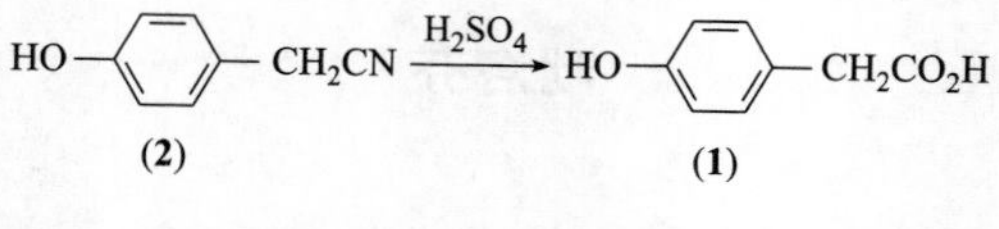

于反应瓶中加入水 28 mL，搅拌下缓慢加入硫酸 27.8 mL（0.5 mol），冷却后，依次加入 36％盐酸 91mL（1.06 ml）和（2）45.3 g（0.38 mol），加热搅拌回流 2 h。反应结束后，加入水 174 mL 和活性炭 0.5 g，回流 0.5 h。趁热过滤，滤饼用热水洗涤，合并滤液和洗液，搅拌冷却至 0℃以下，保温结晶 1 h。过滤，干燥，得白色对羟基苯乙酸（1）66.6 g，收率 77％，mp 151～154℃。

【用途】 抗生素拉氧头孢钠（Latamoxef sodium）、高血压治疗药阿替洛尔（Atenolol）中间体。

对甲氧基苯乙酸

$$C_9H_{10}O_3，166.18$$

【英文名】　*p*-Methoxyphenylacetic acid

【性状】　白色固体。mp 87～88℃，bp 138～140℃/0.4 kPa。不溶于水。

【制法】　Meth-Cohn Otto，Wang Meixiang. J Chem Soc，Perkin Trans 1，Organic and Bioorganic Chemistry，1997，(8)：1099.

$$CH_3O-\!\!\bigcirc\!\!-CH_2CN \xrightarrow[H_2O]{NaOH} CH_3O-\!\!\bigcirc\!\!-CH_2COONa \xrightarrow{HCl} CH_3O-\!\!\bigcirc\!\!-CH_2COOH$$
$$(2) \hspace{7cm} (1)$$

于反应瓶中加入对甲氧基苯乙腈（**2**）147 g（1 mol），25％的氢氧化钠水溶液 350 mL，加热回流反应 8 h。冷却后用苯提取。水层以稀硫酸酸化至 pH10 左右，活性炭脱色。酸化至酸性，冷却。过滤生成的固体，水洗，干燥，得白色固体（**1**）108 g，收率 65％。mp 87～88℃。

【用途】　抗抑郁药文拉法辛（enlafaxine）、心血管药物葛根素（Puerarin）等的中间体。

2-氧代-2-呋喃基乙酸

$$C_6H_4O_4，140.10$$

【英文名】　2-Oxo-2-furfurylacetic acid

【性状】　白色固体。mp 76℃。

【制法】　①曲有乐，杨志伟，刘凤华.黑龙江医药科学，2001，4：49.②史兰香，崔文广，何建平等.河北科技大学学报.2004，1：61.

$$\bigcirc\!\!-COCN \xrightarrow{HCl} \bigcirc\!\!-COCOOH$$
$$(2) \hspace{4cm} (1)$$

于反应瓶中加入 2-氧代-2-呋喃基乙腈（**2**）24.5 g（0.2 mol），浓盐酸 160 mL，于 25℃搅拌反应 24 h。加水 50 mL，搅拌 5 min。过滤，滤液中加入氯化钠至饱和。用乙醚-乙酸乙酯（1∶1）提取（120 mL×5），合并有机层，无水硫酸镁干燥。过滤，于 30℃减压浓缩，析出固体。用甲苯重结晶，得化合物（**1**）11.5 g，收率 41％，mp 76℃。

【用途】　抗生素头孢呋辛酯（Cefuroxime axetil）等的中间体。

胡椒乙酸

$$C_9H_8O_4，180.16$$

【英文名】　3,4-Methylenedioxyphenylacetic acid，Benzo-1,3-dioxole-5-acetic acid

【性状】　白色或类白色固体。mp 128～129℃。

【制法】　①但飞君，田瑛，董俊兴.化学试剂，2005，27（10）：623.②杜小娟，韦立红，崔凤霞等.承德医学院学报，2001，18（1）：52.

于反应瓶中加入胡椒乙腈（**2**）119 g（0.68 mol）、氢氧化钠 71.0 g（1.78 mol）和水210 mL 配成的溶液，搅拌下加入 1-乙氧基-2-甲氧基乙烷 70 mL，加热搅拌回流 4.5 h。反应结束后，冷却，加入水适量，用乙醚提取数次弃去。水层用 10％盐酸调至 pH1～2，析出白色固体。冷却至 10℃ 以下，过滤，得粗品（**1**）。用苯-乙醇重结晶，得化合物（**1**）104.8 g，收率 85.6％，mp 128～129℃。

【用途】 抗癌药三尖杉酯碱（Harringtonine）等的中间体。

2-（3-苯甲酰苯基）乙酸

$C_{15}H_{12}O_3$，240.26

【英文名】 2-(3-Benzoylphenyl) acetatic acid
【性状】 白色结晶。mp 111～113℃。
【制法】 ①陈芬儿，张文文.中国医药工业杂志，1991，22（8）：344.②Robert G W，et al. Eur J Med Chem Chim Ther，1976，11（1）：7.

于反应瓶中加入 2-（3-苯甲酰苯基）乙腈（**2**）100 g（0.45 mol），冰乙酸 100 mL，水100 mL 及浓硫酸 100 mL，搅拌下加热回流 2 h。冷至室温，倒入 150 mL 冰水中，加入5％氢氧化钠溶液 400 mL，于室温搅拌 0.5 h。用二氯甲烷（70 mL×3）提取，弃去有机层，水层用活性炭脱色后，用浓盐酸调至 pH2～3，析出白色结晶。过滤，水洗，干燥，得化合物（**1**）77 g，收率 71％，mp 111～113℃。

【用途】 外用消炎镇痛药盐酸吡酮洛芬（Piketoprofen hydrochloride）中间体。

1,4-苯并二噁烷-2-羧酸

$C_9H_8O_4$，180.16

【英文名】 1,4-Benzodioxane-2-carboxylic acid
【性状】 白色固体。mp 124～126℃。
【制法】 曲有乐，秦玉梅，张瑞仁.黑龙江医药科学，2001，3：88.

于反应瓶中加入 2-氰基-1,4-苯并二噁烷（**2**）32.2 g（0.2 mol），冰醋酸 64 mL，水60 mL，浓硫酸 22 mL，于 110℃搅拌反应 20 h。冷却后将反应物倒入冰水中，析出结晶。过滤，水洗，干燥，得白色固体（**1**）34 g，收率 94％，mp 124～126℃。

【用途】 高血压治疗药盐酸多沙唑嗪（Doxazosin hydrochloride）中间体。

三、酰胺的水解

氨芬酸钠

$$C_{15}H_{12}NO_3Na \cdot H_2O，295.27$$

【英文名】 Amfenac sodium

【性状】 结晶。mp 254～255.5℃（242～244℃）。

【制法】 ①Walsh D A，Moran H W，Shamblee D A，et al. J Med Chem，1984，27（11）：1379. ②陈芬儿. 有机药物合成法：第一卷. 北京：中国医药科技出版社，1999：60.

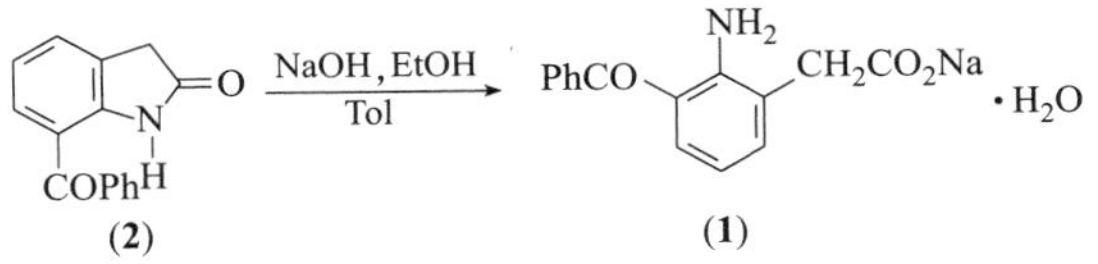

于反应瓶中加入 7-苯甲酰基羟吲哚（**2**）237 g（1.0 mol），甲苯 711 mL 和 95%乙醇 711 mL，加热至 70℃，搅拌下匀速加入 50%氢氧化钠液 160 mL（2.0 mol）。加完后回流 4.5 h。加入活性炭 15 g，继续回流 15 min。过滤，搅拌下向滤液中加入二异丙醚 1.42 L，析出结晶。冷至 5℃，静置 7～8 h。过滤，用二甲氧基乙烷洗涤，干燥，得粗品（**1**）254 g，收率 86%，mp 248～252℃（dec）。用乙醇 25.4 L，异丙醚 12.7 L 混合溶剂重结晶，得（**1**）228.6 g，收率 77.2%，mp 254～255.5℃。

【用途】 消炎镇痛药氨芬酸钠（Amfenac sodium）原料药。

4-甲氧基-2-硝基苯胺

$$C_7H_8N_2O_3，168.15$$

【英文名】 4-Methoxy-2-nitroaniline

【性状】 橙红色结晶。mp 127～129℃。

【制法】 张贵民，王海昕. 齐鲁药事，2004，23（9）：45.

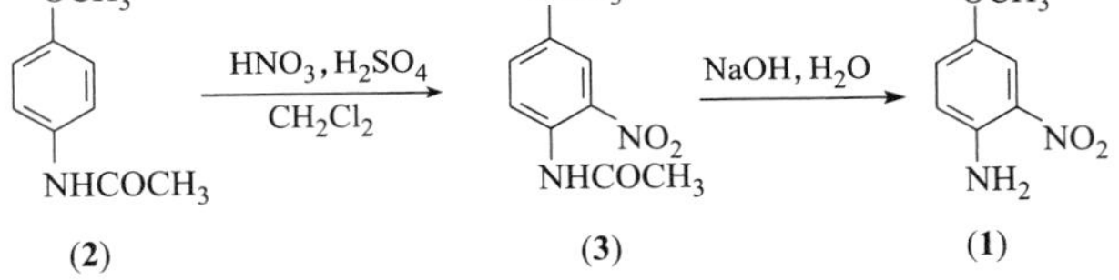

4-甲氧基-2-硝基乙酰苯胺（**3**）：于反应瓶中加入对甲氧基乙酰苯胺（**2**）16.5 g（0.1 mol），二氯甲烷 200 mL，冷至 5℃，搅拌下滴加 1∶1 浓硝酸和浓硫酸的混酸 40 mL。加完后室温反应 2 h。将反应物倒入冰水中，分出有机层，水洗，无水硫酸钠干燥。过滤，蒸出溶剂，得黄色固体（**3**）粗品。用 95%的乙醇重结晶，得黄色针状结晶（**3**）19.6 g，收率 94%，mp 118～119℃。

4-甲氧基-2-硝基苯胺（**1**）：于反应瓶中加入化合物（**3**）10.5 g（0.05 mol），4 mol/L

的氢氧化钠溶液 100 mL，于 60℃ 搅拌反应 2 h，析出橙红色固体。过滤，水洗至中性，用 95% 的乙醇重结晶，得橙红色结晶（**1**）7.8 g，收率 91%，mp 127~129℃。

【用途】 抗溃疡药奥美拉唑（Omeprazole）等的中间体。

氟喹酮

$C_{16}H_{14}FN_3O$，283.30

【英文名】 Afloqualone

【性状】 淡黄色棱状结晶。溶于苯、甲苯，不溶于水、乙醇。mp 195~196℃。

【制法】 Tani J，Yamada Y，Oine T，et al. J Med Clhem，1979，22（1）：95.

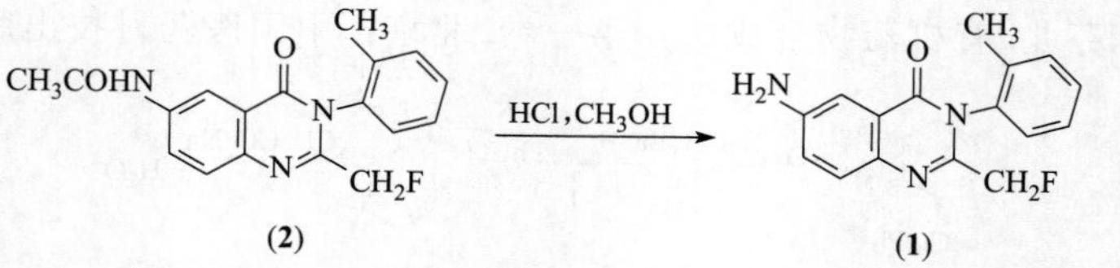

于反应瓶中加入 10% 的氯化氢甲醇溶液 250 mL，6-乙酰氨基-2-氟甲基-3-(2-甲苯基)-4(3H)-喹唑啉酮（**2**）10 g（0.0328 mol），室温放置 3 h。反应结束后，减压回收溶剂。冷却，向剩余物中加入适量冷的饱和碳酸氢钠溶液，用三氯甲烷提取数次。合并有机层，无水硫酸镁干燥。过滤，滤液减压浓缩回收溶剂。冷却，向剩余物中加入少量异丙醇研磨，过滤，得黄色棱状结晶（**1**）5.282 g，收率 61.7%，mp 194~196℃。

【用途】 骨骼肌松弛药氟喹酮（Afloqualone）原料药。

更昔洛韦

$C_9H_{15}N_5O_4$，257.25

【英文名】 Ganciclovir

【性状】 白色固体。

【制法】 朱忠华，朱世龙，朱世仁等. 广州化工，2010，37（4）：113.

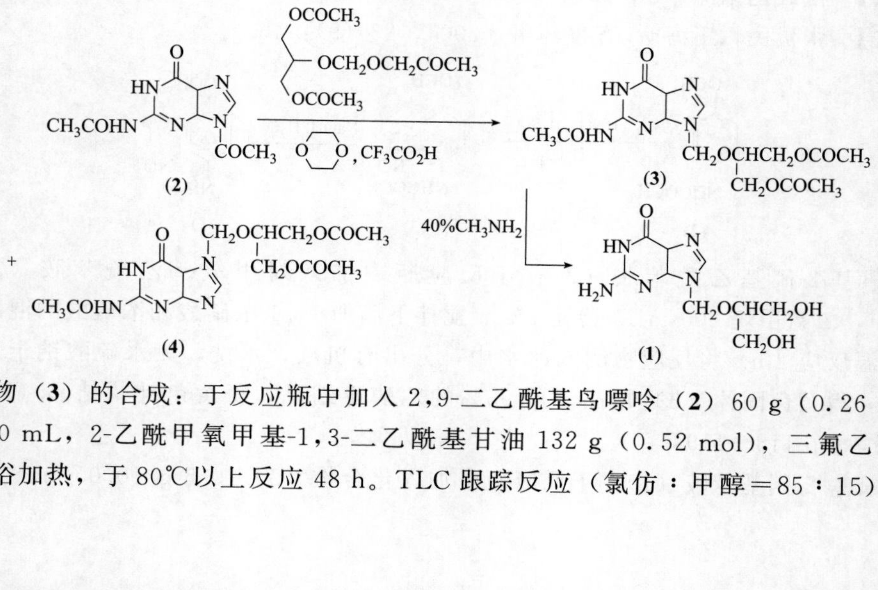

化合物（**3**）的合成：于反应瓶中加入 2,9-二乙酰基鸟嘌呤（**2**）60 g（0.26 mol），二氧六环 240 mL，2-乙酰甲氧甲基-1,3-二乙酰基甘油 132 g（0.52 mol），三氟乙酸 5 mL，搅拌下油浴加热，于 80℃ 以上反应 48 h。TLC 跟踪反应（氯仿：甲醇＝85：15），直至化

合物（**2**）反应完全。冷却，过滤，滤饼用二氧六环洗涤，得化合物（**3**）和（**4**）的混合物。将其加入甲醇中，加热溶解。过滤除去不溶物，甲醇溶液冷至室温，有结晶析出。放置 30 min，抽滤，干燥，得浅黄色化合物（**4**）24 g［可投入下一批缩合反应中，将其转化为化合物（**3**）和（**4**）的混合物］。将上述甲醇溶液浓缩至干，加入甲醇-乙酸乙酯（1∶4）的混合液，于 60℃ 加热溶解，低温放置析晶。抽滤，干燥，得化合物（**3**）51.6 g，收率 52%，mp 162～167℃。乙醇中重结晶，得 49 g，mp 164～168℃。

更昔洛韦（**1**）：于反应瓶中加入上述化合物（**3**）45 g（0.12 mol），40% 的甲胺溶液 250 mL，室温搅拌 1 h 后，慢慢升至 60～80℃ 反应 1.5 h。TLC 跟踪反应（氯仿∶甲醇∶20% 氨水为 80∶15∶5），直至反应完全。减压浓缩至干，加入纯水 2.5 L，回流 1 h。加入 10 g 活性炭脱色 30 min。过滤，低温冷却放置，析出白色结晶。过滤，于 60～80℃ 干燥，得化合物（**1**）26.8 g，收率 85.4%。可以用如下方法进一步精制：将上述产品 5 g，加入 2 L 乙醇-水（1.2 L 乙醇加入 0.8 L 水）溶剂中，加热回流，活性炭脱色 30 min。过滤，冷却析晶。过滤，干燥，得精品 4.7 g，mp 250℃（分解）。

【用途】 抗病毒药更昔洛韦（Ganciclovir）原料药。

4-N-乙氨基-3-丙基-2-羟基苯乙酮

$$C_{13}H_{19}NO_2，221.30$$

【英文名】 4-N-Ethylamino-3-propyl-2-hydroxyacetophenone

【性状】 油状物。

【制法】 Cairns H，Cox D. US 4474787. 1984.

于反应瓶中加入 4-（N-乙酰基-N-乙基）氨基-3-丙基-2-羟基苯乙酮（**2**）44 g（0.168 mol），48% 溴化氢-醋酸溶液 100 mL、冰乙酸 500 mL 和水 20 mL，搅拌反应 6 h。反应结束后，将反应液倒入适量冰水中，用乙酸乙酯提取数次。合并有机层，依次用水、饱和碳酸氢钠溶液和水洗涤，无水硫酸镁干燥。过滤，滤液减压回收溶剂后，冷却，得红色油状物（**1**）34 g，收率 92%。

【用途】 平喘药奈多罗米钠（Nesocromil sodium）中间体。

2-噻吩乙酸

$$C_6H_6O_2S，142.17$$

【英文名】 2-Thiopheneacetic acid

【性状】 白色鳞片状晶体。mp 63.5～65.5℃。

【制法】 方法 1 李长波，赵国净，张洪林等. 化学与生物工程，2007，24（4）：22.

乙酰噻吩正丁胺席夫碱（**3**）：于反应瓶中加入 1.5 g 甲酸，75.6 g（0.6 mol）2-乙酰噻吩（**2**）和 61.3 g（0.84 mol）正丁胺，260 g 甲苯，搅拌下中共沸脱水。减压浓缩回收甲苯和胺的混合物，得化合物（**3**）108.2 g，产率为 89.6%，纯度 90%（GC），bp 101～103.5℃/266.6 Pa（文献值 102～105℃）。

N-丁基噻吩乙硫酰胺（**4**）：于反应瓶中加入上述化合物（**3**）43.6 g（0.214 mol）和 9.6 g（013 mol）硫和 196 g（200 mL）吡啶，于 100℃加热 6 h。冷至 40～50℃，减压蒸馏回收吡啶。向剩余物中加入 160 mL 甲醇，在 0～5℃条件下静置 4 h。过滤除去黑色不溶物，常压蒸馏回收甲醇。得 42.2 g 油状物（**4**），直接用于下步反应。

噻吩乙酸（**1**）：于反应瓶中加入上述化合物（**4**）42.2 g，200 mL 庚醇和 32 g（0.8 mol）氢氧化钠，在 135℃加热 1 h。冷至室温，搅拌下加入 200 mL 水。分离下层水相，再用 50 mL 水洗涤有机相。合并水层，加入 20 mL 甲苯，然后在 5℃用浓盐酸酸化至 pH4。过滤除去不溶物，继续酸化至 pH2。用二氯乙烷萃取酸化后的水溶液及其沉淀物，浓缩有机相，减压蒸馏，得到 2-噻吩乙酸粗品 17.3 g，产率 50.9%（以 2-乙酰噻吩计）。用石油醚重结晶，活性炭脱色，在 0～5℃析晶。过滤，干燥，得到白色鳞片状晶体（**1**）15.8 g，产率 46.5%（以 2-乙酰噻吩计），纯度 99.9%（GC），mp 63.5～65.5℃（文献值 64℃）。

方法 2　郭海昌，陈志荣，尹红. 中国医药工业杂志，2004，35（4）：201.

2-噻吩乙腈（**3**）：于反应瓶中加入噻吩（**2**）126 g（1.5 mol）和浓盐酸 129 mL（1.5 mol），于-5～0℃搅拌下 40 min 内滴加 37%甲醛溶液 121.6 g（1.5 mol），同时通入氯化氢气体，并维持饱和。加完后继续反应 3 h（持续通入氯化氢）。加入冷水 180 mL，分出有机层。有机相用冷水洗涤，即得淡黄色含 **2** 反应液 150 mL（183 g）。于另一反应瓶中加入氰化钠 72 g（1.5 mol）和水 150 mL，搅拌至溶后加入如上所得的含 2 反应液、丙酮 100 mL和相转移催化剂氯化苄基三乙基铵 1.5 g，于 55～65℃下搅拌反应 4 h。冷后加水 200 mL，水相用二氯甲烷（100 mL×3）萃取，合并有机相，用无水硫酸钠干燥。过滤，滤液常压蒸馏，回收未反应的噻吩（约 18.9 g），再减压蒸馏，收集 115～117℃/2.9 kPa 馏分，得无色液体（**3**）95.1 g，收率 61%（以扣除回收的噻吩计），含量大于 99%（GC 面积归一化法）。

2-噻吩乙酸（**1**）：于反应瓶至加入 30%氢氧化钠水溶液 65 g（0.49 mol），搅拌下于 95℃滴加上述化合物（**3**）50 g（0.41 mol），约 30 min 加完，再回流反应 4 h。加水 25 mL，降温到 10℃以下，用浓盐酸调至 pH 1～2，冷至 5℃以下析晶。过滤，滤饼于 40℃ 烘干，得 1 粗品 55.9 g，收率 92.3%，含量 96.1%。用石油醚重结晶，活性炭脱色后于 2℃以下析晶。过滤，滤饼于 40℃烘干，得银白色片状固体（**1**）50.8 g，收率 94.2%，含量 99.7%（酸碱滴定法），mp 63～64℃。

【用途】　头孢类药物合成中间体，柠檬酸舒芬太尼（Sufentanil citrate）中间体。

4-(4-氟苯甲酰基) 哌啶盐酸盐

$C_{12}H_{14}FNO \cdot HCl$，243.71

【英文名】　4-(4-Fulorobenzoyl) piperidine hydrochloride

【性状】 白色固体。mp 222～224℃。

【制法】 Duncan R L，Jr，Helsley G C，et al. J Med Chem，1973，13（1）：1.

于反应瓶中加入1-乙酰基-4-(4-氟苯甲酰基)哌啶（**2**）70.6 g（0.27 mol）和 6 mol/L 盐酸 200 mL 的溶液，搅拌回流反应 2 h。反应结束后，冷至室温，用乙醚提取数次弃去。水层用氢氧化钠溶液调至 pH 碱性后，用苯提取数次。合并苯层，无水硫酸钠干燥。过滤，滤液减压回收溶剂，得油状物。向剩余物中加入盐酸适量，析出结晶。过滤，干燥，得（**1**）45.4 g，收率 69%。用异丙醇重结晶，mp 222～224℃。

【用途】 抗高血压药酮色林（Ketanserin）中间体。

盐酸氨溴索

$C_{13}H_{18}Br_2N_2O \cdot HCl$，414.61

【英文名】 Ambroxol hydrochloride

【性状】 白色结晶性粉末。mp 235～238℃（dec）。无臭，无味，易溶于热水，难溶于乙醇。

【制法】 李明华，刘新泉，刘明霞等.CN103073439.2013.

于反应瓶中加入乙醇 160 mL，水 65 mL，浓盐酸 59 mL，冰醋酸 25 mL，搅拌下于 48℃慢慢加入化合物（**2**）36 g，搅拌反应 3 h。冷至室温，慢慢加入水 120 mL，析出大量白色固体。于3℃放置 3 h，过滤，干燥，得化合物（**1**），收率 76%。用水重结晶，得白色结晶（**1**），mp 235～238℃（dec）。

【用途】 镇咳祛痰药盐酸氨溴索（Ambroxol hydrochloride）原料药。

β,β-四亚甲基戊二酸

$C_9H_{14}O_4$，186.21

【英文名】 β,β-Tetramethyleneglutaric acid

【性状】 白色结晶。mp 179～181℃。

【制法】 徐燕，朱志宏，童志杰，彭东明等.中国医药工业杂志，1993，24：49.

于反应瓶中加入 β,β-四亚甲基-α,α'-二氰基戊二酰亚胺（**2**）217 g（为湿品)(1.0 mol)，

浓硫酸 1.36 kg，水 150 mL，升温至 130℃。搅拌反应 4 h 后，再加水 450 mL，于 150℃ 回流搅拌 4 h。反应结束后，冷至 10℃，析出结晶。过滤，水洗，得粗品（1）。向粗品中加水 470 mL、异丙醇 348 mL、活性炭适量回流。趁热过滤，向滤液中加入水 940 mL，冷却至 10℃，析出白色结晶。过滤，干燥，得化合物（1）157 g，收率 83.7%，mp 179～181℃。

【用途】 抗焦虑药盐酸丁螺环酮（Buspirone hydrochloride）中间体。

联苯-4-乙酸

$C_{14}H_{12}O_2$，212.25

【英文名】 Biphenyl-4-acetic acid
【性状】 类白色结晶，mp 163～164℃。
【制法】 李泽晨，陈滔，唐怡勤. 天津药学，2006，18（4）：77.

4-乙酰基联苯（3）：于反应瓶中加入无水三氯化铝 285.2 g（2.12 mol），干燥的二氯甲烷 271 mL，剧烈搅拌，冰盐浴冷却，慢慢滴加醋酸酐 98 mL（1.04 mol），约 1 h 加完。加完后再滴加联苯（2）145 g（0.942 mol）溶于 260 mL 二氯甲烷的溶液，约 1.5 h 加完。加完后于 30℃ 搅拌反应 3 h。将反应物倒入含有盐酸的冰水中，分出有机层，水层用二氯甲烷提取。合并有机层，水洗，无水硫酸镁干燥。减压蒸出溶剂，得类白色固体（3）166.4 g，收率 90.2%，mp 121～123℃。

联苯硫代乙酰吗啉（4）：于反应瓶中加入化合物（3）165 g（0.84 mol），升华硫 43.8 g（1.369 mol），吗啉 263.5 mL（3.02 mol），搅拌下加热回流反应 7 h。冷至 80℃ 以下，加入甲醇 1 L，继续搅拌 30 min。抽滤，甲醇洗涤 2 次，每次 200 mL，干燥，得类白色固体（4）224.5 g，收率 94%，mp 137～139℃。

联苯乙酸（1）：于反应瓶中加入化合物（4）220 g（1.35 mol），70% 的甲醇 1.5 L，50% 的氢氧化钠水溶液 470 mL，搅拌下加热回流反应 8 h。蒸出乙醇后，加入 1 L 水，用盐酸中和至 pH9 时，加入活性炭脱色，过滤，滤液酸化至 pH2，抽滤，水洗，干燥，得粗品（1），收率 98%，mp 159～161℃。用氨水-醋酸重结晶，得微黄色结晶。干燥后再重结晶一次，得 138.6 g，mp 161～163℃。再用乙酸乙酯重结晶，得类白色结晶，mp 163～164℃。总收率 63.6%。

【用途】 消炎镇痛药联苯乙酸乙酯（Felbinacethyl）中间体。

四、缩醛、缩酮的水解

（R）-对甲基苯磺酸-1-甘油酯

$C_{10}H_{14}O_5S$，246.28

【英文名】 （R）-Glycerol-1-tosylate

【性状】 白色固体。mp 59～61℃，$[\alpha]_D^{20}-9.8°$（$c=0.01$，C_2H_5OH）。

【制法】 ①戴华成，黄启华，舒平等. 中国药物化学杂志，1992，4：26. ②赵桂芝，王桂梅. 中国医药工业杂志，1998，29（1）：485.

（S）-1,2-亚异丙基-3-对甲苯磺酸甘油酯（**3**）：于反应瓶中加入（S）-1,2-亚异丙基甘油（**2**）20 g（0.15 mol），吡啶 50 mL，冷至 0℃以下，分批加入对甲基苯磺酰氯 38 g（0.20 mol）。加完后继续于 0℃搅拌 13～18 h。反应结束后，倒入 200 mL 水中，用乙醚提取。合并有机层，依次用稀盐酸、碳酸氢钠水溶液洗涤，水洗至 pH7，无水硫酸钠干燥。过滤，回收溶剂，得粗品（**3**）35 g，收率 77.5%（可直接用于下步反应）。

（R）-对甲基苯磺酸-1-甘油酯（**1**）：于反应瓶中加入上述粗品（**3**）20 g（0.07 mol），丙酮 60 mL，搅拌溶解后，加入 1 mol/L 盐酸 40 mL，于 60℃搅拌 1 h。反应毕，减压回收溶剂，剩余物用三氯甲烷（50 mL×4）提取，无水硫酸钠干燥。过滤，回收溶剂，冷却，固化，得粗品（**1**）。用乙醚重结晶，得精品（**1**）16.5 g，收率 96%，mp 59～61℃，$[\alpha]_D^{20}-9.8°$（$c=0.01$，C_2H_5OH）。

【用途】 祛痰药左羟丙哌嗪（Levodropropizine）等的中间体。

替米哌隆

$C_{22}H_{24}FN_3OS$，397.51

【英文名】 Timiperone

【性状】 结晶，微溶于水。mp 201～203℃。

【制法】 Makoto S，Masahiro A. Chem Phnarm Bull，1982，30（2）：719.

在高压釜中加入 2-（4-氟苯基）-2-[4-（2-氨基苯胺）哌啶-1-基丙基]-1,3-二氧环戊烷（**2**）9.99 g（0.025 mol），氢氧化钾 2.80 g（0.05 mol），二硫化碳 5.7 g（0.075 mol），水 5 mL 和乙醇 25 mL，于 80℃搅拌 3 h。反应结束后，减压浓缩。加入乙醇 250 mL，水 100 mL 和浓盐酸 25 mL，加热搅拌回流 10 min。冷却，用浓氨水调至 pH 碱性，减压浓缩。用三氯甲烷提取数次，合并有机层，水洗，无水硫酸钠干燥。过滤，过硅胶柱（洗脱剂：三氯甲烷）纯化，得白色固体粗品（**1**）。用丙酮重结晶，得白色结晶（**1**）7.4 g，收率 74.5%，mp 201～203℃。

【用途】 抗精神病药物替米哌隆（Timiperone）原料药。

环丙基甲醇

C_4H_8O，72.11

【英文名】 Cyclopropylmethanol

【性状】 无色液体。熔点 −60℃。沸点 123～124℃。n_D^{20} 1.4330。溶于水、醇。有醇的化学性质，羟基可被卤代。与卤代烷成醚，与羧酸成酯。可氧化成醛或羧酸。又可开环加成。

【制法】 仇缀百，迟传金，张志伟，朱淬砺.中国医药工业杂志，1984，15（5）：42.

$$CH_2\!=\!CHCH_2OH \xrightarrow[CaCl_2]{CH_3CHO} (CH_2\!=\!CHCH_2O)_2CHCH_3 \xrightarrow{CHCl_3,50\%NaOH}$$

（2）　　　　　　　　　　　　　　　　　（3）

$$\begin{array}{c}Cl\ \ Cl\\(CH_2\!=\!CHCH_2O)_2CHCH_3\end{array} \xrightarrow[2.H^+]{1.Na,t\text{-}BuOH,THF} \ \triangle\!-\!CH_2OH$$

（4）　　　　　　　　　　　　　　（1）

双烯丙醇缩乙醛（3）：于反应瓶中加入烯丙醇（2）104 mL（1.5 mol）、无水氯化钙 15.4 g（0.139 mol），搅拌溶解。冰盐冷却后，加入乙醛 45 mL（0.8 mol），剧烈搅拌 10 min，放置过夜。过滤，用水洗涤滤液，无水硫酸钠干燥，分馏，收集 146～152℃馏分，得化合物（3）77.6 g，收率 73%，n_D^{25} 1.4200。

双-（2,2-二氯环丙甲醇）缩乙醛（4）：于反应瓶中加入 50% 氢氧化钠 160 mL，氯仿 80 mL 和新洁尔灭（相转移催化剂）0.5 g，于 40℃ 剧烈搅拌下滴加上述化合物（3）14.2 g（0.1 mol）和氯仿 100 mL 的溶液。加完后继续于 40～45℃搅拌反应 2 h。冷至室温，分出有机层，水层用乙醚（100 mL×4）提取。合并有机层，水洗至 pH7，无水硫酸镁干燥。过滤，回收溶剂后减至蒸馏，收集 138～140℃/0.67 kPa 的馏分，得化合物（4）25.9 g，83%，n_D^{25} 1.4875。

环丙基甲醇（1）：于干燥反应瓶中加入上述化合物（4）51 g（0.084 mol），四氢呋喃（金属钠干燥过）和叔丁醇 80 mL，氮气保护，搅拌下分次加入金属钠 60 g（2.6 mol）。加完后搅拌回流 8 h。冷至 30℃ 以下，滴加甲醇 400 mL 使金属钠反应完全。将反应液倾入 400 g 碎冰中，静置。分出有机层，水层用乙醚（100 mL×4）提取。合并有机层，依次用水、饱和氯化钠溶液洗涤，无水硫酸镁干燥。过滤，回收溶剂。剩余物中加入 6% 磷酸 10 mL，于 80℃ 下搅拌 0.5 h。分出有机层，用乙醚提取。合并有机层，用饱和氯化钠溶液洗涤至 pH7，无水硫酸镁干燥。过滤，蒸馏，收集 122～126℃馏分，得无色液体（1）12 g，收率 50%，n_D^{25} 1.4282。

【用途】 解痉药西托溴铵（Cimetropium bromide）等的中间体。

泛昔洛韦

$C_{14}H_{19}N_5O_4$，321.33

【英文名】 Famciclovir

【性状】 白色结晶。mp 102～104℃。

【制法】 陈仲强，陈虹.现代药物的制备与合成.北京：化学工业出版社，2008：54.

（2）　　　　　　　　　　　　　　（3）

（4）　　　　　　　　　　　　（1）

2-氨基-9-[2-(2,2-二甲基-1,3-二噁烷-5-基)-乙基] 嘌呤（**3**）：于反应瓶中加入 5-(2-溴甲基)-2,2-二甲基-1,3-二噁烷（**2**）1.1 g（4.93 mmol），无水碳酸钾 0.81 g（5.86 mmol），干燥的 DMF 14 mL，搅拌下加入 2-氨基嘌呤 0.53 g（3.92 mmol），室温搅拌反应 5～6 h。过滤，减压蒸出溶剂。剩余物过硅胶柱纯化，用氯仿-甲醇（10∶1）洗脱，得化合物（**3**）0.9 g，收率 83%，mp 118～119℃。

2-氨基-9-[4-羟基-3-(羟甲基) 丁-1-基] 嘌呤（**4**）：于反应瓶中加入上述化合物（**3**）0.2 g（0.72 mol），70% 的醋酸 12 mL，室温搅拌反应 1～2 h。减压浓缩至干，得化合物（**4**）0.17 g，直接用于下一步反应。

泛昔洛韦（**1**）：于反应瓶中加入上述化合物（**4**）0.17 g（0.72 mol），DMF 10 mL，DMAP 7.9 mg，搅拌溶解。冷至 0℃，滴加醋酸酐 0.37 mL（3.91 mmol），约 20 min 加完。加完后室温搅拌反应 1 h。用二氯甲烷 5 mL 稀释，用 2 mol/L 的盐酸洗涤，再用饱和碳酸氢钠、饱和盐水洗涤，无水硫酸钠干燥。过滤，浓缩，过硅胶柱纯化，得化合物（**1**）0.21 g，收率 91%，mp 102～103℃。

【用途】 抗病毒药泛昔洛韦（Famciclovir）原料药。

(*S*)-N^1-(2,3-二羟基丙基)-N^4-苯甲酰胞嘧啶

$C_{14}H_{15}N_3O_4$，289.29

【英文名】 (*S*)-N^1-(2,3-Dihydroxypropyl)-N^4-benzoylcytosine

【性状】 白色固体。mp 190～192℃。

【制法】 ①刘剑锋，张瑞环，徐文芳.中国药物化学杂志，2007，17（1）：41. ②赵英福，沈广志，赵玉佳等.牡丹江医学院学报，2011，32（4）：68.

(*S*)-N^1-[2,3-O-缩亚异丙基-2,3-(二羟基) 丙基]-N^4-苯甲酰胞嘧啶（**3**）：于反应瓶中加入苯甲酰基胞嘧啶（**2**）3 g（13.95 mmol），DMSO 30 mL，搅拌至半透明后加热至 150℃，加入叔丁醇钾 2.34 g（0.205 mmol），再滴加由（*R*）-2,3-缩亚异丙基甘油醇甲磺酸酯 3.16 g（14 mmol）溶于二氯甲烷 10 mL 的溶液。加完后同温反应 2 h。冷至室温加入二氯甲烷 20 mL，充分搅拌后静置分层。分出有机层，无水硫酸镁干燥。过滤，减压浓缩，得浅黄色固体（**3**）2.10 g，收率 45.6%，mp 193～194℃。

(*S*)-N^1-[2,3-(二羟基) 丙基]-N^4-苯甲酰胞嘧啶（**1**）：于反应瓶中加入上述化合物（**3**）2.1 g（6.3 mmol），甲醇 15 mL，搅拌溶解。加入浓盐酸 5 mL，室温搅拌反应 3 h。过滤生成的白色沉淀，少量甲醇洗涤，于 60℃ 干燥，得白色固体（**1**）1.69 g，收率 93%，mp 190～192℃。

【用途】 抗病毒药西多夫韦（Cidofovir）中间体。

去氧氟脲苷

$C_9H_{11}FN_2O_5$，246.20

【英文名】 Doxifluridine

【性状】 白色针状结晶。mp 190～192℃。

【制法】 董辉，钱红.中国医药工业杂志，2002，33（3）：108.

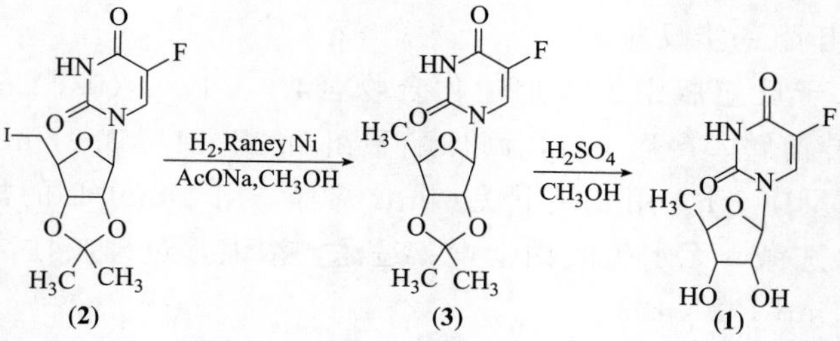

2′,3′-异亚丙基-5′-脱氧-5-氟脲嘧啶核苷（**3**）：于氢化反应瓶中加入 2′,3′-异亚丙基-5′-碘代-5-氟脲嘧啶核苷（**2**）3.4 g（8.25 mmol），醋酸钠 3.4 g（41.5 mmol），Raney Ni 1 g，甲醇 20 mL，用氮气置换空气，再通入氢气，氢化反应 5 h，直至不再吸收氢气为止。过滤，滤饼用甲醇洗涤。减压浓缩，剩余的固体物中加入 10 mL 二氯甲烷和 10 mL 水，于 50℃搅拌 1 h。分出有机层，水层用二氯甲烷提取 2 次。合并有机层，无水硫酸钠干燥。过滤，浓缩，得无色糖浆（**3**），直接用于下一步反应。

去氧氟脲苷（**1**）：将上述化合物（**3**）中加入甲醇 10 mL，搅拌溶解，加入硫酸 0.3 mL 和 30 mL 甲醇的溶液，回流反应 1.5 h。用石灰乳中和反应液，调至 pH5～6。过滤，滤液加热至 70～80℃浓缩至干。剩余物中加入二氯甲烷 10 mL，回流 1 h。冷却，抽滤，风干，得粗品 1.83 g。用无水乙醇 33 mL 重结晶，得白色针状结晶（**1**）1.52 g，母液浓缩后可以得到 0.17 g，共得产品 1.69 g，两步总收率 83.2%，mp 190～192℃。

【用途】 抗癌药去氧氟脲苷（Doxifluridine）原料药。

卡培他滨

$C_{15}H_{22}FO_6N_3$，359.35

【英文名】 Capecitabine

【性状】 白色固体（**1**）4 g，mp 110～112℃。

【制法】 余建鑫，张万年，姚建忠等.中国药物化学杂志，2005，15（3）：173.

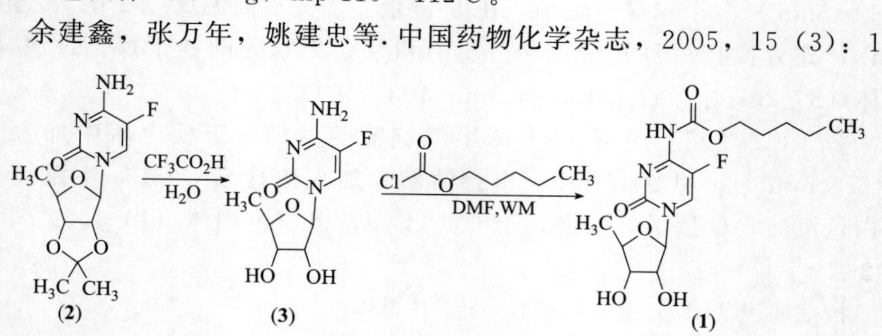

5′-脱氧-5-氟胞苷（**3**）：于反应瓶中加入化合物（**2**）3.1 g（10.9 mmol），三氟乙酸-水

（9∶1）混合溶液 20 mL，搅拌反应 40 min。减压蒸干溶剂，剩余的少量溶剂通过加入无水乙醇（5 mL×2）共沸蒸馏除去。加入乙酸乙酯 40 mL 溶解，再加入三乙胺使呈碱性，析出结晶。放置过夜，过滤，乙酸乙酯洗涤，真空干燥，得白色固体（**3**）1.9 g，收率 71%，mp 192～193℃。

卡培他滨（**1**）：于反应瓶中加入上述化合物（**3**）3.0 g（12.2 mmol），DMF 90 mL，搅拌溶解。冰浴冷却下滴加氯甲酸正戊醇酯 2 mL（12.8 mmol），加完后移去冰浴，置于微波炉中，用 650W 微波加热 30～50 s。TLC 跟踪反应完全。减压浓缩至干，加入氯仿 100 mL 和 1.7 mol/L 的氯化钠溶液 50 mL，分出有机层，无水硫酸钠干燥。过滤，减压浓缩，剩余物用乙酸乙酯 40 mL 重结晶，得白色固体（**1**）4 g，收率 90%，mp 110～115℃。

【用途】 抗癌药卡培他滨（Capecitabine）原料药。

2-氨基-5-乙酰基二苯甲酮

$C_{15}H_{13}NO_2$，239.27

【英文名】 2-Amino-5-acetylbenzophenone
【性状】 黄色针状结晶。
【制法】 胡剑侠，中国医药工业杂志，2004，35（9）：520.

5-(2-甲基-1,3-二噁烷-2-基)-7-苯基苯并［c］异噁唑（**4**）：于反应瓶中加入对硝基苯乙酮（**2**）100 g（0.6 mol），苯 500 mL，乙二醇 123 mL（2.20 mol），对甲苯磺酸 1.5 g，安上分水器，共沸脱水 15 h。加入 100 mL 苯，静置 30 min。下层（醇）趁热用苯提取，合并苯层。减压蒸出苯得化合物（**3**）。将其冷至 35℃，加入由 124 g 氢氧化钠溶于 500 mL 95% 乙醇的溶液。搅拌下于 30 min、45℃滴加苯乙腈 74 mL（0.6 mol），加完后于 57～60℃搅拌反应 7 h。冷至室温，静置过夜。搅拌下加入 350 mL 水，搅拌 30 min。过滤，滤饼水洗至中性，抽干，于 80℃干燥，得浅黄色固体（**4**）149.7 g，收率 87.9%，mp 136～138℃。

2-氨基-5-乙酰基二苯甲酮（**1**）：于反应瓶中加入化合物（**4**）40 g（0.20 mol），95% 的乙醇 400 mL，36% 的盐酸 8 mL，于 60～70℃搅拌反应 30 min。冷至 40℃以下，慢慢加入 80～100 目的还原铁粉 47 g（0.9 mol），慢慢升至回流，搅拌反应 2 h。冷至 70℃，用固体氢氧化钠中和至 pH7.2～7.5。趁热过滤，滤过减压浓缩，冷却析晶。抽滤依次用乙醇、水洗涤，于 80℃干燥，得黄色固体（**1**）39.1 g，收率 91.9%，mp 154～156℃。

【用途】 非甾体抗炎药酮洛芬（Ketoprofen）中间体。

1-氧杂螺［4,5］癸烷-8-酮

$C_9H_{14}O_2$，154.21

【英文名】 1-Oxa-spiro［4,5］decan-8-one

【性状】 无色液体。

【制法】 ①Kaplan L J. US 4438130. 1984. ②焦萍，仇缀百. 中国医药工业杂志，2001，32（8）：342.

于反应瓶中加入 1,4,9-三氧杂二螺 [4,2,4,2] 十四烷（**2**）24.0 g（0.12 mol），THF 130 mL，搅拌溶解。加入 5% 的高氯酸水溶液 95.4 mL，加热至 70℃ 反应 18 h。冷至室温，加入饱和碳酸氢钠水溶液 477 mL，乙醚 318 mL，充分搅拌。分出有机层，水层用乙醚提取。合并有机层，饱和盐水洗涤，无水硫酸钠干燥。过滤，浓缩，得无色液体（**1**）17 g，收率 92%。bp 77~84℃/106 Pa。

【用途】 镇痛药盐酸依那朵林（Enadoline hydrochloride）中间体。

甲睾酮

$C_{20}H_{30}O_2$，302.45

【英文名】 Methyltestosterone

【性状】 类白色粉末。mp 162~163℃。

【制法】 刘添，郑虎，翁玲玲等. 中国医药工业杂志，2005，36（7）：385.

于干燥的反应瓶中加入镁屑 0.4 g，无水乙醚 10 mL，氮气保护，搅拌下滴加碘甲烷 1.3 mL 和 5 mL 乙醚的溶液少量。先滴加少量，反应开始后再滴加其余的溶液，保持反应体系缓慢回流，直至镁屑基本反应完，再回流 30 min。蒸出乙醚至干，冷却，滴加 THF 20 mL，加入化合物（**2**）3 g（9.1 mmol），搅拌回流反应 3 h。冷却下滴加 2 mol/L 的盐酸 10 mL 终止反应，加热回流 1 h。减压蒸出溶剂，加入 100 mL 水，放置 2 h。抽滤，减压干燥，得粗品（**1**）2.6 g。过硅胶柱纯化，用石油醚-乙酸乙酯（1∶1）洗脱，得类白色粉末（**1**）2.3 g，收率 83%，mp 162~163℃。

【用途】 雄激素甲睾酮（Methyltestosterone）原料药。

匹伐他汀钙

$C_{25}H_{23}CaFN_2O_8$，881.02

【英文名】 Pitavastatin calcium

【性状】 白色固体。

【制法】 蔡正艳，周伟澄. 中国医药工业杂志，2007：38（3）：177.

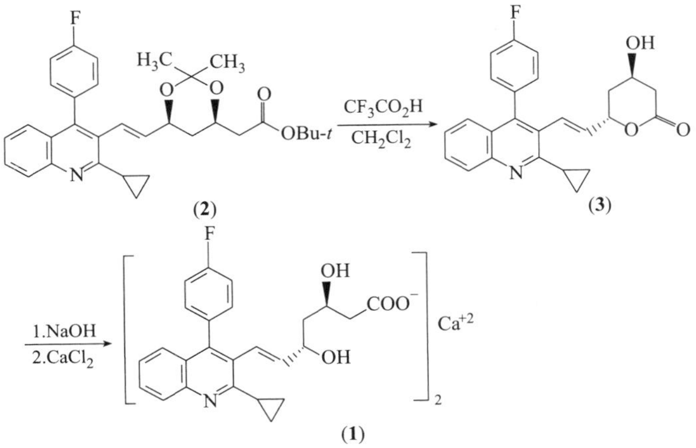

（4*R*，6*S*，*E*）-6-[2-环丙基-4-（4-氟苯基）喹啉-3-基-乙烯基]-4-羟基-3，4，5，6-四氢-2*H*-吡喃-2-酮（**3**）：于反应瓶中加入化合物（**2**）2.52 g（4.9 mmol），二氯甲烷 20 mL，搅拌溶解。冷至 0℃，滴加三氟乙酸 5.6 mL 溶于 8 mL 二氯甲烷的溶液，加完后室温搅拌反应 2 h。加入饱和碳酸氢钠溶液终止反应。调节 pH7～8，用二氯甲烷提取。合并有机层，水洗，无水硫酸钠干燥。过滤，浓缩至干，得化合物（**3**）1.97 g，收率 99.5%，mp 128～130℃，$[\alpha]_D^{25}$ +8.2°（*c*=1，CHCl$_3$）。

匹伐他汀钙（**1**）：于反应瓶中加入上述化合物（**3**）1.2 g（3.0 mmol），无水乙醇 20 mL，搅拌溶解。加入 0.1 mol/L 的氢氧化钠水溶液 32 mL，室温搅拌反应 1 h。用 0.1 mol/L 的盐酸调至 pH7，减压蒸出溶剂。剩余物中加入水 20 mL，氯化钙 0.32 g（2.9 mmol），搅拌反应 15 min 后，过滤，水洗，抽干。干燥后用异丙醇-水重结晶，得白色固体（**1**）1.0 g，收率 76.3%，$[\alpha]_D^{25}$ = +23.0°（*c*=1，CH$_3$CN∶H$_2$O 为 1∶1）。

【用途】　高血脂治疗药匹伐他汀钙（Pitavastatin calcium）原料药。

五、醚键的断裂和环氧乙烷类化合物的水解

2-丁基-3-(对羟基苯甲酰基)苯并呋喃

C$_{19}$H$_{18}$O$_3$，294.35

【英文名】　2-Butyl-3-(4-hydroxybenzoyl) benzofuran

【性状】　白色固体。mp 118～120℃。

【制法】　①胡玉琴等.中国医药工业杂志，1980，11（2）：1.②陈芬儿.有机药物合成法.北京：中国医药科技出版社，1999：718.

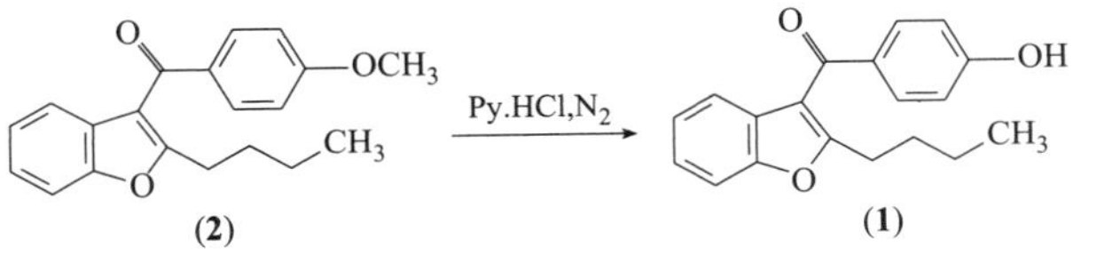

于反应瓶中，加入 2-丁基-3-(对甲氧基苯甲酰基) 苯并呋喃（**2**）77 g（0.25 mol）、盐酸吡啶 154 g（1.33 mol）。在氮气保护下，加热至 210℃，搅拌回流 1.5 h。将反应物倒入 0.5 mol/L 盐酸 770 mL 中，充分搅拌后，用苯提取。以 1%氢氧化钠溶液提取苯液，水层

用浓盐酸调至 pH 呈酸性，析出固体。过滤，干燥，得粗品（**1**）76 g，mp 112～115℃。用乙酸重结晶，得精品 58 g，收率 80％，mp 118～120℃。

【用途】 抗心律失常药盐酸胺碘酮（Amiodaron）中间体。

3-[3,5-二碘-4-(4-羟基苯氧基)苯基]丙酸

$$C_{15}H_{12}I_2O_4，510.07$$

【英文名】 3-[3,5-Diiodo-4-(4-hydroxyphenoxy) phenyl] propanoic acid
【性状】 mp 238～238.5℃。
【制法】 Bhatt M V，Kulkarni S U. Synthesis，1983：249.

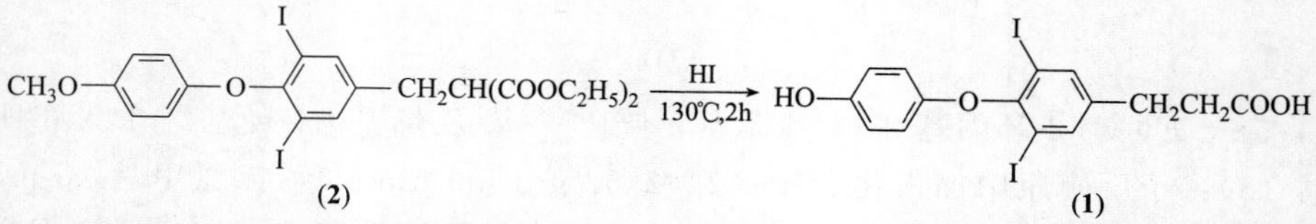

(2) → (1)

于反应瓶中加入 57％的氢碘酸 100 mL，3,5-二碘-4-(4-甲氧基苯氧基)苄基丙二酸二乙酯（**2**）11.2 g（18 mmol），醋酸 20 mL，回流反应 2 h。其间有碘甲烷和二氧化碳剧烈放出。将反应物浓缩至 125 mL，冷却。过滤析出的结晶，干燥，得化合物（**1**）6.9 g，收率 75％，mp 238～238.5℃（封管）。

【用途】 甲状腺疾病治疗药左甲状腺素钠（Levothyroxine sodium）等的中间体。

4-(4-异丙基哌嗪-1-基)苯酚

$$C_{13}H_{20}N_2O，220.31$$

【英文名】 4-(4-Isopropylpiperazin-1-yl)phenol
【性状】 白色固体。mp 274.4℃。
【制法】 Heeres J，Hendrickx R，Cutsem J V. J Med Chem，1983，26（4）：611.

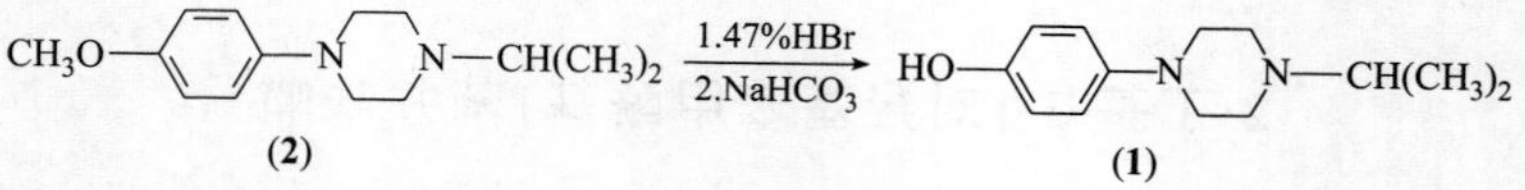

(2) → (1)

于反应瓶中加入 47％氢溴酸溶液 100 mL，化合物（**2**）9.5 g（0.031 mol），加热搅拌回流 7～8 h。反应毕，减压浓缩。将剩余物溶于 100 mL 水中，用饱和碳酸氢钠溶液调至 pH7，析出结晶。过滤，干燥，得粗品（**1**）。用正丁醇重结晶，得白色固体（**1**）5.8 g，收率 85％，mp 274.4℃。

【用途】 抗真菌药特康唑（Terconazole）中间体。

氢溴酸依他佐辛

$$C_{15}H_{21}NO·HBr，312.27$$

【英文名】 Eptazocine hydrobromide
【性状】 白色结晶或结晶性粉末，无臭、味苦。易溶于水、甲醇、溶于乙醇，难溶于冰乙酸、丙酮，几乎不溶于苯。mp 266～268℃，$[\alpha]_D^{20}$ −16.0°（$c=3.5$，H_2O）。

【制法】 陈芬儿.有机药物合成法.北京：中国医药科技出版社，1999，491.

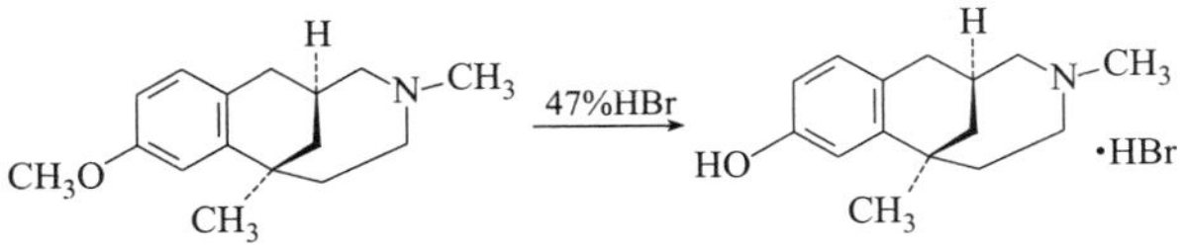

(2) ——47%HBr——> **(1)** ·HBr

于反应瓶中加入化合物 (1S,6S)-(—)-1,4-二甲基-10-甲氧基-2,3,4,5,6,7-六氢-1,6-亚甲基-1H-4-苯并壬因（**2**）28 g（0.12 mol），47%氢溴酸 140 mL，加热搅拌回流 1 h。减压浓缩至干，冷却，得结晶。加入甲醇 65 mL，加热溶解后，室温放置 24 h，析出结晶。过滤，乙醇洗涤，干燥，得白色固体（**1**）30.5 g，收率 81.6%，mp 266～268℃，$[\alpha]_D^{20}$ — 16.0°（$c=3.5$，H_2O）。

【用途】 镇痛药氢溴酸依他佐辛（Eptazocine hydrobromide）原料药。

5-氟脲嘧啶

$$C_4H_3FN_2O_2，130.08$$

【英文名】 5-Fluorouracil
【性状】 白色固体。mp 280～281℃。
【制法】 吕早生，赵金龙，黄吉林等.化学与生物工程，2013，30（1）：54.

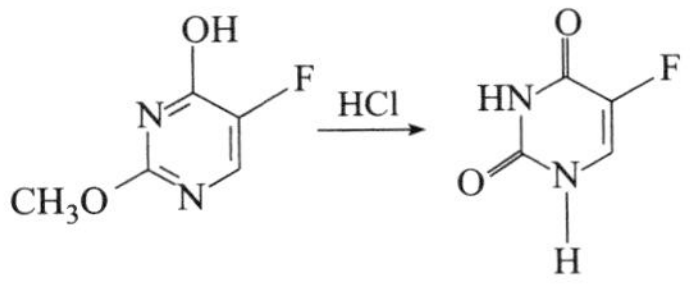

(2) ——HCl——> **(1)**

于反应瓶中加入 2-甲氧基-5-氟嘧啶-4-酮（**2**）0.5 g，20%的盐酸 12 mL，于 60℃搅拌反应 5 h。减压浓缩至干，加入 10 mL 沸水溶解，冷却析晶。过滤，水洗，干燥，得浅黄色固体（**1**）0.343 g，收率 76%，mp 275～278℃。重结晶后为白色固体，mp 280～281℃。

【用途】 抗癌药 5-FU 原料药。

5,8-二甲氧基-3,4-二氢-1H-2-萘酮

$$C_{12}H_{14}O_3，206.24$$

【英文名】 5,8-Dimethoxy-3,4-dihydronaphthalen-2(1H)-one
【性状】 mp 98.5～100℃。
【制法】 ①Lewis T R，Dickinson W B，Archer S. J Am Chem Soc，1952，74（21）：5321.②陈芬儿.有机药物合成法.北京：中国医药科技出版社，1999：921.

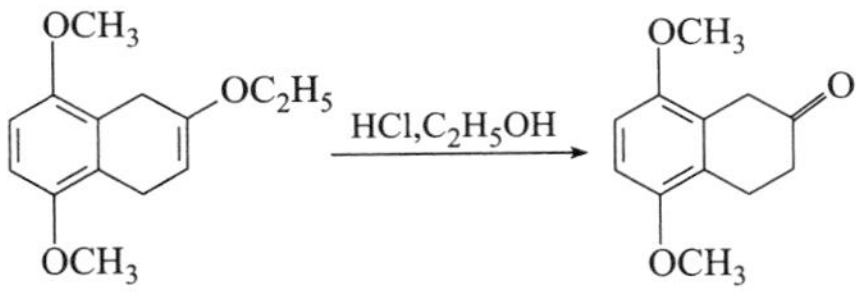

(2) ——HCl,C$_2$H$_5$OH——> **(1)**

于反应瓶中加入化合物 5,8-二氢-1,4-二甲氧基-6-乙氧萘（**2**）104 g（0.44 mol）、乙醇

700 mL、浓盐酸 40 mL 和水 210 mL，搅拌反应 0.5 h。加入冰水 460 g，过滤，减饼减压干燥。得化合物（1）83.5 g，收率 91%，mp 98.5～100℃。

【用途】 抗恶性肿瘤药物盐酸伊达比星（Idarubicin hydrochloride）中间体。

4-羟基苯丙酮

$$C_9H_{10}O_2，150.18$$

【英文名】 4-Hydroxypropiophenone

【性状】 白色固体。mp 145～147℃。

【制法】 ①王立平，陈凯，刘浪等. 浙江化工，2010，41（1）：18. ②Bhatt M V，Kulkarni S U. Synthesis，1983：249.

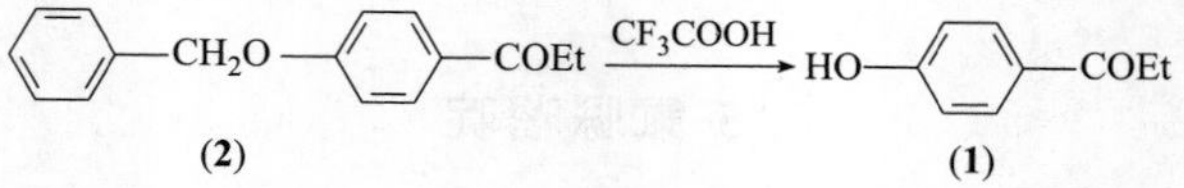

于反应瓶中加入三氟醋酸 25 mL，对苄氧基苯丙酮（2）2 g（8.3 mmol），室温放置 18 h。减压浓缩（浴温 40℃），剩余物中加入苯共沸蒸馏 3 次，每次加入 25 mL 苯。剩余物中加入 1 mol/L 的氢氧化钠水溶液 20 mL 和乙酸乙酯 20 mL。分出水层，用盐酸调至 pH1，乙酸乙酯提取，无水硫酸钠干燥，过滤，减压浓缩，水中重结晶，得化合物（1）0.76 g，收率 61%，mp 145～147℃。

【用途】 防治早产药利托君（Ritodrine）等的中间体。

3-苯基丙醇

$$C_9H_{12}O，136.19$$

【英文名】 3-Phenylpropanol

【性状】 无色液体。

【制法】 Niwa H，Hida T，Yamada K. Tetrahedron Lett，1981，22：4239.

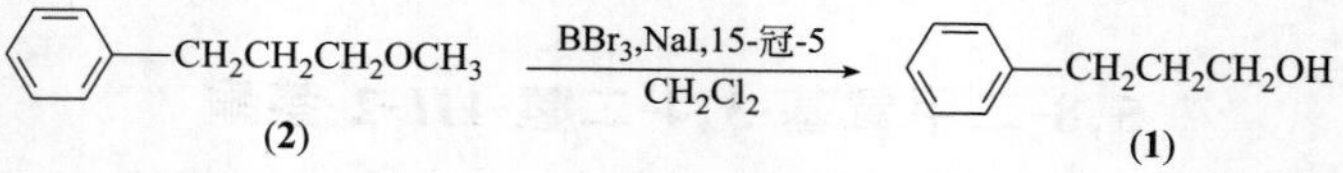

于反应瓶中加入 3-苯基丙基甲基醚（2）103 mg（0.687 mmol），二氯甲烷 0.5 mL，加入 0.3 mol/L 的 15-冠-5 并用碘化钠饱和的二氯甲烷溶液 13.7 mL，氩气保护，冷至 -30℃，加入 1 mol/L 的三溴化硼二氯甲烷溶液 2.1 mL，保温反应 3 h。加入饱和碳酸氢钠水溶液 2 mL 淬灭反应。按照常规方法处理，色谱法纯化，得化合物（1）93 mg，收率 100%，bp 235℃。

【用途】 中枢骨骼肌松弛剂强筋松（Spantol，Phenprobamate）的中间体，也可以作为化妆品中防腐剂。

(*S*)-*N*-[2-(5-溴-2,3-二氢-6-羟基-1*H*-茚满-1-基)乙基]丙酰胺

$$C_{14}H_{18}BrNO_2，312.21$$

【英文名】 (*S*)-*N*-[2-(5-Bromo-2,3-dihydro-6-hydroxy-1*H*-inden-1-yl)ethyl]propanamide

　　【性状】　mp 146~148℃（乙酸乙酯中重结晶）。

　　【制法】　①Uchikawa O，Fukatsu，Tokunoh R，et al. J Med Chem，2002，45（19）：4222. ②陈仲强，李泉. 现代药物的制备与合成. 北京：化学工业出版社，2011：256.

　　(S)-N-[2-(5-溴-6-甲氧基-2,3-二氢-1H-茚满-1-基）乙基] 丙酰胺（**3**）：于反应瓶中加入化合物（**2**）16.25 g（65.8 mmol），醋酸钠 5.94 g（72.4 mmol），冰醋酸 150 mL，搅拌溶解。室温滴加溴 10.5 g（65.8 mmol），约 15 min 加完。加完后继续室温搅拌反应 1 h。减压蒸出溶剂，剩余物加入乙酸乙酯，依次用 5% 的碳酸氢钠、饱和盐水、水洗涤，无水硫酸钠干燥。过滤，减压浓缩，得化合物（**3**）18.5 g，收率 86%，mp 105~107℃。

　　(S)-N-[2-(5-溴-2,3-二氢-6-羟基-1H-茚满-1-基）乙基] 丙酰胺（**1**）：于反应瓶中加入上述化合物（**3**）56.7 g（174 mmol），二氯甲烷 400 mL，搅拌溶解。冷至 -30℃，用注射器慢慢加入三溴化硼 95.8 g（382 mmol），加完后于 -20~-15℃ 搅拌反应 30 min。将反应物倒入冰水中，搅拌 10 min。静置分层，有机层水洗，无水硫酸钠干燥。过滤，浓缩，剩余物过硅胶柱纯化，以乙酸乙酯洗脱，得化合物（**1**）51.1 g，收率 94%，mp 146~148℃（乙酸乙酯中重结晶）。

　　【用途】　安眠药拉米替隆（Ramelteon）中间体。

丁香醛

$C_9H_{10}O_4$，182.18

　　【英文名】　Syringaldehyde，3,5-Dimethoxy-4-hydroxybenzaldehyde

　　【性状】　mp 110~113℃。

　　【制法】　Hansson C，Wickberg B，Synthesis，1976：191.

　　于反应瓶中加入 3,4,5-三甲氧基苯甲醛（**2**）9.8 g（5.0 mmol），对甲苯硫酚钠 6.5 mmol，金属钠干燥的甲苯 15 mL，氮气保护、加入六甲基磷酰三胺 6.5 mmol，室温搅拌，TLC 跟踪反应。2 h 后加入二氯甲烷 35 mL，用 10% 的氢氧化钠水溶液提取（10 mL×3）。合并水层，用二氯甲烷提取 5 次以除去六甲基磷酰三胺。用浓盐酸调至 pH1，二氯甲烷提取。有机层水洗，无水硫酸钠干燥。过滤，浓缩，得结晶状（**1**）6.9 g，收率 90%。

【用途】 抗菌磺胺增效剂三甲氧基苄胺嘧啶（Trimethoprimum）中间体。

1,2-丁二醇

$C_4H_{10}O_2$，90.12

【英文名】 1,4-Butanediol

【性状】 无色液体。bp 192～194℃，94～96℃/1.6 kPa。$d_4^0 1.019$，$n_D^{20} 1.4375$。溶于醇、水。

【制法】 ①Kato Y. Chem Pharm Bull，1962，10：771. ②Walboprsky H M，et al. J Org Chem，1962，27：2387.

$$CH_3CH_2-CH-CH_2 + H_2O \xrightarrow{H_2SO_4} CH_3CH_2CHOHCH_2OH$$

(2) （O） **(1)**

于反应瓶中加入水 1.3 L，浓硫酸 1.3 mL，加热至 60℃，慢慢滴加 1,2-环氧丁烷（**2**）324 g（378 mL，45 mol），约 1 h 加完，而后于 60～70℃搅拌反应 1 h。冷却，以 40%的氢氧化钠溶液调至 pH7～7.5，减压蒸馏除去水，得粗品 1,2-丁二醇 385 g。用理论塔板数约 40 的分馏柱分馏，收集 110℃/3.75 kPa 的馏分，得纯品 1,2-丁二醇（**1**），总收率 80%。

【用途】 用于有机合成，杀菌剂乙环唑（Etaconazole）的中间体。

3-氯-1,2-丙二醇

$C_3H_7ClO_2$，110.54

【英文名】 3-Chloro-1,2-propanediol

【性状】 无色液体，凝固点 -40℃，bp 213℃（分解），139℃/2.4 kPa，$d_4^{20} 1.3218$，溶于水、醇、醚，不稳定，放置后逐渐变为稻黄色。易吸潮。

【制法】 ①Fourneau，Ribasy M. Bull Soc Chim，1926，39：699. ②Jones H F，et al. Chem Ind（London），1978：523.

$$ClCH_2-CH-CH_2 + H_2O \xrightarrow{H_2SO_4} ClCH_2CHOHCH_2OH$$

(2) （O） **(1)**

于反应瓶中加入水 120 mL，浓硫酸 1 mL，加热至 80℃，慢慢滴加环氧氯丙烷（**2**）120 g（1.3 mol），加完后继续于 90℃搅拌反应 1.5 h，以使反应完全。减压浓缩除去其中的水，最后收集 137～140℃/2.4 kPa 的馏分，得 3-氯-1,2-丙二醇 100 g，收率 70%。

【用途】 选择性的 σ-1 受体拮抗剂萘哌地尔（Naftopidil）等的合成中间体。

反式-1,2-环己二醇

$C_6H_{12}O_2$，116.16

【英文名】 *trans*-1,2-Cyclohexanediol

【性状】 反式 mp 101～103℃，顺式 mp 96℃。溶于水、醇、醚等。

【制法】 ①Overman I E. J Org Chem，1974，39：1474. ②Cambie R C and Rutledge P

S. Org Synth，1988，Mcoll Vol 6：348.

$$(2) \qquad (1)$$

于反应瓶中加入 88％～90％的甲酸 300 mL（6 mol），搅拌下加入 30％的过氧化氢 70 mL（0.62 mol）。冰水浴冷却，慢慢滴加新蒸馏过的环己烯（**2**）41 g（0.5 mol），约 30 min 加完，滴加速度保持反应液温度 40～45℃，于 40℃搅拌反应 1 h，室温放置过夜。减压蒸去大部分甲酸和水，冷却下慢慢加入 40 g（1 mol）氢氧化钠溶于 75 mL 水配成的溶液，控制温度不高于 45℃。加热至 45℃，加入等体积的乙酸乙酯提取，共提取 6 次。混合提取液，减压蒸馏溶剂至剩余大约 150 mL，出现固体。冷至 0℃，抽滤，干燥得粗产品约 45 g，母液再减压浓缩至 30～40 mL，冷后又得粗产品约 8 g。将粗品混合，减压蒸馏，收集 128～132℃/2.0 kPa 的馏分，固化后得反式-1,2-环己二醇（**1**）40 g，收率 69％，mp 102～103℃。

【用途】　药物合成、有机合成中间体。

1,3-二氯-2-丙酮

$$C_3H_4OCl_2，126.97$$

【英文名】　1,3-Dichloropropan-2-one
【性状】　白色针状结晶。mp 41～42℃。
【制法】　①罗勋深，余赐章，熊庭辉，谭泓.中国医药工业杂志，1991，22：322.②宋如，杨自嵘.精细石油化工，2012，29（5）：4.

$$(2) \qquad (3) \qquad (1)$$

1,3-二氯-2-丙醇（**3**）：于反应瓶中加入浓盐酸 55 g（0.55 mol），充分搅拌下，升温至 30℃，滴加环氧氯丙烷（**2**）47.2 g（0.48 mol）（含量 93.6％，bp 115～118℃），约 0.5 h 加完。加完后继续保温搅拌 1.5 h。静置分层，分出有机相，得（**3**）66.8 g（含量 92.39％，GLC），无需进一步精制，直接用于下步反应。

1,3-二氯丙酮（**1**）：在于应瓶中加入三氧化铬 38.7 g（0.39 mol）、水 58 mL，搅拌溶解后，加入（**3**）68.5 g（0.53 mol），冰水浴冷却至 20℃，充分搅拌下，缓慢滴加浓硫酸 77.4 g（0.79 mol）和水 25.8 mL 的溶液（约 4 mL，滴毕，继续搅拌 2 h。反应毕，用乙醚提取，回收溶剂，固化，得粗品（**1**）。用正己烷重结晶，得白色针状结晶（**1**）53 g，收率 83.6％（含量 99.6％，GLC），mp 41～42℃。

【用途】　抗溃疡药法莫替丁（Famotidine）等的中间体。

六、卤化物的水解

2-硝基苯甲醛

$$C_7H_5NO_3，151.12$$

【英文名】　*2-Nitrobenzaldehyde*

【性状】 浅黄色固体。mp 42～43℃。

【制法】 武引文，颜廷仁，聂辉，袁凤燕.中国医药工业杂志，1989，20（3）：104.

2-硝基-二氯甲基苯（3）：于反应瓶中加入甲醇钠 72 g（1.34 mol），无水乙醇 280 mL，于 35℃加入草酸二甲酯 183 g（1.3 mol），2-硝基甲苯（2）197 g（1.44 mol），搅拌下回流反应 30 min。冷至 65℃，加入温水 340 mL。搅拌回流 1.5 h，利用水蒸气蒸馏蒸出未反应的 2-硝基甲苯直至无馏出物为止。剩余物中加入 1.6 L 水，加入碳酸钠 75 g，于 10℃滴加水 750 mL、甲苯 600 mL，次氯酸钠溶液（150 g/L）850 mL 和氢氧化钠 30 g 的混合液。加完后继续于 10℃搅拌反应 1 h。过滤，分出有机层，水洗至 pH7。回收溶剂后减压蒸馏，收集 140℃/1.6 kPa 的馏分，得化合物（3）139.7 g，收率 77%（以实际 2-硝基甲苯的用量计）。

2-硝基苯甲醛（1）：于反应瓶中加入硫酸 1.0 kg，上述化合物（3）246.3 g（1.2 mol），于 70℃搅拌反应至无氯化氢气体生成。将反应物倒入适量碎冰中，加入甲苯 650 mL，搅拌 30 min。分出有机层，水层用甲苯提取。合并有机层，用 20%的亚硫酸氢钠水溶液提取数次，合并水层，用 10%的氢氧化钠溶液调至 pH12.5，用甲苯提取数次。合并甲苯层，水洗至中性，无水硫酸钠干燥。过滤，减压浓缩，冷却后析出浅黄色固体。真空干燥，得化合物（1）138.5 g，收率 77%，mp 42～43℃。

【用途】 高血压病治疗药尼索地平（Nisodipine）、抗心律失常药恩卡胺（Encainide）等的合成中间体。

2,3-二氟-6-硝基苯酚

C₆H₃F₂NO₃，175.09

【英文名】 2,3-Difluoro-6-nitrophenol

【性状】 mp 61～62℃。

【制法】 方法 1 杨长生，将登高，班春兰等.化学反应工程与工艺，1999，15（2）：129.

于反应瓶中加入 220 mL 水，氢氧化钾 34.8 g，搅拌溶解。于 45℃慢慢滴加 2,3,4-三氟硝基苯（2）30.4 g，控制滴加速度，以不使温度剧烈升高为宜。反应液颜色逐渐由无色变为橙色、黄色、粉红色、红色、深红色。反应 1.5 h 后检测，约 2 h 反应完全。加入 300 mL 环己烷，搅拌下用盐酸中和至 pH1～2，其间颜色逐渐变浅，最后呈淡青色。分出有机层，水层用环己烷提取。合并有机层，减压浓缩，得化合物（1），收率 82%～84%。

方法 2 陈芬儿.有机药物合成法：第一卷.北京：化学工业出版社，1999：933.

于反应瓶中加入 2,3,4-三氟硝基苯（2）1.77 g（0.01 mol），氢氧化钾 1.68 g（0.05 mol），水 10 mL，室温搅拌反应 5 h。加入 40 mL 水，以二氯甲烷提取数次。合并有机层弃去。水层用盐酸调至 pH1～2，用戊烷提取数次。合并有机层，无水硫酸钠干燥。过滤，回收溶剂，析出固体。干燥，得化合物（**1**）1.58 g，收率 90%，mp 61～62℃。

【用途】　抗菌药氧氟沙星（Ofoxacin）中间体。

3,3-二甲基丁醛

$$C_6H_{12}O, \ 100.16$$

【英文名】　3,3-Dimethylbutanal

【性状】　无色或浅黄色液体。bp 102～103℃。

【制法】　Verkruijsse H D，Brandsma L. Synth Commun, 1990, 20 (21): 3355.

$$(CH_3)_3CCl + CH_2=CHCl \xrightarrow{AlCl_3} (CH_3)_3CCH_2CHCl_2 \xrightarrow{H_2O} (CH_3)_3CCH_2CHO$$
$$(2) \qquad\qquad\qquad (3) \qquad\qquad\qquad (1)$$

1,1-二氯-3,3-二甲基丁烷（**3**）：于反应瓶中加入干燥的叔丁基氯（**2**）92.5 g（1 mol），冷至 -20℃（叔丁基氯固化），加入 5 g 升华过的粉状无水三氯化铝，10 mL 液体氯乙烯。几分钟后反应开始，立即冷至 -30～-40℃。反应平稳后于 45 min 分批加入剩余的 1.3 mol 氯乙烯，每次 10 g。其间保持反应液温度在 -40℃ 左右。加完后于 30 min 升至 -10℃。而后剧烈搅拌下加入 2 mol/L 的盐酸 75 mL。分出有机层，无水硫酸镁干燥，减压蒸出过量的氯乙烯。得几乎纯的化合物（**3**），收率 95%。

3,3-二甲基丁醛（**1**）：将化合物（**3**）14 g、30 mL 水，置于封管中，再将封管置于可转动的压力釜中，压力釜中加入适量的水，以平衡封管内外的压力，防止爆裂。密闭后于 300℃反应 4 h。冷后，取出封管中的液体，水蒸气蒸馏，乙醚提取。蒸馏，收集 102～103℃ 的馏分，得化合物（**1**），收率 60%，n_D^{20} 1.4150。

【用途】　2-吡喃酮类抗艾滋病药物、红霉素类药物合成中间体，也是甜味剂如纽甜（Neotame）等的中间体。

2,6-二羟甲基吡啶

$$C_7H_9NO_2, \ 139.15$$

【英文名】　2,6-Dihydroxymethylpyridine

【性状】　112～114℃。

【制法】　薛万林，孙美祥，钟家义等. 中国医药工业杂志，1980，11（2）：18.

2,6-二氯甲基吡啶（**3**）：于反应瓶中加入 2,6-二甲基吡啶（**2**）1.07 g（0.01 mol），NCS 1.98 g（0.02 mol），四氯化碳 50 mL，过氧化苯甲酰 50 mg，氮气保护下搅拌回流反应 24 h。冷却，过滤，滤饼用四氯化碳洗涤。合并滤过和洗涤液，回收溶剂后过硅胶柱纯化，以环己烷-乙酸乙酯（5:1）洗脱，得化合物（**3**）0.58 g，收率 33%，mp 73～75℃。

2,6-二羟甲基吡啶（**1**）：于反应瓶中加入上述化合物（**3**）10 g（0.057 mol），碘化钾

5 g，3％的盐酸 100 mL，回流反应 21 h。用 5％的氢氧化钠调至 pH7，以二氯甲烷提取数次。合并有机层，水洗，无水硫酸钠干燥。过滤，减压浓缩，冷却，得化合物（**1**）7.4 g，收率 93.5％。

【用途】　将血脂、抗血小板聚集药吡扎地尔（Pirozadil）中间体。

邻氟苯甲醛

$$C_7H_5FO，124.11$$

【英文名】　*o*-Fluorobenzaldehyde

【性状】　无色液体。bp 90～91℃/6.12 kPa。$d_4 1.178$，$n_D^{20} 1.520$。

【制法】　①陈红飙，林原斌.化学试剂，2002，24（2）：103.②林原斌，刘展鹏，陈红彪.有机中间体的制备与合成.北京：科学出版社，2006：268.

α,α-二氯邻氟甲苯（**3**）：于称重的反应瓶中，加入邻氟甲苯（**2**）110 g（1 mol），0.5 g 过氧化苯甲酰，加热至回流。用 500W 的白炽灯泡照射，慢慢通入干燥的氯气。注意调节热源，随着反应的进行，反应液颜色逐渐变深，沸点逐渐升高，质量不断增加，保持反应液微沸状态。6 h 后沸点 180℃，增重 50 g。继续通入氯气，2 h 后沸点 190℃，增重 70 g。停止反应，通入氮气以赶出氯化氢。减压精馏，蒸出 82～86℃/5.3 kPa 的馏分，为一氯化物，可循环使用。剩余物为二氯化物（**3**）和三氯化物的混合物，不必分离直接用于下一步反应。

邻氟苯甲醛（**1**）：于反应瓶中加入上述混合物 180 g，氧化锌 2 g，水 600 mL，回流反应 1 h。安上分水器，蒸馏出比水重的乳白色液体。用二氯甲烷提取，合并有机层，依次用 10％的碳酸钠、水洗涤，无水硫酸钠干燥。过滤，滤液蒸出溶剂后减压蒸馏，收集 110～115℃/13.3 kPa 的馏分，得无色液体邻氟苯甲醛（**1**）90.5 g，收率 80％，纯度 99％（GC）。水解后的水溶液和洗涤后的水溶液合并，加入 10％的氢氧化钠溶液调制碱性，过滤，滤液用二氯甲烷提取 2 次（弃去）后，盐酸酸化，析出白色固体。抽滤，干燥，得邻氟苯甲酸 10 g，mp 124～126℃。

【用途】　抗精神病药物氯丙嗪（Chlorpromazine）、抗炎止痛药抗炎灵（Clofenamic acid）等的中间体。

喷昔洛韦

$$C_{10}H_{15}N_5O_3，253.26$$

【英文名】　Penciclovir

【性状】　白色或类白色结晶性粉末。mp 275～277℃。无臭，味微苦。

【制法】　①Harnden M R，et al. J Med Chem，1987，30：1636.②邓燕，何农跃，张永强等.中国现代应用药学杂志，2009，26（9）：736.

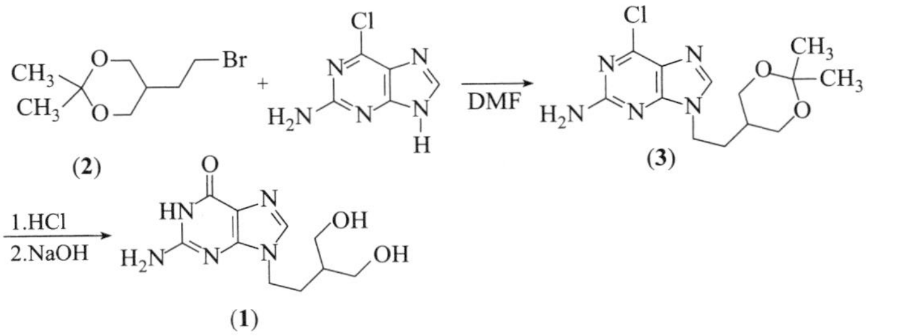

2-氨基-6-氯-9-[2-(2,2-二甲基-1,3-二噁烷-5-基)-乙基]嘌呤（**3**）：于反应瓶中加入 5-(2-溴甲基)-2,2-二甲基-1,3-二噁烷（**2**）0.75 g（3.7 mmol），干燥的 DMF 12 mL，搅拌下加入 2-氨基-6-氯嘌呤 0.68 g（6.0 mmol），室温搅拌反应 6 h。冰箱中放置过夜。过滤，滤液减压蒸出溶剂。剩余物过硅胶柱纯化，用氯仿-甲醇（80∶1 和 60∶1）洗脱，得化合物（**3**）0.74 g，收率 64%，mp 125～126℃。

喷昔洛韦（**1**）：于反应瓶中加入上述化合物（**3**）3.74 g（12 mmol），2 mol/L 的盐酸 12 mL，搅拌加热回流 75 min。冷却，用 10% 的氢氧化钠溶液中和，冷至室温。过滤，水洗，干燥，得化合物（**1**）2.18 g，收率 72%，mp 275～277℃。

【用途】　抗病毒药喷昔洛韦（Penciclovir）原料药。

5-乙炔基尿嘧啶

$$C_6H_4N_2O_2，136.11$$

【英文名】　5-Ethynyluracil，Eniluraril

【性状】　土黄色固体。mp＞300℃。

【制法】　李强，王尊元，马臻，沈正荣.中国药物化学杂志，2003，13（4）：227.

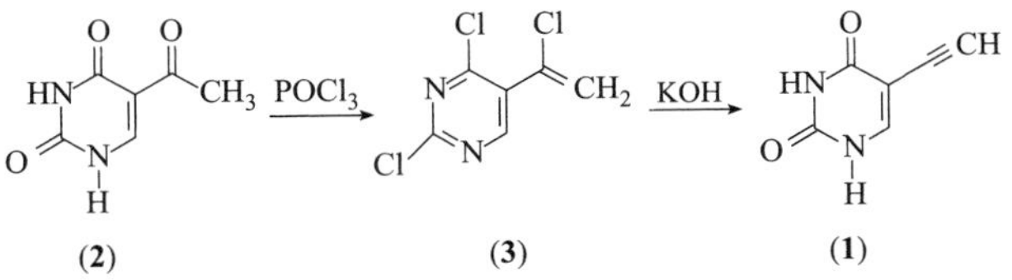

5-(1-氯乙烯基)-2,4-二氯嘧啶（**3**）：于反应瓶中加入 N,N-二甲基苯胺 4.6 mL，5-乙酰基尿嘧啶（**2**）4.6 g（0.03 mol），三氯氧磷 23 mL，搅拌回流反应 21 h。减压蒸出过量的三氯氧磷，剩余物中加入氯仿 40 mL，搅拌后倒入 100 mL 冰水中，充分搅拌以分解剩余的三氯氧磷。分出有机层，依次用水、饱和碳酸钠溶液、追洗涤，无水硫酸钠干燥。过量，蒸出溶剂后减压蒸馏，收集 114～118℃/1.06 kPa 的馏分，得浅黄色液体（**3**）3.7 g，收率 59.1%。

5-乙炔基尿嘧啶（**1**）：于反应瓶中加入上述化合物（**3**）0.8 g（3.8 mmol），二氧六环 4 mL，2 mol/L 的氢氧化钾溶液 11.5 mL，搅拌回流反应 1 h。用 1 mol/L 的盐酸中和后，减压蒸出溶剂。剩余物中加入水 15 mL，搅拌均匀后静置。过滤析出的土黄色固体（**1**），水洗。母液冷冻后可以再得到部分产品。共得产品 0.24 g，收率 46.2%。水中重结晶，mp＞300℃。

【用途】　抗癌药恩洛那西（Eniluraril）原料药。

化合物英文名称索引